Technisch-wissenschaftliche Abhandlungen der Osram-Gesellschaft

5. Band

mit Beiträgen von

F. Abshagen · E. G. Andresen · G. Aschermann · H. Daene · W. Dawihl
W. Düsing · H. Ewest · R. Frerichs · E. Friederich · W. Gurski · B. Gysae
W. Hass · W. Heinze · G. Herrmann · G. Heyne · W. Hubmann
E. Justi · J. Kern · K. Kirsch · B. Knull · W. Köhler · J. Kramer · H. Krefft
K. Larché · H. Lingenfelser · A. Lompe · W. Meyer · E. Patzer · W. Pohle
F. Putnoky · O. Reeb · W. Reichart · G. Reisberg · C. Reiter · W. Rix
F. Rößler · R. Rompe · A. Rüttenauer · I. Runge · E. Schanz
W. Schmidt · M. Schön · M. Schriel · P. Schulz · H. Strauch · E. Summerer
W. Thouret · S. Wagener · E. Weise · K. Wiegand †
K. Winckelmann · A. Zincke

Herausgegeben von der

Wissenschaftlich-Technischen Dienststelle
der Osram-Gesellschaft

Mit einem Porträt
und 382 Textabbildungen

Berlin
Springer-Verlag
1943

ISBN-13:978-3-642-98898-1 e-ISBN-13:978-3-642-99713-6
DOI: 10.1007/978-3-642-99713-6

Softcover reprint of the hardcover 1st edition 1943

Vorwort.

Die zunächst für das Jahr 1940 vorgesehene Herausgabe eines neuen Bandes unserer Abhandlungen wurde aus zeitbedingten Gründen verschoben. Inzwischen hat sich jedoch herausgestellt, daß die Fortsetzung dieser Bände einem größeren Bedürfnis entspricht, als wir angenommen hatten, so daß wir uns entschlossen haben, auch unter den jetzigen Verhältnissen in dieser Reihe unserer Veröffentlichungen keine allzu große Lücke entstehen zu lassen.

Infolge der längeren Zeit, die seit der Herausgabe des letzten Bandes im Jahre 1936 verflossen ist, haben unsere für diese Bände in Betracht kommenden Veröffentlichungen einen solchen Umfang angenommen, daß es nicht möglich ist, sie, wenn auch gekürzt, in einem Band zusammenzufassen. Wir werden daher dem vorliegenden fünften Band unserer Abhandlungen bald einen sechsten Band folgen lassen.

Der fünfte Band enthält insgesamt 64 Beiträge, die den Inhalt von 136 Originalaufsätzen darstellen. Diese sind teilweise gekürzt, durchweg überarbeitet und auf den heutigen Stand der Forschung gebracht.

Nach einer einleitenden Übersicht über die Aufgaben und Möglichkeiten der Lichtquellenforschung sind zunächst die Beiträge abgedruckt, die sich mit der Lichterzeugung durch Gasentladung befassen. Es folgen dann einige Arbeiten über Glühlampen und einige lichttechnische Aufsätze. Einen größeren Raum nehmen die aus unserem Werk A (jetzt Röhrenwerk Telefunken) stammenden Beiträge über Elektronenröhren und Oxydkathoden ein. Die Veröffentlichungen über Halbleiterwerkstoffe sind zum größten Teil in einer Arbeit zusammengefaßt. Den Schluß bilden einige Arbeiten chemischen sowie verschiedenen Inhalts. Hierunter ist auch eine Arbeit über Supraleiter, bei denen die von uns entwickelten Körper einen überraschenden Fortschritt gebracht haben.

Der sechste Band soll als Hauptgegenstände die Arbeiten über Ultraviolettstrahlung, über die Fragen des Festkörpers und über die Phosphoreszenz bringen.

Am 19. Februar 1941 starb plötzlich mitten in verantwortlicher und aufopfernder Arbeit im Alter von 62 Jahren Herr Dr. Karl Finckh, Geschäftsführer der Studiengesellschaft für elektrische Beleuchtung und der Osramgesellschaft. Als ein Schüler Nernsts war er in jungen Jahren bei der Auergesellschaft, einer unserer Vorgängerinnen, eingetreten. Er hat als einer der ersten wissenschaftliche Arbeitsweisen in unser Arbeitsgebiet eingeführt und hat lange Jahre hindurch in leitender Stellung der Osramgesellschaft an der Forschung und Entwicklung fördernden Anteil genommen und unsern Mitarbeitern stets persönliches Wohlwollen erwiesen, so daß sein Name in gutem Gedenken bleiben wird.

Berlin, im August 1943.

Dr. E. Friederich.

Inhaltsverzeichnis[1].

[1] Originalarbeiten sind durch ein Sternchen (*) vor dem Verfassernamen gekennzeichnet.

Zur Einleitung:

Über Lichtquellenforschung.

Von

E. Friederich.

Die Wolframdrahtglühlampe, insbesondere die gasgefüllte Wolframdrahtlampe, beherrscht seit etwa 30 Jahren das Gebiet der elektrischen Beleuchtung fast vollständig. Nur wenige Prozent der Gesamterzeugung elektrischer Lichtquellen waren in dieser ganzen Zeit Lampen anderer Art.

Hierin hat sich jedoch in letzter Zeit eine Änderung angebahnt. In den letzten Jahren, seit Erscheinen des vierten Bandes dieser Folge, haben Gasentladungslampen große Fortschritte gemacht; insbesondere ist es gelungen, eine Gasentladungslampe für allgemeine Beleuchtung zu schaffen, die Quecksilberniederdrucklampe mit Leuchtstoffen, die nur etwa den dritten Teil der elektrischen Leistung einer Wolframdrahtglühlampe verbraucht bei gleichem Lichtstrom und bei einer dem Tageslicht sehr ähnlichen Lichtfarbe.

Diese Entwicklung läßt es vielleicht angezeigt erscheinen, an dieser Stelle einmal einen kurzen Überblick zu geben über die Lichtquellenforschung der letzten Jahrzehnte. Nur die Hauptrichtlinien sollen hier gezeichnet werden, es soll also weder eine geschichtliche Entwicklung gegeben, noch auch die Beiträge der einzelnen Forscher und Erfinder getrennt aufgeführt werden. Hierüber findet sich vieles in den folgenden Einzelaufsätzen dieses Bandes sowie in den früheren Bänden. Es soll zunächst gezeigt werden, warum es überhaupt eine technische Aufgabe ist, nach anderen Arten von Lichtquellen zu suchen, weiter, welche Ziele man aufstellte, und schließlich, warum man zu der Lösung der Aufgabe in Gestalt der Gasentladungslampen kam. Es erübrigt sich hier beinahe, darauf hinzuweisen, daß es kaum eine lohnendere Aufgabe in der Technik gibt oder gab als die, nach einer besseren Lampe zu suchen, da die Wolframdrahtlampe je nach Größe und Ausführung nur etwa 1,5 bis 6% der zugeführten Energie in Licht umsetzt.

Der Wolframleuchtkörper in der Wolframdrahtlampe ist bekanntlich ein Temperaturstrahler. Man wußte nun seit langem, daß der Anteil der Lichtstrahlung bei den glühenden festen Körpern mit steigender Temperatur immer größer wird. So war es das Nächstliegende, bei der Glühlampe zu bleiben und diese, da sie sich ja wegen ihrer sonstigen guten Eigenschaften so bewährt hatte, in ihrer Lichtausbeute zu verbessern, und so wird man fragen, mit welchem Erfolg man hieran in den seit ihrer Einführung verflossenen 30 Jahren gearbeitet hat und welche Aussichten in dieser Richtung die Wissenschaft noch zuläßt. Die Antwort, die die Wissenschaft gegeben hat, ist, daß man bei der Suche nach geeigneteren Stoffen als Wolfram für die Glühlampe am Ende angelangt ist. Es war eine nur kleine Anzahl von Elementen, die in Betracht kamen, da ja viele gasförmig sind und von anderen bekannt ist, daß sie viel zu niedrige Schmelzpunkte haben. Bei den chemischen Verbindungen, für die das Beispiel des Leuchtkörpers der Nernstlampe schon bestand, kamen entsprechend ihrer sehr viel größeren Anzahl schon bedeutend mehr in Betracht. Es ist nun der Sinn der wissenschaftlichen Forschung, Gesetzmäßigkeiten zu finden, die eine solche Suche nach irgend etwas Besserem, hier also auch nach besseren Stoffen oder Verfahren, erleichtern. Eine solche Gesetzmäßigkeit in bezug auf die Höhe des Schmelzpunktes, die zunächst wichtigste Eigenschaft für einen Glühkörper, war bis dahin nicht vorhanden. Es war aber später gelungen, ein solches Gesetz von ausreichender Genauigkeit für die chemischen Verbindungen bei diesen Forschungsarbeiten aufzufinden, so daß man dann die Sicherheit hatte, keine Verbindungen übersehen zu haben. Es ergab sich, daß die chemische Wertigkeit der Elemente in ihren Verbindungen maßgebend war für ihre Schmelzpunkte. Dies Ergebnis ließ dann auch Schlüsse zu auf die Höhe der Schmelzpunkte der Elemente selbst[1]. Es waren auf Grund dieser Überlegungen und Gesetzmäßigkeiten noch die erst in den Jahren 1922/23 und 1925 entdeckten Elemente Hafnium und Rhenium in Betracht gezogen worden, aber sie erwiesen sich weniger geeignet als Wolfram. Ernstlicher kamen in Betracht Tantalkarbid und Niobkarbid, deren etwa 400° über dem des Wolframs liegende Schmelzpunkte bei diesen Arbeiten festgestellt wurden. Aber auch Leuchtkörper aus diesen Verbindungen ergaben keine höhere Lichtausbeute als Wolfram.

Die Frage der Auffindung eines besseren Stoffes für den Leuchtkörper der Glühlampe kann also als abgetan gelten, es gibt nichts Besseres. Auf Grund dieser gefestigten Erkenntnis konnte man sich um so mehr mit der Entwicklung der Wolframdrahtlampe selbst befassen. Man konnte an den physikalischen Bedingungen, unter denen der Wolframdraht in der Lampe glüht, noch einiges verbessern. Es gelang dies durch Einführung der Doppelwendel und des Kryptons als Füllgas, deren Wirkung schon lange bekannt war. Beide Verbesserungen bewirkten eine Steigerung der Lichtausbeute, die erste durch weitere Verringerung der Wärmeableitung, die zweite durch weitere Verringerung der Verdampfung bei gesteigerter Temperatur.

Auch wenn man von diesen Verbesserungen an der Wolframdrahtglühlampe absieht, läßt sich sagen, daß die Lichtquellenforschung in den letzten Jahrzehnten sich fast ausschließlich mit der elektrischen Lichterzeugung befaßt hat, und dies ist kein Wunder, da die Forschung längst bewiesen hat, daß der Grundvorgang der Lichtentstehung elektrischer Art ist.

Licht ist danach elektromagnetische Strahlung. Es nimmt seinen Ausgang von einer Lichtquelle, d. h. von angeregten oder ionisierten Atomen, worunter man solche Atome versteht, denen auf irgendeine Weise Energie zugeführt wurde. Lediglich durch die Art dieser Anregung oder Energiezufuhr unterscheiden sich die Arten der Lichterzeugung; z. B. findet bei der Temperaturstrahlung die Anregung durch die Wärmeenergie statt, bei der chemischen Lichterzeugung durch chemische Energie, bei der elektrischen durch elektrische Energie. Die Vorgänge bei der Aussendung des Lichtes selbst sind aber stets elektrischer Art.

Man kommt also, wenn man grundsätzlich Umschau hält nach anderen Verfahren der Lichterzeugung, zu elektrischen Vorgängen, und zwar zu anderen Vorgängen als denen bei der Glühlampe.

Auf Grund der Forschungsergebnisse unserer Wissenschaft ist es jetzt leicht zu sehen, daß die Anregung eine besonders gute Ausbeute zunächst an Strahlung überhaupt und dann an der gewünschten Lichtstrahlung erwarten läßt, die in dem reinsten, d. h. am wenigsten gestörten physikalischen Vorgang ihren Ursprung hat. Einem solchen Vorgang entspricht eine Lichtausstrahlung von ganz bestimmter Wellenlänge. Da man nun seit langem weiß, daß die Atome im festen, im flüssigen und bei hohem Druck der Gase auch im gasförmigen Zustand des Stoffes sich gegenseitig durch ihre Felder stark stören und dabei

[1] Ausführlicher ist diese Frage behandelt im Bd. 1 dieser Abhandlungen, S. 335, in dem Aufsatz: Die physikalischen Eigenschaften des festen Zustandes als Wirkungen der chemischen Bindung.

Vorgänge auftreten, in denen kein sichtbares Licht erzeugt wird, so erscheint zunächst die elektrische Entladung in Gasen niedrigen Druckes als der für die Lichterzeugung geeigneteste, d. h. von allen unnötigen Begleiterscheinungen befreite Vorgang am Einzelatom. Man spricht in diesem Falle von dem „Leuchtatom" und dem „Leuchtelektron". Diese Leuchtelektronen sind zunächst in einem Grundzustand vorhanden, können aber eine ganze Reihe von anderen Zuständen (Energiewerten) annehmen. Die Übergänge von einem dieser Zustände in den Grundzustand oder von einem Zustand in einen anderen entsprechen der Aussendung von Lichtquanten. Die zahlenmäßigen Beziehungen bei diesen Übergängen sind Gegenstand von Untersuchungen vieler Forscher gewesen, und der Entwicklung der Gasentladungslampen konnten sie als Grundlage ihrer Arbeiten dienen.

Man braucht also diese linienhaften Emissionen nur zu benutzen, um in das sichtbare Gebiet des Spektrums zu kommen und grundsätzlich alle Fälle zu vermeiden, in denen sich die Linienverteilung über das sichtbare Gebiet hinaus erstreckt. Im ganzen kommt es hierbei darauf an, eine für das Sichtbare günstigere Energieverteilung zu finden, als sie die Temperaturstrahler haben.

Die Forschung, die seit Jahrzehnten auf dem Gebiete der elektrischen Lichtquellen betrieben wird, ist wissenschaftlich, und in dieser Methode der Wissenschaft liegt eingeschlossen, daß es grundsätzlich keine besseren Verfahren gibt und geben kann als die gefundenen, ein für die Technik außerordentlich wichtiges Ergebnis.

Eine Betrachtung der Lichtquellenforschung kann nicht vorübergehen an der Erscheinung der Lichtempfindung durch das menschliche Auge.

Man scheint sich bisher nicht viel Gedanken darüber gemacht zu haben, daß die Wellenlängen der infolge Anregung der Atome im Gase abgegebenen Strahlung gerade etwa in der Gegend der Empfindlichkeit des menschlichen Auges liegen, also annähernd dort, wo wir sie brauchen. Es ist das der Wellenlängenbereich von 0,39 bis 0,77 μ, der die Spektralfarben enthält, und zwar rechnet man

Violett	von	0,39	bis	0,43 μ
Blau	„	0,43	„	0,49 μ
Grün	„	0,49	„	0,57 μ
Gelb	„	0,57	„	0,60 μ
Rot	„	0,60	„	0,77 μ

Es sind dies verhältnismäßig sehr schmale Bereiche der Wellenlängen, wenn man bedenkt, daß es Strahlungen gibt in einem Wellenlängenbereich von 1 bis mehr als 10^{14} Å, wobei die Grenze hier noch ziemlich willkürlich einerseits bei den härtesten Röntgenstrahlen und andererseits bei den langen Rundfunkwellen gezogen ist.

Diese Enge des Bereiches der Wahrnehmbarkeit von Strahlungen durch das Auge in Abhängigkeit von der Wellenlänge der Strahlung erklärt sich durch die Tatsache, daß die Wahrnehmung im Auge sich eines photochemischen Vorganges bedienen muß, der seinerseits nur bei bestimmten Wellenlängen (und damit, wie leicht ersichtlich, nur bei bestimmten Energiegrößen) möglich ist. Bei zu kleinen Energiequanten, großen Wellenlängen, werden die Umsetzungen unmöglich und bei zu großen Energiequanten, kleinen Wellenlängen, wird der organische Stoff, auf den die Natur in diesem Falle angewiesen ist, zerstört.

Doch kehren wir zu der Gasentladung zurück. Die Strahlung der in der Entladung im verdünnten Gase angeregten Atome liegt nun in allen Fällen nicht vollständig, sondern nur zu einem kleineren oder größeren Teil im sichtbaren Gebiet, zu einem anderen Teil in den angrenzenden kurzwelligen und langwelligen Gebieten des Spektrums.

Jedes Element hat im allgemeinen eine besonders ausgezeichnete Linie im Spektrum, die Resonanzlinie. Sie entspricht dem Energieunterschied der Zustände der Atome in der Ruhelage und im nächstmöglichen angeregten Zustand. In der diesem Unterschied entsprechenden Wellenlänge wird bei Niederdruck die Hauptmenge der Energie ausgestrahlt. Es treten aber in allen Fällen noch viele weitere Linien im Spektrum auf, die anderen Energieunterschieden entsprechen und viel energieschwächer sind.

Bei Erhöhung des Druckes des Gases tritt häufig eine Verlagerung der Energie, zumal nach längeren Wellen hin, ein, die Ausstrahlung in der Wellenlänge der Resonanzlinie tritt zurück. Diese Erscheinung und die damit verbundenen Unterschiede der Eigenschaften haben es als zweckmäßig erscheinen lassen, Niederdrucklampen und Hochdrucklampen zu unterscheiden.

Während bei den Niederdrucklampen die Entladung den ganzen Querschnitt des Rohres ausfüllt, bewirkt bei den Hochdrucklampen der hohe Druck eine starke Zusammenschnürung der Entladung und damit ein starkes Ansteigen der Leuchtdichte im Entladungsbogen. Die Energieverteilung im Spektrum, d. h. die Lage der Linien und die auf die verschiedenen Wellenlängen entfallende Energie, ist von der physikalischen Forschung festgestellt. Diese Verteilung ist unter gleichen Bedingungen mit sehr großer Genauigkeit stets die gleiche. Man kann nur in eng begrenzten Fällen weitere Linien durch physikalische Mittel hervorrufen. Die Lage der Linien ist an die Vorgänge an den Atomen und an deren Eigenschaften gebunden. Es schien so für die Technik nur übrigzubleiben, das richtige Element auszusuchen an Hand des periodischen Systems der Elemente, ähnlich wie wir es beim Wolfram als festem Leuchtkörper getan haben. Man kann nun daran denken, die Änderung der Wellenlängen der emittierten Strahlung, die bei verschiedenen Atomen Übergängen zwischen gleichgebauten Termen entspricht, zu untersuchen und hierfür Gesetzmäßigkeiten zu finden. Man kann auf diese Weise feststellen, daß in homologen Reihen sich die Wellenlängen mit zunehmender Ordnungszahl nach längeren Wellen verschieben. Aber diese Änderungen sind z. B. bei dem Übergang vom Natrium zum Kalium bereits so groß, daß die dem gelben Licht des Natriums entsprechende Strahlung des Kaliums schon fast außerhalb des Bereiches des sichtbaren Spektrums herausrückt. Es zeigt sich hier wieder einmal, wie schmal physikalisch betrachtet der Bereich des sichtbaren Gebietes im Gesamtgebiet der Strahlung ist. Die Natur hat uns den Gefallen nicht getan, ein Element zu schaffen, das in der Gasentladung seine Strahlung vollkommen im Sichtbaren hätte. Und erst recht gibt es kein Element, dessen Lichtverteilung so wäre, wie wir sie brauchen, um weißes Licht, d. h. diese besondere Mischung der Farben oder diese Verteilung der Energie im Spektrum, zu empfinden, wie sie im Tageslicht vorhanden ist. Diese Forderung des weißen Lichtes ist ja schon bei dem festen Leuchtkörper der Glühlampen nicht ganz erfüllt. Sie geben zuviel Rot, haben jedoch ein kontinuierliches Spektrum, das alle Farben enthält. Aber bei den Gasen in der Gasentladung werden die Abweichungen vom weißen Licht sehr viel mannigfaltiger und größer. Die Anzahl der geeigneten, bei gewöhnlicher Temperatur gas- oder dampfförmiger Elemente ist ähnlich wie die der festen Temperaturstrahler recht gering. Es sind dies das Natrium, das Quecksilber und das Neon.

Dies scheint eine sehr einfache Erkenntnis zu sein, und man muß fragen, warum man nicht früher dazu kam und Lampen mit sehr viel besserer Lichtausbeute, als sie die Wolframlampe ergibt, gemacht hat. Tatsächlich ist auch die günstigere Lichtstrahlung dieser Elemente schon längst bekannt gewesen und man hat auch schon seit längerer Zeit Lampen damit gebaut. Die technische Entwicklung war hier der wissenschaftlichen Forschung vorausgeeilt, aber diese Gasentladungslampen der ersten Entwicklung haben es nicht vermocht, sich in größerem Maße durchzusetzen. Erst die planmäßige und eingehende wissenschaftliche Erforschung der Gasentladung und die umfassende technische Bearbeitung der Aufgabe der Herstellung von Lampen auf dieser Grundlage, wie z. B. die Entwicklung neuer Gläser, neuer Stromdurchführungen, von Zündvorrichtungen, Vorschaltgeräten und neuen Leuchtstoffen haben Lichtausbeute, Farbe und Brenndauer so weit verbessert, daß brauchbare Gasentladungslampen entstanden.

Das in bezug auf Lichtausbeute beste Beispiel einer Gasentladungslampe ist die Natriumlampe. Natriumdampf von einer Temperatur von etwa 300 °C und einem Druck von etwa $5 \cdot 10^{-3}$ mm Hg-Säule sendet elektrisch angeregt etwa 90% der ganzen zugeführten Energie in Form gelben Lichtes aus. Hier ist der Fall der fast vollständigen Umwandlung der Energie in sichtbares Licht zufriedenstellend verwirklicht.

Das nächstgünstigste Element für die Lichterzeugung in der Gasentladung ist das Quecksilber. Hier wird bei dem niedrigen Dampfdruck, den das Quecksilber bei gewöhnlicher Temperatur hat, der größte Teil, bis etwa 60%, der Energie im kurzwelligen Spektralgebiet, in der Resonanzlinie ausgestrahlt, ein kleinerer Teil im Sichtbaren, und zwar im Blauvioletten, im Gelben und im Grünen.

Beim Neon liegt der sichtbare Anteil der Entladung im Orange und im Rot, ein starker Anteil im sehr kurzwelligen Ultraviolett und ein weiterer Anteil im Ultrarot.

Hiermit sind die in der Gasentladung zwecks Lichterzeugung anwendbaren Elemente schon erschöpft. Nur als Zusatz ist früher noch das Helium verwendet worden. Diese wenigen Elemente sind es, die die technische Entwicklung der elektrischen Lichterzeugung durch Gasentladung als geeignet befunden hat. Andere kommen nicht in Betracht, weil bei ihnen die stärksten Linien an den Grenzen des sichtbaren Spektrums oder gar außerhalb liegen. Aus diesen Überlegungen ergibt sich aber immerhin die wertvolle Erkenntnis, daß es keine anderen Elemente gibt mit besserer Lichtausbeute in der Gasentladung und damit auch, daß es überhaupt keine besseren Verfahren der Lichterzeugung geben kann.

Ein Hauptnachteil der reinen Gasentladungslampe ist die Farbigkeit des Lichtes. Sie führt zu einer anderen Farbwiedergabe als im Tageslicht oder auch im Vergleich zu der Beleuchtung mit der an Rot reicheren Wolframdrahtlampe, was sehr störend sein kann bei der Anwendung.

Es gibt jedoch Mittel, die Lichtfarbe der Gasentladungslampen zu verbessern. Es wurde bereits darauf hingewiesen, daß durch Druckerhöhung eine Verlagerung der Energie nach anderen Wellenlängen hin eintritt. Zugleich entsteht aber auch ein kontinuierliches Spektrum. Beide Wirkungen verbessern bei der Quecksilberlampe die Lichtfarbe. Eine ähnliche Wirkung kann die Erhöhung der Stromstärke ausüben. Weiter kann durch Anwendung besonderer Stoffe, der sog. Leuchtstoffe, der für das Auge unsichtbare Anteil der Strahlung im Ultraviolett in sichtbares Licht verwandelt werden, und zwar an den gewünschten, im Linienspektrum der reinen Quecksilberentladung gerade fehlenden Stellen, also ebenfalls mit der Wirkung der Erhöhung der Ausbeute und der Verbesserung der Lichtfarbe.

Die Leuchtstoffe stellen ein besonders in der letzten Zeit viel bearbeitetes Gebiet der chemischen und physikalischen Forschung dar. Sie erst haben die Lampen ermöglicht, die bereits eingangs als letzter großer Fortschritt erwähnt wurden und als Leuchtstofflampen bezeichnet werden.

Bei der Gasentladung haben wir für unsere Zwecke nun nicht den Vorteil des Wolframdrahtes, durch die Länge einfach die Spannung der anzufertigenden Lampe und durch den Durchmesser ihre Stromstärke beliebig festzulegen, so daß für kleine und große Stromstärken für den ganzen Bereich von wenigen Watt bis zu 50000 W und von wenigen Volt (Taschenlampe) bis zu 250 V beliebige Lampen hergestellt werden können. Vielmehr sind die charakteristischen Daten der Gasentladungslampe in viel verwickelterer Weise von den Arbeitsbedingungen abhängig. Ein weiterer grundsätzlicher Unterschied von der Glühlampe liegt darin, daß der Strom in den Glas- oder Quarzkolben von den metallenen Zulassungsdrähten in das Gas übertreten muß. Bei den Vorgängen an den Übergangsstellen (Elektroden) wird notwendig eine gewisse Menge Energie verbraucht, die also nicht in Licht umgesetzt wird. Dieser Energieaufwand wird zwar durch Anwendung der Glühkathode gering gehalten, läßt sich aber nicht ganz vermeiden. Um durch den hierfür notwendigen Spannungsabfall die Lichtausbeute nicht allzusehr beeinträchtigen zu lassen, baut man die Entladungslampen durch entsprechende Bemessung von Länge und Querschnitt des Rohres für eine höhere Spannung, zweckmäßig 220 V.

Wichtig ist, daß die Lampen im allgemeinen einen Vorschaltwiderstand erfordern oder bei Wechselstrom eine Drossel wegen der meist fallenden Strom-Spannungs-Kennlinie.

Von den Vorteilen der Gasentladungslampen steht allen voran die gegenüber den Glühlampen mehrfach höhere Lichtausbeute, die ja der Hauptanlaß war, zu dieser Art der Lichterzeugung überzugehen.

Erwähnt sei noch die im Vergleich zur Wolframdrahtlampe weit geringere Spannungsempfindlichkeit der Gasentladungslampen.

Niederdrucklampen haben im allgemeinen eine verhältnismäßig große Länge (1 m z. B.). Die Zuleitungen befinden sich an den beiden Enden. Die Lampen zünden sofort und brennen sogleich mit der richtigen Lichtausbeute, da ja das Gas oder der Dampf (Quecksilberdampf von der Temperatur der Umgebung) schon den richtigen Druck hat und nicht erst durch Verdampfung gebildet werden muß.

Von den Niederdrucklampen ist die weitaus wichtigste die Quecksilberlampe. Diese Lampe hat ohne Leuchtstoff eine Lichtausbeute von 7 Hlm für 1 Watt. Bringt man pulverförmige Leuchtstoffe auf der Innenseite der Glasröhre an zwecks Umwandlung des Ultraviolettanteils der Strahlung in sichtbares Licht, so erhöht sich die Lichtausbeute auf etwa 40 Hlm annähernd weißen Lichtes für 1 Watt, d. h. etwa auf das 6fache. Es ist dies die eingangs erwähnte Lampe für allgemeine Beleuchtung, deren Einführung im großen bevorsteht. Die Lampe wird kurz „Leuchtstofflampe“ genannt. Es seien die Hauptangaben über die fertige Ausführung für 220 Volt angeführt:

Länge: 1 m, Durchmesser: 35 mm.
Aufgenommene Leistung: 28 W einschl. Drossel.
Stromstärke: 0,25 A.
Lichtstrom: 1100 Hlm.
Mittlere Lebensdauer: 2000 Stunden.
Lichtfarbe: Tageslichtweiß und „Rötlichweiß“.

Durch diese Lösung ist die alte Forderung der Lichtquellenforschung nach einer „kalten“ Lichtquelle verwirklicht und zugleich eine Lichtausbeute erzielt, die mehr als das Dreifache der der Wolframdrahtlampe gleicher Leistung beträgt.

Zu den Niederdrucklampen gehört die bekannte rot leuchtende Neonlampe. Sie enthält das Edelgas Neon, von einem Druck von mehreren Millimetern.

Die Hochdrucklampen sind meist Quecksilberlampen mit einem sich durch die Stromwärme einstellenden höheren Druck des Quecksilbers. Da bei dem höheren Druck ein sehr viel höherer Spannungsabfall vorhanden ist, ergibt sich ein kurzer, gedrängter Aufbau dieser Lampe. Die ersten Lampen dieser Art wurden in Hartglasröhren ausgeführt. Später ging man mehr und mehr zu der Ausführung in Quarzglas über. Die Lampen erfordern nach der Zündung eine gewisse Anlaufzeit bis zur vollen Lichtstärke.

Die kennzeichnende Eigenschaft der Lampen von höherem Quecksilberdruck ist die große Zusammendrängung der Energie und die dadurch hervorgerufene hohe Leuchtdichte. Diese Eigenschaft hat Veranlassung gegeben, zwei Ausführungen für besondere Zwecke zu entwickeln: die Höchstdrucklampe in kugelförmigem Gefäß und die Quecksilberkapillarlampe.

Die Höchstdrucklampe in kugelförmigem Quarzgefäß hat einen Quecksilberdampfdruck von 30 bis 50 at und ergibt Leuchtdichten von 25000 bis 60000 Stilb. Bei kurzzeitiger Belastung können mit ihr 200000 Stilb und mehr erreicht werden. Sie übertrifft damit die Leuchtdichte der Sonne. Die Lampe ist z. B. als Bildwerferlampe sehr geeignet. Sie bedarf zur Erreichung ihrer vollen Lichtstärke einer gewissen Anlaufzeit.

Die Quecksilberkapillarlampen mit Quarzkapillare und Wasserkühlung haben etwa die gleiche Leuchtdichte, jedoch eine sehr viel kürzere Anlaufzeit und Wiederzündzeit. Beide betragen nur wenige Sekunden. Der Dampfdruck in dieser Lampe erreicht etwa 100 at.

Zum Schluß sei noch die Natriumlampe erwähnt, die eine Niederdruckentladungslampe ist, wie oben bereits dargelegt wurde. Da die Resonanzlinie der Natriumstrahlung im Sichtbaren liegt, hat diese Lampe von allen bisher genannten die höchste Lichtausbeute. Aber das Natrium hat erst bei einigen hundert Grad einen genügend hohen Dampfdruck, um eine genügende Leuchtdichte zu ergeben. Weil hier ebenso wie bei den Quecksilberlampen von höherem Druck das Metall erst verdampfen muß, bezeichnet man diese zusammen mit den Natriumlampen auch als „Dampflampen". Die Lichtausbeuten erreichen bei den größeren Abmessungen etwa 60 lm für 1 W, bezogen auf die Lampen einschließlich Vorschaltwiderstand, das ist etwa das Vierfache entsprechender gasgefüllter Glühlampen. Das einfarbige Licht ist in vielen Fällen, z. B. für Straßenbeleuchtung, kein Nachteil.

Man sieht aus dieser Übersicht, daß die Forschungsaufgaben sich nach mehreren Richtungen verzweigt haben, jede mit dem Ziel der Schaffung einer Lampe für besondere Anwendungszwecke. Dies scheint zunächst, zumal bei geringerem Bedarf, ein Nachteil zu sein. Aber der Bedarf steigt dauernd, und es ist bei dem Umfang und der Bedeutung, die die elektrische Beleuchtung zur Zeit gewonnen hat, auch für eine Fertigung in großem Maßstab erträglich, für die verschiedensten Zwecke besondere Lampen herzustellen, zumal wenn sie in ihren Leistungen weit über das hinausgehen, was bisher die Wolframdrahtlampe, mit der man in früherer Zeit alle diese Aufgaben einheitlich zu lösen gezwungen war, leistete. In dieser Mannigfaltigkeit sind auch die Bestrahlungslampen vorhanden, bei denen der Anteil an ultravioletter Strahlung für gesundheitliche Zwecke angewandt wird.

Über die Frage des Fortschrittes und der Entwicklung aller dieser Lampen findet sich in dem vorliegenden Band eine Reihe von Beiträgen. Insbesondere sind in einigen Aufsätzen auch die eingangs erwähnten Leuchtstofflampen, die jetzt für allgemeine Beleuchtungszwecke hergestellt werden, behandelt.

Wir wollen uns freuen, daß wir auf einem solchen Gebiet, auf dem eine so schöne, auf der Wissenschaft beruhende Forschung betrieben werden kann, weitere Arbeit leisten können.

Über den Stand der Lichterzeugung durch Gasentladung[1].

Von

H. KREFFT.

Mit 4 Abbildungen.

1. Die Anfänge der neuzeitlichen Entwicklung.

Der Stand der Lichterzeugung durch elektrische Entladung in Gasen und Dämpfen wird am besten verständlich, wenn wir die Fortschritte der letzten Jahre betrachten. Schon die vorhergehende Entwicklung seit etwa 1930 hatte gezeigt, daß auf der Grundlage der Gasentladung praktisch brauchbare Lichtquellen — die bekannten Natriumlampen und Quecksilberhochdrucklampen — mit hoher Lebensdauer von 2000 bis 3000 Stunden hergestellt werden können. Bei den Quecksilberlampen nutzte man die hohe Lichtausbeute der Hochdruckentladung aus, während man mit der Niederdruckentladung, abgesehen von der wirtschaftlich bedeutenden Anwendung in der Lichtreklame, nicht viel anzufangen wußte. So gelangten seit 1932 Lampen auf den Markt, deren Entladungsrohr aus hocherweichendem, tonerdehaltigem Glas bestand[2]. Der Dampfdruck betrug etwa 1 at, die Leistungsaufnahme lag zunächst oberhalb 250 W. Später wurde diese Lampenart durch kleinere Einheiten von etwa 100 und 150 W ergänzt, deren Dampfdruck bis auf 3 at stieg (weitere typische Daten dieser Lampenart sind in der Tabelle S. 11 enthalten). Die Lichtausbeute lag zwischen 35 und 50 Hlm/W.

Den ersten Gedankengängen folgend, hatte in der Entwicklung der Entladungslampen zunächst die Lichtausbeute im Vordergrund gestanden. Da diese genügend hoch war, um Wirtschaftlichkeit im Vergleich zur Glühlampe zu verbürgen, und nunmehr Erfahrungen beleuchtungstechnischer Art gesammelt werden konnten, traten bald neue Forderungen an die Entladungslampen heran. Es war vor allem die durch das Linienspektrum verursachte schlechte Farbwiedergabe, die einer Verwendung im größeren Umfange hinderlich war und die Farbverbesserung zum hauptsächlichen Gegenstand der weiteren Entwicklung machte.

2. Die Lichterzeugung durch Leuchtstoffe. Die Leuchtstofflampen.

Der angestrebte technische Fortschritt wurde durch Strahlungsumwandlung mittels lumineszierender Gläser[3] und insbesondere Leuchtstoffe[4] (Luminophore, Phosphore) erreicht, die zu einem Bestandteil der neuzeitlichen Leuchtstofflampe und zum Hauptträger der Lichtemission wurden.

Die Herstellung einer wirtschaftlichen Lichtquelle, die auf Strahlungsumwandlung beruht, ist mit Notwendigkeit an die Bedingung gebunden, daß ultraviolette Strahlung mit hohem Wirkungsgrad erzeugt werden kann. Wie die Untersuchungen an der Natriumentladung[5] zeigten, ist eine hohe Strahlungsausbeute bei Resonanzlinien grundsätzlich vorhanden. Bei der Untersuchung der Gesetz-

---

[1] Verkürzter Abdruck der in Z. techn. Phys. Bd. 19 (1938) S. 345 erschienenen Arbeit.

[2] H. KREFFT u. E. SUMMERER: Licht Bd. 4 (1934) S. 1, 23, 86 u. 105.

[3] H. FISCHER: Glas u. Appar. Bd. 15 (1934) S. 89. — R. SEWIG: Handbuch der Lichttechnik, S. 167 u. 209. Berlin 1938.

[4] M. PIRANI u. A. RÜTTENAUER: Licht Bd. 5 (1935) S. 93; s. a. Techn.-wiss. Abh. Osram Bd. 4 (1936) S. 11. — A. RÜTTENAUER: Umschau Bd. 41 (1937) S. 340 — Z. techn. Phys. Bd. 19 (1938) S. 148 u. 359.

[5] H. KREFFT, M. REGER u. R. ROMPE: Z. techn. Phys. Bd. 14 (1933) S. 242 (nach Messungen von E. LAX).

mäßigkeiten für die 2537-Strahlung der Quecksilberentladung kam die technische Anwendung der Leuchtstoffe der direkten Strahlungsmessung zuvor; denn die hohe Lichtausbeute der Leuchtstofflampen zeigte sofort, daß die Ausbeute an ultravioletter Strahlung sehr hoch sein mußte. Die später vorgenommene Messung der 2537-Strahlung ergab Ausbeutewerte von bis zu 60% und die für Resonanzlinien charakteristische Abnahme mit der Stromdichte[1]. Da diese hohe Wirtschaftlichkeit an geringen Dampfdruck gebunden ist, wurde die Niederdruckentladung in Hg-Dampf zur entladungsphysikalischen Grundlage dieser neuen Lichtquellen, die daher im äußeren Aufbau leuchtröhrenförmig sind.

Im ultravioletten Spektrum der Hg-Niederdruckentladung nimmt die 2537-Linie eine überragende Stellung ein, der gegenüber die Nebenserienlinien vernachlässigbar sind. Über die andere, dem Singulettsystem angehörige Resonanzlinie können keine genauen zahlenmäßigen Angaben gemacht werden, man kann bei technischen Lampen ihre Stärke mit ungefähr 10% der 2537-Linie annehmen. Diesen Anregungsbedingungen mußte der Leuchtstoff angepaßt werden. Die große Überlegenheit, die die Lichterzeugung durch Strahlungsumwandlung gegenüber der primären Lichtemission der Entladung hat, besteht nun darin, daß die Emissionsbanden der Leuchtstoffe einen breiten Spektralbereich kontinuierlich ausfüllen und daß, durch geeignete Zusammensetzung des lumineszierenden Glases oder der Mischung der Leuchtstoffe, das gesamte sichtbare Gebiet ausgefüllt werden kann. Es kann also nicht nur farbiges Licht hoher Ausbeute, sondern auch weißes Licht erzeugt werden. Die sichtbaren Hg-Linien sind dabei wesentlich lichtschwächer als die Strahlung des Leuchtstoffes.

Daß die Lichterzeugung in Leuchtstofflampen mit hoher Wirtschaftlichkeit stattfindet, zeigt folgende einfache Rechnung für den Verbleib von einem Watt der Säule zugeführter Leistung. Wir gehen aus von einem grün leuchtenden Zinksilikat, dessen visueller Nutzeffekt[2] 0,73 beträgt, einer Ausbeute der 2537-Strahlung von 50% und berücksichtigen den quantenhaften Verlauf der Strahlungsumwandlung:

Visueller Nutzeffekt der Emissionsbande: 0,73.

Rechnerische Lichtausbeute L für die Energieverteilung der Emissionsbande: $L = 690 \cdot 0{,}73 = 503$ Hlm/W.

Strahlungsausbeute A_{2537} der Linie 2537 Å für die Stromstärke 100 mA und den Rohrdurchmesser von 35 mm: $A_{2537} = 0{,}5$ *.

Energetische Ausbeute bei der Umwandlung der Linie 2537 Å in Licht der mittleren Wellenlänge 5300 Å im günstigsten Fall der Quantenausbeute 1:

$$1\ \text{W}\ 2537 \rightarrow 0{,}48\ \text{W}\ 5300\,.$$

Lichtausbeute A_L der sichtbaren Strahlung der Entladung: $A_L = 5$ Hlm/W.

Lichtausbeute A der Leuchtstofflampe:

$$A = A_L + L \cdot 0{,}48 \cdot A_{2537} = 5 + 503 \cdot 0{,}48 \cdot 0{,}5 = 126\ \text{Hlm/W}.$$

Die auf die positive Säule bezogene Lichtmessung ergab für diese Leuchtstofflampe in guter Übereinstimmung den Wert von 135 Hlm/W, also etwa das Zehnfache einer Glühlampe gleicher Leistung. Bei andersfarbigem oder weißem Licht wird eine geringere Lichtausbeute, entsprechend dem kleineren visuellen Nutzeffekt der Lumineszenzbande, erzielt.

---

[1] F. Rössler u. F. Schönherr: Z. techn. Phys. Bd. 19 (1938) S. 588.

[2] Der visuelle Nutzeffekt ist gegeben durch: $\frac{\Sigma E_\lambda \cdot V_\lambda}{\Sigma E_\lambda}$, ($E_\lambda$ = spektrale Strahlstärke, V_λ = spektrale Hellempfindlichkeit).

* Nach den Messungen von F. Rössler und F. Schönherr. Die übrige Ultraviolettstrahlung wurde vernachlässigt.

Für die Lichttechnik entstehen durch die fast unbegrenzten Möglichkeiten in der Wahl der Farben und Farbtönungen des weißen Lichtes neue Aufgaben. Die Farbe in der Beleuchtung ist durch die Leuchtstofflampen sehr in den Vordergrund gerückt worden.

Auf dem deutschen Markt erschienen 1940 zwei Leuchtstofflampen mit den Farben rötlichweiß und tageslichtweiß[1]. Der Lichtstrom beträgt 1100 Hlm bei einer Leistungsaufnahme der Lampe von 22,5 W. Die in den USA. sehr rasch aufgenommene Fertigung ist in der Typung und äußeren Gestaltung der Leuchtstofflampen wesentlich andere Wege gegangen.

Auch die Resonanzlinie des Neons ist für diese Art der Lichterzeugung herangezogen worden[2]. Diese Leuchtröhren sind aber auf bestimmte Farben beschränkt und erreichen nicht die hohe Lichtausbeute der Quecksilberlampen, da die energetische Ausbeute der Strahlungsumwandlung wegen der Kurzwelligkeit der Neonresonanzlinien gering ist. Sie sind daher für Beleuchtung nicht geeignet.

3. Die Weiterentwicklung der Hochdrucklampen für allgemeine Beleuchtung.

Der Anstieg der Lichtausbeute der Hg-Entladung mit dem Dampfdruck (Abb. 1) wies mit Sicherheit darauf hin, daß eine Erhöhung über den üblichen Bereich von etwa 1 bis 3 at hinaus mit Verbesserungen verbunden sein mußte. Es war daher ein großer Fortschritt, als es 1935 gelang, eine für Beleuchtung geeignete Lampe mit etwa 20 at Druck und Hochdrucklampen hoher Leuchtdichte mit 50 bis 100 at herzustellen[3]. Wesentlich war hierbei die Verwendung von Quarzglas und die bei diesem Werkstoff mögliche erhebliche Steigerung der Wandbelastung (vgl. Tabelle). Da das Entladungsgefäß hierdurch äußerst klein in den Abmessungen wurde, fielen die mit dem hohen Preis für Quarzglas verbundenen Schwierigkeiten fort. Den Bedenken, die dem hohen Dampfdruck entgegenstanden, war gleichzeitig durch erhöhte mechanische Festigkeit begegnet. Das Problem der einfachen und billigen Stromdurchführung wurde durch die schon vorhandene Molybdänfolieneinschmelzung und durch Einschmelzgläser hohen Erweichungspunktes, die sich mit dem Quarzglas und mit Wolframdraht ausreichend fest verbinden lassen, gelöst.

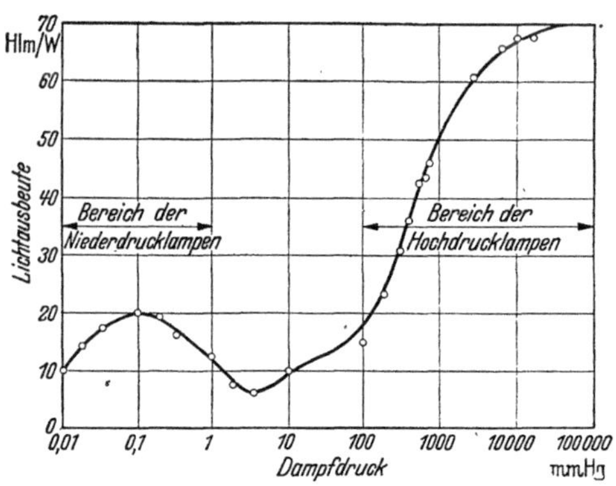

Abb. 1. Grundsätzlicher Verlauf der Lichtausbeute der Entladung in Quecksilberdampf in Abhängigkeit vom Dampfdruck. (Nach H. KREFFT.)

In lampentechnischer Hinsicht fand der Bereich erhöhten Dampfdruckes sogleich drei verschiedene Richtungen der Entwicklung.

Mit dem höheren Dampfdruck wurde es möglich, auch kleinere Lampeneinheiten unterhalb 100 W wirtschaftlich und mit hoher Lichtausbeute herzustellen. Die Hochdrucklampen für Beleuchtung erfuhren hierdurch eine sehr willkommene Bereicherung. Die seit 1937 verwandten 75- und 120-W-Lampen[4], die äußerlich von Glühlampen nicht zu unterscheiden sind, haben im Quarzrohr

[1] A. RÜTTENAUER: Licht Bd. 11 (1941) S. 4.

[2] A. RÜTTENAUER: Z. techn. Phys. Bd. 17 (1936) S. 384. — J. T. RANDALL: Luminescence and its applications. Roy. Soc. of Arts, London 1937 (nach G. H. JENKINS).

[3] C. BOL: Ingenieur, Haag Bd. 50 (1935) S. 91. — R. ROMPE u. W. THOURET: Z. techn. Phys. Bd. 17 (1936) S. 377; s. a. dies. Bd. S. 44.

[4] K. LARCHÉ u. M. REGER: ETZ Bd. 58 (1937) S. 761 u. 790.

Tabelle. Typische Daten der vier Arten von Quecksilberhochdrucklampen.

Lampentechnisch wichtige Daten	Lampen für allgemeine Beleuchtung		Hochdrucklampen hoher Leuchtdichte		
	Hartglaslampen	Quarzglaslampen	Kapillarlampen	Kugellampen	
Rohrdurchmesser	20 ... 40	5 ... 15	1 ... 2	20 ... 50	mm
Länge des Lichtbogens	40 ... 200	10 ... 50	>10	≈ 5	mm
Gradient	7 ... 30	25 ... 100	500 ... 1000	100 ... 200	V/cm
Stromstärke	1 ... 7	0,5 ... 2	1 ... 1,5	>6	A
Leistung je cm Bogenlänge	20 ... 50	30 ... 60	500 ... 1000	1000 ... 2000	W/cm
Spezifische Belastung der Rohrwand*	3 ... 4	10 ... 20	1000 ... 3000	10 ... 20	W/cm²
Dampfdruck	0,3 ... 3	3 ... 20	100 ... 200	20 ... 50	at

* Verhältnis von Leistungsaufnahme des Bogens zur Oberfläche des diesen umgebenden Rohrkörpers.

Dampfdrucke von etwa 5 und 8 at und eine Lichtausbeute von rund 45 Hlm/W (weitere Angaben in der Tabelle). Auch eine 40-W-Lampe mit etwa 12 at Dampfdruck fand wichtige Anwendungen.

Die Verwendung von Quarzglas bot ferner den Vorteil, daß nunmehr die volle ultraviolette Strahlung der Hochdruckentladung verfügbar wurde. Wie aus zahlreichen Untersuchungen[1] bekannt ist, wird die ultraviolette Strahlung, besonders bei hohen Dampfdrucken, mit gutem Wirkungsgrad erzeugt. Dabei ist, im Gegensatz zur Niederdruckentladung, das ganze ultraviolette Spektrum ziemlich gleichmäßig ausgefüllt.

Der Gedanke, diese Strahlung durch einen Leuchtstoff in Licht umzuwandeln, konnte daher praktisch verwirklicht werden[2]. Durch Wahl eines Leuchtstoffes mit roter Lichtemission wurde die Farbe des Quecksilberlichtes verbessert. Der Leuchtstoff ist dabei als dünne Schicht auf der Innenseite des glühlampenähnlichen äußeren Hüllgefäßes aufgetragen. Anders als bei den Niederdruckleuchtstofflampen wird die Lichtausbeute nur unwesentlich erhöht, da die Ausbeute der sichtbaren Strahlung von Haus aus hoch und der visuelle Nutzeffekt des rotleuchtenden Leuchtstoffes gering ist.

Die Anwendung dieser Lampen in der Beleuchtung zeigte jedoch, daß der bisher erreichte Rotgehalt von etwa 4% im Vergleich zu etwa 12% des Tageslichtes zu gering ist. Die Leuchtstoffhochdrucklampe hat daher noch keine weite Verbreitung gefunden. Verbesserungen können aber erwartet werden, da rein rechnerisch ein Rotgehalt von etwa 10% möglich ist.

Die neuen Quarzglaslampen fanden auch zahlreiche Anwendungen auf dem Gebiete der Ultraviolettstrahlung selbst, da sie sowohl für die medizinische Ultraviolletttherapie als auch für technische Anwendungen der UV-Strahlung, z. B. in der Lichtpauserei, bei verschiedenen anderen photochemischen Prozessen und als Analysenlampen infolge ihres einfachen Aufbaues und der hohen Strahlungsausbeute wesentliche Vorteile bieten. Die oft erwünschte Filterung der Ultraviolettstrahlung ist durch Wahl einer geeigneten Durchlässigkeit der stets vorhandenen äußeren Glashülle in einfacher Weise möglich. So konnte eine äußerlich glühlampenähnliche Analysenlampe hergestellt werden, deren äußere Hülle durch Färbung mit Nickel- und Kobaltoxyd lichtundurchlässig ist. Die geringen Abmessungen der Quarzröhre erlaubten es ferner, einen für medizinische Bestrahlungen bestimmten Mischstrahler zu entwickeln, bei dem eine Wolframglühwendel und das Hochdruckrohr im Innern eines Kolbens aus ultraviolett-

[1] H. Krefft, K. Larché u. F. Rössler: Z. techn. Phys. Bd. 17 (1936) S. 374. — J. Kern: Z. techn. Phys. Bd. 19 (1938) S. 249.
[2] H. Krefft u. K. Larché: Licht Bd. 7 (1938) S. 133; s. a. dies. Bd. S. 39.

durchlässigem Glas zu einer lampen- und strahlungstechnischen Einheit zusammengefaßt werden konnten[1]. Da die Glühwendel als Vorschaltwiderstand dient, wird dieser Mischstrahler unmittelbar an das Netz von 220 V angeschlossen. Mit dieser einfachen Strahlungsquelle wurde der Weg zur Darstellung künstlicher Sonnenstrahlung mit Erfolg beschritten.

Die Anwendungen der Hochdrucklampe in der Beleuchtung zeigten bald, daß die Lampe wegen der schlechten Farbwiedergabe nicht allein verwendbar ist. Die notwendige Farbverbesserung wurde durch Zumischen von Glühlampenlicht erzielt, dessen Lichtstrom ungefähr gleich dem der Hochdrucklampe gemacht wurde. Das auf diese Weise erzeugte Mischlicht ist in beleuchtungstechnischer Hinsicht befriedigend, jedoch ist die Herstellung besonders gebauter Leuchten erforderlich und ferner erwies sich die für die Hochdrucklampe erforderliche Drossel als hinderlich. Diese Sachlage führte daher zu der Entwicklung einer Mischlichtlampe[2] von etwa 250 W Leistungsaufnahme, bei der, ebenso wie bei dem medizinischen Ultraviolettstrahler, die Wolframglühwendel mit dem Hochdruckrohr unter gleichzeitiger Verwendung als Vorschaltwiderstand zusammengefaßt wurde. Der Fortfall jeglichen Vorschaltgerätes und die Verwendbarkeit der Mischlichtlampe in jeder vorhandenen Leuchte erwiesen sich als sehr erhebliche Vorteile.

Der Rotgehalt der Hochdruckentladung nimmt mit dem Dampfdruck zu, da der kontinuierliche Untergrund, dem der Anteil an rotem Licht des Quecksilberbogens hauptsächlich zu verdanken ist, mit dem Dampfdruck im Vergleich zu den Hg-Linien an Stärke zunimmt. Bei 10 at Dampfdruck beträgt der Gehalt an rotem Licht etwa 1,5% des Gesamtlichtstromes, die Hochdrucklampen mit etwa diesem Dampfdruck sind daher für allgemeine Beleuchtung ohne zusätzliches Licht nicht brauchbar. Bei weiterer Steigerung des Dampfdruckes auf 50 bis 100 at werden jedoch, je nach der Stromstärke, mit der der Rotgehalt ebenfalls wächst, Werte von 5 bis 8% erreicht, die Farbverbesserung ist also sehr beträchtlich.

4. Die Hochdrucklampen hoher Leuchtdichte.

Neben dieser Farbverbesserung tritt bei der Entladung unter hohem Druck eine außerordentliche Steigerung der Leuchtdichte auf Werte von 30000 bis 100000 HK/cm² (Abb. 2) ein, die den Hochdrucklampen auch alle Anwendungsgebiete der Lichtquellen hoher Leuchtdichte erschließt.

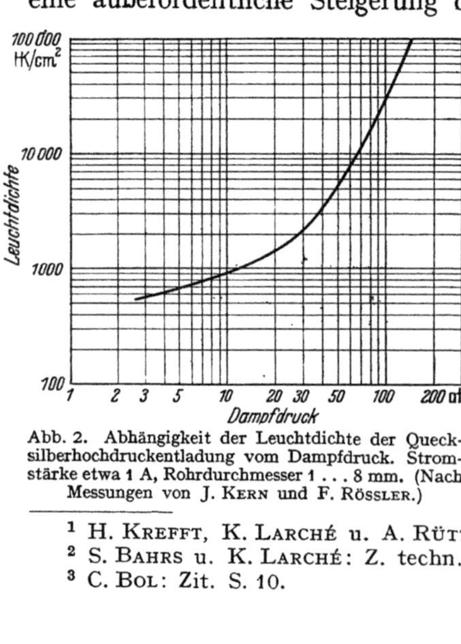

Abb. 2. Abhängigkeit der Leuchtdichte der Quecksilberhochdruckentladung vom Dampfdruck. Stromstärke etwa 1 A, Rohrdurchmesser 1 ... 8 mm. (Nach Messungen von J. KERN und F. RÖSSLER.)

Von Anfang an zeigte es sich, daß die Hochdrucklampen hoher Leuchtdichte in zwei Richtungen, als wassergekühlte Kapillarlampen und luftgekühlte, kugelförmige Lampen, entwickelt werden können, die sich lampentechnisch grundsätzlich unterscheiden. Die zuerst bekanntgewordene Ausführungsform ist die wassergekühlte Kapillarlampe[3]. Diese lehnt sich an die gebräuchliche Form der Hochdrucklampen an, das Entladungsgefäß ist also zylindrisch und von im

[1] H. KREFFT, K. LARCHÉ u. A. RÜTTENAUER: Licht Bd. 6 (1937) S. 251.
[2] S. BAHRS u. K. LARCHÉ: Z. techn. Phys. Bd. 21 (1940) S. 208.
[3] C. BOL: Zit. S. 10.

Verhältnis zur Lichtbogenlänge geringem Durchmesser. Wegen der sehr kleinen Abmessungen ist die mechanische Festigkeit ausreichend, um Drucken von 100 bis 200 at standzuhalten. Die Belastung des Lichtbogens wurde auf Werte von 500 W je cm Bogenlänge gesteigert. Damit ist eine spezifische Belastung der Rohrwand von rund 1000 W/cm² verbunden (vgl. die typischen Daten in der Tabelle). Diese ungewöhnlich hohe Leistung, die durch die Rohrwand abzuführen ist, macht die Kühlung mit strömendem Wasser notwendig, wobei die Temperaturdifferenz von rund 800° C zwischen innerer und äußerer Oberfläche der Rohrwand durch verhältnismäßig große Schichtdicke (2 mm) aufrechterhalten wird. Die hohe Leistungsaufnahme des Lichtbogens je cm wurde bei einer Stromstärke von rund 1 A dadurch möglich, daß der Gradient mit dem Dampfdruck auf sehr hohe Werte von 500 V/cm und mehr steigt.

Die Entwicklung der wassergekühlten Lampen führte bisher zu Einheiten von 500 bis 1000 W Leistungsaufnahme. Das kapillare Hochdruckrohr ist in einem Kühlmantel fest eingebaut, dessen aus Hartglas bestehender, dem Lichtaustritt dienender Teil mit den metallischen Teilen des Kühlgefäßes durch Ringeinschmelzungen verbunden ist[1]. Zur Kühlung dient ein Kreislaufgerät, das aus Antriebsmotor, rotierender Pumpe, Lamellenkühler und Luftschraube besteht und dem geringen Volumen von etwa 1 l entsprechend kleine Abmessungen besitzt. Die an die Korrosionsfestigkeit des Gerätes gestellten Anforderungen sind sehr erheblich, da die geringe Flüssigkeitsmenge auch während hunderten von Betriebsstunden nicht verschmutzen darf. Als Gefrierschutz wird dem Wasser Alkohol zugesetzt. An elektrischem Gerät erfordert die 1000-W-Lampe einen Streufeldtransformator mit 1350 V Leerlaufspannung. Die Leuchtdichte dieser Lampe beträgt etwa 25000 HK/cm².

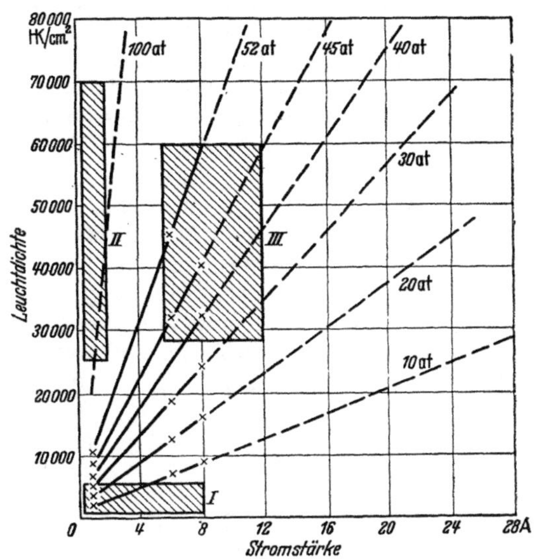

Abb. 3. Leuchtdichte (in HK/cm²) der Quecksilberentladung bei hohen Drucken in Abhängigkeit von Stromstärke und Druck. ——— gemessen, - - - - - extrapolierter Verlauf. Bereich I: Quecksilberhochdrucklampen für Allgemeinbeleuchtung. Bereich II: Wassergekühlte Kapillarlampen. Bereich III: Luftgekühlte Kugellampen. (Bereich II reicht über die hier als Grenze angegebenen 70000 HK/cm² zu noch höheren Werten, die im Laboratoriumsversuch erreicht wurden.) (Nach R. Rompe und W. Thouret.)

Die durch Strahlung und die umgebende Luft gekühlten Hochdrucklampen hoher Leuchtdichte sind kugelförmig[2]. Sie beruhen auf der Eigenschaft der Hochdruckentladung, daß die Leuchtdichte nicht nur mit dem Dampfdruck, sondern auch mit der Stromstärke zunimmt (Abb. 3). Dadurch konnte der Weg beschritten werden, hohe Leuchtdichte bei mittlerem Dampfdruck und hoher Stromstärke in einem dickwandigen, kugelförmigen Gefäß verhältnismäßig großen Durchmessers bei geringer Lichtbogenlänge herzustellen. Diese Lampen unterscheiden sich daher von den Kapillarlampen nicht nur im Aufbau, sondern auch in den Betriebsdaten. In der Lichtfarbe sind ungefähr gleiche Eigenschaften vorhanden, da der Rotgehalt des Quecksilberlichtes auch mit der Stromstärke

---

[1] J. Kern: Z. techn. Phys. Bd. 23 (1942) S. 108.
[2] R. Rompe u. W. Thouret: Zit. S. 10, Fußnote 3.

ansteigt. Die spezifische Belastung der Wand ist wesentlich geringer als bei den Kapillarlampen und beträgt etwa 20 W/cm².

Der zwischen diesen Lampenarten bestehende Unterschied wird durch die Gegenüberstellung in der Tabelle veranschaulicht, die auch die typischen Daten der Lampen für allgemeine Beleuchtung enthält.

Bei der technischen Durchbildung der Hochdrucklampen hoher Leuchtdichte mußte die Belastung bald bis an die Grenzen der thermischen und mechanischen Festigkeit des Quarzglases gesteigert werden. Wie die Rechnungen von ELENBAAS[1] zeigen, ist die Quecksilberhochdruckentladung ein Temperaturstrahler sehr hoher Temperatur, dessen hohe Leuchtdichte an eine hohe spezifische Leistungsaufnahme im Volumenelement des Lichtbogens gebunden ist. Die Lampenentwicklung ging daher darauf aus, die im Raum zwischen den Elektroden zugeführte Leistung möglichst groß zu machen. Der Vergleich mit den großen Kohlenbogenlampen überzeugte bald davon, daß für Projektion und Scheinwerfer eine spezifische Leistungsaufnahme des Lichtbogens von mindestens 1 kW/cm, wahrscheinlich sogar 2 kW/cm erreicht werden mußte. Gleichzeitig sind für diese Anwendungsgebiete Leistungen von mehr als 1 kW erforderlich.

Die bisher bekanntgewordenen kugelförmigen Hochdrucklampen[2] haben Leistungsaufnahmen von 500 und 1000 W. Sie werden mit einem Dampfdruck von etwa 35 at an Spannungen von 110 bis 220 V betrieben. Die mittlere Leuchtdichte des 4,5 mm langen Lichtbogens beträgt 30000 HK/cm².

Die Aufgabe, eine ungefähr kreissymmetrische Lichtquelle hoher Leuchtdichte und hoher spezifischer Leistung herzustellen, wurde mit den Mehrelektroden-Hochdrucklampen[3] gelöst. In einem kugelförmigen Entladungsgefäß befinden sich drei oder mehr Elektroden, die an mehrere Stromkreise angeschlossen sind. Diese sind mit Gleich- oder Wechselstrom gespeist, bei dem auch Phasenverschiebungen bewirkt sein können. Da die Elektrodenabstände gering und die Dampfdrucke hoch sind, bildet sich im Raum zwischen den Elektroden eine Entladung hoher Leuchtdichte aus, die bei hoher spezifischer Leistung die geforderte Kreissymmetrie besitzt. Abgesehen davon, daß die Mehrelektrodenlampen nicht mehr an die grundsätzliche strichförmige Gestalt der Hochdruckentladung gebunden sind, gelingt es, die spezifische Leistungsaufnahme zu steigern, da nunmehr mehrere Elektroden beteiligt sind, von denen jede mit ihrer Stromzuführung dazu beiträgt, die Gesamtstromstärke zu erhöhen.

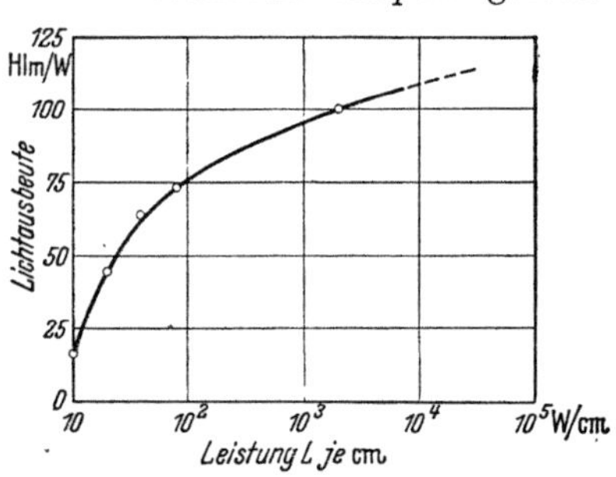

Abb. 4. Lichtausbeute der Hochdruckentladung in Quecksilberdampf in Abhängigkeit von der Leistungsaufnahme je cm Bogenlänge für $p \to \infty$. (Nach K. LARCHÉ.)

Die mit der Hochdruckentladung erreichbare maximale Lichtausbeute ist nicht so einfach zu übersehen wie bei der Entladung in Natriumdampf oder den Leuchtstofflampen, da das Spektrum verwickelt ist. Der überwiegende Teil der Lichtemission rührt zwar von den Linien 5461 und 5770/90 her, jedoch läßt sich der Verlauf ihrer Ausbeutekurve in Abhängigkeit von den für die Entladung wesentlichen Daten nicht genügend genau voraussagen; zudem sind bei höheren Drucken das kontinuierliche Spektrum und der Beitrag schwächerer Linien nicht zu vernachlässigen. Es liegen aber zahlreiche systematische Messungen der Licht-

[1] W. ELENBAAS: Physica, Haag Bd. 1 (1933) S. 211.
[2] R. ROMPE u. W. THOURET: Z. techn. Phys. Bd. 19 (1938) S. 352.
[3] J. KERN u. H. KREFFT: Z. techn. Phys. Bd. 19 (1938) S. 355.

ausbeute vor, aus denen die besonders wichtige Abhängigkeit von der Leistungsaufnahme des Lichtbogens je cm für verschiedene Dampfdrucke bekannt ist. Durch Extrapolation auf $p \to \infty$ können Grenzwerte errechnet werden, die eine Aussage über die wahrscheinlich höchste Lichtausbeute zulassen (Abb. 4). Dieser Wert dürfte bei 100 Hlm/W liegen.

Die Entwicklung der Leuchtstoff-Lichtquelle[1].

Von

A. RÜTTENAUER.

Mit 5 Abbildungen.

Das Licht der Leuchtstoff-Lichtquelle entsteht dadurch, daß Leuchtstoffe durch ultraviolette Strahlen zum Leuchten erregt werden. Dies ist ein Vorgang, der physikalisch schon sehr lange bekannt ist, technisch zum Aufbau einer Lichtquelle aber erst seit einigen Jahren ausgenützt werden kann. Der Leuchtstoff spielt in der Leuchtstoff-Lichtquelle genau dieselbe Rolle wie der Wolframdraht in der heutigen Glühlampe. Der physikalische Vorgang der Lichterzeugung ist allerdings bei der Leuchtstoff-Lichtquelle technisch sehr viel schwerer zu beherrschen als bei der Glühlampe.

I. Geschichtliche Entwicklung der Leuchtstoff-Lichtquelle.

Die geschichtliche Entwicklung der Leuchtstoff-Lichtquelle hängt eng mit der Entwicklung der Gasentladungslampen zusammen, da diese Lampen neben Licht meistens auch die zur Erregung der Leuchtstoffe notwendige UV-Strahlung aussenden. Daher ist es auch kein Zufall, daß unter den Pionieren der technischen Ausbildung der Gasentladung auch die zu finden sind, die als erste Versuche mit Leuchtstoffen machten, so SKAUPY und WENDT und die Franzosen RISSLER, CLAUDE und ABADIE. Die Gasentladung wurde in damaliger Zeit als ein Mittel angesehen, besondere Lichtwirkungen zu erzielen. Daher wollte man dem Leuchtstoff auch keine andere Rolle zuteilen, als eben die Lichteffekte der Gasentladung noch zu vervielfältigen. Dies zeigen deutlich Gasentladungsröhren, die in den Jahren 1924/25 von SKAUPY-WENDT versuchsweise hergestellt wurden. Den Leuchtstoff nahm man, wie er gerade im Handel erhältlich war, und machte daraus mit Hilfe von Wasserglas oder Nitrozellulose einen dicken Brei, mit dem man die Röhre auf der Innenseite ganz oder teilweise bedeckte. Man malte auch mit der flüssig angerührten Leuchtstoffmasse Figuren oder Schriftzüge auf Glasplatten, die man in die Gasentladungsröhren hineinstellte. Alle diese Leuchtstoff-Effektröhren erlangten aber keine praktische Bedeutung.

Als die Gasentladung später technisch weiterentwickelt wurde und man erkannte, daß die Gasentladungslampe zwar eine hohe Lichtausbeute hatte, jedoch nur farbiges oder unnatürliches weißes Licht gab, entsann man sich wieder der Leuchtstoffe, von denen man ja wußte, daß sie Licht jeder Farbe aussenden können. Hier lag erstmalig das Ziel vor, eine Gasentladungslampe weißer Lichtfarbe herzustellen. So entstanden in den Jahren 1930/34 nacheinander drei ver-

[1] Zusammenfassung der Arbeiten: A. RÜTTENAUER: Z. techn. Phys. Bd. 17 (1936) S. 384; Z. techn. Phys. Bd. 19 (1938) S. 148; ETZ Bd. 59 (1938) S. 1158; Z. techn. Phys. Bd. 19 (1938) S. 359. — A. RÜTTENAUER u. E. BLUM: Licht Bd. 8 (1938) S. 167 u. 226. — A. RÜTTENAUER: Licht Bd. 11 (1941) S. 4. — A. RÜTTENAUER u. E. SUMMERER: Licht Bd. 11 (1941) S. 10.

schiedene Arten von Quecksilberniederdruckröhren mit Leuchtstoffen, Röhren mit ZnCd-Sulfiden, die zu den bekanntesten Leuchtstoffen gehören, Röhren aus fluoreszierendem Silikatglas und ferner Röhren mit den weniger erforschten Silikat- und Wolframat-Leuchtstoffen. Lediglich die letztere Gruppe konnte zu den heutigen Leuchtstoff-Lichtquellen entwickelt werden. Hierbei mußten sowohl der Leuchtstoff und die mit ihm zu verbindende UV-Strahlungsquelle als auch die Verfahren zum Anbringen des pulverförmig anfallenden Leuchtstoffs an Glas bis zur technischen Reife entwickelt werden.

Die Erforschung der physikalischen Grundlage der neuen Lichterzeugung und die technischen Entwicklungsarbeiten, die zur heutigen Lampe führten, rühren fast ausschließlich von deutschen Forschern und Technikern her.

II. Aufbauteile der Leuchtstoff-Lichtquelle und deren Eigenschaften.

Die Aufbauteile der Leuchtstoff-Lichtquelle sind die UV-Strahlungsquelle, der Leuchtstoff und der Leuchtstoffbinder, worunter man den Stoff versteht, der den pulverförmigen Leuchtstoff im Innern der UV-Strahlungsquelle an der Glaswand festhält. Die lichttechnisch wichtigsten Eigenschaften dieser Teile sind kurz folgende:

UV-Strahlungsquelle. Als UV-Strahlungsquelle kommt allein die Gasentladung in Frage, da nur diese in ausreichender Menge Ultraviolett erzeugt. Die technisch wichtigsten Gasentladungen sind die Edelgas- und Quecksilberentladung, letztere sowohl als Hochdruckentladung als auch als Niederdruckentladung. Die Hochdruckentladung scheidet aber aus, da die UV-Strahlung absolut genommen zwar sehr stark ist, aber im Vergleich zur sichtbaren Strahlung nicht so stark, um die Lichterzeugung zum überwiegenden Teil zu übernehmen, so daß die an eine weiße Lichtquelle zu stellende Forderung nicht erfüllt werden kann. In folgender Tab. 1 sind für die Edelgas- und HgN-Entladung die lichttechnischen Daten ohne und mit Verwendung eines geeigneten Leuchtstoffes und die dazugehörigen elektrischen Daten zusammengestellt.

Tabelle 1. Lichttechnische und elektrische Daten von Leuchtstoffröhren verschiedener Gasentladung, Länge 1 m, Durchmesser 20 mm, Eisenelektroden, Belastung 50 mA.

Entladung	HK/m ohne Leuchtstoff	HK/m mit Leuchtstoff	Licht-verstärkung	Brenn-spannung	Zünd-spannung
HgN	6,5	125	19	400	425
Neon	20	39	2	525	950
Argon	0,4	6	15	475	1100
Helium	5,0	14	2,8	825	1600
Krypton	0,45	6	13	500	1100

Für diese Untersuchung wurde grün leuchtendes Zinksilikat verwendet, weil dieser Leuchtstoff in einfacher Weise so präpariert und aktiviert werden kann, daß der Erregungsbereich des Leuchtstoffs für jede Entladungsart mit deren Emissionsschwerpunkt zusammenfällt. Für die Neonentladung, die als erregende Strahlung die beiden Resonanzlinien 73,6 und 74,4 mμ besitzt, wurde das Zinksilikat besonders rein hergestellt und mit 0,2% Mn aktiviert; für die HgN-Entladung wurde Zinksilikat mit 1,5% Mn aktiviert. Die Argon- und Kryptonentladung kommen zum Aufbau einer Leuchtstoff-Lichtquelle nicht in Frage, da die erzielbare Lichtstärke zu gering ist, die Neon- und Heliumentladung infolge der hohen Zündspannung nur als Hochspannungsröhre. Die HgN-Entladung liefert die günstigsten Lichtwerte und hat auch die günstigsten elektrischen Werte. Daher wurde sie für alle Arten des Aufbaues einer Leuchtstoff-Lichtquelle, sei es als Hochspannungsröhre, sei es als Lampe für Netzanschluß, zur Grundlage genommen.

Die in der HgN-Entladung erzielbare hohe Lichtstärke kommt dadurch zustande, daß sowohl die Erzeugung der UV-Strahlung — Strahlung der Wellenlänge 185,0 und 253,7 mμ — als auch ihre Umwandlung in Licht mit Hilfe des Leuchtstoffes besonders hoch ist. Von der der HgN-Entladung zugeführten Energie werden bei obiger Röhre rund 50% dazu verbraucht, um die zur Aufrechterhaltung der Entladung notwendigen Elektronen aus den Elektroden frei zu machen, 20% zur UV-Erzeugung und 30% gehen in sichtbare Strahlung und Wärme über. Der Anteil des Ultravioletts kann aber noch dadurch erhöht werden, daß die kalten Eisenelektroden durch Elektroden mit elektronenemittierenden Stoffen, Oxydelektroden, ersetzt werden. Da die bisher in der HgN-Entladung benutzten Elektroden, die meist als massive Oxydkerne ausgebildet waren, bei Verwendung von Leuchtstoffen ungeeignet waren, wurde eine neue Oxydelektrode entwickelt. Sie besteht aus einer mit Oxyden ausgefüllten Doppel- oder Mehrfachwolframwendel, die zwecks Halterung um einen isolierten Molybdänstab gelegt ist. Abb. 1 zeigt die alte und neue Oxydelektrode. HgN-Röhren von 1 m Länge mit den Doppelwendelelektroden verbrauchen nur noch rund 20% der zugeführten Energie zur Elektronenemission, so daß also 50% gegenüber 20% bei kalten Elektroden zur UV-Erzeugung zur Verfügung stehen. Entsprechend der Quantenausbeute werden die UV-Strahlungsquanten in Lichtquanten umgewandelt. Bei der Berechnung der effektiven Lichtausbeute muß allerdings noch berücksichtigt werden, daß die Energie eines UV-Strahlungsquants größer ist als die eines Lichtquants, und zwar im umgekehrten Verhältnis der Wellenlängen. In dem angenommenen Fall werden also zur Erzeugung von grünem Licht rund 20% der der Röhre insgesamt zugeführten Energie ausgenutzt. Die entsprechenden Werte bei der Glühlampe liegen zwischen 5 und 10%.

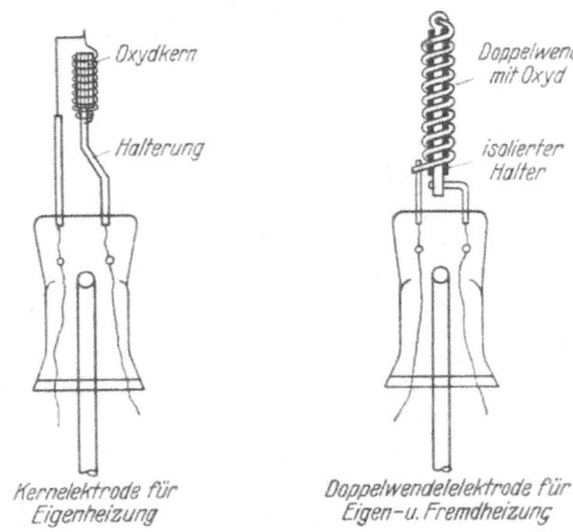

Abb. 1. Oxydelektroden für Leuchtstofflampen.

Leuchtstoff. Der zweite Aufbauteil der Leuchtstoff-Lichtquelle ist der Leuchtstoff. Die lichttechnisch wichtigsten Eigenschaften sind die der Erregung, der Emission, der Quantenausbeute und des Nachleuchtens. Zum Aufbau einer Leuchtstoff-Lichtquelle kommen, wie aus obigem hervorgeht, nur solche Leuchtstoffe in Frage, die entweder von der Schumannstrahlung der Neonentladung oder dem kurzwelligen Ultraviolett der HgN-Entladung der Linien 185,0 und 253,7 mμ erregt werden. Zu den Leuchtstoffen mit diesen Eigenschaften gehören die Silikate, die Wolframate-Molybdate, die Borate und die Phosphate. Untersuchungen ergaben nun, daß die Erregung und die Erregungsverteilung bei den Silikaten und Wolframaten-Molybdaten von der Aktivierung und auch von der Herstellung des Leuchtstoffs abhängt. Bereits im Jahre 1938 wurde gefunden, daß sich der Erregungsbereich des Zinksilikates mit höher werdender Aktivierung nach längeren Wellenlängen verschiebt. Auch bei Kadmiumsilikat konnte diese Gesetzmäßigkeit festgestellt werden. F. A. Butaeva[1] bestätigte neuerdings diese Ergebnisse. Tech-

[1] F. A. Butaeva: C. R. Acad. Sci. URSS Bd. 27 (1940) S. 654.

nisch ist diese Gesetzmäßigkeit von großer Wichtigkeit. Soll z. B. grün leuchtendes Zinksilikat in der HgN-Entladung Verwendung finden, so ist eine Aktivierung von 1,5% Mn zu nehmen, um die höchste Lichtausbeute zu erhalten, während für die HgH-Entladung der Aktivatorgehalt auf 4,0% zu erhöhen ist. Bei sehr geringer Aktivierung von 0,2 bis 0,4% Mn wird Zinksilikat sogar durch die Schumannstrahlung erregbar, besonders stark, wenn außerdem der Leuchtstoff sehr rein hergestellt wird. Ein solches Zinksilikat benutzt man in der Neonentladung zur Umwandlung der Schumannstrahlung der Wellenlänge 73,6 und 74,4 mμ in grünes Licht, wodurch die Lichtausbeute verdoppelt wird und die Lichtfarbe in ein angenehmes Gelb übergeht. Auch bei den Wolframaten und Molybdaten ist der Erregungsbereich von der Aktivierung abhängig. Diese Leuchtstoffe werden zwar schon ohne jegliche Aktivierung zum Leuchten erregt. Fügt man jedoch bei der Herstellung einen zur Aktivierung geeigneten Stoff hinzu, so wird der Erregungsbereich, der bei diesen Stoffen im kurzwelligsten Ultraviolett liegt, nach längeren Wellenlängen zu ausgedehnt, und zwar um so mehr, je höher die Aktivierung ist. Beispiele hierfür sind: Kalziumwolframat mit Pb aktiviert, Kadmiumwolframat mit U aktiviert, Kalziummolybdat mit Sm aktiviert. Während bei den Silikaten die Emissionsfarbe erhalten bleibt, ändert sie sich bei den Wolframaten und Molybdaten durch das Hinzukommen neuer Emissionsbanden. Bei den Boraten und Phosphaten liegen noch keine Beobachtungen über die Beeinflussung der Erregung vor.

Aber nicht nur die Erregung eines Leuchtstoffes läßt sich durch die Art der Herstellung und die Aktivierung beeinflussen, sondern auch in noch höherem Maße die Emission, und zwar sowohl hinsichtlich der Stärke des Leuchtens als auch der Lage im Spektralbereich. Die zweite Erscheinung ist bei den obengenannten Leuchtstoffen weniger bekannt, aber technisch ebenso wichtig. So geht z. B. die Emission des Zinksilikates bei Erhöhung der Glühtemperatur von 1200° auf 1500 bis 1600° von Grün ins Gelb und Orange über. Ein anderes Beispiel ist Zinkberylliumsilikat, dessen Emissionsfarbe mit zunehmender Aktivierung nach längeren Wellenlängen verschoben wird. Bei einer Aktivierung von 1% Mn leuchtet ZnBe-Silikat grüngelb, bei 3 bis 4% Mn bereits orange.

Die Erforschung der Erregung und der Emission eines Leuchtstoffes ist für die technische Anwendung von großer Bedeutung, besonders auch deswegen, weil nur dann ein hoher Wirkungsgrad der Strahlenumwandlung zu erwarten ist, wenn bei optimaler Emission UV-Bereich und Erregungsbereich zusammenfallen. Unter diesen Voraussetzungen wurde die Quantenausbeute des grün leuchtenden Zinksilikates in der HgN-Entladung — Entladungsröhre von 35 mm Durchmesser bei einer Belastung von 0,25 A — bestimmt. Es ergab sich ein Wert von 0,8, der auch von G. R. FONDA[1] bestätigt werden konnte. An Hand dieser Untersuchungen wurden für die in folgender Tab. 2 angegebenen Leuchtstoffe die Quantenausbeute errechnet.

Tabelle 2. Quantenausbeute einiger Leuchtstoffe, Erregung durch 253,7 mμ.

Leuchtstoff	Emissions-Schwerpunkt mμ	Quantenausbeute
Mg-Wolframat	480	1,0 errechnet
Zn-Silikat	525	0,80 gemessen
ZnBe-Silikat	605	0,6 errechnet
Cd-Borat	615	0,6 errechnet

Aus der Tabelle ersieht man, daß die Quantenausbeute um so kleiner wird, je langwelliger die emittierte Strahlung ist. Die Daten genügen allerdings noch

[1] G. R. FONDA: J. phys. Chem. Bd. 43 (1939) S. 561.

nicht, um sagen zu können, daß es sich hier um ein allgemeines Gesetz handelt. Die weitere physikalische Erforschung ist aber schon deswegen wichtig, weil zur Herstellung von weißem Licht, besonders wenn es warm wirken soll, sehr viel rote Strahlung benötigt wird. Auch bei Erregung von Leuchtstoffen durch längerwellige und kürzerwellige Strahlung[1] ergeben sich Quantenausbeuten von 0,6 bis 0,9. All diese Messungen und Berechnungen zeigen eindeutig, daß die Leuchtstoffe recht gute Strahlungswandler sind und sich daher besonders für lichttechnische Zwecke eignen.

Der hohe Wirkungsgrad der Strahlungsumwandlung ist allerdings noch an die weitere Bedingung gebunden, daß die Umwandlung nicht bei hohen Temperaturen vor sich geht. Die günstigsten Temperaturen liegen bei obigen Leuchtstoffen zwischen 20° und 50°. Bei höheren Temperaturen geht das Licht auf einen Bruchteil der Anfangslichtstärke zurück, um schließlich ganz zu erlöschen. Bei hohen Temperaturen wird nämlich infolge der größeren Molekülschwingungen

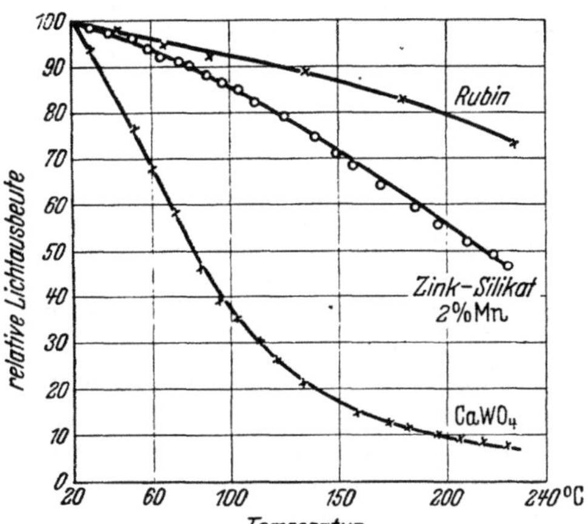

Abb. 2. Lichtausbeute einiger Leuchtstoffe in Abhängigkeit von der Temperatur.

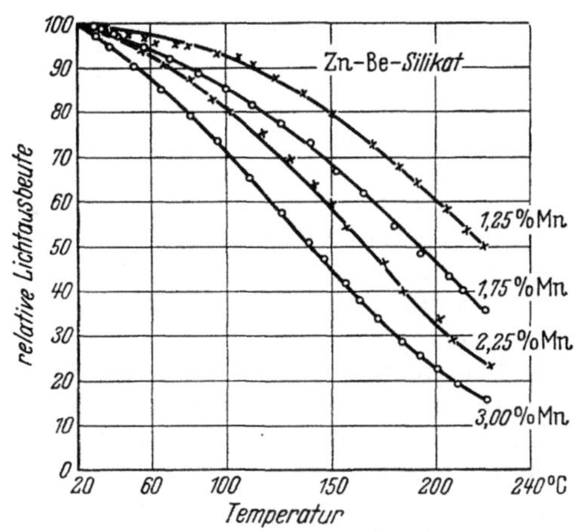

Abb. 3. Lichtausbeute des Zn-Be-Silikat-Leuchtstoffes mit verschiedenem Mn-Gehalt in Abhängigkeit von der Temperatur.

die Wechselwirkung zwischen dem absorbierenden System und seiner Umgebung so groß, daß die eingestrahlte Energie in Wärme übergeführt wird. Die verschiedenen Leuchtstoffe verhalten sich nun hinsichtlich des Lichtabfalls bei höheren Temperaturen recht unterschiedlich. In Abb. 2 ist die Temperaturabhängigkeit einiger Leuchtstoffe für gleich starke Erregung angegeben, bezogen auf gleiche Anfangslichtstärke. Der $CaWO_4$-Leuchtstoff zeigt den größten Lichtabfall, der Silikat-Leuchtstoff einen geringeren, der Rubin den geringsten. Letzterer Stoff hat ein besonders starres Gitter. Für die lichttechnische Anwendung sind Stoffe mit starker Temperaturabhängigkeit wenig brauchbar. In Abb. 3 ist die Temperaturabhängigkeit einiger ZnBe-Silikate verschiedener Aktivierung angegeben. Man sieht, daß der Rückgang des Leuchtens um so größer ist, je stärker der Aktivatorgehalt ist. Diese Gesetzmäßigkeit konnte bei weiteren Silikaten und auch bei Phosphaten festgestellt werden, während Wolframate durch aktivierende Stoffe temperaturbeständiger werden, und zwar um so mehr, je höher die Aktivierung ist. Bei Boraten konnte eine Abhängigkeit der Temperaturbeständigkeit von der Aktivierung nicht gefunden werden. Die Temperaturbeständigkeit hängt aber nicht nur von der Aktivierung ab, sondern auch von der Art der Herstellung des Leuchtstoffes. Im allgemeinen wird die Temperaturbeständigkeit um so höher,

[1] A. DRESLER: Licht Bd. 3 (1933) S. 204.

je reiner die zur Herstellung des Leuchtstoffs benutzten Grundmaterialien sind. Besonders ausgeprägt ist diese Erscheinung bei Zinksilikat. In folgender Tab. 3 sind für den normal hergestellten Leuchtstoff und eine Probe, die mit besonders reinen Grundmaterialien hergestellt wurde, die relativen Werte der Lichtausbeute bei verschiedenen Temperaturen und bei zwei verschiedenen Aktivierungen angegeben. Bei hoher Aktivierung und hohen Temperaturen ist der Unterschied der Lichtausbeute des normalen und extrem reinen Leuchtstoffs besonders ausgeprägt.

Andererseits gibt es auch Stoffe, die die Temperaturbeständigkeit erhöhen, so z. B. Aluminium bei Silikaten und Chlor bei Phosphaten.

Tabelle 3. Lichtausbeute verschieden hergestellten Zinksilikates in Abhängigkeit von der Temperatur in relativem Maße.

Leuchtstoff	Relative Werte der Lichtausbeute				
	20°	60°	100°	150°	200°
Zn-Silikat, rein, 1% Mn	100	98	96	93	88
Zn-Silikat, normal, 1% Mn	100	96	93	86	74
Zn-Silikat, rein, 4% Mn	100	95	89	80	66
Zn-Silikat, normal, 4% Mn	100	86	73	54	36

Eine weitere lichttechnisch wichtige Eigenschaft des Leuchtstoffs ist das Abklingen des Leuchtens nach Aufhören der Erregung, da man in wechselstrombetriebenen Lampen die entstehenden Dunkelpausen so mit Nachleuchten auffüllen kann, daß der stroboskopische Effekt vermieden wird. Dazu ist es nun nicht notwendig, daß der Leuchtstoff sehr lange nachleuchtet, etwa in der Art der bekannten nachleuchtenden Leuchtstoffe. Zum Auffüllen der Dunkelpausen genügt ein kurzes Nachleuchten, wie es bei verschiedenen Leuchtstoffen unter dem Namen „UV-Leuchten" bekannt ist. Gerade unter den kurzwellig erregbaren Leuchtstoffen kommt diese Art des Nachleuchtens häufig vor. Das Nachleuchten ist in ähnlicher Weise wie die Erregung und die Emission von der Herstellung des Leuchtstoffs und der Aktivierung abhängig. All die Herstellungsmethoden, die eine Kornvergrößerung hervorrufen, begünstigen das Nachleuchten. Weitere Untersuchungen haben ergeben, daß das Nachleuchten bei Silikaten und Phosphaten um so größer wird, je geringer die Aktivierung ist.

Man sieht aus all diesen Darlegungen, daß die Erforschung der Erregung, der Emission, der Quantenausbeute und des Nachleuchtens für die richtige Verwendung der Leuchtstoffe in der Gasentladung besonders wichtig ist.

Leuchtstoffbinder. Der dritte Bestandteil der Leuchtstoff-Lichtquelle ist der Leuchtstoffbinder, der zwar in der fertigen Lampe keine Rolle spielt, aber mit dem Verfahren, nach dem der Leuchtstoff in die Röhre gebracht wird, eng verbunden ist. Von den verschiedensten Verfahren konnten sich bisher lediglich zwei durchsetzen. Das eine Verfahren, nach dem bereits die erste Silikatröhre hergestellt war, besteht darin, daß auf der Innenwand der Röhre eine sehr dünne Phosphorsäurehaut erzeugt wird, auf der das in die Röhre gestäubte Leuchtstoffpulver festklebt und bei Erwärmung anfrittet. Dieses Verfahren ist besonders für gebogene Röhren geeignet. Das zweite Verfahren benutzt als Binder Nitrozellulose, die allerdings, nachdem sie ihre Aufgabe erfüllt hat, als organischer Stoff wieder entfernt werden muß. Dieses Verfahren eignet sich besonders zur Massenherstellung normalisierter gerader Röhren. Für beide Verfahren ist es wichtig, daß die Leuchtstoffe bestimmte keramische Eigenschaften haben. Sie müssen hinsichtlich Korngrößenverteilung, Stauchvolumen und Rieselfähigkeit dem anzuwendenden Verfahren angepaßt sein.

III. Besondere Eigenschaften der Leuchtstoff-Lichtquelle.

Die Leuchtstoff-Lichtquellen haben als Folge der lichttechnischen Eigenschaften der Leuchtstoffe und der Art der Lichterzeugung Merkmale, wie sie sich bei den sonst bekannten Lichtquellen nicht vorfinden. Es sind dies Merkmale, die sich hinsichtlich der Verwendungsmöglichkeit einerseits universell, andererseits aber auch begrenzend auswirken. So führt die Eigenschaft des Leuchtstoffs, in jeder Farbe leuchten zu können, zu der Eigenschaft der Leuchtstoff-Lichtquelle, ebenfalls Licht jeder Farbe und Farbmischung auszusenden, und zwar in Ausbeuten, wie sie nur bei Sonderlampen möglich sind. Die Lichtausbeuten der Leuchtstoff-Lichtquellen liegen je nach der Farbe des erzeugten Lichtes zwischen 20 und 100 Hlm/W. Der lichterzeugende Stoff selbst ist an und für sich unbegrenzt haltbar, er verbraucht sich nicht durch die Lichterzeugung. Wenn die Leuchtstoff-Lichtquelle nicht unbegrenzt haltbar ist, so liegt dies daran, daß die Hilfsmittel zur Erzeugung der erregenden UV-Strahlung eine begrenzte Lebensdauer haben. Da der Leuchtstoff durch die in der Gasentladung auftretenden chemischen Reaktionen oberflächlich etwas ergraut, entsteht auch hier während der Lebensdauer ein geringer Lichtabfall, ähnlich wie bei den sonstigen Lichtquellen.

Die zweite charakteristische Eigenschaft der Leuchtstoff-Lichtquelle besteht darin, daß der zur Lichterzeugung notwendige Raum wesentlich größer sein muß als bei jeder anderen Art der technischen Lichterzeugung, d. h. die Leuchtdichte ist relativ gering. Diese Eigenschaft geht auf mehrere Ursachen zurück, von denen die eine mit der Art der Lichterzeugung zusammenhängt. Es ist nämlich die Erzeugung der ultravioletten Strahlung in der HgN-Entladung in hohen Ausbeuten an eine geringe Dampfdichte, d. h. an eine geringe Belastung gebunden. Die günstigste Erzeugung selbst erfolgt in der langgestreckten positiven Säule der Entladung.. Aber selbst wenn diese Abhängigkeit nicht bestünde, würde die bei hoher Belastung entstehende Wärme die Leuchtstoffe auf eine so hohe Temperatur bringen, daß ihre Leuchtfähigkeit herabgesetzt oder sogar völlig zerstört würde. Die heute gebrauchten Leuchtstoffe lassen noch eine Röhrentemperatur von 50° zu, ohne merklich im Leuchten zurückzugehen. Bei einer Röhre von 35 mm Durchmesser, Länge 1 m, liegt die Höchstbelastung je nach Art des Leuchtstoffes zwischen 50 und 100 W. Innerhalb des zulässigen Bereiches ist der Lichtstrom der Röhre proportional der Belastung. Schwankungen der Netzspannung rufen daher nur geringe Lichtschwankungen hervor.

Eine weitere Ursache des großen Raumbedarfs der Leuchtstoff-Lichtquelle liegt in dem optischen Verhalten der Leuchtstoffschicht in der Röhre begründet. Von dem in den Leuchtstoffteilchen erzeugten Licht geht nur der kleinere Teil, etwa 25 bis 30%, sofort durch das Glas nach außen. Der größere Teil wird nach innen zurückgeworfen und mehrfach gestreut. Das Licht, das in das durch Elektroden und Sockel abgeschlossene Ende gestreut wird, geht verloren. So kommt es, daß erst 6 cm vom Ende der Röhre die volle Lichtstärke erreicht wird. Der Streuverlust ist um so kleiner, je länger die Röhre ist. Eine Rohrlänge von 40 cm wird aus diesen Gründen nicht unterschritten werden können.

Die Leuchtstoff-Lichtquelle ist also eine vielfarbige Lichtquelle hoher Lichtausbeute, aber geringer Leuchtdichte.

IV. Beleuchtung mittels Leuchtstoff-Lichtquellen.

Die technische Entwicklung der Leuchtstoff-Lichtquelle wurde infolge ihrer besonderen Eigenschaften in Bahnen gelenkt, in denen diese Eigenschaften zum Vorteil anderen Lichtquellen gegenüber ausgenutzt werden konnten: Entwicklung von Leuchtstoffröhren zur Mehrfarbenbeleuchtung, insbesondere in der

Leuchtwerbung, ferner Entwicklung von Leuchtstofflampen mit weißem Licht verschiedener spektraler Zusammensetzung für Allgemeinbeleuchtung.

Mehrfarbenbeleuchtung. Die Mehrfarbenbeleuchtung, Beleuchtung durch verschiedenfarbige Lichtquellen, ist in Deutschland fast ausschließlich als Reklamebeleuchtung ausgebildet, während sie in anderen Ländern auch zur Allgemeinbeleuchtung herangezogen wird. In der Reklamebeleuchtung dient die Lichtquelle als Werbeelement, und zwar durch ihre Farbe und ihre individuelle Form. Da sie hierbei nicht zur Allgemeinbeleuchtung gebraucht wird, spielt die Farbwiedergabe keine Rolle. Der Reklamebeleuchtung standen bisher rote Neonröhren, blaue und grüne HgN-Röhren und gelbe Heliumröhren zur Verfügung. Bei dieser beschränkten Farbenauswahl war es verständlich, daß gerade die in den verschiedensten Farbtönungen herstellbaren Leuchtstoffröhren zuerst in der Reklamebeleuchtung Eingang fanden, und zwar ebenso wie die bisherigen Leuchtröhren als Hochspannungsröhren. Sie wurden auch nicht typisiert, um die Formgebung als Werbeelement ausnützen zu können. Infolge der hohen Lichtausbeute der Leuchtstoffe konnte die Wirtschaftlichkeit der Lichtreklameanlagen wesentlich erhöht werden. Die geringe Leuchtdichte der Leuchtstoffröhre bedeutet bei dieser Verwendung insofern einen großen Gewinn, als Lichtquellen mit hohen Leuchtdichten erst durch streuende Mittel blendungsfrei gemacht werden müssen, wodurch Licht verlorengeht und besondere wirtschaftliche Mittel aufgewendet werden müssen. In folgender Tab. 4 sind für einige Leuchtstoffröhren die hierbei benutzten Leuchtstoffe und die mit ihnen erzielten lichttechnischen Werte angegeben. Man sieht, daß die heutige Reklamebeleuchtung infolge Verwendung der Leuchtstoffe die Lichtleistüng anderer Lichtquellen nicht nur erreicht, sondern vielfach weit übertroffen hat.

Tabelle 4. Lichtausbeute einiger Leuchtstoffröhren.

Lichtfarbe	Leuchtstoff	HK/m	Hlm/W für 2-m-Röhren einschl. Tansformatorverluste
Rötlich	Cd-Borat	40	17
Gelb	ZnBe-Silikat (stark aktiviert)	35	16
Gelblichweiß	ZnBe-Silikat (schwach aktiviert)	64	29
Grün	Zn-Silikat	100	45
Blau	Mg-Wolframat	54	25
Bläulichweiß	Ca-Molybdat	27	12

Die Leuchtstoffröhren mit dem gering aktivierten ZnBe-Silikat erscheinen bei Tage eingeschaltet gelb, nachts dagegen, im Blickfeld der Glühlampenbeleuchtung, weißlich. Die Leuchtstoffröhren mit Ca-Molybdat erscheinen bei Tage weißlich, nachts dagegen im Kontrast zum Glühlampenlicht bläulich. Wenn also eine Leuchtstoffröhre weißlich erscheinen soll, muß auf die Farbe der benachbarten Beleuchtung Rücksicht genommen werden. Für die Reklamebeleuchtung sind hauptsächlich zwei Arten von weißlichem Licht erforderlich.

Beleuchtung mit weißem Licht verschiedener spektraler Zusammensetzung. Bei der Beleuchtung mit weißem Licht, der Allgemeinbeleuchtung, kommt es im Gegensatz zur Reklamebeleuchtung auf eine bestimmte Farbwiedergabe an, wobei die Farbe des Lichtes eine mehr untergeordnete Rolle spielt. Die vielseitigen Arten der Allgemeinbeleuchtung, z. B. Straßenbeleuchtung, Wohnungsbeleuchtung usw., erfordern ferner eine Unterteilung der Lichtquelle in Typen und ihre Unterbringung in bestimmten Formen, Zweckleuchten oder künstlerisch ausgebildeten Leuchtformen. Zwecks Einführung der Leuchtstoff-Lichtquelle in die Allgemeinbeleuchtung wurden daher zuerst Lampentypen geschaffen. Es sind dies Röhren von 2 und 1 m Länge und einem Durchmesser von 35 mm mit 2200 und 1100 Hlm. Eine neue Type von 1 m Länge und 35 mm Durchmesser mit etwa 2500 Hlm ist bereits entwickelt worden. Eine weitere Typenunterteilung erfolgte nach der Art der spektralen Zusammensetzung des weißen Lichtes, in Tageslicht und rötlichweißes Licht. Die 2-m-Röhren verbrauchen einschließlich der Verluste im Vorsatzgerät insgesamt 65, die 1-m-Röhren insgesamt 28 W, so daß die Lichtausbeuten 34 bzw. 39 Hlm/W betragen. Infolge der geringen Leuchtdichte können die jetzigen Typen ebenso wie röhrenförmige Glühlampen, die sog. Linestraröhren als Lichtlinien angewandt oder in anderen architektonisch ansprechenden Formen zusammengestellt werden.

Bei der Allgemeinbeleuchtung kommt es, wie bereits gesagt, weniger auf die Lichtfarbe als auf die Farbwiedergabe an. Bezeichnet man die Farbwiedergabe bei Tageslicht als natürlich, so werden im Vergleich hierzu beim Glühlampenlicht die roten Farbtöne auf Kosten der blauen bevorzugt wiedergegeben. Dies ist der Grund dafür, daß das Glühlampenlicht selbst bei noch so kleiner Beleuchtungsstärke so angenehm warm wirkt. Dieser Vorteil bringt allerdings insofern auch Nachteile mit sich, als viele farbige Stoffe in ganz anderen Farben erscheinen als im Tageslicht. Will man aber mit der Glühlampe Tageslicht erzeugen, so muß man einen Teil der roten Strahlen wegfiltern, was zu einem großen Lichtverlust führt. Wesentlich günstiger ist es, mittels der Leuchtstoff-Lichtquelle weißes Licht verschiedener spektraler Zusammensetzung zu erhalten, da man durch Auswahl verschiedener Leuchtstoffe und Leuchtstoffmischungen die Möglichkeit hat, ohne Einbuße an Licht die Energieverteilung innerhalb weiter Grenzen zu variieren. So war es möglich, die Leuchtstoff-Lichtquelle in den Farben Tageslichtweiß und Rötlichweiß mit gleicher Lichtausbeute herzustellen.

Die Leuchtstoff-Lichtquelle in der Farbe Rötlichweiß gibt ebenso wie die Glühlampe die roten Farbtöne bevorzugt wieder, unterscheidet sich aber in ihrer Farbwiedergabe trotzdem von ihr und auch in der an und für sich weniger wichtigen Lichtfarbe. Man kann natürlich die Leuchtstoff-Lichtquelle auch in der gelblichweißen Lichtfarbe der Glühlampe herstellen. Man braucht lediglich gelb und rot leuchtende Leuchtstoffe im Überschuß zu nehmen und die blauen fast ganz wegzulassen, da ja die Glühlampe wenig Blau besitzt. Dadurch tritt aber die blauviolette Hg-Linie 435,8 mμ der sichtbaren Hg-Strahlung, die ja immer zur Strahlung der Leuchtstoffe noch hinzukommt, farbmäßig außerordentlich stark hervor, so daß alle blauen Gegenstände in einen blauvioletten oder violetten Farbton umgefärbt werden. Auch gewisse Lebensmittel und Getränke werden in ihrem Aussehen durch die fehlerhafte Farbwiedergabe stark beeinträchtigt. Ein Wegfiltern der blauvioletten Hg-Linie würde den technischen Fortschritt, der durch die Leuchtstoffe gegeben ist, infolge Verringerung der Lichtausbeute größtenteils wieder aufheben. Daher konnte man bei der Entwicklung einer warm wirkenden Leuchtstoff-Lichtquelle die Glühlampe nur hinsichtlich der bevorzugten Farbwidergabe für Rot als Vorbild nehmen. Man erreichte dies durch einen Überschuß an besonders roten Leuchtstoffen, wie z. B. Cd-Silikat oder Cd-Borat. Um den Einfluß der blauvioletten Hg-Linie zu unterdrücken, wurde sehr viel langwelliges Blau hinzugefügt, so daß Grün und insbesondere Gelb nur noch in geringer Menge beigegeben werden konnte. Die Leuchtstofflampe Rötlichweiß hat also eine Lücke im Gelb, was sich aber hinsichtlich der Farbwiedergabe nicht ungünstig auswirkt. Die roten Farbtöne werden fast ebenso wiedergegeben wie bei der Glühlampe, die blauen und blauvioletten dagegen sehr viel besser, die grünen etwas schwächer. Bei der Glühlampe, die eine Lücke im Blau besitzt, werden dagegen die vielen Farbnuancen von Purpur und Violett falsch wiedergegeben, auch die blaugrünen Farben werden in ihrem Farbton nach Grün verschoben. Die Leuchtstoff-Lichtquelle Rötlichweiß zeichnet sich gegenüber der Glühlampe aber nicht nur durch eine natürlichere Farbwiedergabe aus, sondern auch infolge des Gelbmangels durch einen schärferen Kontrast der einzelnen Farben (Neophaneffekt). Man wird sie daher überall da anwenden, wo man Licht wärmeren Farbtones wünscht, ohne auf die natürliche und farbenprächtige Wiedergabe der Umwelt verzichten zu müssen.

Bei der Entwicklung der Leuchtstoff-Lichtquelle Tageslichtweiß war es das Ziel, die international festgelegte Tageslicht-Normalbeleuchtung B mit der Farbtemperatur 4800° K zu erreichen. Die Aufgabe war hier sehr viel leichter, da es nur nötig war, die Lücken zwischen den Hg-Linien der sichtbaren Hg-Strahlung mit Leuchtstoffstrahlung so aufzufüllen, daß das entstehende Kontinuum überall von Blau bis Rot die gleiche Energie hatte. Mit drei Leuchtstoffen, einem blauen, einem grüngelben und einem roten, gelang es, das gesteckte Ziel zu erreichen. In der folgenden Abb. 4 ist die spektrale Energieverteilung der Leuchtstoff-Lichtquelle Tageslichtweiß im Vergleich zum natürlichen Tageslicht und zur Kohlensäurelampe angegeben. Die blauviolette Hg-Linie 435,8 mμ, die in der Abbildung aus dem Kontinuum herausragt, ist so gezeichnet, daß ihre Breite 10 μ entspricht. Die Kohlensäurelampe galt bisher als beste Tageslichtlampe; sie wurde daher in Färbereien und ähnlichen Betrieben sehr viel gebraucht. Wie man aus der Abb. 4 erkennt, entspricht die Leuchtstoff-Lichtquelle Tageslichtweiß noch etwas besser dem Tageslicht als die Kohlensäurelampe, da sie lediglich im blauen Spektralgebiet eine geringfügige Abweichung zeigt, was aber für die allermeisten Fälle ohne Bedeutung ist. Die Leuchtstofflichtquelle Tageslichtweiß übertrifft in der Lichtausbeute alle bisherigen Tageslichtlampen und tageslichtähnlichen Lampen um das 5- bis 20fache. Die Erzeugung von künstlichem Tageslicht einer so hohen Ausbeute und einer so hohen Annäherung an das natürliche Tageslicht kann wohl als einer der größten Fortschritte auf dem Gebiete der technischen Lichterzeugung angesehen werden.

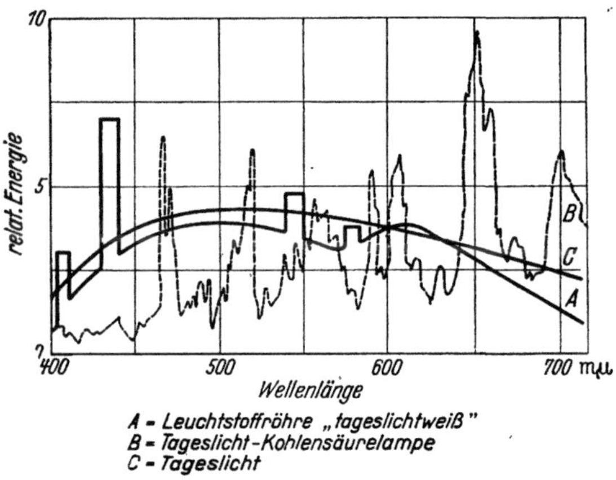

Abb. 4. Spektrale Energieverteilung verschiedener Tageslichtlampen für gleiche Beleuchtungsstärken.

Die Leuchtdichte der Leuchtstofflampen mit 1000 und 2000 lm beträgt 0,4 sb. Sie wirkt sich insofern vorteilhaft aus, als die mit diesen Lampen erzielbare Beleuchtung einen sehr hohen Grad von Gleichmäßigkeit besitzt, wie es für viele Fälle besonders erwünscht ist.

V. Betrieb und Betriebseigenschaften der Leuchtstoff-Lichtquelle.

Der Betrieb der Leuchtstoff-Lichtquelle entspricht dem einer Gasentladungslampe, da die zur Erregung der Leuchtstoffe dienende UV-Strahlung durch eine Gasentladung erzeugt wird. Die Leuchtstoff-Lichtquelle bedarf daher zur Zündung und zur Begrenzung des Stromes bestimmter Hilfseinrichtungen, die zu einem Zusatzgerät zusammengestellt sind und unmittelbar zur Lichtquelle gehören. Zur Strombegrenzung dient wie bei allen Gasentladungslampen eine

Drossel, zur Zündung ist jedoch infolge der Länge der Röhren, 1 m und mehr, nur Hochspannung oder ein Hochspannungsstoß anwendbar.

Die Leuchtstoffröhren für Werbebeleuchtung werden in derselben Weise wie die bisherigen Neon- und Quecksilber-Reklameröhren betrieben, die typisierten 2-m-Leuchtstoffröhren für Innenbeleuchtung einheitlich an einem 6000-V-Streufeldtransformator, an den 9 Röhren angeschlossen werden können. Es ist wichtig, den Transformator vollständig auszunützen, da nur in diesem Falle die Lichtausbeute der 2-m-Röhren in der vollen Höhe von 34 Hlm/W gehalten werden kann.

Die 1-m-Leuchtstoffröhren, die Leuchtstofflampen, werden an der normalen Netzspannung von 220 V Wechselstrom betrieben. Zur Zündung dient ein Hochspannungsstoß, der in einem zur Lampe parallelen Stromkreis durch eine kleine Glimmlampe, den Glimmzünder, erzeugt wird (Abb. 5). Beim Einschalten der Leuchtstofflampe leuchtet zuerst die Glimmlampe auf. Da die eine Elektrode aus einem Bimetallstreifen besteht, nähert sie sich infolge der durch die Entladung entstehenden Wärme der anderen Elektrode und schließt die Lampe kurz. Dadurch wird der über die Elektroden der Leuchtstofflampe fließende Strom so verstärkt, daß er zur Vorheizung der Elektrodenwendeln ausreicht. Gleichzeitig entfernt sich der Bimetallstreifen von der anliegenden Elektrode, öffnet also diesen Kontakt, so daß der in der Drossel durch Feldschwächung induzierte Spannungsstoß die Lampe zündet. Dieser Vorgang spielt sich bei 220 V in weniger als 1 Sekunde ab, die Leuchtstofflampen zünden also praktisch sofort nach dem Einschalten. Als Niederdrucklampen liefern sie auch praktisch sofort den vollen Lichtstrom von 1100 Hlm. Die Zündung der Leuchtstofflampe 220 V mittels eines Glimmzünders hat sich als besonders einfach und betriebssicher erwiesen. Der Glimmzünder kann so klein hergestellt werden, daß er bequem in den Sockel der Leuchtstofflampe einzubauen ist.

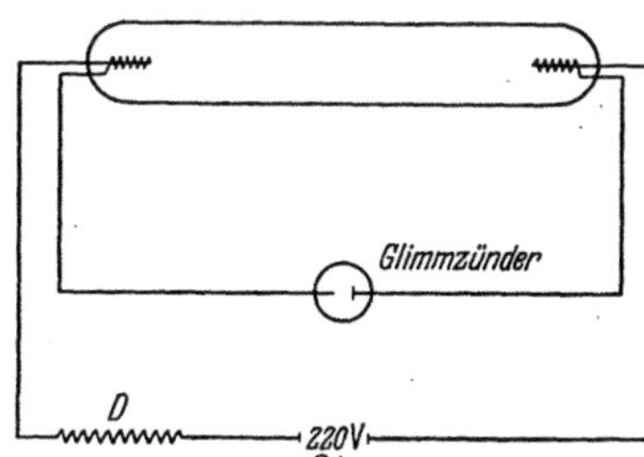

Abb. 5. Glimmzünder-Schaltung für Leuchtstofflampen.

Die Betriebswerte der bisher entwickelten Leuchtstofflampen gibt die Tab. 5 wieder.

Tabelle 5. Elektrische und lichttechnische Daten der Leuchtstofflampe.

Technische Bezeichnung	Farbe	Elektrische Leistung, W		Lichtstrom in Hlm	Lichtausbeute, Hlm/W	
		der Lampe	einschl. Gerät		der Lampe	insgesamt
HNT	tageslichtweiß	22,5	28	1100	49	39
HNR	rötlichweiß	22,5	28	1100	49	39

Die Leuchtstoff-Lichtquelle unterscheidet sich von der Glühlampe infolge des andersartigen Betriebes auch in einigen Betriebseigenschaften. So ist die Leuchtstoff-Lichtquelle wesentlich weniger spannungsempfindlich als die Glühlampe. Wird die Leuchtstofflampe Type HNT oder HNR mit einem auf 220 V eingestellten Gerät an einer um 10% höheren oder niedrigeren Netzspannung betrieben, so ändert sich die Leistung auf 117 bzw. 83%, wobei der Lichtstrom praktisch dieselbe Änderung erfährt. Ferner wird bei den üblichen Spannungsschwankungen des Netzes die Lebensdauer der Leuchtstofflampe praktisch nicht beeinträchtigt.

Andererseits ist die Leuchtstofflampe in ihrem Lichtstrom von der Raumtemperatur abhängig, und zwar besonders stark bei den schwach belasteten

Typen HNT und HNR, während bei der Glühlampe keine solche Abhängigkeit besteht. Die in der Tabelle angegebenen Lichtstromwerte beziehen sich auf eine normale Raumtemperatur von 18°. Beim Absinken der Temperatur auf etwa 10° nimmt die Leistung um etwa 2% und der Lichtstrom um etwa 15% ab. Bei einer Temperatur von 5° beträgt die Leistungsabnahme 4%, die Lichtstromabnahme bereits 30%. Die Ursache dieser Erscheinung beruht darauf, daß die zur Erzeugung der Leuchtstoffe notwendige UV-Strahlung in ihrer Ausbeute von der Höhe des Hg-Dampfdruckes, also der Lampentemperatur abhängig ist. Da jedoch diese Temperatur bei der schwachen Belastung nur wenig über der Zimmertemperatur liegt, erfolgt beim Zurückgehen der Zimmertemperatur auch ein entsprechendes Zurückgehen der Lampentemperatur und damit auch ein Zurückgehen der UV-Strahlung und damit auch des Leuchtens des Leuchtstoffs.

Zusammenfassend ergibt sich: Die Leuchtstoff-Lichtquelle ist hinsichtlich Lichtfarbe und Farbwiedergabe eine äußerst vielseitige Lichtquelle sehr hoher Lichtausbeute, die auch bei Unterteilung in kleine Einheiten erhalten bleibt. Die Leuchtdichte der bisher entwickelten Lampen HNT und HNR beträgt 0,4 sb, so daß sie unterhalb der Blendungsdichte in gut beleuchteten Räumen liegt und daher auch sichtbar ohne besondere Abschirmung durch lichtstreuende Stoffe verwendet werden kann. Die Weiterentwicklung geht dahin, bei gleichen äußeren Abmessungen den Lichtstrom zu erhöhen und bei gleichbleibendem Lichtstrom die Abmessungen zu verringern.

Grundlagen und Aufbau der Quecksilbermischlichtlampe für Allgemeinbeleuchtung[1].

Von

K. LARCHÉ.

Mit 11 Abbildungen.

1. Aufgabenstellung.

Die neuen für die Allgemeinbeleuchtung bestimmten Quecksilberhochdrucklampen zeichnen sich gegenüber den Glühlampen wohl durch eine 2- bis 3mal so hohe Lichtausbeute aus, können aber nur dort verwendet werden, wo der ihrer Lichtstrahlung eigentümliche Mangel an rotem Licht nicht stört. Bei den ersten 1933 erschienenen Hochdrucklampen mit großer Leistungsaufnahme hat sich dieser Umstand nicht als hinderlich erwiesen, da ihr wichtigstes Anwendungsgebiet die Außenbeleuchtung ist. Aber als dann 1937 die Hochdrucklampen kleiner Leistungsaufnahme aus Quarzglas[2] entwickelt waren, konnte das für diese Lampen bestimmte Anwendungsgebiet der Innenbeleuchtung nur erschlossen werden, wenn es gelang, die fehlende Rotstrahlung in genügendem Maße zu ergänzen. Da die Verwendung von Leuchtstoffen bei der Hochdrucklampe bisher keine ausreichende Rotstrahlung ergeben hat, sind die Beleuchtungstechniker bald in steigendem Maße dazu übergegangen, die zusätzliche Rotstrahlung durch Zuschalten von Glühlampenlicht, das bekanntlich einen hohen Gehalt an rotem Licht besitzt, zu gewinnen.

---

[1] Zusammenfassung folgender Arbeiten: S. BAHRS u. K. LARCHÉ: Z. techn. Phys. Bd. 21 (1940) S. 208. — K. LARCHÉ u. E. SUMMERER: Licht Bd. 10 (1940) S. 172. — K. LARCHÉ: Osram-Nachr. Bd. 23 (1941) S. 61.

[2] K. LARCHÉ u. M. REGER: ETZ Bd. 58 (1937) S. 790. — H. KREFFT u. K. LARCHÉ: Licht Bd. 8 (1938) S. 133; s. a. dies. Bd. S. 39.

Das so erhaltene sog. Quecksilbermischlicht ist weiß und gibt eine tageslichtähnliche Beleuchtung. Für die Unterbringung der verschiedenen Lichtquellen und die Durchmischung ihrer Lichtanteile wurden besondere Mischlichtleuchten entwickelt. Diese Mischlichtbeleuchtung gewann trotz der auf die Beteiligung von Glühlampen zurückzuführenden wesentlichen Verminderung der Lichtausbeute im Vergleich zu der der Quecksilberlampe allein schnell eine große Bedeutung.

Wohl war bei diesen Anlagen die Farbwiedergabe des Lichtes befriedigend, jedoch bestanden gegenüber der Einfachheit der Installation und der Handhabung einer normalen Glühlampenanlage wesentliche Nachteile infolge der Notwendigkeit der Verwendung besonderer Mischlichtleuchten und einer besonderen Drossel aus Eisen und Kupfer als Vorschaltmittel vor der Quecksilberhochdrucklampe. Diese Nachteile fielen besonders nach Ausbruch des Krieges ins Gewicht, als für alle Metalle eine Kontingentierung eingeführt wurde. Nun hatte sich das Mischlicht besonders in den Beleuchtungsanlagen der Industrie gut bewährt, von der gerade im Kriege eine erhöhte Leistungsfähigkeit verlangt wurde.

Dies war der Stand der Technik im Herbst 1939, als in der Mischlichtlampe eine Lösung gefunden wurde, die allen Anforderungen im Kriege gerecht wird. Bei dieser Lampe sind die Hochdrucklampe und die dazugehörigen Glühlampen in einer Einheit vereinigt, wobei die Glühwendel gleichzeitig als Lichtquelle und als Vorschaltmittel für die Hochdrucklampe dient. Damit fällt die Drossel weg und die neue Lampe braucht nicht wesentlich mehr Metall als die gewöhnliche Glühlampe. Auch die Schaltung der neuen Lampe ist genau so einfach wie bei der Glühlampe. Dazu kommen gegenüber den Mischlichtanlagen weitere Vorteile, so z. B. die gute Durchmischung der Lichtanteile beider Lichtquellen und die kürzere Anlaufzeit des Hochdruckbrenners. Der Leistungsfaktor erhöht sich auf rund 1 gegenüber 0,5 bei Quecksilberhochdrucklampen mit Drosseln und 0,9 bei den Mischlichtanlagen. Von Vorteil ist ferner die Verwendbarkeit der Lampe in jeder Leuchte von genügender Größe sowie die grundsätzliche Möglichkeit des Betriebes auch an Gleichspannung. Die Lichtausbeute der Mischlichtlampe ist um mehr als 30% höher als die einer Glühlampe gleicher Leistungsaufnahme und Lebensdauer.

Die Lebensdauer der Glühwendel ist bekanntlich außerordentlich empfindlich gegenüber jeder Änderung der Betriebswerte. Es war daher notwendig, die Belastung der Glühwendel sorgfältig an die Eigenschaften und das Verhalten des Quecksilberhochdruckbrenners anzupassen. Zu diesem Zwecke wurde das elektrische Verhalten bei dem Zusammenwirken beider Schaltelemente untersucht. Es galt ferner, die Bedingungen für eine genaue Abstimmung der Wendelbelastung zu ermitteln und die Daten der beiden Lichtquellen so festzulegen, daß die gewünschte Farbwirkung des Mischlichtes erreicht wird. Zum Schluß wurden die besonderen elektrischen und lichttechnischen Eigenschaften der neuen Lichtquelle ermittelt.

2. Anpassung der Glühwendel an den Hochdruckbrenner.

a) Das elektrische Verhalten bei der Reihenschaltung einer Hochdruckentladung und einer als Ohmscher Widerstand wirkenden Glühwendel läßt sich am einfachsten an dem Oszillogramm der elektrischen Augenblickswerte erläutern (Abb. 1). Die Spannung am Brenner U_R folgt nach dem Nulldurchgang zunächst der Netzspannung U_N bis zur Zündung der Bogenentladung und sinkt dann auf den Wert der Brennspannung des Bogens ab. Erreicht mit fortschreitender Zeit die Netzspannung einen kleineren Wert als die Brennspannung, so erlischt die Entladung wieder. Die Wiederzündung erfolgt in jeder

Periode zweimal. Die Ausbildung einer ausgeprägten Wiederzündspitze von etwa dem doppelten Wert der Brennspannung ist die Folge einer während des Nulldurchganges erfolgenden starken Abkühlung der Bogenabschnitte in der Nähe der Elektroden, da diese eine wesentlich niedrigere Temperatur besitzen als die Bogensäule[1]. Der im Augenblick der Zündung einsetzende Strom I steigt steil bis zum Spannungsgleichgewicht an und ändert sich dann mit der Netzspannung bis zum Erlöschen der Bogenentladung. Die Spannung an der Wendel U_W ändert sich direkt proportional dem Strom.

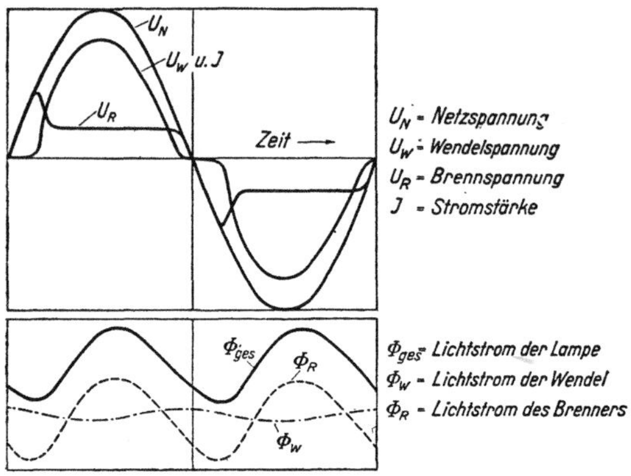

Abb. 1. Oszillogramm der elektrischen und lichttechnischen Augenblickswerte einer Quecksilbermischlichtlampe.

Für die praktische Anwendung eines mit einer Glühwendel in Reihe geschalteten Hochdruckbrenners ist beim Wechselstrombetrieb die Stabilität der Entladung gegenüber durch Schaltvorgänge verursachten kurzzeitigen Netzspannungsabsenkungen von größter Bedeutung, da beim Unterschreiten eines bestimmten Spannungswertes die Entladung erlischt. Bei diesem ausgezeichneten Wert, der Löschspannung genannt wird, erreicht die Wiederzündspitze gerade den Scheitelwert der Netzspannung. Da die Wiederzündspitze bei einer Netzspannungsabsenkung infolge der damit verbundenen Verringerung der Steilheit des Spannungsanstieges und der Abnahme der Stromstärke ansteigt, ist die Löschspannung stets größer als die Wiederzündspannung bei normaler Netzspannung. In Abb. 2 ist die Löschspannung U_L in Abhängigkeit von der Brennspannung U_R für verschiedene Stromstärken dargestellt. Schreibt man, wie bei Entladungslampen für 220 V üblich, eine Löschspannung von höchstens 180 V vor, so ergibt sich aus der Abbildung, daß z. B. bei einer Lampe mit einer Stromstärke von 1,2 A die Brennspannung der Entladung unter 90 V liegen muß.

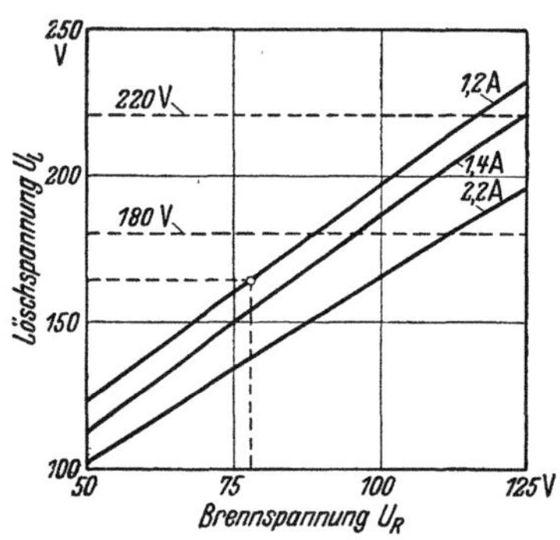

Abb. 2. Löschspannung U_L in Abhängigkeit von der Brennspannung U_R des Hochdruckbrenners bei verschiedenen Stromstärken.

b) Bei der Anpassung der Glühwendelbelastung an die Betriebseigenschaften des Hochdruckbrenners muß in erster Linie die Überlastung der Glühwendel während des Anlaufvorganges des Brenners berücksichtigt werden. Beim Einschalten des Brenners aus erkaltetem Zustande heraus bildet sich zuerst eine Quecksilberniederdruckentladung mit einer Brennspannung von etwa 15 V. Durch den Stromdurchgang und durch die Aufheizung von seiten der Glühwendel wird die abgemessene Quecksilberfüllung schnell verdampft. Die Brennspannung steigt entsprechend dem Dampfdruck an und erreicht nach etwa einer Minute den endgültigen Betriebszustand. An der Glühwendel liegt während des Anlaufvorganges eine merklich über dem Betriebswert liegende Spannung. Die Stromstärke hat dabei unmittelbar nach dem Einschalten den größten Wert und sinkt dann anschließend nach Maßgabe des Brennspannungsanstieges auf

[1] J. KERN: Z. Phys. Bd. 114 (1939) S. 552; s. a. dies. Bd. S. 118.

den Betriebswert ab (Abb. 3). Bei der Bemessung der Lebensdauer der Glühwendel muß diese Überlastung während des Anlaufvorganges berücksichtigt werden. Dazu wird die Funktion $I_a/I_0 = f(t)$ umgerechnet in die Funktion $V = f(t)$, wo V definiert wird durch die Beziehung

$$V = \frac{L_0}{L_a} = \left(\frac{I_a}{I_0}\right)^{28}.$$

I_a ist die Anlauf-, I_0 die Betriebsstromstärke, L_a und L_0 sind die diesen Werten entsprechenden Lebensdauern der Glühwendel. In Abb. 3 sind die V-Werte für das vorliegende Beispiel eingetragen. Für die weitere Berechnung ist es zweckmäßig, den über eine Minute gemittelten Wert $\overline{V}$ zu benutzen. In unserem Falle ergibt er sich zu $\overline{V} = 56$, d. h. die Wendel wird eine Minute lang so belastet, daß derselbe Teil seiner natürlichen Lebensdauer abläuft wie während einer normalen Belastung von 56 min.

Diese Überlastung während des Anlaufvorganges muß nun durch eine entsprechend bemessene Unterlastung im Betriebszustand wieder ausgeglichen wer-

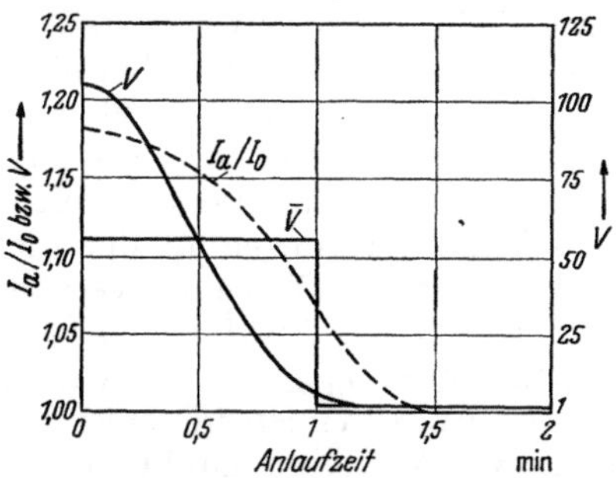

Abb. 3. Verhältnis von Anlauf- zu Betriebsstromstärke I_a/I_0 und Verkürzungsfaktor V während des Anlaufvorganges einer Quecksilbermischlichtlampe; $\overline{V}$ = Verkürzungsfaktor gemittelt über 1 min.

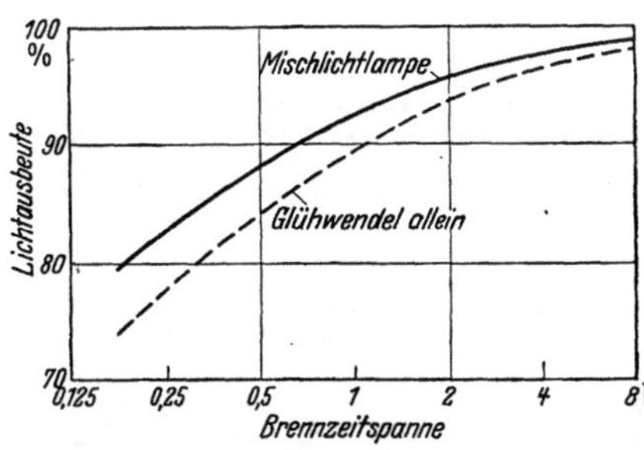

Abb. 4. Lichtausbeute der Glühwendel und der Mischlichtlampe in Abhängigkeit von der Brennzeitspanne zwischen zwei Schaltungen. Gesamtlebensdauer 2000 Stunden.

den. Der Betrag der Unterlastung richtet sich nach der Länge der Brennzeitspanne zwischen 2 Schaltungen der Lampe. Je kürzer die Zeitspanne ist, desto größer muß die ausgleichende Unterlastung ausfallen. Das Ergebnis der Berechnung der Abnahme der Lichtausbeute, bezogen auf die Lichtausbeute einer Glühwendel mit einer normalen Lebensdauer von 2000 Stunden ohne eine Zwischenschaltung, in Abhängigkeit von der Größe der Brennzeitspanne ist für einen gemittelten Verkürzungsfaktor $\overline{V} = 56$ in Abb. 4 wiedergegeben. Die Lichtausbeute liegt für die vollständige Mischlichtlampe stets höher als für die Glühwendel allein, weil der vom Hochdruckbrenner herrührende Beitrag des Lichtstromes unverändert bleibt. Für eine mittlere Brennzeitspanne von 2 Stunden, die wohl für die meisten Anwendungsfälle gelten kann, muß danach die Lichtausbeuteverminderung etwa 5% betragen. Die mittlere Lebensdauer der Glühwendel wurde der Lebensdauer des Hochdruckbrenners von 2000 Stunden angeglichen.

c) Die Abstimmung der lichttechnischen Daten der beiden Lichtquellen erfolgte unter Berücksichtigung der Forderung nach Tageslichtähnlichkeit sowie nach einer noch ausreichenden Lichtausbeute des Mischlichtes. Die beste Tageslichtähnlichkeit der Mischung von Quecksilber- und Glühlampenlicht sollte erreicht werden, wenn der Rotgehalt[1] des Mischlichtes gleich dem Rotgehalt

[1] Unter dem „Rotgehalt" wird hier der Anteil des hinter einem strengen Rotfilter (RG 1 von SCHOTT) gemessenen Lichtstromes roten Lichtes am gesamten Lichtstrom verstanden.

des Tageslichtes ist. Bei Verwendung einer Glühwendel mit einem Rotgehalt r_W und eines Hochdruckbrenners mit einem Rotgehalt r_{Hg} errechnet sich der Glühwendellichtstromanteil b bei einem Rotgehalt des Mischlichtes $r_{ges.}$ aus der Beziehung:

$$b = \frac{r_{ges.} - r_{Hg}}{r_W - r_{Hg}} \cdot 100\,\%.$$

In Abb. 5 ist b in Abhängigkeit von r_{Hg} für verschiedene Werte von $r_{ges.}$ von 8 bis 14% unter Zugrundelegung eines von der Belastung annähernd unabhängigen Rotgehaltes des Glühwendellichtes von 25% dargestellt. Bei einem Rotgehalt des hier verwendeten Hochdruckbrenners von etwa 1% muß also für einen dem Tageslicht entsprechenden Rotgehalt von 12% des Mischlichtes der Glühwendellichtstromanteil $b = 46\%$ sein, d. h. das Mischungsverhältnis des Quecksilberlichtstroms zum Glühwendellichtstrom muß etwa 1 : 1 betragen. Dieser Wert steht im Einklang mit den praktischen Erfahrungen in der Lichttechnik. Für dieses Mischungsverhältnis errechnet sich die Lichtausbeute einer Mischlichtlampe $\eta_{ges.}$ bei Verwendung eines Hochdruckbrenners mit einer Lichtausbeute η_{Hg} und einer Glühwendel mit einer Lichtausbeute η_W aus der Beziehung:

$$\eta_{ges.} = 2 \cdot \frac{\eta_{Hg} \cdot \eta_W}{\eta_{Hg} + \eta_W}.$$

In Abb. 6 ist $\eta_{ges.}$ in Abhängigkeit von η_{Hg} für verschiedene $\eta_W = 13 \cdots 17$ Hlm/W dargestellt. Eine Mischlichtlampe, bestehend aus einem Hochdruckbrenner mit $\eta_{Hg} = 40$ Hlm/W und einer Glühwendel mit $\eta_W = 15$ Hlm/W, hat also eine Lichtausbeute von $\eta_{ges.} = 22$ Hlm/W. Aus dem Kurvenverlauf ist ersichtlich, daß mit steigender Lichtausbeute des Hochdruckbrenners die Lichtausbeute der Glühwendel den überwiegenden Einfluß auf die Gesamtlichtausbeute gewinnt.

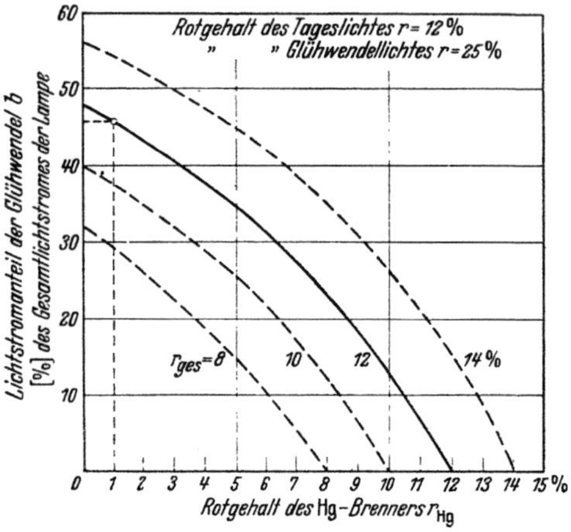

Abb. 5. Lichtstromanteil der Glühwendel b in Proz. des Gesamtlichtstromes einer Mischlichtlampe in Abhängigkeit vom Rotgehalt des Hochdruckbrenners r_{Hg} bei einem Rotgehalt des Glühwendellichtes von 25%. Parameter der Rotgehalt des Gesamtlichtstromes $r_{ges.}$.

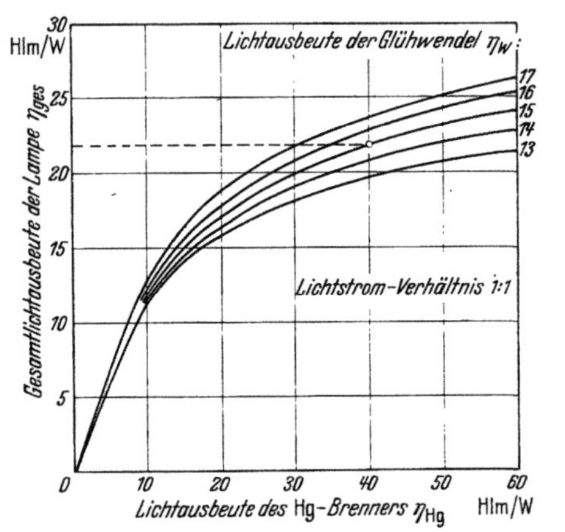

Abb. 6. Gesamtlichtausbeute einer Mischlichtlampe $\eta_{ges.}$ in Abhängigkeit von der Lichtausbeute des Hochdruckbrenners η_{Hg} für ein Lichtstromverhältnis von 1 : 1 des Lichtes der Glühwendel und des Brenners. Parameter die Lichtausbeute der Glühwendel.

3. Aufbau und Betriebseigenschaften der neuen Mischlichtlampe.

Die Auswertung der erörterten Unterlagen führte zu der Gestaltung der im folgenden beschriebenen Quecksilbermischlichtlampe mit einem Lichtstrom von 5500 Hlm.

a) Der Aufbau der neuen Lichtquelle ist auf dem Lichtbild der Lampe in Abb. 7 zu erkennen. Der hier klare Außenkolben ist üblicherweise innenmattiert, um die Blendung herabzusetzen und eine gute Durchmischung der Lichtanteile der beiden Lichtquellen zu bewirken. Der Kolben besteht aus einem besonderen, die Ultraviolettstrahlung des Hochdruckbrenners absorbierenden Glas. Der Hochdruckbrenner ist aus Quarzglas, er entspricht etwa den Brennern der vor einigen Jahren auf dem Markt erschienenen Quecksilberdampflampen für Beleuchtungszwecke. Die dem Hochdruckbrenner vorgeschaltete Wolframwendel ist eine normale Einfachwendel, wie sie in gasgefüllten Nitralampen verwendet wird. Sie ist in gleicher Höhe mit dem in der Kolbenachse angeordneten Brenner angebracht und umschließt ihn in geringem Abstande, um eine ausreichende Mischung der Lichtanteile zu gewährleisten. Die äußeren Abmessungen entsprechen denen der üblichen 300 W-Glühlampe.

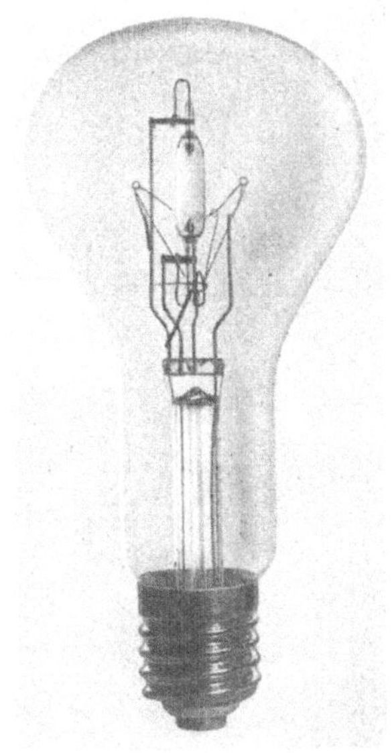

Abb. 7. Die neue Quecksilbermischlichtlampe für 5500 Hlm. Gesamtlänge der Lampe 233 mm.

b) Die Anlaufkennlinien des Lichtstromes der Lampe, der Wendel und des Hochdruckbrenners, sowie der Stromstärke sind in Abb. 8 dargestellt. Der Lichtstrom der Lampe sinkt von etwa 130% nach dem Einschalten auf den Wert im Betriebszustand ab. In der ersten Hälfte des Anlaufvorganges rührt er fast ausschließlich von der überlasteten Glühwendel her. In der zweiten Hälfte tritt in steigendem Maße der Lichtstrom des Brenners hinzu, bis nach etwa einer Minute nach Erreichen eines Lichtstromverhältnisses 1 : 1 der Anlaufvorgang beendet ist.

c) Die elektrischen Betriebsdaten der Lampe müssen bei Wechselstrombetrieb wegen der besonderen Kurvenform von Strom und Spannung Korrekturen[1] unterworfen werden, da die Meßinstrumente auf sinusförmige Ströme bzw. Spannungen geeicht sind. Zwischen den Meßwerten gelten im vorliegenden Falle folgende Beziehungen:

$$U_N = U_W + 0{,}84 \cdot U_R,$$
$$N_{\text{ges.}} = 0{,}975 \cdot U_N \cdot I = N_W + N_R,$$
$$N_W = I \cdot U_W,$$
$$N_R = 0{,}76 \cdot I \cdot U_R.$$

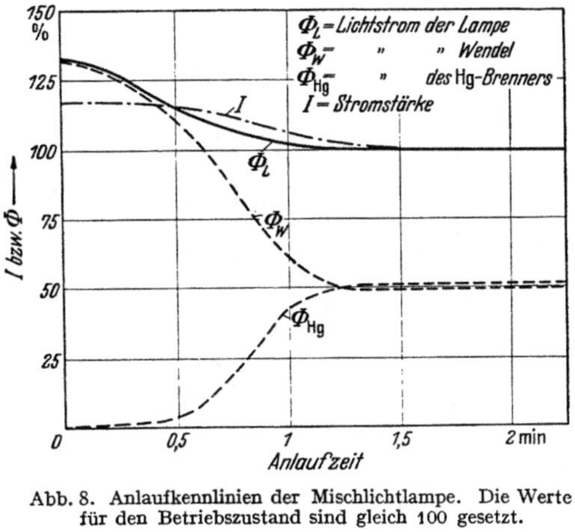

Abb. 8. Anlaufkennlinien der Mischlichtlampe. Die Werte für den Betriebszustand sind gleich 100 gesetzt.

Die Größe dieser Korrektionsfaktoren ist natürlich von der Kurvenform abhängig, die durch die Abmessungen und die elektrischen Betriebswerte des Brenners bestimmt wird.

Im Betriebszustand hat die Lampe an einer Netzspannung von 220 V folgende Daten:

Leistungsaufnahme der Lampe	$N_{\text{ges.}}$	=	255 W
„ des Brenners	N_R	=	70 W
„ der Glühwendel	N_W	=	185 W
Spannung am Brenner	U_R	=	78 V
„ an der Glühwendel	U_W	=	156 V

[1] H. Ewest u. E. O. Seitz: Licht u. Lampe Bd. 21 (1932) S. 234.

Stromstärke	I	=	1,19 A
Lichtstrom der Lampe	$\Phi_{ges.}$	=	5500 lm
„ des Brenners	Φ_R	=	2800 lm
„ der Glühwendel	Φ_W	=	2700 lm

d) Die relative Änderung der elektrischen und lichttechnischen Betriebsdaten der Lampe bei Netzspannungsschwankungen im Bereich von 200 bis 240 V ist in Abb. 9 wiedergegeben. Da die Spannung des Hochdruck-

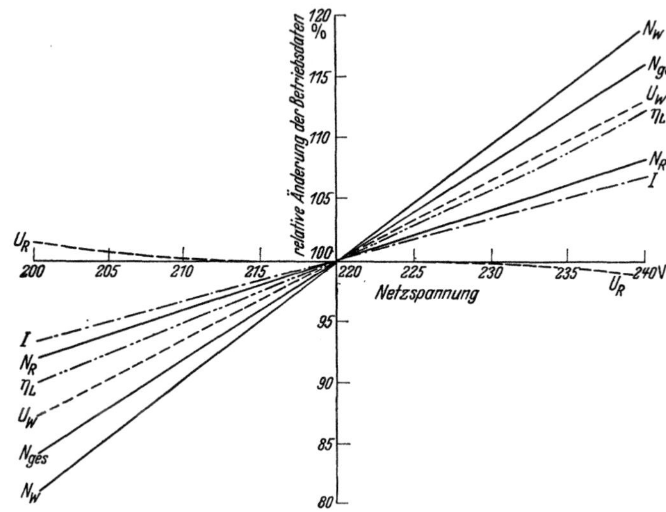

Abb. 9. Kennlinien der Mischlichtlampe bei Änderung der Netzspannung.

brenners bei Änderung der Netzspannung nahezu konstant bleibt, wirkt sich diese fast ausschließlich auf die elektrischen Werte der Glühwendel aus. Die Löschspannung der Lampe liegt unter 170 V (Abb. 2).

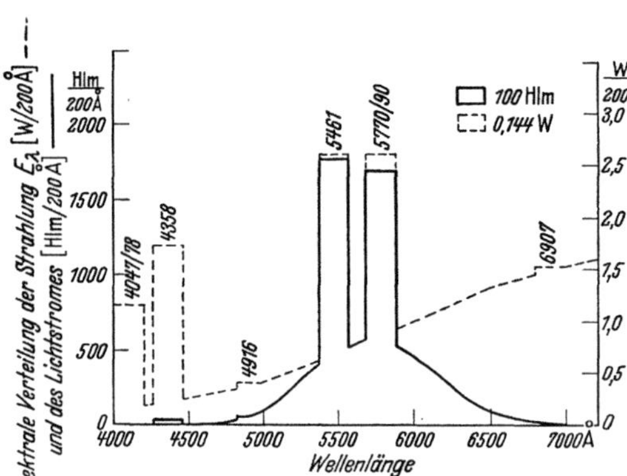

Abb. 10. Energie- und Lichtverteilung im Spektrum der Quecksilbermischlichtlampe. Die dargestellten Flächen sind ein Maß für die spektralen Strahlungsflüsse bzw. Lichtströme.

e) Das Spektrum der Mischlichtlampe setzt sich im sichtbaren Gebiet zusammen aus der kontinuierlichen Temperaturstrahlung der Glühwendel und dem überwiegend diskontinuierlichen Linienspektrum der Quecksilberhochdruckentladung. In Abb. 10 ist die Energie- und Lichtverteilung im Spektrum schematisch dargestellt. Die intensiven Linien des Hochdruckspektrums im blauen und violetten Spektralgebiet geben infolge der geringen Augenempfindlichkeit nur einen verschwindenden Beitrag zum Gesamtlichtstrom, sie haben jedoch auf die Farbwirkung des Mischlichtes einen großen Einfluß. Das Licht der Lampe besitzt, verglichen mit dem Tageslicht, nach dem Fünf-Filter-Verfahren der Farbbewertung[1] im roten,

[1] M. RICHTER: Licht Bd. 6 (1936) S. 223. — W. OLBERS: Licht Bd. 10 (1940) S. 229 u. 255.

grünen und violetten Spektralgebiet den gleichen, im blauen einen geringeren und im gelben einen größeren Anteil am Gesamtlichtstrom (s. Abb. 11).

Der stroboskopische Effekt ist im Lichte der Mischlichtlampe gegenüber dem reinen Quecksilberlicht stark vermindert, weil zu dem entsprechend dem Entladungsstrom stark schwankenden Lichtstrom des Hochdruckbrenners der infolge der Wärmeträgheit des Glühdrahtes nur wenig schwankende Lichtstrom der Glühwendel hinzukommt (Abb. 1).

Die Anwendungsgebiete der neuen Lampe liegen da vor, wo eine tageslichtähnliche Beleuchtung mit hohem Lichtstrombedarf verlangt wird. Dabei wird bei der Beleuchtung von Werkstätten und Zeichensälen neben der Vermeidung

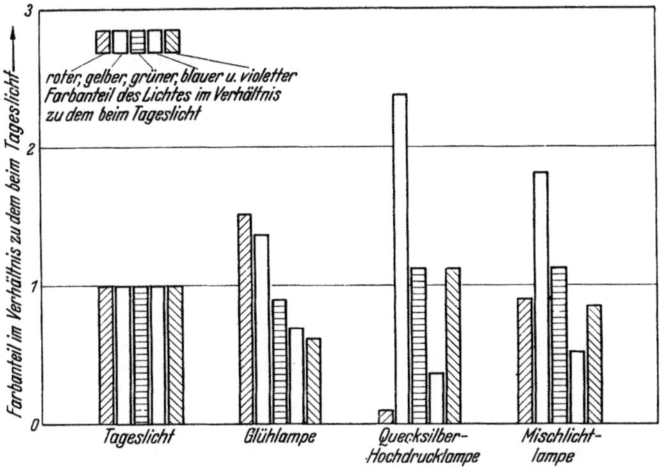

Abb. 11. Die Farbanteile des Lichtes der Glühlampe, der Quecksilberhochdrucklampe und der Quecksilbermischlichtlampe im Verhältnis zu den entsprechenden Farbanteilen beim Tageslicht.

des Zwielichtes die besondere Eignung des Mischlichtes für die Ausführung feiner Arbeiten ausgenutzt. Diese Eigenschaften machen das Mischlicht an vielen Stellen der Rüstungsindustrie zu einem unentbehrlichen Hilfsmittel. Im Vergleich zu den bisherigen Mischlichtanlagen erfüllt die neue Lampe durch den Wegfall der Drossel aus Eisen und Kupfer und einer besonderen Leuchte, durch die Erhöhung des Leistungsfaktors und die Ersparnis an Leitungsmaterial sehr weitgehend die Forderungen der Kriegswirtschaft.

Zusammenfassung.

Es wird gezeigt, wie durch Zusammenbau eines Hochdruckbrenners und einer Glühwendel zu einer Lampeneinheit eine neue Lichtquelle für Allgemeinbeleuchtung gestaltet werden kann, welche die für den praktischen Gebrauch gestellten Anforderungen in weitgehendem Maße befriedigt. Die Vorteile, die Gesichtspunkte für den Aufbau und die Betriebseigenschaften wurden im einzelnen beschrieben. Die neue Lichtquelle ist für ein weites Anwendungsgebiet der Innenraum- und Außenbeleuchtung vorgesehen.

Fortschritte im Bau und in der Anwendung von Quecksilberhochdrucklampen[1].

Von

E. SUMMERER.

Von den ersten Versuchslampen, Probeanlagen und den früheren Sonderlichtquellen ähnlicher Art abgesehen, haben die Quecksilberhochdrucklampen für Allgemeinbeleuchtung Ende des Jahres 1933 ihren Eingang in die Beleuchtungstechnik gefunden. Seit dieser Zeit haben diese Lampen fast jedes Beleuchtungsgebiet erobert und dank ihren Eigenschaften bereichert. Auch die Lampenherstellung hat nicht unbeträchtliche Fortschritte gemacht, die am besten in der geringen Streuung bei der Herstellung dieses Massenproduktes zum Ausdruck kommen, die sich etwa innerhalb derselben Grenzen hält wie bei der Glühlampenherstellung. Die Verbesserungen in den Betriebswerten der Lampe gibt folgende Tabelle wieder:

Type	Leistung der Lampe allein W	Leistung der Lampe einschl. Drossel W	Stromstärke A	Spannung an der Lampe V	Lichtstrom Hlm	Lichtausbeute der Lampe allein Hlm/W	Licht ausbeute gesamt Hlm/W
			1933				
HgH 1000 . .	250	275	2,6	115	10000	40	36
HgH 2000 . .	500	550	4,5	120	20000	40	36
			1936				
HgH 300 . .	90	100	0,93	120	3300	37	33
HgH 500 . .	140	150	1,2	130	5500	39	37
HgH 1000 . .	265	280	2,2	130	11000	42	39
HgH 2000 . .	450	475	3,7	130	22000	49	46
			1937				
HgQ 300 . .	75	83	0,7	125	3300	44	40
HgQ 500 . .	120	130	1,1	125	5500	46	42
HgH 1000 . .	265	280	2,2	130	11000	42	39
HgH 2000 . .	450	475	3,6	130	22000	49	46

In der Zeitspanne zwischen 1933 und 1936 gelang es also, die Lichtausbeute der beiden Typen HgH 1000 und 2000 von 36 auf 39 bzw. von 36 auf 46 Hlm/W zu steigern. Es wurden ferner 2 kleinere Typen, HgH 300 und 500 geschaffen, die trotz Verwendung eines Glasentladungsrohres nahezu die gleiche Lichtausbeute besaßen. Einen weiteren Fortschritt bewirkte der Übergang zu einem Quarzentladungsgefäß, nachdem die Frage der Quarzverarbeitung geklärt war.

Eine neue Lampenreihe entstand durch die Ausnutzung der langwelligen Ultraviolettstrahlung der Quecksilberhochdruckentladung für photochemische und Fluoreszenzzwecke. Während die Lampen für Allgemeinbeleuchtungszwecke einen Außenkolben besitzen, der jegliches kurzwellige und auch das mittelwellige Ultraviolett absorbiert, läßt der Außenkolben dieser Lampen neben einem kleinen Teil des mittelwelligen das langwellige Ultraviolett praktisch ungeschwächt hindurch. Mit gleichen elektrischen und lichttechnischen Daten wie die Lampen für Allgemeinbeleuchtung stehen von den Lampen dieser Art die Typen HQS 300 und HQS 500, HgHS 1000 und HgHS 5000 zur Verfügung. Die letztere Lampe entspricht der größten Quecksilberhochdrucklampe für Beleuchtungs-

[1] Auszug aus Licht Bd. 6 (1936) S. 82 mit Ergänzungen.

zwecke HgH 5000 mit 1000 W Lampenleistung, 1060 W Gesamtleistung und 55000 Hlm, deren Betriebsstrom 8 A bei einer Brennspannung der Lampe von 130 V beträgt. Bezogen auf das UV-Normal (= 250 Einheiten gesetzt) hat die HQS 300 im langwelligen UV von 350 bis 410 mμ einen Strahlungsfluß von 90, die HQS 500 von 160, die HgHS 1000 von 190, die HgHS 5000 von 1050 UV-Einheiten.

Bei der Verwendung dieser Lampen für Fluoreszenzaufgaben stört die sichtbare Strahlung, die durch Vorschalten von Schwarzglasfiltern bei einem Einbau der Lampen in lichtdichte Leuchten weggenommen werden muß. Durch die Schaffung von Violettglaslampen HQV 300, HQV 500 und HQV 1000, also durch den Gebrauch von Außenkolben aus UV-durchlässigem Violettglas konnte die Anwendung vereinfacht werden. Bei einem Lichtstrom unter 1 lm ist die UV-Leistung dieser Violettglaslampen fast gleich der der vorerwähnten Sonderlampen.

Alle Quecksilberhochdrucklampen für Allgemeinbeleuchtungszwecke einschließlich der Sondertypen sind für den Betrieb an 220 V Wechselstrom gebaut. Ein Betrieb an Gleichstrom setzt die Vorschaltung eines Widerstandes voraus, der einen starken Energieverlust und damit eine starke Herabsetzung der Lichtausbeute bewirkt, so daß der Gleichstrombetrieb für normale Fälle keine Bedeutung hat. Trotzdem wurde für Sonderaufgaben in jüngster Zeit eine Gleichstromlampe entwickelt, die in ihrer Leistung der Sonderlampe HQS 500 entspricht. Unter Vorschaltung von 85 Ω Widerstand nimmt diese Lampe HQS 503 eine Leistung von etwa 130 W auf und gibt eine Licht- und UV-Strahlung ähnlich der HQS 500.

Der Bau dieser verschiedenen Reihen von Quecksilberhochdrucklampen führte zu einer starken Bereicherung der Anwendung in der praktischen Beleuchtungstechnik. Während das farbige Licht der Hochdrucklampen zunächst als Nachteil empfunden werden konnte, zeigte die Entwicklung der Industriebeleuchtung, daß gerade durch das farbige Licht der Quecksilberhochdrucklampe beleuchtungstechnische Vorteile bei der Prüfung von Metalloberflächen und bei der Unterscheidung bestimmter Farben erzielt werden konnten. Durch Zumischen von Glühlampenlicht entstand das sog. Mischlicht[1], das mit seiner tageslichtähnlichen Lichtfarbe unangenehme Zwielichterscheinungen bei der Beleuchtung der verschiedensten Räume vermeiden hilft. Sowohl bei der Beleuchtung von Straßen als auch von Werkstätten, Büros, Läden, Schaufenstern hat sich das Quecksilbermischlicht durchgesetzt. Die Violettglaslampen einschließlich der Gleichstrom-Quecksilberhochdrucklampe genügen den Anforderungen auf dem Gebiete der Fluoreszenzanwendung, die andererseits durch die Schaffung von auf die verschiedensten Anforderungen abgestimmten Leuchtstoffen gefördert wurde. Besondere Untersuchungen zeigten, daß bei der Planung von Beleuchtungsanlagen mit Leuchtstoffen mit den gleichen lichttechnischen Erfahrungswerten und Gesetzmäßigkeiten gerechnet werden kann, daß vor allem in den praktisch vorkommenden Bereichen die Leuchtdichte der Leuchtstoffe proportional mit der Bestrahlungsstärke zunimmt. Zur Beeinflussung photochemischer Vorgänge haben sich die HQS-Lampen mit ihrer relativ hohen UV-Ausbeute bewährt, deren Strahlung im Absorptionsbereich verschiedener wichtiger chemischer Vorgänge liegt (z. B. Pauswirkung, Lichtechtheitsuntersuchungen). Hierzu war auch der Bau einer noch kleineren Hochdrucklampe mit etwa 40 W Leistungsaufnahme notwendig, die, mit normalem Außenkolben ausgerüstet, auch im Bergbau unter Tage für den Betrieb an Preßluftgeneratoren Eingang gefunden hat.

[1] Über die lampentechnisch und in ihrer Anwendung bedeutungsvolle Entwicklung der Mischlicht- und Leuchtstofflampen siehe die Arbeiten auf S. 15, 26 und 39 dieses Bandes.

Quecksilberhochdrucklampen mit mehreren Entladungsbögen[1].

Von

J. Kern und H. Krefft.

Mit 9 Abbildungen.

Die Aufgabe, eine Hochdrucklampe hoher Leuchtdichte mit ungefähr quadratischer Gestalt der leuchtenden Fläche herzustellen, wurde dadurch gelöst, daß zwei und mehr Lichtbögen in geringem Abstand voneinander angeordnet wurden. Bei diesen Mehrelektrodenhochdrucklampen befinden sich um den Lichtschwerpunkt drei oder mehr feste Glühelektroden (Abb. 1). Werden diese Elektroden in geeigneter Weise mit Strom versorgt, so entsteht bei geringem Elektrodenabstand von einigen Millimetern und hohem Dampfdruck von z. B. 50 at eine Lichtquelle hoher Leuchtdichte, die den mit großer Leistungszufuhr gespeisten Raum zwischen den Elektroden zum großen Teil ausfüllt.

Es bestehen nun viele Möglichkeiten sowohl hinsichtlich der Zahl der Elektroden als auch der Art der Schaltung der Elektroden an die Spannungsquelle. Außerdem findet, wie die Versuche gezeigt haben, eine in manchen Fällen verwickelte gegenseitige Beeinflussung der entstehenden Entladungsbögen statt. Die Untersuchungen zeigten jedoch, daß das Verhalten solcher Entladungen auf einfache Grunderscheinungen zurückgeführt werden kann, deren Kenntnis das Verhalten der Entladungen in jedem besonderen Falle überschauen läßt.

Betrieb mit Gleich- und Wechselspannung.

Legt man zunächst nach Abb. 1 an je zwei nebeneinanderliegende Elektroden Spannung[2] an, so erhält man zwei nebeneinander verlaufende Entladungsbögen (Abb. 2). Bei großem Abstand der beiden Bögen ist zwischen diesen noch ein dunkles Gebiet vorhanden, das um so mehr an der Lichtemission teilnimmt, je mehr die beiden Bögen einander genähert werden. Man erhält so eine schon recht gut ausgeleuchtete, fast quadratische Leuchtfläche. Bei zu großer Annäherung der beiden Elektrodenpaare, wenn also die Lichtbögen lang sind im Verhältnis zum Abstand der Elektrodenpaare, vereinigen sich die beiden Bögen zu einem einzigen Bogen. Diese Vereinigung hat zwar eine Erhöhung der Leuchtdichte zur Folge, das Verhältnis von Länge zur Breite des Bogens hat sich aber nur unwesentlich verbessert, wenn auch der Bogen etwas verbreitert wird. Man wird also die Elektroden in solcher Entfernung voneinander anordnen, daß die beiden Bögen eng nebeneinander liegen. Bei Verdoppelung des Lichtstromes ist dann die Lichtbogengestalt nahezu quadratisch.

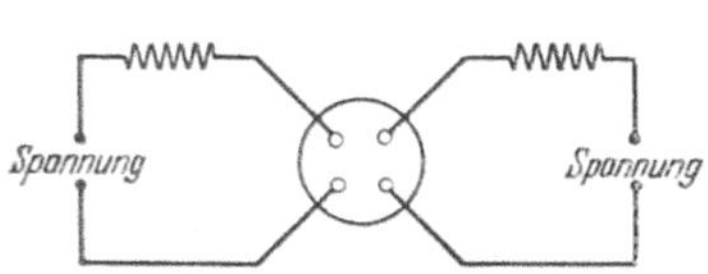

Abb. 1. Schaltung einer 4poligen Mehrelektrodenlampe, bei der jede der beiden Spannungen an zwei nebeneinanderliegende Elektroden geführt ist.

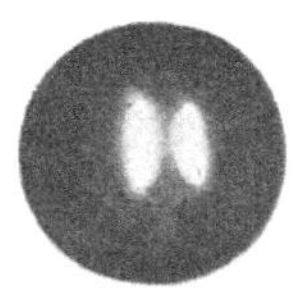

Abb. 2. Entladungsbild einer 4poligen Mehrelektrodenlampe bei Schaltung nach Abb. 1.

[1] Verkürzter Abdruck der in Z. techn. Phys. Bd. 19 (1938) S. 355 erschienenen Arbeit.

[2] Die beiden Spannungsquellen sollen sowohl bei dieser Schaltung als auch bei Schaltung nach Abb. 5 als elektrisch voneinander getrennt gedacht werden, da es die Betrachtung erleichtert. Einfache praktische Schaltungen werden an anderer Stelle mitgeteilt.

Es gelingt nun, die Leuchtdichteverteilung noch gleichmäßiger zu gestalten, indem man einen dritten Lichtbogen über eine Diagonale des von den Elektroden gebildeten Vierecks erzeugt. Das läßt sich z. B. durch die in Abb. 3 angegebene Schaltung erreichen, in der die drei Sekundärwicklungen des Transformators unter Vorschaltung der Drosseln mit den Elektroden verbunden sind.

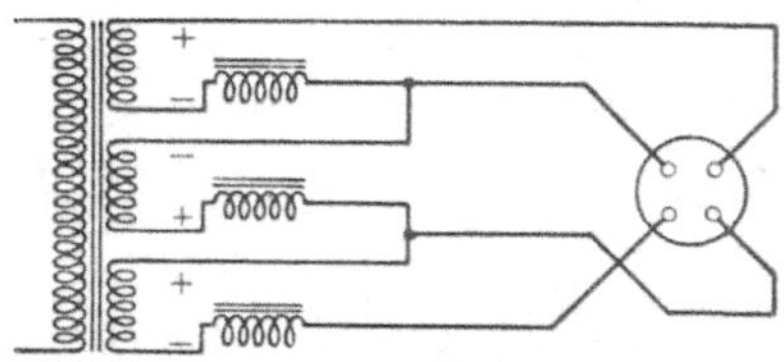

Abb. 3. Schaltung einer 4 poligen Mehrelektrodenlampe zur Erzeugung von drei Entladungsbögen. N-förmige Entladung (vgl. Abb. 4).

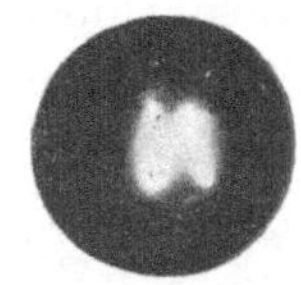

Abb. 4. Entladungsbild einer 4 poligen Mehrelektrodenlampe bei Schaltung nach Abb. 3.

Abb. 4 zeigt eine solche N-förmige Entladung. Bei geeigneter Anordnung der Elektroden und hohem Druck vereinigen sich die drei entstehenden Bögen zu einer einzigen, etwa quadratischen Leuchtfläche. Die einzelnen Entladungsbögen sind nicht mehr voneinander zu unterscheiden.

Einen vierten Lichtbogen über die zweite Diagonale zu legen, ist nun nicht ohne weiteres möglich, wie sich aus den nachfolgend beschriebenen Versuchen ergibt.

Betrieb mit phasenverschobenen Wechselspannungen.

In den bisher gezeigten Fällen wurden die Elektroden in solcher Weise an die Stromquelle angeschlossen, daß die Entladungsbögen nebeneinander lagen. Man kann nun nach Abb. 5 die Spannungen auch an die in der Diagonale gegenüberliegenden Elektroden führen, so daß sich die Lichtbögen durchkreuzen müßten. Wird eine der beiden Spannungen allein eingeschaltet, so entsteht ein Entladungsbogen über die zugehörige Diagonale. Schaltet man aber beide Stromkreise ein, so sollte man zunächst erwarten, daß zwei sich durchkreuzende Lichtbögen entstehen. Das ist jedoch nicht der Fall. Vielmehr entstehen zwei Entladungsbögen über die Seiten (etwa von *1* nach *1'* und von *2* nach *2'* in Abb. 5). Nach den bisherigen Versuchen gelang es nicht, zwei Hochdruckbögen so zu betreiben, daß sie sich durchschneiden. Verfolgt man den Stromkreis, so sieht man, daß die beiden elektrisch voneinander getrennten Stromkreise sich in Reihe geschaltet haben, und zwar so, daß die Spannungen der beiden Stromquellen sich addieren. Je nach der Polarität entstehen also zwei in waagerechter oder in senkrechter Richtung parallel verlaufende Lichtbögen.

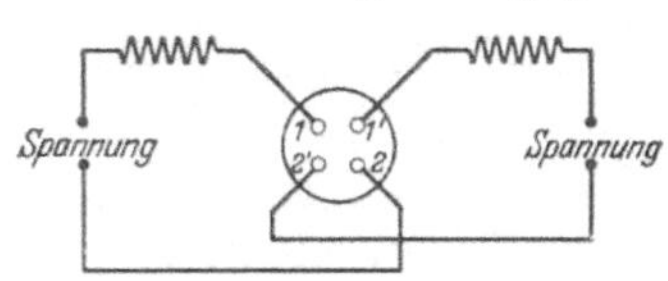

Abb. 5. Schaltung einer 4 poligen Mehrelektrodenlampe, bei der jede der beiden Spannungen an zwei diagonal gegenüberliegende Elektroden geführt ist.

Genauere Untersuchungen der Frage, warum sich zwei Hochdruckbögen nicht durchkreuzen, sind noch nicht angestellt worden. Daß der Entladungsweg über die beiden Seiten kürzer ist als über die beiden Diagonalen, ist unseres Erachtens keine genügende Begründung. Vielmehr scheint die verschiedene Bewegungsrichtung der Entladungsträger eine Rolle zu spielen, wie sich z. B. aus folgendem Versuch ergibt. Schaltet man nach Abb. 1, wie oben ausgeführt, so bekommt man nur dann zwei senkrecht verlaufende Bögen nach Abb. 2, wenn die Polarität der beiden oberen bzw. der beiden unteren Elektroden gleich ist. Anderenfalls schalten sich hier schon, obwohl die beiden Bögen sich nicht zu durchkreuzen brauchen, die beiden Stromkreise in Serie, sobald die beiden Bögen in eine ausreichende Nähe gekommen sind. Es entstehen dann zwei horizontal verlaufende Bögen. Bei größeren Elektrodenabständen, bei denen die verschiedene Bewegungsrichtung der Entladungsträger zu gegenseitigen Störungen offenbar keinen Anlaß geben kann, findet die Hintereinanderschaltung auch nicht statt.

Das bisher beschriebene Verhalten mehrerer Entladungsbögen gilt für den Betrieb sowohl mit Gleichstrom als auch mit Wechselstrom. Bei Wechselstrom besteht jedoch noch die Möglichkeit, die Phase der beiden z. B. nach Abb. 5 geschalteten Spannungen gegeneinander zu verschieben. Abb. 6e zeigt eine Aufnahme einer solchen Entladung bei 90° Phasenverschiebung der beiden Spannungen. Durch die Phasenverschiebung ist eine gut ausgeleuchtete, kreissymmetrische Leuchtfläche der Lichtquelle erreicht worden.

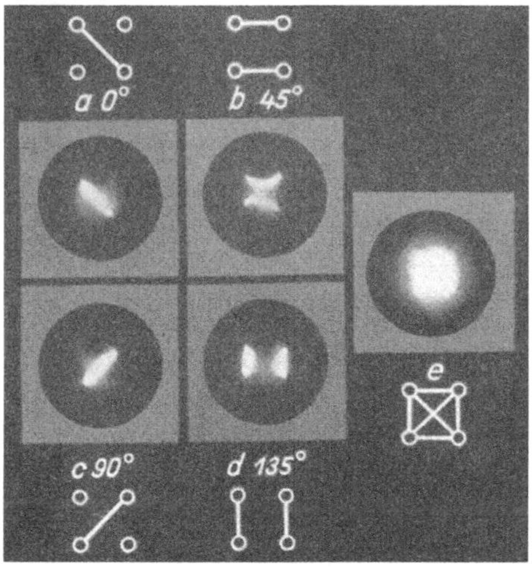

Abb. 6. Gesamtbild (*e*) und zeitliche Folge (*a . . . d*) der Lichtbögen während einer Halbperiode bei 90° Phasenverschiebung der beiden Spannungen bei Schaltung nach Abb. 5.

Das Auge sieht hierbei die Summation einer ganzen Reihe während der Periode zeitlich aufeinanderfolgender Lichtbögen (vgl. Abb. 6a bis d). Zur Erklärung dieses Verhaltens sind in Abb. 7 die beiden um 90° verschobenen sinusförmigen Spannungen dargestellt. Bei der mit *0* bezeichneten Phasenlage ist die Spannung an den Elektroden *1'*, *2'* in Abb. 5 Null, die Spannung an den Elektroden *1*, *2* hat dagegen ihren maximalen Wert. Infolgedessen entsteht ein Lichtbogen von *1* nach *2* (Abb. 6a) über die Diagonale. Beim Phasenwinkel 45° sind beide Spannungen gleich groß. Da sich die Lichtbögen, wie oben ausgeführt, nicht durchkreuzen können, schalten sich die Kreise in Serie und es entstehen Entladungsbögen über die waagerechten Seiten (Abb. 6b). Bei 90° hat die Spannung an den Elektroden *1'*, *2'* ihr Maximum, während die Spannung an den Elektroden *1*, *2* Null ist. Es erfolgt eine Entladung über die andere Diagonale von *1'* nach *2'* (Abb. 6c). Bei 135° sind die Spannungen wieder gleich groß, jedoch hat die eine

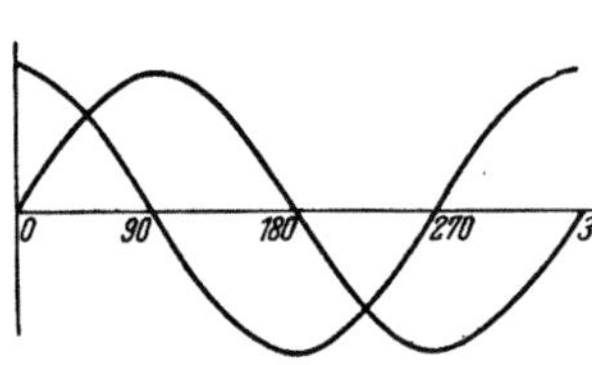

Abb. 7. Zwei um 90° phasenverschobene Sinuskurven. Verlauf der Spannungen an den Elektrodenpaaren *1*, *2* und *1'*, *2'* nach Abb. 5.

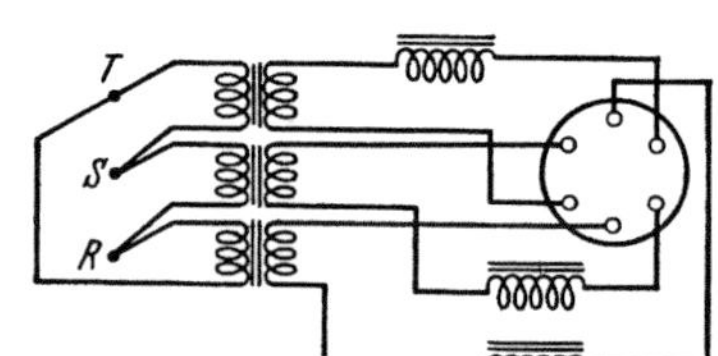

Abb. 8. Schaltung einer 6poligen Mehrelektrodenlampe an einen Drehstromtransformator.

Spannung ihre Polarität gewechselt. Infolgedessen entstehen jetzt Entladungsbögen über die senkrechten Seiten (Abb. 6d). Als Gesamtbild entsteht eine kreisförmige Leuchtfläche hoher Leuchtdichte. Es sei hierbei darauf hingewiesen, daß sich die beiden Stromkreise zweimal in einer Halbperiode in Serie schalten.

Es soll hier noch kurz das Verhalten einer 6poligen Drehstromlampe beschrieben werden, deren Elektroden nach Abb. 8 an die Sekundärklemmen eines Drehstromtransformators angeschlossen sind. Die Phasenverschiebung zwischen den drei Spannungen beträgt also 120°. Abb. 9g zeigt das Gesamtbild, während in Abb. 9a bis f die in einer Halbperiode zeitlich aufeinanderfolgenden Entladungsbögen dargestellt sind, die hier besonders zahlreich sind. Es gehen bei dieser Schaltung sowohl Entladungsbögen zu den benachbarten Elektroden als auch zu den gegenüberliegenden und den um eine Elektrode versetzten über. Die Er-

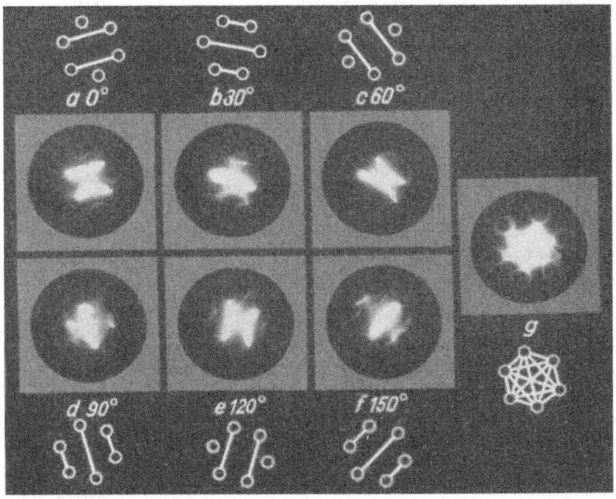

Abb. 9. Gesamtbild (g) und zeitliche Folge (a ... f) der Lichtbögen während einer Halbperiode bei Schaltung nach Abb. 8.

klärung für diese mannigfachen Übergänge läßt sich leicht aus dem Verlauf der drei um 120° verschobenen Wechselspannungen auf ähnliche Weise wie bei der Vierelektrodenlampe geben.

Quecksilberhochdrucklampen mit Leuchtstoffen[1].

Von

H. KREFFT und K. LARCHÉ.

Mit 4 Abbildungen.

Mit der Steigerung des Dampfdruckes auf etwa 5 bis 10 at sind bei den HgQ-Lampen mit Leistungsaufnahmen von 40 bis 120 W, die diesen Dampfdruckbereich ausnutzen, wichtige Vorteile verbunden, da die Lichtausbeute im Vergleich zu den HgH-Lampen um 15 bis 20% erhöht und der Aufbau der Lampen infolge der geringen Abmessungen des aus Quarzglas hergestellten Entladungsrohres vereinfacht wird. Durch das Quarzglas wird ferner der Weg zur Farbverbesserung der Quecksilberentladung durch Strahlungsumwandlung mit Leuchtstoffen praktisch erschlossen.

1. Die Strahlungseigenschaften der Hochdruckentladung in Quecksilberdampf.

Strahlungsmessungen an Hochdrucklampen aus Quarzglas zeigen, daß ein erheblicher Teil der elektrischen Leistung im Ultraviolett ausgestrahlt wird. In einem bestimmten Fall, der mit dem der HgQ-Lampen vergleichbar ist, wurden für die wichtigsten Linien des Hg-Spektrums die in Tab. 1 angegebenen Strahlungsflüsse gemessen.

[1] Verkürzter Abdruck der in der Zeitschrift „Das Licht“ Bd. 8 (1938) S. 133 erschienenen Arbeit.

Mit Hilfe des photometrischen Strahlungsäquivalents (0,00144 W/Hlm) und der spektralen Hellempfindlichkeit des Auges ergeben sich für die Hg-Linien des sichtbaren Bereiches die in Tab. 2 verzeichneten Lichtströme.

Tabelle 1. Spektrale Strahlungsflüsse F_λ (in W) verschiedener Hg-Linien, bezogen auf 100 W vom Bogen aufgenommener elektrischer Leistung.
Rohrdurchmesser (innen): 8 mm, Dampfdruck: 5,3 at, Stromstärke: 1,2 A.

Sichtbarer Bereich		Ultravioletter Bereich			
Wellenlänge	F_λ	Wellenlänge	F_λ	Wellenlänge	F_λ
5770/90	3,6	3650/63	4,8	2894	0,3
5461	4,1	3341	0,4	2804	0,4
4358	2,4	3126/32	2,7	2753	0,15
4047	1,4	3022/26	1,4	2699	0,15
		2967	0,9	2652	1,1

Sichtbare Strahlung: 11,5 W, Ultraviolette Strahlung: 12,3 W.

Tabelle 2.

Wellenlänge Å	Strahlungsfluß W	Spektrale Hellempfindlichkeit	Lichtstrom Hlm
5770/90	3,6	0,888	2210
5461	4,1	0,984	2780
4358	2,4	0,018	30

Da dieser Rechnung eine Leistungsaufnahme des Hg-Bogens von 100 W zugrunde liegt, ergibt sich eine Lichtausbeute von rund 50 Hlm/W*, die mit der unmittelbaren Lichtmessung in guter Übereinstimmung steht. Der etwa ebenso große Strahlungsfluß im Ultraviolett von über 12 W bleibt aber für die Lichterzeugung vollkommen ungenutzt und wird bei den HgQ-Lampen zum überwiegenden Teil im äußeren Kolben absorbiert.

Anstatt nun die Vernichtung der wertvollen UV-Strahlung dem Glas der Lampenhülle zu überlassen, kann diese Wirkung unter gleichzeitiger Erzeugung von Licht einer Leuchtstoffschicht übertragen werden, die sich auf der inneren, dem Quarzglasrohr zugekehrten Seite der Glashülle befindet. Dieser Gedanke liegt den neuen Hochdrucklampen mit Leuchtstoffen zugrunde.

2. Leuchtstoffe mit roter Lichtstrahlung.

Für die Verbesserung der Farbe der Quecksilber-Hochdruckentladung ist es vor allen Dingen notwendig, daß ihr Spektrum im roten Teil ausgefüllt wird. Das kann mit den bekannten Zink-Cadmiumsulfid-Leuchtstoffen oder auch mit den in neuerer Zeit entwickelten rotleuchtenden Silikaten, wie Cadmiumsilikat oder Zink-Berylliumsilikat, aber auch mit Cadmiumborat, bewirkt werden. Die Erregungsempfindlichkeit verläuft für Sulfide und Silikate sehr verschieden. Die Sulfide werden mitunter bereits vom blauen Teil des Spektrums angeregt, haben das Erregungsmaximum im langwelligen Ultraviolett bei 3650 Å und werden im kurzwelligen Ultraviolett wieder unempfindlicher. Die Silikate andererseits werden durch die ultraviolette Strahlung oberhalb etwa 3000 Å nicht mehr zum Leuchten gebracht, dafür sind sie bei kürzeren Wellenlängen empfindlich und hier zur Strahlenumwandlung mit hohem Wirkungsgrad befähigt. Da ein beträchtlicher Teil der ultravioletten Strahlung der Hochdruckentladung im Bereich oberhalb 3000 Å liegt, wurden die neuen Leuchtstofflampen zunächst mit einer Leuchtstoffschicht ausgerüstet, die im wesentlichen aus Zink-Cadmiumsulfiden besteht.

3. Strahlungseigenschaften eines Zink-Cadmiumsulfid-Leuchtstoffes.

Bei Anregung durch ultraviolette Strahlung sendet ein mit Kupfer aktiviertes Zink-Cadmiumsulfid, das etwa 30% Cadmium enthält, rotgelbes Licht aus, dessen

* Dieser Wert ist etwa 10% höher als bei technischen Lampen, da nur die Leistung des Hg-Bogens berücksichtigt wurde, nicht aber der Verlust an den Elektroden. Das Hg-Kontinuum und schwächere Hg-Linien wurden vernachlässigt.

spektrale Energieverteilung in Abb. 1 dargestellt ist. Der visuelle Nutzeffekt[1] dieser Emissionsbande ist 0,46, die Lichtausbeute dieser Strahlung würde sich daher rechnerisch zu 320 Hlm/W ergeben. Da jedoch die Strahlungsumwandlung quantenhaft verläuft, ergibt sich bei Annahme mittlerer Wellenlängen von 3650 Å für die erregende Strahlung und von 6200 Å für das emittierte Licht eine maximale Lichtausbeute von

$$\frac{320 \cdot 3650}{6200} = 188 \text{ Hlm/W}.$$

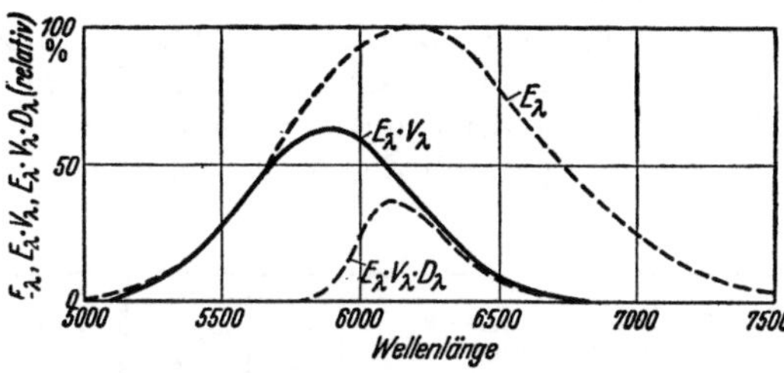

Abb. 1. Lichtemission eines Zink-Cadmiumsulfid-Leuchtstoffes. E_λ = spektrale Energieverteilung, $E_\lambda \cdot V_\lambda$ = spektrale Lichtverteilung, $E_\lambda \cdot V_\lambda \cdot D_\lambda$ = spektrale Lichtverteilung des mit dem Rotfilter RG 1 gefilterten Lichtes.

Die Messung der Lichtausbeute dieses Leuchtstoffes in der ULBRICHTschen Kugel ergab den Wert von rund 120 Hlm/W bei Erregung durch Strahlung der Wellenlänge 3650 Å. Es wird also in diesem Fall eine Quantenausbeute von rund $^2/_3$ erreicht.

4. Wirkungsweise der Hochdrucklampen mit Leuchtstoffen.

Bei den Hochdrucklampen, deren äußerer Kolben eine Leuchtstoffschicht trägt, liegt das Problem einer Kugel vor, in deren Innern und an deren Oberfläche Lichtquellen vorhanden sind und deren Oberfläche bei streuenden Eigenschaften geringes Absorptionsvermögen und hohes Reflexionsvermögen für Licht besitzt. In dem Fall, der hier betrachtet wird, hat die Leuchtstoffschicht beispielsweise folgende Eigenschaften:

Tabelle 3.

Durchlässigkeit D_λ für die Wellenlängen			Reflexionsvermögen R_λ für die Wellenlängen		
5770/90	5461	4358	5770/90	5461	4358
0,45	0,45	0,30	0,50	0,50	0,30

Von dem im Innern des Leuchtstoffkolbens erzeugten Lichtstrom Φ des Quecksilberbogens kann nur ein Bruchteil Φ' in den umgebenden Raum gelangen. In Anlehnung an die bekannte Beziehung für die Beleuchtungsstärke auf der ULBRICHTschen Kugel ergibt sich für diesen lichttechnisch nutzbaren Lichtstrom Φ' der Wellenlänge λ:

$$\Phi'_\lambda = \frac{\Phi_\lambda}{1 - R_\lambda} \cdot D_\lambda .$$

Darin ist D_λ die Durchlässigkeit und R_λ das Reflexionsvermögen für die Wellenlänge λ. Die Störwirkung der im Kolben befindlichen Einbauteile ist hierbei vernachlässigt.

Für den Lichtstrom der Leuchtstoffschicht gilt eine ähnliche Überlegung. Hier muß aber zwischen dem nach außen ungehindert abgegebenen Lichtstrom Φ_a und dem nach innen geworfenen Lichtstrom Φ_i unterschieden werden. Da nur letzterer wie das Licht des Hg-Bogens zu behandeln ist, ergibt sich für den lichttechnisch nutzbaren Lichtstrom Φ_L, der durch Strahlungsumwandlung entsteht:

$$\Phi_L = \Phi_a + \frac{\Phi_i}{1 - R} \cdot D .$$

[1] Dieser ist gegeben durch das Verhältnis $\frac{\sum E_\lambda \cdot V_\lambda}{\sum E_\lambda}$. E_λ = spektrale Strahlstärke, V_λ = spektrale Hellempfindlichkeit.

5. Berechnung des Lichtstromes einer Leuchtstoffhochdrucklampe.

Wir gehen aus vom Hochdruckbogen der Lampentype HgQ 500, der eine elektrische Leistung von 120 W aufnimmt. (Die gleiche Strahlungsquelle befindet sich im Kolben der Leuchtstofflampe HgL 500.) Es ergibt sich dann auf Grund der Strahlungsdaten des Hg-Bogens gemäß Tab. 1, der Wirkungsweise des Leuchtstoffkolbens und der Lichtausbeute von 120 Hlm/W bei der Strahlungsumwandlung durch den Leuchtstoff folgende Rechnung:

Tabelle 4.

Spektrale Lichtströme Φ_λ des Hg-Bogens		Nutzbare Lichtströme Φ'_λ des Hg-Bogens	Spektraler Strahlungsfluß F_λ des Hg-Bogens		Lichtströme des Leuchtstoffes in Hlm		
Wellenlänge	Φ_λ in Hlm	Φ'_λ in Hlm	Wellenlänge	F_λ in W	Φ_a	Φ_i	Φ_L
5770/90	2420	2180	3650/63	5,1	150	460	560
5461	3050	2740	3126/32	2,9	90	260	320
4358	30	13	3022	1,5	45	135	170
		$\Phi' = 4930$					$\Phi_L = 1050$

Die Strahlungsflüsse in Tab. 1 sind auf 120 W Leistungsaufnahme des Lichtbogens umgerechnet, wobei ein Elektrodenverlust von 10% berücksichtigt wurde. Wie bei der Rechnung in Tab. 2 ergeben sich hieraus die Lichtströme Φ_λ der Tab. 4, aus denen sich ein nutzbarer Lichtstrom Φ' von 4930 Hlm errechnet. Von der Ultraviolettstrahlung sind hier nur die drei stärksten Linien des Hg-Bogens berücksichtigt. Nach dieser Rechnung trägt der Leuchtstoff über 1000 Hlm an nutzbarem Lichtstrom bei. Dabei wurde für das von der Leuchtstoffschicht nach außen und innen abgegebene Licht das durch Messung bestimmte Verhältnis $\Phi_i = 3\ \Phi_a$ zugrunde gelegt.

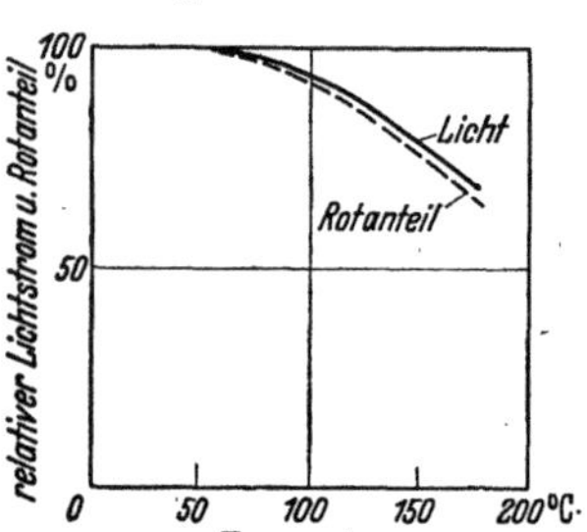

Abb. 2. Abhängigkeit des Lichtstromes und des Rotanteiles eines Zink-Cadmiumsulfid-Leuchtstoffes von der Temperatur.

Im Fall einer technischen Lampe werden diese günstigen Werte jedoch nicht ganz erreicht. Die hier betrachtete Leuchtstoffschicht absorbiert nur etwa 75% der Wellenlänge 3650 Å, die restliche Strahlung bleibt ungenutzt. Für die kürzerwellige Strahlung können wir zwar stärkere Absorption und vollständige Ausnutzung annehmen, jedoch kann hier der Wirkungsgrad der Strahlungsumwandlung den Wert von 120 Hlm/W nicht erreichen. Schließlich müssen wir noch berücksichtigen, daß die Leuchtstoffschicht beim Betrieb der Lampe eine Temperatur von etwa 150° C annimmt, die den Wirkungsgrad der Strahlungsumwandlung auf etwa 80% herabsetzt, wie aus Abb. 2 hervorgeht. Der tatsächliche Lichtstrom Φ'_L der Leuchtschicht ist also wahrscheinlich mit $1050 \cdot 0{,}75 \cdot 0{,}80 = 630$ Hlm anzusetzen. Für den Gesamtlichtstrom der Lampe ergibt sich also:

$$\Phi_{\text{ges}} = \Phi' + \Phi'_L = 4930 + 630 = 5560 \text{ Hlm}.$$

6. Eigenschaften der Lampen HgL 300 und HgL 500.

Die Hochdrucklampen mit Leuchtstoffen werden in zwei Größen für 3300 und 5500 Hlm hergestellt. Ihr Aufbau (vgl. Abb. 3) entspricht weitgehend dem der Lampen HgQ 300 und HgQ 500, insbesondere ist das gleiche Hochdruckrohr aus Quarzglas verwendet. Die HgL-Lampen können daher mit der Schaltung der entsprechenden HgQ-Lampen betrieben werden, die Betriebseigenschaften — Anlaufzeit und Wiederzündzeit — sind die gleichen. Um den Einfluß der

Temperatur auf die Lichtausbeute des Leuchtstoffes möglichst einzuschränken, ist der Durchmesser des äußeren Lampenkolbens verhältnismäßig weit gewählt (vgl. Tab. 5).

Tabelle 5.

Type	Lichtstrom	Leistung	Stromstärke	Spannung an der Lampe	Abmessungen gem. Abb. 3		
					A	B	C
	Hlm	W	A	V	mm	mm	mm
HgL 300	3300	75	0,75	125	110	133	178
HgL 500	5500	120	1,20	125	130	178	233

Die Energie- und Lichtverteilung im Spektrum einer HgL-Lampe ist in Abb. 4 schematisch dargestellt[1]. Ein ungefährer Maßstab für die Farbverbesserung wird durch eine Lichtstrommessung mit Rotfilter RG 1 von SCHOTT 1 mm dick erhalten,

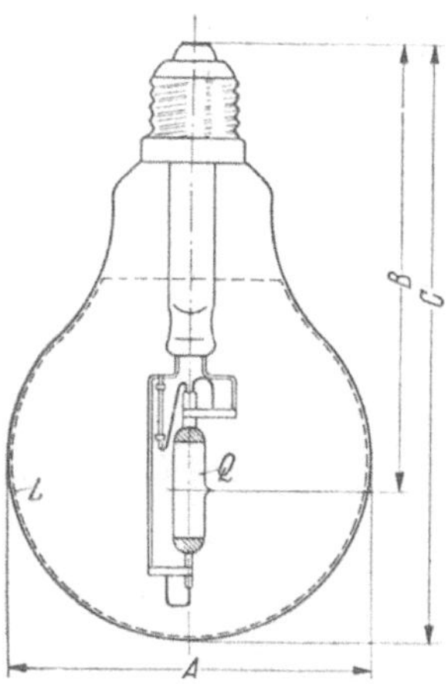

Abb. 3. Aufbau und Abmessungen der Quecksilberhochdrucklampen mit Leuchtstoffen HgL 300 und HgL 500. L = Leuchtstoffschicht auf der Innenseite der Lampenhülle; Q = Hochdruckrohr aus Quarz.

	HgL 300	HgL 500
A	110 mm	130 mm
B	133 mm	178 mm
C	178 mm	233 mm

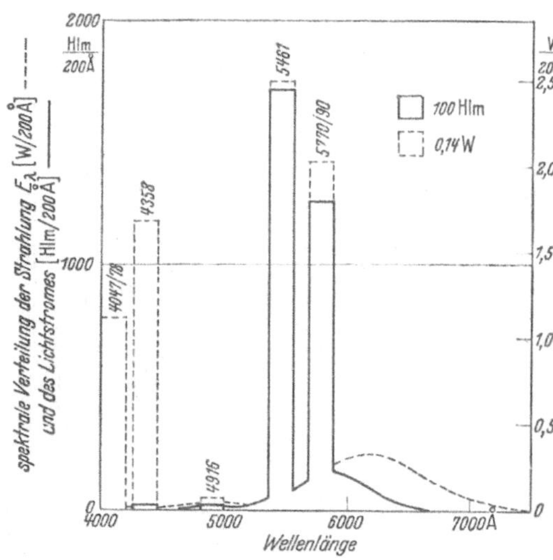

Abb. 4. Energie- und Lichtverteilung im Spektrum einer Quecksilberhochdrucklampe mit Leuchtstoff (HgL 300). (Die dargestellten Flächen sind ein Maß für die spektralen Strahlungsflüsse bzw. Lichtströme.)

die einen praktischen Anhaltspunkt für die erzielte Verbesserung gibt. Das Verhältnis dieses Lichtstromes zum Gesamtlichtstrom sei als „Rotgehalt" der Lichtquelle bezeichnet. Für mittleres Tageslicht ergibt sich bei dieser Methode ein Rotgehalt von etwa 12%; die HgL-Lampen haben etwa 4%. Dieser Wert stimmt ziemlich gut überein mit der weiter oben durchgeführten Berechnung des Lichtstromes. Dort wurde für den Lichtstrom des Leuchtstoffes der Wert von 630 Hlm erhalten. Da der Rotgehalt dieses Lichtes bei der Messung mit dem Filter RG 1 rund 35% beträgt, ergibt sich ein Lichtstrom an rotem Licht von 220 Hlm und ein Rotgehalt für die HgL-Lampe von etwa 4%, wozu noch der geringe Rotgehalt des Hg-Bogens hinzukommt.

[1] Diese Messung und verschiedene andere Angaben über die lichttechnischen Eigenschaften der Leuchtstoffe verdanken wir Herrn Dr. F. RÖSSLER.

Kugelförmige Quecksilberhöchstdrucklampen[1].

Von

R. ROMPE und W. THOURET.

Mit 12 Abbildungen.

Aus den in den Jahren 1933/36 durchgeführten eingehenden Arbeiten über die Eigenschaften der Quecksilberhochdruckentladung[2] ist bekannt geworden, daß durch Erhöhung des Dampfdruckes sich die Lichtausbeute und die

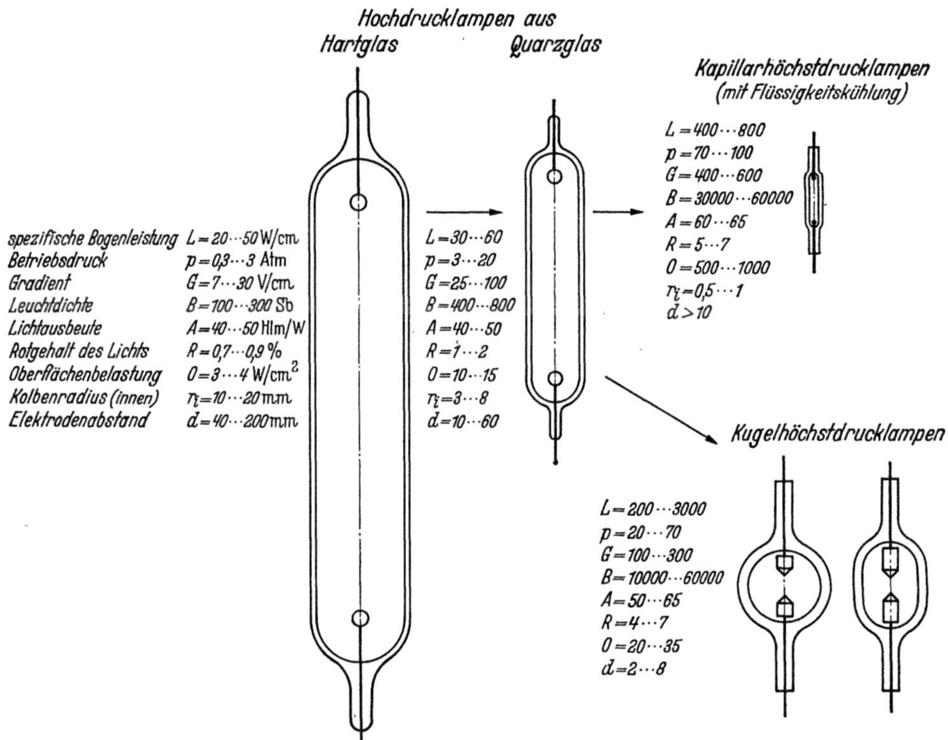

Abb. 1. Entwicklung der Quecksilberhochdrucklampen durch Steigerung von Betriebsdruck und Bogenleistung Form, Abmessungen und Daten der verschiedenen Bauarten; die schematisch gezeichneten Lampen haben die für gleiche Leistungsaufnahme notwendigen Abmessungen, so daß die Größenverhältnisse ersichtlich sind).

Lichtfarbe des Quecksilberbogens wesentlich verbessern lassen und seine Leuchtdichte stark gesteigert werden kann. Dementsprechend wurde die im Gebrauch befindliche Reihe von Quecksilberhochdrucklampen für Allgemein-

[1] Gekürzte Zusammenfassung der Arbeiten: R. ROMPE u. W. THOURET: Z. techn. Phys. Bd. 17 (1936) S. 377; Bd. 19 (1938) S. 352. — O. HÖPCKE u. W. THOURET: Kinotechn. Bd. 20 (1938) S. 148.

[2] Vgl. u. a. H. KREFFT u. E. SUMMERER: Licht Bd. 4 (1934) S. 1. — H. KREFFT: Z. techn. Phys. Bd. 15 (1934) S. 554; s. a. Techn.-wiss. Abh. Osram Bd. 4 (1936) S. 33. — C. BOL, W. ELENBAAS u. W. DE GROOT: Ingenieur, Haag Bd. 50 (1935) S. 83. — W. ELENBAAS: Physica Bd. 2 (1935) S. 787; Bd. 3 (1936) S. 12 u. 859. — W. ELENBAAS u. W. DE GROOT: Physica Bd. 2 (1935) S. 807. — H. KREFFT, K. LARCHÉ u. F. RÖSSLER: Z. techn. Phys. Bd. 17 (1936) S. 374.

beleuchtung mit einem Betriebsdruck von etwa 1 at durch neue Typen mit einem Dampfdruck von 5 bis 10 at ergänzt. Diesen Fortschritt ermöglichte der Übergang zu Quarzglas als Kolbenwerkstoff statt des bis dahin verwendeten Hartglases. Weiterhin entstanden im Zuge dieser Entwicklung (vgl. auch Abb. 1) die wassergekühlten Kapillarhöchstdrucklampen nach Bol mit einem Druck von etwa 70 bis 100 at, die mit ihren sehr hohen Leuchtdichten mannigfaltige Vorteile für die Anwendung in optischen Geräten versprachen. Bei dieser Bauart weisen auch Lichtausbeute und Lichtfarbe — entsprechend der erreichten sehr erheblichen Drucksteigerung — die zu erwartenden starken Verbesserungen auf. Trotzdem zeigte sich bald, daß die den wassergekühlten Lampen eigentümliche linienförmige Leuchtfläche nur in einigen speziellen Fällen günstig ist, allgemein jedoch breitere, gedrängte Leuchtfelder — etwa wie die von Bogenlampen — für eine vorteilhafte Ausnutzung durch die Optik erwünscht sind.

Zur Erfüllung dieser Forderung ohne Verminderung der Leuchtdichte war es notwendig, die pro Längeneinheit des Bogens in der Entladung umgesetzte Leistung (spezifische Bogenleistung in W/cm) unter gleichzeitiger Vergrößerung des Bogendurchmessers erheblich über die bei den Kapillarlampen bereits erreichten Werte zu steigern. Die Verfasser hatten deshalb frühzeitig[1] Versuche mit einer neuen Bauart von Höchstdrucklampen angestellt, die von der gebräuchlichen Röhrenform der Quecksilberhochdrucklampen abweicht und bei der die spezifische Bogenleistung nicht durch die Materialeigenschaften der Kolbenwand begrenzt ist. Diese „kugelförmigen Höchstdrucklampen“ (Kugellampen) besitzen weiterhin den Vorteil einfacher äußerer Betriebsbedingungen — sie erfordern keine künstliche Kühlung und sind an normalen Spannungen zu betreiben —, so daß die Vorteile des hohen Betriebsdruckes, erhöhte Leuchtdichte und Lichtausbeute sowie stark verbesserte Lichtfarbe, erst bei ihnen für die allgemeine Anwendung voll zur Geltung kommen. Im folgenden wird über einige mit Hilfe der Kugelhöchstdrucklampen durchgeführte Untersuchungen des Quecksilberbogens bei hohen Bogenleistungen berichtet sowie ein Überblick über die Entwicklung und die Eigenschaften der ersten technischen Lampentypen der Kugelbauart gegeben.

I. Allgemeine Eigenschaften der Kugelhöchstdrucklampen.

Die kugelförmigen Höchstdrucklampen sind durch ein verhältnismäßig weites Entladungsgefäß gekennzeichnet, dessen Länge in derselben Größenordnung liegt wie der Durchmesser, das also abweichend von der gebräuchlichen Röhrenform die Gestalt eines Ellipsoides oder einer Kugel hat (Abb. 1). Charakteristisch ist ferner der im Verhältnis zum Gefäßdurchmesser kurze Elektrodenabstand. Dieser macht es möglich, bei niedrigen Lampenspannungen von unter 200 V sowie bereits bei kleinen Lampenleistungen große spezifische Bogenleistungen von über hundert bis zu mehreren tausend Watt pro cm Bogenlänge umzusetzen und die mit diesen hohen Werten verbundene erhebliche Leuchtdichte, gute Lichtausbeute und verbesserte Lichtfarbe zu erzielen. Weiterhin entstehen hierdurch gedrängte, breite Leuchtfelder, deren Abmessungen sich fast beliebig den Erfordernissen optischer Geräte anpassen lassen. Zu diesem Zweck können sogar unter Umständen mehrere Entladungen mit mehr als 2 Elektroden in einen Kolben eingebaut werden, wie z. B. bei der auf S. 51 beschriebenen 1000-W-Doppelbogenlampe[2].

---

[1] Ursprünglich für Kinoprojektion mit Lichtblitzen, vgl. Pirani u. Rompe: Kinotechn. Bd. 15 (1933) S. 131; s. a. Techn.-wiss. Abh. Osram Bd. 4 (1936) S. 27.

[2] Vgl. hierzu auch J. Kern u. H. Krefft: Z. techn. Phys. Bd. 19 (1938) S. 355; s. a. dies. Bd. S. 36.

Die Kugelform des Kolbens bringt es mit sich, daß seine Abmessungen groß sind gegenüber dem von der Entladung erfüllten Raum. Die Bogensäule ist von Einflüssen der Kolbenwand völlig frei; die Form der Entladung ähnelt in gewissem Sinne der des frei brennenden Lichtbogens. Somit ist eine direkte Abhängigkeit der Temperaturbelastung des Kolbens von der Bogenleistung, wie sie bei Röhrenlampen vorliegt, nicht mehr vorhanden, und die Belastung des Gefäßes kann in den ohne künstliche Kühlung zulässigen Grenzen gehalten werden. Die erzielbare Druckfestigkeit des Kolbens hängt selbstverständlich außer von der Wandstärke vom Durchmesser und damit von der Lampenleistung ab. Die Kugelform erweist sich auch als günstig für die Druckfestigkeit, da bekanntlich Hohlkugeln wesentlich druckfester sind als Röhren gleichen Durchmessers. So ergeben sich die bei technischen Lampen verwendbaren Betriebsdrucke je nach Lampenleistung mit 20 bis 70 at. Die hohe Betriebstemperatur (700 bis 900° C) der Kolben wirkt sich überraschenderweise nicht ungünstig, sondern vorteilhaft auf die mechanische Festigkeit aus. Im Zusammenhang mit der Entwicklung der Kugellampen angestellte Untersuchungen der Zugfestigkeit des Quarzglases in Abhängigkeit von der Temperatur[1] zeigten nämlich eine Zunahme der Festigkeit zwischen Zimmertemperatur und 800° C um etwa 30%. Die Druckfestigkeit der technischen Lampen hat sich durch geeignete Herstellungs- und Prüfmethoden so weit steigern lassen, daß trotz der hohen Beanspruchung Kolbenbrüche während des Betriebes praktisch vermieden werden können.

Von entscheidender Bedeutung für die Entwicklung der Kugellampen war weiterhin die Durchbildung geeigneter Metalldurchführungen durch Quarzglas. Während es bei den Kapillarlampen mit ihren nur etwa 1 A betragenden Stromstärken zunächst möglich war, auf die bei den Quarzlampen für Allgemeinbeleuchtung angewandte Einschmelztechnik zurückzugreifen, mußte man für die 6- bis 10mal größeren Stromstärken der Kugellampen andere Wege gehen. Am besten bewährten sich die bereits bekannten, aber bis dahin in technischem Maße nur wenig angewendeten Einschmelzungen mit dünnen Molybdänbändern. Diese konnten zu einwandfreien, allen Erfordernissen des Höchstdrucklampenbetriebes hinsichtlich Druckfestigkeit, Temperatur- und Strombelastung genügenden Durchführungen entwickelt werden.

Die mit den Kugellampen erreichbare Leuchtdichte ist wegen der Unabhängigkeit der zuführbaren Bogenleistung von Materialkonstanten grundsätzlich nach oben nicht begrenzt. Bei technischen Lampen haben sich bisher Leuchtdichten von 10000 bis 60000 sb im Dauerbetrieb herstellen lassen. Der letztgenannte Wert stellt jedoch keine obere Grenze dar, sondern es besteht Aussicht, bei fortschreitender technischer Entwicklung Leuchtdichten von wesentlich über 100000 sb zu erreichen. Durch kurzzeitige Überlastung der Lampen (z. B. für einige Sekunden) lassen sich noch weit höhere Leuchtdichten, etwa von 250000 sb* erzielen.

Die Lebensdauer ist durch die Schwärzung des Kolbens durch das von den Elektroden abdampfende Material gegeben. Da im Gegensatz zu den Röhrenlampen kein Raum für eine dem Lichtstrom weniger schädliche Absetzung der schwärzenden Teilchen in Elektrodennähe vorhanden ist, erschien es anfänglich schwierig, die für technische Anwendung nötigen Nutzlebensdauern zu erreichen. Es wurden jedoch Elektrodenkonstruktionen gefunden, deren Verdampfung genügend gering war, um je nach den Anforderungen an Lampenleistung, Leuchtdichte und die sonstigen Betriebseigenschaften Lebensdauern von hundert bis zu über tausend Betriebsstunden zu erreichen.

---

[1] Vgl. W. DAWIHL u. W. RIX: Z. techn. Phys. Bd. 19 (1938) S. 294.

* Vgl. K. HOFFMANN: Kolloid-Z. Bd. 83 (1938) S. 9.

II. Die Leuchtdichte der Quecksilberhochdruckentladung.

Die Durchbildung der kugelförmigen Lampen zu technischen Lichtquellen ermöglichte die systematische Untersuchung der Quecksilberhochdruckentladung nicht nur bei hohen Drucken, sondern auch bei erheblichen Stromstärken und Bogenleistungen bis über 3 kW/cm. Zwar lagen durch Bol und Elenbaas bei hohen Drucken einzelne an Kapillarlampen gewonnene Angaben vor, jedoch fehlten zusammenhängende Meßreihen bei unabhängiger Variation von Druck und Stromstärke, insbesondere Untersuchungen bei höheren über 1 bis 2 A hinausgehenden Stromwerten.

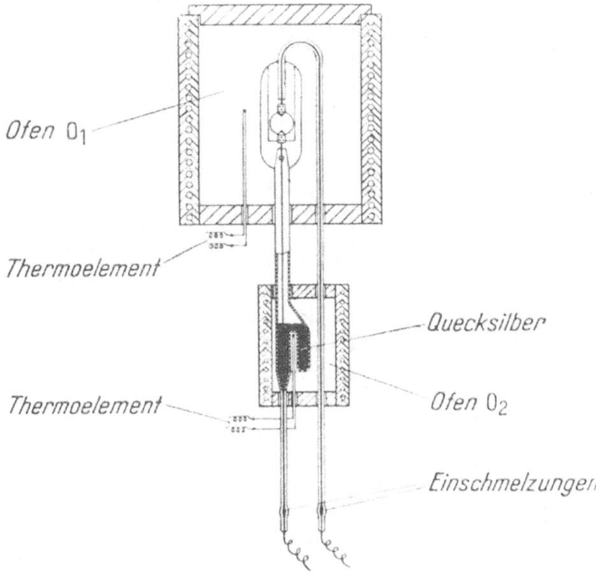

Abb. 2. Quecksilberhöchstdrucklampe und Ofenanordnung für Messungen.

Um bei den Messungen den Dampfdruck bestimmen und unabhängig von der Lampenleistung ändern zu können, wurden besondere Meßlampen konstruiert. Diese waren in der üblichen Weise (s. die schematische Abb. 2) mit einem quecksilbergefüllten Ansatz versehen, der kälter gehalten wurde als die übrigen Teile der Lampe und durch dessen Temperatur der Dampfdruck definiert ist. Während der Messung befand sich die eigentliche Lampe in einem Ofen O_1 (Abb. 2), der stets auf höhere Temperatur eingestellt war als der kleine, zur Einstellung des Dampfdrucks dienende Ofen O_2.

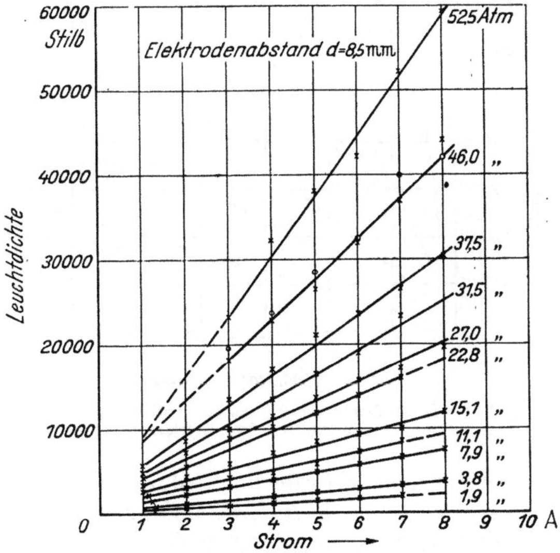

Abb. 3. Leuchtdichte des Quecksilberbogens in Abhängigkeit von Druck und Stromstärke (gemessen mit Kugel-Höchstdrucklampen).

Die mit dieser Anordnung angestellten Messungen, deren wichtigste Ergebnisse die Abb. 3 und 4 zeigen, erstreckten sich zunächst auf den Druckbereich bis etwa 60 at und auf Stromstärken bis zu 8 A. Die Leuchtdichte des Quecksilberbogens — in der Mitte des Entladungskanals und in der Mitte zwischen den Elektroden gemessen — ergab sich (vgl. Abb. 3) als bei konstantem Druck linear mit dem Strom ansteigend. Einen ähnlichen Verlauf zeigte die gleichzeitig in horizontaler Richtung gemessene Lichtstärke (vgl. Abb. 4). Sowohl Leuchtdichte als auch Lichtstärke in Abhängigkeit vom Strom ergaben eine Schar von Geraden, die ungefähr durch den Nullpunkt gehen. Hieraus folgt, daß bei den untersuchten Lampen die Größe der leuchtenden Fläche und damit der Durchmesser des Entladungskanals im wesentlichen unabhängig von der Stromstärke ist. Die in Abb. 3 dargestellten Leuchtdichtemessungen wurden später durch Untersuchung solcher Lampen erweitert, die für größere Stromstärken und Drucke geeignet sind, so daß sich für den Zusammenhang zwischen Leuchtdichte, Strom und Druck die durch Abb. 5 dargestellten Verhältnisse ergeben.

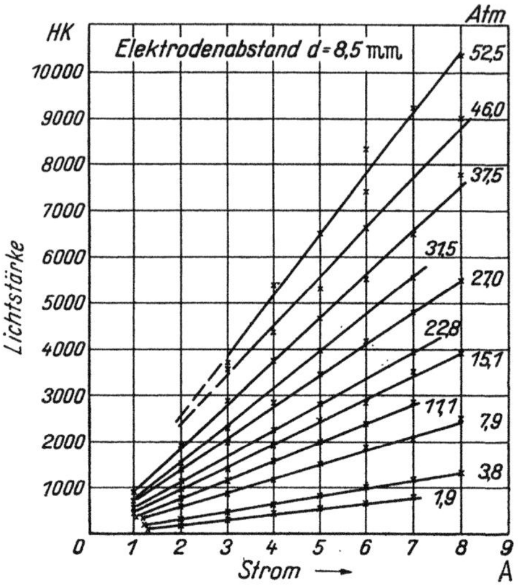

Abb. 4. Lichtstärke von Kugel-Höchstdrucklampen bei verschiedenen Drucken und Stromstärken.

Der lineare Anstieg der Leuchtdichte mit dem Strom unter konstanten sonstigen Bedingungen wird bei Berücksichtigung der elementaren Zusammenhänge zwischen Ausstrahlung, Temperatur der Bogensäule und Leistungsaufnahme je Volumeneinheit verständlich. Der Verlauf der Strahlungsdichte und damit auch — wenn man von den Änderungen der spektralen Emissionsverteilung absieht — der Leuchtdichte ist gegeben durch den der Bogentemperatur. Diese hängt wiederum von der je Volumeneinheit in der Säule umgesetzten Leistung ab, ist also bestimmt durch die Bogenleistung in W/cm und den Bogenquerschnitt. Da nun dieser (s. oben) praktisch als konstant angesehen werden kann und die Ausstrahlung von der Temperatur sowie die Temperatur von der Leistung je Volumeneinheit nach ähnlichen Exponentialfunktionen abhängen, folgt näherungsweise, daß die Leuchtdichte linear mit der Bogenleistung $L = G \cdot J$ ansteigt (G Gradient, J Stromstärke). Hieraus ergibt sich sofort auch der lineare Zusammenhang von Leuchtdichte und Stromstärke bei konstantem Gradienten. Die erreichte Höhe der Leuchtdichte ist somit in erster Näherung durch den Wert von L gegeben, unabhängig davon, wie hoch der Druck bzw. der Gradient oder der Strom im einzelnen ist. Es ist also zur Erreichung hoher Leuchtdichten nicht notwendig die Anwendung extremer Drucke erforderlich. Man kann auch, wie bei den Kugellampen, mit mittleren Drucken beträchtliche Leuchtdichten erzielen, wenn für genügende Höhe der Bogenleistung Sorge getragen wird.

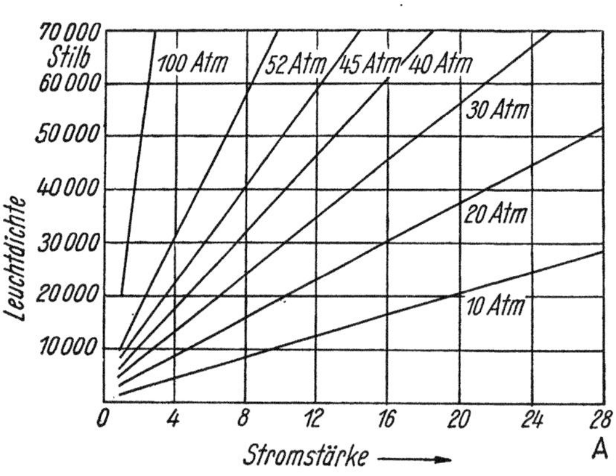

Abb. 5. Leuchtdichte der Quecksilberentladung bei hohen Drucken und Stromstärken.

Außer der hohen Leuchtdichte sind auch die bei den Höchstdrucklampen zu beobachtenden starken Veränderungen der spektralen Energieverteilung im wesentlichen auf die erheblich gesteigerte Bogentemperatur zurückzuführen und deshalb in erster Linie von der Bogenleistung, dagegen erst in zweiter Näherung vom Betriebsdruck abhängig. Die wichtigsten dieser von den Kapillarlampen her bekannten[1] Änderungen treten daher auch in ungefähr gleichem Maße bei den Kugellampen auf. Es handelt sich um folgende Erscheinungen: Die starke Verbreiterung aller stärkeren höheren Linien[2], sowie das Auftreten eines sehr intensiven Kontinuums[3], das sich über das langwellige UV und das gesamte Sichtbare mit ungefähr gleicher Intensität erstreckt und insbesondere den Gehalt an roter Strahlung stark erhöht (vgl. Abb. 10 und 11). Das nahezu völlige Verschwinden der kurzwelligen Ultraviolettstrahlung wegen der Selbstabsorption der auf mehrere hundert ÅNGSTRÖM-Einheiten verbreiterten Resonanzlinien 1849 und 2537 Å, sowie die Selbstumkehr vieler stärkerer höherer Linien (vgl. hierzu die Spektralaufnahmen Abb. 12) sind durch Druck und Gefäßabmessungen (Schichtdicke) bestimmt und deshalb ebenfalls in gleicher Weise bei Kapillar- und Kugellampen zu beobachten. Die Verschiebung der Emission nach dem langwelligen UV macht die Quecksilberhöchstdrucklampen zu den weitaus leistungsfähigsten Strahlungsquellen in diesem Gebiet, wobei die hohe Strahlungsdichte für viele Zwecke von besonderem Vorteil ist. Die kontinuierliche Strahlung verbessert den Rotgehalt des Lichtes sehr wesentlich, so daß ein praktisch weißer Farbeindruck entsteht. Während der Lichtstrom der Hochdrucklampen nur einen Rotanteil von maximal 1,5% enthält, steigt dieser bei den Höchstdrucklampen bis auf 7% (vgl. Abb. 1), was der Hälfte des im Tageslicht vorhandenen Rotgehaltes entspricht.

III. Die Lichtausbeute bei hohen Bogenleistungen.

Berechnet man aus den Lichtstärkewerten der Abb. 4 die Lichtausbeute, so erhält man bei höheren Bogenleistungen beträchtliche Werte von über 7 HK/W und bei mehr als 2 kW/cm Bogenleistung sogar über 8 HK/W (an der Lampe gemessen). Mit dem für die benutzten Lampen geltenden Umrechnungsfaktor ergeben sich hieraus Lichtstromwerte von 65 bis 75 Hlm/W. In welchem Maße sich diese hohen Lichtausbeuten bei technischen Lampen verwirklichen lassen, hängt von der verwendbaren Bogenlänge bzw. den optischen Anforderungen an die Leuchtfeldabmessungen ab. Dieser Umstand ist bedingt durch die wegen des Spannungsabfalls an den Elektroden (Kathoden- und Anodenfall betragen unabhängig von Strom und Druck zusammen etwa 10 V) entstehende Verlustleistung, die um so weniger ins Gewicht fällt, je höher die Lampenspannung bzw. je länger der Bogen gewählt werden kann. Bei den weiter unten beschriebenen Lampentypen beträgt deshalb die Lichtausbeute nur 50 Hlm/W, weil hauptsächlich auf gedrängte Leuchtfelder Wert gelegt wurde. Mit Bauarten, bei deren Anwendung die Lichtausbeute mehr von Interesse ist als die Form der Leuchtfläche, lassen sich je nach Lampenleistung die obengenannten hohen Hlm/W-Werte erreichen.

IV. Steigende Kennlinie der Hochdruckentladung.

Nach ELENBAAS[4] ergibt sich folgender Zusammenhang zwischen Gradient und Bogenleistung:

$$G \backsim \frac{L^{1/2}}{(L-B)^{1/3}}.$$

($L-B$ bezeichnet die je cm Bogenlänge als Strahlung abgeführte Leistung). Nach dieser Beziehung ist für Entladungen, bei denen L groß gegen B ist, eine steigende Kennlinie zu erwarten. Eine solche konnte bei den Unter-

[1] Vgl. u. a.: W. DE GROOT: Ingenieur, Haag Bd. 50 (1935) S. 92.
[2] Vgl. R. ROMPE u. P. SCHULZ: Z. Phys. Bd. 108 (1938) S. 654; Bd. 110 (1938) S. 223; s. a. dies. Bd. S. 88.
[3] Vgl. R. ROMPE, P. SCHULZ u. W. THOURET: Z. Phys. Bd. 112 (1939) S. 369.
[4] W. ELENBAAS: Physica, Haag Bd. 2 (1935) S. 169.

suchungen mit Kugellampen erstmalig experimentell festgestellt werden, und zwar ergab sich auch eine annähernd der obigen Formel entsprechende Größe des Anstiegs des Gradienten mit der Bogenleistung. Da die steigende Kennlinie bei $L \geqq 60 \cdots 100$ W/cm auftritt, ist sie z. B. auch bei den unten beschriebenen Lampentypen vorhanden, was gewisse Vorteile für die praktische Anwendung mit sich bringt. Die Lampen können im Betriebszustand bei Gleichstrom ohne oder zumindest mit einem nur kleinen Stabilisierungswiderstand betrieben werden, so daß sich ein guter nutzbarer Wirkungsgrad ergibt.

Abb. 6. Kugelförmige Höchstdrucklampe (Ausführung, mit getrennten Stromzuführungen).

V. Lichtmodulation.

Von wesentlicher Bedeutung für einige Anwendungen ist die gute Modulierbarkeit des Lichtstromes der Höchstdrucklampen bis zu verhältnismäßig hohen Frequenzen. Wird eine Lampe mit Gleichstrom betrieben, dem ein Wechselstrom überlagert ist, so bleibt bis zu etwa 10^4 Hz der Lichtmodulationsgrad gleich dem Strommodulationsgrad und nimmt erst bei höheren Frequenzen ab[1]. Gleichzeitig steigt der Wechselstromwiderstand der Entladung stark an. Die theoretische Untersuchung dieser Vorgänge[2] hat ergeben, daß die unerwartet guten Modulationseigenschaften der Entladungen bei höchsten Drucken durch die hohe Temperatur, d. h. durch die hohe spezifische Bogenleistung bewirkt werden. Das Absinken des Modulationsgrades bei hohen Frequenzen wird durch einen nichtstationären Wärmeleitungsvorgang, die ,,Wärmewellen" verursacht.

VI. Eigenschaften einiger technischer Lampentypen.

Abb. 6 zeigt die erste technisch durchgebildete kugelförmige Höchstdrucklampe. Diese hatte bei 500 W Leistungsaufnahme eine mittlere Leuchtdichte von 30000 sb. Die Stromzuführungen waren getrennt aus dem ellipsoidförmigen Kolben herausgeführt. Da für viele Anwendungen eine mehr glühlampenähnliche Bauart mit einem Sockel zweckmäßiger erschien, wurden an Stelle dieser älteren Ausführung neuere 500-W-Lampen entwickelt, die seit 1938 im Handel erhältlich sind. Abb. 7 zeigt die äußere Form dieser Lampen, die in 2 Typen, für Gleichstrom (HBO 501) und für Wechselstrom (HBO 500), hergestellt werden. Die gemeinsame Einschmelzung der Zuleitungen am unteren Ende des Kolbens wurde durch die Entwicklung einer Mehrfachdurchführung unter ausschließlicher Verwendung von Quarz nach Art der in der Glühlampentechnik üblichen Quetschfüße ermöglicht. Die mittlere Leuchtdichte beträgt bei diesen Typen 25000 sb. Die Abmessungen der Leuchtfläche sind etwa 2 · 4,5 mm.

Für Zwecke, bei denen eine noch gedrängtere, möglichst genau quadratische Leuchtfläche erforderlich ist (z. B. bei Bildwerfern), wurde weiterhin eine 1000-W-Lampe entwickelt, die 2 Entladungen von je 500 W Leistungsaufnahme unmittel-

[1] Vgl. H. MANGOLD: Elektr. Nachr.-Techn. Bd. 17 (1940) S. 57.

[2] W. WEIZEL, R. ROMPE u. P. SCHULZ: Z. techn. Phys. Bd. 21 (1940) S. 387 — Z. Phys. Bd. 117 (1941) S. 545.

bar nebeneinander in einem Kolben enthält. Die beiden Lichtbögen bilden eine annähernd homogen ausgeleuchtete breite Fläche, so daß bei gleichbleibender Leuchtdichte eine Verdoppelung der Leuchtfeldbreite gegenüber den 500-W-Typen erzielt wird. Die Doppelbogen-1000-W-Lampe (HBO 1005, Abb. 8) wird nur für Gleichstrom hergestellt. Die beiden Lichtbögen müssen in getrennten Stromkreisen betrieben werden, weshalb bei dieser Lampe vier Anschlüsse am Sockel vorgesehen sind.

Die genannten 3 Lampentypen sind einander im äußeren Aufbau sehr ähnlich. Sie bestehen aus dem für die kugelförmigen Lampen charakteristischen starkwandigen, verhältnismäßig großen Quarzkolben, in dessen Mitte die Elektroden im Abstand von 4,5 mm angeordnet sind. Die aus thermischen Gründen ziemlich lang bemessenen Sockel bestehen aus keramischer Masse und tragen unten die Anschlußkabel. Von einem Einbau der Lampen in einen Glühlampenkolben, wie bei den Hochdrucklampen für Allgemeinbeleuchtung üblich, ist zunächst abgesehen worden. Einerseits sollte die für viele Anwendungen wichtige Ultraviolettstrahlung der Lampen ungeschwächt zur Verfügung stehen, und außerdem wären durch einen Glas-Außenkolben die gerade für den Gebrauch mit Optiken kurzer Brennweite vorteilhaften kleinen Abmessungen der Lampen unnötig vergrößert worden.

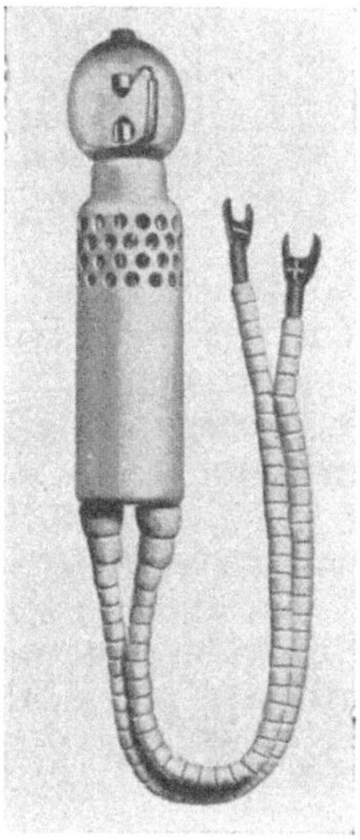

Abb. 7. Quecksilberhöchstdrucklampen HBO 500 und 501 (Daten s. Tab. 1).

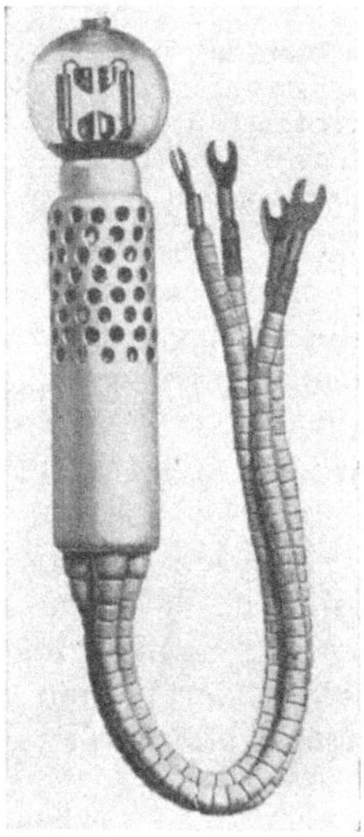

Abb. 8. Quecksilberhöchstdrucklampe HBO 1005 (Daten s. Tab. 1).

Die Lampen enthalten, ähnlich wie die gebräuchlichen Quecksilberhochdrucklampen, eine abgemessene Quecksilbermenge, die gerade zur Herstellung des Betriebsdruckes von etwa 30 bis 35 at ausreicht, und eine Edelgasgrundfüllung zur Zündung. Nach erfolgter Zündung wird durch die Wärmeentwicklung des Edelgasbogens das Quecksilber verdampft, so daß dieser in den Quecksilberbogen übergeht und zwischen den Elektrodenspitzen eine feststehende Fläche hoher Leuchtdichte bildet. Die äußeren Abmessungen sowie die elektrischen und lichttechnischen Daten der genannten 3 Lampentypen sind in Tab. 1 zusammengestellt.

Die elektrischen Betriebsbedingungen sind einfach, da nur normale Anschlußspannungen in Frage kommen. Die 500-W-Lampe für Wechselstrom ist zum Anschluß an 220-V-Netze bestimmt und erfordert lediglich eine passend bemessene Vorschaltdrossel. Die Zündung erfolgt bei dieser Lampe selbsttätig. Die Gleichstromlampen (HBO 501 und HBO 1005) werden am besten an 110-V-Netzen oder, wenn die Verluste im Vorschaltwiderstand nicht stören, an 220 V betrieben. Wegen der im Betriebszustand vorhandenen steigenden Strom-Spannungs-Charakteristik der Lampen (s. oben S. 49) braucht an sich die Netzspannung nicht wesentlich über der Lampenspannung zu liegen, so daß auch der Anschluß am Niederspannungsumformer oder -gleichrichter, wie bei Kohlebogenlampen üblich, möglich ist. Nach der Einschaltung bzw. Zündung

Tabelle 1. Quecksilberhöchstdrucklampen HBO 500, HBO 501 und HBO 1005, Hauptabmessungen, elektrische und lichttechnische Daten.

	HBO 500	HBO 501	HBO 1005
Außendurchmesser des Kolbens . . .	33 mm	33 mm	40 mm
Gesamte Baulänge (ohne Kabelanschlüsse)	135 mm	135 mm	150 mm
Stromart	Wechselstrom	Gleichstrom	Gleichstrom
Leistungsaufnahme	550 W	500 W	2 × 500 W
Lampenspannung	65 ... 75 V	65 ... 75 V	60 ... 70 V
Betriebsstrom	8 ... 9 A	7 ... 8 A	2 × 7 ... 8 A
Betriebsdruck	etwa 35 at	etwa 35 at	etwa 30 at
Spez. Bogenleistung	1200 W/cm	1100 W/cm	2200 W/cm
Elektrodenabstand	4,5 mm	4,5 mm	4,5 mm
Lichtstärke, horizontal	3300 HK	3000 HK	6000 HK
Lichtstrom	27500 Hlm	25000 Hlm	50000 Hlm
Lichtausbeute	50 Hlm/W	50 Hlm/W	50 Hlm/W
Mittlere Leuchtdichte	25000 sb	25000 sb	25000 sb
Abmessungen der Leuchtfläche . . .	2 × 4,5 mm	2 × 4,5 mm	4 × 4,5 mm

der Lampen ist eine gewisse Anlaufzeit erforderlich, bis die vorhandene Quecksilbermenge zur Herstellung des Betriebsdruckes verdampft ist. Ihre Dauer hängt von der Größe des verwendeten Lampenhauses ab und beträgt bei den 500-W-Lampen 3 bis 5 min, bei der 1000-W-Lampe 2 bis 3 min. Während der Anlaufzeit steigt die Lampenspannung von etwa 15 V auf den Betriebswert von 60 bis 75 V an.

Bei den Gleichstromlampen ist außer dem Widerstand zur Aufnahme der Differenz zwischen Netz- und Lampenspannung ein Zündgerät erforderlich, das den zur Einleitung der Entladung notwendigen Hochspannungsstoß liefert. Solche Geräte sind zu den Lampen passend nach 2 verschiedenen Schaltungen entwickelt worden, die aus Abb. 9 hervorgehen. Bei der „Drosselschaltung“

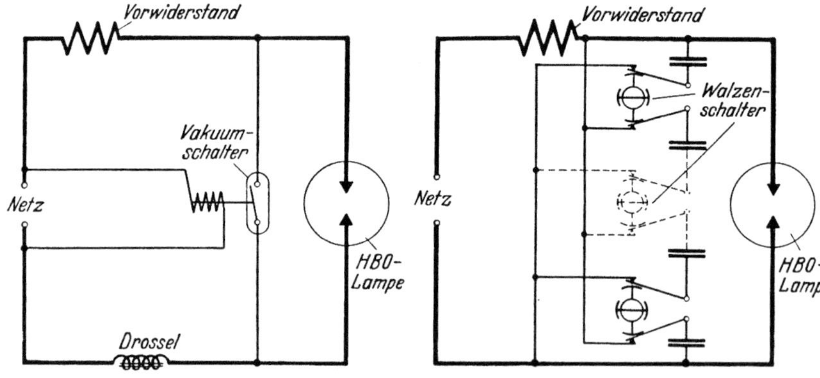

Abb. 9. Zündschaltungen für Quecksilberhöchstdrucklampen bei Gleichstrombetrieb. a) Drosselschaltung, b) Kondensatorschaltung.

liegt parallel zur Lampe ein kleiner Vakuumschalter und in Serie mit der Lampe eine Drosselspule. Bei Auftreten der Netzspannung wird der Vakuumschalter durch einen Elektromagneten geöffnet und der an der Drossel entstehende Hochspannungsstoß zündet die Entladung. Das „Kondensatorzündgerät“[1] enthält eine Reihe von kleinen Kondensatoren, die parallel an der Netzspannung auf-

[1] Vgl. K. KIRSCH: Licht u. Lampe Bd. 29 (1940) S. 339; s. a. dies. Bd. S. 141.

geladen werden und dann, mit Hilfe eines Walzenschalters hintereinandergeschaltet, den notwendigen Zündstoß liefern.

Irgendwelche besondere Kühlung der Lampen ist nicht erforderlich. Diese sind sogar gegen Überhitzung ziemlich unempfindlich und können deshalb in verhältnismäßig engen Gehäusen ohne Lüftung betrieben werden. Die Brennlage ist zunächst auf die senkrechte Stellung mit dem Sockel nach unten bei einer zulässigen Neigung um bis zu 30° beschränkt.

Die optischen Eigenschaften der Lampen sind für die Anwendung in den meisten Geräten (s. a. weiter unten) günstig. Entsprechend den angewendeten hohen Bogenleistungen von 1100 bzw. 2200 W/cm sind breite Leuchtfelder und dabei gleichzeitig hohe Werte der mittleren Leuchtdichte vorhanden. Letztere übersteigt mit 25000 sb sowohl diejenige der Glühlampen als auch die der Reinkohlebogenlampen erheblich; ebenso ist auch die Lichtausbeute mit 50 Hlm/W beträchtlich und bisher bei den Lichtquellen hoher Leuchtdichte nur von hochbelasteten BECK-Bogenlampen erreicht.

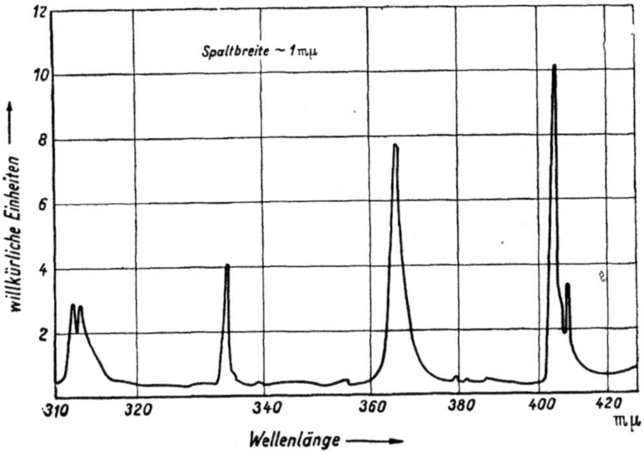

Abb. 10. Spektrale Energieverteilung des Lichtbogens der Quecksilberhöchstdrucklampen HBO 500, 501 und 1005 im Ultraviolett.

Zur Erläuterung der Leuchtdichteangaben in „mittlerer Leuchtdichte" ist folgendes zu bemerken: Die Leuchtdichteverteilung auf der Leuchtfläche der Lampe ist naturgemäß nicht gleichmäßig, sondern die Leuchtdichte fällt nach dem Rande des Bogens zu ab und steigt nach den Elektroden hin an. Um also die Leuchtdichte einer Type exakt zu kennzeichnen, muß die genau ausgemessene Leuchtdichteverteilung herangezogen werden. Da es jedoch für manche Zwecke praktischer ist, die Leuchtdichte mit einer Zahlenangabe zu erfassen, wurde eine Meßmethode durchgebildet[1], bei der man die Leuchtdichte über eine bestimmte Fläche des Bogens mittelt und so eine „mittlere" Leuchtdichte erhält.

Die spektrale Energieverteilung, die bei den 3 Typen nahezu dieselbe ist, kann im einzelnen aus den Abb. 10 und 11 entnommen werden. Abb. 10 stellt das ultraviolette, Abb. 11 das sichtbare Gebiet dar. Abb. 12 zeigt Spektralaufnahmen des Bogens der 3 Typen im Bereich von etwa 200 bis 700 mμ bei verschiedenen Belichtungszeiten. Wie bereits oben erwähnt, setzt sich die Strahlung des Bogens aus den sehr intensiven, erheblich verbreiterten Linien des Quecksilbers und einem verhältnismäßig starken kontinuierlichen Spektrum zusammen. Letzteres ist im Roten zwischen 600 und 700 mμ besonders intensiv und bewirkt

[1] W. TROJOK: Licht Bd. 11 (1941) S. 58.

den starken Rotgehalt des Lichtstromes, der bei den hier behandelten Typen etwa 6% beträgt. Der Farbeindruck des Lichtes ist deshalb wesentlich günstiger als der der Quecksilberhochdrucklampen für Allgemeinbeleuchtung und praktisch weiß zu nennen. Für viele Anwendungen wichtig ist die erhebliche Intensität bzw. Strahlungsdichte im Ultraviolett zwischen 300 und 400 mμ. Wie aus dem Ultraviolettspektrum der Abb. 12 zu entnehmen ist, nimmt die Intensität nach kurzen Wellenlängen unterhalb 300 mμ hin rasch ab und verschwindet völlig zwischen 280 und 250 mμ (s. oben S. 49). Das Verhältnis der Intensität des Kontinuums zu der in den Linien abgestrahlten Energie beträgt im sichtbaren Gebiet (zwischen 420 und 660 mμ) 1 : 1,7. Es ist also ein recht beträchtlicher Anteil kontinuierlicher Strahlung vorhanden, was für manche Zwecke von Interesse sein dürfte.

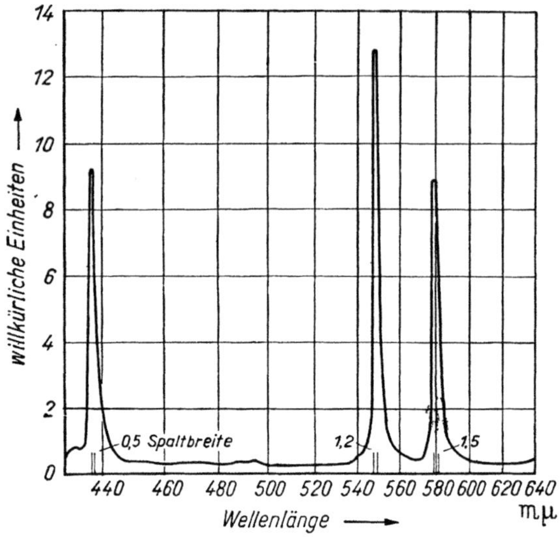

Abb. 11. Spektrale Energieverteilung des Lichtbogens der Quecksilberhöchstdrucklampen HBO 500, 501 und 1005 im sichtbaren Gebiet.

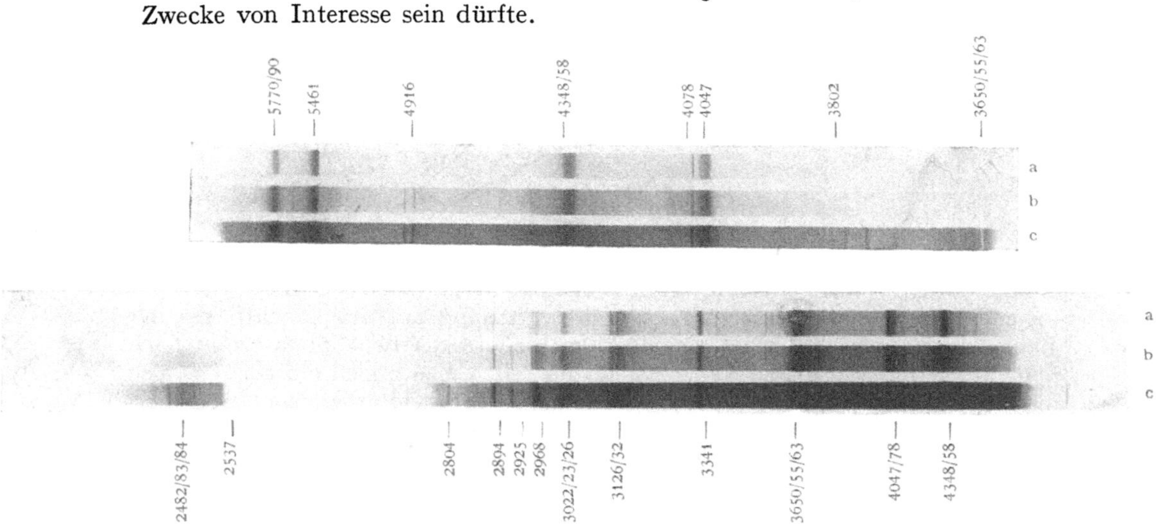

Abb. 12. Ultraviolettes und sichtbares Spektrum des Bogens der Quecksilberhöchstdrucklampen HBO 500, 501 und 1005 (Daten s. Tab. 1). a, b, c: verschiedene Belichtungszeiten.

VII. Anwendungsgebiete.

Vor Entstehung der Quecksilberhöchstdrucklampen war der Kohlebogen in den beiden Formen des Reinkohle- und des Beckbogens die einzige Lichtquelle mit höherer, die mit Glühlampen erreichbaren Werte übersteigender Leuchtdichte (vgl. Tab. 2). Es herrschte deshalb in der Technik der optischen Geräte ein erhebliches Bedürfnis nach Lichtquellen, die die hohe Leuchtdichte des Kohlebogens mit den vorteilhaften Eigenschaften der Glühlampen — handliche Abmessungen, sauberer Betrieb ohne offene Flamme, Konstanz, Unterteilbarkeit in kleine Einheiten usw. — vereinigen. Die Quecksilberhöchstdrucklampen schienen berufen, diese Lücke auszufüllen und haben, wie sich nach der ersten

Tabelle 2. Leuchtdichte der verschiedenen Lichtquellen.

Lichtquelle	Leuchtdichte in sb
Normale gasgefüllte Glühlampen	500 ... 800
Bildwerferglühlampen	1800 ... 3500
Bildwerferglühlampen mit Hilfsspiegel	4000
Reinkohlebogenlampen	bis 18000
Hochintensitäts-Beckbogenlampen	40000 ... 100000
Quecksilberhochdrucklampen für Allgemeinbeleuchtung	200 ... 650
Quecksilberhöchstdrucklampen	10000 ... 60000

Zeit der Erprobung und Einführung bereits feststellen läßt, diese Erwartung in weitgehendem Maße erfüllt. Ihr Anwendungsgebiet erstreckt sich also zunächst auf alle optischen Beleuchtungsgeräte mit Spiegel oder Kondensor, bei denen die Glühlampenleuchtdichte nicht ausreicht oder bei denen durch höhere Leuchtdichte ein besserer Wirkungsgrad erzielt werden kann, Bogenlampen jedoch aus Gründen der Wartung, der räumlichen Abmessungen oder wegen der thermischen Beanspruchung der Optik weniger in Frage kommen. Weiterhin ist gegenüber Reinkohlenbogenlampen die wesentlich höhere Lichtausbeute von Vorteil. Gegenüber Glühlampen spielen auch in Fällen, in denen die hohe Leuchtdichte nicht ausschlaggebend ist, die Vorteile der kleinen Abmessungen und der hohen Lichtausbeute eine Rolle. Die Quecksilberhöchstdrucklampen eignen sich also insbesondere für Scheinwerfer aller Art, Leuchtfeuer, Seezeichen sowie Bildwerfergeräte für Normal- oder Schmalfilm, in Stehbildwerfern und für Mikroprojektion. Hierzu kommt außerdem eine große Zahl von Anwendungen, für die die Lampen sich auf Grund ihrer spektralen Energieverteilung (vgl. Abb. 10 und 11) oder ihrer guten Modulierbarkeit (vgl. S. 50) vor allen anderen Lichtquellen besonders eignen. Die hohe Intensität im blauen und ultravioletten Gebiet macht sie besonders geeignet für photochemische und photographische Zwecke, von denen nur folgende erwähnt seien: Oszillographen mit hoher Schreibgeschwindigkeit, Mikrophotographie, Filmaufnahmebeleuchtung (insbesondere für wissenschaftliche Zwecke) und Filmkopie. Die Eigenschaft der Bogensäule, Stromänderungen weitgehend trägheitslos zu folgen, ermöglicht die kurzzeitige Steigerung der Strahldichte (z. B. für einige Sekunden bei Momentaufnahmen) auf das Vielfache der im Dauerbetrieb vorhandenen Werte. Auf diese Weise sind, wie bereits erwähnt (vgl. S. 46), für ultramikroskopische Zwecke Leuchtdichten von über 250000 sb erreicht worden. Die Quecksilberhöchstdrucklampen stellen bei dieser Anwendungsart gewissermaßen wiederholt benutzbare Blitzlichtquellen dar.

Für viele Bedürfnisse bei den genannten und anderen Anwendungen sind allerdings die Eigenschaften der hier beschriebenen Lampentypen noch nicht ausreichend. Im Laufe der Entwicklung kann jedoch mit der Fertigstellung weiterer Bauarten gerechnet werden, die weitergehenden Anforderungen entsprechen. Auch besteht Aussicht, die Betriebseigenschaften der Lampen, wie z. B. die Anlaufzeit oder die Lageabhängigkeit, wesentlich zu verbessern.

Flüssigkeitsgekühlte Quecksilber-Höchstdrucklampen[1].

Von

J. KERN.

Mit 11 Abbildungen.

Die Quecksilber-Hochdruckentladung zeichnet sich unter anderem durch die erreichbare hohe Leuchtdichte aus. Diese hängt von Leistung, Druck und Rohrdurchmesser ab. Sie ist um so höher, je größer Stromstärke und Druck sind. Der Vergrößerung des Druckes ist bald durch die Druckfestigkeit des Entladungsgefäßes, das zur Erzielung großer Temperaturbeständigkeit und hoher mechanischer Festigkeit aus Quarzglas besteht, eine Grenze gesetzt. Je höher der Druck, um so kleiner muß das Entladungsgefäß gemacht werden. Andererseits verlangt eine Erhöhung der Leistungsaufnahme eine Vergrößerung des Entladungsgefäßes, da sonst dessen Wand so heiß wird, daß das Quarzglas erweicht. Man muß also Druck, Rohrdurchmesser und Leistungsaufnahme genau aufeinander abstimmen. Zu den höchsten Drucken bei hohen Leistungsaufnahmen und damit zu großen Leuchtdichten gelangt man, wenn das Entladungsgefäß mit einer Flüssigkeit gekühlt wird, da es dann außerordentlich klein gehalten werden kann und damit sehr druckfest wird.

Die Flüssigkeitskühlung hat eine besondere Eigenart des Aufbaues des Entladungsgefäßes sowie der ganzen Lampe zur Folge. Im folgenden werden solche Lampen beschrieben und anschließend die Gesetzmäßigkeiten der Abhängigkeit der Leuchtdichte, des Lichtstromes und der Strahlung im Ultraviolett von Stromstärke, Druck und Rohrdurchmesser mitgeteilt.

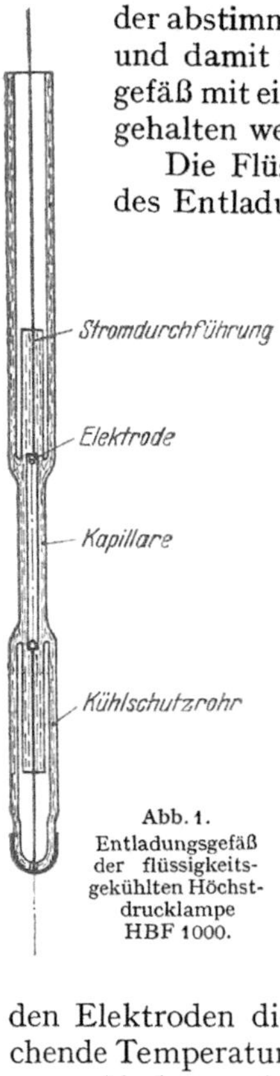

Abb. 1. Entladungsgefäß der flüssigkeitsgekühlten Höchstdrucklampe HBF 1000.

1. Das Entladungsgefäß.

Das Entladungsgefäß (Abb. 1) besteht aus einer Quarzglaskapillare mit einem inneren Durchmesser von 2 mm und einem äußeren Durchmesser von 5 mm. Die Wandstärke muß so gewählt werden, daß einmal die Druckfestigkeit des Entladungsgefäßes ausreichend ist. Dann aber muß die Wand auch so dick sein, daß bei einer Temperatur an der Außenseite des Entladungsgefäßes von etwa 25° an der Innenseite die zur Erzeugung des hohen Dampfdruckes erforderliche Temperatur von etwa 800 bis 1000° erreicht wird. Der Elektrodenabstand beträgt je nach Type mehrere Zentimeter. Die sich im Betrieb selbst aufheizenden Elektroden sind aus Wolfram hergestellt und mit einer Oxydpaste versehen. Sie sind in der Kapillare so eingeschmolzen, daß sie auf der Rückwand des Entladungsgefäßes fest aufliegen und so gleichsam pfropfenartig die Kapillare abschließen. Hierdurch wird bewirkt, daß auch hinter den Elektroden die Quarzwand eine zur Verdampfung des Quecksilbers ausreichende Temperatur erreicht. Um eine zu starke Wärmeableitung an diesen Stellen zu verhindern, wird vorteilhaft noch ein Quarzglasrohr so an das Polgefäß angeschmolzen, daß die Kühlflüssigkeit das Elektrodengefäß nicht berührt.

[1] Zusammenfassung der in Z. techn. Phys. Bd. 20 (1939) S. 250 und Bd. 23 (1942) S. 108 erschienenen Arbeiten.

2. Der Kühlmantel.

Die Kühlflüssigkeit fließt unmittelbar über das Entladungsgefäß hinweg. Bei dessen Kleinheit ist die je Quadratzentimeter Oberfläche abzuführende Wärme sehr groß. Die Flüssigkeit muß deshalb mit großer Geschwindigkeit an dem Entladungsgefäß vorbeifließen. Bei der Konstruktion des Kühlmantels war weiterhin noch zu beachten, daß die aus Brenner und Kühlmantel bestehende Lampe leicht in eine Fassung eingesetzt und aus dieser herausgenommen werden konnte. In Anbetracht der hohen Spannung und der Wasserkühlung war für gute Spannungsisolation zu sorgen. Der Aufbau des Kühlmantels ist aus Abb. 2 zu ersehen. Zufluß und Abfluß der Kühlflüssigkeit sind am gleichen Ende der Lampe angeordnet. Der Kühlmantel besteht deshalb aus einem doppelwandigen Gefäß. Die Flüssigkeit fließt zwischen dem Entladungsgefäß und dem inneren Kühlmantel in die Lampe hinein und zwischen Innen- und Außenmantel wieder zurück. Die Lampe hat einen eigens konstruierten Sockel, der in eine Spezialfassung hineinpaßt. Der Sockel trägt ein Gewinde, durch das die Lampe mit Hilfe einer an der Fassung vorhandenen Mutter verschraubt werden kann. Am Sockel ist eine senkrecht zur Lampenachse sitzende Paßfläche vorhanden, zu der das Entladungsgefäß genau zentriert ist.

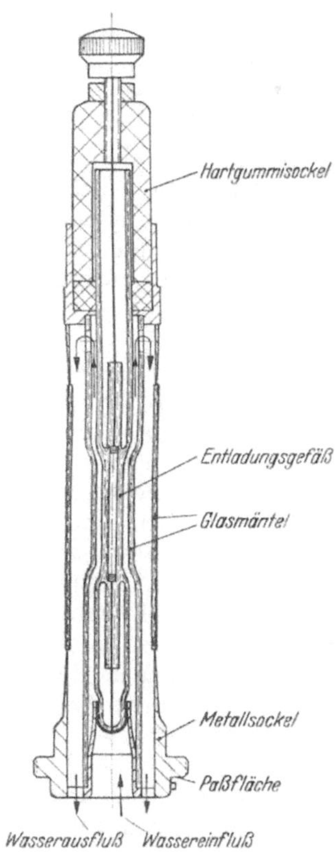

Abb. 2. Flüssigkeitsgekühlte Höchstdrucklampe. Entladungsgefäß eingebaut in Kühlmantel.

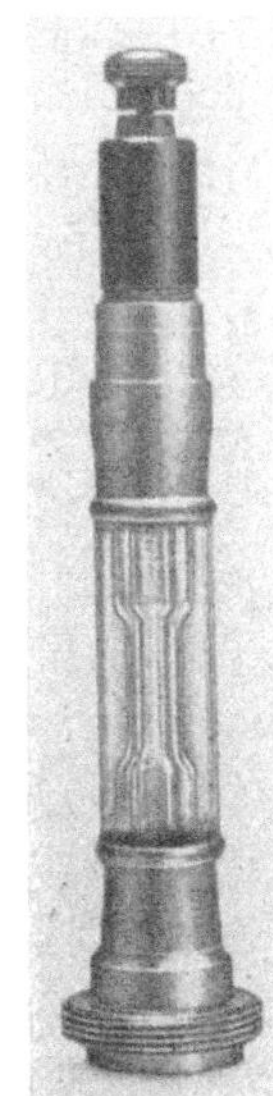

Abb. 3. Aufnahme der flüssigkeitsgekühlten Höchstdrucklampe HBF 1000.

An der dem Wasseranschlußsockel gegenüberliegenden Seite befindet sich ein gegen das Kühlwasser gut isolierter Stromanschluß, während der zweite Pol der Stromquelle am Erdpotential liegt und mit der Fassung verbunden ist.

3. Die Betriebsdaten.

Es seien hier die Betriebsdaten einer zur technischen Reife entwickelten Type, die unter der Bezeichnung HBF 1000 geführt wird, mitgeteilt[1].

Leistungsaufnahme		1000 W
Brennspannung		900 V
Stromstärke		1,3 A
Dampfdruck	etwa	80 at
Elektrodenabstand		30 mm

Eine photographische Aufnahme dieser Lampe zeigt Abb. 3.

Wegen der hohen Brennspannung ist zum Betrieb der Lampe eine Spannung von 1350 V erforderlich. Diese Spannung entnimmt man entweder einem Transformator, dem man zur Strombegrenzung eine Drossel vorschaltet, oder einem

[1] Einige andere mehr versuchsmäßigen Typen wurden schon früher vom Verf. in der Z. techn. Phys. Bd. 20 (1939) S. 250 beschrieben.

Streufeldtransformator, bei dem die Drossel sich erübrigt. Nach dem Einschalten heizt die Lampe sich selbst auf, wobei der Dampfdruck steigt, bis das Quecksilber vollkommen verdampft ist. Die Lampe wird also im untersättigten Quecksilberdampf betrieben, wodurch neben anderen Vorteilen eine genügende Konstanz der Brennspannung gewährleistet ist. Die im Ausland hergestellten flüssigkeitsgekühlten Lampen brennen, soviel bekannt, nicht im untersättigten Zustande. So ist in der zuerst von C. BOL[1] konstruierten wassergekühlten Kapillarlampe ein Quecksilberüberschuß vorhanden, so daß die Elektroden aus einem an den Enden vorhandenen Quecksilbervorrat herausragen.

Die flüssigkeitsgekühlten Lampen zeichnen sich dadurch aus, daß sie nach der Zündung ihre Betriebsdaten in einigen Sekunden erreichen. Auch die Wiederzündzeit, d. h. die Zeit vom Ausschalten der Lampe bis zur Wiederzündung nach dem Wiedereinschalten, beträgt nur größenordnungsmäßig eine Sekunde. Die Lampe eignet sich deshalb für alle Anwendungszwecke, für die eine sofortige Betriebsbereitschaft notwendig ist.

4. Das Kreislaufkühlgerät.

Zur Kühlung der Lampe kann Leitungswasser dienen, wobei allerdings die Gefahr besteht, daß sich im Laufe der Zeit Niederschläge auf der Lampe bilden, die aus den normalerweise im Leitungwassser gelösten Stoffen stammen. Diese lassen sich meistens leicht in einer verdünnten schwachen Säure lösen. Bei nicht ortsfesten Anlagen dienen zur Kühlung sog. Kreislaufkühlgeräte. Bei ihnen wird die Kühlflüssigkeit von einer kleinen, durch einen Elektromotor angetriebenen Pumpe an der Lampe vorbeigetrieben und von dort in einen Kühler gepumpt, durch dessen Kühlrippen ein starker Luftstrom geblasen wird. Der den Luftstrom erzeugende Ventilator ist auf der Achse des Motors befestigt und wird von diesem angetrieben. Abb. 4 zeigt ein solches Gerät. Es wird mit einem Liter destillierten Wassers gefüllt, dem bei Frostgefahr Frostschutzmittel zugesetzt werden.

Abb. 4. Kreislaufkühlgerät zur Kühlung der flüssigkeitsgekühlten Höchst drucklampen.

5. Lichttechnische Eigenschaften der flüssigkeitsgekühlten Höchstdrucklampen mit kapillarförmigem Entladungsgefäß.

Die Leuchtdichte der Quecksilber-Hochdruckentladung ist von Leistungsaufnahme, Druck und Rohrdurchmesser abhängig. Der allgemeine Verlauf der Leuchtdichte in Abhängigkeit vom Dampfdruck bei konstanter Stromstärke ist bis zu etwa 150 at in Abb. 5 dargestellt. Man sieht, daß ganz allgemein die Leuchtdichte mit dem Dampfdruck bei konstanter Stromstärke zunimmt. In Abb. 6 ist die Abhängigkeit der Leuchtdichte, des Lichtstromes und der Strahlstärke im langwelligen und mittelwelligen Ultraviolett in Abhängigkeit vom

[1] C. BOL: Ingenieur, Haag Bd. 50 (1935) S. 91.

Spannungsabfall je cm (Druck) bei konstanter Leistung für die Kapillarlampe aufgetragen. Mit wachsendem Spannungsabfall je cm nehmen die Leuchtdichte und die Lichtstärke zu, während die langwellige Ultraviolettstrahlung unabhängig vom Druck ist und das mittelwellige Ultraviolett sogar abnimmt.

Wie Abb. 7 zeigt, nehmen Leuchtdichte, Lichtstärke und die Strahlstärke im Ultraviolett mit der Leistungsaufnahme je cm Bogenlänge linear zu. Lichtstärke und Strahlstärke sind proportional $L - A$, wo A sich gleich etwa 40 W/cm ergibt. Dieser Wert ist wesentlich höher als der bei niedrigen Drucken und Leistungen von ELENBAAS[1] angegebene Wert von 10 W/cm für die Gesamtstrahlung und der von KERN[2] angegebene Wert von 9 W/cm für den Lichtstrom.

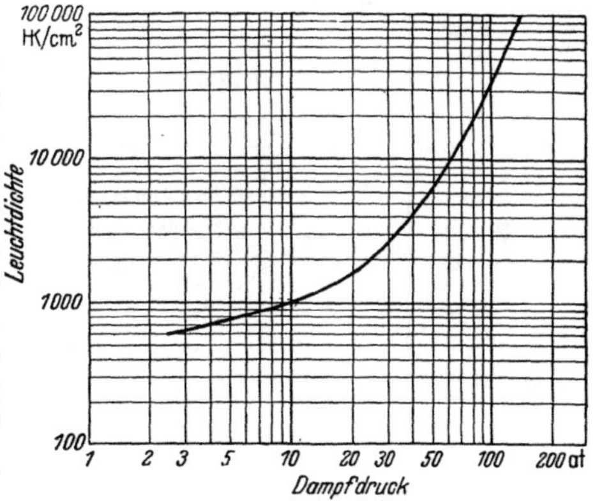

Abb. 5. Allgemeiner Verlauf der Leuchtdichte der Quecksilberhochdruckentladung in Abhängigkeit vom Dampfdruck. Stromstärke etwa 1 A, Rohrdurchmesser 1 ... 8 mm. (Nach Messungen von J. KERN und F. RÖSSLER.)

Die Leuchtdichte ist proportional $L + c$, wo c mit etwa 10 W/cm gegenüber den hohen Leistungen von 250 bis 600 W/cm praktisch zu vernachlässigen ist.

Lichtausbeute und Strahlungsausbeute im UV nehmen ebenfalls mit wachsender Leistungsaufnahme je cm etwas zu.

Besonders interessant sind die Abhängigkeiten vom Rohrdurchmesser. Während die Lichtstärke mit zunehmendem Rohrdurchmesser zunimmt, nehmen

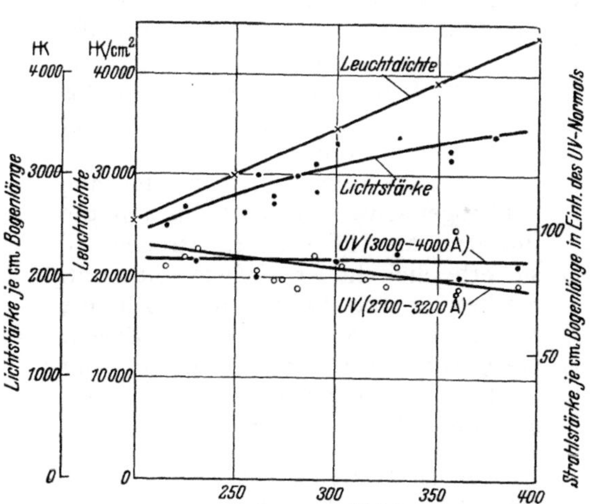

Abb. 6. Leuchtdichte, Lichtstärke und Strahlstärke im mittelwelligen und langwelligen Ultraviolett in Abhängigkeit vom Spannungsabfall je cm Bogenlänge (Druck). Leistungsaufnahme 400 W/cm, Rohrdurchmesser (innen) 2 mm.

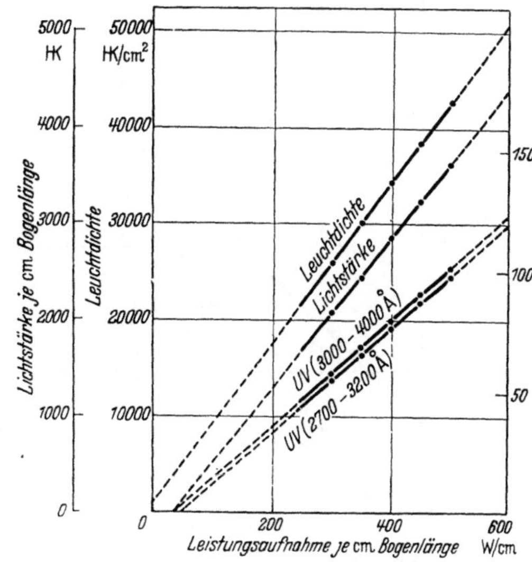

Abb. 7. Leuchtdichte, Lichtstärke und Strahlstärke im mittelwelligen und langwelligen Ultraviolett in Abhängigkeit von der Leistungsaufnahme je cm Bogenlänge. Spannungsabfall 300 V/cm, Rohrdurchmesser (innen) 2 mm.

Leuchtdichte und Strahlstärke im Ultraviolett stark ab (Abb. 8). Trägt man die Leuchtdichte in Abhängigkeit vom Rohrdurchmesser d in doppelt logarith-

---

[1] W. ELENBAAS: Physica, Haag Bd. 4 (1937) S. 413.

[2] J. KERN: Z. techn. Phys. Bd. 19 (1938) S. 249.

mischem Maßstabe auf, so ergibt sich eine Gerade, woraus sich die Leuchtdichte B proportional d^q ergibt, wo q gleich 0,76 ist.

Setzt man für die Leuchtdichte B den Ausdruck

$$B = \frac{K \cdot L}{d^q} \cdot f(g),$$

wo $f(g)$ eine Funktion des Spannungsabfalles je cm g und K eine Konstante sind, so läßt sich $f(g)$ bestimmen, wenn der Ausdruck $B \cdot d^{0,76}/L$ als Funktion von g aufgetragen wird (Abb. 9). Die Meßpunkte streuen um etwa $\pm 15\%$ um die hindurchgezogene Gerade. Trotzdem kann man mit einer gewissen Genauigkeit die Abhängigkeit der Leuchtdichte vom Spannungsabfall je cm g durch eine lineare Funktion angeben. Man erhält dann

$$B = K \frac{L(g + b)}{d^q}.$$

$$K = 0{,}39; \quad b = 77; \quad q = 0{,}76.$$

Hierbei sind B in HK/cm², L in W/cm, g in V/cm und d in mm angegeben.

Die Gültigkeit dieser Formel wurde für kapillarförmige Entladungsgefäße bei Leistungsaufnahmen von etwa 100 bis 600 W/cm, Gradienten von 100 bis 400 V/cm und Rohrdurchmessern von 1 bis 4 mm gefunden[1].

Die Leuchtdichte ist in Richtung der Bogenachse konstant bis auf die unmittelbare Nähe der Elektroden, wo sie erheblich höhere Werte annimmt. Senkrecht zur Bogenachse fällt die Leuchtdichte von der Mitte des Bogens stetig zur Rohrwand ab. Abb. 10 zeigt die Leuchtdichteverteilung für vier verschiedene Durchmesser.

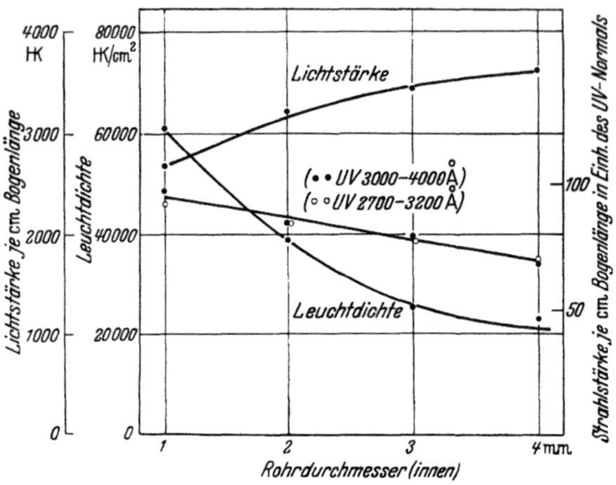

Abb. 8. Leuchtdichte, Lichtstärke und Strahlstärke im mittelwelligen und langwelligen Ultraviolett in Abhängigkeit vom Rohrdurchmesser. Leistungsaufnahme 400 W/cm. Spannungsabfall bei den Leuchtdichte- und Lichtstärkemessungen 350 V/cm, bei den Messungen der Strahlstärke im Ultraviolett 280 V/cm.

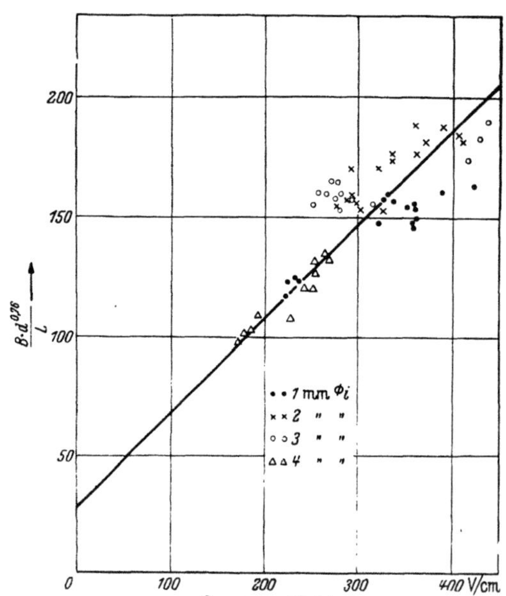

Abb. 9. $B \cdot d^{0,76}/L$ in Abhängigkeit vom Spannungsabfall je cm (Druck).

[1] In der Arbeit des Verfassers in Z. techn. Phys. Bd. 20 (1939) S. 250 wurde auch die Abhängigkeit der Leuchtdichte bei Leistungen von 10 bis 100 W/cm, Gradienten von 20 bis 60 V/cm und Rohrdurchmessern von 4 bis 20 mm bestimmt. In diesen Bereichen ist die Leuchtdichte darstellbar durch

$$B = \frac{K(L + a)}{d^q}$$

$$K = 120; \quad q = 0{,}9; \quad a \text{ im Mittel} = 3{,}5.$$

Die Leuchtdichte ist in diesen Bereichen vom Gradienten (Druck) unabhängig.

Definiert man die Halbwertsbreite als diejenige Breite des Bogens, bei der die Leuchtdichte auf die Hälfte der maximalen Leuchtdichte in der Mitte des

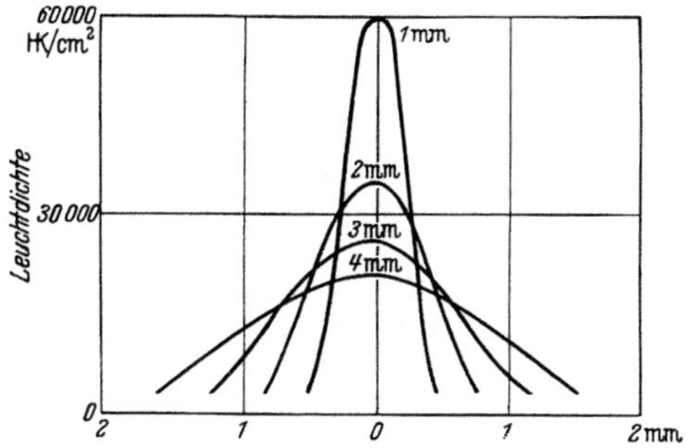

Abb. 10. Leuchtdichteverteilung senkrecht zur Bogenachse für verschiedene Rohrdurchmesser (innen) bei einem Spannungsabfall von 280 V/cm und einer Leistungsaufnahme von 400 W/cm.

Bogens abgefallen ist, so wächst die Halbwertsbreite etwa linear mit dem Rohrdurchmesser (vgl. Tabelle).

Tabelle. Halbwertsbreite des Entladungsbogens für verschiedene Rohrdurchmesser bei konstantem Spannungsabfall (280 V/cm) und konstanter Leistungsaufnahme (400 W/cm).

Rohrdurchmesser (innen) in mm	1	2	3	4
Halbwertsbreite in mm	0,55	1,05	1,52	2,15

Mit zunehmender Leistung je cm Bogenlänge ändert sich bei konstantem Spannungsabfall je cm und festem Rohrdurchmesser die Halbwertsbreite nur unwesentlich. Ebenso ist die Halbwertsbreite bei konstanter Leistung und festem Rohrdurchmesser unabhängig vom Spannungsabfall je cm.

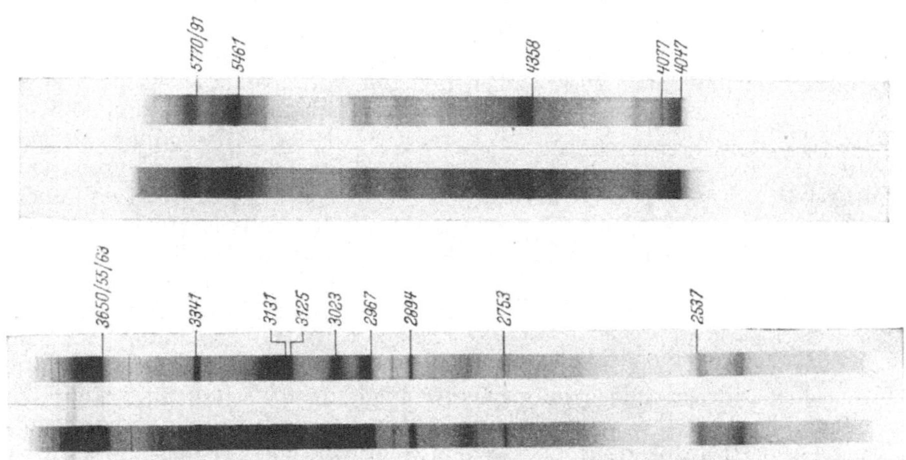

Abb. 11. Sichtbares und ultraviolettes Spektrum der Lampe HBF 1000.

In Abb. 11 sind das sichtbare und das ungeschwächte ultraviolette Spektrum der Lampe HBF 1000 dargestellt. Es setzt sich zusammen aus dem Linienspektrum und einer sehr intensiven kontinuierlichen Strahlung, die sich über das ganze Spektrum erstreckt. Man erhält daher ein weiß aussehendes Licht, wobei auch der Rotgehalt, der bei Quecksilber-Hochdrucklampen geringeren Druckes und kleinerer Leistungen gering ist, beträchtlich wird.

Schaltungsanordnung für Quecksilberhöchstdrucklampen zur Erzeugung von Lichtblitzen[1].

Von

H. EWEST.

Mit 2 Abbildungen.

Von PIRANI und ROMPE[2] ist die Eigenschaft der hohen Leuchtdichten der Quecksilberlampen, die man bei hohen Stromstößen erreichen kann, zur Belichtung von Filmen vorgeschlagen worden, bei denen das Filmband gleichmäßig laufen kann, weil die einzelnen Lichtblitze nur 10^{-5} bis 10^{-6} s dauern. Von der AEG[3] ist mit Hochdrucklampen ein Lichtblitzstroboskop entwickelt worden, das den Einsatz der Entladung zu bestimmten Zeiten ermöglicht, um den Vorgang an laufenden Maschinen stroboskopartig zu betrachten. Bei beiden Apparaten liegen die verwendeten Spannungen in der Größenordnung von etwa 10000 bis 20000 V, um die hohe Zündspannung in Quecksilberhochdrucklampen zu überbrücken. In dem neuen Großstroboskop der AEG, das von DREWELL[4] beschrieben ist, ist eine Hilfsschaltung (Induktionsstoß) angegeben, die es ermöglicht, mit einigen 1000 V Kondensatorspannung auszukommen.

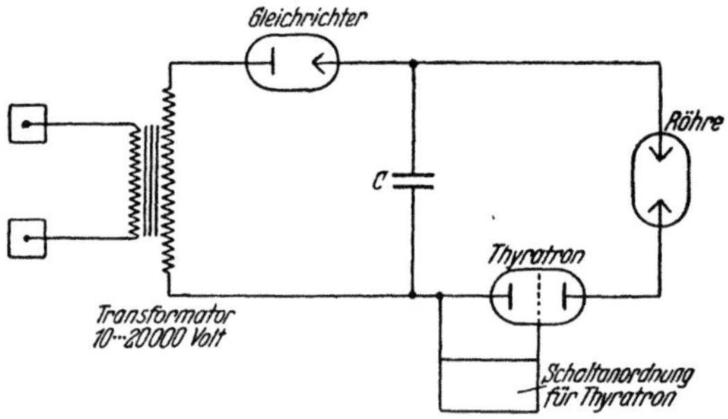

Abb. 1. Schaltungsanordnung einer Stroboskoplampe mit hoher Kondensatorspannung.

In der Patentliteratur[5] liegen Beschreibungen vor, meistens für Niederdruckentladung, die mit einer zusätzlichen höheren Hilfsspannung als der Betriebsspannung arbeiten, die einer Hilfselektrode aufgelegt werden und dann die Hauptentladung zünden. Der Wattverbrauch an der Hilfselektrode braucht nur verhältnismäßig gering zu sein, mehrere Größenordnungen kleiner als in der Hauptentladung, um die Entladung einzuleiten. Denselben Gedanken kann man auch in Quecksilberhochdrucklampen verwenden, um hier sehr lichtstarke Blitze zu erhalten. Der Vorteil dieser Schaltung liegt in der Verwendung verhältnismäßig kleiner Gleichstromspannung und in dem Gebrauch von Kondensatoren, die nur für mittlere Spannung durchschlagsfest sein müssen. Die in den ersterwähnten Arbeiten gebrauchten Transformatoren müssen auch für Wanderwellen durch-

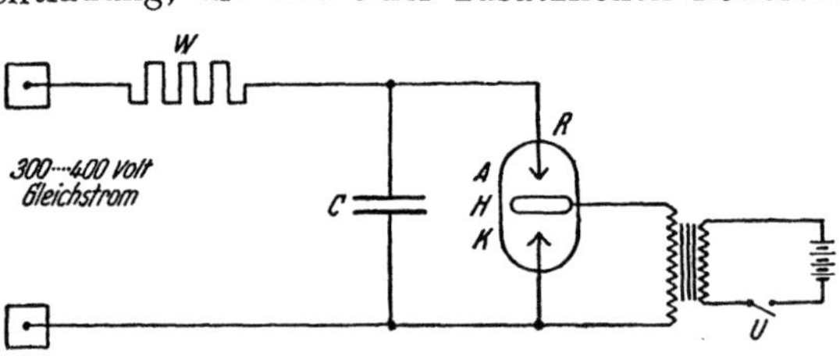

Abb. 2. Schaltungsanordnung einer Stroboskoplampe mit geringer Kondensatorspannung.

[1] Zusammenfassung der in Z. techn. Phys. Bd. 20 (1939) S. 294 und Bd. 21 (1940) S. 48 erschienenen Arbeiten.

[2] M. PIRANI u. R. ROMPE: Kinotechn. Bd. 15 (1933) S. 131; s. a. Techn.-wiss. Abh. Osram Bd. 4 (1936) S. 27.

[3] P. DREWELL: Jb. d. Forschungsinstitutes d. AEG Bd. 5 (1936/37) S. 158.

[4] P. DREWELL: ETZ Bd. 60 (1939) S. 1339.

[5] Z. B. DRP. 492875, 550212, franz. Pat. 777904.

schlagssicher sein, infolgedessen muß die Isolation sehr gut sein, so daß an diese Transformatoren noch höhere Anforderungen gestellt werden als an Transformatoren derselben Spannung für gewöhnlichen Verbrauch. Die hohe Spannung hatte den weiteren Nachteil, daß nach dem ersten Durchschlag evtl. Rückzündungen auftreten, die durch besondere Hilfsmittel vermieden werden mußten. Die Abb. 1 zeigt die bisherige Schaltung, Abb. 2 die jetzt vorgeschlagene. In Abb. 2 bedeutet V eine Spannung von 300 bis 400 V, die aus einem Gleichstromnetz oder durch Umwandlung aus Wechselstrom erhalten wird. W ist ein Widerstand oder eine Ventilröhre zur Aufladung des Kondensators C. R ist die Röhre mit der Kathode K und der Anode A. H ist eine Hilfselektrode, der die Spannung über einen Transformator T zugeführt wird. Die Spannung des Transformators T muß den Verhältnissen des Dampfdruckes in der Röhre R angepaßt sein, d. h. bei 10 bis 20 at Quecksilberdruck ungefähr 5000 V betragen. Die Leistung des Transformators T braucht nur klein zu sein, etwa maximal 50 mA sekundärseitig. Auf der Primärseite liegt ein Unterbrecher U, der in bekannter Weise entweder mechanisch oder elektrisch ausgelöst wird. Eine derartige Anordnung arbeitet, wie Herr Dr. P. SCHULZ bei uns festgestellt hat, einwandfrei. Die Dauer des Blitzes liegt zwischen 10^{-5} und 10^{-6} s, die erreichbaren Leuchtdichten der Lichtblitze je nach Größe des Kondensators C bis zu 10^7 sb.

Elektrische und lichttechnische Daten von Hochspannungsröhren mit und ohne Leuchtstoff[1].

Von

E. SUMMERER.

Zur Feststellung der elektrischen und lichttechnischen Daten der wichtigsten neuzeitlichen Leuchtröhren wurden gleichartige Leuchtröhren von 50, 75, 100 und 250 cm Länge gemessen. Unter der Annahme, daß sich die an ein Rohr angelegte Spannung U_R auf die an den beiden Elektroden auftretenden Spannungsabfälle U_E und die Spannung an der positiven Säule U_P aufteilt und daß der Gradient u (V/cm) der positiven Säule und der Spannungsabfall an den Elektroden konstant bleibt, kann bei Röhren gleichen Aufbaus (Rohrdurchmesser, Gasdruck, Gasart, Elektroden usw.) der Gradient aus der Beziehung $U_R = U_P + U_E = L \cdot u + U_E$ berechnet werden (L = Abstand zwischen den Elektroden). Das gleiche gilt für die Rohrleistung $N_R = N_P + N_E = L \cdot n + N_E$, wobei N_R die Rohrleistung, N_P die Leistung in der positiven Säule, N_E die Leistung an den Elektroden und n die Leistung je cm positive Säule sind. Gleichmäßige Verteilung des Lichtstromes über die positive Säule angenommen, erhält man ferner den Lichtstrom Φ/cm Säulenlänge. Die Messungen bestätigen eindeutig die Annahmen und angenommenen Zusammenhänge zwischen den Daten in Abhängigkeit von der Rohrlänge.

Leuchtröhren für Leuchtwerbung.

Als Normalrohr wurden die Neonröhren mit 22 mm Durchmesser und 50 mA Belastung angesehen.

Während der Spannungsabfall an den beiden Elektroden zusammen etwa 100 V beträgt, dem ein Leistungsverlust an den Elektroden von 5 W entspricht, kann bei der Neonentladung in einem Glasrohr von 22 mm Durchmesser bei

[1] Auszug aus der Arbeit von E. RULLA (†) u. E. SUMMERER: Licht Bd. 10 (1940) S. 66.

einer Belastung von 50 mA mit einer Spannung je cm der positiven Säule von 3,55 V/cm und einer Leistung je cm der positiven Säule von 0,115 W/cm gerechnet werden. Der Lichtstrom betrug 0,58 Hlm/cm.

Aus Verpackungs- und Versandgründen kann ein Rohr von 2,50 m Länge als Maximal-, das 2-m-Rohr als Normalrohr angesehen werden. Die Messungen ergaben für diese Längen folgende Werte:

Neon-Hochspannungsrohr	Rohrspannung V	Rohrleistung W	Lichtstrom Hlm	Lichtausbeute Hlm/W
Ne 2250/2,50 m* . .	990	34	145	4,3
Ne 2250/2 m	810	28	117	4,2

Setzt man die Rohrleistung in Beziehung zur Scheinleistung des Rohres, so erhält man für die Neonentladung einen „Verzerrungsfaktor" von 0,69.

Bei einer Belastung des 22-mm-Rohres mit 500 mA erhalten wir die folgenden, obigen Zahlen entsprechenden Werte: Spannungsabfall an den Elektroden 55 V, Leistungsverlust an den Elektroden 27 W, 2,0 V je cm positive Säule, 0,68 W/cm, 14,2 Hlm/cm. Diese Werte führen zu folgenden Rohrdaten:

Neon-Hochspannungsrohr	Rohrspannung V	Rohrleistung W	Lichtstrom Hlm	Lichtausbeute Hlm/W
Ne 22500/2,50 m . .	555	197	3550	18,0
Ne 22500/2 m . . .	455	163	2840	17,4

Der Verzerrungsfaktor ist 0,71.

Schließlich interessiert noch die Leuchtdichte, die beim 22-mm-Rohr 50 mA Belastung 0,03 sb, beim 22-mm-Rohr 500 mA 0,7 sb beträgt.

Von den Quecksilberniederdruckröhren wurden ebenfalls Röhren mit 22 mm Durchmesser einmal für eine Belastung von 50 mA, das andere Mal für eine Belastung von 500 mA untersucht.

Während der Spannungsabfall an den Elektroden des mit 50 mA belasteten Rohres 180 V und der Leistungsverlust an beiden Elektroden 8,5 W beträgt, ist die Spannung je cm Rohrlänge 2,5 V und die Leistung je cm 0,12 W. 1 cm Rohrlänge liefert einen Lichtstrom von 0,7 Hlm. Bei 500 mA Belastung ist mit einem Spannungsabfall an den Elektroden von 32 V, einem Leistungsverlust an den Elektroden von 16 W und mit einer Spannung von 1,1 V/cm und einer Leistung von 0,42 W/cm positive Säule zu rechnen. Der Lichtstrom je cm ist 5,3 Hlm/cm.

Für die oben bereits erwähnten Normallängen von 2 bzw. 2,50 m erhalten wir also folgende Daten:

Hochspannungsrohr	Rohrspannung V	Rohrleistung W	Lichtstrom Hlm	Lichtausbeute Hlm/W
HgN 2250/2,50 m .	805	38,5	175	4,6
HgN 2250/2 m . . .	680	32,5	140	4,3
HgN 22500/2,50 m .	307	121	1330	11,0
HgN 22500/2 m . .	252	100	1060	10,6

Der Verzerrungsfaktor der HgN-Entladung wird aus diesen Werten bei 50 mA Belastung zu 0,95, bei 500 mA Belastung zu 0,79 errechnet.

Bei Verwendung von farbigen Gläsern tritt unter Beibehaltung der elektrischen Daten natürlich eine Lichtstromabnahme ein. Der Lichtstrom eines grünen

* Bei dieser Bezeichnung gibt 22 den Rohrdurchmesser in mm, 50 die Belastung in mA und 2,50 die Rohrlänge in m an.

Rohres, das mit 500 mA belastet wird, beträgt z. B. nur mehr 3,9 Hlm/cm gegenüber 5,3 Hlm/cm von klarem Rohr.

Die Leuchtdichte der HgN-Hochspannungsröhren ist bei 50 mA Belastung sehr gering (0,03 sb), bei 500 mA Belastung 0,25 sb.

Wird das Neonrohr Ne 2250 mit einem Leuchtstoff versehen, so erhält man eine Lichtausbeutesteigerung auf das etwa 4,4fache. Die Lichtleistung je cm Rohrlänge beträgt daher 2,6 Hlm/cm.

Die Quecksilberniederdruckröhren 22 mm Durchmesser 50 mA Belastung, versehen mit einem gelblichweiß strahlenden Leuchtstoff, liefern nach der Messung praktisch die gleichen elektrischen Werte wie die klaren Röhren, der Lichtstrom je cm Rohrlänge erhöht sich jedoch gegenüber den klaren Röhren von 0,7 auf 4,8 Hlm/cm.

Das gleiche Rohr 22 mm Durchmesser, jedoch mit 500 mA Belastung, ergab bei gleichen elektrischen Daten wie beim klaren Rohr einen Lichtstrom von 16 Hlm/cm bei Verwendung eines weiß strahlenden Leuchtstoffes und 19 Hlm/cm bei einem gelblichweiß strahlenden Leuchtstoff.

Für die angenommenen Rohrlängen von 2,5 m und 2 m erhalten wir daher folgende Daten:

Quecksilberniederdruck-Hochspannungsröhren mit Leuchtstoffen	Rohrspannung V	Rohrleistung W	Lichtstrom Hlm	Lichtausbeute Hlm/W
HgNL 2250 gw/2,5 m . . .	830	38,5	1200	31
HgNL 2250 gw/2 m. . . .	700	32,5	960	29,5
HgNL 22500 w/2,5 m . . .	307	121	4000	33
HgNL 22500 gw/2,5 m . .	307	121	4750	39
HgNL 22500 w/2 m. . . .	252	100	3200	32
HgNL 22500 gw/2 m . . .	252	100	3800	38

Die Leuchtdichte der Leuchtstoffröhren für Leuchtwerbung schwankt je nach dem Rohrdurchmesser. Das 22 mm starke Rohr besitzt bei 50 mA Belastung und weißlichem Leuchtstoff eine Leuchtdichte von etwa 0,24 sb, bei 500 mA Belastung eine Leuchtdichte von etwa 0,95 sb.

Die Lichtreklameröhren werden, wie bekannt, mit Hilfe von Streufeldtransformatoren betrieben, die auf die betreffende Stromstärke eingestellt werden. Bei Netzspannungsschwankungen ändern sich natürlich etwas die Daten. Beim 22 mm starken, mit 50 mA belasteten Rohr führt eine Netzspannungserhöhung zu einem Anstieg der elektrischen Leistung und des Lichtstromes im gleichen Maße wie die Stromstärke zunimmt, während sich die Rohrspannung mit der Stromstärke kaum ändert. Bei höher belasteten Rohren tritt mit zunehmender Stromstärke eine Abnahme der Rohrspannung ein, während die elektrische Leistung und der Lichtstrom praktisch im gleichen Maße wie die Stromstärke ansteigen.

Hochspannungsleuchtstoffröhren für Innenraumbeleuchtung.

Die Entwicklung ging dahin, eine Hochspannungsleuchtstoffröhre herzustellen, deren Leuchtdichte so gering ist, daß bei sichtbarer Anordnung jegliche Blendung vermieden wird und deren Lichtausbeute bei günstigster Lichtfarbe optimal ist. Aus der Beleuchtungspraxis heraus kommt der Wunsch nach einer rötlichweißen Lichtfarbe, die eine besonders angenehme Wirkung der Körperfarben hervorruft, und nach einer tageslichtweißen Lichtfarbe, um eine möglichst naturgetreue Wirkung der Körperfarben zu erlangen.

Um die Leuchtdichte der Lichtquelle der in Innenräumen üblichen Leuchtdichtehöhe anzugleichen, wurde ein Rohrdurchmesser von 35 mm gewählt, der noch optimale Entladungsbedingungen ermöglicht und eine genügend kleine, also blendungsfreie Leuchtdichte bewirkt. Die Leuchtdichte beträgt etwa 0,4 sb.

Im Gegensatz zur Lichtreklame, für die fast immer die Rohrlänge dem verlangten Leuchtzeichen entsprechend besonders angefertigt wird, muß eine Hochspannungsleuchtstoffröhre für Beleuchtungszwecke, ähnlich wie die Linestraröhre, als eine Lampe angesehen werden. Es wurde daher ein Einheitsrohr von 2 m Länge geschaffen, das vom Architekten beliebig im Raum angeordnet werden kann.

Ähnlich wie alle für Allgemeinbeleuchtung erzeugten Lichtquellen werden die Hochspannungsleuchtstoffröhren für Innenraumbeleuchtung mit einer konstanten Leistung belastet, so daß alle elektrischen und lichttechnischen Daten innerhalb der üblichen Toleranzen festliegen. Die Betriebsstromstärke beträgt 250 mA, die Brennspannung je System etwa 230 V. Die Lichtleistung ist für beide Lichtfarben 2200 Hlm. Bezogen auf die aufgenommene Rohrleistung des 2-m-Rohres von etwa 50 W erhalten wir daher eine Lichtausbeute von 44 lm/W.

Wie bei allen Leuchtröhren ist die Brennlage beliebig. Der Verzerrungsfaktor beträgt etwa 0,75.

Die Abdeckung der Elektroden und Fassungen ist ein in der Hauptsache dekoratives Problem und kann den jeweiligen Bedürfnissen entsprechend ausgeführt werden. Die Schaltung der Röhre erfolgt genau so wie in der Lichtreklame üblich, es werden die einzelnen Systeme in Reihe an besondere, auf 250 mA eingestellte Streufeldtransformatoren gelegt, wobei zur Erzielung einer sicheren Zündung an 6000-V-Transformatoren höchstens 9 Systeme und an 4000 V 6 Systeme angeschlossen werden können. Bei einer Erhöhung der Netzspannung nehmen die elektrische Leistung, der Lichtstrom und die Stromstärke fast im gleichen Maße wie die Netzspannung zu, während die Rohrspannung etwas sinkt.

Die Strahlungsumformung der Quecksilberniederdruckentladung mit Hilfe von Leuchtstoffen ist von der Temperatur abhängig. Hinzu kommt noch die infolge einer Kondensation des Quecksilbers bei tiefen Temperaturen auftretende Empfindlichkeit der Quecksilberentladung. Die obengenannten Daten der Leuchtstoffröhren gelten daher nur für die übliche Raumtemperatur von wenigstens 18°. Bei Temperaturen von 5 bis 18° C sind infolge einer geringen Verschlechterung der Zündung jeweils nur 8 bzw. 5 Einheitsrohre von 2 m Länge an die Spannungen von 6000 bzw. 4000 V anschließbar. In Räumen mit niedrigeren Temperaturen als 5° oder fürs Freie kommt die Hochspannungsleuchtstoffröhre nicht in Betracht, da mit einer stärkeren Abnahme der Lichtleistung und evtl. auch mit Ungleichmäßigkeiten der Farbe gerechnet werden muß.

Eine Lampe zur Fluoreszenzanregung für Sonderzwecke[1].

Von

E. SUMMERER.

Mit 4 Abbildungen.

Dank der Gütesteigerung der Leuchtstoffe und ihrer Anpassung an die verschiedensten Anforderungen hat die Anwendung der Leuchtstoffe auf fast allen Gebieten eine Erweiterung erfahren.

Voraussetzung dazu war die Schaffung geeigneter Strahlungsquellen, die in den Quecksilberhochdrucklampen mit Violettglaskolben zur Verfügung stehen.

[1] Auszug aus der Arbeit von M. REGER u. E. SUMMERER: Licht Bd. 8 (1938) S. 112, mit Ergänzungen.

Für den Betrieb an Wechselspannung 220 V ist die Lampenreihe HQV 300 mit 83 W, HQV 500 mit 130 W und HQV 1000 mit 280 W vorhanden.

Zur „Ausleuchtung“ sehr kleiner Räume oder zum „Anleuchten“ kleiner Flächen sind die genannten Lampeneinheiten jedoch manchmal zu groß; nicht selten kann auch der für die Hochdrucklampen notwendige Wechselstrom von 220 V nicht beschafft werden. Dies gilt vor allem für alle Fahrzeuge, wie Kraftfahrzeuge, Lokomotiven, Flugzeuge usw., wo nur mit Gleichstrom von etwa 24 V gerechnet werden kann. Gerade hier läßt sich aber mit Leuchtstoffen manches Beleuchtungsproblem lösen. Normalerweise erfolgt die Beleuchtung des Instrumentenbrettes durch eine meist größere Zahl kleinerer Glühlampen, die der Sicht des Fahrzeuglenkers gut entzogen sind und eine schwache Beleuchtung der wesentlichen Teile und auch des ganzen Raumes liefern. Schwierigkeiten bereitet aber häufig die Unterbringung der Lampen und die gleichmäßige Ausleuchtung der Flächen. Da eine Violettglaslampe fast kein sichtbares Licht ausstrahlt, also nur die Teile sichtbar macht, die mit Leuchtstoffen bestrichen sind, muß eine solche Lampe wesentliche Vorteile bieten; sie ermöglicht vor allem eine größere Freiheit in der Anordnung der Lampen und Geräte und eine bessere Gleichmäßigkeit der „Beleuchtung“ des Instrumentenbrettes.

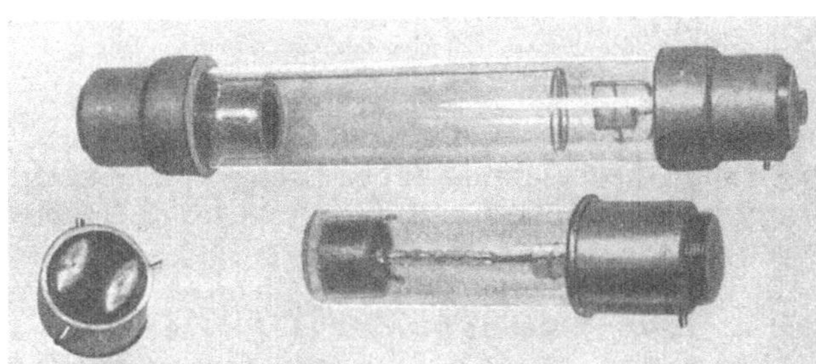

Abb. 1. Quecksilberniederdrucklampe 24 V 13 W. Ausführung 1 und 2.

Auf Anregung des Herrn Dr. Ewest von unserer Gesellschaft wurde für diese Zwecke eine Quecksilberniederdrucklampe entwickelt, die an 24 V Gleichstrom betriebsfähig ist. Die große Type besteht, wie die Abb. 1 zeigt, aus einem röhrenförmigen Kolben von 22 mm Durchmesser, der auf jeder Seite einen besonderen Bajonett-Sockel trägt. Der Bajonett-Sockel wurde genommen, um gute Kontaktmöglichkeiten auch bei Erschütterungen zu gewährleisten. Durch 3 ungleichmäßig verteilte Stifte wird die Lage der Lampe gegenüber der Fassung festgelegt. Die Lampe enthält eine Glühkathode mit 2 Zuführungen, die zu entsprechenden Kontakten des Sockels gehen, auf der anderen Seite steht eine ringförmige Anode mit einer Zuführung, die an den Mittelkontakt des zweiten Sockels führt. Die leuchtende Länge, gegeben durch den Abstand zwischen Anode und Kathode, beträgt 70 mm, die Gesamtlänge der Lampe von Sockelanfang bis Sockelende 150 mm.

Der Betriebsstrom der Lampe ist 1 A, die Brennspannung 15 bis 17 V. Zur Aufnahme der Differenz zwischen Betriebsspannung (24 V und mehr) und Brennspannung (15 bis 17 V) ist ein Ohmscher Widerstand notwendig, der in Serie mit der Lampe geschaltet ist und von der Lampe getrennt untergebracht werden kann. Treten Schwankungen der Betriebsspannung auf, so ist unbedingt ein Eisenwasserstoffwiderstand zu verwenden, da sonst infolge der sehr starken Änderung der Stromstärke die Lampe nicht einwandfrei arbeiten kann.

Zur Inbetriebnahme der Lampe ist eine Vorheizung der Kathode erforderlich, so daß die Schaltung praktischerweise nach Schaltbild Abb. 2 erfolgt. Die beiden Enden der Glühkathode werden über einen Widerstand W (bei 24 V Netzspannung von etwa 19 Ohm) und über einen Schalter S direkt an das Netz gelegt. Beim Schließen des Schalters S fließt ein Strom vom Netz durch den

Widerstand *W* und durch die Glühkathode und bringt sie zum Glühen, wonach die Entladung zündet. Beim Betrieb ist ein Weiterheizen der Glühkathode nicht notwendig, so daß nach dem Zünden der Schalter *S* ausgeschaltet werden kann.

Bei der kleineren Type ist die Zuführung zur Anode auf der Seite der Kathodenzuführung herausgeführt, so daß nur ein Sockel notwendig ist. Die

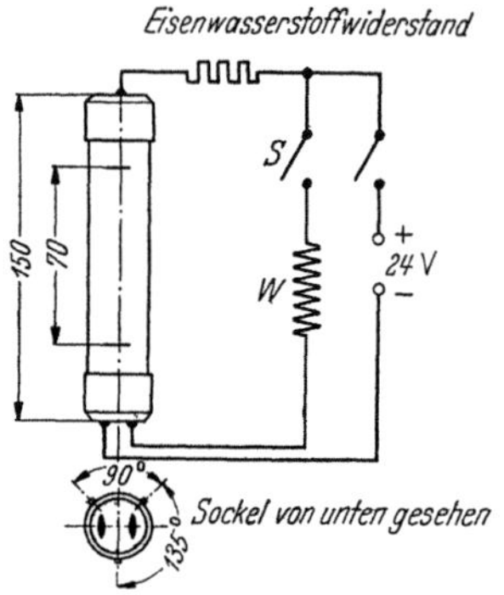

Abb. 2. Schaltung der Quecksilberniederdrucklampe 24 V 13 W. Ausführung 1.

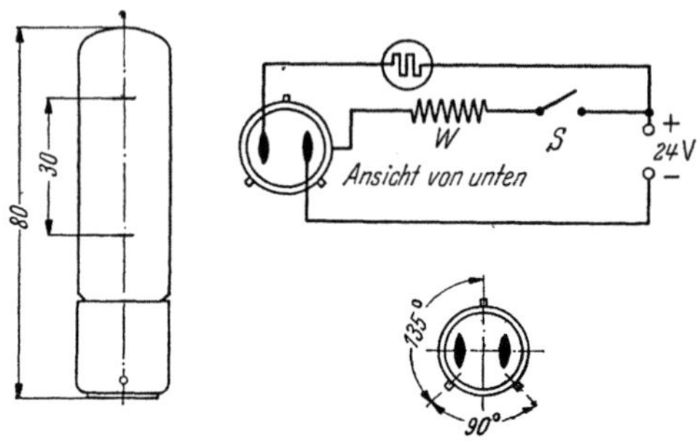

Abb. 3. Schaltung der Quecksilberniederdrucklampe 24 V 13 W. Ausführung 2.

leuchtende Länge, d. h. der Abstand zwischen Kathode und Anode, beträgt hier nur 30 mm, die Gesamtlänge der Lampe vom Kolbenboden bis zum Sockelboden 80 mm. Die Schaltung und die Stromstärke entsprechen der großen Type, die Brennspannung beträgt 13 bis 15 V (Abb. 3).

In jüngerer Zeit konnten diese Lampen durch in ihren Abmessungen noch kleinere Typen abgelöst werden. Die neue Lampe 24 V 9 W hat einen Durchmesser von 14 mm und eine Gesamtlänge von 56 mm, der Betriebsstrom beträgt im Mittel 0,7 A, die Brennspannung 9,0 bis 12 V. Zur Aufnahme der Differenz zwischen Fahrzeug- oder Bordnetzspannung, die zwischen 22 und 29 V schwanken kann, und der Brennspannung hat sich eine besondere Vorschaltlampe bewährt (Abb. 4). Durch Änderung des Innenaufbaues gelang es auch, die Schaltung zu vereinfachen: die Lampe liegt in Reihe mit der Vorschaltlampe am Netz, bedarf also keines besonderen Heizkreises. Infolge der Verwendung eines das sichtbare Licht absorbierenden Violettglaskolbens erübrigt sich bei der Anwendung dieser Type ferner die Anordnung einer lichtdichten Leuchte mit Schwarzglasfilter. Da der UV-Strom meist nur in eine bestimmte Richtung gelenkt werden soll, wird die Lampe bis auf eine Fensteröffnung von 8×20 mm² lichtundurchlässig abgedeckt.

Abb. 4. Quecksilberniederdrucklampe 24 V 9 W mit Vorschaltlampe 17 V 0,7 A.

Bezogen auf das UV-Strahlungsnormal von KREFFT, RÖSSLER und RÜTTENAUER beträgt der UV-Strom dieser Lampe im maßgeblichen Wellenlängenbereich von 350 bis 410 mμ 0,3 Einheiten (UV-Normal = 250 Einheiten). Diese Strahlungsleistung ist so groß, daß ein Führerraum, wie er normalerweise im Fahrzeug gegeben ist, damit gut ausgeleuchtet werden kann. Für Sonderfälle ist auch eine 15 W-Lampe ähnlicher Bauart mit einer UV-Leistung von 1,8 Einheiten gebaut worden. Kurzwellige, wegen ihrer biologischen Wirkung die Anwendung evtl. störende UV-Strahlung ist nicht vorhanden.

Infolge der beliebigen Brennlage der Lampe und ihrer kleinen Abmessungen ist der Einbau auch bei beschränktem Raum gut möglich. Zur Vermeidung der Fluoreszenz des Auges (Nebeleffekt) infolge der UV-Strahlung muß die Lampe in normaler Blickrichtung natürlich dem Auge entzogen werden. Es gelingt leicht, die wichtigsten Teile der zur beobachtenden, mit Leuchtstoffen versehenen Instrumente gut sichtbar zu machen, ohne die Dunkeladaptation des Auges zu stören und damit die Sicht auf die Fahrbahn zu beeinträchtigen.

Natrium-Mischlicht[1].

Von

F. PUTNOKY.

Mit 4 Abbildungen.

Während bei den Quecksilberdampflampen frühzeitig der Wunsch auftauchte, durch Mischung des rotarmen Quecksilberdampflichtes mit rotreichem Glühlampenlicht eine tageslichtähnliche Farbzusammensetzung zu erzielen, nutzte man bei den Natriumdampflampen die Vorteile der in der Nähe des Maximums der Augenempfindlichkeitskurve liegenden einfarbigen Lichtausstrahlung aus. Diese Vorteile waren und sind heute noch: eine sehr hohe Lichtausbeute (52 bis 59 Hlm/W einschließlich Zusatzgeräte), Erhöhung der Sehschärfe um 10 bis 20%, Durchdringung von Staub und Dunst, Erkennbarkeit von feinsten und kleinsten Einzelheiten an der Oberfläche von Metallen und Stoffen. Diesen Vorteilen steht der nicht oft störende Nachteil gegenüber, daß infolge der hohen Monochromasie (98% des Lichtstromes werden allein von der gelben Natriumlinie erzeugt) ein Erkennen von anderen als gelben Körperfarben unmöglich ist. Die so gelagerten Verhältnisse führten dazu, daß der Wunsch nach Natrium-Mischlicht nur ganz vereinzelt auftauchte und in diesen Fällen durch Nebeneinanderschaltung der Natriumdampflampe mit einer Glühlampe passender Leistungsaufnahme ohne weiteres befriedigt werden konnte.

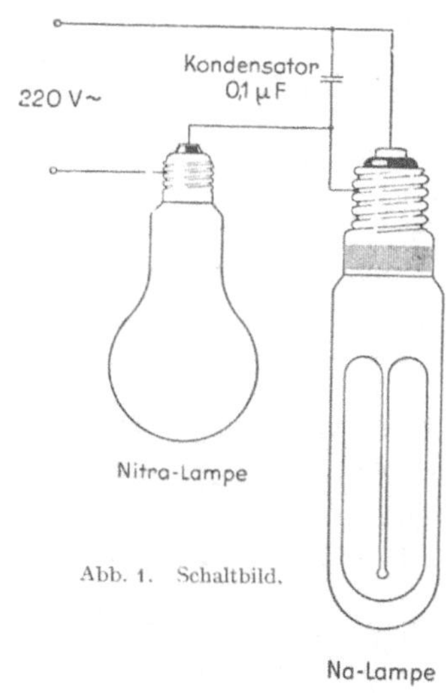

Abb. 1. Schaltbild.

Das Natrium-Mischlicht hat in größerem Umfange in die Praxis Eingang gefunden, als es gelang, die elektrischen Betriebswerte von Natrium- und Glühlampe so aufeinander abzustimmen, daß sie hintereinandergeschaltet betrieben werden konnten. Dieses Natrium-Mischlicht in Reihenschaltung gemäß Abb. 1 (bei dem die beiden Lichtquellen im Gegensatz zur Quecksilber-Mischlichtlampe nicht miteinander vereinigt sind) hat folgende Eigenschaften.

Aufbau. Die Abstimmung der elektrischen Betriebswerte ist bei zwei Natriumdampflampen, nämlich bei Na 300 U und Na 500 U, durchgeführt. Die zugehörigen Glühlampen haben eine Leistungsaufnahme von 150 bzw. 200 W. Da

[1] Zusammenfassung der Veröffentlichungen von E. RULLA u. H. VITS in Licht und Lampe Bd. 28 (1939) S. 694, und von VITS in ETZ Bd. 61 (1940) S. 413.

in Reihe geschaltete Stromverbraucher von demselben Strom durchflossen werden, müssen sie für diese sog. Reihen- bzw. Serienstromstärke gebaut sein (vgl. Tabelle).

Tabelle. Betriebswerte.

Na-Lampe	Glühlampe (Gl) 165 V	Lichtstrom				Leistungsaufnahme W			Licht-ausbeute Hlm/W Na+Gl	Strom-stärke A	cos φ	Wirtschaftlicher[1]	
		Na Hlm	Gl Hlm	Na: Gl	Na+Gl Hlm	Na	Gl	Na+Gl				als Gl W	von Rpf./kWh ab
Na 300 U	150 W	3100	2000	1,5:1	5100	50	150	200	25	0,91	0,96...	150+200	6
Ser. 92	Ser. 92			1:0,6								300	11
Na 500 U	200 W	5200	2800	1,9:1	8000	75	180	255	31	1,16	...0,99	200+300	4
Ser. 120	Ser. 120			1:0,5								500	10

Wegen der besseren Farbmischung ist es zweckmäßig, beide Lichtquellen in einer Leuchte unterzubringen. Diese Mischlichtleuchte muß dann eine Edison- (E 27) und eine Goliath- (E 40) Schraubfassung aufweisen.

Die Ausführung (Abmessungen, Sockel usw.) der verwendeten Lampen ist genau die gleiche wie die der anderen, die für Reihenbetrieb nicht geeignet sind.

Anlauf. Beim Anlauf brennt die Glühlampe unterlastet, da die Anlaufspannung der Na-Lampe entgegen der der anderen Metalldampflampen höher ist als die Brennspannung (vgl. Abb. 2). Na-Mischlicht hat gegenüber dem Drosselbetrieb von Na-Lampen den Vorteil, daß während des Anlaufes mehr Licht abgegeben wird.

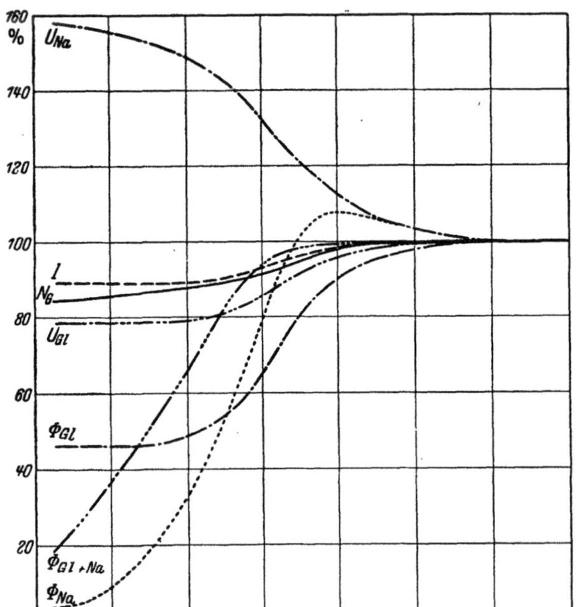

Abb. 2. Anlaufkennlinien.

Betriebseigenschaften. Die Lichtfarbe ist gegenüber der allein verwendeten Natriumdampflampe, deren Strahlung praktisch einfarbig ist, wesentlich günstiger (die Mischungsverhältnisse gehen aus der Tabelle hervor).

Der Leistungsfaktor ist gegenüber dem Drosselbetrieb mit 0,32 bis 0,36 wesentlich höher, und zwar beträgt er bei Mischlicht in Reihenschaltung etwa 0,96 bis 0,99 (vgl. Tab.).

Das Flimmern ist infolge der Wärmeträgheit der Glühlampe weniger störend als beim Betrieb einer Natriumdampflampe mit Drossel (vgl. Abb. 3).

Die Lichtausbeute ist gegenüber dem reinen Natriumdampflampenbetrieb geringer, gegenüber dem reinen Glühlampenbetrieb wesentlich höher.

[1] Bei einer Benutzungsdauer von 2000 Stunden im Jahre.

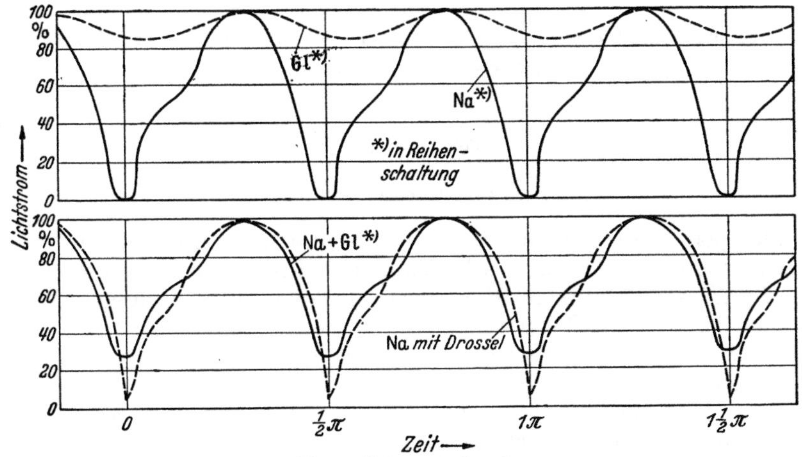

Abb. 3. Lichtstromschwankungen.

Bei Spannungserhöhung wird die Glühlampe gemäß Abb. 4 entgegen ihrem Verhalten beim Anlauf überlastet (1 % Netzspannungserhöhung entspricht einer Überlastung der Glühlampe um 1,5%).

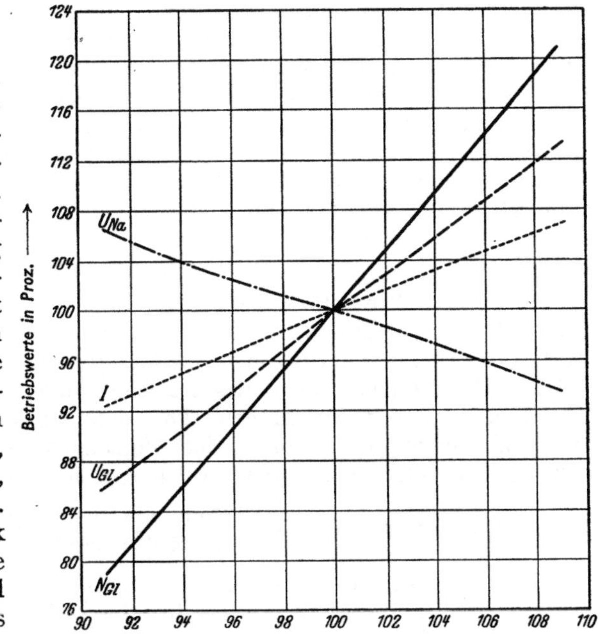

Abb. 4. Betriebswerte bei Änderung der Netzspannung.

Rundfunkstörungen treten meistens auf, sie lassen sich jedoch durch Nebeneinanderschalten eines Kondensators von 0,1 μF zur Na-Lampe beseitigen (vgl. Abb. 1).

Anwendung. Natrium-Mischlicht in Reihenschaltung eignet sich für alle Anwendungsgebiete, für die bis jetzt die Natriumdampflampe allein in Drosselbetrieb in Frage kam, also z. B. Straßenbeleuchtung, Beleuchtung von Höfen, Plätzen, Montagehallen, staubigen, dunstigen Räumen, Formereien, Gießereien usw.

Wirtschaftlichkeit. Dank der sehr hohen Lichtausbeute der Natriumdampflampen und der hohen Lichtausbeute des Natrium-Mischlichtes ist die Wirtschaftlichkeit sehr gut. Wie aus der Tabelle ersichtlich, ist das Natrium-Mischlicht bereits von 4 bis 11 Rpf./kWh an wirtschaftlicher als eine etwa gleich starke Beleuchtung mit Hilfe von Glühlampen.

Die Vielseitigkeit der Glimmlampe und ihre Anwendung in der Technik[1].

Von

W. POHLE.

Mit 4 Abbildungen.

Glimmlampen, bei denen das Kathodenglimmlicht ausgenutzt wird und die daher auch ausführlicher als Kathodenglimmlichtlampen bezeichnet werden, haben in der Elektrotechnik für die verschiedensten Anwendungsgebiete immer mehr Eingang gefunden[2]. Dabei wird nicht nur die Lichtausstrahlung als optisches Anzeigemittel verwendet, sondern es werden gleichzeitig die elektrischen Eigenschaften ausgenützt.

Um einen Überblick zu erhalten, warum die Erscheinung der negativen Glimmentladung für so verschiedene Anwendungsfälle geeignet ist, werden die Eigenschaften nachstehend ausführlicher behandelt.

1. Spannungsabfall an den Elektroden der Glimmlampe.

Durch die Eigenart der Glimmentladung, wie sie bereits in ihren physikalischen Grundeigenschaften allgemein bekannt ist[3], kann eine Glimmlampe mit einem kleinen Vorschaltwiderstand, der in den allermeisten Fällen im Sockel der Lampe untergebracht werden kann, unmittelbar an Netze mit mehr als 100 V Gleich- oder Wechselspannung angeschlossen werden. Eine besondere Spannungsübersetzung oder eine verlustreiche Vernichtung überschüssiger Netzspannungen ist dabei nicht erforderlich, da die Spannung an den Elektroden (Brennspannung) sehr hoch liegt. Das gilt besonders für Glimmlampen, die an den üblichen Netzen von 110 und 220 V verwendet werden.

2. Kleine Stromstärken.

Bereits bei Stromstärken von $^1/_{100}$ bis $^1/_{10}$ mA, bei denen die Glimmentladung deutlich sichtbar aufleuchtet, tritt an den Elektroden die hohe Brennspannung auf. Bei Erhöhung der Stromstärke ändert sich diese Brennspannung nur geringfügig. Die Restspannung zwischen Netz und Brennspannung wird vom Vorschaltwiderstand aufgenommen. Die Stromstärke einer Glimmlampe ist also in ihrer absoluten Größe durch den Vorschaltwiderstand bestimmt. Es ist das OHMsche Gesetz anzuwenden, welches in folgender Form gilt:

$$\text{Stromstärke} = \frac{\text{Gesamtspannung} - \text{Brennspannung}}{\text{Vorschaltwiderstand}} = J = \frac{U_G - U_B}{R}.$$

In Abb. 1 sind die elektrischen Zusammenhänge, wie sie für die Glimmentladung gelten, graphisch dargestellt. In den beiden Ordinaten ist im gleichen Maßstab die Spannung eingetragen, so daß eine Änderung der Gesamtspannung einer durch den Nullpunkt gehenden Geraden, die gegen die beiden Ordinaten einen Winkel von 45° einschließt, entspricht. Wenn die Gesamtspannung den Wert der Zündspannung der Gasentladungsstrecke erreicht hat, fließt sofort ein

[1] Auszug aus der in der Zeitschrift „Das Licht" Bd. 9 (1939) S. 117 u. S. 139 erschienenen Arbeit.

[2] W. POHLE u. H. STRAEHLER: Licht Bd. 5 (1935) S. 181 u. 206.

[3] FR. SCHRÖTER: Die Glimmlampe und ihre Schaltungen. Leipzig: Hachmeister & Thal. — W. POHLE u. H. STRAEHLER: ETZ Bd. 55 (1934) S. 295; s. a. Techn.-wiss. Abh. Osram Bd. 4 (1936) S. 21.

bestimmter Glimmlampenstrom, der durch die Größe der Differenz zwischen Brenn- und Zündspannung und durch den Widerstandswert des Vorschaltwiderstandes gegeben ist.

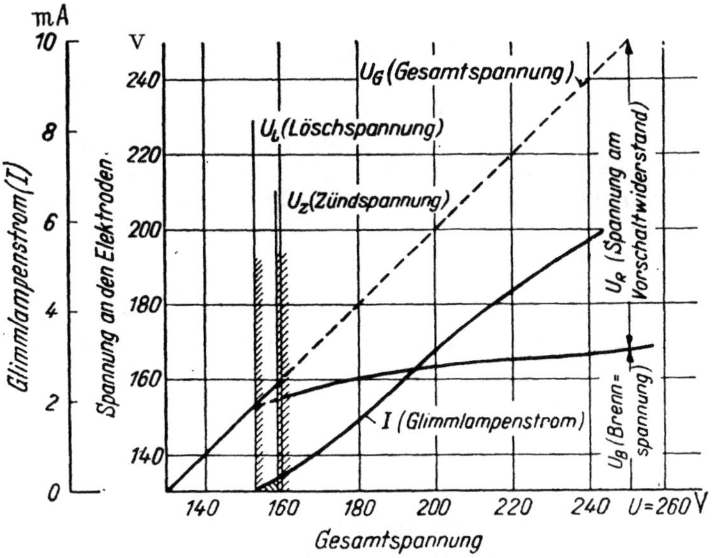

Abb. 1. Änderung der elektrischen Daten der Glimmlampe in Abhängigkeit von der Gesamtspannung.

3. Geringe Leistungsaufnahme.

Auf Grund der unter Punkt 2 aufgeführten Eigenschaften ist es also möglich, die Leistungsaufnahme trotz der Betriebsmöglichkeit an hohen Spannungen sehr klein zu halten. Eine Glimmlampe erwärmt sich daher im normalen Betrieb kaum handwarm. In vielen Fällen ist eine Erwärmung überhaupt nicht mehr feststellbar, da die Leistungsaufnahme bei manchen Lampen nur einige 50 bis 100 mW betragen kann. Solche Lampen werden also besonders gern dort verwendet, wo schlechte Entlüftungsverhältnisse des Gerätes vorhanden sind oder aus anderen Gründen eine Erwärmung der Stelle, an der die Glimmlampe untergebracht werden soll, nicht erwünscht ist.

4. Kleine Abmessungen.

Wegen der unter Punkt 1 bis 3 geschilderten Eigenschaften ist es möglich, Glimmlampen zum direkten Betrieb an Netzspannungen über 100 V in besonders kleinen Abmessungen herzustellen. In vielen Geräten, besonders in der Hochfrequenztechnik sind die Platzverhältnisse so beschränkt, daß es nur mit solchen Glimmlampen möglich ist, die erforderliche optische Spannungsanzeige bei den vorhandenen hohen Spannungen zu verwirklichen. Bei Verwendung einer Glühlampe wäre bedeutend mehr Platz notwendig, da bei Netzspannungen über 100 V die Leistungsaufnahme mindestens 10 bis 15 W betragen muß, um eine betriebssichere Lampe herzustellen. Diese Grenze ist aus herstellungstechnischen Gründen gegeben. Für diese Leistungsaufnahme sind außerdem gewisse Einbauräume unbedingt erforderlich, damit die Glühlampe nicht zu heiß wird.

Auch bei den Glimmlampen ist jedoch eine gewisse Abgrenzung der kleinsten Abmessungen nach unten durch die Größe des Vorschaltwiderstandes und die Einhaltung der elektrischen Vorschriften für den Einbau gegeben. Die Abmessungen des Widerstandes hängen von der Stromaufnahme der Glimmlampe und damit der Leistungsaufnahme, für die der Widerstand bemessen sein muß, ab. Aus diesem Grunde ist es auch nicht ohne weiteres möglich, bei Einhaltung normaler Flächenhelligkeit und Betriebsbedingungen für beliebig hohe Netzspannungen über 250 V hinaus den Vorschaltwiderstand im Sockel der Lampe selbst unterzubringen.

5. Lebensdauer.

Notbeleuchtungs- und Signallampen brennen oft sehr lange über die üblichen Benutzungszeiten von Lichtquellen hinaus. An eine solche Lichtquelle werden daher ganz besondere Anforderungen bezüglich ihrer Lebensdauer gestellt. Da Glimmlampen wegen ihrer elektrischen und lampentechnischen Eigenschaften besonders lange Lebensdauern von mehreren tausend Stunden besitzen, werden sie auch deshalb gern verwendet. Das Ausbrennen der Lampe geschieht dabei nicht immer plötzlich, so daß hierdurch ebenfalls eine gewisse Sicherheit der Anlage gewährleistet ist. Bei den Lampen für Netzspannungen von 220 V mit blanken Elektroden geht in den meisten Fällen durch die zunehmende Schwärzung des Kolbens die Lichtausstrahlung immer mehr zurück, so daß man rechtzeitig in der Lage ist, verbrauchte Lampen auszuwechseln. Bei Glimmlampen für 110 V kann es neben dieser Erscheinung auch vorkommen, daß die Zündspannung nach langen Betriebszeiten die Netzspannung allmählich übersteigt. Oft tritt dann eine Flackererscheinung auf, wodurch ein zusätzlicher Hinweis auf rechtzeitigen Austausch gegeben ist.

6. Flächenförmige Glimmentladung.

Das negative Glimmlicht tritt an der Oberfläche der Kathode einer Gasentladungsstrecke auf. Es ist also möglich, unter Einhaltung bestimmter Betriebsbedingungen durch die Gestalt der Elektroden dem Glimmlicht eine vorher bestimmte Form zu geben. So gibt es Glimmlampen, bei denen die Elektroden so ausgebildet sind, daß das negative Glimmlicht flächen-, stab- oder punktförmig ist.

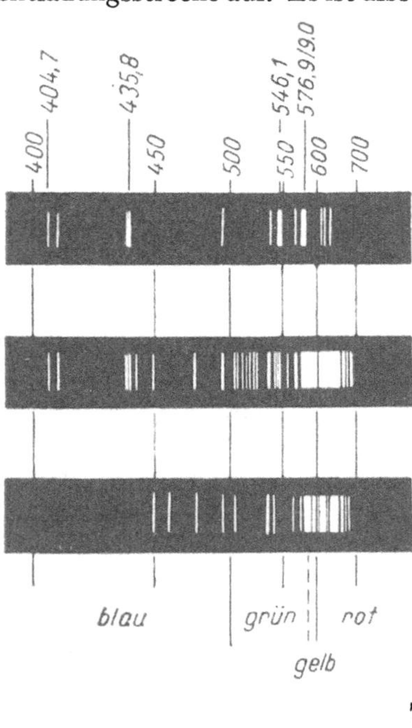

Vergleichsspektrum der Quecksilberentladung (Niederdruck).

Handelsübliche Glimmlampe mit nicht besonders behandelten (blanken) Elektroden und Quecksilberzusatz.

Handelsübliche Glimmlampe mit aktivierten Elektroden.

Abb. 2. Spektrum des negativen Glimmlichtes von handelsüblichen Glimmlampen innerhalb des sichtbaren Gebietes zwischen etwa 400 und 700 mμ Wellenlänge.

7. Gasfüllung.

Glimmlampen werden fast ausschließlich mit einer Neonfüllung oder einem Gasgemisch, in dem hauptsächlich Neon enthalten ist, hergestellt. In Abb. 2 sind die Spektrogramme von handelsüblichen Glimmlampen mit Neonfüllung dargestellt. Wie aus der Abbildung hervorgeht, liegt die Hauptintensität im gelben und roten Gebiet. Dementsprechend ist die Farbe der Glimmentladung gelbrot. Nur wenige Entladungslinien liegen dagegen im grünen und blauen Spektralgebiet. Diese Aufteilung der Entladungslinien in den verschiedenen Spektralgebieten ist durch die Art des Gasgemisches gegeben. Es hat daher auch wenig Zweck, die Lampenkolben blau oder grün zu färben.

Nur für Sonderzwecke können Glimmlampen mit anderen Füllungen versehen werden, wobei sich jedoch gezeigt hat, daß nicht alle unter Punkt 1 bis 6 beschriebenen Eigenschaften der Glimmlampen bei normalem Netzbetrieb erzielt werden können.

8. Zünd-, Brenn- und Löschspannung.

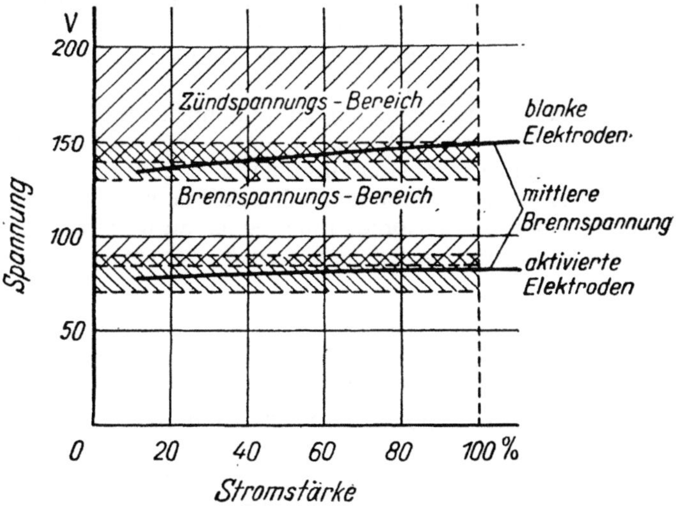

Abb. 3. Zünd- und Brennspannung der Glimmlampe.

Die Glimmentladung hat streng definierte Zünd-, Brenn- und Löschspannungen. In Abb. 3 werden die Bereiche für die Zünd- und Brennspannungen in Abhängigkeit von der Betriebsstromstärke für Glimmlampen mit den beiden verschiedenartigen Elektrodenausführungen in allgemeingültiger Form dargestellt. Bei den Glimmlampen handelsüblicher Ausführung steigt dabei die Brennspannung innerhalb des genannten Bereiches etwas an.

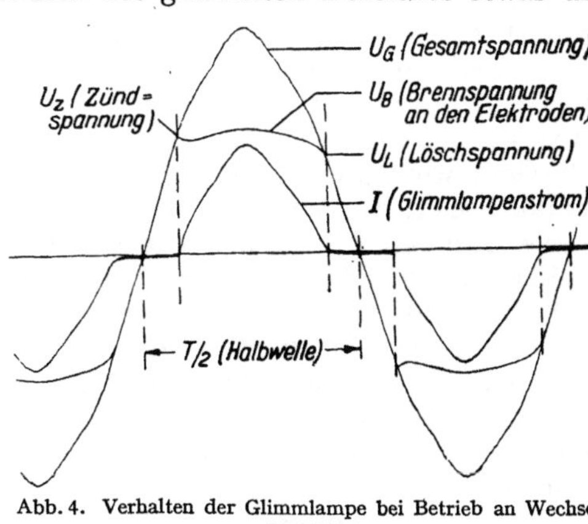

Abb. 4. Verhalten der Glimmlampe bei Betrieb an Wechselspannung.

In Abb. 4 wird das Verhalten der Glimmlampe an Wechselspannung grundsätzlich dargestellt[1]. Die Netzspannung steigt in einer Halbwelle vom Nullwert auf einen Höchstwert und geht nach Ablauf der Halbwelle wieder auf Null zurück. Die Glimmlampe zündet dann in dem Augenblick, in dem der Momentanwert der Spannung die erforderliche Zündspannung U_Z erreicht. Da Wechselspannungen als Effektivwerte angegeben werden, besteht also die Möglichkeit, daß dieser Wert kleiner als die Zündspannung ist, die bei Betrieb an Gleichspannung festgestellt wird. Die Glimmlampe erlischt erst dann wieder, wenn die Gesamtspannung die Löschspannung U_L unterschreitet. Sie brennt also nur in der Zeit, in der die Gesamtspannung U_Z überschritten und auf U_L noch nicht zurückgegangen ist. Während der restlichen Zeit ist die Lampe dunkel. Dementsprechend fließt natürlich in dieser Zeit auch kein Strom.

[1] Die Aufnahmen für Abb. 2 und 4 wurden im Lichttechnischen Laboratorium der Abteilung Beleuchtung der Osram G. m. b. H. hergestellt.

9. Trägheitslose Änderung der Glimmentladung.

Bei einem Temperaturstrahler ist die Nachleuchtzeit durch die Wärmeträgheit des leuchtenden Drahtes gegeben. Diese Zeiten sind um einige Größenordnungen länger als die Nachleuchtzeiten leuchtender Gase. Sie sind bei Glimmlampen so kurz, daß innerhalb der technischen Frequenzen von 50 bis 100000 Hz eine praktisch trägheitslose Aussteuerbarkeit möglich ist[1]. Durch besondere Gasfüllungen und Elektrodenformen ist dabei noch eine weitere Steigerung möglich. Bei Versuchen mit Glimmpunktlampen ist man sogar bis zu $2 \cdot 10^6$ Hz für die Steuerwechselspannung gekommen, ohne daß wesentliche Nachleuchtzeiten festgestellt werden konnten[2].

Diese Eigenschaften der Glimmlampen, wie sie unter den einzelnen Punkten von 1 bis 9 beschrieben sind, haben bei unserer Gesellschaft zur Herstellung der verschiedenartigsten Glimmlampen geführt, die neben den bisher üblichen Lampen bereits ein umfangreiches Anwendungsgebiet gefunden haben. Es würde im Rahmen dieser Abhandlung jedoch zu weit führen, wenn auch noch auf diese einzelnen Lampenarten eingegangen werden sollte.

Über die Deutung der Charakteristik der positiven Säule der Niederdruckentladung aus den Einzelprozessen[3].

Von

R. ROMPE und **M. SCHÖN.**

Mit 5 Abbildungen.

1. In der stationären positiven Säule der Entladung wird die von außen zugeführte elektrische Energie fast ausschließlich von den Elektronen aufgenommen. Der Anteil der Energie, der unmittelbar auf die Ionen, deren Zahl gleich der der Elektronen ist, übertragen wird, ist dagegen wegen des Massenunterschiedes zu vernachlässigen. Die Elektronen haben in der positiven Säule eine MAXWELLsche Geschwindigkeitsverteilung, die durch Angabe einer „Elektronentemperatur“ charakterisiert werden kann, und die in der Niederdruckentladung beträchtliche Werte annimmt (15000 bis 50000°). Die *thermische Geschwindigkeit* der Elektronen ist in der Niederdruckentladung um einige Größenordnungen (10^2 bis 10^3) höher als die mittlere Geschwindigkeit der *Elektronenwolke* (Triftgeschwindigkeit) in Richtung der Längsfeldstärke.

Die Elektronen übertragen ihre im Feld der Entladung gewonnene Energie durch Stöße auf die Atome. Für diese Übertragung sind die Konzentration der Elektronen und deren thermische Geschwindigkeit maßgebend, ferner die Ausbeutefaktoren der Elementarprozesse, durch die die Energie übertragen wird; das sind neben den elastischen Stößen die unelastischen Stöße, durch die die Atome angeregt oder ionisiert werden.

2. Wir wollen die von den Elektronen durch die eben erwähnten Elementarprozesse an die Atome insgesamt je Sekunde abgegebene Energie die „*Gesamt*-

---

[1] K. SCHNAUFFER: Z. VDI Bd. 77 (1933) S. 927.

[2] Nach Messungen am Institut für Schwingungsforschung der Technischen Hochschule Berlin.

[3] Zusammenfassung der in Z. Phys. Bd. 108 (1938) S. 265 und Bd. 111 (1938) S. 345 erschienenen Arbeiten.

leistung"[1] nennen. Von dieser Gesamtleistung, deren Betrag zwar nicht unmittelbar gemessen, aber bei bekannter Elektronenkonzentration und -temperatur für jede Gasart berechnet, zum mindesten abgeschätzt werden kann, verläßt nun erfahrungsgemäß nur ein Teil die positive Säule. Diese „Wirkleistung" L_W, die wir durch das Produkt

$$L_W \,(\text{pro cm}) = I \cdot G \tag{1}$$

(I = Stromstärke, G = Längsfeldstärke) experimentell bestimmen können, wird im allgemeinen mit wachsender Stromstärke relativ zur Gesamtleistung kleiner.

Die von der Säule abgegebene Leistung (L_W) steigt hierbei bei kleinen Stromstärken zumeist steil an, bei höheren Stromstärken verflacht sich der Anstieg (Abb. 1). Wie wir später zeigen werden, ist im Bereich des steilen Anstiegs die Wirkleistung praktisch gleich der Gesamtleistung; wir nehmen deshalb an, daß die Abhängigkeit der Gesamtleistung von der Stromstärke durch die Tangente im Nullpunkt an die Kurve der Wirkleistung dargestellt wird[2]. Die Abhängigkeit der Leistung von der Stromstärke oder, wie durch eine einfache Umrechnung hieraus erhalten werden kann, des Gradienten von der Stromstärke, bezeichnet man als Charakteristik der Entladung. Eine Abnahme des Gradienten mit der Stromstärke, d. h. ein weniger als proportionales Ansteigen der Wirkleistung, bezeichnet man als negative Charakteristik; eine Zunahme des Gradienten, d. h. ein stärker als proportionales Ansteigen der Wirkleistung als positive Charakteristik; Konstanz des Gradienten, d. h. Proportionalität zwischen Wirkleistung und Stromstärke als konstante Charakteristik.

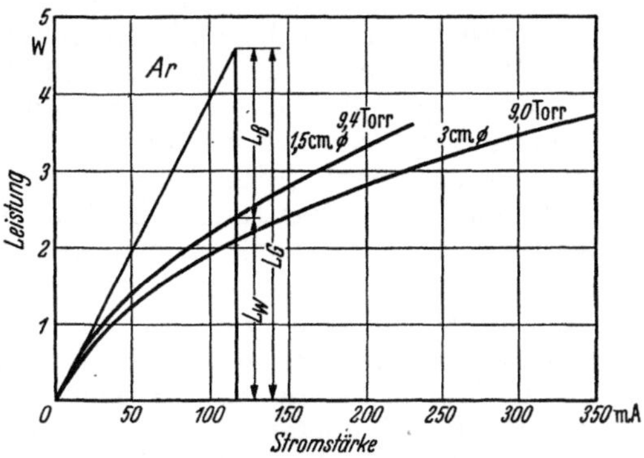

Abb. 1. Leistung in Watt pro cm der positiven Säule in Argon, bei 9,4 Torr und 1,5 cm Rohrdurchmesser bzw. 9 Torr und 3 cm.
L_G = Gesamtleistung, dargestellt durch die Tangente im Nullpunkt. L_W = Wirkleistung. L_B = Blindleistung.

Wir wollen für die Differenz zwischen Gesamtleistung und Wirkleistung die Bezeichnung „Blindleistung" einführen, da sie eine der Wechselstrom-Blindleistung ähnliche Bedeutung für die positive Säule besitzt. Die Blindleistung setzt sich zusammen aus der Leistung der Prozesse, durch die von der primär der Elektronengesamtheit verlorengehenden Leistung ein Teil wieder zurückgewonnen wird. Derartige Prozesse sind die aus thermodynamischen Gründen schon vor längerer Zeit geforderten Prozesse der Stöße zweiter Art[3] sowie der Rekombination im Dreierstoß mit Elektronen[4] (als inverse Prozesse zu den

---

[1] Diese Definition ist abweichend von dem üblichen Sprachgebrauch in der Gasentladungstechnik, bei dem die, etwa wattmetrisch, gemessene Leistungsaufnahme einer Gasentladung als Gesamtleistung bezeichnet wird. In der hier verwandten Bezeichnungsweise entspricht dieser vielmehr die „Wirkleistung" (siehe unten). Die in der vorliegenden Arbeit eingeführte Unterscheidung lehnt sich an die Wechselstromtechnik an. Der „Gesamtleistung" entsprechen dort die $V \times A$, der Wirkleistung $V \times A \times \cos\varphi$.

[2] Dies entspricht der Annahme, daß die Häufigkeit der primär den Elektronen Energie entziehenden Prozesse proportional der Stromstärke geht. Wie wir weiter unten zeigen werden, ergibt diese Extrapolation den unteren Grenzwert der Gesamtleistung. Streng genommen gilt diese Betrachtung für die Abhängigkeit der Leistung von der Elektronenkonzentration N_e.

[3] O. Klein u. E. Rosseland: Z. Phys. Bd. 4 (1921) S. 46. — A. Leipunsky u. G. D. Latyscheff: Z. Phys. Bd. 65 (1930) S. 111. — Vgl. R. H. Fowler: Statistical Mechanics. Cambridge 1929.

[4] R. H. Fowler: Phil. Mag. Bd. 47 (1924) S. 257.

anregenden bzw. ionisierenden Elektronenstößen), ferner die Umkehrung der elastischen Stöße von Elektronen und Atomen.

Man kann das Auftreten einer Blindleistung in der positiven Säule als Beweis ansehen für die tatsächliche Existenz solcher Vorgänge. Andererseits kann man hieraus folgern, daß mit wachsender Elektronenkonzentration, d. h. wachsender Stromstärke, ein Zustand eines stationären thermischen Gleichgewichts von der positiven Säule angestrebt wird, wobei die dann sich nur wenig mit der Elektronenkonzentration ändernde Wirkleistung (siehe unten), die eine Störung des Gleichgewichts bedeutet, gegen die umgesetzte Gesamtleistung immer mehr zurücktritt. Im asymptotisch erreichbaren Grenzfall, etwa bei Einschließen der positiven Säule in vollständig spiegelnde Wände und bei extrem guter Wärmeisolation ist die Gesamtleistung gleich der Blindleistung.

Es ist plausibel, daß das Verhältnis von Wirkleistung zu Blindleistung ein unmittelbares Kennzeichen für die Annäherung an das Gleichgewicht darstellt. Für die Annäherung des thermischen Gleichgewichts ist hierbei nur von Bedeutung, daß die Wirkleistung sehr klein wird gegen die Gesamtleistung bzw. Blindleistung; absolut genommen kann die Wirkleistung trotzdem noch beträchtliche Werte annehmen. Die Annäherung an das thermische Gleichgewicht wird praktisch bei konstantem Druck und konstanter Geometrie der Säule durch Erhöhung der Leistung pro cm, d. h. der Stromstärke bewirkt.

3. Für den Fall des thermischen Gleichgewichts wird allgemein die Gültigkeit des Prinzips des detaillierten Gleichgewichts angenommen. Dies besagt, daß im thermischen Gleichgewicht jeder Elementarprozeß durch den zu ihm inversen im Gleichgewicht gehalten wird.

Wir betrachten als Beispiel den Vorgang der Elektronenstoßanregung eines Atomterms.

Es sei N_0 die Zahl der Atome, N_e die Zahl der Elektronen, N_1 die Zahl der angeregten Atome im Term 1, S_{01} die Stoßausbeute pro Elektron pro Atom pro Sekunde für den Anregungsvorgang $N_0 \rightarrow N_1$, S_{10} die Stoßausbeute pro Elektron pro Atom pro Sekunde für den Stoß zweiter Art, A_{10} die Wahrscheinlichkeit der spontanen Emission des Terms[1].

Die Zahl der pro Sekunde gebildeten angeregten Atome ist gegeben durch $N_0 \cdot N_e \cdot S_{01}$, die Zahl der durch spontane Ausstrahlung in den Grundzustand zurückkehrenden durch $N_1 \cdot A_{10}$. Setzt man diese beiden Größen einander gleich, so erhält man, wenn A_{10}, N_0 und S_{01} als konstant angenommen werden, eine Proportionalität zwischen N_1 und N_e, und das Verhältnis N_1/N_0 könnte beliebig hohe Werte annehmen. Durch das Verhältnis N_1/N_0 ist mittels der Beziehung

$$\frac{N_1}{N_0} = e^{-\frac{E_{01}}{k T_1}} \tag{2}$$

(E_{01} = die Energie des Terms 1, k = BOLTZMANN-Konstante)

eine Größe T_1 definiert, die die Dimension einer Temperatur hat und der Temperatur gleich ist, die das Verhältnis N_1/N_0 im thermischen Gleichgewicht bestimmt. Wir bezeichnen sie als die wirksame Temperatur des Terms oder Termtemperatur[2].

Wir wollen jetzt annehmen, daß das Gas bei einer Temperatur T im thermischen Gleichgewicht steht. Die Termtemperatur T_1, die sich auf Grund der Gleichung

$$N_0 N_e S_{01} = N_1 A_{10} \tag{3}$$

---

[1] Hier und im folgenden nehmen wir sämtliche statistischen Gewichte der Einfachheit halber gleich 1 an.

[2] M. PIRANI u. R. ROMPE: Trans. electrochem. Soc. Bd. 69 (1936) Preprint 39

einstellt, ist gegeben durch

$$e^{-\frac{E_{01}}{kT_1}} = \frac{N_e S_{01}}{A_{10}}, \tag{4}$$

wobei $N_e S_{01}$ und A_{10} voneinander unabhängig sind.

Die durch die Beziehung (4) festgelegte Termtemperatur kann dann aber (für $A_{10} \sim N_e S_{01}$) Werte annehmen, die beträchtlich über der Temperatur T liegen, was zum zweiten Hauptsatz im Widerspruch steht, da man auf diese Weise ein Perpetuum mobile zweiter Art konstruieren könnte. Für $N_e S_{01} > A_{10}$ würde man sogar negative Temperaturen erhalten.

Dieses ist die Ursache für die thermodynamische Notwendigkeit der inversen Prozesse, in dem betrachteten Falle der Stöße zweiter Art der Elektronen mit den angeregten Atomen N_1. Die Zahl der den Vorgang $N_1 \to N_0$ bewirkenden Stöße zweiter Art ist gegeben durch $N_1 \cdot N_e \cdot S_{10}$, und das Prinzip des detaillierten Gleichgewichts im thermodynamischen Gleichgewicht läßt sich schreiben:

$$N_0 \cdot N_e \cdot S_{01} = N_1 N_e S_{10}, \tag{5}$$

wobei

$$\frac{N_1}{N_0} = \frac{S_{10}}{S_{01}} = e^{-\frac{E_{01}}{kT}} \tag{6}$$

sein müssen.

Die Gl. (5) stellt nach MILNE einen „vollständigen Mechanismus" dar, und zwar den der Elektronenstoßanregung des Terms 1 aus dem Grundzustand. Die Größe $N_1 A_{10}$ gehört nicht zu diesem vollständigen Mechanismus, sondern zu dem der Anregung des Terms 1 durch Absorption.

Die Beobachtungen, die von KOPFERMANN, LADENBURG, KREBS[1] über das Verhalten der Besetzungszahlen angeregter Terme in positiven Säulen gemacht wurden, ergeben, daß diese mit wachsender Stromstärke sich einem Grenzwert nähern, der durch $N_0 e^{-\frac{E}{kT_e}}$ gegeben ist. Nach dem oben Angeführten legt das den Schluß nahe, daß für die Anregung eines jeden Terms ein „vollständiger Mechanismus" angestrebt wird, wobei die Elektronentemperatur T_e den für die mittlere Energie der einzelnen Energieformen erreichbaren Grenzwert darstellt.

Wenn wir, wie es im folgenden geschieht, die Elementarprozesse in der Säule zu Zyklen zusammenfassen derart, daß jeder Zyklus gewissermaßen die Reaktionsgleichung für eine bestimmte Energieform darstellt, so werden diese Zyklen mit wachsender Annäherung an das thermische Gleichgewicht sich in vollständige Mechanismen verwandeln[2].

Die Auswahl der Zyklen erfolgt durch eine Aufteilung der Gesamtleistung nach den verschiedenen Arten der Leistungsübertragung vom Elektronengas auf das Atomgas. So werden wir uns im folgenden im wesentlichen mit denjenigen Zyklen beschäftigen, deren Anteil an der Gesamtleistung durch die Prozesse der elastischen Energieübertragung, der Anregung verschiedener Terme und der Ionisation gegeben ist. Durch diese wird zunächst dauernd kinetische Energie der Elektronen in gewisse, für die einzelnen Prozesse typische Energieformen verwandelt; z. B. bei elastischen Stößen in kinetische Energie der Atome, bei Anregung in Anregungsenergie (potentielle Energie) der Atomelektronen.

[1] H. KOPFERMANN u. R. LADENBURG: Z. Phys. Bd. 48 (1928) S. 51; Bd. 65 (1930) S. 167 — Naturwiss. Bd. 19 (1931) S. 513. — K. KREBS: Z. Phys. Bd. 101 (1936) S. 604.

[2] Besonders einfach liegen in dieser Hinsicht die Verhältnisse in der positiven Säule bei höheren Drucken (> 1 at), für welche von MANNKOPF und Mitarbeitern [R. MANNKOPF: Z. Phys. Bd. 86 (1933) S. 161; H. WITTE: ebda. Bd. 88 (1934) S. 415; H. HÖRMANN: ebda. Bd. 97 (1935) S. 539] sowie von ELENBAAS [Physica, Haag Bd. 2 (1935) S. 169] gezeigt wurde, daß diese als stationäre thermische Gleichgewichtsfälle angesehen werden können.

Die Aufteilung der Blindleistung ergibt sich, wie bereits oben angedeutet, aus der Tatsache, daß sie durch die inversen Prozesse zustande kommt.

Entsprechend der Aufteilung der Gesamtleistung nehmen wir auch eine Aufteilung der Wirkleistung vor, und zwar in die Elementarprozesse, durch die dauernd Energie der verschiedenen Energieformen der positiven Säule verlorengeht. Diese sind für die kinetische Energie der Atome die (Diffusions-) Wärmeleitung, für die Anregung die spontane Ausstrahlung. Allgemein ist es entweder ein Ausstrahlungsprozeß oder eine Wärmeleitung in allgemeinster Form (Ionisations- bzw. Dissoziationsleitung[1]), Diffusion von angeregten Atomen an die Wand usw.).

Der Zusammenhang zwischen den verschiedenen Zyklen wird hergestellt durch den Umstand, daß eine bestimmte Energieform in verschiedenen Zyklen gleichzeitig vorkommt, daß z. B. der Energieinhalt eines bestimmten Atomterms, z. B. des $6\,^3P_1$-Terms des Hg sowohl von dem Zyklus der Stoßanregung durch Elektronen wie von dem der Anregung durch Absorption der Resonanzlinie 2537 Å abhängt. Im thermischen Gleichgewicht lassen sich — wegen der Gültigkeit des Prinzips des detaillierten Gleichgewichts — diese beiden Zyklen vollständig trennen, wobei der Energieinhalt durch:

$$h\nu \cdot N_0 \cdot e^{-\frac{h\nu}{kT_e}}$$

gegeben ist (ν ist die ausgestrahlte Frequenz); wir haben jedoch in der positiven Säule zumeist dauernde Energieabgabe nach außen durch Ausstrahlung der Linie 2537, somit also kein strenges Gleichgewicht. Die Abweichung vom thermischen Gleichgewicht äußert sich in zweifacher, im wesentlichen vom gewählten Bereich der Parameter abhängiger Weise.

Im ersten Extremfall, der „Niederdruckentladung", der uns im folgenden beschäftigen soll und der sich je nach Gasart über einen Druckbereich von 0,01 bis 10 Torr erstreckt, ist die Elektronentemperatur über den Querschnitt, mit Ausnahme der unmittelbar an Wände angrenzenden Gebiete, konstant. Die einzelnen Energieformen besitzen mittlere Energien (wirksame Temperaturen), die mehr oder weniger tief unter der Elektronentemperatur liegen. So ist z. B. die Translationsenergie der Atome etwa drei Größenordnungen kleiner, die „Schwarze" Temperatur der Strahlung in der Linienmitte unter Umständen ebenfalls. Die Energieformen, die zu einem Energieverlust der Säule führen, sind naturgemäß mit größeren Energiedifferenzen gegen die Elektronentemperatur ausgestattet als solche, die nicht unmittelbar Energie nach außen abgeben, wie z. B. Elektronenstöße. Durch Erhöhung der Gesamtzahl der Prozesse, etwa indem die Zahl der Elektronen/cm³ vergrößert wird, kann nun für die letzteren sehr schnell eine weitgehende Angleichung an die Elektronentemperatur erreicht werden, für die ersteren dagegen nur sehr viel langsamer. Bei unserer Aufstellung der Elementarprozeßzyklen haben wir also zu berücksichtigen, daß einige Zyklen bereits weitgehend den Charakter von vollständigen Mechanismen besitzen, andere hingegen nicht; so ist der Zyklus der elastischen Elektronenstoßverluste in der Niederdruckentladung unvollständig ausgebildet, ebenso die Ausstrahlung. Die letztere müssen wir sinngemäß als Störung des Elektronenstoßzyklus berücksichtigen, die nicht direkt von N_e abhängt und deshalb mit wachsendem N_e immer stärker zurücktritt (siehe unten).

Der andere Extremfall, die „Hochdruckentladung", tritt bei hohen Dichten auf, wo die starke Wechselwirkung stets einen Ausgleich der mittleren Energien

[1] R. Riewe u. R. Rompe: Z. Phys. Bd. 105 (1937) S. 478 — Verh. dtsch. phys. Ges. (3) Bd. 18 (1937) S. 68.

der einzelnen Energieformen unter weitgehender Angleichung an die Elektronentemperatur schafft. Hier kann man zwar streng von lokalen thermischen Gleichgewichten sprechen[1], der Leistungsfluß aus der Säule führt jedoch zur Ausbildung von räumlichen, hauptsächlich radialen Temperaturgefällen. Die in der Praxis vorkommende positive Säule stellt dabei im allgemeinen einen Übergangstypus dar, wobei immer die Angleichung der mittleren Energien der Energieformen an die Elektronentemperatur und die Ausbildung räumlicher Temperaturgefälle reziprok gehen.

4. Die Aufteilung der Wirkleistung in einzelne Prozesse legt die Aufteilung des Gradienten in Teilgradienten G nahe, die durch die Beziehung

$$\sum G_i = \frac{\sum L_{Wi}}{I} = \frac{L_W}{I} \tag{7}$$

gegeben sind. Diese Aufteilung hat für unsere Untersuchung der Charakteristik den Vorteil, daß wir diese aus Teilcharakteristiken der einzelnen Wirkprozesse zusammensetzen können. Da ein unmittelbarer Zusammenhang zwischen der Stromstärke und der Häufigkeit der Elementarprozesse nicht besteht, werden wir stets den Zusammenhang zwischen G_i und N_e aufstellen, wobei wir dann durch die Beziehung

$$I = N_e \cdot b_e \cdot G \cdot e \tag{8}$$

(N_e = Elektronenkonzentration, b_e = Beweglichkeit, G = Gesamtgradient, e = Elementarladung) auf die Stromstärke kommen können. Die Beweglichkeit b_e kann hierbei selbst noch von G, speziell von $1/\sqrt{G}$ abhängen, und damit I proportional $\sqrt{G}$ sein. Da sich unsere Überlegungen auf ein stark vereinfachtes Modell beziehen, wollen wir von einer Diskussion dieses experimentell und theoretisch nicht geklärten Sachverhaltes an dieser Stelle verzichten. Unabhängig von der Annahme $b_e = \text{const}$ oder $b_e \sim 1/\sqrt{G}$ sind die Aussagen, die sich auf den Typus der Charakteristik beziehen, ob sie positiv, negativ oder konstant ist.

5. Es ist noch zu berücksichtigen, daß sich bei Variation von N_e die Häufigkeit sämtlicher Prozesse und damit der Energieinhalt der Säule ändert. Die Energiedifferenz zweier den Elektronenkonzentrationen N_{e1} und N_{e2} entsprechenden stationären Zuständen der Säule, bedeutet bei kurzzeitiger Änderung, etwa in der Zeit Δt, eine Leistung $\Delta E/\Delta t$, die unter Umständen recht beträchtliche Werte annehmen kann. Ferner ist zu beachten, daß für die Ausbildung eines stationären Zustandes eine gewisse „Relaxationszeit" erforderlich ist, die für jede Energieform verschieden sein kann, die z. B. für die Stoßprozesse gleich der reziproken Stoßzahl, also etwa 10^{-4} bis 10^{-6} s, für Wärmeleitungsvorgänge gleich der reziproken Diffusionsgeschwindigkeit $\sim 10^{-2}$ s ist. Wir müssen deshalb die Änderung von N_e so langsam erfolgen lassen, daß einmal $\Delta E/\Delta t$ vernachlässigbar klein ist, andererseits aber auch das Gleichgewicht für den mit der längsten Relaxationszeit sich einstellenden Vorgang eingetreten ist.

Daher gelten unsere Überlegungen nicht ohne weiteres für den Betrieb mit mittleren und hohen Frequenzen. Wenn bei mittleren Frequenzen beim Abbau der Entladung in der Dunkelpause ein Teil des Energieinhalts der Säule nach außen abgegeben wird, muß auch diese Leistung durch die aufgenommene Leistung kompensiert werden. Hierdurch ändert sich aber die Längsfeldstärke. Für Wechselstrom kleiner Frequenz kann man eine obere Grenze dieser Leistung angeben. Unter der Annahme vollständiger Ionisation des Gases erhält man bei einem Druck von der Größenordnung von einem Torr 10^{16} Teilchen im cm^3 und bei einem Rohr von 20 mm Durchmesser $3 \cdot 10^{16}$ Teilchen pro cm Säulenlänge. Wenn diese vollständig ionisiert sind (oberer Grenzwert), ist der Energieinhalt bei einer Ionisierungsspannung von 10 V $3 \cdot 10^{16} \cdot 4{,}8 \cdot 10^{-10} \cdot \frac{10}{300} \cdot 10^{-7} = 5 \cdot 10^{-2}$ Ws. Bei einem vollständigen Abbau der Säule während der Dunkelpause (wiederum oberer Grenzwert) ist diese Energie

[1] R. Mannkopf: a. a. O. — W. Elenbaas: a. a. O.

bei 50periodigem Wechselstrom 100mal in der Sekunde zu ersetzen, was einer Leistung von 5 W/cm entsprechen würde. Wenn auch diese Leistung in Wirklichkeit geringer ist, so sieht man doch, daß sie bei einem mit Wechselstrom betriebenen Rohr nicht ohne weiteres zu vernachlässigen ist.

Bei sehr hohen Frequenzen folgt die Elektronenkonzentration den Stromschwankungen nicht, so daß die Säule in der Dunkelpause nicht abgebaut wird. Sie folgt jedoch den langsamen Änderungen der mittleren Stromstärke. Bezüglich der Änderungen der mittleren Stromstärke gelten daher im wesentlichen die Betrachtungen, die wir weiter unten anstellen werden. Bezüglich der Momentanstromstärken jedoch ist die Charakteristik positiv. Da N_e konstant ist, ist die Längsfeldstärke proportional der Stromstärke, wie aus der Gl. (8) ersehen werden kann.

6. Wir wollen ein stark idealisiertes Modell einer Niederdruckentladung betrachten.

Der Radius des Rohres soll konstant sein. Wir nehmen die Elektronentemperatur als konstant über den Querschnitt und als unabhängig von der Stromstärke an. Die relative Inhomogenität der Elektronen- und der Atomkonzentration berücksichtigen wir nicht, wir betrachten vielmehr mittlere Werte. Die Abhängigkeit der einzelnen Wirkleistungen von der Stromstärke berechnen wir, indem wir die Elementarprozeßzyklen betrachten, in welchen sie vorkommen.

In der Niederdruckentladung treten als Wirkleistungen auf:

a) Die Rekombination von Ionen und Elektronen an der Wand.
b) Die Rekombination im Volumen unter Ausstrahlung.
c) Die Wärmeübertragung vom Gas auf die Wand.
d) Die Ausstrahlung verschiedener Terme.
e) Die Diffusion angeregter Atome an die Wand.

a) Die Rekombination von Ionen und Elektronen an der Wand ist durch den Mechanismus der ambipolaren Diffusion gegeben. Die Wirkleistung ist proportional der Elektronenkonzentration, der Proportionalitätsfaktor enthält die an die Wand abgegebene kinetische Energie der Elektronen und Ionen sowie deren Rekombinationsenergie.

Der vollständige Mechanismus der Stoßionisation enthält also als Störungsglied einen Faktor $a \cdot N_e$:

$$N_0 \cdot N_e \cdot S_{00^+} = N_e \cdot a + N_{0^+} \cdot N_e^2 \cdot S_{0^+0} . \tag{9}$$

Hierin bedeuten: N_0 die Konzentration der Atome im Grundzustand, N_e die der Elektronen, S_{00^+} die Stoßausbeute für Ionisierung pro Atom pro Elektron je Sekunde, S_{0^+0} die Stoßausbeute für Rekombination im Dreierstoß, N_{0^+} die Zahl der Ionen $= N_e$.

Im allgemeinen ist $N_e \cdot a \gg N_{0^+} \cdot N_e^2 \cdot S_{0^+0} = N_e^3 S_{0^+0}$, d. h. die je Sekunde neugebildeten Elektronen rekombinieren restlos an der Wand. Bei höheren N_e ist jedoch wegen der Abhängigkeit der Blindleistung von N_e^3 der Übergang zum vollständigen Mechanismus sichergestellt, trotzdem hierbei die Wirkleistung proportional N_e ansteigt.

Die Charakteristik einer Entladung, deren Wirkleistung nur aus Rekombination an der Wand besteht, ist demnach gegeben durch:

$$G = \frac{a \cdot N_e}{I} = \frac{a \cdot N_e}{b_e N_e G} {}^{*} ; \quad G^2 = \text{const} , \tag{10}$$

also eine konstante Charakteristik.

* In der Entladung, in der neben dieser Wirkleistung noch andere Wirkleistungen auftreten, ist auf der rechten Seite der Gleichung im Nenner der Gesamtgradient einzusetzen. Prozesse, die zur Wirkleistung keinen Beitrag liefern, können hier übergangen werden, da sie auch zum Gradienten nicht beitragen. Sie können dagegen sehr wohl die Gleichgewichte und deren Einstellungsgeschwindigkeit beeinflussen.

Ein Einfluß der Ionisierung aus angeregten Zuständen macht sich nicht bemerkbar, da die Wirkleistung immer durch $a \cdot N_e$ gegeben ist; er kann sich höchstens in der Vergrößerung der Blindleistung äußern.

b) Rekombination unter Ausstrahlung. Die Wirkleistung ist in diesem Falle gegeben durch:

$$N_{0^+} \cdot N_e \cdot Q_{0e} = N_e^2 \cdot Q_{0e} \tag{11}$$

(Q_{0e} = Ausbeute der Rekombination unter Ausstrahlung).

Wir haben also für den Fall

$$\left.\begin{aligned} L_W &= N_e^2 Q_{0e} \\ G &= \frac{N_e^2 \cdot Q_0}{I} = \frac{I \cdot Q_{0e}}{b_e^2 \cdot G^2}, \qquad G = \mathrm{const}\, \sqrt[3]{I} \end{aligned}\right\} \tag{12}$$

eine positive Charakteristik.

Hat man eine positive Säule, deren Wirkleistung aus Wandrekombination + Rekombination unter Ausstrahlung besteht, so ist

$$G = \frac{a}{b_e G} + \frac{Q_{0e} \cdot I}{b_e^2 G^2}, \quad \frac{b_e G}{Q_{0e}} \cdot \{b_e G^2 - a\} = I, \tag{13}$$

also wieder eine positive Charakteristik, deren Steilheit jedoch kleiner geworden ist.

c) Die elastische Energieübertragung ist in der Niederdruckentladung stets unvollständig, da die Gastemperatur sehr klein gegen die Elektronentemperatur ist.

Es ist die von den Elektronen je Sekunde abgegebene Energie:

$$N_e \cdot N \cdot v_{\mathrm{eff}}^3 \cdot k, \quad v_{\mathrm{eff}} = \sqrt{\frac{3\,k\,T_e}{m}}. \tag{14}$$

(k^2 = Massenverhältnis Elektronen : Atom. N = Gesamtzahl der schweren Teilchen.)

Diese fließt im stationären Zustand vollständig durch Wärmeleitung ab und ist daher die Wirkleistung dieses Prozesses. Aus der Proportionalität mit N_e folgt sofort, daß (siehe a, b) die Teilcharakteristik konstant ist, demnach also z. B. auch die Charakteristik einer Entladung, deren Wirkleistung aus Wandverlusten + elastischen Verlusten der Elektronen besteht.

d) Für die Anregung der Resonanzlinie aus dem Grundzustand besteht die Beziehung:

$$N_0 \cdot N_e \cdot S_{01} = N_1 A_{10} + N_1 N_e S_{10}. \tag{15}$$

Die Bedeutung der Größen ist dieselbe wie auf S. 78. Wir vernachlässigen hierbei zunächst die Reabsorption, die stufenweise Anregung sowie die Nachfüllung des Terms „1" von höheren Termen aus.

Die Wirkleistung $N_1 A_{10}$ ist hierbei, solange $A_{10} \gg N_e S_{10}$ ist, proportional N_e, liefert also eine konstante Charakteristik. Ist hingegen $A_{10} \ll S_{10} N_e$, so haben wir nach Gl. (15) für N_1/N_0 einen konstanten, von N_e unabhängigen Wert. In diesem Falle ist $G = \mathrm{const}/I$, wir erhalten also im Falle der Sättigung des Terms eine mit $1/I$ fallende Teilcharakteristik. Der Einfluß von A_{10} auf den Verlauf von N_1/N_e in Abhängigkeit von N_e ist in Abb. 2 dargestellt. Konstante Beweglichkeit der Elektronen vorausgesetzt, ist N_1/N_e bestimmend für den Teilgradienten.

Die Reabsorption äußert sich bekanntlich in der Form, daß die Größe A_{10} verkleinert wird, und zwar etwa nach der Beziehung[1]:

$$A_{\mathrm{eff}} = \frac{A_{10}}{1 + \left(\frac{k\,l}{2}\right)^2}, \tag{16}$$

[1] A. C. Mitchell u. M. W. Zemansky: Resonance radiation and excited atoms. Cambridge 1934.

wobei A_{eff} das „wirksame" A_{10} ist, $\bar{k}$ die sog. äquivalente Absorption, l die Schichtlänge. Eine Verkleinerung von A_{10} liefert aber einen Übergang von der konstanten zur negativen Charakteristik bereits bei kleineren Werten von I bzw. N_e.

Der Einfluß der stufenweisen Anregung aus dem Term 1 in höhere Terme liefert ein Glied, welches proportional N_e geht und die Einstellung der Sättigung fördert. Gaszusätze, welche durch Resonanzübertragung die Konzentration N_1 zu verkleinern bestrebt sind, wirken wie eine Vergrößerung von A_{10}: die Sättigung des Terms 1 wird erst bei entsprechend höheren Elektronenkonzentrationen erreicht.

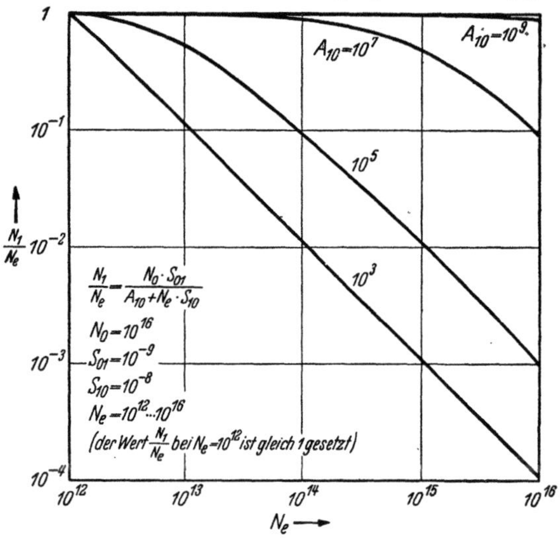

Abb. 2. N_1/N_e in Abhängigkeit von N_e. Nach Gl. (15), S. 83, ist N_1/N_e proportional dem Teilgradienten.

Bei der Anregung eines höheren Terms r ist die Wirkleistung gegeben durch

$$N_r \cdot \sum_m A_{rm}$$

(N_r Zahl der Atome im Term r, A_{rm} Übergangswahrscheinlichkeit $N_r \rightarrow N_m$). Da $\sum A_{rm}$ bei Vernachlässigung des Einflusses der Reabsorption konstant ist, kommt es auf die Abhängigkeit N_r von N_e an. Erfolgt die Anregung überwiegend aus dem Grundzustand, so liefert die Ausstrahlung des Terms r einen Teilgradienten, welcher sich wie der der Resonanzlinie verhält.

Erfolgt Anregung überwiegend über einen Zwischenterm 1, so sind folgende Möglichkeiten zu unterscheiden:

Der Term 1 ist „gesättigt", d. h. N_1 unabhängig von N_e; es ist dann, falls N_r noch von N_e abhängt:

$$N_r = N_e \cdot N_1 \cdot S_{1r} \sim N_e\,, \tag{17}$$

d. h. eine konstante Teilcharakteristik zu erwarten. Ist N_1 nicht gesättigt, d. h. $N_1 \sim N_e$, so ist

$$N_r = N_e^2 \cdot N_0 \cdot S_{01} \cdot S_{1r}\,. \tag{18}$$

Eine Abhängigkeit der Wirkleistung von N_e^2 liefert aber, wie wir in b gesehen haben, einen steigenden Anteil der Charakteristik.

Der Einfluß der Reabsorption wirkt sich für höhere Terme in ähnlicher Weise aus wie für den Resonanzterm.

e) Die Diffusion angeregter Atome an die Wand liefert einen Beitrag, der proportional ihrer Konzentration ist, deshalb also sich wie eine Vergrößerung der entsprechenden Übergangswahrscheinlichkeit auswirkt. Im allgemeinen ist er jedoch gegenüber A zu vernachlässigen, mit Ausnahme gewisser Fälle, wo A_{eff} sehr klein ist (metastabile Atome bei extrem kleinen Elektronenkonzentrationen).

7. Aus diesem stark vereinfachten Modell der positiven Säule der Niederdruckentladung ergeben sich folgende (prinzipielle) Möglichkeiten für die Form der Charakteristik.

Rekombinationsverluste an der Wand oder elastische Verluste liefern einen konstanten Beitrag zum Gradienten. In dem uns interessierenden Druckbereich beträgt der Anteil dieser Wirkleistungen zusammen 30 bis 60% der gesamten Wirkleistung, der Rest entfällt auf Ausstrahlung der Terme. Eine fallende Charakteristik geht auf die Sättigung von Termen zurück und tritt deshalb bei hohen N_e bzw. Stromstärken auf. Sie ist um so ausgeprägter, je geringer der Anteil der Rekombinationsverluste und elastischen Verluste an der gesamten Wirkleistung ist. Deshalb wird zum Beispiel die Charakteristik in der Reihe He—Ne—Ar immer stärker fallend[1], weil mit zunehmendem Atomgewicht sowohl die elastischen Verluste wie die Rekombinationsverluste zurückgehen. Eine positive Charakteristik ist zu erwarten bei Vorhandensein intensiver Rekombination unter Ausstrahlung, wenn gleichzeitig der Einfluß der gesättigten Terme nicht stark ist. Dies wird beobachtet an Alkali-Entladungen bei hohen Stromstärken und bei Tl-Entladungen im Zusammenhang mit dem Auftreten intensiver Emissions-Grenzkontinua[2], ferner bei stufenweiser Anregung bei Werten von N_e, bei denen eine Sättigung der Terme nicht vorhanden ist, so daß keine stark fallenden Anteile in der Gesamtcharakteristik auftreten. Sie wird beobachtet an den Edelgasen, und zwar bei He, welches die flachste Charakteristik liefert, am ausgeprägtesten[1].

Eine künstlich herbeigeführte Positivität der Charakteristik durch einen Gaszusatz, welcher durch Stöße zweiter Art mit angeregten Atomen die Ausbildung einer Termsättigung verhindert (siehe 6d), wurde kürzlich von ALTERTHUM und LOMPE beobachtet[3]. Hierdurch wird auch verständlich, warum Kombinationen von Edelgasen, die eine Zündspannungserniedrigung durch PENNING-Effekt liefern, eine positive Charakteristik haben können.

8. Ein Modell, welches einen detaillierten Einblick in das Verhalten der Charakteristik ermöglichen wird, muß folgende Abhängigkeiten erfassen:

Veränderlichkeit mit der Elektronentemperatur, dem Druck, dem Rohrradius und die Abhängigkeit der Atomkonzentration N_0 von N_e.

Mit der Elektronentemperatur ändert sich einmal die Beweglichkeit b_e (siehe S. 81), dann aber sämtliche Stoßausbeuten S_{rl}. Mit der Veränderung des Druckes ändert sich auch die von der freien Weglänge abhängende Beweglichkeit. Es ist hierbei eine besondere Schwierigkeit, daß die freie Weglänge für die Elektronen keineswegs diejenige zu sein braucht, die sich aus den RAMSAUER-Querschnitten ergibt. Ferner beeinflußt der Druck die Elektronentemperatur, und schließlich hat er Einfluß auf die Größe der Reabsorption. Dabei ist der Zusammenhang zwischen A_{eff} und dem Druck nicht monoton, weil bei Überschreitung eines gewissen Druckes die Linienform druckabhängig wird, und zwar in der Weise, daß die Größe $\bar{k}$ in Gl. (16) mit steigendem Druck abnimmt. Der Rohrradius geht bei der Niederdruckentladung ein in die Elektronentemperatur, in den Absolutbetrag der Rekombinationsverluste und auch in die Reabsorption (siehe 6d). Bei kleinen Drucken darf man ferner die Abnahme der Konzentration normaler Atome mit wachsendem N_e nicht vernachlässigen, da stets $N_0 + \sum_i N_i + N_e = N$, der Gesamtzahl der Atome ohne Entladung, ist.

Bei Berücksichtigung dieser Faktoren ist zu hoffen, daß unser Modell auch feinere Einzelheiten im Verlauf der Charakteristik wird erklären können.

8. Wir wollen nun den Versuch machen, gewisse experimentell zugängliche Folgerungen unserer Auffassung an Hand des für die Neon-Entladung vorliegenden Beobachtungsmaterials zu prüfen. Die Neon-Niederdruckentladung ist sicher die am besten experimentell erforschte. Es existieren einmal die zuver-

---

[1] A. LOMPE u. R. SEELIGER: Ann. Phys., Lpz. (5) Bd. 15 (1932) S. 300.

[2] H. KREFFT, M. PIRANI u. R. ROMPE: Techn.-wiss. Abh. Osram Bd. 2 (1931) S. 24. — H. KREFFT, M. REGER u. R. ROMPE: Z. techn. Phys. Bd. 14 (1933) S. 242.

[3] H. ALTERTHUM u. A. LOMPE: Ann. Phys., Lpz. (5) Bd. 31 (1938) S. 1.

lässigen Gradientenmessungen von LOMPE und SEELIGER[1], KREFFT und SEITZ[2], ferner Bestimmungen der Elektronentemperatur von SEELIGER und HIRCHERT[3]; schließlich sind Lichtausbeuten von ARNDT[4], KREFFT und SEITZ gemessen worden.

Aus diesen Messungen sind bekannt: die Abhängigkeit der Wirkleistung von Stromstärke und Druck, sowie die Abhängigkeit der Wirkleistung der sichtbaren Strahlung von Stromstärke und Druck. Wir wollen im folgenden zeigen, daß sich aus diesen Messungen im Rahmen unserer Vorstellungen durch eine geeignete Auswertung der Gradientenmessungen eine sehr einfache Darstellung der Leistungsbilanz der Neonentladung ergibt.

Wie wir oben gezeigt haben, bestehen für die wichtigsten Wirkleistungen der einzelnen Energieformen einfache Abhängigkeiten von der Elektronenkonzentration. Diese sind:

$$L_W = \text{const} \tag{19}$$

für Energieformen, für die das detaillierte Gleichgewicht schon weitgehend erfüllt ist, d. h. eine Angleichung der „Teiltemperatur" an die Elektronentemperatur und damit eine „Sättigung" eintritt und

$$L_W \sim N_e \tag{20}$$

für Energieformen, für die die Wechselwirkung mit der Umgebung und die Wirkleistung so groß ist, daß selbst bei großen Stromstärken eine Annäherung an das detaillierte Gleichgewicht nicht eintritt. Zu den Energieformen, die der Beziehung (19) gehorchen, gehört, wie wir gezeigt haben, die Emission aus dem ersten angeregten Zustand bei nicht zu niedrigen Werten der Elektronenkonzentration, für (20) kann man die Wärmeentwicklung durch elastische Stöße, die Rekombinationsverluste an der Wand oder die Emission der Resonanzstrahlung bei niedrigen Werten der Elektronendichte anführen. (Abhängigkeiten von der Form: $L_W \sim N_e^2$ spielen, wie man aus der durchweg fallenden Charakteristik der betrachteten Entladung sieht, in unserem Fall keine Rolle.)

Um an der Hand des vorliegenden experimentellen Materials zu einer Darstellung als Funktion der Elektronenkonzentration zu gelangen, müssen wir den Zusammenhang zwischen der Elektronendichte N_e und der Stromstärke kennen. Wir setzen:

$$N_e = \frac{J}{e \cdot b \cdot G \cdot \pi r^2}, \tag{21}$$

wobei b die Elektronenbeweglichkeit ist. Wir wollen annehmen, daß die Beweglichkeit unabhängig ist von G, also etwa die LANGEVINsche Form besitzt. Vorweg können wir bemerken, daß sich diese Annahme innerhalb des untersuchten Druck- und Stromstärkebereiches bestätigt.

Wir tragen nun die gesamte Wirkleistung $L_W = J \cdot G$ in Abhängigkeit von N_e, d. h. J/G auf, desgleichen die ebenfalls gemessene Wirkleistung der sichtbaren Strahlung L_{Ws}. Es zeigt sich hierbei, daß $\frac{\mathrm{d}L_{Ws}}{\mathrm{d}(J/G)}$ mit wachsendem J/G rasch abnimmt, in unserem Meßbereich jedoch noch nicht 0 wird. Wir ersehen daraus, daß die Besetzungszahlen der Ausgangsterme der sichtbaren Emission sich noch keineswegs durch die Elektronentemperatur nach der Beziehung:

$$\frac{N_1}{N_0} = e^{-\frac{\Theta}{T_e}} \tag{22}$$

---

[1] A. LOMPE u. R. SEELIGER: Ann. Phys., Lpz. (5) Bd. 15 (1932) S. 300.

[2] H. KREFFT u. E. O. SEITZ: Z. techn. Phys. Bd. 15 (1934) S. 556, sowie unveröffentlichte Messungen.

[3] R. SEELIGER u. R. HIRCHERT: Ann. Phys., Lpz. (5) Bd. 11 (1931) S. 817.

[4] W. ARNDT: Licht u. Lampe Bd. 21 (1932) S. 19.

(T_e Elektronentemperatur) berechnen lassen, da der beim detaillierten Gleichgewicht auftretende und durch $\frac{\mathrm{d}\,L_{W_s}}{\mathrm{d}\,(J/G)} = 0$ gekennzeichnete Sättigungszustand noch nicht erreicht ist. Die Abnahme von $\frac{\mathrm{d}\,L_{W_s}}{\mathrm{d}\,(J/G)}$ mit wachsendem J/G zeigt jedoch bereits die Zunahme der inversen Prozesse, mithin also eine Annäherung an das Gleichgewicht (22) an. Diese Energieform befindet sich demnach in einem

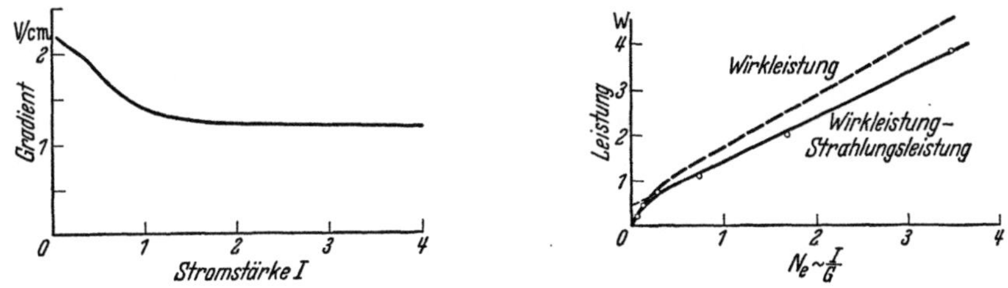

Abb. 3. $p_{\mathrm{Neon}} = 0{,}7$ Torr.

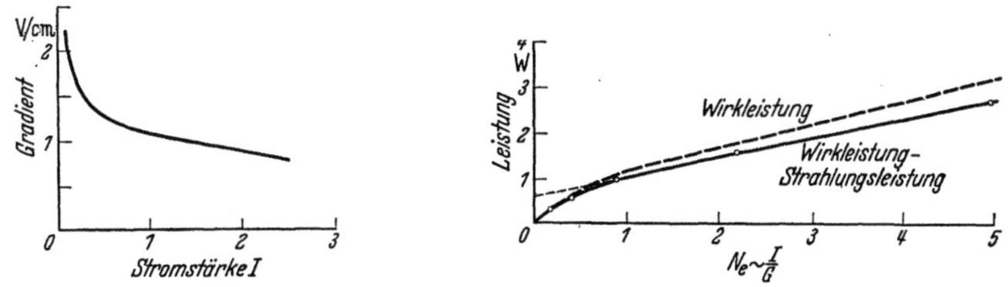

Abb. 4. $p_{\mathrm{Neon}} = 3$ Torr.

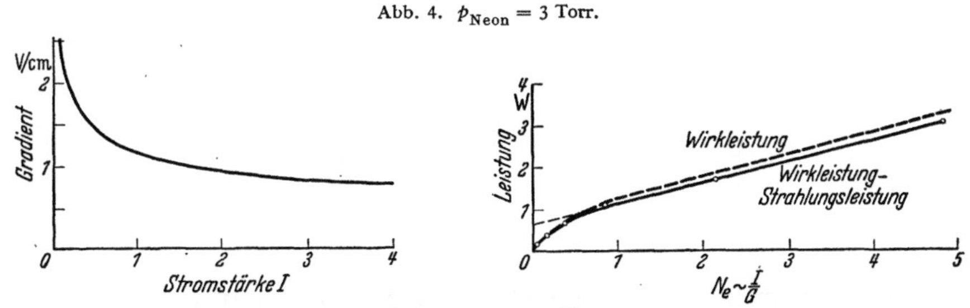

Abb. 5. $p_{\mathrm{Neon}} = 7{,}5$ Torr.

Abb. 3 bis 5. Abhängigkeit des Gradienten von der Stromstärke (linker Teil) und der Leistung von der Elektronendichte ($\sim J/G$) (rechter Teil) in der Neonentladung. Rohrdurchmesser 28 mm.

----- Wirkleistung der Säule; ——— Wirkleistung—Leistung der sichtbaren und ultraroten Strahlung.

Übergangsstadium zwischen (19) und (20), so daß wir sie nicht zur Bestätigung dieser Beziehungen ausnutzen können.

Nach Abziehen der Leistung der sichtbaren Strahlung enthält die Säule im wesentlichen nur noch folgende Energieformen:

1. Resonanzstrahlung,
2. Ionisationsenergie,
3. kinetische Energie der Neonatome.

Über diese drei Energieformen lassen sich im Rahmen unserer Vorstellung genaue Angaben machen.

1. Die Resonanzstrahlung ist bei den vorliegenden Drucken mit Sicherheit infolge der intensiven Reabsorption und der Häufigkeit der Stöße zweiter Art in dem durch Gl. (19) angegebenen Zustand. Einen experimentellen Beweis dafür

ergeben die Messungen von KOPFERMANN und LADENBURG[1]. Ihre Wirkleistung in Abhängigkeit von N_e bleibt also konstant.

2. Die Wärmeentwicklung (kinetische Energie der Neonatome) durch elastische Stöße ist mit Sicherheit im Zustand (20); hierfür ist ein direkter Beweis in der großen Differenz zwischen Elektronentemperatur und der Gastemperatur zu erblicken. Ihre Wirkleistung nimmt mit N_e linear zu.

3. Für die Ionisationsenergie gilt dasselbe wie für die kinetische Energie der Neonatome. Ein direkter Beweis hierfür ist die bekannte Tatsache, daß bei einem Druck von 1 Torr und einer Elektronentemperatur von $\sim 20000°$ normale Ne-Atome noch in überwiegender Anzahl vorhanden sind. (Im thermischen Gleichgewicht würde das Verhältnis N_{ion} zu N_{atome} bei 20000° und 1 Torr $\approx 1:20$ sein!) Wir können also annehmen, daß die Größe $L_W - L_{Ws}$ hinsichtlich ihrer Abhängigkeit von N_e einen linearen Verlauf hat, und daß dieser, falls unsere Annahme hinsichtlich der Beweglichkeit zutrifft, auch für die Abhängigkeit von J/G gilt. Es muß demnach für den Zusammenhang von $L_W - L_{Ws}$ und J/G bei konstantem Druck und Rohrradius gelten:

$$L_W - L_{Ws} = a + b \cdot \frac{J}{G}, \tag{23}$$

wobei a und b Konstanten sind; a ist die Leistung, die für höhere Werte von J/G die Säule in Form von Resonanzstrahlung verläßt.

Die Abb. 3 bis 5 zeigen als Beispiel das Ergebnis der Auswertung. Insgesamt ist unsere Vorhersage bei 80% der untersuchten Fälle erfüllt und somit die Grundlage unserer Theorie — innerhalb des untersuchten Druck- und Stromstärkebereichs — für Neon sichergestellt.

Gleichzeitig ergibt sich hieraus, daß die Darstellung der Gradientenmessungen in der üblichen Form (Gradient über Stromstärke) durch die den Vorgängen in der Säule besser angepaßte und leichter auszuwertende Darstellung: Leistung (= Gradient × Stromstärke) über der Elektronenkonzentration zu ersetzen ist. Dabei ist in dem offenbar sehr weiten Gültigkeitsbereich der LANGEVINschen Beziehung die Elektronenkonzentration bei konstantem Rohrradius dem Quotienten: Stromstärke durch Gradient proportional.

Über die Breite der Spektrallinien in Gasentladungen, insbesondere in Quecksilberhochdruckentladungen[2].

Von

P. SCHULZ.

Mit 7 Abbildungen.

Das Problem der Verbreiterung von Spektrallinien ist kompliziert und noch nicht allgemein theoretisch gelöst worden. Mit Erfolg konnten die Erscheinungen bei nicht allzu hohen und bei sehr hohen Drucken behandelt werden, wobei der erste Fall einen großen Teil des experimentell vorliegenden Materials umfaßt. Die

---

[1] H. KOPFERMANN u. R. LADENBURG: Z. Phys. Bd. 65 (1930) S. 167 — Naturwiss. Bd. 19 (1931) S. 513.

[2] Zusammenfassung der Arbeiten: a) R. ROMPE u. P. SCHULZ: Z. Phys. Bd. 108 (1938) S. 699. — b) R. ROMPE u. P. SCHULZ: Z. Phys. Bd. 110 (1938) S. 223. — c) P. SCHULZ: Phys. Z. Bd. 39 (1938) S. 412. — d) P. SCHULZ: Phys. Z. Bd. 39 (1939) S. 899 sowie Z. techn. Phys. Bd. 19 (1938) S. 585. — e) P. SCHULZ: Z. Phys. Bd. 114 (1939) S. 435. — f) R. ROMPE u. P. SCHULZ: Z. Phys. Bd. 118 (1941) S. 269.

für den niederen Druckbereich anwendbare Stoßtheorie geht davon aus, daß die Wechselwirkungskräfte zwischen einem strahlenden (angeregten) Atom und einem in seiner Nähe befindlichen normalen (unangeregten) Atom rasch mit dem gegenseitigen Abstand abnehmen, z. B. bei den zwischen artfremden Atomen wirkenden VAN DER WAALSschen Kräften mit der 6. Potenz des Abstandes. Ist der mittlere Abstand zwischen den Atomen relativ groß, so werden diese Kräfte im allgemeinen verschwindend klein sein. Bei der thermischen Bewegung der Atome werden aber stets sehr kurzzeitige enge Annäherungen zwischen einem Strahlatom und einem Fremdatom vorkommen, wobei dann die Wechselwirkungskräfte plötzlich mit großer Stärke in Erscheinung treten. Dies bedeutet eine kurze, stoßartige Störung des Strahlatoms, die nur während der Dauer des nahen Vorbeifluges beider Atome wirksam ist, während in der übrigen Zeit das Strahlatom praktisch ungestört ist. Die Störzeiten sind so kurz im Verhältnis zur gesamten Strahlungsdauer, daß für die Ausstrahlung der Anteil der gestörten Frequenzen verschwindend gering ist. Jedoch hat die stoßartige Störung eine andere Folge. Die Schwingung setzt zwar nach der Passage wieder mit derselben Frequenz ein, sie ist aber nicht mehr in Phase mit der ursprünglichen Schwingung. Statt aus einer (infolge der Strahlungsdämpfung) langsam abklingenden Schwingung besteht die Strahlung nun aus einer Reihe abgehackter Schwingungszüge. Eine FOURIER-Zerlegung der abbrechenden Schwingungszüge ergibt, daß diese dargestellt werden müssen durch ein ganzes Band von Frequenzen, das sich um die ungestörte Schwingung lagert. Die Intensitätsverteilung in diesem Band wird gegeben durch:

$$J(\omega) = C \frac{1}{(\omega - \omega_0)^2 + 1/\tau_0^2}.$$

Hierin bedeuten $\omega = 2\pi\nu$ die Kreisfrequenz, $\omega_0 = 2\pi\nu_0$ die Kreisfrequenz der ungestörten Linie, τ_0 die Zeit zwischen zwei Stößen, also $1/\tau_0$ die Stoßzahl (Anzahl der Stöße pro Sekunde). Eine Spektrallinie besteht hiernach nicht mehr aus einer einzigen Frequenz[1], sondern hat eine Struktur, die wir in Abb. 1 wiedergeben. Eine Intensitätsverteilung innerhalb einer Spektrallinie nach Gl. (1) wird als Dispersionsverteilung bezeichnet.

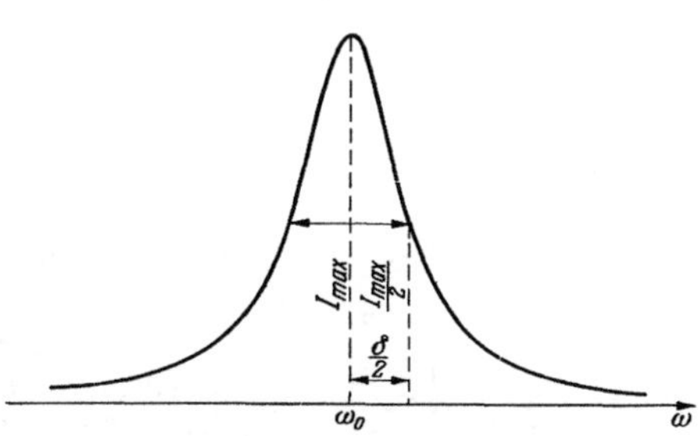

Abb. 1. Dispersionsverteilung einer Spektrallinie.

Zur quantitativen Festlegung der Verbreiterung ist die Angabe der Halbwertsbreite, d. i. der Abstand der Frequenzen, für die die Intensität auf den halben Maximalwert gesunken ist, üblich geworden. In Abb. 1 ist die Halbwertsbreite eingezeichnet worden. Aus Gl. (1) folgt sofort[2], daß die halbe Halbwertsbreite in Kreisfrequenz

$$\frac{\delta_{st}}{2} = \frac{1}{\tau_0} \tag{2}$$

beträgt. Die sich experimentell ergebende Halbwertsbreite wird meistens in Wellenzahlen $\nu = \omega/2\pi c$ angegeben. Die gesamte Halbwertsbreite in Wellenzahlen ist:

$$\delta_{st} = \frac{1}{\pi c \tau_0}. \tag{3}$$

[1] Genau genommen hat die ungestörte Linie infolge Strahlungsdämpfung und DOPPLER-Effekt schon eine Struktur.

[2] J_{max} für $\omega = \omega_0$, d. h. $J_{max} = \frac{C}{1/\tau_0^2}$. Es ist $J = J_{max}/2$, wenn $(\omega - \omega_0)^2 = 1/\tau_0^2$.

Die Stoßzahl ergibt sich aus der kinetischen Gastheorie zu:

$$\frac{1}{\tau_0} = \pi \varrho^2 N v = 2\varrho^2 N \sqrt{2\pi k T \frac{m_1 + m_2}{m_1 m_2}}. \tag{4}$$

Darin bedeuten ϱ den Stoßdurchmesser, N die Anzahl der Atome pro cm^3, v ihre mittlere thermische Geschwindigkeit, T die Gastemperatur, m_1 und m_2 die Masse des Strahl- bzw. Störatoms. Eine Schwierigkeit besteht in der Festlegung des Stoßdurchmessers, da jede, auch entferntere, Passage von Strahl- und Störatom eine Phasendifferenz verursacht und es daher eine gewisse Willkür bedeutet, ein bestimmtes ϱ als Stoßdurchmesser anzusetzen. Es hat sich bewährt, alle diejenigen Passagen als Stoß zu berücksichtigen, die eine Phasendifferenz von mindestens 1 (in Kreisfrequenz gemessen) zur Folge haben.

Die Prüfung der Stoßtheorie in einer großen Anzahl von Arbeiten, vor allem von FÜCHTBAUER und Mitarbeitern[1], hat zu einer Bestätigung bis zu hohen Drucken (20 at und mehr) geführt. Die Breiten sind danach in Übereinstimmung mit der Theorie [Gl. (3) und (4)] genau proportional der Dichte N der Fremdgase. Die Linien zeigen nahezu Dispersionsverteilung. Kleine Abweichungen im Sinne einer leichten Unsymmetrie der Linie können nach einer neueren Arbeit von BURKHARDT[2] durch Berücksichtigung der Vorgänge während des Stoßes erklärt werden. Ebenso folgt aus der verfeinerten Betrachtung die schon von FÜCHTBAUER gefundene geringe Verschiebung des Maximums der Linie.

Bei sehr hohen Dichten wächst die Breite mehr als proportional mit N an[3]. Die Unsymmetrie der Linie wird ausgeprägter. Die Stoßtheorie gilt also nicht mehr exakt. Es tritt hier eine Verbreiterungsart in Erscheinung, die im Grenzfall sehr hoher Dichten durch die statistische Theorie wiedergegeben wird. Diese Theorie setzt voraus, daß die Dichte der Atome so groß ist, daß zu jedem beliebig herausgegriffenen Zeitpunkt die Störung des Strahlatomes durch seine Nachbaratome merklich ist. Denken wir uns zunächst die relative Lage aller Atome unverändert, so wird infolge der konstanten Störung statt der Frequenz ν_0 eine um $\Delta\nu$ veränderte Frequenz ν ausgesandt. Wegen der thermischen Bewegung wird die Störung zeitlich schwanken. Wird angenommen, daß die zeitlichen Änderungen adiabatisch, d. h. sehr langsam erfolgen, so kann die Verteilung der ausgesandten Frequenzen berechnet werden aus der Häufigkeit von gegenseitigen Atomanordnungen, die eine vorgegebene Störung hervorrufen. Die Linienstruktur kann dann aus einer Statistik über die Häufigkeit von durch thermische Bewegung sich ändernden Atomanordnungen berechnet werden. Unter Annahme der VAN DER WAALSschen Kräfte als Wechselwirkungskräfte hat MARGENAU[4] die Intensitätsverteilung in einer Linie berechnet. Die Kontur einer Linie ist danach gegeben durch:

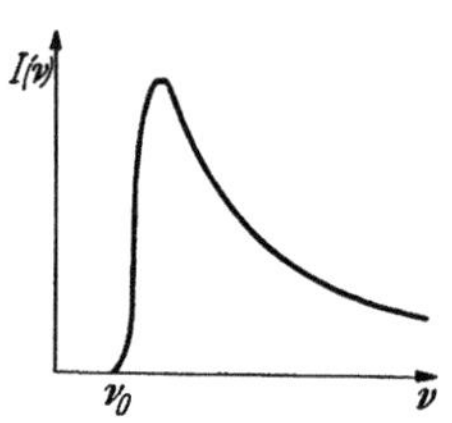

Abb. 2. Intensitätsverlauf einer Spektrallinie nach der statistischen Theorie.

$$\left.\begin{aligned} J(\nu) &= \text{const}\cdot N(\nu_0-\nu)^{-3/2}\, e^{-\frac{\text{const}\cdot N^2}{\nu_0-\nu}} && \text{für } \nu_0-\nu>0\,,\\ J(\nu) &= 0 && \text{für } \nu_0-\nu<0\,. \end{aligned}\right\} \tag{5}$$

Abb. 2 gibt die Intensitätsverteilung einer Linie nach (5) wieder. Die Linie ist

[1] Siehe z. B. CHR. FÜCHTBAUER, G. JOOS u. O. DINKELACKER: Ann. Phys., Lpz. Bd. 71 (1923) S. 204 (weitere Schrifttumsangaben s. Fußnote 1, c auf S. 88.

[2] G. BURKHARDT: Z. Phys. Bd. 115 (1940) S. 592.

[3] Schrifttumsangaben s. Fußnote 1, c auf S. 88.

[4] Vgl. H. MARGENAU: Rev. mod. Physics Bd. 8 (1936) S. 22.

stark unsymmetrisch. Außerdem tritt eine Verschiebung des Maximums auf, die beschrieben wird durch:

$$\nu_0 - \nu = \text{const} \cdot N^2. \qquad (6)$$

Die Rechnungen ergeben also eine quadratische Dichteabhängigkeit von Breite und Verschiebung. Die Experimente zeigen, daß praktisch eine Verbreiterung nach der statistischen Theorie allein nicht auftritt, aber bei sehr hohen Dichten ein mehr als linearer Gang sowohl der Breite als auch der Verschiebung eine Annäherung an die Erscheinungen nach der statistischen Theorie andeutet.

Für sehr große $\nu_0 - \nu$, d. h. für die Gebiete am Rande einer Linie, folgt aus der statistischen Theorie ein Abfall der Intensität mit

$$J(\nu) \sim (\nu_0 - \nu)^{-3/2}. \qquad (7)$$

Diese schon früher von KUHN abgeleitete und von ihm experimentell bestätigte Beziehung[1] gilt am Linienrande, wie gezeigt werden kann, selbst in den Fällen exakt, bei denen die Linienkontur in der Mitte noch im wesentlichen durch die Stoßtheorie beschrieben wird.

Bei den bisherigen Betrachtungen sind die mit r^6 abklingenden VAN DER WAALSschen Kräfte als Wechselwirkungskräfte zwischen den Atomen als wirksam angenommen worden. Bei artgleichen Atomen treten Resonanzkräfte auf, die nur mit der 3. Potenz des Abstandes abnehmen und im übrigen der f-Zahl (Oszillatorenstärke) für den Übergang von dem die Breite verursachenden Term in den Grundzustand proportional sind. Die Wirkung ist gleichbedeutend mit der eines Stoßes 2. Art, d. h. die Anregungsenergie des einen Atoms geht über auf ein anderes Atom, wodurch die Lebensdauer des Terms verkürzt und nach der HEISENBERGschen Ungenauigkeitsrelation

$$\Delta E \cdot \Delta t \geqq \frac{h}{2\pi}$$

die Energieunschärfe des Terms vergrößert wird. Die Kräfte reichen sehr viel weiter als die VAN DER WAALSsche Wechselwirkung, wodurch diese als Eigendruckverbreiterung bezeichnete Art der Verbreiterung beträchtlich größer ist als die Fremdgasverbreiterung. Der Anwendungsbereich der Stoßtheorie hört hierbei naturgemäß bei sehr viel kleineren Drucken auf, da die Voraussetzung, daß der mittlere Abstand groß ist gegenüber der Wirkungssphäre der Kräfte, schon bei Drucken von einigen Atmosphären nicht mehr gültig ist. Die Eigendruckverbreiterung ergibt sich nach der Stoßtheorie[2] zu:

$$\delta = \frac{2}{3\pi c^2} \frac{e^2}{m\nu} N \cdot f \ \text{cm}^{-1}. \qquad (8)$$

Es bedeuten darin: N die Anzahl der artgleichen Atome im cm³, f die Oszillatorstärke für den Übergang vom verbreiterten Term in den Grundzustand, ν die Wellenzahl dieses Überganges.

Bei sehr hohen Drucken, bei denen sich innerhalb eines Stoßquerschnittes eine große Anzahl von nicht angeregten Atomen befindet, geht der Energieaustausch zwischen den einzelnen Atomen so schnell vor sich, daß während der mittleren Lebensdauer des angeregten Zustandes eines Atoms die thermische Bewegung zu vernachlässigen ist. Für diesen Fall soll nach FURSSOW und

---

[1] H. KUHN: Phil. Mag. Bd. 18 (1934) S. 287. — Proc. roy. Soc., Lond. Bd. 158 (1937) S. 212 u. 230.

[2] V. WEISSKOPF: Phys. Z. Bd. 34 (1933) S. 1. — W. FURSSOW u. A. WLASSOW: Phys. Z. Sowjet. Bd. 10 (1936) S. 378.

WLASSOW[1] die verbreiterte Linie eine der Dispersionsform ähnliche Verteilung mit der Halbwertsbreite:

$$\delta = \frac{3}{2} \frac{e^2}{\pi^2 m c^2 \nu} f \cdot N \text{ cm}^{-1} \qquad (9)$$

haben.

Bei hohen Dichten findet ein so schneller Energieaustausch zwischen den Atomen statt, daß gegenüber einer einlaufenden Welle die Anregungsenergie praktisch verteilt ist auf alle Atome innerhalb eines Wellenlängenkubus. Wir befinden uns insofern auf dem Grenzgebiet zum Festkörper, als auch hier eine Anregungsenergie nicht mehr einem einzelnen Atom zuzuordnen ist, sondern einer Anhäufung von Atomen. Die für die Schwingung maßgebliche Dämpfung ist nun nicht mehr die eines einzelnen Atoms, sondern die aller zu gleicher Zeit wirksamen Atome, d. h. etwa der im Wellenlängenkubus enthaltenden Atome. Die Oszillatorenstärke dieses wirksamen Atomblockes ist in sehr roher Näherung gleich dem Produkt aus der Oszillatorenstärke des Einzelatoms, multipliziert mit der Anzahl der im Wellenlängenkubus enthaltenen Atome. Eine auf dieser Grundlage beruhende Theorie der Verbreiterung führt zu einer Behandlung der Eigendruckverbreiterung bei sehr hohen Dichten[2].

Als eine weitere in Gasentladungen auftretende Ursache der Störung des Strahlatoms kann seine Wechselwirkung mit den Elektronen und Ionen des Plasmas angenommen werden. Es tritt hierbei der STARK-Effekt in Erscheinung. Berechnungen stammen von HOLTSMARK[3], wobei die Verbreiterung auf den linearen STARK-Effekt zurückgeführt wird. Einen quantitativen Vergleich haben HOLTSMARK und TRUMPY[4] für einen an Luft brennenden Kohlebogen durchgeführt. Die eine der beiden Elektroden war bei diesen Versuchen ausgehöhlt und enthielt eine Füllung der Salze von Li, Ag, Cu bzw. Ni. Die gemessenen Breiten der Metallinien stimmen mit den Berechnungen größenordnungsmäßig überein. Einen darüber hinaus gehenden Vergleich gestatten Genauigkeit von Experiment und Theorie nicht. Eine ausführliche Durchrechnung der Verbreiterung der Wasserstofflinien insbesondere der H_α-Linie hat vor kurzem SPITZER in einer Reihe von Arbeiten durchgeführt[5]. Als Störung wird wieder der lineare STARK-Effekt angesetzt.

Für höhere Terme tritt als Störung der quadratische STARK-Effekt auf. Die durch diesen hervorgerufene Frequenzänderung beträgt $\Delta\nu = C/r^4$, wo C die Konstante für den quadratischen STARK-Effekt bedeutet. C nimmt mit der 7. Potenz der wahren Hauptquantenzahl des Terms zu und hat um so größere Werte, je größer die Azimutalquantenzahl ist. Aus diesem Grunde tritt die Verbreiterung durch Elektronen- bzw. Ionenstoß besonders bei höheren Termen und bei diesen wieder besonders bei den D-, F- usw. Termen in Erscheinung. Bei nicht zu großen Elektronen- oder Ionendichten bzw. im Falle nicht zu großer Wechselwirkungskräfte kann die Verbreiterung nach Art der Stoßtheorie behandelt werden. Die Halbwertsbreite durch Elektronen- bzw. Ionenstoß beträgt nach UNSÖLD[6]:

$$\delta = 3{,}75 \cdot 10^{-10} \cdot T^{1/6} C^{2/5} \left(\frac{1}{\mu_1} + \frac{1}{\mu_2}\right)^{1/6} N^* \text{ cm}^{-1}. \qquad (10)$$

Es bedeuten: C die Konstante für den quadratischen STARK-Effekt, μ_1 das Atomgewicht des strahlenden Atoms, μ_2 dasjenige des Elektrons bzw. Ions,

[1] W. FURSSOW u. A. WLASSOW: J. of Physics Bd. 1 (1939) S. 335.
[2] Näheres hierzu vgl. F. MÖGLICH, R. ROMPE u. P. SCHULZ, erscheint demnächst.
[3] J. HOLTSMARK: Ann. Phys. Bd. 58 (1919) S. 576 — Phys. Z. Bd. 25 (1924) S. 73.
[4] J. HOLTSMARK u. B. TRUMPY: Z. Phys. Bd. 31 (1925) S. 803.
[5] L. SPITZER: Phys. Rev. Bd. 55 (1939) S. 699; Bd. 56 (1939) S. 39; Bd. 58 (1940) S. 348.
[6] A. UNSÖLD: Z. Astrophys. Bd. 12 (1936) S. 56.

N^* die Anzahl der Elektronen bzw. Ionen in cm³. Wie man sieht, ist wegen ihrer sehr viel kleineren Masse die Verbreiterung durch Elektronenstoß beträchtlich größer als durch Ionenstoß.

Die Quecksilberhochdruckentladung bietet wegen der großen Mannigfaltigkeit der darin auftretenden Spektrallinien eine Möglichkeit, die verschiedenen Verbreiterungsarten zu untersuchen. Ein Teil der ausgestrahlten Linien ist zwar durch Reabsorption beträchtlich gestört. Demgegenüber gibt es aber eine große Anzahl von Linien, deren unteres Niveau weit oberhalb des Grundzustandes liegt, wodurch die Besetzungszahl klein ist und dementsprechend die Reabsorption nur eine untergeordnete Rolle spielt. Darüber hinaus wirkt eine große Verbreiterung stets im Sinne einer weiteren Herabsetzung der Reabsorption. Selbst die Linien mit starker Reabsorption und sogar Selbstumkehr zeigen am Linienrande eine durch Reabsorption ungestörte Struktur. Die Untersuchungen erstreckten sich zunächst auf eine Quecksilberhochdruckentladung von 35 at Druck. Die Betriebsspannung der kugelförmigen Entladungsröhre (Durchmesser: ~ 28 mm) betrug 80 V bei 4,5 mm Bogenlänge und 6 A. Die Leistungsaufnahme pro cm Säulenlänge war also (unter Berücksichtigung von 15 V Elektrodenverlust) 865 W/cm. Der kontrahierte Bogen hatte eine Breite von nahezu 2 mm.

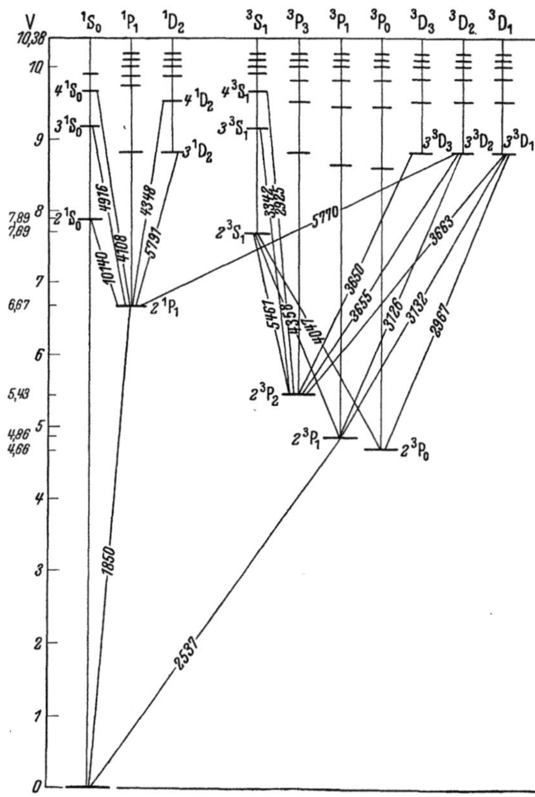

Abb. 3. Termschema des Quecksilbers.

Die auf den niedrigen 2 ${}^3P_2$-, 2 ${}^3P_1$- und 2 ${}^3P_0$-Niveaus endenden Linien (vgl. Termschema des Hg, Abb. 3) sind durch Selbstumkehr beträchtlich gestört, wodurch eine Ausmessung ihrer Breiten sinnlos wird. Es handelt sich hier vor allem um die Linien 5461 Å, 4358 Å, 4047 Å sowie die im längerwelligen Ultraviolett liegenden Liniengruppen 3650/55/63 Å, 3126/32 Å und 2967 Å, deren obere Niveaus 2 ${}^3S_1$- bzw. 3 ${}^3D$-Terme sind. Alle diese Linien besitzen eine ausgeprägte Unsymmetrie. Nach dem Violetten fallen sie verhältnismäßig steil ab, während sie nach dem Roten einen langen flachen Ausläufer aufweisen. In Abb. 4 wird als Beispiel eine Registrierkurve der Linie 5461 Å gebracht. Der Abfall am langwelligen Rande müßte nach Gl. (7) mit $J(\nu) \sim (\nu_0 - \nu)^{-3/2}$ gehen, wenn als Wechselwirkungskräfte van der Waalssche Kräfte angenommen werden dürfen. Diese Abhängigkeit ist im roten Flügel der Linie 3342 Å auch in der Tat angenähert vorhanden. Bei anderen Linien, z. B. der Linie 5461 Å ist der Intensitätsabfall dagegen beträchtlich geringer. Ein solches Verhalten bedeutet ein stärkeres Abnehmen der Wechselwirkungskraft mit dem Abstand als bei den VAN DER WAALSschen Kräften mit r^{-6}. Man könnte an ein Kraftgesetz nach der Beziehung

$$V \sim e^{-\alpha r},$$

d. h. an Austauschkräfte denken.

Bei den Linien mit höheren Ausgangsniveaus wird die Reabsorption, selbst wenn ihr unteres Niveau tief liegt, infolge der kleineren Übergangswahrscheinlichkeiten geringer. Die Selbstumkehr verschwindet. Dieses Verhalten zeigen

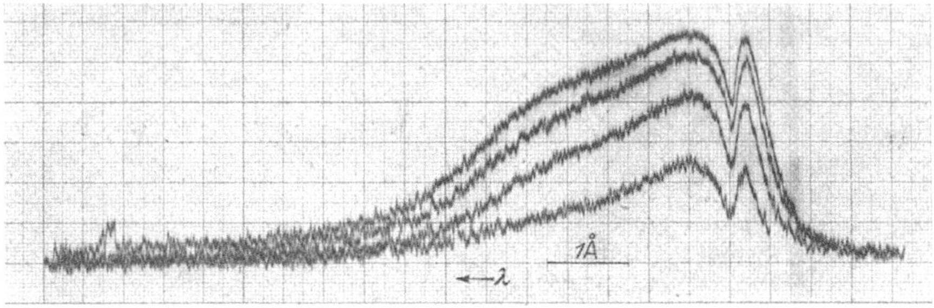

Abb. 4. Registrierkurve der Linie 5461 Å.

z. B. die Linien 3341 Å ($2\,^3P_2 - 3\,^3S_1$) und 2925 Å ($2\,^3P_2 - 4\,^3S_1$), während die Linie 2759 Å ($2\,^3P_2 - 5\,^3S_1$) und die entsprechenden Linien mit noch höheren Anregungsniveaus im kontinuierlichen Untergrund verschwinden, wie überhaupt Linien mit einer höheren Anregungsspannung als etwa 9,5 V in der Quecksilberhochdruckentladung nicht mehr auftreten. Auf diesen Umstand werden wir später noch zurückkommen.

Für diese Linien kann man eine Breite ausmessen, die zwar noch durch Reabsorption gestört ist, aber doch einen Überblick über die tatsächlich ausgestrahlte Linienkontur vermittelt. Beide Linien sind rotunsymmetrisch. Ihre Breiten betragen: 30,2 cm^{-1} (entsprechend 3,38 Å) für die Linie 3341 Å bzw. 22,2 cm^{-1} (entsprechend 1,9 Å) für die Linie 2925 Å. Wir haben es hier also mit einer beträchtlichen Verbreiterung zu tun. Die violette Seite der Linien zeigt nahezu Dispersionsverteilung, während die rote Seite durch statistische Einflüsse wesentlich gestört zu sein scheint. Wird die auf der violetten Seite vorliegende Linienkontur der Breitenmessung zugrunde gelegt, so gelangt man zu Halbwertsbreiten von 18 cm^{-1} (3341 Å) bzw. 19,2 cm^{-1} (2925 Å), die für beide Linien nahezu übereinstimmen. Es liegt nahe, anzunehmen, daß die Breite im wesentlichen auf die Verbreiterung des unteren ($2\,^3P_2$-)Terms zurückzuführen ist, während die $^3S_1$-Terme nur schwach verbreitert werden. Für die Breite des $2\,^1P_2$-Terms dürften VAN DER WAALSsche Kräfte verantwortlich sein.

Sehr viel übersichtlicher liegen die Verhältnisse bei den Linien, deren unteres Niveau der relativ hoch gelegene $2\,^1P_1$-Term ist. Die Linien, die sich alle durch eine große Breite auszeichnen, sind durch Reabsorption praktisch ungestört. Sie zeigen nahezu Dispersionsverteilung. Ihre nach Rot gehende Unsymmetrie ist nur gering. Wir fassen die Ergebnisse der Messungen in Tab. 1 zusammen. Die Halbwertsbreiten δ_v, die aus dem Intensitätsverlauf auf der violetten Seite gewonnen sind, werden in der vierten Spalte der Tab. 1 gesondert aufgeführt. Diese Breiten, die durch statistische Einflüsse am wenigsten gestört sind, legen wir unseren weiteren Betrachtungen zugrunde.

Zunächst fällt auf, daß ebenso wie bei den Linien des Triplettsystems die in Entladungen bei niedrigeren Drucken mit beträchtlichen Intensitäten auftretenden Linien mit höheren Anregungsniveaus (etwa > 9,5 V) in der Hoch-

Tabelle 1. Halbwertsbreiten der auf den 2^1P_1-Term endenden Spektrallinien in der Quecksilberhochdruckentladung (35 at: ~8000° K).

Linie	Kombination	δ cm^{-1}	δ_v cm^{-1}
10140	$2\,^1P_1 - 2\,^1S_0$	36,7	32
4916	$2\,^1P_1 - 3\,^1S_0$	33,9	33,9
4108	$2\,^1P_1 - 4\,^1S_0$	verschwindet im Kontinuum	
5791	$2\,^1P_1 - 3\,^1D_2$	} 63	54,2
5770	$2\,^1P_1 - 3\,^3D_2$		
4348	$2\,^1P_1 - 4\,^1D_2$	verschwindet im Kontinuum	

druckentladung nicht mehr vorhanden sind. Man kann daraus den Schluß ziehen, der auch noch durch eine Reihe anderer Tatsachen nahegelegt wird[1], daß die sehr dicht liegenden Terme oberhalb etwa 9,5 V verschmiert sind, wodurch die Ionisierungsspannung von 10,4 V auf rund 9,5 V herabgesetzt wird.

Weiterhin ist zu bemerken, daß ebenso wie bei den Linien des Triplettsystems die entsprechenden Linien mit den Ausgangsniveaus $2\,^1S_0$ und $3\,^1S_0$ dieselbe Breite haben. Wir nehmen auch hier an, daß die Breite praktisch durch den unteren Term, nämlich den $2\,^1P_1$-Term bewirkt wird.

Der $2\,^1P_1$-Term ist einer der beiden Resonanzterme des Quecksilbers. Seine Oszillatorenstärke hat den großen Wert $f = 1{,}3$ und ist gegenüber $f = 0{,}025$ für den anderen Resonanzterm des Hg, d. i. den $2\,^3P_1$-Term sehr groß. Eine Eigendruckverbreiterung nach Gl. (8) bzw. (9) sollte deshalb vor allem bei diesem Term wirksam sein.

Zum Vergleich zwischen Theorie und Experiment muß die bei großen Dichten geltende Gl. (9) herangezogen werden. Mit $f = 1{,}3$ und $\nu = 1/1850 \cdot 10^8$ für den $2\,^1P_1$-Term lautet die Beziehung:

$$\delta = 1{,}02 \cdot 10^{-18} \cdot N \text{ cm}^{-1}. \tag{9a}$$

Um N zu erhalten, müssen Druck und Temperatur bekannt sein. Der Druck konnte bei den Versuchen unmittelbar an einem mit dem Entladungsgefäß verbundenen, mit Quecksilber gefüllten Manometer abgelesen werden. Er betrug 35 at. Zur Temperaturbestimmung steht zunächst nur eine von ELENBAAS für zylindrische Quecksilberröhren aufgestellte Beziehung:

$$T_{\max} = 6025 \left(\frac{L}{8{,}75 + 5{,}7\,m}\right)^{0,1} \tag{11}$$

(m Menge des Hg in mg pro cm Bogenlänge, L Leistung pro cm, Säulenlänge in w/cm)

zur Verfügung. Daraus folgt für den Bogen eine Temperatur von rund 6000°. Wie wir sehen werden, ergibt sich aus den Breitenmessungen eine genauere, zu merklich höheren Temperaturen führende Temperaturbestimmung. Für die ersten Betrachtungen soll jedoch obiger Wert verwendet werden. Mit $p = 35$ at und $T = 6000°$ K folgt für die Atomdichte im Bogen ein Wert von $N = 4{,}3 \cdot 10^{19}$ Atom/cm^3 und hiermit nach Gl. (9a) für den $2\,^1P_1$-Term: $\delta = 43{,}8$ cm^{-1}. Mit dem experimentellen Wert $\delta = 32$ cm^{-1} besteht eine angenäherte Übereinstimmung, so daß angenommen werden kann, daß bei dem $2\,^1P_1$-Term in der Tat Eigendruckverbreiterung vorliegt.

Außer dem $2\,^1P_1$-Term zeigen die 3 D-Terme eine große Verbreiterung, wie aus den Breiten der beiden gelben Quecksilberlinien 5770/91 Å ($2\,^1P_1 - 3\,^3D_2$ und $2\,^1P_1 - 3\,^1D_2$) hervorgeht (vgl. Tab. 1). Die Breite dieser Linien setzt sich zusammen aus der Breite des $2\,^1P_1$-Terms sowie des $3\,^1D_2$- bzw. $3\,^3D_2$-Terms.

[1] Vgl. etwa A. UNSÖLD: Ann. Phys., Lpz. Bd. 33 (1938) S. 607. — R. ROMPE, P. SCHULZ u. W. THOURET: Z. Phys. Bd. 112 (1939) S. 369.

Zieht man von der Breite der gelben Linien diejenige der infraroten Linie 10140 Å (d. i. praktisch die Breite des $2\,^1P_1$-Terms) ab, so erhält man die Breite des $3\,^1D_2$- bzw. $3\,^3D_2$-Terms. Diese ist somit $\delta = 22{,}2\ \mathrm{cm}^{-1}$.

Als Ursache der Breite für diese hoch gelegenen Terme kommt im vorliegenden Fall vor allem die Verbreiterung durch Elektronenstoß in Frage. Wird in Gl. (10) die Konstante des quadratischen STARK-Effektes für die $3\,D$-Terme $C = 4{,}1 \cdot 10^{-14}$, das Atomgewicht des Quecksilbers $\mu_1 = 200{,}6$ und das Atomgewicht des Elektrons $\mu_2 = 1/1830$ gesetzt, so folgt für die Elektronenstoßbreite der $3\,D$-Terme

$$\delta = 1{,}56 \cdot 10^{-17} \cdot T^{1/6} \cdot N^* \ \mathrm{cm}^{-1}. \tag{10a}$$

Die Breite durch Ionenstoß wird erhalten, wenn $\mu_2 = 200{,}6$ (Atomgewicht des Quecksilberions) gesetzt wird. Sie beträgt:

$$\delta = 2{,}06 \cdot 10^{-18} \cdot T^{1/6}\, N^* \ \mathrm{cm}^{-1} \tag{10b}$$

und somit etwa $1/7{,}5$ der Elektronenstoßbreite.

Mit $\delta = 22{,}2\ \mathrm{cm}^{-1}$ ergibt sich aus Gl. (10a), wenn die Temperatur zu $T = 6000°$ angenommen wird:

$$N^* = 3{,}34 \cdot 10^{17}$$

oder unter Berücksichtigung des Anteils der Ionenstoßbreite [Gl. (10b)]:

$$N^* = 2{,}9 \cdot 10^{17}\,.$$

Zum Vergleich zwischen Theorie und Experiment soll die Elektronendichte aus Temperatur und Druck berechnet werden. Da in Hochdruckentladungen thermisches Gleichgewicht angenommen werden darf, kann hierzu die SAHA-Gleichung herangezogen werden. Sie lautet:

$$\frac{x^2}{1 - x^2} = 4{,}73 \cdot 10^3 \cdot \frac{1}{p} \left(\frac{kT}{e}\right)^{5/2} e^{-\frac{e V_i}{kT}}$$

oder da $x \ll 1$:

$$x^2 = 4{,}73 \cdot 10^3 \cdot \frac{1}{p} \left(\frac{kT}{e}\right)^{5/2} e^{-\frac{e V_i}{kT}} \tag{12}$$

(x Ionisationsgrad, p Druck in at, V_i wirksame Ionisierungsspannung). Für $p = 35$ at und $T = 6000°$ ist hiernach der Ionisationsgrad, wenn als effektive Ionisierungsspannung wieder $V_i = 9{,}5$ V angesetzt wird:

$$x = 5{,}45 \cdot 10^{-4}\,.$$

Daraus ergibt sich mit $N = 4{,}3 \cdot 10^{19}$ eine Elektronendichte von

$$N^* = 2{,}34 \cdot 10^{16}\,.$$

Dieser Wert weicht zwar von der aus der Elektronenstoßbreite erhaltenen Elektronendichte $N^* = 2{,}9 \cdot 10^{17}$ recht erheblich ab, spricht aber nicht gegen das Vorliegen einer Elektronenstoßverbreiterung, da bei der Berechnung der Elektronendichte unter Verwendung der SAHA-Gleichung die Temperatur sehr empfindlich eingeht und letztere nur sehr roh abgeschätzt werden konnte.

Eine genauere Beantwortung der Frage, ob die $3\,D$-Terme durch Elektronenstoß verbreitert werden, gibt die Untersuchung der Stromstärkeabhängigkeit der Verbreiterung. Die Stromstärke in einem Hochdruckbogen ist gegeben durch:

$$J = \pi\, R^2\, N^*\, b_e\, G\,. \tag{13}$$

Darin bedeuten: R den Radius des Entladungsbogens, $b_e\left(\sim \frac{\lambda}{\sqrt{T}} \sim \frac{\sqrt{T}}{p}\right.$; λ freie Weglänge der Elektronen$\left.\right)$ die Elektronenbeweglichkeit, G den Gradienten. Da der Bogenradius unabhängig von der Stromstärke ist[1] und Temperatur [nach Gl. (11)] sowie Gradient[2] nur wenig von der Stromstärke abhängen, kann in Näherung

$$J \sim N^*$$

gesetzt werden, d. h. also nach Gl. (10) bzw. (10a), daß die Elektronenstoßbreite proportional der Stromstärke ist. Wenn also für die 3 D-Terme Verbreiterung durch Elektronenstoß vorliegt, so muß ihre Breite proportional der Stromstärke sein. Da andererseits die Dichte der neutralen Atome wegen des konstanten Druckes und der nur sehr geringen Temperaturänderungen weitgehend stromstärkeunabhängig ist, muß sich die Eigendruckverbreiterung nach Gl. (9) bzw. (9a) als unabhängig von der Stromstärke erweisen. Das bedeutet, daß die Breite der Linie 10140 Å, die fast allein durch den eigendruckverbreiterten $2\,^1P_1$-Term bedingt ist, stromstärkeunabhängig ist, daß die Breiten der Linien 5770/91 Å, deren Breite sowohl durch den $2\,^1P_1$-Term als auch durch die elektronenstoßverbreiterten 3 D-Terme verursacht werden, in einen stromstärkeunabhängigen und einen stromstärkeproportionalen Anteil aufzuspalten sind. Das Ergebnis der Messungen zeigt Abb. 5. Wie man sieht, sind in der Tat die Breiten der Linien 5770/91 Å stromstärkeabhängig und haben, auf die Stromstärke Null extrapoliert, dieselbe Breite wie die nahezu stromstärkeunabhängige Linie 10140 Å. Der nur unbeträchtliche Anstieg der Verbreiterung der Linie 10140 Å mit der Stromstärke kann auf eine geringe Dichteerhöhung im Bogen zurückgeführt werden. Diese tritt ein, weil infolge des erhöhten Energieumsatzes bei großen Stromstärken die nicht vom Bogen ausgefüllten Teile des Entladungsgefäßes höhere Temperatur annehmen, wodurch im abgeschlossenen Gefäß mit konstanter mittlerer Dichte die Dichte im Bogen etwas zunimmt. Werden die Messungen so vorgenommen, daß bei 6 A eingebrannt wird und die Breitenaufnahmen jeweils während eines kurzen Zeitintervalls sofort nach Umschalten auf höhere Stromstärke gemacht werden (was wegen der langen Belichtungszeit mehrere Belichtungen nacheinander erfordert), so verschwindet auch diese geringe Stromstärkeabhängigkeit weitgehend (in Abb. 5 mit ○ bezeichnet).

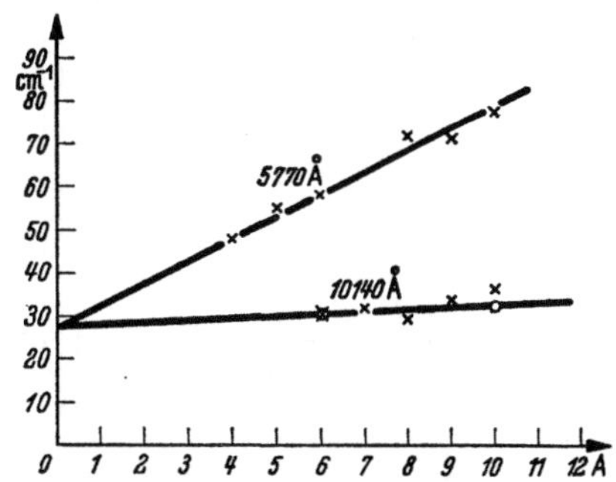

Abb. 5. Stromstärkeabhängigkeit der Breiten der Linien 5770/91 Å und 10140 Å in der Quecksilberhochdruckentladung ($p = 35$ at; $T \sim 8000°$ K).

Es erscheint nach obigem gerechtfertigt, für die 3 D-Terme Elektronenstoßverbreiterung anzunehmen. Damit ergibt sich eine neue Methode der Bestimmung von Elektronendichte und Temperatur. Die Elektronendichte kann nach Gl. (10a) aus der Breite der 3 D-Terme, die sich ihrerseits aus der Differenz der Breiten der gelben Quecksilberlinien 5770/91 Å und der infraroten Linie 10140 Å ergibt, berechnet werden. Durch Berücksichtigung der Ionenstoßbreite gemäß Gl. (10b) vermindert sich der Wert um den 7,5. Teil. In den Gleichungen kommt die Temperatur vor. Da sie aber nur in der 6. Wurzel auftritt, kann zunächst die aus einer rohen Schätzung erhaltene Temperatur verwandt werden, ohne daß ein ins Gewicht fallender Fehler entsteht. Aus der Elektronendichte kann dann nach der Beziehung $N^* = x\,(p\,T)\,N$, wo $x = x\,(p\,T)$ durch die Saha-Gleichung (12)

[1] R. Rompe u. P. Schulz: Z. Phys. Bd. 112 (1939) S. 691.
[2] R. Rompe u. W. Thouret: Z. techn. Phys. Bd. 17 (1936) S. 377; s. a. dies. Bd. S. 44.

gegeben ist, die Temperatur bestimmt werden. Es ist:

$$N^* = 4{,}22 \cdot 10^{18} \cdot p^{1/2}\, T^{1/4}\, e^{-\frac{e V_i}{2kT}}. \tag{14}$$

Die Temperatur kann nach (14) am einfachsten graphisch aus der Kurve

$$N^* p^{-1/2} = 4{,}22 \cdot 10^{18} \cdot T^{1/4}\, e^{-\frac{e V_i}{2kT}} \tag{14a}$$

erhalten werden (Abb. 6). Für die Ionisierungsspannung ist dabei wegen der Verschmierung der oberen Terme $V_i = 9{,}5$ V (an Stelle von $V_i = 10{,}4$ für freie Quecksilberatome) anzusetzen. Mit $N^* = 2{,}9 \cdot 10^{17}$ und $p = 35$ at (vgl. S. 96) folgt gemäß Gl. (14a) und Abb. 6 eine Temperatur von 8200°.

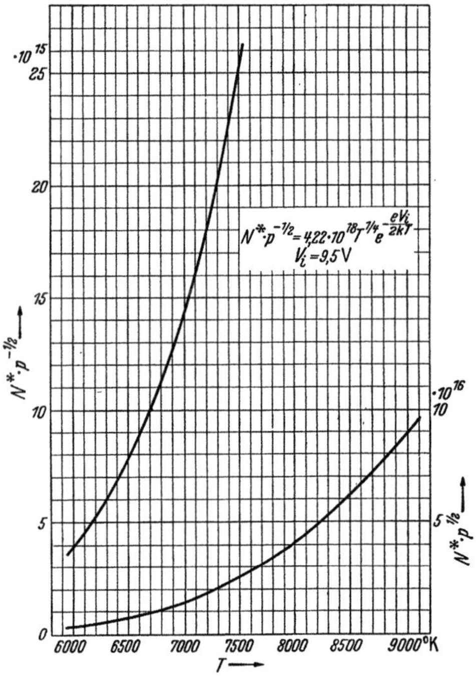

Abb. 6. Elektronendichte nach der SAHA-Gleichung.

Mit diesem verbesserten Wert der Temperatur soll nun noch einmal die Elektronendichte nach Gl. (10a) bzw. (10b) aus der Elektronenstoßbreite berechnet werden. Als neuen Wert der Elektronendichte erhält man:

$$N^* = 2{,}75 \cdot 10^{17},$$

also fast denselben Wert wie vorher mit $T = 6000°$. Die daraus nach Gl. (14a) bzw. Abb. 6 folgende Temperatur mit 8140° ist im Rahmen der vorliegenden Genauigkeit praktisch dieselbe wie die zunächst zu 8200° erhaltene.

Die Temperatur liegt beträchtlich höher als die auf Grund der Gl. (11) nur sehr angenähert berechnete. Bei der Berechnung der Elektronendichte mittels der SAHA-Gleichung treten, wenn ein nicht ganz richtiger Temperaturwert verwendet wird, erhebliche Fehler auf, da die Temperatur sehr empfindlich $\left(\sim e^{-\frac{e V_i}{2kT}}\right)$ eingeht. Im vorhergehenden wurde umgekehrt aus der Elektronendichte, die unmittelbar aus der Elektronenstoßverbreiterung erhalten werden konnte, die Temperatur bestimmt, wobei nun eine etwa auftretende geringe Abweichung im Werte der Elektronendichte nur relativ wenig Einfluß auf den daraus berechneten Temperaturwert hat. Deshalb dürften die aus der Elektronenstoßverbreiterung berechneten Elektronendichten und Temperaturen erheblich genauer sein als die aus anderen Methoden erhaltenen Werte.

Bei $T = 8140°$ und $p = 35$ at ist die Atomdichte im Bogen

$$N = 3{,}19 \cdot 10^{19}$$

und die nach Gl. (9a) sich ergebende Eigendruckverbreiterung

$$\delta = 32{,}5 \text{ cm}^{-1}.$$

Die Übereinstimmung mit dem experimentellen Wert $\delta = 32$ cm^{-1} ist überaus gut. Der sehr hohe Grad der Übereinstimmung scheint sogar etwas zufälliger

Natur zu sein, da bei der Berechnung von FURSSOW und WLASSOW[1] stillschweigend zwei sehr einschränkende Voraussetzungen gemacht wurden: Den Dipol-Resonanzkräften wurde wie den VAN DER WAALS-Kräften ein additives Verhalten zugeschrieben und im Kraftansatz wurde der von der Mittelung über die Winkelabhängigkeit herrührende Faktor vernachlässigt.

Außer an kugelförmigen Entladungsrohren bei einem Druck von 35 at wurden Breitenmessungen an einer wassergekühlten kapillarförmigen Röhre bei einem Druck von 80 at und an einem Quecksilber-Quarzbrenner bei 4,5 at vorgenommen. Im ersteren Fall wurde die Druckangabe aus dem Gradienten G nach einer empirischen Beziehung von DE GROOT[2] ermittelt, die an Entladungsröhren desselben Durchmessers in demselben Meßbereich erhalten wurde. Sie lautet:

$$\frac{G-100}{3} = p \text{ at}\,.$$

Aus den Betriebsdaten der verwendeten Entladungsröhre, nämlich 730 V Brennspannung, 1,25 A Stromstärke, bei einer Länge der Entladungsbahn von 21 mm und einem Innendurchmesser des Rohres von 2 mm ergibt sich der Gradient bei Berücksichtigung von 15 V Elektrodenverlust zu 340 V/cm und hieraus nach obiger Gleichung $p = 80$ at. Die Meßergebnisse sind folgende:

Breite der Linie 10140 Å: $\delta = 74\ \text{cm}^{-1}$;

Breite der Linie 5770/91 Å: $\delta = 108\ \text{cm}^{-1}$.

Aus der Differenz beider Breiten folgt eine Elektronenstoßbreite der $3\,D$-Terme von $\delta = 34\ \text{cm}^{-1}$.

Wird für diese Röhre zunächst die Temperatur mit rund 8000°, etwa gleich derjenigen in dem kugelförmigen Entladungsgefäß angenommen, so folgt aus Gl. (10a) mit Berücksichtigung von Gl. (10b) eine Elektronendichte $4{,}23 \cdot 10^{17}$. Nach Gl. (14a) und Abb. 6 ist mit $p = 80$ at die Bogentemperatur 8160°. Eine Nachrechnung der Elektronendichte mit diesem verbesserten Temperaturwert führt zu demselben Wert, da die in Gl. (10a) bzw. (10b) nur mit der 6. Wurzel eingehende Temperatur nur geringen Einfluß hat.

Die Atomdichte im Bogen ist mit $T = 8160°$ und $p = 80$ at $N = 7{,}25 \cdot 10^{19}$. Die nach Gl. (9a) berechnete Eigendruckverbreiterung des $2\,^1P_1$-Terms beträgt hiermit: $\delta = 74\ \text{cm}^{-1}$ gleichfalls in überaus guter Übereinstimmung mit dem Experiment. Für den hohen Grad der Übereinstimmung gilt das schon S. 98 Gesagte.

Bei dem Quarzbrenner mit einem Druck von etwa 4,5 at handelte es sich um ein Rohr von 10 mm Innendurchmesser und einem Elektrodenabstand von 40 mm. Die Gesamtspannung betrug 140 V, so daß der Gradient sich bei Berücksichtigung von 15 V Elektrodenverlust zu 31 bis 32 V/cm ergibt. Nach Messungen von KREFFT, LARCHÉ und RÖSSLER[3] entspricht diesem Gradienten ein Druck von etwa 4,5 at, wobei allerdings zu bemerken ist, daß dieser Wert extrapoliert werden mußte aus Messungen, die bei 6 bzw. 14 mm Rohrdurchmesser ausgeführt wurden. Daher dürfte diese Druckangabe nicht dieselbe Genauigkeit beanspruchen wie die vorher verwendeten.

Die Breitenmessungen haben folgendes ergeben:

Breite der Linie 10140 Å: $\delta = 9{,}2\ \text{cm}^{-1}$;

Breite der Linien 5770/91 Å: $\delta = 12{,}6\ \text{cm}^{-1}$.

---

[1] F. W. FURSSOW und A. WLASSOW: Zit. S. 92.

[2] DE GROOT: Ingenieur, Haag Bd. 50 (1935) S. 92.

[3] H. KREFFT, K. LARCHÉ u. F. RÖSSLER: Z. techn. Phys. Bd. 17 (1936) S. 374.

Danach ist die Elektronenstoßbreite $\delta = 3{,}4\ \mathrm{cm}^{-1}$. Wird als angenäherte Temperatur zunächst 7000° angesetzt, so ist die Elektronendichte nach Gl. (10a) bzw. (10b) $N^* = 4{,}27 \cdot 10^{16}$. Nach Gl. (14a) und Abb. 6 folgt hieraus eine Bogentemperatur $T = 7260°$. Die Atomdichte im Bogen ist somit $N = 4{,}58 \cdot 10^{18}$. Die Eigendruckverbreiterung für die Linie 10140 Å nach Gl. (9a) beträgt mit diesem Wert $\delta = 4{,}67\ \mathrm{cm}^{-1}$ und ist also beträchtlich kleiner als die experimentell erhaltene Breite der Linie 10140 Å. Diese große Abweichung findet auch nicht darin ihre Erklärung, daß gerade in diesem Fall die Druckbestimmung ungenauer ist.

Hier ist zu bemerken, daß Gl. (9a) für diesen Fall nicht mehr angewendet werden darf; denn die Voraussetzung, daß sich innerhalb eines Stoßradius eine große Anzahl Atome befindet, gilt für den niedrigen Druck nicht mehr. Der mittlere Atomabstand beträgt $6 \cdot 10^{-7}$ cm, während der Stoßdurchmesser nach Gl. (21) der Arbeit von FURSSOW und WLASSOW $\varrho = 5 \cdot 10^{-7}$ cm ist.

Die Stoßtheorie ist ebenfalls nicht anwendbar, da die Voraussetzung, daß der Abstand der Atome groß gegenüber dem Stoßradius ist, auch nicht erfüllt ist, so daß ein Vergleich zwischen Theorie und Experiment in diesem speziellen Fall nicht möglich ist.

Die aus der Elektronenstoßverbreiterung bestimmten Temperaturen können herangezogen werden, um die Änderung der Leuchtdichte mit der aufgenommenen Leistung zu berechnen. Die so erhaltenen Leuchtdichteänderungen stimmen überein mit den von KERN[1] direkt gemessenen Werten (Näheres hierzu s. in dem im 6. Band der Technisch-wissenschaftlichen Abhandlungen aus dem Osram-Konzern folgenden Artikel über die Physik der Quecksilberhochdruckentladung).

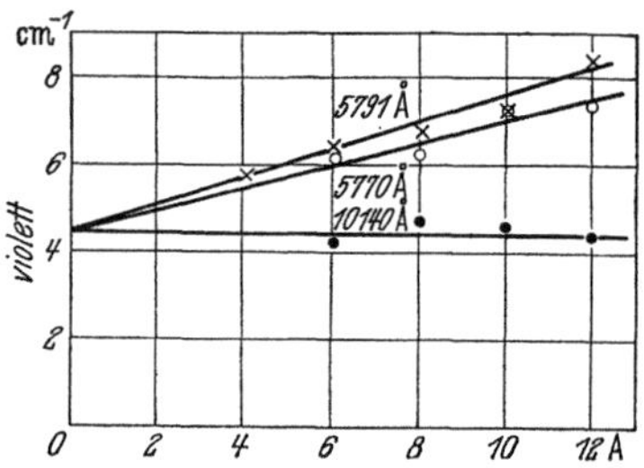

Abb. 7. Stromstärkeabhängigkeit der Verschiebungen der Linien 5770/91 Å und 10140 Å in der Quecksilberhochdruckentladung ($p = 35$ at; $T \sim 8000°$ abs.).

Ein ähnliches Verhalten wie die Breiten zeigen die Verschiebungen der Linien in der Hg-Hochdruckentladung. Die Messungen an den Linien 10140 Å sowie 5770/91 Å werden in Abb. 7 wiedergegeben. Diese Linien werden nach Violett verschoben. Die sehr geringen Verschiebungen der übrigen Linien gehen dagegen durchweg nach Rot. Ebenso wie die Breite zeigt sich die Verschiebung der Linie 10140 Å als stromstärkeunabhängig, während die Verschiebungen der Linien 5770/91 Å sich als stromstärkeabhängig erweisen und offenbar einen der Elektronendichte proportionalen Anteil haben. Letzteres stimmt überein mit den theoretischen Überlegungen von BURKHARDT[2], nach denen bei kleinen Stoßzahlen, solange man sich noch im Gültigkeitsbereich der Stoßtheorie befindet, die Verschiebung proportional der Stoßzahl, im vorliegenden Fall also proportional der Elektronendichte ist. Ein quantitativer Vergleich kann nicht durchgeführt werden, da die vorliegenden Berechnungen nur für VAN DER WAALSsche Wechselwirkungskräfte gelten.

---

[1] J. KERN: Z. techn. Phys. Bd. 20 (1939) S. 250; s. a. dies. Bd. S. 56.
[2] S. BURKHARDT: Zit. S. 90.

Die Längsfeldstärke der positiven Säule in der Niederdruckentladung von Gasgemischen bei verschiedenen Stromstärken und Drucken[1].

Von

A. LOMPE.

Mit 7 Abbildungen.

In der Gasentladung haben Gemische, wie eine ganze Anzahl früherer Untersuchungen gezeigt hat, in manchen Eigenschaften ein wesentlich anderes Verhalten als einheitliche Gase. So erfolgt z. B.[2] eine besonders wirksame Herabsetzung der Zündspannung in Edelgasen durch solche Gase, deren Ionisierungsspannung kleiner ist als die Anregungsspannung eines metastabilen Zustandes des Hauptgases. Auch die Längsfeldstärke (LF.) der positiven Säule in Gemischen hatte ergeben[3], daß durch Zusätze von leichter ionisierbaren Gasen Unregelmäßigkeiten auftreten, wobei sogar Erhöhungen über den Wert des reinen Gases, z. B. bei Ne durch Zusatz von Na[4], vorkommen können. Gelegentlich spektroskopischer Untersuchungen[5] war beobachtet worden, daß durch erhöhte Wiedervereinigung im Volumen die LF. mit wachsender Stromdichte größer wird, während sie im allgemeinen kleiner wird. Eingehende Versuche[6] an den Edelgasen He, Ne und Ar hatten ergeben, daß die Messung der LF. mit kalten Sonden bei Beachtung der nötigen Vorsichtsmaßregeln eine geeignete Methode ist, und gezeigt, daß selbst bei den reinen Edelgasen keine einfachen Verhältnisse vorliegen, insbesondere, daß die früher[7] gefundenen Eigentümlichkeiten bei He, eine mit zunehmender Stromstärke ansteigende LF. zu haben, je nach dem Rohrdurchmesser nur bei kleinen Stromdichten bis zu etwa 30 mA/cm² vorhanden ist und dann die Kennlinie wie bei den anderen Gasen zu fallen beginnt. Es war daher erwünscht und aussichtsreich, die LF. von Gasgemischen eingehend zu untersuchen, um vielleicht auf diese Weise einen weiteren Einblick in den Mechanismus der Niederdruckentladung zu erhalten.

Die LF. wurde mit kalten Sonden unter Beachtung aller Vorsichtsmaßregeln, wie elektrophoretische Entmischung, kleiner Totraum, Reinigen usw., im allgemeinen mit Wechselstrom gemessen. Bei der Auswahl eines für systematische Untersuchungen geeigneten Gasgemisches schieden Dämpfe als Bestandteil zunächst aus, weil sich bei ihnen mit Änderung der Stromstärke auch der Dampfdruck ändert, was selbst durch Arbeiten im Thermostaten nur schwer zu vermeiden ist. Da He schon an sich ein anomales Verhalten der LF. aufweist, wurde zunächst Ne als Hauptgas mit Ar als leichter ionisierbarem Zusatz untersucht. Es wurden bei Gesamtdrucken von 2, 4, 6, 8 und 10 Torr und mit gesondert hergestellten Ne-Ar-Gemischen mit Ar-Gehalten von 0,2, 0,4, 0,6, 0,8 und 1% die LF.-Strom-Kennlinien bei Stromstärken von 10 bis 200 mA in Entladungs-

[1] Gekürzte Zusammenfassung der Arbeit von H. ALTERTHUM und A. LOMPE in Ann. Phys., Lpz. (5) Bd. 31 (1938) S. 1.

[2] F. M. PENNING: Naturwiss. Bd. 15 (1927) S. 818. — F. M. PENNING u. C. C. ADDINK: Physica, Haag Bd. 1 (1934) S. 1007.

[3] L. B. HEADRICK u. O. S. DUFFENDACK: Phys. Rev. Bd. 37 (1931) S. 736.

[4] W. UYTERHOEVEN u. C. VERBURG: C. R. Acad. Sci., Paris Bd. 200 (1935) S. 536; Bd. 201 (1935) S. 647; Bd. 202 (1936) S. 1498.

[5] H. KREFFT, M. PIRANI u. R. ROMPE: Techn.-wiss. Abh. Osram Bd. 2 (1931) S. 24. — H. KREFFT: Z. Phys. Bd. 77 (1932) S. 752; vgl. a. Techn.-wiss. Abh. Osram Bd. 3 (1934) S. 48.

[6] A. LOMPE u. R. SEELIGER: Ann. Phys., Lpz. (5) Bd. 15 (1932) S. 300.

[7] A. GÜNTHERSCHULZE: Z. Phys. Bd. 42 (1927) S. 763.

röhren von 11, 20 und 30 mm Innendurchmesser systematisch aufgenommen. Daneben wurden der Vollständigkeit halber noch Ar-Gehalte von 5, 25 und 52% untersucht.

Als typisch für die erhaltenen Ergebnisse sei die Abb. 1 angeführt, in der der Verlauf der Kennlinie für 2 Torr und 20 mm Durchmesser bei den verschiedenen Ne-Ar-Gemischen eingetragen ist. Bei höheren Drucken ergeben sich im Grunde ganz ähnliche Verhältnisse, doch sind sie etwas verwickelter, Einzelheiten sind der ausführlichen Arbeit in den Annalen zu entnehmen. Man erkennt, daß durch alle Ar-Zusätze die LF. des Ne im ganzen Strombereich erniedrigt wird, und zwar um so stärker, je größer der Ar-Zusatz ist. Diese Erniedrigung ist um so stärker, je geringer die Stromstärke ist, und zwar wirkt sich diese Abhängigkeit dahin aus, daß alle Kennlinien mit Ar-Zusätzen bis zu 1% hinauf zwischen etwa 30 und 80 mA einen steigenden Verlauf erhalten. Der bei allen Kennlinien beim Übergang vom ersten Fallen zum Steigen durchlaufene Mindestwert der LF. verschiebt sich mit steigendem Ar-Gehalt nach höheren Stromstärken:

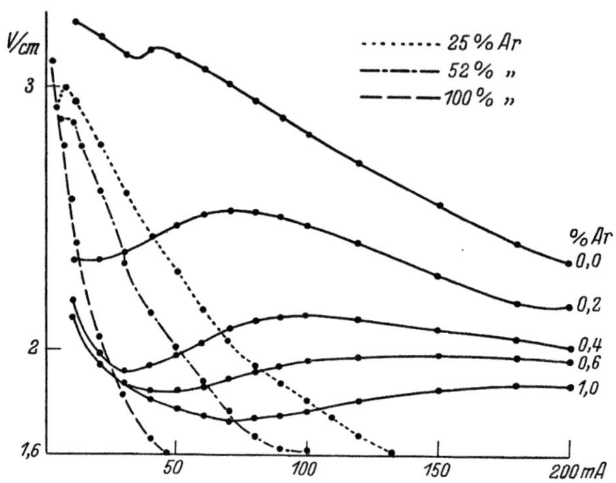

Abb. 1. Kennlinien von Neon bei $p = 2$ Torr mit Argonzusätzen für 20 mm Durchmesser.

Ar-Gehalt	0,2	0,4	0,6	1,0%
Mindestwert der LF. bei	20	30	40	70 mA.

Die Kennlinien von Gemischen mit Ar-Gehalten von 25, 52 und 100% sind mit eingetragen und scheinen nichts Besonderes auszusagen. Zu beachten ist aber, daß die Werte für reines Ar bei kleinen Stromstärken höher liegen als die der Ne-Ar-Gemische. Während die bisherige Anschauung auf Grund der früheren Messungen über die Reihenfolge der LF.-Werte der Edelgase so war, daß das Gas mit der kleineren Ionisierungsspannung auch die kleinere LF. hatte, kehrt sich diese Reihenfolge bei kleineren Stromstärken um, was besonders bei höherem Druck ausgeprägt zu beobachten ist. Die Überschneidung der LF.-Kurven zweier Edelgase findet nämlich bei um so größerer Stromstärke statt, je größer der Druck ist. Die LF. in Ar übertrifft z. B. in einer Röhre von 20 mm Durchmesser bei einem Druck von 10 Torr die LF. in Ne schon unterhalb von 50 mA. Da diese gegenseitige Überschneidung sicher vorhanden ist bei He, Ne, Ar und Kr, scheint hier eine allgemeine Gesetzmäßigkeit vorzuliegen. Für Xe liegen nicht genügend Meßpunkte vor, jedoch ist auch hier das gleiche Verhalten schon angedeutet.

Den Einfluß des Argonzusatzes zu Neon zeigt Abb. 2 für $p = 10$ Torr und einen Durchmesser von 20 mm mit verschiedenen Stromstärken als Parameter. Es ist zu beachten, daß die Abszisse in zwei verschiedenen Maßstäben gezeichnet wurde, um die Abhängigkeit sowohl von kleinen als auch von großen Argongehalten eintragen zu können. Für den einen Maßstab gelten die ausgezogenen Linien und für den anderen die gestrichelten. Es sind im allgemeinen zwei ausgeprägte Mindestwerte vorhanden, von denen der eine zwischen 0,01 und 0,2%, der andere bei etwa 25% Ar liegen dürfte. Bei Durchmessern von 11 und 30 mm liegen ganz ähnliche Verhältnisse vor.

Um festzustellen, ob es sich bei den bisher erhaltenen Ergebnissen nur um eine Eigenschaft des Gemisches aus Ne und Ar handelt oder um einen grundsätzlichen Einfluß eines Bestandteiles, der leichter ionisierbar ist als das Hauptgas, wurden noch weitere Gemische untersucht. Abb. 3 zeigt die Ergebnisse an Ne mit Na als Zusatzgas, dessen Dampfdruck durch äußere Erhitzung in einem Ofen eingestellt wurde. Auch hier ist eine ähnliche Beeinflussung der LF. von Ne wie durch Ar vorhanden, insbesondere ist das Auftreten eines steigenden Kennlinienastes bei einem bestimmten Na-Gehalt bemerkenswert.

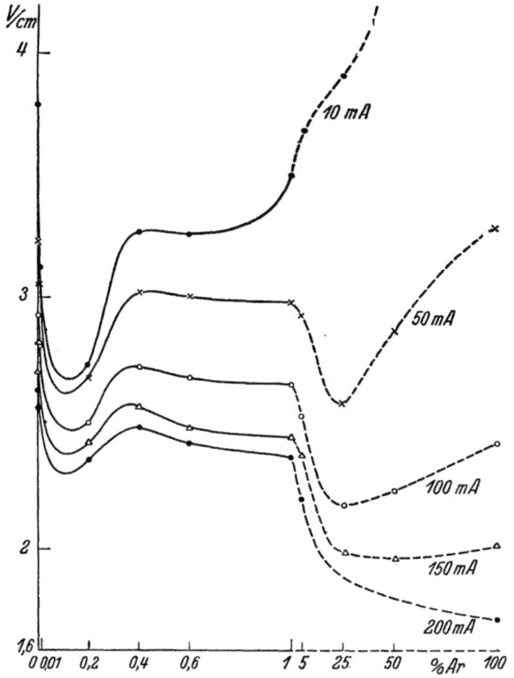

Abb. 2. L. F. von Neon in Abhängigkeit vom Argonzusatz für $p = 10$ Torr bei 20 mm Durchmesser.

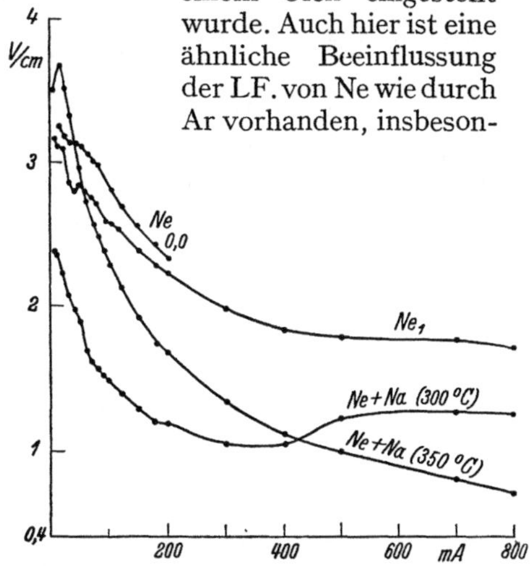

Abb. 3. Kennlinien von Neon mit Natrium verschiedener Temperatur (20 mm Durchmesser) $p_{Ne} = 2$ Torr.

Abb. 4 gibt die Kennlinien des Gemisches Ne-Hg von 10 bis 200 mA bei Drucken von 2 bis 10 Torr und einem Durchmesser von 20 mm wieder. Zu diesen Kurven ist zu bemerken, daß keine besondere Regelung der Temperatur erfolgte. Es nimmt also mit steigender Stromstärke auch der Dampfdruck und damit der Hg-Gehalt zu. Bei allen untersuchten Drucken haben die Kennlinien ein Gebiet mit steigendem Verlauf, der manchmal dem mit Ne-Ar-Gemischen

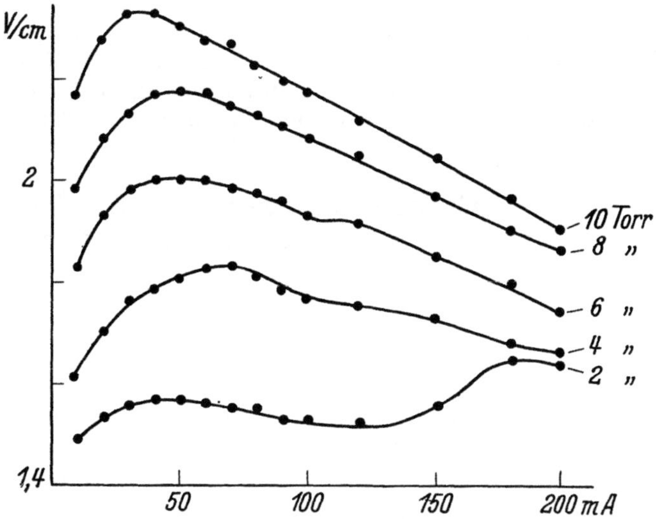

Abb. 4. Kennlinien von Ne + Hg bei verschiedenen Neondrucken (20 mm Durchmesser).

erhaltenen ähnelt, wie z. B. die S-förmige Schaulinie für 2 Torr in Abb. 4 der mit 0,2% Ar in Abb. 1.

Daß es sich nicht um eine Eigentümlichkeit des Neons handelt, geht aus der in Abb. 5 dargestellten Kennlinie von Ar und Hg hervor. Keine steigenden Äste waren dagegen mit Gemischen aus Ar und Kr zu erhalten.

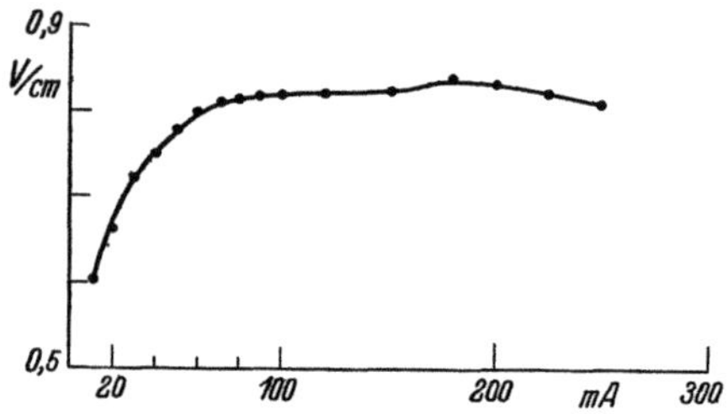

Abb. 5. Kennlinie von Ar + Hg bei $p = 1{,}5$ Torr (34 mm Durchmesser).

Da sich Unterschiede bei den Messungen mit Gleich- und Wechselstrom ergaben, die allerdings nur gering waren, wurde bei Wechselstrombetrieb der zeitliche Spannungsverlauf innerhalb einer Periode mit einem Kathodenstrahloszillographen untersucht. Die erhaltenen Oszillogramme, Abb. 6 und 7, zeigen den Unterschied zwischen dem steigenden und fallenden Ast der Kennlinien einer Ne-Hg-Entladung. Bei einer Säule mit fallender Kennlinie ist die Spannungskurve entsprechend dem Verlauf der LF. zur Zeitachse hin durchgebogen (Abb. 6), bei steigender Kennlinie dagegen erhaben gegen sie (Abb. 7).

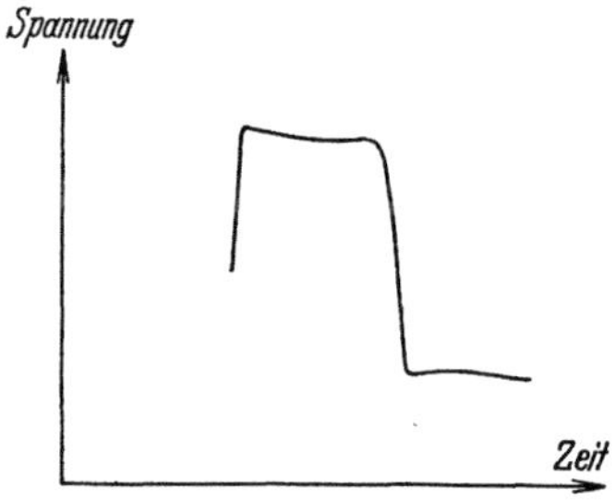

Abb. 6. Spannungszeitoszillogramm von Ne + Hg auf dem fallenden Kennlinienast.

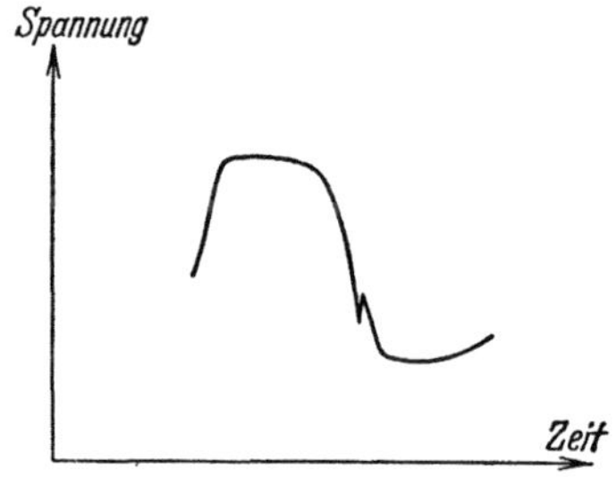

Abb. 7. Spannungszeitoszillogramm von Ne + Hg auf dem steigenden Kennlinienast.

Wie die Ergebnisse zeigen, lassen sich unter Beachtung bestimmter Umstände in ziemlich großem Umfange derartige Verhältnisse herstellen, daß die LF. mit zunehmender Stromstärke ansteigt. Gebiete mit solchen steigenden Kennlinien sind z. B. stets dann zu erhalten, wenn die Ionisierungsspannung des Zusatzgases kleiner ist als die Anregungsspannung des metastabilen Zustandes des Hauptgases. Auf Grund neuerer Überlegungen von ROMPE und SCHÖN[1] über die Deutung der LF. aus den Einzelprozessen wird aber auch theoretisch die Möglichkeit zugegeben, daß steigende Kennlinien auftreten können. Auf vorliegenden Fall angewandt geht die Erklärung dahin, daß durch Stöße zweiter Art die Ausbildung einer Termsättigung verhindert wird.

Beitrag zur Erklärung der Wirkungsweise von Hohlkathoden[2].

Von

A. LOMPE.

Mit 2 Abbildungen.

Besteht eine Kathode aus einander zugekehrten Teilen, so kann man die bekannte Hohlkathodenwirkung beobachten, daß sich nämlich bei einer bestimmten Spannung (= Kathodenfall) eine beträchtlich größere Stromdichte einstellt als

[1] R. ROMPE u. M. SCHÖN: Z. Phys. Bd. 108 (1938) S. 265; s. a. dies. Bd. S. 76.

[2] Abdruck der in Z. Phys. Bd. 109 (1938) S. 310 erschienenen Arbeit.

an einer ebenen Kathode; anders ausgedrückt: es ist bei größeren Stromstärken der Kathodenfall an einer Kathode mit Hohlkathodenwirkung beträchtlich kleiner als an einer ebenen mit gleicher Oberfläche. Alle Versuche und Anschauungen über die Wirkungsweise[1,2,3] sind angestellt mit ebenen Kathodenteilen, die sich in einem bestimmten Abstand gegenüberstehen. In der Praxis werden aber Hohlkathoden fast ausschließlich in der Form von Hohlzylindern verwendet, von denen GÜNTHERSCHULZE[1] sagt, daß sie die gleiche Hohlkathodenwirkung hätten wie zwei einander gegenüberstehende Teilkathoden, da jedem Flächenstück der inneren Fläche ein Flächenstück parallel gegenübersteht. Da sich jedoch bei Untersuchungen gezeigt hat, daß bei Hohlzylindern eine Hohlkathodenwirkung auch noch auftritt, wenn eine Beeinflussung durch Elektronen von gegenüberliegenden Kathodenteilen nicht anzunehmen ist, können die obigen Überlegungen für Hohlzylinder nicht zutreffen.

Bei gekrümmten Kathoden tritt offenbar bereits eine gegenseitige Beeinflussung solcher Fallraumgebiete auf, die unmittelbar benachbart sind. Es wurde

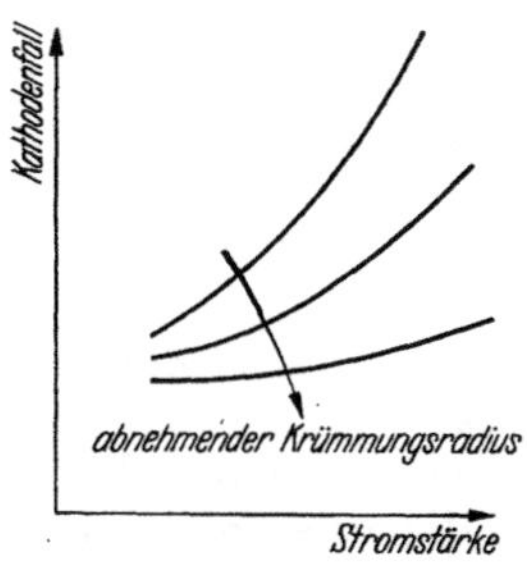

Abb. 1. Schematische Darstellung der Stromstärkenabhängigkeit des Kathodenfalls an Kathoden aus Kugelabschnitten.

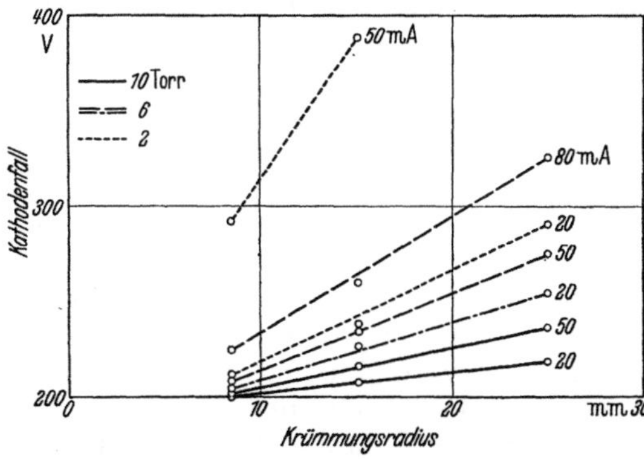

Abb. 2. Abhängigkeit des anomalen Kathodenfalls vom Krümmungsradius an Kugelabschnittskathoden gleicher Oberflächengröße (Eisen-Neon).

deshalb vermutet, daß die Untersuchung der Stromabhängigkeit des Kathodenfalles an Kathoden mit gleichförmiger Krümmung, d. h. also an Kathoden aus Kugelabschnitten, besonders geeignet sei, die Wirkungsweise des Hohlkathodenfalles an Zylindern erklären zu können. Wenn man mehrere solche Kathoden benutzt, die alle die gleiche Oberflächengröße, aber verschiedene Krümmungsradien haben, so ist zu erwarten, daß die Kennlinien der Kathodenfälle eine Abhängigkeit vom Krümmungsradius zeigen, und zwar, daß der Kathode mit dem kleinsten Krümmungsradius die kleinsten Absolutbeträge und die kleinste Steigung entsprechen, wie es in Abb. 1 schematisch angedeutet ist. Dies hat sich in der Tat in einigen Vorversuchen bei Kathoden mit Krümmungsradien von 8,5 bis 25 mm und Drucken von 2 bis 10 Torr bestätigt. In Abb. 2 ist als vorläufiges Ergebnis der Kathodenfall gegen den Krümmungsradius der Kathoden aufgetragen für die Drucke 2, 6 und 10 Torr Ne und Stromstärken von 20, 50 und 80 mA. Da sich durchweg gleichmäßig steigende Linienzüge ohne Sprungstellen ergeben, kann man also bei hohlgekrümmten Kathoden nicht von dem Einsetzen einer Hohlkathodenwirkung bei einem bestimmten Radius oder Gasdruck sprechen, sondern es findet ein allmählicher Übergang statt von den hohen Werten

[1] A. GÜNTHERSCHULZE: Z. Phys. Bd. 19 (1923) S. 313; Bd. 30 (1924) S. 175 — Z. techn. Phys. Bd. 11 (1930) S. 49; vgl. a. Techn.-wiss. Abh. Osram Bd. 2 (1931) S. 60.

[2] K. GEIGER: Z. Phys. Bd. 106 (1937) S. 17.

[3] A. v. ENGEL u. M. STEENBECK: Elektrische Gasentladungen Bd. 2 S. 114. Berlin 1934.

der ebenen Kathoden zu den niedrigen Werten der obenerwähnten Kathoden mit einander gegenüberstehenden Teilen. Es tritt demnach schon bei jeder Kathode mit hohler Krümmung eine Verkleinerung des Kathodenfalles ein, und zwar in dem Maße ihrer Krümmung. Eine genaue Untersuchung, auch über die Richtung des Feldes vor solchen Kathoden, ist an anderer Stelle in Angriff genommen.

Beiträge zur quantitativen Strahlungsmessung mit Monochromatoren[1].

Von

F. Rössler.

Mit 3 Abbildungen.

Bei den Gasentladungen kommt es häufig vor, daß die Linienstrahlung von einem kontinuierlichen Untergrund[2] begleitet ist. Diese Tatsache erschwert das quantitative Arbeiten mit solchen Lampen an Monochromatoren, da die Spalte des Monochromators kontinuierliche und linienhafte Strahlung verschieden beeinflussen. Das bei Überlagerung beider Typen von Spektren sich hinter dem Austrittsspalt ergebende Bild, das im Schrifttum häufig bereits als spektrale Verteilung bezeichnet worden ist, ist stark abhängig von den jeweilig verwendeten Spalten und liefert nicht die für Linien und Kontinuum gewünschten, von dem Meßverfahren unabhängigen Maßzahlen.

Besonders durch die Verwendung des UV-Normals[3] am Monochromator wurde eine Lösung dieser Schwierigkeiten notwendig, die zu den im folgenden erläuterten Verfahren geführt hat, die es gestatteten, erstmalig die spektrale Verteilung des UV-Normals[4] so zu bestimmen, daß die Ergebnisse von den benutzten Spalten unabhängig und damit einwandfrei sind. Weiter wurde dadurch die gemeinsame Darstellung von kontinuierlicher und linienhafter Strahlung eines Spektrums in einer einzigen Figur ermöglicht. Diese Darstellung[5] fand ihre hauptsächliche Verwendung bei den Hg-Niederdrucklampen mit Leuchtstoffbelag[6]. Schließlich führte die Verwendung des UV-Normals zum Eichen von Monochromatoren zu weiteren Überlegungen.

1. Wirkung der Spalte eines Monochromators.

Um den Einfluß der Spaltbreiten übersehen zu können, müssen wir ganz allgemein auf die Wirkung der Spalte eines Monochromators eingehen. Am einfachsten kommt man zu einem Verständnis der Spaltwirksamkeit, wenn man das zu untersuchende Spektrum zunächst gänzlich außer acht läßt und die Spalteinflüsse als geometrisches Problem durch eine Durchlässigkeitskurve beschreibt. Dabei soll abgesehen werden von der durch die Absorptions- und Reflexionsverluste des Monochromators verursachten Durchlässigkeit und von der Beugung durch den Eintrittsspalt. Das Abbildungsverhältnis des Monochromators sei 1 : 1 und die Spaltbreiten seien mit Hilfe der Dispersion bereits im Wellenlängenmaßstab angegeben. Dann können wir feststellen, daß von jedem Punkt des Eintritts-

[1] Zusammenfassung der Arbeiten: F. Rössler: Z. Phys. Bd. 110 (1938) S. 495 (zitiert als I) und F. Rössler: Z. techn. Phys. Bd. 21 (1940) S. 18 (zitiert als II).

[2] H. Krefft: Techn.-wiss. Abh. Osram Bd. 4 (1936) S. 33.

[3] Das UV-Normal soll in einer im 6. Bd. der Techn.-wiss. Abh. Osram erscheinenden Arbeit behandelt werden.

[4] F. Rössler: Ann. Phys., Lpz. (5) Bd. 34 (1939) S. 1.

[5] F. Rössler: Licht Bd. 10 (1940) S. 77.

[6] A. Rüttenauer: Z. techn. Phys. Bd. 19 (1938) S. 148 u. 359; s. a. dies. Bd. S. 15.

spaltes ein Wellenband ausgeht, das gleich der Breite β des Austrittsspaltes ist. In der Abb. 1, die einen schematischen Schnitt durch den Monochromator in der Breitenerstreckung der Spalte darstellt, wird dieses Band durch jeweils den gleichen Winkelbereich, der jedem Punkt des Eintrittsspaltes zugeordnet wird, ausgedrückt. Eine geometrische Verschiebung in der Breitenerstreckung der Spalte ist mit einer entsprechenden Änderung der Wellenlänge verknüpft. Nur für die Mittellinie des Eintrittsspaltes gruppiert sich der Bereich um die eingestellte Wellenlänge λ_0 bis zu den Werten $\lambda_0 + \beta/2$ bzw. $\lambda_0 - \beta/2$. Für alle anderen Punkte des Spaltes ist die mittlere Wellenlänge dagegen eine andere. Für die beiden Randpunkte des Eintrittsspaltes liegt sie beispielsweise bei $\lambda_0 + \alpha/2$ bzw. $\lambda_0 - \alpha/2$. Die äußersten überhaupt vorkommenden Wellenlängen liegen demnach bei $\lambda_0 + \frac{\alpha+\beta}{2}$ bzw. $\lambda_0 - \frac{\alpha+\beta}{2}$. Zur Strahlung dieser Wellenlängen tragen aber nur die jeweiligen Randpunkte des Eintrittsspaltes bei. Die Strahlstärke und damit die von uns betrachtete Durchlässigkeit sind also dort sehr gering, im idealen Falle Null. Das Gebiet der Wellenlängen zwischen $\lambda_0 + \frac{\beta-\alpha}{2}$ bzw. $\lambda_0 - \frac{\beta-\alpha}{2}$ erhält dagegen von allen Punkten des Eintrittsspaltes Strahlung. Die Durchlässigkeit des Monochromators ist also dort am größten, und zwar im ganzen Bereiche gleich groß, nämlich proportional der Breite α des Eintrittsspaltes. Zwischen diesen beiden Extremen liegen dann die Durchlässigkeiten für die anderen Wellenlängen, und zwar nehmen sie zwischen Null und dem Maximalwert linear zu, wie es der linearen Form des Eintrittsspaltes entspricht. Es ergibt sich also das ebenfalls in der Abb. 1 dargestellte Trapez für die Durchlässigkeit in Abhängigkeit von der Wellenlänge. Der Flächeninhalt der Kurve und damit die Durchlässigkeit des Monochromators ist proportional dem Produkt aus den beiden Spaltbreiten $\alpha \cdot \beta$.

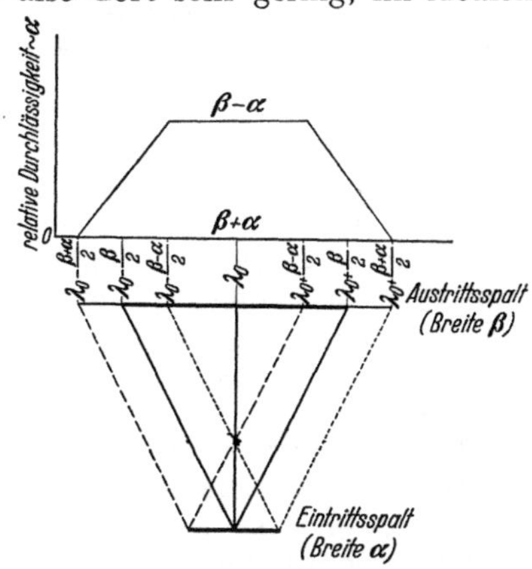

Abb. 1. Wirksamkeit der Spaltbreiten eines Monochromators.

2. Ausmessung eines aus Kontinuum und Linien bestehenden Spektrums.

Betrachten wir nun das Verhalten verschiedener Strahlung beim Durchgang durch den Monochromator, so brauchen wir nur die spektrale Energieverteilung der Strahlung mit der Durchlässigkeitskurve des Monochromators zu multiplizieren. Um zu dem späteren Meßverfahren zu gelangen, wollen wir die Überlagerung von Linien und Kontinuum im Austrittsspalt in ihrer allmählichen Entwicklung verfolgen. Wir denken uns dazu den Austrittsspalt allmählich erweitert. Der Eintrittsspalt bleibt dagegen bei allen folgenden Überlegungen und Messungen fest.

Die für eine Linie am Austrittsspalt gemessene Strahlstärke wächst, solange die Differenz $\beta - \alpha$ der Spaltbreiten noch nicht die Linie samt ihrer Verbreiterung erfaßt hat. Ist das aber einmal geschehen, dann ist keine Steigerung der Strahlstärke mehr zu erreichen. Die Strahlstärke strebt vielmehr einem Sättigungswert zu, dessen Höhe ein Maß für die Strahlstärke der Linie darstellt. Die Messung bestätigt diesen Verlauf (Kurve I der Abb. 2). Für ein Kontinuum ist das Ergebnis ein ganz anderes. Die Strahlstärke wächst mit breiter werdendem Austrittsspalt dauernd an, und zwar nach Abschnitt 1 proportional der Spaltbreite β, wie es auch die Messung ergibt. Die Steigung der Geraden stellt dann ein Maß der Strahlstärke des Kontinuums dar[1] (Kurve II der Abb. 2). Dabei ist für die spektrale Energieverteilung des Kontinuums eine allerdings höchstens lineare Wellenlängenabhängigkeit zugelassen. Überlagern sich Linien und Kontinuum im Spektrum, so drückt sich diese Überlagerung auch in der Kurve aus, die die Abhängigkeit der Strahlstärke von der Weite des Austrittsspaltes darstellt. Durch Messung ergab sich in diesem Falle die Kurve III der Abb. 2, die in den meisten Fällen von einer gewissen Spaltweite an geradlinig verläuft und der man schon ansieht, daß sie durch Zusammensetzung einer Kurve des Typus I mit einer des Typus II entstanden ist. (Die Maßstäbe der Kurven I, II und III sind nicht miteinander vergleichbar.) Verlängert man die Gerade bis zum Schnitt mit der Ordinatenachse, so extrapoliert man gewissermaßen auf die Austrittsspaltweite Null.

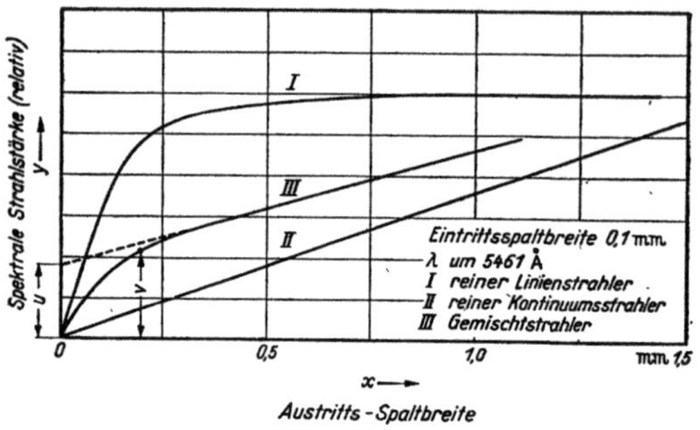

Abb. 2. Spektrale Strahlstärke als Funktion der Spaltweite.

Bezeichnen wir die Spaltweite des Austrittsspaltes in mm mit x, die Strahlstärke am Austrittsspalt mit y, die reziproke Dispersion in Å/mm mit D, so lautet die Gleichung der Geraden: $y = a + b \cdot D \cdot x$. (Der Zusammenhang zwischen x und β ist: $\beta = D \cdot x$.) In dem Abschnitt a, den diese Gerade auf der Ordinatenachse abschneidet, und in der Steigung b der Geraden erhält man Werte, die von der Spaltweite unabhängig und nach dem Vorhergehenden für die Bestrahlungsstärke von Linie und Kontinuum maßgeblich sind.

Bis auf eine gemeinsame Proportionalitätskonstante stellen dann a bzw. b die Bestrahlungsstärke der Linie bzw. des Kontinuums dar. Um auch noch den Verlauf des Kontinuums zwischen den einzelnen Linien festzulegen, mißt man die Strahlstärke bei festem Ein- und Austrittsspalt, berücksichtigt die Dispersion und schließt die so erhaltene Kurve durch die oben bestimmten Werte von a und b an die Linien an. Diese Werte in ihrer Gesamtheit ergeben dann bereits die gesuchte spektrale Energieverteilung in relativem Maße.

In Fällen, wo die Entladung nicht über längere Zeit konstant brennt, kann man die Messung auch so ausführen, daß man sämtliche Linien und das Kontinuum mit festem Ein- und Austrittsspalt durchmißt. Um nun den gegenseitigen Anschluß beider Werte zu haben und um zu wissen, um wieviel der Ausschlag für die Linien wegen des darübergelagerten Kontinuums erniedrigt werden muß, bestimmt man nachträglich für jede Linie die Kurve ihrer Spaltweitenabhängigkeit. Bei dieser Messung kann die Lampe ihre Strahlstärke ruhig inzwischen geändert haben. Das Verhältnis $a:b$ und das gleich noch zu besprechende u/v werden davon nicht berührt. Es ist nämlich ein für die untersuchte Strahlungsquelle und die betreffende Wellenlänge charakteristischer Wert. Dem verwendeten festen Austrittsspalt der ersten Messung (Spaltbreite 0,2 mm als Beispiel in Abb. 2) entspricht der Ordinatenwert v der Kurve III, der extrapolierten Geraden der Abschnitt u auf der y-Achse. Dann gibt u/v das Verhältnis an, um das der gemessene Ausschlag wegen des der Linie überlagerten Kontinuums reduziert werden muß, um den wahren Wert $a = u$ der Bestrahlungsstärke der Linie zu ergeben. Der zugehörige Wert der kontinuierlichen Strahlung ergibt sich dann sofort aus dem Verhältnis $a : b$.

[1] Dimensionsmäßige Begründung im nächsten Abschnitt.

Wegen der praktischen Durchführung eines Beispieles, wegen der bei den Messungen zu beachtenden Vorsicht und wegen des Einflusses von Streulicht muß auf die Originalarbeit (I) verwiesen werden. Außerdem wurde dort auch die Einwandfreiheit des Meßverfahrens mittels anderer Methoden kontrolliert.

3. Darstellung eines aus Linien und Kontinuum bestehenden Spektrums.

Bereits die sich um eine Länge unterscheidenden Dimensionen der Größen *a* und *b* zeigen, daß es nicht ohne weiteres möglich ist, Linien und Kontinuum in einer Abbildung gemeinsam darzustellen. Es ist daher notwendig, etwas genauer auf das Verhältnis der beiden Strahlungen zueinander einzugehen. Bei der Kontinuumsstrahlung interessiert nicht so sehr der über alle Wellenlängen summierte Wert der gesamten Strahlung, als vielmehr die Bestrahlungsstärke in der Umgebung einer gewissen Wellenlänge. Wir werden diesen Bereich zweckmäßig auf ein bestimmtes Maß, z. B. für das Sichtbare und die benachbarten Spektralbereiche auf die Breite von 1 Å beschränken. Die kontinuierliche Strahlung wird dann also gemessen in Bestrahlungsstärke pro Å oder dimensionsmäßig in [W/cm^2] pro Å, d. h. [W/cm^3]. Die Linienstrahlung ist dagegen unabhängig von dem gewählten Wellenlängenbereich (bei der Messung von der Austrittsspaltweite, Kurve I der Abb. 2), sofern dieser nur breit genug gewählt worden ist. Die Linienstrahlung wird daher als Bestrahlungsstärke gemessen, ihre Dimension beträgt damit [W/cm^2].

So sehen wir die eingangs festgestellten Dimensionsunterschiede bestätigt. Wollen wir nun eine gemeinsame Darstellung von Linie und Kontinuum ermöglichen, so können wir das auf zweierlei Weisen erreichen. Schreiben wir der Ordinate die Dimension [W/cm^3] zu, so läßt sich die Verteilung des Kontinuums als Kurve darstellen. Die Linien mit der Dimension [W/cm^2] müssen dagegen als Flächen gezeichnet werden, wobei die gesamte Fläche an der Stelle der Linienwellenlänge lokalisiert gedacht werden muß. Eine solche Darstellung der Linien als Flächen entspricht am ehesten den physikalischen Gegebenheiten, da eine Linie wegen ihrer Breite eben als, wenn auch nur sehr schmales, Kontinuum, aufzufassen ist und wir bei Angabe von Energiewerten diesen Flächeninhalt meinen. Eine solche Darstellung ist an einem Beispiel (Niederdrucklampe mit Leuchtstoffbelag[1]) in Abb. 3 durchgeführt. Die gewählte Breite der Fläche der Linien ist dabei nur eine Frage der übersichtlichen Darstellbarkeit und hat mit physikalischen Eigenschaften nichts gemein.

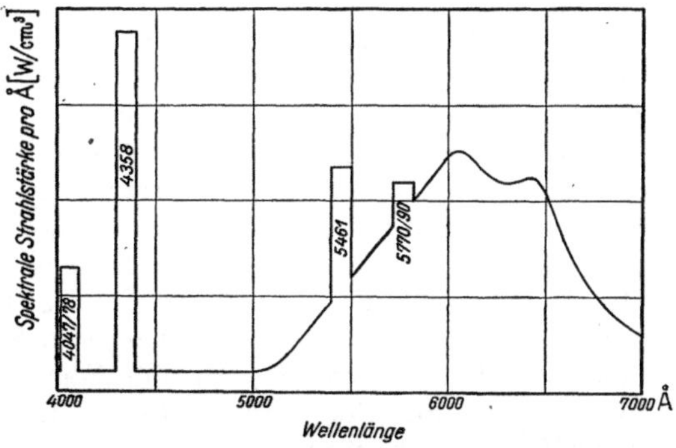

Abb. 3. Spektrale Energieverteilung einer Quecksilberniederdrucklampe mit Leuchtstoffbelegung.

Die andere denkbare Darstellung mit einer Ordinate der Dimension [W/cm^2] läßt die Linien als Strecken erscheinen, fordert aber eine Aufteilung des Kontinuums in ein System von Strecken mit gleichen Abszissenabständen. Eine solche Zerstückelung des Kontinuums kommt uns unnatürlich vor. Es ist daher die erste Art der Darstellung vorzuziehen.

4. Energetische Eichung eines Monochromators mit dem UV-Normal.

Nachdem die spektrale Energieverteilung des UV-Normals bestimmt worden ist[2], erscheint es wünschenswert, diese zur energetischen Eichung eines Mono-

[1] A. RÜTTENAUER: Zit. Fußnote 6. S. 106. [2] F. RÖSSLER: Zit. Fußnote 4. S. 106.

chromators unbekannter Eigenschaften zu verwenden. Das ist insofern wichtig, als es im ultravioletten Gebiet nur diese Lichtquelle gibt, die ein so bequemes Eichen eines Monochromators gestattet, wie wir es im Sichtbaren von der W-Bandlampe gewohnt sind. Bei der Verwendung des UV-Normals für solche Zwecke ist es aber notwendig, zu berücksichtigen, wie sich Linien und Kontinuum am Austrittsspalt überlagern und welche Linien von ihm erfaßt werden. Wir schließen daher unsere Überlegungen an die bisherigen Betrachtungen und besonders an die Abb. 1 und die Gleichung der Geraden in Abb. 2 an. Es ergeben sich aus diesen ohne weiteres die folgenden Vorschriften[1] über die Spaltweiten, die zur Erzielung einwandfreier Ergebnisse eingehalten werden müssen.

1. Der Eintrittsspalt darf nicht zu klein gemacht werden, um Beugung zu vermeiden.

2. Der Austrittsspalt muß so breit gemacht werden, daß die Spaltendifferenz $\beta - \alpha$ die Linie in ihrer gesamten Breite erfaßt, also die Durchlässigkeit des Monochromators für Linien ohne Reflexions- und Absorptionsverluste (siehe oben) zu 1 wird. Zugleich muß man sich darüber klar werden, wieweit einzelne Linien für die gewählten Spaltweiten zusammenfallen und ob man sie dann gegebenenfalls mittels breiteren Austrittsspaltes gemeinsam mißt. Die Größe $\alpha + \beta$ gibt an, wieweit zwei Linien noch getrennt voneinander gemessen werden können. Solange nämlich der Wellenlängenunterschied zweier Linien größer als $\alpha + \beta$ ist, überdecken sich ihre Trapeze nicht; sie werden getrennt gemessen. Gegebenenfalls müssen bei einer Liniengruppe noch die Linienbreiten berücksichtigt werden, d. h. die Wellenlängendifferenz muß um die halbe Summe der für beide Wellenlängen geltenden Breiten im Falle $\beta - \alpha$ vermehrt, im Falle $\beta + \alpha$ vermindert werden. (Breiten siehe Tabelle.)

3. Für die schwächeren Linien muß das Kontinuum beim Eichen mitberücksichtigt werden. Es muß also als Eichwert die Größe $y = a + b \cdot D \cdot x$ verwendet werden. Geschieht das, so kann reine Linien-, reine Kontinuumsstrahlung, ebenso wie beide zusammen in gleicher Weise zur Eichung verwandt werden.

Auf die ausführliche Durchrechnung eines Beispieles muß an dieser Stelle verzichtet werden. Es sei dazu auf die Arbeit II verwiesen. Lediglich im Zusammenhang mit Vorschrift 2 sei noch eine Tabelle angegeben, die für die Linien des UV-Normals die ungefähren Werte der geometrischen Linienbreite angibt. Diese Werte sind aus den Kurven vom Schema III der Abb. 2 gewonnen. Aus der kleinsten Spaltbreite, für die Kurve und extrapolierte Gerade sich gerade berühren, wurde der Bereich $\Delta\lambda$ der Breite $\beta - \alpha$ berechnet, der dann für die betreffende Lampe eine reine Eigenschaft der Linie bzw. der Liniengruppe ist.

Tabelle. Ungefähre Werte von geometrischen Linienbreiten des UV-Normals.

λ*	$\Delta\lambda$*	λ	$\Delta\lambda$	λ	$\Delta\lambda$	λ	$\Delta\lambda$	λ	$\Delta\lambda$
10140	155	6716	48	3906	29	2804	10	2464	5
9419/43	85	6234	38	3650/63	24	2753/60	15	2446	5
8988/91	111	5770/90	39	3341	14	2699	9	2399	7
8758/84	103	5461	32	3126/32	15	2652	6	2377	4
8163/97	57	4916	11	3022/26	10	2640	4	2358	5
7729	49	4358	30	2967	9	2603	7	2323	5
7082/92	56	4078	6	2925	6	2576	6	2302	5
6907	35	4047	14	2894	9	2482	6		

[1] Auf die Notwendigkeit, wegen der Anregungsdispersion im Lichtbogen ohne optische Abbildung auf den Eintrittsspalt, aber so zu arbeiten, daß die Strahlung der Lampe voll in das Kollimatorobjektiv gelangt, sei in diesem Zusammenhange nur der Vollständigkeit halber noch einmal hingewiesen (vgl. Fußnote 4 S. 106).

* Alle Werte sind in Å und eher etwas reichlich als zu knapp angegeben.

Die angegebenen Zahlenwerte haben nur meßtechnische Bedeutung, ohne daß man daraus Aussagen über die Verbreiterung machen könnte. Das erhellt sofort daraus, daß eine unsymmetrische Verbreiterung eine große Wellenlängenbreite in der Zahlentafel vortäuscht.

Zusammenfassung.

Die Wirksamkeit der Spalte eines Monochromators wird besprochen und daraus ein Verfahren abgeleitet, um Linien und Kontinuum bei spektralen Messungen am Monochromator quantitativ einwandfrei trennen zu können. Die gemeinsame Darstellung der Ergebnisse in einer Abbildung wird angegeben. Schließlich werden einige Vorschriften genannt, die zu beachten sind, wenn man das UV-Normal zum energetischen Eichen eines Monochromators verwenden will.

Spektrale Energieverteilung von Quecksilberlampen[1].

Von

F. RÖSSLER.

Bei der praktischen Verwendung von Gasentladungslampen ist oft die Kenntnis der spektralen Energieverteilung notwendig, sei es z. B., um die Wirkung der Lampe bei einem Vorgang mit bekannter spektraler Wirkungskurve berechnen oder um Filter aussuchen zu können, die nur Strahlung bestimmter Wellenlängen hindurchlassen sollen. Aus diesem Grunde wurde die spektrale Verteilung einiger größtenteils auf dem Markte befindlicher Quecksilberlampen bestimmt. Die gemessenen Lampen sind hauptsächlich Linienstrahler. Der tatsächlich vorhandene geringe kontinuierliche Untergrund kann bei diesen vernachlässigt werden.

Die Messung der spektralen Eigenschaften geschah nach der von KREFFT ausgearbeiteten Methode[2], bei der sich Messungen mit spektraler Zerlegung und mit Filtern gegenseitig ergänzen. Die aus dem Monochromator tretende Strahlung wurde mit Photozelle und Verstärker gemessen. Geeicht wurde die gesamte Anordnung im sichtbaren und ultravioletten Gebiet mit dem UV-Normal[3] und seiner bekannten Energieverteilung[4].

Die Lichtquellen befanden sich ohne Abbildung vor dem Monochromatorspalt und waren so weit von diesem entfernt, daß der gesamte Querschnitt[4] des Lichtbogens von der Kollimatoröffnung erfaßt wurde. Es wurden so die spektralen Strahlstärken der Tab. 1 und 2 in relativem Maße erhalten. Geeignete Linien wurden willkürlich gleich 100 gesetzt (kursivgedruckt in den Tabellen). Bei den angegebenen Zahlen handelt es sich um Mittelwerte von je 3 bis 5 Lampen, die auf die vorgeschriebene Stromstärke eingestellt wurden.

In der Tab. 1 sind aufgeführt: Hochdrucklampen für allgemeine Beleuchtung[5] und UV-Strahler für Spezialzwecke mit Strahlung in verschiedenen UV-Bereichen (mit und ohne Strahlung im sichtbaren Gebiet). Die Lampen unterscheiden sich zunächst durch das Material, aus dem die Brenner hergestellt sind. Die neueste Ausführung ist die aus Quarz, die das gesamte ultraviolette Spektrum durchläßt.

[1] Gekürzte Darstellung der in der Zeitschrift „Das Licht" Bd. 10 (1940) S. 77 erschienenen Arbeit.

[2] H. KREFFT u. M. PIRANI: Z. techn. Phys. Bd. 14 (1933) S. 393; s. a. Techn.-wiss. Abh. Osram Bd. 3 (1934) S. 37.

[3] Das UV-Normal soll in einer im 6. Bd. der Techn.-wiss. Abh. Osram erscheinenden Arbeit behandelt werden.

[4] F. RÖSSLER: Ann. Phys., Lpz. Bd. 34 (1939) S. 1.

[5] K. LARCHÉ u. M. REGER: ETZ Bd. 58 (1937) S. 761. — H. KREFFT, K. LARCHÉ u. M. REGER, bzw. H. EWEST u. K. LARCHÉ im Handbuch der Lichttechnik, S. 183, 185, 207. Berlin 1938.

Tabelle 1. Relative spektrale Energieverteilung und Daten von Quecksilberhochdrucklampen.

Type[1]	HgH 1000	HgHS 8000[7]	HgQ 300	HgQS 300	HgQ 500	HgQS 500 Bl	HgQS[2] 500 Bl
Brenner	Hartglas	UV-Hartglas	Quarz	Quarz	Quarz	Quarz	Quarz
Kolben	klar[3]	—	mattiert[3]	klar[4]	mattiert[3]	klar[5]	klar[6]
Stromstärke in A	2,2	8,0	0,7	0,7	1,1	1,1	1,1
Leistung in W	265	1500	75	75	120	120	120
Wellenlänge in Å	Relative Strahlstärke						
2652	—	—	—	4	—	—	—
2753	—	—	—	1,5	—	—	—
2804	—	—	—	3	—	—	—
2894	—	—	—	3	—	—	8
2925	—	—	—	1	—	—	0,3
2967	—	1,5	—	14	—	0,3	9
3022/26	—	3	—	21	—	2	26
3126/32	—	14	3	53	2	17	*100*
3341	—	5	5	9	5	9	9
3650/63	3	106	109		112	*100*	12
4047	18	37	43		46	} 2	2
4048	3	8	7		8		—
4358	55	72	86		91	—	—
4916	0,4	0,4	1,4		1,5	—	—
5461	*100*	*100*	*100*		*100*	—	—
5770/90	87	123	68		79	—	—
6907	1,7	2	1,3		1,5	—	—
10140	24	42	35		39	—	—

Tabelle 2. Relative spektrale Energieverteilung und Daten von Quecksilber niederdrucklampen.

Type[8]	HgNQ 1350	HgNQ 6/220		HgN 400	
Werkstoff	Quarz	Quarz		Glas	
Durchmesser in mm	13	30		30	
Stromstärke in A	0,05	4	6	4	6
Wellenlänge in Å	Relative Strahlstärke				
2537	*100*	946	925	—	—
2652	—	14	17	—	—
2967	0,6	24	25	—	—
3022/26	0,4	18	20	—	—
3126/32	3,0	88	97	7	3
3650/63	2,4	70	80	83	89
4047	} 1,8	67	68	74	68
4078		8	7	18	14
4358	4,3	111	109	113	108
5461	1,8	*100*	*100*	*100*	*100*
5770/90	0,4	25	28	47	55
10140	0,2	31	28	68	60

[1] Gemäß den Bezeichnungen in den Listen der Osram G. m. b. H.
[2] Blauglaslampe für das mittelwellige UV (Versuchsanfertigung).
[3] UV-absorbierendes Weichglas.
[4] UV-durchlässiges Weichglas; mittel- und langwelliges UV wird durchgelassen.
[5] UV-durchlässiges Schwarzglas mit NiO und CoO gefärbt.
[6] UV-durchlässiges Schwarzglas mit NiO und Cr_2O_3 gefärbt.
[7] Energieverteilung wie bei der Lampentype HgHS 5000.
[8] Typenbezeichnung des Laboratoriums, ferner vgl. Fußnoten zu Tab. 1.

Bei den meisten Lampen wird die spektrale Verteilung durch das Material des Außenkolbens beeinflußt. Für die reinen Beleuchtungslampen (HgH 1000, HgQ 300, HgQ 500) ist mit Absicht ein für biologisch wirksames UV praktisch undurchlässiges Glas gewählt worden. Für die Sonderausführungen (HgQS 300, HgQS 300 Bl, HgQS 500 Bl)[1] werden Gläser benutzt, die einen geringen Eisengehalt haben und dadurch für ultraviolette Strahlung besser durchlässig werden. Bei den Blauglaslampen enthalten diese Gläser noch Zusätze von NiO und CoO bzw. zusätzlich Cr_2O_3, um das sichtbare Gebiet bzw. noch außerdem das langwellige UV abzuschneiden.

Die relative spektrale Energieverteilung einiger von LOMPE und REGER entwickelten Quecksilberniederdrucklampen ist in Tab. 2 zusammengestellt. Die Lampe der Type HgNQ 1350 dient zum Keimfreimachen von Lebensmitteln, die übrigen Lampen finden in anderen technischen Anwendungsgebieten der UV-Strahlung Verwendung. Sie enthalten sämtlich außer dem Hg eine Füllung von einigen Torr Ar.

Über die Leuchtdichteverteilung und die kontinuierliche Strahlung der Hochdruckentladung in Quecksilberdampf[2].

Von

F. RÖSSLER.

Mit 6 Abbildungen.

Kontinuum- und Leuchtdichteverteilung.

Über den Ursprung des in Emission beobachteten Kontinuums der Quecksilberentladung, das bereits im Schrifttum[3] vielfach erwähnt worden ist, ist bisher nur wenig bekannt[4]. Die Deutung kontinuierlicher Spektren wird meistens mit Hilfe von Absorptionsspektren durchgeführt, weil bei diesen die Besetzung des Anfangsniveaus einfach zu übersehen ist. In den Fällen aber, in denen, wie bei der Quecksilberhochdruckentladung, nur ein Emissionsspektrum zur Verfügung steht, wird die Deutung sehr erschwert. Man müßte die Besetzung der Potentialkurven des angeregten Niveaus kennen. Glücklicherweise ist dies möglich, da die Anregung des größten Teiles der kontinuierlichen Strahlung

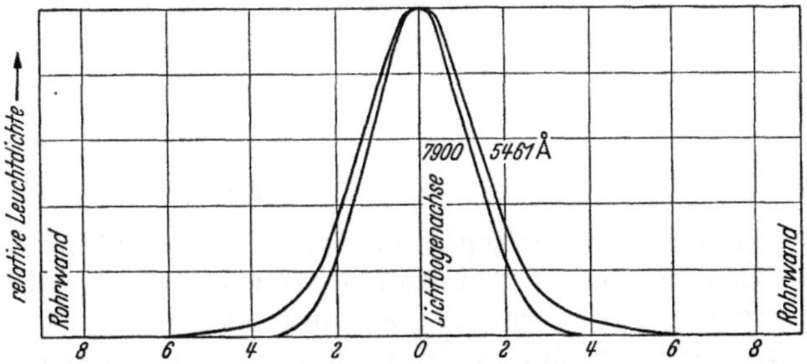

Abb. 1. Beispiel für die Leuchtdichteverteilung für eine Linie (5461 Å) und ein Stück des Kontinuums (7900 Å).

---

[1] Vgl. Fußnoten zu Tab. 1.

[2] Zusammenfassung der Arbeiten: I. F. RÖSSLER: Z. Phys. Bd. 110 (1938) S. 352. — II. F. RÖSSLER: Z. Phys. Bd. 112 (1939) S. 667. — III. F. RÖSSLER: Erscheint demnächst in Z. Phys.

[3] Handbuch der Lichttechnik Bd. 1. Berlin 1938. — W. UYTERHOEVEN: Elektrische Gasentladungslampen. Berlin 1938. — W. FINKELNBURG: Kontinuierliche Spektren. Berlin 1938.

[4] A. UNSÖLD: Ann. Phys., Lpz. Bd. 33 (1938) S. 607. — R. ROMPE, P. SCHULZ u. W. THOURET: Z. Phys. Bd. 112 (1939) S. 369. — W. ELENBAAS: Physica, Haag Bd. 6 (1939) S. 299.

rein thermisch erfolgt[1]. Damit ist die Besetzung des oberen Niveaus durch die Elektronentemperatur festgelegt.

Die thermische Anregung drückt sich u. a. in der Leuchtdichteverteilung quer zum Entladungsbogen aus. Eine Messung ergibt, daß die Verteilung beispielsweise des Rotkontinuums dem der Linien in der Form entspricht (Abb. 1). Es entsteht nun die Frage, ob dieser gleichartige Verlauf eine Deutung des Kontinuums gestattet oder ob thermisch angeregte Moleküle stets die gleiche Leuchtdichteverteilung wie die Atome besitzen. Die gleich durchzuführenden Rechnungen bestätigen die zweite Annahme, und erst die sich darauf aufbauende neue Methode zur Bestimmung der Anregungsspannung der kontinuierlichen Strahlung gestattet es zu entscheiden, auf welche Art die kontinuierliche Strahlung entsteht, ob sie als Rekombinationsstrahlung bei dem Zusammenstoß eines Ions mit einem Elektron oder als Molekülstrahlung bei dem Übergang zwischen verschieden angeregten Niveaus eines Moleküls ausgestrahlt wird.

Berechnung der Leuchtdichteverteilung.

Für den uns hier beschäftigenden Fall des thermischen Gleichgewichts, für den Ionisation, Anregung und Translation durch die gleiche Temperatur beschrieben werden, ist die Zahl der angeregten Teilchen nach Boltzmann gegeben durch:

$$n g e^{-\frac{eV}{kT}}, \tag{1}$$

wobei n die Teilchenzahl pro cm³, g das statistische Gewicht, V die Anregungsspannung des angeregten Niveaus und T die Temperatur darstellen. Dieser Wert (1) ist bereits proportional der Linienstrahlung (der Proportionalitätsfaktor enthält die Übergangswahrscheinlichkeiten und die Verluste).

Die Strahlung eines Moleküls kommt dagegen erst zustande, wenn ein angeregtes und ein unangeregtes Atom zusammengestoßen sind und ein Molekül gebildet haben. Es muß also Ausdruck (1) noch mit der Stoßzahl (2) multipliziert werden, um die Kontinuumsstrahlung (3) wieder bis auf eine Proportionalitätskonstante zu ergeben:

$$n \sqrt{T}, \tag{2}$$

$$n^2 \sqrt{T} \cdot g e^{-\frac{eV}{kT}}. \tag{3}$$

Betrachten wir schließlich noch die Strahlung von Kontinuum durch Atomrekombination. Dabei muß dem einfachsten Bilde nach, das man sich von dem Vorgang macht, ein Ion mit einem Elektron zusammenstoßen. Die kontinuierliche Strahlung S ist daher proportional dem Produkt aus Ionen- und Elektronenkonzentration multipliziert mit $\sqrt{T}$ entsprechend dem Ausdruck (2). Beide Konzentrationen sind gleich, da das Plasma der Bogenentladung nach außen hin neutral ist; jeder einzelne Wert ist proportional dem Produkt aus dem Ionisationsgrad α und n. Also:

$$S = c \cdot n^2 \alpha^2 \sqrt{T}. \tag{4}$$

Der Ionisationsgrad der Hochdruckentladung ist wegen des thermischen Gleichgewichtes durch die Sahasche Gleichung gegeben.

$$\frac{\alpha^2}{1-\alpha^2} \cdot p = A \cdot T^{5/2} e^{-\frac{eV_i}{kT}}. \tag{5}$$

[1] F. Rössler: Z. Phys. Bd. 110 (1938) S. 352. Auf die Anregung durch Fluoreszenz, die von geringerer Bedeutung ist, wird zum Schluß dieser Arbeit eingegangen.

Dabei bedeutet p den Gasdruck, V_i die Ionisationsspannung und A eine Konstante. Für die Gasentladung ist α sehr klein, daher kann der Nenner $1 - \alpha^2$ durch 1 ersetzt werden. Es ergibt sich also

$$S = p^{-1} c A n^2 T^3 e^{-\frac{e V_i}{k T}}. \tag{6}$$

Drücken wir noch n durch den Druck p aus und lassen alle unwesentlichen Konstanten fort, so erhalten wir aus (1), (3) bzw. (6)

$$p \cdot T^{-1} \cdot e^{-\frac{e V}{k T}} \quad \text{(Atom)}, \tag{7}$$

$$p^2 \cdot T^{-3/2} \cdot e^{-\frac{e V}{k T}} \quad \text{(Molekül)}, \tag{8}$$

$$p T e^{-\frac{e V_i}{k T}} \quad \text{(Rekombination)}. \tag{9}$$

Bei der Bestimmung der Leuchtdichteverteilung gelangt nun die über die y-Richtung (Abb. 2) bis zur Rohrwand summierte Strahlung zur Messung. Die Temperatur ist nach ELENBAAS[1] in erster Näherung eine quadratische Funktion des Radius (Parabel). Ohne hier[2] im einzelnen näher darauf einzugehen, enthält also das die Summation darstellende Integral nach T die Ausdrücke (7), (8) und (9), dividiert durch eine Wurzelfunktion von T. Der Druck ist über den ganzen Querschnitt konstant und kann vor das Integral gezogen werden. Die Integrale sind nicht explizit angebbar. Man erkennt aber, daß in allen drei Fällen die e-Funktion und die Wurzelfunktion von T beide sehr steil von der Rohrmitte abfallende Funktionen sind. Sie machen also den Hauptteil des Integrals aus, während die Potenzen von T weniger zur Geltung kommen. Strahlung aller drei Entstehungsarten muß also die gleiche Form der Leuchtdichteverteilung besitzen, die im wesentlichen nur von der Anregungs- bzw. Ionisierungsspannung, und zwar monoton abhängt. Eine Entscheidung über die Art der Anregung kann daher erst die Bestimmung der Anregungsspannung bringen.

Bestimmung der Anregungsspannung und Ergebnisse.

Die neue Methode zur Bestimmung der Anregungsspannung besteht nun in folgendem. Man mißt den Leuchtdichteverlauf und charakterisiert ihn durch passende Stücke (durch den Bruch S/S_0, oder die 0,8-Breite B der Abb. 2). Diese Werte werden für mehrere Linien bekannter Anregungsspannung bestimmt, die entsprechenden Eichkurven (Abb. 3) aufgestellt und die unbekannten Voltwerte für die Kontinuumsstrahlung dann mittels der zugehörigen S/S_0 bzw. B-Werte aus den Eichkurven abgelesen.

Tabelle. Anregungsspannung von kontinuierlichen Gebieten.

λ in Å	V	λ in Å	V	λ in Å	V
9780	8,6	4650	8,6	2700	8,6
7900	8,6	4200	8,6	2500	8,4
7400	8,6	4000	8,2	2400	8,5
6400	8,6	3400	8,3		
5100	8,7	3200	8,3		

Wegen der Einzelheiten und Schwierigkeiten der Messung muß auf die Arbeiten II und III (Fußnote 2, S. 113) verwiesen werden. Hier seien lediglich die

[1] W. ELENBAAS: Physica, Haag Bd. 2 (1935) S. 757.
[2] Einzelheiten s. Arbeit II, Fußnote 2, S. 113.

Ergebnisse mitgeteilt, die mit gleichen Zahlenwerten für ein Entladungsrohr von 1,5 bzw. 8,0 at Hg-Dampfdruck gefunden wurden (siehe Tabelle S 115).

Als mittlerer Fehler sämtlicher gemessenen Werte ergab sich $\pm 0{,}2$ V. Aus den Kontrollmessungen geht außerdem hervor, daß weder Reabsorption noch Konvektion die Werte gefälscht haben können.

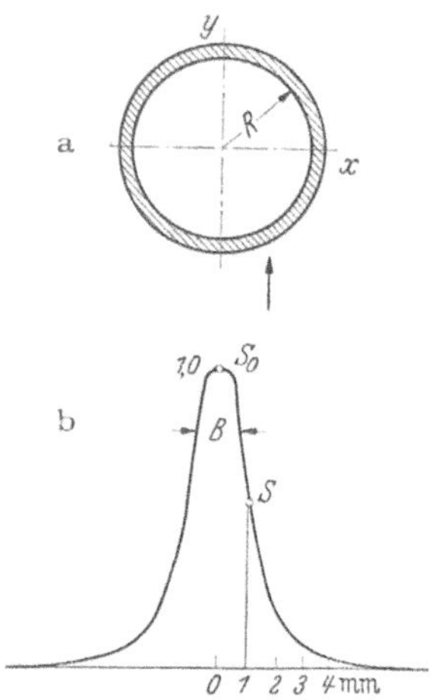

Abb. 2. Erläuterung der Bezeichnungen: a) Querschnitt des Lichtbogens. b) Leuchtdichteverlauf senkrecht zum Entladungsbogen. S_0 Maximalwert der Leuchtdichte. S Wert der Leuchtdichte in 1 mm Abstand von der Achse. B Breite der Leuchtdichteverteilung an der Stelle $0{,}8 \cdot S_0$.

Auf die Bedeutung dieser Anregungsspannungen kann ebenfalls nur kurz eingegangen werden[1]. Die Ionisierungsspannung von Hg beträgt 10,4 V. Nimmt man eine durch die bei den hohen Drucken der Quecksilberentladung zahlreichen Stöße bewirkte Erniedrigung der Ionisierungsspannung an, wie es UNSÖLD, ELENBAAS sowie ROMPE, SCHULZ und THOURET[2] tun, so hätte man mit einer Ionisierungsspannung von 9,4 bis 9,2 V zu rechnen, falls man sich das Kontinuum als durch Rekombination entstanden denkt. Dem widersprechen aber die gemessenen Anregungsspannungen der Tabelle, die dadurch vielmehr die Auffassung stützen, daß die kontinuierliche Strahlung von angeregten Molekülniveaus ausgeht, die durch Zusammenstoß eines angeregten mit einem unangeregten Atom entstanden sind, die Strahlung also ungeladenen Teilchen ihren Ursprung verdankt. Sogar bestimmte Angaben über die beteiligten Niveaus des Molekülschemas lassen sich machen, deretwegen aber ebenfalls auf das Original[1] verwiesen werden muß.

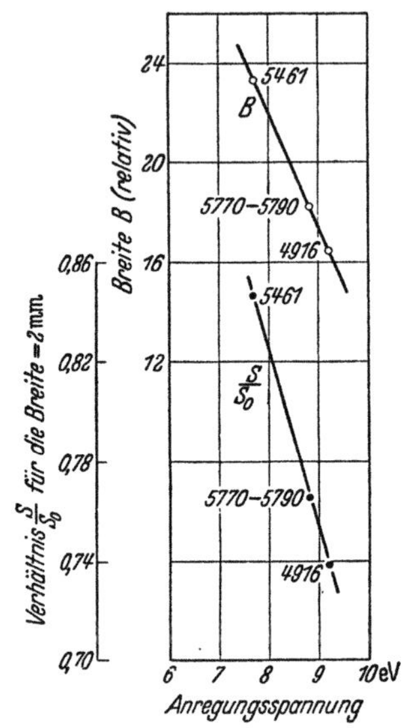

Abb. 3. Eichkurven zur Bestimmung der Anregungsspannung.

Nicht thermisch angeregte Kontinua.

Scharf zu unterscheiden von dem eben besprochenen Kontinuum sind die bereits seit langem bekannten[3] Kontinua des echten Quecksilbermoleküls. So entspricht das blaugrüne Kontinuum bei 4800 Å dem Übergang $6\,^1S + 6\,^3P_0 \rightarrow 6\,^1S + 6\,^1S$. Es tritt im wesentlichen nur in der Quecksilberniederdruckentladung und dort auch nur unter ganz bestimmten Bedingungen[4] auf. Der angeregte Zustand $6\,^3P_0$ besitzt nämlich eine lange Lebensdauer, da jeglicher Übergang von dort aus eigentlich verboten ist und nur als Interkombination mit geringer Wahrscheinlichkeit stattfinden kann. Er ist daher in zu starkem Maße den Verlust bringenden Stößen 2. Art ausgesetzt, wenn diese Stöße nicht durch Herabsetzung von Druck und Temperatur in ihrer Zahl verringert werden, d. h.

[1] Ausführlichere Diskussion s. Arbeit III, Fußnote 2, S. 113.

[2] A. UNSÖLD: Zit. S. 113. — W. ELENBAAS: Zit. S. 113. — R. ROMPE, P. SCHULZ und W. THOURET: Zit. S. 113.

[3] W. FINKELNBURG: Kontinuierliche Spektren. Berlin 1938. — S. MROZOWSKI: Z. Phys. Bd. 104 (1937) S. 234.

[4] F. RÖSSLER u. F. SCHÖNHERR: Z. techn. Phys. Bd. 19 (1938) S. 588; ein verkürzter Abdruck dieser Arbeit soll in Techn.-wiss. Abh. Osram Bd. 6 erscheinen.

aber zur Niederdruckentladung übergegangen wird. Einen Fall gibt es allerdings, bei dem ähnliche Voraussetzungen auch in der Hochdruckentladung herrschen. Das ist in der Nähe der Wand der Fall. Dort ist es möglich, daß durch Absorption der 2537-Strahlung im Zustand $6\,^3P_1$ angeregte Atome gebildet werden, die durch Zusammenstoß mit unangeregten Atomen Moleküle bilden, die dann ihrerseits strahlen. Diese also durch Fluoreszenz angeregten Kontinua bei 4800 Å (Übergang s. oben) und 3300 Å (Übergang* $6\,^1S + 6\,^3P_1 \rightarrow 6\,^1S + 6\,^1S$) können in Wandnähe wegen der tieferen Temperatur in stärkerem Maße als die thermisch angeregten Kontinua ausgestrahlt werden. Das kommt in der Querverteilung der Strahldichte in Abb. 4 deutlich durch die seitlichen Maxima zum Ausdruck. Abb. 5 zeigt für das ultraviolette und Abb. 6 für das sichtbare Gebiet, daß es sich bei dieser Nieder-

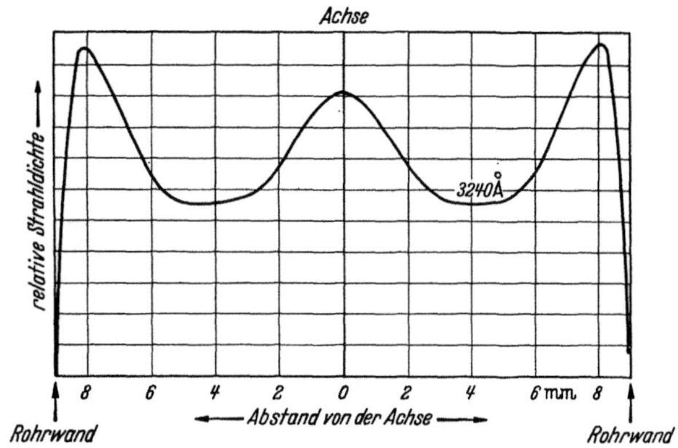

Abb. 4. Leuchtdichteverteilung für das Kontinuum um 3240 Å (Hg = Dampfdruck rd. 1,5 at).

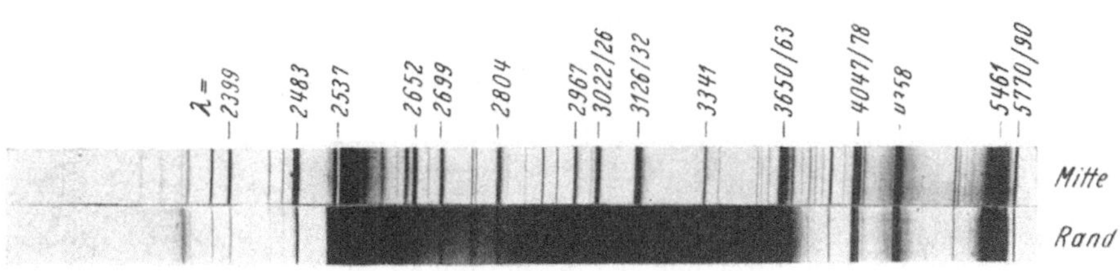

Abb. 5. Spektrum der Bogenmitte und des Bogenrandes.

druck- bzw. Fluoreszenzstrahlung um eine Strahlung mit einer wesentlich anderen spektralen Energieverteilung als bei der thermisch angeregten Strahlung der

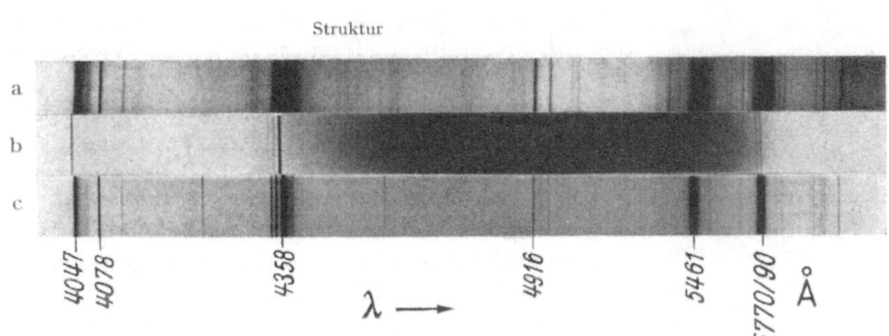

Abb. 6. Spektren der Kontinua von Quecksilberentladungen. a) Hg-Hochdruckentladung (Strahlung der Bogenmitte). b) Hg-Niederdruckentladung. c) Hg-Hochdruckentladung (Strahlung des Bogenrandes).

Rohrmitte handelt. Energetisch spielt aber diese durch Fluoreszenz angeregte Strahlung gegenüber der gesamten Kontinuumsstrahlung in der Hochdruckentladung nur eine untergeordnete Rolle.

* W. Finkelnburg: Zit. S. 116.

Zusammenfassung.

Durch Messung und theoretische Überlegung wird gezeigt, daß für Temperaturanregung die Leuchtdichteverteilung der Linien- und Kontinuumsstrahlung senkrecht zum Lichtbogen unabhängig davon, ob es sich um Rekombinations- oder Molekülstrahlung handelt, einen gleichartigen Verlauf hat. Dadurch ist es möglich geworden, mittels der Anregungsspannung bekannter Linien die Meßanordnung zu eichen und dann unbekannte Anregungsspannungen von kontinuierlicher Strahlung zu bestimmen. Diese neuartige Methode wurde angewandt zur Messung der Anregungsspannung verschiedener kontinuierlicher Bereiche im ultravioletten, sichtbaren und angrenzenden ultraroten Hg-Hochdruckspektrum. Die sich ergebenden Spannungen liegen alle bei rund 8,5 V. Die Deutung dieses Ergebnisses führt zu der Auffassung, daß die kontinuierliche Strahlung nicht als Rekombinations-, sondern vielmehr als Molekühlstrahlung aufgefaßt werden muß, die von Stoßmolekülen, also ungeladenen Teilchen, ausgeht. Durch Fluoreszenz und in der Niederdruckentladung angeregte Kontinua zeigen eine andere Leuchtdichteverteilung und gehören zu Interkombinationsübergängen des Moleküls.

Deutung der elektrischen Eigenschaften der mit Wechselstrom betriebenen Hochdruckentladung aus den Vorgängen an den Elektroden[1].

Von

J. KERN.

Mit 13 Abbildungen.

Die Wiederzündspannung der mit Wechselstrom betriebenen Lichtbögen, die schon Gegenstand zahlreicher Untersuchungen war, ist auch von wesentlicher Bedeutung für die Quecksilber-Hochdrucklampen. Die Brennspannung des Bogens wird bekanntlich zu Beginn jeder Halbperiode kurzzeitig stark erhöht, wie Abb. 1 zeigt. Infolge dieser Wiederzündspannung muß z. B. die Lampenspannung der Quecksilber-Hochdrucklampe weit unter der Netzspannung bleiben, da sonst der Bogen erlischt. Auch werden die Welligkeit[2] der Lichtemission und die Lebensdauer der Lampen durch die Wiederzündspannungsvorgänge stark beeinflußt. Die Frage nach der Ursache für das Auftreten der Wiederzündspannung hat deshalb erhebliche praktische Bedeutung.

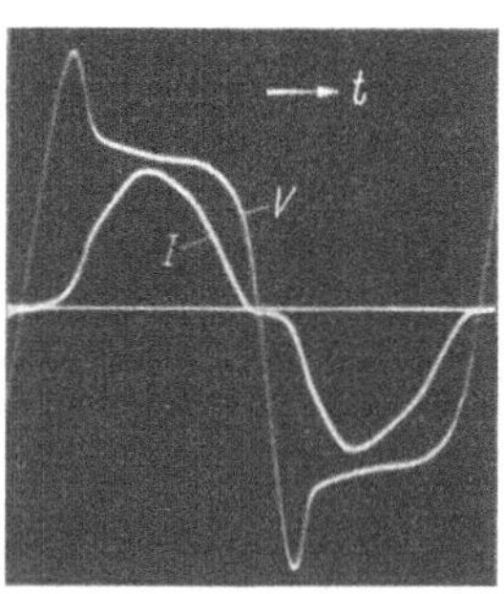

Abb. 1. Zeitlicher Verlauf der Brennspannung V und der Stromstärke I einer Quecksilberhochdruckentladung bei 50periodigem Wechselstrom.

Es liegt nahe anzunehmen, daß infolge der Entionisierung der Gasstrecke während der Zeit, in der der Strom nach jeder Halbperiode Null wird, die Brennspannungserhöhung zu Beginn jeder Halbperiode bewirkt wird. Eine genauere Durchrechnung ergibt jedoch, daß die Entionisierung in der Gasstrecke zu geringfügig ist. Die Ionisation im Bogen ist eine Temperaturionisierung. Sie läßt sich aus der SAHA-Gleichung

$$\frac{x^2}{1-x^2}\cdot p = 2{,}4\cdot 10^{-4}\cdot T^{2,5}\cdot e^{-\frac{eV_i}{kT}}$$

[1] Gekürzte Fassung der in Z. Phys. Bd. 114 (1939) S. 552 erschienenen Arbeit.
[2] J. KERN: Licht Bd. 12 (1942) S. 145 u. 181.

berechnen, wo x der Ionisationsgrad, p der Druck, V_i die Ionisationsspannung bedeuten. Die Temperatur im Quecksilberbogen ist nach ELENBAAS[1] 6400°, nach neueren Messungen von P. SCHULZ[2] 7200°. Nimmt man für die Temperatur im Maximum des Stromes den plausiblen Wert von 6400° an, so läßt sich die Temperatur im Minimum des Stromes aus der Welligkeit der Lichtemission (Abb. 2) während der Periode berechnen, da unter den vorliegenden Bedingungen des Temperaturgleichgewichtes die Lichtemission proportional dem BOLTZMANN-Faktor $e^{-\frac{e V_a}{kT}}$ ist, wo e die Elementarladung, V_a die Anregungsspannung, k die BOLTZMANN-Konstante und T die absolute Temperatur sind. Nimmt man die Welligkeitskurve für eine bestimmte Spektrallinie mit bekanntem V_a auf, so kann man die Temperatur zu jeder Zeit der Periode berechnen. Für den Stromnulldurchgang erhält man hieraus eine Temperatur von 5500°. Aus der SAHA-Gleichung ergibt sich hieraus für das Strommaximum aus der Temperatur von 6400° ein Ionisationsgrad von $2{,}7 \cdot 10^{-3}$ und für das Stromminimum aus der oben berechneten Temperatur von 5500° ein Ionisationsgrad von $6{,}5 \cdot 10^{-4}$. Der Ionisationsgrad im Stromminimum geht also nur auf etwa den vierten Teil der maximalen Ionisierung zurück. Die elektrische Leitfähigkeit nimmt deshalb auch nur wenig ab. Das Auftreten der Wiederzündspitze kann daher aus dem Abfall des Ionisationsgrades in der Säule des Bogens nicht erklärt werden. Man muß vielmehr den Lichtbogen als einen Leiter auffassen, dessen elektrische Leitfähigkeit periodisch schwankt.

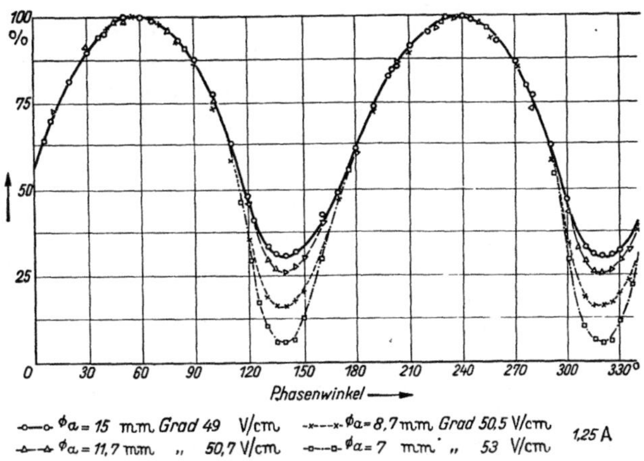

Abb. 2. Zeitlicher Verlauf der Lichtemission der Quecksilberhochdruckentladung bei verschiedenen Rohrdurchmessern. Gradient etwa 50 V/cm, Stromstärke 1,25 A.

Aus den Untersuchungen von RAMSAUER[3] sowie von KESSELRING[4] an Lichtbögen in Luft hat sich ergeben, daß die Wiederzündung und Löschung eine Temperaturfrage ist. Nach TIMOSHENKO[5] liegt beim Lichtbogen in Luft bei der Wiederzündung fast die gesamte Spannung an der Kathode, während der Spannungsabfall in der Säule gering ist. TER HORST[6] schließt aus Gradientenmessungen in Luft, daß die Wiederzündspannung mit dem Entladungsmechanismus in der Säule nichts zu tun hat, sondern gewissen Effekten, die er nicht näher angibt, an den Elektroden zugeschrieben werden muß.

Der Ionisationsgrad in der Säule des Bogens ist von der Temperatur abhängig. Die Wärmeableitung aus dem 6400° heißen Bogen erfolgt, wenn wir zunächst von der Konvektion absehen, in radialer Richtung zu den ungefähr 800° C heißen Wänden. Starke Wärmeableitung wird da vorhanden sein, wo ein

[1] W. ELENBAAS: Physica, Haag Bd. 1 (1934) S. 673.
[2] P. SCHULZ: Z. Phys. Bd. 114 (1939) S. 435; vgl. auch diesen Bd. S. 88.
[3] C. RAMSAUER: Elektrotechn. u. Masch.-Bau Bd. 51 (1933) S. 189.
[4] F. KESSELRING: ETZ Bd. 55 (1934) S. 92, 116, 165.
[5] G. TIMOSHENKO: Z. Phys. Bd. 84 (1933) S. 783.
[6] D. TH. J. TER HORST: Physica, Haag Bd. 3 (1936) S. 131.

höherer Temperaturgradient auftritt. Das ist vor allem vor den Elektroden der Fall, die nur eine Temperatur von etwa 1500 bis 2000° haben und an denen der Bogen unmittelbar ansetzt. Diesem Energieverlust des Bogens wird beim Gleichstrombogen durch die zugeführte elektrische Leistung das Gleichgewicht gehalten. Beim Wechselstrombogen aber wird dieses Gleichgewicht dauernd geändert, da die Energieproduktion im Volumenelement des Bogens sich dauernd ändert und sogar im Stromnulldurchgang zeitweise ganz aufhört. Wegen der viel stärkeren Wärmeableitung zu den Elektroden als zu den Wänden wird also die Temperatur vor den Elektroden sehr viel stärker abfallen als im Bogen. Wenn das aber der Fall ist, so muß auch die Lichtemission vor den Elektroden während des Stromnulldurchganges viel stärker abnehmen als im Bogen. Es wurde deshalb mit einem Stroboskop, das aus einem synchron laufenden Motor mit Schlitzscheibe mit engem Schlitz besteht, der Bogen beobachtet. Das hierzu benutzte Entladungsrohr ist in Abb. 3 dargestellt. Es besteht aus einem Quarzglasrohr von 8 mm lichter Weite. Die Elektroden sind mit Erdalkalioxyden aktivierte Wolframwendeln. Der Elektrodenabstand beträgt 40 mm. Die Lampen wurden mit 500 V Netzspannung von 50 Perioden unter Vorschaltung eines Widerstandes betrieben. Neben dem Quecksilber enthielten die Röhren etwa 20 Torr Argon. Die Beobachtung ergab, daß tatsächlich die Lichtemission während des Stromnulldurchganges vor den Elektroden viel stärker abfällt als im Bogen. Zwischen der leuchtenden Säule und den Elektroden entsteht ein Dunkelraum (Abb. 4), dessen Länge je nach Druck und Stromstärke wenige Zehntel bis einige mm beträgt.

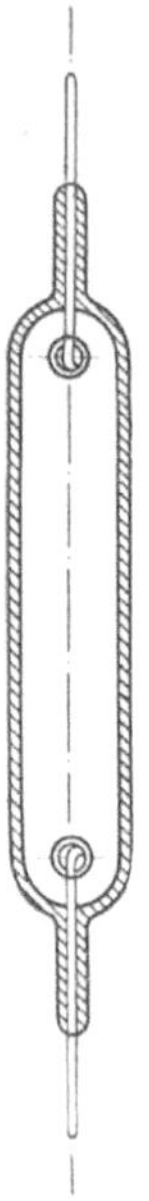

Abb. 3. Hochdruckröhre.

Abb. 4. Dunkelraum vor der Elektrode eines Hochdruckbogens in Hg-Dampf während des Stromnulldurchganges bei Wechselstrom.

Das Auftreten dieses Dunkelraumes macht jetzt das Vorhandensein der Wiederzündspannung verständlich. Da die Temperatur vor den Elektroden sehr stark abfällt, ist die Ionisation vor den Elektroden bei Beginn der Halbperiode sehr gering. Die Elektrode hat höchstens eine Temperatur von 2000°. Die Temperatur vor den Elektroden fällt also von 6400 auf 2000° ab. In der folgenden Tabelle sind die Ionisationsgrade für verschiedene Temperaturen bei 1 at Druck angegeben.

Tabelle. Ionisationsgrad des Quecksilberdampfes bei 1 at Druck für verschiedene Temperaturen.

Temperatur ° K	2000	2500	3500	4500	5500	5800	6400
Ionisationsgrad	$6{,}0 \cdot 10^{-13}$	$3{,}4 \cdot 10^{-10}$	$5{,}0 \cdot 10^{-7}$	$3{,}1 \cdot 10^{-5}$	$6{,}5 \cdot 10^{-4}$	$8{,}4 \cdot 10^{-4}$	$2{,}7 \cdot 10^{-3}$

Die Tabelle zeigt, daß der Ionisationsgrad vor den Elektroden sehr stark bis auf $6{,}0 \cdot 10^{-13}$ abfällt, während er in der Säule auf $6{,}5 \cdot 10^{-4}$ bleibt. Wegen dieses starken Rückganges des Ionisationsgrades wird deshalb ein Durchschlag im Gebiet des Dunkelraumes vor den Elektroden nach jedem Nulldurchgang erforderlich. Hierzu steigt die Spannung über die normale Brennspannung an, und es entsteht die „Zündspitze".

Das Auftreten des Dunkelraumes ist also aus der starken Wärmeableitung zu den Elektroden zu erklären. Nun zeigen die Untersuchungen von WITTE[1]

[1] H. WITTE: Z. Phys. Bd. 88 (1934) S. 415.

am frei brennenden Bogen, daß die Elektronentemperatur vor den Elektroden höher ist als die Gastemperatur. Temperaturgleichgewicht ist dort nicht vorhanden. Bei Quecksilberhochdruckbögen wird das wahrscheinlich auch der Fall sein. Dann aber ist die Ionisation vor den Elektroden keine rein thermische mehr, sondern wird zum Teil durch die hohe Elektronentemperatur hervorgerufen. Da aber die Elektronentemperatur in weniger als 10^{-5} s, also um

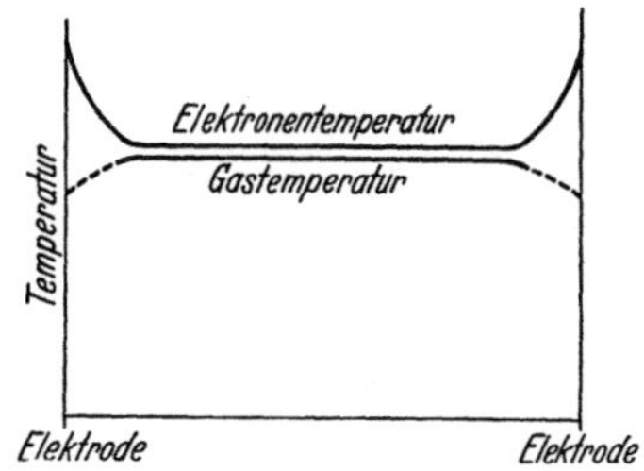

Abb. 5. Prinzipieller Verlauf der Gas- und Elektronentemperatur zwischen den Elektroden einer Quecksilberhochdruckentladung bei Betrieb mit Gleichstrom und im Maximum des Stromes bei Betrieb mit Wechselstrom.

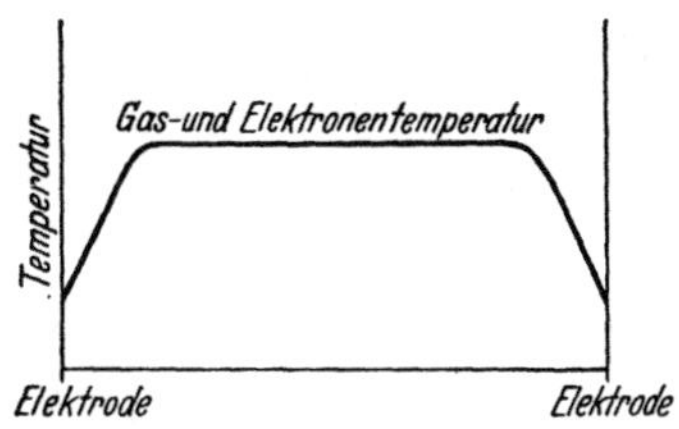

Abb. 6. Prinzipieller Verlauf der Gas- und Elektronentemperatur beim Nulldurchgang des Stromes bei Wechselstrom.

Größenordnungen schneller zusammenbricht als die Gastemperatur, so wird dies erst recht zum Auftreten eines Dunkelraumes und zur Entionisierung der Gasstrecke vor den Elektroden führen. Unsere Folgerungen für das Auftreten der Wiederzündspannung bleiben deshalb nicht nur voll bestehen, sondern werden gestützt.

Auch beim Gleichstrombogen muß die Temperatur vor den Elektroden abfallen, da die Wärmeableitung zu den Elektroden erheblich ist[1]. Man sollte

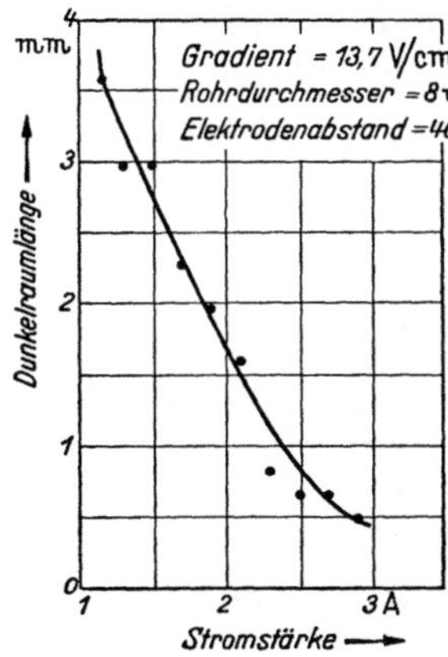

Abb. 7. Dunkelraumlänge in Abhängigkeit von der Stromstärke.

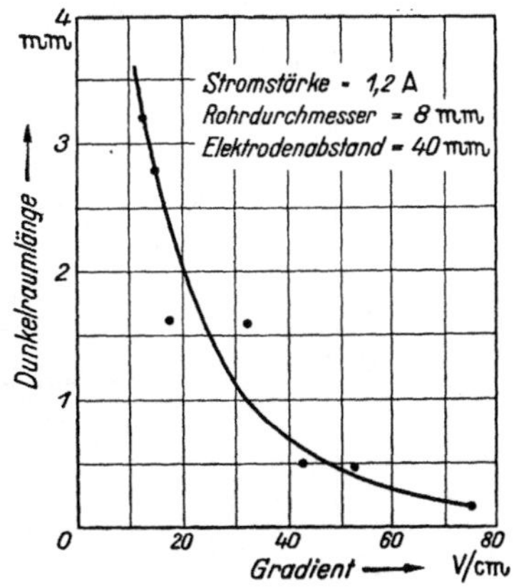

Abb. 8. Dunkelraumlänge in Abhängigkeit vom Gradienten (Druck).

erwarten, daß dieser Abfall der Gastemperatur schon in einiger Entfernung vor der Elektrode beginnt. Aber es kann sein, daß die Gastemperatur vor den Elektroden bis sehr nahe an die Elektroden sehr hoch bleibt, da sich die Entladung vor den Elektroden besonders stark einschnürt, wodurch die Energieproduktion im Volumenelement hier wesentlich höher als in der Säule ist. Die Gastemperatur kann deshalb trotz der starken Wärmeableitung zu den Elektroden bis sehr nahe

[1] R. W. SCHMIDT: Z. Phys. Bd. 106 (1937) S. 35, schließt aus seinen Untersuchungen der Emissionsverteilung im frei brennenden Gleichstrombogen, daß für das Auftreten der Funkenlinien vor den Elektroden die Wärmeverluste des Lichtbogens maßgebend sind.

an diese sehr hoch bleiben, wenn sie auch niedriger bleiben wird als die Gastemperatur in der Säule. Der Verlauf der Elektronen- und der Gastemperatur in der Säule und vor den Elektroden beim Gleichstrombogen dürfte also durch Abb. 5 prinzipiell wiedergegeben werden. Ähnlich werden auch die Verhältnisse bei mit Wechselstrom betriebenen Quecksilberbögen im Maximum des Stromes sein, während im Stromnulldurchgang die Elektronentemperatur in weniger als 10^{-5} s auf die Gastemperatur abfällt, so daß beide Temperaturen etwa durch Abb. 6 wiedergegeben werden. In den übrigen Phasenpunkten werden die Temperaturen Zwischenwerte zwischen den Temperaturen im Stromnulldurchgang und im Strommaximum annehmen.

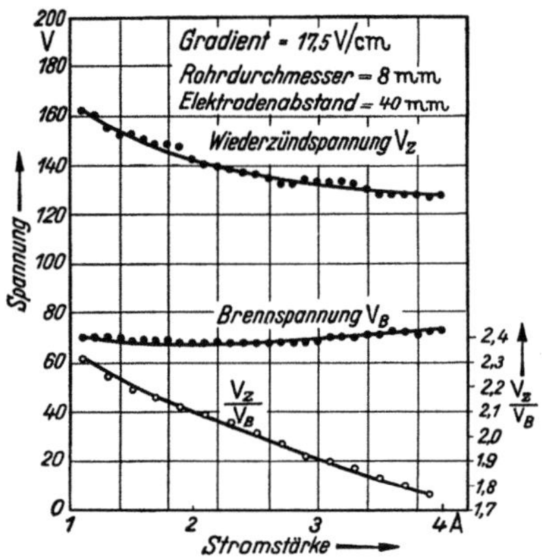

Abb. 9. Wiederzündspannung, Brennspannung und Verhältnis von Wiederzündspannung zur Brennspannung in Abhängigkeit von der Stromstärke.

Die Dunkelraumlänge nimmt mit zunehmendem Strom und wachsendem Gradienten, d. h. mit wachsender Leistungsaufnahme ab (Abb. 7 u. 8). Infolgedessen muß auch die Wiederzündspannung mit Zunahme von Stromstärke und Gradient abnehmen, wenn wir annehmen, daß die Durchschlagsspannung bei kleiner werdendem Dunkelraum geringer wird. Das ist nun auch der Fall, wie die Abb. 9 u. 10 zeigen. In Abhängigkeit vom Gradienten (Druck) nimmt der absolute Wert der Wiederzündspannung zwar zu, da ja die Gasdichte, von der die Durchschlagsspannungen immer stark abhängen, mit wachsendem Druck zunimmt. Aber das Verhältnis der Wiederzündspannung V_Z zur Brennspannung V_B nimmt infolge des kleiner werdenden Dunkelraumes ab (Abb. 10).

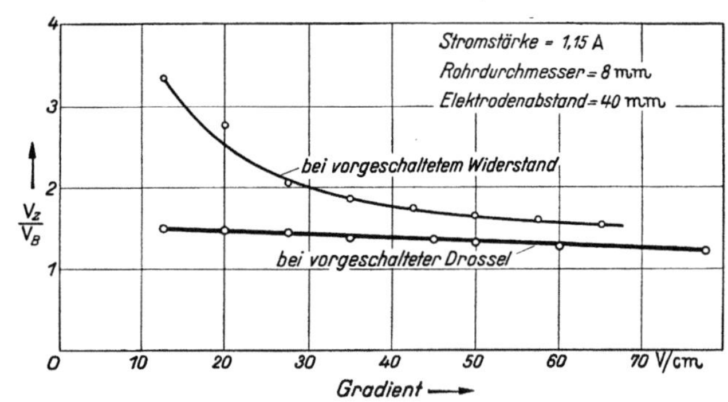

Abb. 10. Verhältnis von Wiederzündspannung V_Z zur Brennspannung V_B in Abhängigkeit vom Gradienten.

Daß die Wiederzündspannung von anderen Vorgängen an der Elektrode praktisch nicht beeinflußt wird, zeigen noch folgende Versuche. Es wurde künstlich ein weiterer Dunkelraum ohne Beteiligung der Elektrode erzeugt. Zu diesem Zweck wurden drei Röhren hergestellt und mit der gleichen Quecksilbermenge gefüllt (Abb. 11). Die eine Röhre hat keine Blenden, die beiden anderen haben eine bzw. zwei Blenden von etwa 2 mm Durchmesser und 2 mm Breite. Durch diese Blenden wird der Bogen sehr stark gekühlt, so daß beim Stromnulldurchgang in der unmittelbaren Nähe der Blenden Dunkelräume entstehen. Wenn der oben beschriebene Einfluß eines solchen Dunkelraumes auf die Wiederzündspannung vorhanden ist, so muß bei gleicher Brennspannung und gleicher Stromstärke die Wiederzündspannung mit steigender Blendenzahl zunehmen. Das ist wirklich der Fall, wie die Oszillogramme der Abb. 12 deutlich zeigen. Die Erhöhung ist sehr groß, obwohl der Dunkelraum nur einige Millimeter lang ist, so daß man daraus schließen muß, daß erstens die übrige auf hoher Temperatur verbleibende Säule nur einen vernachlässigbar kleinen Einfluß auf die Wiederzündspannung haben kann und daß zweitens irgendwelche anderen Vorgänge an der Elektrode (z. B. Elektronenemission) nur nebensächliche Bedeutung für die Wiederzündspannung haben können. Die Säule selbst kann nur dann einen merklichen Einfluß auf die Höhe der Wiederzündspitze haben, wenn das Entladungsrohr so eng ist, daß die Entladungssäule sehr stark gekühlt wird. Ebenso wird bei sehr kleinem Elektrodenabstand von wenigen Millimetern der ganze Bogen stark gekühlt werden, besonders wenn die Elektroden sehr groß und breit sind und aus gut wärmeleitenden Materialien, z. B. Wolfram, bestehen. Außerdem ist die Abkühlung des Bogens sehr stark von der Wärmeleitfähigkeit des Gases abhängig. Bei sehr gut leitenden Gasen kann die Säule sich ebenfalls so stark abkühlen, daß der Ionisationsgrad in der Säule stark abfällt. In diesem Falle kann natürlich auch die Säule einen merklichen Einfluß auf die Höhe der Wiederzündspannungen haben.

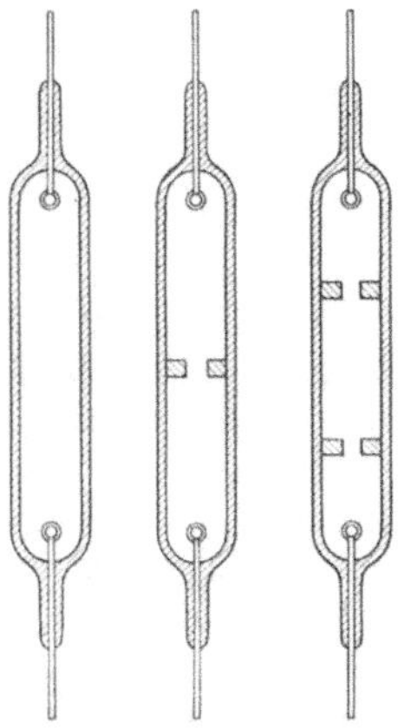

Abb. 11. Entladungsröhren ohne, mit einer und mit zwei Blenden.

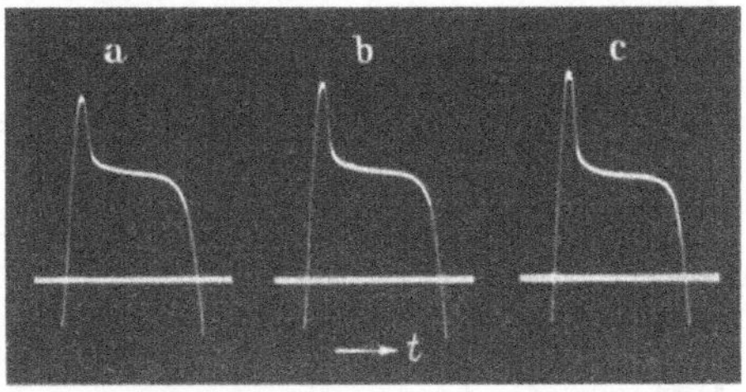

Abb. 12. Zeitlicher Verlauf der Brennspannung von drei Hochdruckentladungen in Entladungsröhren gemäß Abb. 11 bei gleichem Gradienten und gleicher Stromstärke. a) Ohne Blende, b) mit einer Blende, c) mit zwei Blenden.

Bei Quecksilber ist dies jedenfalls, wie oben ausgeführt, nicht der Fall. Es ist ohne weiteres verständlich, daß die Wiederzündspannung mit wachsender Frequenz immer mehr abnehmen und schließlich gänzlich verschwinden muß, da die Abkühlungszeit kleiner wird. Abb. 13 zeigt ein Oszillogramm bei 500 Perioden. Die Wiederzündspitze ist verschwunden. Vollständig verschwinden würde die Wiederzündspitze auch in dem allerdings nur theoretisch möglichen Fall, daß die Elektrode die Temperatur des Bogens von etwa 6000° annehmen würde.

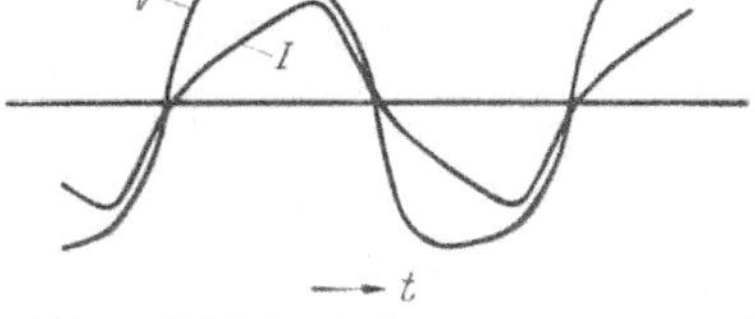

Abb. 13. Zeitlicher Verlauf von Brennspannung V und Stromstärke I einer Quecksilberhochdruckentladung bei Betrieb mit 500periodigem Wechselstrom.

Über die Welligkeit der Lichtemission bei wechselstrombetriebenen Leuchtstoff-Entladungsröhren[1].

Von

E. G. Andresen.

Mit 5 Abbildungen.

Bei der Entwicklung der Leuchtstoffe für Leuchtstoff-Entladungsröhren war man bestrebt, die Nachleuchtdauer so zu vergrößern, daß das Nachleuchten die Dunkelpausen der Entladung bei einem Betrieb mit 50periodigem Wechselstrom möglichst weit überbrückt, so daß die Beleuchtung mit diesen Röhren flimmerfrei ist.

Im folgenden soll gezeigt werden, daß es gelungen ist, die Welligkeit der Lichtemission, d. h. die periodischen Lichtschwankungen der Leuchtstoffröhren so weit zu verringern, daß sie nur noch von derselben Größenordnung wie bei Glühlampen sind, deren Lichtschwankungen bei einem Betrieb mit 50 Hz bei nicht extrem hohen Beleuchtungsstärken kein wahrnehmbares Flimmern verursachen[2].

I. Messung der Lichtschwankungen.

Untersucht wurden innen mit Zinkberylliumsilikat- und Kadmiumsilikat-Leuchtstoffen belegte Quecksilber-Niederdruckröhren mit Oxydelektroden bei Stromdichten von 35 und 70 mA/cm². Die Lichtschwankungen dieser Röhren wurden durch Messung des Lichtverlaufes während einer Periode bestimmt. Die Lichtstärke der Lampe wurde durch den Schlitz einer stroboskopischen Scheibe, die etwa $^1/_{30}$ einer Periode, d. s. 12°, ausblendete, mit einer Selen-Sperrschichtzelle gemessen[3]. Die Lampe wurde über einen Phasenschieber vom 50-Perioden-Netz gespeist. Durch den Phasenschieber konnte die Phasenlage des ausgeblendeten Ausschnittes verändert werden. Bei der Messung von Glühlampen betrug die Reproduzierbarkeit der Meßwerte ~0,5%, bei den Gasentladungslampen ~1,5%.

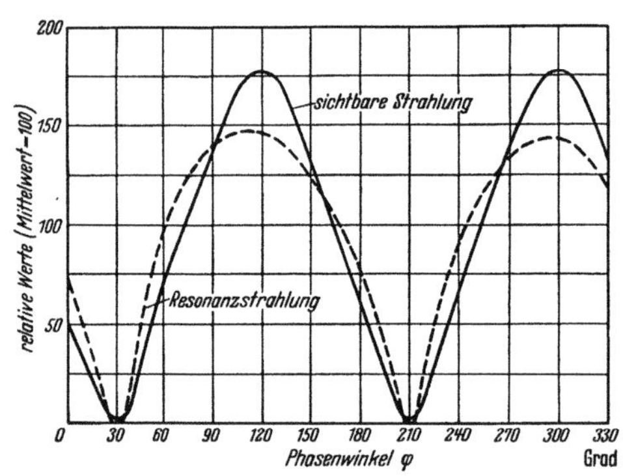

Abb. 1. Lichtverlauf während einer Periode bei Hg-Niederdruckentladung ohne Leuchtstoff.

Zunächst wurde bei der reinen Quecksilber-Niederdruckentladung ohne Leuchtstoff der Verlauf der sichtbaren Strahlung und der Verlauf der Resonanzstrahlung ($\lambda = 2537$ Å), die im wesentlichen in den Leuchtstoffröhren die Anregung des Leuchtstoffes bewirkt, gemessen (Abb. 1; die Kurven sind so gezeichnet, daß der Mittelwert gleich 100 willkürlichen Einheiten ist). Die sichtbare Strahlung zeigt eine starke Welligkeit, da während jeder Halbwelle des Stromes die Intensität der sichtbaren Strahlung von Null bis zu einem Höchstwert ansteigt und wieder auf Null absinkt, so daß sich schon bei sehr geringen Beleuchtungs-

[1] Zusammenfassung der in der Zeitschrift „Das Licht“ Bd. 7 (1937) S. 235, Bd. 8 (1938) S. 42 und Bd. 8 (1938) S. 51 erschienenen Arbeiten.

[2] W. Arndt: Licht Bd. 3 (1933) S. 23.

[3] Die Überbewertung des Blauanteils durch die Zelle wurde rechnerisch korrigiert.

stärken ein Flimmern der Beleuchtung bemerkbar machen würde. Der Verlauf der Resonanzstrahlung wurde an einer Quarzlampe mit gleichen Betriebsdaten mit Hilfe von Stroboskop und Kadmiumzelle mit einem Fadenelektrometer gemessen. Die Kurve für die Resonanzstrahlung ist sehr ähnlich der Kurve für die sichtbare Strahlung; sie steigt und fällt etwas steiler als diese und durchläuft ein breiteres Maximum, zeigt also eine, wenn auch wenig, kleinere Schwankung als die Kurve der sichtbaren Strahlung. Vergleicht man jetzt hiermit die Lichtschwankungen einer gelblichweißen Leuchtstoffröhre (Abb. 2), so erkennt man, wie erheblich ein Leuchtstoff mit einer geeigneten Nachleuchtdauer die Welligkeit der Lichtstrahlung vermindert. Zur besseren Beurteilung des erzielten Fortschrittes ist der Lichtverlauf von zwei Glühlampen eingezeichnet, deren eine (D-Lampe 75 W) etwa denselben Lichtstrom (1000 Hlm), die andere (25 W) dieselbe elektrische Leistung wie die Leuchtstoffröhre besitzt. (Zur Verdeutlichung der Wiedergabe wurde, wie aus Tab. 1 ersichtlich, die Leuchtstoffröhre mit den stärksten Lichtschwankungen gewählt.) Man erkennt, daß die Lichtschwankungen der Leuchtstoffröhre von derselben Größenordnung sind wie bei Glühlampen, so daß also bei Verwendung von Leuchtstoffröhren kein Flimmern der Beleuchtung auftritt.

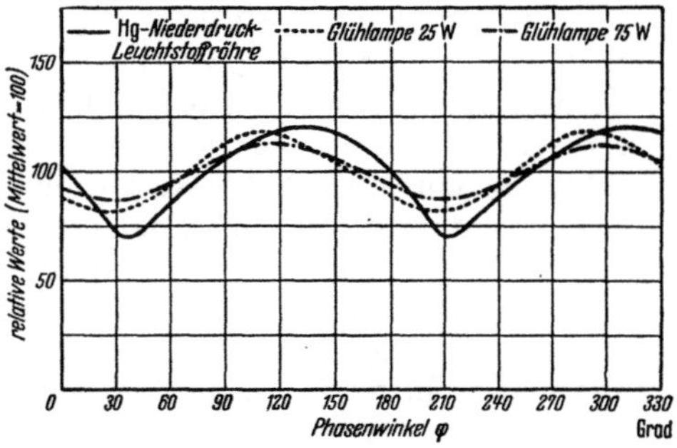

Abb. 2. Leuchtstoffröhre gelblichweiß, 70 mA/cm² Lichtverlauf während einer Periode.

Das Licht der Leuchtstoffröhren setzt sich zusammen aus dem sichtbaren Licht der Quecksilberentladung (~240 Hlm je Meter bei 0,5 A), das hauptsächlich von den blauen, grünen und gelben Quecksilberlinien herrührt, und der 7- bis 8mal stärkeren Strahlung des Leuchtstoffes (zusammen ~2000 Hlm je Meter), die von der Resonanzstrahlung des Quecksilbers angeregt wird. Die Strahlung des Leuchtstoffes erstreckt sich bei den verwendeten Leuchtstoffen von $\lambda = 4500$ bzw. 5000 Å bis $\lambda = 6500$ Å. In Abb. 3 ist der Lichtverlauf einer gelblichweißen Leuchtstoffröhre dargestellt, dazu der Verlauf des Rotanteils und des Blauanteils sowie noch einmal der Verlauf der Resonanzstrahlung in willkürlichem Maßstab. Der Rotanteil wurde mit Schott-Filter RG 1, 1 mm gemessen; das entspricht etwa einem Wellenlängenbereich von $\lambda = 5900$ Å bis zur langwelligen Grenze der Augenempfindlichkeitskurve. Der Blauanteil wurde mit Schott-Filter BG 12, 2 mm und GG 3, 2 mm, gemessen, entsprechend einem Wellenlängenbereich von $\lambda = 4800$ Å bis zur kurzwelligen Grenze der Augenempfindlichkeitskurve. Der Blauanteil, der fast ausschließlich von der blauen Linie ($\lambda = 4358$ Å) der Quecksilberentladung stammt, zeigt die gleiche Schwankung wie eine reine Quecksilberentladung. Der Rotanteil, der ausschließlich von der Strahlung des Leuchtstoffes herrührt, zeigt eine ganz unwesentliche Schwankung, obwohl die ihn erregende Resonanzstrahlung sehr stark schwankt. Die Strahlung eines nachleuchtenden Leuchtstoffes erlischt eben nicht momentan mit dem Aufhören der Erregung,

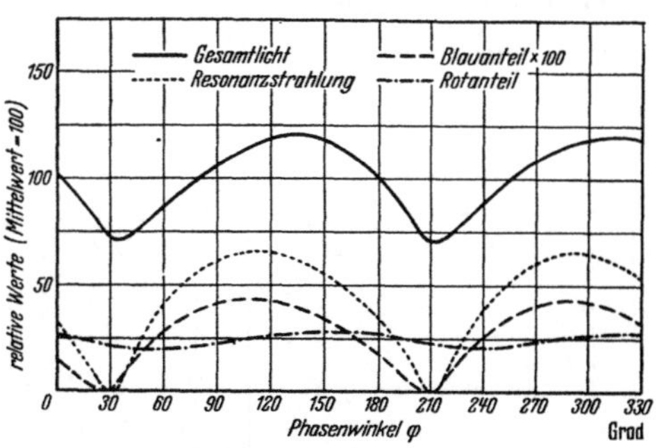

Abb. 3. Leuchtstoffröhre gelblichweiß, 70 mA/cm². Verlauf der Farbanteile während einer Periode.

wie dies bei der Fluoreszenz der Fall ist, sondern klingt langsam, meist hyperbolisch oder exponentiell, ab (Phosphoreszenz), allerdings klingt sie auch entsprechend langsam an beim Beginn der Erregung. Dies hat eine Phasenverschiebung zwischen der (roten) Strahlung des Leuchtstoffes und der erregenden Resonanzstrahlung zur Folge, die man in Abb. 3 durch Vergleich der Minima beider Kurven erkennen kann.

Die Schwankung des Blauanteils, der wegen seines erheblichen Einflusses auf den Farbeindruck eine Umfärbung der Lampe im Verlaufe der Periode hervorruft, läßt sich mit bloßem Auge nicht wahrnehmen, kann dagegen mit dem Stroboskop sehr schön demonstriert werden[1]. Betrachtet man die Lampe durch den Schlitz der laufenden Scheibe, so sieht man das reine rötlichgelbe Nachleuchten des Leuchtstoffes, wenn man den Phasenschieber so eingestellt hat, daß man die Dunkelpause der Entladung mit dem Stroboskop ausblendet. In dem Maße, wie man den ausgeblendeten Augenblick gegen das Maximum der Entladung hin verschiebt, sieht man, wie die Lampe sich infolge des zunehmenden Blaugehaltes mehr und mehr nach Weiß umfärbt, um im Maximum der Entladung bläulicher zu erscheinen, als sie mit bloßem Auge, ohne Stroboskop, wahrgenommen wird.

Dieses „Farbenflimmern", welches bis jetzt wohl bei keiner Lichtquelle bekannt war und welches sich in einem Farbwechsel der beleuchteten Gegenstände bemerkbar machen müßte, wird vom Auge nicht empfunden. Zum Helligkeitsflimmern trägt der kleine Blauanteil (~0,3%) sehr wenig bei.

II. Zahlenmäßige Bewertung der Lichtschwankungen.

Um die durch die Verwendung eines nachleuchtenden Leuchtstoffes bewirkte Verminderung der Lichtschwankungen zahlenmäßig beurteilen zu können, muß man sich zunächst die Frage vorlegen, welche Eigenschaften der Lichtquelle von Einfluß auf das Flimmern einer Beleuchtung sind. Bei gleichem Beleuchtungsniveau und gleicher Frequenz hängt die Flimmerempfindung nur noch von der Farbe und dem zeitlichen Lichtstärkeverlauf der Lichtquelle ab. Sehen wir von dem Einfluß der Farbe ab, über den wenig bekannt ist und für dessen wesentliche Bedeutung sich bis jetzt kein Anhaltspunkt finden ließ, so bleibt als wichtig nur der zeitliche Verlauf der Lichtstärke, d. h. die Form der Lichtkurve.

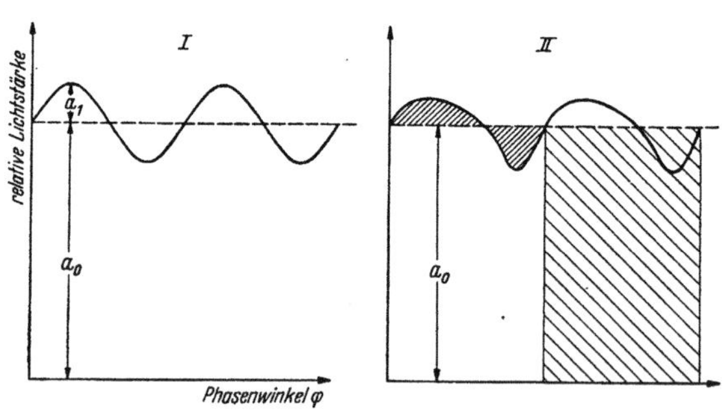

Abb. 4. Lichtverlauf während einer Periode (schematisch). I Glühlampe. II Leuchtstoff-Entladungsröhre.

In früheren Untersuchungen[2] an Glühlampen wurde zur Kennzeichnung der Lichtschwankungen der Gleichlichtanteil a_0 (s. Abb. 4, I) und die Amplitude a_1 des überlagerten Wechsellichtes herangezogen. Das Verhältnis a_1/a_0 ist der sog. „Welligkeitsgrad". Diese Kennzeichnung ist eindeutig, wenn es sich um einen sinusförmigen Verlauf des überlagerten Wechsellichtes handelt, was bei Glühlampen mit recht guter Annäherung der Fall ist.

Bei nicht sinusförmigem Verlauf der Lichtkurve, wie er bei Gasentladungslichtquellen vorliegt, ist diese Kennzeichnung nicht mehr möglich. Man könnte

[1] E. G. ANDRESEN: Verh. dtsch. phys. Ges. Bd. 18 (1937) S. 68.

[2] G. LIEBE: Diss. T. H. Dresden. — W. ARNDT: Licht Bd. 3 (1933) S. 23. — J. A. M. VAN LIEMPT u. J. A. DE VRIEND: Z. Phys. Bd. 100 (1936) S. 263.

als „Welligkeitsgrad" das Verhältnis der Wechsellicht menge zur Gleichlichtmenge, also das Verhältnis der in Abb. 4, II verschieden schraffierten Flächen definieren. Dieser Ausdruck wäre eindeutig und ist bei sinusförmigem Kurvenverlauf proportional dem Ausdruck a_1/a_0, würde also einen Vergleich von Lichtkurven verschiedener Form wohl zulassen.

Es soll jedoch im folgenden kurz gezeigt werden, daß die Wechsellicht menge keinen Einfluß auf das Flimmern einer Beleuchtung hat, sondern daß man zur Kennzeichnung der Lichtschwankungen von Lichtquellen die Kurve für den zeitlichen Lichtstärkeverlauf $f(t)$ in eine FOURIER-Reihe,

$$f(t) = a_0 + a_1 \sin(\omega t + \varphi_1) + a_2 \sin(2\omega t + \varphi_2) + \cdots + a_n \sin(n\omega t + \varphi_n)$$

zerlegen muß. Als „Welligkeitsgrad" wird jetzt a_1/a_0, das Verhältnis des ersten zum nullten FOURIER-Koeffizienten, d. h. die Amplitude der Grundschwingung im Verhältnis zum Gleichlichtanteil, definiert; die Oberschwingungen bleiben außer Betracht.

Die experimentelle Stütze für die Zweckmäßigkeit dieser Definition findet sich in einer Untersuchung von ARNDT über die Flimmergrenze beim Kinobildwurf[1], aus dessen Messungen diese Definition abgeleitet werden konnte. ARNDT mißt u. a. an unsymmetrischen Flügelblenden die Grenzfrequenz, für die das Flimmern verschwindet, bei konstanter Beleuchtungsstärke (10 lx) der Bildwand in Abhängigkeit vom Unsymmetriegrad der Blenden. Die Kurven für den zeitlichen Verlauf der Helligkeit auf der Bildwand sind beim Kinobildwurf sehr reich an Oberwellen, also für die vorliegende Betrachtung besonders geeignet.

Aus den Angaben von ARNDT über den Unsymmetriegrad (HV) und das Verhältnis der Hell- und Dunkelsektoren (H/D) wurde für 11 verschiedene Dreiflügelblenden die Kurvenform des Lichtverlaufs rekonstruiert[2]. Bei diesen so gewonnenen Kurven wurde durch harmonische Analyse der Gleichlichtanteil a_0 und die Amplitude der Grundschwingung a_1 ermittelt und das Verhältnis a_1/a_0 gebildet.

Es zeigt sich nun, daß für völlig verschiedene Flügelblenden, also Lichtkurven mit verschieden stark ausgeprägten Oberwellen, die Grenzfrequenz der Flimmerempfindung immer dann gleich ist, wenn die Kurven gleiches Verhältnis a_1/a_0 besitzen, während sich für das Verhältnis von Wechsellichtmenge zu Gleichlicht menge Abweichungen bis über 150% ergeben, so daß dieses Verhältnis zur Kenn zeichnung der Lichtschwankungen hinsichtlich ihres Einflusses auf das Flimmern nicht geeignet ist.

Dieses aus 11 Kurven bei 4 Frequenzen mit einem mittleren Fehler von 4% gewonnene Ergebnis besagt also: Für die Beurteilung, ob eine wechselstrombetriebene Lichtquelle bei einer bestimmten Frequenz und Beleuchtungsstärke eine flimmerfreie Beleuchtung ergibt, ist lediglich das Verhältnis der Amplitude der Grundschwingung zum Gleichlichtanteil a_1/a_0 maßgebend; die der Grundschwingung überlagerten Oberwellen sind für die Flimmerempfindung bedeutungslos.

Zur Berücksichtigung der Oberwellen der Lichtstromkurve schlägt W. APPUHN[3] vor, einen noch näher zu definierenden Ausdruck zu benutzen, der dem in der Elektroakustik gebräuchlichen Klirrfaktor von KÜPFMÜLLER ähnlich sein soll, also außer der Grundwellenamplitude noch die Oberwellenamplituden ent-

---

[1] W. ARNDT: Kinotechn. Bd. 17 (1935) S. 219.

[2] Der Einfachheit halber erfolgte die Konstruktion unter Annahme rechteckiger Kurvenformen, was, wie hier nicht näher ausgeführt werden soll und wie die gute Übereinstimmung der aus den Kurven abgeleiteten Werte zeigt, von geringem Einfluß auf die Zuverlässigkeit des weiter unten gezogenen Schlusses gewesen ist.

[3] W. APPUHN: Diss. T. H. Dresden 1936.

hält. Da eingehende Untersuchungen über den Einfluß von Oberwellen großer Amplitude auf die Grenzfrequenz der Flimmerempfindung erst in Aussicht genommen sind, sei das einzige bisher vorliegende Zahlenmaterial, welches aus den Messungen von ARNDT gewonnen werden konnte, hier näher diskutiert, um zu zeigen, daß eine Berücksichtigung der Oberwellen sich erst lohnt, wenn die Amplitude der ersten Oberwelle ein Vielfaches der Amplitude der Grundwelle beträgt. In Tab. 1 sind je drei (bzw. zwei) Kurven des Lichtverlaufs zusammengestellt, für die ARNDT eine gleiche Grenzfrequenz der Flimmerempfindung bei einer Beleuchtungsstärke der Bildwand von 10 lx ermittelte. Die Koeffizienten der Grundschwingung a_1 stimmen mit einem mittleren Fehler von 4% innerhalb jeder Gruppe überein. Die Koeffizienten der ersten und zweiten Oberschwingung, a_2

Tabelle 1. Koeffizienten der Grundschwingung und der ersten und zweiten Oberschwingung.

Der Gleichlichtanteil a_0 ist in allen Fällen gleich 100.

n U/sec	Art der Dreiflügelblende		a_1	a_2	a_3
38,5	H/D = 1 : 1	HV = 1 : 0,25	63	53	41
	H/D = 1 : 2	HV = 1 : 0,40	59	60	70
32	H/D = 1 : 0,33	HV = 1 : 0,25	29	30	47
	H/D = 1 : 1	HV = 1 : 0,52	26	35	110
	H/D = 1 : 2	HV = 1 : 0,63	25	39	143
27	H/D = 1 : 0,33	HV = 1 : 0,50	14	18	57
	H/D = 1 : 1	HV = 1 : 0,69	15	23	121
	H/D = 1 : 2	HV = 1 : 0,75	15	25	158
20	H/D = 1: 033	HV = 1: 0,75	5,4	7,4	59
	H/D = 1: 1	HV = 1: 0,85	5,6	9,6	127
	H/D = 1: 2	HV = 2: 0,89	6,4	10,8	164

und a_3, zeigen dagegen nur ein einsinniges Ansteigen mit den Größen H/D und HV; ein Einfluß auf die Grenzfrequenz der Flimmerempfindung ist nicht zu erkennen, obwohl a_2 rund den zweifachen, a_3 rund den zwanzigfachen Wert von a_1 erreicht.

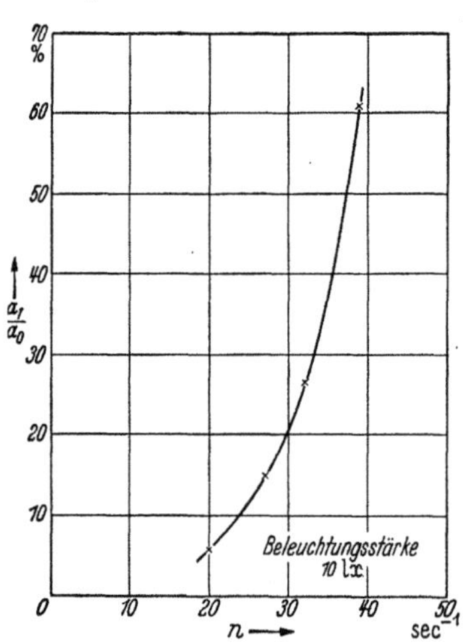

Abb. 5. Für flimmerfreie Beleuchtung noch zulässiger „Welligkeitsgrad" in Abhängigkeit von der Frequenz.

Daß der Einfluß der Oberwellen hier noch nicht erkennbar ist, wird verständlich, wenn man bedenkt, wie außerordentlich stark der für eine flimmerfreie Beleuchtung noch angängige „Welligkeitsgrad" ansteigt, wenn man die Frequenz erhöht. Aus Abb. 5, die die Mittelwerte von a_1 als Funktion der Frequenz darstellt, ist ersichtlich, daß bei einer Erhöhung der Frequenz von 20 auf 40 s^{-1} der zulässige „Welligkeitsgrad" a_1/a_0 auf etwa den zehnfachen Wert ansteigt. Wenn also die erste Oberschwingung, deren Frequenz ja doppelt so groß wie die der Grundschwingung ist, an der Flimmerempfindung maßgebend beteiligt sein soll, wird ihre Amplitude größenordnungsmäßig etwa zehnmal so groß sein müssen wie die Amplitude der Grundschwingung.

Die Berücksichtigung der Oberwellen bei der Kennzeichnung des Welligkeitsgrades einer Lichtquelle lohnt sich also erst, wenn die Amplitude der ersten Oberwelle ein Vielfaches der Amplitude der Grundschwingung beträgt, was offenbar nur beim

Kinobildwurf, sonst aber bei keiner anderen technischen Lichtquelle der Fall sein dürfte. Ob man zur Berücksichtigung der Oberwellen einen Ausdruck ähnlich dem KÜPFMÜLLERschen Klirrfaktor oder irgendeine andere Beziehung wird wählen müssen, kann erst durch die eingehende Untersuchung des Einflusses von Oberwellen der Lichtstromkurve auf die Grenzfrequenz der Flimmerempfindung entschieden werden. Da, wie weiter unten gezeigt wird, die Amplitude der Oberwellen bei den hier untersuchten Lichtquellen wesentlich kleiner ist als die Amplitude der Grundwelle, genügt es, für die weiteren Betrachtungen nur den oben vorgeschlagenen Ausdruck a_1/a_0 zu berücksichtigen.

Um den Einfluß der verschiedenen Leuchtstoffe auf die Verminderung der Lichtschwankungen und damit auf die Verringerung der Flimmergefahr zahlenmäßig zu beurteilen, wurden die Kurven des Lichtverlaufs der Leuchtstoffröhren einer harmonischen Analyse unterzogen und das Verhältnis des ersten zum nullten FOURIER-Koeffizienten, a_1/a_0, gebildet.

In Tab. 2 sind die Koeffizienten a_1 der Kurven des Lichtverlaufs einiger untersuchter Röhren zusammengestellt. Die Koeffizienten a_0 sind in allen Fällen gleich 100, so daß a_1 direkt das Verhältnis a_1/a_0 in Prozent angibt. Außerdem

Tabelle 2. Koeffizienten der Grundschwingung und ersten Oberschwingung. Gleichlichtanteil $a_0 = 100$, a_1 ist der „Welligkeitsgrad" in Prozent.

		a_1	a_2
Hg-Niederdruckentladung	35 mA/cm²	87,7	7,8
	70 „	82,2	5,2
Hg-Niederdruckentladung-Resonanzstrahlung	35 mA/cm²	71,0	11,1
	70 „	60,0	17,0
Leuchtstoffröhre, gelblichweiß	35 mA/cm²	18,7	3,6
	70 „	22,7	4,4
Leuchtstoffröhre, rötlichweiß	35 mA/cm²	13,9	2,1
	70 „	19,2	2,8
Glühlampe 25 W 220 V		17,9	1,6
„ 75 W 220 V (D-Lampe)		12,3	0,3

sind noch die Koeffizienten a_2 der ersten Oberschwingung angegeben, die erkennen lassen, daß der Anteil der Oberschwingungen bei den hier untersuchten Gasentladungs-Leuchtröhren nicht sehr groß, aber größer als bei Glühlampen ist.

Man sieht hier noch einmal die beträchtliche Schwankung der sichtbaren Strahlung der Quecksilber-Niederdruckentladung und die nur wenig kleinere Schwankung der Resonanzstrahlung. Des weiteren sind die FOURIER-Koeffizienten a_1 und a_2 für eine gelblichweiße und eine rötlichweiße Leuchtstoffröhre für verschiedene Stromdichten aufgeführt. Die Lichtschwankungen betragen nur noch $^1/_6$ bis $^1/_4$ der Schwankungen der reinen Quecksilber-Niederdruckentladung. Bei geringeren Stromdichten sind auch die Lichtschwankungen geringer, da nämlich mit abnehmender Stromdichte die Resonanzstrahlung gegenüber der sichtbaren Strahlung zunimmt[1] und somit, da die Leuchtstoffstrahlung von der Resonanzstrahlung erregt wird, auch die Leuchtstoffstrahlung anwächst. Da aber, wie wir in Abb. 3 gesehen hatten, die Leuchtstoffstrahlung eine ganz wesentlich geringere Schwankung zeigt als die sichtbare Strahlung der reinen Quecksilberentladung, muß ein Anwachsen der Leuchtstoffstrahlung gegenüber der sichtbaren Quecksilberstrahlung eine Verminderung der Lichtschwankungen zur Folge haben.

[1] H. KREFFT, M. REGER u. R. ROMPE: Z. techn. Phys. Bd. 14 (1933) S. 242.

Zum Schluß sind noch die Koeffizienten a_1 und a_2 für zwei Glühlampen mit etwa derselben elektrischen Leistung (25 W) und etwa demselben Lichtstrom (D-Lampe 75 W) wie eine Leuchtstoffröhre von 0,5 m Länge bei 0,5 A aufgeführt. Man sieht auch hier wieder, daß die Schwankungen der Leuchtstoffröhren in derselben Größenordnung liegen wie die der Glühlampen, so daß die Leuchtstoff-Gasentladungsröhren mit ihrer höheren Lichtausbeute und besseren Farbwiedergabe unbedenklich Eingang in die Innenraumbeleuchtung finden können, ohne daß man ein Flimmern der Beleuchtung zu befürchten braucht.

Untersuchungen an Schaltungen für Gasentladungslampen[1].

Von

H. Strauch.

Mit 11 Abbildungen.

Übersicht über die durchgeführten Arbeiten.

Gas- und Metalldampf-Entladungslampen können nach dem gegenwärtigen Stand der Technik erst in einigen Fällen unmittelbar an das Leitungsnetz angeschlossen werden, aber auch dann werden in der Einbrennperiode noch zusätzliche Vorschaltelemente gebraucht[2]. Der überwiegende Teil der Entladungslampen erhält zur Stabilisierung Zusatzgeräte, durch welche die gesamten Betriebsverhältnisse der Lampen wesentlich mitbestimmt werden. Die moderne Entwicklung der Entladungslampen macht deshalb auch sorgfältige Untersuchungen über den Einfluß verschiedener Vorschaltgeräte erforderlich, die für die wichtigsten praktischen Fälle durch experimentelle und theoretische Arbeiten durchgeführt wurden.

Die Verhältnisse lassen sich an Gleichstrom noch am einfachsten übersehen. Hierbei zeigt sich, daß die Leistungsaufnahme einer Lampe sich bei schwankender Netzspannung weniger ändert, wenn an Stelle eines konstanten Ohmschen Widerstandes eine Glühlampe vor die Entladungslampe geschaltet wird, deren Widerstand mit der Temperatur bekanntlich erheblich ansteigt.

Ungleich schwieriger, aber dafür auch vielseitiger und reizvoller sind Untersuchungen von Gasentladungslampen in ihrem Betrieb am Wechselstromnetz, da die dynamische Charakteristik des Wechselstromlichtbogens von der Art des Vorschaltgeräts in starkem Maße abhängt und die Zusammensetzung der Geräte aus ihren Elementen, nämlich aus Kondensatoren, Ohmschen Widerständen mit positiven und negativen Temperaturkoeffizienten, gesättigten und ungesättigten Drosselspulen, Transformatoren mit und ohne Streujoch in beliebiger Reihen- oder Parallelschaltung ungezählte Kombinationen ermöglicht. Das erste Eindringen in dieses neue Gebiet geschah durch das Experiment, wobei Kathodenstrahloszillograph, Stroboskop und harmonischer Analysator in ausgiebigem Maße angewandt wurden. Hierbei zeigte sich beispielsweise, daß die Wirkungsweise von Kondensatoren auf das Betriebsverhalten der Lampen durchaus nicht einheitlich ist. Sie können einerseits Entladungserscheinungen nach einer e-Funktion mit ausgeprägtem stroboskopischen Effekt bewirken, andererseits können auch völlig oberwellenfreie Ströme erreicht werden. Je nach der Schaltung und der Größe der Kondensatoren können sie die Zündung der Lampen erleichtern oder auch

[1] Zusammenfassung der in Z. techn. Phys. Bd. 20 (1939) S. 67, Arch. Elektrotechn. Bd. 33 (1939) S. 465, 505, 561, Z. techn. Phys. Bd. 20 (1939) S. 317, Arch. Elektrotechn. Bd. 34 (1940) S. 397 und Z. techn. Phys. Bd. 21 (1940) S. 177 erschienenen Arbeiten.

[2] R. Rompe u. W. Thouret: Z. techn. Phys. Bd. 19 (1938) S. 352; s. a. dies. Bd. S. 44.

die Lampen noch während der Hochbrennperiode zum Erlöschen bringen. All das wirkt sich noch weiterhin auf die Phasenverschiebung und die Verzerrung des Wechselstroms, mithin auf den Leistungsfaktor des Netzes, auf die Beanspruchung der Elektroden und damit auf die Lebensdauer der Lampen, ferner auf das Periodenflimmern u. a. aus. Da es zu weit führen würde, hier auf die durchgeführten Einzelversuche einzugehen, sei auf die Originalarbeiten hingewiesen.

Einige für die Praxis wichtige Grundschaltungen waren einer eingehenden theoretischen Untersuchung zugänglich, deren Ergebnisse in sehr guter Übereinstimmung mit ausgeführten Messungen stehen. Es handelt sich hierbei um die drei Reihenschaltungen:

1. Entladungslampe und Ohmscher Widerstand,
2. Entladungslampe mit ungesättigter Drosselspule mit oder ohne Ohmschen Widerstand,
3. Entladungslampe mit ungesättigter Drosselspule und Kondensator (Resonanzschaltung).

Diese Untersuchungen gehen auf die inneren Verhältnisse der Entladungsröhren nicht ein, sondern setzen die Form der Rohrspannungskurve als gegeben voraus und vereinfachen diese für die mathematische Behandlung. Da die sog. Resonanzschaltung zum Teil überraschende Ergebnisse liefert, sei die neuartige Untersuchungsmethode an diesem Beispiel näher erläutert.

1. Ein neues Gesetz der Stromüberlagerung.

Die Schaltung ist in Abb. 1 gezeichnet. In Reihe mit einer Entladungslampe sind ein Kondensator und eine ungesättigte Drosselspule an das Wechselstromnetz angeschlossen. Da die Leitungsnetze vorwiegend induktiv belastet werden, wählt man die Abmessungen der beiden Geräte hier so, daß die Lampe voreilenden Strom aufnimmt. Damit können solche Schaltungen zur Phasenkompensation der Netze herangezogen werden.

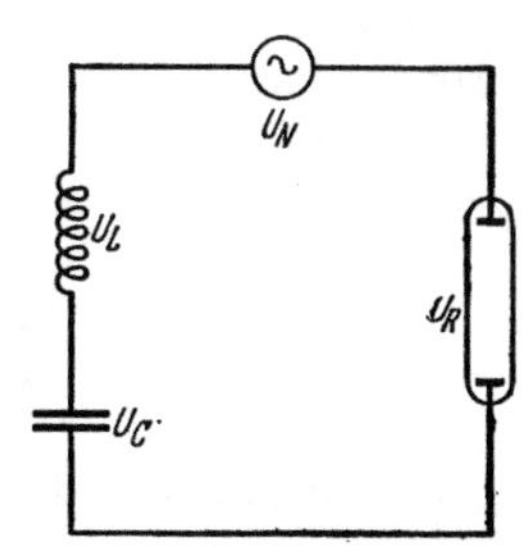

Abb. 1. Spannungsresonanzschaltungen an Gasentladungslampen.

Setzen wir fest, daß der Strom i zu den Zeitpunkten $\omega t = 0,\ \pi,\ 2\pi \ldots$ zu Null wird und die Phasenverschiebung zwischen Strom und Netzspannung φ beträgt, so schreiben wir:

$$u_N = U_N \sin(\omega t - \varphi)\,, \qquad (1)$$

wobei u_N die Augenblickswerte der Netzspannung und und U_N deren Scheitelwert angibt.

Die Rohrspannung u_R habe beliebige Kurvenform. Versuche haben gezeigt, daß diese Kurve symmetrisch zur Zeitachse verläuft, was die weitere Rechnung wesentlich vereinfacht. Da durch die Röhre kein Strom fließen kann, wenn die Spannung an ihr zusammenbricht, so folgt daraus, daß zu den Zeiten $\omega t = 0,\ \pi,\ 2\pi \ldots$ auch $u_R = 0$ wird. Die Größe der Phasenverschiebung φ ist jedoch noch nicht bekannt.

Die Berechnung des Stromes führen wir in drei Stufen durch. Wir denken uns zunächst die Röhre kurzgeschlossen und die Netzspannung u_N als die treibende Spannung. Für den Teilstrom i_I, der unter diesen Umständen durch den Stromkreis fließt, erhalten wir die folgende Differentialgleichung mit der Lösung:

$$u_N = U_N \sin(\omega t - \varphi) = L \cdot \frac{d i_I}{d\omega t} + \frac{1}{C}\int i_I \, d\omega t\,,$$

$$i_I = \frac{U_N}{\Re_1} \cos(\omega t - \varphi) \qquad \text{mit} \qquad \Re_1 = \frac{1}{\omega C} - \omega L\,. \qquad (2),\ (3)$$

Nun nehmen wir an, daß die Wechselstromquelle durch einen Kurzschlußbügel überbrückt ist und die treibende Spannung $(-u_R)$ ist. Da die Rohrspannung im allgemeinen nichtsinusförmig ist, ist die Röhre ein Generator für die Oberwellen des Stromes. Wir lösen die Rohrspannung in eine Fourierreihe auf und schreiben:

$$u_R = \sum_{m=1}^{m=\infty} u_{Rm} \sin(m\omega t + \varphi_m)\,. \tag{4}$$

Aus Symmetriegründen kann m nur alle ungeraden Zahlenwerte annehmen. Um den Teilstrom i_{II} zu ermitteln, stellen wir für jede Schwingung $m\omega$ die Differentialgleichung auf:

$$-u_{Rm} = L \cdot \frac{d i_{IIm}}{d\omega t} + \frac{1}{C}\int i_{IIm}\, d\omega t,$$

$$i_{IIm} = -\frac{U_{Rm}}{\Re_m}\cos(m\omega t + \varphi_m) \quad \text{mit} \quad \Re_m = \frac{1}{m\omega C} - m\omega L \tag{5), (6}$$

und addieren die einzelnen Oberwellen zur Grundschwingung. Das negative Vorzeichen in Gl. (5) gilt für den Fall, daß der kapazitive Wechselstromwiderstand größer als der induktive Widerstand ist. Im umgekehrten Falle tritt eine Phasenverschiebung von 180° auf. In der Praxis sind Kondensator und Drossel so aufeinander abgestimmt, daß der Wechselstromwiderstand des Geräts für die Grundwelle ($m = 1$) kapazitiv, für alle Oberwellen ($m = 3, 5, 7, \ldots$) induktiv ist. Die Phasenverschiebung von 180° und damit der Vorzeichenwechsel wird dadurch berücksichtigt, daß man mit demjenigen positiven oder negativen Wert von R_m weiterrechnet, der sich nach Gl. (6) ergibt. — Übrigens geht Gl. (6) für $m = 1$ in Gl. (3) über.

Das Stromüberlagerungsgesetz, das in diesen Arbeiten erstmalig angewendet worden ist, lautet: Der Strom, der tatsächlich durch den Lampenkreis fließt, ist gleich der Summe der ermittelten Teilströme. Seine Größe finden wir damit aus der sinngemäßen Vereinigung der Gl. (2), (4) und (5) zu:

$$i = i_I + i_{II} = i_I + \sum_{m=1}^{m=\infty} i_{IIm} = \frac{U_N}{\Re_1}\cos(\omega t - \varphi) - \sum_{m=1}^{m=\infty} \frac{U_{Rm}}{\Re_m}\cos(m\omega t + \varphi_m)\,. \tag{7}$$

Die Grundwelle i_1 des Stromes setzt sich demnach aus zwei Anteilen zusammen:

$$i_1 = \frac{1}{\Re_1}\left[U_N \cos(\omega t - \varphi) - U_{R_1}\cos(\omega t + \varphi_1)\right]. \tag{8}$$

Dafür schreiben wir:

$$i_1 = J_1 \sin(\omega t - \overline{\varphi})\,. \tag{9}$$

Hierunter verstehen wir:

$$J_1 = \frac{1}{\Re_1}\sqrt{U_N^2 + U_{R_1}^2 - 2\,U_N\,U_{R_1}\cos(\varphi - \varphi_1)}\,,$$

$$\operatorname{tg}\overline{\varphi} = -\frac{U_N\cos\varphi - U_{R_1}\cos\varphi_1}{U_N\sin\varphi - U_{R_1}\sin\varphi_1}\,. \tag{10}$$

Damit erhalten wir eine Trennung des Stromes in seinen Grund- und Oberwellenanteil in Verbindung von Gl. (7) und (9) zu:

$$i = J_1 \sin(\omega t - \overline{\varphi}) - \sum_{m=3}^{m=\infty} \frac{U_{Rm}}{\Re_m}\cos(m\omega t + \varphi_m)\,. \tag{11}$$

Der Effektivwert des Wechselstroms ist:

$$J_{\text{eff}} = \frac{1}{\sqrt{2}} \sqrt{\sum_{m=1}^{m=\infty} J_m^2}, \tag{12}$$

und die Verzerrung des Wechselstroms durch die Oberwellen folgt zu:

$$\mathfrak{v} = \frac{1}{J_1} \sqrt{\sum_{m=3}^{m=\infty} J_m^2} = \frac{1}{J_1} \sqrt{\sum_{m=3}^{m=\infty} \left(\frac{U_{Rm}}{\mathfrak{R}_m}\right)^2}. \tag{13}$$

U_{Rm} und φ_m sind aus der Fourieranalyse bekannt. Die Wechselstromwiderstände R_m lassen sich aus L und C berechnen. Die Netzspannung U_N wird angenommen. Zur Berechnung des Stromes brauchen wir also noch die Kenntnis der Phasenverschiebung φ. Wir ermitteln sie aus der Bedingung, daß für $\omega t = 0$ auch $i = 0$ werden muß. Daraus folgt aus Gl. (7):

$$\cos\varphi = \sum_{m=1}^{m=\infty} \frac{U_{Rm}}{U_N} \cdot \frac{\mathfrak{R}_1}{\mathfrak{R}_m} \cos\varphi_m. \tag{14}$$

Die Phasenverschiebung und gleichzeitig auch das Verhältnis der Oberschwingungen zur Grundwelle des Stromes ist damit abhängig von der Kurvenform der Rohrspannung, vom Verhältnis der Rohrspannung zur Netzspannung, sowie von den Wechselstromwiderständen für Grundwelle und Oberschwingungen. Auf diesen letzten Umstand wollen wir zunächst eingehen.

Führen wir die Eigenfrequenz des Schwingungskreises mit

$$\omega_r = \frac{1}{\sqrt{LC}} \tag{15}$$

ein, so ergibt ihre Verbindung mit Gl. (3) und (5):

$$\mathfrak{R}_m = \mathfrak{R}_1 \frac{\frac{1}{m} - m\left(\frac{\omega}{\omega_r}\right)^2}{1 - \left(\frac{\omega}{\omega_r}\right)^2}. \tag{16}$$

Der Bruch stellt die bekannte Resonanzkurve dar, die für $\omega_r = \omega$ unendlich groß wird. Geben wir dem Wechselstromwiderstand $\mathfrak{R}_1$ für die Grundwelle einen endlichen und konstanten Wert, so werden die Wechselstromwiderstände R_m für die Oberwellen mit der Schwingung $m\omega$ um so höher, je mehr sich die Eigenfrequenz des Schwingungskreises der Netzfrequenz nähert. Durch weitgehende Ausnutzung der Spannungsresonanz kann man deshalb sämtliche Oberwellen praktisch vollkommen unterdrücken.

2. Vereinfachung: Rechteckförmige Rohrspannung.

Die Form der Rohrspannungskurve nahmen wir bisher beliebig an, und für diesen allgemeinen Fall haben wir im vorangehenden Abschnitt die Gleichungen abgeleitet. Die mathematische Behandlung läßt sich nun ohne nennenswerte Beeinträchtigung der Genauigkeit dadurch stark vereinfachen und in geschlossener Form weiterführen, daß wir die Spannungskurve rechteckförmig annehmen. Dann wird:

$$U_{Rm} = \frac{4}{\pi} \frac{U_R}{m}; \qquad \varphi_m = 0. \tag{17}$$

Die Phasenverschiebung erhält damit die einfache Beziehung:

$$\cos\varphi = \frac{4}{\pi}\cdot\frac{U_R}{U_N}\sum_{m=1}^{m=\infty}\frac{\mathfrak{R}_1}{m\,\mathfrak{R}_m} = \frac{4}{\pi}\,\frac{U_R}{U_N}\sum_{m=1}^{m=\infty}\frac{1-\left(\frac{\omega}{\omega_r}\right)^2}{1-\left(m\,\frac{\omega}{\omega_r}\right)^2} = \frac{4}{\pi}\cdot\frac{U_R}{U_N}\cdot f(\nu_r)\,. \tag{18}$$

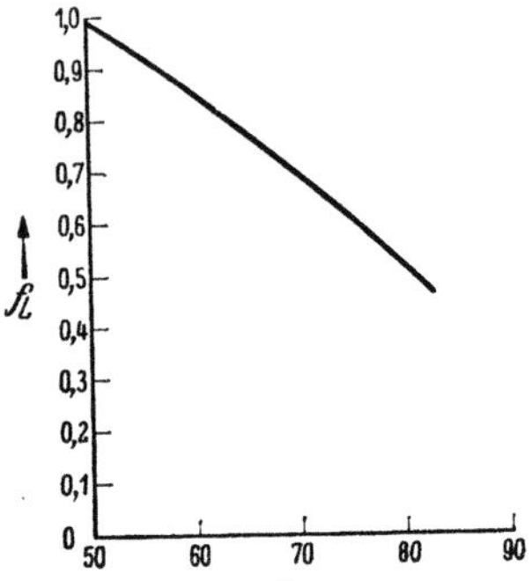

Abb. 1 a. Darstellung der Funktion $f(\nu_r) = \sum_{m=1}^{m=\infty}\frac{1-\left(\frac{\omega}{\omega_r}\right)^2}{1-\left(m\frac{\omega}{\omega_r}\right)^2}$ $(m = 1, 3, 5, 7\ldots)$.

Es erweist sich nämlich für die kommenden Ausführungen als sehr zweckmäßig, für die Summe, deren Größe nur von ω_r abhängt, der Einfachheit halber $f(\nu_r)$ zu schreiben (Abb. 1a). Im weiteren Verlauf der Untersuchung wird die Netzfrequenz mit 50 Hz, also $\omega = 2\pi\cdot 50 = 314$ angenommen. Die Darstellungen sind entsprechend für $\nu_r = \frac{\omega_r}{2\pi}$ gezeichnet (vgl. auch Abb. 2). Für den Strom erhalten wir mithin:

$$i = \frac{1}{\mathfrak{R}_1}\left\{\sqrt{U_N^2 + \left(\frac{4}{\pi}\,U_R\right)^2 (1-2f(\nu_r))}\;\times\right.$$
$$\times\sin\left[\omega t - \operatorname{arctg}\frac{f(\nu_r)-1}{\sqrt{\left(\frac{\pi}{4}\cdot\frac{U_N}{U_R}\right)^2-[f(\nu_r)]^2}}\right] -$$
$$-\sum_{m=3}^{m=\infty}\frac{4}{\pi}\,U_R\cdot\frac{\mathfrak{R}_1}{m\,\mathfrak{R}_m}\cos m\,\omega t\,. \tag{19}$$

3. Ein Zahlenbeispiel. Vektordiagramm für die Grundschwingung.

Diese Ergebnisse wollen wir an einem Zahlenbeispiel erläutern. Wir wählen hierzu den Wert der Netzspannung mit $U_N = 220\sqrt{2}$ V, die rechteckförmige Rohrspannung $U_R = 155$ V, den Wechselstromwiderstand $\mathfrak{R}_1$ für die Grundwelle mit 255 Ω, den Kondensator zu 8 μF, die Selbstinduktion der Drosselspule zu 0,45 H. Die Eigenfrequenz des Schwingungskreises beträgt dann

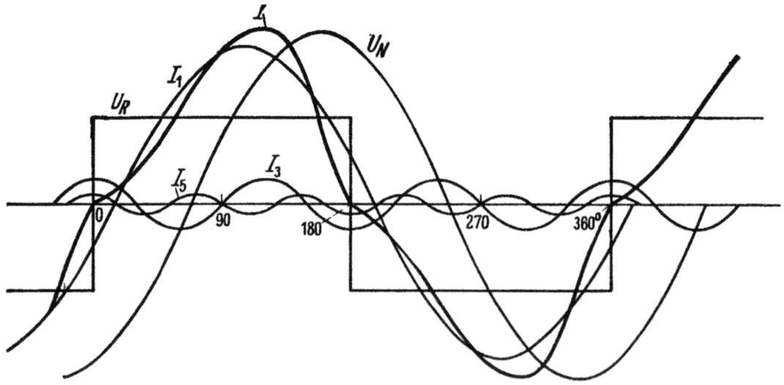

Abb. 2. Berechnetes Oszillogramm für Strom und Rohrspannung für $C = 8\,\mu$F.

rd. $\nu_r = 87$ Hz, die Phasenverschiebung φ etwa $67^1/_2{}^\circ$, der Strom der Grundwelle 1,2 A. Die dritte Harmonische beträgt 20,0%, die fünfte Oberwelle 5,1% und die siebente Oberschwingung 2,7% des Wertes der Grundschwingung. In Abb. 2 ist der Strom aus der Addition der Schwingungen mit $m = 1,3$ und 5 zusammengesetzt gezeichnet. Der Strom steigt langsam an und fällt steil ab. Zu den Zeiten $\omega t = 0, \pi, 2\pi, \ldots$ weist die Stromkurve einen Knick auf. Der

Ausdruck für die Verzerrung V des Wechselstroms nimmt nunmehr folgende Gestalt an:

$$v = \sqrt{\frac{\sum_{m=3}^{m=\infty} \left[\frac{1 - \left(\frac{\omega}{\omega_r}\right)^2}{1 - \left(m \frac{\omega}{\omega_r}\right)^2} \right]^2}{\left(\frac{\pi}{4} \cdot \frac{U_N}{U_R}\right)^2 + 1 - 2f(\nu_r)}}\,. \tag{20}$$

Die Verzerrung wächst damit sowohl mit der Resonanzfrequenz wie mit dem Verhältnis U_R/U_N an. Diese doppelte Abhängigkeit ist eine Eigentümlichkeit dieser Schaltung.

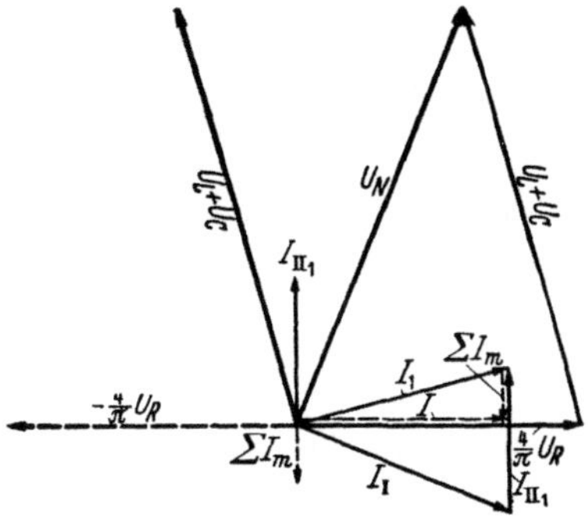

Abb. 3. Vektordiagramm für die Grundschwingung.

Es ist außerdem sehr aufschlußreich, das Vektordiagramm für die Grundschwingung zu zeichnen (Abb. 3). Wir tragen zunächst die Rohrspannung $\frac{4}{\pi} U_R$ in waagerechter Richtung nach rechts auf. Die Netzspannung U_N eilt der Rohrspannung nach. Die Stromstärke J_I eilt der Netzspannung um 90° vor. Um die Ströme i_{II} zu ermitteln, gehen wir von der Spannung $-\frac{4}{\pi} U_R$ (nach links aufgetragen) aus und bedenken, daß der Strom für die Grundwelle dieser Spannung gemäß der kapazitiven Wirkung des Geräts um 90° voreilt (nach oben aufgetragen), jedoch alle Oberwellen $\sum_{m=3}^{m=\infty} J_m$ gemäß der induktiven Wirkung des Geräts um 90° nacheilen (gestrichelt eingetragen, da nicht von gleicher Frequenz wie die übrigen Größen). Damit hängt zusammen, daß der Grundstrom hinter der Rohrspannung nacheilt. Die Vektordiagramme für die einzelnen Oberschwingungen liefern keine neuen Gesichtspunkte, da hier wegen der induktiven Wirkung der Strom um 90° hinter der entsprechenden Spannungsoberwelle nacheilt und die Rohrspannung die einzige treibende Spannung ist.

Die Ausführungen gelten für ein Gerät, dessen Eigenfrequenz erheblich von der Netzfrequenz abweicht. Arbeitet das Gerät jedoch in der Nähe des Grenzfalles $\omega_r \approx \omega$, so wird gemäß Gl. (16) $\frac{R_1}{R_m} \approx 0$, solange $m = 1$. Wir erhalten damit aus (18) für den Scheitelwert des Stromes die einfache Beziehung:

$$J = J_1 = \frac{1}{\Re_1} \sqrt{U_N^2 - \left(\frac{4}{\pi} U_R\right)^2}, \tag{21}$$

der der Netzspannung um:

$$\varphi = \arc\cos \frac{4}{\pi} \frac{U_R}{U_N} \tag{22}$$

vorauseilt und in Phase mit der Rohrspannung ist. Aus Gl. (21) folgt, daß die Lampe nicht mehr betriebsfähig sein kann, wenn der Wurzelausdruck zu Null wird. Berücksichtigen wir noch, daß das Verhältnis des Scheitelwertes zum Effektivwert der sinusförmigen Netzspannung $\sqrt{2}$ ist, so folgt daraus, daß der Grenzfall für die Betriebsfähigkeit mit

$$U_{R\max} = \frac{\pi}{2\sqrt{2}} U_{N\,\mathrm{eff}} = 1{,}11\; U_{N\,\mathrm{eff}} \tag{23}$$

gegeben ist. Das heißt also: Die Lampe erlischt erst, wenn ihre Spannung den Effektivwert der Netzspannung noch um 11% übersteigt. Diese überraschende Tatsache, daß die Rohrspannung größer als die Netzspannung werden kann, konnte auch durch Versuche an Quecksilber- und Natriumdampflampen wiederholt bestätigt werden.

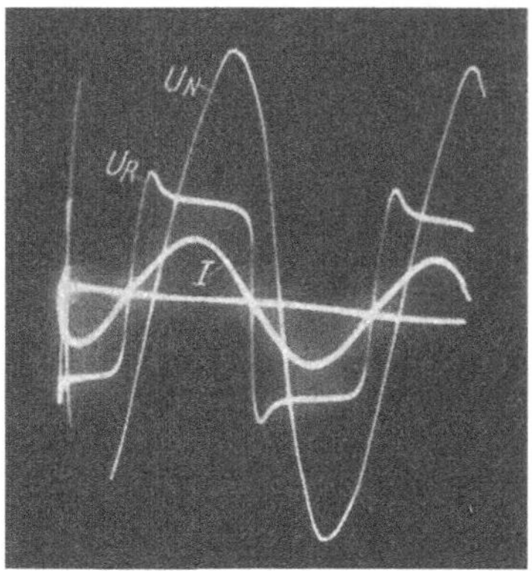

Abb. 4. Betriebsoszillogramme einer Quecksilber-Hochdrucklampe HgQ 500. Netzspannung U_N, Rohrspannung U_R, Strom I.

Eine oszillographische Aufnahme an einer aus unserer Herstellung stammenden Quecksilber-Hochdrucklampe der Type HgQ 500 für $\omega : \omega_r = 1 : 1{,}12$ ist in Abb. 4 dargestellt. Der Strom ist trotz der starken Verzerrung der Rohrspannungskurve praktisch sinusförmig.

4. Gerätespannungen.

Ein tieferes Erkennen der Wirkungsweise von Schaltungen ist grundsätzlich nur dann möglich, wenn auch alle Gerätespannungen bekannt sind und ihre Änderung, z. B. mit dem Verhältnis U_R/U_N, bekannt ist. Da wir den Strom schon berechnet haben, sind wir in der Lage, die Spannung am Kondensator zu ermitteln. Wir finden:

$$u_C = \frac{1}{C}\int i\,d\omega t = \frac{1}{\Re_1 \omega C}\left[-\sqrt{U_N^2 + \left(\frac{4}{\pi} U_R\right)^2 [1 - 2f(\nu_r)]}\cos(\omega t - \overline{\varphi}) + \frac{4}{\pi} U_R \sum_{m=3}^{m=\infty} \left|\frac{\Re_1}{m^2 \Re_m}\right| \sin m\,\omega t\right]. \tag{24}$$

Entsprechend wird die Drosselspannung:

$$u_L = L \cdot \frac{di}{d\omega t} = \omega L \left[\frac{1}{\Re_1}\sqrt{U_N^2 + \left(\frac{4}{\pi} U_R\right)^2 [1 - 2f(\nu_r)]}\cos(\omega t - \overline{\varphi}) - \frac{4}{\pi} U_R \cdot \sum_{m=3}^{m=\infty} \frac{\sin m\,\omega t}{|\Re_m|}\right]. \tag{25}$$

Wegen des Gliedes m^2 unter dem Summenzeichen der Gl. (24) weicht die Spannung am Kondensator nur unwesentlich von der Sinusform ab. In Abb. 5 wurde sie für $\nu_r = 87$ Hz und $U_R/U_N = 1 : 2$ entsprechend dem früheren Rechenbeispiel (vgl. Abbildung 2) gezeichnet. Obwohl die dritte Harmonische des Stromes 20% von der Grundwelle beträgt, ist die Amplitude der dritten Oberwelle der Kondensatorspannung noch gerade zu erkennen. Sie verschiebt das Spannungsmaximum auf den Betriebspunkt $\omega t = 0$, d. h. dorthin, wo die Rohrspannung plötzlich ihren Wert ändert. Die Höhe des Größtwertes ist an-

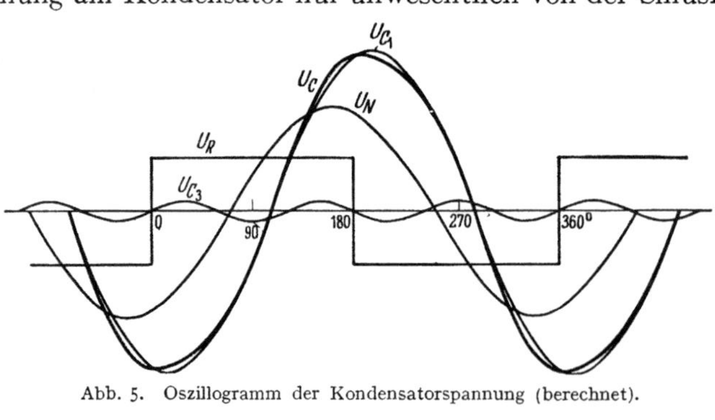

Abb. 5. Oszillogramm der Kondensatorspannung (berechnet).

nähernd gleich geblieben. Kommt es also darauf an, die Höhe der Kondensatorspannung nur in gröberen Zügen abzuschätzen, so können wir setzen:

$$u_c \approx -\frac{J_1}{\omega C}\cos\omega t = -U_c \cos\omega t\,. \tag{26}$$

Berechnet man die Drosselspannung nach Gl. (25), so hat dies den Nachteil, daß man sehr viele Glieder unter dem Summenzeichen berücksichtigen muß, da die Reihe nur langsam konvergiert. Betrachten wir aber das zweite Glied dieser Gleichung genauer, so erkennen wir, daß der Wert nicht viel von der Rohrspannung abweichen kann. Eine rohe Beschreibung würde hier zu der Vereinfachung führen:

$$u_L \approx J_1 \omega L \cos\omega t - U_R\,. \tag{27}$$

Wir haben oben schon gesehen, daß sich die Kondensatorspannung nicht ändert, wenn die Rohrspannung durch Null hindurchgeht. Die plötzliche Änderung von U_R wird also vollständig von der Drosselspannung aufgenommen (Abb. 6). Das ist auch nicht anders denkbar, denn eine plötzliche Änderung der Kondensatorspannung setzt voraus, daß unendlich große Ströme fließen. Die größte Spannung tritt am Kondensator auf, da für die Grundschwingung der kapazitive Widerstand größer als der induktive Widerstand ist. Gl. (26) und (27) zeigen, daß mit Annäherung der Resonanzfrequenz an die Netzfrequenz, also mit größer werdenden Wechselstromwiderständen der Einzelgeräte und damit kleineren Kapazitäten, die Spannungen und damit auch die Scheinleistungen an Kondensator und Drosselspule stark ansteigen. Die Summe der Spannungen $U_L + U_c$ ist jedoch verhältnismäßig klein und liegt in der Größenordnung der Netzspannung. Aus dieser Tatsache erklärt es sich auch, warum man die Oberwellen unterdrücken kann, wenn man die Eigenfrequenz des Schwingungskreises nahezu gleich der Netzfrequenz macht. Dann beeinflussen nämlich die Spannungssprünge U_R zu den Zeiten $\omega t = 0, \pi, 2\pi, \ldots$ die Drosselspannung U_L verhältnismäßig wenig.

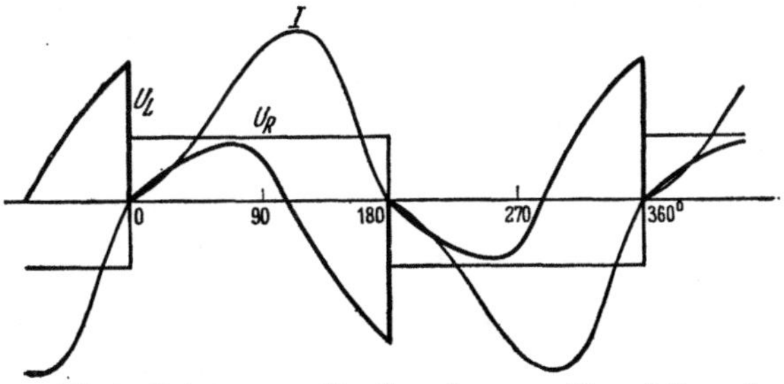

Abb. 6. Rohrspannung U_R, Drosselspannung U_L und Strom J während einer Periode.

Die Kurvenform der Drosselspannung gibt also einen guten Anhaltspunkt für die Oberwelligkeit des Stromes. Aus ihr läßt sich aber noch mehr ablesen. Versuche haben gezeigt, daß die Lampe meist erlischt, wenn bei der plötzlichen Änderung der Rohrspannung zu den Zeiten $\omega t = 0, \pi, 2\pi, \ldots$ die Drosselspannung bis auf den Wert Null — wie in Abb. 6 dargestellt — absinkt. Berücksichtigen wir dies in Gl. (27), so erhalten wir für das Verhältnis der Rohrspannung zur Netzspannung Größtwerte nach der Beziehung:

$$\frac{U_R''}{U_N} = \sqrt{\frac{1}{\left[1-\left(\frac{\omega_r}{\omega}\right)^2\right]^2 - \left(\frac{4}{\pi}\right)^2 [1 - 2f(\nu_r)]}}\,. \tag{28}$$

Diese Beziehung gilt nur angenähert, da sie aus der Näherungsgleichung (27) entwickelt worden ist. Wird $\omega_r = \omega$, so geht diese Gleichung in Gl. (23) über. Je mehr jedoch die Oberwellen in Erscheinung treten, um so größer wird der Nenner und um so tiefer muß die Rohrspannung genommen werden, damit die Lampe nicht erlischt. Die Werte U''_R/U_N sind in Abhängigkeit von der Eigenfrequenz in Abb. 7 eingetragen. Der gestrichelte Teil ist derjenige, der den Effektivwert der Netzspannung noch überschreitet. Auf die Bedeutung der Kurve U'_R/U_N wird im nächsten Abschnitt hingewiesen werden.

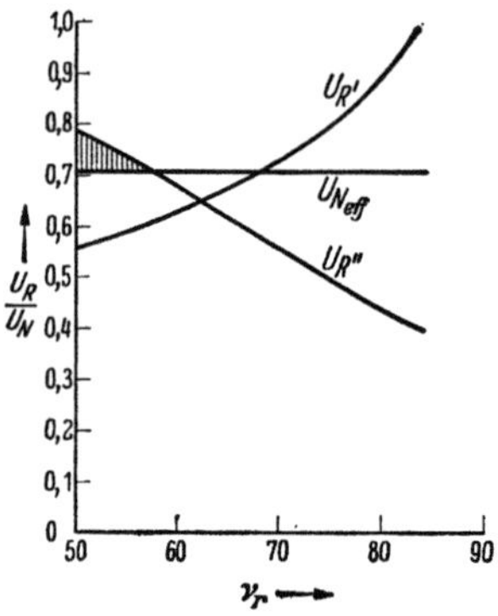

Abb. 7. Größtmögliche Rohrspannung U''_R und Rohrspannung U'_R für das Leistungsmaximum in Abhängigkeit von der Eigenfrequenz des Schwingungskreises.

5. Leistung.

Die Leistung, die der Lampe zugeführt wird, ist in jedem Augenblick das Produkt aus Rohrspannung und Strom: $n = U_R \cdot i$. Da die Rohrspannung für jede Halbwelle konstant ist und dann positive Werte annimmt, wenn der Strom positiv ist, und negativ wird, wenn auch der Strom negativ wird, so folgt daraus, daß man aus der Stromkurve die Leistungskurve ableiten kann, indem man in der zweiten Halbwelle anstatt der negativen Werte die gleich großen positiven Beträge aufträgt (Abb. 8). Versuche haben gezeigt, daß wegen der unbedeutenden Wärmeträgheit sich der Lichtstrom ungefähr im Rhythmus der Leistungsaufnahme ändert. Damit erhalten wir eine Handhabe, aus den bisher schon ermittelten Größen auch die Welligkeit des Lichtes (Periodenflimmern) zu berechnen. Die „Gleichstromkomponente" des Lichtes ist der mittleren Leistung proportional, und diese — da $U_R = \text{const}$ — verhältnismäßig dem arithmetischen Mittelwert des Stromes:

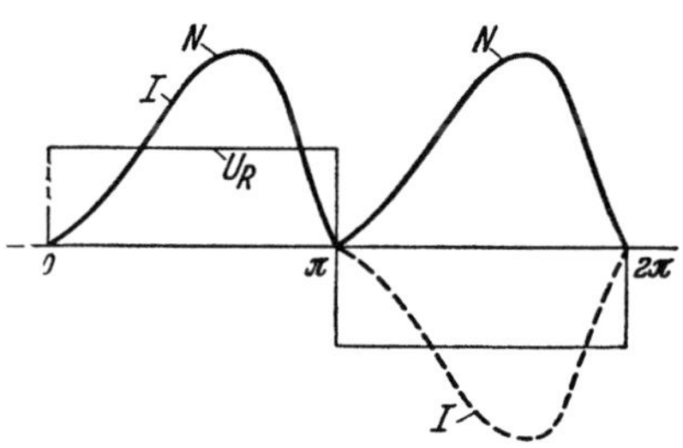

Abb. 8. Strom, Spannung und Leistung während einer Periode.

$$N_0 = \frac{1}{\pi}\int_0^\pi u i d\omega t = \frac{U_R}{\pi}\int_0^\pi i\, d\omega t. \tag{29}$$

Da nun der arithmetische Mittelwert der Stromoberwellen Null ist — man vergleiche auch Abb. 2 —, so ergibt sich einfach:

$$N_0 = \frac{2}{\pi}\frac{U_N}{\Re_1} U_R \sin\varphi = \frac{2}{\pi}\frac{U_R}{\Re_1}\sqrt{U_N^2 - \left[\frac{4}{\pi} U_R f(\nu_r)\right]^2}. \tag{30}$$

Diesen Mittelwert zeigen die üblichen Leistungsmesser an. Der Ausdruck muß einen Größtwert besitzen; denn für kleine Rohrspannungen ist bei unverändertem Resonanzgerät der Strom relativ groß, für große Rohrspannungen der Strom klein. Den Höchstwert der Leistungsaufnahme ermitteln wir, indem wir den aus (30) berechneten Differentialquotienten $\frac{\partial N_0}{\partial U_R} = 0$ setzen. Daraus folgt zunächst die Größe der Rohrspannung U'_R, bei der das Leistungsmaximum auftritt, mit:

$$U'_R = \frac{0{,}556\, U_N}{f(\nu_r)}. \tag{31}$$

Der Größtwert der Leistung ist also:

$$N_{0\max} = \frac{0{,}296\, U_N^2}{\Re_1 f(\nu_r)}. \tag{32}$$

Die Rohrspannung U'_R, bei der das Leistungsmaximum auftritt (Abb. 9), sowie auch die größte Leistung selbst, ist um so höher, je größer die Resonanzfrequenz des Schwingungskreises genommen wird. Es ist vorteilhaft, die mittlere Rohrspannung in der Massenfertigung so zu wählen, daß sie mit U'_R übereinstimmt. Denn dann nehmen die Lampen trotz der unvermeidlichen Toleranzen in der Rohrspannung an gleichen Vorschaltgeräten auch die gleichen Leistungen auf. Wie Abb. 7 zeigt, läßt sich dieser Grundsatz verwirklichen, wenn etwa $\omega_r \leqq 1{,}2\omega$ ist, da man links vom Schnittpunkt der Kurven für U'_R und U''_R bleiben muß.

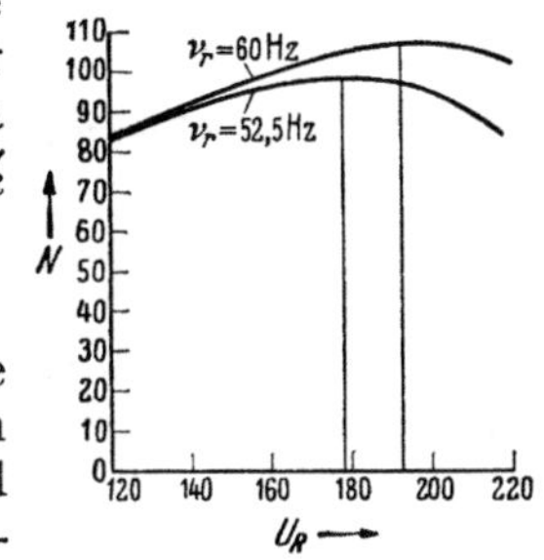

Abb. 9. Das Leistungsmaximum liegt bei um so kleineren Rohrspannungen, je mehr die Eigenfrequenz des Schwingungskreises an die Netzfrequenz angenähert ist.

6. Welligkeit des Lichtstroms.

Wir setzen nunmehr die Betrachtungen über die Welligkeit des Lichtstroms fort, die wir im vorigen Abschnitt schon begonnen haben. Da Leistung und Lichtstrom in jedem Augenblick einander praktisch proportional sind, genügt es, die Welligkeit der zugeführten elektrischen Leistung festzustellen.

In der Gleichrichtertheorie versteht man unter der Welligkeit eines Gleichstroms das Verhältnis des Effektivwertes aller Oberwellen zum mittleren Gleichstrom. Diesen Ausdruck übernehmen wir hier für die Leistungen, um Anhaltspunkte für die Größe des Periodenflimmerns zu erhalten. Wir ermitteln die Oberwellen durch Fourieranalyse und schreiben allgemein:

$$n = N_0 + \sum_{n=2}^{n=\infty} (A_n \cos n\,\omega t + B_n \sin n\,\omega t)\,. \tag{33}$$

Aus der Periode π folgt, daß nur die geradzahligen Oberwellen auftreten. Die Welligkeit des Lichtstroms wird damit:

$$\frac{1}{N_0}\sqrt{\frac{1}{2}\sum_{n=2}^{n=\infty} N_n^2}\,, \tag{34}$$

wobei N_n aus:

$$N_n = \sqrt{A_n^2 + B_n^2} \tag{35}$$

zu berechnen ist. Da ein geschlossener Ausdruck von Gl. (34) sehr unübersichtlich ist, begnügen wir uns mit der Berechnung der Amplituden A_n und B_n für die Kosinus- bzw. Sinusschwingung. Es ist unter Verwendung von Gl. (7):

$$A_n = \frac{2}{\pi}\int_0^\pi i\,U_R \cos n\,\omega t\,d\,\omega t = \frac{4}{\pi}\,U_R\,\frac{U_N}{\mathfrak{R}_1}\,\frac{\sin\varphi}{n^2-1}\,, \tag{36}$$

$$B_n = \frac{2}{\pi}\int_0^\pi i\,U_R \sin n\,\omega t\,d\,\omega t = \frac{4}{\pi}\,U_R\left[\frac{U_N}{\mathfrak{R}_1}\,\frac{\cos\varphi}{n^2-1} - \sum_{m=1}^{m=\infty}\left(\frac{4}{\pi}\cdot\frac{U_R}{m\,\mathfrak{R}_m}\cdot\frac{n}{n^2-m^2}\right)\right]. \tag{37}$$

Da für $\omega_r = \omega$ der Strom keine Oberwellen hat, ist anzunehmen, daß dann der Lichtstrom seine geringste Welligkeit aufweist. Die Ausrechnung für diesen Sonderfall liefert:

$$A_n = \frac{4}{n^2-1}\cdot\frac{U_R}{\pi}\cdot J_1\,; \qquad B_n = 0\,. \tag{38}$$

J_1 wird aus Gl. (21) errechnet. Mit steigender Resonanzfrequenz wird also tatsächlich die Lichtwelligkeit größer, da der Kosinuskoeffizient infolge der größeren Phasenverschiebung φ anwächst und der Sinuskoeffizient einen von Null abweichenden Wert annimmt. Da B_n die Werte $\frac{n}{n^2-1}$ bzw. $\frac{n}{n^2-m^2}$ enthält, sind gegebenenfalls auch noch höhere Werte als $n = 2$ und $m = 3$ zu untersuchen.

7. Effektivstrom, Form- und Leistungsfaktor, Hochbrennen der Quecksilberhochdrucklampe.

Messen wir Spannung und Strom mit Wechselstromgeräten, die die Effektivwerte anzeigen, so lesen wir am Spannungsmesser die Beträge U_R ab, da für die Rechteckform der Augenblickswert gleich dem arithmetischen und gleich dem geometrischen Mittelwert ist. Der Effektivwert des Stromes wird ermittelt aus:

$$J_{\text{eff}} = \frac{1}{\sqrt{2}} \sqrt{J_1^2 + \sum_{m=3}^{m=\infty} J_m^2} = \frac{U_N}{\Re_1 \sqrt{2}} \sqrt{1 + \left(\frac{4}{\pi}\frac{U_R}{U_N}\right)^2 \left\{ \sum_{m=1}^{m=\infty} \left[\frac{1 - \left(\frac{\omega}{\omega_1}\right)^2}{1 - \left(m\frac{\omega}{\omega_r}\right)^2} \right]^2 - 2 f(\nu_r) \right\}}. \quad (39)$$

Der Formfaktor ist das Verhältnis vom geometrischen zum arithmetischen Mittelwert, der in Verbindung von Gl. (39) mit (30) den Wert ergibt:

$$f_f = 1{,}11 \sqrt{\frac{1 + \left(\frac{4}{\pi}\frac{U_R}{U_N}\right)^2 \left\{ \sum_{m=1}^{m=\infty} \left[\frac{1 - \left(\frac{\omega}{\omega_r}\right)^2}{1 - \left(m\frac{\omega}{\omega_r}\right)^2} \right]^2 - 2 f(\nu_r) \right\}}{1 - \left[\frac{4}{\pi}\frac{U_R}{U_N} f(\nu_r)\right]^2}}. \quad (40)$$

Da Rohrspannung und Strom Oberwellen enthalten, ist $\cos\varphi$ nicht mehr gleich dem Leistungsfaktor f_L. Vielmehr ist dieser zu errechnen aus:

$$f_L = \frac{N_0}{U_{\text{eff}} \cdot J_{\text{eff}}} = \frac{U_R \sqrt{2}}{U_N} \cdot \frac{J_{\text{mitt}}}{J_{\text{eff}}} = \frac{\sqrt{2}}{f_f} \cdot \frac{U_R}{U_N}. \quad (41)$$

Der Formfaktor des Stromes steigt mit der Resonanzfrequenz langsam an. Der Leistungsfaktor der Anlage steigt mit der Rohrspannung und sinkt mit der Eigenfrequenz des Schwingungskreises.

Eine Eigenart der Quecksilber-Hochdrucklampe besteht darin, daß sie unmittelbar nach der Zündung zunächst nur eine kleine Brennspannung aufweist. Allmählich verdampft das flüssige Quecksilber, so daß erst nach einer gewissen Zeit, die zwischen wenigen Sekunden bis einigen Minuten liegen kann, der Betriebszustand erreicht ist. Im Anfang liegt also praktisch die ganze Netzspannung am Gerät, während sich später die Netzspannung auf Lampe und Gerät verteilt. Bei fast allen Schaltungen ist infolgedessen der Anlaufstrom größer als der Betriebsstrom: $J_a/J_b > 1$. Für die Resonanzschaltung berechnen wir dieses Verhältnis, indem wir für J_a den Wert $U_R = 0$ einsetzen und finden:

$$\frac{J_a}{J_b} = \frac{1}{\sqrt{1 + \left(\frac{4}{\pi}\frac{U_R}{U_N}\right)^2 \left\{ \sum_{m=1}^{m=\infty} \left[\frac{1 + \left(\frac{\omega}{\omega_r}\right)^2}{1 - \left(m\frac{\omega}{\omega_r}\right)^2} \right]^2 - 2 f(\nu_r) \right\}}}. \quad (42)$$

Wie der Klammerausdruck unter dem Wurzelzeichen lehrt, bewirken stärkere Oberwellen eine Verringerung des Anlaufstroms. Für $\omega_r = \omega$ erhalten wir den Höchstwert mit:

$$\left(\frac{J_a}{J_b}\right)_{\max} = \sqrt{\frac{1}{1 - \left(\frac{4}{\pi}\frac{U_R}{U_N}\right)^2}}. \quad (43)$$

Für

$$\sum_{m=1}^{m=\infty}\left[\frac{1-\left(\frac{\omega}{\omega_r}\right)^2}{1-\left(m\frac{\omega}{\omega_r}\right)^2}\right]^2 = 2f(\nu_r) \tag{44}$$

wird der Anlaufstrom gleich dem Betriebsstrom, und für große Abweichungen zwischen Netzfrequenz und Eigenfrequenz des Schwingungskreises kann der Anlaufstrom sogar unter den Betriebsstrom sinken. Dies wurde auch durch Versuche bestätigt.

Wie aus Gl. (19) hervorgeht, ist die Voreilung des Stromes gegenüber der Netzspannung im Anlauf besonders groß. Andererseits ist — wie hier nicht näher begründet werden soll — bei der sog. Drosselschaltung der induktive Anteil des

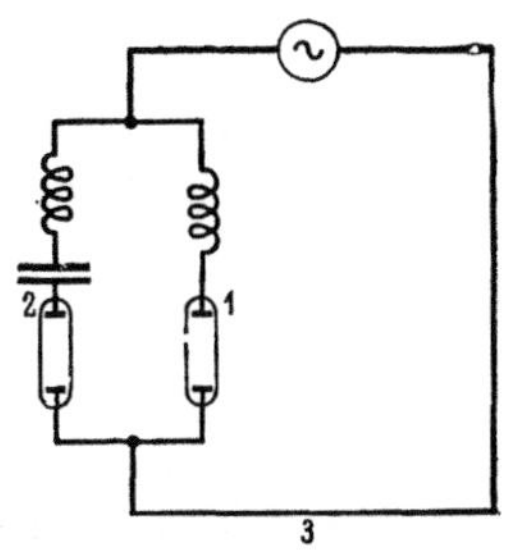

Abb. 10. Schaltung zur Herabsetzung des Periodenflimmerns.

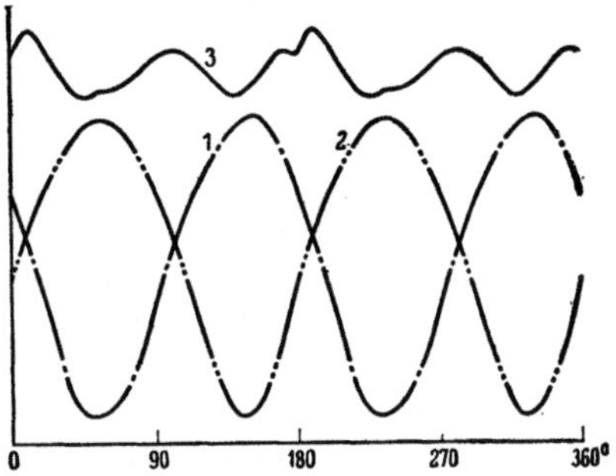

Abb. 11. Teillichtströme der Schaltungen *1* und *2* und Gesamtlichtstrom *3* in Abhängigkeit von der Zeit.

Anlaufstromes sehr hoch. Betreibt man infolgedessen zwei Lampen in Parallelschaltung, von denen die eine Lampe eine Drosselspule, die andere ein Resonanzgerät vorgeschaltet erhält (vgl. Abb. 10 und 11), so kann man die Blindströme sowohl im Anlauf wie im hochgebrannten Zustand nahezu kompensieren und die Welligkeit des Lichtstromes etwa auf den 10. Teil herabsetzen.

Die Drosselschaltung ist nach ähnlichen Gesichtspunkten theoretisch untersucht worden. Messungen, die außerdem noch die interessanten Fragen über gesättigte Drosselspulen und die sog. stromlose Pause mitbehandelten, führten zu einer guten Übereinstimmung zwischen Theorie und Praxis.

Die Widerstandsschaltung war ebenfalls Gegenstand eingehender Untersuchungen. Diese sind deshalb wertvoll, weil in zunehmendem Maße Lampen gebaut werden, die außer dem Brenner noch eine Glühwendel aufweisen. Solche Gasentladungslampen machen ein Vorschaltgerät außerhalb des Lampenkolbens entbehrlich und besitzen ein für viele Anwendungsgebiete verbessertes Licht.

Ein neues Zündgerät für Quecksilber-Höchstdrucklampen[1].

Von

K. KIRSCH.

Mit 5 Abbildungen.

In den bisher üblichen Geräten zur Zündung von Quecksilber-Höchstdrucklampen wird die Zündspannung dadurch erzielt, daß man mit Hilfe eines Relais *R* (siehe die Prinzipschaltung eines solchen Gerätes in Abb. 1) in einer Induktivität *D* eine schnelle zeitliche Stromänderung hervorruft. Die hierdurch induzierte

[1] Abdruck der in „Licht und Lampe" Bd. 29 (1940) S. 339 erschienenen Arbeit.

Spannung gleicht sich im Wege einer Stoßentladung über die Lampe aus, wobei die Gasstrecke durchschlagen und die Entladung gezündet wird. Geräte dieser Art zeichnen sich durch die charakteristische Eigenschaft aus, daß sie mit der Lampe in Reihenschaltung betrieben und daher in ihren Dimensionen dem Lampenstrom angepaßt sein müssen. Es sind zwar auch Schaltungen bekanntgeworden, in denen der eigentliche Zündkreis nicht vom Lampenstrom durchflossen wird. Dafür muß aber ein nicht unerheblicher Aufwand an zusätzlichem Schaltmaterial in Kauf genommen werden. Sämtlichen Geräten, die mit Zündung durch Induktionsstoß arbeiten, ist es eigentümlich, daß jeder Lampe ein Zündgerät fest zugeordnet ist. Eine Entfernung des Zündgerätes aus dem Stromkreis der Lampe, ohne daß diese erlischt, ist nur unter Aufwendung zusätzlicher Schaltgeräte möglich. Die Betriebsweise der Geräte bringt es mit sich, daß die zur Erzielung einer genügend hohen Zündspannung notwendige Induktivität eine erhebliche Menge Eisen und Kupfer erfordert.

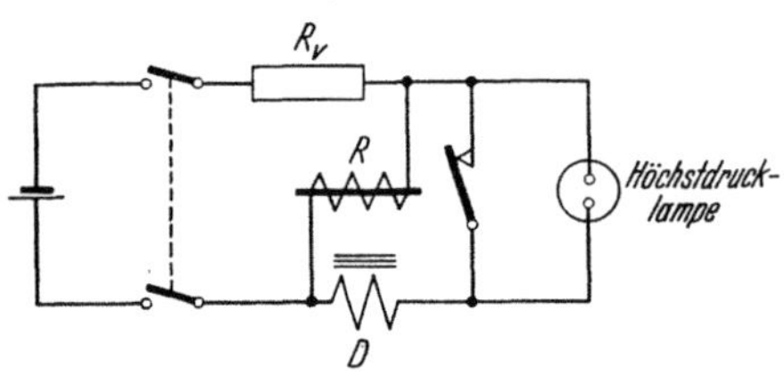

Abb. 1. Prinzipschaltung der bisherigen Zündgeräte.

Unter Einfluß der kriegswirtschaftlichen Lage erschien es zweckmäßig, ein neues Zündgerät zu entwickeln, das mit möglichst wenig Aufwand an Sparmetallen hergestellt werden kann und das auch gleichzeitig in schaltungstechnischer Hinsicht eine Vereinfachung und damit einen Fortschritt und eine Verbilligung erbringen sollte.

In Verfolgung dieser Aufgabe kamen wir unter entsprechender Anwendung eines an sich bekannten Verfahrens zu einem Gerät, das als Kondensator-Zündgerät bezeichnet wird. In diesem Gerät wird eine Anzahl von besonderen Kondensatoren an die Netzspannung geschaltet und aufgeladen. In einer weiteren

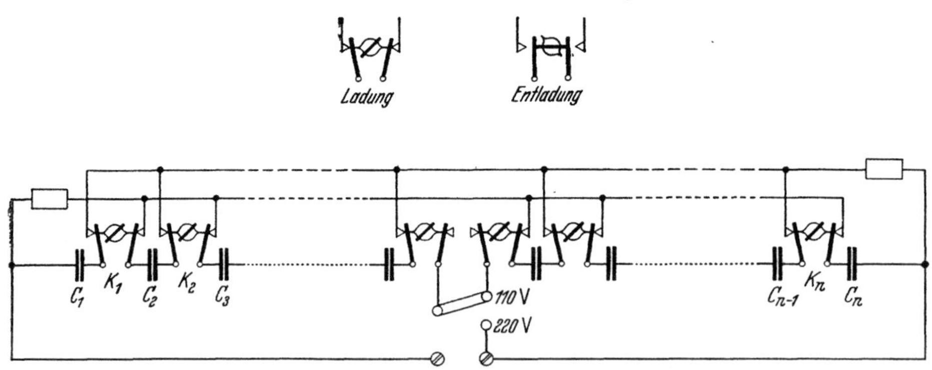

Abb. 2. Prinzipschaltung des Kondensator-Zündgerätes.

Schaltstellung wird die Parallelschaltung der Kondensatoren aufgetrennt und sie werden sinngemäß in Reihe geschaltet (Prinzipschaltung eines solchen Gerätes siehe Abb. 2). Durch diese Maßnahme erhält man unter Verwendung von Kondensatoren, die für die gebräuchlichen Netzspannungen dimensioniert sind, zur Zündung eine hohe Spannung U_Z, die zu der Ladespannung U_L der Kondensatoren in der Beziehung steht

$$U_Z = n_C \cdot U_L,$$

wobei n_C die Anzahl der Kondensatoren C bedeutet. Die Entladung erfolgt als Stoßentladung über die Lampe gemäß der Schaltung in Abb. 3, wobei die

Lampe gezündet wird. Der gleichzeitig zum Kondensator-Zündgerät parallel geschaltete zweite Kreis, gebildet aus dem Lampenvorwiderstand R_V, dem Widerstand der Zuleitungen und der Spannungsquelle, kann hierbei unberücksichtigt bleiben, da sein — für diesen Fall ausschließlich maßgebender — Wechselstromwiderstand mindestens um eine Zehnerpotenz höher ist als der des Entladungsrohres.

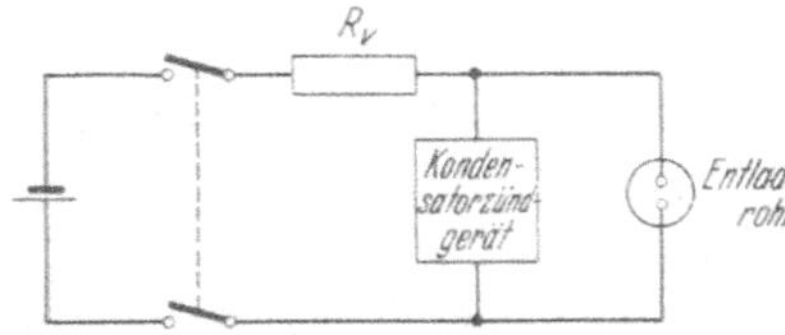

Abb. 3. Anschluß des Kondensator-Zündgerätes an den Lampenstromkreis.

Das eigentümliche Merkmal des Kondensator-Zündgerätes ist die Parallelschaltung zur Lampe mittels zweier Leitungen, deren Polung beliebig ist, d. h. aber die Festlegung der Leitungsquerschnitte im Gerät ist nicht mehr vom Strom der zu zündenden Lampe abhängig. Ist die Lampe gezündet worden, so kann das Gerät ohne Unterbrechung des Lampenstromkreises entfernt und zur Zündung weiterer Lampen benutzt werden. Zur Anpassung an verschiedene Netzspannungen ist das Gerät durch Umlegen eines Schaltbügels umschaltbar für den Betrieb an 110- und 220-V-Gleichspannungsnetzen.

Abb. 4. Außenansicht des Kondensator-Zündgerätes.

Durch entsprechende konstruktive Durchbildung des Gerätes ist es möglich, mit etwa 4% der Gesamtmetallmenge der bisherigen Geräte auszukommen. Hierbei ist jedoch zu beachten, daß die bisherigen Zündgeräte, z. B. nach Abb. 1, beim Einschalten der Spannungsquelle selbständig einen Zündstoß auf die Lampe geben, während das Kondensator-Zündgerät zu diesem Zwecke von Hand bedient werden muß. Aber auch bei der in Aussicht genommenen Automatisierung dieses Gerätes wird man mit weniger als 10% der Metallmenge auskommen, die für die bisherigen Geräte erforderlich war. Entsprechend der metallsparenden Bauweise des Kondensator-Zündgerätes wurde es in ein Preßstoffgehäuse eingebaut.

Abb. 5. Innenansicht des Kondensator-Zündgerätes.

Der Preis des neuen Gerätes konnte gegenüber den bisherigen Geräten beachtlich niedriger gehalten werden.

Abb. 4 zeigt das Äußere und Abb. 5 das Innere des Kondensator-Zündgerätes.

Zusammenfassung.

Es wurde über ein neu entwickeltes Gerät, das Kondensator-Zündgerät, zum Zünden von Quecksilber-Höchstdrucklampen bei Gleichstrombetrieb berichtet, das sich durch schaltungsmäßige Verbesserungen, sehr geringen Verbrauch an kriegswichtigen Sparmetallen und einen günstigeren Preis gegenüber den bisherigen Geräten auszeichnet.

Die Wirtschaftlichkeit der Metalldampflampen.

Entwicklung einer graphischen Darstellung und ihre praktische Anwendung[1].

Von

H. LINGENFELSER und E. SCHANZ.

Mit 7 Abbildungen.

Die Anwendung der Metalldampflampen hat in Deutschland ebenso wie in allen Ländern mit entwickelter Beleuchtungstechnik bereits einen so großen Umfang angenommen, daß man das Stadium der versuchsweisen Einführung als abgeschlossen bezeichnen kann. Man kann heute zwei Hauptgesichtspunkte angeben, die einzeln oder gemeinsam dafür entscheidend sind, ob für einen bestimmten Zweck Metalldampflampen angewendet werden oder nicht: 1. die Güte der Beleuchtung, z. B. bessere Erkennbarkeit des Arbeitsgutes, Zwielichtvermeidung und ähnliches, und 2. die Wirtschaftlichkeit der Beleuchtung.

Während die Frage, ob die neuen Lichtquellen für gegebene Beleuchtungsaufgaben geeignet seien, zunächst nur durch praktische Versuche entschieden werden konnte, war die Frage nach ihrer Wirtschaftlichkeit durch mehr oder weniger einfache Nachrechnung lösbar. Über ein hierfür geeignetes Verfahren, das wir vor etwa drei Jahren entwickelt und inzwischen erprobt haben, soll im folgenden berichtet werden.

Eine Wirtschaftlichkeitsberechnung läuft immer auf eine Vergleichsrechnung hinaus, und dieser Vergleich wurde mit der Beleuchtung durch handelsübliche elektrische Glühlampen angestellt; von einem Vergleich mit anderen Energiequellen, wie sie u. a. der Gasbeleuchtung zugrunde liegen, konnte Abstand genommen werden, da hier die wirtschaftliche Überlegenheit der Metalldampflampen praktisch ausnahmslos angenommen werden kann.

Voraussetzung eines einwandfreien Vergleiches ist zunächst ein beiden Arten von Lichtquellen gerecht werdendes gleichartiges Schema der Kostenaufstellung.

Kostenaufstellung.

Die jährlichen Betriebskosten setzen sich wie folgt zusammen:

1. Verzinsung und Tilgung des Leuchtgerätes, wobei jährlich 10% des Kaufpreises abgeschrieben und 5% für Verzinsung aufgebracht werden sollen. Bei den Metalldampflampen kommt eine Abschreibung und Verzinsung des Vorschaltgerätes in gleicher prozentualer Höhe hinzu. Für die weitere Darstellung wollen wir diesen Betrag für Verzinsung und Tilgung mit A bezeichnen. Für Leuchten, Lampen und Zusatzgerät sind Bruttopreise eingesetzt, wie sie den Listen der einschlägigen Industrie entnommen werden können. Falls der Käufer der Anlage in den Genuß bestimmter Rabattsätze auf diese Preise kommt, ergeben sich natürlich Kostenänderungen, die sehr erheblich sein können und infolge der höheren Anschaffungskosten für Metalldampfleuchten und -lampen immer zu deren Gunsten ausfallen.

2. Stromkosten. Sie werden dargestellt durch das Produkt aus Leistungsaufnahme × Strompreis/kWh × jährlicher Benutzungsdauer. Auch hier seien folgende Abkürzungen zweckmäßig eingeführt: Leistungsaufnahme in kW mit N, jährliche Benutzungsdauer in Stunden mit T und der Strompreis/kWh in RM als Veränderliche mit x.

[1] Gekürzter Abdruck der in der Zeitschrift „Das Licht" Bd. 9 (1939) S. 175 erschienenen Arbeit.

3. Kosten für Lampenersatz. Sie berechnen sich aus dem Preis der Lampe mal dem Verhältnis von jährlicher Benutzungsdauer zur Lebensdauer der Lampe, betragen also $C \cdot T/L$, wobei der Lampenpreis durch C, die Lebensdauer der Lampen durch L dargestellt wird. Dabei beträgt die Lebensdauer für die Glühlampe 1000 Stunden, für die HgH-Lampe 2000 Stunden und für die Na-Lampe 3000 Stunden.

4. Die Kosten für Reinigung der Leuchten können unberücksichtigt bleiben, da sie für Glühlampen und Metalldampflampen in gleicher Höhe einzusetzen sind. Ebenso sollen die Kosten für das Auswechseln der Lampen außerhalb der Rechnung bleiben, obwohl sie bei der Straßenbeleuchtung von großer Bedeutung sein können. Diese Kosten unterliegen nämlich von Ort zu Ort — wohl infolge unterschiedlicher Organisation der Überwachung der Anlagen — so großen Schwankungen, daß es nicht möglich schien, einen mittleren Satz festzulegen. Jedenfalls sprechen aber diese Kosten, infolge der höheren Lebensdauer, zugunsten der Metalldampflampen.

Die jährlichen Kosten je Brennstelle ergeben sich mit obigen Abkürzungen als folgende Summe:

$$\text{Gesamtkosten in RM} = A + N \cdot x \cdot T + C \cdot \frac{T}{L}.$$

Kostenvergleich.

Der Vergleich wird so durchgeführt, daß jeweils Lichtquellen ungefähr gleichen Lichtstroms verglichen werden. In der folgenden Tabelle stehen unter den Glühlampen jeweils die Typen der entsprechenden Gasentladungslampen.

Glühlampentype	200 W	300 W	500 W	1000 W
Na-Lampe	Na 300 U	Na 500 U	—	—
HgQ-Lampe	HgQ 300	HgQ 500	—	—
HgH-Lampe	—	—	HgH 1000	HgH 2000
Mischlicht $V \sim 1:2$	HgQ 300 + 100 W	HgQ 500 + 150 W	HgH 1000 + 300 W	HgH 2000 + 500 W
Mischlicht $V \sim 1:1$	HgQ 300 + 200 W	HgQ 500 + 300 W	HgH 1000 + 500 W	HgH 2000 + 1000 W

Nach Lage der Dinge können die in der Zahlentafel enthaltenen Lichtquellen nicht genau übereinstimmende Lichtströme liefern.

Um einen einwandfreien Vergleich zu erhalten, ist es deshalb notwendig, die hiernach errechneten Kosten auf eine gleiche Lichtarbeit von z.B. 100000 Hlmh zu beziehen. Diesen Quotienten, jährliche Kosten durch jährliche Lichtarbeit, wollen wir als abhängige Veränderliche mit y bezeichnen. Formelmäßig ergibt sich für y:

$$y = \frac{A + N \cdot T \cdot x + C \cdot \frac{T}{L}}{\Phi \cdot \eta_{\text{gel}} \cdot T} \cdot 10^5$$

oder

$$y = \frac{\frac{A}{T} + N \cdot x + \frac{C}{L}}{\Phi \cdot \eta_{\text{gel}}} \cdot 10^5, \qquad (1)$$

wobei Φ den Lichtstrom der nackten Lampe und η_{gel} den Geleuchtwirkungsgrad bedeuten. Für die Mischlichtleuchten wurde, um die gegenseitige Abschattung der Lampen zu berücksichtigen, ein Geleuchtwirkungsgrad von 75%, für alle anderen Geleuchte ein solcher von 80% gewählt.

Die durch Gl. (1) gegebene Funktion wird durch eine Gerade dargestellt (Abb. 1).

Bezeichnen wir den Winkel, welchen die Gerade mit der positiven x-Achse bildet, mit α, so ergibt die Rechnung für den Tangens dieses Winkels die einfache Beziehung:

$$\operatorname{tg} \alpha = \frac{N}{\Phi \cdot \eta_{gel}}$$

oder

$$\operatorname{tg} \alpha = \frac{1}{\text{Lichtausbeute} \cdot \eta_{gel}} .$$

Man erkennt, daß der Steilheit der Geraden eine ausschlaggebende Bedeutung zukommt. Die Betriebskosten für 100000 Hlmh (Abb. 2) steigen mit dem Strompreis um so weniger, je kleiner der Winkel α, d. h. je größer die Lichtausbeute der Lichtquelle ist.

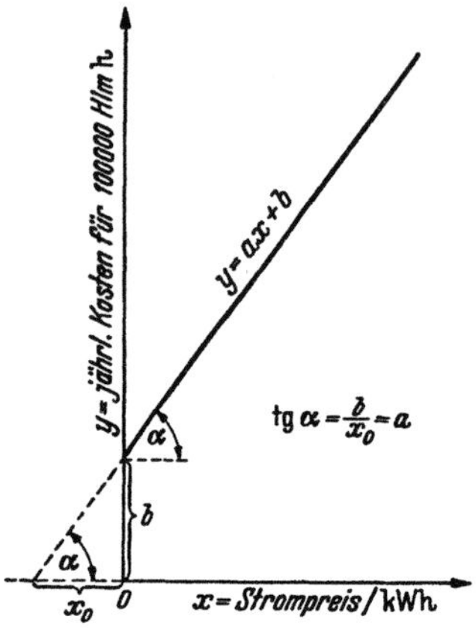

Abb. 1. Die jährlichen Betriebskosten in Abhängigkeit vom Strompreis/kWh für eine Lampe bestimmter Lichtausbeute und Benutzungsdauer.

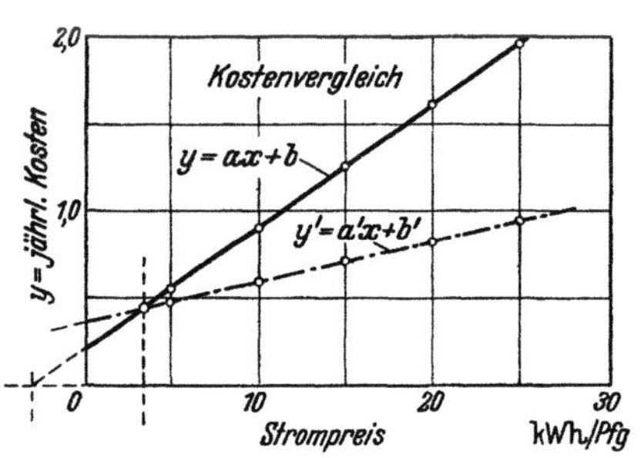

Abb. 2. Kostenvergleich für zwei Lampen verschiedener Lichtausbeute bei gleicher jährlicher Benutzungsdauer.

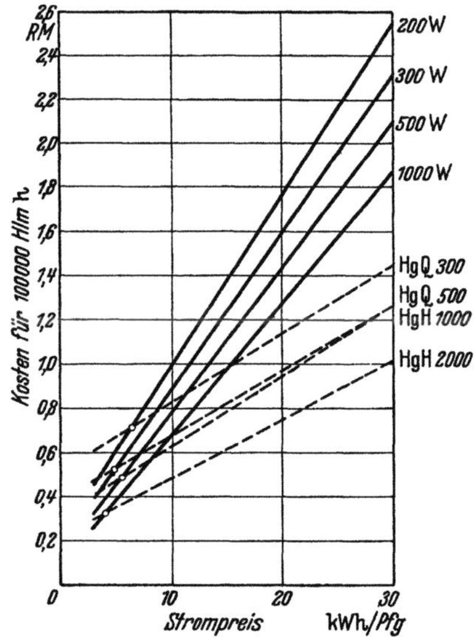

Abb. 3. Vergleich der Betriebskosten von Quecksilberdampflampen und Glühlampen für 10^5 Hlmh bei einer jährlichen Benutzungsdauer von 2000 Stunden (Bruttopreise).

Abb. 3 zeigt die Ergebnisse für verschiedene Lampentypen. Aus den Kurven können wir einen zweiten ausgezeichneten Punkt entnehmen. Die entsprechenden Geraden für Glühlampe und Metalldampflampe schneiden sich in einem Punkte, zu welchem der Strompreis gehört, bei dem die Betriebskosten beider Lampen die gleichen sind. Bei kleineren Strompreisen ist die Glühlampe wirtschaftlicher, bei höheren die Metalldampflampe. Beim Gebrauch dieser Kurven sind natürlich verschiedene Umstände zu berücksichtigen. Neben der Lichtausbeute geht die jährliche Benutzungsdauer und die Lebensdauer der Lampen in die Rechnung ein. Bei hoher jährlicher Benutzungsdauer verteilt sich der für Zins und Tilgung aufzubringende feste Kostenanteil auf eine große Zahl von Lumenstunden, die Lichtarbeit wird dann relativ billiger. Die Fragestellung, bei welcher jährlichen Benutzungsdauer eine Metalldampflampe wirtschaftlicher wird als eine Glühlampe, wird später noch behandelt.

Die Größe des Ordinatenabschnittes b (vgl. Abb. 1) beim Strompreis Null ist bestimmt durch den Preis der Leuchten und Lampen sowie den Zins- und Tilgungssatz. Dieser Betrag stellt die festen, von Strompreis und Benutzungsdauer unabhängigen Kosten dar.

Betriebskostenersparnis.

Um nun zu sehen, in welchem Maße die Wirtschaftlichkeit der Metalldampflampen mit wachsendem Strompreis zunimmt, tragen wir die jährliche Kostenersparnis in Prozent — bezogen auf die Kosten für das Glühlampenlicht — über dem Strompreis auf (Abb. 4).

Da wir für die kommenden Darlegungen die oben eingeführten Abkürzungen sowohl für die Glühlampen als auch für die Metalldampflampe gebrauchen, sind hier und im folgenden alle Größen, welche zur Metalldampflampe gehören, mit einem Strich versehen.

Die jährliche Ersparnis berechnet sich aus:

$$E \text{ in } \% = \left(1 - \frac{y'}{y}\right) \cdot 100\,. \qquad (2)$$

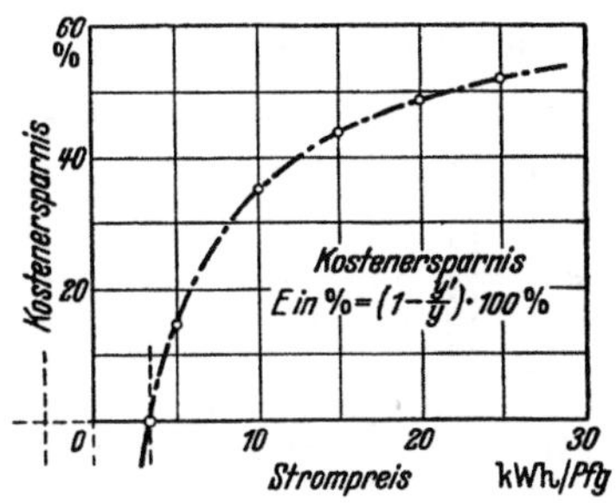

Abb. 4. Betriebskostenersparnis bei einer Metalldampflampe gegenüber einer lichtstromgleichen Glühlampe bei bestimmter jährlicher Benutzungsdauer.

Negative Ersparnisse bedeuten Mehrausgaben, keine Ersparnisse bedeuten Kostengleichheit des Metalldampflampenbetriebes gegen Glühlampenbeleuchtung. Die Ergebnisse für verschiedene Lampenarten zeigt Abb. 5.

Betriebskostengleichheit.

Bei Abb. 5 ersehen wir aus dem Verlauf der Kurve der prozentualen Ersparnis, daß es für die Praxis von großer Bedeutung ist, den Punkt der Betriebskostengleichheit zwischen Glühlampen und Metalldampflampen — den Schnittpunkt der Kurve mit der x-Achse — genau zu kennen. In diesem Bereich ist der Anstieg der Kurve sehr steil, so daß sich bei nur geringen Strompreisänderungen die Kostenersparnis sehr schnell ändert. Für die Betriebskostengleichheit gilt folgender Ansatz:

$$y = y'.$$

Bezeichnen wir den Strompreis, bei welchem Betriebskostengleichheit besteht, mit x_0, so erhalten wir mit obigem Ansatz folgende Beziehung:

$$x_0 = \frac{\alpha_0 + \beta_0 \cdot T}{\gamma_0 \cdot T}\,, \qquad (3)$$

wobei α_0, β_0 und γ_0 für nachstehende Ausdrücke gesetzt sind:

$$\alpha_0 = A' \cdot \Phi \cdot \eta_{\text{gel}} - A \cdot \Phi' \cdot \eta'_{\text{gel}}\,,$$

$$\beta_0 = \frac{C'}{L'} \cdot \Phi \cdot \eta_{\text{gel}} - \frac{C}{L} \cdot \Phi' \cdot \eta'_{\text{gel}}\,,$$

$$\gamma_0 = N \cdot \Phi' \cdot \eta'_{\text{gel}} - N' \cdot \Phi \cdot \eta_{\text{gel}}\,.$$

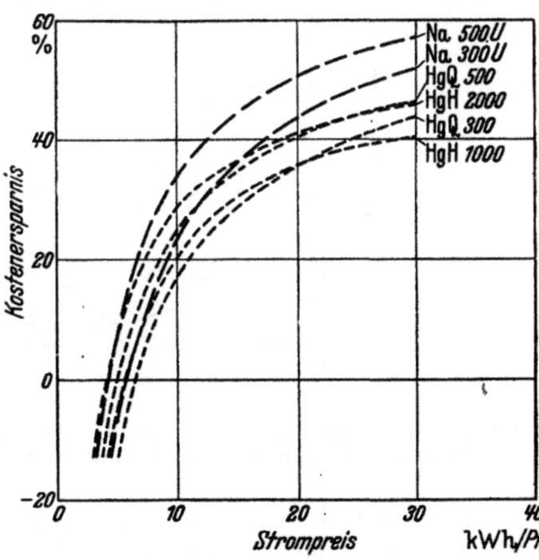

Abb. 5. Prozentuale Ersparnis an Betriebskosten bei Verwendung von Metalldampflampen für eine jährliche Benutzungdauer von 2000 Stunden (Bruttopreis).

Abb. 6 zeigt die Kurven der Betriebskostengleichheit für einige der gebräuchlichen Metalldampflampen — für Straßen- und Industriebeleuchtungsanlagen — aufgetragen über den Strompreisen je kWh von 0 bis 15 Rpf. Alle Kombinationen von Benutzungsdauer und Strompreis — im Kurvenblatt durch einen Punkt dargestellt —, die oberhalb der zugehörigen Lampenkurve liegen, bedeuten eine wirtschaftliche Überlegenheit der Metalldampflampe, alle unterhalb liegenden eine Überlegenheit der Glühlampe.

Für Mischlicht ist dieselbe Formel zu benutzen — es ist nur darauf zu achten, daß die Summe der Lichtströme und die gesamte Leistungsaufnahme eingesetzt werden.

Die Kurven in Abb. 6 grenzen die Gebiete ab, in welchen die größere Wirtschaftlichkeit der einen oder anderen Lampe vorhanden ist. Es bleibt aber noch die Frage offen, wie groß denn nun bei der gewählten Lampentype bei irgendeinem Betriebsfall die Kostenersparnis ist. Um diese Frage zu beantworten, brauchen wir nur den oben für die Betriebskostengleichheit gemachten Ansatz so abändern, daß wir $y' = M \cdot y$ setzen, wobei M eine Zahl 0,9 oder 0,7 sein kann, je nachdem, ob die Metalldampflampe um 10 oder 30% wirtschaftlicher sein soll.

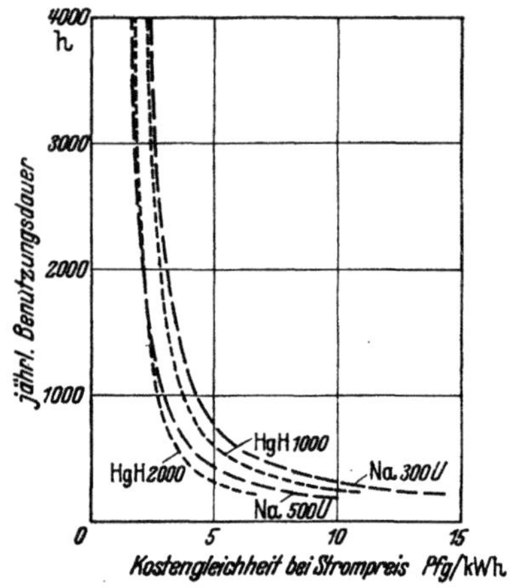

Abb. 6. Kurven der Betriebskostengleichheit bei Metalldampflampen und Glühlampen in Abhängigkeit von Strompreis/kWh und jährlicher Benutzungsdauer (Nettopreise).

Für die Kurven gleicher Kostenersparnis erhalten wir folgende Gleichung:

$$x\,(\text{für } E\%) = \frac{\alpha + \beta \cdot T}{\gamma \cdot T}, \tag{4}$$

wobei α, β und γ dieselben Ausdrücke darstellen wie in Gl. (3), mit der einen Ausnahme, daß die Lichtströme der Metalldampflampen bzw. der Mischlichtleuchten mit dem Faktor M zu multiplizieren sind.

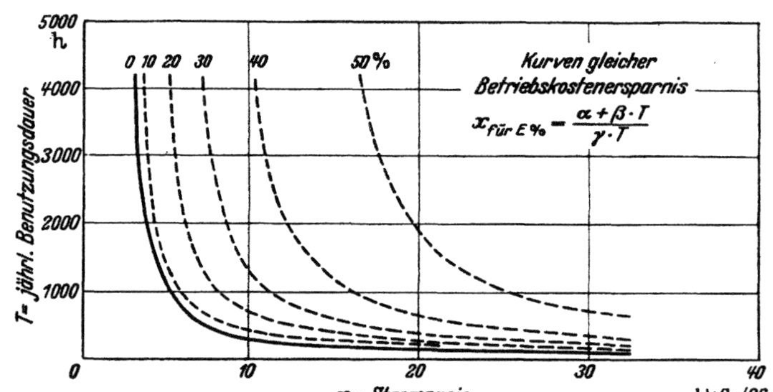

Abb. 7. Kurven gleicher Betriebskostenersparnis bei einer Metalldampflampe, bezogen auf eine lichtstromgleiche Glühlampe bei veränderlichem Strompreis/kWh und verschiedener jährlicher Benutzungsdauer (Bruttopreise).

Abb. 7 stellt diese Berechnung für die Type Na 500 U dar. An Hand dieser Kurvenschar ist es nun möglich, für jeden praktisch vorkommenden Betriebspunkt, gegeben durch jährliche Benutzungsdauer und Strompreis/kWh, sofort die Wirtschaftlichkeit der Lampentype mit genügend großer Genauigkeit anzugeben.

Über Rhodaminlacke und ihre Verwendung in der Beleuchtungstechnik[1].

Von

G. HEYNE.

Mit 1 Abbildung.

Das Rhodamin B extra und das Rhodamin 3 B extra der I. G. Farben A.-G. sind die einzigen bisher bekannten Stoffe, deren Lösungen eine deutliche rote Lumineszenz im Natriumlicht zeigen. Die Eigenschaft, auch im Quecksilberlicht rot zu lumineszieren, teilen sie mit einigen andern Rhodaminen, ferner auch mit Farbstoffen, wie Magdalarot, Chinolinrot und Indanthrenbrillantrosa. Die obengenannten lumineszenzkräftigsten Stoffe sind als das Phthalein des m-Diäthylaminophenols und dessen Äthylester aufzufassen.

Die Helligkeit der Lumineszenz der Rhodamine ist abhängig vom Lösungsmittel. Sollen die Rhodamine zu beleuchtungstechnischen Zwecken bei Verkehrsschildern, Warnungstafeln, Wandanstrichen od. dgl. verwendet werden, so muß ein günstiges Lösungsmittel, d. h. eine geeignete Lackgrundlage gewählt werden. Unter der Fülle der heute zur Verfügung stehenden Lacke gibt nur eine beschränkte Anzahl helleuchtende Rhodaminüberzüge, und unter diesen sind die meisten nicht wetterfest. Zumal im Sonnenlicht bleichen die meisten aus. Am besten hat sich hier das Glyptal (reines Phthalsäure-Glyzerin-Kondensat) bewährt.

Rhodamin-Glyptal-Schichten können entweder aus Lösungen durch Streichen oder Spritzen oder durch Aufschmelzen auf die zu überziehende Fläche aufgebracht werden. Zum Streichen oder Spritzen werden Rhodamin und Glyptal gemeinsam in Azeton oder Methyläthylketon-Butanol gelöst und als Lösung aufgetragen. Zum Aufschmelzen werden Rhodamin und Glyptalpulver zusammen vermahlen und das Gemisch bei 100 bis 200° auf eine Unterlage aufgebrannt.

Die aufgespritzten und aufgestrichenen Schichten sind weich. Ein Fingernageleindruck und ein Fingerabdruck sind darauf zu sehen, verschwinden aber von selbst etwa im Verlauf einer Stunde. Die Flächen zeigen mit der Zeit Risse, nach Wochen bei starker Sonnenbestrahlung, nach Jahren in geschlossenen Räumen. Gestrichene Schichten kann man durch Erwärmen auf 80° härten, sie bekommen aber dabei ein pickliges Aussehen. Die aufgeschmolzenen Schichten sind hart, lassen sich nicht mit dem Fingernagel eindrücken und sind, zumal wenn bei 160 bis 200° gearbeitet wird, weitgehend beständig. Dagegen ist ihre Lumineszenzhelligkeit etwas geringer als die der aufgestrichenen oder aufgespritzten Schichten.

Die Helligkeit sowohl der aus Lösung aufgetragenen wie der aufgeschmolzenen Schichten ist auf kleine, regelmäßig verteilte Luftbläschen zurückzuführen, die man mit der Lupe als helleuchtende Ringe erkennen kann. Sie sind im Aufgeschmolzenen spärlicher als im Gestrichenen. Fehlen die Bläschen, so macht sich dieser Mangel durch einen bräunlichen Ton, meist durch bräunliche Flecke im roten (bläschenhaltigen) Teil bemerkbar.

Rhodamin gilt allgemein als ein wenig echter Farbstoff. Ein mit Rhodamin gefärbtes Papier und damit gefärbte Seide bleichen im prallen Sonnenlicht in wenigen Tagen. In Lacken aufgetragenes Rhodamin verblaßt im allgemeinen viel weniger schnell. Die Ausbleichzeiten sind für verschiedene Lacksorten verschieden. Die längsten Zeiten wurden mit Glyptal erreicht. Mit Nitrozellulose, Plexigum,

---

[1] Auszug aus der in Licht u. Lampe Bd. 29 (1940) S. 129 veröffentlichten Arbeit.

Azetylzellulose, Plastopal, auch mit Mischungen dieser Lacke mit Glyptal sind sie erheblich kürzer. Im allgemeinen lassen sich drei Arten der Verfärbung unterscheiden: 1. Völliges Ausbleichen, so daß der Grund hervortritt, 2. Verfärbung nach Braun, 3. Verfärbung nach Violett. In allen Fällen hört eine rote Lumineszenz oder überhaupt eine Lumineszenz im Natriumlicht auf. Bisweilen ist im UV-Licht eine deutlich grüne Lumineszenz zu bemerken. Die Zerstörung des Rhodamins ist als ein oxydativer Abbau aufzufassen, bei dem höchstwahrscheinlich erst die Äthylgruppen am Stickstoff oder die ganzen Aminogruppen abgebaut werden[1].

Die Zerstörung des Rhodamins wird durch gewisse Zusätze zu dem Lack stark beschleunigt. In dieser Richtung wirken z. B. ungesättigte Fettsäuren, Terpentinöl und phenolhaltige Körper. Nimmt man also als Lackgrundlage ein käufliches Alkydharz, d. h. ein Phthalsäure-Glyzerin-Kondensat mit eingebauten ungesättigten Fettsäuren, so erhält man zwar einen technisch ganz einwandfreien, auch gut lumineszierenden Anstrich, bemerkt aber nach 2 bis 4 Wochen Sonnenbestrahlung schon eine kräftige Verfärbung.

Die aufgespritzten und aufgestrichenen Schichten bewahren ihre rote Lumineszenz um so länger, je dicker die Schicht ist. Der Dicke solcher Schichten wird aber durch die Weichheit eine Grenze gesetzt, da zu dicke Schichten bei Erwärmung durch Sonnenbestrahlung zu fließen beginnen.

Die aufgeschmolzenen Schichten bleichen langsamer als die aufgestrichenen. Denn einmal wird beim Aufbrennen die Schicht dicker, was nicht schadet, da sie härter ist. Dann hat aber offenbar auch das hartnäckig zurückgehaltene Lösungsmittel des Streich- oder Spritzlackes einen zerstörenden Einfluß. Höhere Aufschmelztemperaturen sind für die Haltbarkeit günstig.

Die Ausbleichfestigkeit der Rhodaminschichten im Sonnenlicht kann noch wesentlich verbessert werden, wenn man die Schicht mit einem Überzugslack versieht. Als solcher hat sich z. B. Chlorkautschuk bewährt.

Die Verfärbung der Rhodaminlacke ist sehr abhängig von der Stärke der Sonnenbestrahlung. In sonnenarmen Jahren verfärben sich die Lacke langsamer als in sonnenreichen, im Winter viel weniger als im Sommer. Die Stellung der Fläche nach der Himmelsrichtung ist von großem Einfluß. In schattiger Straße hält die Farbe viel länger vor als bei einem Dachschild. Für die klimatischen Verhältnisse von Berlin kann man die Lebensdauer einer gespritzten Rhodamin-Glyptallack-Fläche bei mittlerer Sonnenbestrahlung etwa auf ein halbes Jahr veranschlagen, wenn sie frei nach Süden, etwa auf 1 bis $1^1/_2$ Jahre, wenn sie frei nach Norden, auf 2 und mehr Jahre veranschlagen, wenn sie in einer Straße dauernd im Schatten hängt. Die Lebensdauer wird gerechnet bis zu der Zeit, da die Lackfläche im Tageslicht und Natriumlicht nur noch Spuren von Rot wahrnehmen läßt. Im Quecksilberlicht sind diese Spuren bisweilen deutlicher, ebenso, wenn man im Natriumlicht durch ein Neophanglas betrachtet. Unter „mittlerer Sonnenbestrahlung" soll das Jahresmittel der täglichen Sonnenbestrahlung verstanden sein.

Für aufgeschmolzenes Rhodamin sind die Zeiten bis zum Ausbleichen erheblich länger. Eine frei nach Süden hängende Fläche erscheint nach einem Jahr immer noch braunrot. Die obersten Schichten der Fläche haben sich nach Gelb-Grün verfärbt, die unteren zeigen noch das reine Rhodaminrot.

Das Abklingen der Rotfluoreszenz unter verschiedenen Bedingungen sei hier an Hand einiger Kurven dargetan. An einer Anzahl Platten ist die Rotfluoreszenz unter Bestrahlung mit einer Natriumleuchtröhre mittels Photozelle von Zeit zu Zeit gemessen worden, während sie monatelang auf dem Dach der Bewitterung

[1] Unveröffentlichte Untersuchungen von H. SCHLEGEL von unserer Gesellschaft.

ausgesetzt waren. Von diesen Meßreihen seien einige besonders lehrreiche in Form von Kurven wiedergegeben, in denen die Rotfluoreszenz als Anteil der gesamten auftretenden Strahlung als Ordinate, die Zeit als Abszisse eingetragen ist[1] (siehe Abb.). Man erkennt daran, daß alle in den ersten 2 bis 3 Monaten etwa auf die Hälfte ihrer Rotfluoreszenz absinken, ferner daß im Herbst und Winter ein gewisser Stillstand eintritt. Deutlich ist die längere Lebensdauer der nach Norden hängenden gestrichenen sowie der aufgeschmolzenen Schicht zu erkennen.

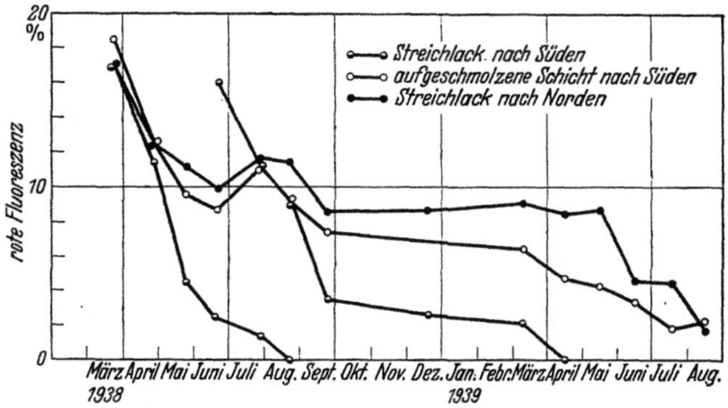

Abb. Abklingen der Rotfluoreszenz von Rhodamin-Glyptal-Lacken.

Über die Frage, welche Lichtwellenlängen für Rhodamin besonders schädlich sind, liegen Reihenversuche noch nicht vor, doch scheint ein Versuch, bei dem eine Rhodaminplatte mit verschiedenen UV-durchlässigen Filtern abgedeckt und mit Quecksilberlicht bestrahlt war, anzudeuten, daß die UV-Strahlung schädlicher wirkt als die sichtbare.

Zur Physik und Technik der Kryptonlampe.

Die Bedeutung des Füllgases für die Betriebseigenschaften gasgefüllter Doppelwendellampen[2].

Von

C. REITER.

Mit 4 Abbildungen.

Die Gesetze der Temperaturstrahlung zeigen, daß die Lichterzeugung durch Erhitzen fester Körper um so wirtschaftlicher vor sich geht, je höher dabei die Betriebstemperatur des Strahlers getrieben werden kann. Die Entwicklung der elektrischen Glühlampe ist daher auch in erster Linie dadurch gekennzeichnet, daß die Betriebstemperatur der erhitzten Körper immer höhere Werte annimmt: angefangen von der Kohle mit etwa 2100° K über Osmium und Tantal mit rd. 2270 zum Wolframfaden mit 2340 und dem gezogenen Wolframdraht mit 2400° K. Gleichzeitig stieg die Lichtausbeute von etwa 3,0 Hlm/W bei den ersten unpräparierten Kohlefäden bis zu etwa 10 Hlm/W bei den luftleeren Wolframdrahtlampen. Die Betriebstemperatur von 2400° K lag zwar noch viele hundert Grad unter dem Schmelzpunkt des Wolframs (3660° K), doch war es zunächst nicht möglich, nennenswert über die angegebenen Werte

[1] Nach Messungen von H. MARTIN und M. SCHÖN von unserer Gesellschaft.

[2] Abdruck der in der ETZ Bd. 63 (1942) S. 553 erschienenen Arbeit. — An den verschiedenen hier erwähnten physikalischen Untersuchungen über die Krypton- und die Überdrucklampe waren A. DRESLER und R. W. SCHMIDT maßgebend beteiligt. Der Erstgenannte hat gemeinsam mit G. BESEMER auch bei der Zusammenstellung der Unterlagen für diesen Aufsatz mitgewirkt.

hinauszugehen, weil sonst die Verdampfungsgeschwindigkeit des Wolframs zu hohe Werte angenommen hätte und die Lampe infolge zu schneller Schwärzung unwirtschaftlich geworden wäre. Den entscheidenden Fortschritt, der mit einem Schlage — zunächst bei Lampen mit mehreren hundert Watt Leistungsaufnahme — die Lichtausbeute von 10 auf 20 Hlm/W, also um volle 100%, erhöhte, brachte die Erfindung der gasgefüllten Lampe gleichzeitig durch K. MEY und seine Mitarbeiter in Deutschland[1] und durch LANGMUIR in den Vereinigten Staaten, bei der durch ein das glühende Wolfram umgebendes Gas die Verdampfungsgeschwindigkeit des Wolframs bei gleicher Temperatur gegenüber dem Betrieb mit Vakuum auf wenige Prozent herabgesetzt wurde, d. h. bei gleicher Verdampfungsgeschwindigkeit eine um einige hundert Grad höhere Betriebstemperatur gewählt werden konnte. Um diesen an und für sich naheliegenden Gedanken verwirklichen zu können, war es jedoch gleichzeitig nötig — und darin liegt die besondere Größe der Erfindung —, die mit dem Einbringen des Gases verbundenen Wärmeverluste durch eine geeignete Form des Leuchtkörpers zu vermeiden. Die theoretischen Zusammenhänge veröffentlichte LANGMUIR[2]. Es zeigte sich, daß für die Höhe der in erster Linie durch Konvektion entstehenden Verluste nicht die Drahtoberfläche, sondern die Oberfläche einer den heißen Draht umgebenden Gashülle von 5 bis 6 mm Durchmesser, innerhalb deren der Energieaustausch nur durch Wärmeleitung erfolgt, maßgebend ist. Der Durchmesser dieser Schicht ist also sehr viel größer als der der in den Wolframlampen kleinerer Leistungsaufnahme verwendeten Drähte und ändert sich mit dem Durchmesser der Drähte nur wenig. Bei den praktisch vorkommenden Drahtdurchmessern sind daher die Konvektionsverluste kaum von dem Durchmesser, sondern fast ausschließlich von der Drahtlänge abhängig. Da man aus elektrischen Gründen bei den kleinen Lampen für allgemeine Beleuchtung und den üblichen Netzspannungen auf den langen dünnen Draht nicht verzichten konnte, bestand der geniale Ausweg darin, dem langen dünnen Draht durch Wicklung zu einer Wendel eine kurze dicke Form zu geben, wodurch die Konvektionsverluste etwa im Verhältnis von Wendel- zu Drahtlänge verringert werden. So schuf die Synthese von Wendel und Gasfüllung die besonders wirtschaftliche gasgefüllte Wolframwendeldrahtlampe, deren Betriebstemperatur gegenüber den Vakuumlangdrahtlampen um mehrere hundert Grad heraufgesetzt werden konnte.

Die ersten gasgefüllten Wendellampen kamen 1913 in den Handel; bei ihnen bestand die Gasfüllung aus Stickstoff, der mit einem Druck von 400 bis 500 Torr in die Lampe gebracht wurde. Zunächst konnte man nur Lampen größerer Leistungsaufnahme als Wendellampen herstellen, da der damalige Wolframdraht in Wendelform nur in größeren Stärken im Verlaufe des Brennens nicht „durchhing“. Erst später gelang es, auch dünne Drähte von solcher Steifigkeit herzustellen, daß man daran gehen konnte, kleinere Lampen unter 100 W als Wendellampen anzufertigen.

---

[1] Die Entwicklung der gasgefüllten Glühlampe in Deutschland kann an Hand der folgenden Veröffentlichungen überblickt werden: a) K. MEY: Verbandsmitteilungen der Ver. Dresd. Bez. VDI und Dresd. EV Bd. 9 (1914) S. 12. Vgl. auch ETZ Bd. 34 (1913) S. 955, 1151 u. 1297. — b) M. PIRANI u. A. R. MEYER: ETZ Bd. 36 (1915) S. 493 u. 507. — c) E. LAX u. M. PIRANI: Lampen mit elektrischer Widerstandsheizung in GEIGER-SCHEEL: Handb. d. Physik Bd. 19, Kap. 14. Berlin: Springer 1928. — d) F. ABSHAGEN: Licht Bd. 5 (1935) S. 197 u. dieser Bd. S. 161. — e) W. KÖHLER: Licht u. Lampe Bd. 24 (1935) S. 462. — f) W. KÖHLER: Licht u. Lampe Bd. 25 (1936) S. 625. — g) E. LAX in R. SEWIG: Handb. der Lichttechnik. Bd. 1 S. 113. Berlin: Springer 1938. — h) K. MOERS: Licht Bd. 8 (1938) S. 17, 43 u. 130.

[2] I. LANGMUIR: Phys. Rev. Bd. 34 (1912) S. 401.

Mit kleiner werdender Lampe wurden naturgemäß auch die Wendelabmessungen zunehmend kleiner. Nun folgt aus dem von LANGMUIR Nachgewiesenen, daß von der insgesamt zugeführten Leistung der vom Gas aufgenommene Anteil mit kleiner werdendem Draht- bzw. Wendeldurchmesser sehr stark zunimmt. Daher mußte man, um den Vorteil der Gasfüllung auch bei kleinen Wendellampen überhaupt ausnutzen zu können, bestrebt sein, die Wärmebilanz der Lampen dadurch zu verbessern, daß man an Stelle des Stickstoffes andere, das Wolfram nicht angreifende Gase geringerer Wärmeleitfähigkeit verwendete, und zwar nahm man zunächst an Stelle des Stickstoffes Argon. Mit diesem Füllgas wurden bis vor kurzem fast alle gasgefüllten Glühlampen und Sonderlampen gefüllt, obwohl von vornherein klar war, daß aus der gleichen Überlegung heraus Krypton und Xenon noch vorteilhafter sein müßten.

In jahrelanger mühevoller Forschungsarbeit gelang es dann, die Steifigkeit des Wolframdrahtes so zu erhöhen, daß man von der Einfachwendel- zur Doppelwendellampe übergehen konnte. Die erste Doppelwendellampe wurde 1926 als Autosucherlampe für 12 V 35 W in den Handel gebracht. Die Doppelwendelung bedeutete eine weitere erhebliche Verringerung der für die Wärmeverluste maßgebenden Wendelabmessungen und wirkte sich, als man auch die Allgebrauchslampen als Doppelwendellampen baute, bei den dünndrähtigen Lampen besonders stark aus. Seit 1935 werden die Allgebrauchslampen zwischen 40 und 100 W als Doppelwendellampen (D-Lampen) hergestellt, wodurch gegenüber den bis dahin vorhandenen Einfachwendellampen Verbesserungen bis zu 20% in der Anfangslichtausbeute für gleiche Lebensdauer erzielt wurden.

Seitdem ist die Entwicklung nicht stehengeblieben, sondern weitere Fortschritte, wie die Einführung des Kryptons als Füllgas, sind zu nennen; andere Verbesserungsmöglichkeiten zeichnen sich bereits ab.

I. Einfluß der Gasfüllung auf die Betriebseigenschaften der Doppelwendellampen.

a) Grundlagen für die Wirtschaftlichkeit der Kryptonlampen.

Für die Auswahl des Füllgases sind folgende vier Forderungen maßgebend: Es darf

1. Wolfram nicht angreifen,

2. nicht durch Lichtbogenbildung zu Kurzschlüssen innerhalb der Lampe führen,

und soll

3. die Verdampfungsgeschwindigkeit des Wolframs gegenüber dem Betrieb im Vakuum stark herabsetzen,

4. die Leistungsbilanz der Lampe, d. h. also ihren Strahlungswirkungsgrad, möglichst wenig verschlechtern.

Aus Forderung 1 ergibt sich, daß in erster Linie die Edelgase zur Füllung in Betracht kommen. Forderung 2 macht besondere Vorsicht in der Wahl des Füllgases und in seiner Zusammensetzung notwendig. Reine Edelgase begünstigen durch ihre niedrigen Ionisierungsspannungen das Entstehen einer Bogenentladung. Durch Beimischen von Stickstoff läßt sich die Zündspannung stets genügend weit heraufsetzen. Doch ist man mit Rücksicht auf Forderung 3 und 4 bemüht, die Stickstoffbeimischung möglichst klein zu halten, da Stickstoff sowohl hinsichtlich der Verdampfungsverhinderung wie in bezug auf die Leistungsbilanz der Lampe gegenüber den beiden in erster Linie in Frage kommenden Edelgasen Argon und Krypton im Nachteil ist.

Die Verdampfungsgeschwindigkeit des Wolframs wird, wie OOSTERHUIS[1] und FONDA[2] wohl unabhängig voneinander festgestellt haben, unter sonst gleichen Bedingungen um so mehr verringert, je schwerer das verwendete Füllgas ist. Praktisch nimmt die Verdampfungsgeschwindigkeit proportional mit steigendem Molekulargewicht des Gases ab.

Die Leistungsbilanz der Lampe wird durch das Füllgas um so weniger ungünstig beeinflußt, je geringer die Wärmeleitfähigkeit des Gases ist. Die Forderungen 3 und 4 sind also dann am ehesten erfüllt, wenn das Füllgas zugleich schwer ist und die Wärme schlecht leitet. Glücklicherweise widersprechen sich diese beiden Forderungen nicht, sondern entsprechend Abb. 1 fällt die Wärmeleitfähigkeit des Gases mit wachsendem Molekulargewicht (Atomgewicht bei Edelgasen). Während Stickstoff mit einem Molekulargewicht von $m=28$ eine Wärmeleitfähigkeit von rd. $6\cdot 10^{-5}$ cal $\cdot\,{}^\circ C^{-1}\cdot cm^{-1}\cdot s^{-1}$ hat, beträgt der Wert für Argon ($m = 40$) rd. $4\cdot 10^{-5}$, für Krypton ($m = 83$) rd. $2\cdot 10^{-5}$ und für Xenon ($m = 132$) rd. $1{,}25\cdot 10^{-5}$ cal $\cdot\,{}^\circ C^{-1}\cdot cm^{-1}\cdot s^{-1}$.

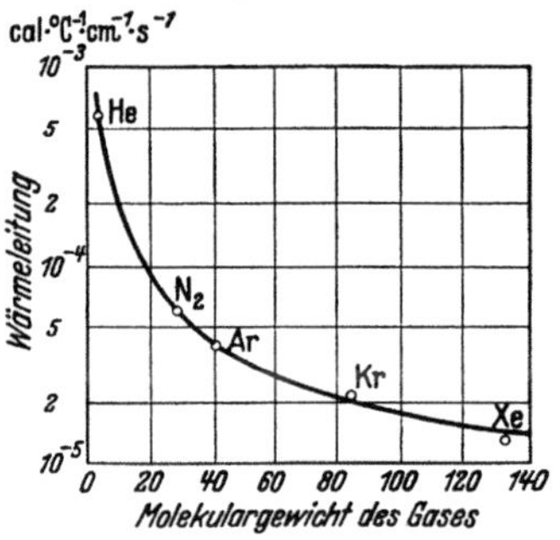

Abb. 1. Wärmeleitfähigkeit einiger Gase.

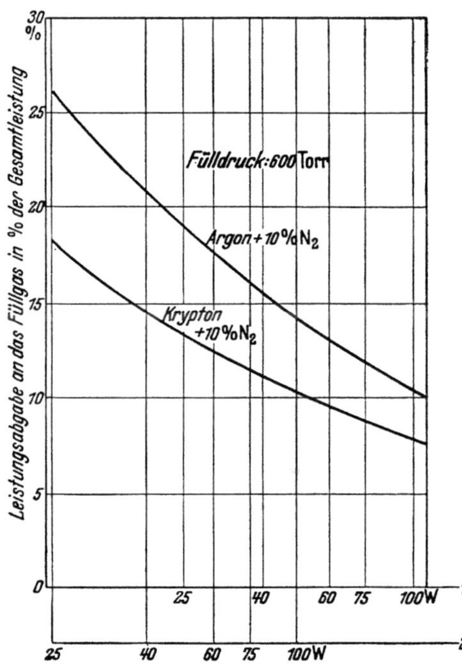

Abb. 2. Leistungsabgabe an das Füllgas für Argon- und Krypton-Doppelwendellampen.

Daß sowohl Molekulargewicht wie Wärmeleitfähigkeit von recht erheblichem Einfluß sind, ist einmal daraus zu ersehen, daß nach Angaben von GEISS[3] die Verdampfungsgeschwindigkeit des Wolframs bestimmter Temperatur in Krypton nur etwa 60% derjenigen in Argon ist, zum anderen zeigt Abb. 2 die Verringerung der an das Gas abgegebenen Leistung durch den Übergang von Argon zu Krypton. Der Abszissenmaßstab in Abb. 2 ist an und für sich die Betriebsstromstärke der Lampen; der Übersichtlichkeit halber sind aber an Stelle der Stromstärke die einzelnen Lampenbauarten an den ihrer Betriebsstromstärke entsprechenden Stellen angegeben. Während z. B. bei einer D-Lampe für 40 W, 220 V mit Argonfüllung von 600 Torr etwa 21% der zugeführten Leistung vom Gas aufgenommen werden, sinkt dieser Betrag in der gleichen D-Lampe mit einer Kryptonfüllung von 600 Torr auf etwa 14%, d. h. um ein volles Drittel. Die Angaben beziehen sich auf Lampen mit einem in beiden Fällen zugemischten Stickstoffanteil von 10%. Aus Abb. 2 ist gleichzeitig die

[1] E. OOSTERHUIS: Chem. Weekbl. Bd. 14 (1917) S. 595.
[2] G. R. FONDA: Phys. Rev. Bd. 21 (1923) S. 343.
[3] W. GEISS: Philips' techn. Rdsch. Bd. 6 (1941) S. 338.

bereits eingangs behandelte Tatsache deutlich zu erkennen, daß die durch das Gas verursachten Verluste mit steigender Betriebsstromstärke, d. h. dicker werdendem Wolframdraht, stark abnehmen, daß also der Übergang von einem Füllgas mit hoher Wärmeleitfähigkeit zu einem solchen mit geringerer Wärmeleitfähigkeit sich bei den dünndrähtigen Lampen besonders stark auswirken muß. Es ist daher auch nicht angängig, wie GEISS es (a. a. O.) getan hat, die durch Kryptonfüllung erzielbaren Gewinne nur im Mittel über alle Lampentypen zu betrachten. Wie noch zu zeigen sein wird, ergibt sich aus dieser Abhängigkeit der Verluste von der Stromstärke (und damit vom Wendeldurchmesser) in der Tat eine um so stärkere Verbesserung durch das Krypton, je niedriger die Betriebsstromstärke der Lampe ist.

FONDA[1] fand nun eine weitere Eigenschaft des Füllgases, die ebenfalls die Wirtschaftlichkeit einer Lampe bei Wahl eines möglichst schweren Füllgases verbessert: je schwerer das Gas ist, um so höher wird der „tödliche Gewichtsverlust" des Wolframs. Hierunter versteht man den Prozentsatz des Wolframgewichtes, der bis zum normalen Tod der Lampe verdampft; unter definierten Bedingungen ist die Lebensdauer der Lampe in erster Annäherung dem tödlichen Gewichtsverlust proportional. Sein Absolutbetrag hängt unter sonst gleichen Bedingungen von der Gleichmäßigkeit des Drahtquerschnittes ab. Bei einem idealen Draht vollständig konstanten Querschnittes würde er 100% betragen. Praktisch werden infolge der nicht vermeidbaren Querschnittsschwankungen, die zu Stellen höherer Drahttemperatur führen und deren Beschaffenheit letzten Endes die Lebensdauer der Lampe bestimmt, wesentlich niedrigere tödliche Gewichtsverluste erreicht. Erhöht sich aus irgendwelchen Gründen bei einer Lampe der tödliche Gewichtsverlust, so bedeutet das, daß man die Betriebstemperatur des Wolframs und damit die Lichtausbeute der Lampe erhöhen kann, ohne daß die Lebensdauer unter den bisher üblichen Wert sinkt. Beim Übergang von Stickstoff zu Argon steigt aus später noch zu erörternden Gründen nach FONDA bei einem Draht von 12 cm Länge, 40 μ Durchmesser und einer Betriebstemperatur von 2870° K der tödliche Gewichtsverlust von 4,7 auf 8,2% an. Beim Übergang von Argon zu Krypton findet nach eigenen, zunächst orientierenden Versuchen eine weitere Steigerung statt[2].

Im ganzen bringt also die Wahl eines schwereren Füllgases drei Vorteile mit sich: Erstens wird die Lebensdauer einer Wolframwendel durch verringerte Verdampfungsgeschwindigkeit des Wolframs verbessert, zweitens wird sie durch die Steigerung des tödlichen Gewichtsverlustes erhöht, und drittens wird die Energiebilanz der Lampe durch eine Verringerung der durch das Gas bewirkten Leistungsverluste verbessert. Auf konstante Lebensdauer bezogen, kann also die Betriebstemperatur erhöht werden und damit erhöht sich auch der Lichtstrom und die Lichtausbeute. Die Lichtausbeute steigt dabei infolge der verbesserten Leistungsbilanz wesentlich stärker an, als allein der Temperaturerhöhung nach den Strahlungsgesetzen entspricht. Bei den handelsüblichen Kryptonlampen ist deshalb im Gegensatz zu gelegentlich geäußerten Ansichten[3]

---

[1] G. R. FONDA: Gen. Electr. Rev. Bd. 32 (1929) S. 206.

[2] Diese Abhängigkeit des tödlichen Gewichtsverlustes vom Molekulargewicht des Füllgases muß auch bei theoretischen Betrachtungen über die verdampfungsverhindernde Wirkung der schweren Gase berücksichtigt werden, da bei dem Übergang zu einem schwereren Gas die Lebensdauer einer Wendel wegen des höheren tödlichen Gewichtsverlustes stärker zunimmt, als der reinen Verringerung der Verdampfungsgeschwindigkeit entspricht. Dies hat GEISS (a. a. O.) jedoch nicht berücksichtigt. Die von ihm rechnerisch abgeleiteten Zahlen über die Verbesserung der Anfangslichtausbeute durch den Übergang von Argon auf Krypton sind daher nur als Näherungswerte zu betrachten.

[3] K. SEILER u. W. BERGER: Z. kompr. flüss. Gase Bd. 34 (1939) S. 13 u. 32.

die Temperaturerhöhung sehr klein; sie beträgt bei einer kryptongefüllten Doppelwendellampe von 40 W 220 V gegenüber der gleichen Lampe mit Argonfüllung etwa 20°.

Beim Aufzählen aller dieser Vorteile des schwereren Füllgases darf aber nicht verschwiegen werden, daß mit dem Erhöhen des tödlichen Gewichtsverlustes auch ein gewisser Nachteil verbunden ist. Da mit höherem tödlichen Gewichtsverlust die Menge des bis zum Tode der Lampe verdampfenden Wolframs steigt, ist die Lampe gegen Ende ihrer Lebensdauer etwas stärker geschwärzt als bei einem leichteren Füllgas. Bei der durch die günstigen geometrischen Abmessungen von Wendel und Kolbenhals besonders geringen Lichtabnahme der Doppelwendellampen während des Brennens in normaler Lage (Sockel oben) spielt diese etwas höhere Schwärzung jedoch nur eine untergeordnete Rolle; sie vermag jedenfalls die großen Vorteile des schwereren Füllgases praktisch kaum zu verringern.

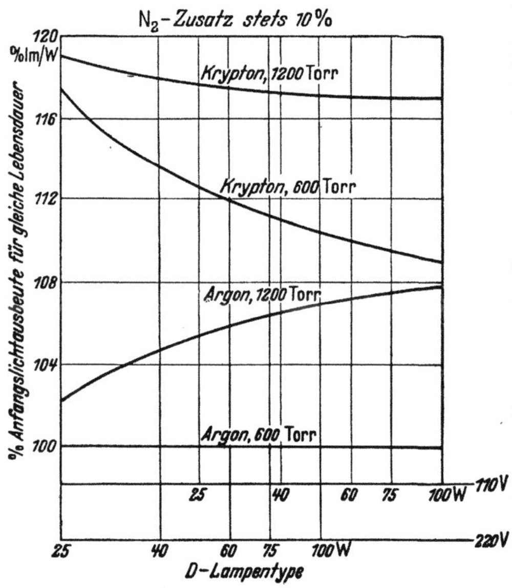

Abb. 3. Einfluß von Füllgas und Fülldruck auf die Anfangslichtausbeute von D-Lampen gleicher Lebensdauer.

b) Lampen mit erhöhtem Fülldruck.

Eine andere Möglichkeit, die Verdampfungsgeschwindigkeit des Wolframs zu verringern, besteht im Erhöhen des Fülldruckes. Bis heute werden die handelsüblichen Doppelwendellampen mit einem Druck von etwa 600 Torr gefüllt, so daß der Gasdruck während des Brennens nicht nennenswert über 1 at steigt. Wegen der Festigkeit des normalen Lampenkolbens kann man ohne weiteres den Fülldruck bis etwa 1200 Torr steigern. Daher interessiert es in hohem Maße, um welchen Betrag der auf 1200 Torr erhöhte Fülldruck die Wirtschaftlichkeit der Doppelwendellampen verbessern kann, wobei die Frage gleichzeitig für Argon und Krypton gestellt werden soll.

Die Antwort hierauf gibt Abb. 3, in der das Ergebnis bisher unveröffentlichter Laboratoriumsversuche zusammengestellt ist. Abb. 3 zeigt die Gewinne, die durch den Übergang einerseits von 600 auf 1200 Torr Fülldruck, andererseits von Argon auf Krypton in der auf gleiche Lebensdauer bezogenen Anfangslichtausbeute der Doppelwendellampen zwischen 25 und 100 W für 110 und 220 V zu erzielen sind, wobei die Werte für die mit 600 Torr Argon gefüllten D-Lampen durchweg gleich 100% gesetzt wurden. Alle Brennversuche wurden mit Lampen jeweils gleicher Bauart durchgeführt, und in allen Fällen betrug der den Edelgasen zugemischte Stickstoffanteil 10%. Aus Abb. 3 kann man sofort die wesentlichen Unterschiede zwischen dem Übergang auf ein schwereres Gas und der Wahl eines höheren Fülldruckes entnehmen. Das schwerere Gas (ohne Druckerhöhung) ist, wie wir bereits eben gesehen haben, besonders vorteilhaft bei Lampen mit kleinen Stromstärken. Der höhere Fülldruck ohne Wechsel des Füllgases verbessert in erster Linie die Lampen mit höherem Betriebsstrom, weil die mit dem höheren Fülldruck zwangsläufig erhöhten Leistungsverluste sich bei den dünndrähtigen Lampen wieder stärker bemerkbar machen und die auf Grund der verringerten Verdampfungsgeschwindigkeit an und für sich mögliche Lichtausbeuteerhöhung herabsetzen. Erst der gleichzeitige Übergang auf schwereres Gas und höheren Fülldruck verbessert alle Lampen um größenordnungsmäßig den gleichen Betrag.

Für nach Dekalumen gestaffelte Glühlampen ergeben sich gleichsinnige Gewinne an aufzuwendender Leistung, doch sind die so erzielbaren Ersparnisse kleiner als die Lichtausbeutegewinne bei den nach Watt gestaffelten Glühlampen.

An den mit höherem Druck gefüllten Lampen ist physikalisch besonders interessant, daß die Verbesserung der auf gleiche Lebensdauer bezogenen Anfangslichtausbeuten keineswegs ausschließlich auf die mit dem höheren Fülldruck zurückgehende Verdampfungsgeschwindigkeit des Wolframs zurückzuführen ist; hier tritt vielmehr in Parallele zu den Erscheinungen beim Übergang von einem leichten zu einem schwereren Füllgas auch eine Erhöhung des tödlichen Gewichtsverlustes ein. Nach Versuchen ist der Anteil, den die Erhöhung des tödlichen Gewichtsverlustes am Gesamtgewinn hat, mindestens genau so groß oder etwas größer als der Anteil der verringerten Verdampfungsgeschwindigkeit.

Die Ursache für die Steigerung des tödlichen Gewichtsverlustes mit wachsendem Fülldruck ist in denselben Vorgängen zu suchen, die auch beim Übergang von einem leichten zu einem schwereren Gas den tödlichen Gewichtsverlust erhöhen. In beiden Fällen wird der Austausch der von zwei benachbarten Windungsstellen unterschiedlicher Temperatur verdampfenden Wolframmoleküle verringert. Die Fülldruckerhöhung vermehrt die Zahl der Stöße der Gasmoleküle auf die verdampfenden Moleküle; das schwerere Gas vergrößert die Wirkung der Stöße und macht es dadurch den Wolframmolekülen schwerer, durch das Gas hindurchzustoßen und zu anderen Wendelstellen zu gelangen. Je weniger Wolframmoleküle aber zwischen zwei Stellen unterschiedlicher Temperatur längs der Wendel ausgetauscht werden, um so weniger können einmal vorhandene Temperaturunterschiede im Laufe des Brennens dadurch vergrößert werden, daß sich an den kühleren Stellen zusätzlich Wolfram anlagert und diese dadurch noch kühler werden. Es muß daher insgesamt mehr Wolfram verdampfen, bis die die Lebensdauer begrenzenden Stellen so weit abgetragen sind, daß die Wendel durchbrennt.

Selbstverständlich bleibt der bereits obenerwähnte ungünstige Einfluß des höheren tödlichen Gewichtsverlustes auf das Lichtverhalten der Lampen während des Brennens auch beim Übergang zu höheren Fülldrucken an und für sich bestehen, doch gilt auch hier, daß dieser Einfluß verhältnismäßig gering ist und durch die übrigen Vorteile des hohen Fülldruckes mehr als aufgewogen wird.

Da Stickstoff einerseits lediglich zum Vermindern der Kurzschlußneigung zugesetzt wird, andererseits die Kurzschlußneigung mit steigendem Fülldruck abnimmt, ist leicht einzusehen, daß der Stickstoffzusatz mit steigendem Fülldruck kleiner gehalten werden darf, wodurch die durch den höheren Fülldruck an und für sich verschlechterte Energiebilanz der Lampe wieder etwas verbessert wird.

II. Technische Auswertung der physikalischen Erkenntnisse.

Neben den rein technischen Problemen, die mit der Einführung neuer Glühlampen in die Massenfertigung verbunden sind, spielen auch wirtschaftliche Fragen eine bedeutende Rolle. Dies trifft für die Kryptonlampen besonders wegen des Gaspreises zu. Bevor hierauf näher eingegangen wird, soll gezeigt werden, wieweit es bereits möglich gewesen ist und welche Aussichten bestehen, die auf Grund der physikalischen Zusammenhänge zu erwartenden Verbesserungen in der Praxis nutzbar zu machen.

Zunächst ist nachzutragen, daß bei den oben mitgeteilten Vergleichen zwischen Argon- und Krypton-Doppelwendellampen stets Lampen gleicher Bauart, d. h. also auch gleicher Kolbengröße, benutzt wurden. Um die Kryptonmenge möglichst klein zu halten, verwendet man aber bei Kryptonlampen wesentlich kleinere Lampenkolben, als sie bei den entsprechenden Bauarten bisher üblich waren. Da hierdurch der innenmattierte Kolben sehr dicht an den Leuchtkörper herantritt, verliert man insbesondere in dem engen zylindrischen Teil des Kolbens infolge höherer Reflexionsverluste $1^1/_2$ bis 2% des physikalisch möglichen Gewinnes.

Der aus der Verwendung des kleineren Kolbens zu erwartende größere Lichtabfall, der auch an den zu Beginn der Kryptonlampenversuche hergestellten Einfachwendellampen festgestellt werden mußte, tritt bei Krypton-Doppelwendellampen, insbesondere bei Brennstellung mit Sockel oben, kaum merkbar in Erscheinung. Dies hängt mit der obenerwähnten an und für sich geringen Lichtabnahme der Doppelwendellampen zusammen.

In einer anderen Hinsicht dagegen verursacht der kleine Kolben aber noch eine weitere Verschlechterung: Die Kryptonlampe neigte zu frühzeitigen Kurzschlüssen, wenn man ihr genau so viel Stickstoff zusetzte wie dem Argon in den normalen Doppelwendellampen. Dem wurde jedoch begegnet, indem man den Stickstoffgehalt des Kryptons ein wenig höher wählte als bei den Argon-D-Lampen. Infolge der hohen Wärmeleitfähigkeit und des geringen Molekulargewichtes des Stickstoffes verliert man aber dadurch nochmals etwa $1^1/_2$ bis 2% des physikalisch durch den Übergang von Argon auf Krypton möglichen Gewinnes. So kommt es, daß die fabrikatorisch hergestellte Krypton-Doppelwendellampe für 40 W und 220 V in ihrer Anfangslichtausbeute für gleiche Lebensdauer nicht, wie man aus Abb. 3 entnehmen kann, 13,5, sondern nur etwa 10% besser als die Argon-Doppelwendellampe ist.

Der praktisch erzielbare Gewinn bleibt also hinter dem physikalisch Möglichen zurück. Die nachfolgende Tabelle zeigt die tatsächlichen Gewinne in der Anfangs- und in der mittleren Lichtausbeute, wie sie sich aus zahlreichen, mit Krypton-Doppelwendellampen (K-Lampen) angestellten Versuchen gegenüber den entsprechenden Argon-Doppelwendellampen (D-Lampen) und der 25-W-Vakuumeinfachwendellampe ergeben haben.

Tabelle 1. Vergleich der Lichtausbeuten.

Lampenbauart	Anfangslichtausbeute in Hlm/W			Mittlere Lichtausbeute in Hlm/W		
	D-Lampe	K-Lampe	Gewinn der K-Lampe %	D-Lampe	K-Lampe	Gewinn der K-Lampe %
220 V 25 W .	(10,4)*	11,4	10,0	(9,35)*	10,5	11,0
220 V 40 W .	12,2	13,4	10,0	11,6	12,6	8,5
220 V 60 W .	13,8	14,4	4,5	13,1	13,6	4,0

Die Tabelle zeigt deutlich, wie die durch Krypton erzielbaren Gewinne mit zunehmender Leistungsaufnahme der Lampe abnehmen. Daß der Gewinn bei 25 W 220 V nicht größer ist als bei 40 W 220 V, liegt daran, daß die Vakuumwendellampe in ihrer Belastung höher liegt, als eine 25-W-Argon-Doppelwendellampe für die gleiche Spannung liegen würde, die man aus diesem Grunde auch nicht herstellt. Ähnlich liegen die Verhältnisse bei der 15-W-Lampe. Es lohnt

* Vakuumeinfachwendellampe.

sich nicht, eine kryptongefüllte 15-W-Doppelwendellampe für 220 V herzustellen, weil bei einer derartig dünnen Doppelwendel die durch das Gas verursachten Verluste auch bei Krypton so groß werden, daß eine solche Lampe bereits 10% unwirtschaftlicher arbeiten würde als die heutige Vakuumlampe. Außerdem ist die Herstellung einer Doppelwendel für 15 W 220 V technisch außerordentlich schwierig.

Mit den drei Kryptonlampen, wie sie in Deutschland entwickelt und auf den Markt gebracht wurden, ist zunächst der Beweis erbracht, daß die durch Laboratoriumsversuche vorausbestimmten Güteverbesserungen sich auch bei den in der Massenfertigung hergestellten Lampen weitgehend haben bestätigen lassen.

Welchen Weg die Weiterentwicklung der gasgefüllten Lampen in Zukunft gehen wird, hängt in erster Linie davon ab, wieweit es der kryptonherstellenden Industrie gelingen wird, die Herstellung des Kryptons zu vereinfachen und zu verbilligen; Krypton ist nämlich in der Luft nur in sehr geringen Mengen vorhanden, und zwar entfallen nach BRODY und KORÖSY[1] $1{,}5 \cdot 10^{-6}$ Volumenanteile der atmosphärischen Luft auf Krypton. Bei diesem geringen Gehalt ist es verständlich, daß der Kryptonpreis, als noch kein Bedürfnis für die industrielle Verwendung des Kryptons vorhanden war, außerordentlich hoch war; er betrug 1933 rd. 25000 RM je Liter[2]. Erst als man anfing, Krypton nach neuen Verfahren zu gewinnen, konnte die chemische Großindustrie den Preis für das Krypton so weit senken, daß es als Füllgas für Glühlampen überhaupt in Betracht kam. Aber auch heute ist es gegenüber dem Argon noch so teuer, daß man wirtschaftlich zunächst nicht alle Doppelwendellampen von Argon- auf Kryptonfüllung umstellen konnte. Andererseits ist es nicht so teuer, daß es sich nicht lohnte, diejenigen D-Lampen als Kryptonlampen zu bauen, bei denen der Gewinn durch das Krypton am größten wird. Darüber hinaus darf eine technische Entwicklung deswegen nicht unterlassen werden, weil ein bestimmter Rohstoff im Augenblick noch sehr teuer ist. Oft hat sich gezeigt — man denke nur an die Preisentwicklung des Aluminiums seit 1850 —, daß mit der technischen Erschließung eines bisher nicht ausgenutzten Stoffes Preise, die zunächst unerschwinglich erschienen, sich auf ein unerwartet niedriges Maß haben zurückführen lassen. Auch beim Krypton kann es ähnlich sein.

Mit Rücksicht auf die jeweiligen für Preis und Menge des Kryptons geltenden Bedingungen ist man daher bei der Einführung der Kryptonlampe in Deutschland folgenden Weg gegangen: zunächst (1936) wurde nur eine einzige Glühlampe zusätzlich als Krypton-Doppelwendellampe gebaut, und zwar für 40 W 220 V, bei der der Übergang von der Argon- zur Kryptonfüllung besonders wirtschaftlich ist.

Da sich die Krypton-Doppelwendellampe für 40 W 220 V sehr gut einführte, wurde 1939 auch die Fertigung der 40-W-Kryptonlampe für 110 bzw. 120 und 125 V aufgenommen. Erfreulicherweise hatte sich inzwischen auch die Kryptongewinnung genügend erhöht. 1941 begann man, 25-W- und 60-W-Krypton-Doppelwendellampen sowohl für 220 bis 230 als auch für 110 bis 125 V herzustellen. Abb. 4 erlaubt einen Vergleich der äußeren Abmessungen der Kryptonlampen mit denen der bisher handelsüblichen Vakuum- bzw. Argonlampen gleicher Leistungsaufnahme.

Wieweit es möglich sein wird, die Lichtausbeute der Lampen für allgemeine Beleuchtungszwecke durch höhere Fülldrucke zu verbessern, wird die Zeit lehren. Auf Grund der physikalischen Zusammenhänge (Abb. 3) wird dabei für ein und denselben Druck die Kryptonlampe stets der Argonlampe auf

[1] I. BRODY u. F. KORÖSY: Trans. Faraday Soc. Bd. 31 (1935) S. 547.

[2] PH. SIEDLER: Z. angew. Chem. Bd. 51 (1938) S. 799.

Grund der besseren Eigenschaften des Füllgases überlegen bleiben. Zunächst steht der Anwendung höherer Fülldrucke bei Kryptonlampen aber der hohe Kryptonpreis im Wege, da sich der höhere Druck bei gleichem Lampenvolumen

Abb. 4. Vergleich zwischen Kryptonlampen (jeweils links) und der bisherigen Vakuum- bzw. Argonlampen gleicher Leistungsaufnahme (jeweils rechts).

nur durch eine entsprechend größere Füllgasmenge erzielen läßt. Aus diesem Grunde hat vielleicht die mit Überdruck gefüllte Argon-Doppelwendellampe einige Aussicht auf praktische Anwendung, insbesondere da der Mehraufwand an Argon im Gegensatz zum Krypton den Lampenpreis nur unwesentlich erhöht; allerdings wird nach dem heutigen Stand unserer Erkenntnis (vgl. Abb. 3) die Argonlampe von 1200 Torr der Kryptonlampe mit normalem Fülldruck gerade bei den Lampenbauarten unterlegen bleiben, bei denen sich Kryptonfüllung besonders lohnt. Hieran wird auch die sich aus dem höheren Fülldruck ergebende Möglichkeit der Verwendung eines reineren Argongases kaum etwas ändern.

Die maschinelle Herstellung von Überdrucklampen ist grundsätzlich geklärt; ihre Einführung in die Praxis dürfte kaum unüberwindliche Schwierigkeiten bieten. Hinsichtlich der Gefährlichkeit platzender Überdrucklampen müssen noch größere Erfahrungen gesammelt werden; Versuche deuten aber darauf hin, daß eine Explosion von Lampen mit 1200 Torr Fülldruck hinsichtlich der Streuweite der Glassplitter nicht gefährlicher ist als das Zerplatzen der seit 60 Jahren hergestellten Vakuumlampen.

Für den Glühlampentechniker bleiben also auch in Zukunft noch viele interessante und lohnende Aufgaben, die der Weiterentwicklung der Lampen für allgemeine Beleuchtung dienen.

Zusammenfassung.

Die große Bedeutung des Füllgases für die Betriebseigenschaften der Glühlampe beruht auf seiner Fähigkeit, die Verdampfungsgeschwindigkeit des Wolframs zu verringern. Dadurch wird es möglich, die Betriebstemperatur und die Lichtausbeute gegenüber der Vakuumlampe bei gleicher Lebensdauer nennenswert zu erhöhen, sofern man gleichzeitig die für die Leistungsverluste an das Füllgas maßgebende Drahtoberfläche durch Wendelung des Drahtes auf ein erträgliches Maß herabsetzt. Je niedriger dabei die Wärmeleitfähigkeit und je höher das Atomgewicht des Füllgases ist, um so wirtschaftlichere Lampen lassen sich herstellen. Hierin liegt der besondere Vorteil des schweren und die Wärme verhältnismäßig schlecht leitenden Kryptons.

Die Umsetzung dieser physikalischen Erkenntnisse in die Praxis der Massenanfertigung von Glühlampen hat zunächst zu der sogenannten K-Lampe geführt. Das sind mit Krypton gefüllte Doppelwendellampen für 25, 40 und 60 W. Die weitere Entwicklung wird weitgehend von der Menge und dem Preis des gewonnenen Kryptons abhängen.

Auch durch Erhöhung des Fülldruckes kann man die Lichtausbeute bei gleicher Lebensdauer steigern. So haben Versuche gezeigt, daß man sowohl mit Argon wie besonders mit Krypton von hohem Fülldruck beträchtliche Verbesserungen gegenüber Lampen mit dem heute üblichen Fülldruck erzielen kann. Die im einzelnen möglichen Gewinne werden erörtert.

Die Doppelwendellampe für Allgemeinbeleuchtung.

Ein neuer Entwicklungsabschnitt der Glühlampentechnik[1].

Von

F. ABSHAGEN, Berlin.

Mit 3 Abbildungen.

Der heutige Stand der elektrischen Lichttechnik konnte erst durch Einführung der Glühlampe mit Gasfüllung in Verbindung mit einer schraubenlinienförmigen Anordnung (Wendel) des gezogenen Wolframdrahtes erreicht werden. Bekanntlich wird durch die Einwirkung eines indifferenten Gases die Verdampfung des Leuchtkörpers stark verringert, so daß die Temperatur des gewendelten Drahtes ohne Verkürzung der Lebensdauer gegenüber luftleeren Lampen wesentlich erhöht und damit eine Güteverbesserung der Lampen erreicht werden konnte[2]. Bei dieser, die gesamte Entwicklung der Glühlampen bestimmenden Erkenntnis nahm man bewußt einen unvermeidlichen Nachteil der Gasfüllung in Kauf, nämlich eine gewisse Energieabgabe des glühenden Leuchtdrahtes an das Füllgas. Beispielsweise werden bei einer normalen gasgefüllten Einfachwendellampe, 220 V 40 W, nur etwa zwei Drittel der erzeugten Wärme durch Strahlung, ein Drittel aber durch Leitung und Mitführung an das Füllgas abgegeben[3]. Bei Lampen mit stärkerem Leuchtdraht (d. h. Lampen höherer Leistungsaufnahme bzw. geringerer Spannung) ist der anteilmäßige Wärmeverlust, wie noch begründet wird, kleiner; er beträgt beispielsweise bei einer Lampe 220 V 100 W nur noch etwa 20%.

Bei der weiteren Verbesserung der gasgefüllten Lampe galt es also vor allem, diese hohen Verluste möglichst zu verringern. Jeder Erfolg in dieser Richtung mußte sich besonders wirkungsvoll bei den Typen bemerkbar machen, bei denen der anteilmäßige Wärmeverlust am höchsten ist, also bei den dünndrähtigen Lampen. Die physikalischen Erkenntnisse wiesen hierzu den Weg[4]. Hiernach bildet sich um den im Gase glühenden Leiter eine Gasschicht besonders hoher Temperatur, die sog. LANGMUIRsche Schicht. Innerhalb dieser Schicht ist die Viskosität des Gases besonders groß. Die Energieabgabe des Leiters an das Füllgas erfolgt daher hier vorwiegend durch Leitung. Erst in etwas größerem Abstand setzt dann die Abführung der Energie durch Strömung des heißen Gases nach oben ein. Die Schichtdicke liegt bei den in gasgefüllten Glühlampen üblichen

---

[1] Verkürzter Abdruck der in der Zeitschrift „Das Licht" Bd. 5 (1935) S. 197 erschienenen Arbeit.

[2] K. MEY: Z. Dresd. Elektrotechn. Ver. Bd. 9 (1914) Nr 2. — M. PIRANI u. A. R. MEYER: ETZ Bd. 36 (1915) S. 493.

[3] F. KOREF u. H. PLAUT: Z. techn. Phys. Bd. 11 (1930) S. 515; s. a. Techn.-wiss. Abh. Osram Bd. 2 (1931) S. 89.

[4] J. LANGMUIR u. J. A. ORANGE: Proc. Amer. Inst. Electr. Eng. Bd. 32 S. 1915.

Leuchtkörpertemperaturen in der Größenordnung von 1 mm*. Bei Betrachtung der die Wärmefortführung maßgeblich bestimmenden Oberfläche des den Draht umhüllenden Zylinders aus heißem Gas muß also selbst bei den feinsten Drähten (Größenordnung 0,01 mm) ein Zylinderdurchmesser von etwa 2 mm zugrunde gelegt werden. Hieraus folgt einmal,

daß durch Ineinanderübergehen der Schichten benachbarter Windungen, sowohl bei Einfach- wie bei Doppelwendeln, diese in bezug auf Wärmeabgabe wie Rohre oder Drähte zu behandeln sind, zum anderen,

daß, solange der Draht- bzw. Wendeldurchmesser klein ist gegenüber der Schichtdicke, die für die Wärmeabfuhr maßgebliche Schichtoberfläche mit steigendem Draht- bzw. Wendeldurchmesser nur unwesentlich zunimmt, oder mit anderen Worten: Für die Energieabgabe an das Füllgas ist weniger die Gesamtoberfläche des Leuchtkörpers, als vielmehr seine Länge ausschlaggebend, d. h. zwei gleich lange Wendeln mit verschiedenen Durchmessern zeigen keine allzu großen Abkühlungsunterschiede, dagegen verhalten sich die Energieabgaben bei zwei verschieden langen Wendeln mit gleichen Durchmessern etwa wie die Längen.

Auf Grund dieser Erkenntnisse bemühte man sich in der Folgezeit, den Leuchtkörper weiter zu verkürzen. Unter Beibehaltung der grundsätzlichen Ausführung der Einfachwendellampen konnte dieses nur durch entsprechende Bemessung der die Wendellänge bestimmenden Größen, d. h. Wendelkerndurchmesser, Steigung und Drahtdurchmesser, geschehen. Ein weiterer Vorteil der so erzielbaren Wendelverkürzung ergab sich auch aus der Möglichkeit, einzelne Halter fortfallen zu lassen und damit die Energieabgabe durch die Halter (Wärmeleitung) zu verringern. Gewisse Erfolge ließen sich hiermit erzielen, insbesondere da inzwischen auch Fortschritte auf dem Gebiet der Drahtherstellung vorlagen[1], jedoch waren diesen Bemühungen von vornherein verhältnismäßig enge Grenzen gezogen insofern, als mit größer werdendem Wendelkern und abnehmender Steigung die Wendeln gegenüber mechanischen Einflüssen zu empfindlich wurden.

Neben den aus der physikalischen Erkenntnis des Energieumsatzes gezogenen Folgerungen, zu denen auch die Einführung einer Argon-Stickstoff-Mischung an Stelle der anfangs verwendeten Stickstoffüllung zu rechnen ist, wurde eine weitere Güteverbesserung durch Verfeinerung und Vervollkommnung der Fabrikationsmittel erreicht. Die so erzielte Verbesserung des technischen Wirkungsgrades, die die gasgefüllte Einfachwendellampe für Allgemeinbeleuchtung von ihrer Einführung bis heute erfahren hat, beträgt im Durchschnitt etwa 15%.

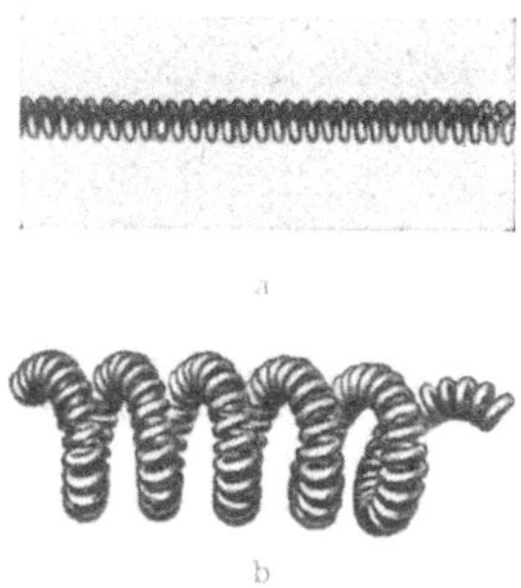

Abb. 1. a) Einfachwendel, b) Doppelwendel.

Gemessen an diesen, auf einer Arbeit von zwei Jahrzehnten beruhenden Fortschritten müssen die mit der Einführung der Doppelwendellampe erreichten Verbesserungen des Wirkungsgrades besonders gewertet werden. Die hierfür zu leistenden Vorarbeiten liegen bereits Jahre zurück. Der Gedanke, den Leuchtdraht in die Form einer Doppelwendel (Abb. 1) zu bringen, geht schon auf die Zeit vor dem ersten Weltkriege zurück. Praktische Bedeutung hat dieser Vorschlag jedoch nicht gefunden, da die so erzeugten Doppelwendeln infolge Verzerrung und starken Durchhanges eine ganz ungenügende Haltbarkeit besaßen. Erst die weiteren Erkenntnisse über die durch physikalische und chemische Einflüsse bewirkbaren Kristall-

* E. LAX u. M. PIRANI: Lampen mit elektrischer Widerstandsheizung. In GEIGER-SCHEEL: Handbuch der Physik Bd. 19 Kap. 14 S. 354.

[1] H. ALTERTHUM: ETZ Bd. 50 (1929) S. 1723.

strukturveränderungen im gestreckten und auch gewendelten Draht ermöglichten die Herstellung von genügend formbeständigen Wendeln. Die Herstellung von Doppelwendeln beruht auf der Anwendung eines hitzebeständigen Wendelkerns und der Erhitzung der auf diesem in ihrer Lage festgehaltenen Doppelwendel bis zur Kristallisationstemperatur oder bis in deren Nähe. Eine nach diesem Verfahren hergestellte Doppelwendel besitzt, da ihr Draht nunmehr aus langen, einander überlappenden und gleichzeitig unverbogenen Kristallen besteht, die erforderliche Steifigkeit und Formbeständigkeit.

Auf diese Weise konnte man bei gleichzeitiger Verwendung einer hochprozentigen Argonfüllung eine äußerst befriedigende Verbesserung der Lichtausbeute erzielen. Allerdings boten die anfangs beim Ausbrennen von Doppelwendeln in den so hergestellten Lampen zuweilen auftretenden lichtbogenartigen Erscheinungen gewisse Schwierigkeiten, die aber schließlich durch eine im Lampensockel eingebaute Durchschmelzsicherung behoben werden konnten.

Nach dem bisher Gesagten ergibt sich somit eine Vereinigung folgender drei wesentlichen Merkmale für die neuen Doppelwendellampen:

1. Doppelwendel (und ihre durch geeignete Drahtherstellung und -behandlung hervorgerufene besondere Kristallstruktur),
2. hochprozentige Argonfüllung,
3. Durchschmelzsicherung.

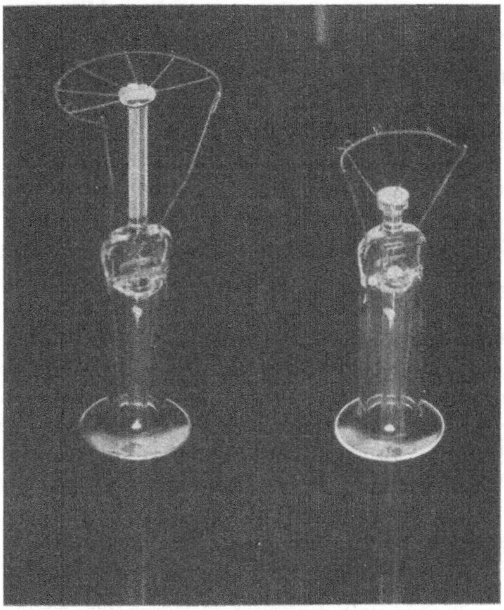

Abb. 2. Innenaufbau a) einer Einfachwendellampe, b) einer Doppelwendellampe.

Bevor auf die weitere notwendige Entwicklungsarbeit am Aufbau der Lampe eingegangen wird, erscheinen noch einige Ausführungen über die Temperatur- und Energieverhältnisse am Leuchtdraht der Doppelwendellampe zweckmäßig. Als Ergebnis der bereits oben erwähnten Erkenntnisse auf dem Gebiet der Drahtherstellung und -behandlung ergab sich die Möglichkeit, die Länge des Leuchtkörpers auf fast ein Drittel der Einfachwendel zu verkürzen und nahezu mit der Hälfte der bisher erforderlichen Halterdrähte auszukommen (Abb. 2).

Die durch beide Maßnahmen bewirkte Verringerung der Energieverluste ließ eine ungewöhnlich große Steigerung des technischen Wirkungsgrades erwarten, und tatsächlich beträgt bei unverkürzter Lebensdauer die Lichtausbeutesteigerung je nach Type bis zu 20%. Diese Verbesserung der Lichtausbeute wird, wie ausdrücklich bemerkt sei, erzielt bei grundsätzlich unveränderter Leuchtkörpertemperatur. Um dies zu erläutern, sei als Beispiel angenommen, daß eine Doppelwendellampe bei gleicher Lebensdauer den gleichen Lichtstrom liefern soll wie eine Einfachwendellampe. Es sei ferner — außer einigen vereinfachenden Annahmen — die Voraussetzung gemacht, daß Doppelwendeln die gleichen Strahlungseigenschaften haben wie Einfachwendeln und demgemäß bei gleicher strahlender Oberfläche und gleichen Temperaturverhältnissen den gleichen Lichtstrom erzeugen. Die Forderung der gleichen Lebensdauer sei durch die gleiche wahre

Temperatur beider Leuchtkörper erfüllt. Um nun die Doppelwendel auf gleicher Temperatur zu halten wie die Einfachwendel, ist entsprechend den bereits oben erwähnten geringeren Energieverlusten eine geringere Leistungsaufnahme als bei der Einfachwendellampe nötig. Nun soll aber in der Praxis nicht eine Lampe gleicher Lichtleistung mit verringerter Leistungsaufnahme, sondern eine Lampe gleicher Leistungsaufnahme mit erhöhter Lichtleistung gebaut werden. Dies läßt sich unter Einhaltung der gleichen wahren Temperatur aber nur erzielen durch Vergrößerung der strahlenden Oberfläche und wird erreicht durch Wahl eines Drahtes mit entsprechend stärkerem Durchmesser (der sich aus der Verwendung eines stärkeren Drahtes ergebende Vorteil einer Belastungsverschärfung bei gleichbleibender Lebensdauer bleibe hier unberücksichtigt) und größerer Länge. Der Heißwiderstand dieses Drahtes muß selbstverständlich die geforderten Werte für Leistungsaufnahme und Spannung ergeben. Die heute praktisch hergestellten Doppelwendellampen haben auch tatsächlich einen um etwa 5 bis 10% stärkeren und etwa 20% längeren Draht (nicht Wendel!) als die entsprechenden Einfachwendellampen.

Hiernach besteht also die Möglichkeit, infolge Verringerung der Energieverluste, einen Leuchtkörper mit entsprechend vergrößerter abstrahlender Oberfläche unter Aufwendung einer gleichen Leistung auf gleiche Temperatur zu bringen und damit bei gleicher abgestrahlter Leistung je Oberflächeneinheit eine größere Gesamtlichtleistung und damit eine größere Lichtausbeute zu erzielen. Temperaturmessungen, die an solchen Doppelwendellampen vorgenommen sind, bestätigen diese Verhältnisse. Hieraus folgt:

Das Ergebnis einer höheren Lichtausbeute ist im Falle der Doppelwendellampe nicht notwendigerweise gleichbedeutend mit der Anwendung einer höheren Temperatur, wie dies bei der Einführung gasgefüllter Lampen gegenüber luftleeren Lampen der Fall war. Die starke Zusammendrängung des Leuchtkörpers zwecks Verkleinerung der Energieverluste und die sich daraus ergebende höhere Leuchtdichte[1] einerseits und die Vergrößerung der abstrahlenden Oberfläche andererseits stellen keinen Widerspruch dar.

Wie sich die auf diese Weise erreichte Lichtausbeuteverbesserung bei den verschiedenen Typen auswirkt, zeigt die nachstehende Tabelle 1:

Tabelle 1.

Type (V/W)	Mittlere Lichtleistung		Steigerung	
	Einfachwendel (lm)	Doppelwendel (lm)	(lm)	(Prozent) etwa
(1)	(2)	(3)	(4) = (3) − (2)	(5) = $\frac{(4)}{(2)} \cdot 100$
220/40	400	480	80	20
220/60	690	805	115	17
220/75	940	1060	120	13
220/100	1380	1510	130	9

Der bisher erzielte Fortschritt würde aber unvollkommen sein, wenn man über die lichttechnischen Ergebnisse die mechanische Widerstandsfähigkeit der Lampen vernachlässigt hätte. Diesem Umstand mußte um so mehr Beachtung

[1] Der in der höheren Leuchtdichte liegende weitere Vorteil der Doppelwendel führte auch zu ihrer Verwendung bei einer Reihe von Sonderlampen. So wurde bereits im Jahre 1926 als erste Doppelwendellampe eine starkdrähtige Sucherlampe für Kraftwagen in Deutschland in den Handel gebracht. Vgl. F. BORN u. O. REEB: Licht u. Lampe Bd. 19 (1930) S. 741 u. 789. — W. KÖHLER: Licht u. Lampe Bd. 24 (1935) S. 462.

geschenkt werden, als das Doppelwendelgebilde in seiner Gesamtheit viel weniger starr ist als eine Einfachwendel. Bei nicht zweckentsprechender Durchbildung des Innenaufbaus der Lampe hätten also unter Umständen, verursacht durch die beim Gebrauch nicht immer vermeidbaren Erschütterungen, Stöße, Schwingungen usw., Windungsannäherungen, vielleicht sogar Windungskurzschlüsse auftreten und dadurch ein vorzeitiges Versagen der Lampen herbeiführen können. Das Bestreben mußte jedoch sein, die Lampen in ihrer mechanischen Festigkeit auf keinen Fall schlechter, sondern eher noch besser als die bisherigen gasgefüllten Einfachwendellampen zu machen. Auf Grund der bisher vorliegenden praktischen Erfahrungen kann gesagt werden, daß dieses Ziel voll und ganz erreicht ist. Wählte man bisher aus verschiedenen Gründen, u. a. um die Abschattungsverluste durch den Sockel möglichst klein zu halten, den Abstand des Leuchtkörpers vom Sockel verhältnismäßig groß, so schlug man jetzt bewußt einen anderen Weg ein. Es zeigte sich, daß man durch eine Verkürzung des Innenaufbaus — ohne dabei eine wesentliche Vergrößerung der Abschattungsverluste durch den Sockel in Kauf nehmen zu müssen — die mechanische Festigkeit der Doppelwendellampe außerordentlich steigern kann (Abb. 2). Die Gründe liegen auf der Hand, indem nämlich infolge der Verkürzung der verschiedenen Fußteile, wie Tragstiel, Stromzuführungsdrähte usw., der gesamte Aufbau weniger schwingungsempfindlich wird.

Abb. 3. Reihe der innenmattierten Doppelwendellampen für 40, 60, 75 und 100 W.

Neben den für die Ausbildung der Doppelwendellampen zu lösenden Aufgaben physikalisch-technischer Art soll zum Schluß noch auf die Durchführung eines in der Technik der Massenfertigung wohl einzigartigen Großversuches hingewiesen werden. Nachdem man bereits vom Jahre 1930 an eine stetige Versuchsfertigung in Gang gebracht hatte, begann man im Jahre 1933 mit der betriebsmäßigen Herstellung im großen Maßstabe. Die von diesem Zeitpunkt an gefertigten Millionen von „D“-Lampen wurden aber nicht im freien Handel verkauft, sondern vielmehr bei einer Reihe von Großverbrauchern im praktischen Betriebe erprobt. Erst nachdem die Lampen auch diese Eignungsprüfung beim Verbraucher selbst bestanden hatten, ging man im Herbst 1935 dazu über, die „D“-Lampe dem freien Handel zuzuführen.

Tabelle 2. Abmessungen der Doppelwendellampen im Vergleich zu denen der Einfachwendellampen.

	40 W		60 W		75 W		100 W	
	Länge	Durchmesser	Länge	Durchmesser	Länge	Durchmesser	Länge	Durchmesser
D-Lampen	98	60	105	65	113	70	120	75
Einfachwendellampen	115	60	122	65	130	70	142	75

Wenn so, wie eingangs gesagt, mit den neuen „D“-Lampen (vgl. Abb. 3 und Tab. 2) ein neuer Entwicklungsabschnitt der Glühlampentechnik erreicht ist, dann war hierzu ein sinnvolles Zusammenwirken wissenschaftlicher Forschung und technischer Entwicklungsarbeit Vorbedingung, nicht zu vergessen die Planung und Durchführung der erwähnten Großversuche.

Rohstofffragen bei der Glühlampenfertigung[1].

Von

W. Köhler.

Mit 4 Abbildungen.

Für die Forschungs- und Entwicklungsarbeit auf dem Gebiet der Glühlampenfertigung, die von der Industrie mit dem Ziel eingeleitet und zum großen Teil auch schon durchgeführt worden ist, devisengebundene Rohstoffe — soweit sie in bedeutenderen Mengen zur Fertigung von Glühlampen gebraucht werden — einzusparen oder gegen einheimische Erzeugnisse auszutauschen, sind zwei Gesichtspunkte maßgebend:

1. Die Einsparung an einem devisengebundenen Rohstoff oder sein Austausch gegen ein einheimisches Erzeugnis darf die Güte des gesamten Erzeugnisses unter gar keinen Umständen herabsetzen.

2. Für die Durchführung der Forschungs- und Entwicklungsarbeit ist allein die Aussicht auf den zu erwartenden Erfolg, nicht aber die Höhe der entstehenden Versuchskosten und der Umfang des erzielbaren Fortschrittes maßgebend.

Es ist zweifellos die Möglichkeit der Einsparung oder des Austausches devisengebundener Rohstoffe in den zur Lichttechnik gehörenden Fertigungszweigen, mengenmäßig betrachtet, verhältnismäßig uninteressant. Da aber viele Wenig auch ein Viel ergeben, dürfen auch bei der Glühlampenfertigung diese Arbeiten nicht gering geachtet werden. Um die Gesamtheit der Arbeiten zu überschauen, ist es zweckmäßig, eine Übersicht (Abb. 1) über die verschiedenen Aufbauteile,

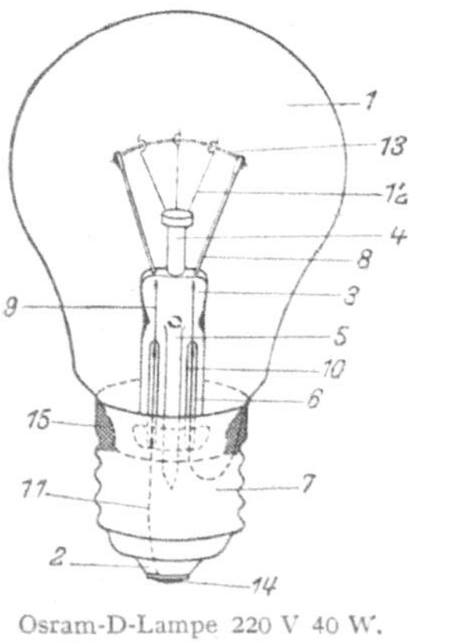

Osram-D-Lampe 220 V 40 W.

Teil	Aufbauteile	Werkstoff	Metallgewichtsanteil in Proz., Gesamtmetallgewichtsanteil 100%
1	Kolben	Magnesiaglas	—
2	Sockelstein . . .		
3	Tellerrohr. . . .	Bleiglas (PbO)	32,15
4	Stab		
5	Pumprohr . . .		
6	Patrone		
7	Sockel	Messing	62,40
8	Elektrode	Nickel	2,16
9	Dichtung	Nickeleisen	0,26
		Kupfer	0,09
10	Schutzdraht. . .	Konstantan	0,07
11	Sockelleitung . .	Kupfer	0,69
12	Halter	Molybdän	0,09
13	Leuchtkörper . .	Wolfram	0,11
14	Lötpillen	Zinn	0,80
		Blei	1,18
15	Sockelbefestigung	Kunstharz-Kitt	—

Abb. 1. Herstellung der elektrischen Glühlampe. Aufbauteile und Metallgewichte vor der Werkstoffumstellung.

ihre Bezeichnung und Werkstoffe aufzustellen und dabei den Gewichtsanteil festzustellen, der dem betreffenden Werkstoff zukommt. Es ist bemerkenswert, daß der für die Glühlampe wichtigste Teil, nämlich der Leuchtkörper, z. B. bei der Hauptgebrauchstype, der 40-W-Lampe für 220 V nur einen Anteil von 0,1% am Gesamtmetallgewicht der Lampe hat, während mehr als 60% auf das Sockelmetall fallen. Bei der folgenden Darstellung der erzielten Ergebnisse soll die Reihenfolge der betrachteten Werkstoffe etwa entsprechend der Größe des Metallgewichtsanteiles gewählt werden.

[1] Abdruck der in der Zeitschrift „Das Licht" Bd. 8 (1938) S. 271 erschienenen Arbeit.

Wir beginnen dementsprechend mit dem bisherigen Sockelmetall, dem Messing.

Im Sockel der Hauptgebrauchstype sind, wie schon erwähnt, etwa 60% des Gesamtmetallgewichts der Lampe enthalten. Hier liegt gewichtsmäßig also der Hauptverbrauch, so daß hier Umstellmaßnahmen besonders lohnend erscheinen. Der Weg führte zur Schaffung des Heimstoffsockels, eines vergüteten Eisensockels mit galvanisch aufgebrachtem Cadmium- und Messingüberzug. Hierzu wurde in unserem Werk B eine besondere Anlage erstellt (Abb. 2), die bei normaler Arbeitszeit täglich bis zu 100000 Sockel herzustellen in der Lage ist (inzwischen ist die Herstellungsmenge auf 300000 Stück erhöht worden). Das Bild zeigt eine Teilansicht der Galvanisierungsanlage. In den großen Holztrögen befinden sich die Bäder, die mit den zu galvanisierenden Sockeln in drehbaren Siebtrommeln beschickt werden. Vorher werden die Sockel in der sog. „Brenne" (Abb. 3) mit einem Gemisch von Salpetersäure und Schwefelsäure blank gebeizt.

Abb. 2. Galvanisierungsanlage für Heimstoffsockel (Teilansicht).

Dieses Beizen geschieht unter den auf dem Bilde sichtbaren Abzügen; danach werden die Sockel mit Hilfe der Siebeimer in den im Vordergrund sichtbaren Wannen gut gespült. Nach dem Trocknen sorgt eine Nachkontrolle für Einhaltung der gewünschten Güte. Umfangreiche Versuche, die bei der Schiffahrt, bei der Reichsbahn und bei verschiedenen anderen Großabnehmern durchgeführt wurden, zeigten eindeutig, daß dieser Heimstoffsockel bei normaler Beanspruchung, wie sie der Zivilbedarf erfordert, einen vollwertigen Austauschstoff im oben gekennzeichneten Sinne darstellt und somit im Bedarfsfalle zur restlosen Verwendung zur Verfügung steht. (In der Folgezeit ist man aus weiteren Ersparnisgründen zu einem verzinkten Eisensockel übergegangen.) — Ergänzend sei noch bemerkt, daß bei verschiedenen Sondersockeln, wie z. B. solchen für Gasentladungslampen, mit gutem Erfolg Aluminium an Stelle von Messing für die nicht spannungführende Hülse verwendet wird.

Abb. 3. Sockelbrenne (Teilansicht).

Als nächster Werkstoff käme, entsprechend der Übersicht (Abb. 1), das Blei.

Das für den Innenaufbau der Glühlampe verwendete Glas unterliegt sehr scharfen und gleichzeitig auftretenden Beanspruchungen mechanischer, thermischer und elektrischer Art. Außerdem muß das Glas bestimmten Verarbeitungsbedingungen genügen, damit der Herstellungsbruch in tragbaren Grenzen bleibt. Die Versuche gehen also dahin, unter Erfüllung dieser Bedingungen den Bleioxydgehalt der Gläser zu vermindern. Es sind bereits Gläser entwickelt worden, die nur noch 70% des bisherigen Bleigehaltes aufweisen. Allerdings liegen diese auch an der Grenze einer guten Verarbeitbarkeit; auch war bisher ihre Einführung nur bei einem Teil der Hauptgebrauchstypen möglich; ihre weitere Verwendung muß abgewartet werden. (Grundlegende Erfolge konnten hier bisher nicht erzielt werden.)

Es folgt das Nickel.

Als Elektroden, also als im Lampeninnern befindlicher Teil der Stromzuführung, wurden in der Nachkriegszeit Drähte und Bänder aus reinem Nickel benutzt. Die eingeleiteten Versuche hatten den Erfolg, daß das Nickel in steigendem Maße durch elektrolytisch vernickelte Eisendrähte ersetzt werden konnte. Der Nickelgehalt dieser Eisendrähte beträgt etwa 1,5%, so daß dementsprechend bei den von dem Austausch betroffenen Typen durch ihre Einführung wenigstens 98% Nickel gespart wurden. Bei den Hauptgebrauchstypen ist der Übergang auf vernickelte Eisenelektroden nahezu restlos vollzogen.

Als Sockelleiter der Stromzuführungen wurde bisher Kupfer verwendet. Die Versuche haben gezeigt, daß an Stelle von Kupferdrähten auch verkupferte Eisendrähte bei einer Reihe von Typen verwendet werden können. Der Preis dieser Drähte beträgt zwar zur Zeit noch ein Vielfaches des Preises von Kupferdraht, trotz dieser Tatsache sind aber diese Stromzuführungen bei den Hauptgebrauchstypen, den Doppelwendellampen von 40 bis 100 W, restlos eingeführt worden.

Es folgt das Lötzinn.

Bei den Hauptgebrauchstypen, die automatisch mit Lötpillen gelötet werden, konnten durch Verkleinerung der Pillen von etwa 60 mg auf 50 mg je Pille und durch Verringerung des Zinngehaltes von 40 auf 30% insgesamt bis zu 40% Zinn eingespart werden.

Abschließend noch ein Wort über den lampentechnisch wichtigsten Werkstoff, das Wolfram, wie es zur Fertigung des Leuchtkörpers, der von Drähten aus Molybdän gehalten wird, zur Verwendung gelangt. Der heutige Hochstand der elektrischen Glühlampe, als der Lichtquelle schlechthin, ist im wesentlichen der Einführung des Wolframs als Leuchtkörperstoff zu verdanken. Andere Stoffe, die dem Wolfram in bezug auf ihre physikalischen, chemischen und kristallographischen Eigenschaften, also in bezug auf Schmelzpunkt, Verdampfung, Struktur, Formbeständigkeit usw. gleich- oder nahekommen, sind trotz jahrzehntelanger Forschung bisher nicht bekannt geworden, und es ist nach dem heutigen Stande unserer Kenntnis auch für die Zukunft hier wahrscheinlich nichts Neues zu erwarten. Hier sind und bleiben also auch für die Zukunft die physikalischen Verhältnisse zwingend für die ausschließliche Verwendung des Wolframs als Leuchtkörperwerkstoff, und für Molybdän, das vorzugsweise als Halterwerkstoff verwendet wird, gilt sinngemäß das gleiche. Es sei aber nochmals auf die schon erwähnten, außerordentlich geringen Mengen Wolfram und auch Molybdän hingewiesen, die sich in unseren Glühlampentypen befinden (Abb. 4). Die zu deren Fertigung einschließlich des Bedarfes der Empfänger- und Senderöhrenherstellung sowie eines gewissen Ausfuhranteiles erforderliche Menge an Wolframerz ist weniger als 0,3% der deutschen Einfuhr.

Betrachtet man aber unter obengenannter grundsätzlicher Einstellung die Gesamtmenge, so ergeben sich zwei weitere Fragen, die hier der Vollständigkeit wegen noch — wenn auch nur in Kürze — behandelt werden sollen, nämlich

1. in welcher Weise ist für die Verwertung der bei der Fertigung anfallenden Abfallstoffe gesorgt, und

2. inwieweit können die in ausgebrannten Lampen vorhandenen Werkstoffe wieder verwertet werden?

Zur ersten Frage ist festzustellen, daß bei einer gut geleiteten neuzeitlichen Fertigung überhaupt kein Material verloren geht. Alle bei der Fertigung auftretenden Abfälle werden getrennt gesammelt und einer entsprechenden Verwertung zugänglich gemacht. So ist z. B. der Abfall an Wolframdraht verhältnismäßig hoch, da zur Wahrung der heutigen Güte der Glühlampe außerordentlich strenge und enge Fertigungsvorschriften und Toleranzen eingehalten werden müssen. Sämtliche Abfälle von Wolfram, die bei der Herstellung meist nur in Form von einigen hundertstel Millimeter starken Leuchtdrähten anfallen, werden peinlich genau gesammelt und chemisch aufgearbeitet. Zur Glühlampenfertigung sind sie nicht mehr geeignet, sie werden aber für Wolframbleche, Kontakte und Stäbe, die in erheblichem Umfange zur Ausfuhr gelangen, mitverarbeitet, oder, um noch ein anderes Beispiel zu bringen: die Abfälle der Molybdändrahtherstellung werden, da die deutsche Glühlampenindustrie Molybdän nicht selbst chemisch aufarbeitet, restlos wieder verwertet, indem die Metallabfälle und molybdänhaltigen Lösungen an den Lieferer abgeführt werden.

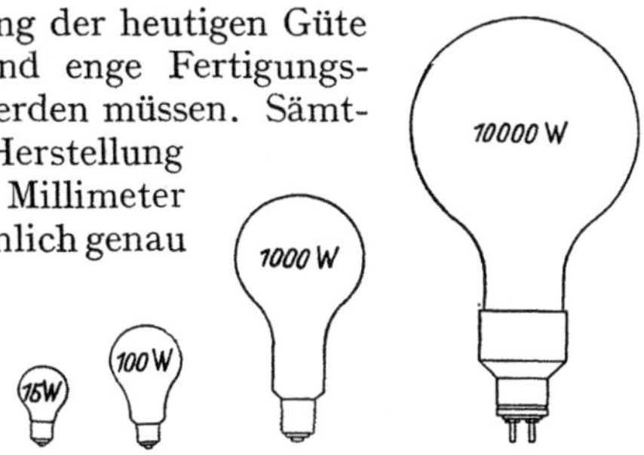

Wolfram-Gewicht für 1000 Lampen etwa g:

2,5	35	940	51 090*

Anteil des Wolfram-Gewichtes am Gesamt-Metallgewicht etwa %:

0,06	0,9	5	11*

* Einschließlich W-Dichtungsdraht.

Abb. 4.
Wolfram-Gewichtsanteil verschiedener Glühlampen.

Es bleibt schließlich noch zur weitergehenden Beantwortung der Frage 2 das Problem, das so alt ist wie die Glühlampenfabrikation selbst, die Frage der Regenerierung ausgebrannter Glühlampen. Die führende deutsche Glühlampenindustrie hat bisher ausgebrannte Glühlampen nicht regeneriert und wird dies auch in Zukunft nicht tun. Das meist angewandte Verfahren der Wiederherstellung arbeitet wie folgt:

Ablösen des Sockels, Heraustrennen des Gestelles aus dem Kolben (also ein Abschmelzen), neues Aufweiten und damit Verkürzen des Tellerrohres, Ansetzen eines neuen Pumpstengels, Verlängern der Sockelleitungen, Richten oder Neueinsetzen der Molybdänhalter, Aufbringen einer neuen Wolframwendel, neues Getter, Aufstülpen und Aufschmelzen eines neuen Kolbens, Pumpen bzw. Gasfüllen, Sockeln und Neulöten entweder mit neuen oder aufgearbeiteten Sockeln.

Betrachtet man dieses Verfahren in seiner Gesamtheit, so erkennt man, daß von der früheren Lampe hierbei nicht viel übrigbleibt. Insbesondere ist zu beachten, daß beim Ablösen und beim Aufarbeiten der Sockel viel Bruch entsteht, so daß sehr oft bei einem solchen Verfahren neue Sockel auf die wiederhergestellten Lampen aufgebracht werden müssen. Bei der Handlötung, die an Stelle der bei der laufenden Fertigung neuer Lampen angewandten maschinellen Pillenlötung angewendet werden muß, wird unverhältnismäßig viel Zinn mehr verbraucht. Das ganze umständliche Verfahren hat größte Ähnlichkeit mit einer allerdings primitiven Neuherstellung von Lampen und ist, ganz abgesehen von der Gütefrage, nach den für die Bewirtschaftung der Rohstoffe geltenden Richtlinien nicht zu verantworten.

Zusammenfassend kann folgendes als Ergebnis der hier nur andeutungsweise geschilderten Untersuchungen festgestellt werden:

So vielgestaltig auch die in der Glühlampenfertigung auftretenden Rohstofffragen sind, so systematisch sind sie durchgearbeitet worden. Wenn auch die erzielten Erfolge, mengenmäßig betrachtet, vom gesamtheitlichen Standpunkt aus verhältnismäßig klein sind, so sind doch die Ersparnisse an Metallen in der Lampe, gewichtsanteilmäßig betrachtet, überraschend hoch, sicherlich größer, als sie der Glühlampentechniker zu Beginn seiner Arbeit erwartet hatte. Dieser Erfolg ist um so höher zu werten, als die ständige Güteentwicklung der Lampen durch die eingeleiteten und durchgeführten umfangreichen Versuche naturgemäß auch befruchtet worden ist. Auf Grund dieser systematischen Durcharbeitung aller Einzelfragen kann gesagt werden, daß wesentliche weitere oder neue Fortschritte im Sinne des Austausches devisengebundener Rohstoffe auf dem Gebiet der Glühlampenfertigung nicht zu erwarten sind.

Lampen-Brennversuch mit verzerrtem Wechselstrom[1].

Von

W. Reichart.

Mit 6 Abbildungen.

Die Verwendung von Glühlampen in industriellen und gewerblichen Anlagen, Transportgeräten, Fahrzeugen usw. erfordert eine gewisse Festigkeit der Lampen gegen jede Art von Erschütterungen. Durch Schaffung von besonderen Prüfgeräten wurde aus großen Versuchsserien so weit Klarheit gewonnen, daß man den verkürzenden Einfluß bestimmter, hauptsächlich auftretender Einwirkungen kennt und bei der Beurteilung der Brenndauer berücksichtigen kann.

In der Praxis ergeben sich jedoch Brenndauern, die als ungenügend bezeichnet werden, obwohl schädigende Einwirkungen der bekannten Arten nicht festgestellt werden konnten. Derartige Beobachtungen, die aus Industrieanlagen vorlagen, ergaben die Frage: Wie verhalten sich Glühlampen beim Brennen mit verzerrtem, also nicht mehr sinusförmigem Wechselstrom? Da hierüber keine Ergebnisse bekannt sind, wurden solche Versuche bei uns durchgeführt.

Es wurden drei Serien mit je 20 Lampen Nitra 40 W 220 V so auf Brenndauer angesetzt, daß je 10 Lampen einer Serie bei 105% der Nennspannung mit normalem, sinusförmigem, und 10 Lampen derselben Serie bei etwa 105% der Nennspannung mit verzerrtem, nichtsinusförmigem Wechselstrom gebrannt wurden.

Der normale Wechselstrom (Kurve 1) wurde durch Zwischenschalten einer magnetisch hochgesättigten Drosselspule verzerrt. Bei geringer Sättigung des Eisenkernes ergibt sich nur geringe Verzerrung, vgl. Kurve 2. Die Kurve 3 — mit anderer Charakteristik — wurde durch Änderung der Drosselwindungszahl bei ebenfalls geringer Sättigung des Kernes erreicht, während die Kurven 4 und 5 derselben Drosselspule den Einfluß der stärkeren Belastung auf die Steilheit der Kurvenform erkennen lassen. Für unsere Versuche wurde die Kurvenform 4 gewählt; diese wird durch Belastung mit 10 Lampen je 40 W erreicht und wurde für die Dauer des Versuches konstant gehalten.

[1] Originalmitteilung.

Strom- und Spannungskurve haben — da Glühlampen eine rein ohmische Belastung darstellen — die gleiche Kurvenform. Die Messung der verzerrten Spannung, also die Ermittlung des Effektivwertes, wurde

1. mit einem Hitzdraht-Voltmeter,
2. mit einem Weicheisen-Voltmeter,
3. mit einem dynamometrischen Voltmeter und
4. durch Auswertung des Oszillogrammes nach der Formel $\sqrt{\frac{2}{t}\int e^2\,dt}$ durchgeführt.

Die einzelnen Ergebnisse stimmen innerhalb $\pm 1{,}4\%$ überein, wobei die Messung mit Hitzdraht-Voltmeter als Richtwert zugrunde gelegt ist. Dieser betrug im Mittel 229 V gegenüber der Sollspannung von 231 V, bei welcher die Vergleichslampen mit normalem, sinusförmigem Wechselstrom gebrannt wurden.

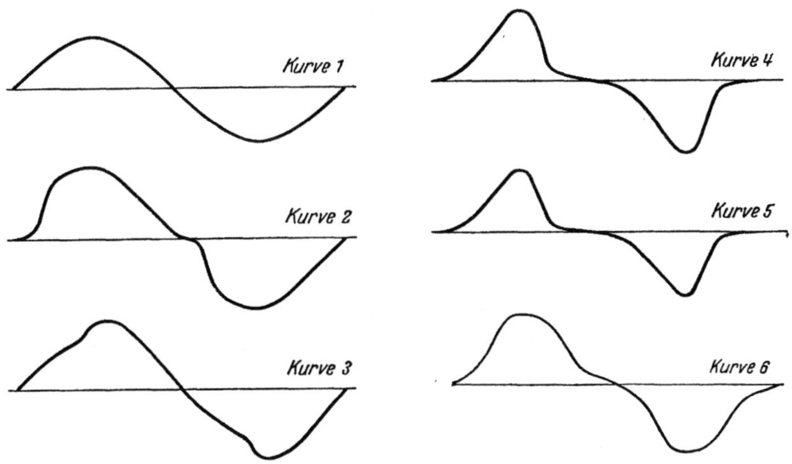

Abb. 1 bis 6. Verschiedene Wechselstromkurven. *1* Sinusförmiger, *2* bis *6* verzerrter Wechselstrom (Erklärung siehe im Text).

Hieraus errechnen sich die Umrechnungsfaktoren — bezogen auf Nennspannung von 220 V — für verzerrten Wechselstrom zu 1,8, für normalen Wechselstrom zu 2,05. Die Tabelle enthält die Einzelwerte.

Tabelle 1.

Kurvenform	Type	Mittlere Lebensdauer bei			Verhältnis sinusförmig/verzerrt	
		229 V bzw. 231 V	12 Hlm/W	220 V	bei Norm	bei Nennspg.
—	40/220	—	—	—	—	—
verzerrt	Nitra	407	1060	730	1 : 0,56	1 : 0,52
sinusförmig	Einfachwendel	747	1900	1410		
verzerrt	D 40/220	506	910	910	1 : 0,55	1 : 0,55
sinusförmig		809	1660	1660		
verzerrt	,,	447	880	800	1 : 0,56	1 : 0,54
sinusförmig		725	1560	1490		

Um möglichste Objektivität zu gewährleisten, wurden diese Versuche später wiederholt und an Stelle der früher verwendeten Drosselspule ein kleiner Transformator benutzt. Die so erhaltene Verzerrung zeigt Kurve 6, und die mit dieser Kurvenform erzielten Werte sind in Tabelle 2 zusammengestellt.

Tabelle 2.

Kurvenform	Type	Mittlere Lebensdauer bei			Verhältnis sinusförmig/verzerrt	
		229 V bzw. 231 V	12 Hlm/W	220 V	bei Norm	bei Nennspg.
verzerrt sinusförmig	D 40/220	528 622	1190 1400	1080 1275	1 : 0,85	1 : 0,85
verzerrt sinusförmig	D 40/220	551 737	1160 1400	1240 1510	1 : 0,83	1 : 0,82

Zusammenfassend lassen sich die vorgenannten Werte wie folgt darstellen:

Tabelle 3.

Kurvenform	Nr.	Formfaktor der Kurve	Lebensdauer der Glühlampen in Proz.
sinusförmig	1	1,11	100
wenig verzerrt	6	1,25	84
stark verzerrt	4	1,36	54

Die Brenndauer der mit verzerrtem Wechselstrom gebrannten Lampen ist somit auch abhängig von der Kurvenform der Brennspannung, und zwar sinkt die Brenndauer mit zunehmendem Formfaktor, so daß eine Verzerrung bis zum Formfaktor 1,36 den recht beachtlichen Einfluß auf die Brenndauer von Glühlampen ausübt, der einer Überspannung von etwa 5% entspricht.

Die „Neue Kerze“ (NK).
Zur Einführung der neuen internationalen Lichteinheit[1].

Von

W. KÖHLER.

Seit der von HEFNER-ALTENECK 1884 angegebenen Normallichtquelle waren die Arbeiten zur Schaffung eines allgemein anerkannten Lichtnormals in fast ständigem Fluß, bis sich mit dem 1937 erfolgten Vorschlag einer auf der Strahlung des Schwarzen Körpers beim Platinerstarrungspunkt beruhenden „neuen“ Lichteinheit endlich die Aussicht eröffnete, den erschwerenden Wirrwarr zu beseitigen, wie er auf dem Gebiet der Lichtmessung bestanden hatte.

Mit Wirkung vom 1. Januar 1940 sollte diese „Neue Kerze“ (NK) zur allgemeinen zwischenstaatlichen Einführung gelangen. Im Sommer 1939 wurde aber in Rücksicht auf die notwendigen, von den Staatsinstituten zu leistenden Vorarbeiten dieser Termin auf den 1. Januar 1941 verschoben.

Die Physikalisch-Technische Reichsanstalt (PTR) führt vom 1. Januar 1941 ab an sie gelangende Anträge zur Messung der Lichtstärke in NK und damit des Lichtstromes in Neuen Lumen aus. Die Lichtquellen herstellende Industrie ist aber nicht in der Lage, etwa vom gleichen Zeitpunkt an ihre Erzeugnisse, also z. B. die Glühlampen, auch nach Neuen Lumen zu messen. Im einzelnen hat dies verschiedene Gründe.

Um die Verhältnisse fachlich überschauen zu können, ist es zweckmäßig, noch einmal die Hauptgesichtspunkte in der Entwicklung der „Kerze“ als Normal für die Lichtstärke zu betrachten.

Der Deutsche VON HEFNER-ALTENECK hatte, wie schon erwähnt, im Jahre 1884 ein Flammennormal für die Lichtstärke angegeben, das sich als sog. „Hefner-

[1] Gekürzter Abdruck der in der Zeitschrift „Das Licht“ Bd. 10 (1940) S. 175 erschienenen Arbeit.

lampe" schnell einführte. Es ist dies eine Flammendochtlampe, die mit Isoamylazetat gespeist wird, ganz bestimmten Dochtdurchmesser besitzt, auf eine Flammenhöhe von 40 mm eingestellt werden muß und die dann in horizontaler Richtung bei bestimmtem Luftdruck, bestimmter Luftfeuchtigkeit und bestimmtem Kohlensäuregehalt der Luft nach Festsetzung die Lichtstärke einer Hefnerkerze (HK) besitzt. Diese Hefnerlampe wurde 1893 von der PTR als Normal anerkannt und 1896 vom DVGW und VDE als Einheit der Lichtstärke allgemein eingeführt.

Zur gleichen Zeit wurden in England und Frankreich andere Einheitslampen entwickelt, so z. B. die Pentanlampe und die Karcellampe. Das Streben mußte natürlich sein, zu einer einheitlichen Festlegung zu gelangen. Die Hefnerlampe war hierzu am geeignetsten, da sie sich mit größerer Genauigkeit als die anderen Lampen jederzeit reproduzieren läßt. Ihrer Einführung standen aber folgende Schwierigkeiten entgegen:

1. Die Anwendung im Meßlabor ist unbequem;

2. die Anwendung birgt die Gefahr in sich, daß die für die richtige Verwendung notwendige Berücksichtigung der verschiedenen festgelegten Einflußfaktoren in der Praxis vernachlässigt wird und daher falsche Meßergebnisse erzielt werden;

3. die Farbe des Lichtes der Hefnerlampe ist im Vergleich zu den heute üblichen Lichtquellen, die in ihrer Brenntemperatur bis zu 1000° höher liegen als die der Hefnerlampe, viel zu stark rothaltig, so daß bei unsachgemäßem Vergleich verschiedenfarbiger Lichtquellen beträchtliche Fehler entstehen können bzw. zur Vermeidung dieser Fehler umständliche Methoden angewendet werden müssen;

4. der absolute Betrag der Lichtstärke von 1 HK ist gegenüber der Lichtstärke gebräuchlicher Lichtquellen außerordentlich klein.

Um zu einer allgemein anerkannten Lichtstärkeeinheit zu gelangen, unternahm das amerikanische Staatsinstitut im Anschluß an die in England entwickelte Lichteinheit Versuche, Kohlenfadenglühlampen als Normale zu benutzen und empfahl diese zur Einführung. Diesen Vorschlag lehnte Deutschland im Jahre 1909 ab, da dieser keine grundsätzliche Lösung gebracht hätte; jedes Glühlampennormal hätte ja wieder auf eines der alten Flammennormale bezogen werden müssen, bei häufiger und langzeitiger Benutzung hätte die Lichtstärke naturgemäß allmählich abgenommen, und die von Amerika gewählte englische Einheitslampe war der Hefnerlampe nicht nur nicht gleichwertig, sondern in ihrer Reproduzierbarkeit und eindeutigen Festlegung unterlegen.

In der Zeit nach dem Weltkriege, in der Deutschland vom zwischenstaatlichen wissenschaftlichen Leben durch die Feindländer ausgeschlossen war, wurde dann im Jahre 1921 aber doch die sog. „Internationale Kerze" eingeführt, die zur Hefnerkerze im Verhältnis 1:0,9 steht und die auf einem Satz unterlasteter Kohlenfadenlampen beruht, denen die mittlere Lichtstärke einer Internationalen Kerze zugeordnet wurde. Deutschland konnte sich einer solchen „internationalen" Regelung nicht anschließen; diese Internationale Kerze war sozusagen eine unechte Einheit, da die Kohlenfadenglühlampen naturgemäß wieder nur mit Hilfe der Hefnerlampe wirklich genau in ihrer Lichtintensität festzulegen waren, und wenn z. B. durch einen Unglücksfall die Lampen zerstört worden wären, damit auch das Lichtnormal vernichtet gewesen wäre.

Nach Wiederaufnahme der zwischenstaatlichen Beziehungen im Jahre 1926 wurden unter maßgeblicher Beteiligung der PTR die Arbeiten zur Schaffung eines befriedigenden echten Normals für die Lichtstärke von neuem in Angriff genommen und in den Jahren bis 1937 so weit gefördert, daß eine allgemeine

Zustimmung zu einer Neufestsetzung erreicht wurde. Man wählte als Normal den in der physikalischen Optik allgemein benutzten Strahler, wie er auch den z. B. für die Glühlampentechnik maßgeblichen physikalischen Strahlungsgesetzen zugrunde liegt, nämlich den sog. „Schwarzen Körper“. Der Schwarze Körper ist dadurch gekennzeichnet, daß er die gesamte auf ihn fallende Lichtstrahlung restlos absorbiert und daher, wenn er durch Temperaturerhöhung zur Lichtaussendung angeregt wird, das Maximum an Licht aussendet, das in den verschiedenen Strahlungsbereichen überhaupt ein Körper auszusenden vermag. Ein solcher Schwarzer Körper läßt sich mit der gewünschten Genauigkeit verwirklichen (z. B. kann man die Öffnung eines engen Kohlenrohres, das durch Wärmezufuhr zur Lichtquelle wird, als Schwarzen Körper betrachten). Er besitzt alle Eigenschaften eines echten Normals, da er nach genauen Fertigungsangaben jederzeit reproduzierbar ist. Als Bezugstemperatur wurde der Wärmegrad des aus dem flüssigen Zustand gerade erstarrenden Platins (1773° C) gewählt; die Leuchtdichte des Schwarzen Körpers bei dieser Temperatur wurde zu 60 NK je cm^2 gleich 60 Neuen Stilb festgesetzt[1].

Durch diese von allen Kulturstaaten gebilligte Festsetzung ist der bisherige Zustand des Nebeneinanderherbestehens von Hefnerkerze und sog. Internationaler Kerze überwunden und damit für Wissenschaft und Technik das gesteckte Ziel, eine einheitliche und genau festgelegte und jederzeit reproduzierbare Lichteinheit zu schaffen, erreicht.

Zur Einführung in die Praxis ist es nun aber notwendig, dafür zu sorgen, daß sich nicht das wiederholt, was bei der „Hefnerkerze“ und ebenso bei der „Internationalen Kerze“ eingetreten war, nämlich daß durch die unterschiedlichen Brenntemperaturen der gebräuchlichen Lichtquellen und ihre damit ungleichen Lichtfarben Ungenauigkeiten in der Angabe der Lichtstärke und des Lichtstromes erfolgen. Es müssen vielmehr eindeutige Methoden für die Messung der verschiedenen Lichter festgelegt werden. Zu diesem Zweck ist es notwendig, zum Ausgleich des Farbunterschiedes Filter zu entwickeln, die in ihrer Durchlässigkeit wiederum eindeutig für die verschiedenen Temperaturen, für die sie angewendet werden sollen, festgelegt sind. Die Entwicklung dieser Glasfilter hat Deutschland übernommen.

Selbst wenn diese Arbeit heute schon vollkommen abgeschlossen wäre, was nicht der Fall ist, könnte z. B. die Industrie nicht sofort mit der Einführung einer Kennzeichnung nach Neuen Kerzen beginnen. Hierzu braucht z. B. die deutsche Glühlampenindustrie mit einem Fertigungsvolumen von insgesamt etwa 200 Millionen Lampen je Jahr allein für die Lampen für allgemeine Beleuchtungszwecke bereits viele hundert mit dem Schwarzen Körper verglichene Normalglühlampen. Für die Sonderlampen der verschiedenen Art gilt das gleiche, ebenso wie für die lichttechnischen Firmen, die in ihren Laboratorien Lichtmessungen durchführen. Alle diese Normallampen können und müssen aber ausschließlich von der PTR gemessen werden, da nur die PTR berufen ist, Prüfscheine in Neuen Kerzen oder Neuen Lumen auszustellen. Das bedeutet für die PTR eine monatelange Meßarbeit. Da schließlich die Fertigung zur Schaffung des notwendigen Lagers dem Verkauf erheblich voraneilen muß, ist mit einer Einführung der neuen Lichteinheiten in der Lichtsaison 1941/42 noch nicht zu rechnen. Es tritt also vorläufig keinerlei Änderung in der Angabe der Lichtstärke und dementsprechend des Lichtstromes unserer Lichtquellen ein.

---

[1] Inzwischen sind vom Fachausschuß „Photometrie“ der DLTG die Umrechnungsfaktoren zwischen NK und HK für die hauptsächlich in Frage kommenden Farbtemperaturen (2046°, 2360° und 2750° K) zu 1.107, 1.140 und 1.162 bekanntgegeben worden [Licht Bd. 12 (1942) S. 35].

Zur Frage der Beleuchtung mit Metalldampflampen in Werkstätten[1].

Von

B. KNULL.

Mit 3 Abbildungen.

Die vielfältigen Anforderungen an die Beleuchtung sind nicht immer leicht zu erfüllen. Als z. B. nach Einführung der Metalldampflampen in die Beleuchtungspraxis die Möglichkeit gegeben war, wesentliche Arbeitserleichterungen durch Erhöhung der Farbkontraste im Lichte dieser farbigen Lichtquellen zu erzielen, bedurfte es einiger Zeit und Mühe, um neben der zufriedenstellenden Lichtfarbe auch die übrigen Beleuchtungsfaktoren so weit zu berücksichtigen, daß in den ausgeführten Anlagen diese Erleichterungen ausgenutzt werden konnten. Bei der Prüfung von Weißblechen auf schlecht verzinnte Stellen und Kratzer in der Oberfläche der Bleche mußte z. B. für eine weitgehende Diffusität der Beleuchtung gesorgt werden, während bei der Schwarzblechprüfung die Quecksilberlampen in Tiefstrahlern direkt über den nicht spiegelnd reflektierenden Blechen aufgehängt werden konnten. Über Kohlelesebändern mußten die Quecksilberlampen in großen, rechteckigen Leuchten von 0,5 m × 1,0 m unter Augenhöhe aufgehängt werden, damit das ganze Förderband gleichmäßig und ohne Blendung ausgeleuchtet werden konnte. Die Ermittlung der günstigsten Lichtfarbe zum Unterscheiden von Farbkontrasten, die im Glühlampen- oder Tageslicht zu gering sind, erforderte zuweilen eingehende Versuche und setzte genaue Kenntnis der spektralen Energieverteilung der Dampflampentypen voraus. Z. B. konnte in einem Erzbergwerk das geförderte helle Erz von dem ebenfalls hellen Nebengestein, einem leicht violett scheinenden Kalkstein, mit den üblicherweise verwendeten HgH-Lampen nicht sicher unterschieden werden. Der höhere Violettgehalt entsprechend dem höheren Dampfdruck der HgQ-Lampen ermöglichte dagegen eine sichere und rasche Unterscheidung.

Als besonders die Quecksilberlampen zur Allgemeinbeleuchtung in Werkstätten herangezogen wurden, sah man sich bald veranlaßt, Glühlampenlicht beizumischen, um die störende Verfärbung der Hauttöne zu vermeiden. Das hierbei entstandene, dem Tageslicht in der Lichtfarbe angenäherte Mischlicht ließ sich zum Tageslicht hinzuschalten, ohne daß störendes Zwielicht auftrat, und fand bald stärkste Anwendung. Es zeigte sich, daß dem Arbeitenden die Umstellung von der Tages- auf die Nachtschicht in diesem Licht leichter fiel, daß aber die Beleuchtungsstärke nicht zu gering gewählt werden darf, weil unser Auge beim Sehen im Licht dieser Farbe vom Tage her an hohe Beleuchtungsstärken gewöhnt ist. Die Mischungsverhältnisse von Glühlampenlicht zu Quecksilberlicht lagen hauptsächlich zwischen 1 : 1 und 1 : 2. Noch weitergehende Übereinstimmung der Lichtfarbe mit dem Tageslicht wurde mit den Tageslichtleuchtstofflampen erreicht, die vorerst hauptsächlich in Werkstätten zur Prüfung feinster Farbunterschiede benutzt wurden, z. B. in der Tabak-, Zucker-, Textilindustrie und Buchdruckerei, aber auch für allgemeine Beleuchtungszwecke sehr geeignet sind. Beim Zuschalten dieser Lampen zum Tageslicht nach Abb. 1

[1] Zusammenfassung folgender Arbeiten: a) K. SAATMANN: Techn. Zbl. prakt. Metallbearb. Bd. 48 (1938) S. 718. — b) K. SAATMANN: Licht u. Lampe Bd. 27 (1938) S. 183. — c) B. KNULL: Spinner u. Weber Bd. 58 (1940) S. 18. — d) B. KNULL: Licht u. Lampe Bd. 30 (1941) S. 315. — e) B. KNULL: Licht Bd. 9 (1939) S. 171.

wird neben Zwielicht auch Reflexblendung vermieden, die bei Spiegelung von Lichtquellen höherer Leuchtdichte in den blanken Leichtmetallkolben auftreten würde.

In Spinnsälen nach Abb. 2 muß auch tagsüber wegen der hohen, das Tageslicht abschattenden Maschinenaufbauten die künstliche Beleuchtung eingeschaltet werden. In Abb. 2 sind daher nach der Raummitte zu, die am wenigsten Tageslicht erhält, die Mischlichtleuchten besonders eng gesetzt worden. Diese reine Allgemeinbeleuchtung mit Mischlicht, im Mittel 150 lx, schafft neben besseren Sehbedingungen auch einen freieren Raumdurchblick als die vielfach verwendeten, von der Decke herabhängenden Tiefstrahler. In einer anderen Spinnerei sollte die Belüftungsanlage dem Blick entzogen und in einer Zwischendecke untergebracht werden, in die dann auch noch die Mischlichtleuchten eingebaut wurden, um eine völlig freie Decke und damit freie Sicht zu erhalten. Als Ergänzung zu dieser nunmehr völlig direkten, also stark schattigen Beleuchtung wurde die Decke durch Spiegelleuchten von den Seitenwänden her zusätzlich aufgehellt und damit ein vom direkten getrennter indirekter Beleuchtungsanteil geschaffen. Eine interessante Anwendung findet auch das Natriummischlicht in dunsterfüllten Räumen der Textilindustrie, wie Färberei und Wäscherei, wenn es sich nicht darum handelt, in dem verwendeten Natriumlicht Farben zu erkennen, sondern in dem Wasserdunst die Umrisse der Gegenstände im Raum überhaupt wahrnehmen zu können. Beim Aufräumen im dunstfreien Raum sorgt dann das hinzugemischte Glühlampenlicht für eine befriedigende Wiedergabe der Gesichtsfarbe der Arbeitenden.

Abb. 1 Leuchtstofflampen geringer Leuchtdichte als zweckmäßige Zusatzbeleuchtung zum Tageslicht in einem Kolbenprüfraum.

In Druckereien kann die Frage der Beleuchtung spiegelnder Oberflächen studiert werden. An den Setzkästen, am Ablesetisch, am Mettagetisch und an der Druckform spiegeln sich in den blanken Typen die darüber hängenden Leuchten, so daß bei Verwendung normaler Leuchten Reflexblendung hervorgerufen wird. Die Spiegelung heller Flächen in den blanken Teilen, z. B. beim Berichtigen des Satzes nach der Fahnenkorrektur, ist an sich erwünscht, weil nur auf diese Weise die Spiegelfläche aufzuhellen ist. Man könnte z. B. daran denken, mit Leuchten für indirektes Licht die Decke und Wände des Raumes anzuleuchten und diese sich im Satz spiegeln zu lassen. Es zeigt sich aber, daß auf diese Weise sehr hohe Leistungen gebraucht werden, um die erforderlichen hohen Leuchtdichten auf der Decke und damit auf dem Satz zu erreichen. Bei niedrigen Leuchtdichten sind nämlich die feinen Einzelheiten der geschwärzten Buchstaben auf dem spiegelnden Untergrund nicht rasch und deutlich zu erkennen. Es hat sich daher als zweckmäßig erwiesen, Großflächenleuchten mit z. B. 1,25 m²

Abb. 2. Mit Mischlicht beleuchteter Maschinensaal einer Spinnerei, die schlecht mit Tageslicht versorgt ist.

Abb. 3. Mischlicht-Großflächenleuchte in der Handsetzerei.

leuchtender Fläche (Abb. 3) über dem Arbeitsplatz anzubringen, deren Leuchtdichte je nach dem Reflexionsvermögen der verwendeten Drucktypen 2000 bis 4000 asb betragen sollte. Der niedrigere Wert gilt für Bearbeiten blanken

Maschinensatzes, der höhere Wert für alten Handsatz, bei dem sich die Leuchte im Buchstabenbild spiegelt, das sich in diesem Fall hell von dem durch Oxydation und Farbresten geschwärzten Schriftgrund abhebt. Bei Bestückung dieser Großflächenleuchten mit Quecksilber- und Glühlampen im Lichtstrom-Mischungsverhältnis 3 : 1 sind die Farbkontraste zwischen Druckfarbe und Letternmetall wesentlich größer als im reinen Glühlampenlicht, so daß auch hier die Dampflampen im Sinne der oben beschriebenen Arbeitserleichterung infolge Erhöhung der Farbkontraste verwendet werden. Außerdem muß für eine gute Raumbeleuchtung von mindestens 150 lx mittlerer Beleuchtungsstärke gesorgt werden.

Zur Frage der Beleuchtung von Büro-, Zeichen- und ähnlichen Räumen[1].

Von

WALTER SCHMIDT.

Mit 8 Abbildungen.

Bei der Beleuchtung von Räumen, in denen Schreib- und Lesearbeiten verrichtet werden, wird der Einfluß der Anordnung und Lichtverteilung der Leuchten meist unterschätzt. Man trifft daher vielfach Räume, in denen für die Anordnung lediglich raumsymmetrische Gesichtspunkte maßgebend waren, während die arbeitstechnischen Belange unberücksichtigt blieben. Ein müheloses Sehen ist jedoch auf die Dauer nur bei entsprechender Ausrichtung der Beleuchtung auf die Arbeitsplätze möglich[2,3].

Da das Sehvermögen im wesentlichen durch den Kontrast, z. B. zwischen Schrift und Untergrund, bestimmt ist und diese Unterschiede außerordentlich klein sein können, wird die Büroarbeit lichttechnisch als Feinarbeit (empfohlene mittlere Beleuchtungsstärke bei reiner Allgemeinbeleuchtung nach DIN 5035 150 lx, für besonders feine Arbeiten, wie Zeichnen, 300 lx) gewertet. Während der Helligkeitsunterschied zwischen schwarzer Tusche und weißem Zeichenpapier etwa 1 : 18 beträgt, liegen diese Unterschiede bei Durchschlägen auf gewöhnlichem Durchschlagpapier oder bei Bleistiftschrift auf weißem Zeichenpapier manchmal nur in der Größenordnung von 1 : 2 bis 1 : 3. Die Stärke der Beleuchtung soll aber für all diese Möglichkeiten ausreichend sein.

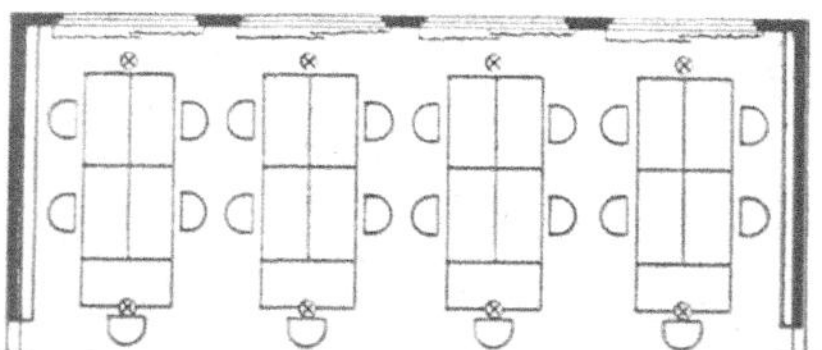

Abb. 1. Grundsätzliche Anordnung von Leuchten mit direktem Lichtanteil für mehrere zusammenstehende Schreibtische bei reiner Allgemeinbeleuchtung.

Besonderes Augenmerk muß auch auf die Vermeidung von Spiegelungserscheinungen gerichtet werden, da diese den Kontrast erheblich vermindern und zur Reflexblendung führen können, die oft das Lesen überhaupt unmöglich macht. Abgesehen von der ganz indirekten Beleuchtung, die in den meisten Fällen als praktisch „glanzfrei" anzusehen ist, sind daher Leuchten mit direktem

[1] Zusammenfassung folgender Arbeiten: 1. W. SCHMIDT: Licht u. Lampe Bd. 27 (1938) S. 315. — 2. W. SCHMIDT: Schönheit d. Arbeit Bd. 3 (1938) S. 500. — 3. W. SCHMIDT: Licht Bd. 12 (1942) S. 79. — 4. W. SCHULTZ: Licht Bd. 7 (1937) S. 153. — 5. W. SCHMIDT: Licht Bd. 8 (1938) S. 215. — 6. W. SCHMIDT: Licht Bd. 10 (1940) S. 63.

[2] W. SCHMIDT: Licht u. Lampe Bd. 27 (1938) S. 315.

[3] W. SCHMIDT: Schönheit der Arbeit Bd. 3 (1938) S. 500.

Anteil stets so über den Arbeitsplätzen anzuordnen, daß der Lichteinfall in den Hauptblickrichtungen nicht zur Spiegelung Veranlassung gibt. Die grundsätzliche Leuchtenanordnung bei mehreren Arbeitsplätzen und mittlerer Raumhöhe

Abb. 2. Vorwiegend indirekte Allgemeinbeleuchtung in einem Büroraum, seitliche Leuchtenanordnung.

zeigt Abb. 1. Mit der Anordnung der Leuchten taucht gleichzeitig die Frage der richtigen Lichtverteilung auf. Die direkte Beleuchtung liefert ziemlich starke Schatten, die beim Schreiben und Lesen leicht stören können; außerdem bleiben

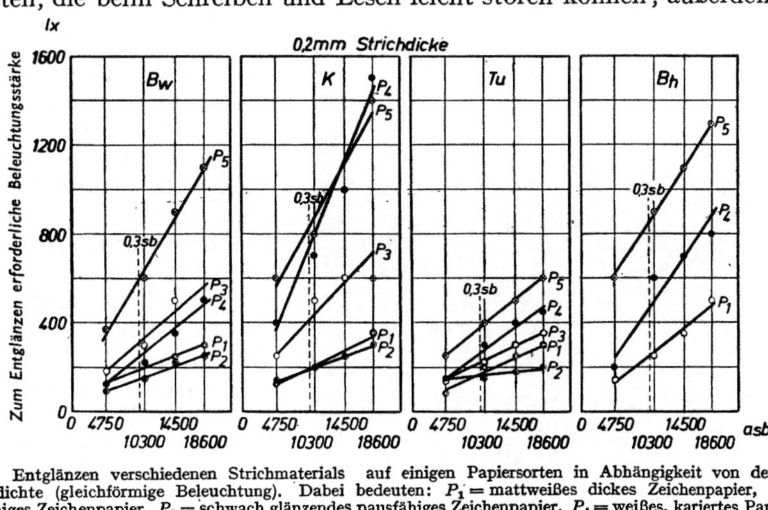

Abb. 3. Entglänzen verschiedenen Strichmaterials auf einigen Papiersorten in Abhängigkeit von der spiegelnden Leuchtdichte (gleichförmige Beleuchtung). Dabei bedeuten: P_1 = mattweißes dickes Zeichenpapier, P_2 = mattes, pausfähiges Zeichenpapier, P_3 = schwach glänzendes pausfähiges Zeichenpapier, P_4 = weißes, kariertes Papier, satiniert, P_5 = weißes, stark glänzendes Papier.

Decke und Wände dunkel, wodurch eine ungenügende Gleichmäßigkeit und wenig schöne Raumwirkung entstehen. Die direkte Beleuchtung eignet sich daher im Büro nur als Platzbeleuchtung. Die indirekte Raumbeleuchtung wiederum ergibt eine praktisch schattenlose Aufhellung und beeinträchtigt etwas das plastische Sehen. Gleichzeitig ruft die Aufhellung der Decke eine gewisse Ablenkung des Arbeitenden hervor, der die geringeren Leuchtdichten am Arbeitsplatz gegenüber der hohen Deckenleuchtdichte als Nachteil empfindet. Die völlig indirekte

Abb. 4. Platzbeleuchtung in einem Schreibzimmer mit zusätzlicher schwächerer Allgemeinbeleuchtung.

Beleuchtung ist deshalb unter Inkaufnahme ihrer Nachteile nur in Räumen gerechtfertigt, in denen man die Leuchten unabhängig von den Arbeitsplätzen anordnen muß, da hierbei etwaige Spiegelungserscheinungen am geringsten sind. Im allgemeinen hat sich jedoch die vorwiegend indirekte Beleuchtung (frühere Bezeichnung halbindirekt), die durch weiche Schattigkeit und gleichmäßige Raumaufhellung gekennzeichnet ist, als die geeignetste erwiesen (Abb. 2). Zahlreiche Leuchtenformen aus gut lichtstreuenden Trübgläsern stehen hierfür zur Verfügung.

Abb. 5. Langgestreckter Reflektor mit mattschwarzem Rand zur Vermeidung von Direktblendung. Ansicht schräg von unten.

Es ist — wie schon eingangs erwähnt — auch bei Leuchten mit direktem Anteil aus raumsymmetrischen Gründen häufig erwünscht, eine von den Arbeitsplätzen unabhängige Aufhängung zu wählen, ohne dabei jedoch mit störendem „Glänzen" der Schriftstücke rechnen zu müssen. Wie neuere Versuche zeigen[1], gelingt es bei geeigneter Abstimmung der Leuchtdichte der in Spiegelungsrich-

[1] W. SCHMIDT: Licht Bd. 12 (1942) S. 12.

tung hängenden Leuchte und der Beleuchtungsstärke des Arbeitsplatzes aufeinander, die Spiegelungserscheinungen in vielen Fällen auf ein nicht mehr störendes Maß herabzudrücken. Als Beispiel sei hier lediglich erwähnt, daß bei matten Zeichenpapieren unter Zugrundelegung der in den Leitsätzen festgelegten Höchstleuchtdichte von 0,3 sb für die spiegelnde Leuchte ein „Entglänzen" verschiedener mittelstarker Stricharten (Bleistift weich B_w oder hart B_h, Kopierstift K, Tusche Tu) bereits unter 300 lx eintritt (Abb. 3). Die Projektierung einer Anlage auf 300 lx würde also dabei eine freizügigere Anordnung der Leuchten ermöglichen, wenn ihre Leuchtdichte 0,3 sb nicht überschreitet. Die richtige Anpassung der Lichtverteilung und Leuchtdichte der Leuchten an die im jeweiligen Fall vorkommenden Schreib- und Papiermaterialien ist bestimmend für den Erfolg der Beleuchtungsanordnung.

Abb. 6. Künstliches Tageslicht in einem Büroraum durch Mischlichtbeleuchtung. Leuchtenbestückung: 1 HgQ 300 + 4 Glühlampen je 60 W.

Wenn auch die reine Allgemeinbeleuchtung einer Platzbeleuchtung mit zusätzlicher schwacher Raumaufhellung in der Regel vorzuziehen ist, so kann doch in manchen Fällen auf die Sonderbeleuchtung nicht völlig verzichtet werden. Beim Maschinenschreiben z. B. müssen oft Kurzschriftblock und auch das Geschriebene selbst in schräg liegender Stellung abgelesen werden. Es läßt sich dann manchmal nicht vermeiden, daß die Beleuchtungsstärke bei reiner Allgemeinbeleuchtung auf den schrägliegenden Flächen zu gering wird. Hier ist die Anwendung zusätzlicher Platzbeleuchtung berechtigt. Um jedoch eine Blendung bei den Umsitzenden möglichst auszuschalten, sollten die Arbeitsplätze einander nicht gegenüberstehen, sondern, wie Abb. 4 zeigt, hintereinander angeordnet sein. Bei Verwendung von Reflektoren zur Platzbeleuchtung ist unter normalem Blickwinkel häufig noch der untere weiß emaillierte Innenrand zu sehen. Die Leuchtdichte dieser Fläche ist aber bereits so hoch, daß dadurch eine störende Direktblendung auftreten kann, insbesondere dann, wenn nur eine geringe Allgemeinbeleuchtung gewählt wurde. Es hat sich daher die Anbringung eines mattschwarzen Streifens in einem großflächigen Reflektor (Abb. 5), der an einer Schreibmaschine mit langem Wagen verwendet wird, als recht brauchbar erwiesen, ohne daß durch diese Maßnahme ein nennenswerter Lichtverlust eintritt. Auch bei den handelsüblichen runden Reflektoren könnte ein derartiger dunkler Streifen Vorteile bringen.

Die Arbeit in Büro-, Zeichen- oder Schulräumen spielt sich in der Hauptsache am Tage ab. Trotzdem reicht oft die natürliche Beleuchtung je nach den Witterungsverhältnissen sowie nach Lage und Größe der Räume nicht aus, so daß vor allem für die vom Fenster entfernt liegenden Arbeitsplätze ungünstige Beleuchtungsverhältnisse eintreten; eine künstliche Zusatzbeleuchtung wird erforderlich. In Amerika wurden vor einigen Jahren in einem Schulgebäude Versuche, die Beleuchtung der Klassenzimmer durch photoelektrische Zellen zu überwachen, durchgeführt[1]. Hierzu wurden in verschiedener Raumtiefe 2 Photozellen angebracht, die je nach der auf ihrer Oberfläche herrschenden Beleuchtungs-

Abb. 7. Zeichensaalbeleuchtung mit tageslichtweißen Hochspannungsleuchtstoffröhren.

stärke über Relais die künstliche Beleuchtung mit Glühlampen teilweise oder ganz ein- und ausschalten. Während mit dieser Anlage aber nur die Höhe der Beleuchtungsstärke noch dazu in verhältnismäßig groben Stufen geregelt werden konnte, wich die Lichtfarbe der künstlichen Beleuchtung von der der natürlichen in bekannter Weise ab, was zu unangenehmen Zwielichterscheinungen führen mußte. Der Eindruck einer Tagesbeleuchtung wird nur dann erzielt, wenn neben „tageslichtähnlichen" Beleuchtungsstärken auch die Lichtfarben der künstlichen und natürlichen Beleuchtung praktisch übereinstimmen. Bisher standen jedoch hierfür nur Lichtquellen mit verhältnismäßig geringen Lichtausbeuten zur Verfügung, so daß an eine tageslichtähnliche Raumbeleuchtung nicht zu denken war. Erst durch die in den letzten Jahren entwickelten Quecksilberhochdrucklampen in kleinen Einheiten (75 und 120 W), durch die Hochspannungs-Leuchtstoffröhren sowie die in jüngerer Zeit marktreif gewordenen Mischlichtlampen und Niederspannungs-Leuchtstofflampen ist es möglich geworden, dem starken Bedürfnis nach einem wirtschaftlichen künstlichen Tageslicht auch für Büroräume Rechnung zu tragen. Die vielen bereits bekannten Mischlichtanlagen

[1] W. SCHULTZ: Licht Bd. 7 (1937) S. 153.

(Mischungsverhältnis Quecksilber- zu Glühlampenlicht etwa 1 : 1) haben die Vorzüge des Mischlichtes in knapp mit Tageslicht versehenen Räumen erwiesen[1], wobei in Büroräumen besonders gern vorwiegend indirekte Mischlichtleuchten gewählt werden (Abb. 6). Die neue „Mischlichtlampe" bietet sogar die Möglichkeit, Leuchten, die für normale 300-W-Glühlampen geeignet sind, hiermit zu bestücken, so daß vorhandene Glühlampenanlagen ohne erhebliche Kosten auf künstliches Tageslicht umgestellt werden können. Noch höhere Lichtausbeuten als Mischlichtlampen haben die Leuchtstofflampen, die wegen ihrer Ausdehnung

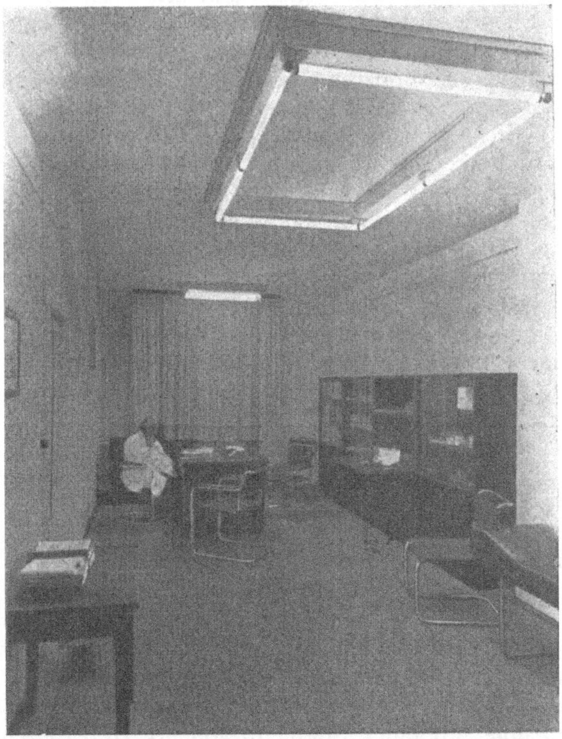

Abb. 8. Dekorative Anordnung von tageslichtweißen Niederspannungsleuchtstofflampen im Sprechzimmer eines Arztes.

eine ausgezeichnete Gleichmäßigkeit der Beleuchtung auf den Arbeitsplätzen ähnlich wie eine indirekte Beleuchtung ergeben, wobei jedoch auch die Vorzüge der gleichförmigen Lichtverteilung (weiche Schattigkeit, gleichmäßige Raumaufhellung ohne zu starke Betonung der Decke) erhalten bleiben[2] (Abb. 7). Die Linienform dieser Lampen bietet auch Gelegenheit zu dekorativen Anordnungen (Abb. 8). Es darf allerdings nicht verkannt werden, daß die notwendige Zahl der Lampen eine für alle Arbeitsplätze spiegelungsfreie Anordnung erschwert, wenn auch die evtl. auftretenden schmalen Spiegelungsstreifen weniger stören als die mehr flächenhafte Spiegelung von Leuchten. Auch bei Anwendung linienförmiger Lichtquellen muß daher auf die Anordnung der Arbeitsplätze Rücksicht genommen werden.

[1] W. SCHMIDT: Licht Bd. 8 (1938) S. 215.
[2] W. SCHMIDT: Licht Bd. 10 (1940) S. 63.

Die Beleuchtungsanlagen der Luftverkehrsmittel[1].

Von

G. Reisberg.

Mit 9 Abbildungen.

Infolge der unterschiedlichen Eigenart der Flugzeuge und Luftschiffe sind die elektrischen und die Beleuchtungsanlagen sehr verschieden. Die Entwicklung der Flugzeuge ging dahin, immer größere Geschwindigkeiten zu erzielen. Dies ist nur dadurch möglich, daß die strömungstechnischen Forderungen genau eingehalten werden. Außerdem muß auf möglichst kleine Gewichte Wert gelegt werden. Zur Erfüllung dieser Forderungen werden dem Lichttechniker besondere Aufgaben gestellt. Bei kleinsten Abmessungen der Leuchten müssen aus Gründen der Verkehrssicherheit bestimmte lichttechnische Voraussetzungen erfüllt werden. Dies trifft in erster Linie für die Stellungslichter, die in den Enden der Tragflächen eingebaut sind und für den Landescheinwerfer zu. Der Flugzeugführer muß in der Lage sein, eine möglichst große Strecke beim Einschweben zu überblicken, um festzustellen, ob Hindernisse vorhanden sind.

Alle Glühlampen werden an die in Flugzeugen vorhandene Bordnetzspannung von 12 oder 24 V angeschlossen. Als Stromquelle dient ein strom- und spannungsgeregelter Generator mit einer parallel geschalteten Batterie. Der Spannungsregler des Generators wird im allgemeinen auf 14 bzw. 28 bis 29 V eingestellt. Alle Glühlampen, die während des Fluges eingeschaltet sind, müssen diesen Betriebsbedingungen angepaßt werden. Unter Berücksichtigung des Spannungsabfalles in den Zuleitungen beträgt die Herstellungsspannung der Lampen, die an der Generatorspannung liegen, 13,5 bzw. 28 V. Dagegen werden die Lampen, die nur an der Batteriespannung liegen, z. B. die Landescheinwerfer, für die Spannung 12 bzw. 24 V hergestellt.

Die Glühlampen müssen nicht nur den Erschütterungen im normalen Flugbetrieb gewachsen sein. Hinzu kommen noch die Stöße, die während des Startes beim Rollen über das Rollfeld und während der Landung beim Aufsetzen des Flugzeuges auf das Rollfeld auftreten. Im allgemeinen hat sich ergeben, daß die Lampen den mechanischen Ansprüchen genügen, wenn sie auf dem Prüfstand 24 Stunden lang mit einer Frequenz von 50 Hz bei einer Amplitude von $\pm$ 0,5 mm geschüttelt werden.

Für die Kennlichter, die in den Tragflächen eingebaut sind, sind besonders kleine Abmessungen erforderlich. Die Leistungsaufnahme der in diesen Leuchten verwendeten Glühlampen darf nicht zu hoch sein, da sonst bei den Glasfiltern infolge der Raumbeschränkung Temperaturen auftreten, bei denen sich ihre spektrale Durchlässigkeit ändert. Andererseits sollen die Stellungslichter aus größeren Entfernungen sicher erkannt werden. Um die erforderliche Lichtstärke der Kennlichter zu erhalten, ist es notwendig, Lampen mit möglichst hoher Leuchtdichte bei möglichst kleinen Leuchtkörperabmessungen zu verwenden. Die Entwicklung führte zu einer Lampenausführung, bei der 2 Leuchtkörperteile zu je 14 V 12,5 W als Doppelwendeln in Kreuzform angeordnet und elektrisch in Reihe geschaltet sind (Abb. 1). Infolge des geringeren Spannungsabfalls jedes einzelnen Leuchtkörperteiles kann dieser klein gehalten werden und ist dadurch mechanisch wesentlich widerstandsfähiger. Die Länge jedes

[1] Auszug aus den Veröffentlichungen G. Reisberg u. E. Rösler: Luftwissen Bd. 8 (1941) S. 380. — O. Höpcke: Licht Bd. 6 (1936) S. 109.

einzelnen Leuchtkörperteiles beträgt etwa 2,7 mm. Die von dem gesamten Leuchtkörper erzielte Leuchtdichte beträgt etwa 960 sb. Für das weiße Hecklicht wird eine Lichtstärke von 5 HK in einem Winkelbereich von 180° gefordert. Diese Forderung wird mit mattierten 5-W-Lampen (Abb. 1) erfüllt. Die Abmessungen und die lichttechnischen Werte der Lampen für Kenn- und Hecklichter sind der Tab. 1 zu entnehmen.

Zur Unterstützung der Flugplatzbeleuchtung bei Nachtlandungen besitzen die Flugzeuge mindestens einen Landescheinwerfer. Diese sind je nach dem Flugzeugbaumuster unter oder in der Stirnkante der Tragfläche eingebaut. Im ersteren Fall kann er bei der Landung herausgeschwenkt werden. Bei größeren Flugzeugen wird häufig ein zusätzlicher Lande- und Suchscheinwerfer im Bug oder im Rumpf eingebaut (Abb. 2). Für diese Scheinwerfer werden Scheinwerferlampen mit einer Leistungsaufnahme bis 500 W (Abb. 3 und Tab. 2) verwendet. Auch hier mußte bei der Entwicklung der Lampen besonderer Wert auf möglichst gedrungene Form der Leuchtkörper gelegt werden, um eine hohe axiale Lichtstärke der Scheinwerfer zu erhalten.

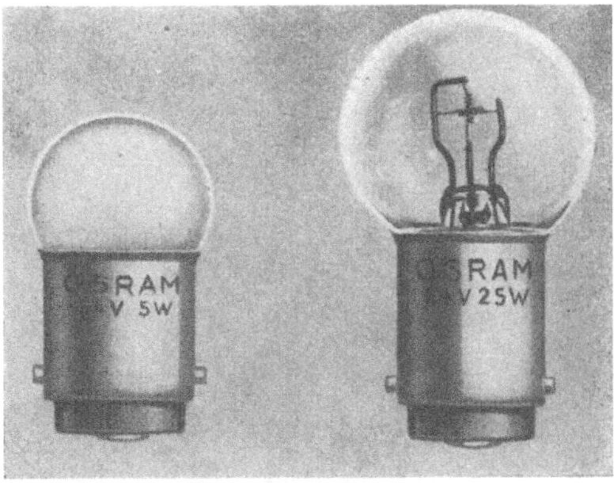

Abb. 1. Lampen für Heck- und Kennlichter.

Tabelle 1. Abmessungen und Daten der Lampen für Kenn- und Hecklichter.

Lampenart	Abmessungen ⌀ mm	Abmessungen Gesamtlänge mm	Mittlerer Lichtstrom Hlm
12 V 20 W 24 V 25 W	25,5	45	380 365
12 V 5 W 24 V 5 W	18,5	35	49 47

Tabelle 2. Abmessungen und Daten der Flugzeugscheinwerferlampen.

Spannung V	Leistung W	Abmessungen ⌀ mm	Abmessungen Gesamtlänge mm	Mittlerer Lichtstrom[1] Hlm	Leuchtkörperabmessungen mm
12 24	100	60	85	2370 2300	7 × 1,7 5 × 2,5
12 24	200	70	117	5400 5600	6,5 × 4,8 8 × 5,5
12 24	250	80	150	7000 7000	5,5 × 5,5 5,5 × 7,5
24	500	110	165	16500	6,3 × 8,0

Um möglichst viel Lichtstrom zu erfassen und für die Scheinwerferwirkung auszunutzen, werden die Scheinwerferlampen je nach der Bauart der Scheinwerfer mit einem Kuppen- oder Ringspiegel versehen.

Auf die Beleuchtung der Fluginstrumente im Führerraum muß besonderer Wert gelegt werden, um dem Flugzeugführer die günstigsten Sehbedingungen zu ermöglichen. Es muß also auf den Instrumenten eine ausreichende Beleuchtungsstärke vorhanden sein, die aber den verschiedenen Helligkeitszuständen von der Dämmerung bis zur völligen Dunkelheit angepaßt werden muß. Außerdem

[1] Die Angabe des Lichtstromes bezieht sich auf die unverspiegelten Lampen.

muß bei der Anordnung der Leuchten darauf geachtet werden, daß Blendung und Spiegelung an den Abdeckgläsern der Instrumente vermieden werden.

Abb. 2. Im Rumpfbug eingebauter Such- und Landescheinwerfer.

Für absoluten Blindflug, d. h. Flug bei Dunkelheit ohne Erdsicht, ist es notwendig, den gesamten Führerraum hell zu erleuchten. Zu diesem Zweck werden, um Blendung zu vermeiden, hinter den Führern ein oder zwei kleine Reflektoren angebracht. Bestückt werden diese Strahler mit 25-W-Lampen. Für Flug bei Dunkelheit und Erdsicht und bei der Landung müssen die Instrumentenskalen gut übersehen und abgelesen werden können. Gleichzeitig muß der Flugzeugführer in der Lage sein, ohne daß die Adaptation des Auges eine zu lange Zeit in Anspruch nimmt, den Boden erkennen zu können, d. h. also, der Unterschied der Leuchtdichte der Geräte und der des Geländes darf nicht zu groß sein. Neuere Untersuchungen haben ergeben, daß für die Beleuchtung der Gerätebretter als Höchstwert etwa 5 lx angenommen werden, wenn die Gerätebretter dunkel gehalten und schwarze Skalenblätter mit hellen Strichen und Ziffern gewählt werden.

Abb. 3. Flugzeugscheinwerferlampen 24 V 100 W und 24 V 500 W.

Neuerdings werden 2 Beleuchtungsarten angewandt, deren Nebeneinanderbestehen als notwendige Ergänzung betrachtet werden muß.

1. Die indirekte Beleuchtung der Geräteskalen wird vorgenommen mit Lampen bis 3 W, welche unter einer Abdeckung des Gerätebrettes angebracht werden, so daß von dort ein geringer Teil des Lichtstromes im flachen Einfallswinkel auf die Geräteskalen fällt. Zur Anpassung der Beleuchtungsstärke an den jeweiligen Helligkeitszustand des Umfeldes kann die Beleuchtungsstärke mit Hilfe von Blenden oder durch Vorschaltung von Widerständen geregelt werden.

2. Die Beleuchtung mit angestrahlten Leuchtstoffen erfreut sich seit ihrer probeweisen Einführung steigender Beliebtheit, da es hierbei möglich ist, nur die Geräte sichtbar zu machen, die der Flugzeugführer unbedingt überwachen muß, ohne durch störende Blendung oder Reflexe beeinträchtigt zu werden. Auch hier hat es sich als zweckmäßig erwiesen, die Intensität der Strahlung regelbar zu machen. Da dies elektrisch nicht möglich ist, ist man dazu übergegangen, die Leuchten mit einer entsprechenden Blende zu versehen, die auch eine vollständige Abblendung ermöglicht.

Abb. 4. UV-Lampe HNV 24 W 9 V mit dazugehöriger Vorschaltlampe 17 V 0,7 A.

Die Entwicklung führte zu einer Quecksilberdampflampe mit einem Durchmesser von 14 mm und einer Gesamtlänge von 56 mm. Der Betriebsstrom der Lampen beträgt im Mittel 0,7 A, die Brennspannung 9,0 bis 12 V. Zur Aufnahme der Differenz zwischen Bordnetzspannung, die zwischen 22 und 29 V schwanken kann, und der Brennspannung hat sich eine für diesen Zweck entwickelte Vorschaltlampe als zweckmäßig erwiesen. Abb. 4 zeigt die Quecksilberdampflampe und die dazugehörige Vorschaltlampe[1].

Abb. 5. Leuchten zur Allgemeinbeleuchtung in Gepäcknetzstützen, Leseleuchten in Ohrlehnen eingebaut.

Die Entwicklung von Großflugzeugen mit ständig an Größe und Bequemlichkeit zunehmenden Kabinen stellt auch der Beleuchtungstechnik neue Aufgaben. Die Beleuchtungsstärke der Allgemeinbeleuchtung muß so bemessen sein, daß sie für die allgemeine Orientierung in der Kabine sehr gut ausreichend ist. Aus Erfahrungswerten wurden bisher hierfür 8 bis 10 W je Platz eingesetzt. Sie darf bei stillstehenden Motoren nur kurze Zeit brennen, sofern keine Versorgung von Außenbord vorgesehen ist. Bisher wurden flache Deckenleuchten verwendet. Neuerdings hat man auch die Lichtquellen in die Stützen des Gepäcknetzes eingebaut oder einen durchgehenden Leuchtstreifen in der Kabinendecke angebracht.

Um den Reisenden das Lesen zu ermöglichen, ist für jeden Platz eine Leselampe mit einer Leistung von 10 W vorgesehen. Die Leuchte ist bei vielen Flugzeugen in die Ohrlehne jedes Sessels eingebaut (Abb. 5). Bei anderen Flugzeugen ist die Leuchte über der Mitte jedes Fensters angebracht (Abb. 6). Durch Herausklappen der Leuchte wird hierbei die Lampe eingeschaltet.

[1] E. Summerer: Eine Lampe zur Fluoreszenzanregung für Sonderzwecke. Vgl. dies. Bd. S. 66.

Vielfach erhalten Großflugzeuge eine Notbeleuchtung aus mehreren kleinen Leuchten. Sie kommt zur Anwendung, wenn durch das Ausfallen der Antriebsmotoren der Generator das Bordnetz nicht mehr speisen kann, aber auch bei längerem Stillstand des Flugzeuges, bei Reinigungsarbeiten u. dgl. Zur Schonung der Batterie sind die Leuchten im allgemeinen mit 5-W-Lampen bestückt. Die Notbeleuchtungsanlage ist unabhängig von der übrigen Beleuchtungsanlage. In Tab. 3 sind die Werte der Lampen zusammengestellt, die für Beleuchtung der Geräte, der Führerräume und der Kabinen verwendet werden (Abb. 7).

Abb. 6. Leseleuchten in der Mitte über den Fenstern.

Bei Luftschiffen dagegen ist die Beleuchtungsanlage wesentlich anders. Sie muß, da sich das Reisen im allgemeinen über mehrere Tage erstreckt, unter anderen lichttechnischen Gesichtspunkten entwickelt werden als bei Flugzeugen. Bei der Entwicklung der Beleuchtungsanlage des LZ 129 „Hindenburg" war es nicht immer leicht, die beleuchtungstechnischen Erfordernisse unter Einhaltung aller Sicherheitsmaßnahmen mit den flugtechnischen Belangen in Einklang zu bringen.

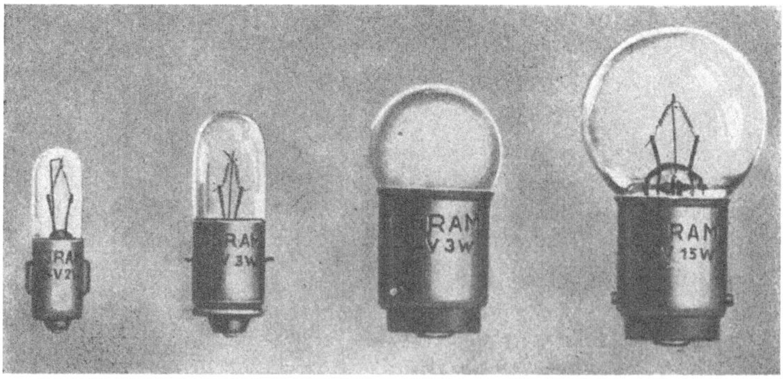

Abb. 7. Lampen für Geräte-, Führerraum- und Kabinenbeleuchtung.

Die elektrische Leistung wurde von 2 Generatoren von je 30 kW, die durch 2 Dieselmotoren zu je 50 PS angetrieben wurden, geliefert. Als Stromart wurde

Gleichstrom erzeugt, der mit Hilfe von Reglern genau auf einer Betriebsspannung von 220 V gehalten wurde. Die Maschinensätze waren in einer kleinen Zentrale untergebracht, die sich in der Mitte des Schiffes anschließend an die Halle neben dem Laufgang befand. Aus Sicherheitsgründen war sie gegen das Schiffsinnere und gegen die Halle gasdicht abgeschlossen, wobei man den Druck im Innern etwas höher hielt als im Schiffsraum. Ebenso wie die Zentrale selbst wurden auch die elektrischen Verbraucher gassicher gebaut. Als Leuchten verwendete man Sicherheitsleuchten, die gasdicht abgeschlossen waren und deren Lampen nur im ausgeschalteten Zustand ausgewechselt werden konnten.

Tabelle 3. Abmessungen und Daten der Lampen für Geräte-, Führerraum- und Kabinenbeleuchtung.

Lampenart	Abmessungen ⌀ mm	Abmessungen Gesamtlänge mm	Mittlerer Lichtstrom Hlm
24 V 2 W	6,5	25	10,5
12 V 2 W	10,5	30	19
24 V 3 W			25
12 V 3 W	18,5	35	30
24 V 3 W			23
12 V 10 W	25,5	45	168
24 V 10 W			123
12 V 15 W			270
24 V 15 W			200

Wegen der Beschränkung der Höhe der Räume wurden im ganzen Schiff nur Deckenleuchten eingebaut. Zur Belebung der gleichmäßig leuchtenden Schalen sind teilweise in die Opalüberfangglasglocken Ringe eingeschliffen worden. Die Raumausstattung wurde sehr hell gehalten, so daß mit verhältnismäßig geringer Leistungsaufnahme eine entsprechende Beleuchtungsstärke erzielt wurde. Insgesamt waren 190 Lampen mit einer Leistungsaufnahme von 15 bis 60 W installiert bei einem Anschlußwert von rund 5,5 kW. Die gleiche Beleuchtungsart wurde sowohl in den Aufenthaltsräumen als auch in den Schreib- und Lesezimmern sowie in den 25 vorhandenen Schlafkabinen angewendet.

Abb. 8. Lampe 220 V 25 W für Allgemeinbeleuchtung in Luftschiffen.

An das 220-V-Netz waren außer der Allgemeinbeleuchtung auch die Stellungslichter angeschlossen. Da an einzelnen Plätzen im Luftschiff mit durch die Dieselmotoren veranlaßten Schwingungen gerechnet werden mußte, wurde beim Bau der Glühlampen auf eine sehr große Erschütterungsfestigkeit Wert gelegt. Abb. 8 zeigt eine Lampe 220 V/25 W mit einem Innenaufbau, der diesen Erfordernissen Rechnung trägt. Die Leuchtkörper sämtlicher für Luftschiffe verwendeten Lampen, die insbesondere bei kleinen Leistungsaufnahmen sehr empfindlich sind, werden durch besondere dreifache Halterung getragen. Die Abmessungen mußten auch hier klein gehalten werden. Die 25-W-Lampen sind mit einem 45-mm-Kolben, die 40-W-Lampen mit einem 50-mm-Kolben ausgerüstet. Um ein Lockern der Lampen in den Fassungen zu verhindern, wurde auch hier der Bajonettsockel B 22 gewählt.

Die wichtigste Beleuchtungseinrichtung an Luftschiffen ist der in der Mitte des Schiffes angebrachte Scheinwerfer, der direkt nach unten strahlt. Er gestattet eine Beobachtung des Geländes, die Bestimmung der Geschwindigkeit und der Abtrift während der Fahrt und übernimmt gleichzeitig bei der Landung die Beleuchtung des Landeplatzes. Für den Scheinwerfer des LZ 129 „Hindenburg" wurde aus flugtechnischen Gründen eine besondere Konstruktion geschaffen. Der Gesamtscheinwerfer hatte einen Durchmesser von 1400 mm und bestand aus 7 Einzelreflektoren von je 400 mm Durchmesser, die in einem gemeinsamen Gehäuse untergebracht waren. Als Reflektoren wurden Parabolspiegel gewählt. Um eine möglichst starke Bündelung des Lichtes zu erzielen, mußte der Leuchtkörper der Scheinwerferlampen stark gedrängt werden. Es wurden benutzt 7 Lampen 32 V/600 W (Abb. 9), die in Reihe geschaltet an dem Bordnetz von 220 V lagen. Der Leuchtkörper der Lampen hatte einen Durchmesser von 9 mm und eine Höhe von 14 mm, wobei sich eine mittlere Leuchtdichte von mehr als 1200 sb ergab. Auch diese Lampen mußten besonders erschütterungsfest gebaut werden. Die Lampen waren in dem Scheinwerfer verstellbar, so daß der Lichtkegel je nach der Flughöhe verschieden stark gebündelt werden konnte. Zur besseren Ausnutzung der Glühlampe wurde der nicht auf den Spiegel treffende Lichtstrom durch Linsen gesammelt. Insgesamt wurde bei günstigster Einstellung der Spiegel eine Höchstlichtstärke von 5,7 Mill. HK erzielt. Der ganze Scheinwerfer war so verstellbar, daß er je nach der Flughöhe immer die Fläche unter der Führergondel beleuchtete.

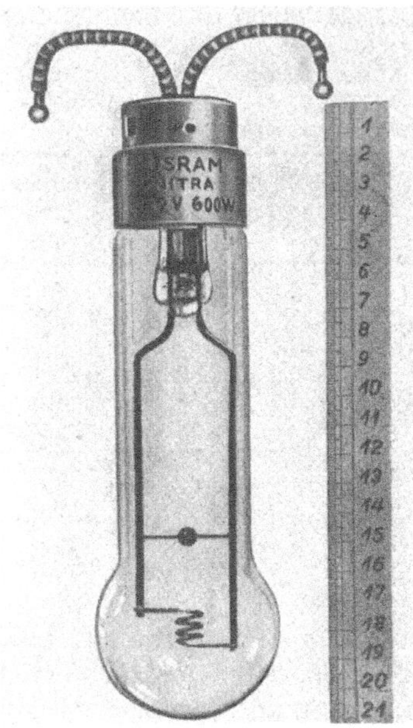

Abb. 9. Scheinwerferlampe 32 V 600 W.

Außer den behandelten Beleuchtungsanlagen war noch ein umfangreiches 24-V-Netz vorhanden, welches insbesondere zur Gerätebeleuchtung und Notbeleuchtung herangezogen wurde.

Das Fahrradschlußlicht[1].

Von

G. Reisberg.

Mit 2 Abbildungen.

Während für Kraftfahrzeuge schon seit langem die Führung von Schlußlichtern gesetzlich vorgeschrieben ist, bestand für Fahrräder eine derartige gesetzliche Forderung nicht. Nach der Reichs-Straßenverkehrs-Ordnung vom Jahre 1934 war lediglich bestimmt, daß ein Rückstrahler in höchstens 50 cm Höhe angebracht werden mußte. Dieser Rückstrahler ist aber nur dann wirksam, wenn er von auffallendem Licht getroffen wird. Auf Landstraßen wird ein Radfahrer beim Fernlicht eines Kraftwagens schon auf große Entfernung erkannt. Wesentlich ungünstiger sind die Verhältnisse innerhalb geschlossener Ortschaften, in denen der Kraftfahrer gezwungen ist, mit Abblendlicht zu fahren. Noch

[1] Erweiterter Abdruck der in Licht u. Lampe Bd. 29 (1940) S. 193 erschienenen Arbeit.

schwieriger wird aber die Erkennbarkeit, wenn der Kraftfahrer durch entgegenkommende Kraftfahrzeuge geblendet wird.

Um die Erkennbarkeit der Radfahrer zu verbessern, hatte der DDAC. den wohlgemeinten Versuch unternommen, die hinteren Schutzbleche der Fahrräder weiß anzustreichen. Leider hat sich in der Praxis kein Vorteil ergeben, da auf dunklen Straßen bei dem auffallenden Licht des Abblendlichtes eines Kraftfahrzeuges der Rückstrahler zur Wirkung kam, bevor die weiße Fläche wahrgenommen wurde. Je nach der Güte des Rückstrahlers konnte der Radfahrer erst in einer Entfernung von etwa 65 bis 90 m vor dem Kraftfahrer erkannt werden.

In der Straßenverkehrs-Ordnung wurde im Jahre 1937 vorgeschrieben, daß die Rückstrahler bei neuen Fahrrädern an den Tretteilen angebracht werden sollen. Man erreichte durch die niedrige Anbringung wohl eine etwas größere Sichtweite, aber es bestand die Gefahr, daß diese sog. Tretstrahler durch die Schuhabsätze abgedeckt wurden. Ferner wurde die Verschmutzung der Strahler größer, so daß die Erkennbarkeit nicht wesentlich verbessert wurde.

Gerade in der jetzigen Zeit der Verdunkelung haben sich die Rückstrahler als unzulänglich erwiesen, da das Licht, das aus den nach den Luftschutzbestimmungen abgedeckten Scheinwerfern der Kraftfahrzeuge austritt, gegenüber der normalen Scheinwerferbeleuchtung nur eine ganz geringe Reichweite ergibt. Um den Radfahrer davor zu schützen, daß er von nachfolgenden Kraftfahrern zu spät erkannt wird, hat der Gesetzgeber im Reichsgesetzblatt vom 24. April 1940 bestimmt, daß vom 1. Oktober 1940 an sämtliche Fahrräder bei Dunkelheit und starkem Nebel mit einem roten Schlußlicht ausgerüstet sein müssen. Nach den Bestimmungen müssen folgende optische Anforderungen erfüllt werden: Lichtstärke in einem Winkel $\pm 10°$ zur optischen Achse 5 Millikerzen, bis $\pm 60°$ horizontal und vertikal Lichtstärkeabfall auf 1 Millikerze. Zur Erhöhung der Lichtstärke können Spiegel und mattweiße Innenanstriche benutzt werden.

Das elektrische Schlußlicht ist von einer fremden Lichtquelle unabhängig, da es von der Lichtmaschine des Fahrrades gespeist wird und selbst Licht aussendet. Die Schlußlichter werden mit den handelsüblichen Fahrradschlußlampen 6 V 0,04 A aus wesentlich größerer Entfernung wahrgenommen. Bei einer Geschwindigkeit des Radfahrers von 15 km/Std. werden alle Schlußlichter schon aus einer Entfernung von etwa 200 m sicher erkannt, bei größeren Geschwindigkeiten steigt die Erkennbarkeit auf mehr als 450 m. Sogar bei Schrittgeschwindigkeit, d. h. also, wenn der Radfahrer ein Fahrrad neben sich herschiebt, sind die Schlußlichter aus etwa 50 m Entfernung sicher zu erkennen. Man sieht also daraus, daß die Schlußlichter gegenüber den Rückstrahlern wesentliche Vorteile bieten. Außerdem schreibt der Gesetzgeber vor, daß die Fahrradschlußleuchten beim Verlöschen der Lampe als Rückstrahler wirken und den dafür erlassenen Vorschriften genügen müssen.

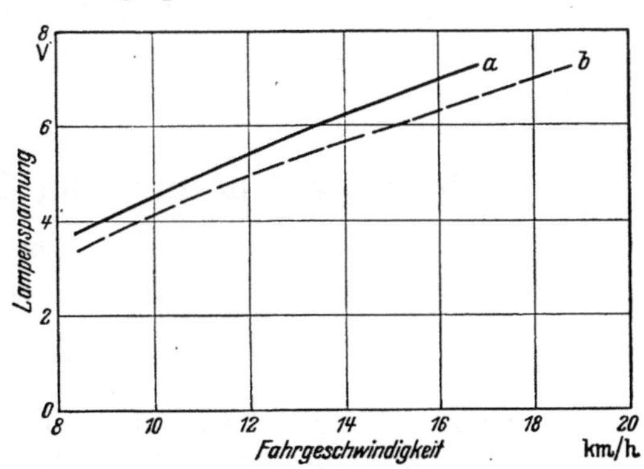

Abb. 1. Kennlinien *a* einer Scheinwerferlampe, *b* einer Kombination von Scheinwerferlampe und Schlußlichtlampe im äußeren Stromkreis einer Fahrradlichtmaschine.

Die Lichtstärke des Schlußlichtes hängt von der Spannung der Lichtmaschine ab, diese wiederum sehr stark nicht nur von der Geschwindigkeit, sondern auch von der Belastung, die an die Lichtmaschine angeschlossen ist. Es ist deshalb notwendig, daß die Leistungsabgabe der Lichtmaschine mit der Leistungsaufnahme der Lampen (Scheinwerferlampe + Schlußlichtlampe) übereinstimmt. Abb. 1 zeigt die Kennlinien einer Fahrradlichtmaschine, die einerseits (Kurve *a*) mit einer Scheinwerferlampe, andererseits (Kurve *b*) mit einer Scheinwerferlampe und einer Schlußlichtlampe belastet wurde. Diese Kennlinien gelten nun aber nicht für alle Lichtmaschinen. Es mußte also bei der Entwicklung der Fahrradschlußlichtlampe darauf geachtet werden, daß die Stromaufnahme der Lampe nicht zu groß ist. Bei zu großer Leistungsaufnahme der Scheinwerfer- und Schlußlichtlampe werden die Kennlinien der Lichtmaschine zu stark herabgedrückt, d. h. die Lampen brennen an Unterspannung und die Lichtleistung geht damit zurück. Andererseits darf die Stromaufnahme der beiden Lampen nicht zu klein sein, da dann die Kennlinien der Lichtmaschine höher liegen, d. h. die Lampen erhalten Überspannung, und die Lebensdauer der Lampen geht zurück. Berücksichtigt man, daß die von verschiedenen Herstellern angefertigten Lichtmaschinen sehr stark streuen, so kann man ermessen, welche umfangreichen Untersuchungen notwendig waren, die geeignetste Lampe zu schaffen, die neben den elektrischen und lichttechnischen auch den mechanischen Anforderungen gerecht wird.

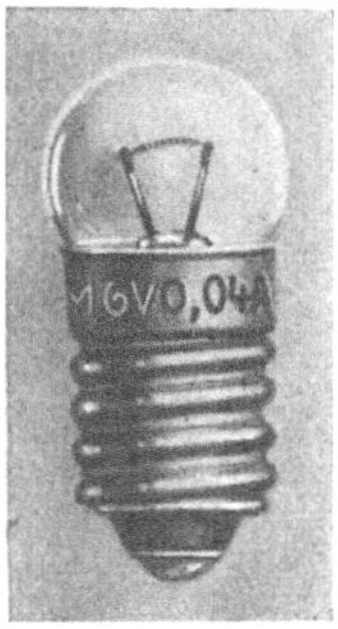

Abb. 2. Fahrrad-Schlußlichtlampe.

Auf Grund der vielen, allerorts durchgeführten Messungen wurde für das elektrische Schlußlicht eine Glühlampe 6 V 0,04 A (Abb. 2) gesetzlich vorgeschrieben. Die Lampe besitzt einen Kugelkolben von 11,5 mm und hat mit dem Sockel E 10/13 eine Gesamtlänge von maximal 24 mm. Sie liefert bei 6 V einen mittleren Lichtstrom von 0,5 Hlm.

Um die Leistungsaufnahme der Scheinwerfer- und Schlußlichtlampe der Leistungsabgabe der Lichtmaschine anzupassen, ist zu empfehlen, eine Scheinwerferlampe zu wählen, deren Leistungsaufnahme gleich der um den Betrag der Leistungsaufnahme der Schlußlichtlampe verminderten Leistungsabgabe der Lichtmaschine ist, z. B. bei einer 3-W-Lichtmaschine eine 2,7-W-Scheinwerferlampe.

Von der Schönheit der Straßenbeleuchtung[1].

Von

H. Lingenfelser.

Mit 6 Abbildungen.

Die vorliegende Darstellung will versuchen, die lichttechnischen Erfordernisse in einer auch dem Künstler verständlichen Sprache zusammenzufassen. Sie gibt Anregungen für eine systematische Planung der öffentlichen Beleuchtung großer Verkehrsgebiete. Ausgeführte Anlagen werden zur Erläuterung besprochen.

Der Ruf nach einer schönen Straßenbeleuchtung ist keineswegs neu. Bewundernd stehen wir vor den geschmacklich und handwerklich vollendeten Straßenlaternen des Barocks und des Rokokos und den Arbeiten späterer Meister und erkennen die Aufgabe, für unsere Zeit ebenso gültige Lösungen zu finden, wie sie unsere Vorfahren für die Ansprüche ihrer Zeiten gefunden haben.

[1] Gekürzter Abdruck der in Verkehrstechnik Bd. 19 (1938) S. 175 erschienenen Arbeit.

Die öffentliche Beleuchtung hat heute einen Umfang angenommen, der die Lösung der gestellten Aufgabe mit handwerklichen Mitteln, z. B. schmiedeeisernen Laternen oder verschnörkelten Masten, unmöglich macht. Sie erfordert in unseren Großstädten heute den Betrieb von vielen Tausenden von Brennstellen. In Berlin brennen z. B. allnächtlich etwa 100000 Straßenlampen. In ganz Deutschland waren im Jahre 1935 etwa 1140000 Lampen für Straßenbeleuchtungszwecke im Betrieb, die 329 Millionen m^3 Gas und 160 Millionen kWh elektrische Energie verbraucht haben. Während früher die technische Aufgabe der guten verkehrssicheren Ausleuchtung der Straße und des einfachen billigen Betriebes hinter die künstlerische Aufgabe zurücktreten konnte, steht sie heute in den meisten Fällen im Vordergrund. Die Beleuchtung dient zunächst dem Verkehr, dessen gefahrloser Ablauf unter allen Umständen gesichert sein muß.

Wir müssen also die Schönheit der Straßenbeleuchtung heute auf anderen Wegen suchen: in der einheitlichen Planung der Beleuchtung großer Straßenzüge und Straßengruppen, in der Anpassung der Beleuchtung an den Verkehrsstrom, in der zweckmäßigen Anordnung der Beleuchtung im Straßenbild und der richtigen Ausleuchtung des Straßenraumes.

Die geschmacklich befriedigende Form der Leuchten, der Maste und des sonstigen Zubehörs erscheint in diesem Zusammenhang zwar wichtig, dennoch aber als eine Frage geringerer Bedeutung.

Aufbau und Ausbau der öffentlichen Beleuchtung nach städtebaulichen Gesichtspunkten. Die Straßenbeleuchtung entbehrt heute in vielen Städten einer planmäßigen Gestaltung. Die Beleuchtungspläne werden häufig nach rein örtlichen Gesichtspunkten, d. h. nur für ein bestimmtes Straßenstück, aufgestellt und durchgeführt. Infolgedessen entsteht kein einheitliches Bild. Dieses zu schaffen ist eine städtebauliche Aufgabe. Der nach großen künstlerischen Gesichtspunkten arbeitende Städtebauer findet eine dankbare Aufgabe in der Eingliederung des öffentlichen Beleuchtungswesens in seine Pläne. Das nächtliche Stadtbild sollte in gleichem Maße seine Beachtung finden wie das Tagbild. Eine schöne Straßenbeleuchtung sollte eine repräsentative Aufgabe jeder Gemeindeverwaltung sein. Bei allen öffentlichen Arbeiten der Gemeinden wird heute davon ausgegangen, daß Bauen eine Verpflichtung bedeutet. Die Straßenbeleuchtung als ein Teil der Leistung der öffentlichen Hand bietet eine besonders gute Möglichkeit, diese Verpflichtung, aber auch die Bedeutung des Gemeinwesens aufzuzeigen. Sie kann ein wirkungsvolles Schmuckstück der Stadt sein und ist ein Teil der städtebaulichen Aufgabe, weil sie für das Nachtbild der Stadt ursächlich ausschlaggebend ist.

Die Stadtplanung und der Verkehrsfachmann haben für bestimmte Arten von Straßen bestimmte Anforderungen an die Beleuchtung zu stellen, z. B. für Hauptverkehrsstraßen andere als für Straßen mit geringerem Verkehr oder Nebenstraßen und Wohnstraßen. Richtlinien hierzu liegen bereits in den Leitsätzen der DLTG-Dinorm 5035 vor, die bestimmte Angaben über die erforderliche Beleuchtungsstärke und ihre Verteilung auf der Straßenfläche geben. Diese Angaben bestimmen aber das nächtliche Straßenbild nicht vollständig. Denn man kann mit Leuchten abweichender Lichtverteilung Beleuchtungsanlagen bauen, die zwar alle gleiche Beleuchtungsstärken aufweisen, aber in ihrer Wirkung auf das Straßenbild sehr verschieden sind. Bestimmend hierfür sind vielmehr die Anordnung, die Aufhängehöhe und der Abstand der Lichtquellen, die Verteilung des Lichtstromes auf die Straßenfläche und die Schauseite der Häuser.

Als erste Grundlage für die städtebauliche Beleuchtungsplanung können die Ergebnisse der Verkehrszählungen benutzt werden, die ein Bild des Verkehrsaufbaus geben. Eine zeichnerische Darstellung der Zählungsergebnisse im Stadtplan läßt diejenigen Straßenzüge und Straßengruppen erkennen, die gleiche oder ähnliche Verkehrsverhältnisse aufweisen und dementsprechend auch gleiche Anforderungen an die Beleuchtung stellen. Ferner wären die Pläne für die künftige Entwicklung einer Stadt heranzuziehen und als besonders anzulegender Maßstab die architektonische oder die historische Bedeutung besonderer Straßen oder Plätze.

Für den Verkehr, der heute oft unter der unzureichenden Beleuchtung leidet, wäre es besonders wichtig, zunächst die Hauptverkehrsstraßenzüge durch eine einheitliche Beleuchtung in der Nacht als Ganzheit zu kennzeichnen. Da diese Verkehrsstraßenzüge oder Ausfallstraßen sich fast immer aus einer Vielzahl einzelner und oft baulich sehr verschiedener Straßen aneinanderreihen, findet man häufig ebensoviel verschiedene Beleuchtungsanlagen vor; der Straßenzug wird bei Nacht zerrissen und das Zurechtfinden sehr erschwert. Straßen minderer Verkehrsbedeutung, Nebenstraßen und Wohnstraßen, sollten durch Wahl jeweils anderer Beleuchtungsverhältnisse gekennzeichnet werden. Auf diese Weise könnte ein Generalbeleuchtungsplan aufgestellt werden, der den Rahmen abzugeben hat für alle vorkommenden Neuanlagen oder Umänderungen der bereits vorhandenen Straßenbeleuchtung.

Lichttechnische und architektonische Wirkung der Straßenbeleuchtung.

Beleuchtungsstärke. Genügende Beleuchtungsstärke, die in allen Straßen von größerer Bedeutung nach den empfohlenen Werten der Dinorm zu wählen ist, bildet die erste Voraussetzung einer guten Beleuchtungsanlage. Die dort genannten Beleuchtungsstärken sind auf Grund physiologischer Untersuchungen über die Sehleistung des Auges sowie jahrelanger praktischer Erfahrungen zusammengestellt. Ein Unterschreiten der angegebenen Mindestwerte bedeutet eine Beeinträchtigung der Verkehrssicherheit.

Eine zu schwach beleuchtete Straße macht einen düsteren, unfreundlichen Eindruck. Die Unsicherheit der Wahrnehmung, die dauernde Anspannung der Aufmerksamkeit wirken sich auf Kraftfahrer und Fußgänger nachteilig aus und erhöhen die Unfallgefahr. Klare Sicht und ausreichende Helligkeit geben dagegen das Gefühl der Sicherheit und des Wohlbefindens. Schwache Beleuchtung kann erwünscht sein, wo eigenartige architektonische Schönheit oder die Weihestimmung geschichtlicher Bauten im Dämmerlicht verklingen soll. Es versteht sich von selbst, daß in verkehrsreichen Straßen hierfür kein Raum ist. Wo aber durch geringeren Verkehr oder eine Verkehrsumleitung die erforderliche Ruhe und Abgeschlossenheit gegeben ist, kann auch die Straßenbeleuchtung durch richtige Anpassung der Beleuchtungsstärke und der Verteilung des Lichtstromes, durch Wahl richtiger Leuchten und eine gute Anordnung einen wesentlichen Beitrag zur Schaffung der gewünschten Raumstimmung liefern. Es ist technisch möglich, die Fahrbahn stark zu beleuchten, die Gebäude dagegen im Dunkel zu lassen.

Gleichmäßigkeit der Beleuchtung. Mit dem Begriff der Gleichmäßigkeit der Beleuchtung will der Beleuchtungstechniker das Ausmaß des Helligkeitsunterschiedes erfassen, die auf der Straßenfläche vorhanden sind; er versteht darunter das Verhältnis der Beleuchtungsstärke an der dunkelsten zu der an der hellsten Stelle der Straße. Der Städtebauer dagegen wird zunächst an die raumbildende Kraft des Lichtes denken. Auf der Straße, wo im Gegensatz zum Innenraum nur geringe Rückstrahlung des Lichtes infolge fehlender Decken- oder Wandflächen erwartet werden kann, entstehen einzelne, jeder Lampe zugeordnete Lichträume. Der Straßenraum wird in ebenso viele Teilräume zerschnitten, als Lichtquellen vorhanden sind. Man erkennt diese Teilräume an der schwankenden Helligkeit des Fahrdammes und der den Raum abgrenzenden Häuser (Abb. 1), sowie daran, daß die Menschen oder Fahrzeuge auf der Straße beim Übergang von einem Lichtraum zum anderen abwechselnd hell und dunkel werden, auftauchen und verschwinden. Im Gegensatz zum Innenraum, der oft durch Fenster oder Oberlicht von mehreren Seiten her beleuchtet wird, ist der Straßenraum am Tage in einer ganz bestimmten Weise und längs der Straße einheitlich von oben her beleuchtet. Die Tageswirkung eines Bauwerkes ist unter Zugrundelegung dieses Lichteinfalles schon im Entwurf vorausbestimmt worden. Aber nicht nur das einzelne Bauwerk in einer Straße, sondern das ganze Stadtbild hat dort, wo gute Tradition oder planmäßiger Bauwille waltet, einen genau bestimmten Charakter, der nicht durch eine zufällig dahingekommene Beleuchtung zerstört werden sollte, die den am Tage geschaffenen Raum mißhandelt.

Abb. 1. Beleuchtung einer schmalen Straße durch Tiefstrahler. Bildung einzelner Lichträume an Stelle eines Straßenraumes, unschöne Schattenbildung auf den Hauswänden.

Am Einzelbauwerk wird das Gesicht verschiedener Baukörper unter dem Einfluß des Lichtes stark verändert, wenn z. B. höhere Bauteile ganz im Dunkel bleiben, also verschwinden. Eine einheitliche Häuserwand wird durch Auflösung in beleuchtete und unbeleuchtete Flächen zerrissen. Eine gegliederte Schauseite erscheint je nach der zufälligen Stellung der Straßenlampen in einer ganz anderen Gliederung, das Wesentliche kann ganz unbetont bleiben, das Unwesentliche kann hervorgehoben sein. Besonders unschöne Wirkungen entstehen, wenn infolge einer stark tiefstrahlenden Leuchte die Gebäudefront von scharfen Schattenkurven durchschnitten wird (Abb. 1). Wenn die künstliche Beleuchtung sehr niedrig angeordnet ist, die Lichtrichtung also sehr verschieden vom Tageslicht ist, entstehen durch falsche Schattenwirkungen an Profilen u. dgl. dem Tageseindruck zuwiderlaufende Wirkungen.

Es ist also eine Beleuchtung zu schaffen, die eine möglichst eindeutige räumliche Wirkung gibt, d. h. in der Gleichmäßigkeit und Schattigkeit des Lichtes und, von Ausnahmen abgesehen, auch in der Richtung des Lichteinfalls dem Tageslicht so nahe kommt, wie es aus technischen und wirtschaftlichen Gründen möglich ist. Die hieraus entspringende Forderung des Lichttechnikers an die Gleichmäßigkeit der Beleuchtung läßt sich in der Angabe eines notwendigen Verhältnisses zwischen Lichtpunkthöhe und Lampenabstand zusammenfassen. Die Erfahrung hat ergeben, daß der Lampenabstand nicht mehr als zwei- bis dreimal so groß wie die Lichtpunkthöhe sein darf, wenn auf gute räumliche Ausleuchtung der Straße Wert gelegt wird. Bei größeren Lichtpunktabständen, etwa bis zu einem Verhältnis von 1 : 5, ist noch eine gleichmäßige Ausleuchtung der Fahrbahnfläche möglich, wenn die mit optischen Hilfsmitteln arbeitenden Leuchten, z. B. Spiegel- oder Prismenglasleuchten, verwendet werden. Allerdings leidet bei so großen Lampenabständen die räumliche Wirkung der Beleuchtung; die Ausleuchtung der Gebäudefronten, die auch verkehrstechnisch erwünscht und wegen der Verringerung der Blendungserscheinungen notwendig ist, wird dann schwieriger.

Die Festlegung eines bestimmten Verhältnisses zwischen Aufhängehöhe und Lampenabstand erlaubt, nur eine der beiden Größen frei zu wählen. Wenn also aus architektonischen Gründen die Lichtpunkthöhe vorgeschrieben ist, so ist damit auch der Abstand der Leuchten in ziemlich engen Grenzen festgelegt und umgekehrt. Es ist nicht möglich, bei großem Abstand der Lampen und niedriger Aufhängehöhe die Nachteile dieser Anordnung durch stärkere Lampen auszugleichen. Dies würde in den allermeisten Fällen sogar eine Verschlechterung der Anlage zur Folge haben. Um eine gleichmäßige Beleuchtung der Gebäude zu erzielen, sind natürlich ebenfalls gewisse Abstände der Leuchtenreihe von der Hausfront einzuhalten.

Blendung. Viele sind der Meinung, daß festliche oder feierliche Stimmung durch Lichterglanz geweckt oder vertieft werde. Der Glanz, ins Technische übersetzt: die Leuchtdichte der Lichtquellen, ist in den letzten Jahrzehnten erheblich größer geworden. Freibrennende elektrische Lampen würden wohl immer eine unerträgliche Blendung hervorrufen. Auch die Leuchtdichte der Gasglühkörper liegt erheblich oberhalb der Blendungsgrenze. Man muß deshalb auf diesen primitiven Weg verzichten, der darin bestehen würde, Lampen ohne Blendungsschutz zur Erzielung besonderer, z. B. festlich-feierlicher Wirkung zu verwenden. Die Leitsätze der DLTG-Dinorm 5035 geben einen Anhalt für die im Interesse der Verkehrssicherheit zulässige Leuchtdichte. Um Blendung zu vermeiden, wird dort eine Höchstleuchtdichte von 2 sb (HK/cm²) im Winkelbereich von 60 bis 90° gefordert. Aus dem Lichtstrom der verwendeten Lampen, der Lichtverteilung und der Größe der Leuchtfläche läßt sich die Leuchtdichte eines Beleuchtungskörpers berechnen.

Die durch eine bestimmte Lampe hervorgerufene Blendung ist um so stärker, je niedriger sie aufgehängt wird und je dunkler ihre Umgebung ist. Der Einfluß der Lichtpunkthöhe ist so bedeutend, daß auch geringe Leuchtdichten, wenn sie aus geringer Höhe in das Auge strahlen (kleiner Winkel zwischen Blickrichtung und Lichtquelle), das Sehen stark erschweren. Man muß deshalb die fast unvermeidliche Störblendung dadurch verringern, daß man die Aufhängehöhe nicht zu niedrig wählt, d. h. durch hohe Aufhängung den Winkel zwischen Blickrichtung und Blendlichtquelle groß macht. Ein und dieselbe Lichtquelle blendet auch verschieden stark, je nachdem ob sie vor einem hellen oder dunklen Hintergrunde gesehen wird. Aus diesem Grunde ist es beleuchtungstechnisch besonders wichtig, vorhandene, rückstrahlende Flächen (Hauswände) aufzuhellen, also das Licht nicht ausschließlich auf den Fahrdamm zu lenken.

Der Eindruck der Festlichkeit wird auch hervorgebracht durch die Vielzahl der Lichtpunkte. Das bekannteste Beispiel ist wohl die Beleuchtung der Place de la Concorde in Paris, die eine gewisse Berühmtheit erlangt hat und deren Wirkung ausschließlich auf dem Glanz des unübersehbaren Lichtermeeres beruht. Ihr verdankt wohl Paris hauptsächlich den Ruf der „Stadt des Lichtes". Seit vielen Jahren ist aber diese Möglichkeit, durch die Vielzahl der Lichter bestimmte Wirkungen zu erzielen, in der öffentlichen Beleuchtung nicht mehr genutzt worden, obwohl die fortgeschrittene Lichttechnik noch große Möglichkeiten bietet, die der Verwirklichung harren.

Bei niedrig angebrachten Lampen, z. B. bei Laternen, besteht auch die Möglichkeit, durch Verwendung angeschliffener Überfanggläser, wie es auch bei der Innenbeleuchtung üblich ist, die leuchtende Fläche glitzernd und damit lebendig zu gestalten.

Lichtfarbe. Die Lichtquellen, die in der öffentlichen Beleuchtung heute üblich sind, weisen hinsichtlich ihrer Farbe beträchtliche Unterschiede auf. Das Gaslicht hat meistens einen merklichen Stich ins Grüne. Durch geeignete Glühkörper können aber auch bläulichweiße und gelbliche Tönungen hergestellt werden. Bogenlampen zeigen bläulichweißes, rötliches oder gelbliches Licht, je nach Art der verwendeten Kohlen, denen durch geeignete Zusätze verschiedene Farben erteilt werden können. Glühlampenlicht ist warm, gelblichweiß, während die neueren Metalldampflampen kräftige Farben haben. Reines Natriumlicht, das für Stadtstraßen nicht in Frage kommt, ist einfarbig gelb, Quecksilberdampflicht ist grünlich oder bläulichweiß. Durch Mischung mit Glühlampenlicht kann sein Spektrum aufgefüllt werden, so daß eine sehr gute Annäherung an das Tageslicht möglich ist. Das Grün von Bäumen und Rasenflächen wird bei Quecksilberdampflicht oder Mischlicht betont und frisch.

Anordnung der Beleuchtung. Beim Vergleich der Beleuchtungsanlagen in Deutschland und im Ausland stellt man wesentliche Unterschiede in der Anordnung der Lichtquellen fest. Bei uns und in den technisch von Deutschland be-

Abb. 2. Paris. Rue des Champs Elysées. Beleuchtung der Fahrbahn durch zweireihige seitliche Leuchten.

einflußten Ländern überwiegt die Anordnung der Leuchten über der Straßenmitte. In West- und Südeuropa werden die Leuchten fast ausschließlich seitlich der Straße auf Masten angeordnet (Abb. 2).

Die Prüfung der Eigenschaften dieser beiden Anordnungsarten ergibt, daß die Mittelaufhängung vom Standpunkt des Technikers aus den Vorzug verdient wegen der leichteren Ausleuchtung des Fahrdammes und ihrer höheren Wirtschaftlichkeit. Der meistgenannte Grund für die Bevorzugung der Seitenanordnung ist die Schönheit des Straßenbildes, das von Überspannungen frei bleibt. Obgleich dieses Urteil grundsätzlich zweifellos richtig ist, wäre es falsch, sich ihm vorbehaltlos anzuschließen oder in allen Fällen danach zu entscheiden. Man sollte stets von den Gegebenheiten des örtlichen Straßenbildes ausgehen. Eine Straße zum Beispiel, durch die ohnehin eine Straßenbahnfahrleitung führt, kann durch das Hinzukommen neuzeitlicher Überspannungen für die Beleuchtung kaum beeinträchtigt werden. In Straßen mit Baumbepflanzung fallen Überspannungen in den meisten Fällen nicht auf. Wo es möglich ist, Überspannungen an den Häusern selbst zu befestigen, stören diese das Straßenbild oft weniger als die am Gehwegrand aufgestellten Kandelaber.

Die Rechtfertigung der Seitenanordnung ergibt sich dagegen ohne weiteres in den Fällen, wo ein bemerkenswertes Straßenbild gewahrt werden muß. Die Maste müssen dann die erforderlichen Höhen und Abstände erhalten mit Rücksicht auf die Gleichmäßigkeit der Beleuchtung und die Blendung.

Ähnliche Überlegungen, wie sie vorher für den Abstand in der Längsrichtung der Straße angestellt wurden, gelten auch für die Anordnung der Leuchtenreihen. Wenn also die Straße etwa so breit wie der vorgesehene Längsabstand der Leuchten ist, wird die Anbringung von zwei Leuchtenreihen unumgänglich. Dasselbe gilt für die Straßen mit zwei Fahrdämmen, die z. B. durch einen Straßenbahnkörper getrennt sind. Die Beleuchtungsmaste können auch in Verbindung mit Verkehrsinseln zur Trennung der beiden Fahrdämme benutzt werden. Man erhält dann also eine Mittelanordnung der Leuchten auf Masten. Bei Seitenanordnung der Leuchten auf Kandelabern kann man nur bei ganz schmalen Straßen mit einer Reihe von Leuchten auskommen. Es wird also fast immer notwendig, zwei Kabel zur Stromversorgung zu verlegen. Hier liegt einer der Hauptgründe für die höheren Aufwendungen bei der Seitenanordnung. Werden in einer schmalen Straße oder in einer Straße mit schmalen Bürgersteigen die Leuchten seitlich angeordnet, so wird infolge der ungleichmäßigen Beleuchtung der Hauswände das nächtliche Straßenbild erheblich beeinträchtigt. Für schmalere Straßen sollte deshalb immer die Mittelaufhängung den Vorzug haben.

Abb. 3. Gabelung einer Ausfallstraße. Sichere Verkehrsleitung durch die Lichterreihen.

Abb. 4. Beleuchtung einer Straße von den Arkaden aus (Turin).

In Straßen, die ein längeres Stück übersehbar verlaufen, bilden die abendlichen Lichter einen Linienzug, der ihren Verlauf deutlicher kennzeichnet als alles andere. Gefälle und Steigung, Kurven und Kreuzungen können durch geschickte Anordnung der Geleuchte zur unmittelbaren Anschauung gebracht und, was besonders wichtig ist, schon von weitem erkennbar gemacht werden (Abb. 3). Die richtige Anordnung der Leuchten im Straßenbild gibt also in der Nacht von selbst eine richtige Verkehrsleitung, weil der Kraftfahrer der Lichterkette folgen kann. Schlechte Anordnung, z. B. plötzlicher Wechsel von Mittel- auf Seitenaufhängung, verursacht Verkehrsunfälle[1]. Dieser Gesichtspunkt, Verkehrsleitung durch entsprechende Linienführung der Lichter, ist bisher kaum beachtet worden, sollte aber der Ausgangspunkt für jede Planungsarbeit der Straßenbeleuchtung sein.

Abb. 5. Die Straßenleuchten sind in die Hauswand eingelassen.

Beispiele einer architektonischen Gestaltung der Straßenbeleuchtung. Zunächst sollen einige Fälle behandelt werden, in denen mit Rücksicht auf den Fremdenverkehr besondere Beleuchtungsanlagen geschaffen wurden oder die Straßenbeleuchtung diesen Erfordernissen angepaßt wurde. Städte mit starkem Fremdenverkehr legen Wert darauf, den Fremden auch abends ein charakteristisches Stadtbild zu zeigen. Innsbruck, inmitten hoher, durch Bergbahnen erreichbarer Berge gelegen, verwendet planmäßig nur solche Leuchten, die etwas Licht nach oben geben. Dadurch wird ein reizender Anblick aus der Vogelschau geschaffen, der wohl jedem, der ihn erlebte, unvergeßlich bleibt. Köln mit seinem Rheinufer hat nicht nur eine großartige Flutlichtanlage geschaffen, die bei besonderen Anlässen die Gebäude der Uferstraße, das Rathaus, den Dom und die Rheinbrücken über mehrere Kilometer Länge erstrahlen läßt, sondern richtet auch die Straßenbeleuchtung so ein, daß, vom Dampfer aus gesehen, die Lichterreihe der Uferstraße wie eine dichte Perlenschnur erscheint.

Abb. 6. Niedrige Masten an den beiden Straßenseiten. Unzureichende Beleuchtung des Fahrdammes.

Das Bestreben, die Leuchten nach Möglichkeit aus dem Straßenraum zu entfernen, hat seit längerem schon zu den verschiedensten Lösungsversuchen geführt. In drei Beispielen sollen die eingeschlagenen Wege deutlich gemacht werden.

Wo eine einheitliche Architektur gegeben ist, kann verhältnismäßig leicht eine vollständig befriedigende Übereinstimmung von Licht und Architektur erzielt

[1] H. Lossagk: Licht Bd. 6 (1936) S. 101.

werden. Abb. 4 zeigt eine gleichmäßig bebaute Straße in Turin, wo die Arkaden zur Beleuchtung der Straße herangezogen wurden. Die Lichtquellen sind dem Blick des Fußgängers entzogen, die Straße ist mit sehr guter Gleichmäßigkeit beleuchtet, ebenso die ganze Hausfront. In Zusammenhang mit einer Neubebauung der Hauptstraße in Villeurbanne (Frankreich) ist die Beleuchtung unter gänzlicher Vermeidung von Masten und Überspannungen auf beiden Seiten in die Schauseiten der Häuser eingebaut worden (Abb. 5). Die Leuchten strahlen ähnlich einer Flutlichtanlage die Straße und die gegenüberliegenden Häuserreihen an.

Indirekte Beleuchtung von Straßen ist mehrfach durchgeführt worden.

Ein besonders bemerkenswertes Beispiel einer Straßenbeleuchtung zeigt Abb. 6. Hier wurde versucht, einen Einklang herzustellen zwischen dem Lichtträger und dem künstlerischen Charakter der Straße. Vom ästhetischen Standpunkt aus dürfte gegen die gefundene Lösung auch kaum ein Einwand möglich sein, leider jedoch vom technischen Standpunkt aus. Entgegen dem Eindruck, den das Bild liefert, ist die Straße, die recht starken Verkehr führt, viel zu schwach beleuchtet. Eine Verstärkung der Beleuchtung durch Einsetzen größerer Lampen würde kaum eine Verbesserung bringen, weil die Laternen zu niedrig sind und außerdem ihre leuchtende Fläche sehr klein ist. Stärkere Lampen würden also zu einer unzulässig hohen Leuchtdichte und damit zur Blendung führen.

Diese Nachteile sind bei der bekannten neuen Beleuchtung der Straße Unter den Linden in Berlin zum größten Teil vermieden worden. Sorgfältige Auswahl der Gläser und ausreichende Bemessung der Laternengröße verhindern die Blendung. Mit höheren Masten, zumindest für die beiden äußeren Lampenreihen, hätte die Anlage noch gewinnen können.

Leuchtwerbung und künstlerisches Gestalten mit Licht[1].

Von

B. KNULL.

Mit 8 Abbildungen.

Leuchtwerbung.

Die Leuchtwerbung ist in stärkstem Maße abhängig von den verfügbaren Lichtquellen. Jeder technische Fortschritt auf dem Gebiet der Lichterzeugung erschloß auch der Leuchtwerbung neue Anwendungs- und Ausdrucksmöglichkeiten. Es war daher zu erwarten, daß so grundlegende Neuerungen wie die Natrium- und Quecksilberdampflampen für normale Netzspannung der Leuchtwerbung stärksten Anreiz boten, die neuen Farben dieser Lampen in einer ihrer Wirtschaftlichkeit entsprechenden Lichtfülle anzuwenden.

---

[1] Zusammenfassung folgender Arbeiten: a) G. SCHMIDT: Dienst am Auto 1936 Nr 9. — b) B. KNULL: Licht Bd. 7 (1937) S. 151. — c) F. ERNST: Licht u. Lampe Bd. 26 (1937) S. 261. — d) F. ERNST: Licht u. Lampe Bd. 26 (1937) S. 509. — e) H. VITS: Licht Bd. 6 (1936) S. 253. — f) F. ERNST: Licht u. Lampe Bd. 7 (1937) S. 341. — g) G. SCHMIDT: Licht u. Lampe Bd. 26 (1937) S. 361. — h) B. KNULL: Licht Bd. 7 (1937) S. 50. — i) B. KNULL: Licht Bd. 8 (1938) S. 221. — k) G. SCHMIDT: Licht u. Lampe Bd. 26 (1937) S. 414. — l) W. KIRCHER: Licht Bd. 7 (1937) S. 131. — m) B. SEEGER: Licht u. Lampe Bd. 26 (1937) S. 321 — Gartenkunst 1938 S. 246. — n) F. ERNST: Licht Bd. 8 (1938) S. 131 — Licht u. Lampe Bd. 27 (1938) S. 465. — o) K. SAATMANN: Licht Bd. 8 (1938) S. 95.

Bald nach dem Erscheinen dieser Lampen machten sich vor allem Garagen und Tankstellen die neuen Werbemöglichkeiten zunutze. Diese Unternehmen haben von jeher besondere Anstrengungen gemacht, um auf die schnell vorüberfahrenden Autofahrer, deren Blickfeld außerdem nach oben und den Seiten eingeengt ist, werbend einzuwirken. Zahlreiche geschmackvolle Anlagen entstanden, z. B. großflächige Transparente an den Fassaden der Tankstellen (Abb. 1), Opalglasleuchtdecken über den Zapfstellen und Hinweisschilder am Straßenrand. Das Licht dieser Anlagen erhellte gleichzeitig die Tankplätze und zum Teil die Zufahrtswege.

Während früher wirkungsvolle An- oder Durchleuchtungen größerer Flächen nur vereinzelt zu finden waren, erstrahlten nun große Schilder und Transparente, angeleuchtete Dachbuchstaben von mehreren Metern Höhe bei entsprechender Buchstabenbreite und ganze Geschäftshäuser im Lichte der neuen Metalldampf-

Abb. 1. Leuchtschilder mit Natriumdampflampen. Gesamtleistungsaufnahme 1260 W.

lampen. Interessant war es, hierbei zu beobachten, wie bei geeigneter Anwendung das weiße Glühlampenlicht in dem bunten Lichtergewirr der farbigen Leuchtwerbeanlagen zu einer beruhigenden, fast festlichen und damit ganz neuen Wirkung gelangte.

Naturgemäß erforderte die Ausbildung der Anleuchtgeräte für diese Lampen Zeit. Zuletzt sind Spiegelgeräte für die großen Typen der Metalldampflampen, geeignet für Fassadenanleuchtung aus kürzester Entfernung, entwickelt worden; sie konnten in den ersten hiermit ausgerüsteten Anlagen eine Vorstellung davon vermitteln, welche Wirkungsmöglichkeiten der Leuchtwerbung noch offenstehen. Z. B. wurden die 3 Straßenfronten eines Geschäftshauses mit 50 Quecksilberdampflampen HgH 1000 angeleuchtet, die in muldenförmigen Spiegelgeräten dicht an der Hauswand in einem Hohlgesims untergebracht waren. Die blau-grün schimmernden hellen Flächen verliehen dem Haus im Vergleich zu dem mehr nüchtern wirkenden Tageseindruck eine neue, eigene Note, so daß der Vorübergehende unwillkürlich aufblickte.

Auch in kleinen und kleinsten Anlagen hat die Einführung der Metalldampflampen neuartige Ausführungen ermöglicht. Es gelang, Anordnungen zu erstellen, in denen mit nur einer Na 300 U von 63 W Leistungsaufnahme schmale, hohe, zweiseitige Aussteckschilder von der Unterkante aus angeleuchtet oder zweiseitige Transparente von $90 \times 60 \text{ cm}^2$ und nur 20 cm Tiefe indirekt durchleuchtet wurden. Auch für die An- und Durchleuchtung von Firmenschildern mit Metalldampflampen lagen zahlreiche Ausführungsbeispiele vor. Eine interessante Vereinigung von Natriumdampflampen und Hochspannungsleuchtröhren zur Beleuchtung eines Firmenschildes zeigt Abb. 2. Die Wirkung der verhältnismäßig dünnen Leuchtröhren des Schriftzuges genügte dem Besitzer der Anlage nicht; um die Werbewirkung zu steigern, wurde der Schilduntergrund

Abb. 2. Firmenschildbeleuchtung. Hochspannungs-Leuchtröhren auf einem mit Natriumdampflampen angeleuchteten Untergrund.

zusätzlich mit Natriumdampflampen aufgehellt. Die blaue Leuchtschrift hebt sich wirkungsvoll von dem goldgelben Untergrund ab.

In allen diesen Anlagen, die gewöhnlich an verkehrsreichen und oft schwer zugänglichen Stellen errichtet werden, haben sich die Metalldampflampen auch wegen ihrer Unempfindlichkeit gegen Stöße und Erschütterungen und wegen der geringen Wartungskosten der Anlage infolge der hohen Lebensdauer der Metalldampflampen bewährt.

Unter den zahlreichen interessanten Leuchtwerbeanlagen sei noch die Beleuchtung der Warenautomaten erwähnt, die als stumme Verkäufer auf eine gute Beleuchtung angewiesen sind. Alle an die Automatenbeleuchtung gestellten Forderungen: werbender Gesamteindruck und wirkungsvolle Hervorhebung der in meist kleinen Fächern ausgestellten Gegenstände, die durch die Wärmestrahlung der verwendeten Lampen nicht geschädigt werden dürfen, sowie die

Forderung nach geringem Raumbedarf der Beleuchtungsanlage konnten durch einen richtig ausgebildeten Lichtschacht hinter oder neben den Fächern unter Verwendung nur zweier normaler 40-W-Glühlampen erfüllt werden (Abb. 3a und b).

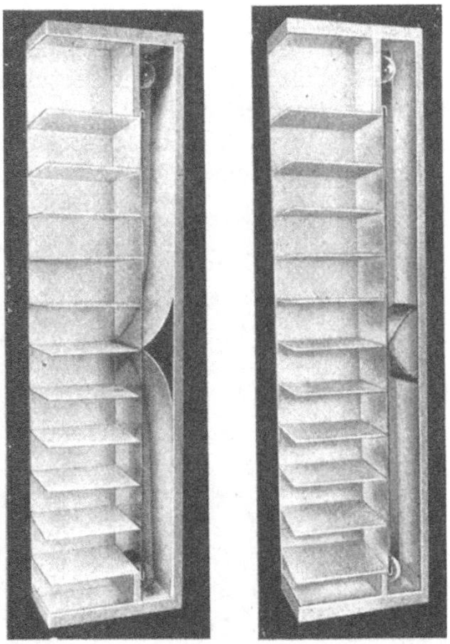

a b

Abb. 3a u. b. Beleuchtung eines Warenautomaten mittels Lichtschachts. Im Lichtschacht: a) mattweiß gestrichenes Blech hinter Klarglasscheibe. b) spiegelndes Blech hinter Trübglasscheibe.

Die Lichttechnik hat der Leuchtwerbung also eine Fülle an Ausführungsmöglichkeiten beschert. Diese gestatten, wenn sie einmal allgemein bekannt und voll ausgenutzt sein werden, der Werbung in jedem Falle eine je nach Geschmack und Mitteln und unter Berücksichtigung der örtlichen Verhältnisse eigene Note zu verleihen und damit genügend Auffälligkeit zu sichern, ohne marktschreierisch zu wirken. In den neuen Durchgangsstraßen der Städte werden an die Leuchtwerbeanlagen besonders hohe Anforderungen gestellt werden. Ohne Zweifel wird als grundlegende Forderung im Rahmen der Gesamtplanung dieser Straßen und der an ihnen errichteten Bauten die harmonische Einfügung der Werbeanlagen in das Stadtbild sowohl tagsüber als auch abends erhoben werden. Mit den heute zur Verfügung stehenden Mitteln kann nicht nur diese Forderung erfüllt werden, sondern darüber hinaus die Werbeanlage zur angenehmen Belebung des abendlichen Stadtbildes beitragen.

Lichtschmückung.

Über diesen an einigen Beispielen geschilderten Stand der Gebrauchswerbung hinaus umfaßt die festliche Beleuchtung bedeutender Gartenanlagen, Ausstellungen oder historischer Bauten ein Gebiet, auf dem seit einigen Jahren ein

Abb. 4. Laube aus Wasserstrahlen, die mit Glühlampenscheinwerfern angeleuchtet sind.

durchaus künstlerisch zu nennendes Gestalten mit elektrischem Licht eingesetzt hat. An dieser Entwicklung haben ebenfalls die Metalldampflampen starken Anteil, weil sie farbiges Licht bei geringer Leistungsaufnahme zu erzeugen gestatten.

Beliebt ist die Vereinigung farbigen Lichtes mit strömendem Wasser, z. B. die Beleuchtung der emporschießenden Wasserstrahlen, der herabfallenden feinen Tröpfchen und der über den Beckenrand herabstürzenden Wassermengen in Springbrunnen. In zahlreichen Anlagen wurden Quecksilber-, Natrium- oder Glühlampenscheinwerfer einzeln oder in beliebiger Zusammenstellung in die Brunnenbecken eingebaut. Abb. 4 zeigt eine auf der Düsseldorfer Ausstellung „Schaffendes Volk" errichtete Wasserlaube, die aus einer 44 m langen Doppelreihe schräg emporschießender Wasserstrahlen gebildet wurde. Jeder Wasserstrahl wurde durch 2 Scheinwerfer mit je einer 12-V/50-W-Autoscheinwerferlampe ausgeleuchtet. In dem benachbarten großen Brunnenbecken konnte das Wasser aus 700 Düsen bis zu 50 m hoch in die Luft geschleudert werden. Unter dem Wasserspiegel waren über 450 Scheinwerfer mit je einer 1000-W-Projektionsglühlampe und 80 Scheinwerfer mit je einer 500-W-Projektionsglühlampe eingebaut. Vor die Scheinwerfer konnten farbige Filter geschaltet werden, um die Farbwirkung der Wasserspiele in einfacher Weise fernsteuern zu können. Die Höhe der Wasserstrahlen wurde dauernd geändert und in wechselnder Folge lief das Farbenspiel nach einem bestimmten Plan in $^3/_4$ Stunden ab. Das Licht ist hier zum Ausdruckmittel künstlerischer Gestaltung geworden. Für die Beleuchtung der von etwa 250 Fontänen und Fontänengruppen emporgeworfenen Wassermengen auf der letzten Weltaustellung in Paris wurden etwa 4000 Scheinwerfer verwendet. Auch hier wurde farbiges Licht durch Glühlampen mit vorgesetztem Farbfilter erzeugt, und zu den in allen Farben schillernden Wasserfontänen gesellten sich gleichzeitig Feuerwerk und Musik, um die festliche Wirkung zu erhöhen. In einem weiteren Beispiel, dem Lichtdom auf dem Reichsparteitag in Nürnberg, wurde das Licht als Bauelement zu monumentaler Wirkung gebracht. Schmale Lichtbündel aus vielen Bogenlampenscheinwerfern überschnitten einander in großer Höhe am Nachthimmel, so daß der erhebende Eindruck eines aus Licht aufgebauten monumentalen Domes entstand.

Abb. 5. Gebäudeanleuchtung mit Quecksilberlicht.

Neben diesem eigentlichen Bauen mit Licht wurde auch auf dem Gebiet der Anleuchtung Vorbildliches geschaffen. Die großen Flächen der Kirche in Abb. 5 wurden mit den größten Typen der Quecksilberdampflampen angeleuchtet. An dem auf der Abbildung erkennbaren Mast waren 3 HgH 5000 und 2 HgH 2000 angebracht. Ein entsprechender Mast stand an der anderen Seite der Vorderfront des Gebäudes und 5 Quecksilberlampen waren auf dem Dach verteilt, um die oberen Gebäudeteile anzuleuchten. Leider wird bei Anleuchtungen manchmal vergessen, auch die Kuppeln und Dächer etwas aufzuhellen, damit der organische Zusammenhang des Bauwerkes nicht zerrissen wird. Da reines Quecksilberlicht die Hauttöne verfärbt, waren hinter den Säulen an der Eingangsseite Glühlampenscheinwerfer angebracht worden. Zahlreiche gelungene Anleuchtungen hervorragender Bauwerke bei öffentlichen Feiern legen Zeugnis von der Beliebtheit dieser Art der Lichtschmückung ab, ob es sich um die Anleuchtung mittelalterlicher Bauten, wie z. B. in Braunschweig und Nürnberg (Abb. 6) oder moderner Bauten, z. B. in Berlin (Abb. 7), handelt. Bei den Anleuchtungen während der englischen Krönungsfeierlichkeiten war bemerkenswert, daß die Anleuchtgeräte in rechteckiger, geschmackvoller Form nicht an Masten, sondern an den Gebäuden oder am Boden unmittelbar vor den Gebäuden angebracht worden waren. Die Quecksilberlampen mit ihrer starken Grünstrahlung werden gern benutzt, um Bäume und Hecken anzuleuchten, häufig in Verbindung mit Gebäudeanleuchtungen oder mit Wasserfontänen (Abb. 8). Damit sich die Springer in Abb. 8 von dem Heckenhintergrund gut abheben, wird ihr Wasserstrahl nicht aufgelöst, sondern bleibt geschlossen. Die Düsen, aus denen das Wasser austritt, sind mitten über den Scheinwerfern angebracht, damit der Strahl gut durchleuchtet wird. Jedes Gerät ist mit einer 250-W-Schweinwerferlampe bestückt. Die das Becken umrandende hohe Hecke wird in ihrer gesamten Länge mit Mischlicht angeleuchtet. Für den mit zahlreichen Leuchtfontänen, Gebäudeanleuchtungen und Parkbeleuchtungen geschmückten Herrenhauser Garten, aus dem Abb. 8 einen Ausschnitt zeigt, sind insgesamt 350 kW in rund 1900 Brennstellen aufgewandt worden. Auf der Reichs-

Abb. 6. Festliche Beleuchtung im alten Nürnberg (an der Pegnitz).

Abb. 7. Der Berliner Funkturm, angeleuchtet mit 1000-W-Projektionsglühlampen.

gartenschau in Essen wurde eine größere Heckenanleuchtung mit reinem Quecksilberlicht gezeigt, wobei die Emailleflutlichtleuchten sehr geschickt in die Erde eingelassen worden waren.

Gegenüber den zahlreichen Anleuchtungen sind die Konturenleuchtung und die Ausleuchtung spärlicher vertreten.

Auf einer Ausstellung wurde eine Konturenleuchtung größeren Ausmaßes durchgeführt. Rings um die Dachränder der Hallen zogen sich leuchtende Streifen, die aus Opalglaskästen mit normalen Glühlampen, aus Linestraröhren oder Hochspannungsleuchtröhren in verschiedenen Farben bestanden. Für die Lichtschmückung eines Bürogebäudes, dessen glatte und ziemlich dunkle Front einer Anleuchtung Schwierigkeiten entgegensetzte, wurden die Fenster mit Kerzenlampen ausgeleuchtet, die, hinter den Fensterscheiben aufgestellt, die hellen Fenstervorhänge beleuchteten.

Abb. 8. Ein Schwanenteich des großen Gartens in Herrenhausen.

Zur Bewertung der aktinischen Wirkung photographischer Aufnahmelichtquellen[1].

Von

O. REEB.

Mit 1 Abbildung.

1. Ältere Auffassungen des Aktinitätsbegriffs.

Für die Auffassung, die bis etwa zur Zeit des Weltkrieges über die Frage der aktinischen Wirkung photographischer Lichtquellen herrschte, kann wohl die Darstellung EDERS[2] als maßgebend betrachtet werden.

Er bezeichnete als „relative Aktinität“ „das Verhältnis der photographischen Helligkeit, dividiert durch das Verhältnis der optischen Helligkeit“. Führen wir die jetzt festgelegte Bezeichnungsweise[3] ein, so ist die EDERsche „relative Aktinität“ A_r definiert durch:

$$A_r = \frac{J_{aX}}{J_{aN}} : \frac{J_X}{J_N}, \tag{1}$$

hierin sind:

J_{aX} = aktinische Lichtstärke der zu untersuchenden Lampe (X-Lampe),
J_{aN} = aktinische Lichtstärke der Normallichtquelle (N-Lampe),
J_X = Lichtstärke (rein photometrisch) der X-Lampe,
J_N = Lichtstärke (rein photometrisch) der N-Lampe.

Das Verhältnis der aktinischen Lichtstärken findet man nach EDER aus dem Abstand der photographischen Schicht, in dem sie von der zu untersuchenden Lichtquelle in der gleichen Zeit die gleiche Schwärzung erhält wie von der Normallichtquelle in 1 m Abstand. Es seien r_{aX} bzw. r_{aN} die Abstände der X- bzw. N-Lampe, die bei gleicher Belichtungszeit zu gleicher Schwärzung führen, dann ist bei Anwendung des photometrischen Entfernungsgesetzes:

$$\frac{J_{aX}}{J_{aN}} = \frac{r_{aX}^2}{r_{aN}^2}, \tag{2}$$

oder wenn man berücksichtigt, daß EDER als Normalbelichtung die Belichtung durch die HEFNER-Lampe in 1 m Abstand benutzt, in diesem Sonderfall:

$$J_{aX} = r_{aX}^2. \tag{2a}$$

Während der zur Bestimmung des Verhältnisses der aktinischen Lichtstärken notwendigen beiden Belichtungen mit der X- bzw. N-Lampe lag auf der photographischen Schicht die Beleuchtungsstärke

$$E_{aX} = \frac{J_X}{r_{aX}^2} \quad \text{bzw.} \quad E_{aN} = \frac{J_N}{r_{aN}^2},$$

oder (wenn man mit der bei beiden Belichtungen gleichen Belichtungszeit t multipliziert) empfing die photographische Schicht die Belichtungen L_X bzw. L_N:

$$L_X = \frac{J_X \cdot t}{r_{aX}^2} \quad \text{bzw.} \quad L_N = \frac{J_N \cdot t}{r_{aN}^2}.$$

---

[1] Abdruck der in Photogr. Korr. Bd. 77 (1941) S 17 erschienenen Arbeit.

[2] J. M. EDER: Ausführliches Handbuch der Photographie Bd. 1, 3. Teil, 3. Aufl., Halle 1912, insbesondere S. 81f. und S. 617f. In interessanter Weise hat A. KÖHLER [Z. Instrumentenkde. Bd. 42 (1922) S. 349] im Anschluß an den EDERschen Aktinitätsbegriff die aktinische Wirksamkeit verschiedener Lichtquellen für mikrophotographische Aufnahmen auf rein blauempfindlichen Schichten bestimmt.

[3] Siehe vor allem die Normblätter DIN 5031 und DIN 4519.

Aus diesen beiden Gleichungen ergibt sich:

$$\frac{L_X}{L_N} = \frac{J_X \cdot r_{aN}^2}{J_N \cdot r_{aX}^2} \quad \text{oder} \quad \frac{r_{aX}^2}{r_{aN}^2} = \frac{J_X \cdot L_N}{J_N \cdot L_X}. \tag{3}$$

Die Kombination von Gl. (2) und Gl. (3) ergibt:

$$\frac{J_{aX}}{J_{aN}} = \frac{J_X \cdot L_N}{J_N \cdot L_X}. \tag{4}$$

Durch Einsetzen in Gl. (1) erhält man:

$$A_r = \frac{L_N}{L_X}. \tag{5}$$

Ein Vergleich dieser Formel mit der Definitionsgleichung der Aktinität in dem deutschen Normblatt DIN 4519 zeigt, daß der Ederche Begriff der „relativen Aktinität" mit dem Aktinitätsbegriff des deutschen Normblatts formal identisch ist.

Trotzdem unterscheiden sich beide Aktinitätsbegriffe nicht unwesentlich. Vor allem gibt erst der Anschluß der Definition der Aktinität an ein praktisch eingeführtes Verfahren zur Bestimmung der Empfindlichkeit photographischer Schichten (in Deutschland natürlich an das Verfahren nach Normblatt DIN 4512) die Möglichkeit, beim Übergang von einer Lichtquelle auf eine andere und bei Benutzung verschiedener Schichten jeweils die erforderlichen Belichtungszeiten aus der DIN-Empfindlichkeit der betreffenden Schicht und der Aktinitätszahl der verwendeten Lichtquelle auszurechnen[1]. Eine wichtige Änderung gegenüber der Ederschen Arbeitsweise war auch der Übergang von der gelbstrahlenden Hefner-Lampe[2] auf eine Normallichtquelle, deren Lichtfarbe der des mittleren Tageslichts entspricht.

Auch die Bezeichnung der Größe A_r als „relative" Aktinität gab Anlaß zu berechtigter Kritik. So wies vor allem Eggert[3] darauf hin, daß die Bezeichnung „relative Aktinität" nicht zum Ausdruck bringt, auf welche der verschiedenen möglichen Größen die aktinische Wirkung bezogen wird, und daß der oben angegebene Aktinitätsbegriff in doppelter Beziehung relativiert ist, nämlich einmal bezüglich der Lichtempfindlichkeit des Auges, und dann hinsichtlich derjenigen der verwendeten lichtempfindlichen Substanz. Für den oben definierten Aktinitätsbegriff schlugen Arens und Eggert[3] die Bezeichnung „Kerzenaktinität" vor. Darüber hinaus brachten sie noch einige anders bezogene Aktinitätsgrößen, die „Wattaktinität", die „Grammaktinität", die „aktinische Lichtmenge" und die „aktinische Intensität" in Vorschlag.

2. Die Definition der „Aktinität" nach Normblatt DIN 4519.

Der wesentliche Vorteil des Verfahrens nach dem deutschen Normblatt DIN 4519 liegt in dem unmittelbaren Anschluß der Definition der „Aktinität" an den Begriff der „Empfindlichkeit" nach DIN 4512*.

---

[1] Siehe hierzu die in DIN 4519 und Abschnitt 4 dieser Arbeit aufgeführten Beispiele.

[2] Auf die Schwierigkeiten, die sich aus der Benutzung der Hefner-Lampe als Normallampe für Aktinitätsbestimmungen ergeben, hat u. a. auch schon Foige (Das Atelier des Photographen, 1926, Nr. 10) hingewiesen.

[3] Siehe z. B. H. Arens u. J. Eggert: Z. wiss. Photogr. Bd. 28 (1930) S. 169.

* O. Reeb: Photogr. Ind. Bd. 30 (1932) S. 1147; s. a. Techn.-wiss. Abh. Osram Bd. 3 (1934) S. 41. In Anlehnung an diesen Vorschlag erfolgte die Ausarbeitung des Normblattes DIN 4519 durch einen Ausschuß, der aus Mitgliedern des Ausschusses für Sensitometrie der Deutschen Gesellschaft für Photographische Forschung und des Fachausschusses „Optische Lichttechnik" der Deutschen Lichttechnischen Gesellschaft bestand.

In diesem Normblatt „Negativ-Material für bildmäßige Aufnahmen; Bestimmung der Lichtempfindlichkeit" wird bekanntlich die Lichtempfindlichkeit einer Schicht durch die Belichtung charakterisiert, die notwendig ist, um unter bestimmten, konstant gehaltenen Bedingungen die Schwärzung 0,1 über dem Schleier zu erzielen. Als Lichtquelle dient dabei eine Glühlampe, deren Lichtfarbe durch geeignete Filter der des mittleren Sonnenlichts angepaßt ist. Als Maßzahl der DIN-Empfindlichkeit ist die Schwärzung S der Stufe eines Graukeils festgelegt, hinter der die Schwärzung 0,1 auf der zu prüfenden Schicht erhalten wurde. Da die Stufen dieses Keils die Schwärzungen $\frac{1}{10}, \frac{2}{10}, \frac{3}{10} \cdots \frac{30}{10}$ besitzen und da zwischen der Schwärzung S_k einer bestimmten Keilstufe k und ihrer Durchlässigkeit τ_k die Beziehung gilt:

$$S_k = \lg \frac{1}{\tau_k} \quad \text{oder} \quad \tau_k = \frac{1}{10^{S_k}} = \frac{1}{10^{\frac{k}{10}}},$$

so ist die hinter der Stufe k wirksame Belichtung

$$L_k = C \cdot \tau_k = \frac{C}{10^{\frac{k}{10}}}.$$

Hierin ist C eine Konstante, die durch die fest auf der Keilvorderseite liegende Beleuchtungsstärke und durch die ebenfalls konstante Belichtungszeit bestimmt ist. Infolge der logarithmischen Definition der „Schwärzung" ist die DIN-Zahl der Lichtempfindlichkeit nicht der erforderlichen Belichtung umgekehrt proportional. Da sich die folgenden Betrachtungen wesentlich vereinfachen, wenn mit einem nichtlogarithmischen Empfindlichkeitsbegriff gearbeitet wird, so wollen wir weiterhin die Größe

$$\varepsilon = \frac{1}{L_k} \tag{6a}$$

als „Empfindlichkeit" der Schicht bezeichnen, die die festgelegte Schwärzung von 0,1 nach dem DIN-Verfahren hinter der Keilstufe k erreicht. Ihre „DIN-Empfindlichkeit" beträgt dann „$\frac{k}{10}$° DIN".

Die Arbeitsweise des Verfahrens der Aktinitätsmessung nach DIN 4519 besteht nun darin, daß einmal eine Bestimmung der Empfindlichkeit nach DIN 4512 mit der dort vorgeschriebenen Normallampe und außerdem eine zweite entsprechende Empfindlichkeitsmessung durchgeführt wird, bei der nur diese Normallampe (N) durch die Lichtquelle (X) ersetzt ist, deren Aktinität bestimmt werden soll. Man wird dann bei dieser zweiten Messung im allgemeinen einen anderen Empfindlichkeitswert für die gleiche Schicht finden. Es soll die unter tatsächlichen DIN-Bedingungen gefundene „Empfindlichkeit" ε im folgenden als „Empfindlichkeit ε_N", der unter Verwendung der Lichtquelle X erhaltene Empfindlichkeitswert als „Pseudoempfindlichkeit ε_X" bezeichnet werden. Dann nennen wir das Verhältnis

$$a_{Em} = \frac{\varepsilon_X}{\varepsilon_N}. \tag{6b}$$

Die „Aktinität der Lichtquelle X für die Emulsion Em".

Nach Gl. (6a) kann man hierfür auch schreiben:

$$a_{Em} = \frac{L_{kN}}{L_{kX}} = \frac{\text{Belichtung durch die Normallichtquelle (in lxs)}}{\text{Belichtung durch die zu prüfende Lichtquelle (in lxs)}}.$$

Das ist aber die in DIN 4519 gewählte Form der Definition der Aktinität.

Der so definierte Aktinitätsbegriff ist als Verhältniswert zweier Belichtungen eine unbenannte Zahl. Er sagt also noch nichts über die absolute photographische Wirksamkeit verschiedener Lichtquellen aus, sondern nur etwas über die unterschiedlichen notwendigen Belichtungen bei gleicher photographischer Wirkung. Da aber zwischen der Belichtung und den anderen lichttechnischen Grundgrößen (Lichtstärke, Lichtstrom usw.) durchweg lineare Beziehungen bestehen, erhält man aus den photometrisch bestimmten Werten der Lichtstärke J, des Lichtstromes Φ usw. einer Lichtquelle X ihre „aktinische Lichtstärke", ihren „aktinischen Lichtstrom" usw. einfach durch Multiplikation mit dem Faktor a_{Em}:

$$\text{aktinische Lichtstärke}_X = a_{Em\,X} \cdot J_X, \tag{7a}$$

$$\text{aktinischer Lichtstrom}_X = a_{Em\,X} \cdot \Phi_X \text{ usw.} \tag{7b}$$

Wie oben bereits gezeigt, erhält man den Aktinitätswert einer Lichtquelle für eine bestimmte Schicht durch zwei Empfindlichkeitsmessungen, eine mit der X-Lampe und eine mit der Normallampe. Bei jeder dieser beiden Messungen ist das Ergebnis bestimmt durch die spektrale Energieverteilung (s_λ) der benutzten Lichtquelle, durch die spektrale Empfindlichkeit (ε_λ) der verwendeten Emulsion und durch die spektrale Hellempfindlichkeit des menschlichen Auges (V_λ), die bei der Messung der „Belichtung in lxs" eingeht. Unterscheiden wir wieder durch den Index X bzw. N die von der X-Lampe bzw. von der N-Lampe herrührenden Größen, so ist die Aktinität der X-Lampe $a_{Em\,X}$:

$$\text{direkt proportional dem Ausdruck}^1\text{:} \quad \frac{\int s_{\lambda X} \cdot \varepsilon_\lambda \cdot d\lambda}{\int s_{\lambda X} \cdot V_\lambda \cdot d\lambda} \tag{8a}$$

$$\text{und umgekehrt proportional dem Ausdruck}^1\text{:} \quad \frac{\int s_{\lambda N} \cdot \varepsilon_\lambda \cdot d\lambda}{\int s_{\lambda N} \cdot V_\lambda \cdot d\lambda}. \tag{8b}$$

Eine Berechnung der Aktinität bei bekannter spektraler Emission der X- und N-Lampe und der spektralen Schichtempfindlichkeit hat hiernach keinen rechten Sinn, da die direkte Messung erheblich einfacher und sicher auch genauer ist.

Nach den Gl. (8a) und (8b) wird a_{Em} in den beiden folgenden Fällen gleich 1:

a) Wenn $s_{\lambda X} = s_{\lambda N}$, d. h. wenn die zu untersuchende Lichtquelle die gleiche spektrale Energieverteilung besitzt wie die verwendete Sensitometer-Normallampe.

b) Wenn $\varepsilon_\lambda = V_\lambda$, d. h. wenn die benutzte photographische Schicht die gleiche spektrale Empfindlichkeit besitzt wie das menschliche Auge.

Aus der Tatsache, daß a_{Em} im Fall b gleich 1 wird, geht klar hervor, daß der so definierte Aktinitätsbegriff das Auge als Bezugswert der spektralen Empfindlichkeit benutzt. Dies hat seine Berechtigung, da die für die Bestimmung der Belichtung erforderliche Schätzung der Helligkeit des Aufnahmeobjektes entweder direkt mit Hilfe des Auges erfolgt oder auf Grund der Angaben von Belichtungsmessern, deren Eichung letzten Endes auch wieder an die spektrale Empfindlichkeit des Auges angeschlossen ist. Daraus ergibt sich wieder, daß das vorliegende Aktinitätssystem auf das Gebiet der bildmäßigen Aufgaben beschränkt ist. Denn in anderen Aufgabenbereichen, wie z. B. Infrarotphotographie, Röntgenphotographie u. ä., in denen das Auge keinen gültigen Maßstab für die Belichtungsbedingungen abgeben kann, würde man auch bei einem Versuch, die Größe a_{Em} zu bestimmen, zu ganz extremen Zahlenwerten kommen.

---

[1] Diese Integration setzt voraus, daß für die Einwirkung der Strahlung auf die betreffende Schicht die Additivität der spektralen Teilstrahlungen angenommen werden kann, daß also vor allem keine antagonistischen Wirkungen einzelner Spektralbereiche vorhanden sind. Ich verdanke Herrn W. MÜNCH die Mitteilung, daß nach den Ergebnissen seiner im Institut für wissenschaftliche Photographie an der Technischen Hochschule Dresden durchgeführten Diplomarbeit bei allen normalerweise für die bildnismäßige Schwarzweißphotographie in Frage kommenden Schichten diese Voraussetzung erfüllt ist. Bei einigen wenigen abnormen Schichten hat Herr MÜNCH allerdings erhebliche Abweichungen von der spektralen Additivität gefunden.

3. Ergebnisse von Aktinitätsmessungen nach DIN 4519.

Über die methodische Durchführung von Aktinitätsmessungen braucht nach der ausführlichen Darstellung des Normblattes und den weiteren Angaben im Schrifttum[1] hier nichts mehr gesagt zu werden. Die ersten Messungen nach dieser Methode wurden von REEB[1,2] veröffentlicht. Neuere und erheblich umfangreichere Messungen haben EGGERT und KÜSTER[3] durchgeführt. Alle Meßwerte dieser beiden Arbeiten sind in Tab. 1 zusammengestellt. Während bei REEB nur über je eine Schicht der drei Gattungen „vorwiegend blauempfindlich",

Tabelle 1. Bisher veröffentlichte Aktinitätswerte. (Nach DIN 4519 ermittelt.)

Lichtquelle	Farbtemperatur °K	Art der verwendeten photographischen Schicht						Fußnoten
		„Unsensibilisiert"	„Vorwiegend blauempfindlich"	„Orthochromatisch"	„Panchromatisch"	„Orthopanchromatisch"	„Höchstpanchromatisch"	
Vakuumglühlampe . .	~2360	—	0,3	0,4	0,8	—	—	1 S. 211
Vakuumglühlampe . .	2360	0,23	—	0,37	—	0,71	1,06	3 S. 211
Gasgefüllte 75-W-Glühlampe	—	—	—	—	—	—	1,7[4]	2 S. 216
Gasgefüllte Glühlampe von 20 Hlm/W . . .	~2600	—	0,6	0,5	—	—	—	1 S. 211
Gasgefüllte Glühlampe .	2848	0,34	—	0,45	—	0,76	1,09	3 S. 211
Gasgefüllte Glühlampe von 25 Hlm/W . . .	~2850	—	—	—	1,0	—	—	1 S. 211
Gasgefüllte Glühlampe von 30 Hlm/W . . .	~3100	—	0,8	0,6	—	—	—	1 S. 211
Blitzlichtpulver	~3350	—	—	0,5	—	—	—	1 S. 211
Osram-Vacublitz . . .	~3500	—	—	0,7	—	—	—	1 S. 211
Gasgefüllte Glühlampen mit DAVIS-GIBSON-Filtern	4000	0,63	—	0,69	—	0,84	0,99	3 S. 211
	5000	0,86	—	0,89	—	0,97	1,06	3 S. 211
Dauerbrand-Bogenlampe	—	—	8	6,3	—	—	—	1 S. 211
Hg-Niederdrucklampe .	—	—	3	2	1,5	—	—	1 S. 211
Hg-Hochdrucklampe .	—	—	1,2 ... 2,7	1,1 ... 1,7	0,9 ... 1,6	—		1 S. 211

„orthochromatisch" und „panchromatisch" berichtet wird, die tatsächlich nur drei untersuchten Schichten (soweit es sich noch feststellen ließ, handelte es sich um Agfa-Extrarapidplatten, Perutz-Braunsiegelplatten und Agfa-Superpanfilm) entsprechen, haben EGGERT und KÜSTER eine große Anzahl verschiedener Schichten des Handels in ihre Untersuchungen einbezogen. Dabei zeigte sich, daß sie vier Gruppen von Schichten bilden konnten, deren Aktinitätswerte genügend nahe beisammen lagen. Diese vier Gruppen bezeichneten sie als „unsensibilisiert", „orthochromatisch", „orthopanchromatisch" und „höchstpanchromatisch". Die Zahlenwerte der gefundenen Aktinitäten können nach den Messungen von EGGERT und KÜSTER für jede dieser vier Gruppen innerhalb des untersuchten Bereichs als linear abhängig von der Farbtemperatur der untersuchten Lichtquelle betrachtet werden. Dementsprechend sind in der Abbildung für die EGGERT- und KÜSTERschen Werte nur die diese repräsentierenden Geraden eingetragen. Bei den Aktinitätswerten bei einer Farbtemperatur von 2848° K ist

[1] Z. B. O. REEB: Licht Bd. 5 (1935) S. 54.

[2] O. REEB: Z. wiss. Photogr. Bd. 34 (1935) S. 77; s. a. Tech.-wiss. Abh. Osram Bd. 4 (1936) S. 24.

[3] J. EGGERT u. A. KÜSTER: Photogr. Ind. Bd. 38 (1940) S. 510.

[4] Dieser Wert ist nach einer persönlichen Mitteilung der Herren KORTE und MEIDINGER durch eine Lampe (75 W, Klarglaskolben) mit ringförmigem Wendelsystem beeinflußt worden, die eine außerordentlich starke Richtungsabhängigkeit der Lichtstärke infolge gegenseitiger Wendelabdeckung aufweist, wie eine Nachprüfung ergab.

für die orthochromatischen Schichten (vier untersuchte Schichten) und für die orthopanchromatischen Schichten (acht untersuchte Schichten) die Streubreite, innerhalb deren die einzelnen Schichten der betreffenden Gruppe lagen, eingetragen[1]. Man sieht aus dieser graphischen Darstellung, daß die zu sehr ver-

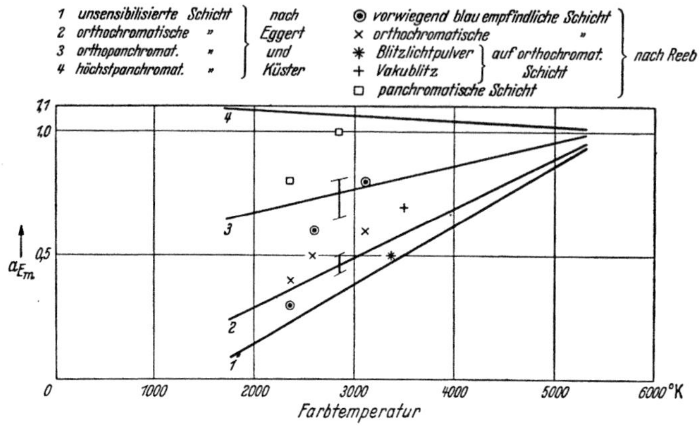

Abb. Bisher veröffentlichte Meßwerte der Aktinität nach DIN 4519.

schiedenen Zeiten und an verschiedenen Schichten durchgeführten Aktinitätsmessungen zu recht gleichartigen Ergebnissen geführt haben. Allein die beiden Meßwerte für die „vorwiegend blauempfindliche Schicht" bei den Farbtemperaturen von 2600° und 3100° K scheinen aus dem einheitlichen Bild herauszufallen. Worauf dies zurückzuführen ist, konnte leider nicht mehr einwandfrei aufgeklärt werden.

Die Werte der beiden angeführten Blitzlichtquellen ordnen sich recht gut in die anderen Werte ein. Sie wurden in Abänderung des Belichtungsverfahrens folgendermaßen gewonnen[2]: Die Lichtemission wurde mit Hilfe einer geeichten Sperrschicht-Photozelle oszillographisch aufgenommen; die graphische Integration des Oszillogramms lieferte die Belichtung L_X des Blitzlichts.

Um einen Überblick über die Reproduzierbarkeit des DIN-Verfahrens bei Durchführung von Aktinitätsmessungen an verschiedenen Stellen zu erhalten, wurde kürzlich auf Anregung von Herrn Professor EGGERT folgende Vergleichsmessung durchgeführt, deren Ergebnisse noch nicht veröffentlicht wurden.

Tabelle 2. Übereinstimmung der für Licht von der Farbtemperatur 2360° K an drei verschiedenen Stellen auf gleichem Material gefundenen Aktinitätswerte.

Gemessen von	Positiv-Film	Isochrom-Film	Isopan-Film
KÜSTER	0,24	0,36	0,55
MEIDINGER	0,24	0,35	0,55
MÜNCH	0,23	0,34	0,58

Von drei Schichten (Agfa-Positivfilm, Agfa-Isochromfilm und Agfa-Isopanfilm) wurden jeweils der gleichen Emulsion entstammende Filmstreifen an drei verschiedenen Stellen, nämlich in der Physikalisch-Technischen Reichsanstalt (Herr MEIDINGER), in dem Laboratorium der Agfa-Filmfabrik Wolfen (Herr KÜSTER) und in unserem lichttechnischen Laboratorium (Herr MÜNCH) zur

[1] Die hierfür erforderlichen Einzelwerte dieser Schichten hat mir Herr KÜSTER freundlicherweise mitgeteilt, wofür ich ihm hiermit meinen besten Dank sagen möchte.

[2] O. REEB: Zit. S. 211, Fußnote 2.

Bestimmung der Aktinität des Lichtes von einer Farbtemperatur von 2360° K benutzt. Dies wurde in einfacher Weise so durchgeführt, daß einmal eine normale Belichtung im DIN-Sensitometer vorgenommen wurde und außerdem noch eine zweite Belichtung, bei der das DAVIS-GIBSON-Filter entfernt wurde, so daß das ungefilterte Licht der bei einer Farbtemperatur von 2360° K betriebenen Sensitometer-Normallampe auf den DIN-Keil fiel.

Die erhaltenen Aktinitätswerte sind in Tab. 2 zusammengestellt. Die Übereinstimmung muß als sehr gut bezeichnet werden.

4. Praktische Bedeutung der Aktinitätswerte nach DIN 4519.

Infolge des Anschlusses der Definition der Aktinität a_{Em} an die Festlegung der Schichtempfindlichkeit nach DIN 4512 (s. Abschnitt 2 dieser Arbeit) läßt sich bei Kenntnis des Aktinitätswertes einer Lichtquelle für eine bestimmte Schicht die erforderliche Belichtungszeit im Gebiet der bildmäßigen Photographie in einfacher Weise errechnen. Bezeichnen wir die Empfindlichkeit einer Schicht I bei Belichtung mit der DIN-Lampe mit $\varepsilon_{I,N}$, die Pseudoempfindlichkeit der gleichen Schicht für das Licht einer Lichtquelle X mit $\varepsilon_{I,X}$, für das Licht einer Lichtquelle Y mit $\varepsilon_{I,Y}$ usw. und entsprechend für eine andere Schicht II die gleichen Größen mit $\varepsilon_{II,N}$ bzw. $\varepsilon_{II,X}$ bzw. $\varepsilon_{II,Y}$, dann werden die Aktinitäten der Lichtquelle X für diese Schichten:

$$a_{I,X} = \frac{\varepsilon_{I,X}}{\varepsilon_{I,N}} \quad \text{bzw.} \quad a_{II,X} = \frac{\varepsilon_{II,X}}{\varepsilon_{II,N}}$$

und entsprechend für die Lichtquelle Y:

$$a_{I,Y} = \frac{\varepsilon_{I,Y}}{\varepsilon_{I,N}} \quad \text{bzw.} \quad a_{II,Y} = \frac{\varepsilon_{II,Y}}{\varepsilon_{II,N}}.$$

Fall 1. Bekannt ist die Aktinität einer Lichtquelle X für die Schicht I. Es soll festgestellt werden, um welchen Betrag die Belichtung (durch Änderung der Blendeneinstellung oder der Belichtungszeit) bei Übergang von Beleuchtung mit Tageslicht auf das Licht einer Kunstlichtquelle X geändert werden muß[1].

Je größer die Schichtempfindlichkeit, desto kleiner ist die erforderliche Belichtung. Das Verhältnis der notwendigen Belichtungen entspricht also dem umgekehrten Verhältnis der Empfindlichkeiten der betreffenden Schicht für die beiden verglichenen Lichtquellen. Da die DIN-Empfindlichkeit, auf die die Belichtungsmesser geeicht sind, der Tageslichtempfindlichkeit entspricht, so wird offensichtlich das Verhältnis der richtigen Belichtung bei Verwendung der Lichtquelle X zu der richtigen Tagesbelichtung:

$$\frac{L_X}{L_N} = \frac{\varepsilon_{I,N}}{\varepsilon_{I,X}} = \frac{1}{a_{I,X}}, \quad \text{oder} \quad L_X = \frac{L_N}{a_{I,X}}.$$

Die mit einem (für Tageslicht bestimmten) Belichtungsmesser gefundene Belichtungszeit muß somit bei Aufnahmen mit der Lichtquelle X auf die Schicht I durch den Wert $a_{I,X}$ dividiert werden, um die hierfür richtige Belichtungszeit zu erhalten.

Fall 2. Bekannt ist die richtige Belichtung für eine Schicht I bei Verwendung der Lichtquelle X, die Aktinität dieser Lichtquelle $a_{I,X}$ und die Aktinität $a_{I,Y}$

[1] Wird zur Bestimmung der Belichtung ein lichtelektrischer Belichtungsmesser benutzt, so muß streng genommen auch die Farbempfindlichkeit dieses Belichtungsmessers berücksichtigt werden. Nach der Arbeit von EGGERT u. KÜSTER (Fußnote 3 auf S. 211) kann bei Lichtquellen, deren Farbtemperatur zwischen 2360° K und 5000° K liegt, also bei normalem Glühlampen- und Bogenlampenlicht, davon abgesehen werden, da die sich ergebenden Unterschiede in der Belichtung praktisch zu vernachlässigen sind.

einer anderen Lichtquelle Y, zu der übergegangen werden soll. Das Verhältnis der Pseudoempfindlichkeiten der Schicht für die beiden Lichtquellen ist dann:

$$\frac{\varepsilon_{I,Y}}{\varepsilon_{I,X}} = \frac{\varepsilon_{I,Y}}{\varepsilon_{I,N}} \cdot \frac{\varepsilon_{I,N}}{\varepsilon_{I,X}} = \frac{a_{I,Y}}{a_{I,X}}.$$

Das Verhältnis der erforderlichen Belichtungen wird dann:

$$\frac{L_Y}{L_X} = \frac{\varepsilon_{I,X}}{\varepsilon_{I,Y}} = \frac{a_{I,X}}{a_{I,Y}} \quad \text{oder} \quad L_Y = \frac{a_{I,X}}{a_{I,Y}} \cdot L_X.$$

Beim Übergang von der Lichtquelle X auf die Lichtquelle Y muß also die Belichtung um den Faktor $\frac{a_{I,X}}{a_{I,Y}}$ geändert werden.

Fall 3. Bekannt ist die Aktinität einer Lichtquelle X für die Schicht I und für die Schicht II; ferner sind die DIN-Empfindlichkeiten und daraus auch die Empfindlichkeit $\varepsilon_{I,N}$ und $\varepsilon_{II,N}$ [die Beziehung zwischen „DIN-Empfindlichkeit" und „Empfindlichkeit ε" ist bei Gl. (6a) erläutert] bekannt. Die richtige Belichtung bei Übergang von Schicht I auf Schicht II unter Beibehaltung der Lichtquelle X ergibt sich dann zu:

$$\frac{L_{II}}{L_I} = \frac{a_{I,X}}{a_{II,X}} \cdot \frac{\varepsilon_{I,N}}{\varepsilon_{II,N}} \quad \text{oder} \quad L_{II} = \frac{a_{I,X} \cdot \varepsilon_{I,N}}{a_{II,X} \cdot \varepsilon_{II,N}} \cdot L_I.$$

Fall 4. Es sei die richtige Belichtung mit Lichtquelle X auf Schicht I bekannt. Es soll die Belichtung mit einer Lichtquelle Y auf eine Schicht II ermittelt werden.

Nach Fall 2 ergibt sich für den Übergang von Lichtquelle X auf Lichtquelle Y unter Beibehaltung der Schicht I:

$$\frac{L_{I,Y}}{L_{I,X}} = \frac{a_{I,X}}{a_{I,Y}}.$$

Der Übergang von Schicht I zur Schicht II unter Beibehaltung der Lichtquelle Y vollzieht sich gemäß Fall 3:

$$\frac{L_{II,Y}}{L_{I,Y}} = \frac{a_{I,Y} \cdot \varepsilon_{I,N}}{a_{II,Y} \cdot \varepsilon_{II,N}}.$$

Durch Multiplikation dieser beiden Gleichungen ergibt sich der gesuchte ganze Schritt zu:

$$\frac{L_{II,Y}}{L_{I,X}} = \frac{a_{I,X} \cdot \varepsilon_{I,N}}{a_{II,Y} \cdot \varepsilon_{II,N}} \quad \text{oder} \quad L_{II,Y} = L_{I,X} \frac{a_{I,X} \cdot \varepsilon_{I,N}}{a_{II,Y} \cdot \varepsilon_{II,N}}.$$

5. Einwände gegen das DIN-Verfahren zur Aktinitätsbestimmung.

Bisher sind Einwände gegen die Grundlagen des DIN-Verfahrens zur Bestimmung der Aktinität photographischer Lichtquellen nur von holländischer Seite gemacht worden. VAN LIEMPT und DE VRIEND kommen am Ende einer Arbeit „Studien über das Verbrennungslicht einiger Metalle und Legierungen"[1] auf das allgemeine Problem zu sprechen, wie die Kennzeichnung der aktinischen Wirkung künstlicher Lichtquellen am besten zu erfolgen habe. Dabei werden folgende drei Einwände gegen das deutsche System erhoben, zu denen anschließend Stellung genommen werden soll:

1. Man sei nicht sicher, daß von dem DIN-Graukeil nicht zuviel Ultraviolett (das gerade viel zur Schwärzung beiträgt) absorbiert werde und so der a_{Em}-Wert zu niedrig ausfalle. In dieser Hinsicht wird auf die von REEB[2] veröffentlichten

[1] J. A. M. VAN LIEMPT u. J. A. DE VRIEND: Rec. Trav. chim. Pays-Bas Bd. 58 (1939) S. 423.

[2] O. REEB: Zit. S. 211, Fußnote 2.

a_{Em}-Werte verwiesen. „Diese liegen sogar für Quecksilberlampen bei blauempfindlichem Material nur wenig oberhalb 1, während doch bei Anwendung dieser Lampen in Vergrößerungsapparaten die aktinische Wirkung etwa 100mal größer ist als die des Glühlampenlichtes.“

2. „Die aktinische lm-s greift letzten Endes zurück auf die DIN-künstliche Tageslichtquelle, während das Lumen praktisch an Glühlampen mit niedriger Farbtemperatur festgelegt worden ist.“

3. „Der Begriff aktinische lm-s ist auf das engste mit dem DIN-System verknüpft, welches bis jetzt nur in Deutschland eingeführt worden ist.“

Der erste Einwand steht und fällt mit der Annahme, daß zwischen den von den Herren VAN LIEMPT und DE VRIEND angezogenen Versuchsergebnissen mit Quecksilber- und Glühlampenlicht in Vergrößerungsapparaten und den erwähnten Aktinitätsmessungen von REEB nicht nur ein scheinbarer, sondern ein tatsächlicher Widerspruch besteht. Ein Vergleich dieser beiden Versuchsergebnisse ist vor allem deswegen nicht ganz einfach, weil die Angaben in der Schrifttumsstelle, an der über die Versuche mit dem Vergrößerungsapparat berichtet wird[1], nicht sehr umfangreich sind. Es wird dort über Versuche berichtet, bei denen vergleichsweise die Belichtung von Chlorsilberpapieren[2] in Vergrößerungsapparaten mit 75-W-Quecksilber-Hochdrucklampen und mit 200-W-Glühlampen erfolgte. Dabei wurde gefunden, daß die für einen guten Abzug erforderliche Belichtungszeit bei der Quecksilberlampe bei gleicher Lampenleistung nur etwa $^1/_{500}$ und bei gleichem Lichtstrom nur etwa $^1/_{200}$ der mit einer Glühlampe notwendigen zu betragen braucht. Nähere Angaben über die Beleuchtungsoptik des Vergrößerungsapparates, über die in den verschiedenen Fällen auf den belichteten Papieren vorhandenen Beleuchtungsstärken usw. fehlen leider. Dadurch gewinnt der nachfolgende Vergleich mit den Ergebnissen anderer Arbeiten den Charakter eines nur rohen größenordnungsmäßigen Überschlages.

Tabelle 3. Verhältnis der aktinischen Wirksamkeit von Quecksilberhochdrucklampen zu der von Glühlampenlicht.

Nach Angaben von	Versuchsbedingungen	Bei gleicher Leistung auf			Bei gleicher Beleuchtungsstärke auf der Schicht			
		Chlorsilberpapier	Bromsilberpapier	Pan-Film	Chlorsilberpapier	Bromsilberpapier	vorwiegend blauempfindliche Schicht	Pan-Film
VAN LIEMPT und DE VRIEND	Belichtungsversuche in Vergrößerungsapparaten. Optische Bedingungen nicht genau angegeben	500/1	—	—	200/1* bzw. 100/1	—	—	—
KORTE und MEIDINGER	DIN-Bedingungen	270/1	40/1	3/1	90/1	13/1	—	1/1
REEB	DIN-Bedingungen	—	—	—	—	—	$\frac{2}{1} \ldots \frac{4}{1}$	$\frac{0,9}{1} \ldots \frac{1,6}{1}$

[1] J. A. M. VAN LIEMPT: Philips' techn. Rdsch. Bd. 3 (1938) S. 91.

[2] Die Versuche waren verursacht durch das Bestreben, durch Benutzung von Chlorsilberpapier (genau genommen handelt es sich bei den angeführten Versuchen wohl stets um Chlorbromsilberpapier) an Stelle der gebräuchlichen Bromsilberpapiere zu einer helleren Dunkelkammerbeleuchtung und damit zu einer besseren Beurteilung der Bilder zu kommen.

* In der Arbeit der Herren VAN LIEMPT und DE VRIEND ist von der Belichtung „bei gleichem Lichtstrom“ die Rede. Dabei ist nicht angegeben, ob auf den für die Beleuchtungsstärke auf der Schicht nicht unmittelbar maßgebenden Lichtstrom der nackten Lampen oder auf den auf das Papier fallenden Lichtstrom bezogen ist. Der Faktor 200 findet sich in Philips' techn. Rdsch. Bd. 3 (1938) S. 91, der Faktor 100 in Rec. Trav. chim. Pays-Bas Bd. 58 (1939) S. 431.

In Tab. 3 sind die Angaben VAN LIEMPTS über seine Versuche, so gut es geht, den Ergebnissen zweier anderer Arbeiten gegenübergestellt. Einmal sind die von VAN LIEMPT angezogenen Meßwerte von REEB[1] eingetragen, die mit Quecksilber-Hochdruck- und Glühlampenlicht auf „vorwiegend blauempfindlicher Schicht" (Extra-Rapidplatte) gefunden waren. Die Brücke zwischen diesen beiden Untersuchungen bilden die Meßwerte einer Arbeit von KORTE und MEIDINGER[2], die ebenfalls wiedergegeben sind. KORTE und MEIDINGER haben je eine Quecksilberlampe und eine Glühlampe gleicher Wattzahl aus gleichem Abstand im DIN-Sensitometer zur Belichtung von Chlorsilberpapier, Bromsilberpapier und Panfilm benutzt. Hierbei finden sie für Chlorsilberpapier eine etwa 270mal größere aktinische Lichtstärke der Quecksilberlampe gegenüber der Glühlampe. Wenn man die erwähnte Unsicherheit des Vergleichs berücksichtigt, so muß man von einer guten Übereinstimmung mit dem VAN LIEMPTschen Faktor 500 sprechen.

Die Division dieser aktinischen Lichtstärken durch die photometrischen Lichtstärkewerte der betreffenden Lampen liefert das Aktinitätsverhältnis der beiden Lichtquellen für die einzelnen Schichten. In Tab. 3 wurde dieses „Verhältnis der aktinischen Wirksamkeit bei gleicher Beleuchtungsstärke auf der Schicht" den VAN LIEMPTschen Vergleichszahlen „bei gleichem Lichtstrom" gegenübergestellt. Dies ist wahrscheinlich nicht ganz exakt, weil VAN LIEMPT vermutlich unter „gleichem Lichtstrom" nicht „gleichen Lichtstrom auf dem Prüfling" versteht. Trotzdem ist dieser Vergleich recht interessant. Man sieht nämlich, daß das Aktinitätsverhältnis der beiden Lichtquellen für Chlorsilberpapier auch nach der DIN-Methode größenordnungsmäßig einen mit den beiden VAN LIEMPTschen Angaben vergleichbaren Wert hat. Mit zunehmender Schichtempfindlichkeit für die längeren Wellenlängenbereiche nimmt das Aktinitätsverhältnis der beiden Lichtquellen nach KORTE und MEIDINGER ab und erreicht für Panfilm etwa den Wert 1. Die Werte von REEB ordnen sich gut in die KORTE- und MEIDINGERschen Ergebnisse ein.

Es ergibt sich also, daß der von VAN LIEMPT und DE VRIEND angenommene Widerspruch zwischen den holländischen und den deutschen Untersuchungen tatsächlich nicht besteht. Zum größten Teil ist der von VAN LIEMPT und DE VRIEND angeführte Unterschied auf die unterschiedliche spektrale Empfindlichkeit der geprüften Schichten zurückzuführen, ein Rest noch auf die schwere Vergleichbarkeit infolge der nicht vollständigen Angaben über die Versuchsbedingungen VAN LIEMPTS.

Wenn hiermit gleichzeitig auch die Ansicht widerlegt zu sein scheint, daß die DIN-Methode infolge zu starker UV-Absorption des Graukeils zu niedrige a_{Em}-Werte liefere, so wird dies noch durch weitere Messungen von KORTE und MEIDINGER in der angeführten Arbeit bestätigt. Ausgehend von der Tatsache, daß die DIN-Methode für das Gebiet der bildmäßigen Aufnahmen entwickelt wurde, haben diese Autoren vergleichsweise die Durchlässigkeit des DIN-Keils und die verschiedener gebräuchlicher Kameraobjektive für verschiedene Wellenlängen gemessen. In Tab. 4 ist das Verhältnis der Durchlässigkeitswerte für die Wellenlängen 578 mμ und 366 mμ wiedergegeben. Es zeigt sich, daß die UV-Durchlässigkeit des DIN-Keils sehr wohl in derselben Größe liegt wie die der gebräuchlichen Photoobjektive. Seine UV-Durchlässigkeit ist sogar (im Vergleich zur Durchlässigkeit im sichtbaren Spektrum) etwas größer als der Mittelwert der Objektive. Damit ist auch dieser Einwand eindeutig widerlegt.

Was den zweiten Einwand betrifft, so handelt es sich in beiden deutschen Normblättern DIN 4512 und 4519 um Methoden, die das Gebiet der normalen

---

[1] O. REEB: Z. wiss. Photogr. Bd. 34 (1935) S. 77.

[2] H. KORTE u. W. MEIDINGER: Phys. Z. Bd. 41 (1940) S. 305.

Tabelle 4. Verhältnis des Durchlaßgrades τ_λ für die Wellenlängen 366 mμ und 578 mμ. (Nach KORTE und MEIDINGER.)

	τ_{578}/τ_{366}		
	min	max	Mittel
10 verschiedene gebräuchliche Aufnahmeobjektive	1,7	12	4,2
Davon zwei extreme Objektive	8	12	10
Die restlichen acht Objektive	1,7	4,3	2,75
DIN-Keil (bei Stufe 1,0)	—	—	1,9

und bildmäßigen Photographie betreffen. In diesem Gebiet ist aber das natürliche Tageslicht noch immer die bei weitem am meisten benutzte Lichtquelle. Mit ihr sammelt der Photamateur seine ersten und meisten Erfahrungen. Ihre Lichtfarbe wird auch der Eichung der Belichtungsmesser zugrunde gelegt. Es war daher — gerade nach den bereits obenerwähnten schlechten Erfahrungen mit der HEFNER-Lampe als photographischer Normallichtquelle — fast selbstverständlich, daß bei Einführung des neuen Systems zur Bestimmung der Empfindlichkeit photographischer Schichten eine der Tageslichtfarbe angepaßte Lichtquelle als photographische Normallichtquelle festgelegt wurde. Über die Richtigkeit dieser Festlegung bestanden sogar bei den mehrfachen internationalen Verhandlungen über sensitometrische Fragen niemals Zweifel.

Wenn man eine Methode zur Aktinitätsmessung ausarbeiten will, die auch einen praktischen Wert besitzen soll, d. h. die es ermöglicht, mit Hilfe ihrer Aktinitätszahlen Belichtungsbedingungen von einer Lichtquelle auf eine andere umzurechnen, so ergibt sich mit zwingender Notwendigkeit die Forderung, daß diese Methode sich der gleichen Normallichtquelle bedienen muß, wie das zur Zeit gültige System der Empfindlichkeitsbestimmung.

Eine Änderung der Bezugslichtquelle für Aktinitätsbestimmungen müßte also auch eine entsprechende Änderung der Bezugslichtquelle für die photographische Empfindlichkeitsbestimmung nach sich ziehen. Hierzu besteht aber nach Obigem nicht der geringste Anlaß. Es würde mit dem Rückgang zu einer Normallampe niedriger Farbtemperatur auch nichts grundsätzlich geändert. Es würde nur eine Verschiebung der a_{Em}-Werte in der Weise eintreten, daß Lichtquellen höherer Farbtemperatur infolge der überwiegenden Blauempfindlichkeit der photographischen Schichten einen größeren Zahlenwert der Aktinität erhalten, eine Auswirkung, an der sicher keinerlei Interesse besteht.

Zum dritten Einwand ist vom deutschen Standpunkt aus nicht viel zu sagen. Wenn ein Aktinitätssystem praktische Bedeutung haben soll, wird es immer mit dem entsprechenden System der Empfindlichkeitsbestimmung gekoppelt sein. Falls es einmal zu einer allgemeinen zwischenstaatlichen Regelung der Empfindlichkeitsangaben für photographische Schichten kommen sollte, so wird sich automatisch ein daran angepaßtes System der Aktinitätsbestimmung einführen. Wir sind in Deutschland jedenfalls bis jetzt als einzige im Besitz zweier derartiger Verfahren, die zusammen die für die Praxis wichtige Umrechnung von Belichtungen auf verschiedene Lichtquellen und Schichten ermöglichen.

Dem deutschen Verfahren stellen VAN LIEMPT und DE VRIEND folgenden eigenen Vorschlag gegenüber[1]:

Als „photographische lm-s" bezeichnen sie Belichtungswerte, die bei Messung der Beleuchtungsstärke mit der ungefilterten Philips-Kalium-Zelle 3510 erhalten werden. Diese Zelle ist durch eine besondere Herstellungsart rotempfindlich. Ihre spektrale Empfindlichkeit stimmt nahezu mit der einer normalen

[1] J. A. M. VAN LIEMPT u. J. A. DE VRIEND: Zit. S. 214, Fußnote 1.

Orthoplatte überein[1]. Die Zelle wird mit einer normalen 100-W-Einfachwendel-Lampe (1000 Stunden Lebensdauer), die bei ihrer Nennspannung brennt, geeicht. Die so erhaltene „photographische lm-s" wird als Maß für die aktinische Wirksamkeit der mit Hilfe dieser Zelle gemessenen Lichtquellen betrachtet. Das Meßverfahren dieser Methode ist zwar denkbar einfach. Aber es kann in keiner Weise, wenn man selbst die Übereinstimmung der spektralen Zellenempfindlichkeit mit der einer bestimmten orthochromatischen Schicht als gegeben ansieht, praktisch befriedigen. Denn einmal findet die nun einmal vorhandene und recht starke Abhängigkeit der aktinischen Wirksamkeit einer Lichtquelle von der Farbempfindlichkeit des Aufnahmematerials keine Berücksichtigung, und außerdem fehlt jede Möglichkeit, die gefundenen „photographischen lm-s" mit irgendeinem der bestehenden Systeme der Sensitometrie in Verbindung zu bringen. Beides aber wären notwendige Voraussetzungen dafür, daß die gefundenen Meßwerte eine praktische Bedeutung zur Errechnung von Belichtungswerten aus Angaben der Schichtempfindlichkeit und der aktinischen Wirksamkeit besitzen.

Zur Frage der günstigsten Leuchtdichte bei der Kinoprojektion[2].

Von

O. Reeb.

Mit 10 Abbildungen.

Die Werte der Bildschirmleuchtdichte verschiedener Kinotheater unterscheiden sich sehr stark. Außerdem liegt ihr Mittelwert verhältnismäßig niedrig. Infolgedessen ist es für die Kopieranstalten außerordentlich schwer, Kopien herzustellen, die in verschiedenen Theatern befriedigen. Daher besteht ein dringendes Bedürfnis nach einer Normalisierung der Bildschirmleuchtdichten, um eine möglichst gute Bildqualität in den Theatern sicherzustellen.

Im Laufe der letzten Zeit sind in Deutschland drei Arbeiten erschienen, die geeignet sind, die für die Beurteilung der günstigsten Bildwandausleuchtung erforderlichen lichttechnischen Grundlagen zu schaffen.

1936 veröffentlichte Zimmermann[3] die Ergebnisse einer Untersuchung, die im Lichttechnischen Laboratorium unserer Gesellschaft durchgeführt wurde. In dieser Arbeit bestimmte er experimentell die Kontrastempfindlichkeit des menschlichen Auges unter Bedingungen, die den bei der Kinoprojektion bestehenden recht nahe kommen. Um die Kontrastempfindlichkeit nicht nur für die Schwelle, sondern auch für endliche Kontraste bestimmen zu können, die ja im praktischen Fall der Betrachtung eines projizierten Filmbildes eine viel größere Rolle spielen, benutzte er als Meßkriterium die Beobachtungszeit, die notwendig ist, um einen bestimmten Kontrast wahrzunehmen. Abb. 1 zeigt das von Zimmermann benutzte Projektionsfeld. Es ist in vier gleiche Felder geteilt. In der Nähe der

[1] An einer anderen, älteren Schrifttumsstelle geben die Verfasser an, daß die Farbenempfindlichkeit dieser Zelle nahezu mit der einer gewöhnlichen blauempfindlichen Platte übereinstimmt [J. A. M. van Liempt u. J. A. de Vriend: Rec. Trav. chim. Pays-Bas Bd. 52 (1933) S. 160]. Die spektrale Zellenempfindlichkeit ist also offenbar geändert worden.

[2] Vortrag, gehalten am 27. April 1938 vor der Soc. of Motion Picture Engrs. in Washington, J. Soc. Mot. Pict. Engrs. Bd. 32 (1939) S. 485. Diese Arbeit ist im wesentlichen eine kurze Zusammenfassung und Ergänzung der Veröffentlichung des gleichen Verfassers in der Zeitschrift „Das Licht" Bd. 7 (1937) S. 21 u. 45.

[3] K. F. Zimmermann: Licht Bd. 6 (1936) S. 78, 98, 115, 138.

Mitte konnte ein kleines kreisförmiges Kontrastfeld wahlweise in einen der vier Quadranten projiziert werden. Hierbei konnte die Zeit, für die das kreisförmige Testfeld dem Auge dargeboten wurde, variiert werden. Der Beobachter hatte jeweils anzugeben, in welchem Quadranten er das Testfeld wahrgenommen hatte. Die Leuchtdichte des Umfeldes (der großen Projektionsfläche) wurde innerhalb der Grenzen von 5 bis 150 asb variiert, die Leuchtdichte des auf diese Grundleuchtdichte aufprojizierten Kontrastes von 50 bis 350 asb. Das Projektionsfeld hatte die Größe von 13°, 19° oder 26°, das Kontrastfeld eine solche von 11′.

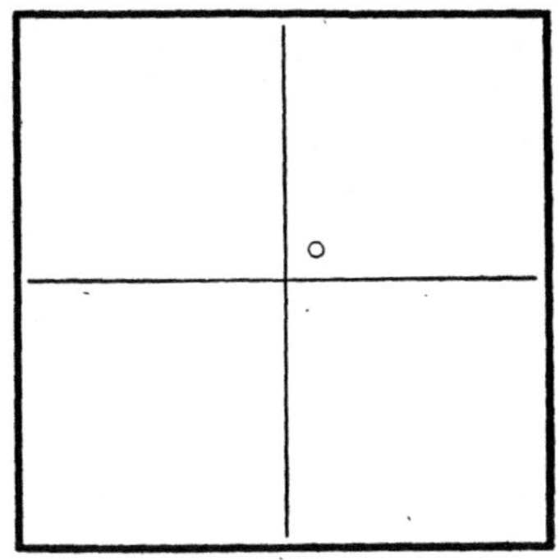

Abb. 1. Projektionsfeld bei den Versuchen von ZIMMERMANN.

Die wichtigsten Ergebnisse dieser Arbeit sind folgende:

1. Bezeichnet man die Leuchtdichte des großen Projektionsfeldes mit B (Adaptationsleuchtdichte), die in dem Kontrastfeld aufprojizierte Leuchtdichte mit ΔB und definiert man den Kontrast durch das Verhältnis $\Delta B/B$, so ergibt sich, daß das Produkt aus Kontrast und erforderlicher Beobachtungszeit bei einer bestimmten Adaptationsleuchtdichte konstant ist. Mit anderen Worten heißt das, daß die Reizdauer, die notwendig ist, um einen Kontrast erkennbar zu machen, der Größe des Kontrastes umgekehrt proportional ist. ZIMMERMANN bezeichnet den reziproken Wert des Produktes Kontrast × Reizdauer als „Sehleistung". Je größer also die Sehleistung ist, desto kürzer ist die für die Erkennung eines Kontrastes notwendige Reizdauer und desto kleiner sind die Kontraste, die in einer bestimmten Zeit erkannt werden können. Ferner ist die Sehleistung für eine bestimmte Adaptationsleuchtdichte konstant.

2. Die von ZIMMERMANN gefundene Abhängigkeit der Sehleistung von der Adaptationsleuchtdichte ist in Abb. 2 dargestellt. Die Kurven *1*, *2* und *3* entsprechen den drei Größen des Projektionsfeldes (26°, 19° und 13°). Die Sehleistung steigt bei niedrigen Adaptationsleuchtdichten stark an, während sie bei höheren Leuchtdichten nur noch langsam zunimmt. Bei einer Feldgröße von 26° wird bei etwa 150 asb ein Maximum der Sehleistung erreicht. Bei Leuchtdichten oberhalb etwa 80 asb wird bei größeren Projektionsflächen keine größenordnungsmäßige Steigerung der Sehleistung mehr erzielt.

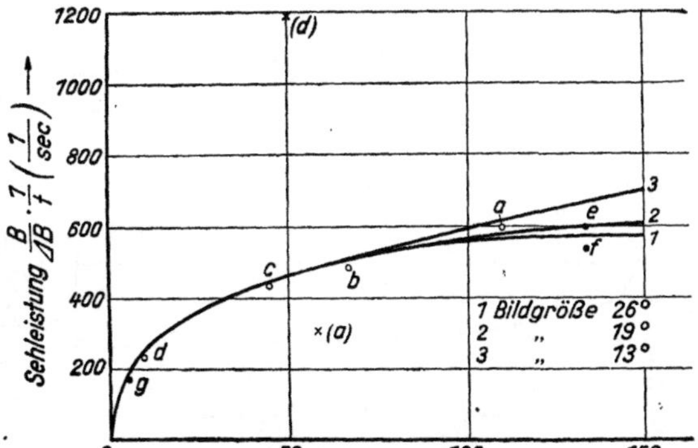

Abb. 2. Abhängigkeit der Sehleistung von der Adaptationsleuchtdichte nach ZIMMERMANN.

3. Um den Einfluß der Leuchtdichteverteilung auf der Bildfläche festzustellen, leuchtete ZIMMERMANN den Bildschirm bei einigen Versuchen schachbrettartig aus (Abb. 3) und veränderte das Verhältnis der Leuchtdichte des Mittelfeldes zu der der übrigen hellen Felder mehrfach. Als Ergebnis dieser Versuche fand er, daß allein die Leuchtdichte des Mittelfeldes für die erreichte Sehleistung ausschlaggebend ist.

4. In einer weiteren Versuchsreihe bestimmte Zimmermann den Einfluß eines zeitlichen Wechsels der Adaptationsleuchtdichte, wie er bei der Filmvorführung beim Übergang von einer hellen zu einer dunklen Szene und umgekehrt auftritt. Eine zeitliche Leuchtdichteänderung von 1 : 2,6 hatte keinen Einfluß auf die Sehleistung, während zeitliche Leuchtdichtekontraste von 1 : 20 oder 23 : 1 eine Herabsetzung der Sehleistung um etwa 11 % bewirkten.

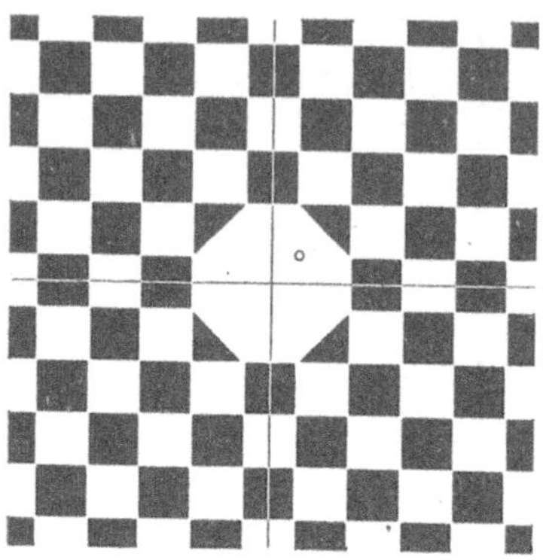

Abb. 3. Schachbrettartig ausgeleuchtetes Projektionsfeld bei den Versuchen von Zimmermann.

5. Versuche zu der Frage, ob Bildflächen verschiedener Größe bei gleicher Leuchtdichte unterschiedliche Helligkeitseindrücke hervorrufen, ergaben bei Bildgrößen von 8° bis 26° keinen meßbaren Einfluß dieser Art.

6. Aus der Konstanz des Produktes Kontrast × Reizdauer kann geschlossen werden, daß bei einer bestimmten Adaptationsleuchtdichte die größte Reizdauer dem kleinsten wahrnehmbaren Kontrast, also dem Schwellenkontrast, entspricht. Diese maximale Reizdauer ist infolgedessen die Zeit, deren das Auge bedarf, um alle bei der betreffenden Adaptationsleuchtdichte überhaupt erkennbaren Kontraste wahrnehmen zu können. Die Abhängigkeit dieser maximalen Reizdauer von der Adaptationsdichte ist in Abb. 4 dargestellt. Bei hohen Leuchtdichten (100 bis 150 asb) hat die maximale Reizdauer einen Wert von etwa 0,1 s. Bei niedrigen Leuchtdichten, wie sie etwa Schattendetails im Projektionsbild entsprechen, beträgt sie dagegen etwa 0,2 bis 0,3 s.

Die klassischen Untersuchungen von Koenig und Brodhun über die Kontrastempfindlichkeit des Auges in Abhängigkeit von der Adaptationsleuchtdichte wurden 1936 durch eine Arbeit ergänzt, die Rieck[1] im Beleuchtungstechnischen Institut der Technischen Hochschule Berlin durchführte. Rieck bestimmte die Kontrastschwelle bis zu einer Adaptationsleuchtdichte von etwa 2000 asb für einen Bildschirm von 20° und ein Kontrastfeld von 2°. Der Verlauf der von ihm erhaltenen Kurven (Abb. 5) entspricht qualitativ den Ergebnissen, die Koenig und Brodhun mit einem Adaptationsfeld von 6° und einem Kontrastfeld von 3° gefunden hatten. Die Absolutwerte liegen bei Riecks größerem Adaptationsfeld etwas höher. Eine Erhöhung der Leuchtdichte der Umgebung des Projektionsfeldes hat nach Riecks Untersuchungen so lange eine Steigerung der Kontrastempfindlichkeit zur Folge, bis die Leuchtdichte des Umfeldes der des Projektionsfeldes gleich ist.

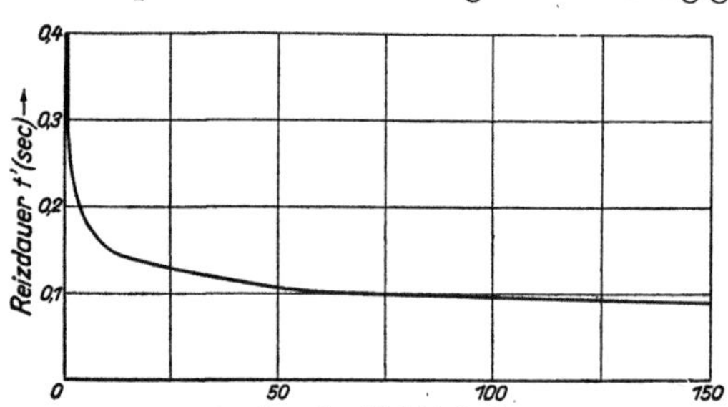

Abb. 4. Abhängigkeit der maximalen Reizdauer von der Adaptationsleuchtdichte nach Zimmermann.

Diese Feststellung, daß die beste Kontrastempfindlichkeit bei einem verhältnismäßig hellen Umfeld erreicht wird, scheint in Widerspruch zu den Erfahrungen von O'Brien und Tuttle[2] zu stehen, die zeigten, daß nur sehr niedrige Umfeld-

[1] J. Rieck: Licht Bd. 6 (1936) S. 246.
[2] O'Brien u. Tuttle: J. Soc. Mot. Pict. Engrs. Bd. 26 (1936) S. 505.

leuchtdichten von den Zuschauern bei der Kinoprojektion nicht als störend empfunden werden. Ein Vergleich dieser beiden Ergebnisse ist aber sehr schwierig, da man nicht weiß, welche mittlere Leuchtdichte des projizierten Bildes bei den

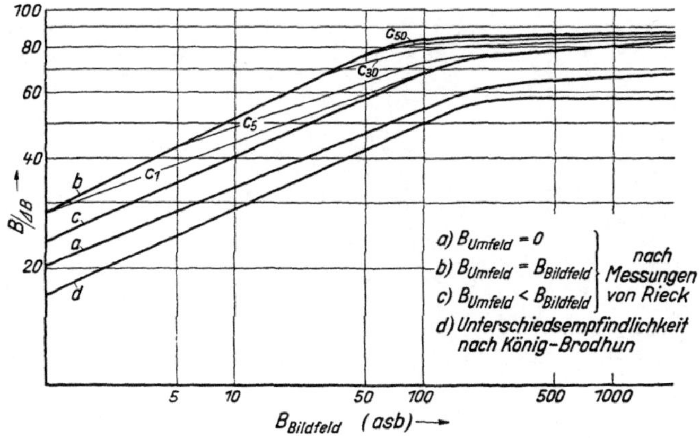

Abb. 5. Abhängigkeit der Kontrastschwelle von der Adaptationsleuchtdichte nach RIECK.

Untersuchungen von O'BRIEN und TUTTLE mit den Werten der Adaptationsleuchtdichte von RIECKs Arbeit zu vergleichen sind.

FRIESER und MÜNCH[1] untersuchten die Sehbedingungen in einem Projektionsbild mit einer Methode, die den Bedingungen der Praxis näherkommt, als es bei den bisherigen Arbeiten der Fall war. Diese Untersuchungen wurden im Wissenschaftlichen Photographischen Institut der Technischen Hochschule Dresden durchgeführt.

Nach dem Vorgang von GOLDBERG und LUTHER benutzten FRIESER und MÜNCH eine „Detailplatte". Diese bestand aus zwei gekreuzten Graukeilen, von denen der eine in einer Plattenrichtung kontinuierlich an Dichte zunahm, während der andere, aus einer Reihe von einzelnen Streifen bestehende in der Abstufung seiner Dichteskala senkrecht zum ersten Keil angeordnet war (Abb. 6). Eine derartige Detailplatte ermöglicht es, innerhalb eines projizierten Bildes die Abhängigkeit der Kontrastschwelle von der in weiten Grenzen veränderlichen Adaptationsleuchtdichte zu bestimmen. Die Unterbringung einer Detailplatte in einem Projektionsbild gemäß dem Verfahren von FRIESER und MÜNCH zeigt Abb. 7. Die einzelnen Beobachter hatten auf dem innerhalb des Bildes mitprojizierten Graukeil die Linie der eben noch erkennbaren Kontraste zu ermitteln. Ihre Ergebnisse wurden mit Hilfe einer selbständig arbeitenden Vorrichtung in Form von Kurven auf ein Blatt Papier übertragen (Abb. 8).

Abb. 6. Von FRIESER und MÜNCH benutzte Detailplatte.

Abb. 9 zeigt die Abhängigkeit der Kontrastempfindlichkeit von der Leuchtdichte für verschiedene Maximalleuchtdichten des projizierten Bildes. Jede Kurve entspricht einer bestimmten Maximalleuchtdichte des Bildes und der Detailplatte. Man sieht, daß bei der Betrachtung von Bildstellen niedriger Leuchtdichte bei

[1] H. FRIESER u. W. MÜNCH: Kinotechn. Bd. 20 (1938) S. 85.

hohen Maximalleuchtdichten eine geringere Kontrastempfindlichkeit vorhanden ist als bei niedrigeren Maximalleuchtdichten. Dagegen entspricht Bildstellen höherer Leuchtdichte bei größeren Maximalleuchtdichten eine höhere Kontrastempfindlichkeit. Außerdem nimmt die Kontrastempfindlichkeit bei sehr hohen Leuchtdichten wieder ab, offenbar infolge von Blendung.

Abb. 7. Beispiel eines Prüfbildes nach FRIESER und MÜNCH.

Weitere Untersuchungen dieser beiden Verfasser betreffen die Abhängigkeit der erhaltenen Kurven der Kontrastempfindlichkeit von der Art, der Leuchtdichte und der Größe des projizierten Bildes und den Einfluß der Änderung der Adaptation beim Eintritt in den Projektionsraum.

Von diesen Ergebnissen soll hier nur auf die Tatsache hingewiesen werden, daß bei Bildgrößen zwischen 23° und 63° keine Abhängigkeit der Kontrastempfindlichkeit von der Bildgröße festgestellt wurde.

Schließlich wird noch die gefundene Abhängigkeit der Anzahl der erkennbaren Helligkeitsstufen und der Sehschärfe von der Maximalleuchtdichte in Abb. 10 wiedergegeben. In Übereinstimmung mit LUCKIESH wird festgestellt, daß das Maximum der Sehschärfe schon bei sehr niedrigen Leuchtdichten erreicht wird. In ähnlicher Weise wächst die Anzahl der erkennbaren Helligkeitsstufen zunächst sehr rasch, während bei Leuchtdichten über 100 asb nur noch eine verhältnismäßig geringe Zunahme zu verzeichnen ist. Die Anzahl der erkennbaren Helligkeitsstufen wird von den Verfassern als maßgebliches Kriterium der Güte der Bildwandausleuchtung betrachtet.

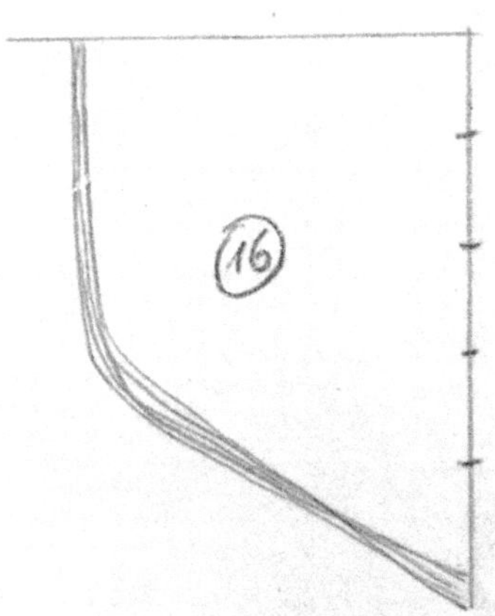

Abb. 8. Beispiel der von einem Beobachter bei einer Prüfung aufgezeichneten Kurven nach FRIESER und MÜNCH.

Ein Vergleich der Ergebnisse dieser drei Untersuchungen ergibt folgendes Bild: ZIMMERMANNS Messungen der Sehleistung und RIECKS Werte der Kontrastschwelle befinden sich in sehr guter Übereinstimmung, obwohl die Methoden dieser beiden Autoren recht verschieden waren. Beide fanden, daß ein Optimum der Sehbedingungen bei 150 asb erreicht wird und daß die bei 80 asb vorhandene Sehleistung bei höheren Adaptationsleuchtdichten nicht mehr sehr erheblich überschritten wird. In diesen Untersuchungen bleibt die Frage unbeantwortet, welcher Leuchtdichtewert bei einem projizierten Filmbild mit seiner großen Mannigfaltigkeit verschiedener Leuchtdichten der „Adaptationsleuchtdichte“ dieser Versuchsreihen entspricht. Dieses Problem ist weitgehend durch die Untersuchungen von FRIESER und MÜNCH gelöst. Die von diesen Verfassern aufgestellte Kurve, in der die Beziehung zwischen der Anzahl der erkennbaren Kontrastschwellen und der maximalen Bildleuchtdichte dargestellt ist, ähnelt sehr stark den von ZIMMERMANN und von RIECK gefundenen Kurven. FRIESER und MÜNCH kommen dabei ebenfalls zu dem Schluß, daß eine Leuchtdichte von mindestens 80 asb (ohne Film und bei laufender Blende gemessen) notwendig ist, um eine gute Bildwiedergabe sicherzustellen. Obwohl sie bei noch höheren Leuchtdichten einen weiteren Anstieg in der Güte der Bildwiedergabe (bei entsprechend angepaßten Kopien) feststellen, sind sie der Ansicht, daß Leuchtdichten von über 80 asb an den hellsten Bildstellen, entsprechend etwa 160 asb ohne Film, wegen der Gefahr des Flimmerns nicht erwünscht sind.

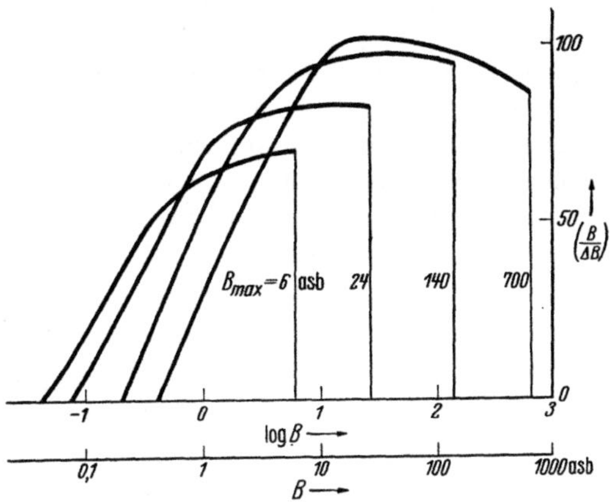

Abb. 9. Abhängigkeit der Kontrastempfindlichkeit von der Leuchtdichte. Nach FRIESER u. MÜNCH.

Auch zwischen den Ergebnissen dieser drei deutschen Arbeiten und den von verschiedenen amerikanischen Fachleuten gefundenen[1] besteht trotz der ganz verschiedenartigen Untersuchungsmethoden eine weitgehende Übereinstimmung. Eine Aussprache über Folgerungen, die sich aus den deutschen Arbeiten ergeben[2], führte zu der Überzeugung, daß die erhaltenen Unterlagen ausreichen, um eine Normung der Bildwandleuchtdichte zu rechtfertigen. Dabei bestand Übereinstimmung darüber, daß ein Leuchtdichtewert festgelegt werden müsse, der nicht zu hoch gewählt ist, so daß es möglich ist, diesen Wert in allen Kinotheatern, auch den größten, tatsächlich einzuhalten. Als untere Grenze der zulässigen Leuchtdichte auf der Projektionsfläche (ohne Film bei laufender Blende gemessen) könnte man etwa 80 asb betrachten[3].

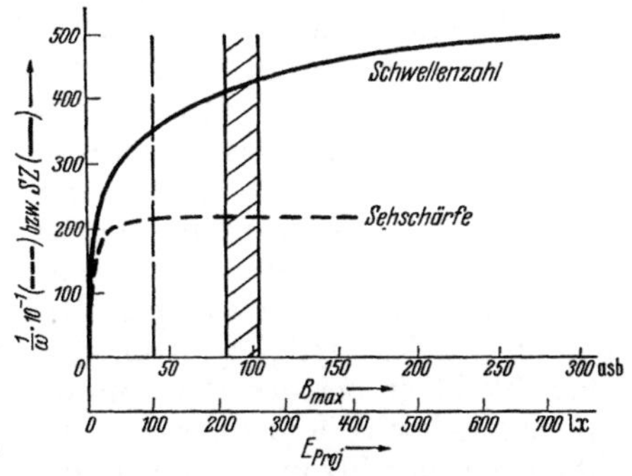

Abb. 10. Schwellenzahl und Sehschärfe in Abhängigkeit von der Maximalleuchtdichte nach FRIESER und MÜNCH.

Ferner sollte bei einer Normung der Bildschirmleuchtdichte auch eine Begrenzung der zulässigen Leuchtdichteabnahme von der Bildmitte nach dem Bildrand festgelegt werden und ebenso eine Begrenzung des Leuchtdichteverlustes, der beim Betrachten der Bildwand unter dem schrägsten in einem Theater auftretenden Betrachtungswinkel auftritt. Diese letzte Einschränkung ist besonders

[1] Siehe z. B. das Maiheft 1936 des J. Soc. Mot. Pict. Engrs. Bd. 26 (1936) S. 489, das eine Reihe von Veröffentlichungen über diesen Gegenstand enthält.

[2] Im Anschluß an den Vortrag des Verfassers (s. S. 218, Fußnote 2) wurden in Zusammenarbeit der zuständigen Arbeitsausschüsse der Deutschen Kinotechnischen Gesellschaft und der Deutschen Lichttechnischen Gesellschaft die Vorarbeiten für eine Normung der Bildwandleuchtdichte aufgenommen, die die Grundlagen für die inzwischen von der Reichsfilmkammer herausgegebenen „Richtlinien für die Bildwandausleuchtung in Filmtheatern" abgegeben hat. [Siehe auch Mitteilung des DLTG-Fachausschusses „Optische Lichttechnik": Licht Bd. 10 (1940) S. 83.]

[3] In den Richtlinien der Reichsfilmkammer wird für die Leuchtdichte in Bildmitte ein Normwert von 100 asb und ein Minimalwert von 80 asb vorgeschrieben.

im Hinblick auf die sog. Reflexwände notwendig. Für diese beiden Festlegungen scheint etwa zulässig:

Für die Leuchtdichteabnahme von der Bildmitte zum Bildrand (horizontal von der Bildmitte aus gemessen) 25%, für die Leuchtdichteabnahme unter dem ungünstigsten Betrachtungswinkel (auf die Bildmitte bezogen) 50%.

Es wäre sehr erwünscht, daß in größerem Umfange möglichst genaue Messungen der Bildwandleuchtdichte in der Schirmmitte, am Rande des Bildschirmes und unter den verschiedenen möglichen Betrachtungswinkeln in einer Reihe von Kinotheatern durchgeführt würden. In Deutschland sind derartige Messungen bereits in Angriff genommen. Ein umfangreiches Zahlenmaterial hierüber wäre die beste Grundlage für eine Erörterung dieser Fragen mit dem Ziele einer zwischenstaatlichen Normung durch die Internationale Beleuchtungskommission[1].

Zur Berechnung des Verhaltens von Mehrgitterröhren bei hohen Frequenzen[2].

Von

I. RUNGE.

Mit 1 Abbildung.

Seit der Übergang zu höheren Frequenzen es in steigendem Maße wichtig erscheinen ließ, den Einfluß der endlichen Elektronenlaufzeit auf das Verhalten der Elektronenröhren auch theoretisch zu beherrschen, ist bereits eine Reihe von Arbeiten erschienen, die sich mit dieser Frage beschäftigen. Da sie in der Hauptsache bei ROTHE[3] zusammengestellt sind, darf ich mich auf einige Bemerkungen über die wichtigsten darunter beschränken. In der Arbeit von J. MÜLLER[4] von 1933 ist bereits die wesentliche Grundlage enthalten, aus der sich die Lösung für den allgemeinen ebenen Fall ergibt unter der einzigen Voraussetzung, daß die Amplituden der Wechselgrößen klein sind, so daß man sich auf Glieder der 1. Ordnung beschränken kann. Allein MÜLLER wendet seine Gleichungen nur auf zwei Spezialfälle an, auf den der Raumladungsbegrenzung und auf den des Sättigungsstroms, d. h. verschwindenden Eingangswechselstroms. Auch bleibt er bei der Berechnung der komplexen Impedanz stehen, ohne sie auf den Leitwert umzurechnen. Da in der Praxis meist die Spannung die unabhängige, der Strom die abhängige Variable ist, verlangt die Anwendung fast immer die Trennung in reellen und imaginären Leitwert, d. h. in die Elemente einer Ersatzschaltung, in der Wirk- und Blindwiderstand parallel liegen. Diese Umrechnung auf gegebene Spannung wurde von NORTH[5] systematisch für den Raumladungsfall bei allen in Frage kommenden Größen durchgeführt und zugleich die ersten Glieder der Entwicklungen nach dem Laufzeitwinkel angegeben, so daß man die Wirkung von kleinen Frequenzen her bequem berechnen kann. NORTH beschränkt sich auf den Raumladungsfall, er nimmt aber eine Triode an und berücksichtigt den Einfluß des Gitteranodenraums durch eine besondere

[1] Über den Fortgang der Bestrebung für eine zwischenstaatliche Normung der Bildwandausleuchte siehe H. JOACHIM: Kinotechn. Bd. 21 (1939) S. 196 und O. REEB: Kinotechn. Bd. 21 (1939) S. 200.

[2] Abdruck der in „Telefunkenröhre" 1937 S. 128 erschienenen Arbeit.

[3] Telefunkenröhre 1937 Nr. 9 S. 65.

[4] Z. Hochfrequenztechn. Bd. 41 (1933) S. 156.

[5] Proc. Inst. Radio Engrs., N. Y. Bd. 24 (1936) S. 108.

Berechnung, in der freilich die Raumladung in diesem Raum vernachlässigt wird. ROTHE[1] hat die Formeln von NORTH weiter vereinfacht und durch Kurvendarstellung bequem zugänglich gemacht; in zwei anderen Arbeiten[2] beschäftigt er sich mit dem anderen, schon von MÜLLER betrachteten Spezialfall, dem Sättigungsstrom, und untersucht für diesen zunächst einmal die Gleichstromverhältnisse. Diese Untersuchung ist wichtig, sobald man die Verhältnisse in Mehrgitterröhren ins Auge faßt, denn dabei handelt es sich um Leitwerte zwischen zwei Gittern, von denen auch schon das erste ein von Null verschiedenes Effektivpotential haben kann, so daß Geschwindigkeit und Feldstärke nicht wie im Fall der Raumladungsbegrenzung Null zu sein brauchen. Es ist besonders zu beachten, daß das Gleichstromverhalten für Bedingungen dieser Art (von Null verschiedene Anfangsgeschwindigkeit und -feldstärke) nicht bloß für den Sättigungsstromfall gilt, sondern auch für den allgemeinsten Fall, der sich ja nur dadurch von ihm unterscheidet, daß auch noch Wechselkomponenten des Eingangskonvektionsstroms und der -geschwindigkeit überlagert sind, was aber das Gleichstromverhalten nicht beeinflußt. Diesen allgemeinsten Fall behandelt ZUHRT[3]; er benutzt zur Integration der Grundgleichung ein etwas anderes Verfahren als MÜLLER, das aber äquivalente Formeln liefert, in denen nur die Integrationskonstanten anders aussehen. ZUHRT wendet seine Formel dazu an, die Vierpolkonstanten einer Triode zu berechnen, so daß er ebenso wie NORTH das Zusammenwirken eines Gitterkathodenraums bei Raumladungsbegrenzung mit einem Gitteranodenraum ermittelt, nur daß er, im Gegensatz zu NORTH, auch in diesem letzteren Raum die Raumladung berücksichtigt und auch noch den Einfluß einer äußeren Belastung hinzunimmt. Auch er gibt die Entwicklung nach dem Laufzeitwinkel, so daß man für kleine Frequenzen vereinfachte Formeln erhält.

In der vorliegenden Arbeit wird nun auf Grund des MÜLLERschen Verfahrens ebenfalls die Ableitung der Formel des allgemeinsten Falls dargestellt und nun zum erstenmal auf einen Raum mit von Null verschiedener Anfangsgeschwindigkeit und Feldstärke und einen darauffolgenden Gitteranodenraum angewandt; von einer Berücksichtigung der Anodenbelastung wird hingegen vorläufig abgesehen. Es wurde dabei Wert darauf gelegt, in allen Formeln die physikalische Bedeutung klar hervortreten zu lassen, so daß der Sinn jedes Schrittes bei der Ableitung deutlich wird.

1. Ableitung der Gleichungen für die Elektronenentladung in veränderlichen Feldern.

Wie im statischen Falle ist die eine der Grundgleichungen die POISSONsche Gleichung, welche besagt, daß die räumliche Änderung der Feldstärke gleich dem 4π-fachen der Ladungsdichte ist.

$$\frac{\partial \mathfrak{E}}{\partial x} = 4\pi\varrho\,. \tag{1}$$

Im statischen Fall tritt hierzu die Gleichung $\varrho v = i$, d. h. in Worten, daß der Konvektionsstrom eine Konstante, also im ganzen Raum gleich groß sein muß. Im Fall zeitlich veränderlicher Felder gilt dies nicht mehr, doch bleibt die Bedingung erhalten, daß Ladung weder entstehen noch vergehen kann, daß also die Ladungsdichte sich an einer Stelle nur ändern kann, wenn Ladung zu- oder abströmt. Das besagt die Formel

$$\frac{\partial \varrho}{\partial t} = -\frac{\partial(\varrho v)}{\partial x}\,, \tag{2}$$

[1] Telefunkenröhre 1937 Nr. 9 S. 33.

[2] G. PLATO, W. KLEEN u. H. ROTHE: Z. Phys. Bd. 101 (1936) S. 509. — W. KLEEN u. H. ROTHE: Z. Phys. Bd. 104 (1937) S. 711.

[3] Z. Hochfrequenztechn. Bd. 47 (1936) S. 58 u. 79; Bd. 49 (1937) S. 73.

denn deren rechte Seite bedeutet den Überschuß des in das Element dx eintretenden Konvektionsstroms über den austretenden. Räumliche Änderungen von ϱv bedingen daher zeitliche Änderungen von ϱ und damit nach Gl. (1) solche von $\frac{1}{4\pi}\frac{\partial \mathfrak{E}}{\partial x}$; eine zeitliche Änderung von $\frac{\partial \mathfrak{E}}{\partial x}$ ist aber gleich einer räumlichen von $\frac{\partial \mathfrak{E}}{\partial t}$, folglich ist

$$\frac{\partial(\varrho v)}{\partial x} = \frac{\partial}{\partial x}\left(-\frac{1}{4\pi}\frac{\partial \mathfrak{E}}{\partial t}\right). \tag{3}$$

Bildet man daher

$$\varrho v + \frac{1}{4\pi}\frac{\partial \mathfrak{E}}{\partial t},$$

so hat man eine Größe, die sich räumlich nicht ändert, wie im statischen Fall der Konvektionsstrom. Es ist daher sinnvoll, diese Größe als Strom im dynamischen Fall aufzufassen. Das Zusatzglied $\frac{1}{4\pi}\frac{\partial \mathfrak{E}}{\partial t}$, das den Konvektionsstrom zum räumlich konstanten Strom ergänzt, heißt Verschiebungsstrom. Diese räumlich konstante Größe $i = \varrho v + \frac{1}{4\pi}\frac{\partial \mathfrak{E}}{\partial t}$ kann nun nach Gl. (1) auch geschrieben werden

$$i = \frac{1}{4\pi}\frac{\partial \mathfrak{E}}{\partial x}\frac{dx}{dt} + \frac{1}{4\pi}\frac{\partial \mathfrak{E}}{\partial t}.$$

Dann sieht man, daß sie nichts anderes darstellt als die zeitliche Änderung von $\frac{1}{4\pi}\mathfrak{E}$, die ein einzelnes Elektron längs seiner Bewegung erfährt, wenn es sich im Zeitelement dt um dx vorwärts bewegt.

Es ist also

$$\frac{1}{4\pi}\frac{d\mathfrak{E}}{dt} = i. \tag{4}$$

Da i räumlich konstant ist, ergibt sich demnach die Zunahme von $\mathfrak{E}$ zwischen irgend zwei Raumzeitpunkten der Bewegung eines Elektrons als das zeitliche Integral des Stromes, der inzwischen geflossen ist. Nun ist aber $\mathfrak{E}$ die Feldstärke, demnach $e\mathfrak{E}$ die auf das Elektron wirkende Kraft und $\frac{e}{m}\mathfrak{E}$ die Beschleunigung b, die das Elektron erfährt. Es empfiehlt sich deswegen, um die konstanten Faktoren nicht immer mitschreiben zu müssen, einen reduzierten Strom i' einzuführen durch die Beziehung

$$i' = 4\pi\frac{e}{m}i \tag{5}$$

(wobei freilich i' nicht mehr die Dimension eines Stromes hat).

Dann wird nämlich

$$\frac{db}{dt} = i', \tag{4a}$$

und es kann nun durch dreimalige Integration Beschleunigung, Geschwindigkeit und Ort des Elektrons gewonnen werden

$$b = b_1 + \int_{t_1}^{t} i'\,dt, \tag{6a}$$

$$v = v_1 + \int_{t_1}^{t} b\,dt, \tag{6b}$$

$$x = + \int^{t} v\,dt. \tag{6c}$$

Die Größen b_1 und v_1 sind die Integrationskonstanten, die Beschleunigung und Geschwindigkeit an der Eintrittselektrode 1 bedeuten. Die dritte Integrationskonstante x_1 ist gleich Null angenommen, da man den Koordinatenanfang zweckmäßig in die Eintrittselektrode verlegt. Der Strom i' möge sich nun zusammensetzen aus einem konstanten Teil $\bar{i}'$ und einem Wechselanteil, den wir wegen der notwendigen Integrationen gleich in Form einer dreifachen Ableitung $\dddot{\varphi}(t)$ ansetzen:

$$i' = \bar{i}' + \dddot{\varphi}(t)\,. \tag{7}$$

Wir setzen dabei voraus, daß $\dddot{\varphi}(t)$ klein gegenüber $\bar{i}'$ ist; nur in diesem Fall nehmen die Gleichungen schließlich eine einfache Gestalt an. Wir können die Integrale der Gl. (6) ausführen und erhalten, wenn wir für $t - t_1$ die Elektronenlaufzeit τ einsetzen,

$$b = b_1 + \bar{i}'\,\tau + \ddot{\varphi}(t) - \ddot{\varphi}(t-\tau)\,, \tag{8a}$$

$$v = v_1 + b_1\tau + \bar{i}'\,\frac{\tau^2}{2} + \dot{\varphi}(t) - \dot{\varphi}(t-\tau) - \ddot{\varphi}(t-\tau)\,\tau\,, \tag{8b}$$

$$x = v_1\tau + b_1\frac{\tau^2}{2} + \bar{i}'\,\frac{\tau^3}{6} + \varphi(t) - \varphi(t-\tau) - \dot{\varphi}(t-\tau)\,\tau - \ddot{\varphi}(t-\tau)\,\frac{\tau^2}{2}. \tag{8c}$$

Es kommt nun aber darauf an, sich von der Beschränkung zu befreien, daß die Größen b, b_1, v, v_1 sich jeweils auf ein einzelnes bewegtes Elektron beziehen; vielmehr ist es erwünscht, Feldstärke und Geschwindigkeit allgemein als Funktion des Ortes und der Zeit zu kennen. Das Glied b_1 bedeutet die Beschleunigung, die zur Zeit $t_1 = t - \tau$ an der Elektrode 1 herrschte; diese ist für verschiedene Zeiten im allgemeinen verschieden.

Es können nun die beiden Spezialfälle unterschieden werden.

1. Im Fall der Raumladungsbegrenzung sind b_1 und $v_1 = 0$ zu nehmen, so daß in Gl. (8) die entsprechenden Glieder fortfallen.

2. Im Fall des Sättigungsstroms ist an der Elektrode 1 der Konvektionsstrom zeitlich konstant, infolgedessen stellt der ganze Wechselanteil des Stroms den Verschiebungsstrom $\frac{1}{4\pi}\frac{\partial \mathfrak{E}}{\partial t}$ dar, und folglich muß b an der Elektrode 1 aus einem zeitlich konstanten Teil $\bar{b}_1$ und dem reinen Wechselteil $\ddot{\varphi}$ bestehen, es ist daher

$$b_1 = \bar{b}_1 + \ddot{\varphi}(t-\tau)\,.$$

Setzt man dies in Gl. (8) ein, so ergibt sich

$$b = \bar{b}_1 + \bar{i}'\tau + \ddot{\varphi}(t)\,, \tag{9a}$$

$$v = v_1 + \bar{b}_1\tau + \bar{i}'\,\frac{\tau^2}{2} + \dot{\varphi}(t) - \dot{\varphi}(t-\tau)\,, \tag{9b}$$

$$x = v_1\tau + \bar{b}_1\,\frac{\tau^2}{2} + \bar{i}'\,\frac{\tau^3}{6} + \varphi(t) - \varphi(t-\tau) - \dot{\varphi}(t-\tau)\tau. \tag{9c}$$

Wollen wir im allgemeinen Fall die Funktionen Gl. (8) ebenfalls in den konstanten Teil und den Wechselteil zerlegen, so muß beachtet werden, daß für einen gegebenen Ort die Laufzeit τ gemäß Gl. (8c) selbst einen Wechselteil besitzt. Wir setzen

$$\tau = \bar{\tau} + \tilde{\tau}\,. \tag{10}$$

Den konstanten Teil $\bar{\tau}$ erhält man aus Gl. (8c) unter Fortlassung der Wechselglieder

$$d = \bar{v}_1\bar{\tau} + \bar{b}_1\,\frac{\bar{\tau}^2}{2} + \bar{i}'\,\frac{\bar{\tau}^3}{6}\,, \tag{11}$$

wenn d der Abstand des betrachteten Ortes von der Elektrode 1 ist. Der Wechselteil $\tilde{\tau}$, der ja wie sämtliche Wechselamplituden gegen den Gleichstromteil klein sein soll, ergibt sich aus der Bedingung, daß die Vergrößerung von x durch das Wechselglied durch entsprechende Verkürzung der Laufzeit τ auszugleichen ist. Daher gilt für das Wechselglied von τ nach Gl. (8c)

$$\tilde{\tau} = - \frac{\tilde{v}_1 \bar{\tau} + \tilde{b}_1 \frac{\bar{\tau}^2}{2} + \varphi(t) - \varphi(t - \bar{\tau}) - \dot{\varphi}(t - \bar{\tau})\,\bar{\tau} - \ddot{\varphi}(t - \bar{\tau})\,\frac{\bar{\tau}^2}{2}}{\frac{dx}{d\bar{\tau}}}. \tag{12}$$

Im Raumladungsfall fallen die beiden ersten Glieder weg, im Sättigungsfall fällt außerdem auch noch das letzte Glied weg, weil $\tilde{b}_1 = \ddot{\varphi}(t - \tau)$.

Durch Einsetzen von $\tau = \bar{\tau} + \tilde{\tau}$ in Gl. (8) bzw. Gl. (9) und Fortlassen aller Glieder in $\tilde{\tau}$ erhält man daher für die konstanten Anteile im Raumladungsfall

$$\bar{b} = \bar{i}' \bar{\tau} \tag{13a}$$

$$\bar{v} = \bar{i}' \frac{\bar{\tau}^2}{2} \tag{13b}$$

und im Sättigungsfall

$$\bar{b} = \bar{b}_1 + \bar{i}' \bar{\tau} \tag{13c}$$

$$\bar{v} = \bar{v}_1 + \bar{b}_1 \bar{\tau} + \bar{i}' \frac{\bar{\tau}^2}{2}; \tag{13d}$$

und durch Fortlassen aller Glieder zweiter und höherer Ordnung für den Raumladungsfall

$$\tilde{b} = \bar{i}' \tilde{\tau} + \ddot{\varphi}(t) - \ddot{\varphi}(t - \bar{\tau}) \tag{14a}$$

$$\tilde{v} = \bar{i}\, \bar{\tau}\, \tilde{\tau} + \dot{\varphi}(t) - \dot{\varphi}(t - \bar{\tau}) - \ddot{\varphi}(t - \bar{\tau})\, \bar{\tau} \tag{14b}$$

und für den Sättigungsfall

$$\tilde{b} = \bar{i}' \tilde{\tau} + \ddot{\varphi}(t) \tag{14c}$$

$$\tilde{v} = \bar{b}_1 \tilde{\tau} + \bar{i}' \bar{\tau}\, \tilde{\tau} + \dot{\varphi}(t) - \dot{\varphi}(t - \bar{\tau}). \tag{14d}$$

Für die weitere Auswertung sind nun konstante Anteile und Wechselanteile verschieden zu behandeln. Bei den konstanten Teilen sind Spannung und Strom als gegeben zu betrachten; es kommt vor allem darauf an, die Laufzeit in Abhängigkeit von diesen Größen zu bestimmen. Für die Wechselanteile können zunächst Spannung und Konvektionsstrom, beide als Funktion der Laufzeit und des Gesamtstroms, angegeben werden und hieraus dann durch Umkehrung Gesamtstrom und Konvektionsstrom als Funktion der Spannung.

2. Gleichstromverhalten.

Die einfachste Beziehung für die Laufzeit erhält man im Fall der Raumladungsbegrenzung, da dann v_1 und $b_1 = 0$ zu setzen sind. Demnach ist nach Gl. (11)

$$d = \frac{\bar{i}' \tau_r^3}{6}. \tag{15}$$

Wir kennzeichnen die so bestimmte Laufzeit durch den Index r als „Raumladungslaufzeit", sie ist eine reine Funktion des Stroms und des Elektrodenabstandes.

Im allgemeinen Fall sind aber v_1 und b_1 von Null verschieden. Aus den Gl. (11) und (13d) für d und v kann man b_1 eliminieren; die dann noch vorkommenden Anfangs- und Endgeschwindigkeiten v_1 und v_2 sind durch die entsprechenden

Potentiale U_1 und U_2 bestimmt, die demnach die Laufzeit im allgemeinen Fall mitbeeinflussen:

$$d = -\bar{i}'\,\frac{\tau^3}{12} + (v_1 + v_2)\,\frac{\tau}{2}\,. \tag{16}$$

Dividiert man dies durch die mit $\frac{1}{2}$ erweiterte Gl. (15), so entsteht

$$2 + \left(\frac{\tau}{\tau_r}\right)^3 = \frac{v_1 + v_2}{\bar{i}'\,\tau_r^2/6}\cdot\frac{\tau}{\tau_r} = 3\,\frac{v_1 + v_2}{v_r}\cdot\frac{\tau}{\tau_r}\,,$$

da sich aus Gl. (13b) für den Raumladungsfall $v_r = \frac{\bar{i}'\,\tau_r^2}{2}$ ergibt. Führt man statt der Geschwindigkeiten die Spannungen U ein, so wird schließlich

$$\frac{2 + \left(\frac{\tau}{\tau_r}\right)^3}{3\,\tau/\tau_r} = \frac{\sqrt{U_1} + \sqrt{U_2}}{\sqrt{U_r}}\,. \tag{17}$$

Darin sind U_1 und U_2 die in dem betrachteten Fall wirklich angelegten Spannungen, U_r ist die Spannung, die nötig wäre, um unter der Bedingung der Raumladungsbegrenzung denselben Strom $\bar{i}'$ fließen zu lassen, wie er im betrachteten Fall wirklich fließt. U_r ist also eine Funktion des Stromes, die, wenn man etwa den zur Spannung U_1 gehörenden raumladungsbegrenzten Strom als „normalen Strom i_n" als Maß benutzt, durch

$$\frac{U_r}{U_1} = \left(\frac{\bar{i}}{i_n}\right)^{2/3}$$

gegeben ist. Damit bekommt man als Gleichung für τ/τ_r

$$\frac{2 + (\tau/\tau_r)^3}{3\,\tau/\tau_r} = \sqrt[3]{\frac{i_n}{i}}\left\{1 + \sqrt{\frac{U_2}{U_1}}\right\}. \tag{18}$$

Um sich von den Werten der Laufzeit ein übersichtliches Bild zu machen, ist es zweckmäßig, die möglichen Zustände durch ein Feld darzustellen, dessen Abszisse $\bar{i}/\bar{i}_n$ und dessen Ordinate U_2/U_1 bedeutet. Die linke Seite von Gl. (18) ist für $\tau/\tau_r < 1$ eine abnehmende Funktion von τ/τ_r, für $\tau/\tau_r > 1$ eine zunehmende; das Minimum für $\tau = \tau_r$ beträgt $\frac{2+1}{3} = 1$. Man sieht also, daß Lösungen τ/τ_r für jeden Wert von i/i_n nur existieren, wenn $1 + \sqrt{\frac{U_2}{U_1}}$ oberhalb von $\sqrt[3]{\frac{i}{i_n}}$ liegt. Die Kurve $1 + \sqrt{\frac{U_2}{U_1}} = \sqrt[3]{\frac{i}{i_n}}$ bildet daher eine Grenzlinie, unterhalb deren stabile Zustände unmöglich sind (s. Abb.). Es ist dies dieselbe Linie, an der nach PLATO, KLEEN, ROTHE[1] die sprunghafte Stromänderung mit Ausbildung einer virtuellen Kathode auftritt. (Unsere Darstellung unterscheidet sich von der ROTHES nur dadurch, daß bei uns das Verhältnis U_2/U_1 Ordinate ist, während dort das Verhältnis des Potentialminimums U_0 zu U_1 die Ordinate bildet, U_2/U_1 dagegen auf einer eingezeichneten Kurvenschar ablesbar ist.) Von besonderem Interesse ist es nun, daß auf der erwähnten Grenzlinie die Laufzeit durch $\tau/\tau_r = 1$ bestimmt ist. Es ist aus physikalischen Gründen evident, daß die Laufzeit für höhere Potentiale kürzer sein muß, so daß von den beiden Lösungen τ/τ_r, die Gl. (18)

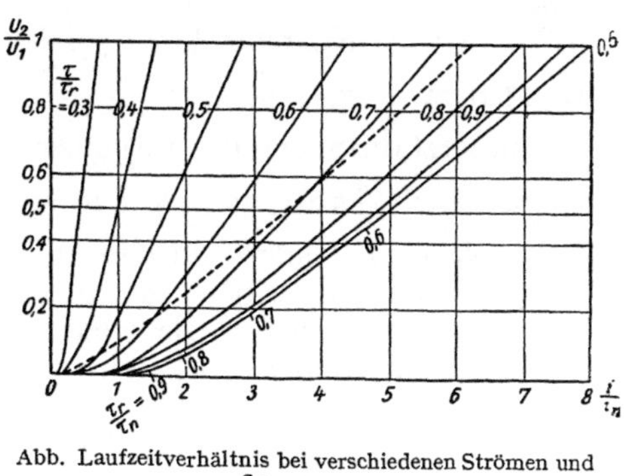

Abb. Laufzeitverhältnis bei verschiedenen Strömen und Spannungen.

[1] Z. Phys. Bd. 101 (1936) S. 509; Bd. 104 (1937) S. 711.

oberhalb der Grenzlinie besitzt, nur $\tau < \tau_r$ stabilen Zuständen entspricht. Läßt man von hier aus durch Verkleinern der Spannung U_2 bei gleichem Strom die Laufzeit wachsen, so tritt also die Ausbildung der virtuellen Kathode gerade dann auf, wenn die Laufzeit dieselbe ist, wie sie für den Fall der Raumladungsbegrenzung beim gleichen Strom auftreten würde.

Die Abbildung zeigt zugleich die Linien, längs denen τ/τ_r die konstanten Werte 0,9, 0,8 usw. annimmt. Es ist zu beachten, daß τ_r selbst, wie erwähnt, eine Funktion von i ist; bezeichnet man die Laufzeit, die dem „normalen Strom" i_n entspricht, mit τ_n, so folgt aus Gl. (15), daß

$$\frac{\tau_r}{\tau_n} = \sqrt[3]{\frac{i_n}{i}}. \tag{19}$$

Hiermit und durch Gl. (18) ist somit für jeden Punkt der Abbildung, der einem möglichen Entladungszustand entspricht, die Laufzeit für gegebenes U_1 zu ermitteln.

3. Wechselstromverhalten.

Da der Wechselanteil $\tilde{\tau}$ der Laufzeit durch Gl. (12) als Funktion von $\bar{\tau}$ und der Wechselstromfunktion φ gegeben ist, lassen sich nach Gl. (14) b und v ebenfalls durch diese ausdrücken.

Man erhält für den Wechselteil von Gl. (8a) mit Gl. (12)

$$\tilde{b} = \tilde{b}_1 + \bar{i}' \tilde{\tau} + \ddot{\varphi}(t) - \ddot{\varphi}(t-\tau)$$

$$= \left(\tilde{b}_1 - \ddot{\varphi}(t-\tau)\right)\left(1 - \frac{\bar{i}' \frac{\bar{\tau}^2}{2}}{\bar{v}}\right) + \ddot{\varphi}(t) - \bar{i}' \frac{\tilde{v}_1 \bar{\tau} + \varphi(t) - \varphi(t-\tau) - \dot{\varphi}(t-\tau)\,\tau}{\bar{v}}. \tag{20}$$

Der Wechselteil $\tilde{b}_1$ bezieht sich auf den Ablaufmoment eines Elektrons, das zur Zeit t ankommt, ist also ebenso wie $\ddot{\varphi}$ zur Zeit $t-\tau$ zu nehmen. Die Größe $\tilde{b}_1 - \ddot{\varphi}(t-\tau)$ stellt nun das zeitliche Integral von $\left(\frac{d\tilde{b}_1}{dt} - \dddot{\varphi}\right)$ dar, d. h. der Differenz von Verschiebungsstrom und Gesamtstrom, genommen für $t-\tau$. Das ist aber nichts anderes als das zeitliche Integral des negativen Konvektionsstroms, genommen für $t-\tau$, und an der Elektrode 1, freilich nur der Wechselteil dieser Größe.

Die zweite Klammer $\left(1 - \frac{1}{v}\frac{\bar{i}'\tau^2}{2}\right)$ ergibt sich durch Einsetzen von $\bar{v}$ nach Gl. (13d) zu $\frac{1}{\bar{v}}(\bar{v}_1 + \bar{b}_1 \bar{\tau})$.

Um jetzt die Spannung am ganzen Raum zu erhalten, muß über die Feldstärke, die ja gleich $\frac{m}{e} b$ ist, räumlich integriert werden. Die Gl. (20) gibt für die Zeit t die e/m-fache Feldstärke in der Ankunftsebene, die von den Elektronen in der Laufzeit $\bar{\tau}$ erreicht wird. Die Feldstärke, die gleichzeitig an den einzelnen Punkten x zwischen den Elektroden herrscht, ist gegeben durch dieselbe Formel mit unverändertem t, aber gemäß der Gleichung

$$x = \bar{v}_1 \bar{\tau} + \bar{b}_1 \frac{\bar{\tau}^2}{2} + \bar{i}' \frac{\bar{\tau}^3}{6},$$

kleinerem τ und, um die Spannung zu erhalten, ist hierüber von $x = 0$ bis d zu integrieren. Statt der Integrationsvariablen x kann man daher $\bar{\tau}_x$ nach der Beziehung $dx = \bar{v}\, d\tau_x$ einführen. Für das Glied $\ddot{\varphi}(t)$, das von x und τ_x unabhängig ist und daher heraustritt, behält man dagegen besser x bei.

So ergibt sich

$$\frac{e}{m}\tilde{U} = \ddot{\varphi}\int_0^d dx - \bar{i}'\int_0^{\tau}[\varphi(t) - \varphi(t-\tau_x) - \dot{\varphi}(t-\tau_x)\,\tau_x]\,d\tau_x$$
$$+\int_0^{\bar{\tau}}(\tilde{b}_1 - \ddot{\varphi})_{t-\tau_x}(\bar{v}_1 + \bar{b}_1\bar{\tau}_x)\,d\bar{\tau}_x - \bar{i}'\int_0^{\tau}\bar{\tau}_x\tilde{v}_1\,d\tau_x.$$

Wird darin $\ddot{\varphi}(t) = I'e^{j\omega t}$ und $\omega\tau = \Theta$ geschrieben und der Wechselteil des Eingangskonvektionsstroms mit $\tilde{i}_{k_1}$ bezeichnet, so erhält man

$$\frac{e}{m}\tilde{U} = I'e^{j\omega t}\left[\frac{\bar{i}'}{\omega^4}[2(1-e^{-j\Theta}) - j\Theta(1+e^{-j\Theta})] - j\frac{d}{\omega}\right]$$
$$-\int_0^{\tau}\left(\int_0^{t-\tau_x}\tilde{i}_{k_1}\,dt\right)(\bar{v}_1 + \bar{b}_1\bar{\tau}_x)\,d\tau_x - \bar{i}'\int_0^{\bar{\tau}}\bar{\tau}\,\tilde{v}_1(t-\tau_x)\,d\tau_x. \tag{21}$$

Die beiden letzten Integrale verschwinden im Fall der Raumladungsbegrenzung, weil dann $\tilde{v}_1 = \bar{v}_1 = \bar{b}_1 = 0$, und im Sättigungsfall ebenfalls, weil dann $\tilde{v}_1 = \tilde{i}_{k_1} = 0$ ist. Im allgemeinen dagegen verschwinden die beiden Glieder nicht, hängen aber von dem eintretenden Elektronenwechselstrom ab, dessen Amplitude und Geschwindigkeit gegeben sein müssen.

Es ist ferner der Konvektionswechselstrom an der Elektrode 2 (und damit auch für beliebige Raumpunkte) zu berechnen. Hierzu könnte man $\bar{\varrho}$ und ϱ nach Gl. (1) durch Differentiation der Feldstärke nach x berechnen und dann das Wechselglied von $\varrho v = \bar{\varrho}\tilde{v} + \tilde{\varrho}\bar{v}$ mittels der Gl. (8b) ermitteln. Doch läßt sich der Konvektionsstrom bequemer als Differenz von Gesamtstrom und Verschiebungsstrom gewinnen, da der letztere durch eine bloße zeitliche Differentiation von $\tilde{b}$, also aus Gl. (20), erhalten wird.

Damit ergibt sich

$$(\widetilde{\varrho' v}) = \ddot{\varphi}(t) - \ddot{\varphi}(t) + \frac{\bar{i}'}{v}[\dot{\varphi}(t) - \dot{\varphi}(t-\tau) - \ddot{\varphi}(t-\tau)\,\tau] + \tilde{i}'_{k_1}\frac{\bar{v}_1 + \bar{b}_1\tau}{v}$$
$$+\frac{\bar{i}'\bar{\tau}}{v}\frac{\partial}{\partial t}\tilde{v}_1(t-\tau).$$

Auch hier verschwinden die beiden letzten Glieder sowohl im Raumladungsfall wegen $\tilde{v}_1 = \bar{v}_1 = \bar{b}_1 = 0$ wie im Sättigungsfall wegen $\bar{i}_{k_1} = \tilde{v}_1 = 0$. Im allgemeinen erhält man mit $\ddot{\varphi} = I'e^{j\omega t}$, $\omega t = \Theta$

$$(\widetilde{\varrho' v}) = I'e^{j\omega t}\frac{\bar{i}'}{v}\frac{1}{\omega^2}(e^{-j\Theta} - 1 + j\Theta e^{-j\Theta}) + \tilde{i}'_{k_1}\frac{\bar{v}_1 + \bar{b}_1\tau}{v} + \frac{\bar{i}'\bar{\tau}}{v}\frac{\partial}{\partial t}\tilde{v}_1(t-\tau). \tag{22}$$

Diese Formel liefert den Konvektionsstrom an der Elektrode 2, wenn man Θ darin gleich dem Laufzeitwinkel des Elektrodenabstandes wählt. Sie gibt aber auch den Wert für beliebige Stellen zwischen den Elektroden, wenn man die Laufzeit und damit Θ auf diesen Punkt bezieht. Zugleich muß dann aber auch $\bar{v}$ im Nenner gemäß Gl. (13d) für den betreffenden Punkt genommen werden.

4. Umrechnung der Formeln auf gegebene Wechselspannung.

In der bisherigen Überlegung wurde der Strom als unabhängige Variable behandelt. Die Endergebnisse waren je eine Formel, die die Spannung zwischen zwei Elektroden und den Konvektionsstrom an der zweiten Elektrode als

Funktion des Gesamtstroms und der Anfangsbedingungen an der ersten Elektrode angeben. Erwünscht ist aber umgekehrt die Darstellung des Stroms als Funktion der Spannung und der Anfangsbedingungen.

Setzen wir für Gl. (21) abgekürzt

$$\frac{e}{m}\tilde{U} = \frac{1}{4\pi}\mathfrak{N}\, I' e^{j\omega t} + \mathfrak{A}(t)$$

und für Gl. (22)

$$\left(\widetilde{\varrho v}\right) = \mathfrak{K}\, I' e^{j\omega t} + a(t)\,,$$

so erhält man

$$I' e^{j\omega t} = 4\pi\frac{1}{\mathfrak{N}}\cdot\frac{e}{m}\tilde{U} - \frac{4\pi}{\mathfrak{N}}\mathfrak{A}(t)$$

und

$$\left(\widetilde{\varrho v}\right) = \frac{\mathfrak{K}}{\mathfrak{N}}4\pi\frac{e}{m}\tilde{U} - \frac{\mathfrak{K}4\pi}{\mathfrak{N}}\mathfrak{A}(t) + a(t)\,.$$

Handelt es sich um einen der beiden Spezialfälle, so fallen die Glieder mit $\mathfrak{A}$ und a weg; der Wechselstrom ist dann allein durch die Wechselspannung bedingt. Gehen wir wieder zu den nicht nach Gl. (5) reduzierten Stromwerten über, so wird

$$I e^{j\omega t} = \frac{1}{\mathfrak{N}}\tilde{U}$$

$$= \tilde{U}\frac{\omega}{4\pi d}\frac{\Theta_r^3}{6}\,\frac{[2(1-\cos\Theta) - \Theta\sin\Theta] + j\left(\frac{\Theta_r^3}{6} + \Theta(1+\cos\Theta) - 2\sin\Theta\right)}{[2(1-\cos\Theta) - \Theta\sin\Theta]^2 + \left(\frac{\Theta_r^3}{6} + \Theta(1+\cos\Theta) - 2\sin\Theta\right)^2} \tag{23}$$

und

$$\left(\widetilde{\varrho v}\right) = \frac{\mathfrak{K}}{\mathfrak{N}}\tilde{U} = \tilde{U}\frac{\omega}{4\pi d}\frac{v_r}{v}\frac{\Theta_r}{3}\frac{1}{N}\Big[-(4+\Theta^2) + (4-\Theta^2)\cos\Theta + 4\Theta\sin\Theta + \frac{\Theta_r^3}{6}(\sin\Theta$$

$$- \Theta\cos\Theta) + j\Big\{\Theta^2\sin\Theta - 2\Theta(1-\cos\Theta) + \frac{\Theta_r^3}{6}[\Theta\sin\Theta - (1-\cos\Theta)]\Big\}\Big]\,, \tag{24}$$

wobei

$$N = [2(1-\cos\Theta) - \Theta\sin\Theta]^2 + \left(\frac{\Theta_r^3}{6} + \Theta(1+\cos\Theta) - 2\sin\Theta\right)^2.$$

Hiermit wäre also Gesamtstrom und Konvektionsstrom berechnet für eine Elektrode 2, die den ganzen Elektronenstrom aufnimmt. In praktischen Fällen wird es aber meist darauf ankommen, den Strom zu erhalten, der von einem negativ vorgespannten Gitter aufgenommen wird, das den ganzen Konvektionsstrom durchläßt. In erster Näherung würde man diesen Strom aus der Differenz des Gesamtstroms und des Konvektionsstromes berechnen können, jedoch hätte man damit die influenzierende Wirkung der Elektronen, soweit sie von dem Raum hinter dem Gitter ausgeht, vernachlässigt. Dies wäre nur dann berechtigt, wenn die Spannung an dem nachfolgenden Raum so hoch wäre, daß die Elektronenlaufzeit in ihm verschwindet. Mit Hilfe der Gl. (21) kann aber auch dieser Einfluß in Rechnung gezogen werden, so daß auch Fälle, in denen die Laufzeit im zweiten Raum mit der des ersten von gleicher Größenordnung ist, erfaßt werden.

Es sei angenommen, daß im Raum zwischen den Elektroden 1 und 2 Sättigungsstrom fließt, daß hier also weder der Eingangskonvektionsstrom noch die Eingangsgeschwindigkeit eine Wechselkomponente hat. Hier besteht also nach Gl. (23) Proportionalität zwischen $\tilde{U}_I$ und $\tilde{i}_I = I e^{j\omega t}$; die Impedanz heiße $\mathfrak{N}_1$, also $\tilde{U}_I = \mathfrak{N}_1 \cdot \tilde{i}_I$.

Im Raum II ist die Spannung durch Gl. (21) auszudrücken. Da bei einem negativ vorgespannten Gitter der Konvektionsstrom ungeändert hindurchgeht und auch die Elektronengeschwindigkeit stetig bleiben muß, sind die Größen $\tilde{i}_{k_1}$ und $\tilde{v}_1$ für den Raum II gleich den Werten $\tilde{i}_k = (\widetilde{\varrho v})$ und $\tilde{v}$ am Ende des Raumes I zu nehmen. Beide Ausdrücke sind folglich dem Strom $\tilde{i}_I$ des Raumes I proportional. Die Formel für die Spannung am Raum II nimmt also die Gestalt an

$$\tilde{U}_{II} = \mathfrak{R}_2 \tilde{i}_{II} + \mathfrak{R}_3 \tilde{i}_I,$$

indem wir den Koeffizienten, der sich aus den beiden letzten Integralen von Gl. (21) errechnet, mit $\mathfrak{R}_3$ abkürzen und unter $\mathfrak{R}_2$ den Koeffizienten von $I e^{j\omega t}$ aus dem ersten Gliede verstehen.

Sehen wir nun von einer äußeren Belastung des Stromkreises ab, so ist die Elektrode 3 wechselstrommäßig geerdet. Die Spannung $\tilde{U}_{II}$ ist daher $= -\tilde{U}_I$.

Aus den beiden Gleichungen

$$\tilde{U}_I = \mathfrak{R}_1 \tilde{i}_I \tag{25}$$

$$\tilde{U}_{II} = \mathfrak{R}_2 \tilde{i}_{II} + \mathfrak{R}_3 \tilde{i}_I$$

kann der zum Gitter fließende Strom $\tilde{i}_I - \tilde{i}_{II}$ und aus diesem durch Division mit $\tilde{U}_I$ der Gitterleitwert berechnet werden:

$$\frac{\tilde{i}_I - \tilde{i}_{II}}{\tilde{U}_I} = \frac{1}{\mathfrak{R}_1} + \frac{1}{\mathfrak{R}_2} + \frac{\mathfrak{R}_3}{\mathfrak{R}_2 \mathfrak{R}_1}. \tag{26}$$

$\mathfrak{R}_1$ und $\mathfrak{R}_2$ sind dabei die Impedanzen der beiden Räume für den Sättigungsfall, sie sind also durch Gl. (23) gegeben, wenn man Θ, Θ_r und d für Raum I bzw. Raum II nimmt. $\mathfrak{R}_3$ ergibt sich aus den letzten zwei Integralen von Gl. (21) genommen für Raum II, wenn man darin Anfangskonvektionsstrom und Anfangsgeschwindigkeit gleich den entsprechenden Endwerten des Raums I setzt. Das heißt also, es ist für $\tilde{i}_{k_1}$ zu nehmen

$$i_{k_2} = \tilde{i}_I \frac{\bar{i}'}{v_2} \frac{1}{\omega^2} (e^{-j\Theta_1} - 1 + j\Theta_1 e^{-j\Theta_1}),$$

und für $\tilde{v}_1$

$$\tilde{v}_2 = -(\bar{b}_1 + \bar{i}'\tau_1) \frac{1}{v_2} \frac{\tilde{i}_I}{j\omega^3} (e^{-j\Theta_1} - 1 + j\Theta_1 e^{-j\Theta_1}) - \frac{\tilde{i}_I}{\omega^2}(1 - e^{-j\Theta_1}).$$

Der Ausdruck $(\bar{b}_1 + \bar{i}'\tau_1)$ ist nach Gl. (13c) nichts anderes als der Endwert von $\bar{b}$ für Raum I, der freilich mit dem Anfangswert für Raum II nicht übereinstimmt, da $\bar{b}$ proportional der Feldstärke ist und daher infolge der Gitterladung an der Stelle 2 einen Sprung macht. Die beiden Werte von $\bar{b}_2$ mögen als $\bar{b}_{2I}$ und $\bar{b}_{2II}$ unterschieden werden. Setzt man diese Werte in Gl. (21) ein und dividiert mit $\tilde{i}_I$, so erhält man schließlich

$$\mathfrak{R}_3 = \frac{4\pi\bar{i}'}{\omega^4}\Big[(1 - e^{-j\Theta_1})(e^{-j\Theta_2} - 1 + j\Theta_2 e^{-j\Theta_2}) + \Big\{1 - e^{-j\Theta_2} + \frac{b_{2I} - b_{2II}}{v_2}\frac{1}{j\omega} (e^{-j\Theta_2} - 1 + j\Theta_2 \cdot e^{-j\Theta_2})\Big\} \cdot (e^{-j\Theta_1} - 1 + j\Theta_1 e^{-j\Theta_1})\Big]. \tag{27}$$

Von besonderer Bedeutung sind nun die Grenzfälle, wenn Θ_1 und Θ_2 klein werden. Durch Entwickeln nach Θ und Beschränkung auf Glieder niederer Ordnung erhält man dann

$$\mathfrak{R}_3 = \frac{4\pi\bar{i}'}{\omega^4}\Big[\Big(j\Theta_1 + \frac{\Theta_1^2}{2}\Big)\Big(\frac{\Theta_2^2}{2} - j\frac{\Theta_2^3}{3}\Big) + \Big\{j\Theta_2 + \frac{\Theta_2^2}{2} + \frac{b_{2II} - b_{2I}}{v_2}\frac{\tau_2}{2} j\Theta_2\Big(1 - j\frac{2\Theta_2}{3}\Big)\Big\}\Big(\frac{\Theta_1^2}{2} - j\frac{\Theta_1^3}{3}\Big)\Big]. \tag{28}$$

Zur Auswertung ist zu beachten, daß der Ausdruck $\frac{b_{2II} - b_{2I}}{v_2} \frac{\tau_2}{2}$ durch den Arbeitspunkt im Diagramm (s. Abb.) bestimmt ist. Führen wir zur Abkürzung ein

$$\frac{\Theta_1}{\Theta_{1r}} = \beta; \quad \frac{\Theta_2}{\Theta_{2r}} = \beta_2 \quad \text{und} \quad \frac{\Theta_2}{\Theta_1} = \varepsilon,$$

so erhält man nach einigen Umrechnungen für den imaginären Teil des Gitterleitwertes

$$\omega C_g = \frac{\omega}{4\pi d_1}\left\{1 + \frac{\beta^3}{1-\beta^3}\left(1 - \frac{v_r}{\beta v_2}\right)\right\} + \frac{\omega}{4\pi d_2}\left\{1 + \frac{1}{1-\beta_2^3}\left(\beta_2^3 - \frac{v_r \varepsilon^2 \beta^2}{v_2}\right)\right\}.$$

Hierin stellt die 1 in der ersten Klammer die statische Kapazität des Raumes I, die in der zweiten Klammer die des Raumes II dar. Das Glied $\frac{\beta^3}{1-\beta^3}$ würde den Gesamtleitwert der Elektronen im Raum I bedeuten; $\frac{\beta^3}{1-\beta^3}\,\frac{v_r}{\beta v_2}$ stellt aber den dem Konvektionsstrom entsprechenden Leitwertanteil dar, der nicht zur Geltung kommt, da der Konvektionsstrom nicht zum Gitter gelangt. Das letzte Glied der zweiten Klammer stellt schließlich den Anteil dar, der von der Influenzwirkung der Elektronen im Raum II herrührt, der sich auch in der Form

$$\frac{\omega}{4\pi d_2}\;\frac{\varepsilon^2\beta^2(\varepsilon\beta - v_r/v_2)}{\frac{d_2}{d_1} - \varepsilon^3\beta^3}$$

schreiben läßt, da zwischen β_2 und β die Beziehung $\beta_2^3 = \varepsilon^3 \beta^3 \frac{d_1}{d_2}$ besteht. Nur dieses Glied enthält ε; ist die Laufzeit des Raums II sehr kurz, so beschränkt sich der Leitwert auf die drei ersten Glieder, d. h. auf die beiden statischen Kapazitäten und auf die Influenzwirkung des Raumes I.

Der Ausdruck für den reellen Teil des Leitwertes ist erheblich komplizierter, weil hier Glieder von um 1 höherer Ordnung in Θ zu berücksichtigen sind. Er lautet:

$$\frac{1}{R_g} = \frac{\omega}{4\pi d_1}\left\{\frac{\Theta_1}{2}\,\frac{\beta^3}{(1-\beta^3)^2} - \frac{\Theta_1}{2}\beta^3\frac{v_r}{\beta v_2}\cdot\frac{4}{3}\left(\frac{1}{1-\beta^3} + \frac{\varepsilon^2}{1-\beta_2^3}\,\frac{d_1}{d_2}\right)\cdot\right.$$
$$\left.\cdot\left(\frac{1-\beta^3/4}{1-\beta^3} + \varepsilon\,\frac{1-\beta_2^3/4}{1-\beta_2^3}\right)\right\} + \frac{\omega}{4\pi d_2}\left\{\frac{\varepsilon\Theta_1}{2}\,\frac{\beta_2^3}{(1-\beta_2^3)^2} + \frac{\Theta_1\varepsilon^2\beta^3}{(1-\beta^3)(1-\beta_2^3)}\right\}.$$

Darin stellt das erste Glied der ersten Klammer die Gesamtdämpfung des Raumes I als Diode angesehen dar; die von ε freien Glieder des dann folgenden Klammerprodukts stellen den Anteil dar, den hierzu der Konvektionsstrom stellt, und der also wieder subtrahiert wird, weil der Konvektionsstrom das Gitter nicht erreicht; alle übrigen Glieder stellen den Beitrag des Raumes II zur Gitterdämpfung dar.

Zusammenfassung.

Die allgemeinen Formeln für das Gleich- und Wechselstromverhalten von Elektronenentladungen zwischen ebenen Elektroden in Fällen, bei denen die Laufzeit mit der Wechselstromperiode vergleichbar ist, werden abgeleitet. Sie werden dann auf solche Räume angewendet, in denen schon an der Anfangselektrode ein von Null verschiedenes Potential herrscht, und insbesondere auf solche, bei denen die Endelektrode durch ein negativ vorgespanntes Gitter gebildet wird, hinter dem noch ein Raum mit ebenfalls endlicher Elektronenlaufzeit folgt.

Laufzeiteinflüsse in Elektronenröhren[1].

Von

I. RUNGE, Berlin.

Mit 4 Abbildungen.

Da die neuere Hochfrequenztechnik in steigendem Maße Wellenlängen verwendet, bei denen die Laufzeit der Elektronen nicht mehr gegenüber der Schwingungsperiode verschwindet, wird es nötig, die Gesetze der Elektronenbewegung in veränderlichen Feldern näher zu studieren und, wenn möglich, auf einfache bildhafte Vorstellungen zurückzuführen, um die Verhältnisse unter gegebenen Bedingungen rasch übersehen zu können. Der mathematische Ansatz für die Behandlung solcher Probleme wenigstens bei ebener Anordnung ist schon verschiedentlich behandelt worden, so von MÜLLER[2], ZUHRT[3], BENHAM[4], LLEWELLYN[5] und NORTH[6]. Eine Weiterführung für Fälle von Sättigungsstrom von I. RUNGE erschien in der Telefunkenröhre[7]. In der vorliegenden Arbeit sollen die Überlegungen in bezug auf die Fragen des Energieverbrauchs ergänzt werden; insbesondere ist zu erörtern, unter welchen Umständen man mit solchen Elektronenströmen negative Widerstände realisieren kann.

Wenn zwischen den Elektroden einer Glühelektronenentladung eine Wechselspannung von genügend hoher Frequenz überlagert ist, so werden die Elektronen während ihres Laufs abwechselnd stärker und schwächer beschleunigt, und es treten daher räumliche Unterschiede des Konvektionsstroms auf. Die Kontinuitätsgleichung der elektrischen Ladung fordert nun, daß eine räumliche Änderung des Konvektionsstroms mit einer zeitlichen Änderung der Raumladung und daher der Feldstärke verknüpft sein muß, und zwar ist die räumliche Zunahme der zeitlichen Feldstärkenänderung $\partial\mathfrak{E}/\partial t$ gleich dem 4πfachen der räumlichen Abnahme des Konvektionsstroms. Das ergibt die bekannte Gleichung

$$\varrho v + \frac{1}{4\pi}\frac{\partial\mathfrak{E}}{\partial t} = \text{räumlich konstant}$$

Konvektionsstrom + Verschiebungsstrom = Gesamtstrom.

Man bezeichnet $\frac{1}{4\pi}\frac{\partial\mathfrak{E}}{\partial t}$ als „Verschiebungsstrom", obwohl es eigentlich nur ein fiktiver Strom ist, der den Konvektionsstrom zu einer im ganzen Raum gleich großen Zeitfunktion ergänzt. Allerdings hat er die Eigenschaft, in den Elektroden und dem mit ihnen verbundenen Leiterkreis einen ihm gleichen wirklichen Strom zu erzeugen; denn da die influenzierte Oberflächenladung eines Leiters jeweils gleich $\frac{1}{4\pi}$ mal der Feldstärke ist, bedingt $\frac{1}{4\pi}\frac{\partial\mathfrak{E}}{\partial t}$ ein zeitliches Zu- und Abfließen von Ladung durch den Leiterkreis, also einen Wechselstrom im Leiter. Der im Leiter fließende Gesamtstrom setzt sich daher aus einem Teil von der Größe des Konvektionsstroms und einem zweiten von der Größe des Verschiebungsstroms zusammen.

---

[1] Abdruck der in Z. techn. Phys. Bd. 18 (1937) S. 438 erschienenen Arbeit.
[2] Z. Hochfrequenztechn. Bd. 41 (1933) S. 156.
[3] Z. Hochfrequenztechn. Bd. 47 (1936) S. 58 u. 79; Bd. 49 (1937) S. 73.
[4] Phil. Mag. Bd. 5 (1928) S. 641; Bd. 11 (1931) S. 457.
[5] Bell Syst. techn. J. Bd. 14 (1935) S. 632.
[6] Proc. Inst. Rad. Engrs., N. Y. Bd. 24 (1936) S. 108.
[7] Telefunkenröhre 1937 S. 128; vgl. a. diesen Bd. S. 224.

Wir wollen uns nun die Größe des Verschiebungsstroms überlegen. Da der Gesamtstrom räumlich konstant ist, bleibt er sich gleich, wenn man seinen Mittelwert über die ganze Entladungsstrecke bildet. Tut man das für $\frac{1}{4\pi}\frac{\partial \mathfrak{E}}{\partial t}$ unter Beachtung, daß die Feldstärke $\mathfrak{E}$ der Gradient des Potentials ist, so erhält man

$$\frac{1}{d}\int \frac{1}{4\pi}\frac{\partial \mathfrak{E}}{\partial t}\,dx = \frac{1}{4\pi d}\frac{\partial \mathfrak{U}}{\partial t} = j\omega C\cdot \mathfrak{U},$$

das ist also nichts anderes als der Wechselstrom, der durch die Kapazität der Entladungsstrecke fließt, wenn gar keine Ladung anwesend ist. Dieser Strom ist ein reiner Blindstrom. Läßt man ihn als selbstverständlich beiseite, so ist der verbleibende Teil des Gesamtstroms einfach gleich dem räumlichen Mittelwert des Konvektionsstroms. Der Verschiebungsstrom enthält also außer dem der statischen Kapazität entsprechenden räumlich konstanten Blindstrom gerade die komplexe Ortsfunktion, die den Konvektionsstrom zu seinem eigenen räumlichen Mittel ergänzt. Der Gesamtstrom besteht aus dem Strom der statischen Kapazität und aus dem räumlichen Mittel des Konvektionsstroms.

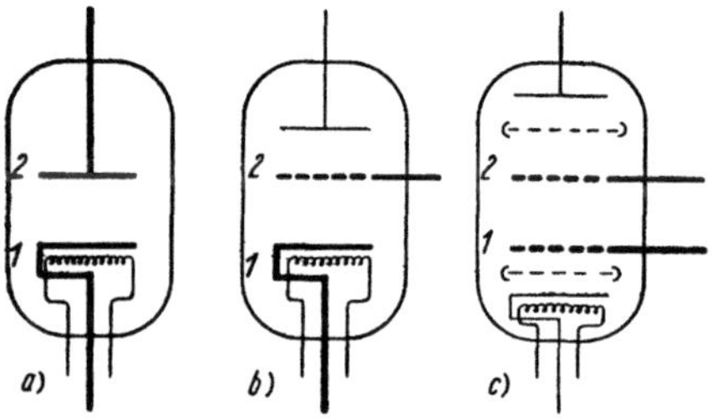

Abb. 1. Elektrodenanordnungen.
a) Diode, *b*) Triode, *c*) Pentode, Hexode ...

Bei einer Diode (Abb. 1a) läßt eine überlagerte Wechselspannung die Elektronen sich abwechselnd stärker und schwächer beschleunigen; der Konvektionsstrom hat eine Wechselkomponente, die längs der Entladung verschieden ist; daher muß ein Verschiebungsstrom bestehen, der ein reiner Wechselstrom ist und dessen Amplitude räumlich genau den entgegengesetzten Verlauf hat wie der Konvektionsstrom, diesen wie gesagt zu seinem räumlichen Mittel ergänzt. Im äußeren Stromkreis fließt die Summe aus beiden. Steht an Stelle der Elektrode *2* ein negativ vorgespanntes Gitter (Abb. 1b), so können die Elektronen dieses selbst nicht erreichen, sie fliegen durch die Öffnungen weiter. Wenn nun im zweiten Raum die Raumladung gering ist, was in praktischen Fällen infolge hoher Anodenspannung der Fall sein wird, so fließt in diesem Raume, abgesehen vom Kapazitätsstrom, praktisch nur der Konvektionsstrom. Man sieht, auf das Gitter gelangt die Differenz zwischen dem Gesamtstrom des ersten Raumes und dem lokalen Konvektionsstrom am Gitter, also der Verschiebungsstrom oder der Strom, der den Konvektionsstrom zu seinem räumlichen Mittel ergänzt. Es kann also auf diese Weise Verschiebungsstrom und Konvektionsstrom auch experimentell getrennt werden.

Bei einer Röhre mit mehreren Gittern ist natürlich genau dasselbe möglich. Denkt man sich in Abb. 1c eine Wechselspannung zwischen den Elektroden *1* und *2* angelegt, so entstehen hier die räumlich veränderlichen Konvektions- und Verschiebungswechselströme. Das Gitter *2* sei gleichspannungsmäßig negativ, kann also nur den Verschiebungsstrom auffangen. Der Konvektionsstrom fließt zur Anode; ist deren Spannung so hoch, daß die Feldstärke im Raum hinter Gitter *2* durch die geringe Raumladung nicht merklich beeinflußt wird, so hängt der Gitterstrom nur von dem Raum zwischen *1* und *2* ab. Übrigens läßt sich auch der Fall nicht verschwindender Raumladung im Gitter-Anoden-Raum rechnerisch vollkommen erfassen. Die reelle Wechselkomponente des Gesamtstroms ist nun maßgebend für die Wechselkomponente der kinetischen Energie, mit der die Elektronen anlangen; denn diese ist offenbar dieselbe, die im Stromkreis einer

Diode den Energiequellen entnommen werden würde, wenn deren Potential dem Effektivpotential des betrachteten Gitters gleich ist. Da im Gitter-Anoden-Raum der Konvektionsstrom sich praktisch nicht mehr ändert, ist auch die durch den Aufprall der Elektronen vernichtete Wechselstromleistung gleich dem Produkt der Spannung mit dem Gesamtstrom, also dem räumlichen Mittel des Konvektionsstroms. Infolge der Trennung von Konvektionsstrom und Verschiebungsstrom wird aber der Anodenkreis nur vom lokalen Konvektionsstrom durchflossen, wie er gerade an der Elektrode *2* herrscht. Die Leistungsentnahme aus dem Anodenkreis entspricht also dem Produkt der Spannung mit dem lokalen Konvektionsstrom, der Leistungsverbrauch aber dem mit dem räumlichen Mittel. Die Differenz beider Leistungen muß der Gitterkreis liefern.

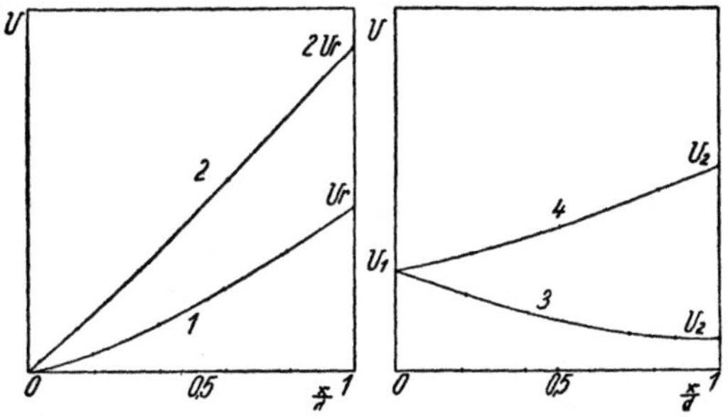

Abb. 2. Räumlicher Potentialverlauf.
1 Raumladungsfall, *2* Sättigungsfall ohne Anfangsgeschwindigkeit, *3* Sättigungsfall mit Anfangsgeschwindigkeit, Bremsfeld, *4* Sättigungsfall mit Anfangsgeschwindigkeit, Beschleunigungsfeld.

Die Entladungen in Elektronenröhren lassen sich nun in 4 Fälle scheiden, die sich durch den räumlichen Verlauf des statischen Potentials unterscheiden und in Abb. 2 jede durch eine typische Kurve dargestellt sind. Die Potentialverteilung für die Fälle 1 und 2 beginnt mit dem Potential 0. Fall 1 entspricht dabei dem normalen Fall der Glühemission, wenn man die Austrittsgeschwindigkeit der Elektronen vernachlässigen kann. Hier folgt das Potential dem bekannten LANGMUIRschen Raumladungsgesetz; dieser Fall sei als „Raumladungsfall" bezeichnet, obgleich natürlich auch bei den andern eine gewisse Raumladung vorhanden ist. Der 2. Fall ist der einer Kathode auf dem Potential 0, wenn die Spannung höher ist, als dem vorhandenen Strom nach der Raumladungsformel entspricht, d. h. wenn die Kathode gesättigt ist. Die Potentialkurve *2* unterscheidet sich von *1* durch die von Null verschiedene Anfangssteigung, also eine positive Feldstärke an der Kathode. Die Fälle, die durch die Kurven *3* und *4* dargestellt werden, beziehen sich auf die Entladungsräume mit einem positiv vorgespannten Gitter als Eintrittselektrode, durch das die Elektronen mit endlicher Geschwindigkeit in den Raum hineinfliegen. Fall 3 umfaßt die Fälle, bei denen das Potential der nächsten Elektrode kleiner ist als das der ersten, so daß es sich um ein Bremsfeld handelt; Fall 4 umfaßt die Fälle, in denen die nächste Elektrode ein noch höheres Potential besitzt, also die Elektronen weiter beschleunigt werden. Es soll dabei in allen Fällen gleichgültig sein, ob die zweite Elektrode eine Vollelektrode ist oder ein Gitter; im letzteren Fall ist unter dem

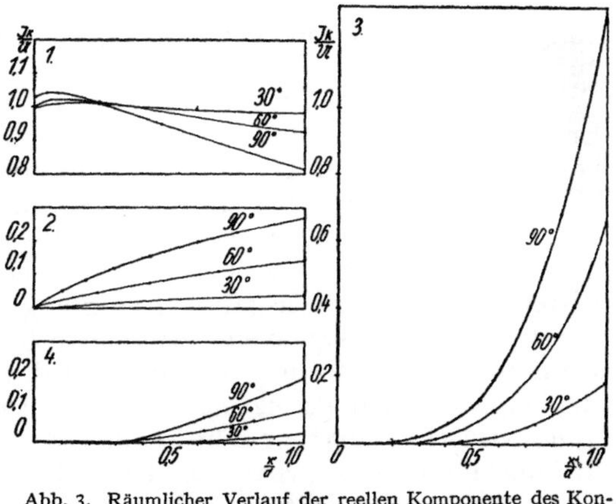

Abb. 3. Räumlicher Verlauf der reellen Komponente des Konvektionsstromes. *1* Raumladungsfall, *2* Sättigungsfall ohne Anfangsgeschwindigkeit, *3* Sättigungsfall mit Anfangsgeschwindigkeit, Bremsfeld, *4* Sättigungsfall mit Anfangsgeschwindigkeit, Beschleunigungsfeld.

Potential das Effektivpotential dieses Gitters zu verstehen. Diese Fälle kommen z. B. in Mehrgitterröhren vor.

Abb. 3 zeigt nun den berechneten räumlichen Verlauf des reellen Teils der Konvektionsstromamplitude in den vier gekennzeichneten Fällen. Die Abbildung gibt für jeden Fall drei Kurven, die unter sonst gleichen Verhältnissen drei verschiedenen Frequenzen entsprechen, die so gewählt sind, daß der Laufzeitwinkel jedesmal 30, 60 und 90° entspricht.

Es zeigt sich, daß im Raumladungsfall (Fall 1) der Konvektionsstrom räumlich abnimmt; das ist eine Folge der unendlich großen Raumladungsdichte an der Eintrittselektrode. Der örtliche Wert des Konvektionsstroms am Gitter ist daher kleiner als sein Mittelwert. Daher ist die dem Anodenkreis entnommene Leistung kleiner, als es der kinetischen Energie der Elektronen entspricht. Den Fehlbetrag entziehen die Elektronen mittels des Verschiebungsstroms dem Gitterkreis. Es tritt daher eine zusätzliche Dämpfung am Gitter auf, wie es ja auch verschiedentlich im Schrifttum, auch im experimentellen, beschrieben wurde.

In den drei anderen Fällen verläuft aber der reelle Teil des Konvektionsstroms durchweg steigend, unabhängig davon, ob das Feld ein beschleunigendes oder ein verzögerndes ist. Beim Bremsfeld ist offenbar die zunehmende Stauung der Raumladung für die Zunahme des Konvektionswechselstroms verantwortlich. Selbst bei Fall 2 (Anfangspotential 0), wo die Raumladungsdichte bei 1 auch noch unendlich ist, beginnt der Konvektionswechselstrom mit 0, denn infolge der von 0 verschiedenen Feldstärke sinkt die Dichte so rasch ab, daß die Wechselkomponente des Produkts ϱv doch den Grenzwert 0 hat. Die Fälle 3 und 4, in denen die Elektronen gleich mit Geschwindigkeit in den Raum hineingeschossen werden, zeigen dagegen Kurven, die im Nullpunkt die Nullinie zur Tangente haben, während im Fall 2, bei dem die Stauung der Raumladung nur durch die Spannung, nicht durch Anfangsgeschwindigkeit gemildert wird, die Kurven linear in den Nullpunkt laufen. In allen drei Fällen also liegt nun der Endwert des Konvektionsstroms über seinem Mittel, der reelle Teil des Konvektionsstroms ist größer als der des Gesamtstroms, d. h. als der Strom, der die kinetische Energie der Elektronen bestimmt. Es wird also dem Anodenkreis mehr Leistung entzogen, als zum Aufbau der kinetischen Elektronenenergie notwendig ist, der Überschuß wird an das Gitter abgegeben, so daß daher im Gitterstromkreis eine negative Dämpfung auftritt.

Die stärksten negativen Gitterleitwerte sind da zu erwarten, wo die Raumladung am größten wird, also im Fall des Bremsfeldes (Fall 3). Hier besteht freilich, wie ROTHE gezeigt hat, eine Schwierigkeit; bei zunehmender Gegenspannung wird ein Punkt erreicht, in dem die Entladung nicht mehr stabil ist und die Ausbildung einer virtuellen Kathode einsetzt. Theoretisch würde an dieser Stelle der negative Leitwert sehr steil ansteigen, praktisch kommt man natürlich an diese Stelle nicht heran. Immerhin müssen an sich negative Leitwerte in allen Fällen von Sättigungsentladungen gefunden werden und, wie die Kurven für Fall 2 und 4 zeigen, durchaus von der gleichen Größenordnung wie die positiven Dämpfungen im Raumladungsfall; denn es kommt ja nicht auf die Absolutwerte der hier gezeichneten Ordinaten an, sondern auf die Differenz von Endwert und Mittelwert. ROTHE hat in mehreren Fällen solche negative Leitwerte auch experimentell realisiert.

Im folgenden wird nun noch eine Reihe von Kurven gezeigt, die die Abhängigkeit der Gitterleitwerte von der Frequenz darstellen (Abb. 4).

Als Abszisse ist der Phasenwinkel aufgetragen, als Ordinate der reelle Teil des Leitwerts, also das Stromspannungsverhältnis der zur Spannung phasengleichen Stromkomponente. Im Raumladungsfall verläuft die Kurve von 0 an ins Positive, ergibt also mit wachsender Frequenz eine wachsende Gitterdämpfung. In den drei anderen Fällen dagegen laufen die Kurven von 0 an ins Negative, am steilsten und weitesten wie oben erwähnt im Falle des Bremsfeldes. Aus dieser Darstellung ersieht man aber, daß mit immer größerem Phasenwinkel die Leitwertkurven wieder umbiegen und offenbar, was hier freilich nicht mehr sichtbar, auch das Zeichen wechseln. Dann würde also auch bei Sättigungsstrom eine positive Dämpfung auftreten. Für den Fall 2, der ja mit abnehmender Gleichspannung stetig in den Raumladungsfall als Grenzfall übergehen muß, sind einige weitere Kurven hinzugezeichnet, um diese Änderung der Kurventypen zu zeigen. Je langsamer die Elektronen aus der Raumladungswolke abfließen, bei desto niedrigeren Frequenzen geht der Gitterleitwert vom Negativen ins Positive über, um im Grenzfall gleich von 0 an positiv zu sein. Umgekehrt wird auch im Raumladungsfall bei sehr hohen Frequenzen der Gitterleitwert schließlich wieder abnehmen und bei einem Laufzeitwinkel von mehr als 2π sogar negativ werden.

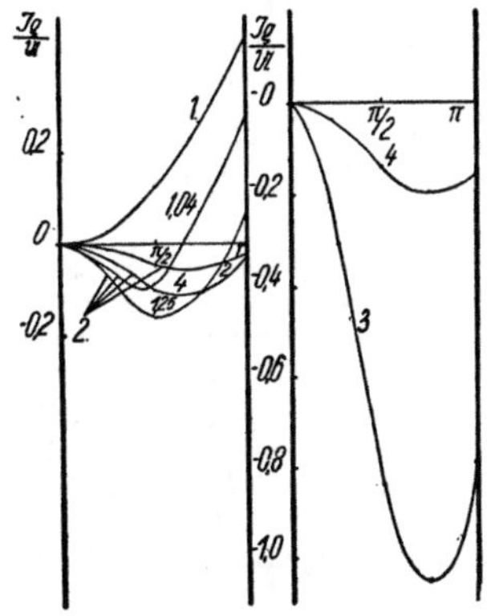

Abb. 4. Reeller Teil des Gitterleitwerts in Abhängigkeit vom Laufzeitwinkel. *1* Raumladungsfall, *2* Sättigungsfall ohne Anfangsgeschwindigkeit, *3* Sättigungsfall mit Anfangsgeschwindigkeit, Bremsfeld, *4* Sättigungsfall mit Anfangsgeschwindigkeit, Beschleunigungsfeld.

Diese positiven und negativen Leitwerte bedeuten aber, wie schon erwähnt, nichts weiter als einen durch die Elektronenbewegung von endlicher Laufzeit vermittelten Austausch zwischen der Leistung des Gitterkreises und der Kreise, die mit den nachfolgenden Elektroden verbunden sind.

Zusammenfassung.

Bei hohen Frequenzen ist der Konvektionsstrom einer Elektronenentladung wegen der wechselnden Beschleunigung nicht mehr längs der Bahn konstant. Der Strom im äußeren Kreis ergibt sich im ebenen Fall, abgesehen vom Strom der reinen Elektrodenkapazität, gleich dem räumlichen Mittel des Konvektionsstroms. Da sich durch ein negatives Gitter der Konvektionsstrom von dem übrigen Strom trennen läßt, ergibt sich der Gitterstrom gleich dem Überschuß des räumlichen Mittels über den lokalen Konvektionsstrom. Bei Fällen, in denen der reelle Bestandteil des Konvektionsstroms längs der Bahn abnimmt, hat daher das Gitter einen positiven Leistungsverbrauch; dies trifft bei raumladungsbegrenzten Entladungen zu. Bei Entladungen im Sättigungsgebiet nimmt dagegen der reelle Bestandteil des Konvektionsstroms längs der Bahn zu; hier ist die Gitterleistung negativ, d. h. das Gitter empfängt Leistung auf Kosten des Anodenkreises.

Elektrometerröhren[1].

Von

H. DAENE und W. HUBMANN.

Mit 8 Abbildungen.

Die Elektrometerröhre hat in der Meßtechnik als bequemer Ersatz für die verschiedenen elektrostatischen Elektrometer, deren Handhabung im allgemeinen nicht einfach ist, bereits seit längerer Zeit Eingang gefunden. Die genaue Messung der Dosis bei Röntgenbestrahlung erforderte insbesondere eine bequem

[1] Abdruck der in AEG-Mitt. 1937 Nr 10 erschienenen Arbeit.

bedienbare Einrichtung, die in Verbindung mit einer Ionisationskammer durch eine Elektrometerröhre und ein Galvanometer gebildet wurde. Von dieser Anwendungsart haben die älteren Elektrometerröhren auch ihre zum Teil heute noch verwendete Bezeichnung „Dosimeterröhre" erhalten.

Das grundsätzliche Schaltbild eines derartigen Röntgendosimeters zeigt Abb. 1. Durch die Röntgenbestrahlung entsteht in der Ionisationskammer I ein Ionenstrom, der am Widerstand R_G einen Spannungsabfall erzeugt. Dadurch wird die Gitterspannung der Elektrometerröhre E geändert, und dies bewirkt eine Änderung des Anodenstromes, die am Strommesser M abgelesen wird; aus der abgelesenen Stromänderung läßt sich auf Grund besonderer Eichung die Röntgenstrahlenintensität feststellen. Man bezeichnet diese Art der Schaltung als Gleichstromverstärkung.

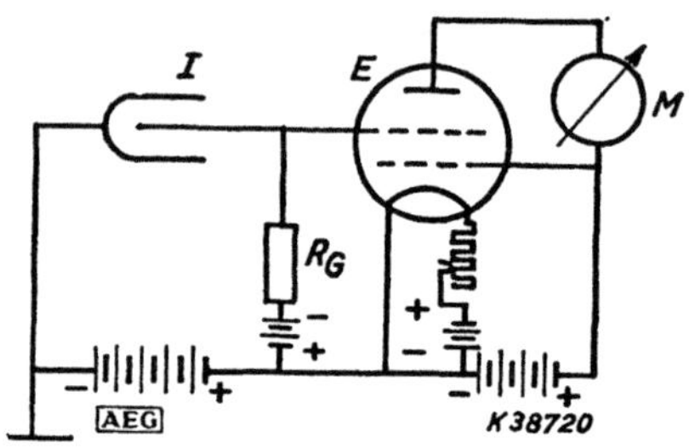

Abb. 1. Schaltung zur Messung der Dosis von Röntgenbestrahlung mit Elektrometerröhre. E Elektrometerröhre, I Ionisationskammer, M Meßgerät, R_G Gitterwiderstand.

Ein Zahlenbeispiel möge die Berechtigung dieser Bezeichnung erklären. Der Strom in der Ionisationskammer sei 10^{-10} A; bei $R_G = 10^{10}\,\Omega$ ergibt sich dann eine Gitterspannungsverschiebung von 1,0 V. Bei der weiter unten beschriebenen Elektrometerröhre T 115 bewirkt dies, wenn der Arbeitspunkt durch die Gitterspannungsbatterie auf 4 V gelegt ist, eine Anodenstromänderung von $1{,}5 \cdot 10^{-4}$ A (siehe Kennlinie der Röhre T 115, Abb. 3). Da die Anodenstromänderung mit größer werdendem R_G wächst, nimmt man möglichst hohe Gitterwiderstände.

Die Empfindlichkeit der Anordnung wird durch den in der Röhre fließenden Gitterstrom begrenzt, der ebenfalls am Gitterwiderstand einen Spannungsabfall verursacht und außerdem den zu messenden Kreis beeinflußt, der in diesem Fall aus Ionisierungskammer mit dazugehöriger Batterie besteht. Man kann unter Umständen diesen Fehler in Rechnung setzen, und zwar am einfachsten, wenn die Steilheit des Gitterstromes in der Nähe des Arbeitspunktes klein ist. Erschwert werden Messungen bei großen Empfindlichkeiten durch Stromschwankungen, die, soweit sie auf Schwankungen der Spannungsquellen zurückzuführen sind, durch Brückenschaltungen stark verringert werden[1].

Man erkennt, daß mit einer Elektrometerröhren-Anordnung (nach Abb. 1) der Ionisationsstrom, zu dessen direkter Messung man ein umständlich zu handhabendes Elektrometer brauchen würde, an einem gewöhnlichen technischen Zeigermeßgerät abgelesen werden kann. Mit den besten statischen Elektrometern lassen sich zwar etwas höhere Empfindlichkeiten als mit den neuesten Elektrometerröhren erreichen; für die meisten Zwecke genügt jedoch die Empfindlichkeit von Elektrometerröhren-Anordnungen. Die viel einfachere Meßmöglichkeit bietet zudem einen erheblichen Vorteil, denn es ist für die technische Verwendung sehr wesentlich, daß solche Einrichtungen auch von weniger geschulten Hilfskräften leicht bedient und überwacht werden können. Es ist ferner möglich, durch nachfolgende Verstärkung und Verwendung von schreibenden Meßgeräten in einfacher Weise eindeutige und fortlaufende Messungen durchzuführen. Da neuerdings auch besonders empfindliche Relais erhältlich sind, besteht die Möglichkeit, auch ohne Verstärkung selbsttätige Vorrichtungen für die verschiedensten Zwecke (z. B. Zählvorrichtungen) zu betreiben.

[1] LEE A. DU BRIDGE: Phys. Rev. Bd. 37 (1931) S. 392. — FR. MÜLLER: Z. Elektrochem. Bd. 38 (1932) S. 418. — FR. MÜLLER u. DÜRICHEN: Z. Elektrochem. Bd. 42 (1936) S. 31. — R. JAEGER: Helios, Lpz. Bd. 37 (1931) S. 1 u. S. 17.

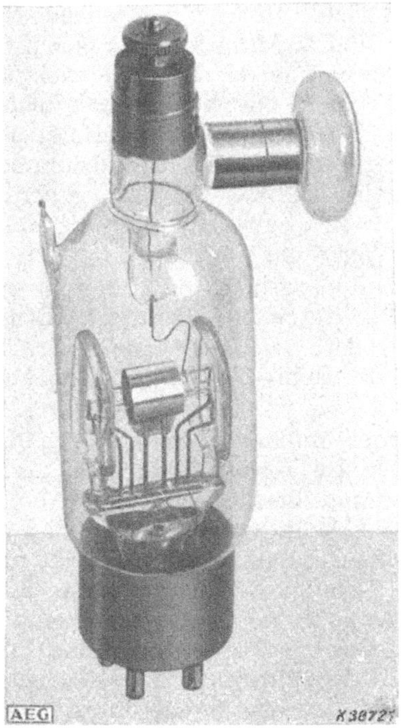

Abb. 2. Elektrometerröhre T 115.
(Maßstab etwa 1 : 1,7.)

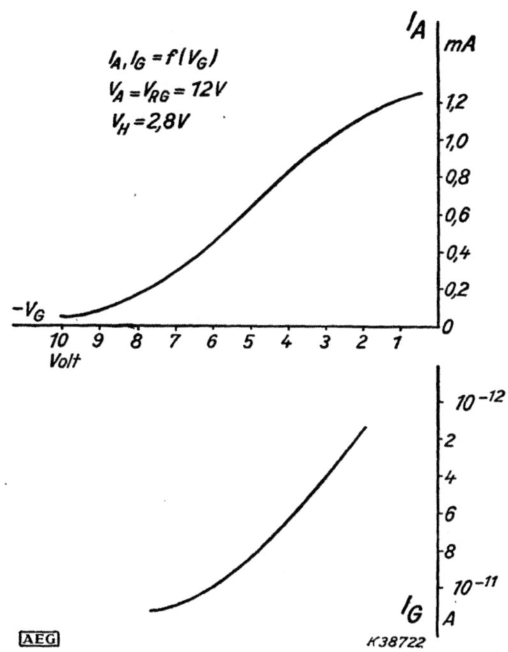

Abb. 3. Kennlinien der Elektrometerröhre T 115.

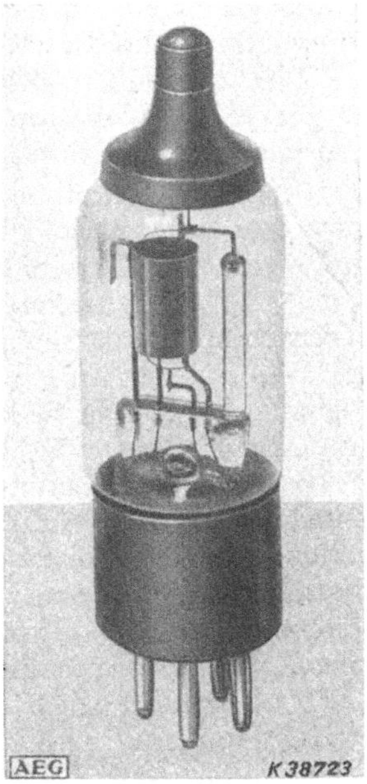

Abb. 4. Elektrometerröhre T 113.
(Maßstab etwa 1 : 1,5.)

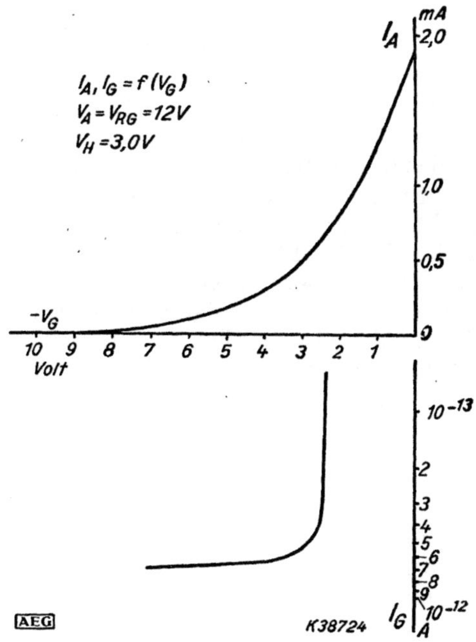

Abb. 5. Kennlinien der Röhre T 113.

Als Dosimeterröhre wird die in Abb. 2 dargestellte Röhre T 115 vielfach verwendet[1]. Sie ist eine Raumladegitterröhre mit Wolframkathode; das Steuergitter ist an zwei Glasstäben befestigt, die zur Verbesserung der Isolation mehrfach gebogen sind, um den Kriechweg zu den auf einem normalen Röhrenfuß angebrachten übrigen Elektroden zu verlängern. Der Gitteranschluß erfolgt über eine Bernsteinkappe oben auf der Röhre; seitlich ist ein mit Chlorkalzium oder Phosphorpentoxyd gefülltes Trockengefäß angebracht. Der Gitterstrom beträgt bei normalen Betriebsspannungen ($V_A = V_{RG} = 12$ V) etwa 10^{-11} A; die Kennlinien zeigt Abb. 3, die übrigen elektrischen Werte die Tabelle.

In den letzten Jahren haben sich die Anwendungsgebiete und damit die Ansprüche an die Elektrometerröhren insbesondere durch piezoelektrische Druckmessungen und p_H-Messungen derartig vergrößert, daß die ursprünglich für die Zwecke der Röntgendosismessung entwickelte Röhre T 115 nicht mehr überall genügte.

Den Forderungen nach kleinerem Gitterstrom kam die Entwicklung einer Elektrometerröhre entgegen, die im Jahre 1930 in der Osram-Röhrenfabrik durchgeführt wurde. Aus dieser Entwicklung entstand die Röhre T 113 (Abb. 4). Bei der Entwicklung dieser Röhre wurde die Erkenntnis ausgenutzt, daß der Gitterstrom in der Röhre T 115 trotz der Bernsteinisolation seine Ursache zum Teil in der Leitfähigkeit des Glases hat. Die Isolation des Gitters wurde daher durch Verwendung eines Sonderglases von besonders geringer Leitfähigkeit verbessert. Eine weitere Verkleinerung des Gitterstromes wurde durch eine Thoriumkathode erzielt. Hierdurch wird die Kathodentemperatur und Heizleistung stark vermindert und somit die Photoemission und thermische Emission des Gitters verkleinert. Die Röhre T 113 ist im übrigen ebenfalls eine Raumladegitterröhre; sie hat bei normalen Betriebsspannungen ($V_A = V_{RG} = 12$ V, $V_G = -3$ V) einen Gitterstrom von etwa $6 \cdot 10^{-13}$ A. Die Kennlinie zeigt Abb. 5, die übrigen elektrischen Werte die Tabelle.

Die Verwendung des hochisolierenden Sonderglases gestattete, den Aufbau der Röhre T 115 zu vereinfachen; diese Ausführung erhielt die Bezeichnung T 115a. Alle elektrischen Eigenschaften der Röhre T 115 wurden beibehalten; äußerlich gleicht die neue Röhre vollkommen der T 113. Sie wird noch jetzt besonders dort verwendet, wo es weniger auf kleinen Gitterstrom als auf gleichbleibende elektrische Werte ankommt.

Mit der weiteren Entwicklung der Anwendungsgebiete strebte man danach, Elektrometerröhren mit noch kleinerem Gitterstrom zu schaffen. Bereits bei der Röhre T 113 läßt sich ein geringerer Gitterstrom (rd. $5 \cdot 10^{-14}$ A) erzielen, wenn die Betriebsspannungen kleiner sind als die Ionisierungsspannung der in der Röhre enthaltenen Restgase, also etwa 6 V betragen. Wie aus der Kennlinie der T 113 (Abb. 5) ersichtlich, liegt jedoch dann der Arbeitspunkt bei derartig kleinen Anodenströmen, daß die Steilheit und damit die Verstärkung zu klein wird. Diese Schwierigkeit wurde durch Erhöhung des Durchgriffs beseitigt. Gleichzeitig wurde der das Steuergitter tragende Glasstab durch ein übergeschmolzenes Röhrchen vor Niederschlägen geschützt, die sich bei der Fertigung bilden können. Hierdurch wurde eine wesentliche Verbesserung der Isolation erzielt. Ferner wurde zur möglichst vollkommenen Vermeidung der Photoemission des Gitters die Kathodentemperatur auf das niedrigste für Thoriumkathoden zulässige Maß verkleinert. Mit der so entstandenen Röhre T 114 (Abb. 6) ist es möglich, bis zu Gitterströmen von rd. $1 \cdot 10^{-14}$ A zu gelangen. Die Kennlinien zeigt Abb. 7.

---

[1] Siehe auch K. W. Hausser, R. Jaeger u. W. Vahle: Wiss. Veröff. Siemens-Werken Bd. 2 (1922) S. 325.

Die Messung des Gitterstromes (I_G) der Elektrometerröhren kann nach der Schaltung Abb. 8 erfolgen. Bei offenem Schalter S wird der Anodenstrom im Instrumentenkreis durch den Kompensationskreis R_K—B_K auf Null kompensiert. Durch Kurzschließen des Widerstandes R_G erfolgt eine dem Gitterstrom proportionale Gitterspannungsänderung, die aus der Steilheit (S) der Röhre und der Anodenstromänderung (ΔI_A) errechnet wird. Demnach ergibt sich: $I_G = \Delta I_A/S \cdot R_G$. Ein anderes Verfahren besteht in der Messung der Entladungszeit eines mit dem Gitter verbundenen Kondensators.

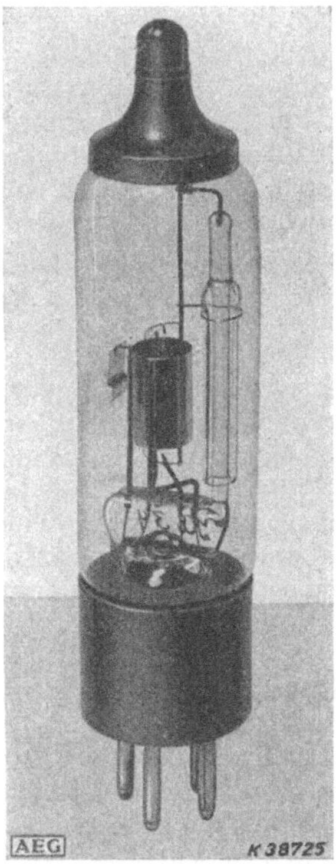

Abb. 6. Elektrometerröhre T 114. (Maßstab etwa 1 : 1,5.)

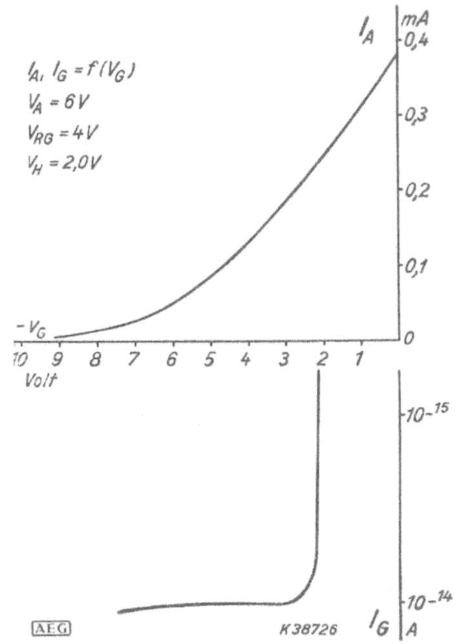

Abb. 7. Kennlinien der Röhre T 114.

In der Tabelle ist eine Zusammenstellung der von der AEG gelieferten Elektrometerröhren enthalten. Dabei ist zu berücksichtigen, daß der angegebene Wert für den Gitterstrom der Röhre T 114 den mittleren Wert einer großen Anzahl Röhren darstellt und nicht einen unter außergewöhnlichen Verhältnissen

Tabelle. Elektrische Werte der AEG-Osram-Röhren.

Röhre	V_H	I_H	Kathoden-Art	Elektrodenzahl	Steilheit mA/V	Gitterstrom	Durchgriff %
AEG-Osram T 113	3	0,1	Wolfram thoriert	4	0,18 bei $V_A = V_{RG} = 10$ V $V_G = -3$ V	$I_G \sim 5 \cdot 10^{-13}$ A bei $V_A = V_{RG} = 10$ V $V_G = -3$ V	40
AEG-Osram T 114	2	0,088	Wolfram thoriert	4	0,055 bei $V_A = 6$ V $V_{RG} = 4$ V $V_G = -4$ V	$I_G \sim 10^{-14}$ A bei $V_A = 6$ V; $V_{RG} = 4$ V $V_G = -4$ V	100
AEG-Osram T 115a	2,8	0,5	Wolfram	4	0,20 bei $V_A = V_{RG} = 12$ V $V_G = -3$ V	$I_G \sim 10^{-11}$ A bei $V_A = V_{RG} = 12$ V $V_G = -3$ V	40

erreichbaren Wert. Wenn keine hohen Ansprüche an die Lebensdauer gestellt werden, ist es durch weitere Unterheizung möglich, zu noch kleineren Gitterströmen zu gelangen.

Im folgenden wird auf die wichtigsten beim Arbeiten mit Elektrometerröhren zu beachtenden Punkte eingegangen:

Um gute Isolation zu erhalten, muß der Glaskolben mit Alkohol gereinigt und mit einem weichen Leinentuch nachgerieben werden. Um Störungen durch zu hohe Thermo- und Photoemission sowie durch Ionisation zu vermeiden, dürfen die Röhren nicht überheizt und überlastet werden (auch nicht kurzzeitig). Die Röhren werden zweckmäßig durch einen trocken gehaltenen, geerdeten Metallbehälter geschützt. Es empfiehlt sich, überdimensionierte Akkumulatoren als Spannungsquellen zu verwenden und die Röhren vor den Messungen einige Zeit brennen zu lassen, um genügende Gleichmäßigkeit zu erhalten. Zuweilen treten beim Arbeiten mit Elektrometerröhren Schwankungen auf, die ihre Ursache in Aufladungen der Glaswand haben. In diesem Falle ist der Kolben bis etwa in die Höhe des oberen Randes des Elektrodensystems mit einem geerdeten Stanniolmantel zu umwickeln. Für Brückenschaltungen werden auf Wunsch je zwei Röhren mit gleicher Charakteristik geliefert. Die Anodenströme weichen dann innerhalb des normalen Arbeitsbereiches um höchstens 8% voneinander ab. Die Röhren müssen vor Erschütterungen geschützt werden, da die dünne Kathode mechanisch sehr empfindlich ist; daher werden die Röhren in besonders erschütterungsfreier Verpackung geliefert.

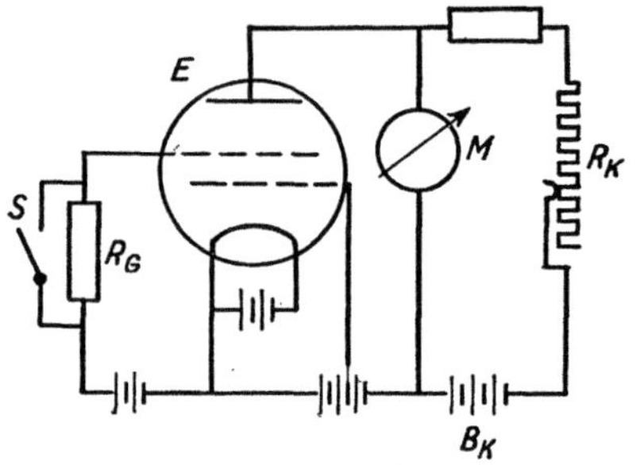

Abb. 8. Gitterstrommessung bei Elektrometerröhren. E Elektrometerröhre, B_K Kompensationsbatterie, M Meßgerät, R_K Kompensationswiderstand, R_G Gitterwiderstand, S Schalter.

Bezüglich weiterer Schaltungsanordnungen sei auf die in Fußnote 1 auf S. 240 angegebene Schrifttumszusammenstellung verwiesen, die keineswegs vollständig ist, sondern mit Rücksicht auf die praktischen Bedürfnisse nur die größeren, zusammenfassenden Arbeiten enthält. Eine ziemlich vollständige Schrifttumszusammenstellung befindet sich am Schluß der Arbeit von FR. MÜLLER und DÜRICHEN.

Vakuumbestimmung an mittelbar geheizten Empfängerröhren durch Ionenstrommessung[1].

Von

G. HERRMANN und I. RUNGE.

Mit 2 Abbildungen.

Einleitung.

Während über Ionisationsmanometer mit Wolframkathoden eine umfangreiche Literatur vorliegt, sind Angaben über die entsprechenden Erscheinungen bei mittelbar geheizten Röhren kaum vorhanden. Da es für den Röhrenhersteller jedoch von Interesse ist, den tatsächlich herrschenden Druck in abgeschmolzenen Röhren ermitteln zu können, schien es uns der Mühe wert, auch an mittelbar

[1] Gekürzter Abdruck der in Z. techn. Phys. Bd. 19 (1938) S. 12 erschienenen Arbeit.

geheizten Röhren die Druckabhängigkeit des sog. Vakuumfaktors, also des Verhältnisses von Ionenstrom zu Elektronenstrom, zu untersuchen. Es sollte dabei dieser Zusammenhang auch theoretisch geprüft werden, um, wenn möglich, den Einfluß des Baues der Röhren auch bei nicht direkt untersuchten Röhren berücksichtigen zu können. Zu diesem Zweck wurden auch einige Röhren mit Wolframkathode mit herangezogen, da es sich herausstellte, daß auch für diese Typen der Vergleich zwischen Beobachtung und Rechnung bisher noch nicht einwandfrei durchgeführt worden ist.

Die meisten Arbeiten, die sich mit dem Ionisationsmanometer beschäftigen[1], beschränken sich auf experimentelle Untersuchungen; die zugrunde liegenden Ionisierungsvorgänge werden meist nur im allgemeinen geschildert, ohne den quantitativen Zusammenhang mit den gaskinetischen und ionentheoretischen Daten aufzusuchen.

Die Dissertation von SEROWY[2], in der die Berechnung des Vakuumfaktors für einen einfachen Röhrentyp ausführlich durchgeführt wird, enthält leider insofern keinen vollständigen Vergleich mit der Erfahrung, als die Messungen nur an abgeschmolzenen Röhren ausgeführt wurden, so daß der Absolutwert des Druckes unbekannt bleibt und nur die Änderung des Vakuumfaktors mit der Spannung kontrolliert wird. Auch eine neuere Arbeit von N. MORGULIS[3] erlaubt keinen einwandfreien Vergleich, da nur die Endergebnisse mitgeteilt und weder die geometrischen Daten der Röhre noch der benutzte Wert der freien Weglänge angegeben werden. Aus diesen Gründen schien es lohnend, einen solchen Vergleich nochmals anzustellen, aus dem man unter definierten Bedingungen den zu einem gemessenen Vakuumfaktor gehörigen Druck wenigstens ungefähr entnehmen kann. Dies erschien um so mehr erwünscht, als sich in BARKHAUSENS „Elektronenröhren" Bd. 1 eine offenbar irrtümliche Angabe über diesen Zusammenhang findet[4], wovon noch zu sprechen sein wird.

1. Die Messungen.

Untersucht wurden zunächst 3 fabrikationsmäßige Typen von mittelbar geheizten Röhren, eine Triode AC 2, eine Hochfrequenzpentode AF 3 und eine Endpentode AL 4. Hinzugezogen wurde dann eine Versuchsröhre mit Wolfram-Kathode, ähnlich der Elektrometerröhre T 113, im folgenden kurz als T 113 bezeichnet, die den bei BARKHAUSEN (a. a. O.) angegebenen Bedingungen entsprach. Um schließlich eine für die Berechnung besser geeignete Bauform mit mittelbar geheizter Kathode zu untersuchen, wurden noch Versuchsröhren (mit der Bezeichnung G 541) hergestellt, die Oxydkathoden, dabei aber ein einziges zylindrisches Gitter und ebensolche Anode, enthielten. Die genaueren Daten sind unten bei der rechnerischen Behandlung angeführt.

Die Röhren wurden einzeln nach einem Verfahren, das dem fabrikationsüblichen ähnlich war, gepumpt und auf der Pumpe formiert. Der Gitterstrom für einen Arbeitspunkt von -3 V Gitterspannung lag in der Größenordnung 10^{-8} bis 10^{-7} A, wobei das MacLeod-Manometer weniger als $5 \cdot 10^{-6}$ Torr anzeigte. Als Füllgas wurde Kohlenoxyd benutzt, da dieses Gas immer beim Entgasen

[1] O. E. BUCKLEY: Proc. nat. Acad. Sci., Wash. Bd. 2 (1916) S. 683. — H. MÖLLER: Arch. Elektrotechn. Bd. 8 (1919) S. 48. — H. RUKOP u. I. HAUSSER: Telefunkenztg. Bd. 19 (1920) S. 21. — H. D. ARNOLD: Phys. Rev. Bd. 16 (1920) S. 70. — S. DUSHMAN and C. FOUND: Phys. Rev. Bd. 17 (1921) S. 7; Bd. 23 (1924) S. 734. — H. SIMON: Z. techn. Phys. Bd. 5 (1924) S. 221. — N. B. REYNOLDS: Physics Bd. 1 (1931) S. 182.

[2] F. SEROWY: Diss. Königsberg 1921. — W. KAUFMANN u. F. SEROWY: Z. Phys. Bd. 5 (1921) S. 319.

[3] N. MORGULIS: Phys. Z. Sowjet. Bd. 5 (1934) S. 407.

[4] H. BARKHAUSEN: Elektronenröhren Bd. 1 S. 11. 4. Aufl. Leipzig 1931.

von Oxydkathodenröhren frei wird. Die für CO erhaltenen Werte gelten, wie bekannt[1], ebenfalls für Gase mit etwa dem gleichen Molekulargewicht, z. B. $O_2 = 32$, $N_2 = 28$. Die eigentliche Messung wurde erst vorgenommen, nachdem die Röhre bei heißer Kathode einige Male mit dem Füllgas ausgespült worden war. Auf die Emission hatte das Kohlenoxyd bis zu Drucken 10^{-3} Torr bei einer Einwirkungsdauer von 2 bis 3 min keinen merklichen Einfluß; bei höheren Drucken und längerer Dauer nahm die Emission ab, wahrscheinlich dadurch, daß die Dipolschicht durch den verstärkten Ionenaufprall oberfläch-

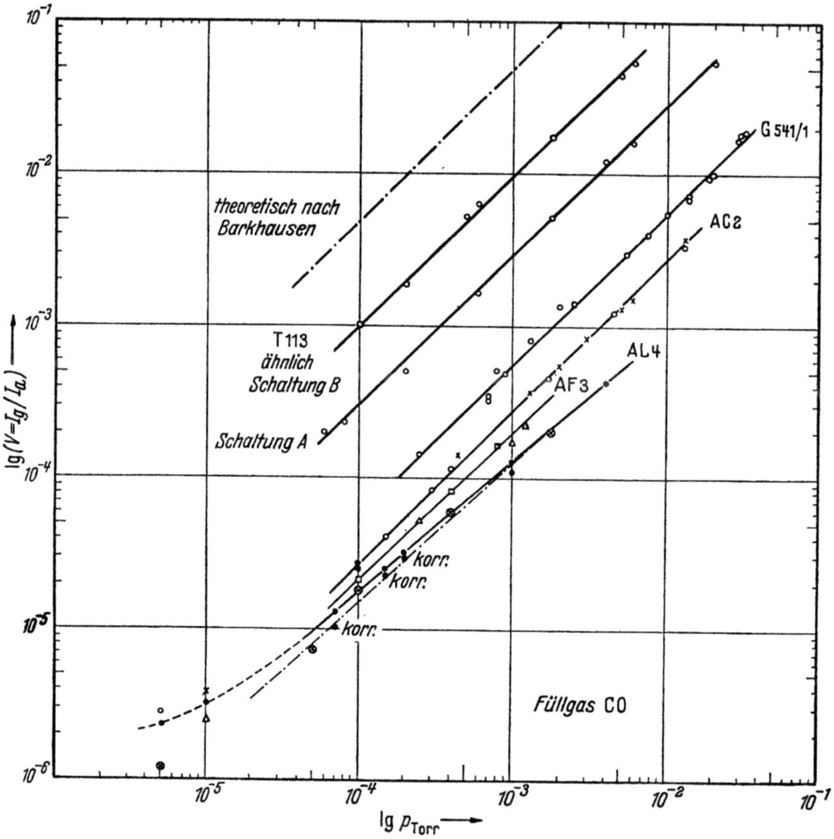

Abb. 1. Vakuumfaktor als Funktion des Druckes.

lich zerstört wird. Nach dem Abpumpen des Füllgases stellt sich angenähert der frühere Anodenstrom wieder her. Eine jedesmal auftretende Differenz ist auf eine Erhöhung des Kontaktpotentials zwischen Gitter und Kathode zurückzuführen. Die Meßreihen zur Bestimmung der Druckabhängigkeit des Vakuumfaktors wurden stets bei hohem Druck (10^{-2} Torr) begonnen und dann der Druck stufenweise durch Abpumpen erniedrigt, wobei für jeden Meßpunkt gewartet wurde, bis der Gitterstrom annähernd konstant war. Dabei machte sich die Gasabgabe oder auch die Gasbindung durch die Elektroden öfters störend bemerkbar, so daß die Genauigkeit der Messung nicht allzu hoch ist. Gemessen wurde jedesmal Gitter- und Anodenstrom, I_g und I_a, und der Druck

[1] S. DUSHMAN and C. FOUND: Phys. Rev. Bd. 23 (1924) S. 734.

p mittels MacLeod. Für jeden Meßpunkt wurde der Vakuumfaktor I_g/I_a gebildet und für 2 Röhren jeder Type über dem Druck in einem doppelt logarithmischen Netz aufgetragen (Abb. 1). Die Punkte für AC 2 und AF 3 liegen außer bei sehr kleinen Drucken ziemlich genau auf Geraden mit 45° Steigung, so daß sich das Gesetz $V = Cp$ ergibt. Die Punkte für AL 4 ergeben eine etwas schwächer geneigte Gerade. Bei dieser Type zeigte es sich besonders stark, daß bei sehr hohem, mit dem MacLeod nicht mehr meßbarem Vakuum ein gewisser konstanter Reststrom zurückbleibt, der von Isolationsfehlern und thermischer Gitteremission herrührt. Schon durch die leichte Umbiegung der Kurve am unteren Ende gibt sich dieser Reststrom zu erkennen. Bringt man diesen Strom von den bei meßbaren Drucken gefundenen Gitterströmen in Abzug, so erhält man die gestrichelt eingezeichnete korrigierte Gerade, deren Neigung etwas größer ist, aber allerdings auch noch nicht ganz 45° erreicht. Das Rohr mit Wolframkathode wurde in beiden Betriebsweisen gemessen, sowohl mit der positiven Spannung an der Anode, der negativen am Gitter (Schaltung A), wie auch umgekehrt (Schaltung B). Für das Rohr G 541 gibt Abb. 2 außerdem die Kennlinie, an der man zugleich die erwähnte Verschiebung durch die Änderung des Kontaktpotentials infolge der CO-Füllung erkennen kann.

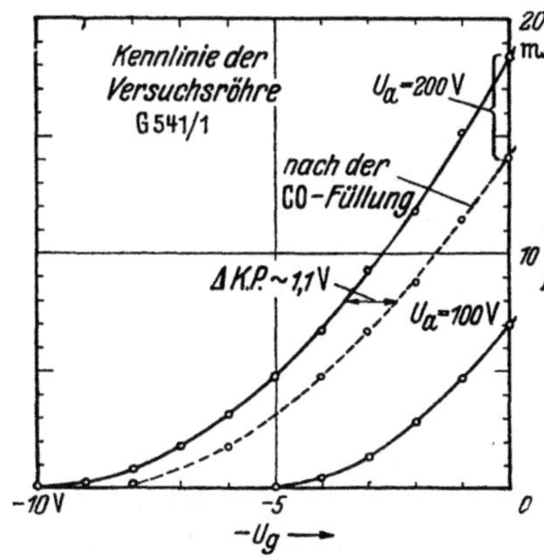

Abb. 2. Kennlinie der Versuchsröhre G 541/1.

Die benutzten Betriebsdaten und die gefundenen Werte für die Konstante C sind in Tab. 1 zusammengestellt.

Tabelle 1

Type	I_a mA	V_a V	V_s V	C
AC 2	6 ... 8	250	—	0,27
AF 3	8 ... 10	220	100	0,20
AL 4	36	250	250	0,13 (genommen bei $p = 10^{-3}$ Torr)
T 113				
Schaltung A	2	200	—	3,0
Schaltung B	2	200	—	9,5
Versuchsrohr G 541	6 ... 10	200	—	0,55

Nach der Angabe bei Barkhausen würde dagegen bei einem Rohr von den Daten der T 113 in Schaltung A ein Wert $C = 50$ auftreten. Ein so großer Wert wurde weder bei unseren Messungen jemals gefunden, noch läßt er sich mit den sonst im Schrifttum angeführten Meßergebnissen in Einklang bringen, da er um mehr als 1 Größenordnung zu hoch liegt. Wir haben die dem Barkhausenschen Wert entsprechende Gerade gestrichelt in unser Kurvenbild mit eingetragen.

2. Rechnerische Behandlung.

Um den Vakuumfaktor auf rechnerischem Wege zu erhalten, muß von der sog. differentialen Ionisierungskurve ausgegangen werden, d. h. von der pro Elektron auf 1 cm Weglänge bei der Einheit des Druckes gebildeten Ionenanzahl s in Abhängigkeit von der Voltgeschwindigkeit des Elektrons. Diese Funktion ist mehrfach für eine Reihe von Gasen gemessen worden; wir benutzten die von

ENGEL-STEENBECK[1] für CO angegebene Kurve. Man erhält die Zahl N der in einer Röhre pro Elektron gebildeten Ionen, indem man $s(V)$ an jedem Raumpunkt dem dortigen Potentialwert entsprechend annimmt, dies über die ganze Entladungsstrecke integriert und mit dem Druck p multipliziert. Bei Röhren, in denen der Potentialverlauf als linear angesehen werden kann, ergibt sich dann einfach

$$C = \frac{N}{p} = \frac{x_a - x_g}{V_a - V_{st}} \int\limits_{V_{st}}^{V_a} s\,dV,$$

wenn unter V_{st} die Effektivspannung des Gitters verstanden wird. Die Integration kann graphisch durchgeführt werden und ist dann für alle Abstände und alle Spannungen verwertbar.

Ist das Potential nicht linear, so muß man auf Grund der Potentialverteilung für jeden besonderen Fall die Funktion $s(V(x))$ zeichnen und kann dies dann ebenfalls graphisch integrieren.

$$C = \frac{N}{p} = \int\limits_{r_k}^{r_a} s(V(x))\,dx\,.$$

Es muß aber beachtet werden, daß die zugrunde gelegte Kurve $s(V)$ sich auf die Einheit des Druckes bei 0° C bezieht. Da die Temperatur der Entladungsstrecke zweifellos höher liegt, während sie mit dem übrigen Gasraum im Druckgleichgewicht steht, muß die Dichte zwischen den Elektroden und damit auch $s(V)$ geringer sein als dem im MacLeod gemessenen Druck entspricht. Verwendet man also die s-Kurve ohne Temperaturkorrektion, so werden die berechneten Werte von C zu groß ausfallen, was auch in der Tat zutrifft.

3. Berechnung von *C* ohne Temperaturkorrektion.

Wir geben im folgenden zunächst einige kurze Andeutungen über die Berechnung ohne Temperaturkorrektion.

Bei den Röhren AC 2, AF 3 und AL 4 wurde das Potential zwischen 1. Gitter und Anode bzw. Schirmgitter als linear angesehen. Da die Effektivspannung des 1. Gitters unter der Ionisierungsspannung liegt und die Ionen, die hinter dem Schirmgitter einer Pentode entstehen, dieses nicht passieren können, genügt es, den Raum zwischen 1. Gitter und Anode bzw. Schirmgitter zu berücksichtigen. Bei dem ovalen Querschnitt der Elektroden wurde der Abstand längs der kleinen Achsen, in deren Nähe der Durchgriff am größten ist, als maßgebender Abstand angesehen. Danach ergaben sich die in Tab. 2 angeführten Werte. Bei der Röhre mit Wolframfaden und bei dem Versuchsrohr G 541, wo der Gitterradius klein gegen den Anodenradius ist, ist ein logarithmischer Potentialverlauf anzunehmen.

Tabelle 2.

Type	x_a mm	x_g mm	V_a bzw. V_s	V_{st}	$\int_{V_{st}}^{V_a} s(V)\,dV$	$C = \frac{N}{p}$	C_{gem}
AC 2	3,5	1,3	250	3,25	2100 $\frac{\text{Ionen Volt}}{\text{cm Torr}}$	$\frac{0{,}22}{246{,}7} \cdot 2100 = 1{,}88$	0,27
AF 3	2,36	1,24	100	5,5	630	$\frac{0{,}11}{94{,}5} \cdot 630 = 0{,}73$	0,20
AL 4	2,4	1,35	250	4	2100	$\frac{0{,}105}{246} \cdot 2100 = 0{,}90$	0,13

[1] A. v. ENGEL u. M. STEENBECK: Elektrische Gasentladungen, S. 35. Berlin 1932.

Bei T 113 ergibt sich die Effektivspannung am Gitter zu 50 V; es mußten hier daher sowohl Gitter-Kathoden- wie Gitter-Anodenraum berücksichtigt werden; bei G 541, wo die Effektivspannung nur 5 V betrug, ist nur der Gitter-Anodenraum wirksam. Die Daten und Ergebnisse zeigt Tab. 3. Auf die Berechnung

Tabelle 3.

	r_a	r_g	r_k	V_a	V_{st}	$\int_{r_k}^{r_a} s(V)\,dr = C$	C_{gem}
T 113	5	1,25	0,026	200	50	4,47	3,0
G 541	5	1,5	0,95	200	5	3,18	0,55

für die Röhre T 113 in der Schaltung *B* wurde verzichtet, da die Unsicherheit der dazu nötigen Annahmen zu groß erschien.

4. Berücksichtigung der Temperatur.

Die Ermittlung, welche Temperatur dem Elektrodenraum zuzuschreiben ist, wird nun besonders für die Mehrgitterröhren kaum ohne eine gewisse Willkür möglich sein.

Die Temperatur des Gasraums zwischen den Elektroden muß einen gewissen Mittelwert zwischen den Temperaturen der Kathode und Anode darstellen, und zwar kann die Wärme durch Strahlung und Leitung, d. h. durch Wandstöße auf das Gas übertragen werden. Eine nähere Abschätzung dieser Einflüsse ergibt einen zu der Konstanten *C* hinzutretenden Faktor von 1,35 bis 1,55, bei der AL 4 sogar von 1,8.

Tabelle 4.

	C_{unkorr}	Temperaturfaktor	C_{korr}	C_{gem}
T 113	4,47	1,35	3,3	3,0
AC 2	1,88	1,55	1,21	0,27
G 541	3,18	1,55	2,06	0,55
AL 4	0,90	1,8	0,5	0,13

Tab. 4 gibt dementsprechend die berechneten Werte von *C* mit und ohne Temperaturfaktor zusammen mit den gemessenen.

5. Berücksichtigung der Abfangwahrscheinlichkeit.

Es zeigt sich, daß allein für die Röhre mit Wolframkathode der gefundene Vakuumfaktor mit ausreichender Näherung mit dem berechneten übereinstimmt, während bei den 3 mittelbar geheizten Röhren auch mit dem größten Wert des Temperaturfaktors die Abweichung zwischen dem gemessenen und berechneten Wert nicht zu überbrücken ist.

Die Erklärung liegt nahe, daß in diesen Fällen nicht alle von den Elektronen erzeugten Ionen wirklich bis zum auffangenden Gitter gelangen. Die Bedingungen, unter denen die Ionisierungskurven gemessen werden, sind ja in der Tat wesentlich von denen in der Röhre verschieden. Dort wird ein dünner Elektronenstrahl zwischen 2 breiten Auffangplatten durchgeschossen; die entstehenden Ionen werden seitwärts aus dem Strahl herausgezogen und können kaum anderswohin gelangen als zu den Platten. Hier aber sind die Elektronenstrahlen radial nach allen Seiten gerichtet, nur durch die Gitterdrähte und Streben elektronenoptisch in Bündel zerlegt. Die entstehenden Ionen werden nur dann registriert, wenn sie an diese relativ dünnen Drähte und Streben gelangen. Was am Gitter vorbeigelangt, wird durch das Potentialgefälle zur Kathode gezogen, und hier zeigt sich nun ein wesentlicher Unterschied zwischen der Wolframröhre und den mittelbar geheizten Röhren: die Wolframkathode bietet nur eine 0,05 mm breite Auffangfläche dar, so daß ein erheblicher Teil der das Gitter passierenden Ionen auch die Kathode verfehlen wird und dann auf der anderen Seite ein 2. und

3. Mal die Gelegenheit hat, aufs Gitter zu gelangen. Die mittelbar geheizte Kathode hingegen nimmt einen größeren Teil des Gitterinnenraumes ein, so daß fast alles, was das Gitter einmal passiert hat, der Auffangung endgültig entgeht.

Die Annahme, daß nicht alle gebildeten Ionen zum Gitterstrom beitragen, ließe an sich noch die Deutung zu, daß die Ionen in merklichem Umfang während ihres Laufs mit Elektronen rekombinieren. Diese Vermutung wird aber schon dadurch widerlegt, daß bei der Röhre mit Wolframkathode ein Gitterstrom von der Größe des berechneten Betrages wirklich gemessen wird. Um die Frage jedoch eingehender zu untersuchen, wurde noch eine Reihe von Röhren untersucht, deren Bau der G 541 entsprach, nur veränderte Gittersteigungen, Strebenanzahlen und Strebenstärken aufwies. Die Röhren hatten sämtlich Oxydkathoden von 1,9 mm Durchmesser, Gitterdurchmesser von 3 und Anodendurchmesser von 10 mm; auch der Gitterwickeldraht war derselbe, nämlich 0,08 mm. Eine Übersicht über die Steigungen, Strebenzahlen und Strebenstärken sowie die gemessenen Werte des Quotienten C bei einem Druck von 10^{-2} Torr gibt Tab. 5.

Tabelle 5.

Streben		Steigung		
Zahl	Stärke	0,6	0,45	0,3
1	0,2	0,39 0,42 0,44		0,93 0,92 0,93
2	0,2	0,40 0,43	0,60 0,58	0,92 0,92
4	0,2	0,50 0,49		
2	0,5	0,54 0,53	0,68 0,69	0,83 0,84

Die Zahlen, die in demselben Fach stehen, beziehen sich auf mehrere individuelle Röhren derselben Bauart.

Die entsprechenden Werte bei 10^{-3} Torr wurden ebenfalls bestimmt; sie zeigen eine etwas größere Streuung, im übrigen aber genau denselben Gang mit der Steigung und den Strebenabmessungen. Bei der Messung der Röhren wurde festgestellt, daß eine Änderung der Anodenspannung von 200 auf 300 V, eine Änderung des Anodenstroms um eine Zehnerpotenz und Änderungen der Kathodentemperatur von $\pm 80°$ die Ergebnisse innerhalb der Meßgenauigkeit, d. h. etwa innerhalb $\pm 10\%$, nicht veränderten.

Tabelle 6.

Steigungen	Streben	Flächenbruchteil	Abfangbruchteil	$\frac{\text{Abfangbruchteil}}{\text{Flächenbruchteil}}$
0,6	1×0,2	0,15	0,20	1,33
	2×0,2	0,17	0,20	1,18
	4×0,2	0,21	0,23	1,15
	2×0,5	0,22	0,26	1,18
0,45	2×0,2	0,21	0,28	1,33
	2×0,5	0,26	0,326	1,25
0,3	1×0,2	0,28	0,44	1,57
	2×0,2	0,30	0,44	1,46
	2×0,5	0,34	0,40	1,18

Die rechnerische Ermittlung von C nach dem vorstehend geschilderten Ansatz ergibt für alle diese Röhren denselben Wert 2,1, denn eine Unterscheidung könnte höchstens durch den geänderten Durchgriff und daher um einige Volt verändertes Effektivpotential am Gitter entstehen, was die berechnete Zahl zwischen 2,06 und 2,15 schwanken lassen würde; doch glauben wir, daß wegen der zum Teil viel unsichereren Annahmen bei der Temperaturberechnung dieser Unterschied sowieso innerhalb der Unsicherheitsgrenzen liegt.

Untersucht man nun für die betrachteten Röhren, welchen Bruchteil die Projektion der Gitterdrähte und Streben von der gesamten Gitterfläche ausmachen und vergleicht man diesen mit dem Bruchteil, den die gemessenen Gitterstromwerte von den berechneten, d. h. von dem insgesamt erzeugten Ionenstrom ausmachen (vgl. Tab. 6), so zeigt sich ein in der Hauptsache gleichartiger

Gang; der abgefangene Bruchteil wächst mit dem abfangenden Flächenbruchteil und ist in den meisten Fällen etwa 20 bis 30% größer als dieser; dies ist durch die Ablenkung der Ionen zu den Gitterdrähten hin erklärbar, indem die Gitterdrähte gewissermaßen einen entsprechend größeren wirksamen Querschnitt erhalten. Die ziemlich großen Schwankungen in den Verhältniszahlen sind wohl zum Teil dadurch zu erklären, daß die Abfangwirkung der Streben gewiß nicht ihrer Projektion entsprechend angesetzt werden dürfte, da hinter ihnen sicherlich weniger Ionen erzeugt werden.

Will man nach dem Vorstehenden an einer abgeschmolzenen mittelbar geheizten Röhre aus Messungen des Vakuumfaktors Schlüsse auf das Vakuum ziehen, so hat man an dem mittels Spannung und Ionisierungskurve errechneten Wert von C nicht nur die oben besprochene Temperaturkorrektion anzubringen, sondern auch noch einen Faktor von etwa dem 1,2fachen des Flächenbruchteils des Gitters mit seinen Streben hinzuzusetzen; erst der so verbesserte Wert ergibt, indem er in den gemessenen Wert des Vakuumfaktors dividiert wird, den Druck.

Einen Anhaltspunkt für den Vakuumfaktor-Druck-Zusammenhang bei mittelbar geheizten Empfängerröhren geben die Werte und Kurven (Abb. 1) der 3 untersuchten handelsüblichen Röhrentypen. Weiter kann man aus den Kurven die für den Röhrenhersteller sehr wichtige Tatsache entnehmen, daß die erfahrungsgemäß maximal tragbaren Gitterströme ($6 \cdot 10^{-7}$ A entsprechend einem Vakuumfaktor von $8 \cdot 10^{-5}$ bei Anfangsstufen oder $3 \cdot 10^{-7}$ A entsprechend einem Vakuumfaktor von $8{,}3 \cdot 10^{-6}$ bei Endstufen) erst bei verhältnismäßig hohen Gasdrucken erreicht werden. Bei den Anfangsstufen kann sich das Vakuum bis zu $3 \cdot 10^{-4}$ Torr, bei den Endstufen bis zu $5 \cdot 10^{-5}$ Torr verschlechtern, ehe der Ionenstrom die zulässige Grenze überschreitet. Hierbei ist natürlich besonders ungünstig, daß die Vakuumbedingung gerade bei den schwerer zu entgasenden Endröhren kritischer ist. Da die Gitterströme bei den üblichen Empfängerröhren 1 bis 2 Zehnerpotenzen unter den Grenzwerten liegen, und diese Ströme, falls sie reine Ionenströme sind, Drucken von 10^{-6} bis 10^{-5} Torr entsprechen, muß das Vakuum in ihnen besser als 10^{-6} bis 10^{-5} Torr sein, was mit Druckmessungen an Getterversuchen, bei denen Isolationsfehler und thermische Gitteremission peinlichst vermieden worden waren, in Übereinstimmung steht. Diese Messungen ergaben nämlich, daß der Druck durch die fabrikationsüblichen Gettermittel auf 10^{-8} bis 10^{-7} Torr gesenkt wird. Die bei Empfängerröhren gemessenen Gitterströme sind also in den weitaus meisten Fällen nicht auf Ionenströme zurückzuführen, diese Tatsache wird durch die in der Abb. 1 vorgenommene und schon beschriebene Korrektur der AL 4-Kurve veranschaulicht.

Zusammenfassung.

1. An 3 fabrikationsmäßigen mittelbar geheizten Röhrentypen sowie einer Versuchsröhrentype mit ebensolcher Kathode aber zylindrischem Aufbau und an einer Type mit Wolframkathode wurde die Abhängigkeit des Vakuumfaktors (Verhältnis des Ionenstroms zum Elektronenstrom) vom Druck bei Drucken von 10^{-2} bis 10^{-5} Torr gemessen. Die Proportionalität mit dem Druck wurde im wesentlichen bestätigt. Der Proportionalitätsfaktor ergab sich bei den mittelbar geheizten Röhren etwa um eine Zehnerpotenz kleiner als bei dem Wolframkathodenrohr, und bei diesem noch um reichlich eine weitere Zehnerpotenz kleiner als nach der Angabe bei Barkhausen, Elektronenröhren Bd. 1.

2. Auf Grund der von Engel-Steenbeck mitgeteilten Kurve der differentialen Ionisierung wurde die Größe des Vakuumfaktors zu berechnen versucht. Die zwischen den Elektroden herrschende erhöhte Temperatur ist für die Berechnung von wesentlicher Bedeutung. Die Temperaturen wurden auf Grund von

Betrachtungen über Wärmestrahlung und Leitung abgeschätzt. Die so gewonnenen Werte für den Proportionalitätsfaktor der Vakuumfaktor-Druckabhängigkeit bei den Röhren mit Wolframkathoden stimmen mit befriedigender Genauigkeit mit der Messung überein, während sie für die Röhren mit mittelbar geheizten Kathoden immer noch drei- bis viermal zu groß ausfallen.

3. Diese Abweichung kann durch Betrachtung der mutmaßlichen Bahnen der Ionen dadurch erklärt werden, daß im Fall der mittelbar geheizten Kathoden nur ein Teil der entstehenden Ionen zum Gitter gelangt, die übrigen von der breiten Kathodenfläche aufgefangen werden, während im Wolframkathodenrohr auch die ins Innere des Gitters gelangenden Ionen in der Mehrzahl an der dünnen Kathode vorbei wieder auf das Gitter fliegen. Um die Richtigkeit dieser Erklärung zu erweisen, wurde durch Versuche gezeigt, daß bei den Röhren mit mittelbar geheizten Kathoden der Wert des Vakuumfaktors bei gleichem Druck deutlich mit der abfangenden Fläche des Gitters, d. h. mit abnehmender Steigung, zunehmender Strebenzahl und Strebenstärke anwächst, indem durch diese Einflüsse der abgefangene Bruchteil der das Gitter passierenden Ionen zunimmt.

Ein neues Verfahren zur Berechnung des Wärmeüberganges durch Strahlung und seine Anwendung auf die Ermittlung der Gittertemperatur von Elektronenröhren[1].

Von

W. Heinze und S. Wagener.

Mit 6 Abbildungen.

I. Das allgemeine Verfahren.

Trotz der großen Bedeutung, welche der Wärmeübergang durch Strahlung in der Wärmetechnik besitzt, sind die Verfahren zur Berechnung der übergehenden Wärmestrahlung noch sehr wenig entwickelt. Es können mit ihnen nur sehr einfache Aufgaben allgemeingültig behandelt werden, während bei etwas schwierigeren Aufgaben Voraussetzungen gemacht werden müssen (z. B. Fehlen der Reflexion), die die Allgemeingültigkeit der erhaltenen Ergebnisse stark einschränken. Im folgenden wird daher ein neues Verfahren angegeben, das ohne diese einschränkenden Voraussetzungen eine allgemeine Lösung für alle praktisch vorkommenden Aufgaben liefert.

1. Die Aufgabe.

Es sei ein System von n im Vakuum befindlichen Körpern $I, II \,.\,.\, N$ gegeben. Jedem von ihnen werde in der Zeiteinheit die Energiemenge W_i $(i = 1 \ldots n)$ von außerhalb des Systems liegenden Energiequellen (z. B. durch elektrische Heizung) zugeführt. Ein Energieaustausch zwischen den Körpern soll allein durch Strahlung erfolgen können.

Der Energiezufuhr von außen steht dann ein Energieverlust gegenüber, der sich aus zwei Teilen zusammensetzt. Erstens trifft ein Teil der von den Körpern ausgesandten Strahlung nicht wieder auf Körper des Systems auf und geht so dem System als Ganzem verloren, und zweitens wird jedem einzelnen Körper durch Wärmeableitung nach außen Energie entzogen. Unter dem Einfluß der Energiezufuhr und des Energieverlustes wird sich nach hinreichend langer Zeit

[1] Zusammenfassung der in Z. techn. Phys. Bd. 18 (1937) S. 75 und S. 270 erschienenen Arbeiten.

ein Gleichgewichtszustand einstellen, in dem jeder der Körper eine gewisse Temperatur T_i besitzt. Diese Temperaturen T_i der n Körper sind zu ermitteln.

Als bekannt soll für jeden der Körper das für ihn gültige Strahlungsgesetz

$$E_i = O_i \cdot \psi_i\,(T_i) \tag{1}$$

(O_i die Oberfläche des i-ten Körpers und ψ_i eine beliebige jedoch bekannte Funktion) vorausgesetzt werden, welches die in der Zeiteinheit von dem betreffenden Körper ausgestrahlte Energie E_i mit der Temperatur T_i verbindet. Ferner ist die Kenntnis des Absorptionsvermögens a_i bzw. Reflexionsvermögens ϱ_i und der Wärmeleitfähigkeit λ_i für jeden der n Körper erforderlich.

2. Die Energiebilanz.

Mit Hilfe der Gl. (1) lassen sich die gesuchten Temperaturen T_i aus den ausgestrahlten Energien E_i ermitteln, so daß also die Aufgabe gelöst ist, wenn es gelingt, die Energien E_i sämtlicher n Körper zu bestimmen. Dazu wird der Energiesatz benutzt, nach welchem für jeden einzelnen der n Körper die in der Zeiteinheit aufgenommene Energie gleich der in der Zeiteinheit abgegebenen ist.

Die aufgenommene Energie setzt sich für einen beliebigen i-ten Körper des Systems aus zwei Hauptbestandteilen zusammen; erstens wird nämlich nach den oben angegebenen Voraussetzungen dem Körper I in der Zeiteinheit die Energie W_i von außen zugeführt, und zweitens wird ihm von den Körpern des Systems ein gewisser Energiebetrag zugestrahlt, von dem der durch das Absorptionsvermögen a_i bestimmte Bruchteil absorbiert wird.

Die dem Körper I zugestrahlte Energie kann im allgemeinen von allen n Körpern des Systems herrühren. Sie enthält sowohl Strahlungsanteile, welche dem i-ten Körper von den ausstrahlenden Körpern unmittelbar, d. h. ohne Reflexionen, zugestrahlt werden, als auch solche Energiemengen, welche den i-ten Körper erst erreichen, nachdem sie eine mehr oder weniger große Anzahl von Reflexionen an den Körpern des Systems erfahren haben. Die gesamte, den i-ten Körper in der Zeiteinheit treffende Strahlungsenergie soll ohne Rücksicht auf ihren Ursprungsort und den innerhalb des Systems zurückgelegten Weg mit A_i bezeichnet werden. Sie ist offenbar abhängig von der Ausstrahlung E_i sämtlicher Körper des Systems und kann also aufgefaßt werden als Funktion

$$A_i(E_1, E_2 \ldots E_n)$$

der Veränderlichen E_1, $E_2 \ldots E_n$. Außerdem wird sie abhängen von dem bekannten Reflexionsvermögen $\varrho_i = (1 - a_i)$ der n Körper und von deren geometrischer Anordnung, die aber als Konstanten in die Funktion $A_i(E_1, E_2 \ldots E_n)$ eingehen und deshalb nicht besonders aufgeführt zu werden brauchen.

Die Zusammenfassung der beiden Bestandteile ergibt die gesamte vom i-ten Körper aufgenommene Energie zu:

$$W_i + a_i A_i(E_1, E_2 \ldots E_n).$$

Die vom i-ten Körper abgegebene Energie besteht ebenfalls aus zwei Teilen, nämlich der in der Zeiteinheit ausgestrahlten Energie E_i und der in der Zeiteinheit nach außen abgeleiteten Wärmemenge Q_i. Die gesamte abgegebene Energie ist also gleich

$$E_i + Q_i.$$

Werden die beiden für die aufgenommene und die abgegebene Energie so gefundenen Ausdrücke in den Energiesatz eingeführt, so ergibt sich die Energiebilanz, welche die Gleichheit von aufgenommener und abgegebener Energie zum Ausdruck bringt, zu:

$$W_i + a_i A_i(E_1, E_2 \ldots E_n) = E_i + Q_i. \tag{2}$$

Hierin ist das Glied Q_i, welches die abgeleitete Wärme darstellt, von der Körpertemperatur T_i abhängig, und es werden infolgedessen die Körpertemperaturen wieder in die aufzustellenden Gleichungen hineinkommen. Damit der Gedankengang des Lösungsverfahrens möglichst klar und einfach wiedergegeben werden kann, soll zunächst die Wärmeableitung als vernachlässigbar klein angenommen und erst später auch eine nicht zu vernachlässigende Wärmeleitung berücksichtigt werden. Bei fehlender Wärmeleitung ($Q_i = O$) lautet dann die Energiebilanz (2)

$$E_i = W_i + a_i A_i(E_1, E_2 \ldots E_n). \tag{3}$$

Diese für einen beliebig herausgegriffenen Körper abgeleitete Gleichung gilt für alle n Körper. Man erhält also für die n Unbekannten $E_1 \ldots E_n$ ein System von n Gleichungen, aus dem die E_i zu berechnen sind. Damit diese Berechnung möglich ist, muß der Zusammenhang zwischen den auftreffenden Energien A_i und den Unbekannten E_i bestimmt, d. h. es müssen die Funktionen $A_i(E_1 \ldots E_n)$ ermittelt werden.

3. Die Ordnungsprinzipien zur Berechnung der gesamten auf den i-ten Körper auffallenden Strahlungsenergie A_i.

Die Ermittlung der gesuchten Beziehung zwischen den zugestrahlten und den ausgestrahlten Energien A_i bzw. E_i stößt nun im allgemeinen auf große Schwierigkeiten. In der Energie A_i sind nämlich, wie erwähnt, Strahlungsanteile enthalten, die sich sowohl in bezug auf den Ursprungsort, wie in bezug auf den Weg, den sie innerhalb des Systems zurückgelegt haben, sehr stark voneinander unterscheiden. Um die Zusammensetzung von A_i aus den einzelnen Bestandteilen übersichtlicher zu gestalten, muß man die einzelnen Strahlungsbestandteile nach gewissen Prinzipien ordnen.

Die beiden nächstliegenden Ordnungsprinzipien sind die Einteilung der auftreffenden Strahlung einerseits nach ihrem Entstehungsort und andererseits nach dem Weg, welchen sie vor dem Auftreffen zurückgelegt hat. Im ersten Falle unterscheidet man zwischen den Strahlungsanteilen, welche von dem ersten, dem zweiten usw. bis zum n-ten Körper ausgestrahlt werden, und sieht davon ab, ob die Strahlung den i-ten Körper unmittelbar oder erst nach einer Reihe von Reflexionen erreicht. Im zweiten Falle ordnet man die Strahlungsanteile nach der Anzahl der Reflexionen, welche sie auf dem Wege von dem ausstrahlenden zum auffangenden Körper erleiden, und läßt den Entstehungsort der Strahlung unberücksichtigt. Es ist ohne weiteres klar, daß zur Lösung der Aufgabe stets beide Ordnungsprinzipien herangezogen werden müssen. Sehr wesentlich ist es jedoch, wie sich zeigen wird, welches der beiden Prinzipien man als Ausgangspunkt für die Zuordnung benutzt und damit gewissermaßen zum Hauptordnungsprinzip macht.

In der Wahl dieses Hauptordnungsprinzips unterscheidet sich das bisher zur Lösung derartiger Wärmeübergangsprobleme angewandte Verfahren von dem neuen Verfahren. Damit die Überlegenheit dieses neuen Verfahrens gegenüber dem alten beurteilt werden kann, soll zunächst das bisher angewandte Verfahren kurz beschrieben werden.

4. Die bisher vorgenommenen Versuche zur Lösung der Aufgabe[1].

Zunächst soll der einfachste Fall betrachtet werden, daß nur zwei Körper vorhanden sind. Jeder von ihnen wird dann eine gewisse Energiemenge aus-

[1] Vgl. die Lehrbücher: M. TEN BOSCH: Die Wärmeübertragung, Berlin 1936, und H. GRÖBER u. S. ERK: Die Grundgesetze der Wärmeübertragung, Berlin 1933.

strahlen, welche von dem anderen Körper zum Teil absorbiert, zum Teil reflektiert wird. Die reflektierte Strahlung fällt auf den ausstrahlenden Körper zurück, der sie wieder teils absorbiert, teils reflektiert und so fort.

Als Hauptordnungsprinzip wird nun bei dem bisher benutzten Verfahren die Einteilung der auf jeden Körper auftreffenden Strahlung nach ihrem Ursprungsort verwendet. Betrachtet man also in dem Fall, daß zwei Körper vorhanden sind, zunächst einen von beiden, so zerfällt die auffallende Strahlung für diesen ersten Körper in zwei Teile. Dieses sind einmal diejenige Strahlung, welche der zweite Körper dem ersten sowohl unmittelbar als auch nach einer Reihe von Reflexionen am ersten und zweiten Körper zusendet, und zweitens derjenige Teil der Strahlung des ersten Körpers, der nach einer mehr oder weniger großen Anzahl von Reflexionen an beiden Körpern wiederum auf den ersten Körper zurückgelangt.

Jede dieser beiden Teilenergien wird nun weiter zerlegt nach dem Weg, den die Strahlung in dem System der beiden Körper zurückgelegt hat. Es ist also zu ermitteln, wie groß die Energiebeträge sind, die nach einem Hin- und Hergang nach zwei, drei und schließlich nach beliebig vielen Hin- und Hergängen auf den betrachteten ersten Körper auftreffen. Diese Zerlegung muß vorgenommen werden einerseits für die Strahlung des zweiten Körpers auf den ersten und andererseits für die Strahlung des ersten auf sich selbst.

Die zu ermittelnden Energiebeträge bilden offenbar die Glieder einer unendlichen Reihe, und zwar werden durch die geschilderte Einteilung für jeden der beiden Körper zwei solcher Reihen erhalten, wobei der Summenwert der ersten Reihe die gesamte Strahlung eines Körpers auf den anderen, der Summenwert der zweiten die Strahlung eines Körpers auf sich selbst ergibt.

Die unendlichen Reihen sind geometrisch und die Summen können daher explizit angegeben werden, wenn es sich um besonders einfache Anordnungen, wie zwei parallele Platten, zwei konzentrische Kugeln oder dergleichen handelt, weil dann bei jedem Hin- und Hergang der gleiche Bruchteil der auftreffenden Energie absorbiert bzw. reflektiert wird. In diesen Fällen ist mit dieser Ermittlung der auf die beiden Körper auftreffenden Energien A_1 und A_2 die Aufgabe schon gelöst. Es ergibt sich nämlich ein System von zwei linearen Gleichungen für die beiden Ausstrahlungen E_1 und E_2. Aus den dadurch bestimmten Werten von E_1 und E_2 werden nach Gl. (1) die Temperaturen T_1 und T_2 der beiden Körper ohne weiteres gefunden.

5. Die Schwierigkeiten einer Ausdehnung der bisher vorgenommenen Lösungsversuche auf das allgemeine Problem.

Im Gegensatz zu der einfachen Berechnung bei den genannten einfachen Anordnungen wird die Ermittlung der auftreffenden Energien A_1 bzw. A_2 selbst bei nur zwei Körpern schon sehr unbequem, sobald die Körperanordnung weniger symmetrisch ist. Es ist dann nämlich die Verteilung der auftreffenden Strahlung auf der Oberfläche der Körper nicht mehr bei jeder Reflexion die gleiche. Infolgedessen bleibt der reflektierte Bruchteil der Strahlung nicht immer gleich, sondern er wird abhängig von der Ordnung der Reflexion. Die unendlichen Reihen sind daher nicht mehr geometrisch, so daß ihre Summenwerte nicht mehr explizit angegeben werden können, sondern aus einer genügenden Anzahl von Reihengliedern ermittelt werden müssen. Die Anzahl dieser Glieder muß um so größer sein, je mangelhafter die Reihe konvergiert, d. h. je weniger Energie bei einem einzelnen Hin- und Hergang von der Strahlung absorbiert wird, je größer also das Reflexionsvermögen der betreffenden Körper ist. Da nun in den praktisch am häufigsten vorkommenden Fällen die Strahlung sehr langwellig ist und das Reflexionsvermögen, z. B. der Metalle, für eine solche Strahlung sehr hohe Werte (0,8 bis 0,9) besitzt, so wird man zur Berechnung der Summenwerte eine große Anzahl von Reihengliedern berücksichtigen müssen. Da jedes dieser Reihenglieder einzeln berechnet werden muß, so ist also eine erhebliche Rechenarbeit zu leisten.

Noch viel ungünstiger liegen die Verhältnisse bei dem alten Verfahren, wenn das System nicht aus zwei, sondern aus drei oder noch mehr Körpern besteht. Als neue Schwierigkeit kommt dann bei der Berechnung der auf den i-ten Körper auftreffenden Strahlungsenergie hinzu, daß dabei auch derjenige Strahlungsanteil zu berücksichtigen ist, der den i-ten Körper erst auf Umwegen erreicht, der also nach dem Verlassen des ausstrahlenden Körpers erst ein- oder mehrmals an den übrigen Körpern des Systems reflektiert wird, ehe er den i-ten Körper trifft.

Die bei der Berücksichtigung dieses Anteils sich ergebenden außerordentlich verwickelten Verhältnisse sind die Ursache dafür, daß eine allgemeine Lösung der Aufgabe bisher nicht angegeben worden ist. Die Anwendungen des geschilderten Verfahrens beschränken sich daher fast stets auf die erwähnte einfache Anordnung von zwei Körpern. Nur in einem Fall ist ein System von mehr als zwei Körpern untersucht worden[1], jedoch ist dabei die einschränkende Annahme gemacht worden, daß die Reflexion der Körper vernachlässigt werden kann, wodurch natürlich die geschilderten Schwierigkeiten fortfallen. Diese Voraussetzung fehlender Reflexion mag in einzelnen Sonderfällen vielleicht zutreffend sein, im allgemeinen wird sie jedoch aus den angegebenen Gründen zu fehlerhaften Ergebnissen führen müssen.

Im folgenden soll nun über das neue Verfahren berichtet werden, bei welchem auch bei beliebig vielen Körpern keine die Allgemeingültigkeit der erhaltenen Ergebnisse stark einschränkenden Voraussetzungen angenommen werden müssen.

6. Der Grundgedanke des neuen Verfahrens.

Die Schwierigkeiten, die sich dem geschilderten alten Verfahren dadurch entgegenstellen, daß bei diesem das Schicksal der von den einzelnen Körpern ausgesandten Energiemengen auf ihrem sehr unübersichtlichen Wege durch das System verfolgt werden muß, werden bei dem neuen Verfahren dadurch vermieden, daß ein anderes Hauptordnungsprinzip an den Anfang der Betrachtung gestellt wird.

Es werde wiederum die gesamte auf einen beliebigen i-ten Körper auftreffende Strahlungsmenge A_i betrachtet. Dann soll diese Strahlungsmenge in erster Linie nicht mehr nach ihrem Entstehungsort, sondern nach dem Wege, den sie im System zurückgelegt hat, unterteilt werden. Es soll also von vornherein unterschieden werden zwischen der Strahlung, welche den i-ten Körper unmittelbar, d. h. ohne daß sie Reflexionen erlitten hat, erreicht, und zwischen der Strahlung, welche diesen Körper erst nach einer mehr oder weniger großen Anzahl von Reflexionen trifft. Erst die beiden sich so ergebenden Teilstrahlungen sollen dann weiterhin nach ihrem Entstehungsort geordnet werden.

Von diesen beiden Teilstrahlungen betrachten wir zunächst die auf den i-ten Körper unmittelbar auftreffende Strahlung. Damit diese Strahlung dem Entstehungsort in einfacher Weise zugeordnet werden kann, werde aus dem System noch ein weiterer beliebiger Körper K herausgegriffen. Der Bruchteil der gesamten Eigenstrahlung E_k dieses k-ten Körpers, welcher den i-ten unmittelbar

[1] O. Seibert: Die Wärmeaufnahme der bestrahlten Kesselheizfläche. Diss. Darmstadt 1929.

trifft, werde mit $e_{ik} \cdot E_k$ bezeichnet[1]. Die Werte e_{ik}, die als Einstrahlzahlen bezeichnet werden, lassen sich, wie noch später gezeigt werden wird, aus den Strahlungsgesetzen und aus der geometrischen Anordnung der Körper berechnen. Die gesamte, unmittelbar den i-ten Körper treffende Strahlung ergibt sich dann durch Summation über alle Werte von k zu:

$$\sum_{k=1}^{n} e_{ik} E_k \,. \tag{4a}$$

Wollte man nun die nach Reflexionen auf den i-ten Körper auftreffende Strahlung ebenfalls denjenigen Körpern zuordnen, von denen sie ursprünglich ausgestrahlt worden ist, so würden wiederum die bereits geschilderten unüberwindlichen Schwierigkeiten auftreten. Um diese zu vermeiden, soll daher die reflektierte Strahlung demjenigen Körper zugeordnet werden, an dem sie zuletzt vor ihrem Auftreffen auf den i-ten Körper reflektiert worden ist. Es soll also darauf verzichtet werden, festzustellen, welchem Körper die reflektierte Strahlung ihren Ursprung zu verdanken hat. Zu diesem Zweck werde die gesamte vom Körper K in der Zeiteinheit reflektierte Energie mit $E_k^{(r)}$ bezeichnet. Diese Energie $E_k^{(r)}$ ist natürlich ebensowenig bekannt wie die Eigenstrahlung E_k des k-ten Körpers und muß daher als Hilfsunbekannte eingeführt werden. In ihr sind, worauf besonders hingewiesen sei, Strahlungsbestandteile enthalten, die von sämtlichen Körpern des Systems herrühren und die alle möglichen Wege innerhalb des Systems zurückgelegt haben können. Der Bruchteil der vom k-ten Körper insgesamt reflektierten Energie $E_k^{(r)}$, welcher den i-ten Körper unmittelbar trifft, soll mit $r_{ik} \cdot E_k^{(r)}$ bezeichnet werden. Die gesamte den i-ten Körper treffende reflektierte Energie ergibt sich dann, in gleicher Weise wie vorhin, bei der direkten Strahlung, durch Summation über alle Werte von k zu:

$$\sum_{k=1}^{n} r_{ik} E_k^{(r)} \,. \tag{4b}$$

Die Summe der beiden Bestandteile (4a) und (4b) liefert die gesamte Strahlung A_i in der Form:

$$A_i(E_1, E_2 \ldots E_n) = \sum_{k=1}^{n} (e_{ik} E_k + r_{ik} E_k^{(r)}) \,. \tag{4c}$$

Die dem i-ten Körper zugestrahlte Energie A_i wird also eine lineare Funktion der ausgestrahlten Energien E_k und der reflektierten Energien $E_k^{(r)}$. Führt man den für A_i gefundenen Wert in die Energiebilanz (3) ein, so erhält man die Beziehung:

$$E_i = W_i + a_i \sum_{k=1}^{n} (e_{ik} E_k + r_{ik} E_k^{(r)}) \,. \tag{5}$$

Ferner ergibt die Multiplikation der zugestrahlten Energie A_i mit dem Reflexionsvermögen ϱ_i des i-ten Körpers die vom i-ten Körper reflektierte Energie $E_i^{(r)}$ zu:

$$E_i^{(r)} = \varrho_i \sum_{k=1}^{n} (e_{ik} E_k + r_{ik} E_k^{(r)}) \,. \tag{6}$$

Da diese beiden Gleichungen für jeden der n Körper gelten, so erhält man im ganzen $2n$ Gleichungen, aus denen die $2n$ Unbekannten E_i und $E_i^{(r)}$ ermittelt werden können. Dieses lineare inhomogene Gleichungssystem soll als Grundgleichungssystem bezeichnet werden.

[1] Die Stellung der beiden Indizes von e_{ik} soll von vornherein so festgelegt werden, daß immer der erste den absorbierenden, der zweite den emittierenden Körper bezeichnet.

Die als Hilfsunbekannte eingeführten reflektierten Energien enthalten, entsprechend ihrer Definition, implizit die Summenwerte der unendlichen Reihen, welche bei dem alten Verfahren auftreten und ermittelt werden müssen. Dieses ist bei dem neuen Verfahren nicht nötig, weil die Hilfsunbekannten $E_k^{(r)}$ aus dem Grundgleichungssystem berechnet werden können. Im übrigen braucht diese Berechnung praktisch auch gar nicht durchgeführt zu werden, da ja zur Bestimmung der Körpertemperaturen nur die ausgestrahlten Energien E_i gebraucht werden. Auf diesen Tatsachen beruht die große Überlegenheit des neuen Verfahrens gegenüber dem alten.

Während die Einstrahlzahlen e_{ik} sich aus der geometrischen Anordnung der Körper berechnen lassen, können die Werte r_{ik} (die Spiegelungszahlen) auf diese Weise nicht ermittelt werden, wenn nicht die Entstehung der reflektierten Strahlung im einzelnen untersucht wird. Da dies aber wegen der dabei auftretenden Schwierigkeiten gerade vermieden werden soll, so muß die Berechnung der r_{ik} auf die der e_{ik} zurückgeführt werden, was, wie gezeigt werden wird, unter einer einschränkenden Bedingung möglich ist.

7. Die Einstrahlzahlen e_{ik} und die Spiegelungszahlen r_{ik}.

Es muß des Verständnisses halber zunächst kurz auf die Berechnung der Einstrahlzahlen e_{ik} eingegangen werden. Diese Einstrahlzahlen wurden definiert als das Verhältnis derjenigen vom k-ten Körper ausgesandten Strahlung $e_{ik} E_k$, die den i-ten Körper unmittelbar trifft, zur insgesamt vom k-ten Körper ausgesandten Strahlung E_k. Zu ihrer Berechnung geht man aus von der Strahlung eines Flächenelementes $d\sigma$ des Körpers K auf ein Flächenelement $d\tau$ des Körpers I. Werden die Normalen der Flächenelemente $d\sigma$ bzw. $d\tau$ mit ν_k bzw. ν_i und wird der Abstand zwischen $d\sigma$ und $d\tau$ mit r bezeichnet, so erhält man für diese Strahlung in sinngemäßer Schreibweise den Ausdruck[1]:

$$e_{d\tau\, d\sigma} \cdot E_{d\sigma} = \frac{S_k(p, q)}{r^2} \cos(\nu_k, r) \cdot \cos(\nu_i, r)\, d\sigma\, d\tau\,. \tag{7}$$

Hierin ist $S_k(p, q)$ die spezifische Strahlungsintensität des Körpers K an der Stelle (p, q) des Flächenelementes $d\sigma$. Da diese Strahlungsintensität von der Temperatur der betreffenden Körperstelle abhängig ist, so ist S_k eine Funktion irgendwelcher rechtwinkliger oder krummliniger Koordinaten p und q auf der Körperoberfläche.

Aus der Gl. (7) für die vom Flächenelement $d\sigma$ dem Flächenelement $d\tau$ unmittelbar zugestrahlte Energie gewinnt man nun durch passende Integrationen sowohl die gesamte vom Körper K ausgestrahlte Energie als auch denjenigen Teil $e_{ik} \cdot E_k$ dieser Energie, welcher unmittelbar den Körper I erreicht. Das Verhältnis beider Werte liefert dann die gesuchte Einstrahlzahl e_{ik}.

Zunächst erhält man für die Gesamtstrahlung von K in bekannter Weise den Ausdruck:

$$E_k = \pi \int_{p_1}^{p_2}\int_{q_1}^{q_2} S_k(p, q)\, dp\, dq = \pi\, O_k (S_k\, p^*\, q^*)\,, \tag{8}$$

worin O_k die Oberfläche des Körpers K und $(p^*\, q^*)$ einen Punkt dieser Oberfläche darstellt. Ferner muß man zur Ermittlung der Teilstrahlung des Körpers K auf den Körper I in der Gl. (7) zunächst über alle bestrahlten Flächenelemente $d\tau$ des Körpers I integrieren. Die Grenzen der Integration sind dabei durch bestimmte Grenzwinkel ϑ_1, ϑ_2 und φ_1, φ_2 in einem Polarkoordinatensystem mit

[1] Vgl. z. B. M. PLANCK: Einführung in die theoretische Physik, Bd. 5 S. 146.

$d\sigma$ als Mittelpunkt gegeben. Es wird also die Teilstrahlung von $d\sigma$ auf den Körper I:

$$e_{i d\sigma} E_{d\sigma} = S_k(p, q)\, d\sigma \int_{\varphi_1}^{\varphi_2}\int_{\vartheta_1}^{\vartheta_2} \frac{\cos(\nu_k, r)\cos(\nu_i, r)}{r^2}\, d\tau\,.$$

Für das Integral auf der rechten Seite dieser Gleichung werde als Abkürzung die Funktion

$$U_{ik}(p, q) = \int_{\varphi_1}^{\varphi_2}\int_{\vartheta_1}^{\vartheta_2} \frac{\cos(\nu_k, r)\cos(\nu_i, r)}{r^2}\, d\tau$$

eingeführt. Dann erhält man durch eine weitere Integration über die gesamte Oberfläche des Körpers K für die Teilstrahlung von K auf I den Wert

$$e_{ik} E_k = \int_{p_1}^{p_2}\int_{q_1}^{q_2} S_k(p, q)\, U_{ik}(p, q)\, dp\, dq\,. \tag{9}$$

Aus dieser Gleichung gewinnt man die gesuchte Einstrahlzahl e_{ik}, indem man die Gleichung durch den aus (8) sich ergebenden Wert E_k dividiert. In der so gewonnenen Beziehung ist allerdings die von der Temperaturverteilung an der Oberfläche des betrachteten Körpers abhängige Funktion $S_k(p, q)$ enthalten. Da nun die Körpertemperatur zu ermitteln ist, so wird die Verteilung der Temperatur auf der Oberfläche und damit die Funktion $S_k(p, q)$ im allgemeinen unbekannt sein. Es erscheint daher als zweckmäßig, die rechte Seite der Gl. (9) so umzuformen, daß ein von der Temperaturverteilung unabhängiges Glied abgespalten wird, und daß die Glieder, welche die unbekannte Temperaturverteilung enthalten, in einem Restglied zusammengefaßt werden. Dazu wird die Gleichung zweimal partiell integriert, und man erhält nach einigen Umformungen, wenn man außerdem noch die Division durch Gl. (8) durchführt, die Beziehung:

$$e_{ik} = \frac{1}{\pi O_k}\int_{p_1}^{p_2}\int_{q_1}^{q_2} U_{ik}(p, q)\, dp\, dq + \frac{\Gamma_{ik}}{\pi O_k\, S_k(p^*, q^*)}\,. \tag{10}$$

Hierin ist der erste Summand von der Körpertemperatur vollkommen unabhängig, während das Restintegral Γ_{ik} eine Summe von acht mehrfachen Integralen bildet, in denen die Ableitungen der Funktion $S_k(p, q)$ nach p und q stehen.

Die Einstrahlzahlen e_{ik} können also zahlenmäßig berechnet werden, wenn das Restintegral Γ_{ik} verschwindet bzw. vernachlässigt werden kann. Diese Vernachlässigung wird dann statthaft sein, wenn die Temperaturunterschiede auf der Oberfläche des betreffenden Körpers gering sind, da dann die Ableitungen der Funktion $S_k(p, q)$ verschwinden. Diese für die Berechenbarkeit der Einstrahlzahlen e_{ik} notwendige Bedingung werde als Temperaturbedingung bezeichnet.

Was weiterhin die Spiegelungszahlen r_{ik} anbetrifft, so sind diese definiert als das Verhältnis derjenigen am k-ten Körper reflektierten Strahlung $r_{ik} \cdot E_k^{(r)}$, die den i-ten Körper unmittelbar trifft, zur insgesamt am k-ten Körper reflektierten Strahlung $E_k^{(r)}$. Um bei der Berechnung der r_{ik} nicht auf die verwickelte Entstehung der reflektierten Strahlung eingehen zu müssen, muß man, wie erwähnt, versuchen, ohne Rücksicht auf diese Entstehung einen Zusammenhang zwischen den r_{ik} und e_{ik} herzustellen. Es wird sich zeigen, daß dies in der Tat möglich ist, wenn noch eine einschränkende Annahme gemacht wird, die sich auf den Temperaturgradienten längs der Körperoberfläche bezieht.

Zur Ermittlung des Zusammenhanges zwischen den r_{ik} und e_{ik} muß die Reflexion als diffus angenommen werden, weil bei spiegelnder Reflexion eine allgemeine Lösung der Aufgabe unmöglich ist[1]. Unter dieser Voraussetzung gehorcht die Reflexion dem LAMBERTschen Kosinusgesetz, und es können alle die Betrachtungen, die bei der Berechnung der e_{ik} zu der Gl. (7) für die unmittelbare Strahlung vom Flächenelement $d\sigma$ zum Flächenelement $d\tau$ führten, ohne weiteres auf den vorliegenden Fall übertragen werden. Hierbei muß nur statt der Funktion $S_k(p, q)$ eine zunächst noch unbekannte Funktion $R_k(p, q)$, die „spezifische Reflexionsintensität", eingeführt werden. Damit wird die vom Flächenelement $d\sigma$ zum Element $d\tau$ übertragene reflektierte Strahlung

$$r_{d\tau\, d\sigma} E_{d\sigma}^{(r)} = \frac{R_k(p, q)}{r^2} \cos(\nu_k, r) (\cos \nu_i, r)\, d\sigma\, d\tau . \tag{11}$$

Die Übereinstimmung der Gl. (7) und (11) zeigt, daß der gesuchte Zusammenhang zwischen den e_{ik} und r_{ik} gefunden werden kann, wenn es gelingt, die Funktion $R_k(p, q)$ mit der Funktion $S_k(p, q)$ zu verknüpfen. Da nun die durch $R_k(p, q)$ dargestellte reflektierte Strahlung sich ohne weiteres aus der zugestrahlten Energie ergibt (durch Multiplikation mit ϱ_k), so muß man, um eine solche Verknüpfung zu erhalten, versuchen, auch zwischen der durch $S_k(p, q)$ dargestellten direkten Strahlung und der zugestrahlten Energie eine Beziehung herzustellen. Dies gelingt, indem für ein an der Oberfläche des Körpers K liegendes Volumenelement die Energiebilanz aufgestellt wird. Danach muß, weil ja ein Gleichgewichtszustand vorhanden ist, die diesem Volumenelement in der Zeiteinheit zugeführte Energie gleich der in der Zeiteinheit von ihm abgegebenen Energie sein.

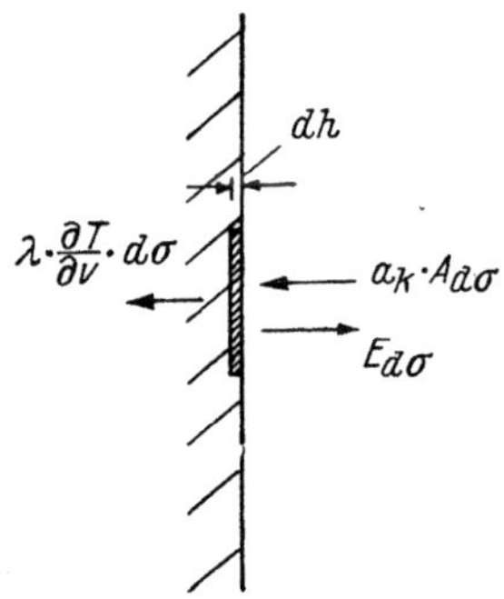

Abb. 1. Schnitt durch die Oberfläche des Körpers k.

Das — zylindrisch gedachte — Volumenelement besitze die Grundfläche $d\sigma$ und die Höhe dh (dh klein gegen den Durchmesser von $d\sigma$, vgl. Abb. 1). Die zugeführte Energie besteht dann aus dem absorbierten Bruchteil der auf das Oberflächenelement $d\sigma$ auftreffenden Strahlungsmenge $A_{d\sigma}$, sie ist also gleich $a_k \cdot A_{d\sigma}$. Die abgegebene Energie setzt sich aus zwei Bestandteilen zusammen, und zwar aus der vom Flächenelement ausgestrahlten Energie $E_{d\sigma}$ und aus der in das Innere des Körpers abgeleiteten Wärmemenge, die gleich $-\lambda \cdot \frac{\delta T}{\delta \nu} \cdot d\sigma$ zu setzen ist (ν die nach innen gerichtete Normale von $d\sigma$). Die Energiebilanz für das betrachtete Volumenelement lautet also:

$$a_k \cdot A_{d\sigma} = E_{d\sigma} - \lambda \cdot \frac{\delta T}{\delta \nu} \cdot d\sigma .$$

Die Beziehung zwischen der direkt ausgestrahlten Energie $E_{d\sigma}$ und der zugestrahlten Energie $A_{d\sigma}$ ist damit gewonnen. Weiterhin ergibt sich die von $d\sigma$ reflektierte Energie zu:

$$E_{d\sigma}^{(r)} = (1 - a_k) \cdot A_{d\sigma} = \varrho_k \cdot A_{d\sigma} .$$

Wird aus den beiden letzten Gleichungen die zugestrahlte Energie $A_{d\sigma}$ eliminiert und werden dann für $E_{d\sigma}$ bzw. $E_{d\sigma}^{(r)}$ die Funktionen $S_k(p, q)$ bzw. $R_k(p, q)$ eingesetzt, so wird:

$$R_k(p, q) = \frac{\varrho_k}{a_k} \left[S_k(p, q) - \frac{\lambda}{\pi} \cdot \frac{\delta T}{\delta \nu} \right] . \tag{12}$$

[1] Diese Annahme ist aber keine Besonderheit des neuen Verfahrens, sie ist vielmehr auch bei dem schon erwähnten alten Verfahren notwendig, soweit bei diesem die Reflexion nicht überhaupt vernachlässigt wird. Andererseits bedeutet diese Annahme in den allermeisten Fällen nur eine sehr geringe Beschränkung der Allgemeingültigkeit, weil bei allen den Aufgaben, bei welchen die Körper sich im glühenden Zustand befinden, die auftreffende Strahlung sehr wahrscheinlich diffus reflektiert wird.

Damit ist auch der Zusammenhang zwischen $R_k(p, q)$ und $S_k(p, q)$ gefunden[1].

Mit Hilfe von (12) kann nun auch die gesuchte Beziehung zwischen den e_{ik} und r_{ik} aufgestellt werden. Zu diesem Zweck muß man zunächst die Gl. (12) in (11) einführen. Man erhält dann die Spiegelungszahl r_{ik} in der gleichen Weise aus (11), in der vorher die Einstrahlzahl e_{ik} aus der analogen Beziehung (7) erhalten wurde. Nach einigen Umformungen wird schließlich:

$$r_{ik} = \frac{1}{\pi O_k} \int_{p_1}^{p_2} \int_{q_1}^{q_2} U_{ik}(p, q)\, dp\, dq + \frac{\Gamma_{ik} - \Gamma_{ik}^{(r)}}{\pi O_k \left[S_k(p^*, q^*) - \frac{\lambda}{\pi} \left(\frac{\delta T}{\delta \nu}\right)_{p', q'}\right]}. \tag{13}$$

Hierin ist (p', q') ein Punkt auf der Oberfläche des Körpers K, Γ_{ik} das bereits besprochene Restintegral und $\Gamma_{ik}^{(r)}$ eine ähnliche Integralsumme, in der die Ableitungen der Normalkomponente $\delta T/\delta \nu$ des Temperaturgradienten an der Körperoberfläche stehen. Diese Ableitungen ergeben sich aus der unbekannten Temperaturverteilung an der Körperoberfläche.

Eine Berechnung von r_{ik} aus Gl. (13) ist möglich, wenn neben Γ_{ik} auch $\Gamma_{ik}^{(r)}$ verschwindet oder zu vernachlässigen ist. Das ist sicher der Fall, wenn sich die Normalkomponente des Temperaturgradienten längs der Oberfläche nur wenig ändert. Unter dieser Bedingung, die als Gradientenbedingung bezeichnet werde, erhält man also aus (13), wenn man noch Gl. (10) berücksichtigt, die einfache Beziehung:

$$e_{ik} = r_{ik} = \frac{1}{\pi O_k} \int_{p_1}^{p_2} \int_{q_1}^{q_2} U_{ik}(p, q)\, dp\, dq. \tag{14}$$

Die gesuchte Beziehung zwischen den r_{ik} und den e_{ik} ist damit gefunden, und zwar sind die beiden Koeffizientenarten unter der einschränkenden Bedingung $(\delta T/\delta \nu) = \text{const}$ einander gleich.

8. Die Ermittlung der Körpertemperaturen aus dem Grundgleichungssystem.

Die zunächst vernachlässigte Wärmeableitung nach außen läßt sich auf Grund der Überlegung berücksichtigen, daß die in der Zeiteinheit vom i-ten Körper abgeleitete Wärmemenge Q_i offenbar ebenso wirkt, als wenn dem i-ten Körper nicht die Energiemenge W_i, sondern eine um Q_i verminderte Energiemenge

$$V_i = W_i - Q_i \tag{15}$$

von außen zugeführt wird. Man hat infolgedessen nur diese Hilfsenergie V_i statt W_i in die Grundgleichungen (5) und (6) einzuführen. Beachtet man außerdem noch die Gleichheit der e_{ik} und r_{ik}, so erhält man also schließlich das Grundgleichungssystem in der allgemeinsten Form:

$$\left.\begin{aligned} E_i &= V_i + a_i \cdot \sum_{k=1}^{n}{}' e_{ik}(E_k + E_k^{(r)}) \\ E_i^{(r)} &= \varrho_i \cdot \sum_{k=1}^{n} e_{ik}(E_k + E_k^{(r)}) \,. \end{aligned}\right\} \tag{16}$$

Dieses Grundgleichungssystem ist lösbar, wenn seine Determinante von Null verschieden ist. Das Vorhandensein einer Lösung wird sich mathematisch zwar schwer beweisen lassen, physikalisch ist es aber ohne weiteres einzusehen, daß

[1] Der Fall $a = 0$ kann unberücksichtigt bleiben, da das Absorptionsvermögen Null praktisch nicht vorkommt.

eine Lösung vorhanden sein muß; denn unter den am Anfang angegebenen Voraussetzungen muß sich ein Gleichgewichtszustand einstellen, in welchem die Temperaturen der Körper durch die zugeführten Energiemengen eindeutig bestimmt sind.

Zur Ermittlung der gesuchten Körpertemperaturen T_i aus dem Grundgleichungssystem werden zunächst durch Auflösung des Systems die Energien E_i bestimmt. Bei fehlender Wärmeleitung, d. h. für $Q_i = 0$, sind die so gefundenen E_i-Werte in die Gl. (1) einzusetzen, wodurch sich dann die T_i unmittelbar ergeben. Bei nicht zu vernachlässigender Wärmeleitung werden jedoch die Hilfsenergien V_i von der Temperatur T_i abhängig, weil die in ihnen enthaltenen Q_i von T_i abhängen. Infolgedessen ergibt in diesem Fall die Lösung des Grundgleichungssystems (16) die E_i-Werte nicht als feste Werte, sondern als Funktionen der Körpertemperaturen T_i, d. h. es wird:

$$E_i = \Phi_i (T_1 \ldots T_n) \; (i = 1 \ldots n) .$$

Wird in diese Gleichungen nun der für E_i aus (1) sich ergebende Wert $O_i \cdot \psi_i (T_i)$ eingeführt, so erhält man ein System von n Gleichungen:

$$\chi_i (T_1 \ldots T_n) = 0 \tag{17}$$

für die Unbekannten $T_1 \ldots T_n$. Diese Gleichungen sind allerdings nicht mehr linear, sondern es werden im Gegenteil die T_i irrationale Exponenten besitzen, so daß eine allgemeine Lösung nicht möglich ist. In der Praxis ist es aber meistenteils so, daß wenigstens bei dem größeren Teil der n Körper die Wärmeleitung vernachlässigt werden kann und daß, sobald nur die Wärmeleitung von ein oder zwei Körpern in das System (17) eingeht, eine graphische Lösung stets möglich ist.

Bei der praktischen Durchführung zerfällt also das neue Verfahren in drei Abschnitte. Zunächst sind mit Hilfe der Gl. (14) die Koeffizienten e_{ik} zu berechnen. Die bei dieser Berechnung auftretenden Integrationen können zwar unter Umständen sehr umständlich sein, im Prinzip handelt es sich jedoch immer nur um die Ausführung von Quadraturen. Es folgt dann weiter die Auflösung des linearen Gleichungssystems (16), die stets möglich ist. Schließlich ist dann noch die mittlere Körpertemperatur T_i entweder bei zu vernachlässigender Wärmeleitung aus der Gl. (1) oder aber bei nicht zu vernachlässigender Wärmeleitung durch Auflösung des Gleichungssystem (17) zu ermitteln.

Durch das angegebene neue Verfahren ist ein Weg gezeigt worden, auf dem jedes Wärmeübergangsproblem, das den zu Anfang erwähnten Voraussetzungen gehorcht, prinzipiell gelöst werden kann[1]. Für die praktische Anwendung des Verfahrens ergibt sich allerdings eine Einschränkung durch die beiden Grundbedingungen, daß sowohl die Körpertemperatur als auch die Normalkomponente des Temperaturgradienten sich längs der Oberfläche der Körper nur wenig ändern dürfen. Das Erfülltsein dieser beiden Bedingungen kann nicht dadurch festgestellt werden, daß die beiden Restintegrale Γ_{ik} und $\Gamma_{ik}^{(r)}$ explizit ausgerechnet werden, weil diese von der unbekannten Temperaturverteilung an der Körperoberfläche abhängen. Vielmehr muß man sich darauf beschränken, die Größe dieser beiden Restintegrale abzuschätzen. Diese Abschätzung muß in der Weise erfolgen, daß aus der Form und der gegenseitigen Lage der Körper Schlüsse in bezug auf das zu erwartende Verhalten der Temperatur und ihres Gradienten gezogen werden.

[1] Durch das vorliegende Verfahren wird schon bei dem bereits erwähnten Zweikörperproblem eine wesentliche Vereinfachung der Rechnung erzielt, indem statt der geometrischen Reihen nur ein einfaches System von vier linearen Gleichungen zu lösen ist.

II. Die Berechnung der Gittertemperatur von Elektronenröhren.

Für die Untersuchung der thermischen Gitteremission von Empfänger- und Senderöhren ist es wichtig, die Temperatur des Steuergitters dieser Röhren zu kennen. Zur Ermittlung dieser Gittertemperatur kann das soeben angegebene allgemeine Verfahren zur Berechnung des Wärmeüberganges benutzt werden. Im folgenden soll dieses Verfahren auf derartige Röhren übertragen und festgestellt werden, welche Genauigkeit hierbei erreicht werden kann.

1. Die Aufgabenstellung.

Gegeben sei eine indirekt geheizte Röhre mit n zylindrischen Elektroden. Alle diese Elektroden besitzen eine gemeinsame Längsachse, und zwar sind Kathode und Anode regelrechte Zylinderflächen, während jedes der $(n - 2)$ Gitter im allgemeinen aus einer Wendel aus dünnem Draht besteht, die als Schraubenlinie ebenfalls auf einer Zylinderfläche, dem Gitterzylinder, verläuft. Die einzelnen Windungen des Gitters sind auf eine oder mehrere parallel zur Achse des Gitterzylinders verlaufende Streben aufgeschweißt. Sämtliche Elektroden sollen die gleiche Länge l besitzen.

Die n Elektroden sind von einem Glaskolben umgeben, welcher streng genommen sowohl eigene Strahlung aussendet, wie die auf ihn auffallende Strahlung reflektiert. Beide Strahlungsmengen können indessen stets vernachlässigt werden, weil einerseits die Temperatur des Glaskolbens nur wenig über Zimmertemperatur liegt und andererseits das Reflexionsvermögen des Glases im allgemeinen klein ist. Das gilt auch, wenn ein Metallbelag den Kolben umgibt, da das Glas für die von den Elektroden ausgesandte langwellige Strahlung ein so großes Absorptionsvermögen besitzt, daß der tatsächlich in das Innere der Röhre gelangende Teil der reflektierten Energie trotz des großen Reflexionsvermögens der Metallschicht gering bleibt.

In Anlehnung an die praktisch vorkommenden Fragestellungen sollen die Temperatur T_1 der Kathode $(i = 1)$ und die den Gittern $(i = 2 \ldots n - 1)$ bzw. der Anode $(i = n)$ in Form von Gitter- bzw. Anodenverlustleistung zugeführten Energien $W_2 \ldots W_n$ als bekannt vorausgesetzt werden. Es sind also die Temperaturen $T_2 \ldots T_{n-1}$ der Gitter in Abhängigkeit von diesen gegebenen Größen zu berechnen.

2. Die Untersuchung der Anwendbarkeit des allgemeinen Verfahrens.

Ehe das allgemeine Verfahren auf die n-Elektrodenröhre angewendet werden darf, muß untersucht werden, ob die beiden Grundbedingungen (Temperatur- und Gradientenbedingung), welche die Anwendbarkeit des Verfahrens beschränken, für jede einzelne Elektrode erfüllt sind.

Was die Kathode betrifft, so können längs ihrer Oberfläche zwar größere Temperaturunterschiede auftreten, jedoch ist dies für die Anwendbarkeit des Verfahrens ohne Bedeutung, weil neben der Temperatur auch die Temperaturverteilung auf der Kathodenoberfläche als bekannt vorausgesetzt werden kann. In diesem Falle ist es daher möglich, die auf die Kathode sich beziehenden Restintegrale Γ_{i1} der Einstrahlzahlen e_{i1} explizit auszurechnen und die letzteren auch bei beliebig großen Temperaturunterschieden auf der Kathode zu ermitteln[1].

[1] Es kann außerdem gezeigt werden, daß die Restintegrale Γ_{i1} auch bei den größten praktisch vorkommenden Temperaturunterschieden auf der Kathode immer noch so klein sind, daß sie vernachlässigt werden können. Die auf die Spiegelungszahlen r_{i1} sich beziehenden Restintegrale $\Gamma_{i1}^{(r)}$ können, wie hieraus mit Hilfe einer kleinen Umrechnung leicht gefolgert werden kann, ebenfalls vernachlässigt werden.

Bei der Anode ist, da diese nur durch einige verhältnismäßig dünne Streben gehalten wird, die Wärmeableitung nach außen gering. Infolgedessen sind die Temperaturunterschiede auf der Anodenoberfläche klein, und es ist die Temperaturbedingung sicher erfüllt. Ferner kann die Gradientenbedingung dadurch erfüllt werden, daß die beiden Seiten der Anode getrennt betrachtet werden. Die Berechnung der Einstrahlzahlen und die an der Anode reflektierte Energie $E_n^{(r)}$ werden demgemäß nur auf die Innenseite der Anode bezogen, während die Außenseite lediglich dadurch berücksichtigt wird, daß im Grundgleichungssystem die von der Anode ausgestrahlte Energie E_n den Faktor 2 erhält.

Bei den Gittern reicht die getrennte Betrachtung der beiden Gitterseiten allein jedoch nicht zur Erfüllung der Gradientenbedingung aus, weil wegen des runden Querschnittes der Gitterwindungen und -streben der Temperaturgradient beim Übergang von der einen zur anderen Seite des Gitters keinen Sprung macht, sondern stetig von positiven zu negativen Werten übergeht. Es müssen daher die wirklich vorhandenen realen Gitter derart idealisiert werden, daß die Änderung des Gradienten beim Übergang von der Innen- zur Außenseite sprunghaft vor sich geht; dabei müssen sie natürlich in bezug auf den Strahlungsaustausch den realen möglichst gleich bleiben.

Diese beiden Forderungen lassen sich dadurch erfüllen, daß einmal die Dicke der Gitterwindungen und -streben verschwindend klein und andererseits die für das Auftreffen bzw. die Abgabe der Strahlung in den beiden Fällen maßgebenden Flächen möglichst gleich groß gemacht werden. Dementsprechend wird das reale Gitter durch ein idealisiertes ersetzt, das aus kreisförmigen Ringen von verschwindender Dicke besteht, die aus dem Gitterzylinder herausgeschnitten sind. Die Anzahl dieser Ringe ist gleich der Anzahl der Windungen des realen Gitters, ihre Höhe gleich dem Durchmesser des Gitterwickeldrahtes und ihr gegenseitiger Abstand, gerechnet von Mitte zu Mitte, gleich der Steigung der realen Gitterwendel. Die Haltestreben des realen Gitters werden durch Blechstreifen verschwindender Dicke idealisiert, deren Breite dem Durchmesser der wirklich vorhandenen Gitterstreben gleich ist.

Die so erzielte sprunghafte Änderung des Temperaturgradienten ermöglicht es, alle in bezug auf die Anode angestellten Überlegungen auf die Gitter zu übertragen. Wird nämlich vorausgesetzt, daß die Gitter eine nahezu konstante Temperatur besitzen — auf die Berechtigung dieser Voraussetzung wird weiter unten noch eingegangen werden — so erfüllt jede der beiden Seiten eines Gitters für sich die Gradientenbedingung, und es ist also nur noch notwendig, die beiden Seiten des Gitters, ebenso wie vorher die der Anode, getrennt zu betrachten.

Im Gegensatz zur Anode ist allerdings die auf die Außenseite der Gitter auftreffende Strahlung nicht mehr verschwindend klein. Man muß daher die Strahlungsübergänge für jede einzelne der beiden Gitterseiten unabhängig voneinander untersuchen und deswegen jeder Seite eine besondere Einstrahlzahl im Grundgleichungssystem zuordnen. Weiterhin müssen dann auch die in der Zeiteinheit von der Innenseite der i-ten Elektrode reflektierte Strahlung ($E_i^{(ri)}$) und die von deren Außenseite reflektierte Energie ($E_i^{(ra)}$) getrennt betrachtet werden. Beide Energien besitzen für die $(n-2)$ Gitter einen von Null verschiedenen Wert, dagegen ist für die Kathode $E_1^{(ri)}$ und für die Anode $E_1^{(ra)}$ gleich Null. Schließlich muß noch, um die Tatsache zu berücksichtigen, daß beide Seiten der Gitter eine — natürlich gleich große — Energiemenge ausstrahlen, die von den Gittern ausgestrahlte Energie E_i $(i = 2 \ldots n-1)$ ebenso wie die der Anode im Grundgleichungssystem mit dem Faktor 2 versehen werden.

Wirklich zulässig ist die Anwendung des neuen Verfahrens auf die n-Elektrodenröhre mit den idealisierten Gittern erst dann, wenn auch die oben angeführte Voraussetzung nahezu konstanter Gittertemperatur mit der daraus sich ergebenden Folgerung eines nahezu konstanten Temperaturgradienten auf jeder der beiden Gitterseiten als zu Recht bestehend nachgewiesen wird. Diese Voraussetzung ist sicher dann erfüllt, wenn ebenso wie bei der Anode auch bei den Gittern die Wärmeableitung nach außen sehr gering ist. Dagegen kann der Fall großer Wärmeableitung nach außen erst weiter unten behandelt werden.

3. Die Einteilung der Einstrahlzahlen in drei Klassen.

Zur Ermittlung der Änderungen, welche die Definition und Berechnung der Einstrahlzahlen durch die Unterteilung der Elektrodengesamtflächen in Innen- und Außenseite erfahren müssen, ist es notwendig, die verschiedenen Möglichkeiten des Strahlungsüberganges zwischen den einzelnen Elektroden näher zu untersuchen. Am zweckmäßigsten geschieht dies dadurch, daß die Herkunft der auf die beiden Seiten einer beliebigen (i-ten) Elektrode auftreffenden Strahlung festgestellt wird. (Vgl. Abb. 2, welche die Strahlungsübergänge an Hand eines Horizontalschnittes durch die n-Elektrodenröhre veranschaulicht.)

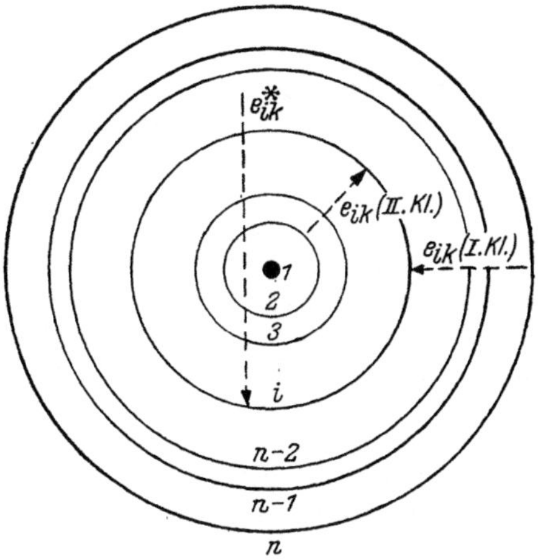

Abb. 2. Veranschaulichung der Strahlungsübergänge in der n-Elektrodenröhre.

Was zunächst die auf die Außenseite der i-ten Elektrode fallende Strahlung anlangt, so kann diese wegen der zylindrischen Anordnung offenbar nur von der Innenseite einer anderen außerhalb der i-ten gelegenen Elektrode K herrühren. Es ist hierfür also $k \geqq (i + 1)$.

Die auf die Innenseite der i-ten Elektrode treffende Strahlung kann einmal von den Außenseiten derjenigen Elektroden stammen, welche innerhalb der i-ten liegen, für die also $k \leqq (i - 1)$ ist. Weiterhin können aber auch die Innenseiten aller übrigen Elektroden mit Ausnahme der Kathode durch die Zwischenräume zwischen den Gitterwindungen hindurch Strahlung auf die Innenseite der i-ten Elektrode senden. Für diesen Fall unterliegt also der Index k der strahlenden Elektrode außer der Bedingung $k \geqq 2$ keiner Beschränkung.

Damit diese drei Möglichkeiten des Strahlungsüberganges begrifflich auseinandergehalten werden können, soll jeder von ihnen einer bestimmten Klasse von Einstrahlzahlen zugeordnet werden.

Für die Einstrahlzahlen e_{ik} der ersten Klasse, für welche $k \geqq i + 1$ sein soll, sei $e_{ik} \cdot E_k$ der Bruchteil der von der Innenseite der k-ten Elektrode ausgesandten Strahlung, der die Außenseite der i-ten Elektrode trifft.

Für die Einstrahlzahlen e_{ik} der zweiten Klasse[1], für die $k \leqq i - 1$ sein soll, sei $e_{ik} \cdot E_k$ der Bruchteil der von der Außenseite der k-ten Elektrode ausgesandten Strahlung, welcher die Innenseite der i-ten Elektrode trifft.

Für die Einstrahlzahlen e^*_{ik} der dritten Klasse, für die $k \geqq 2$ ist, sei $e^*_{ik} \cdot E_k$ der Bruchteil der von der Innenseite der k-ten Elektrode ausgesandten Strahlung, welcher die Innenseite der i-ten Elektrode trifft.

[1] Die Einstrahlzahlen der ersten und zweiten Klasse brauchen in ihrer Bezeichnung nicht auseinandergehalten zu werden, denn für ein bestimmtes k besteht stets nur eine der beiden vorhandenen Übergangsmöglichkeiten, so daß eine Verwechslung nicht befürchtet zu werden braucht.

Alle diese $(n-1)\cdot(2n-1)$ Einstrahlzahlen lassen sich mit Hilfe der Gl. (14) berechnen, wobei jedoch entsprechend der Zweiteilung der von jeder Elektrode ausgesandten Gesamtenergie als strahlende Oberfläche stets die einseitige Oberfläche der betrachteten Elektrode einzusetzen ist.

4. Das Grundgleichungssystem.

Zur Aufstellung der Grundgleichungen werde die erste der für den i-ten Körper angegebenen beiden Gl. (16) betrachtet. In ihr steht auf der linken Seite die von der i-ten Elektrode ausgestrahlte Energie. Diese besitzt für $i=1$ den Wert E_1, dagegen für $i \geqq 2$ den Wert $2E_i$, sie ist also allgemein mit einem Faktor ε_i zu versehen, der für $i=1$ den Wert 1 und für alle übrigen i den Wert 2 annimmt.

Die auf der rechten Seite der genannten Gleichung stehende Summe, welche die der i-ten Elektrode von den übrigen Elektroden zugestrahlte Energie darstellt, zerfällt jetzt entsprechend den drei verschiedenen Übergangsmöglichkeiten in drei Teilsummen mit den entsprechenden Einstrahlzahlen der ersten, zweiten oder dritten Klasse. Bei der reflektierten Strahlung ist natürlich der Unterschied zwischen der von der Innen- und der von der Außenseite reflektierten Energie zu beachten, und zwar beziehen sich gemäß ihrer Definition die Einstrahlzahlen der ersten und der dritten Klasse auf die von der Innenseite der k-ten Elektrode reflektierte Energie $E_k^{(ri)}$, die der zweiten hingegen auf die von der Außenseite der k-ten Elektrode reflektierte Energie $E_k^{(ra)}$. Die Grenzen jeder der drei Teilsummen schließlich ergeben sich aus dem bei der Definition angegebenen Geltungsbereich der betreffenden Einstrahlzahlen, und zwar muß über diejenigen Werte von k summiert werden, für welche ein Energieübergang zwischen den jeweils betrachteten Seiten der k-ten und der i-ten Elektrode möglich ist. Unter Berücksichtigung dieser Ausführungen ergibt sich die Beziehung:

$$\varepsilon_i\cdot E_i = V_i + a_i\cdot\left\{\sum_{k=i+1}^{n} e_{ik}(E_k+E_k^{(ri)}) + \sum_{k=1}^{i-1} e_{ik}(E_k+E_k^{(ra)}) + \sum_{k=2}^{n} e_{ik}^{*}(E_k+E_k^{(ri)})\right\}. \quad (18)$$

$$i = 1 \ldots n.$$

$$\varepsilon_1 = 1$$

$$\varepsilon_2=\varepsilon_3=\cdots=\varepsilon_n=2 \qquad e_{1k}^{*}=0.$$

Ein weiteres System von Gleichungen ergibt sich aus der Tatsache, daß der zweite und der dritte Summand innerhalb der geschweiften Klammer von (18) die gesamte Energie darstellen, welche die Innenseite der i-ten Elektrode trifft. Diese Gesamtenergie multipliziert mit dem Reflexionsvermögen ϱ_i liefert die von der Innenseite der i-ten Elektrode reflektierte Energie $E_i^{(ri)}$, so daß man die Beziehung erhält:

$$E_i^{(ri)} = \varrho_i\cdot\left\{\sum_{k=1}^{i-1} e_{ik}(E_k+E_k^{(ra)}) + \sum_{k=2}^{n} e_{ik}^{*}(E_k+E_k^{(ri)})\right\}. \quad (19)$$

$$i = 2 \ldots n.$$

Die noch fehlenden Gleichungen ergeben sich auf Grund der entsprechenden Überlegung, daß der erste Summand in der geschweiften Klammer von (18) die gesamte auf die Außenseite der i-ten Elektrode treffende Energie darstellt. Multipliziert man diesen Summanden mit dem Reflexionsvermögen ϱ_i, so erhält man die von der Außenseite der i-ten Elektrode reflektierte Energie $E_i^{(ra)}$, und es wird:

$$E_i^{(ra)} = \varrho_i\cdot\sum_{k=i+1}^{n} e_{ik}(E_k+E_k^{(ri)}). \quad (20)$$

$$i = 1 \ldots (n-1).$$

Durch diese drei Beziehungen (1, 2 u. 3) wird das zur Berechnung der $3n-2$ Unbekannten notwendige lineare System von $3n-2$ Gleichungen als Grundgleichungssystem für die n-Elektrodenröhre erhalten.

5. Die Berechnung der Einstrahlzahlen für unendlich lange Elektroden.

Der Einfachheit halber soll die Berechnung der Einstrahlzahlen zunächst für unendlich lange Elektroden durchgeführt werden. Damit jedoch nicht mit unendlichen Werten für die Abmessungen und Energien gerechnet werden muß, werde aus den unendlich langen Elektroden durch zwei Schnitte senkrecht zur Achse ein Teilstück von der Länge l herausgeschnitten und dieses Stück in seiner Lage zwischen den beiden ins Unendliche verlaufenden Reststücken belassen. Es herrschen dann dieselben Strahlungsverhältnisse wie bei unendlich langen Elektroden, dagegen bleiben die Elektrodenabmessungen, welche man für die Untersuchung braucht, endlich. Die Einstrahlzahlen für eine derartige Röhre seien mit e_{ik}^{∞} bzw. mit $e_{ik}^{*\infty}$ bezeichnet.

Die Berechnung dieser Einstrahlzahlen wird sich deswegen als verhältnismäßig einfach erweisen, weil bei den in technischen Röhren verwendeten Gittern die Anzahl der Gitterwindungen stets groß und der Durchmesser des Gitterwickeldrahtes klein ist im Verhältnis zur Gittersteigung und zum gegenseitigen Abstand der Elektroden. Ferner ist auch der Durchmesser der Gitterstreben klein gegenüber ihrem gegenseitigen Abstand und gegenüber der Entfernung der Elektroden voneinander. Alle diese Tatsachen seien unter dem Begriff der „feinen Gitterunterteilung“ zusammengefaßt.

Zur Kennzeichnung der Berechnungsweise der Einstrahlzahlen e_{ik}^{∞} bei solchen fein unterteilten Gittern werde wiederum der Strahlungsübergang von der strahlenden k-ten zur auffangenden i-ten Elektrode betrachtet. Unter der Voraussetzung, daß die strahlende Elektrode sich innerhalb der bestrahlten befindet, sollen zunächst zwei Elektroden betrachtet werden, die unmittelbar aufeinander folgen. Dann trifft die gesamte von der betreffenden Seite der k-ten Elektrode ausgesandte Strahlung auf die Innenseite der i-ten Elektrode bzw. des zugehörigen Gitterzylinders. Befinden sich dagegen, wie es im allgemeinen der Fall sein wird, zwischen den beiden betrachteten Elektroden noch ein oder mehrere Gitter, so schirmen diese einen Teil der von der k-ten Elektrode ausgesandten Strahlung ab. Nur der restliche Bruchteil wird durchgelassen und trifft die an der Stelle der i-ten Elektrode befindliche Zylinderfläche.

Zur Ermittlung dieses durchgelassenen Bruchteils soll zunächst die Abschirmwirkung für den Fall untersucht werden, daß nur ein einziges abschirmendes Gitter vorhanden ist. Jede einzelne Windung dieses Gitters erzeugt dann in dem betrachteten Strahlengang einen Schatten, und zwar wird bei der vorausgesetzten feinen Gitterunterteilung der Kernschatten wegen der geringen Dicke der Windungen verhältnismäßig kurz sein, so daß die Schattenbilder der einzelnen Windungen an der Stelle des verhältnismäßig weit entfernten auffangenden Gitterzylinders bereits sehr verwaschen sind. Bei der großen Anzahl der Gitterwindungen wird daher die Überlagerung der Schattenbilder sämtlicher Windungen keinerlei durch die Abschirmung bewirkte Maxima und Minima der Intensität längs der auffangenden Fläche ergeben. Daher wird die Strahlungsdichte der vom abschirmenden Gitter hindurchgelassenen Strahlung lediglich in einem konstanten Verhältnis geschwächt sein, d. h. es ist die Verteilung der Strahlungsdichte der durchgelassenen Strahlung entlang der auffangenden Fläche die gleiche wie bei fehlendem abschirmenden Gitter.

An diesen Überlegungen ändert sich nichts, wenn statt des einen mehrere abschirmende Gitter vorhanden sind. Die gesamte abschirmende Wirkung, welche alle zwischen der k-ten und der i-ten Elektrode befindlichen Gitter auf die von der betreffenden Seite der k-ten Elektrode ausgestrahlte Energie E_k ausüben, läßt sich also bei feiner Gitterunterteilung dadurch berücksichtigen, daß diese Energie E_k mit einem Faktor α_{ik} multipliziert wird, wobei die Größe $\alpha_{ik} E_k$ denjenigen Bruchteil der Energie E_k angeben soll, der von den abschirmenden Gittern durchgelassen wird (α_{ik} = „Durchlaßfaktor").

Von der Energie $\alpha_{ik} E_k$, welche auf die an der Stelle der i-ten Elektrode befindliche Zylinderfläche auftrifft, wird nur ein gewisser Bruchteil aufgefangen, wenn die auffangende Elektrode ein Gitter ist. Der nicht aufgefangene Rest geht durch die Gitterlücken hindurch zu anderen Elektroden weiter. Der aufgefangene Bruchteil läßt sich dadurch bestimmen, daß die auf die ganze Zylinderfläche auftreffende Strahlung mit einem zweiten Faktor β_{ik} (dem „Auffangfaktor") multipliziert wird. Der Auffangfaktor β_{ik} hängt von den Abmessungen des auffangenden Gitters und der Verteilung der Strahlungsdichte der auf das auffangende Gitter fallenden Strahlung ab. Da sich nach den oben gemachten Ausführungen die Verteilung der Strahlungsdichte durch die Abschirmwirkung irgendwelcher vorhergehender Gitter nicht ändert, so ist der Auffangfaktor mit und ohne Abschirmung der gleiche, d. h. der Auffangfaktor ist unabhängig vom Durchlaßfaktor.

Durch diese beiden Faktoren α_{ik} und β_{ik} sind die Einstrahlzahlen e_{ik}^{∞} bzw. $e_{ik}^{*\infty}$, die angeben, welcher Bruchteil der von einer Seite der k-ten Elektrode ausgesandten Strahlungsmenge E_k auf eine Seite der i-ten Elektrode fällt, eindeutig bestimmt. Da nach dem Vorhergehenden die zwischen den beiden Seiten dieser Elektroden übergehende Strahlungsmenge den Wert $\alpha_{ik} \cdot \beta_{ik} E_k$ besitzt, so ergeben sich für die Einstrahlzahlen die Werte:

$$\left.\begin{aligned} e_{ik}^{\infty} &= \alpha_{ik}\,\beta_{ik} \\ e_{ik}^{*\infty} &= \alpha_{ik}^{*} \cdot \beta_{ik}^{*}\,. \end{aligned}\right\} \qquad (21)$$

Zur Berechnung der Einstrahlzahlen mit Hilfe dieser Beziehungen sind zuerst die Auffangfaktoren zu bestimmen. Das geschieht, indem man sich die zwischen der ausstrahlenden und der auffangenden Elektrode befindlichen Gitter entfernt denkt und dadurch einen ungehinderten Strahlungsübergang ermöglicht. Sind auf diese Weise die Auffangfaktoren, die zu allen Einstrahlzahlen einer bestimmten Klasse gehören, ermittelt, so können auch die Durchlaßfaktoren leicht berechnet werden. Um nämlich den Durchlaßfaktor für einen bestimmten Strahlungsübergang zu erhalten, muß man von der Strahlung, die bei fehlender Abschirmung auf den Gitterzylinder trifft, der sich an der Stelle der bestrahlten i-ten Elektrode befindet, diejenige Strahlung abziehen, welche von den abschirmenden Gittern aufgefangen wird. Die zuletzt genannte Strahlungsmenge ergibt sich aber mit Hilfe der zuvor berechneten Auffangfaktoren.

Die bisherigen Überlegungen galten unter der Voraussetzung, daß die strahlende k-te Elektrode sich innerhalb der bestrahlten i-ten Elektrode befindet ($k \leqq i - 1$). Zur Ermittlung der noch fehlenden Einstrahlzahlen benutzt man am besten eine hier nicht abgeleitete Symmetriebeziehung, nach der allgemein zwischen zwei Einstrahlzahlen e_{ik} und e_{ki} die Gleichung

$$O_k \cdot e_{ik} = O_i \cdot e_{ki}$$

besteht.

Werden die Einstrahlzahlen e_{ik}^{∞} und $e_{ik}^{*\infty}$ entsprechend dem soeben geschilderten Gedankengang berechnet, so erhält man unter Einführung der folgenden Bezeichnungen: r_i = Radius des Gitterzylinders, δ_i = Durchmesser des Gitterwickeldrahtes, $\delta_i' =$ Durchmesser der Gitterstreben, $m_i =$ Anzahl der Streben und $\zeta_i =$ Steigung des i-ten Gitters und der Abkürzung:

$$v_i = \frac{\delta_i}{\zeta_i} + m_i \cdot \frac{\delta_i'}{2\pi r_i} \cdot \left(1 - \frac{\delta_i}{\zeta_i}\right) \tag{22}$$

die Formeln:

$$e_{ik}^{\infty} = v_i \cdot \prod_{\mu=k+1}^{i-1} (1 - v_\mu) \qquad \text{für } k \leqq i - 1\,, \tag{23}$$

$$e_{ik}^{\infty} = v_i \cdot \frac{r_i}{r_k} \cdot \prod_{\mu=i+1}^{k-1} (1 - v_\mu) \qquad \text{für } k \geqq i + 1\,, \tag{24}$$

$$e_{ik}^{*\infty} = v_i \cdot \prod_{\mu=k}^{i-1} (1 - v_\mu) \cdot \left[1 - \sum_{\nu=1}^{k=1} e_{\nu k}^{\infty} - \sum_{\nu=2}^{k=1}{}' e_{\nu k}^{*\infty}\right] \qquad \text{für } k \leqq i\,, \tag{25}$$

$$e_{ik}^{*\infty} = v_i \cdot \frac{r_i}{r_k} \cdot \prod_{\mu=i}^{k-1} (1 - v_\mu) \cdot \left[1 - \sum_{\nu=1}^{i-1} e_{\nu i}^{\infty} - \sum_{\nu=2}^{i-1}{}' e_{\nu i}^{*\infty}\right] \qquad \text{für } k \geqq i + 1\,. \tag{26}$$

Die Formeln für die $e_{ik}^{*\infty}$ sind Rekursionsformeln, die aber, wie man leicht einsieht, zur Berechnung sämtlicher $e_{ik}^{*\infty}$ ausreichen.

6. Die Erweiterung der Einstrahlzahlenberechnung auf Elektroden endlicher Länge.

Wir denken uns jetzt die ins Unendliche reichenden Endstücke der Elektroden entfernt und betrachten das dann allein übrigbleibende Mittelstück von der endlichen Länge l. Dann trifft auch beim Fehlen jeglicher Abschirmung nicht mehr die gesamte von der strahlenden k-ten Elektrode ausgesandte Strahlungsmenge auf die an der Stelle der i-ten Elektrode befindliche gleich lange Zylinderfläche ($k \leqq i - 1$), sondern nur ein gewisser Bruchteil $\gamma_{ik} \cdot E_k$, während der restliche Teil dem System an den Elektrodenenden verlorengeht. Trotzdem bleiben alle Überlegungen, welche im vorhergehenden Abschnitt zur Aufstellung der Formeln für die Einstrahlzahlen e_{ik}^{∞} bzw. $e_{ik}^{*\infty}$ führten, unverändert gültig, wenn an die Stelle der Strahlungsmenge E_k der Ausdruck $\gamma_{ik} \cdot E_k$ gesetzt wird. Man erhält daher die gesuchten Einstrahlzahlen e_{ik} bzw. e_{ik}^* einer Röhre mit endlich langen Elektroden einfach dadurch, daß man die entsprechenden für unendlich lange Elektroden gefundenen Einstrahlzahlen e_{ik}^{∞} bzw. $e_{ik}^{*\infty}$ mit dem Faktor γ_{ik}, dem Stirnflächenfaktor, multipliziert, d. h. es wird:

$$e_{ik} = \gamma_{ik} \cdot e_{ik}^{\infty}; \quad e_{ik}^* = \gamma_{ik}^* \cdot e_{ik}^{*\infty}. \tag{27}$$

Zur Berechnung der γ_{ik} muß untersucht werden, welcher Bruchteil der vom ($k - 1$)-ten Gitterzylinder von der Länge l ausgesandten Strahlung beim Fehlen jeglicher Abschirmung auf den ($i - 1$)-ten Gitterzylinder von der gleichen Länge trifft. Gemäß der Definition der Einstrahlzahlen ist γ_{ik} also einfach diejenige Einstrahlzahl, welche zu dem Strahlungsübergang zwischen den beiden angegebenen Gitterzylindern gehört. Zur Berechnung dieser Einstrahlzahl müssen die in Abschnitt I angegebenen Formeln benutzt werden.

Diese Berechnung wird an Hand der Abb. 3, einer perspektivischen Zeichnung der beiden zu betrachtenden Gitterzylinder, durchgeführt. Als Koordinaten werden Zylinderkoordinaten benutzt, deren Achse mit der Achse des Elektrodensystems übereinstimmt. Es wird also: $p = z$; $q = r_k \cdot \psi$, womit man aus Gl. (14) für γ_{ik} den Wert

$$\gamma_{ik} = \frac{r_k}{\pi O_k} \cdot \int_0^{2\pi} \int_0^{l} U_{ik}(\psi, z)\, d\psi\, dz \tag{28}$$

gewinnt.

Die Gl. (9) für die Wärmeübertragungsfunktion U_{ik} muß noch etwas umgeformt werden. Zu diesem Zweck betrachten wir das in Abb. 4 gezeichnete Kugelkoordinatensystem mit dem Ursprung im strahlenden Flächenelement $d\sigma$.

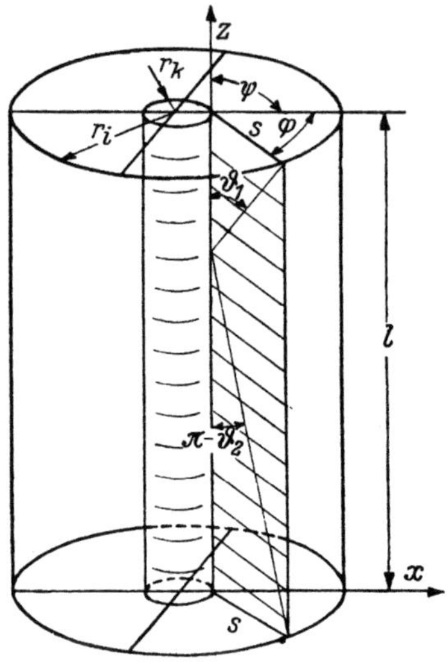

Abb. 3. Zur Berechnung der Stirnflächenfaktoren γ_{ik}.

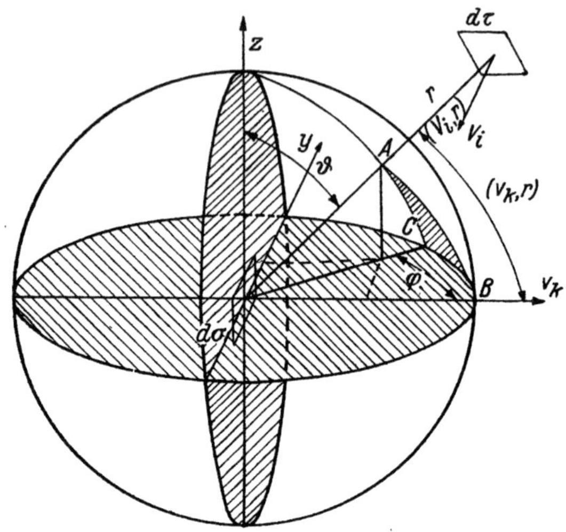

Abb. 4. Kugelkoordinatensystem.

Bekanntlich ist: $$\frac{d\tau\cdot\cos(v_i, r)}{r^2} = \sin\vartheta\, d\vartheta\, d\varphi\,.$$

Ferner, wie aus dem in Abb. 5 herausgezeichneten Kugeldreieck ABC ohne weiteres abzulesen ist:

$$\cos(v_k, r) = \cos(90^\circ - \vartheta)\cos\varphi = \sin\vartheta\cos\varphi\,.$$

Damit erhält man aus Gl. (9) die Beziehung:

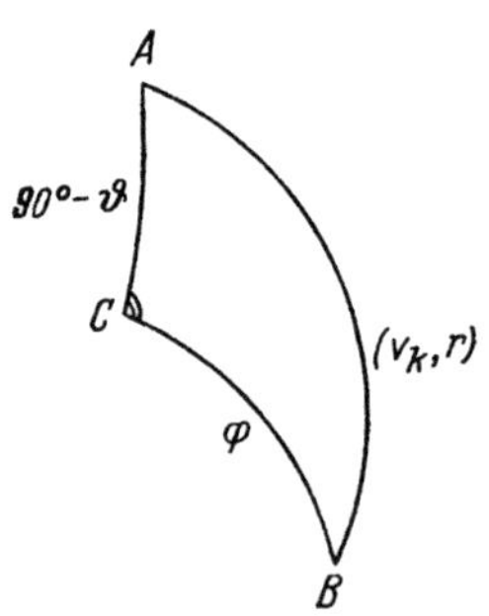

Abb. 5. Das Kugeldreieck ABC.

$$U_{ik}(p, q) = \int\limits_{\varphi_1}^{\varphi_2}\int\limits_{\vartheta_1}^{\vartheta_2} \sin^2\vartheta\cos\varphi\, d\vartheta\, d\varphi\,. \tag{29}$$

Für die hierin vorkommenden Integrationsgrenzen erhält man mit den aus Abb. 3 ersichtlichen Bezeichnungen die Werte:

$$\left.\begin{aligned} \varphi_1 &= -\frac{\pi}{2}; & \varphi_2 &= +\frac{\pi}{2},\\ \vartheta_1 &= \operatorname{arctg}\frac{s(\varphi)}{l-z}; & \vartheta_2 &= \pi - \operatorname{arc\,tg}\frac{s(\varphi)}{z}, \end{aligned}\right\} \tag{30}$$

worin s eine Funktion von φ allein ist.

Bei der Ausrechnung von γ_{ik} mit Hilfe der Formeln (28), (29) und (30) können die Integrationen über ϑ, ψ und z ausgeführt werden. Man erhält so schließlich die Beziehung:

$$\gamma_{ik} = 1 - \frac{1}{\pi}\int\limits_{-\pi/2}^{+\pi/2} \cos\varphi\,\operatorname{arc\,tg}\frac{s(\varphi)}{l}\, d\varphi \tag{31}$$

mit

$$s(\varphi) = r_k\left[\sqrt{\left(\frac{r_i}{r_k}\right)^2 - \sin^2\varphi} - \cos\varphi\right]. \tag{31a}$$

Die gleiche Formel gilt für γ_{ik}, wenn statt $s(\varphi)$

$$s^*(\varphi) = r_k\left[\sqrt{\left(\frac{r_i}{r_k}\right)^2 - \sin^2\varphi} + \cos\varphi\right] \tag{31b}$$

eingesetzt wird.

7. Die Auflösung des Grundgleichungssystems.

Nach Berechnung der Einstrahlzahlen kann das Grundgleichungssystem (18, 19, 20) nach den ausgestrahlten Energien E_i aufgelöst werden. Man erhält dann die Unbekannte E_k als Quotienten zweier Determinanten, der Zählerdeterminante Z_k und der vom Index k unabhängigen Systemdeterminante N. Da, wie aus Gl. (19) zu ersehen ist, die absoluten Glieder des Grundgleichungssystems durch die Zahlenreihe $\frac{V_1}{a_1} \ldots \frac{V_n}{a_1}$, $0 \ldots 0$ gegeben sind, so ist:

$$Z_k = \sum_{\nu=1}^{n} \frac{u_{k\nu}}{a_\nu} V_\nu\,,$$

wenn $u_{k\nu}$ diejenige Unterdeterminante von N bezeichnet, die man durch Streichen der k-ten Spalte und der ν-ten Zeile erhält. Folglich wird also, wenn man noch Gl. (15) berücksichtigt:

$$E_k = \frac{1}{N} \cdot \sum_{\nu=1}^{n} \frac{u_{k\nu}}{a_\nu} (W_\nu - Q_\nu)\,. \tag{32}$$

Diese Darstellung der vom Gitter mit dem Index k ausgestrahlten Energie E_k ist noch nicht ganz zweckentsprechend; denn auf der rechten Seite der Gleichung steht die der Kathode zugeführte Energie W_1, während die Temperatur T_1 der Kathode als bekannt vorausgesetzt worden war. Es muß also in Gl. (32) noch statt W_1 die Kathodentemperatur T_1 oder auch die aus T_1 sich mit Hilfe des Strahlungsgesetzes unmittelbar ergebende Ausstrahlung E_1 der Kathode eingeführt werden. Zu diesem Zweck wird Gl. (32) auch für den Index 1 aufgeschrieben und aus den beiden so gewonnenen Gleichungen das Glied $V_1 = W_1 - Q_1$ eliminiert, so daß man für die gesamte ausgestrahlte Energie $2E_k$ schließlich die folgende Beziehung erhält:

$$\left.\begin{aligned} 2E_k &= 2\frac{u_{k1}}{u_{11}} E_1 + \sum_{\nu=2}^{n} h_{k\nu}(W_\nu - Q_\nu) \\ \text{mit}\qquad h_{k\nu} &= 2\frac{u_{11}\,u_{k\nu} - u_{1\nu}\,u_{k1}}{a_\nu \cdot N \cdot u_{11}}\,. \end{aligned}\right\} \tag{33}$$

Hieraus kann, bei vernachlässigbar kleinen abgeleiteten Wärmemengen Q_ν, die vom k-ten Gitter ausgestrahlte Energie in Abhängigkeit von der Kathodenausstrahlung E_1 bzw. von der Kathodentemperatur T_1 berechnet werden. Aus dieser Energie $2E_k$ erhält man dann mit Hilfe des betreffenden Strahlungsgesetzes die gesuchte Gittertemperatur T_k.

8. Experimentelle Prüfung des Verfahrens an Drei- und Vierelektrodenröhren.

Zur Nachprüfung der Richtigkeit des abgeleiteten Rechenverfahrens wurden an verschiedenen Röhren, nämlich: einer Dreielektrodenröhre mit einem dem idealisierten nachgebildeten Gitter, zwei Dreielektrodenröhren mit normalem (realem) Gitter[1] und einer Vierelektrodenröhre ebenfalls mit normalen Gittern, die berechneten Gittertemperaturwerte mit gemessenen verglichen.

---

[1] Die beiden Dreielektrodenröhren besaßen verschiedene Abmessungen, ihr Aufbau war ähnlich den fabrikationsmäßigen Typen.

a) Röhren mit idealisiertem Gitter. Die Elektrodenanordnung ist in Abb. 6 wiedergegeben. Das aus dünnem (0,1 mm starkem) Nickelband bestehende Gitter wurde mit Hilfe von dünnen Nickeldrähten in den beiden Platten A und B aus gepreßtem, schlecht wärmeleitendem Magnesiumoxyd gehalten. Dadurch wurde die vom Gitter nach außen abfließende Wärmemenge so weit verringert, daß sie bei der Temperaturberechnung vernachlässigt werden konnte. Die Gittertemperatur wurde mit einem Platin—Platinrhodium-Thermoelement gemessen, das auf die Mitte eines der beiden als Streben dienenden Nickelbänder aufgeschweißt worden war. Die Temperatur der mit Urandioxyd geschwärzten Kathode wurde mit einem optischen Pyrometer durch Löcher in der Anode hindurch an sieben verschiedenen Stellen gemessen.

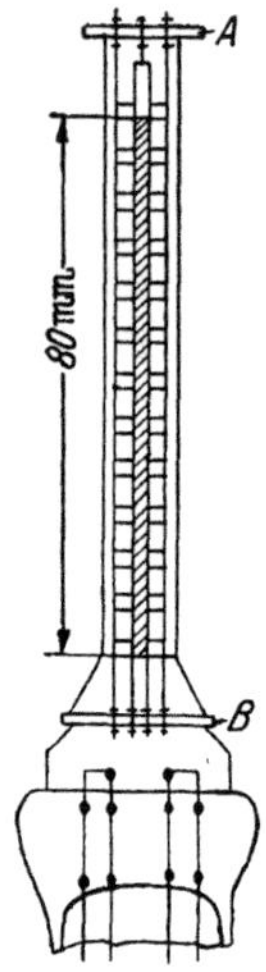

Abb. 6. Röhre mit idealisiertem Gitter.

Tabelle 1.
Röhre mit idealisiertem Gitter.

$T_1^{(s)}$ °	$T_2^{(gem)}$ °	$T_2^{(ber)}$ °	Abweichung %
1224	1105	1100	$+{}^1/_2$
1150	1040	1043	$-{}^1/_2$
1078	975	988	$-1{}^1/_2$
1008	915	983	$-2{}^1/_2$

Die Messungen wurden an vier verschiedenen Röhren durchgeführt. In der Tab. 1 sind für eine dieser Röhren die gemessenen Gittertemperaturen $T_2^{(gem)}$ zusammen mit den berechneten Werten $T_2^{(ber)}$ in Abhängigkeit von der gemessenen schwarzen Kathodentemperatur $T_1^{(s)}$ eingetragen. Die Abweichung zwischen den gemessenen und berechneten Werten war in keinem Fall größer als 3%. Eine Abweichung in dieser Größe ist bereits durch die schwankenden und nicht genau bekannten Strahlungseigenschaften der Elektrodenwerkstoffe zu erklären.

b) Röhren mit realem Gitter. Bei diesen Röhren wurde, um eine wegen der kleinen Gitterabmessungen mögliche Störung der Temperaturverhältnisse durch ein aufgeschweißtes Thermoelement zu vermeiden, die Gitterstrebe selbst als Thermoelement ausgebildet, indem die eine Hälfte aus Nickel, die andere aus Chromnickel angefertigt wurde. Dieses Thermoelement wurde geeicht, indem nach Beendigung des Versuches die Röhre aufgeschnitten und die EMK des Elementes bei verschiedenen Temperaturen mit der eines Platin-Platinrhodium-Elementes verglichen wurde.

Es wurden insgesamt 11 Röhren untersucht. In Tab. 2 sind für eine Dreielektrodenröhre, in Tab. 3 für eine Vierelektrodenröhre die gemessenen und berechneten Temperaturen angegeben. Die gefundene Abweichung betrug im Höchstfall 4%, sie war also nur um 1% größer als beim idealisierten Gitter.

Tabelle 2. Dreielektrodenröhre.

$T_1^{(s)}$ °	$T_2^{(gem)}$ °	$T_2^{(ber)}$ °	Abweichung %
1141	815	781	+4
1061	720	706	+2
976	640	626	+2

Tabelle 3. Vierelektrodenröhre.

$T_1^{(s)}$ °	$T_2^{(gem)}$ °	$T_2^{(ber)}$ °	Abweichung %
1184	785	780	$+{}^1/_2$
1110	725	719	+1
1032	655	654	0
979	610	610	0

Die vorliegenden Rechnungen und Versuche zeigen die Brauchbarkeit des angegebenen Verfahrens zur Ermittlung der Gittertemperaturen von verhältnismäßig einfach gebauten Röhren, bei denen insbesondere die Gitter kreisrunden Querschnitt besitzen. Es muß jedoch noch dahingestellt bleiben, ob nicht bei Röhren, deren Aufbau verwickelter ist (z. B. mit Ovalgittern), oder deren

Abmessungen wesentlich andere sind als die der hier untersuchten Röhren, größere Abweichungen zwischen der berechneten und der experimentell gefundenen Temperatur auftreten. In jedem Falle wird jedoch die Berechnung nach dem angegebenen Verfahren die Möglichkeit bieten, Aufschlüsse über die Änderung der Gittertemperatur mit den sie beinflussenden Größen, wie z. B. dem Reflexionsvermögen der Elektroden usw., zu erhalten.

9. Zusammenfassung.

Die Aufgabe, die Körpertemperaturen eines im Strahlungsaustausch befindlichen Systems von n Körpern zu berechnen, wenn das Absorptionsvermögen, die Wärmeleitfähigkeit und die Abhängigkeit der ausgestrahlten Energie von der Temperatur für jeden dieser Körper bekannt sind, wird dadurch gelöst, daß man die an den Körpern reflektierte Energie nicht auf ihrem sehr unübersichtlichen Wege im System der n Körper verfolgt, sondern ohne Rücksicht auf diesen Weg lediglich in ihrer Gesamtheit betrachtet. Dies wird dadurch ermöglicht, daß einmal die auf einen bestimmten Körper auftreffende reflektierte Energie ohne Rücksicht auf ihren Ursprungsort denjenigen Körpern zugeordnet wird, an denen sie vor ihrem Auftreffen zuletzt reflektiert worden ist, und daß weiterhin die gesamte an einem der Körper reflektierte Energie als Hilfsunbekannte eingeführt wird. Auf diese Weise wird die gesamte auf einen der Körper auftreffende Strahlungsmenge eine lineare Funktion der von den n Körpern ausgestrahlten Energien einerseits und der von ihnen reflektierten Energien andererseits.

Für diese $2n$ unbekannten Energiegrößen wird dadurch, daß für jeden der Körper die Energiebilanz aufgestellt wird, ein System von $2n$ linearen Gleichungen erhalten. Die Koeffizienten dieses Grundgleichungssystems — die Einstrahl- und Spiegelungszahlen — können, wie die weitere Untersuchung ergibt, berechnet werden, wenn zwei Grundbedingungen, die eine nahezu konstante Temperatur und einen nahezu konstanten Temperaturgradienten längs der Oberfläche aller Körper fordern, erfüllt sind. In diesem Fall erhält man durch die Auflösung des Grundgleichungssystems die n ausgestrahlten Energien, aus denen mit Hilfe der als bekannt vorausgesetzten Ausstrahlungsgesetze die Temperaturen der n Körper berechnet werden können.

Ferner wird dieses allgemeine Verfahren dazu verwendet, die Gittertemperatur von Empfänger- und Senderöhren mit beliebig vielen zylindrischen Elektroden zu berechnen. Es wird ein Weg angegeben, durch den hierbei die Erfüllung der beiden Grundbedingungen gewährleistet wird, und zwar müssen dazu die Innen- und Außenseiten der Elektroden getrennt betrachtet und außerdem die in der Röhre wirklich vorhandenen Gitter durch „idealisierte Gitter" ersetzt werden, die statt der wirklich vorhandenen runden Windungen und Streben flache Windungen und Streben besitzen. Die Einstrahlzahlen des dann sich ergebenden Grundgleichungssystems werden im einzelnen berechnet. Die berechneten Gittertemperaturen werden mit experimentell gefundenen Temperaturen verglichen; die Abweichung zwischen beiden betrug bei den untersuchten Röhrentypen, die fabrikationsmäßigen Typen ähnelten, im Höchstfall 4%.

Über den Zusammenhang des Kontaktpotentials und der Austrittsarbeit[1].

Von

W. HEINZE.

Mit 3 Abbildungen.

1. Einleitung und Aufgabenstellung.

Zur Bestimmung der Austrittsarbeit von Glühkathoden steht bekanntlich eine Reihe von Absolutmethoden zur Verfügung, von denen die eine sich aus der Emissionsgleichung ergibt, eine zweite auf der bei der Elektronenemission eintretenden Abkühlung der Kathode beruht und eine dritte aus dem Zusammenhang der Elektronenaustrittsarbeit mit der langwelligen Grenze des lichtelektrischen Effekts herzuleiten ist. In bezug auf die mittels dieser drei Methoden bestimmten Werte ergibt sich, daß nur im ersten Falle ein Austrittsarbeitswert gefunden wird, der wirklich dem den thermodynamischen Ableitungen zugrunde liegenden statischen Zustand entspricht, während dies bei den nach den beiden anderen Methoden bestimmten Größen nicht der Fall ist. Insbesondere wird bei der zweiten Methode, bei der die beim stationären Übergang von Elektronen in der Kathode verbrauchte Wärmemenge festgestellt wird, der Teil der gesamten statischen Verdampfungswärme, der von der Verschiebung der Ladungen herrührt (,Dissoziationswärme" der Elektronen) nicht mitgemessen, weil Feldänderungen im stationären Zustand nicht vorhanden sind. Außerdem können gewisse Teilchengruppen, deren Energie größer oder kleiner ist als das statische Mittel aller an dem Vorgang beteiligten Teilchen, bevorzugt werden. Beide Ursachen können nichtangebbare Unterschiede in den Austrittsarbeitswerten des stationären im Vergleich zum statischen Zustand hervorrufen. Auch die bei der dritten Methode bestimmte langwellige Grenze steht in keiner strengen Beziehung zu der in die Emissionsgleichung eingehenden Austrittsarbeit, sondern unterscheidet sich von dieser, selbst wenn man den Ablösevorgang bei der lichtelektrischen und thermischen Emission als gleich ansieht, nach SCHOTTKY[2] zum mindesten um einen Betrag, der durch die Temperaturabhängigkeit des in die Austrittsarbeit eingehenden elektrostatischen Potentialsprunges an der Oberfläche gegeben ist.

Experimentell sind die Unterschiede, welche danach die nach den drei Methoden gefundenen Austrittsarbeitswerte gegeneinander aufweisen, bei einer Reihe von Metallen als verhältnismäßig klein gefunden worden, und voraussichtlich werden bei allen Metallen diese Unterschiede nicht sehr groß sein, weil dabei einerseits die „Dissoziationswärme" der am Emissionsvorgang beteiligten Elektronen sehr klein ist und vermutlich auch die Unterschiede in den Energieniveaus dieser Elektronen nicht sehr groß sind und weil andererseits der von den Oberflächenschichten herrührende elektrostatische Potentialsprung wahrscheinlich sehr wenig von der Temperatur abhängt. Infolgedessen können innerhalb der bisher erzielten Genauigkeitsgrenzen die drei Werte bei Metallen als identisch angesehen werden. Vollkommen anders liegen dagegen die Verhältnisse bei Kathoden, die mit Fremdstoffen bedeckt sind oder bei denen die Halbleitereigenschaften der emittierenden Schicht eine Rolle spielen. In

[1] Auszug aus der in Z. Phys. Bd. 109 (1938) S. 459 erschienenen Arbeit.
[2] W. SCHOTTKY: Die Physik in regelm. Ber. Bd. 3 (1935) Nr 3 S. 31.

diesen Fällen sind nämlich die bei Metallen als zutreffend anzunehmenden Voraussetzungen sicher nicht erfüllt, und es wird infolgedessen die Berechtigung, die nach den drei Methoden bestimmten Werte als gleich anzusehen, sehr zweifelhaft. Für eine einwandfreie Absolutbestimmung der Austrittsarbeit derartiger Kathoden bleibt daher nur die auf der Emissionsgleichung beruhende Methode übrig. Deren Benutzung stößt nun aber gerade in diesen Fällen wegen der Unmöglichkeit, die Größe der emittierenden Oberfläche genau genug anzugeben, und wegen der starken Temperaturabhängigkeit der Austrittsarbeit auf sehr große Schwierigkeiten.

Als Relativmethode zur Ermittlung der Austrittsarbeit steht noch die Bestimmung des Kontaktpotentials gegen einen Leiter mit bekannter Austrittsarbeit zur Verfügung. Die zwischen dem Kontaktpotential V_{12} einerseits und den Austrittsarbeiten ψ_1, ψ_2 der beiden Leiter andererseits bestehende Beziehung ergibt sich nach SCHOTTKY[1] bzw. BRIDGEMAN[2] unter der Voraussetzung eines thermischen Gleichgewichtes, d. h. gleicher Temperatur der beiden Leiter, zu:

$$V_{12} = -(\psi_2 - \psi_1).$$

Diese Beziehung ist nach SCHOTTKY[1] unabhängig vom Elektronendampfdruck, so daß sie auch bei verschiedener Temperatur der beiden Leiter gelten muß, und zwar insbesondere auch dann, wenn sich der eine Leiter oder beide Leiter auf Zimmertemperatur befinden. Auch bei Zugrundelegung der FERMI-Statistik ergibt sich nach ECKART[3] die den gleichen Zusammenhang ausdrückende Beziehung:

$$V_{12} = -[(\psi_2 - \eta_2) - (\psi_1 - \eta_1)],$$

wobei in der SOMMERFELDschen Bezeichnungsweise ψ_2 bzw. ψ_1 die „äußeren" Austrittsarbeiten und η_2 bzw. η_1 die FERMIschen Grenzenergien der beiden Leiter sind. Auch die Vervollkommnung des quantenstatistischen Bildes durch die Wellenmechanik, die bekanntlich dazu führt, die Verteilung der Energie auf die Elektronen nicht als kontinuierlich, sondern als diskontinuierlich anzunehmen, ändert an diesem Ergebnis nichts unter der Voraussetzung, daß der der äußeren Potentialschwelle entsprechende Energiewert in einen erlaubten Energiebereich fällt. Ist dies nicht der Fall, so kommt nach PEIERLS[4] zu der eigentlichen Austrittsarbeit ein Betrag ε hinzu, welcher der Energie entspricht, die notwendig ist, um die Elektronen von der im verbotenen Energiebereich liegenden Austrittsarbeitsschwelle an den unteren Rand des nächsthöheren erlaubten Energiebereiches zu heben. Da diese Größe auch in den Exponenten der Emissionsgleichung eingeht, ist auch in diesem Falle der oben angegebene Zusammenhang gewahrt.

Mit Rücksicht darauf, daß so eine verhältnismäßig bequeme Bestimmung der glühelektrischen Austrittsarbeit vorgenommen werden kann, sobald die Austrittsarbeit des einen Leiters bekannt ist, erschien es zweckmäßig, diese Beziehungen durch Bestimmung der Austrittsarbeitswerte und des Kontaktpotentials experimentell nachzuprüfen, und zwar sollten das Kontaktpotential und die Werte der Austrittsarbeit der beiden Leiter unmittelbar nacheinander in derselben Röhre ermittelt und miteinander verglichen werden.

2. Die Meßmethodik.

Die Bestimmung der Austrittsarbeit wurde mittels der Emissionsgleichung vorgenommen, und zwar wurde in bekannter Weise die Temperaturabhängig-

[1] SCHOTTKY-ROTHE: Handb. d. Experimentalphysik Bd. 13, 2. Teil (1928) S. 146.
[2] W. BRIDGEMANN: Phys. Rev. Bd. 14 (1919) S. 306.
[3] C. ECKART: Z. Phys. Bd. 47 (1928) S. 38.
[4] R. PEIERLS: Ergebn. exakt. Naturwiss. Bd. 11 (1932) S. 264.

keit des auf das äußere Feld Null extrapolierten Sättigungsstromes ermittelt und aus der Neigung der in der Form $\ln i_s - 2 \ln T$ über $1/T$ sich ergebenden Geraden der Wert der Austrittsarbeit gefunden. Um eine exakte Extrapolation der bei äußeren Feldern gemessenen Sättigungsströme auf das äußere Feld Null zu ermöglichen und Fehler infolge der Temperaturabhängigkeit der Austrittsarbeit zu vermeiden, wurden reine Metalle verwendet, bei denen insbesondere die Extrapolation streng nach den aus der SCHOTTKYschen Bildkrafttheorie sich ergebenden Beziehungen vorgenommen werden kann. Um weiterhin die Metalle hinreichend von Fremdstoffen befreien zu können, muß eine Glühung auf genügend hohen Temperaturen erfolgen können. Infolgedessen wurden Wolfram und Tantal benutzt.

Zur Bestimmung des Kontaktpotentials steht eine Reihe von Methoden zur Verfügung, die entweder darauf beruhen, daß infolge des Kontaktpotentials in einem aus den beiden Leitern gebildeten Kondensator eine zusätzliche Ladungsmenge entsteht oder daß sich in einer Elektronenröhre das Kontaktpotential als eingeprägte Spannung der äußeren Spannung addiert und dadurch eine Verschiebung der Kennlinie bewirkt. Von MÖNCH[1] ist gezeigt worden, daß die nach beiden Methoden bestimmten Werte gleich sind und daß wegen der bei der Messung notwendigen kleinen Leiterfläche aus praktischen Gründen die Elektronenmethode vorzuziehen ist. Bei Benutzung dieser Methode können dann entweder wie bei MÖNCH[1] und KÖSTERS[2] die zu untersuchenden Metalle als Anode verwendet, und es kann das Kontaktpotential aus der bei Vertauschung der Leiter eintretenden Verschiebung der Raumladungskennlinie bestimmt werden, oder aber es kann in der von GERMER[3] und von ROTHE[4] angegebenen Weise das Kontaktpotential als die dem Schnittpunkt der Anlaufstrom- und Sättigungsstromkennlinie zuzuordnende Spannung ermittelt werden. Von diesen beiden Verfahren wurde die Schnittpunktsmethode gewählt.

3. Die Meßanordnung.

Um die bei der Anlaufstrommessung sehr störenden Ungleichmäßigkeiten in der Feldverteilung zu vermeiden, wurde eine zylindrische Anordnung gewählt, wie sie schematisch in Abb. 1 wiedergegeben ist. Sie besteht zunächst aus den beiden zu untersuchenden Drähten D_1 und D_2. Die weiterhin vorhandene Anode ist längs eines Gestelles verschiebbar und kann entweder den Draht D_1 oder den Draht D_2 aufnehmen. Das Kontaktpotential zwischen den beiden Drähten D_1 und D_2 wurde als Differenz der beiden Kontaktpotentiale zwischen dem Draht D_1 und der Anode und dem Draht D_2 und der Anode bestimmt. Die Anoden bestanden aus Tantal.

Beim Pumpen wurden die Röhren bei etwa 500 °C abgeheizt, die Anoden mittels Hochfrequenz und die Kathoden mittels direkten Stromes möglichst hoch erhitzt und die Röhren kurz vor dem Abziehen mit Magnesium gegettert.

Das Schaltbild der gesamten Meßanordnung ist in Abb. 2 wiedergegeben. Um das bei der Messung des Anlaufstromes erforderliche verzerrungsfreie Feld zu gewährleisten, wurde ein elektrischer Unterbrecher[5, 6] verwendet. Die Heizung der Kathode erfolgte also mit unterbrochenem Gleichstrom, und es wurde die Emission nur während der Unterbrechungszeiten des Heizstromes gemessen.

---

[1] G. MÖNCH: Z.Phys. Bd. 65 (1930) S. 233.
[2] H. KÖSTERS: Z. Phys. Bd. 66 (1930) S. 807.
[3] L. H. GERMER: Phys. Rev. Bd. 25 (1925) S. 795.
[4] W. ROTHE: Z. techn. Phys. Bd. 6 (1925) S. 633.
[5] A. DEMSKI: Phys. Z. Bd. 30 (1929) S. 291.
[6] W. HEINZE u. W. HASS: Z. techn. Phys. Bd. 19 (1938) S. 166; s. a. dies. Bd. S. 344.

Zur Messung des Anlaufstromes diente ein Röhrenvoltmeter oder ein Lichtzeigerinstrument, durch welche der Anlaufstrom im Bereich von 10^{-10} bis 10^{-7} A aufgenommen werden konnte.

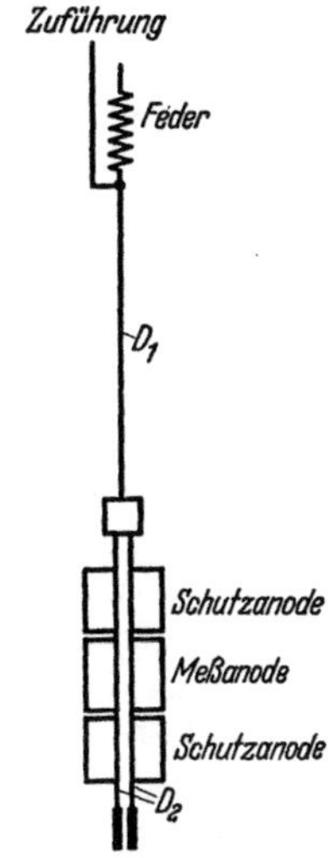

Abb. 1. Meßröhre, schematisch.

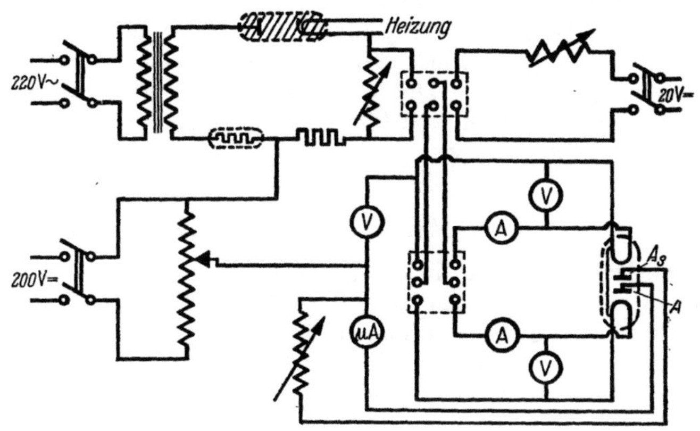

Abb. 2. Schaltbild der Meßanordnung.

4. Messungen und Korrektionen.

Zu Beginn jeder Meßreihe wurden die Drähte wiederholt so hoch wie möglich geglüht, bis ihre Emission unveränderliche Werte annahm. Dann wurde die RICHARDSONsche Gerade aufgenommen, wobei die schwarze Temperatur mittels

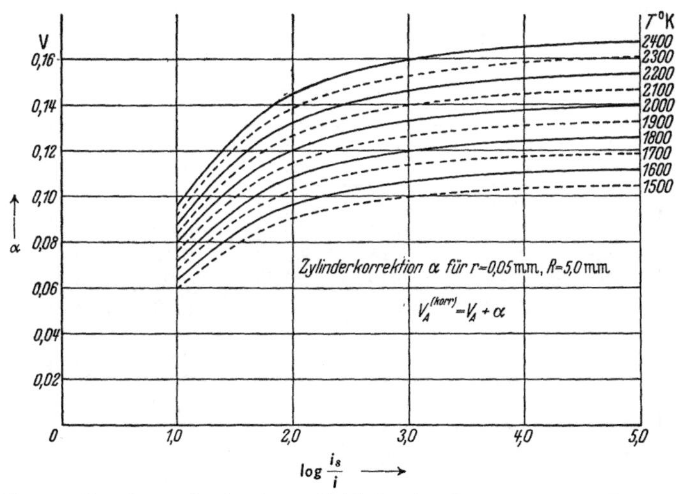

Abb. 3. Korrektion zur Umrechnung der in einer zylindrischen Anordnung gemessenen Kontaktpotentiale auf die einer ebenen Anordnung.

eines Mikropyrometers gemessen und unter Zugrundelegung der bekannten Werte[1] für das Absorptionsvermögen von Wolfram und Tantal auf wahre Temperaturwerte umgerechnet wurde. Dann wurde zur Kontaktpotentialbestimmung die Abhängigkeit des Anlauf- und des Sättigungsstromes von der äußeren Spannung aufgenommen. Der Ausgleich der Meßwerte wurde rechnerisch nach

[1] W. ESPE u. W. KNOLL: Werkstoffkunde der Hochvakuumtechnik 1936 S. 20.

dem von AWBERY[1] angegebenen Verfahren vorgenommen und auch der Schnittpunkt der Anlauf- und Sättigungsstromkennlinie rechnerisch bestimmt.

Die auf diese Weise bestimmten Kontaktpotentialwerte bedürfen einer Korrektion, wenn, wie hier, eine zylindrische Anordnung verwendet wird. Während nämlich bei der ebenen Anordnung die Anlaufstromkennlinie in der Darstellung $\ln i$ über der Gegenspannung E eine Gerade ist, ist sie bekanntlich bei der zylindrischen Anordnung nach größeren Gegenspannungswerten zu verschoben und außerdem gekrümmt. Der so entstehende Fehler wurde graphisch korrigiert. Die Korrektion ergibt sich für ein bestimmtes bekanntes i_s/i aus den in Abb. 3 wiedergegebenen Kurven.

5. Meßergebnisse und Meßgenauigkeit.

Die Meßergebnisse sind in der Tabelle wiedergegeben. Gemessen wurden vier Röhren, und zwar enthielten die Röhren Nr. 1 und 2 — mit (1 W) (2 W) bezeichnet — zwei Wolframdrähte, die Röhren Nr. 3 und 4 — mit (1 W) (2 Ta) bezeichnet — je einen Wolfram- und Tantaldraht. Die Kontaktpotentialmessungen wurden bei verschiedenen Temperaturen der beiden Drähte vorgenommen. Die Temperaturen der beiden Drähte sind aus den Spalten 1 und 2, die zugehörigen gegen die Anode bestimmten Kontaktpotentialwerte aus den Spalten 3 und 4 zu entnehmen. Die Differenz der in diesen beiden Spalten stehenden Werte liefert das Kontaktpotential der beiden Drähte 1 und 2 gegeneinander (Spalte 5). In den nächsten beiden Spalten 6 und 7 sind die mittels der RICHARDSONschen Geraden direkt erhaltenen Austrittsarbeitswerte der beiden Drähte eingetragen, und Spalte 8 schließlich enthält die mit den Werten der Spalte 5 vergleichbaren Differenzen der Austrittsarbeit.

Was die Genauigkeit anbetrifft, so ergibt sich der Gesamtfehler bei der Austrittsarbeitsbestimmung mittels der RICHARDSONschen Geraden zu $\pm 0{,}04$ V.

Tabelle.

Röhre Nr.	1. T_1 °K	2. T_2 °K	3. V_{A1}	4. V_{A2}	5. V_{21}	6. ψ_1	7. ψ_2	8. $\psi_2 - \psi_1$
1 (1 W) (2 W)	1845	1868	−0,11	−0,24	0,13	4,60	4,72	0,12
	1992	1992	−0,14	−0,23	0,09	4,60	4,72	0,12
	2055	2105	−0,15	−0,27	0,12	4,58	4,67	0,09
	2215	2244	−0,16	−0,23	0,07	4,62	4,69	0,07
		Mittel:	−0,14	−0,24	**0,10**	4,60	4,70	**0,10**
2 (1 W) (2 W)	1843	1842	−0,13	−0,17	0,04	4,63	4,65	0,02
	2022	1907	−0,18	−0,16	−0,02	4,64	4,57	−0,07
	2157	1902	−0,19	−0,19	0,00	4,62	4,64	0,02
	2253	1905	−0,13	−0,18	0,05	4,59	4,60	0,01
	2250	2045	−0,21	−0,21	0,00	4,62	4,62	0,00
		Mittel:	−0,17	−0,18	**0.01**	4,62	4,62	**0,00**
3 (1 W) (2 Ta)	1804	1710	−0,25	0,21	−0,46	4,72	4,30	−0,42
	1879	2075	−0,21	0,25	−0,46	4,74	4,26	−0,48
		Mittel:	−0,23	0,23	**−0,46**	4,73	4,28	**−0,45**
4 (1 W) (2 Ta)	1845	1716	−0,02	0,31	−0,33	4,60	4,23	−0,37
	1871	2073	0,03	0,40	−0,37	4,53	4,20	−0,33
		Mittel:	0,01	0,36	**−0,35**	4,57	4,22	**−0,35**

[1] I. H. AWBERY: Proc. phys. Soc. Bd. 41 (1928/29) S. 384.

Bei der Kontaktpotentialbestimmung ist als Gesamtfehler bei einer einzelnen Kontaktpotentialmessung ein Betrag von $\pm 0{,}02$ V einzusetzen. Da sich die Bestimmung des Kontaktpotentials zwischen den beiden Drähten aus zwei Einzelkontaktpotentialmessungen, nämlich des Drahtes 1 gegen die Anode und des Drahtes 2 gegen die Anode zusammengesetzt, ist die Bestimmung des Kontaktpotentials bis auf $\pm 0{,}04$ V genau. Durch wiederholte Messung und Mittelbildung wurde der mittlere Fehler auf $\pm 0{,}02$ V herabgedrückt.

Unter Berücksichtigung dieser Meßgenauigkeit ergibt der Vergleich der bei verschiedenen Drahttemperaturen gemessenen Werte der beiden Tabellen, daß eine Temperaturabhängigkeit des Kontaktpotentials, wie dies auch zu erwarten ist, nicht in Erscheinung tritt, sondern daß die gefundenen Unterschiede als reine Streuungen aufzufassen sind. Infolgedessen kann aus sämtlichen Messungen an der gleichen Röhre das Mittel gebildet werden. Diese Mittelwerte sind in den Tabellen mit eingetragen.

Als Gesamtmittel aus allen Messungen an den gleichen Werkstoffen ergibt sich für

Wolfram-Wolfram ein Kontaktpotential $V_{21} = 0{,}05_3$,
eine Differenz der Austrittsarbeiten $\psi_2 - \psi_1 = 0{,}05_8$;

Wolfram-Tantal ein Kontaktpotential $V_{21} = 0{,}40_5$,
eine Differenz der Austrittsarbeiten $\psi_2 - \psi_1 = 0{,}40_0$.

Für die gleiche Werkstoffzusammenstellung sind also die beiden Werte gleich. Damit ist einwandfrei sichergestellt, daß, wie es die oben angegebenen Gl. (1) und (2) fordern, das Kontaktpotential zwischen zwei Leitern gleich der Differenz ihrer glühelektrischen Austrittsarbeiten ist.

Streng genommen gilt dieses Ergebnis zwar nur für reine Metalle. Es besteht aber keine Veranlassung anzunehmen, daß diese Beziehung für andere Elektronenleiter und insbesondere, natürlich unter Berücksichtigung der dabei vorliegenden besonderen Verhältnisse, auch für Kathoden mit Fremdstoffschichten oder Halbleitereigenschaften nicht gültig ist. Infolgedessen werden keinerlei Bedenken bestehen, die Bestimmung des Kontaktpotentials gegen einen Leiter mit bekannter Austrittsarbeit zur Ermittlung der glühelektrischen Austrittsarbeit des zweiten Leiters zu verwenden.

6. Zusammenfassung.

Die bei der Bestimmung der Elektronenaustrittsarbeit mittels der bekannten Methoden auftretenden Schwierigkeiten werden besprochen, und es wird darauf hingewiesen, daß mit Hilfe des Kontaktpotentials zwischen zwei Leitern, bei bekannter Austrittsarbeit des einen von beiden, eine einwandfreie und verhältnismäßig bequeme Bestimmung der Austrittsarbeit vorgenommen werden kann.

Zur experimentellen Nachprüfung der zwischen Kontaktpotential und Austrittsarbeit bestehenden Beziehung werden beide Größen unter gleichen Bedingungen an Wolfram und Tantal gemessen.

Die Meßergebnisse bestätigen die von der Theorie geforderte Beziehung, nach welcher das Kontaktpotential zwischen zwei im Vakuum befindlichen Leitern der Differenz ihrer Elektronenaustrittsarbeiten gleich ist.

Es wird das zwischen zwei im Vakuum befindlichen Metallen vorhandene Kontaktpotential bestimmt und mit den mittels der Emissionsgleichung bestimmten Werten der Elektronenaustrittsarbeit verglichen. In Übereinstimmung mit der Theorie ergibt sich, daß das Kontaktpotential gleich der Differenz der glühelektrischen Austrittsarbeiten der beiden Leiter ist.

Zur Frage des Kontaktpotentials[1].

Von

B. Gysae und S. Wagener.

Mit 7 Abbildungen.

Der Begriff des Kontaktpotentials hat in letzter Zeit für alle Fragen des Elektronenüberganges im Vakuum sowohl in wissenschaftlicher Hinsicht, z. B. für die Messung von Austrittsarbeiten, als auch in technischer Hinsicht — bei der Herstellung der Empfänger- und Senderöhren — erheblich an Bedeutung gewonnen. Um so bedauerlicher ist es, daß dieser Begriff des Kontaktpotentials, wie aus dem Schrifttum der letzten Jahre zu ersehen ist, durchaus nicht scharf abgegrenzt ist, daß sogar das Vorhandensein des Kontaktpotentials überhaupt bestritten wird und daß auch bei der Anwendung des Kontaktpotentials noch Unklarheiten bestehen. Es erschien uns daher angebracht, das Kontaktpotential durch eine genaue Definition von anderen mit ihm verwandten und des öfteren mit ihm verwechselten Erscheinungen scharf abzugrenzen und die bei seiner Anwendung bestehenden Unklarheiten nach Möglichkeit zu beseitigen.

I. Definition und Abgrenzung des Kontaktpotentials.

Zur Erleichterung des Verständnisses muß in diesem Zusammenhang auf die bereits erwähnten, dem Kontaktpotential verwandten Erscheinungen ebenfalls eingegangen werden. Alle diese Erscheinungen sind bisher ohne genaue Abgrenzung mit dem Namen Kontaktpotential bzw. Voltapotential bezeichnet worden, wobei zum Teil noch gewisse Unterschiede, wie Kontaktpotential erster bzw. zweiter Art oder inneres bzw. äußeres Voltapotential, gemacht worden sind, die jedoch von den verschiedenen Autoren sehr uneinheitlich gewählt wurden, so daß eine genaue Abgrenzung der Erscheinungen voneinander hiermit nie erreicht worden ist.

Die betreffenden Erscheinungen äußern sich alle in dem Vorhandensein einer Potentialdifferenz an der Berührungsstelle zweier Körper. Da man nun in elektrischer Hinsicht die Körper in drei große Gruppen einteilen kann, nämlich Dielektrika, Elektronenleiter und Ionenleiter, so ergibt sich hierdurch ziemlich zwangsläufig eine Einteilung für die verschiedenen zu behandelnden Potentialdifferenzen. Allerdings sind nicht alle Kombinationen, die bei einer Berührung aus den drei Gruppen von Leitern gebildet werden können, von praktischem Interesse. Es brauchen daher im folgenden nur drei dieser Kombinationen behandelt zu werden, und zwar sind dies die Berührungen „Elektronenleiter-Elektronenleiter", „Elektronenleiter—Dielektrikum" und „Elektronenleiter—Ionenleiter"[2].

Jede der bei diesen Berührungen auftretenden Potentialdifferenzen soll durch eine genaue Definition und durch Wahl einer passenden Bezeichnung von den übrigen Potentialdifferenzen abgegrenzt werden. Bei der Wahl der Bezeichnung wird man zweckmäßigerweise aus der Menge der im Schrifttum zu findenden Bezeichnungen diejenige auswählen, die bisher am häufigsten für die betreffende

[1] Zusammenfassung der in Z. Phys. Bd. 110 (1938) S. 145 und Z. techn. Phys. Bd. 19 (1938) S. 264 erschienenen Arbeiten.

[2] Die Berührung „Ionenleiter—Ionenleiter" ist zwar auch von praktischem Interesse. Sie gleicht aber in allem der Berührung „Elektronenleiter—Ionenleiter", so daß sie nicht gesondert behandelt zu werden braucht.

Potentialdifferenz verwandt worden ist. Dementsprechend werde also folgendermaßen definiert:

1. Berührung Elektronenleiter—Elektronenleiter. Die Potentialdifferenz an der Verbindungsstelle zweier elektrisch miteinander verbundenen Elektronenleiter wird als Galvanipotential bezeichnet.

2. Berührung Elektronenleiter—Dielektrikum. In diesem Falle betrachtet man zwei Elektronenleiter, zwischen denen sich ein diese beiden berührendes Dielektrikum (z. B. das Vakuum) befindet. Entsprechend den beiden Möglichkeiten, daß die beiden Elektronenleiter auf der entgegengesetzten Seite miteinander verbunden sein können oder nicht, sind zwei Fälle zu unterscheiden:

a) Diejenige Potentialdifferenz, die in einem Dielektrikum zwischen den Oberflächen zweier elektrisch miteinander verbundenen Elektronenleiter vorhanden ist, wird als Kontaktpotential bezeichnet.

b) Diejenige Potentialdifferenz, die in der gleichen Anordnung vorhanden ist, wenn die beiden Elektronenleiter elektrisch voneinander isoliert sind, wird als Aufladungspotential bezeichnet.

3. Berührung Elektronenleiter—Ionenleiter. Die Potentialdifferenz an der Berührungsstelle zwischen einem Elektronenleiter und einem Ionenleiter wird als Voltapotential bezeichnet.

Für jede der so definierten vier Potentialdifferenzen gibt es eine Gleichung, mit deren Hilfe diese Potentialdifferenz aus den Materialkonstanten der betrachteten Körper und aus allgemeinen physikalischen Konstanten berechnet werden kann. Die betreffenden vier Gleichungen sollen im folgenden angegeben werden, wobei auch die Ableitung dieser Gleichungen, soweit es für das Verständnis erforderlich ist, kurz gestreift werden soll. Dabei ist es allerdings nicht möglich, auf das über diese Gleichungen vorhandene, sehr umfangreiche Schrifttum im einzelnen einzugehen, da hierdurch der Umfang dieser Arbeit ganz erheblich vergrößert würde, ohne daß auf diese Weise eine Erleichterung des Verständnisses erreicht würde. Es sollen daher lediglich einige charakteristische Arbeiten aus dem Schrifttum besprochen werden[1].

Bei der Erörterung der einzelnen für die Potentialdifferenzen gültigen Gleichungen halten wir uns an die soeben gegebene Einteilung:

1. Die Gleichung für das Galvanipotential kann ebenso wie diejenige für das unter (2a) definierte Kontaktpotential sowohl mit Hilfe der Thermodynamik als auch mit Hilfe der Quantentheorie abgeleitet werden. Die thermodynamische Ableitung ist von SCHOTTKY und ROTHE[2], die quantentheoretische von SOMMERFELD und BETHE[3] gegeben worden. Wir möchten der quantentheoretischen Methode den Vorzug geben, da diese, wie weiter unten noch gezeigt werden wird, eine Reihe von Vorteilen besitzt. Wegen ihrer Bedeutung soll diese quantentheoretische Methode an dieser Stelle kurz skizziert werden, wobei wir uns der von SOMMERFELD und BETHE gegebenen Darstellung anschließen.

Wir betrachten zwei elektrisch miteinander verbundene Elektronenleiter I und II, die zunächst beide die gleiche Temperatur besitzen sollen. Die Energieverhältnisse der Elektronen an der Verbindungsstelle der beiden Leiter sind auf der linken Seite der Abb. 1 in der üblichen Weise dargestellt worden. In dieser Abbildung bedeutet ζ_1 bzw. ζ_2 die Grenzenergie der Fermiverteilung der Elektronen, beim absoluten Nullpunkt $T = 0$ ist also ζ_1 die höchste Energie, die entsprechend dem PAULI-Prinzip ein Elektron des betreffenden Leiters besitzen

[1] Eine ausführliche Schrifttumsangabe findet man bei H. GERICKE: Diss. Greifswald 1932.

[2] W. SCHOTTKY u. H. ROTHE: Handb. d. Experimentalphysik Bd. 13/II S. 145.

[3] A. SOMMERFELD u. H. BETHE: Handb. d. Physik Bd. 24/II S. 442.

kann. An der Verbindungsstelle der beiden Elektronenleiter stellt sich dann ein Potentialunterschied G_{12} ein, der, da ein Gleichgewichtszustand vorhanden ist, so groß sein muß, daß vom Leiter I zum Leiter II stets ebenso viele Elektronen übergehen wie umgekehrt vom Leiter II zum Leiter I. Dies ist der Fall, wenn der als Galvanipotential bezeichnete Potentialunterschied G_{12} gleich der Differenz der Grenzenergien ζ_i der beiden Leiter, d. h. also

$$G_{12} = \zeta_2 - \zeta_1 \tag{1}$$

ist.

Dieses Galvanipotential tritt, da es nur im Innern der beiden Elektronenleiter vorhanden ist, nach außen auf keine Weise in Erscheinung, es ist auch bisher keine Methode bekannt, mit der dieses Galvanipotential gemessen werden könnte. Das Galvanipotential hat daher auch praktisch gar keine Bedeutung, wichtig ist es nur deshalb, weil auf seinem Vorhandensein sich die nunmehr zu behandelnde Ableitung des Kontaktpotentials aufbaut.

2a) Zur Ableitung der für das Kontaktpotential gültigen Gleichung betrachten wir den Zwischenraum zwischen den beiden soeben untersuchten Elektronenleitern, in dem sich ein Dielektrikum, im allgemeinen als Vakuum, befinden möge. Die Energieverhältnisse der Elektronen in diesem Zwischenraum sind auf der rechten Seite der Abb. 1 dargestellt worden. Hierin bezeichnet ψ_1 bzw. ψ_2 die Austrittsarbeit des betreffenden Leiters, in der sämtliche Glieder, die für den Austritt der Elektronen maßgebend sind, wie Bildkraft usw. zusammengefaßt sind. Das Kontaktpotential ist dann gleich dem Potentialunterschied zwischen den beiden unmittelbar vor den Leitern I bzw. II (außerhalb der Oberflächenfelder) liegenden Punkten P bzw. Q. Wie man unmittelbar aus Abb. 1 ablesen kann, gilt für dieses Kontaktpotential V_{12} die Gleichung

$$V_{12} = -(\psi_2 - \psi_1) = \psi_1 - \psi_2 \,. \tag{2}$$

Ein von Null verschiedenes Kontaktpotential ist also immer dann vorhanden, wenn die beiden betrachteten Elektronenleiter verschiedene Austrittsarbeit besitzen, und zwar ist dieses Kontaktpotential unmittelbar gleich der Differenz der Austrittsarbeiten der beiden Leiter.

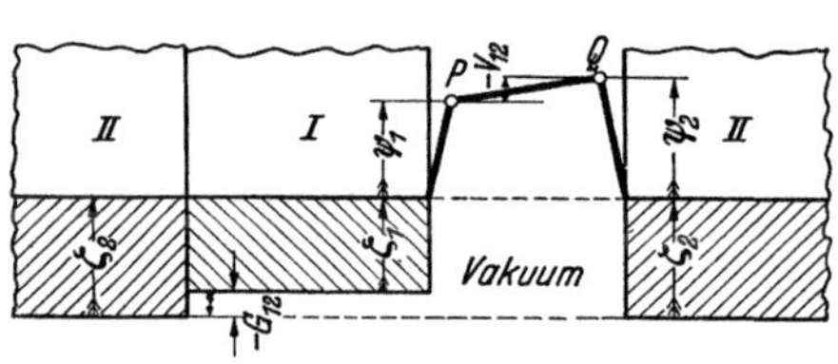

Abb. 1. Darstellung der Energieverhältnisse zwischen zwei im Vakuum einander gegenüberstehenden Elektronenleitern.

Die bisher angegebenen Gleichungen gelten streng genommen nur dann, wenn das ganze System sich auf gleicher Temperatur befindet. Besitzen dagegen die beiden Elektronenleiter verschiedene Temperatur, so treten noch zusätzliche Thermokräfte auf, die sich zu dem Kontaktpotential addieren. Da die Größe dieser Thermokräfte bisher theoretisch noch nicht genügend genau erfaßt werden kann, so muß man sich zu ihrer Abschätzung mit den experimentell gefundenen Werten begnügen. Diese sind aber stets nur einige mV groß und daher um einige Größenordnungen kleiner als das Kontaktpotential, das im allgemeinen eine Größe von einigen zehntel Volt besitzt[1]. Praktisch sind daher die Thermokräfte stets zu vernachlässigen, so daß die für das Kontaktpotential abgeleitete Gleichung (2) unabhängig von der Temperatur der beiden Elektronenleiter sowohl für Zimmertemperatur als auch für Glühtemperaturen gilt. Insbesondere gilt diese Gleichung auch dann, wenn, wie z. B. bei den Messungen von Kontakt-

[1] Bei Halbleitern ist es, wie die Theorie zeigt, möglich, daß größere Thermokräfte auftreten (vgl. H. FRÖHLICH: Elektronentheorie der Metalle, S. 245. 1936). In diesem Falle müßte ein entsprechendes Korrektionsglied in Gl. (2) eingeführt werden.

potentialen mit Hilfe glühelektrischer Vorgänge, die Temperaturen der beiden Leiter voneinander verschieden sind. Andererseits besagen diese Überlegungen nichts dagegen, daß möglicherweise die Größe des Kontaktpotentials von der Temperatur der beiden Leiter abhängt. Eine solche Temperaturabhängigkeit ist stets dann vorhanden, wenn die eine der beiden Austrittsarbeiten ψ_1 bzw. ψ_2 temperaturabhängig ist.

Die hier skizzierte Ableitung des Galvanipotentials und des Kontaktpotentials gilt nicht nur für freie Elektronen, sie läßt sich, wie SOMMERFELD und BETHE[1] gezeigt haben, auch für gebundene Elektronen unter Berücksichtigung der Wechselwirkung zwischen den Elektronen und den Atomen des betreffenden Elektronenleiters durchführen, wobei das gleiche Ergebnis wie für freie Elektronen erhalten wird. Bei der Ableitung von SOMMERFELD und BETHE ist allerdings angenommen worden, daß für die Häufigkeit des Elektronenüberganges an der Berührungsstelle der beiden Elektronenleiter lediglich die Energie der Elektronen maßgebend ist, daß also die Besetzungsdichte der einzelnen Energieniveaus in beiden Körpern gleich groß ist. Erst unter dieser Voraussetzung gilt die Beziehung für das Galvanipotential $G_{12} = \zeta_2 - \zeta_1$. Der Einfluß einer verschieden großen Besetzungsdichte auf den Elektronenübergang ist erst kürzlich in einem Vortrag von MROWKA auf der Physikertagung in Kreuznach, allerdings unter Anwendung auf den Elektronenübergang ins Vakuum, erörtert worden[2]. Die Frage, ob durch diese Untersuchungen von MROWKA die Beziehung für das Galvanipotential geändert wird, und ob hierdurch auch die Gleichung (2) für das Kontaktpotential beeinflußt wird, kann jedoch erst entschieden werden, wenn die näheren Einzelheiten der MROWKAschen Rechnungen vorliegen. Auf jeden Fall kann ein solcher Einfluß, wenn er überhaupt vorhanden ist, nur gering sein, da die Besetzungsunterschiede nur logarithmisch in das Kontaktpotential eingehen können.

2b) Das Aufladungspotential, das in der gleichen soeben betrachteten Anordnung vorhanden ist, wenn die beiden Elektronenleiter nicht miteinander verbunden, sondern voneinander isoliert sind, ist insbesondere in einer Arbeit von KUHN[3] untersucht worden. Diese Arbeit beschränkt sich auf den allein bedeutsamen Fall, daß das zwischen den beiden Elektronenleitern befindliche Dielektrikum das Vakuum ist. In diesem Falle ergibt sich die Gleichung für das Aufladungspotential aus der Überlegung, daß im Gleichgewichtszustand der vom Leiter I zum Leiter II übergehende Emissionsstrom ebenso groß sein muß wie der umgekehrt vom Leiter II zum Leiter I übergehende Emissionsstrom. Nimmt man an, daß die beiden Leiter sich als zwei ebene parallele Platten gegenüberstehen, und bezeichnet man das Aufladungspotential mit E_{12} und die Sättigungsemissionsströme der beiden Leiter mit i_1 bzw. i_2, so erhält man (für $E_{12} < 0$) die Beziehung

$$i_1 \cdot e^{\frac{\varepsilon E_{12}}{kT}} = i_2\,^*, \tag{3}$$

aus der E_{12} ermittelt werden kann. Setzt man noch für i_1 bzw. i_2 die aus der RICHARDSONschen Gleichung sich ergebenden Werte

$$i_k = A_k T_k^2 e^{-\frac{\varepsilon \psi_k}{k T_k}}$$

[1] A. SOMMERFELD u. H. BETHE: Handb. d. Physik Bd. 24/II S. 445.

[2] Vgl. auch B. MROWKA: Z. techn. Phys. Bd. 18 (1937) S. 572.

[3] F. KUHN: Ann. Phys., Lpz. Bd. 15 (1932) S. 825.

* Die linke Seite der Gleichung entspricht dem in der bekannten Anlaufstromgleichung enthaltenem Ausdruck.

ein, so gewinnt man schließlich für E_{12} die Gleichung

$$E_{12} = T_1\left(\frac{\psi_1}{T_1} - \frac{\psi_2}{T_2}\right) - \frac{k}{\varepsilon} T_1 \ln \frac{A_1 T_1^2}{A_2 T_2^2}. \tag{4}$$

Bei gleicher Temperatur der beiden Leiter, also bei $T_1 = T_2 = T$ wird das Aufladungspotential

$$E_{12} = \psi_1 - \psi_2 - \frac{k}{\varepsilon} T \ln \frac{A_1}{A_2}. \tag{5}$$

In dieser Gleichung ist das zweite Glied auf der rechten Seite stets verhältnismäßig klein, da nach den neueren Messungen die Mengenkonstante A der Emissionsgleichung stets nahezu gleich dem für freie Elektronen gültigen Wert von 120,4 ist. (Z. B. wird für $A_1 = 120$, $A_2 = 100$ und $T = 1000°$ K, $\frac{k}{\varepsilon} T \ln \frac{A_1}{A_2} = 0{,}016$ V.) Wie man durch Vergleich mit Gl. (2) erkennt, ist also bei gleicher Temperatur der beiden Leiter nahezu $E_{12} = V_{12}$, d. h. das Aufladungspotential nahezu gleich dem Kontaktpotential. Diese Tatsache ist auch bereits von SOMMERFELD und BETHE[1] festgestellt worden.

Man muß sich darüber im klaren sein, daß das Aufladungspotential durch einen Gleichgewichtsvorgang hervorgerufen wird, bei dem einer der beiden Leiter durch den Emissionsstrom des anderen so lange aufgeladen wird, bis Gleichgewicht herrscht. In diesem Gleichgewicht besteht dann zwischen den beiden Leitern die durch Gl. (4) bestimmte Potentialdifferenz. Die Gl. (4) sagt jedoch nichts darüber aus, wie groß die Einstellzeit für diesen Gleichgewichtsvorgang ist und ob, nachdem man die beiden Leiter einander gegenübergestellt hat, innerhalb einer bestimmten Zeit bereits das Gleichgewicht erreicht ist.

Bei Zimmertemperatur sind, wie man sich leicht überlegen kann, außerordentlich große Zeiträume zur Einstellung des Gleichgewichts erforderlich. Man muß zu diesem Zwecke die Zeit berechnen, die der bei Zimmertemperatur fließende Emissionsstrom i_1 braucht, um den von den beiden Leitern gebildeten Kondensator von der Kapazität C auf das Aufladungspotential E_{12} aufzuladen. Um zu einer Abschätzung für die Größenordnung dieser Aufladungszeit zu kommen, sei angenommen, daß die beiden plattenförmigen Leiter gerade eine Fläche von $F = 4\pi$ cm^2 und einen Abstand von $d = 1$ cm haben, so daß die Kapazität des Leitersystems gerade $C = 1$ cm ist. Ferner sei angenommen, daß der Leiter I eine Austrittsarbeit von 3,5 V und der Leiter II eine Austrittsarbeit von 4,5 V besitze (entsprechend dem Wert für Wolfram), so daß also das Aufladungspotential im Endzustand nach Erreichung des Gleichgewichts 1 V betragen muß. Nimmt man schließlich an, daß im Anfangszustand das Potential zwischen den beiden Leitern gleich Null ist, so fließt zu Anfang der volle Emissionsstrom i_1 des Leiters I, der sich bei Zimmertemperatur ($T = 300°$ K) aus der Austrittsarbeit von 3,5 V zu etwa 10^{-51} A berechnet. Dieser Emissionsstrom wird dann mit wachsendem Aufladungspotential E_{12} entsprechend dem Exponentialglied auf der linken Seite der Gl. (3) allmählich kleiner. Vernachlässigt man dieses Kleinerwerden, das eine weitere Verzögerung des Aufladungsvorganges bedeutet, so ergibt sich die Aufladungszeit zu

$$\frac{1{,}11 \cdot 10^{-12} \cdot E_{12} \cdot C}{i} = \frac{1{,}11 \cdot 10^{-12} \cdot 1 \cdot 1}{10^{-51}}\ \mathrm{s}$$

gleich etwa 10^{31} Jahren. Es vergeht also eine praktisch unendlich lange Zeit bis zur Einstellung des Gleichgewichts, so daß das Aufladungspotential bei diesen niedrigen Temperaturen praktisch gar nicht vorhanden ist.

[1] A. SOMMERFELD u. H. BETHE: Handb. d. Physik Bd. 24/II S. 445.

Diese Tatsache ist hier so ausführlich abgeleitet worden, da, z. B. von FÜRTH[1], versucht worden ist, das Kontaktpotential in ähnlicher Weise wie hier das Aufladungspotential auf Grund einer Gleichgewichtsbetrachtung abzuleiten. Falls die beiden beim Kontaktpotential betrachteten, miteinander verbundenen Leiter die gleiche Temperatur besitzen, kann man nämlich auf Grund der beiden Hauptsätze der Thermodynamik ebenfalls fordern, daß die Gleichgewichtsbedingung (3) erfüllt ist, in der dann statt des Aufladungspotentials E_{12} das Kontaktpotential V_{12} steht. Man erhält dann für das Kontaktpotential genau die gleiche Beziehung wie Gl. (5), die sich von der oben abgeleiteten Gl. (2) um das verhältnismäßig kleine Glied $\frac{k}{\varepsilon} T \ln \frac{A_1}{A_2}$ unterscheidet. Es ist jedoch nach dem oben Gesagten ohne weiteres klar, daß eine solche Ableitung nur bei hohen Temperaturen berechtigt ist, bei denen merkliche Emissionsströme fließen, während bei niedrigeren Temperaturen das Kontaktpotential nicht aus einer solchen Gleichgewichtsbedingung abgeleitet werden kann, da die Einstellung des Gleichgewichts eine praktisch unendlich lange Zeit erfordern würde. Da andererseits aus der quantentheoretischen Ableitung und aus dem in Teil II beschriebenen Versuch folgt, daß auch bei den erwähnten niedrigen Temperaturen ein Kontaktpotential vorhanden ist, so muß man schließen, daß das Kontaktpotential keine durch die Emissionsströme hervorgerufene Gleichgewichtserscheinung ist. Das Kontaktpotential ist im Gegensatz zum Aufladungspotential sofort vorhanden, wenn die beiden Leiter einander gegenübergestellt werden, wie es auch gemäß der oben gegebenen quantentheoretischen Ableitung sein muß. Wegen dieses Versagens aller Gleichgewichtsbetrachtungen ist es auch nicht notwendig, daß wir noch auf das in Gl. (5) vorkommende Restglied, das abweichend von der Gl. (2) vorhanden ist, näher eingehen. Es ist vielleicht möglich, daß die noch ausstehende Berücksichtigung der Besetzungsdichte in den Energieniveaus (s. S. 283) zu einem ähnlichen logarithmischen Restglied führt.

Gegen die Ableitung von FÜRTH kann weiterhin noch angeführt werden, daß diese Ableitung nur dann gilt, wenn die beiden Leiter die gleiche Temperatur besitzen, da nur in diesem Falle der Energiesatz zugrunde gelegt werden kann, und daß ferner die FÜRTHsche Ableitung sich auf eine ganz spezielle Anordnung der beiden Leiter bezieht, da der Ansatz für den gegen das Potential E_{12} fließenden Strom auf der linken Seite der Gl. (3) nur für die dort betrachteten parallelen Platten gilt. Im Gegensatz hierzu gilt die oben gegebene quantentheoretische Ableitung uneingeschränkt für Körper beliebiger Form und beliebiger Temperatur. Einen weiteren Vorteil der quantentheoretischen Ableitung sehen wir schließlich darin, daß diese Ableitung sich lediglich auf Betrachtungen des Inneren und der Oberfläche der beiden Leiter aufbaut, während bei der FÜRTHschen Ableitung auch die Vorgänge in dem zwischen den beiden Leitern befindlichen Dielektrikum betrachtet werden müssen, so daß diese Ableitung von der speziellen Beschaffenheit dieses Dielektrikums (Annahme des Vakuums) abhängig wird.

Die angeführten Einschränkungen[2], insbesondere die Tatsache, daß sich das Gleichgewicht bei niedrigerer Temperatur der Leiter erst nach praktisch unendlich langer Zeit einstellt, müssen genau so gegenüber der zu Anfang bereits erwähnten thermodynamischen Ableitung des Kontaktpotentials vorgebracht werden. Bei dieser von SCHOTTKY und ROTHE[3] gegebenen Ableitung wird ebenfalls ein Gleichgewicht als Ausgangspunkt für die Ableitung gewählt, und zwar

[1] F. FÜRTH: Z. Phys. Bd. 68 (1931) S. 750.
[2] Mit Ausnahme der Gültigkeit für eine spezielle Leiteranordnung.
[3] W. SCHOTTKY u. H. ROTHE: Handb. d. Experimentalphysik Bd. 13/II S. 147.

das Gleichgewicht der Elektronendampfdrucke über den beiden betrachteten Leitern. Nun befinden sich aber, wie man leicht nachrechnen kann, bei Zimmertemperatur ($T = 300°$ K) und bei einer Austrittsarbeit von 3,5 V über dem betreffenden Leiter nur etwa 10^{-40} Elektronen im cm^3, d. h. erst auf 10^{40} cm^3 kommt ein Elektron. Es ist ohne weiteres klar, daß man in diesem Falle nicht mehr von einem Gleichgewicht sprechen kann, bzw. daß zur Einstellung des Gleichgewichts praktisch unendlich lange Zeiten erforderlich sind. Infolgedessen verlassen auch SCHOTTKY und ROTHE bei der Besprechung des Kontaktpotentials bei Zimmertemperatur die thermodynamische Ableitung, indem sie statt der Elektronendampfdrucke die Potentiale an den Leiteroberflächen betrachten[1].

Zusammenfassend kann man also zugunsten der quantentheoretischen Ableitung des Kontaktpotentials anführen, daß diese auch bei niedrigen Temperaturen der beiden Leiter gilt, daß sie ohne weiteres auf den Fall, daß beide Leiter verschiedene Temperatur besitzen, erweitert werden kann, daß sie unabhängig von einer speziellen Anordnung der beiden Leiter ist und daß schließlich bei dieser Ableitung die Vorgänge in dem zwischen den beiden Leitern befindlichen Dielektrikum nicht betrachtet zu werden brauchen.

3. Während alle bisher betrachteten Potentialdifferenzen mit dem Elektronenübergang zwischen den betreffenden Leitern zusammenhängen, beruht das in Punkt 3 definierte Voltapotential auf dem Übergang von Ionen, und zwar der Ionen des Elektronenleiters in den Ionenleiter. Das Voltapotential hat also im Gegensatz zu den bisher betrachteten Potentialen elektrochemische Ursachen, für dieses Voltapotential E gilt die von NERNST angegebene Gleichung

$$E = \frac{RT}{n} \ln \frac{C}{c}, \tag{6}$$

in der c die Konzentration der Ionen des Elektronenleiters im Ionenleiter, n die Wertigkeit dieser Ionen, R die Gaskonstante und C eine spezielle Konstante bezeichnet[2]. Dieses Voltapotential stellt im Gegensatz zu den bisher betrachteten Potentialen eine elektromotorische Kraft dar, es ist sowohl in der VOLTAschen Säule als auch in den galvanischen Elementen wirksam. Die Differenzen zwischen den Voltapotentialen, die verschiedene Elektronenleiter in Berührung mit einem Bezugsionenleiter hervorrufen, gibt die VOLTAsche oder elektrochemische Spannungsreihe wieder.

Es ist verschiedentlich versucht worden, einen Zusammenhang zwischen dem Voltapotential einerseits und dem Kontaktpotential oder Galvanipotential andererseits herzustellen bzw. sogar das Voltapotential mit einem der beiden letzteren Potentiale zu identifizieren. So vergleicht SOMMERFELD[3] die von ihm für verschiedene Metalle berechneten Galvanipotentiale mit der Stellung dieser Metalle in der VOLTAschen Spannungsreihe, in der Erwartung, eine Übereinstimmung zu finden. Es ergibt sich jedoch zwischen den verglichenen Potentialwerten weder eine Übereinstimmung im Vorzeichen noch in der absoluten Größe, noch ist irgendeine Proportionalität feststellbar. Nach den Erörterungen in dieser Arbeit ist es auch wohl ohne weiteres klar, daß zwischen dem Voltapotential einerseits, das durch den Übergang der Ionen bestimmt wird, und dem Kontaktpotential bzw. Galvanipotential andererseits, die sich aus dem Übergang der Elektronen ergeben, weder eine Übereinstimmung noch irgendein unmittelbarer Zusammenhang bestehen kann.

---

1 W. SCHOTTKY u. H. ROTHE: a. a. O.

2 Siehe z. B. W. NERNST: Theoretische Chemie, S. 857. 1926.

3 A. SOMMERFELD: Naturwiss. Bd. 15 (1927) S. 825.

II. Experimenteller Nachweis des Vorhandenseins eines Kontaktpotentials zwischen zwei reinen Elektronenleiteroberflächen.

In einer Arbeit von F. KRÜGER und W. SCHULZ[1] ist versucht worden, durch Messungen des Kontaktpotentials zwischen zwei Elektronenleitern nachzuweisen, daß dieses verschwindet, wenn eine von ihnen angenommene, auf den Leitern befindliche Wasserhaut beseitigt wird. Als Meßmethode wurde von KRÜGER und SCHULZ die lichtelektrische Sättigungsstrommethode verwendet, bei der das Kontaktpotential aus dem Knickpunkt der lichtelektrischen Kennlinie bestimmt wird[2], und zwar wurde zwischen einer aus verschiedenen Metallen bestehenden Folie als Kathode und einem Platinzylinder als Anode gemessen. Die beiden Elektroden wurden in eine Zelle aus Quarzglas eingeschmolzen, die mittels einer Pumpanordnung evakuiert und anschließend bei 600° C entgast wurde. Die Messungen wurden bei kalten Elektroden vorgenommen, während die Meßzelle sich an der Pumpe befand. Aus der Tatsache, daß das Kontaktpotential bei ihren Messungen nach längerem Glühen von Kathode und Anode verschwindet, schließen KRÜGER und SCHULZ, daß das Vorhandensein des Kontaktpotentials an das Vorhandensein einer Wasserhaut gebunden ist und daß diese Wasserhaut durch das Glühen der beiden Elektroden entfernt wird. KRÜGER und SCHULZ sehen hierin eine Bestätigung ihrer Ansicht, daß bei reinen wasserhautfreien Metalloberflächen kein Kontaktpotential vorhanden ist.

Nach unserer Ansicht besteht der Hauptnachteil der Versuchsanordnung von KRÜGER und SCHULZ darin, daß die zur Messung benutzten Metallelektroden auch beim Glühen einander dicht gegenüberstehen, so daß wahrscheinlich die zu Anfang auf den Elektroden befindlichen Unreinheiten immer von einem Metall auf das andere dampfen. Infolgedessen wird man zum Schluß gleichmäßig verunreinigte Oberflächen erhalten, zwischen denen dann kein Kontaktpotential mehr besteht; da die reinen Oberflächen sehr empfindlich sind, genügen hierfür schon kleinste Mengen Unreinheit, die sich auf dem Metall niederschlagen[3]. Außerdem scheint es uns zweckmäßig zu sein, für einen solchen Versuch nur Metalle mit möglichst niedrigem Dampfdruck und geringem Gasgehalt zu benutzen (W, Ta), damit die Reinigung der Metalle bei möglichst hohen Temperaturen möglichst gut vorgenommen werden kann (es sind sicherlich nicht nur Wasserhäute als Verunreinigungen vorhanden).

Bei dem von uns durchgeführten Versuch, mit dem experimentell nachgewiesen werden soll, daß bei wasserhautfreien reinen Metallen, und zwar auch bei Zimmertemperatur, doch ein Kontaktpotential vorhanden ist, sollen die Fehlerquellen des Versuchs von KRÜGER und SCHULZ vermieden werden, ohne daß dabei auf die Vorteile der von ihnen gewählten Anordnung, wie z. B. kleine, gut glühbare Metallteile, verzichtet wird. Der von uns durchgeführte Versuch beruht auf der Tatsache, daß, wie in Teil III dieser Arbeit bewiesen werden soll, die Lage einer Kennlinie unabhängig von der Größe der Kathodenaustrittsarbeit ist und bei gegebenen Röhrenabmessungen und konstanter Kathodentemperatur nur durch die Lage der Anodenaustrittsarbeit bestimmt ist. Wird daher, wie bei dem zu beschreibenden Versuch, die Raumladungskennlinie zweimal mit ein und derselben Kathode aufgenommen, einmal gegen reines Wolfram, das andere Mal gegen reines Tantal als Anode, so folgt aus dieser Tatsache ohne weiteres, daß eine etwa gemessene Verschiebung der beiden Kennlinien gegeneinander nur durch eine Verschiedenheit der Anodenaustrittsarbeiten bewirkt sein kann; die gemessene Verschiebung ergibt unmittelbar, unabhängig vom jeweiligen Zustand

[1] F. KRÜGER u. W. SCHULZ: Ann. Phys., Lpz. Bd. 26 (1936) S. 308.
[2] Vgl. z. B. H. GERICKE: Phys. Z. Bd. 37 (1936) S. 327.
[3] Die gleiche Ansicht vertritt auch E. PERUCCA: Nuovo Cimento 1937, S. 310.

der Kathode, die Differenz der beiden Austrittsarbeiten, d. h. das Kontaktpotential.

In der von uns gewählten Anordnung (siehe Abb. 2) dienten als Anode je ein Wolfram- und Tantaldraht von 0,3 mm Durchmesser, die durch direkten Stromdurchgang geglüht und dabei gereinigt werden konnten. Beide Anoden waren auf einem Kreisbogen im Abstand von 45° angeordnet, und beim Aufbau wurde sehr sorgfältig darauf geachtet, daß Abstand und Lage zum Kreismittelpunkt und zu einer durch den Mittelpunkt gehenden Achse sehr genau gleich gemacht wurden, damit für beide Messungen die geometrischen Abmessungen und damit die Steilheit der Kennlinie möglichst übereinstimmende Werte hat. Die erwähnte Achse diente gleichzeitig als Drehachse für die Kathode, die so drehbar angeordnet war, daß sie einmal über die eine, einmal über die andere Anode gestellt werden konnte. Das Heben und Senken der Kathode geschah durch elektromagnetisches Bewegen eines Eisenkerns. Ein Anschlag sorgte dafür, daß die Kathode jedesmal die gleiche Lage einnahm. Als Kathode wurde ebenfalls ein Wolframdraht von 0,3 mm Durchmesser, der mit etwa 5,5 A auf etwa 2100° K geheizt wurde, verwendet. Die Einstellung auf konstante Kathodentemperatur erfolgte durch Messung des Emissionsstromes bei hoher Anodenspannung (220 V), der ein sehr empfindliches Maß für die Kathodentemperatur ist. Eine weitere Bedingung war, daß während der ganzen Messung die Kathode so weit eingebrannt sein mußte, daß keine Heizspannungsänderung auftrat, die eine Änderung der Kennlinienlage bewirkt haben würde.

Abb. 2. Versuchsanordnung.

Der gesamte Aufbau wurde in einen Hartglaskolben eingeschmolzen, der an eine mit einer dreistufigen Stahldiffusionspumpe von Leybold versehene Pumpanordnung angesetzt wurde. Nach dem Evakuieren wurde der Kolben etwa 12 Stunden bei 500° C abgeheizt; anschließend wurden die drei Drähte hochgeglüht, und zwar wurden sie, damit hierbei möglichst hohe Temperaturen erreicht werden konnten, nach längerem Glühen bei etwa 2700° K bzw. 2400° K noch mehrmals schnell abgeblitzt. Nachdem noch ein Magnesiumgetter verdampft worden war, das einen erheblichen Teil der Kolbenoberfläche in der Nähe des Fußes bedeckte, wurde die Röhre für die Messung abgezogen. Da man erfahrungsgemäß mit einem solchen Getter ein erheblich besseres Vakuum als mit den besten Diffusionspumpen erreicht, so waren sicherlich die vakuumtechnischen Vorbedingungen bei unseren Versuchen besser als bei denen von KRÜGER und SCHULZ, die, wie erwähnt, ihre Messungen mit einer an der Pumpe befindlichen Röhre durchführten. Der Vorteil der um 100° höheren Abheiztemperatur, der bei KRÜGER und SCHULZ durch die Verwendung einer Quarzröhre ermöglicht wird, wird durch die Benutzung einer abgezogenen Röhre mit Getter sicherlich mehr als ausgeglichen. Da KRÜGER und SCHULZ annehmen, daß bei ihrer Röhre keine Wasserhäute mehr auf den kalten Metallteilen vorhanden sind, so kann also ein solcher Einwand sicherlich auch nicht gegen die von uns benutzte Röhre erhoben werden.

Bei der Messung wurde jeweils die Kennlinie gegen die kalte Anode gemessen, danach die auf Betriebstemperatur befindliche Kathode zwischen die beiden Anoden gestellt, die zur Messung dienende Anode sehr hoch geglüht, die Kathode zurückgeklappt und darauf wieder die Kennlinie gemessen. Die Glühtemperatur wurde für Wolfram von 3000° K, für Tantal von 2700° K an ständig gesteigert, bis dicht unter den Schmelzpunkt der beiden Metalle. Durch die gewählte Anordnung war ein gegenseitiges Bedampfen der Metalle verhindert, so daß man wirklich saubere Oberflächen erzielte.

Trotz des sehr sorgfältigen Aufbaues waren die Abstände nicht vollkommen gleich, wahrscheinlich, da die Drähte beim Hochglühen doch noch etwas die Form geändert hatten. Infolgedessen hatten die beiden Kennlinien eine etwas verschiedene Steilheit. Bei gleichem spezifischen Strom J besteht dann die Beziehung:

$$\left.\begin{aligned} J_1 &= Z_1\left[E_1 - \psi_{A_1} + \frac{kT}{\varepsilon}(\ln A + 2\ln T - \ln J)\right]^{3/2}, \\ J_2 &= Z_2\left[E_2 - \psi_{A_2} + \frac{kT}{\varepsilon}(\ln A + 2\ln T - \ln J)\right]^{3/2} *, \end{aligned}\right\} \tag{16}$$

wobei die Indizes 1 und 2 sich auf die beiden verschiedenen Anoden beziehen und E_1 bzw. E_2 die angelegten Anodenspannungen bezeichnen. Aus dieser Gleichung folgt:

$$Z_1^{2/3}(E_1 - E_2) = Z_1^{2/3}(\psi_{A_1} - \psi_{A_2}) + \\ + (Z_2^{2/3} - Z_1^{2/3})\left[E_2 - \psi_{A_2} + \frac{kT}{\varepsilon}(\ln A + 2\ln T - \ln J)\right].$$

Führt man nun wieder den spezifischen Strom J ein, so ergibt sich:

$$E_1 - E_2 = \psi_{A_1} - \psi_{A_2} + \frac{Z_2^{2/3} - Z_1^{2/3}}{Z_1^{2/3} \cdot Z_2^{2/3}} \cdot J^{2/3}. \tag{17}$$

Bestimmt man also für verschiedene Ströme den Unterschied der zugehörigen Anodenspannungen $(E_1 - E_2)$ und trägt diese Werte über den Strom auf, so erhält man daraus durch Extrapolation auf $J = 0$ den Wert $\psi_{A_1} - \psi_{A_2}$, d. h. das gesuchte Kontaktpotential. Die Extrapolation läßt sich recht genau durchführen. Als Kontrolle wurde gezeigt, daß die Werte von $\log(E_1 - E_2 - \psi_{A_1} + \psi_{A_2})$ gegen $\log J$ aufgetragen, recht genau auf einer Geraden lagen.

In Abb. 3 ist ein Paar dieser von uns erhaltenen Kurven dargestellt. Die Auswertung der gemessenen Kurven ergab als mittleren Wert des Kontaktpotentials zwischen Tantal und Wolfram den Wert 0,49 V, der auch durch Glühen der Drähte bis dicht an den Schmelzpunkt heran nicht zu verkleinern und schon gar nicht zum Verschwinden zu bringen war.

---

* Vgl. diese Arbeit S. 292, Gl. (25).

Tabelle Austrittsarbeiten von reinem Tantal und reinem Wolfram.

Austrittsarbeit von Tantal	
ψ in V	gemessen von
4,10	A. B. Cardwell: Phys. Rev. Bd. 47 (1935) S. 628.
4,12	H. C. Rentschler, D. E. Henry u. K. O. Smith: Rev. sci. Instrum. Bd. 3 (1932) S. 794.
4,15	A. B. Cardwell: Phys. Rev. Bd. 38 (1931) S. 2041.
4,12	Mittelwert

Austrittsarbeit von Wolfram	
ψ in V	gemessen von
4,55	M. C. Johnson u. F. A. Vick: Proc. roy. Soc., Lond. (A) Bd. 158 (1934) S. 35.
4,63	H. B. Waldin u. L. V. Whitney: Phys. Rev. Bd. 50 (1936) S. 735.
4,73	W. B. Nottingham: Phys. Rev. Bd. 49 (1936) S. 78.
4,60	H. C. Rentschler, D. E. Henry u. K. O. Smith: Rev. sci. Instrum. Bd. 3 (1932) S. 794.
4,54	A. H. Warner: Phys. Rev. Bd. 38 (1931) S. 1871.
4,61	Mittelwert

Differenz der Mittelwerte: 0,49 V

Um einen Vergleich mit anderweitig gefundenen Werten zu haben, ist in der Tabelle eine Reihe von Austrittsarbeitswerten angeführt, wie sie bei neueren Messungen gefunden worden sind. Wie man sieht, schwanken die für Tantal und Wolfram von verschiedenen Verfassern gefundenen Werte um etwa $\pm 0{,}1$ V, so daß die Übereinstimmung des von uns gefundenen Wertes mit dem Mittelwert aller Messungen als sehr gut zu bezeichnen ist. Dies spricht ebenfalls dafür, daß wirklich reine Oberflächen durch das Glühen erhalten wurden.

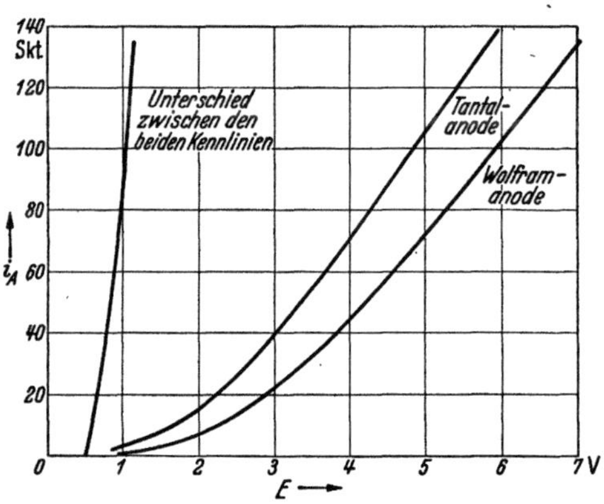

Abb. 3. Raumladungskennlinien gegen eine Tantal- und eine Wolframanode.

Wie zu erwarten war, bestätigt also der Versuch, daß im Gegensatz zu Krüger und Schulz zwischen reinen Leiteroberflächen ein Kontaktpotential vorhanden ist, und zwar auch dann, wenn die beiden Leiter sich auf Zimmertemperatur befinden. Dieses Kontaktpotential ist, wie ebenfalls der Versuch ergibt, gleich der Differenz der Austrittsarbeiten der beiden Leiter.

III. Der Einfluß des Kontaktpotentials auf die Kennlinie von Empfänger- und Senderöhren.

Bekanntlich beeinflußt das in den ersten beiden Abschnitten behandelte Kontaktpotential die Lage der Kennlinie von Empfänger- und Senderöhren, da es sich zu der außen an die Elektroden gelegten Spannung addiert, und zwar muß dieser Einfluß in einer Verschiebung der Kennlinie bestehen. Man fand nun bisher sehr oft die Ansicht vertreten, daß die Größe dieser Verschiebung unmittelbar gleich der Größe des Kontaktpotentials ist. Die genaue Durchrechnung zeigt jedoch, daß im Gegensatz zu dieser Ansicht von den beiden das Kontaktpotential bestimmenden Größen, nämlich Austrittsarbeit der Kathode und Austrittsarbeit der Anode, nur die Anodenaustrittsarbeit einen Einfluß auf die Lage der Kennlinie ausübt. Es soll daher der folgende Satz bewiesen werden:

Bei gleichbleibender emittierender Oberfläche ist die Lage der Kennlinie im ganzen Kennlinienbereich außer durch die geometrischen Abmessungen der Röhre und durch die Temperatur der Kathode nur durch die Größe der Austrittsarbeit der Anode gegeben. Die Austrittsarbeit der Kathode besitzt keinen Einfluß auf die Lage der Kennlinie.

Der Einfachheit halber wird dieser Satz zunächst für Zweielektrodenröhren bewiesen, und zwar muß dieser Beweis für die beiden Kennlinienbereiche, Anlaufstrom- und Raumladungsstromgebiet, getrennt geführt werden.

a) Anlaufstromgebiet. Wir betrachten zunächst eine ebene Anordnung. In dieser gilt für den spezifischen Anlaufstrom, d. h. den bei verzögernden Anodenpotentialen fließenden Elektronenstrom je cm² der Kathodenoberfläche die Beziehung

$$J = J_s \cdot e^{\frac{\varepsilon U}{k T}}. \tag{18}$$

Hierin bedeutet J_s den spezifischen Sättigungsstrom, ε die Ladung des Elektrons, k die BOLTZMANN-Konstante, T die absolute Temperatur der Kathode und U die zwischen Kathode und Anode vorhandene (negative) Potentialdifferenz[1]. Diese setzt sich zusammen aus der von außen an die Elektroden gelegten Spannung E und dem Kontaktpotential V_{KA}, so daß also, wenn der Kathode der Index K und der Anode der Index A zugeordnet wird,

$$U = E + V_{KA} = E - (\psi_A - \psi_K) \tag{19}$$

ist, wobei die aus (2) sich ergebende Beziehung

$$V_{KA} = -(\psi_A - \psi_K)$$

benutzt wurde (ψ_A, ψ_K Austrittsarbeit der Anode bzw. Kathode). Der in Gl. (19) noch vorkommende spezifische Sättigungsstrom J_s ist nach der RICHARDSONschen Gleichung:

$$J_s = A \cdot T^2 \cdot e^{-\frac{\varepsilon \psi_K}{k T}}. \tag{20}$$

Mit diesen beiden Ausdrücken ergibt sich dann für den Anlaufstrom die Beziehung:

$$J = A \cdot T^2 \cdot e^{\frac{\varepsilon \cdot (E - \psi_A)}{k T}}. \tag{21}$$

Hiernach ist die Lage der Anlaufstromkennlinie bei gegebener äußerer Spannung E durch den A-Wert der Emissionsgleichung, durch die Kathodentemperatur T und durch die Austrittsarbeit ψ_A der Anode bestimmt. Dagegen ist sie unabhängig von der Austrittsarbeit ψ_K der Kathode. Diese Unabhängigkeit der Lage der Anlaufstromkennlinie von der Größe der Kathodenaustrittsarbeit ist bereits von DAVISSON[2] erkannt und auch experimentell nachgewiesen worden, jedoch ist diese Tatsache bisher durchaus nicht genügend beachtet worden.

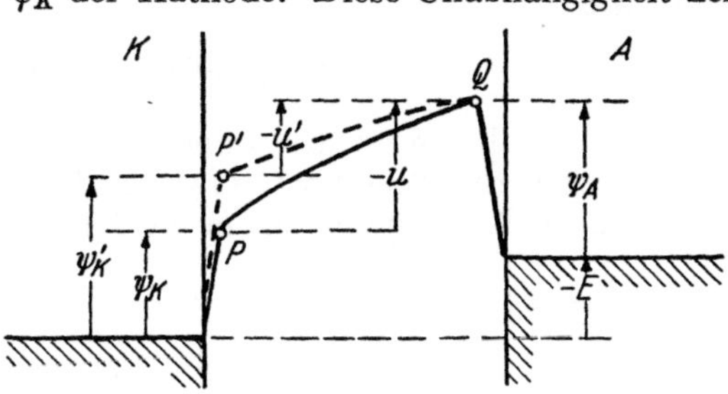

Abb. 4. Potentialverlauf im Anlaufstromgebiet.

Man kann sich diese Unabhängigkeit der Anlaufstromgeraden auch ohne jede Rechnung sehr leicht klarmachen, wenn man sich die Potentialverhältnisse zwischen Kathode und Anode aufzeichnet (vgl. Abb. 4). Die Größe des Anlaufstromes von der Kathode gegen die Anode wird offenbar allein bestimmt durch die gesamte

---

[1] Vgl. z. B. W. SCHOTTKY u. H. ROTHE: Handb. d. Experimentalphysik Bd. 13/II S. 234, Leipzig 1928.

[2] C. DAVISSON: Phys. Rev. Bd. 23 (1924) S. 299.

von den Elektronen zu überwindende Potentialschwelle. Diese ist aber, wie man sieht, gleich $-E + \psi_A$, d. h. unabhängig von der jeweiligen Größe der Kathodenaustrittsarbeit ψ_K bzw. ψ'_K, so daß also auch der Anlaufstrom unabhängig von der Größe der Kathodenaustrittsarbeit sein muß.

Diese Überlegungen gelten natürlich nicht nur für die ebene, sondern auch für die normalerweise vorhandene zylindrische Elektrodenanordnung, da ja bekanntlich bei genügend niedrigen Anodenspannungen die — logarithmisch dargestellte — Anlaufstromkurve im Zylinderfeld parallel zu der für das ebene Feld gültigen Anlaufstromgeraden verläuft, und zwar in einem Abstand, der unabhängig von der Größe des Kontaktpotentials ist.

b) Das Raumladungsgebiet. Der bei Vorhandensein einer Raumladung in einer Zweielektrodenröhre übergehende spezifische Elektronenstrom ist für zylindrische Elektrodenanordnung unter Berücksichtigung der Anfangsgeschwindigkeit der Elektronen von Langmuir[1] zu

$$J = Z\left[U + E_m + \frac{kT}{4\varepsilon}\left(\ln\frac{\varepsilon U}{\lambda k T}\right)^2\right]^{3/2} \text{A/cm}^2 \tag{22}$$

angegeben worden, wobei

$$Z = \frac{2\sqrt{2}}{9}\sqrt{\frac{e}{m}}\cdot\frac{1}{2r\pi\beta^2 R}$$

eine Konstante ist, die nur von den Abmessungen der Röhre abhängt, denn β ist eine von Langmuir berechnete Funktion von r/R (r = Kathodenhalbmesser, R = Anodenhalbmesser). Nach Berechnungen von Kleen[2] kann man für die gebräuchlichen technischen Röhren mit Oxydkathoden, bei denen das Verhältnis r/R zwischen 1,5 und 1,7 liegt, näherungsweise $\beta = (1 - r/R)$ setzen. λ ist eine Konstante, deren Wert nach Langmuirs Angaben zwischen 1 und 2 liegt. Bei technischen Röhren kann man nach Gehrts[3] das gesamte letzte Glied in der Klammer von Gl. (22) durch $E_0 = k\,T/\varepsilon$ ersetzen. E_m ist die zwischen den Elektroden infolge der Raumladung auftretende Gegenspannung. Nach Angabe von Schottky[4] ist diese bei zylindrischer Anordnung näherungsweise bestimmt durch die Gleichung

$$E_m = \frac{kT}{\varepsilon}\ln\frac{J_s}{J} = \frac{kT}{\varepsilon}(\ln J_s - \ln J)\,. \tag{23}$$

Bei Berücksichtigung des Wertes (20) für den spezifischen Sättigungsstrom J_s wird also

$$E_m = \frac{kT}{\varepsilon}(\ln A + 2\ln T - \ln J) - \psi_K\,. \tag{24}$$

Setzt man diesen Ausdruck und außerdem die Gl. (19) für die zwischen Kathode und Anode vorhandene Spannung U in (22) ein, so erhält man schließlich für den spezifischen Raumladungsstrom die folgende Beziehung:

$$J = Z\left[E - \psi_A + \frac{kT}{\varepsilon}(\ln A + 2\ln T) - \frac{kT}{\varepsilon}\ln J + \frac{kT}{4\varepsilon}\left(\ln\frac{U\varepsilon}{\lambda k T}\right)^2\right]^{3/2}. \tag{25}$$

Das ist eine implizite Gleichung, aus der der Raumladungsstrom J berechnet werden kann.

Bemerkenswert hieran ist, daß von den Eigenschaften der Kathode nur die Temperatur und der A-Wert, dagegen nicht die Austrittsarbeit der Kathode

[1] I. Langmuir: Phys. Rev. Bd. 21 (1923) S. 419.
[2] W. Kleen: Telefunkenröhre 1937 Nr. 9 S. 66.
[3] A. Gehrts: Z. techn. Phys. Bd. 13 (1932) S. 117.
[4] W. Schottky u. H. Rothe: Handb. d. Experimentalphysik Bd. 13/II S. 246, Leipzig 1928.

Einfluß auf den Raumladungsstrom haben. Streng genommen ist allerdings ein geringer Einfluß der Kathodenaustrittsarbeit insofern vorhanden, als in das letzte Glied von Gl. (25) $\frac{kT}{4\varepsilon}\left(\ln\frac{U\varepsilon}{\lambda kT}\right)^2$ wegen $U = E - \psi_A + \psi_K$ die Kathodenaustrittsarbeit ψ_K eingeht. Eine zahlenmäßige Durchrechnung zeigt aber, daß das ganze Glied so klein ist (in der Größenordnung von wenigen Hundertstel V), daß sich eine Änderung der Kathodenaustrittsarbeit um einige V auf die rechte Seite von Gl. (25) nur in der dritten Dezimale auswirkt und daher praktisch stets ohne Einfluß ist. In allen folgenden Betrachtungen bleibt daher der Einfluß der Kathodenaustrittsarbeit auf dieses Glied unberücksichtigt.

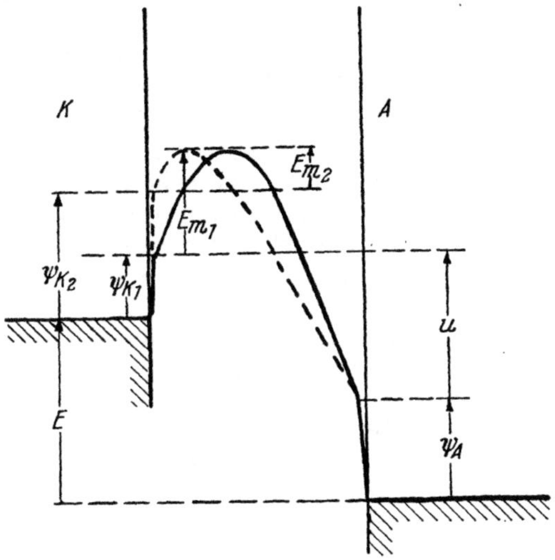

Abb. 5. Potentialverlauf im Raumladungsstromgebiet.

Die aus der vorliegenden Rechnung sich ergebende Tatsache der Unabhängigkeit der Raumladungskennlinie von der Kathodenaustrittsarbeit kann man sich durch den in Abb. 5 wiedergegebenen Potentialverlauf veranschaulichen. Nach Überwindung der Kathodenaustrittsarbeit müssen die Elektronen gegen eine weitere, durch die Raumladung hervorgerufene Gegenspannung E_m anlaufen. Erst nach Überwindung dieses Minimumpotentials unterliegen sie der beschleunigenden Wirkung der angelegten Anodenspannung. Aus der obigen Rechnung folgt nun, daß bei konstanter Temperatur und konstantem A-Wert der Kathode die von den Elektronen bei Raumladung zu durchlaufende Gegenspannung $(E_m + \psi_K)$ immer gleich groß ist; denn es ist in diesem Fall nach Gl. (24):

$$E_m + \psi_K = \frac{kT}{\varepsilon}(\ln A + 2\ln T) - \frac{kT}{\varepsilon}\ln J = \text{const}\,. \tag{26}$$

Nimmt nämlich die Austrittsarbeit der Kathode ab, so wird infolge des erleichterten Austritts die Zahl der in den Raum zwischen Kathode und Anode eintretenden Elektronen größer. Infolgedessen wird auch die Raumladung und die durch diese hervorgerufene Gegenspannung größer, und zwar, wie durch Gl. (26) ausgedrückt wird, um den gleichen Betrag, um den die Austrittsarbeit der Kathode kleiner wird. Das Gesamtpotential vor der Kathode und damit auch der übergehende Elektronenstrom bleiben also ungeändert.

Es kann auch experimentell gezeigt werden, daß die Raumladungskennlinie entsprechend der Gl. (25) verläuft, und daß insbesondere die Austrittsarbeit der Kathode den Kennlinienverlauf nicht beeinflußt.

Zur experimentellen Nachprüfung der Gl. (25) wurde die Raumladungskennlinie an Zweielektrodenröhren in einem bestimmten, sich gleichbleibenden Strombereich für verschiedene Temperaturen gemessen. Da die genaue Bestimmung der in Gl. (25) eingehenden geometrischen Daten und vor allen Dingen des absoluten Wertes der Anodenaustrittsarbeit schwierig und nicht genau genug möglich ist, wurde allerdings kein unmittelbarer Vergleich der Kennlinien vorgenommen, sondern es wurde die Verschiebung der Kennlinie bei Veränderung der Temperatur gegen eine Kennlinie fester Temperatur bestimmt und die gleiche Verschiebung außerdem nach Gl. (25) rechnerisch ermittelt.

Trägt man nämlich wie üblich $J = f(E)$ als Kennlinie auf, so muß jede sich hierbei ergebende Parallelverschiebung durch Änderung eines der in der Klammer von Gl. (25) stehenden Glieder veranlaßt sein. Zeigt man also bei der Messung, daß während einer Meßreihe die bei ein und derselben Temperatur bestimmte Kennlinie sich nicht ändert, so kann man daraus entnehmen, daß sich die Anodenaustrittsarbeit in der Zwischenzeit nicht geändert hat, der Zustand der Anode also bei allen Messungen derselbe gewesen ist. Jede auftretende Verschiebung zwischen den Kennlinien verschiedener Temperatur ist also allein auf die Änderung der Temperatur zurückzuführen.

Die Versuche wurden an Zweielektrodenröhren mit zylindrischen Anoden durchgeführt, die als Kathode entweder einen unmittelbar geheizten Wolframdraht oder eine mittelbar geheizte Oxydkathode besaßen. Bei dem Wolframdraht wurde der Heizstrom über einen elektrischen Unterbrecher zugeführt, so daß im Augenblick der Messung des Anodenstroms keine Heizspannung am Faden lag. Dadurch läßt sich der störende und nicht so genau zu bestimmende Einfluß der Heizspannung eliminieren. Die Bestimmung der Temperatur erfolgte mittels eines optischen Pyrometers; die so ermittelte schwarze Temperatur wurde entweder unter Zugrundelegung der von ESPE-KNOLL angegebenen Kurve[1] für Wolfram oder eines Strahlungsvermögens von 0,25 für das Erdalkalioxydgemisch auf wahre Temperatur umgerechnet. Für den A-Wert wurde als der wahrscheinlichste Wert 120 gewählt.

Bei Oxydkathoden kann infolge der Änderung des Querwiderstandes der Schicht mit der Temperatur, sofern dieser in die Größenordnung des inneren Widerstandes kommt, eine merkbare Drehung der Kennlinie auftreten. Diese Veränderung kann aber durch Trennung von Drehung und Verschiebung eliminiert werden.

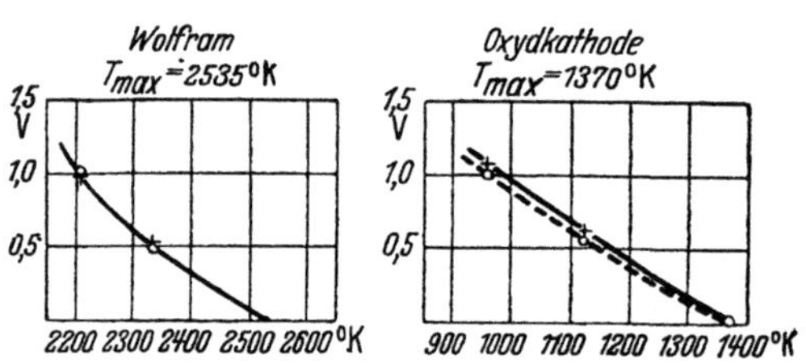

Abb. 6. Verschiebung der Raumladungskennlinie mit der Temperatur gegenüber der Kennlinie bei $T_{\max}$.

In Abb. 6 sind die so erhaltenen Ergebnisse dargestellt, und zwar ist die in V gemessene Verschiebung der Kennlinie mit der Temperatur gegen die Kennlinie bei 2535° K für Wolfram bzw. bei 1370° K für Oxyd über der Temperatur der Kathode dargestellt. Die gestrichelte Kurve gibt die rechnerisch ermittelten Werte wieder. Wie man sieht, ist die Übereinstimmung, besonders für Wolfram, überaus gut.

Die etwas größere Abweichung bei Oxydkathoden ist erklärlich, wenn man bedenkt, daß es bei diesen sehr viel schwieriger ist, eine konstante Anodenaustrittsarbeit zu erhalten, da sich diese durch das Bedampfen mit Oxyd leicht ändert. Außerdem ist sicherlich für jede Oxydkathode die Bestimmung des spezifischen Sättigungsstromes, der ja in die Rechnung eingeht, infolge der möglichen Abweichung der emittierenden von der geometrischen Oberfläche mit einem gewissen Fehler verbunden. Berücksichtigt man dies, so ist die für Oxydkathoden erreichte Übereinstimmung durchaus befriedigend.

Wie man sieht, ist der Einfluß der Temperaturänderung auf die Kennlinie nicht allzu stark, eine Temperaturänderung von 100° bewirkt etwa eine Verschiebung von 0,3 bis 0,4 V.

---

[1] W. ESPE u. M. KNOLL: Werkstoffkunde der Hochvakuumtechnik, S. 265. Berlin 1936.

In einem weiteren Versuch wurde der Einfluß der Kathodenaustrittsarbeit geprüft. Dazu wurde ein Rohr verwendet, das als Kathode einen unmittelbar geheizten Wolframdraht, als Anode eine mittelbar geheizte Oxydkathode besaß. Das Wolfram wurde vorher durch Hochglühen auf etwa 3100° K gründlich gereinigt, wobei das Oxyd durch eine vorklappbare Ni-Anode vor dem Bedampfen mit Wolfram geschützt war. Dann wurde die Kennlinie gegen das Oxyd bestimmt. Wurde jetzt das Oxyd geheizt, wobei naturgemäß Ba verdampft, so schlug sich auf dem Wolfram eine Ba-Schicht nieder, die die Austrittsarbeit der Kathode stark herabsetzte. Es wurde nun abermals die Kennlinie gegen das Oxyd aufgenommen; diese darf sich, falls Temperatur und wirksame Kathodenoberfläche ungeändert geblieben sind, nicht verändert haben, da ja nach Gl. (25) die Austrittsarbeit der Kathode nicht eingehen soll.

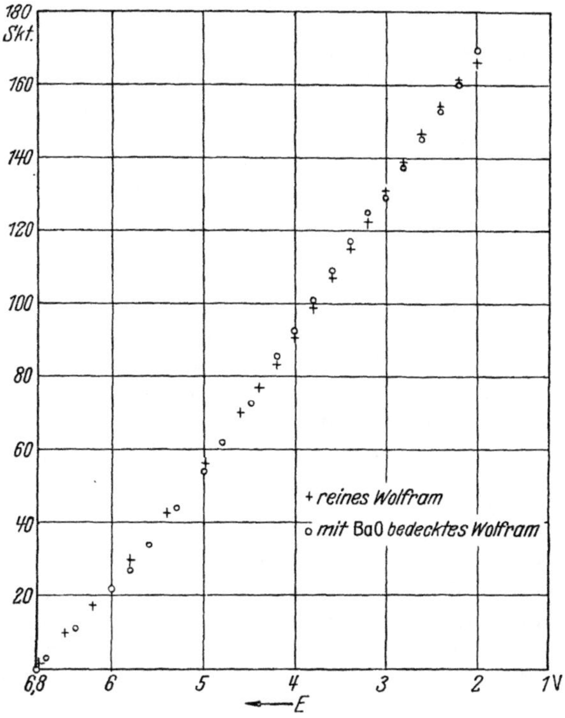

Abb. 7. Unabhängigkeit der Kennlinie von der Austrittsarbeit der Kathode.

Die Einstellung auf gleiche Temperatur der Kathode erfolgte dabei durch Einstellung auf gleiche Heizspannung. Der Wolframfaden war U-förmig gebogen, so daß die Emission praktisch nur von dem mittleren Stück, das sich dabei auf gleicher Temperatur befindet, ausgeht. Infolgedessen ist sicherlich auch das aufgedampfte Barium genügend gleichmäßig verteilt, so daß die geometrischen Abmessungen und damit die Steilheit ungeändert bleiben.

Es zeigte sich nun, wie es in Abb. 7 wiedergegeben ist, daß die Kennlinie vollkommen ungeändert blieb, und zwar innerhalb einer Meßstreuung von 0,02 V. Bestimmt man außerdem jeweils die Temperatur, die bei hoher Anodenspannung einen bestimmten Emissionsstrom ergibt, so kann man daraus näherungsweise die Austrittsarbeitsänderung abschätzen. Legt man für reines Wolfram einen Wert von 4,5 V zugrunde, so erhält man für das mit Ba bedeckte W etwa 2,8 V. Trotz der Änderung der Austrittsarbeit der Kathode um mehr als 1 V ergibt sich also keine Änderung der Kennlinie. Dieser Versuch bestätigt also durchaus die Rechnung, wonach die Austrittsarbeit der Kathode und damit das Kontaktpotential keinerlei Einfluß auf die Lage der Kennlinie haben. Rechnung und Versuch ergeben also beide, daß die Lage der Kennlinie im ganzen Bereich unabhängig von der Größe der Kathodenaustrittsarbeit ist, und daß insbesondere Änderungen der Kathodenaustrittsarbeit die Lage der Kennlinie nicht beeinflussen können.

Zusammenfassung.

Die bei der Berührung zweier Körper entstehenden Potentialdifferenzen, deren eine das Kontaktpotential ist, sind bisher nicht genügend voneinander abgegrenzt worden. Um eine solche Abgrenzung zu ermöglichen, wird in der vorliegenden Arbeit für jede der praktisch interessierenden Berührungen die zugehörige Potentialdifferenz genau definiert und ihr eine eindeutige Bezeichnung zugeordnet. Die so voneinander abgegrenzten Potentialdifferenzen sind das Galvanipotential, das Kontaktpotential, das Aufladungspotential und das Voltapotential. Für jedes dieser Potentiale wird eine Gleichung angegeben, mit deren Hilfe das betreffende Potential aus gewissen physikalischen Größen berechnet werden kann. Beim Kontaktpotential wird insbesondere auch auf die Ableitung der zugehörigen Gleichung eingegangen und gezeigt, daß die quantentheoretische Ableitung die allgemeinste ist, da diese unabhängig von der Temperatur der betreffenden Körper und von ihrer geometrischen Form gilt. Insbesondere fordert diese quantentheoretische Ableitung auch dann das Vorhandensein des Kontaktpotentials, wenn die beiden Körper sich nicht auf Glühtemperatur, sondern auf Zimmertemperatur befinden.

Zum experimentellen Beweis für das Vorhandensein des Kontaktpotentials wird eine Röhre benutzt, bei der von einem Wolframdraht als Kathode die Raumladungskennlinie sowohl gegen einen zweiten Wolframdraht als auch gegen einen Tantaldraht als Anode gemessen werden kann. Aus der Lage der beiden so gemessenen Kennlinien zueinander kann das Kontaktpotential zwischen der Wolfram- und der Tantalanode bestimmt werden. Es ergibt sich, daß auch dann, wenn vor der Messung die beiden Drahtanoden bis nahe unter den Schmelzpunkt geglüht werden, zwischen den beiden auf Zimmertemperatur befindlichen Anoden ein von Null verschiedenes Kontaktpotential vorhanden ist, und zwar ist dieses Kontaktpotential innerhalb der Meßgenauigkeit genau gleich der Differenz aus den von verschiedenen Autoren für Wolfram bzw. Tantal gemessenen Austrittsarbeiten.

Es wird ferner auf Grund von Rechnungen gezeigt, daß die Lage der Kennlinie von Empfänger- und Senderöhren sowohl im Anlaufstrom- als auch im Raumladungsgebiet außer durch die geometrischen Abmessungen der Röhre und durch die Temperatur der Kathode nur durch die Austrittsarbeit der Anode beeinflußt wird, und daß die Austrittsarbeit der Kathode und damit das Kontaktpotential entgegen bisher geäußerten Ansichten keinen Einfluß auf die Kennlinienlage ausübt. Für das Raumladungsgebiet wird die Gültigkeit dieses Satzes auch experimentell bewiesen.

Über die Einwirkung von Bariummetall auf Bariumoxyd bei höheren Temperaturen[1].

Von

M. SCHRIEL.

Mit 3 Abbildungen.

Das von GUNTZ und BENOIT angegebene Verfahren zur Darstellung von Bariumsuboxyd aus Ba und BaO wurde nachgeprüft. Entgegen den Angaben dieser Verfasser konnte stets nur ein Gemisch aus Barium und rot gefärbtem BaO erhalten werden. Die von GUNTZ und BENOIT angegebene Wärmetönung für die Bildung von Ba_2O ließ sich nicht nachweisen.

---

[1] Abdruck der in Z. anorg. allg. Chem. Bd. 231 (1937) S. 133 erschienenen Arbeit. Verkürzte Diss. T. H. Berlin-Charlottenburg 1935.

Die Bariumverdampfung im Vakuum aus Ba-BaO-Gemischen verschiedener Zusammensetzung wurde untersucht. Hierbei ergab sich, daß bariumreiche Gemische das Metall verhältnismäßig leicht abgeben, bis ungefähr die Zusammensetzung 2,5 Ba + 1 BaO erreicht ist; die weitere Metallabgabe erfolgt wesentlich langsamer. Geschmolzenes Barium vermag Bariumoxyd in beträchtlicher Menge zu lösen. Es entsteht z. B. bei 725° C eine 20proz. Lösung, bei 1200° C eine 45proz. Lösung von BaO in Ba. Beim Erkalten wird das gelöste BaO größtenteils wieder ausgeschieden. Die Löslichkeit von Barium in Bariumoxyd ist nur gering.

Die Bestimmung der Dichte des durch Barium rot gefärbten Bariumoxyds ergab für 20° C den Wert 5,36. Die Dichte des als Ausgangsstoff dienenden Bariumoxyds betrug 5,39.

Der Schmelzpunkt des angewendeten Bariums wurde zu 680 ± 5° C ermittelt. Die Dichte des Metalles wurde zu 3,63 gefunden.

Einleitung.

Nachdem es GUNTZ[1] im Jahre 1907 gelungen war, in verhältnismäßig einfacher Weise Bariummetall herzustellen, wurden von ihm und seinem Mitarbeiter BENOIT[2] im Jahre 1924 Untersuchungen über die Einwirkung des Bariums auf seine verschiedenen Verbindungen vorgenommen. Die Verfasser schreiben u. a., daß sich Barium mit Bariumoxyd bei Glühtemperatur unter Bildung von Bariumsuboxyd Ba_2O umsetzt. Das Bariumsuboxyd wird in der Arbeit als rotbrauner, einheitlicher Körper beschrieben, der bei 1150° C mit einer Ausbeute von etwa 77% entstehen soll. Alle von den Verfassern erhaltenen Subsalze waren stets geschmolzen und dem Anschein nach homogen. Freies Bariummetall soll, abgesehen von einem Rest, der infolge seiner höheren Dichte (?) am Boden des Schiffchens haftete, nicht beobachtet worden sein. Eine Bestätigung für die Bildung von Bariumsuboxyd sehen GUNTZ und BENOIT in der Tatsache, daß Aluminium mit Bariumoxyd unter erheblicher Wärmeentwicklung reagiert, was bei Berücksichtigung der Bildungswärmen der Oxyde nicht zu erwarten ist. GUNTZ und BENOIT führen diese Wärmeentwicklung auf die Bildung von Bariumsuboxyd zurück. Nach Untersuchungen von KROLL[3] verläuft die erwähnte Umsetzung jedoch nicht über das Suboxyd.

Soweit aus dem Schrifttum ersichtlich, ist das Bariumsuboxyd bisher nur von GUNTZ und BENOIT beschrieben worden. Dagegen haben sich verschiedene Forscher mit der Reindarstellung anderer Erdalkalisubsalze befaßt. Erwähnt sei hier eine Arbeit von WÖHLER und RODEWALD[4], denen es gelang, durch Abschrecken eines erhitzten Gemisches von Calcium und Calciumchlorid in einer Bombe einen Körper von der Zusammensetzung des Calciumsubchlorids zu erhalten.

Auch auf dem Gebiete der Oxydkathoden hat man sich schon seit einer Reihe von Jahren damit beschäftigt, festzustellen, in welcher Weise Barium auf Bariumoxyd einwirkt. Die Erklärungen für die Wirkungsweise dieser Kathoden gehen zwar auseinander. Einig sind sich alle Forscher aber darin, daß nur solches Bariumoxyd Elektronenemission zeigt, das in irgendeiner Form etwas Barium über die Formel des BaO hinaus enthält. Der stöchiometrische Bariumüberschuß ist bei diesen Kathoden sehr klein und beträgt nach Untersuchungen von BERDENNIKOWA[5] nur 2 bis 3 pro Mille. In einer Arbeit von FRITZ[6] wird ebenfalls

[1] A. GUNTZ: Industria Chimica Bd. 7 (1907) S. 284, 16/10.
[2] A. GUNTZ u. F. BENOIT: Bull. Soc. chim. Fr., 4. Ser. Bd. 35 (1934) S. 709.
[3] W. KROLL: Z. anorg. allg. Chem. Bd. 219 (1934) S. 301.
[4] L. WÖHLER u. G. RODEWALD: Z. anorg. Chem. Bd. 61 (1909) S. 55.
[5] T. P. BERDENNIKOWA: Phys. Z. Sowjet. Bd. 2 (1932) S. 77.
[6] H. FRITZ: Mikrochemie Bd. 11 (1935) S. 191.

nachgewiesen, daß die überschüssige Erdalkalimenge bei Oxydkathoden sehr gering ist. Der Verfasser meint im übrigen, daß in den Oxydkathoden möglicherweise auch etwas Bariumsuboxyd enthalten ist. Zu dieser Vermutung kommt er aber nicht durch eigene Beobachtungen, sondern nur durch die Veröffentlichungen von GUNTZ und BENOIT.

Bisher haben also nur GUNTZ und BENOIT das Bariumsuboxyd beschrieben. Die Arbeit dieser Forscher taucht immer wieder auf, sobald irgendwelche Erscheinungen durch Annahme eines Suboxydes erklärt werden können, und ist in das gesamte einschlägige Schrifttum eingegangen. Dies geht sogar so weit, daß Patente auf Verfahren zur Herstellung von Kathoden mit Bariumsuboxyd angemeldet und erteilt worden sind. Offenbar enthalten aber diese Kathoden nur Bariumoxyd, das durch Zusatz von Nickeloxyden gefärbt ist.

Da die Angaben von GUNTZ und BENOIT mit eigenen Beobachtungen nicht im Einklang waren, schien es wünschenswert, diese Angaben nachzuprüfen.

Versuche zur Darstellung von Bariumsuboxyd.

Als Ausgangsstoffe dienten Bariummetall und Bariumoxyd. Das Barium wurde durch Reduktion von Bariumoxyd mit Aluminium im Vakuum gewonnen[1]. Das so dargestellte Metall wurde in schönen langfaserigen Kristallen erhalten und durch kurzzeitiges Erhitzen im Vakuum zu kleinen Barren umgeschmolzen. Der Metallgehalt betrug durchschnittlich 98%. Das benutzte Bariumoxyd wurde anfänglich als Pulver von Kahlbaum bezogen. Später wurde aus Bariumsuperoxyd selbsthergestelltes BaO benutzt, das einen bedeutend höheren Reinheitsgrad hatte.

Eine Reihe von Vorversuchen, die unter Vakuum teils in einem offenen Schiffchen, teils in einer verschlossenen Bombe durchgeführt wurden, ergaben zunächst keinen Anhalt für die Bildung von Bariumsuboxyd.

Alle weiteren Versuche zur Darstellung von Bariumsuboxyd wurden daher unter Argon als Schutzgas vorgenommen, wie dies auch GUNTZ und BENOIT in ihrer Arbeit angegeben haben. Begonnen wurde mit einer Wiederholung des Versuches von GUNTZ und BENOIT. Hierbei wurde ein Gemisch von 13,85 g Barium und 14,3 g Bariumoxyd (aus Bariumsuperoxyd) 1 Stunde bei 1150° C erhitzt. Die Versuchsbedingungen waren die gleichen wie die der genannten Verfasser, lediglich die angewendeten Mengen waren größer.

Der Versuch hatte folgendes Ergebnis: Der Inhalt des Eisenschiffchens war geschmolzen, die Oberfläche war zum Teil strahlig kristallisiert und fast glatt, zum Teil aber auch uneben und rauh. An den glatten, strahligen Stellen waren eisblumenähnliche Kristallformen von dunkelroter Farbe zu beobachten neben metallischen, langen Kristallen. Die Schmelze hatte an diesen Stellen, abgesehen von der Farbe, Ähnlichkeit mit der Oberfläche erstarrter Bariummetallschmelzen. Man hatte den Eindruck, eine solche Metallschmelze vor sich zu sehen, die mit einem glasigen, roten Körper bedeckt war. An den rauhen Stellen sah die Oberfläche wie das Innere einer Kristalldruse aus: Es waren Würfel in treppenförmiger Anordnung kreuz und quer in den Raum gewachsen. Auffallend war, daß bei vielen Kristallen die Richtung der Kanten übereinstimmte. Die teils sehr gut ausgebildeten Würfel hatten eine durchschnittliche Kantenlänge von 0,15 mm. Der Farbton der Kristalle schwankte zwischen dunkelrot und rotviolett. Vereinzelt traten Kristalle auf, deren Färbung nicht einheitlich war. Alle Kristalle waren jedoch mit geschmolzenem Metall behaftet, einige hatten Risse, in die geschmolzenes Metall hineingelaufen war. Im Querbruch der Masse waren eben-

[1] Einzelheiten in der Dissertation.

falls die roten Kristalle vorhanden, die mehr oder weniger vollständig in Metall eingebettet waren. Das überall anhaftende Barium hatte die Kristalle derart verklebt, daß es unmöglich war, diese vom Metall zu befreien, ohne sie zu zerstören. Eine Schichtung innerhalb der Schmelze konnte entgegen der Beobachtung von GUNTZ nicht festgestellt werden. Der Versuch, den Körper zu mörsern, scheiterte an der plastischen Beschaffenheit der Schmelze, die anscheinend durch die große Menge an freiem Barium verursacht war; schon nach kurzem Mörsern unter Paraffinöl waren die Stücke durch das weiche Barium völlig verschmiert und zeigten dann eine metallisch blanke Oberfläche. Der Schiffcheninhalt wurde nicht analysiert, da der Augenschein keinen Zweifel darüber ließ, daß es sich um einen uneinheitlichen Körper handelte.

Die Versuche zur Darstellung des Bariumsuboxyds wurden nunmehr unter den verschiedensten Versuchsbedingungen wiederholt. Aber trotz aller Änderungen war das Ergebnis immer das gleiche. Die erhaltenen Körper waren stets uneinheitlich.

Da möglicherweise das Bariumsuboxyd nur bei hohen Temperaturen beständig ist und bei langsamer Abkühlung wieder in Ba und BaO zerfällt, konnte es vielleicht durch Abschrecken gelingen, den in der heißen Schmelze vorliegenden Zustand festzuhalten. Die Reaktionsgemische wurden zu diesem Zweck in einer fest verschließbaren Bombe in einem senkrecht angeordneten Stahlrohr aufgehängt. Das untere geschlossene Ende des Stahlrohres tauchte in ein Kältegemisch oder in flüssigen Stickstoff. Durch eine geeignete Vorrichtung konnte man die Bombe nach beendetem Erhitzen in das untere gekühlte Ende des Stahlrohres gleiten lassen. Aber auch das plötzliche Abschrecken der Schmelzen führte zu keinem wesentlich anderen Befund.

Weitere Versuche zur Darstellung von Bariumsuboxyd wurden nicht mehr vorgenommen, da die Ergebnisse trotz der mannigfachsten Abänderungen stets die gleichen blieben.

Durch Barium rotgefärbtes Bariumoxyd.

Wenn bei der Einwirkung von Barium auf Bariumoxyd überhaupt Bariumsuboxyd entstanden war, mußte es also entweder in dem Metall oder in der roten Kristallmasse zu suchen sein. Da diese beiden Bestandteile sich aber nicht mechanisch voneinander trennen ließen, mußte nach einem geeigneten chemischen Verfahren gesucht werden, das eine Trennung zuließ. Hierfür erwies sich ein eisgekühltes Gemisch aus zwei Teilen wasserfreiem Toluol und einem Teil wasserfreiem Äthylalkohol als geeignet. Das Gemisch löst bei der Einwirkung auf die Schmelze das Barium ziemlich schnell auf, während die roten Kristalle zunächst nicht angegriffen werden. Erst bei sehr langer Einwirkung findet auch eine allmähliche Zersetzung der roten Kristalle statt. Der Ätzvorgang wurde deshalb unter dem Mikroskop laufend beobachtet. Auf diese Weise wurde sicher verhindert, daß die roten Kristalle angegriffen wurden.

Nach diesem Ätzverfahren hergestellte Proben verschiedener Schmelzen wurden mikroanalytisch nach einem abgeänderten Verfahren von LINDNER[1] auf wasserstoffentwickelndes Barium untersucht. Die gesamte Bariummenge wurde als Bariumsulfat gewichtsanalytisch bestimmt. Wenn die untersuchten roten Körper aus reinem Bariumsuboxyd bestanden, mußte bei der Zersetzung mit Wasser die Hälfte des vorhandenen Bariums Wasserstoff entwickeln gemäß der Gleichung

$$Ba_2O + 3\,H_2O = 2\,Ba(OH)_2 + H_2\,.$$

[1] J. LINDNER: Z. anal. Chem. Bd. 66 (1925) S. 305.

Die Analysen zeigten aber übereinstimmend, daß der Gehalt der roten Kristalle an wasserstoffentwickelndem Barium nur sehr gering war. Die gefundenen Werte schwankten bei den verschiedenen Proben zwischen 0,6 und 1,3% Metall.

Tab. 1 zeigt einige Analysenwerte verschiedener Ausgangsschmelzen.

Tabelle 1. Analyse der roten Kristalle.

Ausgangsschmelze	Analysenergebnis		Berechnete Einwaage	Wahre Einwaage
	Gesamt-Ba	Metallisches Ba		
0,8 Ba + 1 BaO	161,8 mg	2,10 mg → 1,30%	180,1 mg	182,6 mg
0,8 „ + 1 „	68,3 „	0,91 „ → 1,33%	76,1 „	78,1 „
1,0 „ + 1 „	150,6 „	1,12 „ → 0,74%	168,1 „	165,7 „
1,1 „ + 1 „	135,8 „	0,77 „ → 0,57%	151,4 „	153,3 „
1,1 „ + 1 „	103,9 „	0,60 „ → 0,57%	—	—
1,5 „ + 1 „	79,3 „	0,78 „ → 0,99%	88,3 mg	89,9 mg

Die Analysenergebnisse bestätigen die Vermutung, daß die roten Kristalle chemisch dem Bariumoxyd nahe stehen. Hierfür spricht auch die Würfelform der roten Kristalle, die mit der des Bariumoxyds übereinstimmt. Eine weitere Bestätigung für das Vorliegen eines gefärbten Bariumoxyds ergibt sich schließlich aus den Röntgenaufnahmen, die nach dem DEBYE-SCHERRER-Verfahren angefertigt wurden[1]. Es zeigte sich, daß die Linien der roten Kristalle mit denen von Bariumoxyd übereinstimmen. Eine Änderung der Gitterkonstanten des Bariumoxyds durch eingebautes Ba konnte nicht festgestellt werden.

Die Dichte der roten Kristalle wurde im Pyknometer bei 20° C zu 5,36 bestimmt; die Dichte des angewendeten Bariumoxyds betrug 5,39. Die geringe Abweichung dieser beiden Werte stimmt mit anderen ähnlichen Beobachtungen überein, wonach durch Einbau von Metall in das Ionengitter eine Dichteverminderung eintritt.

Physikalisch-chemische Untersuchungen.

Da auf Grund chemischer Verfahren allein das Vorliegen von Bariumsuboxyd nicht nachgewiesen werden konnte, wurden zur weiteren Klärung physikalisch-chemische Verfahren herangezogen. Zunächst sollte die von GUNTZ und BENOIT errechnete Bildungswärme $Ba + BaO = Ba_2O + 15{,}5$ kcal nachgeprüft werden. Hierbei ist zu bemerken, daß die von GUNTZ benutzten Zahlenwerte auch heute noch nicht einwandfrei feststehen, so daß eine darauf fußende Berechnung leicht hinfällig werden kann. Es schien daher vorteilhafter, auf dem Wege einer direkten Messung eine Bestätigung für die von GUNTZ und BENOIT errechnete Bildungswärme zu ermitteln. Zu diesem Zweck wurde ein Gemenge aus Bariumoxyd und feinen Bariumspänen in einem wärmeisolierten Tiegel langsam unter Argon erhitzt. Die Änderung der Temperatur mit der Zeit wurde mittels eines in einem dichten Eisenröhrchen befindlichen Thermoelementes verfolgt. Statt der nach GUNTZ und BENOIT zu erwartenden Temperaturerhöhung trat aber bei etwa 690° C eine nur unwesentliche Temperaturerniedrigung auf. Auch bei weiterem Erhitzen war eine positive Wärmetönung nicht wahrzunehmen. Die geringe Abkühlung bei 690° C dürfte durch das Schmelzen des vorhandenen Bariums bewirkt sein, dessen Schmelzpunkt zu 680 ± 5° C ermittelt wurde. Bei Versuchen, Bariumoxyd durch Glühen im Vakuum zu reinigen, wurde gelegentlich zur Verbesserung des Vakuums in einem besonderen Schiffchen etwas Barium miterhitzt. Hiernach zeigte sich die auffällige Erscheinung, daß ein beträchtlicher Teil des verdampften Bariums von dem Bariumoxyd aufgenommen war. Diese

[1] Die Herstellung von Röntgenaufnahmen übernahm Herr Dipl.-Ing. MAY von der Studiengesellschaft für elektrische Beleuchtung.

Tatsache beobachtete auch GUNTZ, und er sah dies als einen Beweis für die Bildung von Bariumsuboxyd an.

Wenn die Aufnahme von Bariumdampf durch Bariumoxyd auf der Bildung von Bariumsuboxyd beruht, so ist anzunehmen, daß diese Aufzehrung nur so lange anhält, bis alles BaO in Ba_2O umgewandelt ist. Weitere Bariummengen dürften dann, zumal bei hohen Temperaturen, nicht mehr aufgenommen werden. Es war auch zu erwarten, daß eine Schmelze, die von vornherein mehr Bariummetall enthält, als zur Bildung von Bariumsuboxyd erforderlich ist, dieses überschüssige Barium beim Erhitzen leicht abgibt. Die Bariumverdampfung aus einer solchen Schmelze müßte also in dem Augenblick eine wesentliche Verzögerung erfahren, in welchem die Schmelze die Zusammensetzung Ba_2O erreicht hat.

Erhitzt man eine Mischung aus zwei Stoffen, von denen der eine bei wesentlich tieferer Temperatur verdampft als der andere, so kann man aus der gegenüber den reinen Bestandteilen veränderten Verdampfungsgeschwindigkeit Schlüsse ziehen, ob bei der angewendeten Temperatur Verbindungen, Mischkristalle oder Gemenge vorliegen. Treten in diesem Zweistoffsystem bei bestimmten Zusammensetzungen chemische Verbindungen auf, so ist zu erwarten, daß die Bariumabgabe bei diesen Zusammensetzungen Unstetigkeiten aufweist. Es erschien daher aussichtsreich, durch eine möglicherweise auftretende Unstetigkeit der Bariumverdampfung Einblick in die Natur der Schmelze zu bekommen.

Ursprünglich war geplant, die Abdampfung des Bariums aus Ba-BaO-Gemischen in einem kleinen Eisentiegelchen, das an einer Federwaage aufgehängt war, zu verfolgen. Leider erwies sich dieses Verfahren als nicht geeignet, da bei etwa 800° C durch Gasausbrüche aus dem Tiegelchen die Federwaage in lebhafte Schwankungen geriet, die ein weiteres Messen unmöglich machten. Es mußte daher der umständlichere Weg der Erhitzung mehrerer Einzelschmelzen auf verschiedene Zeiten bei gleicher Temperatur eingeschlagen werden. Als geeignete Temperatur wurde 900° C gewählt. Die Schmelzoberfläche betrug bei allen diesen Versuchen stets 12 cm². Das zu untersuchende Gemisch wurde zunächst bei 500° C im Vakuum sorgfältig entgast und dann unter Argon auf 1100° C erhitzt, um eine glatte Oberfläche zu erzielen. Sodann wurde die Temperatur auf 900° C erniedrigt und das Argon abgepumpt. Nach einer bestimmten Zeit wurde wieder Argon über die Schmelze gebracht, so daß eine weitere Verdampfung während der nun folgenden Abkühlung vermieden wurde. Die abgedampfte Bariummenge wurde nach jedem Versuch durch Wägen des Schiffchens, des öfteren auch durch die Bestimmung des an dem Stahlkühler abgeschiedenen Bariums ermittelt. Die Erhitzungszeiten waren zwischen 10 Minuten und 8 Stunden abgestuft. Die Zusammensetzung der angewendeten Schmelzen schwankte zwischen 1 Ba und 5 Ba auf 1 BaO.

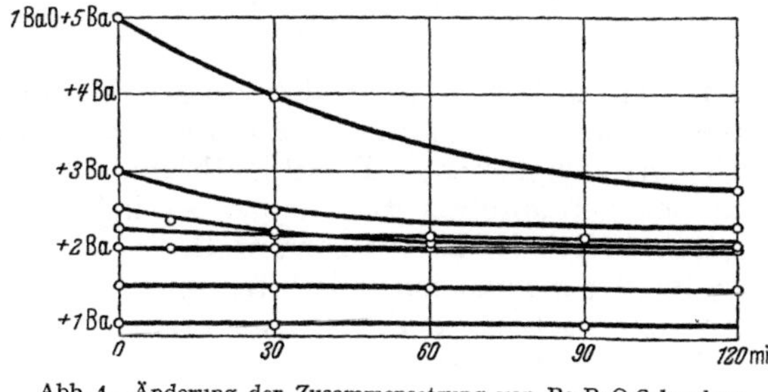

Abb. 1. Änderung der Zusammensetzung von Ba-BaO-Schmelzen durch Verdampfung von Ba bei 900° C.

Die Ergebnisse dieser Versuchsreihe sind in Tab. 2 wiedergegeben und in Abb. 1 als Schaubild dargestellt. Aus Abb. 1 ersieht man, daß BaO-haltige Bariumschmelzen das Metall bedeutend schwerer abgeben als reine Bariumschmelzen. Weiterhin zeigte es sich, daß die Verdampfungsgeschwindigkeiten mit der Zeit abnehmen. Dies kann darauf zurückgeführt werden, daß sich die

Tabelle 2. Verdampfung von Barium aus Ba-BaO-Schmelzen. (Oberfläche 12 cm^2.)

Schiffcheninhalt in g Ba	BaO	Glühbehandlung	Verdampftes Ba in g	Zusammensetzung nach dem Erhitzen
1 Ba + 1 BaO				
12,37	13,8	30 Min., 900° C, Vak.	0,07	0,995 Ba + 1 BaO
12,37	13,8	90 ,, 900° C, ,,	0,07	0,995 ,, + 1 ,,
1,5 Ba + 1 BaO				
14,3	10,7	30 Min., 900° C, Vak.	0,3	1,47 Ba + 1 BaO
14,3	10,7	60 ,, 900° C, ,,	0,2	1,48 ,, + 1 ,,
14,3	10,7	120 ,, 900° C, ,,	0,2	1,48 ,, + 1 ,,
14,85	11,08	180 ,, 900° C, ,,	0,26	1,47 ,, + 1 ,,
2 Ba + 1 BaO				
13,74	7,67	10 Min., 900° C, Vak.	0,06	1,99 Ba + 1 BaO
13,74	7,67	30 ,, 900° C, ,,	0,1	1,98 ,, + 1 ,,
13,74	7,67	60 ,, 900° C, ,,	0,11	1,98 ,, + 1 ,,
16,5	9,2	120 ,, 900° C, ,,	0,09	1,99 ,, + 1 ,,
2,25 Ba + 1 BaO				
15,49	7,67	30 Min., 900° C, Vak.	0,56	2,17 Ba + 1 BaO
15,49	7,67	60 ,, 900° C, ,,	0,71	2,15 ,, + 1 ,,
15,49	7,67	90 ,, 900° C, ,,	0,91	2,12 ,, + 1 ,,
2,5 Ba + 1 BaO				
17,17	7,67	10 Min., 900° C, Vak.	1,09	2,34 Ba + 1 BaO
17,17	7,67	30 ,, 900° C, ,,	2,04	2,2 ,, + 1 ,,
17,17	7,67	60 ,, 900° C, ,,	2,91	2,06 ,, + 1 ,,
17,17	7,67	120 ,, 900° C, ,,	3,24	2,03 ,, + 1 ,,
17,17	7,67	240 ,, 900° C, ,,	3,29	2,02 ,, + 1 ,,
17,17	7,67	480 ,, 900° C, ,,	5,94	1,64 ,, + 1 ,,
3 Ba + 1 BaO				
18,5	6,9	30 Min., 900° C, Vak.	3,21	2,48 Ba + 1 BaO
18,55	6,9	120 ,, 900° C, ,,	4,53	2,27 ,, + 1 ,,
5 Ba + 1 BaO				
20,6	4,6	30 Min., 900° C, Vak.	4,18	3,96 Ba + 1 BaO
20,62	4,6	120 ,, 900° C, ,,	9,22	2,76 ,, + 1 ,,
Bariummetall				
22,2		30 Min., 900° C, Vak.	5,34	
24,1		60 ,, 900° C, ,,	12,2	
31,8		90 ,, 900° C, ,,	18,1	
30		10 ,, 1100° C, ,,	21,6	

Zusammensetzung des Bodenkörpers entsprechend der abgedampften Metallmenge laufend ändert. Es ist aber auch möglich, daß langsam entstehende Unregelmäßigkeiten, z. B. Schichtbildung, die Veranlassung für die Unterschiede in der verdampften Bariummenge sind. Über die wirkliche Verdampfungsgeschwindigkeit der Ausgangsstoffe sagt die Untersuchung jedoch nichts aus, da im allgemeinen solche Erhitzungszeiten gewählt werden mußten, daß sich die Zusammensetzung der Ausgangsmischung beim ersten Meßpunkt bereits wesentlich verändert hatte.

Wir erkennen weiter, daß Gemische mit einem Metallgehalt von mehr als etwa 2,25 bis 2,50 Mol Ba auf 1 BaO das Metall verhältnismäßig leicht abgeben, bis die genannte Zusammensetzung erreicht ist. Unterhalb dieser Grenze ist bei den angewendeten Erhitzungszeiten keine merkliche Änderung der Zusammensetzung zu beobachten. Man sollte meinen, daß bei Bestehen der Verbindung Ba_2O die bei diesen Verdampfungsversuchen sich einstellende Grenzkonzentration dieser Zusammensetzung entspricht. Aus dem Befund der Kurven könnte man aber höchstens schließen, daß ein Suboxyd etwa von der Formel Ba_3O vorliegt. Hiergegen sprechen jedoch Beobachtungen an dem Bodenkörper. Es zeigte sich nämlich, daß der Schiffcheninhalt nach den Versuchen von einer glasigen, blaustichig violetten Schicht von geringer Dicke überzogen war. Die darunterliegenden Teile der Schmelze hatten das stets beobachtete uneinheitliche Aussehen. Es ist daher wahrscheinlich, daß diese Schichtbildung die Dampfdruckwerte des Bodenkörpers wesentlich vermindert.

Die Beobachtungen der Bariumverdampfung an den verschiedenen Schmelzen zeigen, daß die beiden Komponenten bei höheren Temperaturen bestimmt nicht als einfaches Gemisch vorliegen. Es liegt vielmehr unbedingt eine Wechselwirkung zwischen Barium und Bariumoxyd vor, die aber durch die Bildung von Ba_2O nicht zu deuten ist. Die beste Erklärung für die Erscheinung ist durch die Annahme einer Löslichkeit von Bariumoxyd in Barium gegeben. Hierfür spricht auch das Auftreten gut ausgeprägter Würfel mit parallel geordneten Kanten.

Es war nun noch zu untersuchen, ob diese Löslichkeit tatsächlich vorliegt und in welcher Weise sie temperaturabhängig ist. Hierzu wurden in einem 10 cm langen, schmalen Eisenschiffchen Bariummetall und Bariumoxyd in abgewogener Menge zusammen erhitzt. In der Mitte des Schiffchens befand sich

Tabelle 3. **Löslichkeit von Bariumoxyd in Barium.**

Zusammensetzung		Erhitzung	Metallgehalt des Schiffchens in Gew.-% Ba-Seite		BaO-Seite
1 Ba + 0,1 BaO	BaO von Kahlbaum bei 1300° C nachgeglüht	8 Std. 725° C	87,2		87,7
1 „ + 0,2 „		8 „ 725° C	83,7		
1 „ + 0,6 „		8 „ 725° C	80,8	Mittelwert 83,0	
1 „ + 0,8 „		8 „ 725° C	82,9		
1 „ + 1,0 „		4 „ 725° C	84,0		
1 „ + 1,2 „		4 „ 725° C	84,9		
1 „ + 1,6 „		1 „ 725° C	82,4		
1 Ba + 0,1 BaO		1 Std. 1000° C	88,9		88,7
1 „ + 0,2 „		1 „ 1000° C	80,9		80,0
1 „ + 0,6 „		1 „ 1000° C	69,1	Mittelwert 69,9	
1 „ + 0,8 „		1 „ 1000° C	70,3		
1 „ + 1,0 „		1 „ 1000° C	68,3		
1 „ + 1,4 „		1 „ 1000° C	70,4		
1 „ + 1,6 „		1 „ 1000° C	71,5		
1 Ba + 0,1 BaO		1 Std. 1200° C	89,7		90,1
1 „ + 0,2 „		1 „ 1200° C	85,0		85,8
1 „ + 0,4 „		1 „ 1200° C	70,1		
1 „ + 0,8 „		1 „ 1200° C	59,9	Mittelwert 58,9	
1 „ + 1,0 „		1 „ 1200° C	58,6		
1 „ + 1,2 „		1 „ 1200° C	58,5		
1 „ + 1,4 „		1 „ 1200° C	61,1		
1 „ + 1,6 „		1 „ 1200° C	56,5		
1 Ba + 0,4 BaO	BaO aus BaO_2 (Kahlbaum) im Vakuum geglüht	8 Std. 725° C	76,9		
1 „ + 0,4 „		8 „ 725° C	78,0		
1 „ + 0,6 „		6 „ 725° C	77,1		
1 „ + 0,6 „		6 „ 800° C	75,7		
1 „ + 0,6 „		4 „ 900° C	70,2		
1 „ + 1,0 „		1 „ 900° C	72,0		
1 „ + 0,6 „		1 „ 950° C	68,6		
1 „ + 1,0 „		1 „ 1000° C	66,9		
1 „ + 0,4 „		1 „ 1000° C	67,7		
1 „ + 1,0 „		1 „ 1100° C	58,9		
1 „ + 0,6 „		1 „ 1100° C	61,6		
1 „ + 0,6 „		1 „ 1200° C	54,0		
1 „ + 0,6 „		1 „ 1250° C	50,4		

eine Trennwand aus engmaschigem Eisendrahtgewebe, wodurch verhindert werden sollte, daß Bariumoxydstückchen durch geschmolzenes Metall auf die andere Schiffchenseite geschwemmt wurden. Nur das gelöste Bariumoxyd konnte nach beendetem Versuch auf der Bariummetallseite des Schiffchens auftreten. Die einzelnen Versuche wurden bei den Temperaturen 725, 1000 und 1200 °C durchgeführt.

Nach jedem Versuch wurde zunächst die Barium- und die Bariumoxydseite des Schiffchens analytisch untersucht. Hierbei zeigte sich, daß der BaO-Anteil auf beiden Seiten der gleiche war, so lange ein bestimmter Bariumoxydzusatz nicht überschritten wurde.

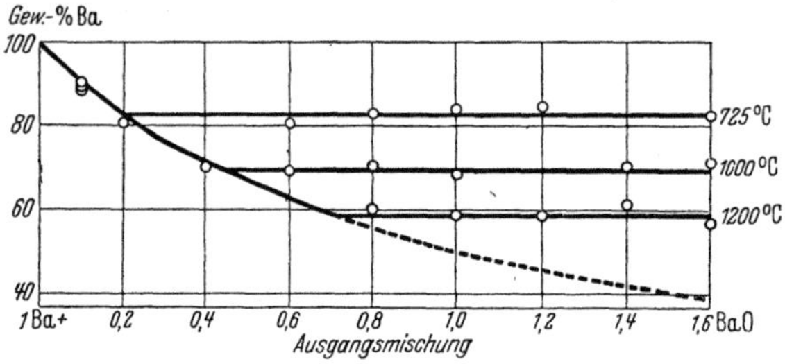

Abb. 2. Ba-BaO. Zusammensetzung der flüssigen Phase in Abhängigkeit von der Temperatur.

Sobald jedoch mehr Bariumoxyd zugegeben wurde, als diesem Anteil entsprach, stellte sich auf der Bariumseite des Schiffchens ein gleichbleibender BaO-Gehalt ein, der weder durch größere Zusätze an Bariumoxyd noch durch längeres Erhitzen zu beeinflussen war. Lediglich durch Änderung der Temperaturbedingungen konnte die aufgenommene Bariumoxydmenge geändert werden.

Aus diesem Befund ergibt sich eindeutig eine Löslichkeit von Bariumoxyd in Barium. Im Einklang hiermit steht auch die Beobachtung, daß bei größeren Bariumoxydzusätzen stets noch ungelöste BaO-Stücke aus der sonst glatten Schmelzoberfläche herausragten.

Nachdem somit feststand, daß tatsächlich die vermutete Löslichkeit von Bariumoxyd in Barium vorlag, war noch die Temperaturabhängigkeit dieser Löslichkeit festzustellen. Eine Untersuchung der BaO-Seite der Schmelzen war nicht mehr erforderlich.

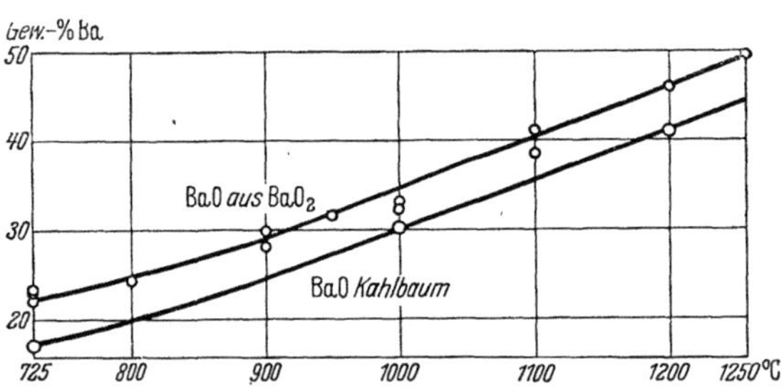

Abb. 3. Löslichkeit von BaO in Ba.

Zu den Analysen selbst ist noch zu bemerken, daß die untersuchten Proben zwar stets aus einem Gemenge von Metall und roten BaO-Kristallen bestanden. Die Verteilung dieser beiden Anteile war jedoch so gleichmäßig, daß gegen die chemische Untersuchung keine Bedenken bestanden.

Eine Zusammenstellung der Löslichkeitsversuche enthält die Tab. 3. Die Abb. 2 und 3 geben die gefundenen Werte in Kurvenform wieder.

Die gestrichelte Kurve der Abb. 2 zeigt den theoretischen Wert an, der bei der völligen Mischbarkeit der beiden Stoffe zu erwarten ist. Der Verlauf der erhaltenen Kurvenschar weist deutlich auf eine temperaturabhängige Löslichkeit von Bariumoxyd in Barium hin. Die Abweichungen einzelner Kurvenpunkte erklären sich durch Analysenfehler und kleine Temperaturschwankungen bei den einzelnen Versuchen. Wie aus Abb. 3 ersichtlich ist, spielen auch Schwankungen im Gehalt der Ausgangsstoffe eine Rolle. Mit zunehmendem Reinheitsgrad des Bariumoxyds steigt die Löslichkeit in Barium etwas an.

Wie man weiter erkennt, liegt die Löslichkeit von Bariumoxyd in Barium bei den von GUNTZ und BENOIT angegebenen Temperaturen zur Darstellung des

Ba_2O in einer Größenordnung, die dem Mischungsverhältnis 1 Ba:1 BaO nahekommt. Es besteht somit die Möglichkeit, daß die abweichenden Ergebnisse dieser Forscher dadurch zu erklären sind, daß ihnen die von mir beobachtete Löslichkeit entgangen ist.

Auch die Beobachtungen über die Verdampfung von Barium aus BaO-Ba-Schmelzen lassen sich durch Lösungsvorgänge gut erklären. Da Lösungen allgemein einen geringeren Dampfdruck aufweisen als das reine Lösungsmittel, muß man dies auch bei einer Lösung von BaO in Ba erwarten. Tatsächlich verläuft die Bariumverdampfung bei Schmelzen mit höherem BaO-Gehalt äußerst träge. Eine lebhaftere Verdampfung ist erst wahrzunehmen, wenn die Schmelzen weniger als 30% BaO enthalten (entsprechend 1 BaO + 2,5 Ba). Die Löslichkeit des Bariumoxyds gleicher Herstellung bei der gleichen Temperatur (900° C) beträgt 28%. Diese ziemlich gute Übereinstimmung dürfte kein Zufall sein. Man kann vielmehr annehmen, daß der durch gelöstes BaO an sich schon verminderte Dampfdruck des Bariums noch weiter verringert wird, wenn es infolge von Übersättigung an der Schmelzoberfläche zur Ausscheidung von Bariumoxyd kommt. Daß dies offenbar der Fall war, geht daraus hervor, daß die Schmelzen von einer glasartigen, oxydischen Haut bedeckt waren.

Ein Grund, die Bildung von Bariumsuboxyd anzunehmen, scheint mir an Hand der zahlreichen Versuche nicht mehr vorzuliegen. Die auffällige Farbänderung verleitet zwar dazu, ist aber lediglich auf eine geringe Aufnahme von Barium in Bariumoxyd zurückzuführen, das hierbei eine kräftige Rotfärbung annimmt.

Über die Verdampfungsgeschwindigkeit von BaO[1].

Von

G. HERRMANN.

Mit 1 Abbildung.

1. Einleitung.

Die bisher veröffentlichten Messungen der Verdampfungsgeschwindigkeit des Bariumoxyds[2] sind, soweit nähere Angaben überhaupt gemacht wurden, mit einer Ausnahme[3] immer in folgender Weise durchgeführt worden: Eine mehr oder weniger dicke Schicht Bariumoxyd, die auf eine metallische Unterlage aufgebracht war, wurde abgedampft und entweder der Gewichtsverlust oder die auf eine zweite Fläche aufgedampfte Oxydmenge bestimmt. Verschiedene Beobachtungen an technischen Oxydkathodenröhren, bei denen ja bekanntlich Bariumoxyd bzw. Barium-Strontiumoxyd-Mischungen als elektronenemittierender Stoff verwendet wird, führten zu der Vermutung, daß die Verdampfungsgeschwindigkeit von der Unterlage mittelbar abhängig sei, indem nämlich chemische Reaktionen zwischen dieser und dem Oxyd auftreten und so die Messungen beeinflussen. Diese Vermutung wurde durch die bekannte Tatsache gestützt, daß andere physikalische Eigenschaften des Bariumoxyds, z. B. die Elektronenemission, durch die Unterlage beeinflußt werden. Über diese Zu-

[1] Gekürzte Fassung der in Z. phys. Chem. Abt. B Bd. 35 (1937) S. 298 erschienenen Arbeit.

[2] H. D. ARNOLD: Phys. Rev. Bd. 16 (1920) S. 70. — C. ZWIKKER: Physica, Haag Bd. 8 (1928) S. 241. — J. A. BECKER: Phys. Rev. Bd. 34 (1929) S. 1323. — A. CLAASSEN u. C. F. VEENEMANS: Z. Phys. Bd. 80 (1933) S. 342.

[3] THOMPSON u. ARMSTRONG: Trans. Amer. electrochem. Soc. Bd. 58 (1928) S. 85.

sammenhänge, die sich größtenteils durch chemische Reaktionen erklären lassen, geben die Bücher von REIMANN[1] und DE BOER[2] sowie ein während der Ausführung dieser Arbeit erschienener Bericht von M. BENJAMIN[3] Auskunft.

Es schien daher angebracht zu untersuchen, ob sich bei verschiedenen Unterlagemetallen eine Beeinflussung der Verdampfungsgeschwindigkeit des Bariumoxyds feststellen läßt, und ob die bisherigen Messungen die wirkliche oder eine durch die Unterlage veränderte Verdampfungsgeschwindigkeit wiedergeben.

2. Das Meßverfahren.

Die einfachste und bei geringen Verdampfungsgeschwindigkeiten, d. h. damit gleichbedeutend geringen Dampfdrucken oft angewendete Messung der Verdampfungsgeschwindigkeit ist das von den oben angeführten Verfassern fast ausnahmslos gewählte Verfahren der Gewichtsbestimmung des abgedampften Oxydes. Man kann dieses Verfahren auf zweierlei Weise durchführen, nämlich einmal durch eine Bestimmung der Gewichtszunahme eines Auffangschirmes und zweitens durch eine quantitative chemische Analyse der aufgedampften Schicht. Da bei verschiedenen Unterlagen ein starkes Verdampfen des Metalles zu erwarten ist, wurde hier das zweite Verfahren gewählt, da nur auf diese Weise das aufgedampfte Erdalkalioxyd oder möglicherweise durch Reduktion entstandenes Metall bestimmt werden kann.

Für die Versuche wurde als Oxydträger ein Hohlzylinder von 30 mm Länge, 5 mm Außendurchmesser und 0,2 mm Wandstärke gewählt, der auf der Außenseite das Oxyd trägt und von innen durch die Strahlung einer Wolframwendel geheizt wird. Zylinder und Wendel werden in Keramikteilen gehaltert und auf einem Quetschfuß aufgebaut.

Diese Anordnung gestattet, pyrometrisch die Temperatur der Oxydoberfläche unmittelbar festzustellen. Die genaue Bestimmung der wahren Temperatur einer Oxydoberfläche ist schwierig, denn der zur Umrechnung aus der gemessenen schwarzen Temperatur erforderliche Strahlungskoeffizient bei der benutzten Pyrometerwellenlänge (Siemens-Mikropyrometer $\lambda = 0{,}65\ \mu$) ist von vielen Faktoren, z. B. Schichtdicke, Korngröße, stark abhängig. Aus diesem Grunde scheidet eine Temperaturbestimmung aus dem BaO-Strahlungskoeffizienten aus. Nach den Untersuchungen von WIEGAND[4] haben wir nun im Chromoxyd (Cr_2O_3) einen Strahler mit einem von der Temperatur unabhängigen Strahlungskoeffizienten. HOPPE[5] bestimmte das Teilstrahlungsvermögen bei der Wellenlänge von $\lambda = 0{,}65\ \mu$ zu 0,80. Da es leicht gelingt, kleine Chromoxydflecke auf die Oxydoberfläche zu bringen, hat man auf diese Weise ein Hilfsmittel, die wahre Temperatur der Oberfläche zu bestimmen. SKAUPY[6] und LIEBMANN[7] haben diese „Fleckmethode" der Temperaturbestimmung nach ihren Untersuchungen als fehlerfrei befunden. Aus den Messungen der schwarzen Temperaturen des Chromoxydfleckes und des Bariumoxydes könnte nach Berechnung der wahren Temperatur außerdem der Strahlungskoeffizient des Bariumoxydes bestimmt und zur Prüfung der Gleichartigkeit bei den verschiedenen Versuchen benutzt werden. Durch geeignete Bemessung des Oxydträgers — der Hülse — und der Heizwendel wurde eine gleichmäßige Temperaturverteilung erzielt, die größten Temperaturunterschiede betrugen bis zu Temperaturen von 1500° K $\pm 6°$.

---

[1] A. L. REIMANN: Thermionic Emission, Kap. 4. Oxide Cathodes. 1934.
[2] J. H. DE BOER: Electron Emission and Adsorption Phenomena, Kap 14. 1935.
[3] M. BENJAMIN: Phil. Mag. Bd. 20 (1935) S. 1.
[4] E. WIEGAND: Z. Phys. Bd. 30 (1924) S. 40.
[5] H. HOPPE: Ann. Phys., Lpz. (V) Bd. 15 (1932) S. 709.
[6] F. SKAUPY: Z. Phys. Bd. 12 (1923) S. 177.
[7] G. LIEBMANN: Z. Phys. Bd. 63 (1930) S. 403.

Die Unveränderlichkeit der Temperatur über längere Zeiträume ist die wichtigste Forderung, die bei diesen Versuchen unbedingt erfüllt sein muß, wenn man genaue Ergebnisse erhalten will. Es wurde zunächst festgestellt, daß sich die Temperatur über längere Zeiten bei Verwendung von Eisenwasserstoffwiderständen durch Einhalten der festgelegten Stromstärke der Heizwendel annähernd konstant halten läßt.

Die verbleibenden Stromschwankungen hatten Temperaturschwankungen von höchstens $\pm 6°$ bei 1300° K bis $\pm 9°$ bei 1500° K zur Folge. Durch die verwendete Schaltung wird eine Unveränderlichkeit des Stromes und damit der Temperatur gewährleistet, die bei Berücksichtigung einer Genauigkeit der Temperaturmessung von höchstens $\pm 3°$ in dem betreffenden Temperaturgebiet ausreichend ist.

Das Bariumoxyd wurde durch Zersetzung des Karbonates im Vakuum nach der Formel $BaCO_3 = BaO + CO_2$ gewonnen. Das in einer organischen Flüssigkeit aufgeschlämmte Karbonat (analysenrein von Kahlbaum) wurde auf die Hülse in einer Dicke von etwa 150 bis 200 μ aufgesprüht. Dabei wurden je 5 bzw. 2,5 mm an den Hülsenrändern freigelassen. Nach dem Zusammenbau der Hülse und Heizwendel und dem Aufbringen der Chromoxydflecke wurde der Aufbau in einen zylinderförmigen Glaskolben von 50 mm Durchmesser und ungefähr 180 mm Höhe eingeschmolzen. In diesem Kolben befand sich außerdem ein verschiebbarer Glaszylinder von 50 mm Höhe, der als Auffänger für das Metall oder Bariumoxyd diente, das bei der Zersetzung des Karbonats verdampft oder von der entstehenden Kohlensäure mitgerissen wird. Diese Bariummengen betragen je nach der Dauer und der Höhe der Temperatur bei der Zersetzung 2 bis 5 mg. Die Versuchsröhren wurden mittels rotierender Ölpumpe und einer zweistufigen Quecksilberdiffusionspumpe entlüftet. Die darauffolgende Zersetzung des Karbonates dauerte 15 bis 20 Minuten, dabei wurde die Oxydschicht auf eine Endtemperatur gebracht, die höher lag als die späteren Meßtemperaturen. Diese Endtemperatur von schätzungsweise 1500° K wurde so lange aufrechterhalten, bis der Druck in der Röhre kleiner als 10^{-5} Torr war, wozu ungefähr 2 bis 5 Minuten notwendig waren. Nach dem Abschmelzen der Röhre war sie für die eigentliche Messung fertig.

Durch Vergleiche der Temperaturen der Chromoxydflecke wurde die Temperaturverteilung der Oxydschicht bei jeder Versuchsröhre geprüft. Nach dieser Messung wurde dann noch die Temperatur der Bariumoxydschicht bestimmt, um aus der berechneten wahren Temperatur und der des Bariumoxydes den Strahlungskoeffizienten für $\lambda = 0{,}65\ \mu$ zu bestimmen und aus den Unterschieden Schlüsse über die Gleichmäßigkeit der Schicht bei den verschiedenen Röhren zu ziehen.

Die Röhren brannten je nach der Temperaturhöhe einige Minuten bis zu mehreren hundert Stunden. Die von der Schicht abdampfenden Teilchen schlagen sich auf dem Glaskolben nieder. Nach Beendigung des Abdampfvorganges wird der Kolben vorsichtig geöffnet, der verschiebbare Zylinder entfernt und der Niederschlag in verdünnter Salzsäure gelöst. Durch gelindes Eindampfen wird überschüssige Salzsäure entfernt und das entstandene Bariumchlorid durch Schwefelsäure in Sulfat übergeführt. Der Niederschlag wird durch einen Porzellan-Goochtiegel filtriert, bis zur Gewichtskonstanz geglüht und das Gewicht mittels Mikrowaage bestimmt. Die so bestimmte Ba-Menge entspricht aber noch nicht der gesamten abgedampften Menge; denn auf die außen an der Hülse vorbeiführenden Streben dampft ein Teil des Oxydes auf, so daß nicht alles auf die Glaswand gelangt. Durch Versuche wurde festgestellt, daß die auf die Streben aufgedampfte Menge ziemlich genau 10% der auf die Glaswand gelangten beträgt.

Die ersten Versuche wurden mit Hülsen aus technisch reinem Nickel vorgenommen, das einen Reinheitsgrad von ungefähr 99,3% hatte. Die Kolbentemperatur betrug bei den Versuchen je nach der Höhe der Hülsentemperatur bis zu 150° C.

Während der Dauer der Verdampfung bewirkte das mitverdampfende Nickel (desgleichen Kupfer und Gold) einen metallischen Niederschlag auf dem Kolben, der die Hülsentemperatur durch Reflexion bis zu 30° erhöhte. Um diese Temperaturerhöhung durch die Rückstrahlung zu vermeiden, wurde der Wendelstrom während der Abdampfzeit in geeigneter Weise verringert. Das Maß der Stromverminderung wurde bei verschiedenen Temperaturen durch Beobachtung von „Steuerröhren" gewonnen, bei denen die pyrometrische Temperaturmessung der Oxydoberfläche während des Abdampfvorganges ermöglicht war.

Vorversuche ergaben bei konstant gehaltener Temperatur eine der Zeit proportionale Zunahme des verdampften Oxydes, so daß die Zuverlässigkeit des Meßverfahrens gewährleistet war.

Der Druck wurde während der Verdampfungsdauer bei einigen Röhren mittels eines angeschmolzenen Ionisationsmanometers gemessen.

3. Messungen an verschiedenen Unterlagemetallen.

Nach den beschriebenen Vorversuchen wurden Messungen der Verdampfungsgeschwindigkeit an folgenden Unterlagen vorgenommen: Nickel, Platin, Elektrolytkupfer und Gold. Diese Metalle wurden technisch rein von der Firma Heraeus als Hülsen in den bereits angegebenen Abmessungen bezogen. Außerdem wurden aus 0,15 mm starkem, reinstem Nickelblech[1] Hülsen in den gleichen Abmessungen hergestellt. Die meisten Versuche wurden mit Hülsen aus technisch reinem Nickel vorgenommen, dessen Verunreinigungen im Betrage von 0,7% aus Eisen, Kupfer, Magnesium und Mangan bestanden. Das technisch reine Platin enthielt Verunreinigungen von Kupfer, Eisen und Spuren von Kalzium und Magnesium. Die dem Platin verwandten Metalle, wie Iridium, Rhodium, Palladium, wurden nicht als Verunreinigungen betrachtet; einschließlich dieser Metalle wurde der Reinheitsgrad des Platins zu 99,9% gefunden. In dem Kupfer der Kupferhülse konnten Spuren von Eisen, Nickel, Magnesium und Kalzium nachgewiesen werden. Der spektroskopisch geschätzte Reinheitsgrad des Kupfers war mindestens 99,9%. Die Goldhülsen wurden spektroskopisch nicht untersucht. Das benutzte Karbonylnickel hatte einen geschätzten Reinheitsgrad von 99,96%, die noch vorhandenen Spuren von Verunreinigungen bestanden aus Kupfer und Magnesium.

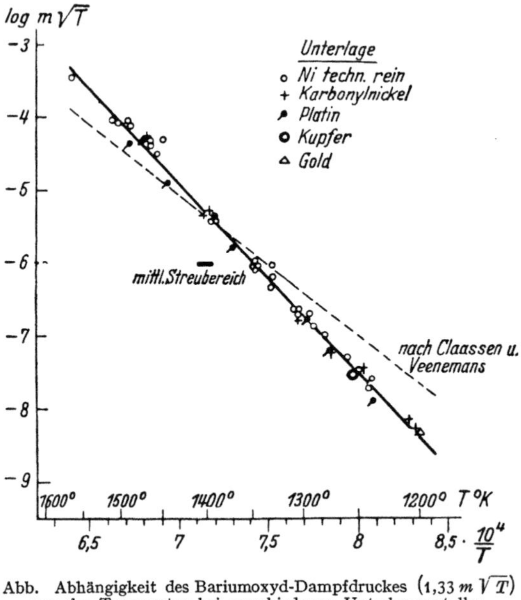

Abb. Abhängigkeit des Bariumoxyd-Dampfdruckes $(1{,}33\, m \sqrt{T})$ von der Temperatur bei verschiedenen Unterlagemetallen.

[1] Aus Nickelkarbonyl von der I. G. Farbenindustrie A.G. hergestellt.

Die Versuche wurden genau so ausgeführt, wie es oben beschrieben wurde. In der Abbildung sind die von jeder Röhre erhaltenen Ergebnisse eingezeichnet. Als Abszisse dieser Darstellung wurde $1/T$, als Ordinate $\log m\sqrt{T}$ bzw. p gewählt, um die Ergebnisse entsprechend der integrierten und vereinfachten CLAUSIUS-CLAPEYRONschen Gleichung

$$\log p = C - K/T$$

als Gerade darzustellen. Die abgedampfte Menge m und der Sättigungsdruck p stehen nach der Formel

$$m = 0{,}0585 \cdot p \cdot \sqrt{M/T}$$

zueinander in Beziehung. m wird hierbei in $g/cm^2\,s$, p in Torr gemessen, M bedeutet das Molekulargewicht und T die absolute Temperatur. Setzt man für Bariumoxyd die Werte ein, so ergibt sich

$$m \cdot \sqrt{T} = 0{,}752 \cdot p\,.$$

In der Darstellung sind die Meßergebnisse jeder Röhre entsprechend der Unterlage verschieden gekennzeichnet. Mit der Gold- und Kupferunterlage wurden deshalb so wenig Versuche angestellt, weil infolge ihres niedrigen Schmelzpunktes höhere Temperaturen nicht angewandt werden konnten und die Hülsen auch schon bei niedrigen Temperaturen ($\sim 1250^\circ$ K) durchschmolzen. Der bei einigen Röhren gemessene Grad der Luftleere während des Abdampfvorganges war besser als 10^{-5} Torr. Der Strahlungskoeffizient des Bariumoxydes lag zwischen 0,18 und 0,30. Diese Streuung ist auf Unterschiede in der Korngröße und Schichtdicke zurückzuführen und bewegt sich in den sonst gemessenen Grenzen.

4. Erörterung der Ergebnisse.

Wie aus der Abbildung ersichtlich, liegen die Punkte mit ausreichender Genauigkeit auf einer Geraden, die der Gleichung

$$\log p\ (\text{Torr}) = -2{,}60 \cdot 10^4/T + 13{,}44$$

entspricht. Das schraffierte Rechteck gibt den auf die Versuchsanordnung und die Meßgenauigkeit zurückzuführenden Streubereich der einzelnen Messung an. Man sieht, daß alle Punkte innerhalb des Streubereiches genau auf der gezeichneten Geraden liegen.

Hieraus kann man folgern, daß die Verdampfungsgeschwindigkeit des Bariumoxydes unabhängig von der Unterlage ist. Die molare Verdampfungswärme des Bariumoxydes berechnet sich aus der gezeichneten Geraden zu 119000 cal. Beim Vergleich der hier gemessenen Werte mit den von CLAASSEN und VEENEMANS angegebenen fällt auf, daß hier die Gerade steiler verläuft, sonst aber in dem gemessenen Temperaturintervall in der gleichen Größenordnung liegt. Dieser steilere Anstieg ist gleichbedeutend mit einer größeren Verdampfungswärme.

Es sollen kurz die Möglichkeiten erörtert werden, durch die die abweichenden Ergebnisse veranlaßt sein könnten. Da die Oxydschicht kein einheitlich fester Körper, sondern ein ziemlich poröses Gebilde ist, besteht eine gewisse Wahrscheinlichkeit, daß nicht nur Oxydteilchen von der Oberfläche, wie bei einem homogenen festen Körper, sondern auch von innen heraus verdampfen. Durch das in der Oxydschicht vorhandene Temperaturgefälle und durch die abweichenden Arten der Temperaturbestimmung ließe sich tatsächlich ein steilerer Verlauf der Kurve bei der Temperaturmessung der Oberfläche gegenüber dem Verlauf bei der Messung der Temperatur der Unterlage erklären. Eine weitere Ursache für die Abweichungen der Messungen könnte in einer Veränderung des Strahlungskoeffizienten des Chromoxydes in Abhängigkeit von der Temperatur zu suchen sein. Wenn dies jedoch allein die gemessene Abweichung erklären sollte, müßten sich die gleichfalls gemessenen Strahlungskoeffizienten des Bariumoxydes erheblich stärker ändern, als es gefunden wurde. Auf der anderen Seite würde man Strahlungskoeffizienten des Chromoxydes von über 100% des schwarzen Körpers errechnen. Diese Möglichkeit kann also nicht allein der Grund für die Abweichung sein. Wie schon oben ausgeführt, ist eine Bariumoxydschicht, wie sie hier vorliegt, kein dichter, fester Körper, sondern man kann sie sich aus einem mehr oder weniger festen Kristallskelett bestehend vorstellen, dessen Porenvolumen von 30 bis 80% schwankt. Es ist denkbar, daß die durch verschiedene Fällungsarten des Karbonates hervorgerufenen Änderungen der Korngröße und Struktur auch die Verdampfungswärme des Oxydes beeinflussen[1].

5. Der Einfluß des Metalles der Unterlage auf die Art der Verdampfung.

Da sich im Verlauf der Untersuchung herausstellte, daß die Verdampfungsgeschwindigkeit von der Unterlage unabhängig ist, müssen die in der Einleitung erwähnten Beobachtungen an technischen Oxydkathodenröhren eine andere Ursache haben, als anfangs vermutet wurde. Die ebenfalls eingangs erwähnte Möglichkeit einer Bariumreduktion durch die Unterlage könnte jetzt zur Klärung der oben angeführten Beobachtung herangezogen werden. Bei den Versuchen zeigten die Röhren mit Nickelunterlage einen metallischen Niederschlag auf dem Kolben, der von verdampftem Nickel und wahrscheinlich auch Bariummetall herrührte, denn beim Einlassen von Luft (Sauerstoff) wurde dieser Niederschlag heller, was auf eine Umsetzung von Barium zu Bariumoxyd schließen ließ. Bei einer Platinunterlage war der Kolbenniederschlag, falls überhaupt bemerkbar, weiß.

Der chemische Nachweis von Bariummetall zum Unterschied von Bariumoxyd durch Überführung des Metalles in das Nitrid und Nachweis des Stickstoffes als Ammoniak hatte ein negatives Ergebnis wohl deshalb, weil das gleichzeitig mitverdampfte Nickel das Bariummetall zu dicht einschließt. Es wurde daher versucht, das Bariummetall auf indirektem Wege nachzuweisen.

Es wird heutzutage allgemein angenommen, daß freies Bariummetall in und auf dem Bariumoxyd der Sitz und Träger der Elektronenemission ist[2,3]. Tritt nun durch Nickel als Unterlage eine teilweise oder vollständige Reduktion des Bariumoxydes ein, so muß im Gegensatz zu Platin eine alleinige Erhitzung auf genügend hohe Temperatur eine Elektronenemission hervorrufen.

Die Versuche wurden an einem ähnlichen Aufbau, wie er für die Verdampfungsversuche benutzt wurde, vorgenommen. Als Anode dienten dabei drei 2 mm breite Platinringe, die in einem Abstand von 5 mm voneinander befestigt waren und einen Durchmesser von 12 mm hatten. Nach der Zersetzung des Karbonats wurde das Oxyd in der Röhre einem Sauerstoffdruck von ungefähr 1 bis 5 Torr ausgesetzt, um möglicherweise schon reduziertes Barium wieder in das Oxyd überzuführen.

---

[1] In einer im Jahre 1939 von J. P. BLEWETT, H. A. LIEBHAFSKY und E. F. HENNELLY [J. chem. Physics Bd. 7 (1939) S. 478] angestellten Untersuchuung über die Verdampfungsgeschwindigkeit des Bariumoxydes bestätigen die Verfasser die von CLAASEN und VEENEMANS gemessene Dampfdruckkurve. Auf Grund ihres Ergebnisses kommen sie zu dem Schluß, daß die Temperaturbestimmung mittels des „Chromoxydfleck-Verfahrens" nicht einwandfrei sein kann. Die von ihnen zum Beweise dieser Behauptung angestellte Rechnung geht jedoch zum Teil von falschen Voraussetzungen aus, so daß dadurch allein die Abweichung der Messung nicht erklärt werden kann. Man muß vielmehr das Zusammenwirken der verschiedenen obenerwähnten Möglichkeiten für die Unterschiede der Meßergebnisse verantwortlich machen. Im übrigen sollte durch vorliegende Untersuchung keine absolute Bestimmung der Verdampfungsgeschwindigkeit des Bariumoxydes unternommen werden, sondern es sollte eine möglicherweise vorhandene Abhängigkeit der Verdampfungsgeschwindigkeit vom Unterlagswerkstoff bestätigt bzw. nicht bestätigt werden.

[2] A. L. REIMANN: Zitiert S. 306. [3] J. H. DE BOER: Zitiert S. 306.

Während das Oxyd mit der Platinunterlage bis zu 8 Minuten auf 1500° K erhitzt werden konnte, ohne bei einer Meßtemperatur von 1100° K einen merklichen Elektronenstrom zu liefern, genügte bei einer Nickelunterlage eine nur eine Minute dauernde Erhitzung auf 1500° K, um bei der Meßtemperatur (1100° K) einen 50- bis 100fachen Elektronenstrom gegenüber einer Platinunterlage zu erhalten. Ein Elektronenstrom in gleicher Höhe konnte bei einer Platinunterlage durch Aktivierung (Bariummetallerzeugung durch Stromdurchgang, siehe REIMANN[1] und DE BOER[2]) erzielt werden, wie auch von HEINZE und WAGENER[3] gefunden wurde. Bei einer Druckmessung während des Abdampfvorganges ergaben sich zwischen einer Platin- und einer Nickelunterlage Unterschiede, die sich ebenfalls durch eine Reduktion des Bariumoxydes erklären ließen. Bei der Messung des Kaltwiderstandes der Wolframheizwendel im Verlaufe des Abdampfvorganges wurde ein deutlicher Unterschied zwischen der Platin- und der Nickelunterlage gefunden. Bei der Platinunterlage blieb der Widerstand nach einer anfänglichen geringen Erhöhung gleich, während bei einer Nickelunterlage eine dauernde Erhöhung festgestellt werden konnte, die auf eine Querschnittsabnahme durch Oxydation des Wolframdrahtes zurückzuführen ist. Sauerstoff entsteht durch Zerfall des bei der Reduktion des Bariumoxydes durch Nickel entstandenen Nickeloxydes.

Daß eine Reaktion in dem oben geschilderten Sinne bei hohen Temperaturen auftreten kann, wiesen H. v. WARTENBERG und MOEHL[4] nach. Sie konnten zeigen, daß Wolfram bei hohen Temperaturen die Oxyde weit unedlerer Metalle, wie die des Aluminiums, Zirkons, Thoriums, reduziert. Es ist anzunehmen, daß sich Nickel im vorliegenden Fall ähnlich verhält.

Aus der Tatsache, daß innerhalb der Meßgrenzen keine Unterschiede der Verdampfungsgeschwindigkeit des Bariumoxydes auf einer Platin- und einer Nickelunterlage gefunden wurden, kann man den Schluß ziehen, daß die Reduktion durch das Nickel nicht am festen Bariumoxyd auftritt. Es bleibt dann nur die Annahme übrig, daß das Bariumoxyd vom Nickel entweder in der Dampfphase oder im Augenblick der Ablösung aus dem Kristallgitter reduziert wird. Eine gewisse Bestätigung für diese Ansicht bringt eine Untersuchung von J. H. DE BOER und E. J. W. VERWEY[5], nach der die Erdalkalioxyde im Dampfzustand aus Atommolekülen bestehen, während sie im festen Zustand Ionengitter bilden.

Der Einfluß von nichtmetallischen Zusätzen auf die Elektronenemission einer Erdalkalioxydkathode[6].

Von

G. HERRMANN.

Mit 4 Textabbildungen und 5 Tafeln.

I. Einleitung.

Über die Wirkungsweise der im letzten Jahrzehnt zu großer technischer Bedeutung gelangten sog. Oxydkathoden ist bereits ein umfangreiches Schrifttum veröffentlicht, so daß es sich erübrigt, an dieser Stelle eine bis ins einzelne gehende

[1] A. L. REIMANN: Zitiert S. 306. [2] J. H. DE BOER: Zitiert S. 306.

[3] W. HEINZE u. S. WAGENER: Z. techn. Phys. Bd. 17 (1936) S. 645; vgl. auch diesen Band S. 332.

[4] H. v. WARTENBERG u. H. MOEHL: Z. phys. Chem. Bd. 128 (1927) S. 439.

[5] J. H. DE BOER u. E. J. W. VERWEY: Rec. Trav. chim. Pays-Bas Bd. 55 (1936) S. 443.

[6] Gekürzte Dissertation, Technische Hochschule Berlin 1938.

Aufzählung der verschiedenen Emissionstheorien und ihrer Entwicklung zu geben. Es sei daher auf die zusammenfassenden Bücher von REIMANN[1] und DE BOER[2] verwiesen. Aus diesen Werken und den darin aufgeführten Arbeiten ist zu entnehmen, daß heutzutage im wesentlichen zwei Ansichten über den Emissionsvorgang bei Oxydkathoden bestehen. Nach der von DE BOER vertretenen Ansicht besteht die Oxydkathode, ähnlich wie eine Photokathode mit zusammengesetzter Schicht, aus einem Dielektrikum, auf dessen Oberfläche Metallatome adsorbiert sind. Durch Abtrennung der Valenzelektronen infolge thermischer Ionisation dieser Metallatome wird die Elektronenemission hervorgerufen. Die mathematische Behandlung dieser Vorgänge führt zu dem von DE BOER angegebenen Integralausdruck:

$$i = A_e e^{-\frac{\varepsilon \Phi_e}{kT}}.$$

Aus der Anschauung von DE BOER ergibt sich, daß sich beim Aktivierungsvorgang der Kathode nur die Zahl der adsorbierten und ionisierten Metallatome und damit die Konstante A_e ändert, während die effektive „Ionisierungsarbeit" Φ_e praktisch konstant bleibt.

Die andere Vorstellung, die auch von DE BOER in der deutschen Übersetzung seines Buches angeführt wird, stellt für die Elektronenemission die Halbleitereigenschaften als wesentlich in den Vordergrund. Auf Grund zahlreicher experimenteller und theoretischer Arbeiten[3...8] über die Halbleiter und deren Verknüpfung mit dem Emissionsvorgang wurden von SCHOTTKY[9], DE BOER[10] und HEINZE und WAGENER[11] Emissionsgesetze abgeleitet. Die von den letzteren aufgestellte Emissionsgleichung entspricht genau der der reinen Metalle:

$$i = A T^2 e^{-\frac{\varepsilon \Phi_0}{kT}}. \qquad \left(\Phi_0 = \frac{\Delta Q}{\varepsilon} + \Phi_a\right)$$

Nur ist hier die Austrittsarbeit Φ_0 aus den beiden Teilbeträgen $\frac{\Delta Q}{\varepsilon}$ und Φ_a (Bezeichnung nach DE BOER) zusammengesetzt, wobei ΔQ, die sog. innere Ablösearbeit, dieselbe Bedeutung wie bei Halbleitern hat, und Φ_a die äußere Austrittsarbeit des Oxydes, die natürlich noch von Dipolschichten beeinflußt werden kann, darstellt. Auf Grund dieser Anschauungen ergibt sich für den Aktivierungsvorgang nur eine Veränderung von $\varepsilon \Phi_0 = \Delta Q + \varepsilon \Phi_a$, während die Konstante A einen allgemeingültigen Wert ähnlich wie bei Metallen annimmt. Eine Entscheidung, welche von diesen beiden Theorien den Emissionsvorgang richtig wiedergibt, scheint nach DE BOER zur Zeit noch nicht möglich. Die Arbeiten von HEINZE und WAGENER[11] sprechen jedoch für eine Erklärung des Emissionsvorganges im letzteren Sinne.

Wenn wir uns fragen, welche Voraussetzungen und Anschauungen beiden Theorien gemeinsam sind, so finden wir, daß beide voraussetzen, daß Barium in

---

[1] A. L. REIMANN: Thermionic emission. London: Chapman and Hall 1934.

[2] J. H. DE BOER: a) Electron emission and absorption phenomena. Cambridge 1935. b) Deutsche überarbeitete Übersetzung. Leipzig: Barth 1937.

[3] W. MEYER u. A. SCHMIDT: Z. techn. Phys. Bd. 13 (1932) S. 137.

[4] J. A. BECKER u. R. W. SEARS: Phys. Rev. Bd. 38 (1931) S. 2193.

[5] A. L. REIMANN u. R. MURGOCI: Phil. Mag. Bd. 9 (1930) S. 440.

[6] A. SMEKAL: Z. techn. Phys. Bd. 8 (1927) S. 561.

[7] A. H. WILSON: Proc. roy. Soc., Lond. (A) Bd. 133 (1931) S. 458; Bd. 134 (1931) S. 277.

[8] A. GEHRTS: Naturwiss. Bd. 20 (1932) S. 732.

[9] W. SCHOTTKY: Naturwiss. Bd. 23 (1935) S. 115.

[10] J. H. DE BOER: s. Fußnote 2b. Deutsche Übersetzung S. 288.

[11] W. HEINZE u. S. WAGENER: Z. techn. Phys. Bd. 17 (1936) S. 645 — Z. Phys. Bd. 110 (1938) S. 164. Vgl. auch diesen Band S. 332 und S. 355.

stöchiometrischem Überschuß im BaO vorliegen muß. Daher kann eine Oxydkathode durch geringe Sauerstoffspuren, die sie unter Umständen selbst erzeugen kann oder die durch eine Elektrodenbelastung freigemacht werden, vergiftet werden. Diese Vergiftung kann, da sie nur oberflächlich wirkt, durch eine reine Temperaturbehandlung (Diffusion von metallischem Barium aus der Schicht an die Oberfläche) rückgängig gemacht werden. Eine stärkere Sauerstoffvergiftung bewirkt dagegen eine Vernichtung der Leitfähigkeit des Halbleiters, die sich durch eine reine Wärmebehandlung bei Abwesenheit eines Reduktionsmittels nicht rückgängig machen läßt.

Auf Grund der beiden Anschauungen gemeinsamen Voraussetzungen kann man sich nun folgende qualitative Vorstellung des Emissionsvorganges bei einer Oxydkathode machen:

Eine Oxydkathode ist ein aus dem Kern (Unterlagematerial), der Halbleiterschicht und der eigentlichen Emissionsschicht zusammengesetztes Gebilde. Die Emission ist daher von der Beschaffenheit und dem Zustand aller drei Schichten abhängig. Durch den Aktivierungsvorgang wird ein stöchiometrischer Überschuß von Erdalkalimetall in und auf der Oberfläche der Oxydschicht erzeugt. Ob das freie Erdalkalimetall durch Reduktion des Oxydes durch die Unterlage oder sonstige Reduktionsmittel oder durch elektrolytische Zersetzung entstanden ist, spielt bei dem hier zu betrachtenden endgültigen Zustand keine Rolle. Die Elektronen treten von dem Kernmetall in den Halbleiter über, der infolge seiner Temperatur bei einer gut aktivierten Kathode in der Lage ist, den Elektronenstrom überwiegend elektronisch bis an die Oxydoberfläche zu leiten, wo die Austrittsarbeit infolge der durch den Metallüberschuß gebildeten Dipole herabgesetzt und den Elektronen der Austritt bei der Betriebstemperatur ermöglicht wird. Dieser Betriebszustand der Oxydkathode bleibt, wenn keine sog. „vergiftenden" Einflüsse auftreten, während ihres Betriebes erhalten.

Wenn man den Versuch machen will, die Gültigkeit der beiden Anschauungen durch Versuche zu prüfen, kann man, wie es bisher allgemein geschehen ist, durch Aufnahme der RICHARDSON-Geraden oder durch Kontaktpotentialmessungen die Austrittsarbeit und A-Konstanten bestimmen. Dieser Weg soll in der vorliegenden Arbeit nicht beschritten werden. Wenn man bedenkt, daß die Leitfähigkeit der Oxydschicht für den Emissionsvorgang von grundsätzlicher Bedeutung ist, muß sich eine Beeinflussung des Emissionsvorganges durch Zusätze der Oxydschicht vornehmen lassen. Möglicherweise lassen sich dann durch solche Untersuchungen Anhaltspunkte für eine Entscheidung zwischen den beiden Anschauungen gewinnen. Eine derartige Untersuchung hat darüber hinaus noch ein großes technisches Interesse, da zusammengesetzte Emissionsschichten in den verschiedensten Entladungsröhren Anwendung finden oder aber unerwünscht auftreten können.

Da es am sinnvollsten ist, nur den Einfluß von Zusätzen zu untersuchen, die die übrigen Kathodeneigenschaften — also insbesondere ihre Strahlung — nicht verändern, wurden neben einigen Erdalkalisalzen nur weiße Metalloxyde untersucht. Derartige Zusätze von Metallsalzen und Oxyden zur Emissionsschicht sind in starkem Maße bei fast sämtlichen in einer Gasentladung arbeitenden Oxydkathoden vorhanden. Sie werden hierbei hauptsächlich angewandt, um die Erdalkalioxyde unempfindlich gegen hohe Temperaturen und Ionenaufprall zu machen. Da derartige Kathoden bisher nur in einer Gasentladung verwendet worden sind, schien es ebenfalls lohnend, ihre Emission auch einmal im Hochvakuum unter den Bedingungen der gebräuchlichen Kathoden zu untersuchen, zumal einige dieser Zusätze in den handelsüblichen Ausgangsstoffen für die Herstellung der Oxydgemische vorhanden sein können. Dieser unbeabsichtigte

Zusatz eines möglicherweise störenden Fremdstoffes in den Ausgangsstoffen ist sicherlich oft der Grund für die unterschiedlichen Ergebnisse bei Messungen an Oxydkathoden bei scheinbar gleichen Voraussetzungen gewesen. Untersuchungen über den Einfluß derartiger Oxyde liegen nur in sehr geringem Maße vor[1,2]. Da diese Messungen seinerzeit nicht unter den Bedingungen angestellt wurden, die bei dem heutigen Stande der Oxydkathodentechnik als sehr bedeutungsvoll anzusehen sind, können sie unberücksichtigt bleiben.

II. Durchführung der Versuche.

Bei einem Vergleich der Emissionseigenschaften verschiedener Elektronenquellen ist es üblich, die durch die RICHARDSON-Gleichung definierten Größen der Austrittsarbeit und A-Konstanten zu benutzen. Die Bestimmung dieser Werte ist aber gerade bei Oxydkathoden wegen ihres komplizierten Baues sehr schwierig, so ist es beispielsweise praktisch unmöglich, den Sättigungsstrom einer solchen Kathode bei Betriebstemperatur einwandfrei zu messen. Aus diesem Grunde wurde nicht versucht, den Einfluß der Zusätze durch Bestimmung der Emissionskonstanten zu ermitteln, sondern der Vergleich wurde durch Messungen eines raumladungsbegrenzten Stromes durchgeführt. Die Untersuchung eines einzelnen Versuchsobjektes kann dabei infolge der nie ganz vermeidbaren Streuungen zu Fehlern führen. Um diese Schwierigkeiten zu vermeiden, wurden bei der vorliegenden Untersuchung immer mehrere Röhren mit den gleichen Zusätzen hergestellt, wodurch sich naturgemäß ungewollte Einflüsse eher erkennen lassen als bei Untersuchungen an nur einer einzelnen Röhre. Da es infolge des Umfanges der gestellten Aufgabe schwierig ist, für jeden Zusatz Messungen an dafür besonders konstruierten Versuchsröhren anzustellen, wurde der Einfluß der Zusätze an einem einer handelsüblichen Röhrenart ähnlichen Aufbau untersucht (Pentode mit indirekt geheizter Kathode).

Die Messung des Raumladungsstromes bei einem derartigen Röhrenaufbau ist für einen Emissionsvergleich deshalb zu benutzen, weil die Empfindlichkeit einer Oxydkathode gegen emissionsbeeinflussende Stoffe mit sinkender Temperatur steigt. Zur Durchführung des Vergleiches wird daher der von der Kathode gelieferte „Ruhestrom" (Anodenstrom bei der Gitterspannung von 0 V) nicht nur bei der Betriebstemperatur von ungefähr 900 bis 1000° K, sondern auch bei zwei tieferen Temperaturen gemessen. Die Betriebstemperatur entspricht einer Heizspannung von 4,0 V, die beiden anderen Temperaturen dagegen einer von 3,6 bzw. 3,0 V. Um die bei diesen Heizspannungen herrschenden Temperaturen zu messen, wurden einige Versuchsröhren hergestellt, bei denen die Kathodentemperatur mittels eines in der Mitte der besprühten Kathodenhülse angebrachten Thermoelementes (Pt-PtRh) gemessen werden konnte. Bei höheren Temperaturen wurde außerdem durch pyrometrische Temperaturmessung ein Vergleich mit den thermoelektrischen Messungen vorgenommen. Die geringen Abweichungen der nach den beiden Verfahren gefundenen Werte ist auf den Temperaturabfall in der Oxydschicht zurückzuführen; da sie innerhalb der Streuung der einzelnen Röhren liegen, kann man sie vernachlässigen. Die durch die Drähte des Thermoelementes abgeleitete Wärmemenge war kleiner als 1% der Heizleistung, so daß mit keiner zusätzlichen Wärmeableitung bei den Versuchsröhren zu rechnen ist. Die gemessenen wahren Temperaturen betrugen.

bei 4,0 V	970 ± 40° K
„ 3,6 V	925 ± 30° K
„ 3,0 V	860 ± 30° K

[1] H. J. SPANNER: Ann. Phys., Lpz. Bd. 75 (1924) S. 609.

[2] H. SIMON: Z. techn. Phys. Bd. 8 (1927) S. 434.

in der Mitte der Kathode. Abb. 1 zeigt die Abhängigkeit der Temperatur der Kathodenmitte von der Heizspannung (Heizleistung). Außerdem ist die Temperaturverteilung für eine höhere Temperatur (5 V Heizung) angegeben. Alle Kurven sind Mittelwerte von mehreren Röhren.

Außer dem Emissionsstrom wurde das Vakuum und die Gitterspannung, bei der ein Gitterstrom von $3 \cdot 10^{-7}$ A fließt, sowie das Kontaktpotential zwischen Kathode und Steuergitter gemessen, um gegebenenfalls Rückschlüsse auf die Kathodenaktivität ziehen zu können. Insbesondere liefert die Kontaktpotentialmessung nach dem von ROTHE[1] angegebenen Verfahren ein Maß für die Güte der Kathode, wenn man den Sättigungsstrom bei allen Röhren durch Veränderung der Heizspannung gleich groß macht ($4 \cdot 10^{-6}$ A). Je besser die Emissionsfähigkeit der Kathode, desto niedriger ist die zur Erzeugung des Sättigungsstromes notwendige Heizspannung. Die Kontaktpotentialmessungen wurden auch an den unformierten Röhren sowie nach der ersten Formierstufe vorgenommen, um möglicherweise auftretende Unterschiede zwischen den einzelnen Versuchsgruppen festzustellen. Zur weiteren Beurteilung der Kathodenaktivität wurde die Kathodenbelastung (mA Elektronenstrom/cm²) bei gleicher Kathodentemperatur durch Erhöhen der Gitter- und Anodenspannung verdreifacht. Die Ergebnisse bei dieser höheren spezifischen Stromentnahme unterscheiden sich nicht von den anderen Messungen, so daß von einer Wiedergabe abgesehen wird.

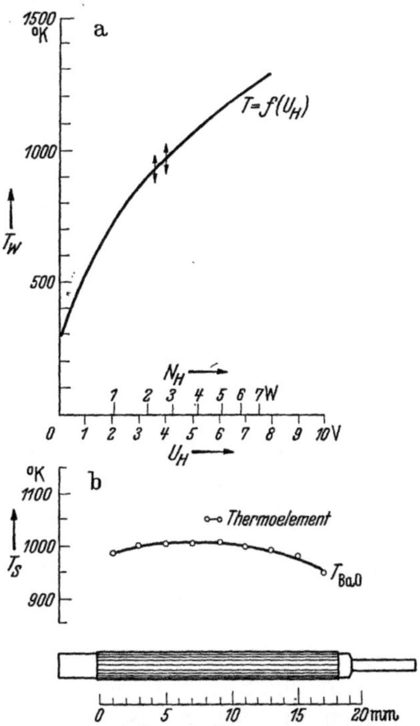

Abb. 1. a) Abhängigkeit der Kathodentemperatur von der Heizleistung. b) Temperaturverteilung einer indirekt geheizten Oxydkathode.

Da anzunehmen ist, daß die Menge der Zusätze von erheblichem Einfluß auf die Emissionsfähigkeit der Kathode ist, wurden sie der Emissionspaste in verschiedenen Prozentsätzen beigemischt, und zwar in 0,01, 0,1, 1,0 und 10 Gewichtsprozenten der Oxydgemische. Letztere bestanden aus einem Gemisch von in gleichem Gewichtsverhältnis zusammen gefälltem Barium- und Strontiumkarbonat in einem technisch gebräuchlichen Lösungsmittel suspendiert. Diese Suspension wurde mit den Zusätzen gut vermischt und dann in der üblichen Weise auf die Kathodenhülsen versprüht[2]. Das Gewicht der aufgesprühten Karbonate und deren Schichtdicke wurden bei jedem Versuch bestimmt; es schwankte zwischen 5,5 und 7 mg, der Mittelwert lag ungefähr bei 6 mg, die Schichtdicke zwischen 60 bis 90 μ, der Mittelwert betrug ungefähr 70 μ. Es schien auf Grund der oben gegebenen qualitativen Darstellung der Wirkungsweise der Oxydkathoden von Wert zu sein, den Einfluß der Lage einer Fremdschicht innerhalb der Oxydkathode zu untersuchen. Aus diesem Grunde wurden die oxydischen Zusätze außer in den oben angegebenen Gewichtsprozenten auch noch einmal unter die reine Erdalkalikarbonatschicht („Kernschicht"), in einer anderen Versuchsreihe auf diese („Oberflächenschicht") gesprüht. Die Dicke dieser Zusatzschicht

[1] H. ROTHE: Z. techn. Phys. Bd. 6 (1925) S. 633.

[2] Die Herstellung der Kathoden wurde in dankenswerter Weise von Herrn W. BERG übernommen.

schwankte zwischen 5 bis 10 μ, die Stärke der Erdalkalikarbonatschicht wurde entsprechend vermindert und so wieder eine Gesamtschichtstärke von 70 μ erhalten. Die Gewichtsmenge des Zusatzes, die auf oder unter die Oxydschicht gebracht wurde, entspricht ungefähr einem Zusatz von 8 bis 20% Gewichtsanteilen. Die Einhaltung einer gleichen Karbonat und damit Oxyddicke ist wichtig, da sonst die unterschiedlichen Gitter-Kathoden-Abstände gemäß der Raumladungsgleichung Ruhestromunterschiede vortäuschen könnten.

Diese Schichten eines Fremdstoffes auf oder unter der eigentlichen Erdalkalioxydschicht sind nach ihrer Herstellungsart natürlich nicht als absolute Trennschichten zu betrachten. Ihr infolge des Aufsprühens poröser Zustand erlaubt in begrenztem Maße ein Eindringen und möglicherweise auch geringes Durchdringen der Erdalkalioxyde, auch wird eine geringfügige Ionendiffusion durch diese Schichten möglich sein. Bei der Auswertung der Ergebnisse ist diese Eigenschaft der auf- bzw. untersprühten Schichten zu beachten.

Von jedem Zusatz wurden 6 verschiedene Versuchsreihen hergestellt. Wie schon erwähnt, wurden, um möglicherweise auftretende Unregelmäßigkeiten und Zufälligkeiten in der Herstellung auszuschalten, von jeder Gruppe 6 bis 8 Röhren aufgebaut, deren Ergebnisse gemittelt und dann ausgewertet wurden.

Die Herstellungsverfahren der Oxydkathodenröhren sind durch verschiedene Veröffentlichungen, die während der Ausführung vorliegender Arbeit erschienen, allgemein bekannt[1, 2] geworden, so daß sich eine nähere Ausführung an dieser Stelle erübrigt. Insbesondere gleicht der Pumpprozeß, der genau so wie in der industriellen Mengenfertigung vorgenommen und dort als bestmöglicher befunden wurde, dem in der Veröffentlichung von BENJAMIN u. a. beschriebenen, so daß hier nur die wahre Temperatur des Karbonatumsatzes in Höhe von 1300 bis 1400° K mitgeteilt zu werden braucht. Es ist selbstverständlich, daß durch Auswahl der Elektrodenwerkstoffe dafür Sorge getragen wurde, Emissionsbeeinflussungen zu vermeiden. Nach der üblichen weiteren fabrikationsmäßigen Fertigung der Röhren wurden sie einem Aktivierungsverfahren von ungefähr 2 Stunden Dauer unterworfen und anschließend in der bereits beschriebenen Art und Weise gemessen. Hierauf wurden alle Röhren unter betriebsmäßigen Bedingungen 600 Stunden betrieben. Während dieser Zeit wurden sie nach 50, 100, 200 und 400 Stunden, sowie nach 600 Stunden gemessen. Diese Messungen zusammen mit den zu Beginn des sog. „Lebensdauerbrennens" vorgenommenen lassen, wie wir weiter unten sehen werden, Veränderungen der Oxydschicht erkennen.

III. Ergebnisse der Versuche und deren Deutung.

Nach der Beschreibung des Versuchsverfahrens sollen nun die Art der Zusätze und deren Einfluß behandelt werden. Wie schon oben ausgeführt, wurden der Paste Oxyde und Verbindungen zugesetzt, die infolge ihres Aussehens eine gewisse Wahrscheinlichkeit dafür boten, keine Veränderungen der Gesamtstrahlung hervorzurufen. Als Oxyde wurden dabei zugesetzt:

aus der 2. Gruppe des periodischen Systems:	BeO, MgO, ZnO
„ „ 3. „ „ „ „ :	Al_2O_3, La_2O_3
„ „ 4. „ „ „ „ :	SiO_2, TiO_2, ZrO_2, ThO_2, SnO_2
„ „ 5. „ „ „ „ :	Ta_2O_5
„ „ 6. „ „ „ „ :	WO_3

Weiterhin wurde der Einfluß folgender Erdalkali-(Barium-)Salze untersucht: BaF_2, $BaCl_2$, $BaBr_2$, BaJ_2, $BaSO_4$, $Ba_3(PO_4)_2$ und $Ba(NO_3)_2$.

[1] W. ESPE u. M. KNOLL: Werkstoffkunde der Hochvakuumtechnik. Berlin: Springer 1936.

[2] M. BENJAMIN, C. W. COSGROVE u. G. W. WARREN: J. Inst. electr. Engrs. Bd. 80 (1937) S. 401.

Die Auswahl der Zusätze läßt erkennen, daß bis auf WO_3 nur weiße Verbindungen gewählt wurden, um eine Temperaturbeeinflussung zu vermeiden. Eine gewisse Sicherheit für die Temperaturgleichheit der einzelnen Versuchsgruppen bot ein vorgenommener Vergleich der Farbtemperaturen der Kathoden mit hochprozentigen Zusätzen. Hierbei konnten keine über das übliche Maß hinausgehenden Unterschiede gefunden werden. Da aber bekanntlich die Farbtemperatur keine einwandfreie Temperaturbestimmung zuläßt, müßte ein anderes Verfahren zur Temperaturbestimmung herangezogen werden. Die größte Sicherheit gibt natürlich eine Temperaturmessung, wie sie oben beschrieben wurde; sie konnte indessen wegen des Umfanges der Untersuchung nicht an allen Versuchsgruppen durchgeführt werden. Man kann aber auch bei mittelbar geheizten Kathoden eine im allgemeinen ausreichende Temperaturbestimmung durch Messung des Betriebswiderstandes der Heizwendel vornehmen. Bei den einzelnen Versuchsreihen wurden mit Hilfe dieses Verfahrens, dessen Brauchbarkeit durch einige Sonderversuche erprobt wurde, Temperaturerniedrigungen festgestellt. Da aber die erniedrigten Temperaturen immer noch viel höher waren als die bei 3 V Heizspannung an einer Kathode ohne Zusatz gemessenen, hat man immer die Möglichkeit, die Ergebnisse dieser Gruppe zu vergleichen.

Bei dem großen Umfang der Meßergebnisse scheint es nicht angebracht, alle Messungen in Tabellen- oder Kurvenform wiederzugeben. Auf eine Wiedergabe von Tabellen wurde überhaupt verzichtet, da die kurvenmäßige Darstellung die Unterschiede anschaulicher zum Ausdruck bringt. Von jeder Versuchsgruppe wurde

1. die Abhängigkeit des Ruhestroms von der Heizspannung (Temperatur) bei den formierten Röhren und

2. die Abhängigkeit des Ruhestroms bei 900 bis 1000° K (4 V Heizspannung) von der Brennstundenzahl dargestellt. Die Kurven sind in den Tafeln I bis V zusammengestellt. Die Parameter der Kurven bezeichnen den Prozentsatz des Zusatzes bzw. die Lage der Fremdschicht. Bei einigen Zusätzen ist außerdem der Stromverlauf beim „Lebensdauerbrennen“ bei erhöhter Temperatur angegeben. Die übrigen Messungen werden, soweit es notwendig erscheint, zu der Deutung der Versuchsergebnisse bei der entsprechenden Gruppe mit herangezogen.

Bei der Erklärung der einzelnen Versuchsergebnisse sollen die oxydischen Zusätze getrennt von den übrigen behandelt werden. Zunächst ist es wichtig, festzustellen, ob die Verdampfungsgeschwindigkeit der zugesetzten Oxyde größer oder kleiner als die der Barium-Strontiumoxyde ist. Wenn die Verdampfungsgeschwindigkeit kleiner ist, braucht sie nicht berücksichtigt zu werden, da man dann nicht zu befürchten braucht, daß das Zusatzoxyd beim Herstellungsgang aus der Kathodenschicht herausgedampft ist. Die Angaben über die Verdampfungsgeschwindigkeit der verwendeten Oxyde sind teilweise sehr unvollständig.

Von den meisten hier zugesetzten Oxyden ist bekannt, daß ihre Verdampfungsgeschwindigkeit viel kleiner als die von BaO ist. Bei La_2O_3 findet man keine Angaben über seine Verdampfung. Von ZnO und SnO_2 ist im Schrifttum bekannt[1], daß sie schon bei verhältnismäßig niedrigen Temperaturen sublimieren. Genaue quantitative Angaben über die Verdampfungsgeschwindigkeit konnten jedoch nicht gefunden werden. Da eine Messung der Verdampfungsgeschwindigkeit der verschiedenen Oxyde im Rahmen dieser Arbeit nicht möglich erschien, wurde folgende Untersuchung für ausreichend angesehen. Die Gitter der mit diesen Oxyden hergestellten Röhren wurden auf aufgedampftes Oxyd untersucht. Ergab diese Analyse z. B. bei den 10%-Zusätzen eine stärkere Anreicherung des

[1] Vgl. H. v. WARTENBERG u. W. GURR: Z. anorg. allg. Chem. Bd. 196 (1931) S. 374.

Tafel I.

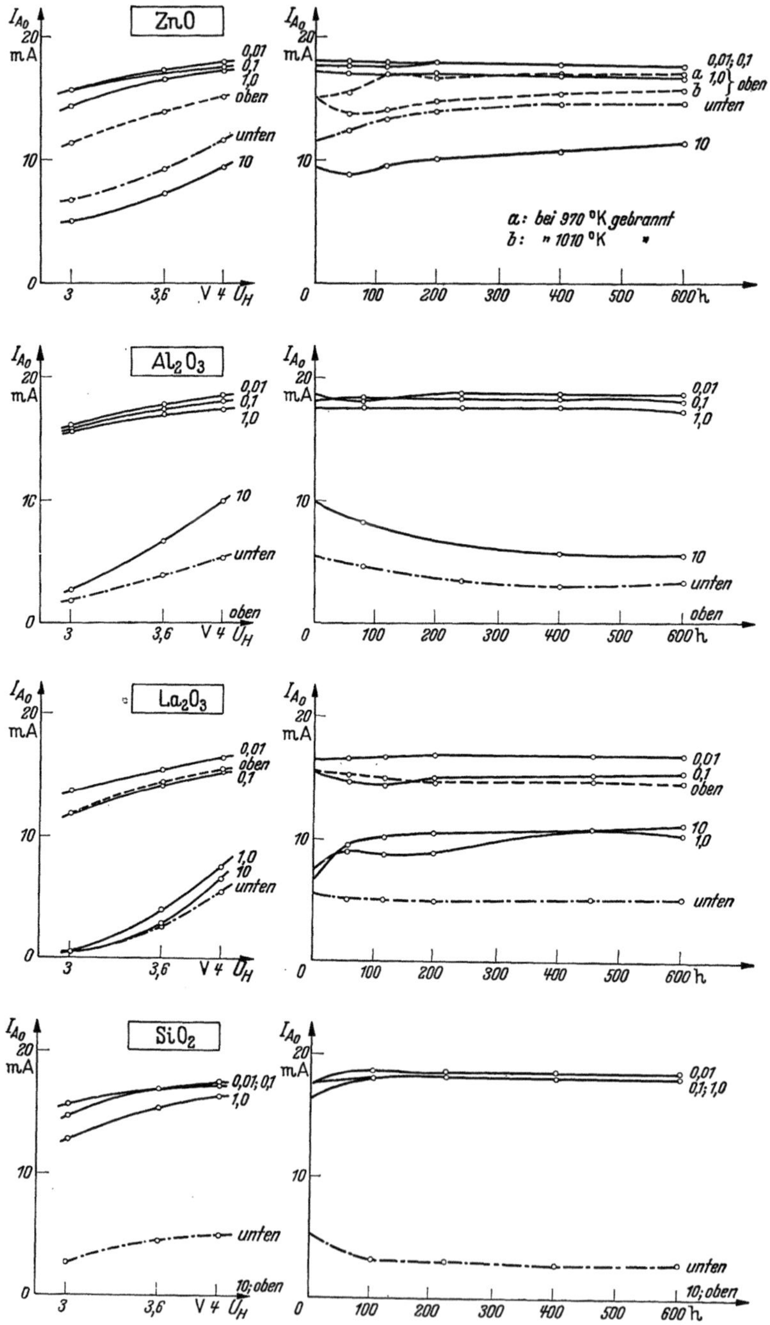
ZnO
I_{A_0}
mA
0,01
0,1
1,0
oben
unten
10
0,01; 0,1
a
1,0
b
a: bei 970 °K gebrannt
b: " 1010 °K "
U_H
V
h
Al$_2$O$_3$
La$_2$O$_3$
SiO$_2$
0,01; 0,1
0,1; 1,0
10; oben

Tafel II.

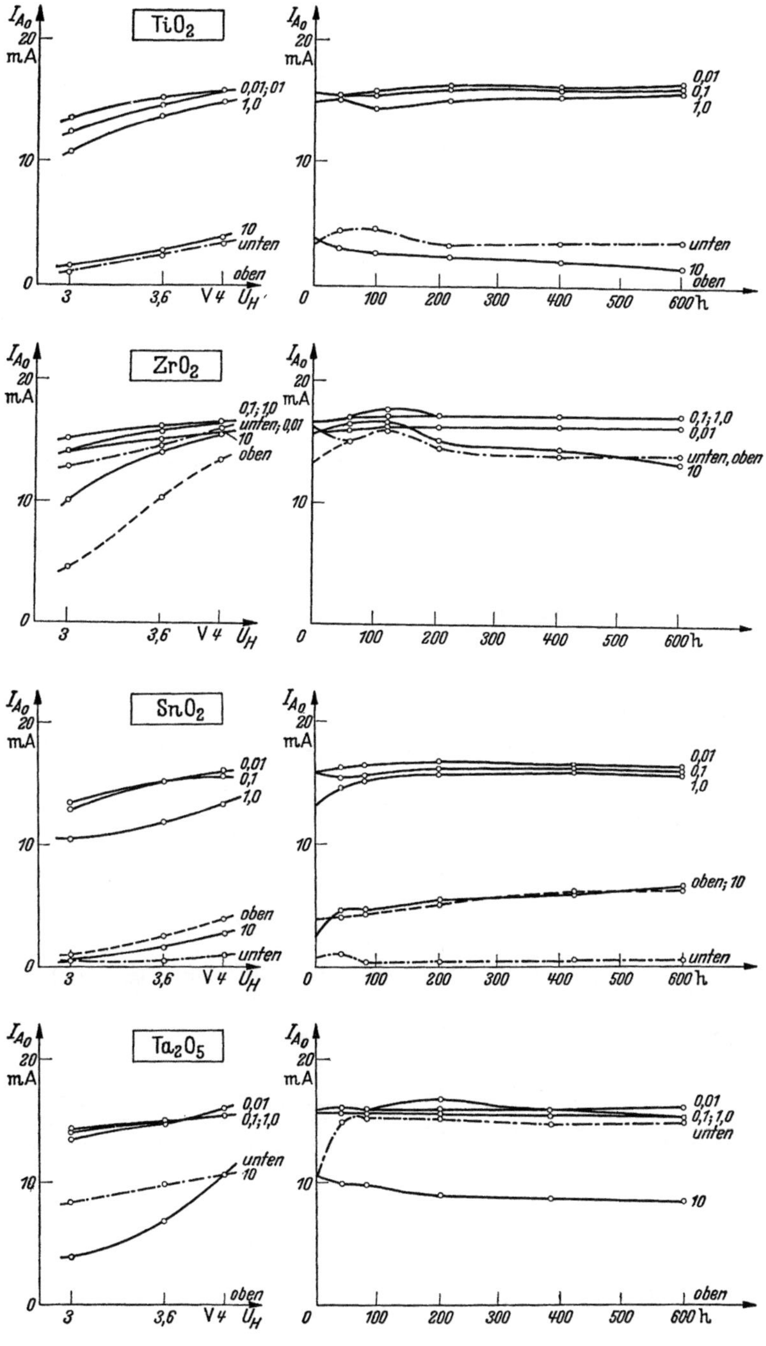
TiO2
ZrO2
SnO2
Ta2O5
I_Ao
20
mA
10
0
3
3,6
V 4
U_H
100
200
300
400
500
600 h
0,01; 01
1,0
0,01
0,1
0,1; 1,0
0,01
0,1; 1,0
10
unten
oben
unten; 0,01
unten, oben
oben; 10

Tafel III.

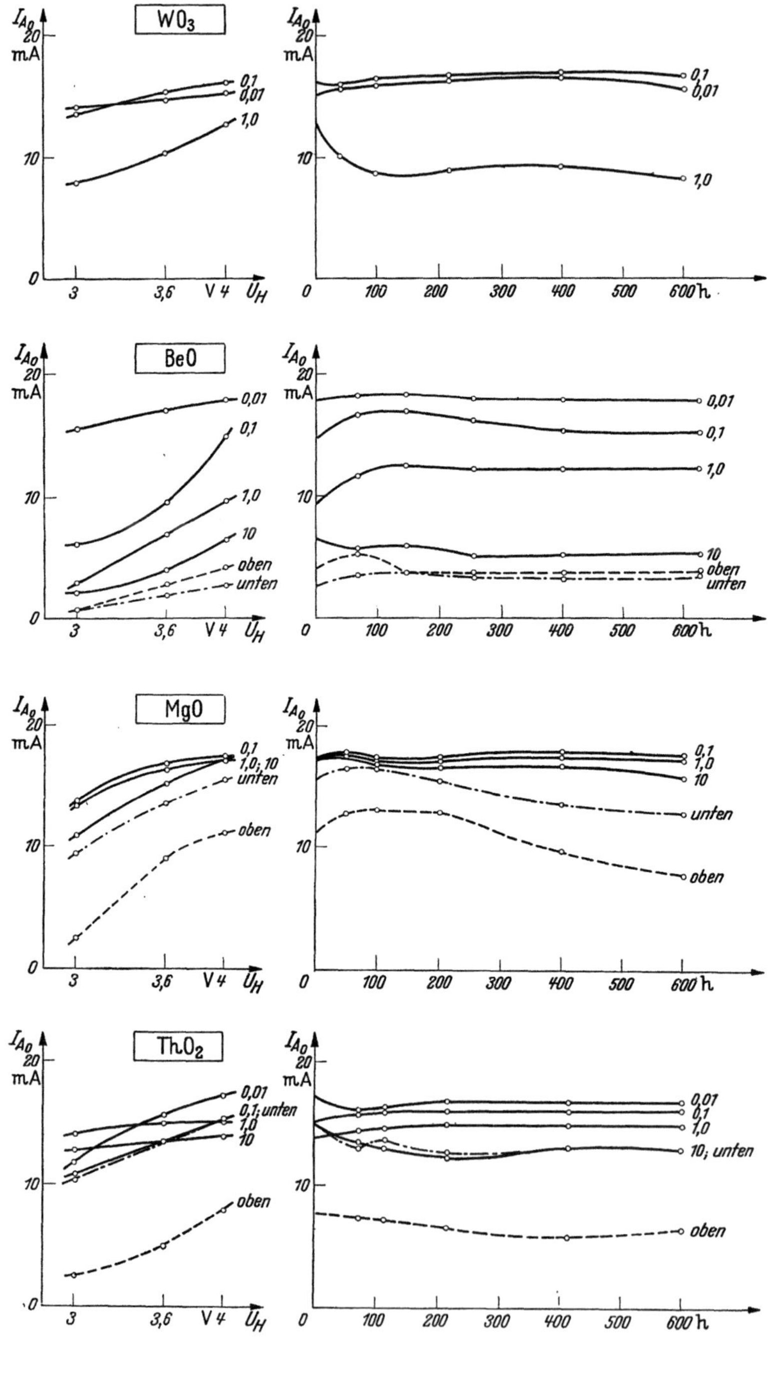

WO3
BeO
MgO
ThO2
I_A0
20
mA
10
0
3
3,6
V 4
U_H
100
200
300
400
500
600 h
0,1
0,01
1,0
10
oben
unten
1,0; 10
0,1; unten
10; unten

Tafel IV.

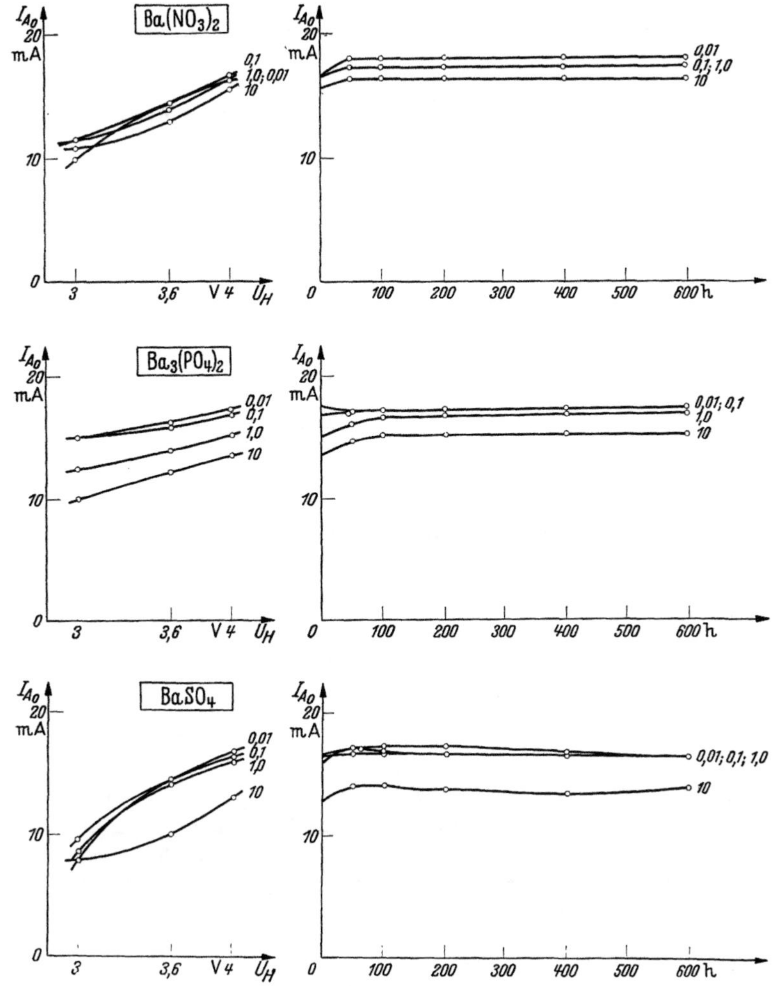
Ba(NO3)2
Ba3(PO4)2
BaSO4
I_Ao
20
mA
10
0
3
3,6
V 4
U_H
100
200
300
400
500
600 h
0,1
1,0; 0,01
10
0,01
0,1; 1,0
10
0,01
0,1
1,0
10
0,01; 0,1
1,0
10
0,01
0,1
1,0
10
0,01; 0,1; 1,0
10

Tafel V.

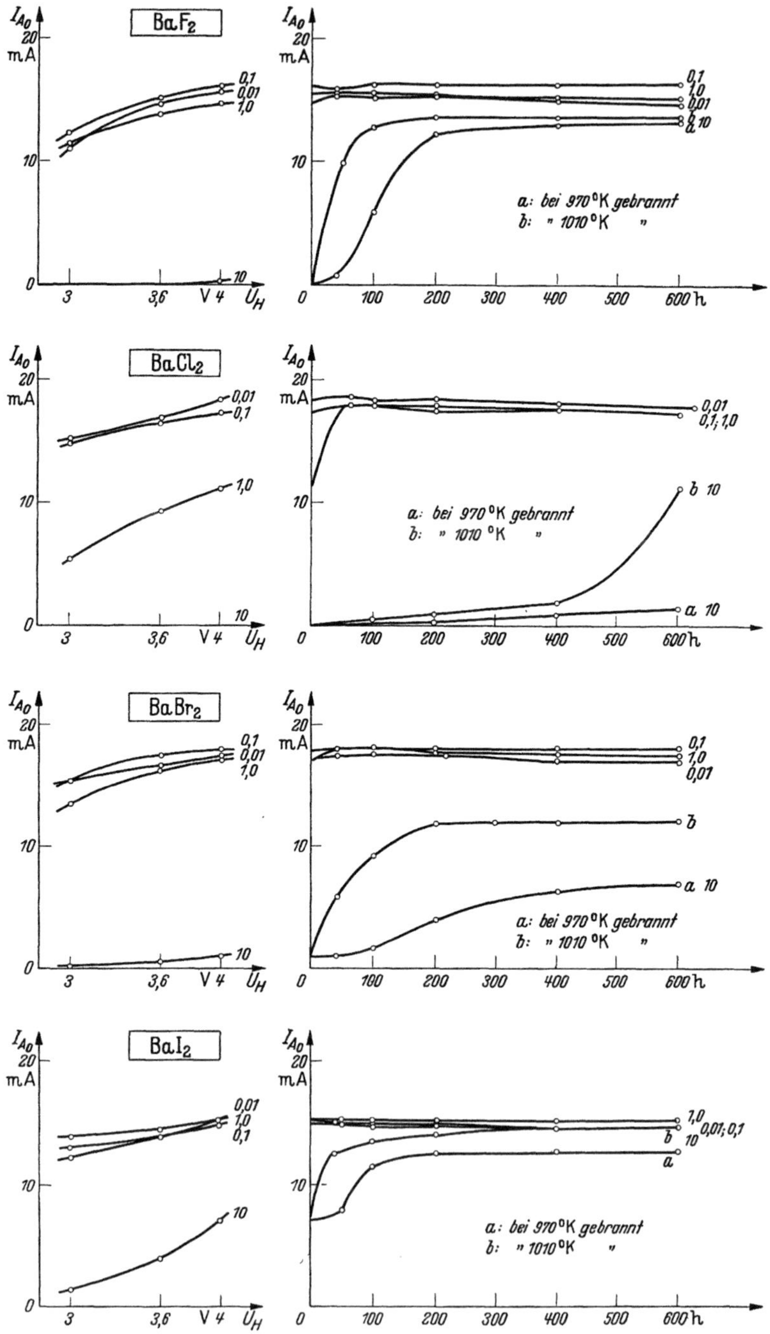
BaF2
BaCl2
BaBr2
BaI2
I_{A0}
mA
20
10
0
3
3,6
V 4
U_H
100
200
300
400
500
600 h
0,1
0,01
1,0
10
a: bei 970 °K gebrannt
b: " 1010 °K "

Zusatzes gegenüber dem BaO auf der Kathode, so ist die Verdampfungsgeschwindigkeit des Zusatzoxydes größer als die des BaO. Durch diese Untersuchung wurde bestätigt, daß ZnO und SnO_2 leichter verdampft als BaO, während bei La_2O_3 keine Anreicherung des Zusatzes festgestellt werden konnte. Dieses Ergebnis gibt eine Erklärung für den geringen Einfluß des ZnO auf die Emission, wenn es als oberste Schicht aufgesprüht worden war. Die anderen ZnO-Versuche geben eine Verschlechterung der Emission bei 10% ZnO-Gehalt und bei einer ZnO-Unterlage. Bei letzterer dampft das ZnO während des Herstellungsganges in das Erdalkalioxyd ein.

Die Ergebnisse aller Versuche mit Oxydzusätzen zeigen, daß in jedem Fall bei mehr oder weniger starken Zusätzen eine Emissionsverminderung eintritt. Eine Erklärung ist bei den meisten Stoffen darin zu suchen, daß sie mit dem Erdalkalioxyd Verbindungen bilden. Diese können immer dann entstehen, wenn die Oxyde der betreffenden Metalle sauer oder amphoter sind, d. h. sauren oder basischen Charakter annehmen können. BaO und SrO sind nur stark basisch, während sehr viele der hier untersuchten Oxyde amphoter sind. Verbindungen liegen sicher vor und sind bekannt[1...8] bei folgenden Zusätzen: ZnO als Zinkat; Al_2O_3 als Aluminat (Spinell); SiO_2 als Silikat; SnO_2 als Stannat, TiO_2 als Titanat; bei ZrO_2 ist eine Bildung von Zirkonat wahrscheinlich; Ta_2O_5 als Tantalat und WO_3 als Wolframat. Man erhält also bei diesen Zusätzen eine Mischung der entstehenden Verbindungen und den Ba-Sr-Oxyden. Wie die aus den Tafeln I, II und III, 1 ersichtlichen Ergebnisse zeigen, wirken diese Zusätze alle emissionsvermindernd. Die geringere Emission bleibt auch fast durchweg bei dem 600stündigen Brennen bei rd. 1000° K erhalten. Bei einem ZnO-Zusatz (10% sowie als Unterschicht) steigt die Emission infolge des Ausdampfens des Zinkoxydes langsam an. Bei Al_2O_3 (10% sowie als Unterschicht) ist wahrscheinlich die Aluminatbildung noch nicht beendet, so daß während des Brennens eine weitere Emissionsabnahme stattfindet. Bei La_2O_3 ist ein Emissionsanstieg während des Brennens nicht erklärlich, da die Verdampfungsgeschwindigkeit des La_2O_3 bestimmt niedriger liegt als die des BaO, was sich aus der oben angeführten Analyse ergeben hat und was auch aus der Verwendung der Oxyde der Seltenen Erden als Selektivstrahler im Auerstrumpf hervorgeht. Ob dieses am stärksten basische Oxyd der Seltenen Erden amphoter sein kann und daher mit den starken Basen BaO und SrO eine Verbindung von dem Typ La_2O_3-BaO eingehen kann, ist äußerst unwahrscheinlich.

Bei ZnO und Al_2O_3 ergeben erst Zusätze von mehr als einem Gewichtsprozent merkliche Verschlechterungen. Die Oxyde der Elemente in der vierten Gruppe des periodischen Systems verlieren nach unten ihren sauren Charakter, infolgedessen die Fähigkeit, mit BaO-SrO stabile Verbindungen einzugehen. Die Emissionsverschlechterung nimmt infolgedessen in der gleichen Reihenfolge ab. Hierbei ist jedoch noch zu berücksichtigen, daß die zugegebenen Oxydmengen Gewichtsprozente darstellen, während für die Bildung der Verbindungen das Verhältnis der Molgewichte maßgebend ist. Das würde also anders ausgedrückt bedeuten, daß bei einer 10proz. Zugabe (Gewichtsprozent) von SiO_2 mehr BaO bzw. SrO zur Silikatbildung gebraucht würde als z. B. bei einer gleichen Zugabe von TiO_2 zur Titanatbildung, so daß bei letzterem Fall eine größere BaO-SrO-

---

[1] GMELIN-KRAUT: Handbuch der anorganischen Chemie (1932): Barium, S. 88.
[2] W. JANDER u. F. WUHRER: Z. anorg. allg. Chem. Bd. 226 (1936) S. 225.
[3] G. GRUBE u. R. TRUCKSESS: Z. anorg. allg. Chem. Bd. 203 (1931) S. 75.
[4] Vgl. W. JANDER: Z. anorg. allg. Chem. Bd. 190 (1930) S. 397.
[5] W. JANDER u. H. FRY: Z. anorg. allg. Chem. Bd. 196 (1931) S. 321.
[6] G. GRUBE u. G. HEINTZ: Z. Elektrochem. Bd. 41 (1935) S. 797.
[7] H. v. WARTENBERG u. H. J. RENSCH: Z. anorg. allg. Chem. Bd. 207 (1932) S. 1.
[8] H. v. WARTENBERG u. H. WERTH: Z. anorg. allg. Chem. Bd. 190 (1931) S. 179.

Menge zur Aufrechterhaltung der Emission und Leitfähigkeit übrigbleibt. Da aber auch bei den Oxyden mit niedrigem Molekulargewicht die zur Verbindung erforderliche BaO-SrO-Menge höchstens 25% (Gewicht) der Gesamtmenge beträgt, stehen immer noch mindestens 75% der Erdalkalioxyde zum Elektronentransport zur Verfügung. Bei allen Zusätzen dieser Art haben wir es also immer noch mit einer Mischung von BaO-SrO mit den entstandenen Verbindungen zu tun.

Über diese Verbindungen ist erst in jüngster Zeit einiges durch die Untersuchungen über die Reaktionen im festen Zustand bzw. über das Verhalten hochfeuerfester Oxyde bekannt geworden; insbesondere wurden untersucht: Bariumsilikat[1,2], Bariumwolframat[3], Bariumtantalat[4], Bariumaluminat[5,6] und Bariumzirkonat[7]. Von den meisten dieser Verbindungen sind Ortho- und Metamodifikationen bekannt, von deren Untersuchung jedoch im Rahmen dieser Arbeit abgesehen wurde, da schon bei allen Metalloxyden ein Zusatz von 10% eine sehr erhebliche Verschlechterung, wenn nicht völlige Vernichtung der Emission hervorruft. Bei den hier untersuchten Kathoden liegen also immer die Erdalkalioxyde neben den entstandenen Salzen vor, dabei bilden sich — soweit Untersuchungen darüber vorliegen — keine Mischkristalle, was ja auch naturgemäß sehr unwahrscheinlich ist. Untersuchungen über das physikalische Verhalten (Leitfähigkeit, Strahlungseigenschaften) dieser Gemische sind nicht bekannt, so daß die Versuchsergebnisse dieser Gruppen nicht weiter in Einzelheiten erklärt werden sollen.

Wie die Ergebnisse der Röhren, bei denen die Oxyde auf die Emissionsschicht gesprüht wurden, zeigen, wirkt eine Fremdschicht auf der Emissionsschicht immer emissionsvermindernd. Diese Emissionsabnahme ist — von dem schon erwähnten Zinkoxydzusatz abgesehen — erheblich, bei Al_2O_3, SiO_2, TiO_2 und Ta_2O_5 sogar vollständig. Eine Erklärung für dieses Verhalten wurde durch den Ausbau der Kathoden gefunden. Bei allen Gruppen war die Oberfläche der Kathode leicht grau. Diese Färbung rührt von dem beim Abbrennen der Kathode frei werdenden Kohlenstoff her, der in den Fremdschichten, die ja beim Umsatz kein Kohlendioxyd abgeben, nicht oxydiert werden kann. Dieser in der obersten Schicht gewissermaßen steckengebliebene Kohlenstoff kann aber nicht allein für die starke bei den vier letzthin erwähnten Oxyden auftretende Vergiftung verantwortlich gemacht werden, da diese Erscheinung ja in mehr oder weniger starkem Maße bei allen Kathoden mit der oberen Fremdschicht auftrat. Bei diesen vier Gruppen muß man also außerdem eine besonders starke Beeinflussung der äußeren Austrittsarbeit (Φ_a) annehmen. Die schlechtere Emissionsfähigkeit der Kathoden mit untersprühter Fremdschicht ist bei vielen Gruppen auf ein rein mechanisch erfolgtes Abplatzen bzw. Aufreißen der Oxydschicht zurückzuführen, weil die gebildeten Verbindungen auf der Nickelunterlage schlechter haften als die BaO-SrO-Gemische, so z. B. bei: Al_2O_3, SnO_2, SiO_2, TiO_2. Bei den anderen Zusätzen wirkt die untersprühte Fremdschicht ähnlich wie der 10proz. Zusatz.

Die restlichen, bisher nicht behandelten Gruppen enthalten Zusätze, die mit den BaO-SrO-Gemischen keine Verbindungen eingehen. Hierzu gehören also:

[1] W. JANDER u. F. WUHRER: Zit. S. 323.
[2] G. GRUBE u. R. TRUCKSESS: Zit. S. 323.
[3] W. JANDER: Zit. S. 323.
[4] W. JANDER u. H. FRY: Zit. S. 323.
[5] G. GRUBE u. G. HEINTZ: Zit. S. 323.
[6] H. v. WARTENBERG u. H. J. RENSCH: Zit. S. 323.
[7] H. v. WARTENBERG u. H. WERTH: Zit. S. 323.

BeO[1], MgO, ThO_2. Die Ergebnisse dieser Gruppen sind deshalb besonders interessant, weil hier eine Mischung zweier Verbindungen vorliegt, die sich chemisch nicht beeinflussen. Die Ergebnisse dieser drei Gruppen sind in der Tafel III zusammengestellt. Wir sehen, daß BeO schon in geringen Mengen emissionsvergiftend wirkt, während MgO und ThO_2 die Emission nur schwach beeinflussen. BeO ist der am wirksamsten deaktivierende Zusatz, während MgO und ThO_2 den geringsten Einfluß aller bisher betrachteten Zusätze haben. Diese jetzt zu behandelnden drei Zusätze dürften also die wichtigsten und eindeutigsten Ergebnisse erwarten lassen.

Zunächst sollen die Wirkungen dieser Zusätze betrachtet werden, wenn sie auf oder unter die eigentliche Emissionsschicht gesprüht werden. Die auf- bzw. untergesprühte BeO-Menge beträgt ungefähr 10%, so daß die annähernde Übereinstimmung der Emissionswerte hierin ihre Erklärung findet. Die ThO_2-Schicht auf der Oberfläche zeigte dieselbe Erscheinung, die schon oben beschrieben wurde, nämlich eine geringe Kohlenstoffabscheidung infolge des fehlenden Oxydationsmittels, so daß hier die Dipolschicht außer durch das ThO_2 noch durch fein verteilten Kohlenstoff beeinflußt wird. Der MgO-Zusatz, bei dem diese Erscheinung nicht auftrat, weil das MgO durch den Zerfall von $MgCO_3$ gewonnen wurde, wirkt nur als aufgesprühte Schicht emissionsvermindernd. Hier ist eine reine Beeinflussung der äußeren Austrittsarbeit anzunehmen, da die gleiche prozentuale Menge in und unter der reinen Emissionspaste keine oder nur sehr geringe Emissionsabnahme hervorruft.

Der starke emissionsvermindernde Einfluß des BeO ist wahrscheinlich auf eine Eigenschaft dieses Oxydes zurückzuführen, die in der keramischen Industrie technisch verwertet wird. BeO wirkt nämlich als stark sinterndes Flußmittel, d. h. durch BeO-Zusatz erhält man porzellanartige Keramiken, die sehr dicht sind und ein kleines Porenvolumen haben. Dieselbe Eigenschaft tritt natürlich auch beim Zusatz des BeO zum Emissionsoxydgemisch auf. Da anzunehmen ist, daß sich eine BaO-SrO-BeO-Mischung ähnlich verhält wie das von Ruff[2] und Wartenberg[3] untersuchte BeO-CaO-Gemisch, wird auch hier der BeO-Zusatz eine starke Herabsetzung des Schmelzpunktes zur Folge haben. Ein Teil der Schicht wird daher schmelzen und zusammensintern. Die so hergestellten Kathoden zeigen ein äußerst glattes geschmolzenes Aussehen und sind sehr fest.

Es ist auch noch denkbar, daß zu dieser porenschließenden Eigenschaft seine hohe Isolationsfähigkeit hinzukommt. Wenn man nämlich annimmt, daß diese Eigenschaft der starken Sinterung des BeO durch Umschließen des oder der anderen Oxyde hervorgerufen wird, würde das in vorliegendem Falle bedeuten, daß die von BeO umschlossenen BaO-SrO-Teilchen voneinander isoliert sind, d. h. für die Stromleitung ausfallen. Die emissionsvermindernde Wirkung des BeO wird demnach wahrscheinlich durch eine Erhöhung des Schichtwiderstandes hervorgerufen.

Wie schon ausgeführt, zeigt ein Zusatz von MgO und ThO_2 keine erhebliche Beeinflussung des Emissionsvermögens. Der vorhandene Einfluß rührt nur von einer Herbasetzung des Leitvermögens der BaO-Schicht durch einen eingelagerten Isolator her. Es ist bekannt, daß die Leitfähigkeit eines Halbleiters durch Zusatz

[1] Neuere Röntgenfeinstrukturuntersuchungen an BaO-SrO-BeO-Gemischen, die nach dem gleichen Verfahren wie bei den vorliegenden Versuchen hergestellt wurden, zeigten deutlich das Auftreten einer chemischen Verbindung. Die durch den Zusatz von BeO zu dem Erdalkalioxydgemisch erhaltenen Ergebnisse sind daher durch eine Verbindungsbildung einfacher zu erklären, als es in den folgenden Ausführungen geschehen ist.

[2] O. Ruff, F. Ebert u. U. Krawozynski: Z. anorg. allg. Chem. Bd. 213 (1933) S. 333.

[3] H. v. Wartenberg, H. J. Rensch u. E. Sarau: Z. anorg. allg. Chem. Bd. 230 (1937) S. 257.

eines zweiten mit verschiedener Leitfähigkeit geändert werden kann. Die aus zwei oder mehr Komponenten zu berechnende Leitfähigkeit ergibt sich nach LICHTENECKER[1] aus der sog. logarithmischen Mischungsregel. Da nach der einen der oben beschriebenen Ansichten über den Emissionsmechanismus der Oxydkathode die Austrittsarbeit von der Leitfähigkeit indirekt abhängig ist, wird sich eine Verkleinerung der Leitfähigkeit in einer Erhöhung der Austrittsarbeit bemerkbar machen müssen, was ja in vorliegendem Falle zutrifft. Voraussetzung ist hierbei nur, daß BaO-SrO und MgO nebeneinander bestehen; denn bei Bildung von Mischkristallen lassen sich diese Zusammenhänge sicherlich nicht finden, wie das Beispiel BaO-SrO zeigt[2, 3]. Bei vorliegendem Versuch ist nun zwar die Möglichkeit einer Mischkristallbildung vorhanden, da MgO als einziger der untersuchten Zusätze den gleichen Gittertypus aufweist wie BaO und SrO. Die Gitterparameter weichen jedoch derart voneinander ab (nach eigenen Messungen: BaO-SrO: 5,30 Å; MgO: 4,19 Å), daß eine Mischkristallbildung ausgeschlossen erscheint. Zur Sicherheit wurden von den Kathoden, die in die Versuchsröhren eingebaut waren und 600 Stunden gebrannt hatten, DEBYE-SCHERRER-Aufnahmen gemacht, aus denen sich dann auch ergab, daß MgO und BaSrO als Gemisch und nicht als Mischkristall vorliegen. Von einer Veröffentlichung der Aufnahmen wird abgesehen, da sich wegen der notwendigen kurzen Belichtungszeit (Rückverwandlung des Oxydes in Karbonat und Hydroxyd) nur sehr schwache Linien ergeben, die für eine Wiedergabe ungeeignet sind. Dieser Befund ist in Übereinstimmung mit den von WARTENBERG und PROPHET[4] gefundenen Ergebnissen, die Systeme mit MgO untersuchten und fanden, daß MgO mit den übrigen Erdalkalioxyden keine Mischkristalle bildet. Man kann also beim MgO-Zusatz und natürlich auch beim ThO_2-Zusatz, das ja einen ganz anderen Gittertypus als BaO-SrO aufweist, die Verschlechterung der Leitfähigkeit für die Erhöhung der Austrittsarbeit verantwortlich machen. Eine quantitative Abschätzung wird weiter unten gegeben.

Die Abnahme des Ruhestromes während des 600-Stunden-Brennens, die bei einigen hochprozentigen Zusätzen zu bemerken ist, ist wahrscheinlich auf ähnliche Sinterungserscheinungen der Emissionsschicht — nur in weitaus schwächerem Maße — wie bei BeO zurückzuführen.

Wie schon eingangs erwähnt, wurden der Emissionspaste außer den verschiedenen Metalloxyden noch verschiedene Bariumsalze zugegeben, um deren Einfluß auf die Emission kennenzulernen. Die Ergebnisse dieser Versuchsreihen sind in Tafel IV und V aufgetragen. Diese Salze wurden der Oxydpaste in folgenden Gewichtsprozenten zugesetzt: 0,01, 0,1, 1,0 und 10%. Eine Emissionsbeeinflussung ergab sich in starkem Maße nur bei den Bariumhalogeniden. Bariumnitrat ergibt, wie auch zu erwarten war, keine Beeinflussung, da es beim Hochbrennen der Kathode in Bariumoxyd, Sauerstoff und Stickstoff zerfällt; die Gase werden abgepumpt und könnten nur mittelbar durch Oxydation der gleichzeitig glühenden Elektroden eine Beeinflussung hervorrufen. Dies ist jedoch nicht der Fall gewesen, die etwas geringere Emission des 10proz. Zusatzes ist auf eine Verschiebung des BaO-SrO-Verhältnisses nach der Bariumseite hin zu erklären.

Bariumphosphat und Bariumsulfat wirken ähnlich wie Magnesium- oder Thoriumoxyd, also als reine Zusätze, die chemisch die Emissionsschicht nicht beeinflussen, sondern nur deren Leitfähigkeit verändern. Die Zersetzungstemperaturen dieser Salze liegen höher als die beim Herstellungsgang dieser

---

[1] K. LICHTENECKER: Z. Elektrochem. Bd. 40 (1934) S. 11.
[2] M. BENJAMIN u. H. P. ROCKSBY: Phil. Mag. Bd. 15 (1933) S. 810.
[3] W. G. BURGERS: Z. Phys. Bd. 80 (1933) S. 352.
[4] H. v. WARTENBERG u. E. PROPHET: Z. anorg. allg. Chem. Bd. 208 (1932) S. 369.

Röhren erreichten, so daß Reaktionen sekundärer Art auch nicht auftreten können.

Die Beeinflussung der Emission durch den Zusatz der Halogensalze des Bariums kann durch die Einwirkung des bei allen Salzen vorhandenen Halogenpartialdrucks auf das freie Ba-Metall erklärt werden. Die große Affinität der Halogensalze zu den Alkali- und auch Erdalkalimetallen bewirkt, daß schon die geringsten Spuren der Halogene vergiftend auf eine Oxydkathode wirken. Die Verdampfungsgeschwindigkeiten der Bariumhalogensalze sind im Verhältnis zu der von Bariumoxyd sehr hoch; es ist also zu vermuten, daß sie aus dem Oxydgemisch schon bei der Fertigung der Röhren herausdampfen. Die Verdampfungsgeschwindigkeiten der Halogensalze nehmen mit dem Molekulargewicht der Salze zu, d. h. Bariumfluorid verdampft am schwersten. Eine Rechnung auf Grund der bekannten Sättigungsdrucke von Bariumfluorid und Bariumchlorid[1] zeigt, daß die Halogensalze schon beim Pumpen der Versuchsröhren vollständig herausgedampft sein müßten. Eine unmittelbare Beeinflussung sollte also an den fertiggestellten Röhren nicht mehr zu bemerken sein. Wie aus der Darstellung in Tafel V zu ersehen ist, kann man aber deutlich einen Einfluß der Halogensalze feststellen. Wenn man vom Bariumfluorid absieht, wozu man, wie noch ausgeführt werden wird, berechtigt ist, findet man, daß die Vergiftung mit steigendem Molekulargewicht zurückgeht. Am auffälligsten ist dies bei den 10proz. Zusätzen. Die Erklärung hierfür liefert das Verhalten dieser Röhren während des 600-Stunden-Brennens bei verschiedenen Temperaturen. Aus den Kurven ersieht man, daß die Emission beim Bariumjodidzusatz am schnellsten, beim Bariumchloridzusatz am langsamsten ansteigt. Da der Anstieg bei der höheren Temperatur schneller vor sich geht, wird man auf einen Verdampfungsvorgang oder eine Elektrolyse schließen können. Da, wie schon erwähnt, aus der bekannten Verdampfungsgeschwindigkeit des Bariumchlorides berechnet werden kann, daß das gesamte Salz schon bei der Herstellung der Röhren herausgedampft sein müßte, kann hier möglicherweise die gleiche Erscheinung vorliegen wie bei dem Abdampfen dünner Schichten von Metallen, z. B. Barium von Wolfram. Die Verdampfungswärme von auf Wolfram adsorbiertem Bariummetall[2] ist z. B. über dreimal so groß wie die von reinem Bariummetall. Das würde bei gleicher Temperatur eine um viele Zehnerpotenzen erniedrigte Verdampfungsgeschwindigkeit gegenüber der nicht adsorbierten, kompakten Substanz bedeuten. Auch bei dem vorliegenden Versuch wird eine dünne Schicht der Halogensalze sehr langsam im Laufe der Zeit abdampfen.

Weitere Erklärungsmöglichkeiten können auf Grund der Tatsache gegeben werden, daß Bariumfluorid im Gegensatz zu den anderen Bariumhalogensalzen kein Kristallwasser enthält. Es ist daher möglich, daß das beim Erwärmen verdampfende Kristallwasser mit den Erdalkalioxyden reagiert oder sich Halogenwasserstoffe bilden, die dann die Ausbildung des stöchiometrischen Bariumüberschusses verhindern und dadurch die Emissionsfähigkeit vernichten. Die Entstehung von Halogenwasserstoff ist bekannt beim Entwässern von Magnesiumchlorid. Obwohl die Bariumhalogenverbindungen diese Erscheinungen bei normalen Bedingungen nicht zeigen, ist es möglich, daß sie sich bei den in der Röhre herrschenden Druck- und Temperaturbedingungen ähnlich wie Magnesiumchlorid verhalten.

Eine andere Erklärung des Verhaltens der Halogensalze könnte in einer Bildung von Sauerstoffverbindungen der Halogensalze zu sehen sein, wie sie gleichfalls beim Magnesiumchlorid auftreten. Zur Entstehung dieser Oxydverbindungen ist die Anwesenheit von Wasserdampf erforderlich, die im vor-

[1] Gmelin-Kraut: Zit. S. 323. [2] J. H. de Boer: Zit. S. 312.

liegenden Falle durch das Kristallwasser gegeben wird. Es ist weiterhin noch zu beachten, daß Bariumoxyd sich mit den Bariumhalogeniden, mit Ausnahme des Fluorides, unter geeigneten Bedingungen verbinden kann[1]; über die Verdampfungsgeschwindigkeiten dieser Verbindungen ist jedoch nichts bekannt. Eine gewisse Wahrscheinlichkeit für die Bildung dieser Verbindung bei dem hochprozentigen Bariumchloridzusatz bildet das Aussehen der Oxydschicht; dieses deutet nämlich darauf hin, daß die Oxydschicht stellenweise geschmolzen ist. Da über das chemische und physikalische Verhalten dieser Verbindungen keine ausreichenden Angaben vorliegen, sollen hier keine weitergehenden Schlüsse im Zusammenhang mit dem Emissionsmechanismus gezogen werden. Auf Grund der gegebenen Erklärungen läßt sich somit zwanglos das abweichende Verhalten des Bariumfluorides verstehen; denn Bariumfluorid kristallisiert ohne Kristallwasser, auch in anderen chemischen Eigenschaften, wie z. B. der Affinität, unterscheiden sich die Fluorverbindungen von denen der übrigen Halogene. Es war somit anzunehmen, daß auch bei der vorliegenden Untersuchung Unterschiede gegenüber den anderen Halogensalzen auftreten würden, was naturgemäß auf alle oben gegebenen Erklärungsversuche zutreffen würde.

Die Beschreibung der Versuchsergebnisse soll hiermit als abgeschlossen gelten.

IV. Folgerungen aus den Ergebnissen.

Die Deutung der Versuchsergebnisse ist schon bei ihrer Beschreibung gegeben worden. Es sollen jetzt noch einige Folgerungen daraus gezogen werden.

Durch vorliegende Untersuchung wird gezeigt, daß sich die Leitschicht durch Zusätze beeinflussen läßt. Für eine Entscheidung zugunsten einer der beiden Emissionstheorien sind die Ergebnisse in vorliegender Form jedoch noch nicht brauchbar. Die Untersuchung kann aber als Ausgangspunkt für weitere Versuche dienen. Im folgenden sollen daher einige Anregungen und Abschätzungen gebracht werden, deren genauere Untersuchung für die Theorie wertvoll sein kann.

Aus den Ergebnissen ist zu entnehmen, daß für eine exakte, quantitative Untersuchung der Beeinflussung der Leit- und damit auch Emissionsfähigkeit der Erdalkalioxydkathode durch oxydische Zusätze nur solche in Frage kommen, die keine chemischen Verbindungen mit den Erdalkalioxyden eingehen, wie z. B. MgO oder ThO_2. Mit letzterem ist zwar eine Bariumverbindung bekannt[2], es ist jedoch sehr unwahrscheinlich, daß sie unter den hier vorliegenden Bedingungen entsteht. Auf eine Abschätzung der zu erwartenden Ergebnisse bei diesen Zusätzen, die keine Verbindung mit den Erdalkalioxyden bilden, wird noch eingegangen.

Bei den übrigen Oxyden wäre es interessant, den Einfluß des Zusatzes der Oxyde von Elementen einer Vertikalreihe des periodischen Systems eingehender zu verfolgen, wie z. B. SiO_2, TiO_2, ZrO_2, die ja, wie aus den Tafeln I und II ersichtlich ist, mit zunehmendem Molekulargewicht einen immer geringeren Einfluß ausüben. Diese Abnahme ist nicht, wie schon erwähnt, darauf zurückzuführen, daß bei den vorliegenden Versuchen die Zusätze nach Gewichtsprozenten vorgenommen wurden; denn eine Umrechnung auf Mol-Prozente hat praktisch das gleiche Ergebnis. Eine derartige Untersuchung könnte, besonders da von diesen drei Oxyden die entsprechenden Erdalkalioxydverbindungen bekannt sind, einen Aufschluß geben, von welcher Komponente der Verbindung die Kathodenaktivität beeinflußt wird, oder ob nur die verringerte Erdalkalioxydmenge, die für den Elektronentransport zur Verfügung steht, für die Emissionsabnahme verantwortlich zu machen ist,

[1] GMELIN-KRAUT: Zit. S. 323.

[2] A. HOFFMANN: Z. phys. Chem. Abt. B Bd. 28 (1935) S. 65.

was demnach eine rein räumlich bedingte Widerstandserhöhung der Leitschicht bedeuten würde.

Von großem Interesse ist natürlich auch eine Untersuchung der Emissionsfähigkeit des Systems BaO-SrO-MgO, zumal diese Oxyde keine Mischkristalle bilden, obwohl sie denselben Gittertypus aufweisen. Das Magnesiumoxyd würde in solcher Kathode nur als eingelagerter „Isolator" wirken, der die Elektronenleitfähigkeit des Oxydgemisches herabsetzt. Zweckmäßigerweise würde man, ehe man zu einer eingehenden Untersuchung der Mischoxyde schreitet, die Systeme BaO-MgO und SrO-MgO einer Prüfung unterziehen. Es soll im folgenden kurz gezeigt werden, was man von einer derartigen Untersuchung erwarten kann.

Wenn die Vorstellung über die Verknüpfung des Emissionsmechanismus mit der Elektronenleitung der Erdalkalioxyde richtig ist, beeinflussen Austrittsarbeit und innere Ablösearbeit des Halbleiters die Emission in gleicher Weise. Gelingt es, ohne starke Beeinflussung der Austrittsarbeit die Ablösearbeit zu verändern, so hat man ein Mittel, die Richtigkeit dieser Theorie nachzuprüfen. Eine Möglichkeit der Veränderung der Ablösearbeit bildet aber nun der Zusatz eines schlechter leitenden Halbleiters zu einem anderen. Unterstellt man nämlich die Richtigkeit der Anschauungen und Ableitungen LICHTENECKERS[1] über die Leitfähigkeit binärer Gemische auch für Halbleiter, so kann man folgendes ableiten. Nach LICHTENECKER wird die Leitfähigkeit eines derartigen Gemisches dargestellt durch folgende Gleichung (logarithmische Mischungsregel):

$$\log \sigma = \vartheta_1 \log \sigma_1 + \vartheta_2 \log \sigma_2 ,$$

worin σ_1, σ_2 die Einzelleitfähigkeiten und ϑ_1, ϑ_2 die Raumanteile der Halbleiter darstellen, derart, daß $\vartheta_1 + \vartheta_2 = 1$ ist. (Von der von LICHTENECKER angegebenen geringfügigen Korrektur durch den Faktor x wird hier abgesehen.)

Die Leitfähigkeit eines Halbleiters ist mit seiner (inneren) Ablösearbeit verknüpft durch die Gleichung:

$$\sigma_n = A_n \cdot e^{-\frac{E_n}{kT}} .$$

In dieser Gleichung ist A eine Konstante, E die Ablösearbeit in Elektronenvolt und k die BOLTZMANN-Konstante. Durch Verbindung beider Gleichungen ergibt sich:

$$\ln \sigma = \vartheta_1 \ln A_1 + \vartheta_2 \ln A_2 - \frac{1}{kT} (\vartheta_1 E_1 + \vartheta_2 E_2)$$

oder

$$\sigma = A_1^{\vartheta_1} \cdot A_2^{\vartheta_2} \cdot e^{-\frac{\vartheta_1 E_1 + \vartheta_2 E_2}{kT}} = A \cdot e^{-\frac{E}{kT}} .$$

Diese Gleichung hat nun dieselbe Form wie die oben angeführte Formel für die Leitfähigkeit eines Halbleiters, nur ist hier die A-Konstante durch den Ausdruck $A_1^{\vartheta_1} \cdot A_2^{\vartheta_2}$ und die Ablösearbeit durch $\vartheta_1 E_1 + \vartheta_2 E_2$ ersetzt. Man hat somit eine einfache Möglichkeit, die Ablösearbeit eines Halbleitergemisches innerhalb der durch die beiden Komponenten gegebenen Grenzen zu verändern. Die innere Ablösearbeit des Halbleitergemisches ist demnach den Volumenprozenten dieser Komponente direkt proportional:

$$E = \vartheta_1 E_1 + \vartheta_2 E_2$$

und da

$$\vartheta_2 = 1 - \vartheta_1 ,$$

$$E = \vartheta_1 (E_1 - E_2) + E_2 ,$$

worin E_1 und E_2 die Ablösearbeiten der Komponenten darstellen.

Welche Werte sind nun für E_1 und E_2, also in diesem Falle die inneren Ablösearbeiten von Magnesiumoxyd und Barium-Strontiumoxyd, bekannt? Über Leit-

[1] K. LICHTENECKER: Zit. S. 326.

fähigkeitsmessungen der Erdalkalioxyde ist verhältnismäßig wenig berichtet worden. Die vorliegenden älteren Arbeiten[1...3] weisen erhebliche Abweichungen auf, so daß sie für eine quantitative Auswertung nicht brauchbar sind. An neuen Arbeiten liegen nur die Messungen von BECKER und SEARS[4] und MEYER und SCHMIDT[5] vor, in denen quantitative Angaben über die Leitfähigkeit von nicht aktiviertem Bariumoxyd gemacht werden. Die hier interessierende Leitfähigkeit des aktivierten Bariumoxydes wird nur von MEYER und SCHMIDT[5] quantitativ angegeben. Messungen an Oxydmischungen liegen jedoch nicht vor, so daß es für eine quantitative Prüfung der oben abgeleiteten Beziehungen notwendig sein dürfte, Leitfähigkeitsmessungen solcher Mischungen gleichzeitig mit den entsprechenden Messungen der Emissionskonstanten zu verbinden.

Um wenigstens näherungsweise diese Beziehung zu prüfen, wurden folgende Versuche angestellt. Die Emissionsfähigkeit von Kathoden, die aus einer Mischung von Erdalkalioxyden (BaO-SrO) mit verschiedenen Prozentsätzen reinsten Magnesiumoxyds (Kahlbaum, DAB 6) bestanden, wurde an Versuchsröhren geprüft. Die Karbonatmischung wurde auf indirekt geheizte Nickelröhrchen von 1,8 mm Durchmesser aufgebracht. Die Anode bestand aus einem dreiteiligen Nickelzylinder von 5 mm Durchmesser, das mittlere Stück hatte eine Länge von 8 mm, die beiden äußeren Schutzringe von 4 mm. Der Abstand der Schutzringe von dem mittleren Anodenteil betrug 0,5 mm. Gemessen wurde der Strom zum mittleren Anodenteil, während die auf gleichem Potential wie die mittlere Anode liegenden Anodenschutzringe in bekannter Weise zur Erzielung eines ungestörten Feldverlaufes dienen.

Die Versuchsröhren wurden nach den in der Hochvakuumtechnik üblichen Verfahren gepumpt. Nach einer mehrstündigen Stromentnahme bei allmählich erniedrigten Kathodentemperaturen veränderten sich die entnommenen Ströme nicht mehr, so daß man damit einen stationären Zustand erreicht hatte. Die pyrometrische Temperaturbestimmung an diesen Kathoden ergab, daß trotz des Magnesiumoxydzusatzes die Temperatur der Kathodenoberfläche nur innerhalb der Streuung der einzelnen Versuchsröhren ($\pm 20°$) schwankt, so daß es bei diesen orientierenden Messungen berechtigt erschien, die Kathodentemperatur der Versuchsröhren bei gleicher Heizspannung als gleich anzusetzen.

Die eigentliche Emissionsmessung wurde bei derart niedrigen Temperaturen vorgenommen, bei denen noch ein einwandfreier Sättigungsstrom zu erhalten war. Dazu mußten die Ströme kleiner als ungefähr $3 \cdot 10^{-4}$ A, d. h. bei einer Kathodenoberfläche von ungefähr 0,5 cm² kleiner als $6 \cdot 10^{-4}$ A/cm² sein. Abb. 2 zeigt die Abhängigkeit des gemessenen Stromes von der Anodenspannung bei verschiedenen Kathodentemperaturen (Heizspannung). Es ist deutlich zu erkennen, daß bis zu einem Strom von $\lg I = -3{,}6$ eine Sättigung auftritt. Die in Abb. 2 dargestellten Werte sind an einer Röhre mit 14proz. Magnesiumoxydzusatz gemessen.

An allen Versuchsgruppen (von jedem Magnesiumoxydzusatz wurden mindestens drei Versuchsröhren gemessen) wurden bei + 10 V Anodenspannung Messungen des Anodenstromes in Abhängigkeit von der Heizspannung vorgenommen. Das Ergebnis dieser Messungen ist in Abb. 3 dargestellt, wobei der Logarithmus des Anodenstromes in Abhängigkeit von der Heizspannung (Temperatur) aufgetragen ist. Die zu den Heizspannungen zugehörigen Temperaturen wurden an Kathoden ermittelt, an die, wie bei den oben beschriebenen Versuchen,

---

[1] HORTON: Phil. Mag. Bd. 11 (1906) S. 505.
[2] E. PODSZUS: Z. Elektrochem. Bd. 39 (1933) S. 75.
[3] H. J. SPANNER: Zit. S. 314. [4] J. A. BECKER u. R. W. SEARS: Zit. S. 312.
[5] W. MEYER u. A. SCHMIDT: Zit. S. 312.

Thermoelemente angeschweißt waren. Die Unsicherheit der Temperaturbestimmung beträgt in dem in der Abb. 3 dargestellten Bereich ungefähr $\pm 15°$.

Wertet man die Messungen nun so aus, daß man die Logarithmen der gemessenen Ströme bei gleicher Heizspannung (Temperatur) in Abhängigkeit von dem Prozentsatz des zugesetzten Magnesiumoxyds aufträgt, so kann man die Logarithmen der Ströme der Austrittsarbeit proportional setzen. Dazu ist man berechtigt, wenn man annimmt, daß die A-Konstante der RICHARDSON-Gleichung bei den Versuchen konstant bleibt, was ja nach der Ableitung der Emissionsgleichung auf Grund der Halbleitereigenschaften der Fall sein soll. Eine möglicherweise vorhandene Temperaturabhängigkeit der Austrittsarbeit

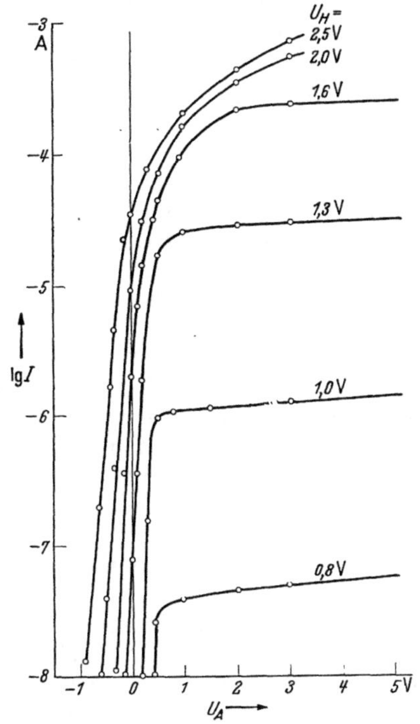

Abb. 2. Sättigungsströme einer Oxydkathode bei verschiedenen Temperaturen (Heizspannungen).

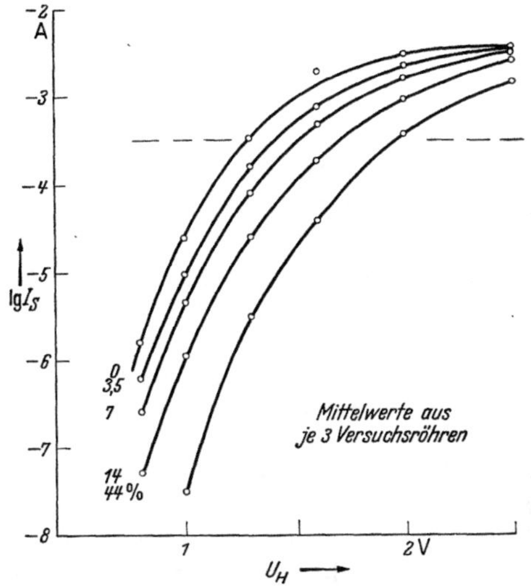

Abb. 3. Abhängigkeit der Sättigungsströme von der Kathodentemperatur (Heizspannung) bei verschiedenen Magnesiumoxydzusätzen.

kann unberücksichtigt bleiben, ebenso das zweite lg T-Glied der logarithmierten RICHARDSON-Gleichung, da nur die Messungen bei konstanter Temperatur ausgewertet werden.

Nach einer Umrechnung auf das Gewichtsprozentverhältnis der Erdalkalioxyde zum Magnesiumoxyd wird dann das Verhältnis der Raumanteile der Oxyde auf Grund der bekannten spezifischen Gewichte berechnet, wobei das Porenvolumen für die Oxydmischung als gleich angenommen wird. Unter der Voraussetzung der Gültigkeit sowohl der logarithmischen Mischungsregel als auch der von HEINZE und WAGENER[1] abgeleiteten Emissionsgleichung und der Unabhängigkeit der äußeren Austrittsarbeit von dem Anteil des zugesetzten Magnesiumoxyds müßte der Logarithmus des Sättigungsstromes linear von dem Raumanteil des Magnesiumoxydes abhängig sein. Da dies jedoch nicht der Fall ist, muß mindestens eine von den drei Voraussetzungen nicht zutreffen. Um zu entscheiden, welche von diesen Voraussetzungen nicht zulässig ist, wäre es notwendig, die Leitfähigkeit und die Konstanten des RICHARDSON-Gesetzes an der gleichen Oxydmischung zu messen.

[1] W. HEINZE u. S. WAGENER: Zit. S. 312.

Wenn man die Logarithmen der bei gleicher Heizspannung gemessenen Ströme in Abhängigkeit von dem molaren Verhältnis aufträgt, erhält man Geraden, wie aus Abb. 4 zu ersehen ist. Eine theoretische Erklärung dieses unerwarteten Ergebnisses soll hier nicht gegeben werden, da die vorliegenden Meßergebnisse dazu zweckmäßigerweise wiederholt und noch durch Messungen der Austrittsarbeit der Oxydgemische bestätigt werden müßten. Eine interessante Folgerung soll jedoch noch aus den in der Abb. 4 dargestellten Messungen gezogen werden. Verlängert man nämlich z. B. die untere Gerade bis zu dem Werte von 100 Molprozenten Magnesiumoxyd, so erhält man einen Strom von ungefähr $5{,}5 \cdot 10^{-9}$ A. Dieser Wert liegt um viele Zehnerpotenzen höher als der bei einer Temperatur von ungefähr 600° K zu errechnende Emissionsstrom von reinem Magnesiumoxyd[1]. Aus dieser Tatsache läßt sich folgern, daß die höhere Emission im vorliegenden Falle durch in das Magnesiumoxyd eingelagerte Fremdatome (Barium) hervorgerufen wird. Es müßte demnach grundsätzlich möglich sein, eine an und für sich schlecht oder gar nicht emittierende Substanz (Oxyd) durch Einbau eines Alkali- oder Erdalkalimetalles — sofern keine chemischen Reaktionen stattfinden — zu einem Elektronenspender zu machen.

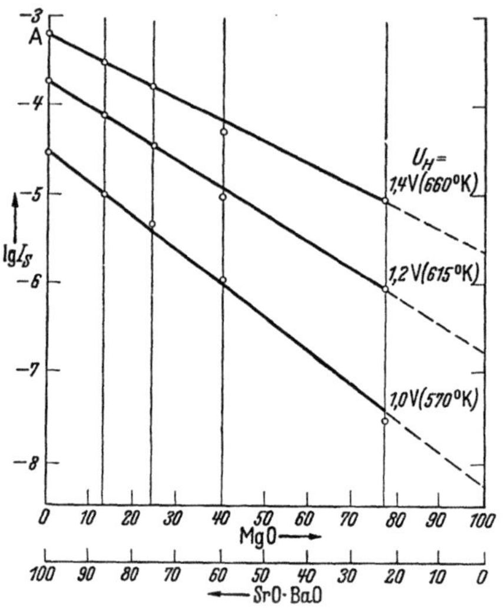

Abb. 4. Sättigungsströme einer Oxydkathode in Abhängigkeit von dem molaren Mischungsverhältnis von MgO zu BaO-SrO bei verschiedenen Kathodentemperaturen.

Weitere eingehendere Untersuchungen an dem System BaO-SrO-MgO und auch BaO-MgO zeigten, daß die Kathodentemperatur bei der gleichen zugeführten Heizenergie durch hochprozentige Magnesiumzusätze gegenüber einer reinen BaO-SrO-Schicht doch etwas erhöht wird. Die später gemessenen, genaueren Emissionskurven zeigten infolgedessen einen etwas von den Geraden der Abb. 4 abweichenden Verlauf, der jedoch in der gleichen Größenordnung liegt. Da diese Wiederholungsmessung noch auf höhere MgO-Zusätze (bis zu 99%) ausgedehnt wurden, und da die Meßergebnisse sich gut in den Kurvenverlauf einfügten, erscheint die Schlußfolgerung weiter gesichert, daß ein gar nicht oder nur schlecht emittierendes Metalloxyd unter geeigneten Bedingungen durch eingelagertes Erdalkalimetall aktiviert werden kann.

Die Vorgänge bei der Aktivierung von Oxydkathoden.

Die Veränderungen der emittierenden Oberfläche[2].

Von

W. Heinze und **S. Wagener.**

Mit 16 Abbildungen.

1. Einleitung.

Die bei der Aktivierung von Oxydkathoden eintretende Emissionssteigerung kann sowohl durch eine Vergrößerung der wirksamen Oberfläche als auch durch

[1] H. J. Spanner: Zit. S. 314.

[2] Auszug aus der in Z. techn. Phys. Bd. 17 (1936) S. 645 erschienenen Arbeit.

eine Verringerung der Austrittsarbeit erklärt werden. In den Untersuchungen von ESPE[1] und DETELS[2] wird mittels der bei verschiedenen Aktivierungszuständen gemessenen Temperaturabhänigkeit der Emission unter Zugrundelegung der RICHARDSONschen Emissionsgleichung von ESPE gefunden, daß sich während der Aktivierung nur die wirksame Oberfläche ändert, während im Gegensatz dazu DETELS eine Veränderung beider Größen feststellt. In der vorliegenden Arbeit wurde die bei der Aktivierung eintretende Veränderung der wirksamen emittierenden Oberfläche mittels elektronenoptischer Abbildung untersucht.

2. Die Versuchsanordnung.

Für die Untersuchung wurden zylindrische mittelbar geheizte Kathoden, wie sie in technischen Röhren benutzt werden, verwendet.

Die bei derartigen Kathoden auftretende Zylinderlinsenwirkung wurde nach MAHL[3] durch ein hinter der Kathode angeordnetes negativ aufgeladenes Blech mit einer halbzylinderförmigen Ausbuchtung, in der die Kathode konzentrisch angebracht war, beseitigt. Das damit im elektrolytischen Trog erhaltene Potentialbild (Abb. 1) zeigt, daß die Äquipotentialflächen weitestgehend eben sind. Die Güte der mit dieser Anordnung erhaltenen Abbildung ist aus Abb. 2 (S. 334) zu ersehen (mit Strichraster versehene und dann bepastete Kathoden). Im Elektronenmikroskop (Abb. 3) befanden sich die zu untersuchende Kathode und die Hilfselektrode auf einem seitlich eingeführten Fuß, der mit der Anode A durch einen Federkörper verbunden war, so daß die Kathode in Richtung ihrer Achse verschoben werden konnte. Ein seitlich angebrachtes Fenster F gestattete mit Hilfe eines verschiebbaren Prismas P eine lichtmikroskopische Beobachtung der Kathode. Als Linsen dienten eisengekapselte Spulen nach GABOR[4], KNOLL und RUSKA[5]. Die Vergrößerung war bei den Emissionsbildern rund 30fach.

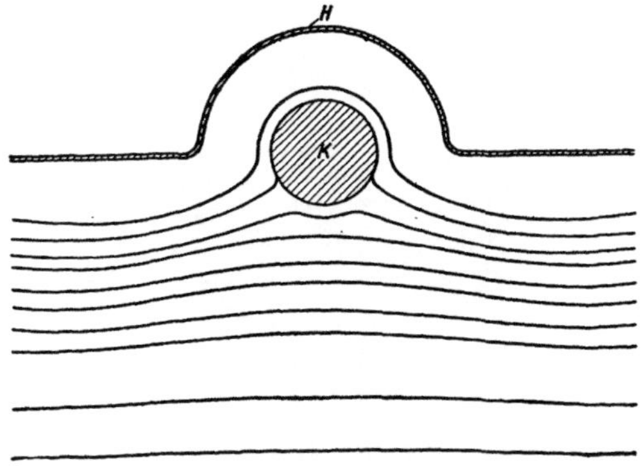

Abb. 1. Potentialverlauf in der Nähe einer zylindrischen Kathode (K) bei Verwendung einer Hilfselektrode (H) mit halbzylinderförmiger Ausbuchtung.

Das Fortschreiten der Aktivierung wurde durch Messung der Emission der Kathode verfolgt. Zur Erzielung eines genügend homogenen Feldes an der Kathode wurde dabei eine besondere zylindrische Anode verwendet. Sie bestand aus der halbzylinderförmigen Ausbuchtung der Hilfselektrode und einem beweglichen

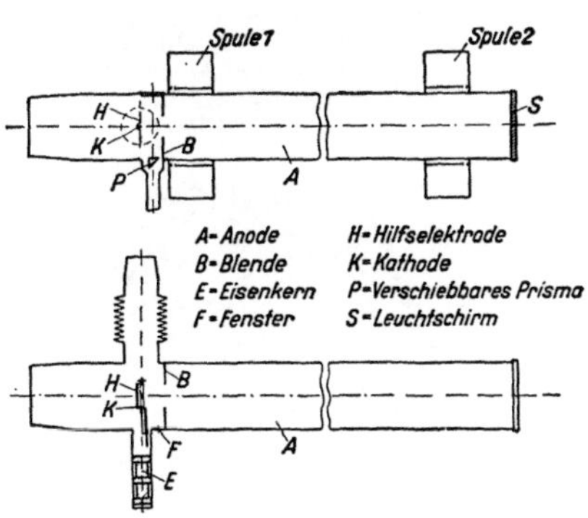

Abb. 3. Schematische Darstellung des Elektronenmikroskopes zur Untersuchung zylindrischer Oxydkathoden.

[1] W. ESPE: Wiss. Veröff. Siemens-Konz. Bd. 5 (1927) Nr. 3 S. 29.
[2] F. DETELS: Z. Hochfrequenztechn. Bd. 30 (1927) S. 10 u. 52.
[3] H. MAHL: Z. Phys. Bd. 98 (1935) S. 321.
[4] D. GABOR: Forsch.-Hefte Höchst.Stud.Ges. Bd. 7 (1927) Nr. 1 S. 47 u. 62.
[5] M. KNOLL u. E. RUSKA: Ann. Phys. Bd. 12 (1932) S. 648.

Halbzylinder, der mittels einer magnetischen Verschiebungsvorrichtung vor die Kathode geschoben werden konnte. Der Durchmesser dieser Hilfsanode betrug nur etwa 4 mm, so daß bei der Anodenspannung von 140 V im Sättigungsgebiet gearbeitet wurde.

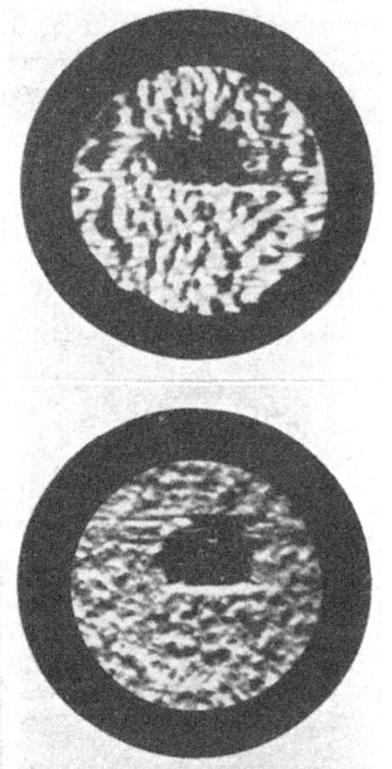

Elektronenbild

Lichtbild

Abb. 7. Vergleich von Licht- und Elektronenbild einer Oxydkathode.

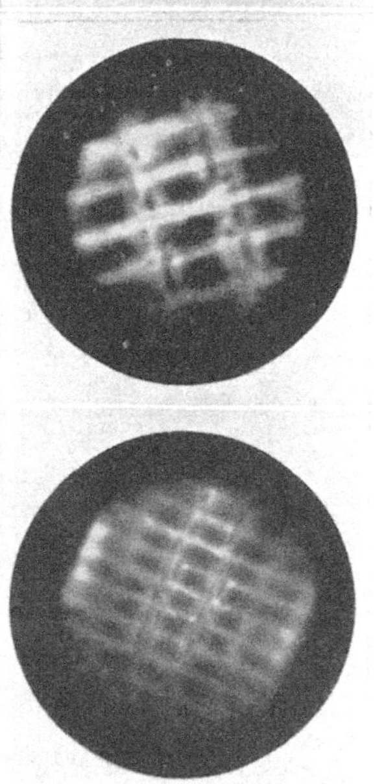

$V = 32$

$V = 18{,}5$

Abb. 2. Elektronenbilder einer Oxydkathode mit Raster.

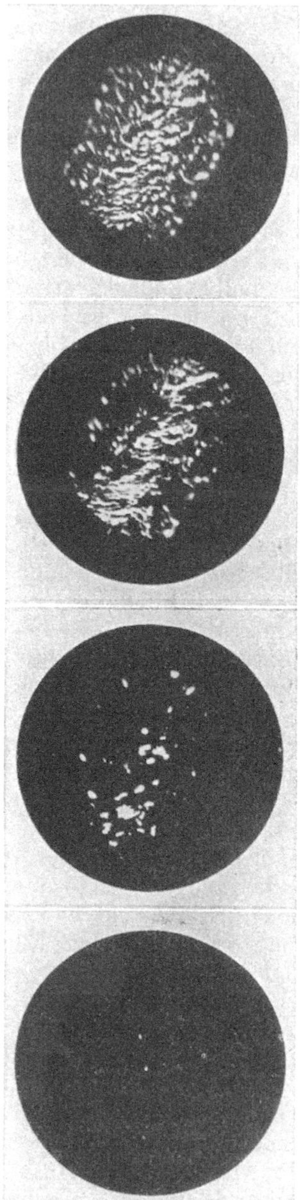

Abb. 4. Die Entstehung der Emissionszentren bei einer Oxydkathode.

Um bei der Emissionsmessung eine Beeinflussung der Kathode durch den sie durchfließenden Emissionsstrom zu vermeiden und die infolge der Anodenbelastung etwa eintretende Gasabgabe der Anode möglichst klein zu halten, wurde die Emission stets nur kurzzeitig bei so starker Unterheizung gemessen, daß zu Beginn der Aktivierung an einem Galvanometer mit 10^{-7} A Empfindlichkeit ein Ausschlag von 1 bis 2 Skalenteilen vorhanden war. Überstieg im Lauf der Aktivierung die Emission eine Größe von einigen 10^{-4} A, so wurde bei noch niedrigerer Heizung gemessen.

Die Oxyde wurden durch Glühen der Karbonate im Vakuum hergestellt. Die Schicht bestand, soweit nichts anderes angegeben wird, aus einer Mischung von Barium-Strontium- und Kalziumkarbonat im Verhältnis 52% $BaCO_3$, 29% $SrCO_3$, 19% $CaCO_3$, die als Wasserpaste auf die Hülse aufgesprüht waren. Bei der Umwandlung wurden die Kathoden mit stufenweise zunehmender Temperatur gebrannt.

3. Untersuchungsergebnisse.

a) Aktivierung durch reines Glühen.

Zunächst wurde die bei Kathoden mit Nickelhülsen infolge reiner Glühbehandlung eintretende Veränderung des Elektronenbildes untersucht. Dabei wurde die Kathode zunächst je 1 Minute lang bei den Temperaturen 715 bzw. 790 °C gebrannt. Nach keiner dieser beiden Behandlungsstufen konnte im Elektronenmikroskop ein Bild beobachtet werden. Erst bei einer Erhitzung auf 880° traten zunächst einige wenige Emissionszentren auf, deren Zahl sich rasch vermehrte, so daß sehr bald die ganze Kathode bedeckt war (Abb. 4, S. 334). Die Umwandlung der Karbonate in Oxyde war während dieser Zeit bestimmt noch nicht vollendet, da das MacLeod einen Druck von 10^{-5} Torr anzeigte. Nach einer Glühdauer, die bei den verschiedenen Kathoden zwischen $^1/_2$ und 1 Minute schwankte, war ein deutlich erkennbares Bild (Abb. 5a, Nr. I, S. 336) vorhanden.

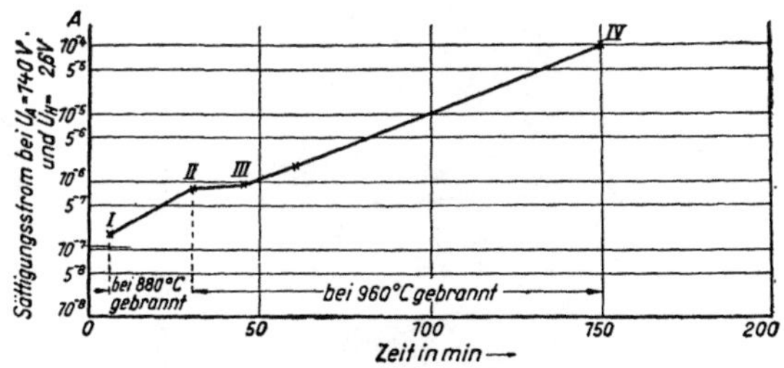

Abb. 5. Anwachsen der Emission einer Mischoxydkathode mit Nickelhülse bei Aktivierung durch reines Glühen. 1. Behandlungsstufe.

Weiter wurde nun die Kathode insgesamt 30 Minuten bei 880° C und dann 2 Stunden bei 960° C geglüht. Einige der dabei aufgenommenen Bilder sind in Abb. 5a wiedergegeben. Die zugehörigen Emissionswerte sind in Abhängigkeit von der Zeit in Abb. 5 aufgetragen. Die Elektronenbilder zeigen deutlich, daß entgegen allen Erwartungen die Kathode schon nach der kurzen Glühung von 1 Minute bei 880°C fast vollständig mit Emissionszentren bedeckt ist und daß die durch weiteres Glühen eintretende Veränderung des Elektronenbildes verhältnismäßig gering ist. Trotzdem ändert sich die Emission sehr stark, nämlich von $2 \cdot 10^{-7}$ auf $1 \cdot 10^{-4}$ A, d. h. um rund 3 Zehnerpotenzen.

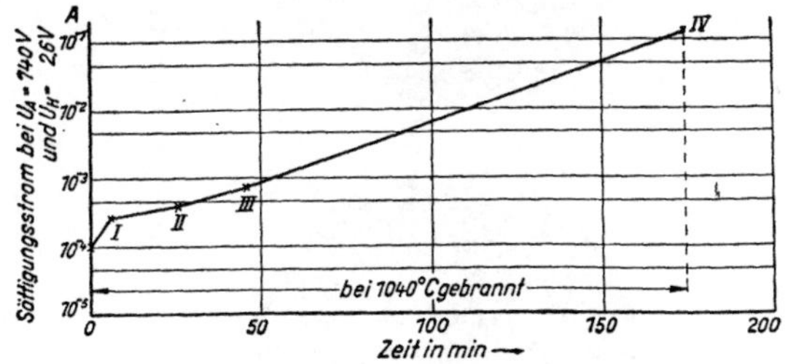

Abb. 6. Anwachsen der Emission einer Mischoxydkathode mit Nickelhülse bei Aktivierung durch reines Glühen. 2. Behandlungsstufe.

Nach einem Brennen von insgesamt 3 Stunden bei 1040°C, wobei die in Abb. 6a (S. 336) wiedergegebenen Emissionsbilder aufgenommen und die Emissionswerte der Abb. 6 erhalten wurden, trat wiederum eine erhebliche nochmalige Steigerung der Emission auf das 1300fache ein, trotzdem ist eine Veränderung des Elektronenbildes nicht zu erkennen.

Zusammenfassend folgt daraus, daß vielleicht zu Beginn der Aktivierung die Vergrößerung der wirksamen emittierenden Oberfläche eine gewisse Rolle spielt; diese Oberflächenvergrößerung ist jedoch, verglichen mit dem gesamten

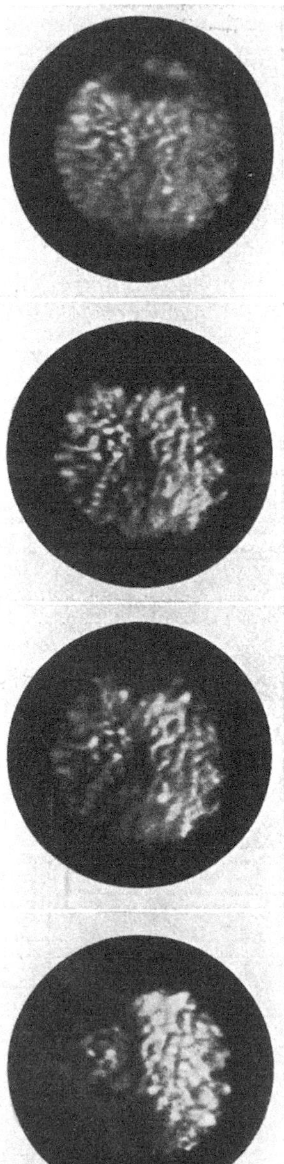

Abb. 5a. Elektronenbilder einer Mischoxydkathode mit Nickelhülse bei Aktivierung durch reines Glühen. 1. Behandlungsstufe.

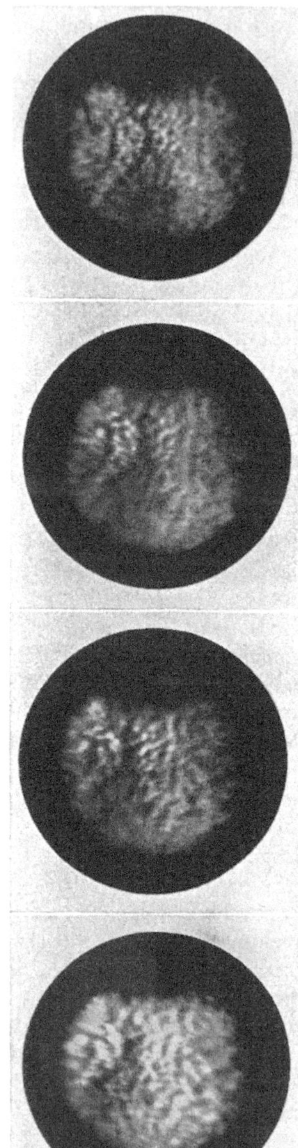

Abb. 6a. Elektronenbilder einer Mischoxydkathode mit Nickelhülse bei Aktivierung durch reines Glühen. 2. Behandlungsstufe.

Emissionsanstieg, vernachlässigbar klein, und es kann keinesfalls der beobachtete starke Anstieg der Emission auf das über 10^6fache auch nur annähernd durch die Zunahme der wirksamen emittierenden Oberfläche erklärt werden.

Der möglicherweise erhobene Einwand, daß die Emissionszentren nur die Abbildung der einzelnen Vertiefungen der Kathodenoberfläche sein könnten, die durch Raumladungen oder durch den von KEMNITZ, KNOLL und WALCHER[1] untersuchten Bündelungseffekt erhalten werden, läßt sich durch einen Vergleich des Elektronenbildes mit dem Lichtbild derselben Stelle der Kathode leicht widerlegen. Wie nämlich die Abb. 7 (S. 334) zeigt, befinden sich Emissionszentren sowohl an den höher als auch an den tiefer gelegenen Stellen der Oberfläche. Die hellen Punkte der Elektronenbilder sind also keinesfalls Abbildungen irgendwelcher Vertiefungen, sondern regelrechte Emissionszentren.

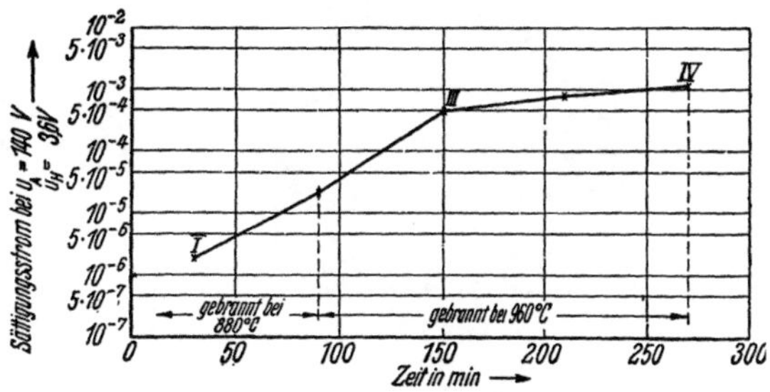

Abb. 8. Änderung der Emission einer Bariumoxydkathode mit Nickelhülse bei Aktivierung durch reines Glühen.

Dieser Befund beweist gleichzeitig, daß zwischen der Verteilung der Emissionszentren und der Struktur der Oberfläche kein Zusammenhang besteht.

Man könnte vermuten, daß das Auftreten der Emissionszentren und die beim Glühen eintretende Emissionssteigerung auf die Verwendung des Oxydgemisches zurückzuführen ist. Die Untersuchung von Kathoden mit einer reinen Bariumoxydschicht, die durch Glühen des Karbonates im Vakuum hergestellt wurde, zeigt indessen (Abb. 8 und Abb. 8a, S. 338), daß ein grundsätzlicher Unterschied gegenüber der Mischpaste nicht besteht, und daß sich eine aus Bariumoxyd allein bestehende Schicht genau so durch Glühen aktivieren läßt wie eine Mischpasteschicht. Ein Unterschied besteht nur insofern, als die Emissionszentren weniger deutlich ausgeprägt sind und die spezifische Emission bei dem reinen Bariumoxyd geringer ist als bei der Mischpaste, wie es nach BENJAMIN und ROOKSBY[2] auch der Fall sein muß. Die an den Mischpasten beobachteten Erscheinungen und das Emissionsbild sind also typisch für alle Oxydkathoden, bei denen die Herstellung des Oxydes durch Glühen der Karbonate im Vakuum erfolgt.

b) Aktivierung mit Emissionsbelastung.

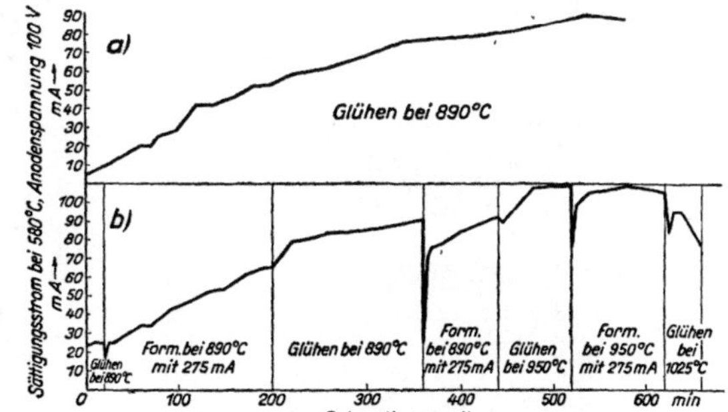

Abb. 9. Emissionsänderung bei der Aktivierung durch: a) reines Glühen, b) abwechselndes Glühen und Formieren mit Emission.

Die Untersuchung, ob der durch die thermische Aktivierung von Kathoden mit Nickelhülsen erhaltene Aktivierungszustand durch eine weitere Formierung mit Emissionsstrom verbessert werden kann, wurde an abgeschmolzenen Röhren vorgenommen. Die Ergebnisse sind in Abb. 9 wiedergegeben. Die obere Kurve *a* stellt den Emissionsanstieg dar, der durch reines Glühen erhalten wurde. Die Emission strebt einem Endwert zu, der bei etwa 90 mA erreicht wird. Die untere Kurve *b* wurde erhalten, wenn die Kathoden abwechselnd geglüht und bei derselben Temperatur mit Strom formiert wurden. Auch hier wird ein Endwert erreicht, der mit rund 100 mA angenähert die gleiche Größe besitzt, wie der bei reiner

[1] G. KEMNITZ, M. KNOLL u. W. WALCHER: Z. Phys. Bd. 96 (1935) S. 612.
[2] M. BENJAMIN u. H. P. ROOKSBY, Phil. Mag. Bd. 15 (1933) S. 810.

Glühbehandlung ermittelte. Der durch die rein thermische Glühbehandlung der von uns untersuchten Kathoden mit Nickelhülsen erreichte Endzustand ist also stabil und kann durch Formierung mittels Emissionsstroms nicht mehr verbessert werden.

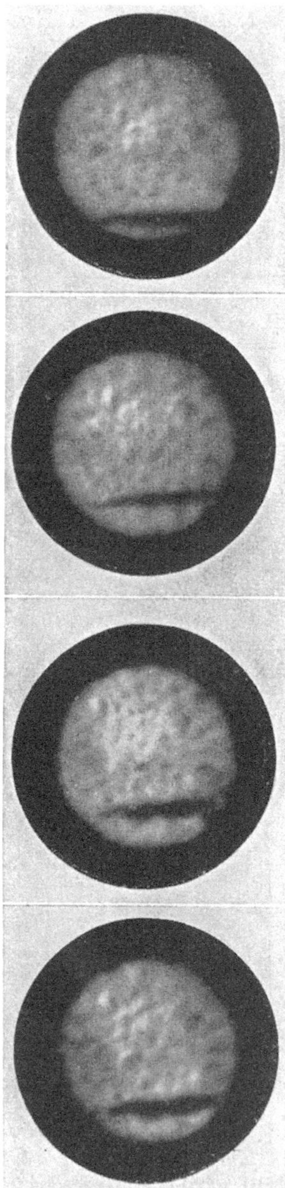

I II III IV

Abb. 8a. Elektronenbilder einer Bariumoxydkathode mit Nickelhülse bei Aktivierung durch reines Glühen.

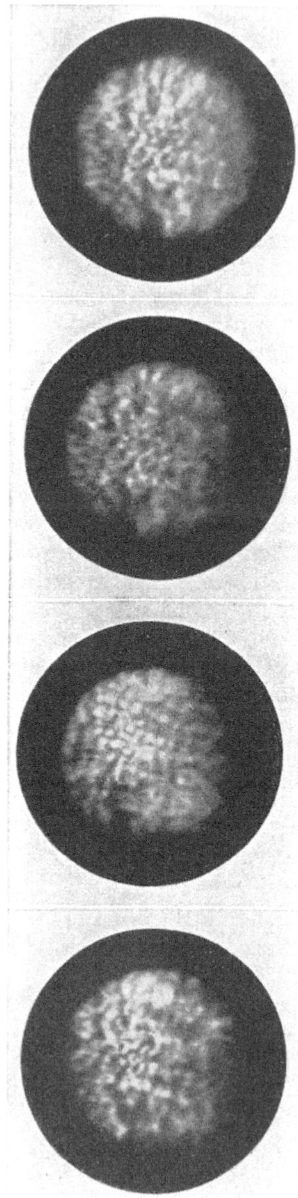

I II III IV

Abb. 10a. Elektronenbilder einer Mischoxydkathode mit Nickelhülse bei Aktivierung mit Emissionsbelastung. 1. Behandlungsstufe.

Den bei der Formierung durch Strom auftretenden anfänglichen starken Abfall der Emission führen wir in Übereinstimmung mit KNIEPKAMP und NEBEL[1]

[1] H. KNIEPKAMP u. C. NEBEL: Wiss. Veröff. Siemens-Werken Bd. 11 (1932) S. 75.

auf eine Bedeckung der Oberfläche mit Sauerstoffatomen zurück. Indessen glauben wir im Gegensatz zu KNIEPKAMP und NEBEL nicht, daß der Sauerstoff von der elektrolytischen Zersetzung der Kathodenschicht herrührt, sondern

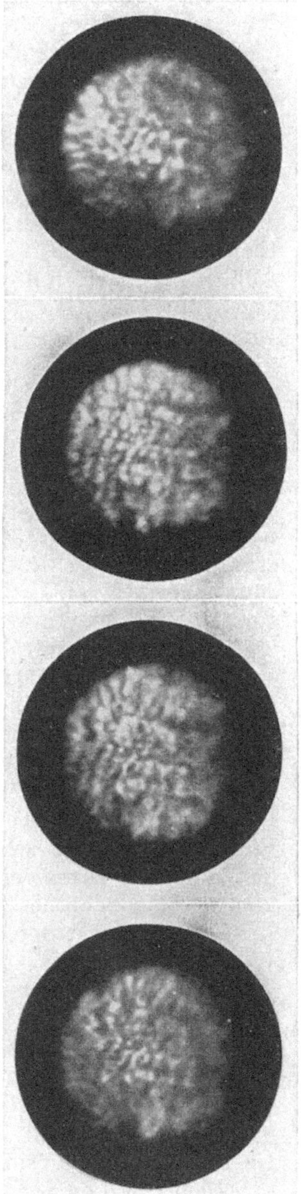

I II III IV

Abb. 11a. Elektronenbilder einer Mischoxydkathode mit Nickelhülse bei Aktivierung mit Emissionsbelastung. 2. Behandlungsstufe.

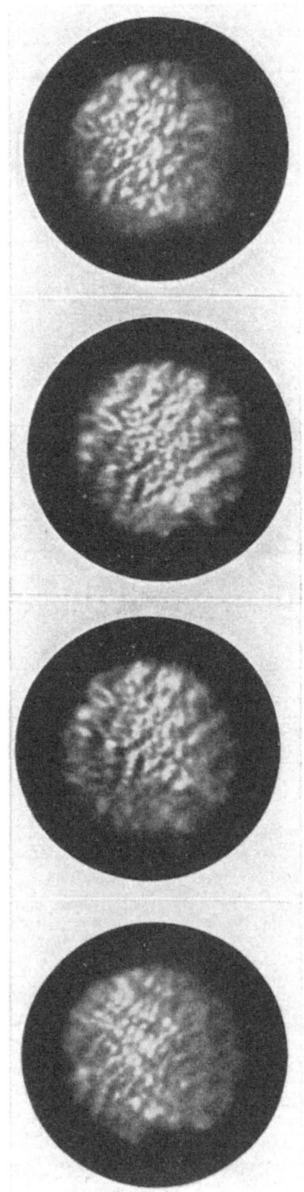

I II III IV

Abb. 12a. Elektronenbilder einer Mischoxydkathode mit Platinhülse bei Aktivierung mit Emissionsbelastung. 1. Behandlungsstufe.

möchten aus unseren Versuchen folgern, daß er infolge der Belastung der Anode frei wird. Ein gewisser, wenn auch erheblich kleinerer Emissionsabfall tritt nämlich auch dann ein, wenn bei reinem Glühen die Kathodentemperatur erhöht wird. Dagegen ist er nicht vorhanden, wenn die Kathodentemperatur ungeändert bleibt. Offenbar wird also die Emission der Kathode verschlechtert, weil die Anode wärmer wird und mehr Gas abgibt.

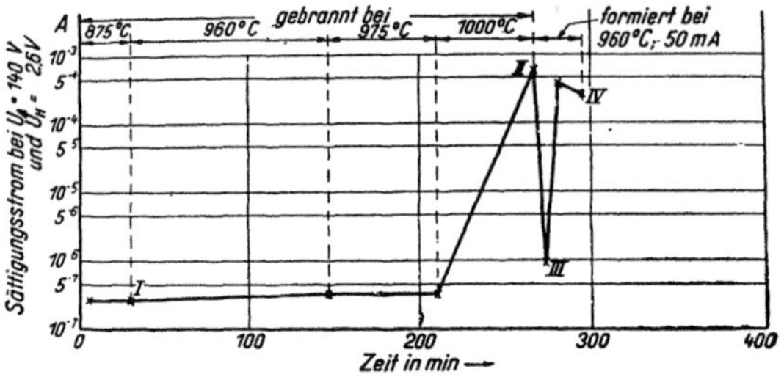

Abb. 10. Änderung der Emission einer Mischoxydkathode mit Nickelhülse bei Aktivierung mit Emissionsbelastung. 1. Behandlungsstufe.

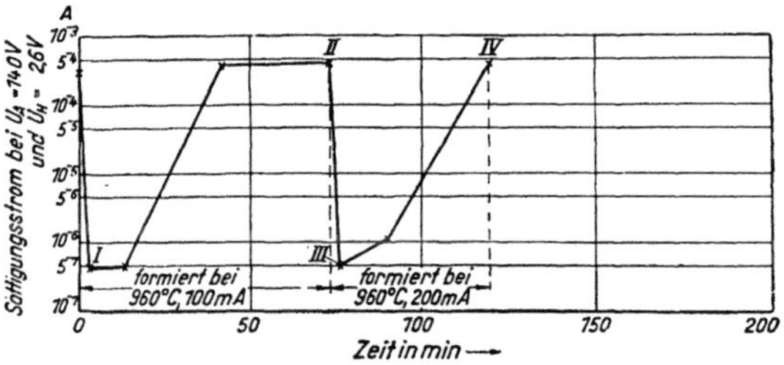

Abb. 11. Änderung der Emission einer Mischoxydkathode mit Nickelhülse bei Aktivierung mit Emissionsbelastung. 2. Behandlungsstufe.

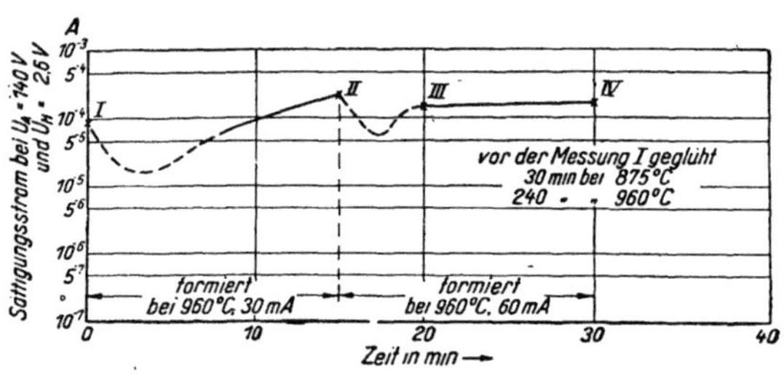

Abb. 12. Änderung der Emission einer Mischoxydkathode mit Platinhülse bei Aktivierung mit Emissionsbelastung. 1. Behandlungsstufe.

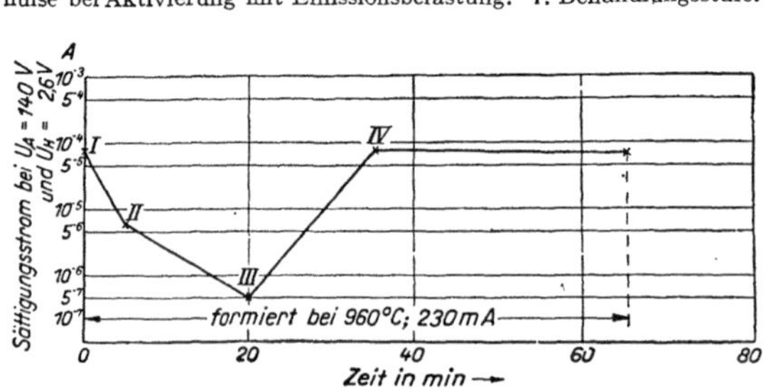

Abb. 13. Änderung der Emission einer Mischoxydkathode mit Platinhülse bei Aktivierung mit Emissionsbelastung. 2. Behandlungsstufe.

Die Veränderungen der emittierenden Oberfläche bei der Formierung mit Emissionsbelastung und die Auswirkung dieser Veränderungen auf die Größe der Emission wurden zunächst wiederum an Kathoden mit Nickelhülsen untersucht. Die Umwandlung des Karbonates erfolgte wie vorher durch stufenweise Steigerung der Temperatur auf 960° C. Eines der während dieses Brennens erhaltenen Elektronenbilder ist in der Abb. 10a Nr. I (S. 338) wiedergegeben. Die bei 2,6 V gemessene Emission (Abb. 10) betrug dabei $2{,}5 \cdot 10^{-7}$ A. Nach Steigerung der Kathodentemperatur auf 1000° C und so langem Brennen, bis die Emission auf $6 \cdot 10^{-4}$, d. h. rund um 3 Zehnerpotenzen gestiegen war, wurde das Elektronenbild der Abb. 10a Nr. II erhalten. Die bei der Formierung der Kathode bei 960° C zunächst mit 50, dann mit 100 und schließlich mit 200 mA eintretenden Veränderungen des Elektronenbildes sind aus Abb. 10a Nr. III und IV zu ersehen. Wie man sieht, ähnelt das nach einer 2 Minuten langen Formierung mit 50 mA erhaltene Elektronenbild III sehr stark dem Bilde I, entsprechend ist auch die Emission der Kathode (Abb. 10) auf fast den gleichen Wert, nämlich auf $6 \cdot 10^{-7}$ gesunken. Bei der weiteren Formierung mit 50 mA stieg dann nach 25 Minuten Formierdauer die Emission fast auf den alten Wert, nämlich $2 \cdot 10^{-4}$. Das zugehörige Elektronenbild Abb. 10a Nr. IV unterscheidet sich jedoch merklich von dem der Abb. 10a Nr. II, obwohl die zugehörigen Emissionswerte in der gleichen Größenordnung liegen. Auch in diesem Falle ist also der Zusammenhang mit der Größe der emittierenden Oberfläche nur ein recht loser, und es lassen sich keineswegs die Emissionsänderungen durch die Veränderungen der Oberfläche allein erklären. Bei der weiteren Formierung mit 100 bzw. 200 mA wurden dann die in Abb. 11a (S. 339) wiedergegebenen Elektronenbilder erhalten, und zwar ist jeweils das nach 2 und nach 30 Minuten Dauer erhaltene Bild wiedergegeben. Die Emission (vgl. Abb. 11) ist dabei nach 2 Minuten langem Formieren ganz

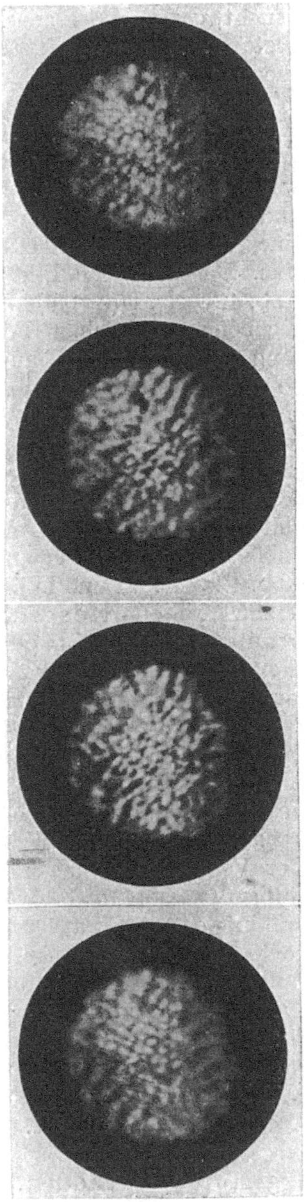

Abb. 13a. Elektronenbilder einer Mischoxydkathode mit Platinhülse bei Aktivierung mit Emissionsbelastung 2. Behandlungsstufe.

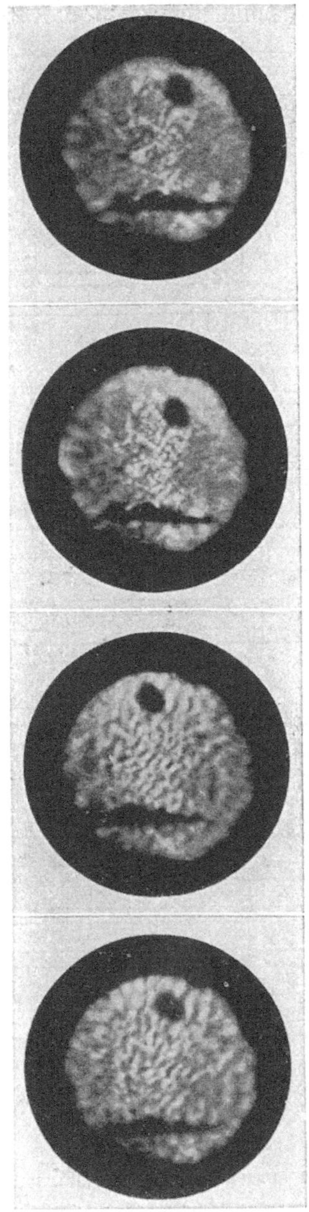

Abb. 14a. Elektronenbilder einer mit Sauerstoff vergifteten Mischoxydkathode mit Platinhülse bei Aktivierung durch reines Glühen.

erheblich, nämlich auf einige 10^{-7} A gesunken und nach der längeren Formierdauer wiederum auf ihren Ausgangswert von etwa $3 \cdot 10^{-4}$ A gestiegen. Auch diese Bilder bestätigen das schon vorhin Gesagte, daß nämlich die Veränderungen der Oberfläche gering sind im Vergleich zu den Emissionsänderungen. Im großen und ganzen sind bei Formierung mit den höheren Emissionsströmen die Emissionszentren etwas dichter geworden, so daß sich also der Oberflächenzustand dem durch reines Glühen erhaltenen nähert.

Die bei der Formierung mit Emission eintretende Veränderung des Elektronenbildes wurde schließlich noch an Kathoden untersucht, deren Hülse aus Platin bestand. Die betreffende Kathode wurde in der gleichen Weise behandelt wie diejenige mit der Nickelhülse, d. h. sie wurde zur Umwandlung stufenweise bis etwa 960° C erhitzt und dann solange gebrannt, bis eine meßbare Emission auftrat. Das erhaltene Bild ist in Abb. 12a Nr. I (S. 339) wiedergegeben. Nach einer Formierung von 15 Minuten Dauer mit 30 mA wurde das Bild II erhalten, dabei war die Emission (vgl. Abb. 12) auf das rund vierfache gestiegen. Bei Steigerung des Formierstromes auf das Doppelte fiel zunächst die Emission und stieg dann wieder an (vgl. Abb. 12a Nr. III und IV). Dasselbe Verhalten wurde gefunden, wenn die Kathode bei der gleichen Temperatur mit 230 mA formiert wurde. Dabei ist der zu Beginn der Formierung eintretende Emissionsabfall (vgl. Abb. 13) wegen des größeren Formierstromes erheblich stärker als bei dem vorigen Versuch. Der Vergleich der zugehörigen Bilder der Abb. 13a (S. 341) zeigt, daß infolge der Formierung zunächst eine gewisse Auflockerung der Emissionszentren eintritt und daß dann die Besetzung der Oberfläche wieder dichter wird und sich dem nach reiner Glühbehandlung festgestellten Aussehen wieder nähert.

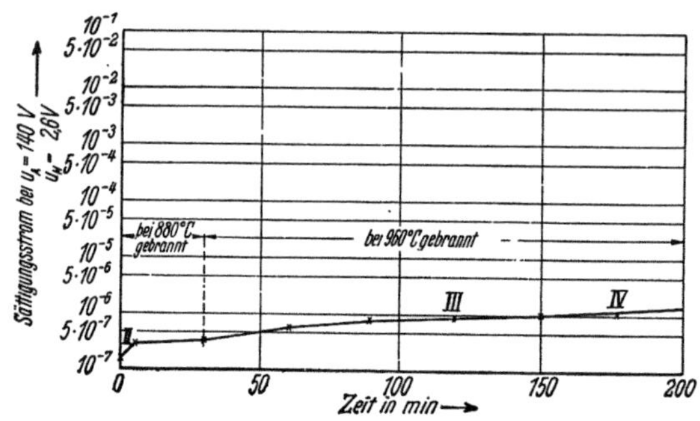

Abb. 14. Änderung der Emission einer mit Sauerstoff vergifteten Mischoxydkathode mit Platinhülse bei Aktivierung durch reines Glühen.

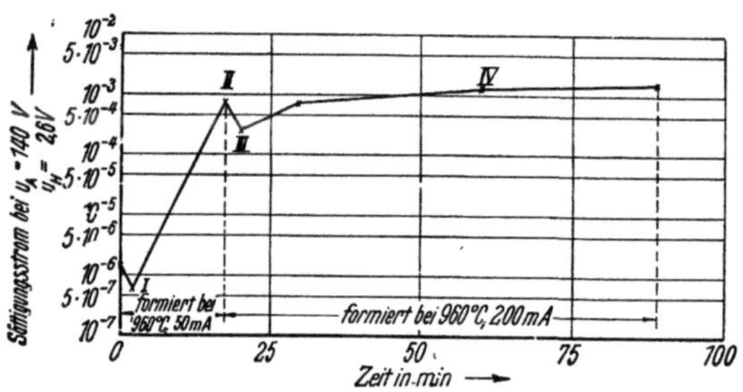

Abb. 15. Änderung der Emission einer mit Sauerstoff vergifteten Mischoxydkathode mit Platinhülse bei Aktivierung mit Emissionsbelastung.

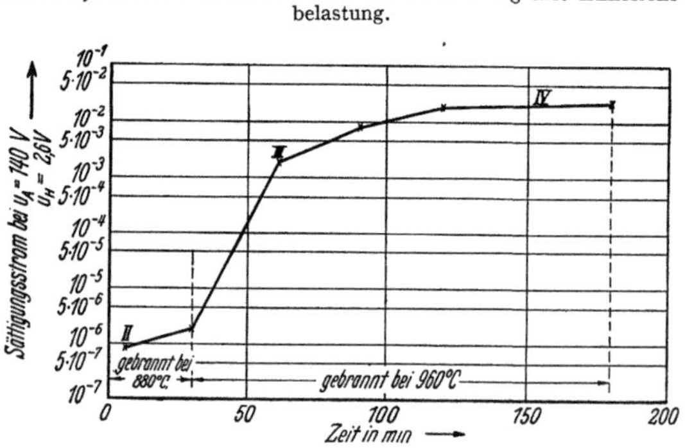

Abb. 16. Änderung der Emission einer mit Sauerstoff vergifteten Mischoxydkathode mit Nickelhülsen bei Aktivierung durch reines Glühen.

c) Aktivierung von mit Sauerstoff vergifteten Kathoden.

Die Feststellung, daß auch bei der Platinhülse durch reines Glühen eine merkliche Emission erzielt werden kann, steht im Widerspruch zu den Angaben von Espe[1], nach denen durch Glühen von Kathoden mit einer Platinseele eine Emissionssteigerung nicht erzielt werden konnte. Um ähnliche Verhältnisse wie bei den

[1] W. Espe: Zit. S. 333, Fußnote 1.

von Espe untersuchten Kathoden zu schaffen, haben wir daher einige Kathoden nach vollendeter Umwandlung der Einwirkung von Sauerstoff von 5 Torr 16 Stunden lang ausgesetzt. Danach wurden die Kathoden bei 880° und 960°

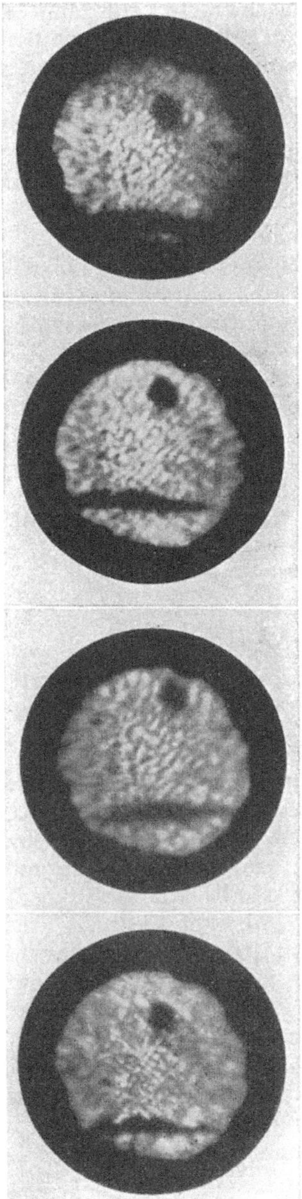

Abb. 15a. Elektronenbilder einer mit Sauerstoff vergifteten Mischoxydkathode mit Platinhülse bei Aktivierung mit Emissionsbelastung.

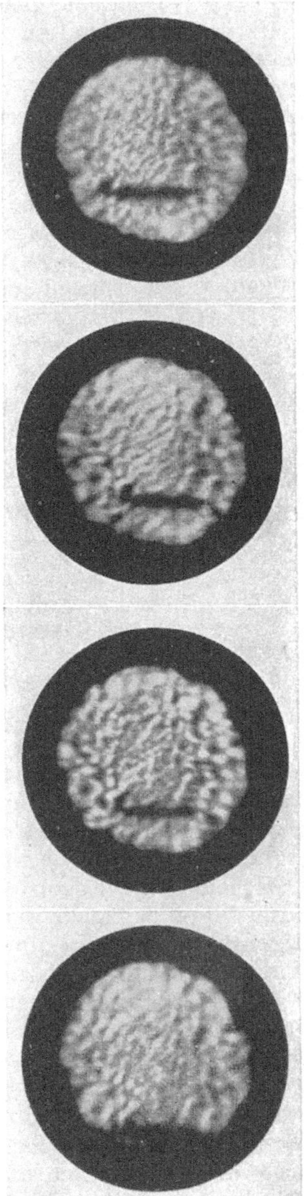

Abb. 16a. Elektronenbilder einer mit Sauerstoff vergifteten Mischoxydkathode mit Nickelhülse bei Aktivierung durch reines Glühen.

geglüht. Der dabei eintretende Emissionsverlauf ist aus Abb. 14 zu ersehen. Man erkennt, daß bei dieser Behandlung in Übereinstimmung mit dem Espeschen Befund nur eine sehr geringe Emissionssteigerung um weniger als eine Zehnerpotenz eintritt. Dagegen ergibt sich, wie die Abb. 15 zeigt, durch Formierung mit Emissionsbelastung wiederum die bei unseren vorhergehenden Versuchen beobachtete starke Emissionssteigerung. Die während dieser Behandlung aufgenommenen Elektronenbilder sind in den Abb. 14a (S. 341) und 15a (S. 343) wiedergegeben. Das auffälligste ist daran, daß das Elektronenbild einer mit Sauerstoff vergifteten Oxydschicht genau das gleiche ist wie das der nicht vergifteten Schicht.

Im Gegensatz zu dem Befund an Kathoden mit Platinhülsen nach dem Vergiften mit Sauerstoff verhalten sich mit Sauerstoff vergiftete Kathoden mit Nickelhülse genau so wie die nicht vergifteten. Wie aus den Abb. 6 und 16 zu ersehen ist, tritt bei vergifteten und nicht vergifteten Kathoden mit Nickelhülse bei gleicher Glühbehandlung eine Emissionssteigerung von der gleichen Größe ein. Auch hier unterscheiden sich die Elektronenbilder der vergifteten Kathode (Abb. 16a, S. 343) in nichts von denen der nicht vergifteten (Abb. 6a, S. 336).

Sämtliche elektronenmikroskopisch aufgenommenen Bilder über die Verteilung der Emissionszentren zeigen, daß bei den verschiedenen Behandlungsarten der Kathode durch Glühen und elektrolytische Formierung sowie durch Vergiftung mit Sauerstoff die Verteilung und die Größe der Emissionszentren verhältnismäßig wenig geändert wird. Es muß infolgedessen für die festgestellte außerordentlich starke Veränderung der Emission die Veränderung der Austrittsarbeit verantwortlich gemacht werden.

Die Bestimmung der Temperatur von Glühkathoden mittels der Anlaufstrommessung[1].

Von

W. HEINZE und W. HASS.

Mit 4 Abbildungen.

1. Aufgabenstellung.

Die experimentell von GERMER[2] und DEMSKI[3] sichergestellte Tatsache, daß bei allen Glühkathoden — gleichgültig, ob ihre Oberfläche rein oder mit Fremdstoffen bedeckt ist — die austretenden Elektronen MAXWELLsche Geschwindigkeitsverteilung besitzen[4], kann benutzt werden, um die Kathodentemperatur auf rein elektrischem Wege festzustellen. Es ist nämlich die absolute Temperatur der Kathode proportional der mittleren Voltgeschwindigkeit der ausgesandten Elektronen. Zur Bestimmung der mittleren Voltgeschwindigkeit wird nach SCHOTTKY[4] der Anlaufstrom, d. h. die Summe aller der Elektronen, die infolge ihrer kinetischen Energie ein verzögerndes Potential überwinden können, in Abhängigkeit von diesem Gegenpotential gemessen.

Da bisher eine Untersuchung über die Brauchbarkeit dieser Methode zur Temperaturbestimmung nicht vorliegt, soll durch die vorliegende Arbeit die Frage beantwortet werden, ob bzw. unter welchen Verhältnissen und mit welcher Genauigkeit es möglich ist, die Temperatur von Glühkathoden mittels des Anlaufstromes zu messen. Es wird sich dabei zeigen, daß zwar bei Mehrelektrodenröhren infolge der durch jedes Gitter bewirkten Ungleichmäßigkeiten des elektrischen Feldes Abweichungen der elektrisch bestimmten Temperatur von der

[1] Auszug aus der in Z. techn. Phys. Bd. 19 (1938) S. 166 erschienenen Arbeit.
[2] L. H. GERMER: Phys. Z. Bd. 25 (1925) S. 795.
[3] A. DEMSKI: Phys. Z. Bd. 30 (1929) S. 291.
[4] W. SCHOTTKY: Ann. Phys. Bd. 44 (1914) S. 1011.

wirklichen auftreten, daß dagegen bei Zweielektrodenröhren eine der pyrometrischen Temperaturbestimmung an Genauigkeit gleichkommende Temperaturmessung möglich ist. Diese Tatsache macht die elektrische Methode, im Vergleich zu den bisher bekannten Verfahren[1], zu einem sehr brauchbaren Hilfsmittel zur Messung der Temperaturen von Kathoden mit ungenau bekannten Strahlungseigenschaften und insbesondere von Oxydkathoden.

2. Die Anlaufstromgesetze.

Als Grundlage für die elektrische Temperaturmessung dient die in einer Zweielektrodenanordnung zwischen der unbekannten mittleren Voltgeschwindigkeit E_0 bzw. der ihr proportionalen absoluten Temperatur T mit dem verzögernden Potential E und dem gemessenen Anlaufstrom i bestehende Beziehung, die je nach der geometrischen Gestalt der Elektroden verschieden ist.

a) Stehen sich Kathode und Anode als (unendlich ausgedehnte) Ebenen gegenüber, so ergibt sich nach RICHARDSON und BROWN[2] bzw. SCHOTTKY[3] das Anlaufstromgesetz zu:

$$i = i_s \cdot e^{-\frac{E \cdot F}{RT}}, \tag{1}$$

wenn i_s den Sättigungsstrom bei der Temperatur T, F die FARADAYsche Zahl und R die allgemeine Gaskonstante bedeuten. Bei konstanter Kathodentemperatur T entsteht danach bei der Darstellung von $\ln i$ über E eine Gerade mit der der absoluten Temperatur T umgekehrt proportionalen Neigung:

$$-\frac{\partial \ln i}{\partial E} = \frac{F}{R \cdot T} = 1{,}16 \cdot 10^4 \frac{1}{T}. \tag{2}$$

Hierin kann ohne weiteres, statt des Gegenpotentials E, die um das Kontaktpotential E_{KA} verschobene äußere Anodenspannung u eingeführt werden. Außerdem genügt es dabei, einen dem Anlaufstrom proportionalen Stromteil $c \cdot i$ zu messen.

b) Für zylindrische Anordnung der beiden (unendlich langen) Elektroden mit axialer Kathode ergibt sich als Näherungsformel, bei der das Verhältnis $r/R = 0$ gesetzt wird, nach SCHOTTKY:

$$i = i_s \frac{2}{\sqrt{\pi}} \left[e^{-\frac{E}{E_0}} \sqrt{\frac{E}{E_0}} + \int\limits_{\sqrt{E/E_0}}^{\infty} e^{-\frac{E}{E_0}} d\left(\sqrt{\frac{E}{E_0}}\right) \right]. \tag{3a}$$

Dabei beträgt der Fehler für ein Verhältnis $\frac{r}{R} = \frac{1}{50}$ etwa $+0{,}5\%$, so daß also zur Erzielung dieser Genauigkeit die Erfüllung der Bedingung $\frac{r}{R} = \frac{1}{50}$ bei der benutzten Elektrodenanordnung gewährleistet sein muß. Bei hinreichend hohen Gegenpotentialen E wird nach SCHOTTKY:

$$i = i_s \frac{2}{\sqrt{\pi}} e^{-\frac{E}{E_0}} \sqrt{\frac{E}{E_0}}, \tag{3b}$$

woraus sich die Neigung der Anlaufstromkennlinie zu:

$$-\frac{\ln i}{E} = \frac{F}{RT} \frac{1}{2E} \tag{4}$$

ergibt. Bei der zylindrischen Anordnung weist also die Anlaufstromkennlinie in der Darstellung $\ln i = f(E)$ wegen des Gliedes $^1/_2 E$ eine Krümmung auf.

[1] G. LIEBMANN: Z. Phys. Bd. 63 (1930) S. 412.

[2] O. W. RICHARDSON u. F. C. BROWN: Phil. Mag. Bd. 16 (1908) S. 353.

[3] W. SCHOTTKY: Ann. Phys. Bd. 44 (1914) S. 1011.

Durch geeignete Wahl des Gegenpotentialgebietes läßt sich indessen erreichen, daß die Krümmung in die Meßgenauigkeit fällt, so daß mit hinreichender Genauigkeit wie bei der ebenen Anordnung eine durch die Meßpunkte gelegte Gerade zur Temperaturbestimmung benutzt werden kann. Diese Näherungsgerade wird als Tangente im mittleren Punkt der Kennlinie mit dem Gegenpotential $E = E_m$ angenommen. Aus Gl. (3b) und der Gleichung der Tangente im Punkte $E = E_m$ ergibt sich dann, daß bei Werten von E/E_m, die zwischen 1,20 und 0,82 liegen, $\frac{i_T}{i} < 1{,}01$ wird. Es kann also innerhalb dieses Bereiches bei einer Meßgenauigkeit von 1% statt der gekrümmten Kennlinie eine durch die Meßpunkte gelegte Gerade zur Temperaturbestimmung benutzt werden.

Der infolge der Verwendung der eingliedrigen Formel (3b) statt der zweigliedrigen Formel (3a) entstehende Temperaturfehler ΔT ergibt sich aus dem Neigungsunterschied der nach den beiden Formeln ermittelten Kennlinien zu $\frac{\Delta T}{T} \leqq 0{,}5\%$ bei einem Gegenpotentialbereich $\Delta E = 3\,E_0$ von der mittleren Gegenspannung $E_m = 9\,E_0$ an.

Unter den praktisch stets erfüllbaren Bedingungen ist also der durch die Verwendung der Gl. (4) entstehende Gesamtfehler kleiner als $+1\%$.

Bei der Ermittlung der Temperatur aus der gemessenen Anlaufstromkennlinie geht man so vor, daß man aus der Neigung der durch die Meßpunkte gelegten Geraden einen Wert T' ausrechnet und diesen Wert T' korrigiert. Dann ergibt sich, wenn die benutzte Anordnung der Bedingung $\frac{r}{R} \leqq \frac{1}{50}$ genügt und das mittlere Gegenpotential $E_m \leqq 9\,E_0$ ist, mittels der Gl. (2) und (4) die wahre Temperatur T zu:

$$T = \frac{T'}{1 + 8{,}6 \cdot 10^{-5}\,\frac{T'}{2E}}\,. \tag{5}$$

Dabei ist E das mittlere Potential in dem verwendeten Gegenspannungsbereich. Die Größe der Korrektion $T - T'$ beträgt z. B. für ein mittleres Gegenpotential von 1 V bei Temperaturen um 1000° K herum rund -4%.

Ist dagegen die Bedingung $\frac{r}{R} \leqq \frac{1}{50}$ nicht erfüllt, so ergibt sich die anzubringende Korrektur aus dem vollständigen Anlaufstromgesetz für genügend hohe Gegenspannungen ($E \geqq 9\,E_0$) zu:

$$T = \frac{T'}{1 + 8{,}6 \cdot 10^{-5}\,T' \cdot \frac{\partial \ln \Phi}{\partial E}}\,, \tag{5a}$$

worin

$$\Phi = \frac{2}{\sqrt{\pi}} \cdot \int\limits_0^{\sqrt{\vartheta E/E_0}} e^{-\frac{r^2}{R^2}\cdot\frac{E}{E_0}}\, d\left(\sqrt{\frac{E}{E_0}}\right)$$

ist. Sind dagegen die Gegenspannungen $E < 9\,E_0$, so ist der Zusammenhang zwischen T und T' nicht mehr explizit angebbar, sondern es ist die Anlaufstromkennlinie für die verschiedenen T-Werte aufzustellen und aus der gemessenen Neigung bei dem Gegenpotential E die zugehörige Temperatur T' aus dieser Aufstellung zu entnehmen. Für eine Anordnung, in der $\frac{r}{R} = \frac{0{,}8}{5} = 0{,}16$ ist, beträgt z. B. wiederum für ein mittleres Gegenpotential von 1 V und bei Temperaturen um 1000° K herum die Korrektion rund -2%.

Die jetzt zur Ermittlung des wirklichen Gegenpotentials, d. h. der Summe aus der äußeren Anodenspannung und dem Kontaktpotential erforderliche Bestimmung des Kontaktpotentials wird am einfachsten nach ROTHE[1] bei hinreichend niedrigen Kathodentemperaturen vorgenommen.

Die Anlaufstromgesetze gelten streng nur für unendlich lange Elektroden. Inwieweit durch die Nichterfüllung dieser Forderung die Temperaturbestimmung beeinflußt wird, muß untersucht werden.

3. Bekannte Fehlerquellen.

Die bei der Messung zu erfüllenden grundsätzlichen Forderungen sollen im folgenden zusammengestellt werden.

Das in das Anlaufstromgesetz einzuführende Gegenpotential E der Anode muß wirklich das tiefste sein, das zwischen Anode und Kathode auftritt. Es muß also durch Anwendung genügend tiefer Anodenpotentiale und hinreichend geringer Elektronendichte das Auftreten eines durch die Eigenladung der Elektroden bedingten Potentialminimums im Entladungsraum verhindert werden. Nach MÖLLER und DETELS[2] muß deswegen der Anlaufstrom kleiner als 10^{-6} A bleiben.

Weiterhin muß bei der Anlaufstrommessung das Potential an allen Stellen der Kathode das gleiche sein. Durch die Nichtbeachtung dieser Forderung wird nach DEMSKI[3] eine zu geringe Neigung der Anlaufstromkennlinie gefunden, die zu hohe Temperaturwerte liefert[4]. (Abweichungen in der Größe von 15 bis 30%.)

Zur Sicherstellung der danach unbedingt erforderlichen Gleichheit des Potentials auch längs unmittelbar geheizter Kathoden sind Unterbrecheranordnungen entwickelt worden, bei denen Heiz- und Emissionsstrom abwechselnd fließen.

4. Die Meßanordnung.

a) Die Entwicklung der Meßanordnung.

Die grundsätzliche Schaltung des hier benutzten elektrischen Unterbrechers ist in Abb. 1 wiedergegeben. Der einseitig gleichgerichtete Strom heizt die Kathode und erzeugt gleichzeitig am Sperrwiderstand R eine so hohe negative Anodenspannung, daß eine vollständige Sperrung des Anlaufstromes erreicht wird.

Nachdem zuerst bei Verwendung möglichst stark rechteckiger Spannung von 500 Hz wegen der Ladeströme der vorhandenen Kapazitäten unbefriedigende Ergebnisse erzielt wurden, ergab die Verwendung sinusförmiger Spannung von 50 Hz gute Übereinstimmung der elektrisch und pyrometrisch bestimmten Temperaturen.

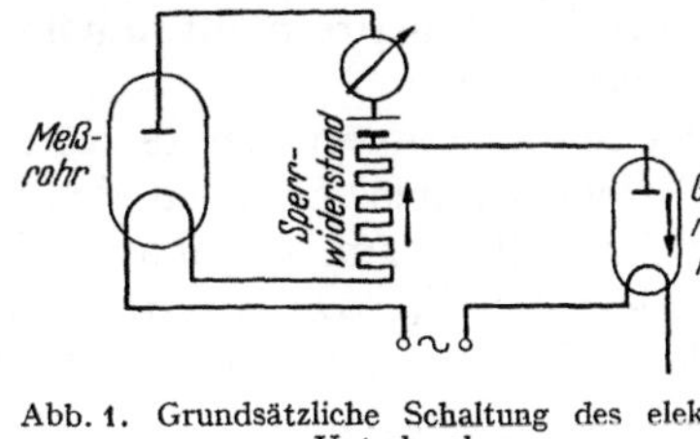

Abb. 1. Grundsätzliche Schaltung des elektrischen Unterbrechers.

Zur Messung des Anlaufstromes diente ein Röhrenvoltmeter, dessen Verwendung eine Korrektion der Gegenspannung erfordert, weil durch den Spannungsabfall u_R, den der Anlaufstrom i am Gitterwiderstand R_g des im Anodenkreis der zu untersuchenden Röhre eingeschalteten Röhrenvoltmeters hervorruft, die angelegte Gegenspannung u_a nach stärker negativen Werten zu verschoben wird, und zwar ist die gesamte wirksame Gegenspannung:

$$u = u_a + u_R = u_a + \alpha \cdot \Delta u_g (\alpha < 1),$$

[1] H. ROTHE: Z. techn. Phys. Bd. 6 (1925) S. 633.

[2] H. G. MÖLLER u. F. DETELS: Jb. drahtl. Telegr. Bd. 27 (1926) S. 74.

[3] A. DEMSKI: Phys. Z. Bd. 30 (1929) S. 291.

[4] Dieses Ergebnis ist von M. KNOLL in den „Anleitungen zum Arbeiten im Röhrenlaboratorium“ 1937 S. 33 nicht berücksichtigt worden.

da ja der Anlaufstrom nicht dauernd, sondern nur während eines gewissen Zeitteils der Periode fließt.

Um die Korrektion von dem Faktor α unabhängig zu machen, wurde dem Gitterwiderstand eine so große Kapazität parallelgeschaltet, daß, abgesehen von einer geringen Welligkeit, die Spannung am Gitterwiderstand für die ganze Periode konstant blieb. Verwendet wurde eine Kapazität von $2\,\mu$F. Dadurch wird einmal die Korrektion identisch mit Δu_g, und es werden außerdem etwa kapazitiv auf das Gitter übertragene störende Wechselspannungen unschädlich gemacht.

b) Die verwendete Meßanordnung.

Die Schaltung der benutzten Meßanordnung ist in Abb. 2 wiedergegeben. Der Aufbau erfolgte in drei gesonderten, sorgfältig voneinander abgeschirmten Kreisen, nämlich dem Gleichrichterkreis, dem Kreis mit der zu untersuchenden Röhre und dem Röhrenvoltmeter.

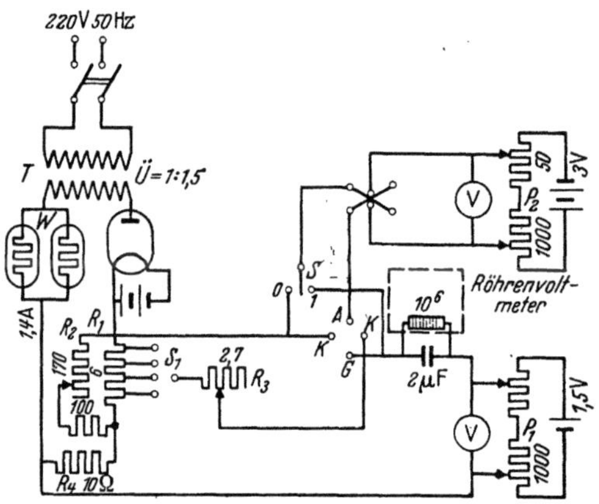

Abb. 2. Schaltung der zur Temperaturbestimmung mittels der Anlaufstrommessung benutzten Anordnung.

Der Gleichrichterkreis war mittels des Transformators T vom Netz getrennt und räumlich so weit von den übrigen Teilen der Meßanordnung entfernt, daß Störungen durch das Streufeld des Transformators vermieden wurden. Zum Ausgleich von stärkeren Netzspannungsschwankungen dienten die Eisenwasserstoffwiderstände W. Als Gleichrichterröhre wurde entweder eine RS 19, bei der Gitter und Anode kurzgeschlossen waren, oder eine Quecksilberdampfgleichrichterröhre mit Glühkathode verwendet. Die Regelung des als Heizstrom für die Meßröhren dienenden gleichgerichteten Stromes erfolgte mit Hilfe der Widerstände R_1, R_2 und R_3. Die Messung des Heizstromes wurde mittels eines Siemens-Z-Instrumentes vorgenommen, da andere Drehspulinstrumente zu wenig gedämpft und Hitzdrahtinstrumente nicht konstant genug waren. Der Sperrwiderstand R_4 war bifilar gewickelt.

Der die zu untersuchende Röhre enthaltende Meßkreis war zur Vermeidung von Kriechströmen zwischen Anode und Kathode sehr hoch isoliert und möglichst kapazitätsarm aufgebaut. Zur Regelung der Gegenspannung diente das Potentiometer P_1. Die zweite durch das Potentiometer P_2 regelbare Spannung wurde bei Röhren mit Gitter verwendet; auf ihren Zweck wird später eingegangen werden. Die Bezeichnung des Sockels entspricht der Schaltung einer Eingitterröhre, bei Zweielektrodenröhren wird die Anode an G gelegt. In der Stellung I des Schalters werden die Temperaturmessungen, in der Schaltung 0 die Kontaktpotentialmessungen vorgenommen.

Bei dem Röhrenvoltmeter wurde die bekannte[1] Schaltung von Brentano[2] bzw. Wynn-Williams[3] benutzt. Die Empfindlichkeit des Röhrenvoltmeters

[1] F. Müller: Z. phys. Chemie (A) Bd. 155 (1931) S. 451; Z. Elektrochem. Bd. 38 (1932) S. 418.

[2] I. Brentano: Z. Phys. Bd. 54 (1929) S. 571.

[3] C. E. Wynn-Williams: Proc. Camb. Phil. Soc. Bd. 23 (1927) S. 811.

betrug 54 Skt./mV bei Benutzung eines Galvanometers von 10^{-4} V/Skt. Empfindlichkeit und 629 Ω Innenwiderstand. Mit einem Gitterwiderstand von $10^6\,\Omega$ betrug also die Stromempfindlichkeit rund $5 \cdot 10^{-11}$ A/Skt.

c) Die Meßgenauigkeit.

Zur Beurteilung der Einstellgenauigkeit, die mit der beschriebenen Anordnung erhalten wurde, wurden Messungen an normalen Röhren (RE 134, Gitter und Anode kurzgeschlossen) vorgenommen und es wurde aus sechs aufeinanderfolgenden Meßreihen mit je 5 Meßpunkten bei gleichen Betriebsverhältnissen eine mittlere Streuung von $\pm$ 1% und eine größte Abweichung von 2,5% gefunden.

5. Die infolge des Unterbrecherbetriebes eintretenden Temperaturschwankungen.

Die Brauchbarkeit der elektrischen Temperaturmeßmethode wurde so geprüft, daß die dabei ermittelten Temperaturen mit den unter gleichen Verhältnissen mittels eines optischen Pyrometers erhaltenen verglichen wurden. In bezug auf die Frage, welcher Wert der Temperatur im Falle einer ungleichmäßigen Temperaturverteilung längs der Kathode gefunden wird, ergibt sich, daß wegen des exponentiellen Zusammenhangs von Emission und Temperatur stets der auf der Kathode vorhandene Temperaturhöchstwert ermittelt wird.

Hinsichtlich des danach vorzunehmenden Vergleiches der elektrisch und pyrometrisch ermittelten Höchsttemperaturen in der Fadenmitte ist weiterhin von Bedeutung, daß infolge der intermittierenden Heizung eine Schwankung dieser Temperaturwerte stattfindet. Die Abschätzung der Größe dieser Schwankungen zeigt, daß die nach beiden Methoden ermittelten Werte gleich sein müssen. Bei noch dünneren Drähten als den hier verwendeten (35 μ starken) könnten bei Anwendung von 50periodigem Wechselstrom möglicherweise größere Schwankungen auftreten, so daß dabei dann die Verwendung von 500periodigem Wechselstrom vorteilhafter sein könnte.

6. Die pyrometrische Temperaturmessung.

Bei der optischen Temperaturmessung wurde für die Umrechnung der pyrometrisch gemessenen schwarzen auf wahre Temperaturwerte als optisches Emissionsvermögen bei der Wellenlänge 650 mμ der Wert 0,73 für die Metalldampfkathoden bzw. 0,25 für die mittelbar geheizten Pastekathoden zugrunde gelegt. Diese Werte sind auf Grund eigener früherer Messungen erhalten worden und stimmen mit den im Schrifttum[1] angegebenen überein.

Die Absorption in Röhrenkolben — das Getter wurde durch einen verschiebbaren Glaszylinder von der zur Pyrometrierung benutzten Stelle ferngehalten — wurde bei Temperaturen um 1000° K herum im Mittel zu 1% bestimmt.

Was den Fehler der pyrometrischen Temperaturmessung anlangt, so setzt sich dieser aus drei Teilen zusammen, nämlich dem reinen Einstellungsfehler, der zu $\pm$ $^1/_2$% gefunden wurde, dem infolge verschiedener Absorption an verschiedenen Stellen des gleichen Kolbens auftretenden, der sich zu $\pm$ $^1/_2$% ergab, und dem infolge des nicht genau bekannten Strahlungsvermögens bei der Umrechnung von schwarzer auf wahre Temperatur auftretenden. Dieser Fehler ist bei den weißen Pastekathoden wegen des größeren Unterschiedes zwischen den beiden Temperaturwerten naturgemäß größer als bei den ziemlich schwarz strahlenden Metalldampfkathoden. Im Mittel wird man den dadurch verursachten

[1] W. Espe u. M. Knoll: Werkstoffkunde der Hochvakuumtechnik 1936, S. 285.

Fehler zu etwa $\pm 1\%$ anrechnen können, so daß sich also als größter Fehler bei der pyrometrischen Bestimmung der wahren Temperatur ein Wert von etwa $\pm 2\%$ ergibt.

7. Temperaturmessungen an Zweielektrodenröhren.

Für den Vergleich der elektrisch und pyrometrisch gemessenen Temperaturen wurden zunächst, um möglichst einfache Verhältnisse zu erhalten, zylindrische Zweielektrodenröhren verwendet. Bei dem größten Teil dieser Röhren stimmten die nach den beiden Methoden gefundenen Temperaturen befriedigend überein, daneben waren jedoch auch Röhren vorhanden, bei denen mehr oder weniger große Unterschiede zwischen den beiden Werten festgestellt wurden.

a) Störungsquellen.

Bei einigen dieser Röhren konnten die beobachteten Unterschiede auf Störungen infolge mangelhafter Isolation zwischen den Elektroden oder infolge ungenügenden Vakuums zurückgeführt werden. Bei mangelhafter Isolation müssen nämlich infolge des zusätzlich fließenden Isolationsstromes, wie ohne weiteres einzusehen ist, gekrümmte und stark verflachte Anlaufstromkennlinien erhalten werden. Eine Berücksichtigung des Isolationsstromes ist dabei deswegen nicht möglich, weil im allgemeinen die Isolation im warmen und kalten Zustand der Röhre verschiedene Werte besitzt. Bei ungenügendem Vakuum zeigen die gemessenen Werte starke Schwankungen, und es sind im allgemeinen die Anlaufstromkennlinien stark gekrümmt und verflacht, was sich durch den Einfluß der elastischen Reflexion der Elektronen an den Gasmolekülen leicht erklären läßt.

Bei dem Rest der Röhren, bei denen Unterschiede zwischen den pyrometrisch und elektrisch gemessenen Temperaturen auftraten, konnte die Isolation und das Vakuum als einwandfrei angesehen werden, und es wurden trotzdem nach der elektrischen Methode entweder zu hohe Temperaturen oder aber stark gekrümmte Anlaufstromkennlinien, die in einzelnen Fällen sogar ausgeprägte Wendepunkte aufwiesen, festgestellt. In allen diesen Fällen lieferte auch die Auswertung der steilsten Stelle der Kennlinie noch eine zu hohe Temperatur. Eine nähere Untersuchung der Röhren ergab, daß alle Kathoden, bei denen die elektrisch und pyrometrisch bestimmten Temperaturen übereinstimmten, vollkommen gleichmäßig waren, während diejenigen Kathoden, bei denen Unterschiede zwischen den beiden Temperaturen gefunden wurden, fleckig waren oder eine ungleichmäßige Temperaturverteilung aufwiesen. Der damit sehr wahrscheinlich gemachte Zusammenhang zwischen dem Meßfehler der Temperatur und den Kathodenungleichmäßigkeiten wurde dadurch unmittelbar nachgewiesen, daß bei einer Reihe von Röhren mit gleichmäßiger Kathode der Faden durch kurzzeitiges starkes Glühen ungleichmäßig gemacht und die Temperatur vorher und nachher gemessen wurde. Dabei zeigte sich entsprechend den Erwartungen, daß zwar vor dem Ungleichmäßigbrennen die nach den beiden Methoden bestimmten Temperaturen übereinstimmten, daß dagegen bei den ungleichmäßig gemachten Kathoden die geschilderten Störungen in der Anlaufstromkennlinie und die damit zusammenhängenden Fehlmessungen der elektrisch bestimmten Temperatur auftraten.

Als Ursache für die Fehlmessungen könnte zunächst unmittelbar das Vorhandensein der ungleichmäßigen Temperaturverteilung angesehen werden. Dies ist aber, wie sich leicht zeigen läßt, nicht der Fall. Als einzige Erklärungsmöglichkeit bleibt daher die Annahme, daß die beobachteten falschen Werte durch Feldverzerrungen hervorgerufen werden, deren Ursache das Vorhandensein von Stellen mit verschiedener Austrittsarbeit auf der Kathode ist. Die Wirkung dieser

Feldverzerrung hätte man sich dann so vorzustellen, daß zwischen der Fehlerstelle mit der Austrittsarbeit ψ_2 und dem benachbarten Bereich mit der Austrittsarbeit ψ_1 ein Kontaktpotential E_{12} von der Größe $-(\psi_2 - \psi_1)$ besteht, das eine Zusatzfeldstärke in axialer Richtung um die Fehlstellengrenze herum erzeugt, durch welche die Geschwindigkeitsverteilung der austretenden Elektronen gestört wird. Gemäß dieser Annahme ist dann unter der Voraussetzung, daß $\psi_2 > \psi_1$ ist und die Fehlstellen dem Anodenrand nicht zu nahe liegen, der im folgenden angegebene Verlauf des Anlaufstromes in Abhängigkeit von dem Gegenpotential zu erwarten.

Bei Anodenpotentialen, die gegenüber dem Kontaktpotential E_{12} sehr tief sind, können nur solche Elektronen die Anode erreichen, deren Anfangsgeschwindigkeiten groß sind gegenüber E_{12}. Da sich außerdem wegen des tiefen Anodenpotentials die infolge der Fehlstelle vorhandene Verzerrung der Äquipotentiallinien nur in einem sehr dicht an der Kathode liegenden Gebiet bemerkbar macht, so werden die dann allein zur Anode gelangenden schnellen Elektronen von der Feldverzerrung nicht merklich beeinflußt, und es muß also die Steilheit $\partial \ln i/\partial E$ der Anlaufstromkennlinie nahezu den bei fehlender Feldverzerrung vorhandenen Wert besitzen. Mit steigendem Anodenpotential werden in zunehmendem Maße auch die in der Nähe der Anode liegenden Äquipotentiallinien durch die Fehlstelle verzerrt, und es erhalten die in der Nähe der Fehlstelle austretenden Elektronen eine zusätzliche axiale Ablenkung, die bewirkt, daß ein Teil der Elektronen an der Anode seitlich vorbeigeführt wird. Infolgedessen wird der Anlaufstrom in zunehmendem Maße verringert, und es nimmt die Steilheit der Anlaufstromkennlinie ab. Diese Anodenstromverringerung wird am stärksten, wenn Anlauf- und Kontaktpotential den gleichen Wert besitzen, weil dann durch die Fehlstelle die Äquipotentiallinien in dem gesamten Zwischenraum zwischen Kathode und Anode verzerrt sind. Mit weiter steigendem Anodenpotential wird dann wiederum die Verzerrung der Äquipotentiallinien in zunehmendem Maße auf die Kathode zu zurückgedrängt. Infolgedessen muß die ablenkende Wirkung der Feldverzerrung kleiner werden. Da dann außerdem die Anode gegenüber der Fehlstelle positiv, ein Teil der Elektronen also zur Anode beschleunigt wird, muß durch das Zusammenwirken dieser beiden Einflüsse die Steilheit der Anlaufstromkennlinie wiederum größer werden.

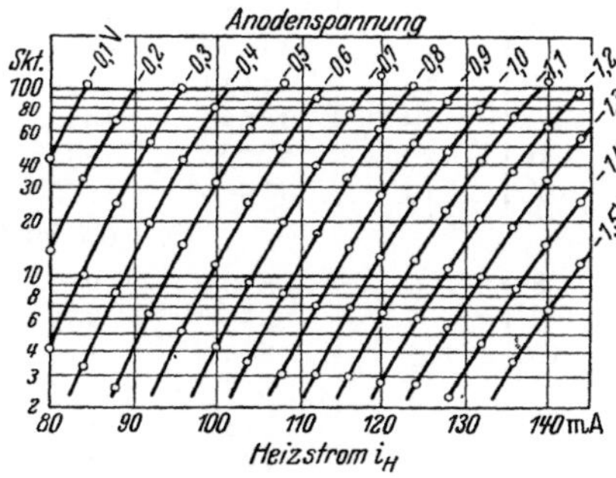

Abb. 3. Anlaufstromkennlinien einer Zweielektronenröhre mit ungleichmäßiger Kathode bei verschiedenen Heizströmen, dargestellt in der Form $i_a = f(i_H)$ mit dem Gegenpotential E der Anode als Parameter.

Nach dieser Überlegung muß also bei dem Gegenpotential $E = E_{12}$ ein Wendepunkt in der Anlaufstromkennlinie auftreten, der unabhängig von der Kathodentemperatur stets bei dem gleichen Anodenpotential vorhanden sein muß. Zur Nachprüfung dieser Folgerung wurde bei Röhren mit ungleichmäßigen Kathoden eine Reihe von Anlaufstromkennlinien bei verschiedenen Kathodentemperaturen in demselben Anlaufpotentialbereich aufgenommen. Eine an einer dieser Röhren erhaltene Kennlinienschar ist in Abb. 3 in etwas anderer Darstellung als der üblichen wiedergegeben, und zwar ist darin der Anlaufstrom i_a über dem Heizstrom i_H mit dem Gegenpotential E als Parameter eingetragen. In dieser Darstellung müßte sich der bei ungleichmäßiger Kathode zu erwartende Wendepunkt in der Anlaufstromkennlinie dadurch kennzeichnen, daß in der Kurvenschar ein Minimum des Abstandes je zweier benachbarter Kurven vorhanden ist. Die Abb. 3 zeigt nun ganz deutlich, daß in Übereinstimmung mit der Erwartung ein solches Abstandsminimum bei der für eine Gegenspannung von 1,1 V geltenden Kurve auftritt, dessen Lage von der Größe des Heizstromes unabhängig ist. Danach müssen die bei ungleichmäßigen Kathoden festgestellten Unterschiede der elektrisch gemessenen Temperatur gegenüber der wirklichen der heißesten Stellen auf die infolge von Austrittsarbeitsunterschieden auftretenden Feldverzerrungen zurückgeführt werden.

Tabelle 1. Zweielektrodenröhren unmittelbar geheizt.

Nr.	Anoden-durchmesser mm	Mittlere elektrische Temperatur °K	Mittlere pyrometrische Temperatur °K	Mittlere Abweichung %
1	10	1080	1083	— 0,27
2	10	1061	1045	+ 1,53
3	10	1048	1035	+ 1,26
4	10	1109	1111	— 0,18
5	10	1124	1101	+ 2,09
6	10	1125	1105	+ 1,81
7	10	1099	1090	0
			im Mittel	± 1,02
8	5	1061	1071	— 0,93
9	5	1019	1030	— 1,07
10	5	1006	998	+ 0,78
11	5	1067	1063	+ 0,34
12	5	1012	1031	— 1,84
13	5	1118	1120	— 0,18
14	5	1150	1162	— 1,04
			im Mittel	± 0,88

Tabelle 2. Zweielektrodenröhren mittelbar geheizt.

Nr.	Anoden-durchmesser mm	Mittlere elektrische Temperatur °K	Mittlere pyrometrische Temperatur °K	Mittlere Abweichung %
1	10	1226	1248	— 1,76
2	10	1253	1253	0
3	10	1199	1192	+ 0,59
4	10	1147	1125	+ 1,95
5	10	1065	1056	+ 0,85
6	10	1279	1281	— 0,16
7	10	1194	1177	+ 1,45
			im Mittel	± 0,96
8	5	850	840	+ 1,19
9	5	855	862	— 0,81
10	5	845	850	— 0,59
11	5	875	875	0
12	5	875	875	0
13	5	760	760	0
14	5	740	730	+ 1,35
			im Mittel	± $0{,}56_3$

Naturgemäß wird man nicht in jedem Falle einer ungleichmäßigen Kathode das Vorhandensein eines Wendepunktes in der Anlaufstromkennlinie erwarten dürfen, da sein Auftreten offenbar außer von der Größe der Austrittsarbeitsdifferenz $\psi_2 - \psi_1$ noch von dem Verhältnis der Größe der Fehlstellen und von ihrem Anteil an der gesamten Kathodenoberfläche abhängt. Insbesondere spielen die normalerweise bei Oxydkathoden stets vorhandenen Verschiedenheiten der Austrittsarbeit an den verschiedenen Stellen der Oberfläche wegen der geringen räumlichen Größe der unterschiedlichen Stellen, wie sich experimentell zeigt, keine Rolle.

Auch die normalerweise auf der Anode vorhandenen Austrittsarbeitsunterschiede spielen, wie die praktischen Erfahrungen zeigen, bei der Anlaufstrommessung gar keine Rolle, weil eine Verzerrung des Feldes in der Nähe der Anode einen wesentlich geringeren Einfluß haben wird als eine solche in der Nähe der Kathode.

Damit sind die zur Erzielung einwandfreier Temperaturbestimmungen mittels der Anlaufstrommessung von den zu messenden Röhren zu erfüllenden Forderungen festgestellt, und zwar müssen diese Röhren einmal eine genügend hohe Isolation der Anode sowie ein einwandfreies Vakuum besitzen, und es dürfen die in diesen Röhren verwendeten Kathoden keine stärkeren Ungleichmäßigkeiten als die bei Oxydkathoden natürlicherweise vorhandenen aufweisen.

b) Der Vergleich der elektrisch und pyrometrisch gemessenen Temperaturen.

An Röhren, die diesen Forderungen entsprechend ausgewählt worden waren, wurde nun unter gleichen Verhältnissen die Kathodentemperatur elektrisch und pyrometrisch gemessen. Die dabei erhaltenen Ergebnisse sind in der Tab. 1 für unmittelbar geheizte Metalldampfkathoden und in Tab. 2 für mittelbar geheizte Pastekathoden wiedergegeben. Wie die Tabellen zeigen, treten im Mittel Unterschiede von nur etwa $\pm$ 1% zwischen den beiden Temperaturen auf. Da sich diese Abweichungen auf die bei beiden Meßmethoden auftretenden Fehler verteilen, kann als bewiesen gelten, daß es mit Hilfe der Anlaufstrommessung an Zweielektrodenröhren möglich ist, Temperaturen ebenso genau zu messen wie mittels der pyrometrischen Meßmethode.

Die besprochenen Messungen wurden, um den Einfluß der endlichen Länge der Elektroden festzustellen, an Röhren mit verschiedenen Anodendurchmessern durchgeführt. Da die Kathodenlänge in allen Fällen die gleiche war, so hätte sich der Einfluß der offenen Enden bei den Anoden mit 10 mm Durchmesser stärker auswirken müssen als bei solchen mit 5 mm Durchmesser. Da jedoch nach der Tab. 1 die Übereinstimmung der beiden Temperaturwerte bei beiden Durchmessern gleich gut ist, so folgt daraus, daß unter den vorliegenden Voraussetzungen die endliche Länge der Elektroden keine Rolle spielt.

8. Messungen an Röhren mit Gitter.

Während es nach den vorstehenden Ausführungen bei Zweielektrodenröhren möglich ist, bei Beachtung gewisser Vorbedingungen mit hinreichender Genauigkeit mittels des Anlaufstromes Temperaturbestimmungen vorzunehmen, ist dies bei technischen Röhren mit einem oder mehreren Gittern aus den im folgenden zu besprechenden Gründen nicht mit einer die Forderungen der Praxis erfüllenden Genauigkeit möglich.

Einmal ist jetzt die Anwendung genügend tiefer Anodenpotentiale noch nicht ausreichend, um die Erfüllung der Bedingung sicherzustellen, nach welcher die Elektronen kein vor den Elektroden liegendes Potentialminimum durchlaufen dürfen, weil immer dann, wenn das Potential der Anode wesentlich höher ist als das des Gitters, in den Gitterlücken ein tieferes Potential auftritt als an der Anode.

Durch geeignete Wahl der Potentiale könnte man zwar erreichen, daß in den Gitterlücken ein höheres Potential auftritt als an der Anode, aber jeder Unterschied der Potentiale in den Gitterlücken und den Gitterwindungen bringt eine Feldverzerrung und damit eine Ablenkung der Elektronen mit sich. Die ablenkende Wirkung bleibt nun bei einer Anlaufstrommessung infolge der veränderten Potentiale im allgemeinen nicht dauernd gleich. Nur in dem Falle, daß die Gitterlücken das gleiche Potential besitzen wie die Gitterwindungen, kann man erwarten, daß dieser Fehler nicht auftritt. Dabei müßte man sich auf die Messung des Anodenstromes beschränken, weil im Gitterstrom auch Elektronen vorhanden sind, die, zwischen Gitter und Anode umkehrend, auf dem Rückweg das Gitter treffen.

Bei allen übrigen Potentialwerten von Gitter und Anode wird wegen der Feldverzerrungen weder die Messung eines der beiden Einzelströme noch die des Gesamtstromes zu einwandfreien Temperaturbestimmungen führen. Höchstens könnte bei gleichen Potentialwerten von Gitter und Anode und Messung des Gesamtstromes der Einfluß der Feldverzerrung gering sein, weil es dann gleichgültig wäre, auf welche der beiden Elektroden die Elektronen gelangen. Von diesen beiden Möglichkeiten scheidet die erste deswegen aus, weil der die Anode treffende Elektronenstrom viel zu klein ist, um eine zuverlässige Messung zu ermöglichen. Hinsichtlich der zweiten ergab der Vergleich der elektrisch bei $E_g = E_a$ ermittelten Temperatur mit der pyrometrisch gemessenen, daß zwar bei unmittelbar geheizten Röhren mit Fadenkathoden ziemlich gut übereinstimmende Werte gefunden wurden, wobei der mittlere Unterschied etwa $\pm 1,5\%$ betrug, daß dagegen die Übereinstimmung der pyrometrisch und elektrisch gemessenen Werte bei mittelbar geheizten Röhren viel weniger gut war, indem systematische Abweichungen von $+5\%$ und mehr auftraten (Abb. 4). Dieses Ergebnis ist ohne weiteres durch die Wirkungen der Feldverzerrung in Verbindung mit der endlichen Länge der Elektroden zu erklären. Diese Feldverzerrungen beeinflussen nämlich bei unmittelbar geheizten Röhren wegen des verhältnismäßig großen Gitterkathodenabstandes die zur Anode fließenden Elektronen erst in der Nähe des Endes ihrer Bahn, und es werden daher entsprechend wenig Elektronen aus dem Entladungsraum entfernt. Bei den mittelbar geheizten Röhren dagegen, bei denen der Abstand des Gitters von der Kathode erheblich geringer ist als bei den unmittelbar geheizten, findet die ablenkende Wirkung der Feldverzerrung schon am Anfang der Bahn der Elektronen statt, und es werden daher viel mehr Elektronen aus dem Entladungsraum entfernt. Die endliche Länge der Elektroden, die bei dem homogenen Feld der Zweielektrodenröhre die Messung praktisch gar nicht beeinflußt, wirkt also bei der Dreielektrodenröhre unter Umständen sehr störend. Es können also bei der Dreielektrodenröhre mittels der Anlaufstrommessung unter günstigen Bedingungen richtige Temperaturwerte erhalten werden, jedoch hängt die Zuverlässigkeit der Ergebnisse sehr stark von der Elektrodenanordnung ab. Erst recht werden diese Einflüsse natürlich bei Mehrgitterröhren auftreten, so daß es unmöglich erscheint, bei diesen Röhren mittels der Anlaufstrommessung einwandfreie und sichere Temperaturbestimmungen durchzuführen.

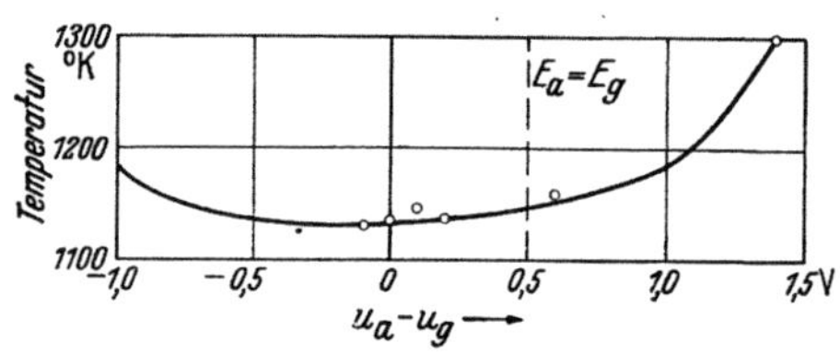

Abb. 4. Mittels des gesamten Anlaufstromes ($i_a + i_g$) an einer Dreielektronenröhre elektrisch gemessene Temperatur in Abhängigkeit von der Potentialdifferenz $u_a - u_g$ zwischen Gitter und Anode.

Zusammenfassend folgt also aus der vorliegenden Untersuchung, daß die Temperaturbestimmung mittels der Anlaufstrommessung bei Mehrelektrodenröhren im allgemeinen nicht die für die Praxis erforderliche Genauigkeit zu erzielen gestattet und höchstens bei Röhren mit verhältnismäßig geringem Abstand von Gitter und Anode zuverlässige Temperaturwerte liefert, daß dagegen bei Zweielektrodenröhren diese Methode zur Messung der Kathodentemperatur mit gutem Erfolge angewandt werden kann. In diesem Falle ist dann zwar bei bekanntem und unveränderlichem Strahlungsvermögen die Genauigkeit der pyrometrischen Temperaturmessung sicherlich größer als die der elektrischen, bei veränderlichem oder nicht genau bekanntem Strahlungsvermögen ist jedoch wegen der ungenauen Umrechnung der wahren aus der schwarzen Temperatur die elektrische Messung der pyrometrischen gleichwertig. Insbesondere wird deshalb also die elektrische Methode für Kathoden mit Fremdstoffschichten in Frage kommen, bei denen eine genügend genaue Bestimmung des Strahlungsvermögens erst durch die Untersuchung einer größeren Zahl von Sonderröhren mit Kathoden der gleichen Art möglich wäre, während dies bei der elektrischen Methode nicht notwendig ist.

9. Zusammenfassung.

Es wird gezeigt, daß es möglich ist, die Temperatur von Glühkathoden an Zweielektrodenröhren auf rein elektrischem Wege mit Hilfe der bei verzögernden Potentialen aufgenommenen Anlaufstromkennlinie mit einer der pyrometrischen Messung etwa gleichkommenden Genauigkeit zu messen. Dazu ist es erforderlich, daß die verwendeten Röhren gute Isolation, gutes Vakuum sowie Kathoden mit genügend gleichmäßiger Oberflächenbeschaffenheit besitzen. In bezug auf die letzte dieser Forderungen ergibt eine nähere Untersuchung, daß Fehlmessungen bei ungleichmäßigen Kathoden durch die dann zwischen den einzelnen Stellen der Kathode bestehenden Kontaktpotentiale verursacht werden. Bei Drei- und Mehrelektrodenröhren erweist sich dagegen die mit der elektrischen Methode erzielte Genauigkeit als im allgemeinen für die Praxis nicht ausreichend. Als Ursache für die beobachteten Abweichungen wird gefunden, daß bei diesen Röhren die ungleichmäßige Potentialverteilung in der Gitterfläche eine ablenkende Wirkung auf die Elektronen ausübt, durch welche diese wegen der endlichen Elektrodenlänge an dem Erreichen der Anode gehindert werden. Es wird darauf hingewiesen, daß die elektrische Temperaturmessung an Zweielektrodenröhren insbesondere für die Bestimmung der Temperatur von Kathoden mit Fremdstoffschichten geeignet und dabei der pyrometrischen Temperaturbestimmung überlegen ist.

Die Änderung der Elektronenaustrittsarbeit bei der Aktivierung von Oxydkathoden[1].

Von

W. HEINZE und S. WAGENER.

Mit 16 Abbildungen.

1. Aufgabenstellung.

Die Entscheidung, ob die Emissionszunahme bei der Aktivierung von Oxydkathoden auf eine Verringerung der Elektronenaustrittsarbeit oder auf eine Vergrößerung der emittierenden Oberfläche (Mengenkonstante) zurückzuführen ist, kann nicht mittels der Elektronenbilder allein getroffen werden, vielmehr muß zu diesem Zweck die während der Aktivierung eintretende Änderung der Austrittsarbeit gemessen und mit der gleichzeitig eintretenden Emissionsänderung verglichen werden.

2. Die Meßmethode.

Die Meßmethode beruht auf der einwandfrei sichergestellten[2, 3] Beziehung, daß das Kontaktpotential zwischen zwei Elektronenleitern gleich der Differenz ihrer glühelektrischen Austrittsarbeiten ist, so daß also bei unveränderter Austrittsarbeit des einen Leiters die Austrittsarbeitsänderung des anderen festgestellt werden kann. Bei Oxydkathoden können zwischen verschiedenen Stellen der Kathode erhebliche Austrittsarbeitsunterschiede vorhanden sein, so daß aus der Kontaktpotentialmessung ein Mittelwert der Austrittsarbeit erhalten wird. In welchem Maße dieser Mittelwert durch die größten und kleinsten Austrittsarbeitswerte beeinflußt wird, hängt von dem benutzten Meßverfahren ab. Bei der Kontaktpotentialbestimmung aus der Kennlinienverschiebung in einer Zweielektrodenröhre würde bei Verwendung des Oxyds als Anode, falls die Austrittsarbeitsunterschiede auf dem Oxyd nicht die Größe der Anodenspannung erreichen, ebenso wie bei der THOMSON-Methode das arithmetische Mittel über

[1] Auszug aus der in Z. Phys. Bd. 110 (1938) S. 164 erschienenen Arbeit.
[2] W. HEINZE: Z. Phys. Bd. 109 (1938) S. 459; vgl. auch diesen Band S. 274.
[3] B. GYSAE u. S. WAGENER: Z. Phys. Bd. 110 (1938) S. 145; vgl. auch diesen Band S. 280.

alle zu den verschiedenen Stellen gehörenden Austrittsarbeiten in das Kontaktpotential eingehen. Im Gegensatz dazu werden, falls das Oxyd als Kathode dient, die Stellen mit der niedrigsten Austrittsarbeit wegen der exponentiellen Abhängigkeit der Emission von der Austrittsarbeit einen unverhältnismäßig viel größeren Teil des gesamten Emissionsstromes liefern als die Stellen mit höherer Austrittsarbeit.

Das einzige Verfahren zur Kontaktpotentialbestimmung, bei dem das Oxyd als Kathode benutzt werden kann, ist das von GERMER[1] und von ROTHE[2] angegebene, bei dem das Kontaktpotential aus dem Schnittpunkt der Anlauf- und der Sättigungsstromkurve ermittelt wird. In diesem Falle ist auch bei ungleichmäßig emittierender Kathode der in das Kontaktpotential eingehende Austrittsarbeitsmittelwert identisch mit der in die Emissionsgleichung einzuführenden „mittleren Austrittsarbeit".

a) Definition der „mittleren Austrittsarbeit".

Um zu einer Definition dieser mittleren Austrittsarbeit zu gelangen, wird man bei ungleichmäßigen Kathoden zunächst die Emissionsgleichung für jedes Flächenelement $dx\,dy$ gesondert aufstellen. Der von diesem Flächenelement emittierte Sättigungsstrom ergibt sich dann, wenn der Allgemeinheit wegen auch noch die Mengenkonstante $\mathfrak{A}(x, y)$ als veränderlich angenommen wird, zu:

$$di_s(x, y) = \mathfrak{A}(x, y)\, T^2 e^{-\frac{\varepsilon \psi_k^*(x, y)}{kT}}\, dx\,dy\,. \tag{1}$$

Dabei ist $\psi_k^*(x, y)$ die effektive Austrittsarbeit bei der betreffenden Feldstärke.

Der gesamte von der Kathode emittierte Sättigungsstrom ergibt sich hieraus durch Integration über die ganze Oberfläche zu:

$$i_s = T^2 \iint \mathfrak{A}(x, y)\, e^{-\frac{\varepsilon \psi_k^*(x, y)}{kT}}\, dx\,dy\,. \tag{2}$$

Die dieser Kathode entsprechende mittlere Austrittsarbeit $\overline{\psi}_k$ wird man zweckmäßigerweise so definieren, daß:

$$i_s = \iint \mathfrak{A}(x, y)\, dx\,dy\, T^2 e^{-\frac{\varepsilon \overline{\psi}_k^*}{kT}}\,. \tag{3}$$

Unter Benutzung des durch (2) angegebenen Wertes von i_s ist dann die mittlere Austrittsarbeit

$$\overline{\psi}_k^* = \frac{k \cdot T}{\varepsilon} \ln \frac{\iint \mathfrak{A}(x, y)\, dx\,dy}{\iint \mathfrak{A}(x, y)\, e^{-\frac{\varepsilon \psi_k^*(x, y)}{kT}}\, dx\,dy}\,. \tag{4}$$

$\overline{\psi}_k^*$ ist also von der Temperatur abhängig, so daß nur in einem kleinen Temperaturintervall mit einem festen Wert von $\overline{\psi}_k^*$ gerechnet werden darf.

b) Die bei dem Schnittpunktsverfahren in das Kontaktpotential eingehende Austrittsarbeit.

Um den bei dem Schnittpunktsverfahren in das Kontaktpotential eingehenden Wert der mittleren Austrittsarbeit zu erhalten, sei eine aus zwei ebenen unendlich ausgedehnten, einander parallelen Platten bestehende Anordnung betrachtet. Der von einem Flächenelement $dx\,dy$ ausgehende Anlaufstrom ist dann gegeben durch das Anlaufstromgesetz[3]:

$$di(x, y) = di_s(x, y)\, e^{\frac{U(x, y)}{E_0}}\,. \tag{5}$$

[1] L. H. GERMER: Phys. Rev. Bd. 25 (1925) S. 795.
[2] H. ROTHE: Z. techn. Phys. Bd. 6 (1925) S. 633.
[3] SCHOTTKY-ROTHE: Handb. d. Experimentalphys. Bd. XIII, 2 (1928) S. 234.

Dabei ist U die Gegenspannung, die sich aus der von außen angelegten Spannung E und dem Kontaktpotential zusammensetzt. Dieses ist wiederum gegeben durch die Differenz der Austrittsarbeit $\psi_k^*(x, y)$ der betreffenden Kathodenstelle (x, y) und der Anodenaustrittsarbeit ψ_A. Also wird mit $E_0 = \frac{kT}{\varepsilon}$ und unter Benutzung des aus Gl. (1) sich ergebenden Wertes für den Sättigungsstrom $d i_s(x, y)$:

$$d i(x, y) = \mathfrak{A}(x, y)\, T^2 e^{\frac{\varepsilon(E - \psi_A)}{kT}}\, dx\, dy\,. \tag{6}$$

Den gesamten Anlaufstrom der Oxydkathode erhält man durch Integration über die gesamte Oberfläche zu:

$$i = \iint \mathfrak{A}(x, y)\, dx\, dy\, T^2 e^{\frac{\varepsilon(E - \psi_A)}{kT}} \tag{7}$$

und nach Logarithmierung zu:

$$\ln i = \frac{\varepsilon}{kT}(E - \psi_A) + n \iint \mathfrak{A}(x, y)\, dx\, dy + 2 \ln T\,. \tag{7a}$$

Man erkennt daraus, daß der Anlaufstrom von der Kathodenaustrittsarbeit überhaupt nicht beeinflußt wird[1] und daß die Darstellung des Logarithmus des Anlaufstromes über der Gegenspannung unabhängig von der Größe der auf der Kathode vorhandenen Austrittsarbeitsunterschiede eine Gerade ergibt.

Es wird nun die gefundene Anlaufstromgerade mit der Sättigungsstromkurve zum Schnitt gebracht, und es liefert dann die Abszisse E des Schnittpunktes das Kontaktpotential. Im vorliegenden Falle muß also in Gl. (7) $i = i_s$ gesetzt und für i_s der sich aus Gl. (2) ergebende Wert eingeführt werden. Für die Spannung E wird dann erhalten:

$$E = \psi_A - \frac{kT}{\varepsilon} \ln \frac{\iint \mathfrak{A}(x, y)\, dx\, dy}{\iint \mathfrak{A}(x, y)\, e^{-\frac{\varepsilon \psi_k^*(x, y)}{kT}}\, dx\, dy}\,. \tag{8}$$

Der Vergleich mit Gl. (4) zeigt, daß die in das so bestimmte Kontaktpotential

$$E = \psi_A - \overline{\psi}_k^* \tag{9}$$

eingehende Austrittsarbeit $\overline{\psi}_k$ mit der mittels der Emissionsgleichung definierten „mittleren Austrittsarbeit" identisch wird.

3. Die Versuchsanordnung.

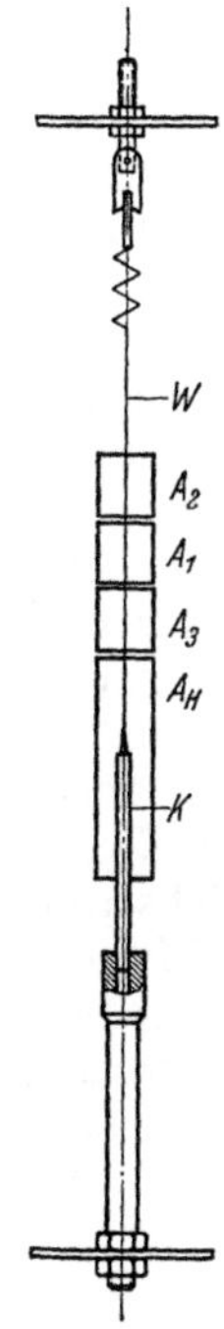

Abb. 1. Meßanordnung (schematisch). K Oxydkathode, W Wolframdraht, A_1 Meßanode, A_2, A_3 Schutzanoden, A_H Hilfsanode.

Die Versuchsanordnung (vgl. Abb. 1) ähnelt der früher[2] beschriebenen, nur daß sich an Stelle des einen Drahtes die Oxydkathode K befand. Die vorhandene zweite Kathode W wurde benutzt, um durch eine zweite Kontaktpotentialmessung die zunächst unbekannte Anodenaustrittsarbeit zu bestimmen. Bei Verwendung eines Wolframdrahtes für W bot sich die Möglichkeit, die Austrittsarbeit dieser Kathode durch Aufnahme der RICHARDSONschen Geraden zu bestimmen, wodurch dann auch die Austrittsarbeit des Oxydes zahlenmäßig bekannt ist. Eine Hilfsanode A_H diente als Anode bei der Aktivierung des Oxydes, um Verschiedenheiten des Kontaktpotentials der einzelnen Anodenteile gegen die Kathode und gegeneinander zu vermeiden.

[1] C. DAVISSON: Phys. Rev. Bd. 23 (1934) S. 299.
[2] W. HEINZE: Z. Phys. Bd. 109 (1938) S. 459.

Voraussetzung für die Richtigkeit der erhaltenen Ergebnisse war, daß während der gesamten Meßreihe die Austrittsarbeit des Wolframs unverändert blieb. Diese Unveränderlichkeit, die, wie sich zeigte, dadurch zu erhalten war, daß vor Beginn jeder Messung der Wolframdraht durch kräftiges Glühen gesäubert wurde, wurde durch wiederholte Aufnahme der RICHARDSONschen Geraden während der Meßreihe nachgeprüft.

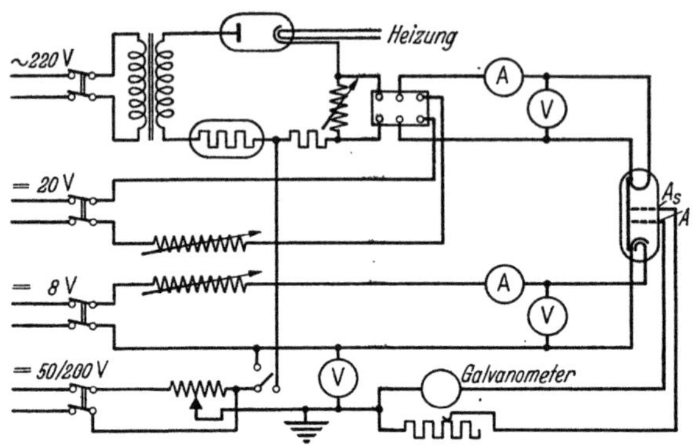

Abb. 2. Schaltbild. Prinzipschaltung der Kontaktpotentialmessung.

Das Pumpen der Röhren, die in abgeschmolzenem Zustand untersucht wurden, geschah unter Anwendung aller bekannten Maßnahmen, welche die Erzielung eines möglichst guten Vakuums sichern. Die Umwandlung des als Ausgangsstoff verwendeten Erdalkalikarbonats in das Oxyd erfolgte im allgemeinen durch stufenweises Glühen (1 Minute bei 725°, 1 Minute bei 800°, 30 Minuten bei 870° und 2 Stunden bei 970°) auf der Pumpe. Infolge dieses verhältnismäßig hohen Glühens trat zwar ein Teil des Emissionsanstieges schon während des Pumpens auf, dies mußte jedoch in Kauf genommen werden, um das Getter noch genügend aufnahmefähig zu erhalten und ein vollkommen einwandfreies Vakuum sicherzustellen. Nur in zwei Fällen wurde, um möglichst niedrige Anfangsemissionswerte zu erhalten, das Karbonat weniger hoch und kürzere Zeit geglüht. Diese Röhren unterscheiden sich, wie sich zeigen wird, in ihrem Verhalten bei der Aktivierung wesentlich von den übrigen.

Das für die einwandfreie Messung des Anlaufstromes unbedingt erforderliche verzerrungsfreie elektrische Feld ist bei der Messung mit der Oxydkathode — einer Äquipotentialkathode — ohne weiteres gewährleistet. Bei der Messung gegen den Wolframdraht mußte jedoch zur Erreichung eines solchen Feldes ein elektrischer Unterbrecher[1] verwendet werden, bei dem mit unterbrochenem Gleichstrom geheizt und die Emission nur während der Unterbrechungszeiten des Heizstromes gemessen wurde.

Das Schaltbild der gesamten Meßanordnung ist in Abb. 2 wiedergegeben. Zur Messung des Anlaufstromes diente ein Röhrenvoltmeter oder ein Siemens-Lichtzeigerinstrument, durch welche der Anlaufstrom in dem Bereich von 10^{-10} bis 10^{-7} A aufgenommen werden konnte.

4. Messungen und Korrektionen.

Zu Beginn jeder Meßreihe wurde der Wolframdraht wiederholt bei einer Temperatur von 2700°C so lange geglüht, bis seine Emission einen unveränderlichen Wert annahm. Dann wurde die RICHARDSONsche Gerade aufgenommen.

In der Abb. 3 sind einige der so erhaltenen RICHARDSONschen Geraden wiedergegeben. Im allgemeinen konnte der aus diesen Geraden ermittelte Austrittsarbeitswert des Wolframs auf $\pm 0{,}02$ V genau reproduziert werden, wenn durch hinreichend langes und hohes Glühen die Drahtoberfläche von etwa aufgedampften Fremdstoffen befreit worden war.

[1] W. HEINZE u. W. HASS: Z. techn. Phys. Bd. 19 (1938) S. 166; vgl. auch diesen Band S. 344.

Zur Bestimmung des Kontaktpotentials wurde die in der Darstellung von $\ln i$ über der Spannung E sich ergebende Anlaufstromgerade mit der in derselben Darstellung auch im Sättigungsgebiet sich ergebenden Geraden zum Schnitt gebracht. Eine solche Sättigungsgerade wurde auch für das Oxyd stets dann erhalten, wenn die Messung bei Unterheizung (Temperatur etwa 500° C) vorgenommen wurde. Diese Meßtemperatur war bei allen Messungen mit der gleichen Röhre dieselbe, und zwar wurde sie durch Einstellung auf konstante Wattzahl konstant gehalten. Bei der Kontaktpotentialmessung gegen den Wolframdraht betrug die Kathodentemperatur etwa 1700° C. Als Beispiel sind in der Abb. 4 zwei vollständige Meßreihen, und zwar je eine für die Oxydkathode und den Wolframdraht, aufgezeichnet. Die Genauigkeit einer solchen Kontaktpotentialbestimmung betrug, wie wiederholte Messungen bei ein und demselben Aktivierungszustand des Oxydes zeigten, ±0,02 V.

Die Gesamtgenauigkeit bei der Austrittsarbeitsbestimmung ergibt sich damit zu ±0,06 V; sie reicht aus, um Austrittsarbeitsänderungen sicher festzustellen, wie sie zu erwarten sind, wenn sich bei der hier benutzten Meßtemperatur von etwa 500° C die Emission um rund eine Zehnerpotenz ändert.

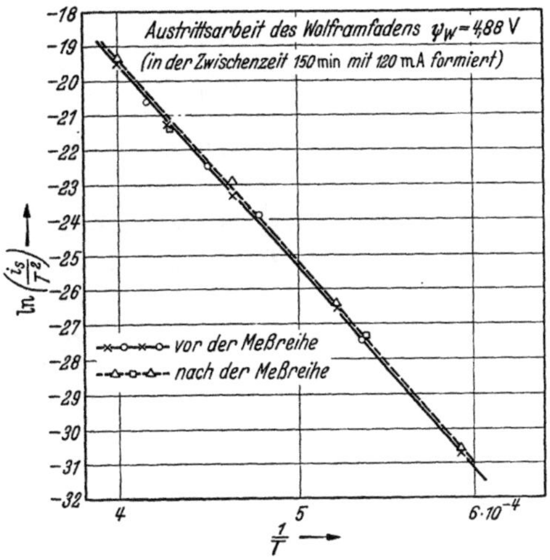

Abb. 3. RICHARDSONsche Geraden für Wolfram.

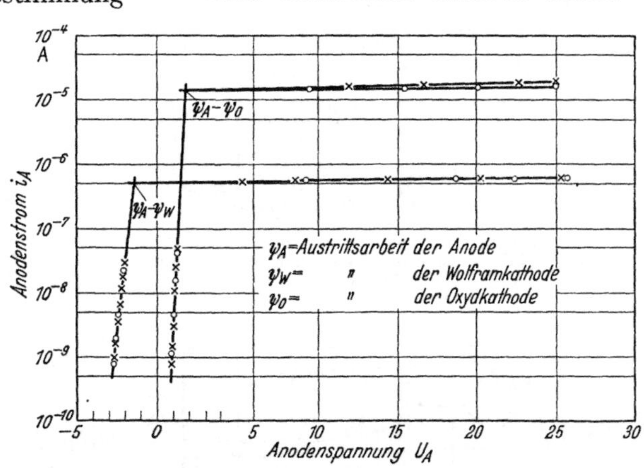

Abb. 4. Kontaktpotentialmessungen.

5. Die Meßergebnisse.

Die Ergebnisse der Messungen sind in den folgenden Abbildungen wiedergegeben, und zwar ist darin jeweils der an einer Röhre bei der Aktivierung gefundene zeitliche Verlauf des auf Null extrapolierten Sättigungsstromes, der Austrittsarbeit des Oxyds und der aus den gemessenen Werten des Sättigungsstromes und der mittleren Austrittsarbeit mit Hilfe der RICHARDSONschen Emissionsgleichung berechneten Mengenkonstante aufgetragen. Die Mengenkonstante wird dabei natürlich entsprechend Gl. (3) ebenfalls als Mittelwert

$$\overline{A} = \frac{1}{O} \iint \mathfrak{A}(x, y)\, dx\, dy$$

(O = Oberfläche der Oxydkathode) erhalten. Außerdem ist die Behandlung, durch welche das Oxyd aktiviert wurde, beigeschrieben. Diese Behandlung bestand bei einem Teil der Röhren in einem reinen Glühen bei einer Temperatur

Abb. 5 bis 14. Die Änderung des auf das äußere Feld Null extrapolierten Sättigungsstromes i_{s_0} sowie der Austrittsarbeit ψ_0 und der Mengenkonstante A des Oxydes in Abhängigkeit von der Aktivierungsdauer.

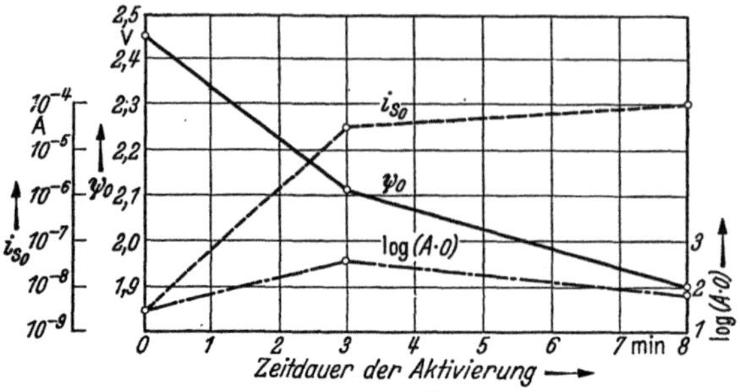

Abb. 5. Karbonate vollständig in Oxyde umgewandelt. Unterlage: Nickelhülse. Aktivierung durch reines Glühen bei 1050° C.

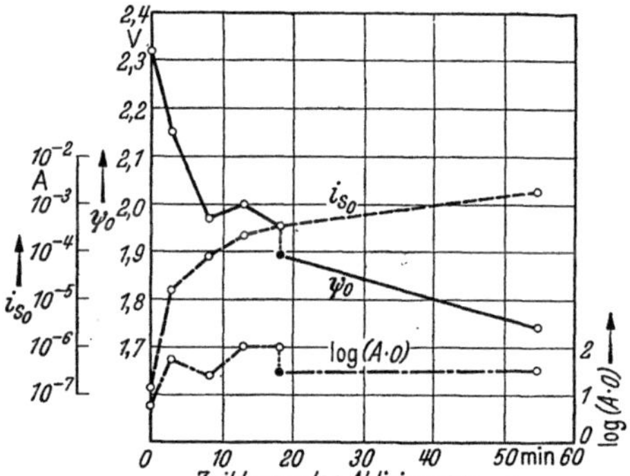

Abb. 6. Karbonate vollständig in Oxyde umgewandelt. Unterlage: Nickelhülse. Aktivierung durch reines Glühen bei 1050° C.

von etwa 1050°; bei dem anderen Teil wurde das Oxyd zunächst durch Glühen aktiviert und dann einer Formierung mit Emissionsbelastung unterworfen. Von den folgenden Abbildungen beziehen sich Abb. 5 bis 12 auf solche Röhren, bei denen das Karbonat durch die oben angegebene Glühbehandlung auf der Pumpe restlos in Oxyd übergeführt wurde. Die Aktivierung erfolgte in den durch Abb. 5 bis 8 wiedergegebenen Fällen durch reines Glühen,

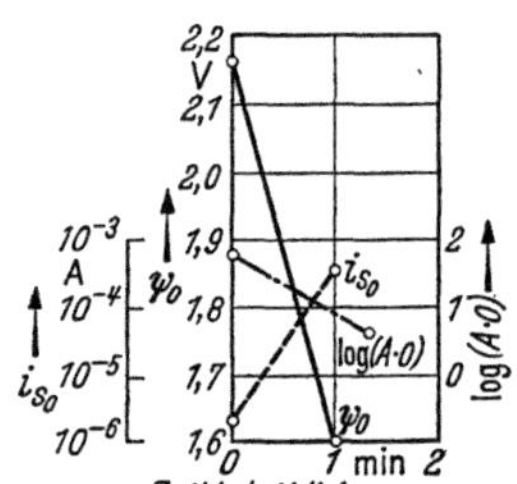

Abb. 7. Karbonate vollständig in Oxyde umgewandelt. Unterlage: Nickelhülse. Aktivierung durch reines Glühen bei 1000° C.

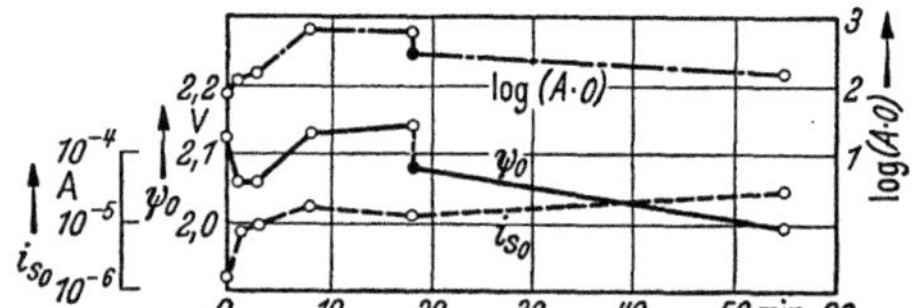

Abb. 8. Karbonate vollständig in Oxyde umgewandelt. Unterlage: Nickelhülse. Aktivierung durch reines Glühen bei 1050° C.

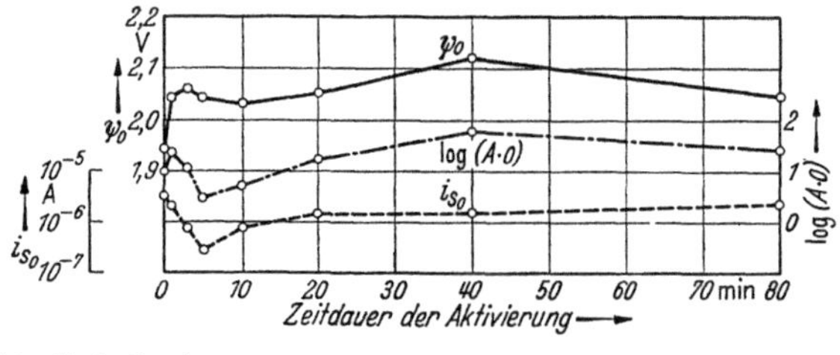

Abb. 9. Karbonate vollständig in Oxyde umgewandelt. Unterlage: Nickelhülse. Aktivierung durch Emissionsbelastung mit 30 mA bei einer Temperatur von 970° C.

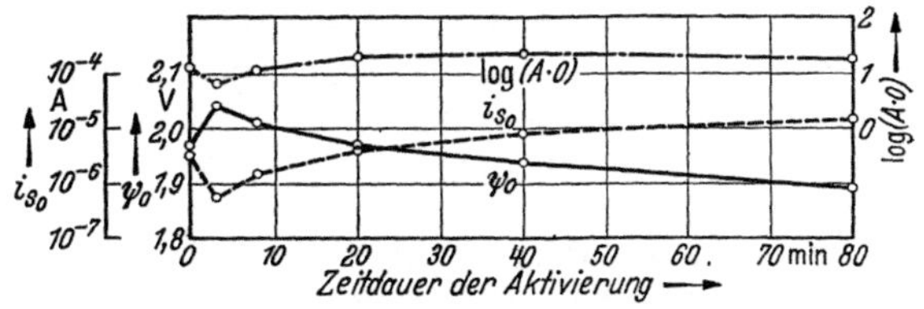

Abb. 10. Karbonate vollständig in Oxyd umgewandelt. Unterlage: Nickelhülse. Aktivierung durch Emissionsbelastung mit 120 mA bei einer Temperatur von 970° C.

während bei den zu Abb. 9 bis 12 gehörenden Röhren das Oxyd zunächst bei etwa 1050° C geglüht und dann bei etwa 970° C mit 30 bzw. 120 mA formiert wurde. Mit Ausnahme der zu Abb. 11 und 12 gehörenden Röhren, bei denen sich das Oxyd auf einer Platinunterlage befand, beziehen sich alle Ergebnisse auf Kathoden mit Nickelunterlage.

In allen diesen Fällen nimmt, wie man sieht, während der Aktivierung die Emission mehr oder weniger stark zu

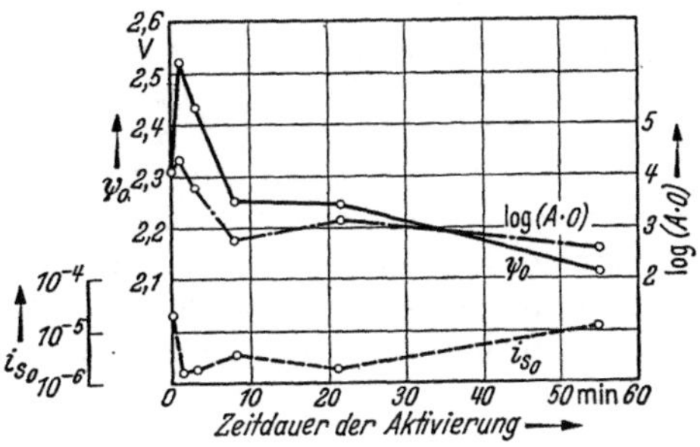

Abb. 11. Karbonate vollständig in Oxyde umgewandelt. Unterlage: Platinhülse. Aktivierung durch Emissionsbelastung mit 30 mA bei einer Temperatur von 970° C.

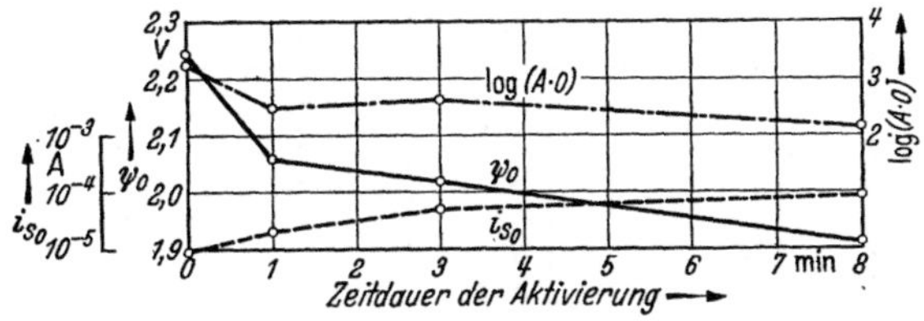

Abb. 12. Karbonate vollständig in Oxyde umgewandelt. Unterlage: Platinhülse. Aktivierung durch Emissionsbelastung mit 120 mA bei einer Temperatur von 970 C°.

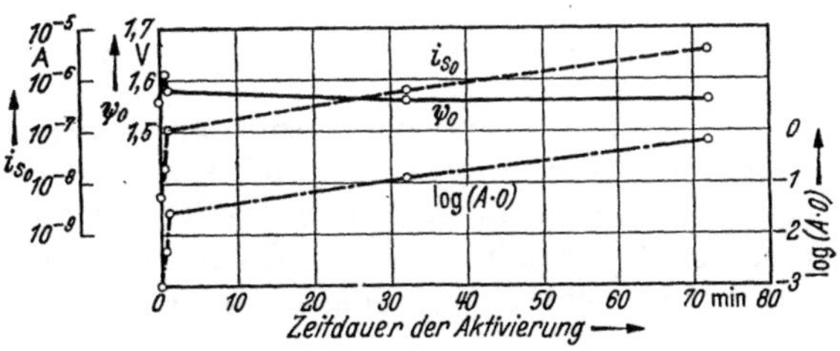

Abb. 13. Karbonate unvollständig in Oxyde umgewandelt. Unterlage: Nickelhülse. Aktivierung durch reines Glühen bei 1000° C.

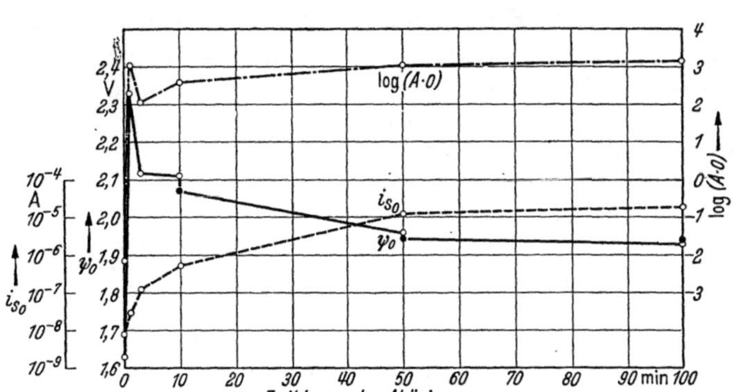

Abb. 14. Karbonate unvollständig in Oxyde umgewandelt. Unterlage: Nickelhülse. Aktivierung durch reines Glühen bei 1000°C.

und die Austrittsarbeit entsprechend mehr oder weniger stark ab, nur bei der Formierung mit Emissionsbelastung tritt zu Beginn der Formierung eine Abnahme der Emission und eine entsprechende Zunahme der Austrittsarbeit ein, die auf die Wirkung der von der Anode frei werdenden Restgase zurückzuführen ist.

Wesentlich anders als die bisher betrachteten Röhren, bei denen Emissions- und Austrittsarbeitsänderungen konform gehen, verhielten sich die Röhren, bei denen die Umwandlung des Karbonats in das Oxyd nicht restlos erfolgte. Die an diesen Röhren bei der Aktivierung durch reines Glühen erhaltenen Meßergebnisse sind in den Abb. 13 und 14 wiedergegeben. In dem einen Falle (Abb. 13) hatte die Emission um das rund Sechshundertfache zugenommen, die Austrittsarbeit war dagegen praktisch unverändert geblieben. Im zweiten Falle (Abb. 14) nahm zu Beginn der Aktivierung sogar mit zunehmender Emission auch die Austrittsarbeit zu, und zwar stieg die Emission um das Zwanzigfache und die Austrittsarbeit um 0,66 V. Im weiteren Verlauf der Aktivierung entsprach dann, wie bei den normal umgewandelten Kathoden, der weiterhin eintretenden Emissionszunahme eine Verringerung der Austrittsarbeit.

Tabelle 1.

Sättigungsstrom zu Beginn der Formierung	Sättigungsstrom am Ende der Formierung	Emissions-änderung	Austrittsarbeit des Oxydes zu Beginn der Formierung	Austrittsarbeit des Oxydes am Ende der Formierung	Austritts-arbeits-änderung	Anlaufstrom-verschiebung
i_s'	i_s''	i_s''/i_s'	ψ'	ψ''	$\Delta\psi$	ΔE
$2{,}8 \cdot 10^{-9}$	$1{,}2 \cdot 10^{-4}$	$4 \cdot 10^4$	2,50	1,83	0,67	0,32
$1{,}6 \cdot 10^{-7}$	$3{,}5 \cdot 10^{-4}$	$2 \cdot 10^3$	2,26	1,87	0,39	0,25
$2{,}8 \cdot 10^{-8}$	$1{,}6 \cdot 10^{-5}$	$6 \cdot 10^2$	2,25	1,85	0,40	0,14
$2{,}3 \cdot 10^{-6}$	$3{,}6 \cdot 10^{-4}$	$1{,}6 \cdot 10^2$	2,10	1,65	0,45	−0,03
$1{,}6 \cdot 10^{-6}$	$2{,}8 \cdot 10^{-5}$	18	2,07	1,92	0,15	0,14
$1{,}6 \cdot 10^{-6}$	$1{,}1 \cdot 10^{-5}$	7	2,46	2,04	0,42	−0,12
$8{,}8 \cdot 10^{-6}$	$7{,}8 \cdot 10^{-5}$	9	2,17	1,84	0,33	−0,06
$5{,}6 \cdot 10^{-9}$	$8{,}5 \cdot 10^{-6}$	$6 \cdot 10^2$	1,52	1,50	0,02	0,77*
$7{,}9 \cdot 10^{-9}$	$2{,}8 \cdot 10^{-8}$	3,6	1,59	2,25	0,66	−0,78*

In der Tab. 1 sind die Werte der zu Beginn und am Ende der Aktivierung gemessenen Sättigungsströme und Austrittsarbeiten sowie die sich daraus ergebenden Änderungen dieser beiden Größen für alle untersuchten Röhren zusammengestellt. Die Spalte 5 dieser Tabelle enthält noch eine Größe ΔE, auf deren Bedeutung später eingegangen werden wird.

6. Besprechung der Ergebnisse.

Die Meßergebnisse zeigen, daß sich bei der Aktivierung die mittlere Austrittsarbeit des Oxyds ändert. Damit ist allerdings noch nicht sichergestellt, daß sich dabei wirklich die Austrittsarbeit der Emissionszentren ändert, weil sich der Mittelwert auch dann ändern kann, wenn bei an sich unveränderter Austrittsarbeit der einzelnen Zentren eine Vermehrung der gut emittierenden Zentren auf Kosten der schlechter emittierenden eintritt. Um zu zeigen, daß die festgestellte Änderung der mittleren Austrittsarbeit wirklich durch Austrittsarbeitsänderungen der Zentren bedingt ist, soll unter Benutzung der Elektronenbilder die danach mögliche Änderung der mittleren Austrittsarbeit, soweit diese allein durch die sich ändernde Verteilung der Zentren bedingt sein kann, abgeschätzt und mit der gemessenen verglichen werden. Für die Abschätzung soll der Einfachheit wegen das Vorhandensein von nur zwei Zentrenarten angenommen

* Karbonate unvollständig in Oxyd umgewandelt.

werden, von denen die mit der Austrittsarbeit ψ' den Teil O', die mit der Austrittsarbeit ψ'' $(\psi' < \psi'')$ den Teil O'' der Kathodenoberfläche O bedeckt. Für die mittlere Austrittsarbeit ergibt sich dann nach Gl. (4) der Wert

$$\bar{\psi}_k^* = \frac{k \cdot T}{\varepsilon} \ln \frac{O}{O' \cdot e^{-\frac{\varepsilon \psi'}{kT}} + (O - O')\, e^{-\frac{\varepsilon \psi''}{kT}}},$$

oder mit $O'/O = \vartheta$ und $\psi'' - \psi' = \Delta\psi$

$$\bar{\psi}_k^* = \psi' + E_0 \ln\left(\vartheta + \frac{1-\vartheta}{e^{\frac{\Delta\psi}{E_0}}}\right)^{-1}. \tag{10}$$

Die mittlere Austrittsarbeit ist also gleich der Austrittsarbeit der gut emittierenden Zentren vermehrt um einen Betrag, der von dem Austrittsarbeitsunterschied der beiden Zentrenarten, dem Bedeckungsgrad der Oberfläche mit den gut emittierenden Zentren und schließlich noch von der Temperatur abhängig ist.

In Abb. 15 ist der Unterschied $\Delta\varphi$ zwischen der mittleren und der kleinsten Austrittsarbeit $\bar{\psi}^*$ bzw. ψ' in Abhängigkeit von der Bedeckung ϑ für verschiedene Austrittsarbeitsunterschiede $\Delta\psi$ der beiden Zentrenarten wiedergegeben. Als Kathodentemperatur wurde dabei der Wert 900° K entsprechend einem E_0-Wert von 0,077 angenommen. Mit wachsendem Austrittsarbeitsunterschied $\Delta\psi$ der beiden Zentrenarten nähern sich die Kurven einer Grenzkurve, für die $\Delta\psi = E_0 \ln(1/\vartheta)$ ist. Für die folgende Abschätzung soll diese Grenzkurve als ungünstigster Fall zugrunde gelegt werden. Es hängt dann der Unterschied $\Delta\varphi$ allein, und zwar sehr stark, von der Bedeckung ϑ ab, d. h. es könnten bei sehr großen Bedeckungsunterschieden während der Aktivierung auch große Änderungen der mittleren Austrittsarbeit beobachtet werden.

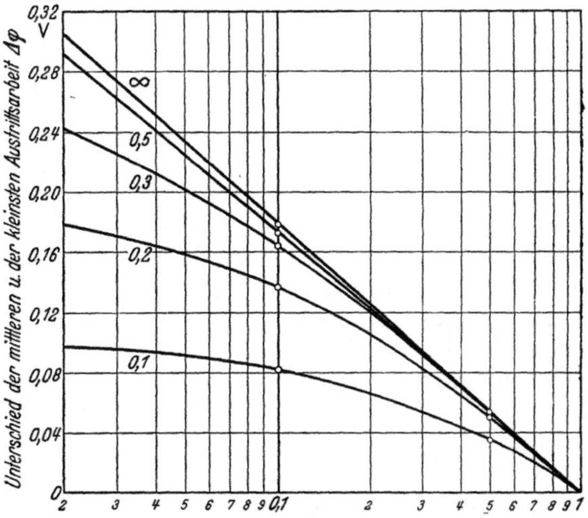

Abb. 15. Unterschied $\Delta\varphi$ der mittels der Kontaktpotentialbestimmung gefundenen mittleren und der kleinsten Austrittsarbeit einer Kathode mit verschieden gut emittierenden Emissionszentren in Abhängigkeit von der Bedeckung Θ mit den gut emittierenden Zentren und der Differenz $\Delta\psi$ der kleinsten und größten Austrittsarbeit der Emissionszentren.

Über die Bedeckung ϑ geben die Elektronenbilder Auskunft. Wenn sich auch aus diesen Bildern kein genauer Wert für die Bedeckung entnehmen läßt, so kann man doch sagen, daß bestimmt mehr als der zehnte Teil der Oberfläche mit gut emittierenden Zentren bedeckt ist. Dafür beträgt nach Abb. 15 die Abweichung der mittleren von der kleinsten Austrittsarbeit rund 0,18 V. Alle über diese Größe hinausgehenden Änderungen der Austrittsarbeit bei der Aktivierung müssen auf eine Austrittsarbeitsänderung der gut emittierenden Zentren zurückgeführt werden.

Die Messungen an den gut umgewandelten Kathoden zeigen nun, daß die beobachteten Austrittsarbeitsänderungen erheblich größer sind als 0,18 V. Da weiterhin die Annahme einer Bedeckung $\vartheta = 0{,}1$ und der aus dieser Annahme sich ergebende Wert von 0,18 V eher zu ungünstig als zu günstig ist, so muß bei der Aktivierung gut umgewandelter Kathoden eine Änderung der Austrittsarbeit auch der gut emittierenden Zentren eintreten.

Eine Stütze erhält dieses Ergebnis, wenn das Verhalten des in den Abb. 5 bis 14 ebenfalls eingetragenen Mittelwertes $\overline{\mathfrak{A}}$ der Mengenkonstante während der Aktivierung betrachtet wird. Abgesehen von dem später noch zu besprechenden Anfangsstadium der Aktivierung bleibt nämlich bei allen gut umgewandelten Kathoden die Mengenkonstante während der Aktivierung nahezu ungeändert, d. h. es ist für zwei Aktivierungszustände 1 und 2:

$$\iint \mathfrak{A}_1(x, y)\, dx\, dy \sim \iint \mathfrak{A}_2(x, y)\, dx\, dy\,. \tag{11}$$

Andererseits folgt aus den Elektronenbildern, daß bei der Aktivierung der Sättigungsstrom in allen emittierenden Zentren gleichmäßig stark zunimmt, d. h. die durch Gl. (1) gegebenen Teilsättigungsströme und mithin auch die Ausdrücke

$$\mathfrak{A}(x, y)\, e^{-\frac{\varepsilon\, \psi_k^*(x, y)}{k T}}$$

wachsen an allen Stellen (x, y) in gleichem Maße an, und es ist für zwei Aktivierungszustände

$$\mathfrak{A}_1(x, y)\, e^{-\frac{\varepsilon\, \psi_{k_1}^*(x, y)}{k T}} = c \cdot \mathfrak{A}_2(x, y)\, e^{-\frac{\varepsilon\, \psi_{k_2}^*(x, y)}{k T}}\,, \tag{12}$$

worin c eine von x und y unabhängige Konstante ist.

Würde man sich nun auf den u. a. von DE BOER vertretenen Standpunkt stellen, daß an manchen Stellen die Mengenkonstante $\mathfrak{A}(x, y)$ bei der Aktivierung größer wird, so müßte es wegen (11) andere Stellen geben, an denen $\mathfrak{A}(x, y)$ gleichzeitig kleiner wird und an denen außerdem wegen (12) die Austrittsarbeit ganz erheblich anwächst. Eine solche Vorstellung über den Emissionsmechanismus der Oxydkathoden ist aber bisher noch nicht erdacht worden. Infolgedessen muß $\mathfrak{A}(x, y)$ an allen Stellen der Kathode nahezu unveränderlich sein. Es ist also annähernd

$$\psi_{k_1}^*(x, y) = \psi_{k_2}^*(x, y) - \ln c\,,$$

d. h. also die Austrittsarbeit nimmt an allen Stellen der Kathode gleichmäßig stark ab. Diese Folgerung gilt allerdings nur für vollkommen umgewandelte Oxydkathoden. Wenn hingegen das Karbonat noch nicht restlos in das Oxyd umgewandelt ist, zeigt die Austrittsarbeit trotz der bei der Aktivierung eintretenden Emissionssteigerung entweder einen unveränderlichen Wert oder sogar eine Zunahme. In Übereinstimmung mit dem elektronenmikroskopischen Befund wird man daher in diesem Fall als Ursache für das Anwachsen der Emission eine zunehmende Bedeckung der Oberfläche mit Emissionszentren annehmen.

Die Richtigkeit dieser Annahme kann auf Grund der gerade bei den nicht vollständig umgewandelten Kathoden auftretenden, sehr starken Parallelverschiebung der Anlaufstromkennlinie während der Aktivierung bewiesen werden. Diese Parallelverschiebung steht nämlich in einem einfachen Zusammenhang mit der Änderung der Bedeckung der Oberfläche mit den einzelnen gut oder weniger gut emittierenden Zentren.

Wird wieder der Einfachheit halber angenommen, daß nur zwei Zentrenarten vorhanden sind, und ist in dem einen Aktivierungszustand der damit bedeckte Teil der Oberfläche O_1' bzw. O_1'', in einem zweiten O_2' bzw. O_2'', so verschiebt sich beim Übergang von dem einen Zustand in den anderen die Anlaufstromkennlinie parallel um den Betrag

$$\Delta E = E_0 \ln \frac{O_1' + O_1''}{O_2' + O_2''}\,.$$

Eine solche Verschiebung ist dann und nur dann möglich, wenn die Zentren mit der größten Austrittsarbeit ψ'' so wenig Elektronen liefern, daß der von diesen Zentren ausgehende Sättigungsstrom bereits kleiner ist als die Meßempfindlichkeit. In diesem Falle ist nämlich allein die Oberfläche O_1' der gut emittierenden Zentren maßgebend für den Anlaufstrom, so daß wir für das Eintreten einer Parallelverschiebung die Bedingung $O_1' \neq O_2'$ erhalten, die natürlich ohne weiteres erfüllt sein kann. Die Anlaufstromkennlinie wird also immer dann verschoben werden, wenn der von den Zentren mit der größten Austrittsarbeit gelieferte Stromanteil sehr gering ist und wenn sich dann bei der Aktivierung der von den gut emittierenden Zentren bedeckte Teil der Oberfläche ändert.

Aus Spalte 5 der Tab. 1 erkennt man, daß diese Verschiebung bei allen vollkommen umgewandelten Kathoden wesentlich geringer ist als bei den Kathoden, bei denen das Karbonat nicht restlos in das Oxyd übergeführt wurde. Auch bei den normal umgewandelten Kathoden ist eine Abhängigkeit der Verschiebung ΔE von der Größe der Emission zu Beginn der Aktivierung deutlich erkennbar, und zwar ist die Verschiebung am größten bei der kleinsten Anfangsemission. Auf Grund der vorhin gemachten Ausführungen muß also zu Beginn der Aktivierung die Vergrößerung der wirksamen emittierenden Oberfläche für die Emissionsvergrößerung eine wesentliche Rolle spielen.

7. Die Emissionsgleichung von Oxydkathoden.

Diese Ergebnisse geben die Möglichkeit einer Entscheidung zwischen den in bezug auf den Emissionsmechanismus bestehenden Anschauungen. Zunächst kann danach als erwiesen gelten, daß alle diejenigen Ansichten, nach denen eine Änderung der Elektronenaustrittsarbeit bei der Aktivierung nicht eintritt, nicht richtig sein können. Insbesondere sind dies einmal die von ESPE vertretene Anschauung, nach welcher auf dem Oxyd „Inseln" von adsorbierten Metallatomen vorhanden sind, deren Zahl oder Größe sich infolge der Aktivierung ändert, und die von DE BOER vertretene, nach der maßgebend für die bei der Aktivierung eintretende Emissionserhöhung die Anzahl der adsorbierten Metallatome ist, welche ihre Valenzelektronen infolge thermischer Ionisation abspalten. Weiterhin ist schon gezeigt worden, daß eine an allen Stellen gleichmäßig vor sich gehende Änderung der äußeren Austrittsarbeit, wie man sie erwarten müßte, wenn sich bei der Aktivierung nur das Dipolmoment der an der Oberfläche adsorbierten Metallatome änderte, ebenfalls unwahrscheinlich ist. Infolgedessen bleibt nur die zuerst von REIMANN[1] vertretene Anschauung übrig, nach welcher die Nachlieferung der Elektronen durch die halbleitende Oxydschicht eine wesentliche Rolle spielt.

Als Grundlage für die Ableitung der Emissionsgleichung wählen REIMANN und später SCHOTTKY die von WILSON[2] in bezug auf die Leitung in Halbleitern angegebenen Beziehungen. Bedeutet W_0 die kritische Nullpunktsenergie der Elektronen im Unterlagemetall, W_2 das unterste bei $T = 0$ noch nicht besetzte Energieband des Oxydes, W_1 das durch die eingelagerten überschüssigen Erdalkalimetallatome hervorgerufene Energieband und W_a die Energie der Elektronen nach dem Austritt in das Vakuum, so ist zur Aufstellung der Emissionsgleichung zunächst die Zahl n_2 der bei einer beliebigen Temperatur T im Energieband W_2 befindlichen Elektronen zu berechnen und daraus in bekannter Weise

[1] A. L. REIMANN: Thermionic Emission. 1934. S. 227.

[2] A. H. WILSON: Proc. roy. Soc. London (A) Bd. 133 (1931) S. 458; Bd. 134 (1932) S. 277.

der die Potentialschwelle $\frac{W_a - W_2}{\varepsilon}$ überwindende Elektronenstrom zu ermitteln. Die Anzahl n_2 ist:

$$n_2 = \left\{\frac{n_0 G_2}{h^3} (2\pi m_2 k T)^{3/2}\right\}^{1/2} \cdot e^{-\frac{W_2 - W_1}{2kT}} \tag{13}$$

(n_0 Anzahl der überschüssigen Erdalkaliatome pro Volumeneinheit, h PLANCKsche Konstante, G_2 ein Gewichtsfaktor, der gleich der Anzahl der Spineinstellungen, d. h. normalerweise gleich 2 ist, m_2 die bei der Berechnung der elektrischen Leitfähigkeit eingeführte scheinbare Masse der Elektronen im Energieband W_2). Die Anzahl der austretenden Elektronen ergibt sich wegen der geringen Elektronendichte und der deswegen vorhandenen MAXWELLschen Verteilung nach RICHARDSON zu

$$i = n_2 \cdot \left(\frac{kT}{2\pi m}\right)^{1/2} e^{-\frac{W_a - W_2}{kT}} \tag{14}$$

(m = Masse der freien Elektronen), liefert also einen Ausdruck von der Form:

$$i = B \cdot e^{-\beta/kT}. \tag{15}$$

Meinungsverschiedenheiten bestehen noch hinsichtlich der Frage, welche der beiden Größen B und β sich bei der Aktivierung der Oxydkathoden ändert. REIMANN fordert ohne strengen Beweis, daß sich infolge der bei der Aktivierung zunehmenden Anzahl n_0 der überschüssigen Erdalkalimetallatome nur der Exponent β ändert, während B eine nur noch von der Temperatur abhängige universelle Größe sein soll. Im Gegensatz dazu ist SCHOTTKY[1] der Ansicht, daß sich sowohl B als auch β bei der Aktivierung ändern können, und DE BOER[2] schließlich nimmt ebenfalls eine Änderung von B an, während er das Verhalten von β offen läßt.

Will man zwischen diesen verschiedenen Ansichten entscheiden, so muß man beachten, daß β und B verhältnismäßig komplizierte Funktionen der Temperatur T und der Konzentration n_0 sind und daß in den abgeleiteten Gleichungen die beiden Größen β und B deshalb ganz verschiedene Werte annehmen können, wenn man durch rein formale Umformungen Teile der betreffenden Funktionen aus dem Exponenten in den vor der Exponentialfunktion stehenden Faktor befördert oder umgekehrt. Es fragt sich nun, welche Festlegung für β und B und für die in diese Größen eingehenden Funktionen am sinnvollsten ist.

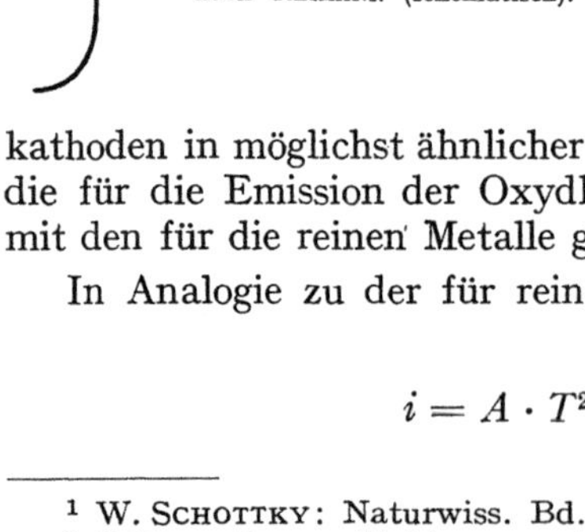

Abb. 16. Potentialverlauf in einer Oxydkathode nach REIMANN (schematisch).

Am zweckmäßigsten erscheint es uns, zu versuchen, die Emissionsgleichung für Oxydkathoden in möglichst ähnlicher Weise aufzubauen wie für reine Metalle, da dann die für die Emission der Oxydkathoden gültigen Gesetzmäßigkeiten am besten mit den für die reinen Metalle gültigen verglichen werden können.

In Analogie zu der für reine Metalle geltenden Emissionsgleichung

$$i = A \cdot T^2 e^{-\frac{\varepsilon\psi}{kT}}, \qquad A = \frac{4\pi\varepsilon m k^2}{h^3}, \tag{16}$$

[1] W. SCHOTTKY: Naturwiss. Bd. 23 (1935) S. 115.
[2] J. H. DE BOER: Elektronenemission und Adsorptionserscheinungen 1937, S. 288.

in der ψ die Austrittsarbeit, d. h. den Potentialsprung darstellt, den das Elektron beim Austritt aus dem Metall zu überwinden hat, wird man also den Exponenten β in (15) gleich dem Produkt aus Elektronenladung ε und Austrittsarbeit ψ_0 der Oxydkathode machen. Nach der Abb. 16 setzt sich die gesamte Austrittsarbeit der Oxydkathode zusammen aus der Differenz $\frac{W_2 - W_0}{\varepsilon}$ (innere Austrittsarbeit), die das Elektron beim Eintritt in die Oxydschicht zu überwinden hat, und aus der Differenz $\frac{W_a - W_2}{\varepsilon}$ (äußere Austrittsarbeit), die der Austrittsarbeit bei reinen Metallen entspricht, also ist:

$$\psi_0 = \frac{W_2 - W_0}{\varepsilon} + \frac{W_a - W_2}{\varepsilon} = \frac{W_a - W_0}{\varepsilon}. \tag{17}$$

Um diesen Ausdruck in den Exponenten zu bekommen, genügt es nicht (vgl. SCHOTTKY und DE BOER), einfach die beiden in den Gl. (13) und (14) vorkommenden Exponentialfunktionen zusammenzufassen, weil der dann auftretende Ausdruck:

$$\beta = W_a - \tfrac{1}{2}(W_1 + W_2) \tag{18}$$

gar keine Bedeutung mehr für den Emissionsvorgang besitzt, da in ihm vor allem das in Gl. (17) auftretende Glied W_0 fehlt. Um dieses Glied hineinzubekommen, setzen wir nach WILSON:

$$W_0 = \frac{1}{2}(W_1 + W_2) - \frac{1}{2} k T \ln \frac{G_2}{h^3 n_0} (2\pi m_2 k T)^{3/2}. \tag{19}$$

und erhalten, wenn wir den sich hieraus ergebenden Wert für $\frac{1}{2}(W_1 + W_2)$ in (18) einführen,

$$\beta = (W_a - W_0) + \frac{1}{2} k T \ln \frac{G^2}{h^3 n_0} (2\pi m_2 k T)^{3/2}.$$

Nach Einführung dieses Ausdruckes für β in die Gl. (15) und sinngemäßer Umformung erhält man unter Berücksichtigung von (13) die Formel

$$i = \frac{4\pi\varepsilon m k^2}{h^3} T^2 e^{-\frac{W_a - W_0}{kT}} \tag{20}$$

als Emissionsgleichung für Oxydkathoden, wenn näherungsweise $G_2 = 2$ und $m_2 = m$ gesetzt wird.

Diese Gleichung enthält dann im Exponenten die Austrittsarbeit, und es stimmt darüber hinaus der vor der Exponentialfunktion stehende Faktor vollkommen mit dem für reine Metalle geltenden überein[1]. Geringe Abweichungen sind höchstens dadurch möglich, daß die scheinbare Elektronenmasse m_2 nicht genau gleich der wirklichen Elektronenmasse m ist und daß der Gewichtsfaktor G_2 von 2 verschieden ist. Dieser Faktor ist jedenfalls vollkommen unabhängig von der Zahl der an der Oberfläche oder im Innern enthaltenen überschüssigen Erdalkalimetallatome und damit also unabhängig von dem Aktivierungszustand der Kathode.

Die bei der Aktivierung eintretende Emissionsvergrößerung kann nach dieser Anschauung allein auf eine Abnahme der inneren oder äußeren Austrittsarbeit zurückgeführt werden. Diese Folgerungen stehen in vollkommener Übereinstim-

[1] M. BENJAMIN: Phil. Mag. Bd. 20 (1935) S. 1.

mung mit den Ergebnissen unserer Arbeit über die Vorgänge bei der Aktivierung, nach denen sich infolge der Aktivierung allein die Austrittsarbeit ändert, während die sog. Mengenkonstante dabei einen nahezu unveränderten Wert besitzt.

Eine Entscheidung darüber, ob sich bei der Aktivierung sowohl die innere als auch die äußere Austrittsarbeit oder nur eine der beiden Größen ändern, ist zur Zeit noch nicht möglich. Das Ergebnis der elektronenoptischen Untersuchung spricht dafür, daß nur eine Änderung der inneren Austrittsarbeit stattfindet. Eine solche Änderung kann sehr wohl erwartet werden.

Der Wert der inneren Austrittsarbeit ergibt sich nämlich aus Gl. (19) zu:

$$\frac{W_2 - W_0}{\varepsilon} = \frac{W_2 - W_1}{2\varepsilon} + \frac{1}{2} \ln \frac{G_2}{h^3 n_0} (2\pi m_2 k T)^{3/2}. \tag{21}$$

Es wird also bei zunehmender Zahl n_0 der freien Erdalkaliatome die innere Austrittsarbeit kleiner. Die Größe der Änderung ergibt sich, wenn man statt der Anzahl n_0 der Erdalkalimetallatome pro Volumeneinheit die relative Molkonzentration $\nu = \frac{n_0 \cdot M}{\delta \cdot L}$ (M = Molekulargewicht, δ = Dichte, L = LOSCHMIDTsche Zahl) einführt, bei einer Änderung des Wertes von ν von 10^{-8} auf 10^{-3} für $T = 1000°$ K zu 0,50 V.

Eine darüber hinausgehende Änderung der inneren Austrittsarbeit ergibt sich daraus, daß nach Leitfähigkeitsmessungen an Halbleitern von MEYER[1], von FRITZSCH[2] und von HARTMANN[3] auch das Glied $\frac{W_2 - W_1}{2\varepsilon}$ mit wachsender Konzentration der Fremdatome kleiner wird. Auch an Bariumoxyd ist dieses Kleinerwerden der Größe $\frac{W_2 - W_1}{2\varepsilon}$ von MEYER und SCHMIDT[4] gemessen worden, und zwar ergibt sich aus deren Messungen eine Abnahme von $\frac{W_2 - W_1}{2\varepsilon}$ bei der Aktivierung von 1,1 auf 0,3 V.

Die danach bei der Aktivierung eintretende Änderung der inneren Austrittsarbeit reicht demnach vollkommen aus, um die in der vorliegenden Arbeit gefundenen Änderungen der gesamten Austrittsarbeit zu erklären.

8. Zusammenfassung.

Es wird die bei der Aktivierung von Oxydkathoden eintretende Änderung der Elektronenaustrittsarbeit gemessen. Die Messungen ergeben, daß das Anwachsen der Emission bei der Aktivierung lediglich durch eine Abnahme der Austrittsarbeit verursacht wird. Der Emissionsmechanismus läßt sich am vollkommensten durch die in Analogie zu reinen Metallen aufgestellte Emissionsgleichung

$$i_s = A \cdot T^2 e^{-\psi_0/kT}$$

wiedergeben, in der sich die Austrittsarbeit ψ_0 aus einer äußeren und einer inneren Austrittsarbeit zusammensetzt. Vermutlich ändert sich bei der Aktivierung nur die innere Austrittsarbeit.

---

[1] W. MEYER: Z. Phys. Bd. 85 (1933) S. 278.
[2] O. FRITSCH: Ann. Phys. Bd. 22 (1935) S. 375.
[3] W. HARTMANN: Z. Phys. Bd. 102 (1936) S. 709.
[4] W. MEYER u. A. SCHMIDT: Z. techn. Phys. Bd. 13 (1932) S. 137.

Die Ursachen für die Entstehung von Emissionszentren auf der Oberfläche von Oxydkathoden[1].

Von

W. HEINZE und S. WAGENER.

Mit 17 Abbildungen.

A. Einleitung.

Die elektronenmikroskopische Untersuchung technischer Oxydkathoden hat gezeigt, daß die Elektronen von einzelnen, einige hundertstel Millimeter großen Zentren, ausgesandt werden. Diese Emissionszentren bilden sich während der Umwandlung des Karbonates in das Oxyd und sind schon nach kurzem, bei verhältnismäßig niedriger Temperatur vorgenommenem Glühen in großer Zahl auf der Kathodenoberfläche vorhanden[2]. In der vorliegenden Arbeit sollen die Ursachen für das Auftreten dieser Emissionszentren festgestellt werden[3].

B. Mögliche Ursachen für das Zustandekommen der Emissionszentren.

Grundsätzlich gibt es zur Erklärung der Emissionszentren zwei Möglichkeiten. Es könnten nämlich einmal die Zentren in rein zufälliger Weise dadurch zustande kommen, daß irgendwelche Gasreste oder andere Fremdstoffe eine verminderte Elektronenaussendung der die Zentren umgebenden Stellen bewirken, oder aber es könnten die Zentren der betreffenden Oxydschicht eigentümlich und von vornherein durch die Art ihrer Herstellung hervorgerufen sein. Für die erstgenannte Erklärungsmöglichkeit spricht die schon früher mitgeteilte Tatsache, daß die Emissionszentren weder ausschließlich an den Vertiefungen noch allein an den höchstgelegenen Stellen der Schicht auftreten. Andererseits sprechen gegen diese erste Erklärungsmöglichkeit und somit für die zweite die Beobachtungen, daß durch äußere Einflüsse (Aktivierung, Vergiftung u. dgl.), durch welche die Emission unter Umständen sehr stark geändert wird, die Größe und Verteilung der Zentren praktisch gar nicht beeinflußt werden.

C. Untersuchung der zufälligen Entstehungsursachen (Gasreste oder Fremdstoffe).

Die nach der ersten Erklärungsmöglichkeit vergiftend wirkenden Gasreste oder Fremdstoffe könnten, soweit es sich um Restgase handelt, entweder von den übrigen Elektroden bzw. der Wandung abgegeben werden, d. h. von außen her auf die Oberfläche der Kathode gelangen oder aber von innen her an die Oberfläche diffundieren. Bei den Fremdstoffen könnte es sich entweder um unvollkommen zersetztes Karbonat oder um Kohleteilchen handeln, die bei der Umwandlung des Karbonats in das Oxyd entstehen können. Die Mitwirkung von Gasresten war bei den schon mitgeteilten Ergebnissen um so eher als möglich anzusehen, als diese an einem Elektronenmikroskop mit einer Wandung aus nicht entgastem Metall erhalten wurden, das zwar dauernd an der Pumpe lag, bei dem es aber trotz des am MacLeod gemessenen Klebevakuums nicht gelang, die an technisch hergestellten Röhren gemessenen Emissionswerte zu erhalten.

[1] Gekürzter Abdruck der in Z. techn. Phys. Bd. 20 (1939) S. 16 erschienenen Arbeit.

[2] Vgl. W. HEINZE u. S. WAGENER: Z. techn. Phys. Bd. 17 (1936) S. 645; vgl. auch diesen Band S. 332.

[3] In einer nach Abschluß unserer Versuche erschienenen Arbeit von M. BENJAMIN, R. J. HUCK u. R. O. JENKINS [Proc. phys. Soc., Lond. Bd. 50 (1938) S. 345] wird diese Frage ebenfalls angeschnitten, ohne daß dort eine abschließende Antwort gegeben wird.

Um den Einfluß dieser Gasspuren auszuschalten, wurden Kathoden elektronenmikroskopisch unter den gleichen guten Vakuumverhältnissen, wie sie in technischen Röhren vorhanden sind, untersucht. Bei dem hierzu benutzten Elektronenmikroskop (Abb. 1) befanden sich sämtliche Teile in einem Glaskolben, der nach dem Pumpen abgeschmolzen wurde. Die Kathode K, die zur Beseitigung von Feldverzerrungen notwendige Hilfselektrode H[1] und die gemeinsam mit der Hilfselektrode zur Emissionsmessung benutzte, wegklappbare Hilfsanode A waren von einem Tantalzylinder T umschlossen, der als Anode für die elektronenoptische Abbildung diente und gleichzeitig eine weitgehende Entgasung aller in seinem Innern befindlichen Teile ermöglichte (vgl. Abb. 1). Für die Emissionsschicht der Kathode wurde die gleiche aus Erdalkalikarbonaten bestehende Mischpaste wie bei den früheren Versuchen benutzt. Die Kathodenhülse bestand aus Platin.

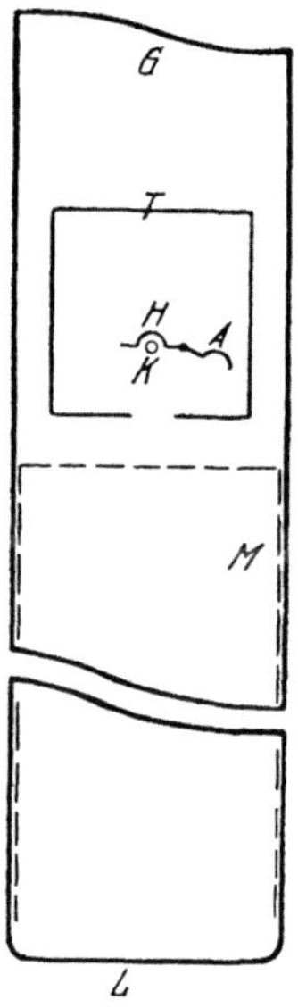

Abb. 1. Schnitt durch das von der Pumpe abgezogene Elektronenmikroskop (schematisch).

An der Pumpe wurde das Elektronenmikroskop bei 500° C ausgeheizt und anschließend der Tantalzylinder T mit Hochfrequenz geglüht, wodurch auch das in ihm eingeschlossene System auf eine für die Entgasung ausreichende Temperatur (Rotglut) kam. Die Kathode wurde 5 Minuten lang bei etwa 1150° C gebrannt, wodurch eine vollkommene Umwandlung der Erdalkalikarbonate in Oxyde erhalten wurde. Anschließend wurde die Kathode durch mehrstündige Einwirkung von 10 Torr Sauerstoff vergiftet, um so eine möglichst niedrige Anfangsemission nach dem Abziehen der Röhren zu erhalten. Nach diesem Vergiften wurden nochmals das Elektronenmikroskop ausgeheizt, die Metallteile geglüht und die Kathode bei etwa 700° C gebrannt. Vor dem Abziehen des Mikroskops wurde im oberen Teil des Glasrohres ein Magnesiumgetter G verdampft, das einen beträchtlichen Teil der Glasoberfläche bedeckte.

In diesem Elektronenmikroskop gelang es, bei genügend langer Formierdauer, noch bei einer Temperatur von etwa 500° C Emissionswerte in der Größe von etwa 1 mA zu erhalten, d. h. Emissionen, wie sie auch in technisch verwendeten Empfängerröhren gemessen werden. Die Emissionswerte waren außerdem auch über größere Zeiträume nahezu unveränderlich. Der Zwischenraum zwischen den zu Beginn und am Ende der Aktivierung erhaltenen Emissionswerten konnte auf 7 Zehnerpotenzen erweitert werden. Abb. 2 zeigt zwei zugehörige Elektronenbilder, die einer Emission von $1{,}4 \cdot 10^{-10}$ bzw. $2{,}5 \cdot 10^{-3}$ A, gemessen bei gleicher Heizspannung, entsprechen. Diese Bilder wurden, ebenso wie in der früheren Arbeit, durch Einstellung auf gleiche Helligkeit auf dem Leuchtschirm und dementsprechende Wahl der Heizspannung gewonnen; die angewandte Vergrößerung war wie auch bei allen folgenden Aufnahmen rund 30fach.

Auch bei diesen Bildern treten Emissionszentren in der gleichen Weise auf wie bei den früheren am Metallmikroskop erhaltenen Aufnahmen, obwohl jetzt das Vakuum zweifellos besser war. Damit kann es als sichergestellt gelten, daß das Vorhandensein von Emissionszentren keinesfalls durch die Wirkung von Gasspuren erklärt werden kann, die von außen her auf die Kathodenoberfläche gelangt sind und Teile der Oberfläche vergiften. Im übrigen bestätigen die wiedergegebenen Aufnahmen das früher erhaltene Ergebnis, nach dem sich die emittie-

[1] Vgl. W. HEINZE und S. WAGENER: Zit. S. 369, Fußnote 2, S. 646.

rende Oberfläche bei der Aktivierung nur wenig ändert, für einen noch größeren Unterschied zwischen Anfangs- und Endemission als bei den früheren Versuchen.

Daß auch durch Diffusion von innen her zur Oberfläche gelangende Gasspuren für das Vorhandensein der Zentren nicht verantwortlich gemacht werden können, wurde durch Verfolgung der Elektronenbilder über eine längere Lebensdauer der Kathode sichergestellt. Zweifellos müßte, falls der genannte Einfluß

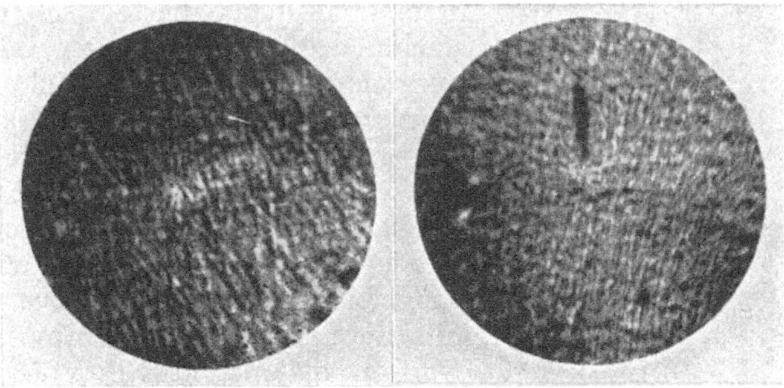

Abb. 2. Elektronenbilder einer Oxydkathode bei Beginn und am Ende der Aktivierung.
a) $i_e = 1{,}4 \cdot 10^{-10}$ A. b) $i_e = 2{,}5 \cdot 10^{-3}$ A.

vorhanden wäre, die Gasabgabe beim Brennen über längere Zeit fortschreiten, und es müßte, da die abgegebenen Gasmengen vom Getter gebunden werden, die emittierende Oberfläche dementsprechend größer werden. Der Vergleich der beiden in Abb. 3 wiedergegebenen Elektronenbilder, die zu Beginn bzw. nach einem 340 Stunden langen Brennen der Kathode mit 50 mA/cm^2 Emissionsbelastung erhalten wurden, zeigt jedoch, daß das Aussehen der beiden Bilder das

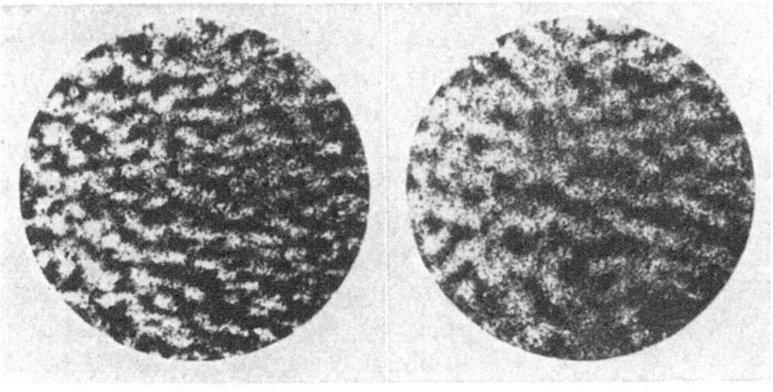

a b

Abb. 3. Elektronenbilder einer Oxydkathode, aufgenommen während der Lebensdauer.
a) 0 h. b) 340 h.

gleiche ist, so daß also das Auftreten der Emissionszentren nicht auf Diffusion irgendwelcher Gasreste zurückgeführt werden kann.

Ferner wird durch die weiterhin beschriebenen Versuche bewiesen, daß auch Kohlenstoffspuren, die bei der Umwandlung des Karbonats entstehen können, sicherlich nicht für das Vorhandensein der nicht emittierenden Stellen verantwortlich zu machen sind. Ausgehend von der Überlegung, daß diese Kohlenstoffteilchen durch Sauerstoff verbrannt werden können, wurde die Kathode durch Sauerstoff vergiftet, der durch Erhitzen eines mit BaO_2 bestrichenen Bandes entwickelt wurde.

Abb. 4 zeigt einige Elektronenbilder, die auf diese Weise erhalten wurden, und zwar beziehen sich die ersten drei Bilder dieser Abbildung auf eine schwache Vergiftung mit wenig Sauerstoff, das vierte auf eine starke Vergiftung mit viel Sauerstoff. Die ersten drei Bilder wurden bei einer Kathodentemperatur von etwa 600° C aufgenommen, und zwar das erste Bild vor dem Vergiften, das zweite während des Vergiftens und das dritte nach dem Vergiften, nachdem die Bildhelligkeit wieder einen unveränderlichen Wert erreicht hatte. Nach dem starken Vergiften mußte die Temperatur dagegen um etwa 100° erhöht werden, damit das vierte Bild der Abb. 4 mit der gleichen Helligkeit wie die übrigen Bilder aufgenommen werden konnte. Wie man aus den Bildern sieht, bleibt in beiden Fällen das Aussehen der emittierenden Oberfläche sowohl während des Vergiftens als auch nach dem Vergiften nahezu ungeändert, d. h. Größe und Verteilung der Emissionszentren werden auch durch das Vergiften nicht geändert.

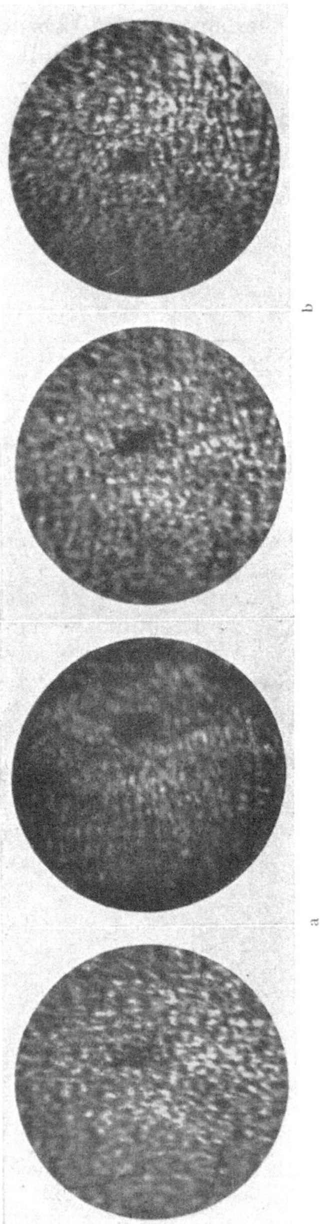

Abb. 4. Elektronenbilder einer Oxydkathode bei Vergiften der kalten Kathode. a) schwaches Vergiften. b) nach starkem Vergiften.

Gegen diese Versuche, bei denen der Sauerstoffdruck nie größer als etwa 10^{-3} Torr war, könnte eingewendet werden, daß die Sauerstoffmenge nicht ausreicht, um die Kohlenstoffspuren wirklich restlos zu verbrennen. Dieser Einwand kann jedoch sicherlich nicht gemacht werden, wenn die Kathode in einer Sauerstoffatmosphäre von einigen Torr gebrannt wird. Infolgedessen wurde eine Kathode nach der Aktivierung 5 Minuten lang bei etwa 700° C in Sauerstoff von 2 Torr gebrannt und nach dem Abpumpen des Sauerstoffs noch einmal aktiviert. (Dieser Versuch mußte naturgemäß wieder in dem an der Pumpe befindlichen Elektronenmikroskop durchgeführt werden.) Die beiden vor und nach dieser Behandlung erhaltenen Elektronenbilder (vgl. Abb. 5) zeigen, daß auch bei einer solchen starken Vergiftung das Aussehen der emittierenden Oberfläche das gleiche bleibt.

Schließlich konnte noch durch einen weiteren Versuch gezeigt werden, daß die nicht emittierenden Stellen auch nicht durch unvollkommen zersetztes Karbonat verursacht sein können. Zu diesem Zweck wurde das auf der Kathode befindliche Erdalkalioxyd wieder in das Karbonat zurückverwandelt, und zwar dadurch, daß die Kathode etwa 20 Stunden in CO_2 von 60 Torr stehen gelassen wurde. Abb. 6 zeigt die beiden vor bzw. nach dieser Behandlung und neuer Aktivierung erhaltenen Elektronenbilder: Man erkennt, daß auch diese Behandlung das Aussehen der emittierenden Oberfläche nicht wesentlich beeinflußt.

Aus den besprochenen Versuchen ersieht man, daß Größe und Verteilung der Emissionszentren durch irgendwelche Eingriffe in den Emissionsmechanismus, wie Aktivierung, Vergiftung oder Zurückverwandlung des Oxydes in Karbonat, nahezu gar nicht beeinflußt werden. Infolgedessen können die Emissionszentren nicht in rein zufälliger Weise, dadurch, daß sich an den dazwischenliegenden

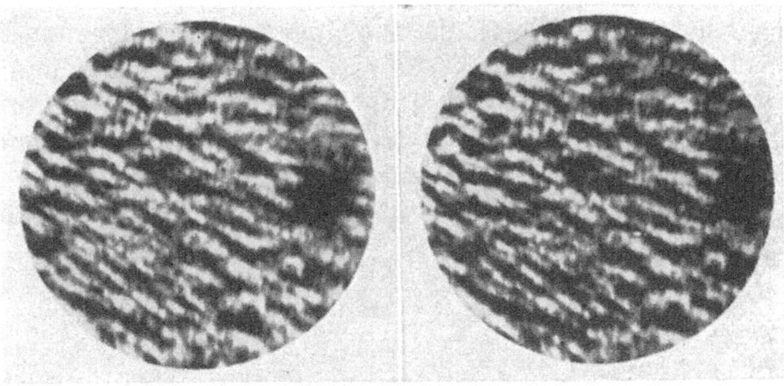

Abb. 5. Elektronenbilder einer Oxydkathode bei Vergiften der brennenden Kathode.
a) vor dem Vergiften. b) nach dem Vergiften.

Stellen Gasreste oder Kohlerückstände oder unvollkommen zersetztes Karbonat befinden, verursacht werden. Derartig zufällig entstandene Zentren könnten nämlich nach einem solchen Eingriff, durch den zumindest die Oberfläche und der darunterliegende Teil der Schicht gewissermaßen von neuem gebildet werden, nicht wieder an genau den gleichen Stellen auftreten wie vor dem Eingriff. In-

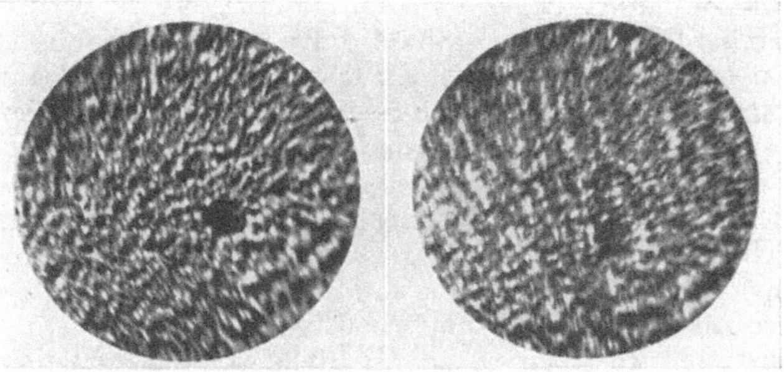

Abb. 6. Elektronenbilder einer Oxydkathode bei Zurückverwandlung des Oxyds in Karbonat.
a) vorher. b) nachher.

folgedessen muß man annehmen, daß die Anordnung der Zentren und ihre Größe der betreffenden Oxydschicht eigentümlich ist.

Das Verhalten der emittierenden Oberfläche technischer Oxydkathoden steht somit in vollkommenem Gegensatz zum Verhalten der von Brüche und Mahl[1] sowie Mahl[2] untersuchten thorierten Wolfram- und Molybdänkathoden, bei denen die Größe der emittierenden Oberfläche durch eine Aktivierung und Vergiftung in erheblichem Maße geändert wird.

D. Die mit den Eigenarten der Schicht zusammenhängenden Ursachen (primäre und sekundäre Ursachen).

Nachdem durch die zuvor geschilderten Versuche nachgewiesen wurde, daß das Vorhandensein der Zentren auf die Eigenarten der Oxydschicht zurückzuführen

[1] E. Brüche u. H. Mahl: Z. techn. Phys. Bd. 16 (1935) S. 623; Bd. 17 (1936) S. 81, 262.
[2] H. Mahl: Z. techn. Phys. Bd. 17 (1936) S. 653.

ist, soll im folgenden zunächst zusammengestellt werden, welche mit der Eigentümlichkeit der Schicht zusammenhängenden Ursachen im einzelnen zur Ausbildung der Zentren führen können. Diese Ursachen müssen sich auf Grund der den Zusammenhang der Emission mit den Bestimmungsgrößen der Kathode enthaltenden Emissionsgleichung angeben lassen. Dabei muß naturgemäß wegen der inhomogenen Oberfläche jedes Flächenelement gesondert betrachtet werden. Der von einem beliebig zur Oberfläche des Kernmetalls gelegenen Flächenelement $d\sigma$ (vgl. Abb. 7, die einen Schnitt durch die Schicht einer technischen Oxydkathode zeigt) ausgehende Emissionsstrom ergibt sich nach der Emissionsgleichung für Oxydkathoden zu:

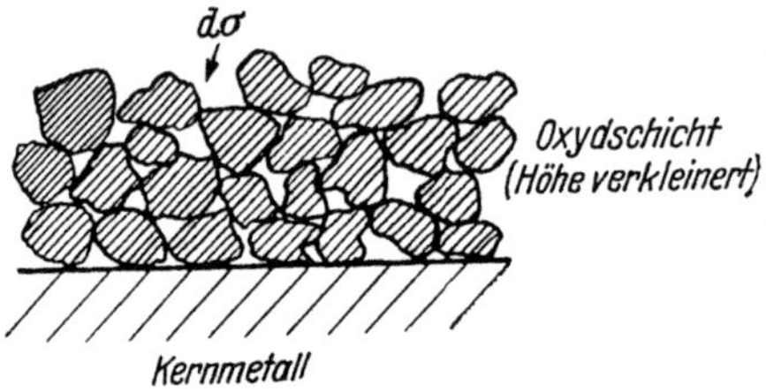

Abb. 7. Schnitt durch die Schicht einer technischen Oxydkathode (schematisch).

$$d i_{s_0} = A T^2 e^{-\frac{\varepsilon(\psi_i + \psi_a)}{kT}},$$

worin $d i_{s_0}$ den vom Flächenelement $d\sigma$ ausgehenden Sättigungsstrom bei der Feldstärke Null, T die absolute Temperatur, ψ_i die innere Austrittsarbeit, ψ_a die äußere Austrittsarbeit der Oxydschicht, ε die Elektronenladung, k die BOLTZMANNsche Konstante und A eine weitere Konstante bezeichnet[1].

Für die im praktischen Betriebe von $d\sigma$ ausgehende Emission ist weiterhin noch die an dieser Stelle vorhandene Feldstärke maßgebend, da der Emissionsstrom fremdstoffbedeckter Kathoden bekanntlich in starkem Maße von der Feldstärke abhängt[2] und diese wegen der rauhen Oberfläche der Oxydschicht sicherlich örtlich stark schwankt. Dabei ist vorausgesetzt, daß die örtliche Feldstärke in allen Punkten der Oberfläche so groß ist, daß wirklich Sättigung vorhanden ist. Bei sehr rauhen Oberflächen und nicht sehr großen äußeren Spannungen kann sich unter Umständen an tief gelegenen Stellen vor dem Flächenelement $d\sigma$ eine Raumladung ausbilden, so daß dann der von $d\sigma$ ausgehende Emissionsstrom kleiner ist als der aus der Emissionsgleichung sich ergebende.

Demgemäß ist der von einem Flächenstück $d\sigma$ ausgehende Emissionsstrom beeinflußt durch:

1. die Temperatur T an der Stelle von $d\sigma$,
2. die innere Austrittsarbeit ψ_i unterhalb von $d\sigma$,
3. die äußere Austrittsarbeit ψ_a an der Stelle von $d\sigma$,
4. die vor $d\sigma$ vorhandene Feldstärke, die unter Umständen zur Ausbildung einer Raumladung führen kann.

Das Zustandekommen der Emissionszentren kann also nur dadurch verursacht werden, daß einige dieser Größen oder alle vier für verschiedene Flächenstücke verschieden sind.

Diese Verschiedenheiten sind jedoch nur als sekundäre Ursachen der Emissionszentren zu betrachten; sie können ohne weiteres auf eine Reihe von mit dem Aufbau der Oxydschicht zusammenhängenden primären Ursachen zurückgeführt werden, deren Einfluß verhältnismäßig leicht nachgeprüft werden kann.

Die betreffenden primären Ursachen, auf deren Zusammenhang mit den sekundären Ursachen an dieser Stelle nicht näher eingegangen werden kann, sind:

1. Verschiedenheiten der Dicke der Oxydschicht unterhalb der verschiedenen emittierenden Flächenelemente $d\sigma$, und zwar solche

---

[1] Vgl. W. HEINZE u. S. WAGENER: Z. Phys. Bd. 110 (1938) S. 164; siehe auch diesen Band S. 355.

[2] Vgl. z. B. I. A. BECKER: Rev. Modern Phys. Bd. 7 (1935) S. 95.

a) der geometrischen Schichtdicke, d. h. des unmittelbaren Abstandes zwischen dem Flächenelement $d\sigma$ und der Kernmetalloberfläche;

b) der effektiven Schichtdicke, die als der kürzeste Weg definiert ist, der genommen werden muß, um von $d\sigma$ unter Vermeidung der Poren der Oxydschicht, d. h. also über die einzelnen Oxydkörner, zu einem Punkt der Kernoberfläche zu gelangen.

2. Schwankungen des Mischungsverhältnisses der die Oxydschicht bildenden Erdalkalioxyde zwischen verschiedenen Stellen.

3. Die verschiedene Orientierung der Flächenelemente $d\sigma$ zum Kristallsystem des zugehörigen Erdalkalioxydkristalles.

4. Die Rauhigkeit der Oberfläche der Oxydschicht.

E. Experimentelle Prüfung der einzelnen primären Ursachen.

Durch die in diesem Abschnitt zu besprechenden Versuche sollte festgestellt werden, in welchem Umfange die einzelnen soeben angegebenen primären Ursachen in Wirklichkeit an dem Zustandekommen der Emissionszentren beteiligt sind. Für diese Versuche wurde das in einer früheren Arbeit beschriebene Metallelektronenmikroskop benutzt[1]. Die zu untersuchenden Emissionsschichten wurden als Karbonate auf eine indirekt geheizte Nickelhülse aufgebracht und in der üblichen Weise durch Glühen in Oxyd umgewandelt. Die Dicke der Oxydschicht betrug, soweit nichts anderes vermerkt ist, etwa 50 μ. Die Elektronenbilder wurden alle bei der gleichen Helligkeit auf dem Leuchtschirm, eingestellt durch entsprechende Wahl der Heizspannung, aufgenommen. Die Vergrößerung dieser Bilder war, wie bei den oben beschriebenen Aufnahmen, rund 30fach. Bei der Schilderung der Versuche halten wir uns eng an die durch die obige Aufstellung gegebene Einteilung.

1a. Der Einfluß der geometrischen Schichtdicke.

Daß die geometrische Schichtdicke keinen unmittelbaren Einfluß auf die Entstehung der Emissionszentren ausübt, wurde bereits in der früheren Arbeit[2] gezeigt. Ein Vergleich zwischen dem Lichtbild und dem Elektronenbild der Abb. 7 dieser früheren Arbeit läßt erkennen, daß die Emissionszentren weder vorzugsweise an den hochgelegenen Stellen der Schicht, noch in den Vertiefungen, noch an sonstwie durch ihre Höhenlage ausgezeichneten Stellen der Kathodenoberfläche auftreten. Damit scheidet die geometrische Schichtdicke als Ursache für die Entstehung der Emissionszentren aus.

1b. Der Einfluß der effektiven Schichtdicke[3].

Die zwischen der geometrischen und der effektiven Schichtdicke vorhandenen Unterschiede sind auf die Größe der in der Oxydschicht vorhandenen Poren zurückzuführen. Demnach könnten bei gleicher geometrischer Schichtdicke Schwankungen der effektiven Schichtdicke das Auftreten von Zentren verursachen, und zwar müßten diese vorzugsweise an denjenigen Stellen entstehen, an denen die effektive Schichtdicke nahezu der geometrischen gleich wird, d. h. an solchen Stellen, unter denen sich verhältnismäßig wenige und kleine Poren befinden. Um diesen Einfluß nachzuprüfen, muß man die Schwankungen der effektiven Schichtdicke (Porenverteilung) mit der Verteilung der Emissionszentren auf den elektronen-

---

[1] Vgl. W. Heinze und S. Wagener: Zit. S. 369, Fußnote 2, S. 646.

[2] Siehe ebenda: S. 647.

[3] Den Hinweis auf die Rolle, welche die effektive Schichtdicke spielen kann, verdanken wir Herrn Dr. E. Wiegand.

mikroskopischen Bildern vergleichen. Zu diesem Zweck wurde von einer auf eine dünne Aluminiumfolie aufgesprühten Oxydschicht ein Röntgenschattenbild aufgenommen, von dem ein 20fach vergrößerter Abzug in Abb. 8a wiedergegeben ist. Man sieht, daß die Verteilung der Stellen, unter denen verhältnismäßig wenige Poren liegen (helle Stellen der Aufnahme), zwar im großen und ganzen der Verteilung der Emissionszentren entspricht, jedoch stimmen die Größenverhältnisse nicht überein, da die hellen Stellen der Röntgenaufnahme bereits bei der angewandten 20fachen Vergrößerung größer sind als die größten Emissionszentren auf den mit 30facher Vergrößerung aufgenommenen Elektronenbildern (vgl. die übrigen Abbildungen). Danach erscheint es bereits als unwahrscheinlich, daß ein Einfluß der Schwankungen der effektiven Schichtdicke auf

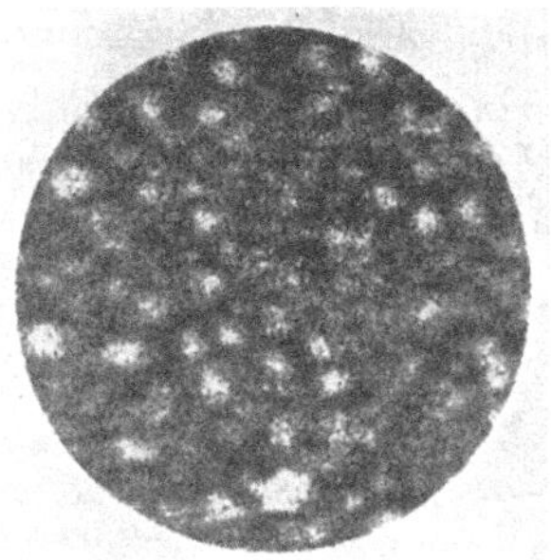

Abb. 8a. Röntgenschattenbild einer aufgesprühten Oxydschicht.

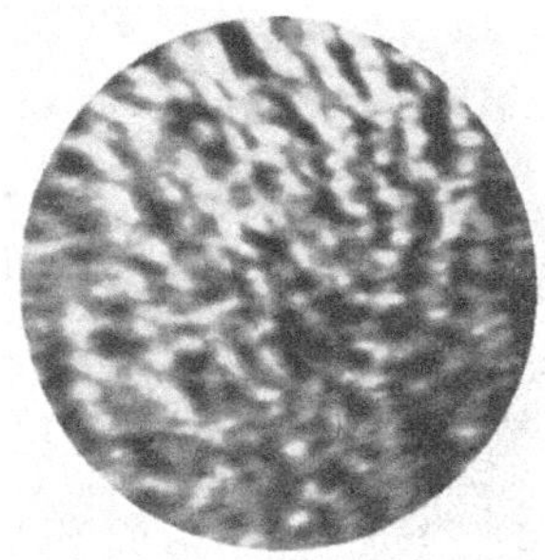

Abb. 8b. Elektronenbild einer kataphoretisch hergestellten Schicht mit dünner Sprühschichtauflage.

das Auftreten der Emissionszentren vorhanden ist; der weiterhin beschriebene Versuch beweist in der Tat, daß dieser Einfluß zur Erklärung der Zentrenbildung nicht herangezogen werden darf.

Läge nämlich wirklich ein Einfluß der Poren auf die Ausbildung der Emissionszentren vor, so müßte eine sehr dicht gepackte Oxydschicht mit durchweg kleinen Poren ein verhältnismäßig gleichmäßiges Elektronenbild ergeben, da die Ursache für die Ausbildung von Emissionszentren normaler Größe dann nicht mehr vorhanden wäre. Eine solche dicht gepackte Schicht erhält man durch kataphoretische Herstellung. Allerdings kann man nicht einfach eine kataphoretisch hergestellte Kathode für die beabsichtigte Untersuchung benutzen, da die Oberfläche dieser Kathode im Gegensatz zur rauhen Oberfläche der Sprühkathoden sehr glatt ist, wodurch sich, da die Rauhigkeit ebenfalls eine Ursache für die Ausbildung von Emissionszentren sein kann, gleichfalls Unterschiede in der Ausbildung der Emissionszentren ergeben könnten. Es wurde daher, um auch für den hier beabsichtigten Zweck eine rauhe Oberfläche zu erzeugen, auf eine kataphoretisch hergestellte Schicht von 20 μ Dicke noch eine ganz dünne Schicht aus der gleichen Paste aufgesprüht, bei der infolge ihrer geringen Dicke noch keinerlei störende Poren auftreten konnten.

Das Elektronenbild, das von der so hergestellten Kathode erhalten wurde (vgl. Abb. 8b), zeigt nun genau in der gleichen Weise wie die Elektronenbilder von normalen Sprühkathoden einzelne voneinander abgegrenzte Emissionszentren. Da also in diesem Fall trotz der dicht gepackten Oxydschicht mit nur sehr kleinen Poren die gleichen Emissionszentren wie bei einer großporigen Schicht beobachtet werden, so kann ein merklicher Einfluß der Poren in der Oxydschicht und damit der effektiven Schichtdicke auf die Ausbildung der Emissionszentren nicht vorhanden sein.

2. Der Einfluß des Mischungsverhältnisses der Oxyde.

Zur Feststellung, in welchem Maße Verschiedenheiten des Mischungsverhältnisses der Oxyde für das Vorhandensein von Emissionszentren verantwortlich zu machen sind, wurden Schichten, die aus verschiedenen Erdalkalioxyden zusammengesetzt waren, im Elektronenmikroskop untersucht. Abb. 9 zeigt einige der hierbei erhaltenen Elektronenbilder, und zwar für

a) 100% BaO;
b) 50% BaO; 50% SrO;
c) 100% SrO;
d) 100% CaO.

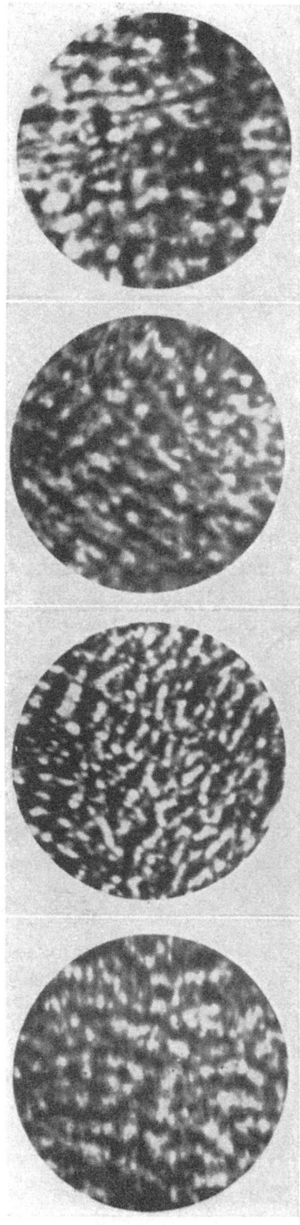

Abb. 9. Elektronenbilder von Oxydschichten mit verschiedener Zusammensetzung. a) 100% BaO. b) 50% BaO, 50% SrO. c) 100% SrO. d) 100% CaO.

Man sieht, daß zwischen den verschieden zusammengesetzten Schichten keine wesentlichen Unterschiede im Aussehen der emittierenden Oberfläche festzustellen sind. Insbesondere sind die Emissionszentren in jedem Fall, unabhängig vom Mischungsverhältnis der einzelnen Erdalkalioxyde zueinander, vorhanden, und zwar auch dann, wenn die Oxydschicht aus vollkommen reinen Erdalkalioxyden hergestellt wird. Infolgedessen können die Emissionszentren nicht durch das Vorhandensein von Stellen verschiedenen Mischungsverhältnisses auf der Kathode verursacht sein.

3. Der Einfluß der Orientierung der emittierenden Flächenelemente zum Kristallsystem.

Um den Zusammenhang zwischen der verschiedenen Orientierung der verschiedenen emittierenden Oberflächenelemente in bezug auf das Kristallsystem und der Entstehung der Emissionszentren zu ermitteln, wurden zunächst Oxydschichten untersucht, bei denen die Oxydkristalle verschiedene Größe besaßen, und zwar wurden Schichten mit einer mittleren Kristallgröße von 100 μ, 10 μ und 0,5 μ benutzt.

Die Aufbringung dieser Schichten auf die Unterlage wurde so vorgenommen, daß durch den später zu besprechenden Einfluß der Oberflächenrauhigkeit der hier untersuchte Einfluß der Kristallflächenorientierung möglichst wenig gestört werden konnte. Demgemäß wurde das Karbonat bei der 100-μ- und bei der 10-μ-Paste aufgesprüht und bei der 0,5-μ-Paste kataphoretisch aufgetragen. Die Größe der Kristalle wurde vor dem Aufbringen der Emissionsschicht auf die Kathode durch Ausmessung unter dem Mikroskop bestimmt, sie bleibt, wie durch einen Kontrollversuch festgestellt wurde, bei der Umwandlung des Karbonats in das Oxyd und beim weiteren Brennen der Kathode die gleiche. Insbesondere findet also, wie man vielleicht annehmen könnte, keine Rekristallisation beim Brennen der Kathode statt.

Abb. 10 zeigt einige der mit diesen Oxydschichten erhaltenen Elektronenbilder; man erkennt deutlich, daß ein Zusammenhang zwischen den emittieren-

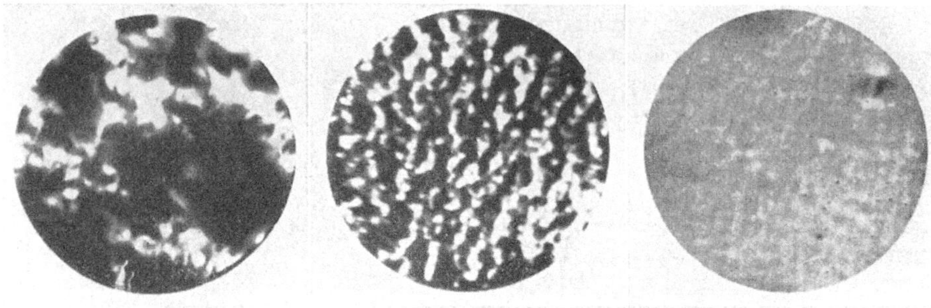

a b c

Abb. 10. Elektronenbilder von Oxydschichten mit verschiedener Kristallgröße. Mittlere Kristallgröße: a) 100 μ, b) 10 μ, c) 0,5 μ.

den Zentren und der Kristallgröße vorhanden ist, und zwar nehmen Größe und Abstand der Emissionszentren mit abnehmender Kristallgröße ebenfalls ab, ein Ergebnis, das sich auch aus den von BENJAMIN, HUCK und JENKINS veröffentlichten Elektronenbildern (vgl. Abb. 12 von deren Arbeit) ableiten läßt. Dieser Zusammenhang spricht sehr dafür, daß die verschiedene Orientierung der Oberflächenelemente für das Auftreten der Emissionszentren zum mindesten mitverantwortlich zu machen ist. Unter dieser Voraussetzung müssen nämlich

a b

Abb. 11. Nickelband mit 16 aufgelegten BaO-Kristallen. a) Lichtbild. b) Elektronenbild.

in Übereinstimmung mit dem elektronenoptischen Befund mit abnehmender Größe der emittierenden Kristalle und ihrer Flächen einmal die Emissionszentren selbst und andererseits auch die Abstände der einzelnen Emissionszentren voneinander kleiner werden, denn bei einer gegebenen Zahl von unregelmäßig gelagerten Kristallen wird immer nur bei wenigen die die Oberfläche bildende Kristallfläche die günstigste Orientierung zum Kristallsystem, d. h. diejenige, welche die größte Emission von allen Orientierungen liefert, aufweisen. Alle übrigen anders orientierten Flächen emittieren weniger, und es liegen also zwischen zwei Emissionszentren im allgemeinen große Gebiete, die eine geringere Emission ergeben.

Der einwandfreie Nachweis dafür, daß in der Tat, wie man es nach der vorstehenden Deutung erwarten muß, verschieden orientierte Kristallflächen verschieden stark emittieren, wurde dadurch erbracht, daß einzelne getrennt voneinander liegende Kristalle untersucht wurden. Hierzu wurden etwa 16 Bariumkarbonatkristalle von möglichst der gleichen Größe einzeln unter dem Mikroskop auf ein Nickelband als Unterlage gelegt und dort mit einem geeigneten Bindemittel befestigt. Abb. 11a gibt ein Lichtbild der so erhaltenen Kristallanordnung, in dem die einzelnen Kristalle laufend numeriert worden sind[1]. Das zugehörige Elektronenbild, in dem die Kristalle in der gleichen Weise wie im Lichtbild numeriert wurden, ist in Abb. 11b wiedergegeben. Dieses Elektronenbild zeigt nun ganz deutlich, daß ein Einfluß der Orientierung der emittierenden Kristallfläche vorhanden ist. Es ist nämlich zu erwarten, daß die 16 Kristalle ganz wahllos in bezug auf die Nickelbandoberfläche orientiert sind und daß daher bei einigen Kristallen eine gut, bei anderen eine weniger gut emittierende Kristallfläche nach oben liegt. In Übereinstimmung mit der Erwartung ist zu erkennen, daß einige Kristalle (z. B. 3, 5, 6) stark, einige (z. B. 7, 8, 11) schwach und andere (z. B. 14, 15) gar nicht emittieren. Dabei ist es für das Ergebnis vollkommen gleichgültig, ob bei der Umwandlung des Karbonatkristalles ein einziger Oxydkristall entsteht oder ob sich eine Reihe von Oxydkristallen, die alle die gleiche Orientierung besitzen, aus einem Karbonatkristall bildet. Jedenfalls kann auf Grund dieser Ergebnisse kein Zweifel bestehen, daß ein Einfluß der verschiedenartigen Orientierung auf das Zustandekommen der Emissionszentren vorhanden ist.

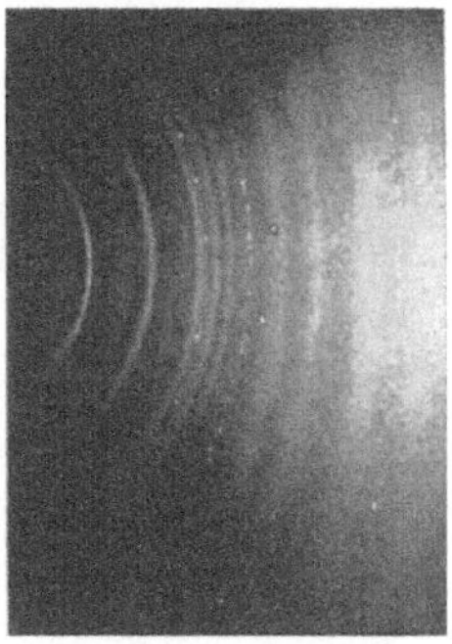

Abb. 12. DEBYE-SCHERRER-Aufnahmen einer kataphoretisch hergestellten Schicht.

Einer Erklärung bedarf schließlich noch die Tatsache, daß auf dem Elektronenbild der kataphoretisch hergestellten Kathode die Emissionszentren auch bei noch stärkerer als der in Abb. 10c gewählten Vergrößerung nur so wenig in Erscheinung treten. Zur Erklärung könnte man zunächst annehmen, daß die Karbonatkristalle bei der Kataphorese durch das elektrische Feld ausgerichtet werden, so daß nahezu alle Kristalle die gleiche Kristallfläche nach außen wenden und infolgedessen keine scharf abgegrenzten Emissionszentren entstehen können. Die Röntgenstrukturaufnahme (Abb. 12) beweist indessen, daß dies nicht der Fall ist, denn sie zeigt statt des bei gerichteter Anlagerung zu erwartenden Faserstrukturbildes vollkommen homogene DEBYE-SCHERRER-Ringe (die weiter außen liegenden einzelnen Punkte gehören zu den Kristallen der Nickelhülse, auf welche die Schicht aufgetragen war).

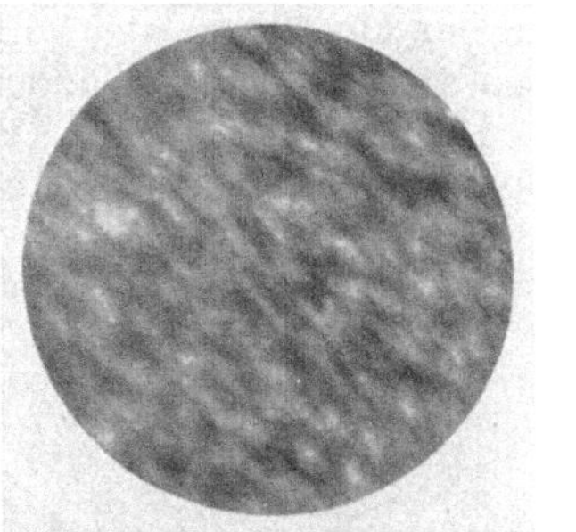

Abb. 13. Elektronenbild einer kataphoretisch aufgetragenen Schicht bei 150facher Vergrößerung.

Da also nach diesem Ergebnis bei den kataphoretisch hergestellten Kathoden keine bevorzugte Orientierung der einzelnen Kristalle vorhanden ist, so wird man die sehr schwache Ausbildung der Emissionszentren in Abb. 10c darauf zurückführen müssen, daß die Auflösung des benutzten Elektronenmikroskops nicht mehr zur Trennung der in diesem Fall sehr kleinen Emissionszentren ausreicht. Diese Annahme wird dadurch bestätigt, daß es auch bei der kataphoreti-

[1] Die Länge der Kristalle beträgt etwa 100 μ, noch größere Kristalle sind nur schwer zu erhalten. Es konnte nicht verhindert werden, daß auch zwei noch kleinere Kristalle mit auf das Nickelband gerieten, jedoch beeinträchtigen diese Kristalle das Ergebnis des Versuches nicht.

schen Herstellung durch Benutzung einer etwas gröber kristallinen Paste (im Mittel $\approx 1\ \mu$) und durch Nachvergrößerung des Elektronenbildes auf insgesamt das 150fache gelingt, eine bessere Abgrenzung der Emissionszentren zu erhalten. Das so gewonnene Bild (Abb. 13) zeigt, daß durch die verschiedene Orientierung der emittierenden Kristallflächen auch auf der Oberfläche der kataphoretisch hergestellten Kathoden Emissionszentren hervorgerufen werden.

4. Der Einfluß der Rauhigkeit der Oxydoberfläche.

Zur Untersuchung dieses Einflusses wurde die bereits im vorigen Punkt erwähnte kleinkristalline Paste (mittlere Kristallgröße $0{,}5\ \mu$) einmal durch Besprühen und einmal durch Kataphorese auf die Kathode aufgebracht. Abb. 14 zeigt die an den so hergestellten Kathoden erhaltenen Elektronenbilder und Abb. 15 die gleichfalls aufgenommenen Lichtbilder. Man erkennt, daß bei gleicher Kristallgröße die durch Sprühen hergestellte Schicht ein gänzlich anders aussehendes Elektronenbild liefert als die kataphoretisch hergestellte Schicht. Während bei dieser, wie schon erwähnt, die Emissionsunterschiede zwischen den einzelnen Punkten der Oberfläche gering sind, sind auf der Oberfläche der aufgesprühten Schicht scharf voneinander abgegrenzte Emissionszentren vorhanden.

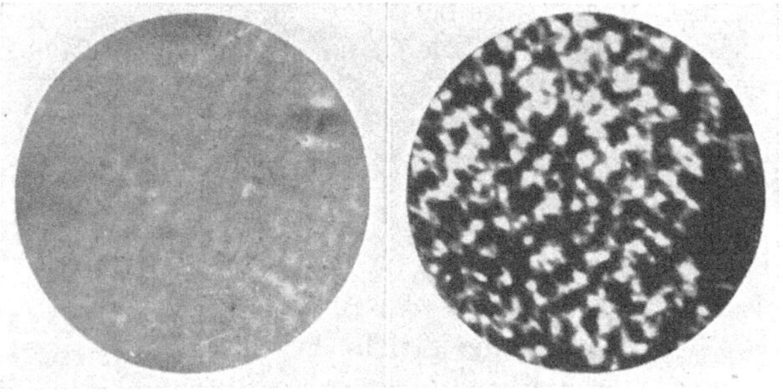

a b

Abb. 14. Elektronenbilder verschieden aufgetragener Oxydschichten kleiner Kristallgröße ($\approx 0{,}5\ \mu$).
a) kataphoretisch aufgetragen. b) durch Besprühen aufgetragen.

Die Ursache für diese Verschiedenheit in der Ausbildung der Emissionszentren kann, wie der Vergleich der Elektronen- und Lichtbilder zeigt, nur in der sehr verschiedenen Rauhigkeit der Kathodenoberflächen zu suchen sein. Durch die längs der Oberfläche der rauhen besprühten Kathode stark schwankende elektrische Feldstärke werden offenbar trotz der geringen Kristallgröße die verhältnismäßig großen, scharf voneinander abgegrenzten Emissionszentren der Abb. 14b verursacht, während diese Emissionszentren bei der glatten, kataphoretisch hergestellten Kathode mit dem Verschwinden der Feldstärkeunterschiede ebenfalls weitgehend verschwinden. Man erkennt weiterhin, daß bei der rauhen Kathode der vorhin behandelte Einfluß verschiedener Kristallflächenorientierung von dem Einfluß der Rauhigkeit bei weitem überdeckt wird.

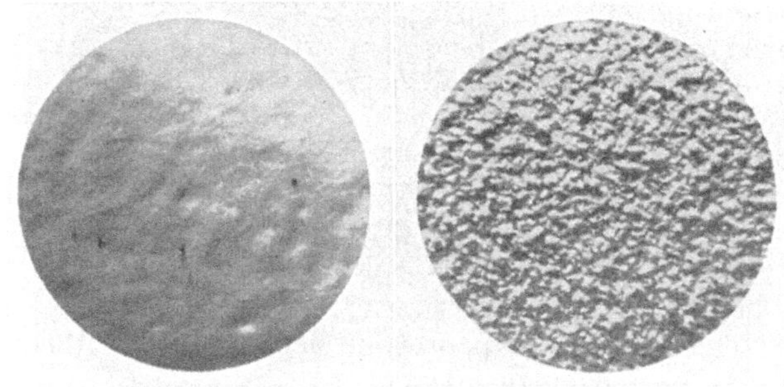

a b

Abb. 15. Lichtbilder verschieden aufgetragener Oxydschichten kleiner Kristallgröße ($\approx 0{,}5\ \mu$).
a) kataphoretisch aufgetragen. b) durch Besprühen aufgetragen.

Die erheblich größere Rauhigkeit der aufgesprühten Schicht ist darauf zurückzuführen, daß beim Aufsprühen derartig kleinkristalliner Schichten die einzelnen kleinen Kristalle sich zusammenballen, so daß durch die Neben- und Übereinanderlagerung der so entstehenden größeren Partikeln eine sehr rauhe Schicht entsteht, deren Struktur einer aus größeren Kristallen hergestellten Sprühschicht, wie sie das Lichtbild Abb. 16 zeigt, weitgehend gleicht. Auf die Abhängigkeit der Oberflächenbeschaffenheit der Oxydschicht von der Art ihrer Aufbringung auf das Kernmetall, insbesondere auch von dem beim Aufsprühen vorhandenen, mehr oder weniger großen Feuchtigkeitsgrad ist in der Arbeit von BENJAMIN und Mitarbeitern ebenfalls hingewiesen worden (vgl. deren Abb. 13 und 14, sowie Abb. 16). Es sei aber nochmals betont, daß die in Abb. 15b zu erkennende verhältnismäßig großen Partikeln nicht, wie BENJAMIN und Mitarbeiter es zu vermuten scheinen, aus einzelnen beim Umwandeln der Kathode stark gewachsenen Kristallen bestehen, sondern aus einer Zusammenballung von einer großen Anzahl von Kristallen, die genau die gleiche Größe besitzen wie vor dem Umwandeln. Diese Tatsache wurde durch Aufschlämmen der groben Partikeln in einem geeigneten Lösungsmittel und eine anschließende Ausmessung der einzelnen Kristalle bestätigt.

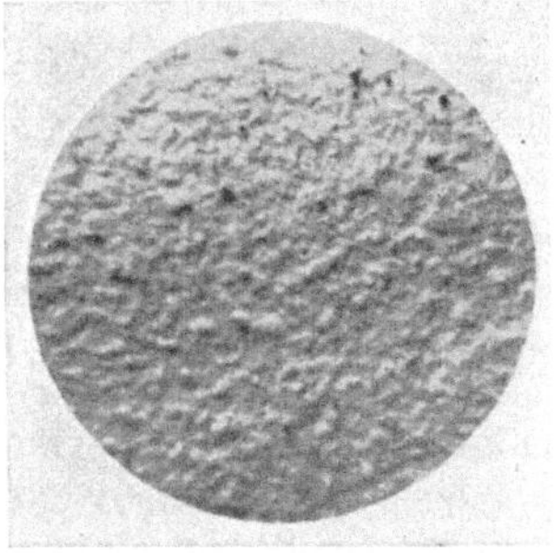

Abb. 16. Lichtbild einer durch Besprühen aufgetragenen Oxydschicht mittlerer Kristallgröße ($\approx 10\,\mu$).

Eine weitere Bestätigung für das Vorhandensein des soeben besprochenen Einflusses der Oberflächenrauhigkeit erhält man, wenn man Elektronenbilder der gleichen Kathode, die bei verschiedenen Kathodentemperaturen aufgenommen worden sind, miteinander vergleicht. Da nämlich der Sättigungsstrom der Oxydkathoden sich um so mehr mit der an der Oberfläche vorhandenen Feldstärke ändert, je höher die Temperatur ist[1], so müßte bei den auf höherer Temperatur aufgenommenen Elektronenbildern der Einfluß der Oberflächenrauhigkeit stärker zur Geltung kommen. Das zur Durchführung eines solchen Vergleichs zur Verfügung stehende Temperaturgebiet ist leider nicht sehr groß, da es nach unten durch die Empfindlichkeit des Leuchtschirms, nach oben durch seine Belastungsgrenze und durch das Auftreten von bildverzerrenden Raumladungen vor der Kathode begrenzt ist. Abb. 17 zeigt zwei an der unteren und der oberen Grenze dieses Temperaturgebietes aufgenommene Elektronenbilder.

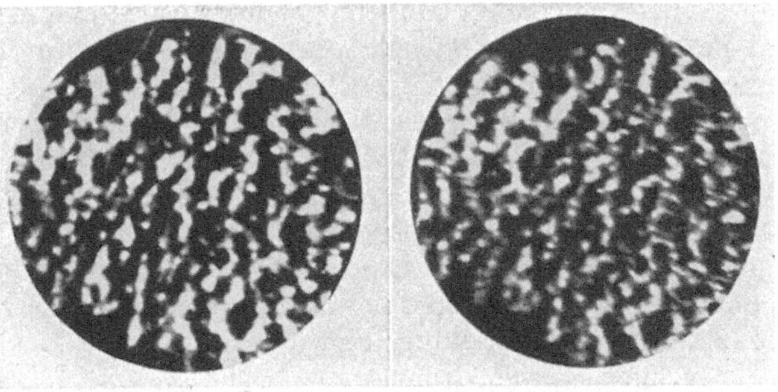

Abb. 17. Elektronenbilder einer Oxydschicht bei verschiedener Kathodentemperatur. a) 645° C. b) 710° C.

Bei einem Vergleich dieser beiden Bilder sieht man, daß in dem untersuchten Bereich von 645° bis 710° C das Aussehen der emittierenden Oberfläche sich nur wenig mit der Temperatur ändert. Jedoch erkennt man deutlich, daß auf dem

[1] Vgl. G. HERRMANN: Diss. T. H. Berlin 1938, S. 19; siehe auch diesen Band S. 311.

bei höherer Temperatur aufgenommenen Bild tatsächlich mehr Einzelheiten zu erkennen sind als auf dem bei tieferer Temperatur erhaltenen. Das Aussehen der beiden Elektronenbilder der Abb. 17 spricht also auch dafür, daß der Einfluß der Oberflächenrauhigkeit bei der Ausbildung der Emissionszentren wirksam ist.

F. Folgerungen aus den Versuchen.

Die Versuche zeigen also, daß bei sorgfältig hergestellten technischen Oxydkathoden im wesentlichen zwei Ursachen für das Vorhandensein von Emissionszentren auf der Oberfläche technischer Oxydkathoden vorhanden sind, nämlich einmal die verschiedene Orientierung der emittierenden Flächenelemente zu den zugehörigen Oxydkristallen und weiterhin die durch die Rauhigkeit bewirkten Verschiedenheiten in der elektrischen Feldstärke über den betreffenden Flächenelementen. Die am besten emittierenden Stellen der Kathode werden also jeweils an denjenigen Stellen entstehen, an denen die Orientierung zum Kristallsystem und die Größe des elektrischen Feldes in ihrem Zusammenwirken am günstigsten sind. Bei großen Kristallen ($\geqq 10\,\mu$) überwiegt, wie man aus den Versuchen sieht, der Einfluß der Kristallflächenorientierung, während bei kleineren Kristallen der Einfluß der Rauhigkeit vorherrschend ist.

G. Zusammenfassung.

Es werden zunächst die möglichen Ursachen erörtert, die zu dem Auftreten von Emissionszentren bei technisch hergestellten Oxydkathoden führen können, wobei zwischen zufälligen und mit der Eigenart der Oxydschicht zusammenhängenden Ursachen unterschieden wird. Zur Untersuchung der zufälligen Entstehungsursachen — Anlagerung von Gasresten oder Fremdstoffen an die zwischen den Zentren liegenden Stellen — wird ein mit einem Glaskolben versehenes, von der Pumpe abgezogenes Elektronenmikroskop benutzt, in dem die Vakuumbedingungen ebenso gut und die zeitlich unveränderlichen Emissionswerte ebenso groß sind wie bei technisch hergestellten Empfängerröhren. Auch mit diesem Mikroskop werden genau die gleichen Zentren beobachtet, wie unter weniger guten Vakuumbedingungen mit dem früher benutzten Elektronenmikroskop mit Metallumhüllung. Die Größe und Verteilung dieser Zentren wird als nahezu unabhängig von dem Aktivierungszustand, von der Lebensdauer und von willkürlich vorgenommenen Vergiftungen der Kathode gefunden. Daraus wird geschlossen, daß die zufälligen Entstehungsursachen nicht zur Erklärung der Zentrenbildung herangezogen werden können.

Bei den durch die Eigenart der Schicht veranlaßten Ursachen wird zwischen den primären, durch den Aufbau der Schicht bewirkten Ursachen einerseits und den daraus folgenden, in der Emissionsgleichung sich äußernden sekundären Ursachen andererseits unterschieden. Die sekundären Ursachen, nämlich Verschiedenheiten der Temperatur, der inneren und äußeren Austrittsarbeit und der elektrischen Feldstärke an verschiedenen Stellen der Kathode sind zurückzuführen auf Schwankungen der Schichtdicke, des Mischungsverhältnisses der einzelnen Oxyde, der Orientierung der emittierenden Kristallfläche zum zugehörigen Oxydkristall und auf die Rauhigkeit der Oberfläche als primäre Ursachen. Durch die elektronenmikroskopische Untersuchung verschiedener geeignet hergestellter Oxydschichten wird bewiesen, daß von diesen primären Ursachen fast ausschließlich nur die verschiedene Orientierung der Kristallflächen und die Rauhigkeit der Oberfläche bei der Ausbildung der Emissionszentren wirksam sind.

Halbleiterwerkstoffe und -widerstände[1].

Von

WILFRIED MEYER und ERWIN WEISE.

Mit 21 Abbildungen.

Allgemeines.

Halbleiter sind chemische Verbindungen mit reiner Elektronenleitung und einem positiven Temperaturkoeffizienten der Leitfähigkeit. Ihr spezifischer Widerstand liegt etwa zwischen $1\ \Omega \cdot$ cm und $10^{10}\ \Omega \cdot$ cm. Sie leiten den Strom in der gleichen Art wie die Metalle, ohne daß dabei Zersetzungen wie bei Elektrolyten auftreten.

Schon vor langer Zeit hat E. FRIEDERICH eine Regel darüber aufgestellt, bei welchen chemischen Verbindungen eine elektrische Leitfähigkeit auftritt: Nichtleiter sind alle Stoffe, deren Wertigkeitselektronen für die chemische Bindung voll beansprucht werden. Leiter sind alle Stoffe, bei denen nur ein Teil der Wertigkeitselektronen beansprucht wird. Die nichtbeanspruchten Wertigkeitselektronen sind diejenigen, die die Elektronenleitung ermöglichen. Diese Regel hat eine fast allgemeine Gültigkeit.

Es gibt auch chemische Verbindungen mit nicht voll beanspruchten Wertigkeitselektronen der metallischen Bestandteile, die zu den Nichtleitern gehören, z. B. unter bestimmten Bedingungen das Kupferoxydul Cu_2O. Die Ursache hierfür ist noch nicht völlig geklärt. Sie hängt mit der Anordnung der Elektronen in dem Metallionenrest zusammen. Überhaupt ist es heute nicht mehr möglich, eine scharfe Grenze zwischen Leitern und Nichtleitern zu ziehen; denn es ist gelungen, durch eine besondere Behandlung eine Reihe von Nichtleitern zu Halbleitern und auch umgekehrt Stoffe, die man zu den Halbleitern rechnet, zu Nichtleitern zu machen. Hierher gehören besonders einige Schwermetalloxyde, über die im folgenden berichtet werden soll.

Physikalische Eigenschaften.

Behandelt man einen geeigneten Nichtleiter, beispielsweise Titandioxyd, in reduzierender Umgebung bei Temperaturen von 800° C und mehr, so tritt zusammen mit einer Verfärbung von Weiß nach Blau eine elektrische Leitfähigkeit auf. Das Rutilgitter des Stoffes bleibt dabei ungeändert. Bei niedrigen Reduktionstemperaturen ist es nicht möglich, mit den üblichen analytischen Methoden irgendwelche stofflichen Veränderungen festzustellen. Tatsache ist aber, daß ein sehr kleiner Anteil von Sauerstoffionen aus dem Gitter entfernt worden ist. Ein Sauerstoffatom hatte bei der Verbindungsbildung des Titandioxyds aus Titan und Sauerstoff zwei Wertigkeitselektronen eines Titanatoms unter Bildung eines Sauerstoffions aufgenommen. Diese Wertigkeitselektronen sind bei der reduzierenden Behandlung, also bei Entziehung von Sauerstoff, wieder zum Titan zurückgetreten. Als Folge davon ergibt sich ein Kristallgitter, in dem zwar die Zahl der durch Metallatome besetzten Gitterpunkte ungeändert ist, in dem aber in regelmäßiger Verteilung Metallionen mit einer niedrigeren als der Verbindung eigentlich zukommenden Zahl von Wertigkeitselektronen vorhanden sind. Es

---

[1] Zusammenfassung der Arbeiten: 1. W. MEYER u. H. NELDEL: Z. techn. Phys. Bd. 18 (1937) S. 588. — 2. E. WEISE: Z. techn. Phys. Bd. 18 (1937) S. 447. — 3. H. NELDEL: Z. techn. Phys. Bd. 18 (1937) S. 464. — 4. W. MEYER: Arch. techn. Messen 1938 Z 117-3. — 5. E. WEISE: ETZ Bd. 59 (1938) S. 1085.

liegen also neben den vierwertigen Titanionen auch drei- oder zweiwertige in dem Gitter vor. Diese niederwertigen Metallionen sind in der Lage, Elektronen für die Stromleitung abzugeben. Es besteht ein Elektronenüberschuß in der Verbindung. Stoffe dieser Art nennt man Elektronenüberschußleiter. Dazu kann man alle chemisch gesättigten Verbindungen rechnen, die an sich Isolatoren sind und sich einer reduzierenden Behandlung derart unterwerfen lassen, daß diese nicht vollständig zur Bildung von reinem Metall führt.

Ungesättigte Verbindungen, bei denen also die Zahl der Leitfähigkeitselektronen für die chemische Bindung nicht voll beansprucht ist, können, wie oben gesagt, auch im nichtleitenden Zustand auftreten, wie z. B. das Kupferoxydul (Cu_2O). Man kann nun solche Verbindungen durch eine Temperung in einer Umgebung des nichtmetallischen Bestandteiles der Verbindung, in unserem Beispiel also in Sauerstoff, zu Halbleitern machen. Das Kupferoxydul ändert seine Leitfähigkeit dann außerordentlich stark. Kupferoxydulkörper mit einer spezifischen Leitfähigkeit von etwa $10^{-10}\ \Omega^{-1}\,\mathrm{cm}^{-1}$ erfahren einen Leitwertzuwachs um etwa 9 Zehnerpotenzen, wenn man sie in Sauerstoff bei etwa 500° C tempert. Auf Grund der starken Leitwertsänderung muß man annehmen, daß die eingetemperten Sauerstoffatome als Ionen in das Gitter eingetreten sind und damit die Elektronenanordnung in dem Metallionengitter geändert haben. Es muß eine gewisse Anzahl von Kupferionen aus dem einwertigen in den zweiwertigen Ionenzustand übergetreten sein. Diese haben einen Mangel an Elektronen gegenüber den einwertigen Nachbarionen. Unter Einwirkung des elektrischen Feldes wird nun jedes einwertige Kupferion ein Elektron an ein zweiwertiges Kupferion in der Nähe abgeben und dieses dadurch einwertig machen. Dieser Vorgang verläuft durch das ganze Gitter. Er ist gleichbedeutend mit einer Elektronenleitfähigkeit. Da in dem Metallionengitter gegenüber der Verbindung ein Mangel an Elektronen vorliegt, bezeichnet man Stoffe dieser Art als Elektronenmangelleiter.

Versuche zeigen nun, daß sich in Halbleitern nicht immer alle freien Wertigkeitselektronen an der Stromleitung beteiligen. Dies ist vielmehr nur bei einem bestimmten Teil der Fall, dessen Größe mit steigender Temperatur ansteigt. Man sollte auf Grund der thermodynamisch begründeten VAN 'T HOFFschen Formel eine exponentielle Abhängigkeit der Leitfähigkeit von der Temperatur erwarten. Tatsächlich besteht als gesichertes Ergebnis vieler Messungen von verschiedenen Forschern folgende Leitwerts-Temperaturformel:

$$\sigma = a \cdot e^{-b/T}\,.$$

In der sog. Mengenkonstante a stecken als Faktoren die Zahl der Elektronen, die Ladung eines Elektrons und seine mittlere Beweglichkeit.

Als Elektronenzahl gilt die Zahl der Elektronen, die sich an der Stromleitung im Höchstfall beteiligen können. Sie sind von denjenigen Ionenrümpfen losgelöst, deren Wertigkeitselektronen nicht voll beansprucht sind. Diese wollen wir als Elektronenquellen bezeichnen.

Die Beweglichkeit ist die Geschwindigkeit der Elektronen in cm/s in dem Feld 1 V/cm. Sie ist ihrerseits wieder temperaturabhängig, zum Teil infolge der Wärmeschwingungen des Gitters, und zwar in der Weise, daß sie mit steigender Temperatur sinkt. Diese Abhängigkeit tritt jedoch gegenüber der Temperaturabhängigkeit der Zahl der Leitwertselektronen zurück.

Die sog. Energiekonstante b hat die Dimension von Temperaturgraden. Man findet an ihrer Stelle im Schrifttum auch den Ausdruck ε/kT, worin k die BOLTZMANN-Konstante ist; man drückt ε in Elektronenvolt (eV) aus und deutet es als Ablösearbeit der Elektronen.

Man erkennt leicht, daß bei logarithmischer Darstellung dieser Gleichung der Logarithmus der Leitfähigkeit in Abhängigkeit vom Kehrwert der absoluten Temperatur eine Gerade bildet, bei der $\log a$ den Ordinatenabschnitt und ε/k die Neigung angeben. Diese Temperaturabhängigkeit ist schon seit langem bekannt und wurde von vielen Forschern auch genau bestätigt. Dabei fand sich, daß der Zahlenwert für a stark schwankt, und zwar um Zehnerpotenzen. Außerdem weist auch die Größe ε sehr unterschiedliche Zahlenwerte auf. Sowohl für die wissenschaftliche Erkenntnis als auch für die technische Beherrschung der Eigenschaften von Halbleitern ist es von größtem Wert, festzustellen, wovon die Konstanten der Leitwertsformel abhängen.

Unsere Bemühungen nach dieser Richtung hatten das Ergebnis, daß die Größe ε bei konstanter Temperatur eine Abhängigkeit von der Leitfähigkeit selbst zeigt. Dies war überraschend, weil bis vor kurzem ε als Werkstoffkonstante angesehen wurde. Wie die Abb. 1 zeigt, ist ε in erster Näherung proportional dem auf eine konstante Temperatur bezogenen Leitwert der Verbindungen. Mit sinkendem Leitwert steigt der Wert für die Ablösearbeit an. Eine Leitwertserniedrigung um etwa 10 Zehnerpotenzen gibt eine Vergrößerung der Ablösearbeit etwa um den Faktor 7. Eindeutige Werte für die Beziehung zwischen den beiden Größen sind hier jedoch noch nicht zu entnehmen; denn für eine bestimmte Ablösearbeit können die Leitwerte um etwa drei Zehnerpotenzen verschieden sein. In demselben Sinne können sich die Ablösearbeiten für ein und denselben Leitwert um 0,2 eV unterscheiden. Alle Bemühungen, diese Streuung in der geradlinig scheinenden Beziehung zwischen $\log \sigma_T$ und ε auf Streuung der Konstante a zurückzuführen, schlugen fehl. Außerdem gelang es nicht, Gründe für solche Streuungen der a-Konstante zu finden. Diese Untersuchungen führten aber zu weiteren bemerkenswerten Ergebnissen.

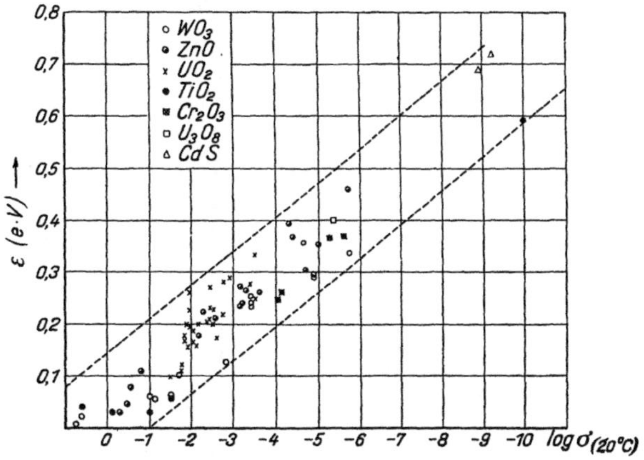

Abb. 1. Beziehung zwischen Ablösearbeit und Leitfähigkeit bei verschiedenen Werkstoffen.

Die zur Klärung dieser Fragen angestellten Leitfähigkeits-Temperaturmessungen wurden an vielkristallinen Sinterkörpern ausgeführt. Wenn ein solcher Körper zwecks Erzeugung bestimmter Leitfähigkeitswerte bei erhöhter Temperatur durch Reduktion oder Oxydation eine Änderung der Zahl der Elektronenquellen erfährt, so kann sehr leicht gleichzeitig durch Nachsintern eine Änderung des kristallinen Gefüges eintreten. Es ist sicher, daß diese Gefügeänderung allein schon die a-Konstante ändert und dadurch die gesuchten Zusammenhänge verschleiert. Wir haben daher mehrere Elektronenüberschußleiter, Zinkoxyd, Titanoxyd und Eisen-III-oxyd, und einen Elektronenmangelleiter, Urandioxyd, zum Zwecke der Verfestigung bei Temperaturen vorgesintert, die weit über den späteren Behandlungstemperaturen lagen, die die Leitfähigkeitsänderungen hervorrufen sollten. Gelegentlich nahmen wir sogar einen und denselben Versuchskörper für die verschiedenen Meßreihen, den wir nacheinander vor Aufnahme der Meßreihe auf die verschiedenen gewünschten Leitwerte brachten. Man konnte dann annehmen, daß bei dieser Vorsinterung das kristalline Gefüge der Körper so weit beständig geworden war, daß bei den Nachbehandlungen bei tieferen Temperaturen eine weitere Kristallisation ausbleibt. Ein Einfluß der Kristallstruktur auf den Zahlenwert von a wird also wegfallen.

In der Tab. 1 sind die Ergebnisse an Titandioxyd niedergelegt. Der Stoff ist an sich ein Isolator mit einer Leitfähigkeit von $\sigma_{20^\circ C} < 10^{-12}\,\Omega^{-1}\,\mathrm{cm}^{-1}$. Die Körper F und G wurden zwischen 600° und 1000° C in einem Gemisch von 98% Sauerstoff + 2% Stickstoff oder 80% Sauerstoff + 20% Stickstoff oder aber in Luft gemessen. Aus der geradlinigen Beziehung zwischen $\log\sigma$ und $1/T$ wurden die Leitwerte auf 20° oder auf 400° C extrapoliert.

Tabelle 1. TiO_2 (Porenraum 20 bis 22%).
Zusammenstellung von ε, $\log a$, $\log\sigma_{(20^0 C)}$, $\log\sigma_{(400^0 C)}$.

Meßkörper	ε (e · Volt)	$\log a$	$\log\sigma_{(20^0 C)}$	$\log\sigma_{(400^0 C)}$
Stab F . . .	1,728	+4,45	−25,18*	−8,45*
,, G . . .	1,688	+4,25	−24,70*	−8,35*
,, F . . .	1,637	+3,94	−24,14*	−8,29*
,, F . . .	1,620	+3,81	−23,97*	−8,28*
,, F . . .	1,623	+3,98	−23,85*	−8,14*
,, F . . .	1,545	+3,66	−22,83*	−7,88*
,, F . . .	1,433	+3,02	−21,56*	−7,69*
,, G . . .	0,556	+0,51	− 9,19*	−3,71
,, A . . .	0,426	−0,29	− 7,60*	−3,47
,, B . . .	0,327	−0,83	− 6,44*	−3,27
,, A . . .	0,029	−1,21	− 1,71	−1,43
,, B . . .	0,024	−1,28	− 1,69	−1,46
,, A . . .	0,034	−0,53	− 1,11	−0,78
,, B . . .	0,027	−0,57	− 1,02	−0,76
,, B . . .	0,034	+0,47	− 0,11	+0,22
,, A . . .	0,028	+0,49	+ 0,02	+0,29
,, B . . .	0,027	+0,50	+ 0,04	+0,30
,, B . . .	0,033	+0,87	+ 0,31	+0,63
,, A** . .	0,015	+2,34	+ 2,07	+2,22
,, C** . .	0,004	+2,19	+ 2,12	+2,16

Zur Erzeugung größerer Leitwerte wurden die Meßkörper dann bei Temperaturen zwischen 400° und 800° C in strömendem Wasserstoff über eine Zeit von 10 bis 20 Stunden reduziert und darauf im Vakuum oder in Edelgasen zwischen Raumtemperatur und 400° C gemessen. Die Tabelle zeigt, daß es möglich ist, die Leitfähigkeit innerhalb vieler Zehnerpotenzen zu ändern. Mit steigendem Leitwert sinkt der Zahlenwert für ε. Angefangen von kleinsten Leitwerten sinkt mit steigendem Leitwert zunächst auch der Zahlenwert für a. Er geht dann aber durch einen Kleinstwert und steigt danach wieder an. Bis hinauf zu Leitwerten von $\log\sigma = 0{,}31\,\Omega^{-1}\,\mathrm{cm}^{-1}$ war die Rutilstruktur des Titandioxyds völlig ungeändert geblieben. Bei den letzten beiden Zahlenreihen war die Reduktion so stark, daß die Struktur des Rutilgitters nicht mehr erhalten blieb, sondern ein neues Gitter auftrat. Daher ist ein Vergleich dieser Werte mit den anderen nur mit Vorbehalt möglich.

Die Behandlung der Überschußleiter ZnO, Fe_2O_3 und des Mangelleiters UO_2 sowie die Durchführung der Messungen an diesen Körpern wurden in entsprechender Weise vorgenommen. Immer kam es darauf an, Strukturänderungen, die später bei der Einstellung der verschiedenen Ausgangsleitwerte oder gar bei der Messung selbst auftreten könnten, vorwegzunehmen. Daß eine solche werkstoffgerechte Behandlung der Meßkörper zweckmäßig war, zeigt sich in der

* Werte wurden extrapoliert.
** Der Werkstoff hatte nicht mehr Rutilstruktur.

völligen Übereinstimmung der an den verschiedenen genannten Stoffen erzielten Ergebnisse.

Als Ergebnis unserer Messungen kann man folgendes ansehen:

Als Näherungsgesetz war es bekannt, daß sich ε in Abhängigkeit von $\log \sigma_T$ linear ändert. Es hat sich gezeigt, daß diese Näherungsregel streng gültig ist. Dann ergeben sich für $\log a$ zwei verschiedene Möglichkeiten: entweder es ist $\log a$ konstant, oder $\log a$ selbst ist ebenfalls linear abhängig von $\log \sigma$. Tatsächlich hat sich gezeigt, daß eine solche lineare Beziehung zwischen $\log a$ und $\log \sigma_T$ vorhanden ist. Eine Auftragung dieser Abhängigkeit zeigt Abb. 2. Aus ihr läßt sich ablesen, daß es zwei Leitwertsgebiete gibt:

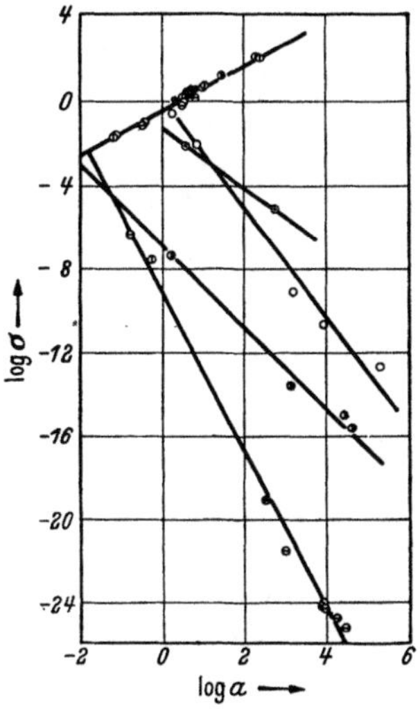

Abb. 2. Beziehung zwischen a-Konstante und Leitfähigkeit bei verschiedenen Werkstoffen.
⊖ TiO_2; ⊙ UO_2; ◑ Fe_2O_3; ○ ZnO; ● ZnO (nach FRITSCH).

1. $\sigma_{20} < 10^{-2}\,\Omega^{-1}\,\text{cm}^{-1}$. Mit steigendem Leitwert sinkt $\log a$ ab. Die Werte für jeden Werkstoff liegen auf je einer besonderen Geraden.

2. $\sigma_{20} > 10^{-2}\,\Omega^{-1}\,\text{cm}^{-1}$. Mit steigendem Leitwert steigt $\log a$. Die Abhängigkeit vom Stoff verschwindet. Die Werte liegen für alle Stoffe auf ein und derselben Geraden.

Diese beiden Bereiche finden sich auch in der Beziehung $\varepsilon = f(\log \sigma_T)$ wieder, wie Abb. 3 zeigt.

1. $\sigma_{20} < 10^{-2}\,\Omega^{-1}\,\text{cm}^{-1}$. Die Werte liegen für jeden Stoff genau auf je einer Geraden; die frühere Näherungsregel erweist sich als streng gültig.

2. $\sigma_{20} > 10^{-2}\,\Omega^{-1}\,\text{cm}^{-1}$. Die Werte liegen für alle Stoffe auf ein und derselben Geraden, die nur wenig geneigt ist. ε ist selbst nur klein. Es liegt zwischen 0,01 eV und 0,06 eV, d. h. es verschwindet der Einfluß des Exponentialgliedes. σ ist hier nur von a abhängig. Damit verschwindet der Stoffeinfluß zwangsläufig.

Aus alledem läßt sich der Schluß ziehen, daß unter den gegebenen Umständen auch ein linearer Zusammenhang zwischen ε und $\log a$ bestehen muß. In dieser zunächst rein richtungsmäßigen Beziehung zwischen den Energiekonstanten ε und den Mengenkonstanten a, in der eine Bezugstemperatur nicht mehr vorkommt, sehen wir ein weiteres wesentliches Ergebnis der Messungen.

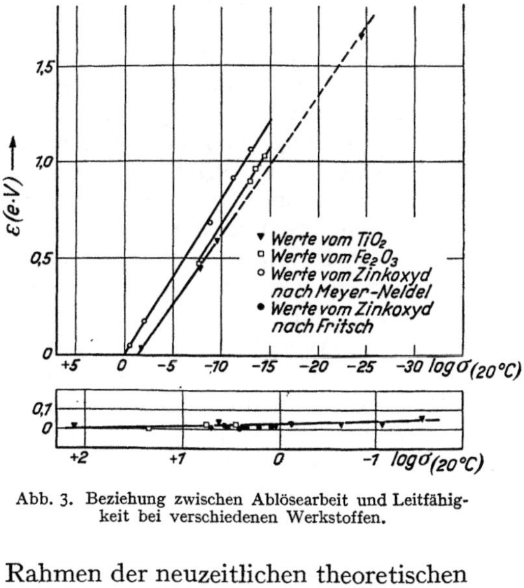

Abb. 3. Beziehung zwischen Ablösearbeit und Leitfähigkeit bei verschiedenen Werkstoffen.

Die aufgefundenen Beziehungen lassen sich nach den klassisch theoretischen Anschauungen nicht verstehen; auch die neuzeitlicheren Anschauungen geben keinen allgemeinen Aufschluß. Lediglich richtungsmäßig ist eine Änderung von ε mit $\log \sigma$ abzuleiten. Diese umfaßt jedoch nur einen kleinen Bereich der von uns untersuchten Änderungen von ε.

Immerhin kann man sich ein Bild im Rahmen der neuzeitlichen theoretischen Anschauungen zurechtmachen, das wenigstens in großen Zügen einer Änderung der Energiekonstanten mit der Zahl der freien Elektronen gerecht wird. Bekanntlich denkt man sich die Energieverhältnisse der Elektronen in festen Körpern so, daß sie in einem Energieniveauschema Bänder der erlaubten Zustände bilden. Zwischen ihnen liegen verbotene Bereiche, in denen sich bei den Halbleitern Zwischenniveaus für die Elektronenquellen befinden. Wenn die Vermehrung der Leitfähigkeit auf eine Vermehrung der Zahl der Elektronenquellen n_0 zurückgeht, dann kann man sich vorstellen, daß sich gleichzeitig die Zahl der Zwischenniveaus vermehrt, und zwar in dem Sinne, daß ihr Abstand vom nächsthöheren Leitfähigkeitsband abnimmt; es sinkt also die Ablösearbeit der Elektronen mit wachsender Zahl der freien Elektronen. Eine solche Betrachtung läßt sich in gleicher Weise für Überschuß- und Mangelleiter anstellen.

Den eigenartigen Gang von $\log a$ kann man so deuten, daß hier zwei voneinander unabhängige Faktoren in der Größe a wirksam sind. Man denkt sich a als Produkt $n_0 \cdot e \cdot \bar{v}$. Da nun sicherlich die Zahl der Elektronenquellen n_0 mit steigendem σ_T einsinnig zunimmt, muß der Gang der a-Konstante auf eine besonders starke, im entsprechenden Bereich gegenläufige Änderung von $\bar{v}$ mit σ_T bzw. mit n_0 zurückgehen. Danach kann man in dem Bereich $\sigma_{20^\circ\mathrm{C}} > 10^{-2}\,\Omega^{-1}\,\mathrm{cm}^{-1}$ das Anwachsen der a-Konstante so auffassen, daß es im wesentlichen auf ein Anwachsen der Größe n_0 zurückgeht. Hierzu müßte in diesem Bereich $\bar{v}$ konstant sein. Im Bereich $\sigma_{20^\circ\mathrm{C}} < 10^{-2}\,\Omega^{-1}\,\mathrm{cm}^{-1}$ müßte beim gleichen Gang von n_0 wie vorher die Beweglichkeit $\bar{v}$ mit wachsender Zahl der Elektronen n_0 stark abnehmen.

Vielleicht kann man überhaupt die Temperaturabhängigkeit von σ so verstehen, daß sie bei konstantem n_0 auf eine exponentielle Abhängigkeit der Größe $\bar{v}$ von der Temperatur zurückzuführen ist. Es müßte also gelten: $\bar{v} = v_0 \cdot e^{-b/T}$. v_0 wäre eine Höchstbeweglichkeit, die der Stoff dann hätte, wenn er ein Nichtleiter wäre, z. B. auch bei sehr tiefen Temperaturen.

Ein strenger Beweis für eine Temperaturabhängigkeit der Beweglichkeit läßt sich nur liefern, wenn genaue Werte für die Größe n_0 bekannt sind. Hierfür gibt es nur indirekte Bestimmungsmethoden auf Grund von Messungen der HALL-Konstante, die von anderer Seite ausgeführt wurden. Aus den Messungen von HARTMANN an UO_2 und ENGELHARD an Cu_2O hat sich übereinstimmend mit unseren Annahmen eine starke Abnahme der mittleren Beweglichkeit mit steigender Elektronenkonzentration ergeben. Allerdings ist bei diesen Messungen die Zahl der Elektronenquellen n_0 konstant geblieben. Es wurde lediglich mit der Veränderung der Elektronenkonzentration durch die Temperatur gearbeitet.

Im scheinbaren Gegensatz zu uns stellt FRITSCH keine Änderung der mittleren Beweglichkeit mit der Elektronenkonzentration fest. Indessen steht dies auch in Übereinstimmung mit unseren Annahmen, denn die Messungen wurden im Leitwertsgebiet $\sigma_{20^\circ\mathrm{C}} > 10^{-2}\,\Omega^{-1}\,\mathrm{cm}^{-1}$ ausgeführt, also an solchen Körpern, bei denen nach unseren Vorstellungen eine Grenzbeweglichkeit der Elektronen bereits erreicht ist und deren a-Werte in der Beziehung zwischen a und σ_T auf dem oberen Kurvenast der Abb. 2 liegen.

Die Erkenntnisse aus unseren Untersuchungen, die hier nur zu einem Teil wiedergegeben wurden, haben sich für die Herstellung und die Anwendungen von Widerstandskörpern als außerordentlich fruchtbar erwiesen. Insbesondere setzten sie uns in die Lage, aus der Fülle der sich anbietenden Werkstoffe die geeigneten auszuwählen. Auszuscheiden waren alle, die eine geringe elektrolytische Leitfähigkeitskomponente aufweisen, weil diese bei stärkerer Belastung über mehrere tausend Stunden gefährliche Änderungen des gesamten Verhaltens zur Folge haben kann. Es kann aber auch bei höherer Temperatur eine geringfügige Dissoziation, bei Oxyden also eine Sauerstoffabgabe, oder aber auch bei niederen Oxyden eine Sauerstoffaufnahme stattfinden, die ebenfalls die Leitwerte und deren Temperaturabhängigkeit ändern können. Bereits sehr kleine Änderungen der stöchiometrischen Zusammensetzung geben Leitwertsänderungen um Zehnerpotenzen. Für die hohen technischen Anforderungen sind aber Leitwertsänderungen von wenigen Prozent meist schon nicht mehr tragbar.

Unter den vielen von uns untersuchten Werkstoffen hat sich das Urandioxyd bedingt und der Magnesium-Titan-Spinell in hohem Maße als geeignet für eine technische Verwertung erwiesen. Da wir uns jedoch in der letzten Zeit fast ausschließlich auf den Magnesium-Titan-Spinell beschränkten, sollen im folgenden nur Körper aus diesem Werkstoff behandelt werden. Sie haben als „Urdox"-Widerstände bisher schon zu vielen Millionen Stück Verwendung gefunden.

Die Zusammensetzung des reinen Magnesium-Titan-Spinells ist $2\,MgO \cdot TiO_2$. Das Spinellgitter ist jedoch bis zu Verhältnissen von etwa 7 Mol Magnesiumoxyd auf 1 Mol Titandioxyd vorhanden. Der Spinell ist an sich ein Nichtleiter. Er läßt sich leicht aus den reinen Oxyden herstellen und zu Preß- und Spritzkörpern verarbeiten, denen durch eine reduzierende Behandlung bei Temperaturen oberhalb 1000° C verschiedene Leitfähigkeiten gegeben werden können. Je höher die Reduktionstemperatur ist, desto niedriger ist der spezifische Widerstand und der Temperaturkoeffizient. Außerdem ist bei gleichen Reduktionsbedingungen der spezifische Widerstand um so größer, je größer der Magnesiumoxydgehalt ist. Es liegt also bei den Urdox-Widerständen in der Verfügbarkeit über verschieden hohe Reduktionstemperaturen und über das Verhältnis von Titandioxyd zum Magnesiumoxyd die Möglichkeit einer außerordentlich großen Auswahl im Werkstoff; es können daher sehr viele verschiedene Forderungen in bezug auf die Widerstandswerte und deren Temperaturabhängigkeit befriedigt werden.

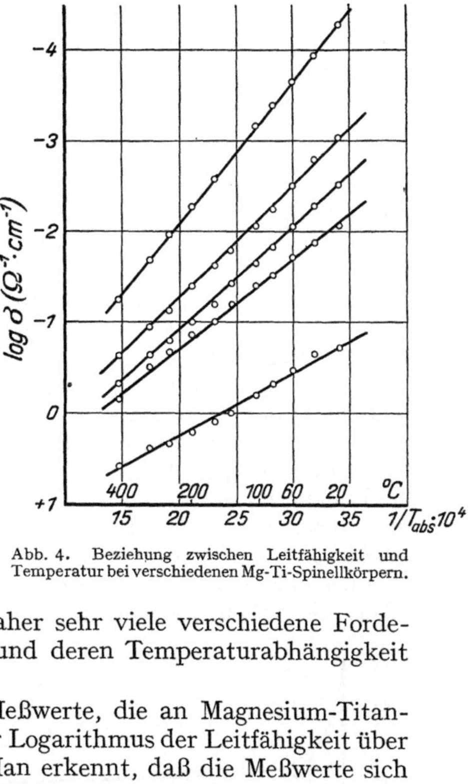

Abb. 4. Beziehung zwischen Leitfähigkeit und Temperatur bei verschiedenen Mg-Ti-Spinellkörpern.

Die Abb. 4 zeigt in einer Kurvenschar Meßwerte, die an Magnesium-Titan-Spinell gewonnen wurden. Aufgetragen ist der Logarithmus der Leitfähigkeit über dem Kehrwert der absoluten Temperatur. Man erkennt, daß die Meßwerte sich sehr gut um Geraden ordnen und daß die absolute Neigung dieser Geraden in den durchgemessenen Temperaturbereichen um so geringer ist, je größer der spezifische Leitwert des Meßkörpers ist. Ein Meßkörper mit dem Leitwert $\log\sigma = -4{,}5$ bei 20° C oder etwa $10^5\,\Omega$ überstreicht in dem Temperaturbereich bis 400° C mehr als 3 Zehnerpotenzen. Je nach der Reduktionstemperatur kann man Widerstandskörper erzeugen, die 2, $2^1/_2$ oder 3 Zehnerpotenzen in dem gleichen Temperaturbereich überstreichen.

Es muß darauf hingewiesen werden, daß sich der Temperaturkoeffizient nur mittelbar aus der Neigung der Geraden ergibt. Aus der Exponentialfunktion erhält man folgenden Ausdruck für den Temperaturkoeffizienten

$$\alpha = \frac{1}{\sigma} \cdot \frac{d\sigma}{dT} = \frac{b}{T^2}\,.$$

Für zwei handelsübliche Urdox-Widerstände sind Zahlenwerte in der folgenden Tab. 2 angegeben. Man sieht, daß der Temperaturkoeffizient für sich wieder stark von der Temperatur abhängt.

Tabelle 2. Abhängigkeit des Temperaturkoeffizienten von der Temperatur.

° C	α in %/° C		° C	α in %/° C	
	U 920	U 3007		U 920	U 3007
0	1,28	2,27	300	0,29	0,51
100	0,69	1,21	400	0,21	0,37
200	0,43	0,76			

Damit sich der anreduzierte Magnesium-Titan-Spinell bei höherer Temperatur an Luft nicht wieder oxydiert, werden die Widerstandskörper stets in entlüfteten oder mit Schutzgas gefüllten Gefäßen untergebracht, wenn sie größere Belastungen ertragen sollen. Der Temperaturbereich, in dem die Widerstände zuverlässig arbeiten, reicht in Schutzgas bis etwa 500° C, in Luft bis etwa 200° C. Der spezifische Widerstand bei Raumtemperatur liegt für die bisher entwickelten technischen Widerstandskörper zwischen 10 $\Omega \cdot$ cm und 20000 $\Omega \cdot$ cm.

Technische Anwendungen.

Bei den meisten technischen Anwendungen der Urdox-Widerstände wird der hohe Temperaturkoeffizient und die Einstellträgheit infolge der Masse der Widerstandskörper ausgenutzt. Solche Fälle sollen im folgenden zunächst besprochen werden.

Bei Anwendung der Urdox-Körper als Dämpfungswiderstände sollen gefährliche Überspannungen beim Einschalten vermieden werden; es sollen aber auch bei der Reihenschaltung von Schalteinheiten mit verschiedener Anlaufzeit diejenigen mit kleinerer Trägheit geschützt werden. Der bei Raumtemperatur hochohmige Urdox-Widerstand nimmt unmittelbar nach dem Einschalten die größte Spannung auf und bestimmt daher fast allein den Einsatzstrom. Die Erwärmung des Urdox-Körpers führt zu stetiger Stromsteigerung, und die Spannung an ihm sinkt dauernd, bis sie im Endzustand schließlich vernachlässigbar klein geworden ist. Schematisch wird der Verlauf eines solchen Vorganges mit und ohne Urdox-Widerstand durch Abb. 5 wiedergegeben. Man sieht, daß sich mit dem Urdox-Körper der Gesamtstrom seinem Endwert von 0,2 A nähert, ohne daß dieser Wert wesentlich überschritten wird. Der Strombereich für solche Anlaßwiderstände reicht von einigen mA bis zu 15 A. Abb. 6 zeigt eine Auswahl handelsüblicher Urdox-Widerstände, von denen der größte ein Anlaßwiderstand für 15 A Dauerstrom ist.

Abb. 5. Überstromdämpfung durch einen Urdox-Widerstand.

In Verbindung mit den bei uns ebenfalls hergestellten Eisenwasserstoffwiderständen zur Regelung der Stromstärke finden die Urdox-Widerstände sehr häufig Anwendung. Bei einem Eisenwasserstoffwiderstand treten auf Grund des hohen Temperaturkoeffizienten des Eisens hohe Einschaltüberströme auf, die durch den Urdox-Widerstand, der in demselben Glaskolben liegt wie der Eisendraht, fast völlig unterdrückt werden (siehe Abb. 6, Nr. 2).

Da bei diesen Steuervorgängen keinerlei Kontakte betätigt werden, wird der Urdox-Widerstand immer häufiger, insbesondere bei Fernschaltungen, zur unmittelbaren Steuerung von Anlaufvorgängen verwendet. Dabei wird die Geschwindigkeit des Anlaufvorganges durch mehrere Größen bestimmt, und zwar durch den Kaltwiderstand und die Wärmekapazität des Urdox-Körpers, durch die Höhe der wirksamen Spannung und durch die Anlaufkennlinie der Nutzlast. Bei schnell anlaufender und schnell abklingender Nutzlast und bei gleichzeitig großen Strömen und langer Anlaufzeit muß die Masse des Urdox-Körpers ver-

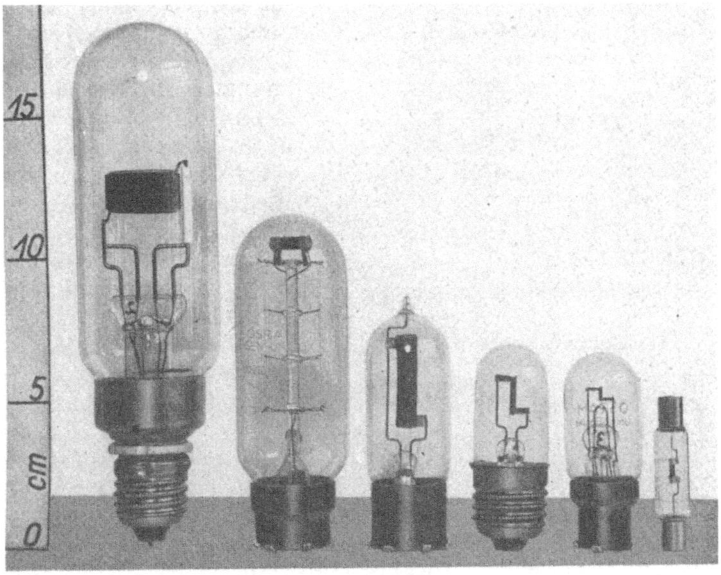

Nr. 1 2 3 4 5 6

Abb. 6. Handelsübliche Urdox-Widerstände.

hältnismäßig groß gewählt werden. Dies verursacht wieder lange Abkühlzeiten nach dem Ausschalten. Der Widerstand ist also nicht unmittelbar nach dem Abkühlen wieder schaltbereit, es sei denn, daß seine Abkühlzeit besonders auf die Nutzlast abgestimmt ist. Dies läßt sich in den meisten Fällen ohne weiteres durchführen. Den Verlauf der Abkühlung verschiedener Widerstände zeigt die Abb. 7. Je nach der Bauart wird nach dem Abschalten der Ausgangswiderstand nach einigen Sekunden oder aber auch erst nach vielen Minuten erreicht.

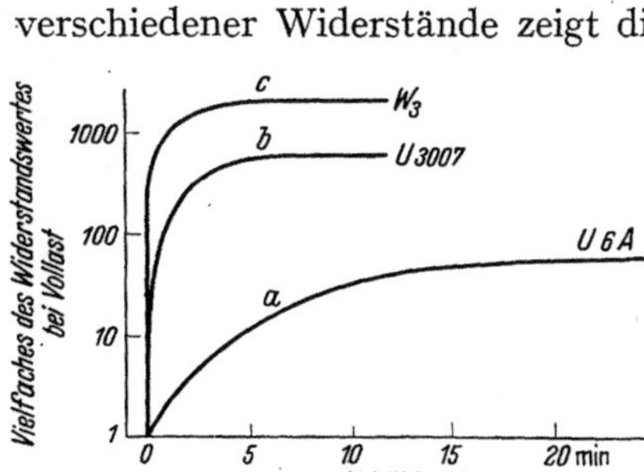

Abb. 7. Abkühlzeit verschiedener Urdox-Widerstände.

Ein wichtiges Anwendungsgebiet der Urdox-Widerstände ist die Verwendung als Verzögerungswiderstand für Relais. Ein handelsübliches Verzögerungsrelais mit einem Urdox-Widerstand zeigt die Abb. 8. Ein Schaltungsbeispiel hierfür gibt die Abb. 9. Die Aufgabe war, bei einem Hochspannungsventil erst dann die Hochspannung anzulegen, wenn die Glühkathode die Emissionstemperatur erreicht hat, um das gefährliche sog. Spratzen der Kathode zu verhindern. Nach Einrücken des Schalters *S* wird über die Heizwicklung des Umspanners die Kathode *K* geheizt. In Reihe mit der Magnetspule liegt ein Urdox-Widerstand *U*, der unmittelbar nach dem Einschalten noch kalt ist. Er erwärmt sich langsam, bis der Stromwert erreicht ist, bei dem das Relais den Schalter *R* einrückt und die Hochspannung an das Ventil anlegt. Gleichzeitig wird auch noch der Urdox-

Widerstand kurzgeschlossen; er kühlt sich wieder ab und ist sofort wieder verwendungsfähig, auch wenn eine nur kurze Ausschaltpause eingetreten ist.

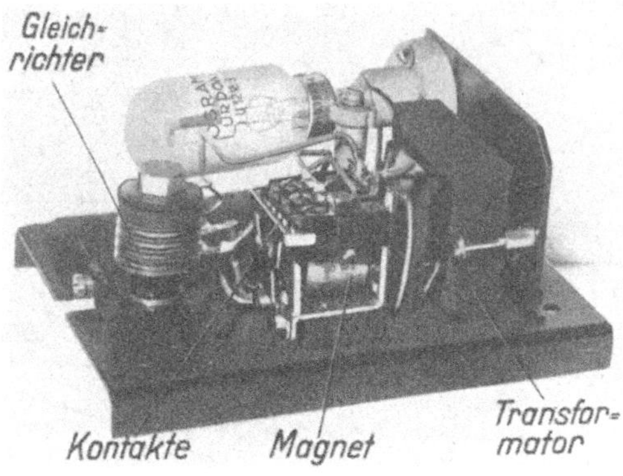

Abb. 8. Verzögerungsrelais mit Urdox-Widerstand.

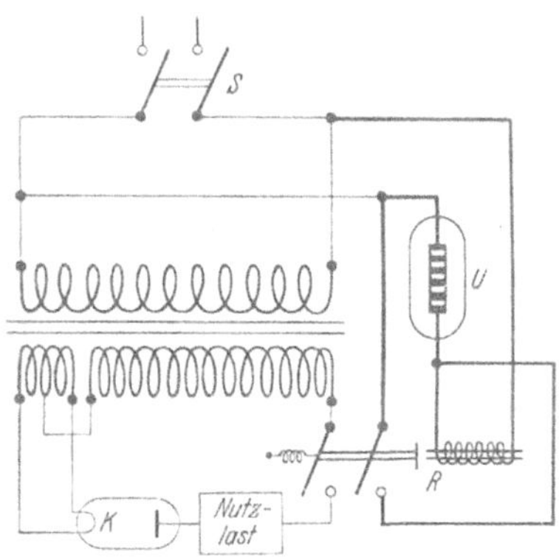

Abb. 9. Verzögerungsschaltung mit einem Relais und einem Urdox-Widerstand.

Bei einer anderen bemerkenswerten Anwendung der Urdox-Widerstände werden Kondensatoren mit einer oberen Spannungsgrenze bei Dauerbetrieb gegen Überspannung geschützt. Bei den besonders in den letzten Jahren in großen Stückzahlen zur Ladung und Glättung von gleichgerichteten Wechselströmen verwendeten Elektrolytkondensatoren ist die höchstzulässige Dauer- und die kurzzeitige Spitzenbelastung nur wenig voneinander verschieden. Bei einer Dauerbelastung von 500 V ist in vielen Fällen nur eine Spitzenbelastung von 550 V zugelassen. Wenn ein Doppelweggleichrichter beispielsweise 500 V mittlere Gleichspannung liefert, so beträgt seine Scheitelspannung etwa 700 V. Hat der Gleichrichter eine kürzere Anlaufzeit als die Nutzlast, so werden die Ladungskondensatoren in solchen Stromkreisen während des Einschaltvorganges so lange auf den gefährlich hohen Scheitelwert der vom Gleichrichter gelieferten Gleichspannung aufgeladen, bis die Nutzlast angelaufen ist. Dies ist z. B. der Fall, wenn ein Gleichrichter mit unmittelbar geheizter Glühkathode die Spannungen für fremdgeheizte Verstärkerröhren liefert. Die Überlastung der Kondensatoren kann durch Verwendung eines Urdox-Widerstandes vermieden werden. Den Spannungsverlauf an einem Ladekondensator während eines Einschaltvorganges zeigt die Abb. 10. Die Kurven zeigen den verwickelten Gang des Anlaufvorganges, wenn kürzere und längere Schaltpausen auftreten. Die Kurven 2, 3 und 4 beweisen, daß es möglich gewesen ist, die Wärmekapazität des Urdox-Körpers der Nutzlast so weitgehend anzugleichen, daß auch bei kurzzeitigen Schaltpausen keine Überlastungen der empfindlichen Verstärkerröhren oder des Ladekondensators ein-

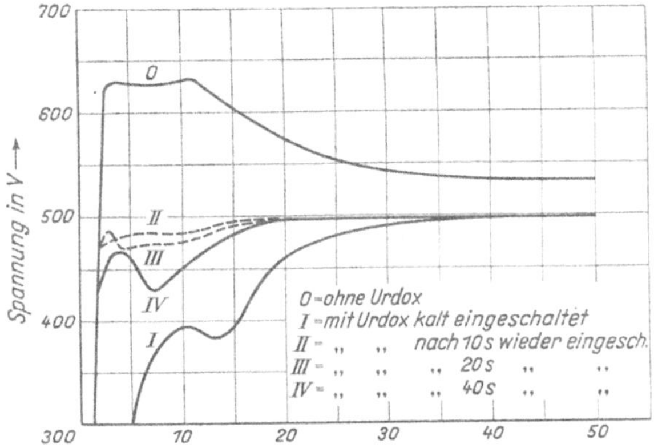

Abb. 10. Schutz eines Elektrolytkondensators durch einen Urdox-Widerstand.

treten. Die Kurve 0 zeigt die Verhältnisse ohne Schutzwiderstand. Man sieht, daß dann eine Spannungsüberlastung von etwa 100 V auftritt. Der für den beschriebenen Zweck entwickelte Urdox-Widerstand ist als Nr. 6 in Abb. 6 abgebildet.

Der hohe Temperaturkoeffizient des Werkstoffes gestattet es, mit einfachen Mitteln hochempfindliche und genaue Widerstandsthermometer herzustellen. Was

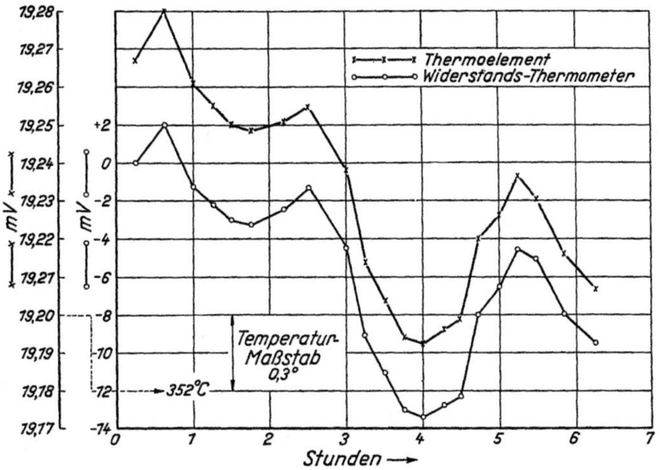

Abb. 11. Temperaturmessungen.

diese leisten können, zeigt die Abb. 11. Eine Temperaturschwankung mit einem Gesamtumfang von etwa einem Grad im Verlauf von ungefähr 6 Stunden ist einerseits mit Hilfe einer Präzisionsmeßeinrichtung, bestehend aus einem Thermoelement und einem Kompensator, und andererseits mit einem Temperaturfühler,

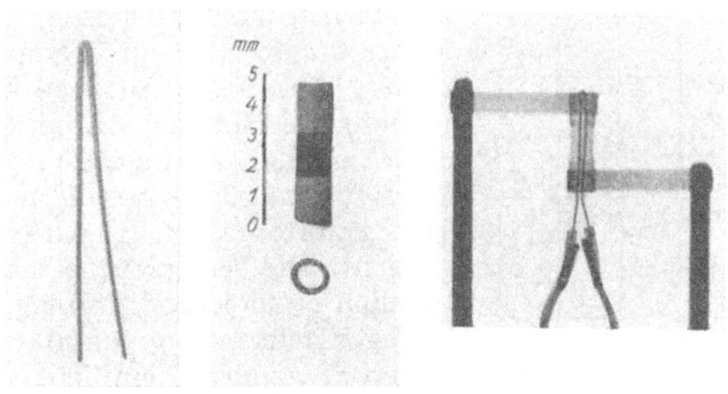

Abb. 12. Urdox-Regler. Aufbau.

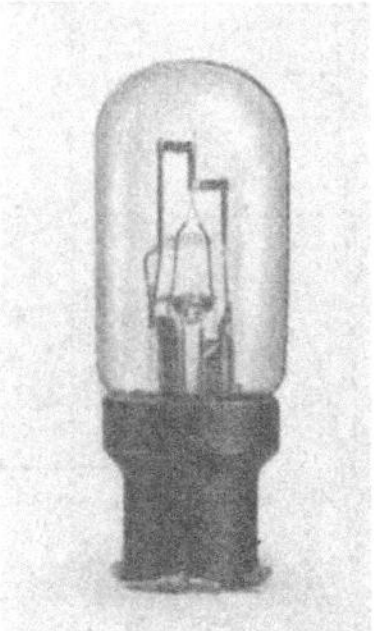

Abb. 13. Urdox-Regler.

bestehend aus einem Halbleiterwiderstands-Thermometer, gemessen worden. Beide Kurven sind des Vergleiches wegen etwas gegeneinander verschoben. Man sieht, daß sie sich fast völlig decken. Jedoch ergab das Thermoelement für eine Temperaturdifferenz von 0,3° C eine Spannungsänderung von 0,02 mV, während der Urdox-Temperaturfühler für den gleichen Bereich eine mit einfachen Mitteln meßbare Spannungsänderung von 4 mV ergab. Wir haben festgestellt, daß bis zu etwa 400° C Messungen mit höchster Genauigkeit beliebig wiederholbar durchzuführen sind.

Durch Fremdheizung der Urdox-Körper kann je nach der Leistung des in demselben Umhüllungsgefäß mituntergebrachten Heizwiderstandes eine in weiten Grenzen beliebige Temperatur und damit auch ein beliebiger Widerstandswert stetig eingestellt werden. Eine solche Widerstandsanordnung besteht nach Abb. 12 links aus einer Heizwendel, die einen nichtleitenden Überzug aus Aluminiumoxyd trägt, und einem Halbleiterhohlkörper (Abb. 12 Mitte), der etwa 5 mm lang ist und eine Wandstärke von 0,1 mm hat. Das Röntgenbild 12 rechts zeigt den Heizer innerhalb des Hohlkörpers. Abb. 13 gibt die Ansicht eines vollständigen Regelwiderstandes. Sehr wesentlich ist bei ihm die völlige Trennung des Heizkreises vom Widerstandskreis. Man kann daher die Heizleitung beliebig weit wegführen, so daß sich eine Fernregelung des Widerstandskreises ergibt. Die Abhängigkeit des Hohlkörperwiderstandes von der Heizstromstärke (*a*), von der Heizleistung (*b*) und von der Heizspannung (*c*) ist in der Abb. 14 wiedergegeben.

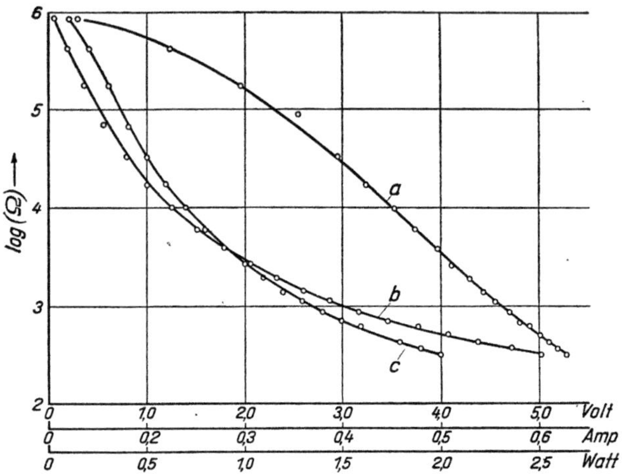

Abb. 14. Urdox-Regler. Abhängigkeit des Widerstandes vom Heizstrom (*a*), von der Heizleistung (*b*) und von der Heizspannung (*c*).

Mit etwa 2,5 W Heizleistung kommt man bei Wasserstoffüllung auf den kleinsten Widerstandswert. Die Heizleistung geht bei Verwendung von Stickstoff etwa auf den vierten Teil zurück; im Hochvakuum ist sie noch etwas geringer. Man sieht, daß es möglich ist, fast 4 Zehnerpotenzen des Widerstandswertes zu überstreichen. Die größte zulässige Belastung des Hohlkörpers beträgt 10 mA oder aber etwa 100 V. Aus bestimmten Gründen werden diese Höchstwerte nicht gleichzeitig erreicht. Die Widerstände haben nämlich entsprechend Abb. 15 bei geringer Heizleistung eine fallende Strom-Spannungs-Kennlinie. Je höher die Heizleistung ist, desto kleiner ist auch der „negative Widerstand", den der Urdox-Körper in diesem Bereich besitzt. Eine Erklärung für das Entstehen von solchen fallenden Kennlinien ist ohne beträchtlichen mathematischen Aufwand nicht ohne weiteres möglich. Außerdem besteht in diesem Punkte auch noch keine Übereinstimmung unter den Forschern. Wir halten den Einfluß der Kühlung an den Enden des Widerstandskörpers für überragend. So wirken die in Abb. 12 und 13 erkennbaren Metallschellen zur Halterung des Hohlkörpers als Kühlfahnen. Für jede Leistungsaufnahme des Hohlkörpers liegt die höchste Temperatur in der Mitte

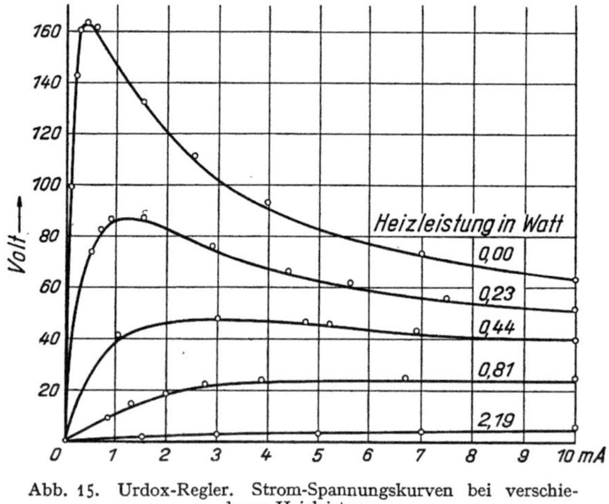

Abb. 15. Urdox-Regler. Strom-Spannungskurven bei verschiedener Heizleistung.

und fällt nach den Enden zu ab. Mit Änderung der Leistungsaufnahme ändert sich die höchste Temperatur und auch der Temperaturgradient. Diese Änderungen, verbunden mit dem hohen negativen Temperaturkoeffizienten und einer entsprechenden Wärmeleitfähigkeit des Werkstoffes, verursacht nach unserer Meinung den fallenden Kennlinienteil. Der Einfluß des radialen Temperaturgradienten bei den beschriebenen Hohlkörpern ist sicherlich von ganz untergeordneter Bedeutung. Für eine wärmegeregelte Widerstandsanordnung ist die Einstellträgheit sehr klein; der Widerstand folgt also einer Änderung der Heizleistung sehr schnell. Dies zeigt die nach einem Oszillogramm gezeichnete Abb. 16. Der obere Teil des Bildes gilt für langsame, der untere für plötzliche Änderungen der Heizspannung. Bei langsamer Änderung der Heizpannung ist kaum ein Zurückbleiben der Widerstandsänderung festzustellen. Aber auch bei plötzlicher Änderung der Spannung erfolgen die Widerstandsänderungen des Hohlkörpers, wie man sieht, in knapp 2 Sekunden. Da die Kapazität zwischen Heizkörper und Hohlkörper kleiner als $2 \cdot 10^{-6}$ μF ist, kann der Widerstand auch für Hochfrequenzkreise verwendet werden.

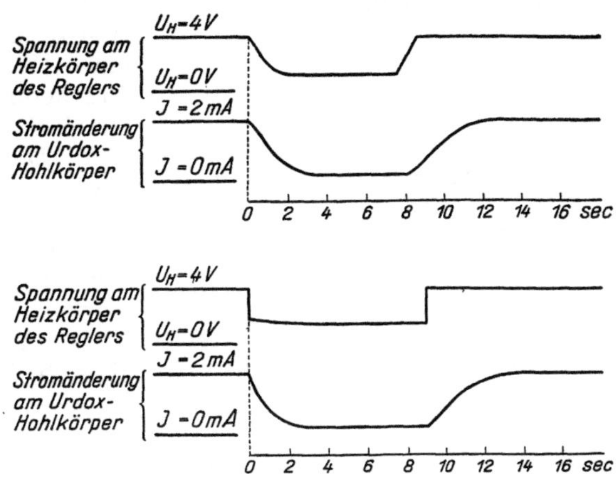

Abb. 16. Urdox-Regler. Trägheit bei Änderung der Heizleistung.

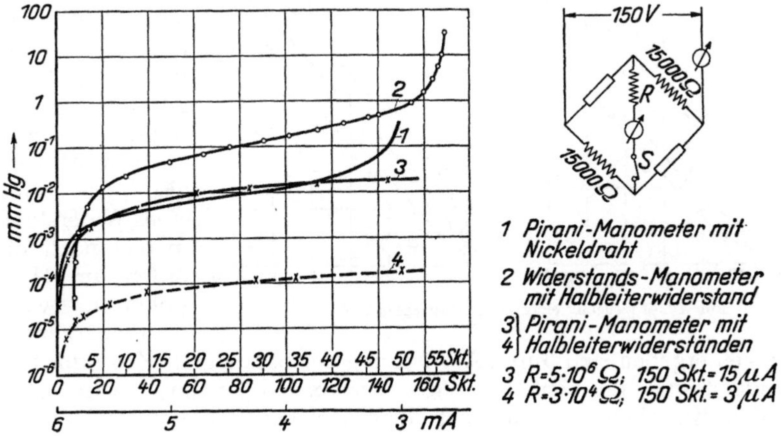

Abb. 17. Gasdruckmessungen mit Urdox-Widerständen.

Mit großem Erfolg lassen sich Urdox-Widerstände in den verschiedensten Brückenschaltungen anwenden. Dem Gebiet der Hochvakuumtechnik naheliegend ist die Verwendung als Gasdruckmesser. Dabei heizt der durch zwei gegenüberliegende Zweige fließende Brückenstrom zwei in diesen Zweigen liegende Urdox-Widerstände auf. Diese befinden sich im ausgepumpten Raum und werden durch die Gasreste mehr oder weniger stark gekühlt. Ihr größerer oder kleinerer Widerstand ist ein Maß für den Gasdruck im Pumpgefäß. Die Meßempfindlichkeit hängt unmittelbar vom Temperaturkoeffizienten der Widerstände ab. Da dieser sich fast beliebig hoch machen läßt, ergeben sich außerordentlich empfindliche Manometer. Eine Schaltung ist in Abb. 17 wiedergegeben. Die beiden temperaturempfindlichen Meßwiderstände sind röhrchenförmige Körper von 1 mm Durchmesser, einer Wandstärke von 0,1 mm und einer Länge von 30 mm. Bei Höchstbelastung während der Messung haben sie einen Widerstand von 15000 Ω. Vor dem Brückeninstrument liegt ein Vorwiderstand R zur Einstellung der Empfindlichkeit. Die Kurve 1 in Abb. 17 ist die Eichkurve eines gewöhnlichen PIRANI-Manometers von Leybold mit Nickeldraht. Als Ordinate ist der Druck, als Abszisse der Ausschlag des Brückeninstrumentes gewählt. Die Meßgrenzen sind nach oben $3\cdot 10^{-1}$ Torr und nach unten 10^{-4} Torr. Dieselbe Empfindlichkeit hat bei niedrigen Drucken ein Gasdruckmesser mit Urdox-Widerständen bei einem Vorschaltwiderstand R von 5 MΩ. Nach Änderung von R auf 30000 Ω läßt sich noch ein Druck von 10^{-5} Torr messen. Wenn eine konstante Spannung an der Brücke liegt, ist besonders bei höheren Drucken die gesamte Stromaufnahme stark druckabhängig. Dies kann man ebenfalls zur Messung ausnutzen. Dazu ist der Schalter S zu öffnen; man braucht dann nur eine gewöhnliche Strommessung bei konstanter Spannung in Abhängigkeit vom Druck auszuführen. Wie Kurve 2 zeigt, geht die Empfindlichkeit weit über den Meßbereich des Metalldrahtmanometers hinaus. Bei Benutzung eines gebräuchlichen Milliamperemeters läßt sich ein Druck von etwa 4 Torr noch gut ablesen. Durch Verwendung von Urdox-Widerständen kann man also den Meßbereich eines Widerstandsmanometers nach oben und unten um $1^1/_2$ Zehnerpotenzen erweitern.

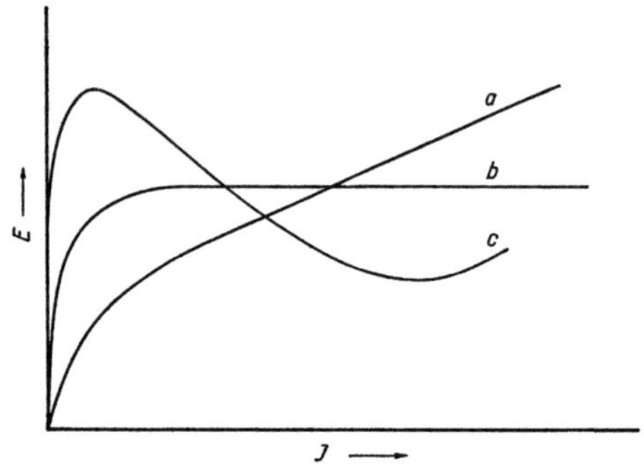

Abb. 18. Strom-Spannungs-Kurven.

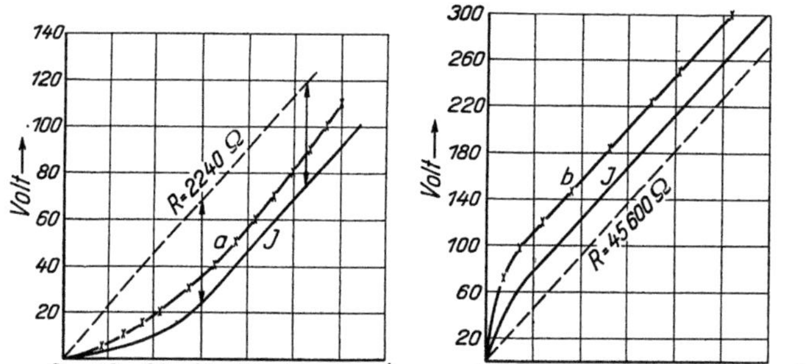

Abb. 19. Erzeugung einer konstanten Spannung.

Bemerkenswerte Anwendungen ergeben sich durch Ausnutzung der besonderen Kennlinien der Halbleiterwiderstände, die Abb. 18 zeigt. Urdox-Körper mit einem einsinnig ansteigenden Kennlinienverlauf nach Kurve *a* kann man zur Erzeugung einer konstanten Spannung im Mittelzweig einer Brücke bei schwankender Speisespannung benutzen. Dazu müssen in zwei einander gegenüberliegenden Zweigen einer WHEATSTONEschen Brücke Widerstände liegen, deren Stromspannungskennlinie in bestimmter Weise vom OHMschen Gesetz abweicht. Die erwünschte Gestalt der Kurve hat der Linienzug J in Abb. 19. Es kommt darauf an, daß ein Stück dieser Kurve möglichst geradlinig verläuft. Die zu diesem geraden Teil durch den Nullpunkt gezogene Parallele gibt den Ohmwert der anderen beiden Zweigwiderstände an. Dann ist der Abstand zwischen beiden Geraden konstant, unabhängig von der Belastung und ein Maß für die konstante, am Mittelzweig abzugreifende Spannung. Die seinerzeit von anderer Seite vorgeschlagenen Wolframdrahtlampen als Widerstände erfüllen die Anforderungen nur sehr annähernd, wie als Beispiel Kurve *a* von Abb. 19 zeigt; sie stammt von einer 8-W-110-V-Lampe. Längs des ganzen Kurvenzuges ist eine Krümmung erkennbar. Wesentlich besser kann die Forderung nach dem Vorhandensein eines geraden Stückes in der Kennlinie von Urdox-Widerständen erfüllt werden. Die dafür ausgewählten Widerstände haben einen spezifischen Widerstand von etwa 4000 $\Omega \cdot$ cm. Sie zeigen eine Spannungskennlinie nach Abb. 19, Kurve *b*, die eine große Annäherung an die erwünschte Kurve darstellt. Als Ohmwert für die anderen Brückenwiderstände ergibt sich hier 45600 Ω; die Lampen brauchten 2240 Ω. In der Abb. 20 werden die prozentischen Spannungsschwankungen miteinander verglichen. Als Abszisse ist die Schwankung der Speisespannung aufgetragen und als Ordinate die entsprechende Schwankung der Nutzspannung am Mittelzweig der Brücke. Die Kurven 1 und 2 gelten für Wolframdrahtlampen, und zwar Kurve 1 für Widerstände mit einer Kennlinie nach Abb. 19a, Kurve 2 ist den Angaben von anderer Seite entnommen. Soll die Schwankung der Nutzspannung unterhalb von 1% bleiben, dann darf die Speisespannung nur um $\pm 20\%$ schwanken. Die mit Urdox-Widerständen unter gleichen Bedingungen gemessene Kurve 3 zeigt, daß bei einer Schwankung der Speisespannung von 40% nach unten und 60% nach oben nur eine im Bild nicht mehr erkennbare Schwankung der Nutzspannung vorhanden sein kann; sie betrug weniger als 1 ‰. Hierbei ist darauf hinzuweisen, daß die Geschwindigkeit, mit der die Brücke den Schwankungen der äußeren Spannung folgt, bei Lampen im allgemeinen größer ist als bei Halbleiterwiderständen. Die geschilderte Anordnung ist daher bevorzugt bei stetigen Schwankungen zu empfehlen.

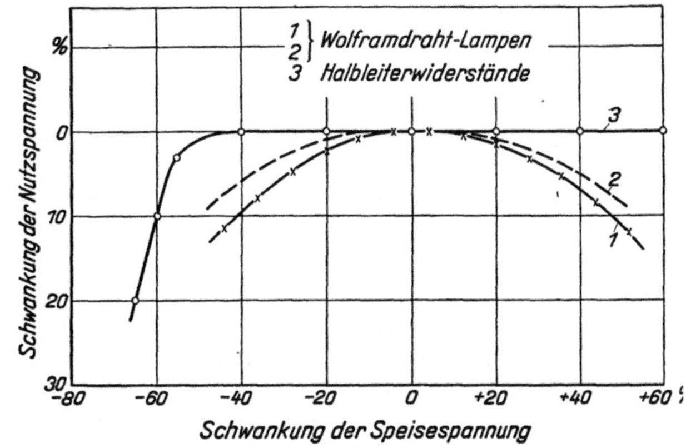

Abb. 20. Erzeugung einer konstanten Spannung.

Auch Urdox-Widerstände mit einer Stromspannungskurve nach Abb. 18b lassen sich zur Ausregelung von Spannungsschwankungen benutzen. Dazu legt man einen Urdox-Widerstand mit einer solchen Kennlinie in Reihe mit einem Ohmschen Vorwiderstand an die Spannungsquelle. Parallel zu dem Urdox-Widerstand kann die konstante Spannung abgegriffen werden. Für diese Zwecke werden Widerstände mit einer Höchstbelastung von einigen mA bis zu mehreren A hergestellt.

Urdox-Widerstände mit Strom-Spannungs-Kurven nach Abb. 18c haben mannigfache technische Anwendungen gefunden. Als Beispiel sei die Verwendung als Parallelwiderstand für in Reihe liegende Verbraucher angeführt. Der Widerstand soll dann bei Ausfallen eines der Verbraucher die Reihenschaltung in Betrieb halten. Dazu wird er so bemessen, daß die Verbraucherspannung kleiner ist als die der Kuppe (Abb. 18), wobei diese wieder kleiner sein muß als die Nennspannung der Verbraucher. Fällt ein Verbraucher aus, so liegt kurzzeitig die gesamte Netzspannung an dem Urdox-Widerstand. Dies führt zu einer beträchtlichen Stromaufnahme und zur Erwärmung des Widerstandes und außerdem zu einer starken Verminderung der an ihm liegenden Spannung. Bei richtiger Bemessung des Widerstandes ist der Endwert dieser Spannung gerade ebenso groß wie die auf einen der Verbraucher beim normalen Arbeiten entfallende Spannung. Die übrigen Verbraucher erhalten also wieder ihre frühere elektrische Leistung und arbeiten störungsfrei weiter.

Abb. 21. Vitalux-Lampe mit Urdox-Zündwiderstand.

Bei einer anderen Gruppe von technischen Anwendungen werden Urdox-Widerstände benutzt, die im strengen Sinne eigentlich keine Halbleiter mehr sind. Es ist nämlich neuerdings gelungen, sie weitgehend temperaturunabhängig zu machen. Ihr großer Vorteil liegt in der Möglichkeit, hohe Widerstandswerte auf kleinem Raum unterzubringen. Dabei sind die Widerstände zum Teil auch noch sehr hoch belastbar. Bei uns und im Auslande werden sie bereits in großen Stückzahlen als Vorwiderstände im Zündkreis von Gasentladungslampen verwendet (Abb. 21). Bei einer Länge von 15 mm und einem Durchmesser von 1 mm beträgt der Widerstandswert 10000, 15000 oder 25000 Ω je nach der Lampenart. Bei der Massenherstellung ergeben sich etwa ± 20 bis 30% Abweichungen vom Nennwert. Die Widerstandsänderung mit der Temperatur beträgt bis zu ± 10% vom Kaltwiderstand in einem Temperaturbereich bis etwa 200° C; solche Widerstände besitzen also zum Teil bereits einen schwach positiven Temperaturkoeffizienten des Widerstandes wie die Metalle.

Für besonders hohe Anforderungen in bezug auf die räumliche Zusammendrängung ist es bei unseren Schalterglimmlampen möglich gewesen, Widerstände durchzubilden, die ohne wesentlichen Temperaturkoeffizienten bei nur 8 mm Länge und 1 mm Durchmesser einen Widerstandswert von etwa $1{,}5 \cdot 10^6\ \Omega$ aufweisen. Allerdings sind diese Widerstände nur mit einigen zehntel mA belastbar.

Die geschilderten technischen Anwendungen stellen nur eine Auswahl der bisher überhaupt bearbeiteten Möglichkeiten dar. Fast täglich kommen, besonders in der heutigen Zeit, andere hinzu, von denen einige auch grundsätzlich neuartig sind. Hierüber kann jedoch erst später Näheres mitgeteilt werden.

Urdox-Widerstände mit kleiner Zeitkonstante[1].

Von

E. WEISE und G. PATZER.

Mit 3 Abbildungen.

Unter den vielen Verwendungsmöglichkeiten der Urdox-Widerstände sind besonders die für Regelzwecke wichtig. Bei ihnen und oft auch sonst stört gelegentlich eine zu große thermische Einstellträgheit der Widerstände. Als einzigen Weg zu ihrer wirksamen Verkleinerung scheint es nur die Verringerung der Masse der Widerstandskörper zu geben. Hierbei bestehen jedoch praktisch Grenzen, die durch die Art der Herstellungsverfahren gegeben sind.

[1] Originalbeitrag.

Bisher wurden die meisten Widerstandskörper durch Ausspritzen einer den Widerstandswerkstoff enthaltenden Paste durch Düsen hergestellt. Wegen der Körnigkeit des Werkstoffes kann man mit dem Durchmesser der Düse nur bis zu etwa 0,2 mm heruntergehen, und auch dann zeigen sich bereits Schwierigkeiten. Sie bestehen darin, daß der körnige Werkstoff die Düse leicht verstopft. Wenn dies auch durch sorgfältiges Arbeiten vermieden werden kann, so erzeugen die Körner in der Spritzdüse doch noch eine unregelmäßig schwankende Stranggeschwindigkeit. Hierdurch erhält der Strang leicht einen in der Länge schwankenden Durchmesser und dadurch schwankende elektrische Eigenschaften. Hinzu kommt, daß die Masse eines Widerstandskörpers von 0,2 mm Durchmesser für manche Zwecke noch bei weitem zu groß ist, so daß man bisher von vielen aussichtsreichen Anwendungen der Halbleiterwiderstände Abstand nehmen mußte.

In letzter Zeit ist es gelungen, besondere Herstellungsverfahren zu entwickeln, die Widerstandskörper mit einem Durchmesser bis zu etwa 20 μ herunter ergeben; ihre Länge liegt zwischen einigen zehntel Millimetern bis zu einigen Millimetern. Wegen ihrer Gestalt und ihrer Abmessungen haben sie die Typenbezeichnung „Urfa-Widerstände" (Urdox-Faden) erhalten.

a b

Abb. 1. Urdox-Urfa-Widerstand.
a) Aufbau, b) eingeschmolzen und gesockelt.

Das Umgehen mit diesen Widerständen ist nicht einfach, weil man sie z. B. wegen ihrer großen Zerbrechlichkeit nicht mit einer Pinzette aufnehmen kann. Hierfür mußten besondere Vorrichtungen entwickelt werden. Außerdem mußten neue Halterungen gefunden werden, die imstande sind, die dünnen und zerbrechlichen Widerstandskörper mit ihrem keramischen Charakter stoß- und rüttelsicher zu tragen. Abb. 1 zeigt eine solche Halterung, und zwar sieht man bei 1a den Aufbau auf einem Glasfuß. Zwei gabelförmige Elektroden tragen zwei dünne metallische Wendeln, an denen querliegend der Halbleiterwiderstand befestigt ist. Nach dem Einschmelzen in einen Kolben wird dieser ausgepumpt oder mit einem nicht angreifenden Gas gefüllt. Einen fertigen Urfa-Widerstand mit Sockel zeigt Abb. 1b.

Die Halterung der dünnen Urfa-Widerstände mit Hilfe von Wendeln hat sich als sehr zweckmäßig erwiesen. Die Widerstände haben eine sehr gewaltsame Prüfung auf einer Schüttelapparatur mit einer Frequenz von 50 Hz und einer Beschleunigung bis zum zehnfachen Betrag der Erdbeschleunigung über mehrere Stunden ohne weiteres ertragen. Ebenso haben sie sich bei allen angestellten Transportversuchen, auch mit der Feldpost bis ins Generalgouvernement ausgezeichnet bewährt.

Man kann den Urfa-Widerständen die gleichen Strom-Spannungs-Kurven geben wie den dickeren Urdox-Widerständen. Abb. 2 zeigt gemessene Kurven. Die stark fallende Kennlinie läßt sich wegen der kleinen Trägheit des Widerstandes zur Erzeugung von Schwingungen von einigen Hz verwenden. Die anderen beiden Kurven, von denen die eine parallel zur Stromachse verläuft und die andere mit wachsendem Strom ansteigt, gehören zu Urfa-Widerständen, die in großer Stückzahl für Regelzwecke verwendet werden.

Die Trägheitslosigkeit der Urfa-Widerstände ist so groß, daß man in entsprechenden Schaltungen die normalen Schwunderscheinungen im Rundfunk vollständig ausgleichen kann. Um ein Maß für die Trägheit zu erhalten, wurden Oszillogramme aufgenommen. Dazu wurde ein Urfa-Widerstand, der bei einem Strom von 0,5 bis 5 mA eine gleichbleibende Spannung von 6,1 V zeigt, mit einem Ohmschen Vorwiderstand von 43900 Ω an eine Wechselspannung von 50 V gelegt. Ruckartig wurde dann mit einem Schalter ein Teil des Vorwiderstandes kurzgeschlossen, so daß sich der Strom von 1 mA plötzlich bis 5 mA änderte. Nach der oszillographischen Aufnahme wurde Abb. 3 gezeichnet. Man sieht, daß der Urdox-Widerstand sich in einer Zeit von etwa 1,5 s vollständig auf den neuen Wert einstellt. Ganz kurzzeitig trat dabei an dem Widerstand eine Überspannung von etwa 20 V auf. Dieselbe Abbildung zeigt den rückläufigen Vorgang auf der rechten Seite. Hierbei ist die Trägheit ein wenig größer; der Regelvorgang braucht eine Zeit von einigen Sekunden bis zum vollständigen Ablauf. Hier sei jedoch allgemein bemerkt, daß die Einstellträgheit von Halbleiterwiderständen überhaupt keine Größe ist, die ihnen eindeutig zugeordnet werden kann. Sie hängt in maßgeblicher Weise auch noch von der Klemmenspannung und dem Vorwiderstand im Stromkreis ab. Um einen Vergleich mit anderen Verhältnissen zu ermöglichen, wurden oben Zahlenwerte genannt.

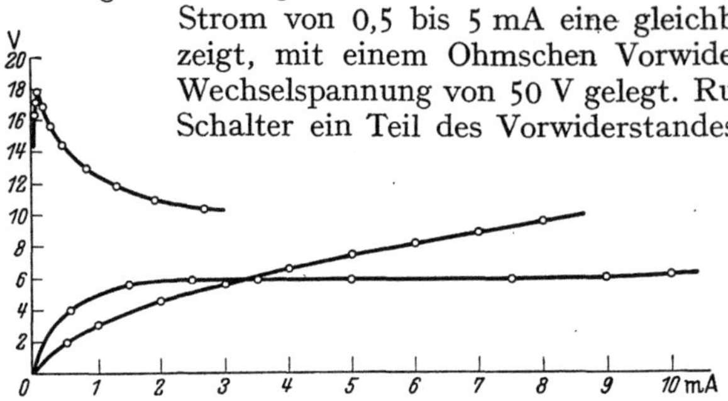

Abb. 2. Strom-Spannungs-Kurven von Urfa-Widerständen.

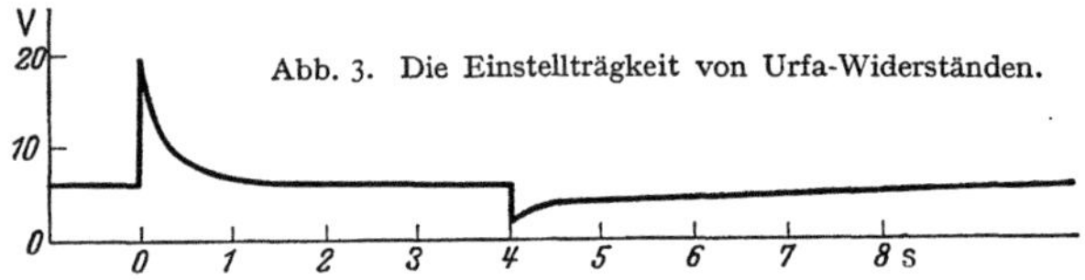

Abb. 3. Die Einstellträgkeit von Urfa-Widerständen.

Urfa-Widerstände sind für alle Zwecke geeignet, bei denen man einen belastungsabhängigen Widerstand mit kleiner Leistungsaufnahme braucht. Man kann sie daher auch gut als sog. Barretter für die Messung kleiner Hochfrequenzleistungen benutzen. Für ihre Verwendung in Hochfrequenzkreisen ist die Größe ihrer Kapazität wichtig. Sie beträgt als Mittelwert über 12 ausgemessene Widerstände nur 0,36 pF. Abgesehen von besonderen Anwendungen kann sie im allgemeinen vernachlässigt werden.

Die Urfa-Widerstände können bei Gleichstrom und bei Wechselstrom in gleicher Weise belastet werden. Diese günstige Eigenschaft, die keineswegs allen Halbleiterwiderständen überhaupt zukommt, ist eine Folge der Verwendung des seit langem zur Herstellung der Urdox-Widerstände benutzten Werkstoffes, des Magnesiumtitanats, welcher eine reine Elektronenleitfähigkeit bei allen Arbeitstemperaturen aufweist. Die Lebensdauer der Widerstände beträgt daher ohne Unterschied bei Gleich- und Wechselstrom mehrere tausend Stunden, wenn die angegebene Höchstbelastung nicht überschritten wird.

Die Urfa-Widerstände durchlaufen im Augenblick der Drucklegung dieser Mitteilung die letzten Stufen der technischen Entwicklung. Art und Zahl der Typen sind noch nicht festgelegt.

Supraleitfähige Verbindungen mit extrem hohen Sprungtemperaturen (NbH und NbN)[1].

Von

G. ASCHERMANN, E. FRIEDERICH, E. JUSTI und J. KRAMER.

Mitteilung aus dem Kältelaboratorium der Physikalisch-Technischen Reichsanstalt in Berlin-Charlottenburg und der Studiengesellschaft für elektrische Beleuchtung in Berlin.

Mit 7 Abbildungen.

1. Gegenstand der Untersuchungen.

In den drei Jahrzehnten, die seit der Entdeckung der Supraleitfähigkeit der Metalle durch KAMERLINGH ONNES vergangen sind, ist es nicht gelungen, diese Erscheinung auch nur qualitativ zu erklären. So können selbst wichtige Fragen wie die, ob bei genügend tiefer Temperatur alle Metalle supraleitend werden und ob der Widerstand völlig verschwindet oder nur sehr klein wird, noch nicht beantwortet werden. Immerhin schien sich wenigstens die anfängliche Ansicht zu bestätigen, daß es sich um ein Quantenphänomen tiefster Temperaturen handelt; denn von allen supraleitenden Metallen überschreiten nur zwei (*Pb* und Nb) mit ihren Sprungtemperaturen (7,3° bzw. 9,3° abs) merklich den normalen He-Siedepunkt (4,22° abs). Es erregte daher ein gewisses Aufsehen, als MEISSNER und FRANZ[2] 1930 unter den von E. FRIEDERICH[3] als Elektronenleiter erkannten und für möglicherweise supraleitfähig gehaltenen Schwermetallverbindungen von B, Si, C und N im Niobkarbid NbC einen Stoff fanden, dessen Sprungtemperatur (10,2° bis 10,5° abs) sich in einer geeigneten Anordnung[4,5] noch mit festem Wasserstoff (Erstarrungstemperatur 14,0° abs) ohne Zuhilfenahme von flüssigem Helium erreichen läßt.

Nachfolgend wird nun über die Auffindung zweier neuer Supraleiter berichtet, von denen der eine, hauptsächlich aus NbH bestehende, schon im Temperaturbereich des flüssigen Wasserstoffs (bei etwa 15° abs) supraleitend wird, während der andere, hauptsächlich aus NbN bestehende, noch weit oberhalb des normalen Wasserstoff-Siedepunktes (20,4° abs) supraleitet.

Noch bemerkenswerter als der hohe Sprungpunkt erscheint das übrige Verhalten der neuen Supraleiter, das sie von den supraleitenden Metallen unterscheidet und das sie in mancher Hinsicht eher den Halbleitern zuzählen läßt. Bei NbH und NbN hängen nämlich Eintritt der Supraleitfähigkeit, Höhe der Sprungpunkttemperatur und Ausbildung einer ungewöhnlichen Hysteresis der Übergangskurven derart ausschlaggebend von Unterschieden in der Verunreinigung

---

[1] Die nachstehende Darstellung ist gegenüber der ersten Veröffentlichung in der Phys. Z. Bd. 42 (1941) S. 349, besonders in den Ausführungen über Herstellung und chemische Analyse der Niobverbindungen (§ 2) sowie der röntgenographischen Untersuchung der Proben (§ 3), gekürzt und durch einen Zusatz zur Korrektur über inzwischen ausgeführte, neue Messungen von G. ASCHERMANN und E. JUSTI erweitert, die in der Phys. Z. Bd. 44 (1943) ausführlicher veröffentlicht werden. — Die Versuche über die Supraleitung von NbH und NbN wurden erstmals in der Jahreshauptversammlung des VDE, Bezirk Berlin, am 12. Februar 1941 und in der Berliner Physikalischen Gesellschaft am 18. Juli 1941 vorgetragen und demonstriert.

[2] W. MEISSNER u. H. FRANZ: Naturwiss. Bd. 18 (1930) S. 418. — W. MEISSNER, H. FRANZ u. H. WESTERHOFF: Ann. Phys. Bd. 17 (1933) S. 593.

[3] E. FRIEDERICH: Z. Phys. Bd. 31 (1925) S. 813.

[4] K. CLUSIUS: Phys. Z. Bd. 35 (1934) S. 929.

[5] E. JUSTI u. REINHART SCHULZE: Verh. dtsch. phys. Ges. Bd. 21 (1940) S. 29.

und thermischen Vorbehandlung ab, daß sich kaum zwei Proben desselben Herstellungsganges gleich verhalten und daß sich sogar die elektrischen Daten ein und derselben Probe zeitlich beträchtlich ändern können.

Da die Reinstdarstellung des Niobmetalles bisher noch nicht gelungen ist, erwies es sich als nötig, diese Präparate möglichst eingehend chemisch (§ 2) und röntgenographisch (§ 3) zu untersuchen; diese Arbeiten eröffnen nach gelungener Reinstdarstellung des Nb die Aussicht, die Träger der Supraleitfähigkeit zu identifizieren.

Daran anschließend wird der Übergang normalleitend $\rightleftharpoons$ supraleitend als Funktion der Temperatur bei $H = 0$ beschrieben (§ 4), und insbesondere die Streuung bei verschiedenen Präparaten, die zeitliche Veränderlichkeit und die thermische Hysteresis dargestellt. Diese Beobachtungen werden dann auf den Übergang $n \rightleftharpoons s$ in Magnetfeldern erweitert, die teils vom Meßstrom erzeugt, teils von außen angelegt sind (§ 5); hier wird die Aufmerksamkeit scheinbar extrem hohen magnetischen Schwellwerten und merkwürdigen Hysteresiserscheinungen zugewandt.

Die geschilderten eigentümlichen Eigenschaften von NbH und NbN lassen einen experimentellen Beweis wünschen, daß es sich tatsächlich um eine echte Supraleitfähigkeit dieser Halbleiter handelt, nicht nur um eine plötzliche endliche Leitfähigkeitsverbesserung; zu diesem Zwecke wird der Dauerstromversuch (§ 6) ausgeführt, der auch die magnetische „Weichheit" der Präparate einfach deuten läßt.

Dieser Versuch gilt auch der Prüfung der Frage, ob die neuen Supraleiter angesichts ihrer bequem erreichbaren Sprungpunktstemperaturen praktisch z. B. zur Erzeugung starker Magnetfelder gebraucht werden können.

Im folgenden Abschnitt (§ 7) wird über Messungen des Hall-Effektes an NbN berichtet, die zur Aufklärung über Natur und Anzahl der Leitungsstromträger beitragen sollen.

In der allgemeinen Diskussion (§ 8) werden dann die Versuchsergebnisse daraufhin geprüft, welche Aussagen über den Leitungsmechanismus bereits gemacht werden können und welche weiteren Versuche noch als notwendig und aussichtsreich ausgeführt werden müssen.

2. Herstellung und chemische Analyse der Niobverbindungen.

a) Niobmetall. Als Ausgangsmaterial für die Herstellung der Niobverbindungen diente von der Firma Siemens & Halske Wernerwerk M in Berlin-Siemensstadt geliefertes Niobmetallpulver. Dieses Niob enthält außer Ta, O und C noch spektrographisch nachweisbare Mengen von Ca, Mg und Fe. Der Ta-Gehalt beträgt nahezu 5%. Durch Glühen an der Luft wurde eine Gewichtszunahme von 35,65% gegenüber 43,05% bei chemisch reinem Nb gefunden, und die Kohlenstoffbestimmung ergab 1,05% C. Die theoretische Zunahme eines mit 5% Ta und 1,05% C verunreinigten Niobs müßte 41,55% betragen, es sind also in dem Ausgangsmaterial 4,27% O_2 vorhanden, wenn man annimmt, daß der Sauerstoff an Nb gebunden vorliegt.

Aus diesem Pulver wurden Stäbchen oder Ringe gepreßt und im Vakuum bei 1500° C 1/2 Stunde lang erhitzt. Hierdurch waren die Probekörper so verfestigt, daß sie sich gut mechanisch verarbeiten und weiter behandeln ließen.

b) Niobnitrid. Zur Nitrierung nach Friederich und Sittig[1] wurden die gesinterten Formstücke in reinem Bombenstickstoff, der auf die übliche Weise nachgereinigt und getrocknet worden war, einige Stunden auf 1200° bis 1250° C

[1] E. Friederich u. L. Sittig: Z. anorg. allg. Chem. Bd. 144 (1925) S. 169.

erhitzt. Nach dieser Behandlung waren die Probestücke oberflächlich mehr oder weniger hart, die dünne Randschicht sah dunkelgrün bis schwarz, die Bruchfläche hellgrau-metallisch aus. Die verschiedenen Probestücke wiesen eine Glühzunahme von 22 bis 23% auf.

Die Bestimmung des Stickstoffgehaltes konnte nach der DUMASschen Methode volumetrisch sehr genau vorgenommen werden; er ergab sich z. B. bei den Ringen NbN 3 bis NbN 6 mit 7,8% durchweg erheblich niedriger als der stöchiometrische N_2-Gehalt von 13,01%.

Die ausgeführten Analysen sind Mittelwerte über den gesamten Querschnitt der Präparate, die insofern keine vollständige Beschreibung der Präparate darstellen, als diese eine Schichtstruktur aufweisen, worüber die röntgenographischen Untersuchungen des nächsten Abschnittes Aufschluß geben.

c) Niobhydrid. Versuche, Formkörper aus Niobhydrid durch Glühen von aus Niobmetallpulver gepreßten Stäbchen in einer Wasserstoffatmosphäre herzustellen, mißlangen meist, da die Präparate nach dem Glühen leicht in Pulver zerfielen. Daher wurden Preßkörper aus NbC durch mehrmaliges Glühen in einem Kohlerohrofen bei 3100° C in H_2 entkohlt. Nach dreimaligem Glühen bei 3100° C von je 1 Stunde Dauer betrug der C-Gehalt der Proben NbH 2 bis NbH 4 nur noch 1,1% gegenüber 11,5% im Ausgangsstab; diese Präparate waren außen graubraun, innen hellgrau. Von den durch Glühen eines Niobmetallstäbchens in H_2-Atmosphäre gewonnenen NbH-Präparaten zeigte lediglich NbH 5 eine so weit ausreichende Festigkeit, daß an ihm Strom- und Spannungsdrähte angebracht werden konnten; die Gewichtszunahme dieser Probe wurde zu 22,1% bestimmt.

3. Röntgenographische Untersuchung der Proben.

a) Niobhydrid. Die röntgenographische Untersuchung der auf Supraleitfähigkeit zu prüfenden Präparate diente nicht nur zur Ergänzung der chemischen Analyse und zur Prüfung von Zusammenhängen zwischen Supraleitfähigkeit und Kristallstruktur, sondern sie war auch erster Anlaß zur Auffindung neuer Supraleiter.

Bei Demonstrationsversuchen mit einer Vielzahl von NbC-Präparaten wurde beobachtet, daß nicht alle Proben die von MEISSNER und FRANZ[1] angegebene Sprungtemperatur (10,2 bis 10,5° abs = 3 Torr H_2-Dampfdruck) aufweisen, sondern Schwankungen zwischen etwa 11,2° und 9° abs (8 bis 1 Torr) auftreten. In der Meinung, daß eine Erniedrigung der Sprungtemperatur auf die Übergangswiderstände zwischen den Körnern der aus NbC gepreßten und gesinterten Proben zurückzuführen sei, wurden nunmehr Proben aus Niobmetall gepreßt und gesintert und die entstandenen Formkörper anschließend in einer Kohlepackung karburiert. Diese Präparate zeigten die gewünschte Erhöhung der Sprungtemperatur, die aber mit $T_ü = 14$ bis 15° abs alle Erwartungen übertraf und kaum auf die Ausschaltung der Übergangswiderstände zurückzuführen war.

Vergleichende DEBYE-SCHERRER-Aufnahmen ließen an den neuen Präparaten außer dem von den alten Präparaten her bekannten NbC-Liniensystem noch ein ähnliches Gitter mit um 1,6% kleinerer Gitterkonstante erkennen; die neu beobachteten Linien waren schwächer als die NbC-Linien, falls die in das Markröhrchen der SEEMANNschen Kammer eingefüllte Probe von der Oberfläche der Probe abgekratzt wurde, dagegen etwa 10mal stärker, wenn sie aus tiefer liegenden Partien des Präparates entnommen wurde. Da die chemische Analyse der neuen Präparate nur 1,10% C gegenüber dem stöchiometrischen C-Gehalt von 11,4% ergab, und da ihre Karburierung in einer H_2-Schutzatmosphäre vor-

[1] W. MEISSNER u. H. FRANZ: Zit. S. 401.

genommen worden war, wurde der Schluß gezogen, daß die neu aufgetretenen Linien von NbH herrühren, und daß diesem die hohe Sprungpunktstemperatur zukommt. In der Abb. 1 ist oben ein DEBYE-SCHERRER-Diagramm einer NbC-Probe von MEISSNER und FRANZ wiedergegeben, darunter das einer NbH-Probe mit angedeuteten NbC-Linien. Beide Aufnahmen wurden in einer SEEMANN-Kamera von 57,3 mm Durchmesser mit ungefilterter Fe-Strahlung gewonnen; die Gitterkonstante ist bei beiden Stoffen so wenig verschieden, daß die Aufspaltung nur bei größeren Ablenkungswinkeln zu erkennen ist. Bei beiden Substanzen sind die Niobatome flächenzentriert-kubisch angeordnet. Ohne genaue Intensitätsmessungen ist nur die Lage dieser Atome festzulegen, da das

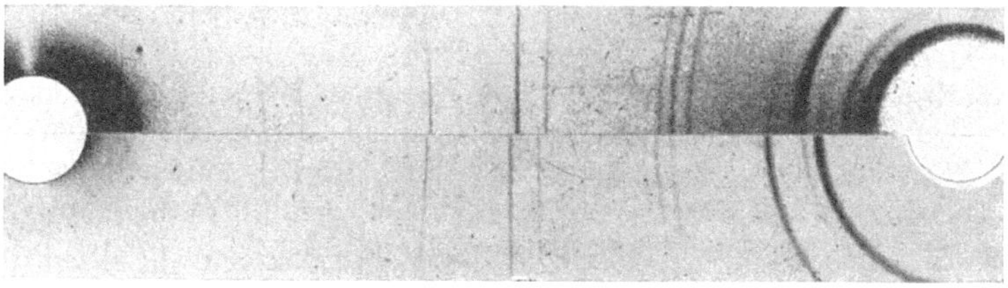

Abb. 1. DEBYE-SCHERRER-Diagramm a) (oben) einer NbC-Probe von MEISSNER und FRANZ (unten) und b) von NbH 4 mit angedeuteten NbC-Linien.

Streuvermögen der leichten H- und N-Atome gegenüber dem der Nb-Atome nicht ins Gewicht fällt. Da das NbC, wie bereits bekannt[1,2], im NaCl-Gitter kristallisiert, ist man wegen der fast übereinstimmenden Gitterkonstante geneigt, für dieses ebenfalls den NaCl-Typus anzunehmen.

Unser wahrscheinlichster Wert für die Gitterkonstante des NbC beträgt 4,45 Å gegenüber 4,40 Å nach GLOCKER[2] bzw. 4,90 Å nach BECKER und EBERT[1]; für das bisher offenbar noch nicht untersuchte NbH finden wir $a = 4{,}38$ Å. Hieraus folgt für das ideale NbH eine Dichte von 7,42, die mit abnehmendem H-Gehalt bis auf 7,35 sinkt. Die gemessene scheinbare Dichte der NbH-Proben von 4,1 bei NbH 2 und 5,77 bei NbH 4 zeigt, daß die pulverigen Präparate noch recht porös sind.

Wegen dieser mangelnden Dichte kann auch der Messung des spezifischen Widerstandes keine große Bedeutung beigelegt werden. Er ist z. B. für NbH 2 mit $10^4 \cdot \varrho_{300^\circ} = 1{,}74\ \Omega \cdot$ cm etwa gleich demjenigen des NbC nach FRIEDERICH und SITTIG[3].

b) Niobnitrid. War beim Niobhydrid der Gang der Untersuchung der, daß eine Substanz mit besonders hohem Sprungpunkt nachträglich durch chemische und röntgenographische Untersuchungen als Niobhydrid identifiziert wurde, so war der Weg beim Niobnitrid umgekehrt. Auf Grund von Überlegungen, die der eine von uns im Anschluß an die Ergebnisse der Untersuchungen an der amorphen Metallphase dargelegt hat[4], konnte vermutet werden, daß Niobnitrid einen besonders hohen Sprungpunkt haben würde, wie er a. a. O. eingehend darlegen wird. Die Röntgenuntersuchung ergab für die Nb-Atome des NbN flächenzentriert-kubisches Gitter (Abb. 2a) und der wahrscheinlichste Wert für die Gitterkonstante ist nach unseren Messungen 4,39 Å, während GLOCKER[2] 4,41 Å angibt.

[1] K. BECKER u. F. EBERT: Z. Phys. Bd. 31 (1925) S. 268.
[2] R. GLOCKER: Materialprüfung mit Röntgenstrahlen. 2. Aufl., Berlin 1936, S. 234.
[3] E. FRIEDERICH und L. SITTIG: Zit. S. 402.
[4] J. KRAMER: Z. Phys. Bd. 111 (1939) S. 423.

Aus der röntgenographisch gemessenen Gitterkonstante ergibt sich für das ideale NbN eine Dichte von 8,35, die bei Unterschreitung des stöchiometrischen N-Gehaltes bis auf 7,28 sinkt. Diese Dichte erreichen die untersuchten porösen Proben nicht, zeigt doch z. B. NbN 8 eine scheinbare Dichte von 5,68 gegenüber dem Sollwert von 7,33.

Infolgedessen ist auch hier dem absoluten Zahlenwert für den spezifischen Widerstand kein entscheidender Wert beizulegen. Er ist jedenfalls mit z. B. $10^4 \cdot \varrho_{300°} = 11,7\ (\Omega \cdot \text{cm})$ bei NbN 8 wesentlich größer als bei gesintertem NbC ($10^4 \cdot \varrho = 1,5\ \Omega \cdot \text{cm}$ nach FRIEDERICH und SITTIG[1]). Bei NbH und NbN stellt

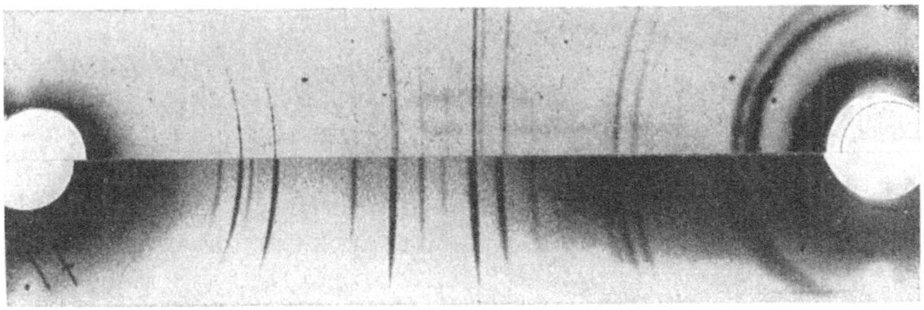

Abb. 2. DEBYE-SCHERRER-Diagramm a) des kubischen NbN 5 (unten) und b) des tetragonalen Nb_2N 1 (oben).

man also qualitative Übereinstimmung mit dem Erfahrungssatz von FRIEDERICH[2] fest, wonach die Leitfähigkeit um so besser wird, je mehr sich die Differenz der Valenzen dem Betrag 1 nähert (für NbC $5 - 4 = 1$, für NbH $5 - 1 = 4$, für NbN $5 - 3 = 2$).

Im übrigen unterliegen die spezifischen Widerstände von NbH und NbN starken Schwankungen, wie es schon allein durch die wechselnden Abweichungen vom stöchiometrischen H- und N-Gehalt verständlich wird.

c) Niobsubnitrid. Einige Stücke Niobdraht wurden in mit Reinstickstoff (500 Torr) gefüllte Kolben eingeschlossen und hierin unter Beobachtung mit einem optischen Pyrometer bei 1800° C 2 Stunden geglüht. Dieses Präparat wurde bis hinab zu 9,5° abs nicht supraleitend. Die Vermutung, daß es sich hierbei um das Niobsubnitrid Nb_2N handelt, wurde durch die röntgenographische (Abb. 2b) und chemische Analyse bestätigt, die einen Stickstoffgehalt von 7% in praktischer Übereinstimmung mit dem stöchiometrischen N-Gehalt von 7,03% lieferte. Dieser Befund ist um so bemerkenswerter, als NbN-Präparate desselben oder noch niedrigeren N-Gehaltes noch im flüssigen Wasserstoff supraleitend werden. Ob die Supraleitfähigkeit durch die geringere Gitterverzerrung und Molekular-Volumzunahme beim Übergang von NbN zu Nb_2N aufgehoben wird oder durch die bei diesem hinsichtlich C, O und Fe-Gehalt wesentlich reineren Präparat verminderte Störstellenleitung, vermögen erst weitere Versuche mit noch reineren NbN-Proben zu entscheiden.

d) NbO, Nb_2O_3, Nb_2O_5, NbB, TaN, Ta_2N, TaH. Auch die verschiedenen Oxyde des Niobiums wurden auf Supraleitfähigkeit untersucht, die sie bis hinab zu 9,5° abs nicht zeigten. Die sehr linienreichen DEBYE-SCHERRER-Diagramme dieser Oxyde bewiesen, daß es sich bei den nach der chemischen Analyse als NbO, Nb_2O_3 und Nb_2O_5 angesehenen Präparaten um Gemische verschiedener Substanzen, wahrscheinlich verschiedener Oxydstufen handelt. Auch das von MEISSNER, FRANZ und WESTERHOFF[3] auf Supraleitfähigkeit untersuchte NbO-Präparat

[1] E. FRIEDERICH u. L. SITTIG: Z. anorg. allg. Chem. Bd. 143 (1925) S. 293.
[2] E. FRIEDERICH und L. SITTIG: Zitiert S. 402.
[3] W. MEISSNER, H. FRANZ u. H. WESTERHOFF: Zit. S. 401.

erwies sich röntgenographisch als ein solches Gemisch, was im Hinblick auf die stark stromabhängige Belastungskurve von Interesse ist. Trifft die Meinung dieser Verfasser zu, daß die Supraleitfähigkeit von NbO bei $T < 1{,}5°$ abs nur durch Nb- bzw. Sn-Fäden vorgetäuscht wird, so ist der Schluß zu ziehen, daß Oxyde offenbar überhaupt nicht supraleiten können.

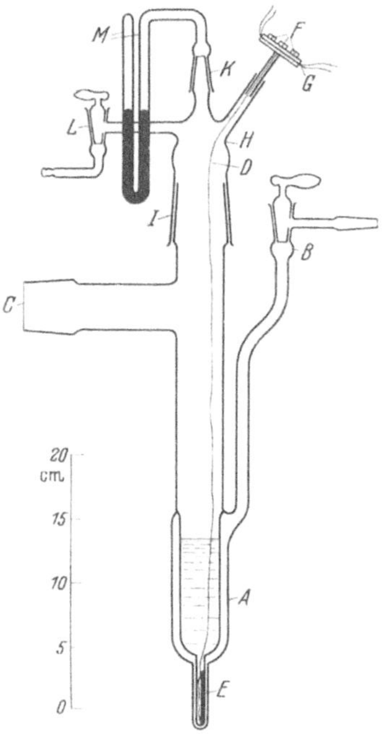

Abb. 3. Vakuummantelgefäß zur Demonstration der Supraleitung im Temperaturbereich zwischen 20,4° und 9,5° abs mittels flüssigen und festen Wasserstoffs. *A* Vakuummantel aus 20er Jenaglas, durch den Eckhahn *B* vor jedem Versuch frisch evakuierbar. *C* Schliffansatz zur Verbindung mit dem Pumpaggregat. *D* verdrilltes Kabel, bestehend aus 2 Strom- und 2 Spannungsdrähten, die zum NbC- oder NbH- oder NbN-Präparat *E* führen, das sich in einem verjüngten Ansatz des Gefäßes *A* befindet und daher in einen engen Magnetspalt (10 mm) eingeführt werden kann. Die vakuumdichte Durchführung von *D* geschieht durch Gummiplättchen *G*, zwischen zwei Messingscheiben gepreßt durch 4 Schräubchen *F*. *H* Ansatz der Schliffkappe *I*, in den die Kabeldurchführung eingesiegelt ist. *K* Schliffansatz, der nach Einfüllen des siedenden Wasserstoffs mit dem als Dampfdruckthermometer *M* dienenden Quecksilbermanometer *M* verschlossen wird. *L* Hahn für den Wasserstoffüberdruck, der unmittelbar, nachdem das Abpumpen des Wasserstoffs begonnen hat, verschlossen wird.

Auch NbB wird bis hinab zu 9,5° abs nicht supraleitend.

Zwei als TaN und Ta_2N bezeichnete Präparate, die durch Glühen von Ta-Drähten in Birnen mit Reinstickstoffüllung bei 1700° bzw. 2200° C gewonnen waren, zeigten beide dieselbe hexagonale Kristallstruktur mit $a = 3{,}06$ Å, $c = 4{,}95$ Å, demnach $c/a = 1{,}62$; sie blieben bei $T > 9{,}5°$ abs normalleitend.

Die Kristallstruktur des ebenfalls bis 9,5° abs hinab nicht supraleitend werdenden TaH konnte nicht sicher ermittelt werden, da das Diagramm zu viele wohl von Verunreinigungen herrührende Linien zeigte.

4. Der Übergang normalleitend $\rightleftharpoons$ supraleitend als Funktion der Temperatur bei $H = 0$.

a) Versuchsanordnung. Die Messung der elektrischen Widerstände geschah durchweg mit dem fünfdekadigen Diesselhorstschen Kompensator in Verbindung mit dem Siemens-Supergalvanometer. Die Strom- und Spannungsdrähte wurden an die vorher galvanisch verkupferten Enden der Proben mit Lötzinn angelötet. Bei der Aufnahme der teilweise sehr schnell durchlaufenen Übergangskurven $n \rightleftharpoons s$ konnte nicht kompensiert werden, und es wurden daher die Galvanometerausschläge notiert.

Die Vorrichtung zur Erzeugung von Temperaturen zwischen 20,4° und etwa 9,5° abs war dieselbe, wie sie Justi und Reinhart Schulze[1] zur Demonstration der Supraleitfähigkeit des NbC entwickelt haben. Sie besteht wesentlich aus der bei mittleren Drucken schnell saugenden Gaedeschen Dampfstrahlpumpe (Leybold Mod. L) in Verbindung mit einer rotierenden Vorpumpe von wenigstens 6 m^3/Std. Volumdurchfluß (z. B. Leybold Simplex-Pumpe Mod. XI) und dem Spezial-Vakuummantelgefäß. Die Konstruktion des aus 20er-Jena-Glas bestehenden Gefäßes, das unten einen verjüngten Ansatz zum Einführen in einen nur 10 mm weiten Magnetspalt besitzt, geht aus Abb. 3 und ihrer Unterschrift hervor; wegen näherer Angaben muß auf die Beschreibung der Demonstrationsversuche[2] verwiesen werden.

[1] E. Justi u. Reinhart Schulze: Zit. S. 401.
[2] E. Justi: Z. f. d. ges. Kälteind. Bd. 50 (1943). Im Erscheinen.

Temperaturen oberhalb des normalen H_2-Siedepunktes, zwischen 20,4° und 23,0° abs wurden in einem metallenen Vakuummantelgefäß erhalten[1], in dem der Wasserstoff unter bis auf 2 at abs erhöhtem Druck sieden konnte.

b) Messungen an NbH. Die an 4 verschiedenen NbH-Proben bei $H = 0$ und einem Belastungsstrom von nur 5 mA gemessenen Übergangskurven sind in Abb. 4 wiedergegeben, und zwar ist das auf Zimmertemperatur bezogene Widerstandsverhältnis $r_T = R_{T^\circ}/R_{300^\circ}$ als Funktion der Temperatur aufgetragen. Die durch Hydrieren von Nb in einer Kohlepackung gewonnenen und daher oberflächlich mit einer harten NbC-Schicht überzogenen Proben NbH 2, NbH 3 und NbH 4 besitzen vor Eintritt der Supraleitfähigkeit verschiedene r_T-Werte von beziehentlich 81%, 97% und 75%, obwohl die Präparate alle zusammen in demselben Arbeitsgang gesintert, karburiert und hydriert wurden. Bei NbH 5 handelt es sich um ein ohne Kohlepackung hydriertes NbH-Stäbchen, bei dem es trotz der bekannten Neigung zum Zerfallen in Pulver gelungen war, Drähte anzulöten; es ergibt bei Abkühlung von Zimmertemperatur auf 14,0° einen Widerstandsabfall auf 76%. Für alle Proben ist der fallende Teil der Übergangskurve ($n \rightleftharpoons s$) ausgezogen, der steigende gestrichelt ($s \rightleftharpoons n$) dargestellt.

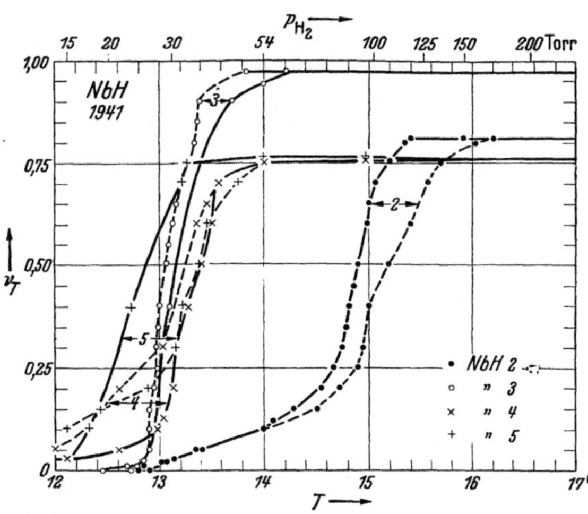

Abb. 4. Übergang vom normalleitenden in den supraleitenden Zustand bei NbH; aufgetragen sind die auf Zimmertemperatur (300° abs) bezogenen Widerstandsverhältnisse r_T als Funktion der Temperatur T° abs (unten) bzw. des Wasserstoff-Dampfdruckes (oben) bei etwa 4 mA Belastungsstrom und dem äußeren Magnetfeld $H \approx 0$. Ausgezogen: Kurven fallender Temperatur, entsprechend Übergang $n \rightarrow s$; gestrichelt: Kurven steigender Temperatur, entsprechend Übergang $s \rightarrow n$. NbH 2, NbH 3, NbH 4 außen mit NbC überdeckte Proben, NbH 5 durchweg aus NbH bestehend.

Als charakteristischen Unterschied gegenüber den für Metalle bekannten, auch durch größere Verunreinigungen kaum beeinflußten Kurven beobachtet man hier eine bedeutende Variationsbreite, wobei sich die Halbwertstemperaturen z. B. von NbH 2 (14,8° abs) und NbH5 (12,7° abs) um mehr als 2° unterscheiden. Ferner fällt auf, daß der Widerstand nach zunächst beschleunigtem Absinken weiterhin nur verzögert sinkt, so daß sein völliges Verschwinden erst bei wesentlich tieferen Temperaturen als der Halbwertstemperatur eintritt. Die Breite der Hysteresisschleifen ist nicht sehr groß; infolgedessen kann es durchaus z. B. durch Temperaturgradienten vorgetäuscht sein, wenn die steigenden ($s \rightleftharpoons n$) Kurven in ungewohnter Weise zum Teil über den fallenden ($n \rightleftharpoons s$)-Kurven liegen. Die unregelmäßige Form der Kurven beruht nicht auf Versuchsfehlern, wie es der Vergleich mit den regelmäßig verlaufenden NbN-Kurven schließen läßt.

c) Messungen an NbN. Messungen der thermischen Übergangskurven von 6 verschiedenen NbN-Präparaten bei $H \approx 0$ sind in Abb. 5 wiedergegeben, und zwar sind wiederum die Widerstandsverhältnisse r_T als Funktion der absoluten Temperatur aufgetragen und die bei sinkender Temperatur ($n \rightarrow s$) beobachteten Meßpunkte durch ausgezogene Kurven, die Funktionen steigender Temperatur durch gestrichelte Kurven verbunden. Alle hier verwendeten Proben sind nicht wie gewöhnlich stäbchen-, sondern ringförmig, damit mit ihnen der unten (§ 6) be-

[1] E. Justi: ETZ Bd. 62 (1941) S. 271 Abb. 8.

schriebene Dauerstromversuch ausgeführt werden kann. Die Ringe NbN 1 und NbN 2 sind in demselben Arbeitsgang hergestellt und zeigen ein linienreicheres Debye-Scherrer-Diagramm als die in einer anderen Serie gemeinsam gewonnenen Ringe NbN 3 bis NbN 6.

Bei den thermischen Übergangskurven fällt zunächst wieder die große Variabilität auf, die sich hier in ganz anderer Weise als bei NbH (Abb. 4) zeigt. Bei NbN differieren nämlich die Kurvenäste sinkender Temperatur ($n \rightarrow s$), auf die Halbwertstemperatur bezogen, um nicht mehr als etwa 0,5°, wohingegen die Kurven steigender Temperatur ($s \rightarrow n$) über mehr als 6° variieren. Bei genauerer Prüfung stellt man im einzelnen fest, daß die Supraleitfähigkeit bei um so höherer Temperatur erhalten bleibt, je tiefer die zum Eintritt der Supraleitung notwendige

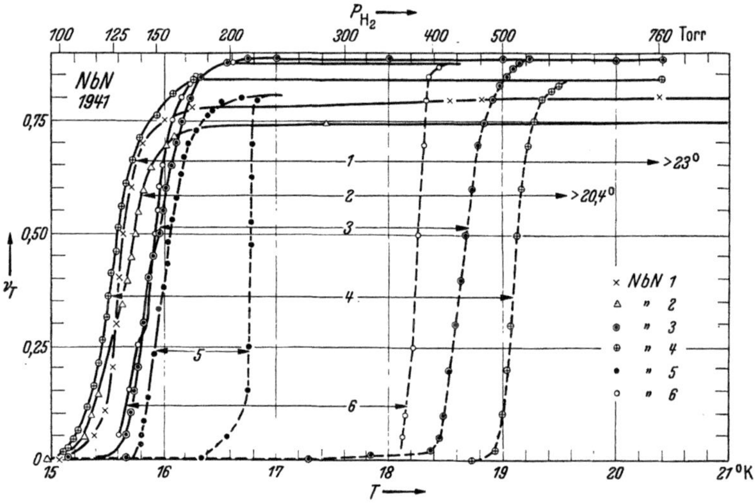

Abb. 5. Übergang vom normalleitenden in den supraleitenden Zustand und umgekehrt bei NbN. Aufgetragen sind die auf Zimmertemperatur (300° abs) bezogenen Widerstandsverhältnisse r_T als Funktion der Temperatur T° abs (unten) bzw. H_2-Dampfdruck (oben) bei etwa 4 mA Belastungsstrom und dem äußeren Magnetfeld $H \approx 0$. Ausgezogen: Kurven fallender Temperatur, entsprechend dem Übergang $n \rightarrow s$; gestrichelt: Kurven steigender Temperatur, entsprechend dem Übergang $s \rightarrow n$. Bei NbN 1 und NbN 2 ist nur der fallende Teil ($n \rightarrow s$) der Hysteresisschleife gezeichnet, da der Übergang $s - n$ oberhalb von 23° abs erfolgt und daher die höchste im Diagramm eingezeichnete Temperatur überschreitet.

Unterkühlung gewesen ist. Wenn also der weniger variable fallende Ast der Übergangskurve ein wenig tiefer zu liegen kommt, wächst die Breite der Hysteresisschleife beträchtlich an, z. B. von 0,8° auf über 6°.

Ob es sich bei diesen sehr steilen und daher oft schnell durchlaufenen Kurven um echte Gleichgewichtskurven handelt, kann nicht sicher behauptet werden. Zwar wurden bei aufeinanderfolgenden Meßreihen diese Kurven auf wenige $^1/_{100}$° genau reproduziert, aber es sind auch andererseits beträchtliche zeitliche Verzögerungserscheinungen beim Übergang im Magnetfeld (§ 5) beobachtet worden.

Unbeschadet der guten Reproduzierbarkeit der Sprungkurven bei kurz aufeinanderfolgenden Messungen kann man eine beträchtliche Änderung der Übergangskurven feststellen, wenn man dieselbe Probe nach einigen Wochen erneut untersucht. Beispielsweise zeigte die am 18. Juni 1941 hergestellte Probe NbN 5 am 21. Juni 1941 die in Abb. 5 dargestellten Sprungkurven mit Halbwertstemperaturen von 16,01° für $n \rightarrow s$ und 16,77° für $s \rightarrow n$; bei einer Nachuntersuchung am 26. Juli 1941 ergab sich eine etwas niedrigere Halbwertstemperatur ($T = 15{,}94$°) beim Abkühlen und ein Fortbestehen der Supraleitfähigkeit noch im offen siedenden Wasserstoffbad ($T > 20{,}4$°).

Es ist naheliegend, den Übergang $n \to s$ mit dem Erstarrungsvorgang einer Flüssigkeit in Parallele zu setzen und in diesem Zusammenhang die Frage der Bildung von Keimen des „Elektronenkristalles" (nach GORTER und CASIMIR[1]) bei der Abkühlung ($n \to s$) der „Elektronenflüssigkeit" (nach JUSTI[2]) bzw. der Erhaltung solcher Zentren bei der Erwärmung ($s \to n$) zu untersuchen. Hierzu wurde ein Versuch derart ausgeführt, daß durch Abkühlung unter 16° abs supraleitend gewordene (NbN 1, NbN 2, NbN 5) und bei 20,4° supraleitend gebliebene Proben für einige Sekunden aus dem offen siedenden Wasserstoff herausgehoben wurden, bis wieder der volle Ohmsche Widerstand vorhanden war. Diese vorübergehend angewärmten NbN-Proben wurden im offen siedenden Wasserstoff wieder sofort supraleitend, woraus auf die Erhaltung von supraleitenden Keimen bei vorübergehender Erwärmung über den Sprungpunkt zu schließen wäre, in Analogie zu der von GOETZ[3] entdeckten Persistenz von Kristallkeimen in nur wenig überhitzten Schmelzen. Wie unten (§ 5) gezeigt werden wird, erhält man indessen nach dieser vorübergehenden Erwärmung einen erniedrigten magnetischen Schwellwert.

Von solchen Merkwürdigkeiten abgesehen, entsprechen die Sprungkurven des NbN insofern denjenigen reiner spannungsfreier Metalle, als sich die Umwandlung innerhalb eines sehr engen Temperaturintervalls vollzieht. So findet man, daß bei NbN 75% des Überganges innerhalb von etwa $\Delta T = 0{,}1°$ vor sich geht, womit man eine ähnliche relative Breite $\Delta T/T$ erhält wie z. B. bei *Tl*, *In* usw. mit ihren niedrigeren Halbwertstemperaturen.

5. Der Einfluß der Belastungsstromstärke und äußerer Magnetfelder auf den Übergang $n \rightleftharpoons s$.

Die NbH- und NbN-Präparate vertrugen keine höhere Strombelastung als einige 10^{-2} A, wenn diese Stromstärke nicht rasche und beträchtliche Änderungen erleiden sollte, die wahrscheinlich auf den nicht vollkommenen Kontakt zwischen den elektrolytisch aufgebrachten Kupferhäutchen und den Versuchskörpern zurückzuführen sind.

Infolgedessen konnte auch die Abhängigkeit des Überganges $n \rightleftharpoons s$ von der Belastungsstromstärke nur in mäßigen Grenzen untersucht werden. Abb. 6 zeigt bei fallender Temperatur aufgenommene Sprungkurven für NbN 5, die keine wesentliche Änderung bei Erhöhung der Stromstärke von 0,001 auf 0,010 A erkennen lassen. Jedenfalls darf man aus solchen Beobachtungen in bekannter Weise schließen, daß bei NbH und NbN der Strom nicht auf wenige dünne Fäden beschränkt ist. Gerade bei NbH und NbN mußte diese Möglichkeit geprüft werden, weil die Präparate nach dem chemischen (§ 2) und röntgenographischen (§ 3) Befund eine Schichtstruktur besitzen, beispielsweise einen äußeren Überzug aus NbC, und weil möglicherweise nur einer dünnen Schicht optimaler Mischung von NbC und NbH bzw. NbN die hohe Sprungtemperatur zuzukommen brauchte.

Dieselbe Abb. 6 zeigt links zwei weitere Sprungkurven, die bei fallender Temperatur in äußeren Magnetfeldern von 2,35 bzw. 3,60 kG bei minimalem Belastungsstrom ($J = 1$ mA) aufgenommen sind. Die Halbwertstemperatur (gemessen an geglätteten Kurven) wird durch das Feld von 2,35 kG um 0,40°, durch 3,60 kG um 0,55° erniedrigt; die Verschiebung der Kurven erfolgt also langsamer als linear mit dem Feld. Für noch höhere Feldstärken ließen sich keine Sprungkurven mehr messen, weil sich bei konstant gehaltenen Werten von H und T kein bestimmter Widerstand mehr ergab, sondern r_T zeitlich anwuchs,

[1] C. J. GORTER u. H. CASIMIR: Physica, Haag, Bd. 1 (1934) S. 306.
[2] E. JUSTI: Z. techn. Phys. Bd. 21 (1940) S. 315.
[3] A. GOETZ: Phys. Rev. Bd. 35 (1930) S. 193.

bis der volle Widerstand am oberen Ende der Sprungkurve erreicht war. So stellte z. B. bei 12° abs ein Querfeld von 37 kG den Widerstand von NbH 2 sofort zu etwas über die Hälfte wieder her, und im Verlauf der nächsten etwa 5 Minuten stieg r_T zeitlich beschleunigt bis auf den Ausgangswert.

Bei diesen Versuchen wurde noch eine weitere, bei NbH und NbN übereinstimmende, eigentümliche Verzögerungserscheinung beobachtet. Machte man nämlich bei $H = 0$ ein Präparat völlig supraleitend, schaltete dann $H = 37$ kG ein und wartete einige Minuten, bis der Anfangswiderstand wiederhergestellt war, so verschwand nach Ausschalten des Magnetfeldes dieser Widerstand selbst bei längerem Warten (z. B. 15 Minuten) nicht, sondern blieb voll erhalten. Ließ man dann aber die Temperatur steigen, z. B. bis an den als Haltepunkt ausgezeichneten Schmelzpunkt des Wasserstoffs (14,0° abs), so stellte sich nach einer bestimmten Zeitspanne (bei NbH 2 in fünfmal wiederholten Versuchen stets 20 Sekunden) der Widerstand $r_T = 0{,}10$ ein, der dieser Schmelztemperatur nach der Sprungkurve (Abb. 4) zukommt. Durch anschließende Temperaturerniedrigung konnte dann sofort die volle Supraleitfähigkeit wiederhergestellt werden. Die Relaxation blieb aus, wenn beim Ausschalten des Feldes der Widerstand noch nicht völlig wiederhergestellt war. Diese Verzögerungserscheinung weicht offenbar von dem durch KEESOM und VAN LAER[1] bei niedrigen Feldstärken beobachteten Relaxationsphänomen ab und ist insofern neuartig, als die Wiederherstellung der Supraleitung nicht durch Abkühlen, sondern Erwärmen bewirkt wird.

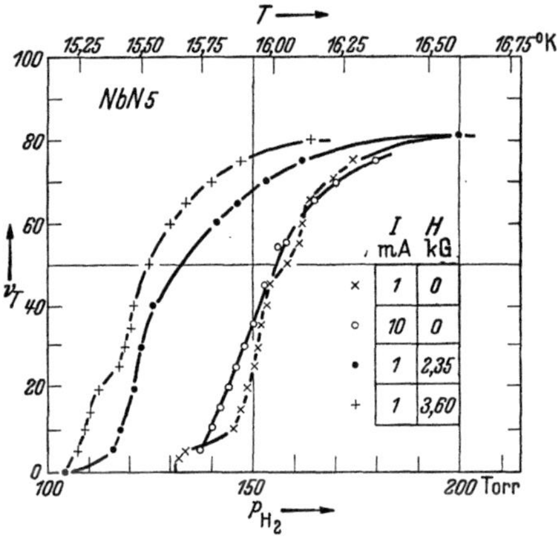

Abb. 6. Übergang $n \to s$ vom normalleitenden in den supraleitenden Zustand bei NbN 5 für verschiedene Belastungsstromstärken J (mA) und äußere Magnetfelder H (kG). Aufgetragen sind die auf Zimmertemperatur (300° abs) bezogenen Widerstandsverhältnisse r_T als Funktion der Temperatur $T°$ abs (oben) bzw. des H_2-Dampfdruckes p (Torr) (unten).

6. Dauerstromversuche.

Dauerstromversuche an NbN wurden aus dreierlei Gründen unternommen:

1. Es sollte festgestellt werden, ob es sich bei diesen von dem gewohnten Verhalten der Supraleiter so vielfach abweichenden Stoffen um echte Supraleiter unmeßbar kleinen Widerstandes handelt, oder ob der Widerstand nur beschleunigt auf einen kleinen, nach der Stromspannungsmethode nicht mehr meßbaren Bruchteil abfällt.

2. Die Stärke des die Supraleitung aufhebenden kritischen Magnetfeldes sollte als Funktion der Temperatur gemessen und damit eine bestimmte Fragestellung nach der Existenz magnetisch „weicher" Supraleiter geklärt werden.

3. Es sollte die Möglichkeit untersucht werden, mit supraleitenden Stromkreisen technisch erreichbarer Sprungtemperaturen starke Elektromagnete aufzubauen. Die Versuche wurden nur an NbN ausgeführt, weil NbH wegen seiner geringen Festigkeit zur Herstellung supraleitender Kreise ungeeignet ist.

Die Versuchsanordnung war dieselbe, wie sie von JUSTI[2] zur Demonstration

[1] P. H. VAN LAER u. W. H. KEESOM: Comm. Leiden Nr. 254d u. e. Comm. Leiden Suppl. Nr. 50a.

[2] E. JUSTI: Zit. S. 406.

des Dauerstromversuches angegeben ist. Es handelt sich hierbei nicht wie bei dem bekannten Versuch von K. ONNES[1] um ein supraleitendes Galvanometer, sondern es wird das Magnetfeld supraleitender Ringe mit einem PASCHENschen Feldstärkenmesser[1] beobachtet, der sich dank der besonderen Konstruktion des Vakuummantelgefäßes auf Zimmertemperatur befinden kann, wodurch der Versuch sehr vereinfacht wird. Dieses Gefäß (Abb. 7) unterscheidet sich von dem oben abgebildeten (Abb. 3) dadurch, daß der verjüngte Ansatz nicht nach außen, sondern nach innen geführt ist, so daß in ihn die rotierende Probespule bis dicht an den supraleitenden Ring herangeführt werden kann; dies ist notwendig, weil das Feld in der Achse des Ringes mit der dritten Potenz der Entfernung a des Aufpunktes von der Ringebene abnimmt[2]. Einzelheiten der Gefäßkonstruktion gehen aus der Unterschrift zur Abb. 7 hervor. Während für die Demonstration zur Erzielung eines größeren Effektes ein Paar Ringe verwendet wird, das die rotierende Probespule nach Art einer HELMHOLTZ-Spule umgibt, konnte für die quantitativen Messungen der Schwellwertskurve wegen der Verschiedenheit der Proben jeweils nur ein Ring benutzt werden.

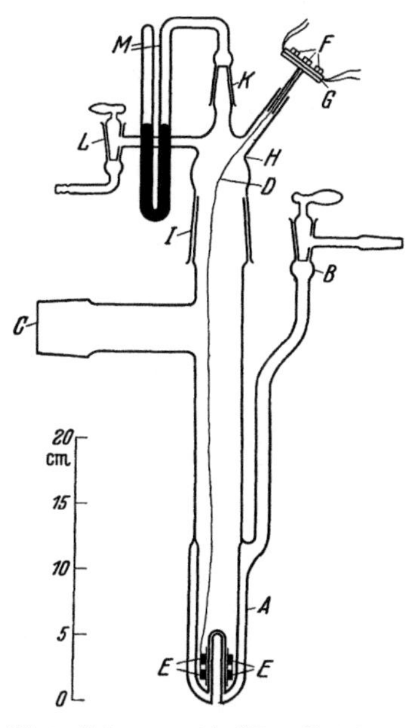

Abb. 7. Vakuummantelgefäß zur Vorführung des Dauerstromversuches im Temperaturbereich zwischen 20,4° und 9,5° abs mittels flüssigen und festen Wasserstoffes. *A* Vakuummantel aus 20er Jenaer Glas, durch den Eckhahn *B* vor jedem Versuch frisch evakuierbar. *C* Schliffansatz zur Verbindung mit dem Pumpaggregat. *D* verdrilltes Kabel, bestehend aus 2 Strom- und 2 Spannungsdrähten, die an einem der beiden im Querschnitt gezeichneten NbN-Ringe *E* angelötet sind. Die Ringe *E* sind an einer Neusilberhülse befestigt, die über das Glasrohr geschoben ist, in die die rotierende Probespule des Feldstärkenmessers eingeführt wird. Die vakuumdichte Durchführung von *D* geschieht durch Gummiplättchen *G*, zwischen zwei Messingplättchen gepreßt durch vier Schräubchen *F*. *H* Ansatz der Schliffklappe *I*, in den die Kabeldurchführung eingesiegelt ist. *K* Schliffansatz, der nach Einfüllen des siedenden H_2 mit einem als Dampfdruck-Thermometer dienenden Hg-Manometer verschlossen wird. *L* Hahn für den Wasserstoffüberdruck, der unmittelbar nach Beginn des Abpumpens verschlossen wird.

Ausführliche Messungen wurden an dem Ring NbN 1 ausgeführt, der bis zu 23,2° abs hinauf supraleitend bleibt. Sein äußerer Durchmesser ist $2r_a = 10$ mm, die Bohrung beträgt $2r_i = 4$ mm und die Dicke 2 mm. Die Achse der rotierenden Probespule war von seiner Mitte 7 mm entfernt. Nachdem die Probe im Querfeld eines Permanentmagneten von $H_0 = 206$ G bis etwas unter 10° abs abgekühlt worden war und der Magnet entfernt worden war, zeigte die Probespule ein zeitlich nicht abnehmendes Feld von $H_a = 5{,}9$ G an; da es durch umgekehrtes Magnetisieren des Ringes nicht kommutiert werden konnte, ist es kleiner als das kritische Feld. Beachtet man nun, daß für $a > r$ die im Abstand a von der Probespule auf der Ringachse gemessene Feldstärke $H_a = H_0\,(r/a)^3$ ist, so kann man aus den bekannten Werten für H_a, H_0 und a den effektiven Durchmesser des Ringstromes errechnen. Durch Einsetzen der Zahlenwerte findet man $r = 2{,}1$ mm. Der Dauerstrom fließt also nur auf der Innenseite des Ringes und erreicht damit erwartungsgemäß das Minimum der magnetischen Energie $\frac{1}{2}\,L J^2$, indem er die Strombahn kleinster Selbstinduktion wählt. Die Gleichung für die magnetische Feldstärke im Zentrum eines stromdurch-

[1] K. ONNES: Rep. u. Comm. 4. Internat. Kältekongr., London 1924, S. 175. Rapp. et Discuss. IV. Conseil Solvay, S. 251, Paris 1927.

[2] F. PASCHEN: Phys. Z. Bd. 6 (1905) S. 31.

[3] F. KOHLRAUSCH: Praktische Physik, 17. Aufl., Leipzig 1935, S. 601.

flossenen kreisförmigen Leiters $H = 0{,}2\pi J/r$ liefert mit $r = 0{,}2$ für die Stärke des beobachteten Dauerstromes 66 A.

Die kritische Feldstärke von 200 G wird bei etwa 10° abs erreicht; hier ist die Temperaturmessung wegen des geringen Betrages des Sättigungsdruckes (2 Torr) und wegen des Druckabfalls im festen H_2 unsicher. Nach vorübergehender Erwärmung wurde diese Feldstärke am Tripelpunkt, dessen Temperatur sich leicht konstant halten läßt, aus dem Magnetfeld des Dauerstromes zu 0,8, bei 20,4° abs zu 0,4 G bestimmt.

Andere Proben zeigten auch in bezug auf die Schwellwertskurve erhebliche Unterschiede; z. B. wurde das kritische Magnetfeld bei 10° abs für NbN 5 zu 200 G beobachtet.

Unabhängig von diesen individuellen Schwankungen kann auf Grund der Dauerstromversuche festgestellt werden, daß die Supraleitfähigkeit der NbN-Präparate bereits durch ähnlich schwache Magnetfelder wie bei den reinen Metallen aufgehoben wird; indessen scheint die kritische Feldstärke mit der Unterkühlung unter die normale Sprungtemperatur ($H = 0$) schneller als linear zuzunehmen. Andererseits bemerkt man, wenn man nach der Stromspannungsmethode mißt, das Auftreten eines endlichen Ohmschen Widerstandes z. B. bei 20,4° abs erst bei äußeren Feldstärken von wenigstens einigen 100 G, also bei um wenigstens 2 Größenordnungen stärkeren Feldern. Hieraus ist zu schließen, daß schon bei Feldstärken, bei denen das Galvanometer noch keinen Spannungsabfall anzeigt, ein endlicher Ohmscher Widerstand auftritt, der sich lediglich durch seinen geringen Betrag den gewöhnlichen Nachweis- und Meßmethoden entzieht. Die im r_T, T-Diagramm dargestellte Sprungkurve fällt also unterhalb der Halbwertstemperatur nicht unbegrenzt beschleunigt auf $r_T = 0$ ab, sondern besitzt hier einen „Fuß“ mit verzögertem Widerstandsabfall, wie er von Legierungen bekannt ist. Dieser Übergang vom beschleunigten zum verzögerten Abfall ist in den NbN-Sprungkurven der Abb. 5 mehrfach deutlich zu erkennen.

Auch bei den Dauerstromversuchen traten Hysteresiserscheinungen auf, und zwar zeigte sich der Höchstwert der Dauerstromstärke J_k, bei dem gerade noch Supraleitung besteht, von der magnetischen Vorbehandlung der Probe abhängig. Diese Erscheinung sei durch ein Zahlenbeispiel belegt. Wie oben beschrieben, wurde der Ring NbN 1 im Feld eines Permanentmagneten ($H_0 = 206$ G) so tief abgekühlt ($T < 10°$ abs), daß das kritische Feld H_k größer als H_0 wurde. Hierauf wurde der Magnet weggezogen und festgestellt, daß der normale Induktionsfluß durch den Ring erwartungsgemäß infolge Bildung eines entsprechenden Dauerstromes unverändert geblieben war, wie es die MAXWELLsche Theorie mit $\dot{B}_n = 0$ nach LIPPMANN[1] verlangt. Das Feld H_0 erwies sich insofern als unterkritisch ($H_0 < H_k$), als man nun durch vorübergehende Einschaltung des Feldes $-H_0$ das Vorzeichen des Dauerstromes nicht umkehren konnte. Er nahm aber unerwarteterweise bei diesem Ummagnetisierungsversuch auf 19 A ab und erreichte nach einer neuen Magnetisierung mit $+ H_0$ nicht wieder den Anfangswert 66, sondern nur 45 A. Durch darauffolgende Ummagnetisierungen wurde dann der Dauerstrom nacheinander auf 14, 37, 8 und 27 A herabgesetzt. Da hierbei offenbar die Stromenergie in Wärmeenergie verwandelt wird, handelt es sich um eine Entropiezunahme, wie sie beim Durchlaufen eines Kreisprozesses eintreten muß, wenn eine thermische bzw. magnetische Hysteresis existiert. Bei 14° und 20° abs konnte der Dauerstrom ohne Auftreten solcher Nichtumkehrbarkeiten kommutiert werden, so daß anzunehmen ist, daß sich diese Erscheinungen auf das Gebiet beschränken, in dem das äußere Feld unterkritisch ist.

---

[1] G. LIPPMANN, C. R. Acad. Sci., Paris Bd. 168 (1919) S. 73.

7. HALL-Effekt-Messungen.

Um über Art und Anzahl der Leitungsträger Aufschluß zu erhalten, wurde an einem NbN-Präparat (NbN 8a) der HALL-Effekt gemessen. Bei den Messungen konnte lediglich die Temperatur variiert werden, dagegen ließ die geringe Strombelastbarkeit (max. 0,14 A) und verhältnismäßig große Dicke (0,166 × 4 × 20 mm) keine Beobachtung der Strom- und Feldstärkenabhängigkeit der HALL-Konstanten A_H zu. Zunächst wurde bei ausgeschaltetem Magnetfeld mittels des DIESSELHORSTschen Kompensators der Nulleffekt kompensiert, die Spannungsempfindlichkeit des Galvanometers bestimmt und dann der Ausschlag beim Kommutieren des Feldes von 37000 G beobachtet. Das Vorzeichen des Effektes wurde durch eine Vergleichsmessung an Cu ($10^6 A_H = -609$) ermittelt. Aus größeren Beobachtungsreihen wurden Mittel gebildet und daraus folgende HALL-Konstanten $A_H \cdot 10^6$ abgeleitet:

$T°$ abs . . .	300°	89°	20°
$10^6 A$ . . .	−1000	−8300	−10300

Das negative Vorzeichen von A_H zeigt, daß der Strom durch negativ geladene Teilchen, also Elektronen getragen wird; bei Zimmertemperatur ist A_H etwa 1,6mal größer als bei Cu und wächst bei Abkühlung auf 20° abs auf das 10fache; in diesem Zusammenhang erscheint es von Interesse, daß der HALL-Effekt des Niobmetalls (99,7%) nach noch unveröffentlichten Messungen (E. J.) mit $10^6 A_H = +1150$ bei Zimmertemperatur und 48000 G stark anomal ist. Da es sich um eine nicht ganz kompakte Probe von NbN handelt — die scheinbare Dichte bleibt mit 5,68 unter dem röntgenographisch bestimmten Idealwert 7,33 —, wird man aus der absoluten Größe der HALL-Konstanten keinen sicheren Schluß auf den Ionisierungsgrad der Substanz ziehen können; wohl aber darf aus der Temperaturabhängigkeit der HALL-Konstanten gefolgert werden, daß die Anzahl der Leitungselektronen mit sinkender Temperatur stark abnimmt, so daß eine thermische Ionisation nicht unwahrscheinlich ist.

8. Allgemeine Diskussion der Versuchsergebnisse.

Aus den an NbH und NbN beobachteten Übergangskurven und den beschriebenen Dauerstromversuchen folgt, daß echte Supraleitung noch oberhalb des Wasserstoff-Siedepunktes auftreten kann, und daß die Supraleitfähigkeit nicht länger als eine nur tiefsten Temperaturen eigentümliche Erscheinung zu betrachten ist.

Die Frage nach dem Charakter dieser Supraleiter kann durch die bisher vorliegenden Erscheinungen noch nicht als entschieden gelten. Zwar sprechen der geringe Temperaturabfall des Widerstandes, der hohe spezifische Widerstand und die beträchtliche Abnahme der Leitungselektronenzahl mit sinkender Temperatur ebenso wie die beträchtliche Abhängigkeit der elektrischen Erscheinungen von minimalen Unterschieden in Verunreinigung und thermischer Vorgeschichte dafür, daß diese NbH- und NbN-Präparate Störstellenleiter sind; andererseits aber ist hervorzuheben, daß die Präparate wegen der Gettereigenschaften des Niobiums stark verunreinigt sind, und es insofern als noch möglich erscheint, daß merklich reinere Präparate einen beschleunigten Widerstandsabfall mit sinkender Temperatur, einen geringeren spezifischen Widerstand und Konstanz der elektrischen Eigenschaften nach Art der metallischen Leiter zeigen werden. Schließlich erscheint es durchaus möglich, daß echte metallische Leitung und Störstellenleitung gemeinsam auftreten[1]. Über diese Fragen kann erst nach Beendigung

[1] B. GUDDEN: Ergebn. exakt. Naturwiss., insbes. § 5 und Zitat 27 und 33b Bd. 13 (1934) S. 323.

der bereits begonnenen Arbeiten zur Herstellung reinerer Präparate entschieden werden.

Als dritten Gesichtspunkt bei der Diskussion der Versuchsergebnisse möchten wir den von den neu aufgefundenen Parallelen zwischen Supraleitfähigkeit und Ferromagnetismus hervorheben, die seit diesem Hinweis von GERLACH[1] immer stärker hervorgetreten sind; sie könnten Anlaß sein, die zur Erklärung der ferromagnetischen Erscheinungen erfolgreich gewordene Theorie der Umklapp- und Drehprozesse auch auf das Supraleitungsproblem anzuwenden.

Schließlich sei noch darauf hingewiesen, daß möglicherweise die Beobachtungen über Bildung und Persistenz supraleitender Zentren ebenfalls wichtige Hinweise zur Lösung des Supraleitungsproblems geben könnten.

9. Zusammenfassung.

Nachdem bisher NbC als Supraleiter mit der höchsten Sprungtemperatur (10,2° bis 10,5° abs) zu gelten hatte, wird hier über die Entdeckung zweier neuer Supraleiter NbH und NbN berichtet, von denen NbH im Temperaturbereich des flüssigen Wasserstoffs supraleitet, und NbN diese Eigenschaft sogar noch oberhalb des Wasserstoff-Siedepunktes im Temperaturbereich des Neons ($T > 23$° abs) zeigt. Infolgedessen ist die Supraleitfähigkeit nicht länger als Erscheinung tiefster Temperaturen anzusehen.

Darüber hinaus sind die beiden Supraleiter insofern interessant, als sie in mancher Hinsicht weniger als metallische Leiter wie als Störstellenleiter anzusprechen sind. Die Übergangskurven $r_T = f(T)$ zeigen eine beträchtliche Hysteresis von bis zu 8° Unterschied zwischen fallendem und steigendem Ast der Sprungkurve, und die Sprungtemperaturen hängen von minimalen Unterschieden in Verunreinigungen oder thermischer Vorgeschichte derart ab, daß sich nicht zwei Proben derselben Herstellungsserie gleichen. In diesem Zusammenhang wurden chemische und röntgenographische Untersuchungen der Proben ausgeführt, die danach u. a. durch Ta, C, O und Fe verunreinigt und infolge der Getterwirkung des Nb schwer reiner zu erhalten sind. Es scheint, daß fortschreitende Reinigung die Supraleitfähigkeit herabsetzt, doch kann über die Alternative metallischer Leiter oder Störstellenleiter erst nach weitergehender Reinigung entschieden werden, falls nicht beide Leitungsmechanismen gleichzeitig auftreten. In diesem Zusammenhang ist der hohe spezifische Widerstand, der nur geringe Abfall des Widerstandes, aber die bedeutende Zunahme der HALL-Konstanten mit fallender Temperatur von NbN bemerkenswert.

Versuche über den Einfluß äußerer Magnetfelder auf die Supraleitfähigkeit ergeben u. a. eigentümliche Hysteresiserscheinungen, ebenso wie der Dauerstromversuch, der erkennen läßt, daß es sich bei NbN um echte Supraleitfähigkeit handelt. Der magnetische Schwellwert von NbN ist, nach der Stromspannungsmethode gemessen, anscheinend sehr groß (z. B. einige 10^3 G), nach Ausweis des empfindlicheren Dauerstromversuches dagegen um mehrere Größenordnungen kleiner. Der hieraus folgende verzögerte Abfall der Sprungkurve erklärt auf einfache Weise die magnetische „Weichheit" dieser Supraleiter.

Von sonstigen Beobachtungen ist noch diejenige hervorzuheben, daß im supraleitenden NbN auch nach vorübergehender Erwärmung über die obere Sprungtemperatur hinaus supraleitende Zentren erhalten bleiben, so daß bei anschließender Wiederabkühlung auf diese Gleichgewichtstemperatur keine neue Unterkühlung zur Vernichtung des Ohmschen Widerstandes nötig ist; es handelt sich hierbei offenbar um ein Analogon („Elektronenkristall" $\rightleftarrows$ „Elektronenflüssig-

[1] W. GERLACH: Metallwirtsch. Bd. 9 (1930) S. 939, 956 u. 1003.

keit") zur bekannten Persistenz von Kristallkeimen in wenig überhitzten Schmelzen.

Die neuen Möglichkeiten, ohne Benutzung von flüssigem Helium oder festem Wasserstoff alle Erscheinungen der Supraleitung im Hörsaal mit einfachsten Hilfsmitteln zu demonstrieren, werden kurz beschrieben.

Nb_2N, NbO, Nb_2O_3, Nb_2O_5, NbB, TaN, Ta_2N und TaH werden bis hinab zu 9,5° abs nicht supraleitend; auch diese Stoffe wurden röntgenographisch auf ihre Kristallstruktur untersucht.

Nachtrag.

(Von G. ASCHERMANN und E. JUSTI.)

Nachdem die oben beschriebenen Versuche ausgeführt worden waren, gelang es, Niobmetall mit um über 1 Zehnerpotenz (auf 0,3%) verminderten Verunreinigungen aus dem von BRAUER[1] beschriebenen tantalfreien Koppit-Vorkommen zu erhalten; der vom Siemens & Halske-Wernerwerk gelieferte Draht[2] sollte wegen seiner Duktilität außer von Ta auch von Fe, C und O praktisch frei sein. Sein Restwiderstand beträgt nach 8stündiger Temperung im Vakuum bei 550° C immerhin noch über 10%. Aus dem Draht wurden Glühbirnen mit einer Füllung von 500 Torr Reinstickstoff hergestellt, womit auch eine neue Verunreinigung des Nb durch seine Getterwirkung in strömendem Gas verhindert wurde. Infolge der Nitrierung, die unter optisch-pyrometrischer Kontrolle möglichst genau stets bei 1250° C vorgenommen wurde, stieg der Zimmertemperaturwiderstand mit steigender Glühdauer kontinuierlich an, wobei die Widerstandsvermehrung von 60% nach 40stündiger Glühdauer anscheinend dem Endzustand noch nicht ganz entspricht. 12 verschiedene Proben mit Glühdauern zwischen 10 Minuten und 40 Stunden zeigen voneinander nicht merklich abweichende Restwiderstände von etwa $r_{14°} = 0{,}52$. Die Befunde hinsichtlich der Supraleitfähigkeit sind folgende:

1. Die Sprungtemperatur dieser reineren NbN-Präparate liegt stets unterhalb des Wasserstoff-Tripelpunktes (14,0° abs).

2. Die Sprungtemperatur hängt anscheinend von der Glühdauer ab, indem sie bei Glühdauern von 10 Minuten bis 4 Stunden einige 0,1° um 13,5° abs schwankt und bei längeren Glühdauern anscheinend 10° abs unterschreitet, falls überhaupt noch Supraleitung auftritt.

3. Diese reineren Proben zeigen keine merklichen Hysteresiserscheinungen mehr, vielmehr stimmen die Sprungkurven bei langsamer Temperatursenkung und Temperatursteigerung weitgehend überein.

4. Soweit man bei einer so beschränkten Anzahl von Proben sichere Schlüsse ziehen darf — es stand nur eine geringe Drahtlänge des 99,7proz. Nb zur Verfügung — wird der Eintritt der Supraleitung von Fehlstellen im NbN-Gitter begünstigt; wahrscheinlich hängt die Supraleitung von der Existenz nichtbesetzter Stickstoffplätze im Gitter ab.

5. Schon ein geringer Zusatz von Fe hebt die Supraleitfähigkeit des NbN im Bereich des festen Wasserstoffs auf.

6. Durch Zusatz von Ta zu dem in § 2 näher gekennzeichneten Nb-Pulver kann die Sprungtemperatur weiter gesteigert werden. Die Formulierung des § 1, wonach die noch oberhalb 20,4° abs supraleitende Substanz hauptsächlich aus NbN besteht, ist daher so zu ergänzen, daß es sich hierbei wahrscheinlich

[1] G. BRAUER: Z. anorg. allg. Chem. Bd. 248 (1941) S. 1.
[2] Diesen Draht hat uns in dankenswerter Weise Herr REINHOLZ überlassen.

um ein Gemisch von TaN und NbN handelt. In diesem Zusammenhang ist auf den Befund von MEISSNER, FRANZ und WESTERHOFF[1] hinzuweisen, wonach eutektische Gemische höhere Sprungtemperaturen als die beiden reinen Supraleiter haben können.

7. In diesem Zusammenhang wurde festgestellt, daß eine TaN-Probe, die durch nur 5 minutiges Glühen eines Ta-Drahtes in einer mit 500 Torr geglühten Birne bei 1250° C gewonnen war, bei etwa 9,0° abs supraleitend wurde. Mehrere länger nitrierte TaN-Proben wurden oberhalb 9° abs nicht supraleitend.

Das Mengenverhältnis C^{12}/C^{13} der Isotope im Diamanten[2].

Von

R. FRERICHS.

Mit 2 Abbildungen.

Im Zusammenhang mit Untersuchungen über die Eigenschaften des Diamanten erschien es wünschenswert, die Mengenanteile der beiden Isotope C^{12} und C^{13} im Diamanten zu bestimmen, um festzustellen, ob die Zusammensetzung des Diamanten sich bei seiner besonderen Entstehungsart von derjenigen der anderen Kohlenstoffmodifikation unterscheidet. Diese Bestimmung wurde in bekannter Weise an dem Isotopieeffekt der SWAN-Banden des C_2-Moleküls durchgeführt.

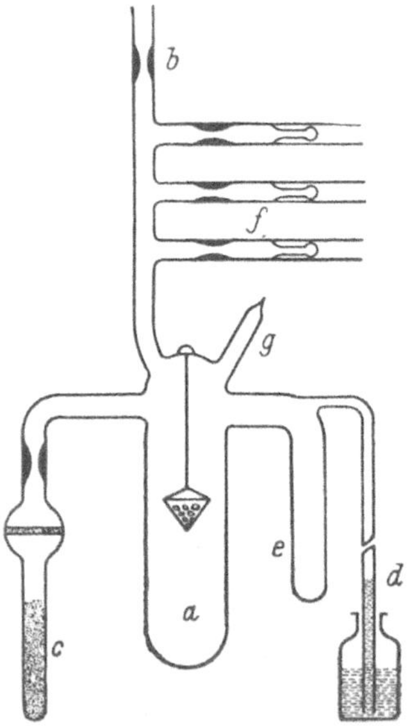

Abb. 1. Vorrichtung zur Verbrennung des Diamanten zu Kohlensäure.

Die Banden wurden in einer Gasentladung in einem Gemisch aus Argon und Kohlensäure erzeugt. Einige kleinere Abfallstücke von Diamanten, „Diamantbort", wurden in reinem Sauerstoff verbrannt. Abb. 1 zeigt die Versuchsanordnung. Ein zylinderförmiges Glasgefäß *a* enthielt an einem Platindraht einen mit Löchern versehenen Platintrichter zur Aufnahme der zu verbrennenden Diamantsplitter. Das Gefäß war über eine Abschmelzstelle *b* mit der Diffusionspumpe verbunden. Der Sauerstoff wurde aus reinstem Kaliumpermanganat in einem Hartglasrohr *c* entwickelt, das über eine Kugel, die ein Schottsches Glasfilter enthielt, mit *a* verbunden war. Der Sauerstoffdruck wurde an einem offenen Quecksilbermanometer *d* abgelesen. Ein Ansatz *e* konnte in flüssige Luft getaucht und zum Ausfrieren der entstandenen Kohlensäure benutzt werden. Die Kohlensäure wurde in Glasröhren *f* abgefüllt, die eine Aufschlagkugel enthielten und nach dem Füllen abgezogen wurden. Nach dem Evakuieren wurde zunächst der Platintrichter mit der Glühspule eines Hochfrequenzsenders ausgeglüht. Dann wurde durch das Ansatzrohr *g* eine abgewogene Menge Diamant, der vorher durch Erhitzen in Salpetersäure gereinigt war, eingefüllt. Nun wurde Sauerstoff entwickelt und nach dem Abpumpen des ersten, möglicherweise verunreinigten Gases das Gefäß von der Pumpe abgeschmolzen. Der Sauerstoffdruck war so bemessen,

[1] W. MEISSNER, H. FRANZ u. H. WESTERHOFF: Ann. Phys. Bd. 13 (1932) S. 505 u. 967.
[2] Abdruck der in Z. phys. Chem. Abt. A Bd. 181 (1938) S. 355 erschienenen Arbeit.

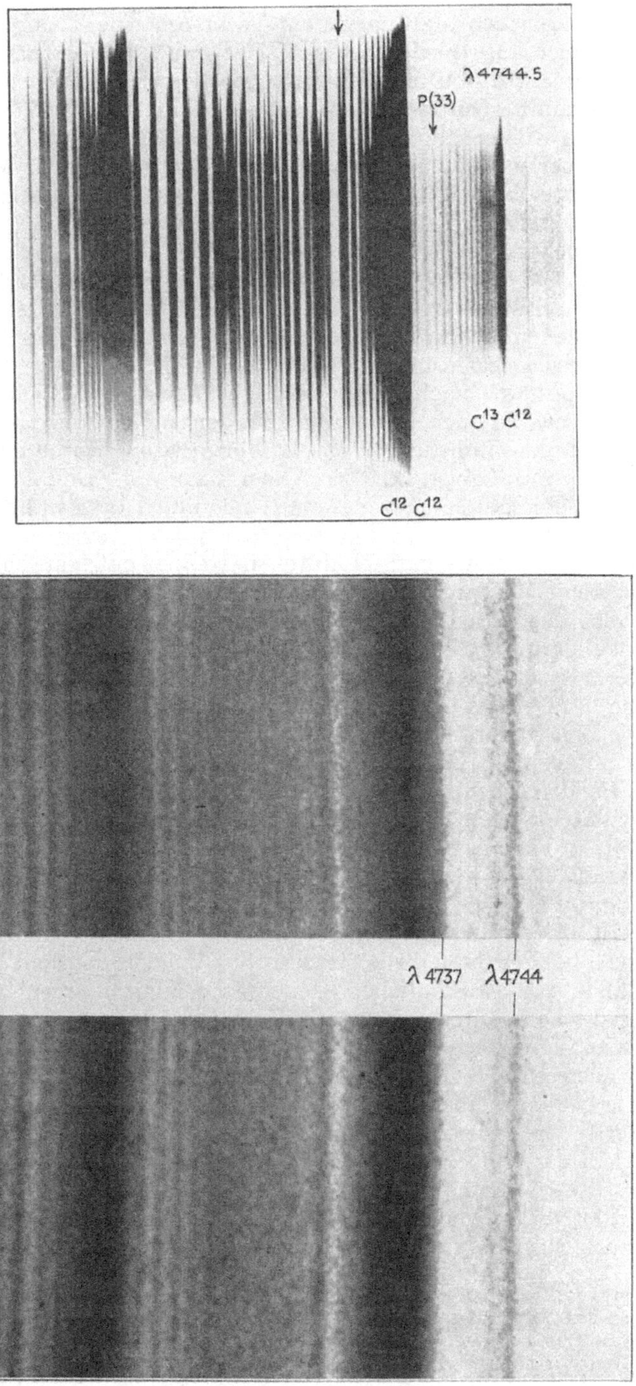

Abb. 2. Die SWAN-Bande des Kohlenstoffs $\lambda = 4737$ Å. a) bei hoher Auflösung nach JEVONS. b) mit gewöhnlicher Kohlensäure erhalten, c) mit aus Diamant dargestellter Kohlensäure erhalten.

daß er nicht vollständig zum Verbrennen der Diamanten ausreichte. Auf diese Weise wurde vermieden, daß nach dem Verbrennen der Diamanten in der entstandenen Kohlensäure noch überschüssiger Sauerstoff vorhanden war. Dann wurde der Diamant durch mehrstündiges Glühen des Platintrichters mit Hochfrequenz verbrannt. Durch Eintauchen des Ansatzes *e* in flüssige Luft wurde die entstandene Kohlensäure vollständig kondensiert, wobei das Manometer anzeigte, daß keinerlei unkondensierbare Gase (Sauerstoff) zurückgeblieben waren. Mit der so hergestellten Kohlensäure wurden nach Abschmelzen von *c* und *d* einige Ansatzröhrchen *f* gefüllt und abgeschmolzen.

Zur Untersuchung des Mengenverhältnisses der C-Isotope sind am geeignetsten die Banden 4737 bzw. 4744 Å der Moleküle $C^{12}C^{12}$ bzw. $C^{12}C^{13}$, die die 1,0-Bande des SWANschen Systems bilden. Diese Banden treten in der Kapillare eines Entladungsrohres auf, das mit Edelgas von 10 bis 40 Torr und Spuren von kohlenstoffhaltigen, gasförmigen Verbindungen gefüllt ist[1]. Im Gegensatz zu BROSI und HARKINS[2], nach deren Beobachtungen Sauerstoffverbindungen der Kohle zur Erzeugung der genannten Banden nicht günstig sind, traten die Banden in einer gewöhnlichen Wechselstromentladung durch eine Kapillare von 1 bis 2 mm bei Zusatz von 40 Torr Argon stark auf. Das Entladungsrohr aus Hartglas besaß eine Kapillare von 5 cm Länge und 1 bis 2 mm Durchmesser und war mit zylindrischen Elektroden aus Nickelblech versehen. Die Elektroden wurden bei niedrigem Argondruck durch Betreiben mit starkem Strom so lange geglüht, bis keine Verunreinigungen spektroskopisch nachweisbar waren. Sobald das Rohr auch nach längerem Betreiben bei glühenden Elektroden sauber blieb, wurde die vorher durch Versuche mit gewöhnlicher Kohlensäure an einem zweiten gleichen Rohr ermittelte günstigste Menge der Diamanten-Kohlensäure durch Aufschlagen des Gefäßes eingelassen und gleichzeitig der Argondruck auf 40 Torr erhöht. Die Bande wurde mit einem Glasspektrographen von ungefähr 20 Å/mm bei 5000 Å untersucht. Bei dieser Dispersion war es nicht möglich, die einzelnen Linien der Banden aufzulösen, jedoch traten die Kanten deutlich hervor (Abb. 2). Mit dem zweiten, genau gleichen Entladungsrohr wurde eine Reihe von Aufnahmen mit 40 Torr Argon und gewöhnlicher Kohlensäure gemacht. Aus den beiden Aufnahmereihen wurden diejenigen miteinander verglichen, bei denen die Hauptbande 4737 gleiche Intensität besaß. Die Ergebnisse gehen aus der Abb. 2 hervor. *a* ist eine Aufnahme der betreffenden Banden, entnommen dem Buch von JEVONS[3], bei der die feinere Struktur der Banden deutlich hervortritt. *b* ist dieselbe Bande, mit gewöhnlicher Kohlensäure aufgenommen, und *c* mit durch Verbrennen der Diamanten gewonnener Kohlensäure. Es wurde davon abgesehen, die Banden zu photometrieren, da die Auflösung des verwandten Spektrographen dazu nicht ausreichte. Aus dem Vergleich der Spektren *b* und *c* geht jedoch hervor, daß die beiden Kohlensäureproben sich, wenn überhaupt, dann nur in sehr geringem Maße in der Isotopenzusammensetzung unterschieden. Nun werden für dieses Verhältnis (vgl. BROSI und HARKINS, a. a. O.) die Werte 106 ± 11, 140 ± 14, $91{,}6 \pm 2{,}2$ und $92{,}2 \pm 3{,}7$ angegeben. Nach den vorliegenden Aufnahmen gelten diese Werte, von denen die letzten beiden am zuverlässigsten sind, also auch für den durch Verbrennen von Diamanten erhaltenen Kohlenstoff.

---

[1] Frl. Dr.-Ing. HEYDEN hat mir in freundlicher Weise Einblick in ihre Diplomarbeit ermöglicht, in der die günstigsten Anregungsbedingungen für den Nachweis der Kohlenstoffisotope an den SWAN-Banden untersucht wurden.

[2] A. R. BROSI u. W. D. HARKINS: Phys. Rev. Bd. 52 (1937) S. 472.

[3] W. JEVONS: Report on bandspectra of diatomic molecules. Tafel IV, 1 bei S. 209. Cambridge 1932.

Über die Löslichkeit von Wolframsäure und Ammoniumparawolframat in wäßrigem Ammoniak[1].

Von

W. DAWIHL.

Mit 4 Abbildungen.

Aus Untersuchungen über das Lösungvermögen von wäßrigem Ammoniak verschiedener Konzentration für Wolframsäure bei Zimmertemperatur ist zu erkennen, daß auf diesem Wege Lösungen hergestellt werden können, die bis zu rund 30% WO_3 enthalten. Werden derartige Lösungen klar von dem Bodenkörper abgegossen und mit einigen Kristallen von Ammoniumparawolframat geimpft, so kann selbst nach dreimonatigem Stehen der geimpften Lösung bei Zimmertemperatur keine Ausscheidung von Ammoniumwolframat beobachtet werden. Es scheint also, als ob diese wolframsäurereichen ammoniakalischen Lösungen gegenüber Ammoniumparawolframat bei Zimmertemperatur nicht übersättigt sind, und es besteht die Möglichkeit, daß unter diesen Lösungen ein anders zusammengesetzter Bodenkörper stabil ist.

Zur Aufklärung dieser Verhältnisse ist die Löslichkeit von Ammoniumparawolframat in Ammoniak verschiedener Konzentration bestimmt worden. Zum Vergleich wurden Ammoniaklösungen von verschiedenen Gehalten an Ammoniak mit bestimmten Mengen an frisch gefällter Wolframsäure versetzt und an den erhaltenen Lösungen ebenfalls Löslichkeitsbestimmungen durchgeführt.

Für die Löslichkeitsbestimmungen mit Ammoniumparawolframat wurde ein Salz verwendet, das weniger als 0,01% Molybdän enthielt und frei von Eisen war. Der Rückstand des Salzes bei Behandlung in einem mit Schwefelchlorür beladenen Chlorstrom bei 400°, in dem sich die Wolframsäure verflüchtigt, betrug 0,05%.

Für die Bestimmung der Löslichkeit frisch gefällter Wolframsäure in wäßrigem Ammoniak wurde Wolframsäure verwendet, die durch mehrfaches Kochen von festem Ammoniumparawolframat mit Salzsäure und Auswaschen bis zur annähernden Chlorfreiheit mit nachfolgendem Absaugen erhalten worden war. Um einen etwaigen Einfluß der Herstellungsart der Wolframsäure auf die Löslichkeit zu erfassen, wurden auch Versuche angesetzt, bei denen die Wolframsäure durch Eingießen einer Ammoniumwolframatlösung in kochende Salzsäure und ferner durch Zersetzung von reinem Kalziumwolframat durch kochende Salzsäure hergestellt wurde. Bei allen diesen Versuchen wurde die Wolframsäure in der stückigen Form, in der sie von der Nutsche abgehoben wurde, in Ammoniak eingetragen. Dabei wurde beobachtet, daß sich bald nach dem Eintragen der ersten Mengen an Wolframsäure allerdings bei den einzelnen Versuchen in verschieden großem Umfange ein weißes Salz abschied, das, unabhängig von der Ammoniakkonzentration, die Zusammensetzung des Ammoniumparawolframats besaß. Vermutlich bildet sich dieses Salz durch Diffusion der ammoniakalischen Flüssigkeit in die Wolframsäurestücke, in denen dann durch Verbrauch an Ammoniak dessen Konzentration so weit abnimmt, daß sich Ammoniumparawolframat ausscheiden kann. Daher wurden auch Vergleichsversuche durchgeführt, bei denen die Wolframsäure nach dem Absetzen, also ohne Absaugen, mit Ammoniak behandelt wurde.

[1] Abdruck der in Z. anorg. allg. Chem. Bd. 244 (1940) S. 1 erschienenen Arbeit.

Während für die Versuche über die Löslichkeit des Parasalzes in allen Fällen mit einem erheblichen Überschuß an Bodenkörper gearbeitet wurde, mußte bei den Löslichkeitsversuchen mit Wolframsäure deren Zusatz so bemessen werden, daß jeweils ein bestimmter Teil des Ammoniaks in freier Form zurückblieb.

Die Lösungen wurden zum Teil in luftdicht verschlossenen Flaschen, zum Teil in zugeschmolzenen Gefäßen aus Jenaer Geräteglas aufbewahrt und häufig umgeschüttelt. Innerhalb der Beobachtungszeit von etwa 14 Monaten betrugen die Temperaturschwankungen etwa 4°. Die Löslichkeitsbestimmungen beziehen sich daher auf $19 \pm 2°$.

Die für die Löslichkeit des Parasalzes und der Wolframsäure gefundenen Werte gehen aus den Tab. 1 und 2 hervor.

Die Löslichkeitswerte der Tab. 1 zeigen, daß das Ammoniumparawolframat schon bei Anwesenheit von etwa 1% überschüssigem Ammoniak seine Löslichkeit im Laufe der Zeit dauernd erhöht. Diese Erhöhung der Löslichkeit des Parawolframats macht sich mit steigendem Gehalt der Lösung an freiem Ammoniak immer deutlicher bemerkbar. Wie die Zeitabhängigkeit ergibt, ist aber selbst nach 14monatigem Stehen noch keine Beendigung dieses Lösungsvorganges eingetreten.

Tabelle 1. Löslichkeit von Ammoniumparawolframat in Ammoniak verschiedener Konzentration in Abhängigkeit von der Zeit bei $19 \pm 2°$.

% NH_3[1]	100 g Lösung enthalten						
	0	0,94	3,61	6,25	9,88	12,0	15,2
Nach 4 Tagen % WO_3 . . .	1,54	1,63	1,74	1,52	1,49	1,38	1,50
,, 13 ,, % WO_3 . . .	1,34	1,74	2,05	2,67	2,28	2,50	2,95
,, 28 ,, % WO_3 . . .	1,23	1,92	2,50	3,51	3,40	3,86	4,48
,, 2$^1/_2$ Monaten % WO_3 .	1,11	2,22	3,51	5,09	5,48	6,41	6,68
,, 4 ,, % WO_3 .	1,11	2,46	4,31	6,34	6,68	5,73	6,40
,, 10 ,, % WO_3 .	1,15	2,85	6,94	10,0	10,3	11,5	11,2
,, 13 ,, % WO_3 .	—	3,16	7,61	12,1	10,9	13,3	12,4
,, 14 ,, % WO_3 .	—	3,51	7,90	12,2	11,2	—	—

Die Löslichkeit des Ammoniumparawolframats in reinem Wasser zeigt in den ersten Tagen eine geringe Abnahme und erreicht schließlich einen konstanten Wert, der mit Löslichkeitsbestimmungen von ROSENHEIM und WOLFF[2] übereinstimmt.

Tabelle 2. Löslichkeit von Wolframsäure[3] in Ammoniak verschiedener Konzentration in Abhängigkeit von der Zeit bei $19 \pm 2°$.

% NH_3[1]	100 g Lösung enthalten							
	0,2	1,49	3,54	3,93	4,62	8,44	9,03	15,2*
Nach 1 Tag % WO_3 . .	7,80	13,1	23,4	—	30,3	29,0	31,6	31,5
,, 8 Tagen % WO_3 . .	3,26	12,6	22,8	26,3	26,5	30,0	31,5	32,2
,, 15 ,, % WO_3 . .	—	12,4	—	25,6	26,6	30,0	30,0	—
,, 22 ,, % WO_3 . .	3,36	12,4	—	26,1	26,6	29,1	30,0	31,7
,, 37 ,, % WO_3 . .	—	12,3	—	25,8	—	29,0	29,5	31,2
,, 10 Monaten % WO_3 . .	—	12,9	—	26,1	—	29,2	29,9	31,4

[1] Der Gehalt der Lösungen an Ammoniak wurde durch Titration mit Methylorange ermittelt. Er ist für die jeweils längste in Spalte 1 angeführte Versuchsdauer angegeben worden.

[2] A. ROSENHEIM u. A. WOLFF: Z. anorg. allg. Chem. Bd. 193 (1930) S. 56.

[3] Wasserhaltige Wolframsäure, hergestellt durch Kochen von festem Ammoniumparawolframat mit Salzsäure.

* Die Lösung wurde nach dem Eintragen der wasserhaltigen Wolframsäure in 25proz. Ammoniak nachträglich mit gasförmigem Ammoniak gesättigt.

Bei den durch Eintragen von wasserhaltiger Wolframsäure (Tab. 2 und 3) in Ammoniak verschiedener Konzentration erhaltenen Flüssigkeiten trat rasch Umwandlung der gelben Wolframsäure in weiße Bodenkörper ein. Lediglich bei dem Versuch mit dem geringsten Ammoniakgehalt der Lösungsflüssigkeit (Tab. 2) zeigte der Bodenkörper noch schwach gelbliche Färbung als ein Zeichen dafür, daß nicht alle Wolframsäure in Ammoniumwolframat umgewandelt worden war.

Tabelle 3. Löslichkeit von Wolframsäure verschiedener Herstellungsart in wäßrigem Ammoniak bei $19 \pm 2°$.

Herstellungsart der WO_3	Gehalt der Lösung an Wolframsäure nach 1 Stunde % WO_3	Lösung nach 14tägigem Stehen	
		WO_3	NH_3
1. Wasserhaltige WO_3, hergestellt durch Eingießen einer Ammoniumwolframatlösung in kochende Salzsäure (abgesaugt)	a) 15,2 b) 29,6	a) 8,76 b) 25,2	0,93 3,69
2. Wasserhaltige WO_3, wie unter 1, in Breiform (also nicht abgesaugt) verwendet	10,1	2,90	0,40
3. Wasserhaltige WO_3, hergestellt durch Zersetzung von Kalziumwolframat mit kochender Salzsäure (abgesaugt)	31,3	23,0	3,20

Im Gegensatz zu dem Löslichkeitsverhalten des Ammoniumparawolframats in Abhängigkeit von der Zeit zeigen die Löslichkeitsbestimmungen der Wolframsäuren in Ammoniak nach 8 Tagen praktisch keine Veränderung im Gehalt an Wolframsäure mehr. Es ist daher wahrscheinlich, daß diese Lösungen in bezug auf den entstandenen Bodenkörper als gesättigt und stabil anzusehen sind.

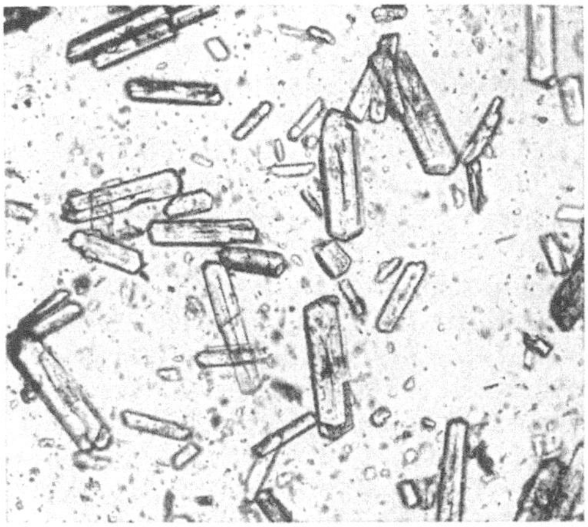

Abb. 1. Ammoniumparawolframat unter wäßriger Lösung nach 10 Monaten. Vergr. 200fach.

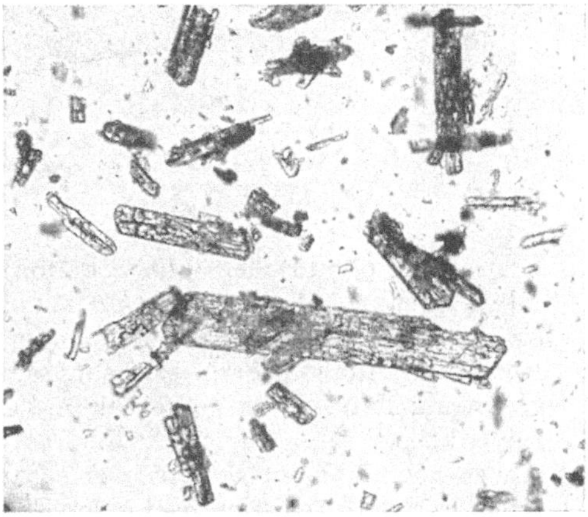

Abb. 2. Ammoniumparawolframat unter 15proz. Ammoniak nach 10 Monaten. Vergr. 200fach.

Andererseits ist aus der Tatsache, daß die Löslichkeit des Ammoniumparawolframats in Ammoniak noch in den letzten Monaten erheblich zugenommen hat, zu folgern, daß diese Lösungen noch nicht gesättigt und auch in bezug auf den vorhandenen Bodenkörper noch nicht stabil sind.

Die Beobachtungen bei den Bestimmungen nach Tab. 3 zeigten, daß bei Anwendung nicht abgesaugter Wolframsäure die Bildung von Ammoniumparawolframat vor Erreichung der Sättigung so gut wie völlig unterblieb. Die erhaltenen Löslichkeitswerte für verschiedenartig hergestellte Wolframsäure stimmen befriedigend untereinander überein.

Die mikroskopische Untersuchung der Bodenkörper, die sich bei den Löslichkeitsversuchen des Parawolframats gebildet hatten, ergab, daß das unter reinem Wasser befindliche Parawolframat aus gut ausgebildeten, klar durchsichtigen Nadeln neben kleinen, unregelmäßig begrenzten Körnchen bestand, die vielleicht Bruchstücke von durch Schütteln zerstörten Nadeln darstellen. Unter den Flüssigkeiten mit Gehalt an freiem Ammoniak waren die Nadeln des Parawolframats von Rissen durchzogen und dadurch undurchsichtig, diese Rißbildung nahm mit steigendem Gehalt der Lösungen an freiem Ammoniak zu (vgl. Abb. 1 und 2).

Die Bodenkörper, die sich beim Eintragen von Wolframsäure in Ammoniak gebildet hatten, zeigten gegenüber Ammoniumparawolframat wohl auch schon wegen andersartiger Entstehung ein abweichendes Aussehen. Es waren kleinere unregelmäßige durchsichtige Kristalle, die nicht die Rißbildung der Parawolframatkristalle aufwiesen (vgl. Abb. 3). Lediglich in der Lösung mit 0,2% NH_3 waren einzelne lange Nadeln erkennbar, die wohl durch langsame Abscheidung aus der anfangs stark übersättigten Lösung entstanden sind. Unterschiede im Aussehen der Bodenkörper bei den verschiedenen Ammoniakgehalten der überstehenden Lösungen konnten nicht mit Sicherheit festgestellt werden.

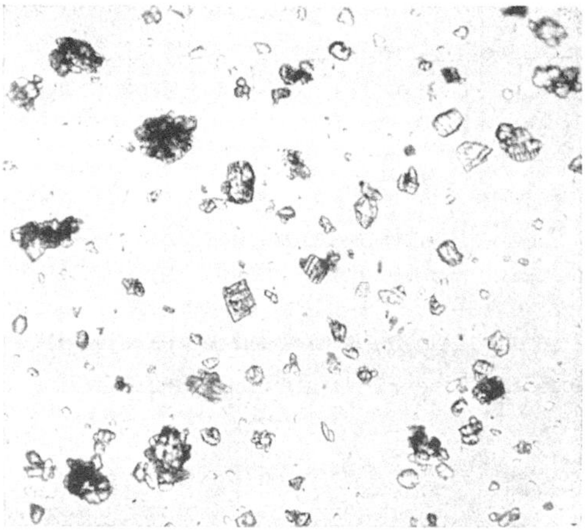

Abb. 3. Bodenkörper einer Lösung von WO_3 in wäßrigem Ammoniak mit 9,03% freiem NH_3 und 29,9% WO_3 nach 10 Monaten. Vergr. 200fach.

Für die chemische Untersuchung der Bodenkörper mußte besonders sorgfältige Entfernung der Mutterlauge angestrebt werden, weil die Bodenkörper im Verhältnis zu Wolframsäure viel weniger Ammoniak enthalten als die Lösungen. Waschen mit Wasser konnte bei Bodenkörpern unter konzentriertem Ammoniak zu Zersetzungen führen, unmittelbares Waschen der abgesaugten Bodenkörper mit organischen Flüssigkeiten verbietet sich, weil aus der Mutterlauge durch Zugabe von Azeton oder Alkohol Niederschläge zum Teil klebriger Art ausgefällt wurden. Da die Untersuchungen gezeigt hatten, daß die Bodenkörper in Ammoniak nur sehr geringe Lösungsgeschwindigkeit zeigten, wurde daher so vorgegangen, daß die auf gehärtetem Filter abgesaugten, meist sehr feinkörnigen Bodenkörper mit Ammoniak der den dazugehörigen Lösungen entsprechenden Konzentration mehrfach ausgewaschen und erst dann mit Methylalkohol und Äther von den Resten anhaftender Flüssigkeit befreit wurden. Da diese Behandlung auf der Nutsche erfolgte, sind die Berührungszeiten dieser Flüssigkeiten mit den Bodenkörpern nur sehr kurz gewesen.

Tabelle 4. Chemische Zusammensetzung der Bodenkörper beim Eintragen von Ammoniumparawolframat und Wolframsäure in wäßriges Ammoniak nach 10monatiger Aufbewahrung.

	Parawolframat unter		Bodenkörper aus WO_3 umgewandelt unter % NH_3			
	Wasser	15,2% NH_3	1,5	3,9	9,0	15,2
WO_3	86,25%	85,83%	86,06%	85,10%	84,24%	84,61%
NH_3	5,09%	5,26%	5,13%	6,77%	7,28%	7,22%
H_2O (als Rest)	8,66%	8,91%	8,81%	8,13%	8,48%	8,17%

Eine Veränderung in der Zusammensetzung des in Ammoniak verschiedener Konzentration eingetragenen Ammoniumparawolframats ist innerhalb der Beobachtungszeit nicht eingetreten, weil diese Lösungen an einem neuen Bodenkörper noch nicht gesättigt sind. Die beim Eintragen von Ammoniumparawolframat in wäßriges Ammoniak zurückgebliebenen Bodenkörper entsprachen in allen Fällen dem Parawolframat der Formel $5\,(NH_4)_2O \cdot 12\,WO_3 \cdot 11\,H_2O$.

Die chemischen Untersuchungen haben weiterhin gezeigt, daß die Bodenkörper, die sich beim Eintragen von Wolframsäure oberhalb eines bestimmten Ammoniakgehaltes bilden, gegenüber Ammoniumparawolframat reicher an NH_3 sind als solche unter verdünnterem Ammoniak. Die Berechnung des Molverhältnisses dieser ammoniakreicheren Bodenkörper ergibt $WO_3 : NH_3 = 1 : 1{,}18$ gegenüber $1 :$ etwa 0,8 bei Parawolframaten.

Der Bodenkörper, der sich beim Eintragen von Wolframsäure unter einer Lösung mit 3,9% NH_3 gebildet hat, weist einen mittleren Gehalt an Ammoniak auf. Unter dieser Lösung dürfte also Ammoniumparawolframat und der ammoniakreichere Bodenkörper anwesend sein. Damit würde die Lösung der Umwandlungskonzentration beider Bodenkörper ineinander für $19 \pm 2°$ entsprechen.

Aus der in GMELINS Handbuch[1] gegebenen Zusammenstellung ergibt sich, daß das neutrale Ammoniumparawolframat $(NH_4)_2WO_4$ unter wäßrigen Lösungen nicht bekannt ist, sondern daß es sich lediglich bei Einwirkung von flüssigem wasserfreien Ammoniak auf wasserhaltige Wolframsäure[2] bildet. Parawolframate, Metawolframate und Hexawolframat enthalten auf 1 Mol WO_3 weniger als 1 Mol NH_3. Von diesen bekannten Verbindungen unterscheidet sich der neugefundene Bodenkörper also dadurch, daß er mehr als 1 Mol NH_3 auf 1 Mol WO_3 enthält.

Der neugefundene Bodenkörper enthält jedoch weniger Ammoniak im Vergleich zu Wolframsäure als ein von MARIGNAC[3] gefundenes Salz, für das er die Formel $2\,(NH_4)_2O \cdot 3\,WO_3 \cdot 3\,H_2O$ vorschlägt. Dieses Salz hat MARIGNAC ein einziges Mal durch Eindampfen einer sehr konzentrierten wäßrigen Lösung von Wolframsäure in Ammoniak über gebranntem Kalk erhalten. Bei der Nachprüfung dieser Beobachtung von MARIGNAC, bei der eine Lösung mit 24,9% Wolframsäure und 8% Ammoniak in einem Exsikkator über Stücken von Natriumhydroxyd eingedampft wurde, konnte nach etwa achttägigem Stehen die Bildung flacher 10 bis 20 mm großer, im Innern trüber, in den Außenschichten klarer Kristalle beobachtet werden. Die Mutterlauge dieser Kristallisation enthält 32,4% Wolframsäure und 16,25% Ammoniak. Die Zusammensetzung dieser Lösung paßt sich gut den übrigen Löslichkeitsbestimmungen an. Da auf diesem Wege das Löslichkeitsgewicht von der anderen Seite eingestellt worden ist, ergibt sich hieraus gleichzeitig eine Bestätigung für die richtige Einstellung der durch Eintragen von Wolframsäure in Ammoniak erzielten Gleichgewichtslösungen. Zur chemischen Untersuchung wurden die Kristalle unter Ammoniak der gleichen Konzentration zerrieben, um die Einschlüsse von Mutterlauge zu entfernen.

Der bei den vorliegenden Untersuchungen als Bodenkörper beim Eintragen von wäßriger Wolframsäure in Ammoniak entstandene Körper dürfte nicht völlig frei von Ammoniumparawolframat sein, das sich nur außerordentlich langsam löst und umwandelt, so daß hierdurch der Ammoniakgehalt des neugebildeten Bodenkörpers herabgedrückt wird. Andererseits schließen die durch Eindunsten erhaltenen großen Kristalle verhältnismäßig viel Mutterlauge ein. So ergab z. B. die Analyse der großen, nur abgetupften Kristalle einen Ammoniakgehalt von 10,18%. Der von MARIGNAC für einen Kristallisationsversuch gefundene Am-

[1] GMELINS Handbuch der anorg. Chem. 8. Aufl. (1933), System Nr. 54 (Wolfram), S. 262ff.

[2] A. ROSENHEIM u. F. JAKOBSSON: Z. anorg. allg. Chem. Bd. 50 (1906) S. 306.

[3] M. C. MARIGNAC: Ann. Chim. phys. (3) Bd. 69 (1863) S. 23.

moniakgehalt liegt zwischen den in der vorliegenden Untersuchung gefundenen Werten.

Der Zahlenvergleich der Tab. 5 läßt jedenfalls eindeutig erkennen, daß unter Ammoniak von höherer Konzentration ein ammoniakreicherer Bodenkörper beständig ist, für den angegeben werden kann, daß sein Molverhältnis WO_3 zu NH_3 zwischen 1 : 1,2 und 1 : 1,3 liegen dürfte. Eine Formel kann jedoch für diesen neuen Bodenkörper noch nicht angegeben werden.

Tabelle 5. Vergleich der chemischen Zusammensetzung von Bodenkörpern unter Lösungen mit mehr als 4% Ammoniak bei 19 ± 2°.

	In der vorliegenden Untersuchung gefunden		Von MARIGNAC gefundene Zahlen	Nach MARIGNAC's Formel berechnet
	als Bodenkörper %	als Kristallisationsversuch %	%	%
WO_3	84,43	83,20	82,93	81,48
NH_3	7,25	7,95	7,65	7,97
H_2O (als Rest)	8,32	8,85	9,42	10,55

In Übereinstimmung mit Angaben von MARIGNAC wurde gefunden, daß der ammoniakreichere Bodenkörper sich schnell bis zu einem Gehalt der Lösung an Wolframsäure von 10% in kaltem Wasser löst, daß sich aber die Lösung bald darauf unter Abscheidung reichlicher Mengen von Ammoniumparawolframat trübt und sich verhältnismäßig rasch dem stabilen Gleichgewicht nähert. Auch in konzentriertem Ammoniak (25% NH_3) löst sich der ammoniakreichere Bodenkörper wesentlich rascher als Ammoniumparawolframat auf. Schon nach eintägigem Stehen enthielt eine solche Lösung 28,5% WO_3.

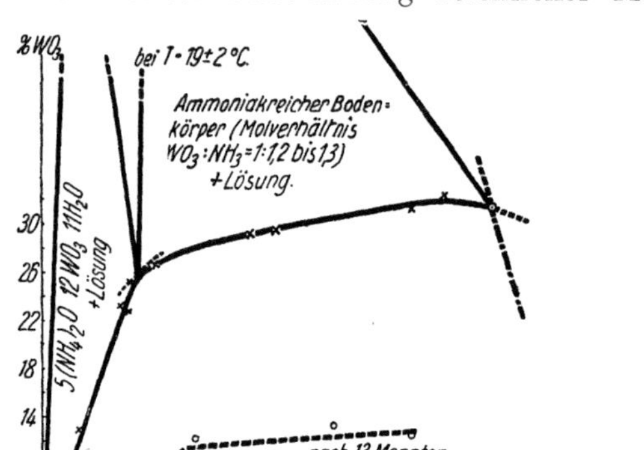

Abb. 4. System WO_3—NH_3—H_2O. —— Gleichgewichtseinstellung beim Eintragen von Wolframsäure in wäßriges Ammoniak; ---- Löslichkeitswerte von Ammoniumparawolframat in wäßrigem Ammoniak nach 4 und 13 Monaten; —•— Gleichgewichtskurve bei Sättigung an NH_3.

Röntgenaufnahmen von Ammoniumparawolframat und dem ammoniakreicheren Bodenkörper aus den Wolframsäurelösungen in überschüssigem Ammoniak ergaben in beiden Fällen ein außerordentlich linienreiches Röntgenspektrum, was vermutlich mit den bei diesen Verbindungen auftretenden großen Gitterabmessungen zusammenhängt. Der Vergleich der Röntgenogramme ließ jedoch eindeutig erkennen, daß der neugefundene ammoniakreichere Bodenkörper eine andersartige Verteilung der Röntgeninterferenzen aufwies als das Ammoniumparawolframat. Der Unterschied der beiden Bodenkörper ist außer durch die chemische Zusammensetzung und die verschiedenartige Lösungsgeschwindigkeit also auch röntgenographisch nachweisbar.

Zur Bestimmung derjenigen Konzentration, bei der die Lösung gleichzeitig an dem neuen ammoniakreicheren Bodenkörper und an Ammoniakgas bei einer Atmosphäre Druck gesättigt ist, wurde in die Mutterlauge des Kristallisationsversuches unter Zusatz des ammoniakreicheren Bodenkörpers bei 19 ± 2° gasförmiges Ammoniak bis zur Sättigung eingeleitet. Zur Einstellung des Gleichgewichtes von der anderen Seite her wurden 29 g des ammoniakreicheren Bodenkörpers mit 40 cm^3 25 proz. wäßriger Ammoniaklösung in einer mit einem Bunsenventil verschlossenen Flasche geschüttelt. In dem Maße, in dem sich der Bodenkörper löste, wurden geringe Mengen Ammoniak ausgetrieben. Beide Gleichgewichtslösungen zeigten bereits nach dreitägigem Stehen gleichbleibende Zusammensetzungen.

Tabelle 6. Gleichgewichtslösung bei Sättigung an dem ammoniakreicheren Bodenkörper und an gasförmigem Ammoniak bei 1 at Druck und $19 \pm 2°$.

Art der Gleichgewichtseinstellung	100 g Lösung enthalten			
	% WO_3	% NH_3	Mittelwert % WO_3	Mittelwert % NH_3
a) Einleitung von NH_3-Gas bis zur Sättigung	32,0	20,1	31,5	18,3
b) Auflösung des ammoniakreicheren Bodenkörpers in 25 proz. Ammoniak	31,0	16,5		

Die zeichnerische Darstellung der Löslichkeiten läßt erkennen, daß sich der Verlauf der Löslichkeitslinien auch schon bei den noch nicht dem Gleichgewicht entsprechenden Löslichkeiten des Parawolframats in Ammoniak denjenigen anpaßt, die als Gleichgewichtskurven beim Eintragen von wasserhaltiger Wolframsäure in wäßriges Ammoniak erhalten werden.

Der Umwandlungspunkt des ammoniakreicheren Bodenkörpers in Parawolframat liegt bei etwa 4% NH_3 und rd. 26% WO_3 in der Lösung, die an dem neuen ammoniakreicheren Bodenkörper und an gasförmigem Ammoniak von einer Atmosphäre Druck gleichzeitig gesättigte Lösung enthält 18,3% NH_3 und 31,5% WO_3.

Auf Grund der Feststellung, daß sich bei der Lösung von wasserhaltiger Wolframsäure in Ammoniak verschiedener Konzentration bei Gehalten an Ammoniak über 4% ein neuer stabiler Bodenkörper ausbildet, wäre zu schließen, daß Ammoniumparawolframat unter diesen Bedingungen instabil ist. Es müßte also eine höhere Löslichkeit in derartigem Ammoniak aufweisen als der neue Bodenkörper. Nun zeigt das Ammoniumparawolframat in Ammoniak verschiedener Konzentration anfänglich sehr kleine Löslichkeit, die sich erst im Laufe sehr langer Zeiten allmählich erhöht. Die Änderung der Löslichkeit in Abhängigkeit von der Zeit läßt erkennen, daß die Löslichkeitswerte selbst nach 14monatigem Stehen noch nicht ihren Endwert erreicht haben, sondern noch dauernd weiter ansteigen dürften, so daß anzunehmen ist, daß das Ammoniumparawolframat in wäßrigem Ammoniak schließlich die Löslichkeitskurve des neuen Bodenkörpers überschreiten wird.

Der auffällig langsame Anstieg der Löslichkeit des Ammoniumparawolframates in wäßrigem Ammoniak dürfte mit Umlagerungen des Parawolframatanions[1] in der Lösung zusammenhängen. Es ist anzunehmen, daß in der Ammoniaklösung ein Gleichgewicht zwischen ammoniakreicheren Verbindungen, z. B. normalem Ammoniumwolframat und dem Parawolframatanion, vorliegt und daß das Parawolframat nur in dem Maße in Lösung gehen kann, wie diese Umlagerung in der wäßrigen Flüssigkeit stattfinden kann.

Zusammenfassung.

Durch Löslichkeitsbestimmungen von frisch gefällter Wolframsäure in Ammoniak verschiedener Konzentration wird nachgewiesen, daß bei Ammoniak-

[1] G. V. KNORRE: Ber. dtsch. chem. Ges. Bd. 18 (2) (1885) S. 2362.

gehalten unter 4% bei 19 ± 2° Ammoniumparawolframat [5 $(NH_4)_2O \cdot 12\,WO_3 \cdot 11\,H_2O$] beständig ist, während sich bei dieser Temperatur oberhalb 4% Ammoniakgehalt ein ammoniakreicherer Bodenkörper bildet, der auf 1 Mol Wolframsäure 1,2 bis 1,3 Mol NH_3 enthält.

Beim Umwandlungspunkt enthält die Lösung neben 4% NH_3 rd. 26% WO_3. Für die bei 19 ± 2° und 1 at Druck an gasförmigem Ammoniak und dem neuen ammoniakreicheren Bodenkörper gleichzeitig gesättigte Lösung ergibt sich eine Zusammensetzung von 18,3% NH_3 und 31,5% WO_3.

Ammoniumparawolframat löst sich in wäßrigem Ammoniak nur außerordentlich langsam auf, so daß selbst nach 14monatigem Stehen das Lösungsgleichgewicht noch nicht erreicht ist. Der Löslichkeitsanstieg des Ammoniumparawolframats in Abhängigkeit von der Zeit läßt es jedoch als wahrscheinlich erscheinen, daß bei genügend langer Wartezeit die Löslichkeitskurve des Ammoniumparawolframats die des neuen ammoniakreicheren Bodenkörpers überschreiten wird. Außerdem konnte festgestellt werden, daß die wolframsäurereichen Lösungen, die durch Eintragen von wäßriger Wolframsäure in Ammoniak erhalten worden sind, durch Impfen mit Ammoniumparawolframat nicht zur Kristallisation zu bringen waren. Diese wolframsäurereichen Lösungen sind also gegenüber dem Ammoniumparawolframat nicht übersättigt.

Die geringe Lösungsgeschwindigkeit des Ammoniumparawolframats in wäßrigem Ammoniak dürfte mit langsam verlaufenden Umlagerungsvorgängen in der Flüssigkeit zusammenhängen.

Über die Gitterkonstanten der Karbide und Nitride des Titans und Vanadins[1].

Von

W. DAWIHL und **W. RIX.**

Für die Herstellung bestimmter Metallegierungen sind die Karbide und Nitride hochschmelzender Metalle von erheblicher technischer Bedeutung geworden. Für die Herstellung dieser Verbindungen in technischem Maßstabe geht man von den Oxyden dieser Metalle aus und reduziert sie mit Kohlenstoff. Die Bildungsbedingungen derartiger Karbide und Nitride sind von E. FRIEDERICH und L. SITTIG[2] untersucht worden. Untersuchungen von MEERSON[3] haben gezeigt, daß die Umsetzung zwischen Titansäure und Kohle mit verhältnismäßig großer Geschwindigkeit bis zu einer Bindung von 75 bis 90% des für die Formel TiC erforderlichen Gehaltes an gebundenem Kohlenstoff verläuft und daß die Bindung des Restanteils nur außerordentlich langsam weiterschreitet. Wir haben diese Beobachtungen bestätigen können und das gleiche Verhalten auch bei Vanadinsäure gefunden. Wir stimmen mit MEERSON darin überein, daß die Ursache für die langsame Reaktionsgeschwindigkeit am Ende des Karburierungsvorganges auf die Entstehung von Titanmonoxyd, das mit Titankarbid Mischkristalle bildet, zurückzuführen ist. Es ist jedenfalls bemerkenswert, daß ein Mischkristall aus etwa 80% TiC und 20% TiO im Vakuum (bei einem Druck von 10^{-3} Torr) mehrere Stunden auf 1700° erhitzt werden kann, ohne daß eine merkliche Kohlen-

[1] Abdruck der in Z. anorg. allg. Chem. Bd. 244 (1940) S. 191 erschienenen Arbeit.

[2] E. FRIEDERICH u. L. SITTIG: Z. anorg. allg. Chem. Bd. 143 (1925) S. 293; Bd. 144 (1925) S. 169.

[3] G. MEERSON: Chem. Zbl. 1936 I S. 2520.

oxydentwicklung eintritt, obwohl nach den Untersuchungen von BRANTLEY und BECKMANN[1] der Kohlenoxyddruck bei Gemischen von Titandioxyd und Kohle bei 1318° K bereits 1,22 at beträgt. Ähnliches Verhalten konnte auch bei der Karburierung der Vanadinsäure beobachtet werden. Lösungsversuche, die an TiC-TiO-Mischkristallen mit verdünnter Schwefelsäure durchgeführt wurden, ergaben, daß das in Titankarbid gelöste Titanmonoxyd mit verdünnter Schwefelsäure nur zu einem Teil herausgelöst werden kann. Bei einem Gehalt des Mischkristalles unter 20% TiO tritt anscheinend eine Schutzwirkung durch die Kohlenstoffatome ein, die ein weiteres Herauslösen des Titanmonoxydes stark hemmen. Das in Titankarbid eingebaute niedere Titanoxyd unterscheidet sich von reinem TiO allerdings dadurch, daß beim Lösen der Mischkristalle in verdünnter Schwefelsäure nur verhältnismäßig geringe Wasserstoffentwicklung eintritt, während sich reines TiO in Salzsäure und auch in Schwefelsäure unter Entwicklung von einem Mol gasförmigen Wasserstoffs je 2 Mol TiO löst[2]. Vielleicht hängt die geringe Reaktionsgeschwindigkeit der restlichen Anteile an Sauerstoff mit beigemischtem Kohlenstoff ebenfalls mit einer derartigen Schutzwirkung zusammen.

Wegen dieser Schwierigkeiten bei der Herstellung der Karbide und Nitride des Titans und Vanadins aus den Sauerstoffverbindungen der betreffenden Metalle durch Reduktion mit Kohle zeigen die Gitterkonstanten, die im Schrifttum zu finden sind, zum Teil erhebliche Abweichungen voneinander. Wir haben deshalb Neubestimmungen dieser Gitterkonstanten durchgeführt, um die im Schrifttum vorhandenen Unstimmigkeiten aufzuklären.

Bei der Bestimmung der Gitterkonstanten gingen wir so vor, daß die gepulverten Proben mit Goldkristallmehl der Degussa versetzt und im Markröhrchen in einer DEBYE-SCHERRER-Kammer von 57,7 mm Durchmesser mit gefilterter Kupferstrahlung aufgenommen wurden. Die Filme wurden im durchfallenden Na-Licht mit einem in Millimeter geteilten Maßstab je fünfmal durchgemessen. Die $^1/_{10}$ mm wurden geschätzt. Die Unterschiede zwischen den berechneten und den gemessenen Winkelwerten der Goldlinien wurden in Abhängigkeit von den Reflexionswinkeln aufgezeichnet. (Zur Berechnung der Goldlinien wurde die Gitterkonstante des Au zu 4,0704 Å angenommen.) Aus dieser Kurve wurde die Korrektur für die untersuchten Winkelwerte bestimmt. Aus den so bereinigten Winkelwerten wurde die Gitterkonstante berechnet. Als Beispiel für die Bestimmungsgenauigkeit geben wir die Berechnung der Gitterkonstanten eines TiN-Pulvers für die verschiedenen *hkl*-Werte an.

hkl	*a* in Å	*hkl*	*a* in Å
1 1 1	4,247	0 0 4	4,235
0 0 2	4,232	1 3 3	4,234
0 2 2	4,237	0 2 4	4,236
1 1 3	4,235	2 2 4	4,236
2 2 2	4,237	1 1 5	4,237

Bei Bestimmung der Gitterkonstanten haben wir nur die letzten vier *hkl*-Werte berücksichtigt und daraus den Mittelwert gebildet. Der Fehler unserer Bestimmung dürfte daher $\pm 0{,}005$ Å nicht überschreiten.

1. Die Gitterkonstante des Titankarbids.

Eine Zusammenstellung der im Schrifttum vorhandenen und unserer eigenen Bestimmungen ergibt sich aus Tab. 1.

Mit Ausnahme der Untersuchung von K. BECKER und F. EBERT stimmen die Werte für die Gitterkonstanten des Titankarbids verhältnismäßig gut überein. Bei den Untersuchungen von K. BECKER und F. EBERT muß vermutlich ein Fehler der Aufnahmeeinrichtung vorliegen, da von uns an sehr stark sauer-

[1] L. BRANTLEY u. R. BECKMANN: J. Amer. chem. Soc. 1930 S. 3956.
[2] W. DAWIHL u. K. SCHRÖTER: Z. anorg. allg. Chem. Bd. 233 (1937) S. 178.

Tabelle 1. Gitterkonstante von Titankarbid.

Schrifttumsstelle	Gitterkonstante a Å
K. BECKER u. F. EBERT: Z. Phys. Bd. 31 (1925) S. 268	4,60
A. E. VAN ARKEL: Physica, Haag Bd. 4 (1924) S. 2	4,29
L. R. BRANTLEY: Z. Kristallogr. Bd. 77 (1931) S. 505	4,31 ± 0,02
M. v. SCHWARZ u. O. SUMMA: Z. Elektrochem. Bd. 38 (1932) S. 743	{ 4,310 4,311$_4$
W. G. BURGERS u. I. C. M. BASART: Z. anorg. allg. Chem. Bd. 216 (1934) S. 209	4,320 ± 0,001
MEERSON: Chem. Zbl. 1936 I S. 2520	4,27—4,30
Eigene Neubestimmung (Gesamtkohlenstoff 19,2%, gebundener Kohlenstoff 18,9%)	{ zwischen 4,310 und 4,316 schwankend

stoff- oder stickstoffhaltigen Titankarbiden immer nur kleinere Werte der Gitterkonstante, nicht aber größere gefunden werden konnten.

Man kann für das Titankarbid als den zur Zeit richtigen Wert $a = 4{,}31$ Å annehmen.

2. Die Gitterkonstante des Titannitrids.

Für die Untersuchung standen drei verschiedene Proben zur Verfügung. Die Probe A ist von uns hergestellt worden, die anderen beiden Proben wurden uns von anderer Seite zur Verfügung gestellt.

Tabelle 2. Neubestimmung der Gitterkonstante des TiN.
TiN enthält theoretisch: 77,4 Gew.-% Ti, 22,6 Gew.-% N.

Probe	Titan	Gew.-%		Sauerstoff[1] als Rest	Gitterkonstante a
		Stickstoff	Kohlenstoff		Å
A	76,6	21,0	0,5	1,9	4,236
B	76,7	15,3	0,3	7,7	4,236
C	75,9	16,3	2,2	5,6	4,239
Schrifttumsangaben:					
Nach Messungen von A. E. VAN ARKEL[2]					4,23
Nach Messungen von K. BECKER u. F. EBERT[3]					4,40
Nach Messungen von A. BRAGER[4]					4,22

Bei der von uns hergestellten Probe A konnten auf dem Film noch schwache fremde Linien beobachtet werden, die sich nicht deuten ließen. In der Probe sind also noch Verunreinigungen in geringer Menge vorhanden, die ein eigenes Gitter bilden. Es ist deshalb anzunehmen, daß der gefundene Gitterwert des Titannitrids durch die Verunreinigungen nicht beeinflußt worden ist. Die höher liegende Gitterkonstante der Probe C dürfte durch Aufnahme von Titankarbid in das Titannitridgitter zu erklären sein.

Auch für das Titannitrid haben BECKER und EBERT wiederum einen wesentlich höheren Wert für die Gitterkonstante gefunden. Der von VAN ARKEL angegebene Wert für die Gitterkonstante des Titannitrids stimmt mit dem von uns gefundenen Wert überein, wenn man annimmt, daß auch bei VAN ARKEL[5] die Fehlergrenze ±0,005 Å beträgt.

[1] In dieser Zahl sind naturgemäß auch die Verunreinigungen mit einbegriffen.
[2] A. E. VAN ARKEL: Physica (Haag) Bd. 4 (1924) S. 286.
[3] K. BECKER u. F. EBERT: Z. Phys. Bd. 31 (1925) S. 268.
[4] A. BRAGER: Chem. Zbl. Bd. 110 (1939) S. 3245.
[5] Es muß noch darauf hingewiesen werden, daß bei der Angabe des Wertes für die Gitterkonstante des Titannitrids in den Strukturberichten ein Druckfehler unterlaufen ist. Die Strukturberichte geben für die Gitterkonstante einen Wert von 4,32 Å an gegenüber 4,23 Å in der Originalarbeit.

Hinzuweisen ist noch darauf, daß der von BRÄKKEN[1] angegebene Wert für die Gitterkonstante des TiO mit $a = 4{,}235$ Å mit den Werten für Titannitrid, die VAN ARKEL und wir gefunden haben, übereinstimmt. Von W. DAWIHL und K. SCHRÖTER[2] sowie von P. EHRLICH[3] sind für die Gitterkonstante des TiO Werte von $a = 4{,}154$ Å bzw. $a = 4{,}165$ Å gefunden worden. BRÄKKEN gibt in seiner Arbeit keine Analyse an, es liegt daher die Vermutung nahe, daß für seine Untersuchung nicht TiO, sondern irrtümlich TiN verwendet worden ist.

3. Die Gitterkonstante des Vanadinkarbids.

Auch für das Vanadinkarbid lag eine von uns hergestellte Probe (A) und eine uns von anderer Seite zugegangene Probe (B) vor. Die Karburierung des Vanadinkarbids bietet ähnliche Schwierigkeiten, wie sie ausführlicher bereits in der Einleitung für Titankarbid beschrieben worden sind.

Tabelle 3. Neubestimmung der Gitterkonstante des Vanadinkarbids. VC enthält theoretisch: 80,9 Gew.-% V, 19,1 Gew.-% C.

Probe	Vanadin	Gew.-% Kohlenstoff		Sauerstoff[4] als Rest	Gitterkonstante a
		gesamt	frei		Å
A	78,1	19,3	3,4	2,6	4,159
B	65,8	12,2	nicht bestimmt	—	4,137
Schrifttumsangaben:					
Nach Messungen von A. OSAWA u. M. ÔYA[5]					4,135
Nach Messungen von A. MORETTE[6]					4,14
Nach Messungen von K. BECKER u. F. EBERT[7]					4,30

A. OSAWA und M. ÔYA haben ein Vanadinkarbid mit 84,2% Vanadin, 14,5% Kohlenstoff und 1,3% Eisen untersucht. Nach A. MORETTE zeigt eine Schmelze der Zusammensetzung V_4C_3 also bei einem Kohlenstoffgehalt von 15% die größte Härte.

4. Die Gitterkonstante des Vanadinnitrids.

Für das Vanadinnitrid lagen eine von uns selbst hergestellte Probe (A) und zwei von anderer Seite uns übergebene Proben (B und C) vor.

Tabelle 4. Neubestimmung der Gitterkonstante des Vanadinnitrids. VN enthält theoretisch: 78,4 Gew.-% V, 21,6 Gew.-% N.

Probe	Vanadin	Gew.-%		Sauerstoff[4] als Rest	Gitterkonstante a
		Stickstoff	Kohlenstoff		Å
A	77,6	18,3	0,7	3,4	4,133
B	69,2	15,2	0,2	15,4	4,131
C	71,4	18,4	0,1	10,1	4,129

Im Schrifttum haben wir für Vanadinnitrid lediglich eine Angabe von K. BECKER und F. EBERT[8] gefunden, die einen Wert von 4,28 Å angeben, der also ebenfalls wesentlich oberhalb der anderen Werte liegt.

Die in den Tabellen 2, 3 und 4 niedergelegten Werte für die von uns durchgeführten Neubestimmungen sind an Proben durchgeführt worden, die nicht frei

[1] H. BRÄKKEN: Z. Kristallogr. Bd. 67 (1928) S. 547.
[2] W. DAWIHL u. K. SCHRÖTER: Z. anorg. allg. Chem. Bd. 233 (1937) S. 178.
[3] P. EHRLICH: Z. Elektrochem. Bd. 45 (1939) S. 362.
[4] In dieser Zahl sind naturgemäß auch die Verunreinigungen mit einbegriffen.
[5] A. OSAWA u. M. ÔYA: Strukturber. II S. 780.
[6] A. MORETTE: Chem. Zbl. 1938 II S. 2557.
[7] K. BECKER u. F. EBERT: Z. Phys. Bd. 31 (1925) S. 268.
[8] K. BECKER u. F. EBERT: Z. Phys. Bd. 31 (1925) S. 268.

von Verunreinigungen waren. Auf einzelnen Aufnahmen waren außer den Karbid- bzw. Nitridlinien schwache undeutbare Linien von Verunreinigungen sichtbar. Hier waren also diese Verunreinigungen nicht oder doch nur zu einem geringen Teil in das zu untersuchende Gitter eingebaut. Da auf einer DEBYE-SCHERRER-Aufnahme die Verunreinigungen nur sichtbar werden, wenn sie einige Prozente betragen, so besteht die Möglichkeit, daß auch bei den Proben, deren Aufnahmen keine unbekannten Linien zeigen, die Verunreinigungen nicht im Gitter, sondern auch als einzelner Bestandteil enthalten sind.

Wir sind daher der Ansicht, daß die von uns gefundenen Werte von 4,236 Å für TiN und 4,133 Å für VN sich weitgehend den wahren Werten für die Gitterkonstanten dieser beiden Stoffe nähern.

Schwierig ist die Entscheidung beim VC. Hier zeigten die Aufnahmen der beiden untersuchten Proben unbekannte Linien. Die für die beiden Proben gefundenen Gitterkonstantenwerte unterscheiden sich aber so sehr, daß mindestens eine der beiden Proben kein reines VC sein kann. Der für die Probe B gefundene Gitterkonstantenwert stimmt nun zwar mit dem von OSAWA und ÔYA gefundenen Wert gut überein, doch zeigt der Vergleich der Analysen, daß beide Proben im Kohlenstoffgehalt wesentlich niedriger liegen als die von uns hergestellte Probe A.

Unter Berücksichtigung der vorstehend niedergelegten Annahmen möchten wir für die Gitterkonstanten der untersuchten Karbide und Nitride des Titans und Vanadins folgende Werte als die zur Zeit der Wahrheit am nächsten kommenden annehmen: Titankarbid $a = 4{,}31$ Å, Titannitrid $a = 4{,}23$ Å, Vanadinkarbid $a = 4{,}15$ Å, Vanadinnitrid $a = 4{,}13$ Å.

Zum Schluß ist noch darauf hinzuweisen, daß die bei GLOCKER[1] angegebenen Werte für die Gitterkonstanten des Titannitrids, Vanadinnitrids und Vanadinkarbids, die von K. BECKER und F. EBERT übernommen worden sind, sowie der von BRÄKKEN übernommene Wert für Titanmonoxyd nach dem jetzigen Stande unserer Kenntnisse abgeändert werden müssen.

Zusammenfassung.

Die starke Verlangsamung der Reaktionsgeschwindigkeit bei der Karburierung und Nitrierung von Oxyden des Titans und Vanadins wird mit der Zwischenbildung niederer Oxyde, deren Löslichkeit im Gitter der entstandenen Karbide und Nitride und einer Schutzwirkung der Kohlenstoffatome in Zusammenhang gebracht.

Neubestimmungen an diesen Stoffen zeigen, daß die von K. BECKER und F. EBERT angegebenen Werte für die Karbide und Nitride dieser Metalle wesentlich zu hoch sind.

Auf Grund des Schrifttums und der durchgeführten Neubestimmungen werden die zur Zeit der Wahrheit am nächsten kommenden Werte für die Gitterkonstanten der Karbide und Nitride des Titans und Vanadins abgeleitet.

Nachtrag.

Für das TiC haben wir als den wahrscheinlichsten Wert der Gitterkonstante 4,31 Å angenommen. Spätere Untersuchungen ergaben aber, daß dieser Wert noch nicht die Gitterkonstante des reinen, sondern eines durch den Einbau von Oxyden bzw. Nitriden in das Gitter verunreinigten TiC ist. Je reiner ein TiC ist, desto mehr nähert sich seine Gitterkonstante dem Wert 4,320 Å. Durch Extrapolation erhielten wir für reines TiC diesen Wert, der mit dem von BURGERS und BASART angegebenen übereinstimmt.

---

[1] R. GLOCKER: Materialprüfungen mit Röntgenstrahlen. 2. Aufl. Zahlentafel 51. 1936.

Schwefelbestimmung in Nickel durch Verbrennung im Sauerstoffstrom[1].

Von

W. DÜSING und K. WINCKELMANN.

Es bestand der Wunsch, ein Verfahren zur Verfügung zu haben, das gestattet, Schwefel in Nickel ebenso schnell und zuverlässig zu bestimmen, wie es in Roheisen und Stahl schon seit langem möglich ist. Da sowohl in vielen anderen als auch in den hiesigen Laboratorien bei Reihenuntersuchungen die Schwefelbestimmungen in Eisen und Stahl nach dem Verfahren von C. HOLTHAUS[2] vorgenommen werden, schien es am zweckmäßigsten, diese Methode auch auf die Schwefelbestimmung in Nickel auszudehnen. Dabei sollte der Einfachheit halber möglichst dasselbe Gerät, das für die Schwefelbestimmung in Eisen benutzt wird, z. B. der Schwefelbestimmungsapparat von STRÖHLEIN[3], Verwendung finden. Unter welchen Bedingungen das gelingt, wird in dieser Arbeit beschrieben.

Die Grundlage der Schwefelbestimmung in Roheisen und Stahl nach HOLTHAUS ist folgende: die Metallprobe wird bei etwa 1200° C im Sauerstoffstrom verbrannt; dann wird das entstandene Schwefeldioxyd in Wasserstoffsuperoxydlösung zu Schwefeltrioxyd oxydiert und alkalimetrisch bestimmt.

Bei der Übertragung dieses bei Eisen gut und sicher arbeitenden Verfahrens auf Nickel treten zunächst erhebliche Schwierigkeiten auf. Selbst wenn man bei der Verbrennung Bleidioxyd als Zuschlag verwendet, so wie es bei der Kohlenstoffbestimmung in Nickel üblich ist[4], werden bei einer Verbrennungstemperatur von 1200 bis 1250° C nur geringe Mengen des in Nickel enthaltenen Schwefels frei, wie einige Vorversuche gezeigt haben. Da ferner bekannt ist, daß bei diesen Temperaturen metallisches Nickel sehr leicht Schwefel aufnimmt[5], wären weitere Versuche der oben angedeuteten Art zwecklos gewesen.

Nach KASSLER[4] soll die Schwefelbestimmung in Nickel nach dem Verbrennungsverfahren bei 1250° C und einer Verbrennungszeit von 5 Minuten ausführbar sein. Später gibt derselbe Verfasser[6] an, daß die Bestimmung bei 1350° C ohne Zuschlag auszuführen ist. Die Verbrennung erfordert dann mindestens 6 Minuten. Bei einem Zuschlag von Ferrovanadin soll die Verbrennung in etwa 3 Minuten beendet sein. Abgesehen davon, daß wir diese Ergebnisse, wie im nächsten Abschnitt gezeigt wird, nicht bestätigen konnten, ist es unangenehm, die Verbrennungen bei 1350° C vornehmen zu müssen, da sowohl die Porzellanrohre als auch die Silitstäbe des Verbrennungsofens bei so hoher Temperatur allzu starken Verschleiß zeigen. Es mußte also ein Verfahren gefunden werden, das

1. höchstens eine Temperatur von 1250° erfordert und
2. sämtlichen Schwefel durch Verbrennen im Sauerstoffstrom als Schwefeldioxyd frei werden läßt, so daß das bei Stahl und Eisen gebrauchte Gerät von STRÖHLEIN auch für die Schwefelbestimmungen in Nickel verwendet werden kann.

Nun ist von der hüttenmännischen Gewinnung des Nickels her bekannt, daß das die Sprödigkeit des Nickels verursachende Nickelsulfür durch Zusatz von

---

[1] Abdruck der in Z. anal. Chem. Bd. 113 (1938) S. 419 erschienenen Arbeit.
[2] Stahl u. Eisen Bd. 44 (1924) S. 1514; vgl. Z. anal. Chem. Bd. 84 (1931) S. 50.
[3] Ströhlein & Co., Düsseldorf.
[4] J. KASSLER: Die chemische Analyse XXXI, Untersuchungsmethoden für Roheisen, Stahl und Ferrolegierungen, S. 4 u. 130. 1932.
[5] R. ABEGG: Handbuch der anorganischen Chemie IV, 3. Abt., 4. Teil, S. 379 (1937).
[6] Chemiker-Ztg. Bd. 57 (1933) S. 573.

Mangan zerstört wird[1]. Es blieb also zu untersuchen, ob Mangan das geeignete Zuschlagmittel für Nickel ist, um dessen Schwefel quantitativ zu erfassen. Benutzt wurden für die Versuche zwei Nickelsorten. Als richtig angenommen wurden die Schwefelwerte, die nach dem klassischen, aber zeitraubenden gravimetrischen Verfahren[2] durch Auswägen von Bariumsulfat erhalten wurden. Danach enthielt Nickel I 0,011 und Nickel II 0,021 % Schwefel. Verglichen wurden diese Werte mit Ergebnissen, die auf folgende Weise gewonnen wurden:

1. nach dem Entwicklungsverfahren[3],
2. durch Verbrennung im Sauerstoffstrom,
   a) ohne Zuschlag bei 1350° C,
   b) mit Ferrovanadin als Zuschlag bei 1350° C,
   c) mit Mangan als Zuschlag bei 1200 bis 1250° C.

Tabelle 1. Nickel I.

Verfahren	1 % S	2 % S	3 % S	4 % S
Fällung des Schwefels als Bariumsulfat	0,011	0,012	0,011	—
Entwicklungsverfahren	0,011	0,011	0,010	—
Verbrennung im Sauerstoffstrom:				
ohne Zuschlag (1350° C)	0,004	0,006	0,008	—
mit Ferrovanadin[4] (1350° C)	0,003	0,008	—	—
mit Mangan[4]	0,010	0,010	0,011	0,011
	(1200° C)	(1200° C)	(1250° C)	(1250° C)

Tabelle 2. Nickel II.

Verfahren	1 % S	2 % S	3 % S	4 % S	5 % S
Fällung des Schwefels als Bariumsulfat	0,021	0,021	0,019	0,022	0,021
Entwicklungsverfahren	0,021	0,020	0,022	0,021	—
Verbrennung im Sauerstoffstrom:					
ohne Zuschlag (1350° C)	0,012	0,011	0,013	—	—
mit Ferrovanadin[4] (1350° C)	0,017	0,012	0,014	—	—
mit Mangan[4]	0,020	0,022	0,022	0,021	—
	(1230° C)	(1240° C)	(1250° C)	(1250° C)	—

Die Tabellen zeigen, daß nach dem Verbrennungsverfahren nur dann richtige Werte erhalten werden, wenn mit Mangan als Zuschlag bei 1250° C gearbeitet wird. Erwähnt sei noch, daß die besten Ergebnisse erzielt werden, wenn man zu 0,5 g Nickel 1 g Mangan als Zuschlag gibt. Größere Einwaagen in die gebräuchlichen Schiffchen von 70 mm Länge und 10 mm Breite und Höhe zu tun, ist nicht ratsam, da eine zu große Menge Substanz einen Teil des Schwefels mechanisch, etwa in sich bildenden Hohlräumen der Schlacke, zurückhalten könnte. Die vollständige Verbrennung dauert bei 1250° C 6 Minuten.

Zusammenfassung.

Es wird ein Verfahren angegeben, nach dem es möglich ist, eine Schnellbestimmung des Schwefels in Nickel entsprechend der Schwefelbestimmung in Eisen nach HOLTHAUS durch Verbrennen im Sauerstoffstrom durchzuführen. Die Verbrennungstemperatur beträgt 1250° C. Notwendig ist ein Zuschlag von Mangan.

[1] W. KÖSTER, Z. Metallkde, Bd. 21 (1929) S. 19.

[2] O. NIEZOLDI, Ausgewählte chemische Untersuchungsmethoden für die Stahl- und Eisenindustrie, S. 89 (1936).

[3] J. KASSLER, Die chemische Analyse XXXI, Untersuchungsmethoden für Roheisen, Stahl u. Ferrolegierungen, S. 36 (1932).

[4] Nach Abzug der mit Mangan bzw. Ferrovanadin erhaltenen Blindwerte.

Veränderung der Absorption ultraviolettdurchlässiger Gläser[1].

Von

W. DÜSING und A. ZINCKE.

Mit 17 Abbildungen.

Will sich heute ein Glasfachmann, der sich noch nicht mit der Herstellung UV-durchlässiger Gläser beschäftigt hat, einen Überblick verschaffen über die Maßnahmen, die bei der Herstellung UV-durchlässiger Gläser getroffen werden müssen, so ist er in keiner beneidenswerten Lage. Im technisch-wissenschaftlichen Schrifttum und in den Patentschriften[2] wird empfohlen, möglichst eisen- und titanarme Gläser zu schmelzen, um hohe UV-Durchlässigkeit zu erhalten. Das ist aber leichter gesagt als getan, denn einer der wichtigsten Rohstoffe, nämlich der Sand, hat von Natur aus noch Eisen- und Titanmengen, die für die Herstellung hoch-UV-durchlässiger Gläser durchaus schädlich sind. Studiert er dann weiter, so findet er Patente, in denen die Benutzung von Ausgangsstoffen, die durch Umfällung oder durch Umkristallisation gereinigt worden sind, empfohlen wird. Das Reinigen durch Umkristallisieren oder Umfällen ist wohl bei Soda, Pottasche und anderen Salzen leicht ausführbar, stößt aber auf erhebliche Schwierigkeiten bei Sand. Deshalb wurde von anderer Seite vorgeschlagen, die Glasschmelze durch Chlorieren, und zwar durch Durchblasen von gasförmigem Chlor, möglichst weitgehend von Eisen und Titan zu befreien. Das ist eine Maßnahme, zu der sich der Hüttentechniker nur im äußersten Notfalle entschließen wird und von der außerdem noch nicht feststeht, ob sie wirklich die Eisen- und Titankonzentration wesentlich erniedrigt. Da nun alle empfohlenen Vorschriften, Eisen und Titan von der Glasschmelze völlig fernzuhalten, auf große technische Schwierigkeiten stoßen, wird in in- und ausländischen Patentschriften folgender Weg empfohlen. Man findet sich mit den unvermeidlichen Eisen- und Titanmengen ab, beseitigt aber wenigstens den unangenehmsten Störenfried, das dreiwertige Eisen, indem man es durch reduzierende Zusätze zur Glasschmelze in zweiwertiges Eisen überführt. Es ist bekannt, daß Eisenverbindungen, in denen das Eisen zweiwertig ist, weniger stark UV-Strahlung absorbieren als solche, in denen das Eisen in dreiwertiger Form vorliegt. Bis hierher sind die Literaturangaben noch zu verstehen, und man kann sie alle auf einen Nenner bringen. Studiert man weiter, wird es jedoch verworren. Man muß sich nämlich mit einer unangenehmen Eigenart der Gläser beschäftigen, und zwar mit ihrer Alterung. Darunter wird gewöhnlich eine durch den Durchgang von UV-Strahlung bewirkte starke Verschlechterung der UV-Durchlässigkeit verstanden. Immer wieder wird die Ansicht vertreten, daß diese Durchlässigkeitsminderung unter der Einwirkung von UV-Strahlung auf den Übergang des im Glas vorhandenen zweiwertigen Eisens in dreiwertiges zurückzuführen ist. Jeder muß sich dann aber fragen, was hat es für einen Zweck, reduzierend zu schmelzen, wenn das verhältnismäßig schwach absorbierende zweiwertige Eisen bei der ersten UV-Durchstrahlung in stark absorbierendes dreiwertiges Eisen übergeht. Das Endprodukt könnte nur ein besonders stark alterndes Glas sein.

[1] Auszug aus einem auf der 21. Glastechnischen Tagung in Berlin am 17. 2. 1938 gehaltenen Vortrag. Glastechn. Ber. Bd. 16 (1938) S. 287. — Siehe auch: A. ZINCKE: Diss. Univ. Berlin 1938.

[2] Siehe die Schrifttumszusammenstellung bei R. SCHMIDT: Glastechn. Ber. Bd. 15 (1937) S. 89.

Diese und andere Widersprüche veranlaßten uns, die Alterung von Glas näher zu studieren. Welche Bestandteile des Glases ändern ihre Durchlässigkeit, und wann tun sie das?

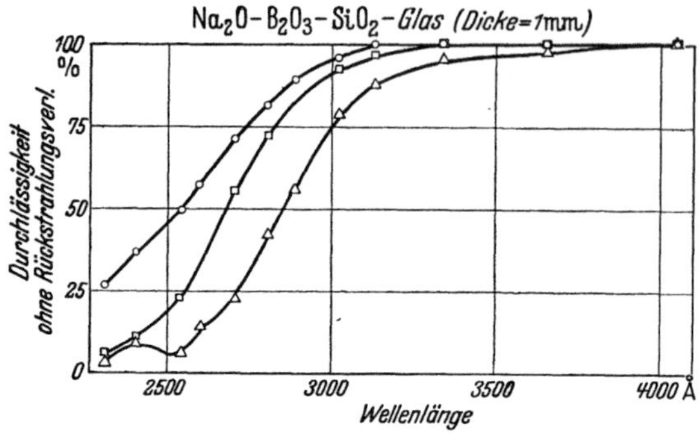

Abb. 1. Steigerung der Durchlässigkeit mit steigendem Reinheitsgrad.
o—o Glas mit etwa {0,0005 % Fe_2O_3, 0,0005 % TiO_2} □—□ Glas mit 0,01 % TiO_2 △—△ Glas mit 0,01 % Fe_2O_3

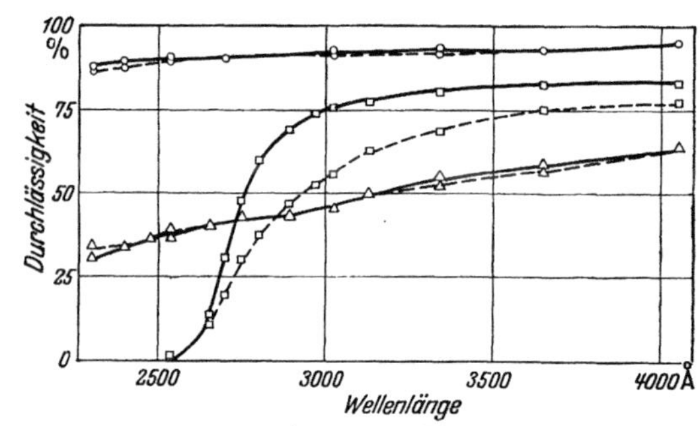

Abb. 2. Alterung von Einstoffgläsern.
o—o SiO_2-Glas (Dicke = 1 mm)
□—□ GeO_2-Glas (Dicke = 0,34 mm)
△—△ B_2O_3-Glas (Dicke = 1 mm) zwischen Quarzplättchen.
o--o, □--□, △--△ } Die gleichen Gläser mit Hg-Licht bestrahlt.

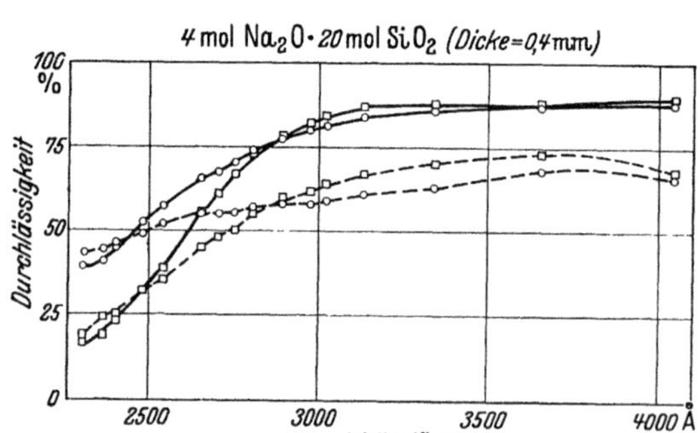

Abb. 3. Alterung von Natriumsilikatglas.
o—o Glas mit etwa {0,0005 % Fe_2O_3, 0,0005 % TiO_2} o--o, □--□ } Beide Gläser mit Hg-Licht bestrahlt
□—□ Glas mit 0,01 % TiO_2

Als Ausgangsmaterial wurde für unsere Versuche ein Siliziumdioxyd benutzt, das höchstens noch 0,0005 % Fe_2O_3 und 0,0005 % TiO_2 enthält. Die anderen Rohstoffe hatten denselben Reinheitsgrad oder kamen noch sauberer zur Anwendung.

Abb. 1 zeigt Meßergebnisse über die Anfangsdurchlässigkeit von Na_2O-B_2O_3-SiO_2-Gläsern in Abhängigkeit vom Eisen- und Titangehalt. Da ist alles noch in bester Übereinstimmung mit früheren Schrifttumsangaben. Man sieht, wie mit geringer werdendem Eisen- und Titangehalt die Durchlässigkeit steigt.

Nun wäre eigentlich nach den Angaben des Schrifttums zu erwarten gewesen, daß bei der Verarbeitung so extrem gereinigter Rohstoffe zu Glas nicht nur die Durchlässigkeit steigen, sondern gleichzeitig die Alterung heruntergehen würde. Denn, wenn die Alterung auf dem allmählichen Übergang des zweiwertigen Eisens in dreiwertiges Eisen beruht und man den Eisengehalt um ein bis zwei Zehnerpotenzen erniedrigt, dann ist eben weniger da von dem Stoff, der sich ändern kann, und dementsprechend könnte sich diese Änderung, diese UV-Durchlässigkeitsminderung, nur sehr viel weniger bemerkbar machen. In Wirklichkeit wird aber die Alterung mit steigendem Reinheitsgrad kaum kleiner, oft sogar viel größer. Bei einem hoch schmelzenden technischen Glas, dessen Eisenoxydgehalt von 0,01 % auf 0,0003 % gesenkt wurde, blieb der Rückgang der Durchlässigkeit im Gebiet 2800 bis 3200 Å, angegeben in Prozenten der ursprünglichen Durchlässigkeit, praktisch derselbe. Bei einem leichter schmelzenden Glas stieg die Alterung auf fast das Doppelte an. Bei einem Eisenoxydgehalt von 0,01 % waren 6 %

Alterung, bei einem etwa 30mal geringeren Eisenoxydgehalt 11% Alterung zu verzeichnen. Schon aus diesen wenigen Zahlen erkennt man, daß mit der Behauptung, die Alterung beruhe auf dem Übergang zweiwertiger Eisenverbindungen in dreiwertige, wenig getan ist. Deshalb wurde in dieser Arbeit die Alterung an sehr einfach zusammengesetzten farblosen Gläsern untersucht unter strenger Kontrolle der Eisen- und Titanverunreinigungen. Oft diente dazu gefiltertes oder spektral zerlegtes UV-Licht. Festgestellt wurde — um das Ende vorwegzunehmen —, daß die Alterung bei diesen Gläsern wesentlich auf Veränderungen des Grundglases selbst und nicht auf die Veränderung von Beimengungen zurückzuführen ist.

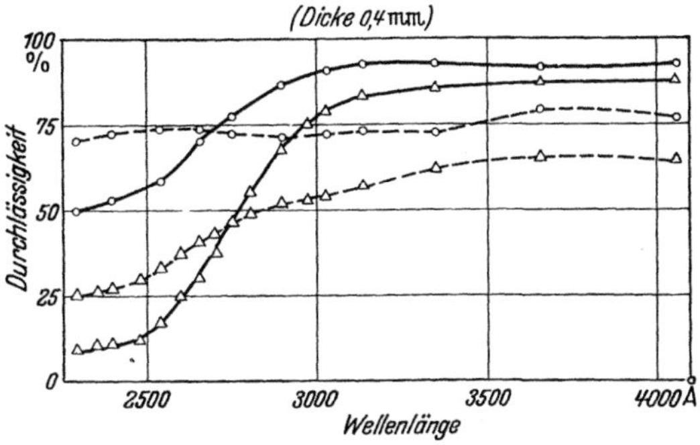

Abb. 4. Alterung von Kaliumsilikatglas.

o — o 2,8 Mol K_2O-20 Mol SiO_2 mit {0,0005% Fe_2O_3; 0,0005% TiO_2}

△—△ 2,5 Mol K_2O-20 Mol SiO_2 mit 0,01 Fe_2O_3

o – – o, △ – – △ } Beide Gläser mit Hg-Licht bestrahlt

Nicht jeder glasig erstarrende Stoff altert. Das erkennt man am besten an den Durchlässigkeitskurven von reinen Einstoffgläsern. Germaniumdioxydglas zeigt eine deutliche Alterung nach der Bestrahlung mit Quecksilberlicht. Reines Siliziumdioxydglas und reines Bortrioxydglas dagegen altern praktisch nicht (Abb. 2).

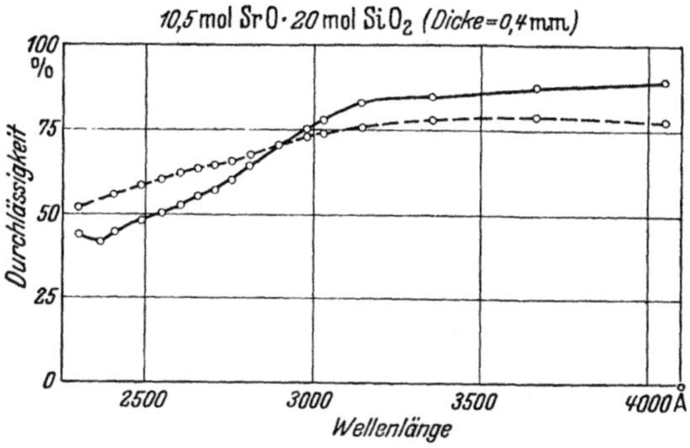

Abb. 5. Alterung von Strontiumsilikatglas.

o—o Glas mit etwa {0,0005% Fe_2O_3; 0,0005% TiO_2}

o – – o Dasselbe Glas mit Hg-Licht bestrahlt

An Zweistoffgläsern wurden Natrium-, Kalium-, Strontium- und Barium-Silikatgläser untersucht. Die Gläser mit verschiedenen, jeweils angegebenen Gehalten an Eisen und Titan wurden mit der Gesamtstrahlung des Quecksilberlichtes behandelt. Die Abb. 3 und 4 zeigen die Änderungen der Durchlässigkeiten von Natrium- und Kaliumsilikatgläsern. Auch bei diesen Proben wurde zuweilen die Beobachtung gemacht, daß die Alterung durch weitgehenden Ausschluß der Verunreinigungen nicht geringer, sondern größer wird (Abb. 3). Dasselbe zeigt sich auch bei einem Natriumsilikatglas und einem solchen mit 0,01 TiO_2 und 0,01 Fe_2O_3. Kaliumsilikatgläser mit denselben Reinheitsgraden verhalten sich ähnlich (Beispiel: Abb. 4). Die Behauptung, daß die Alterung allein durch den Übergang von zweiwertigem Eisen in dreiwertiges Eisen bewirkt wird,

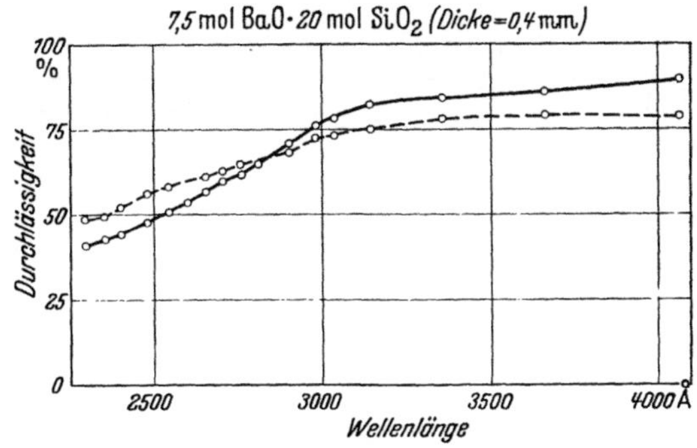

Abb. 6. Alterung von Bariumsilikatglas.

o—o Glas mit etwa {0,0005% Fe_2O_3; 0,0005% TiO_2}

o – – o Dasselbe Glas mit Hg-Licht bestrahlt

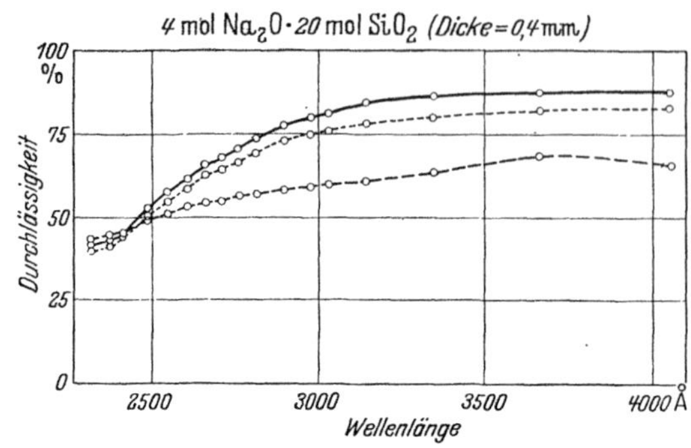

Abb. 7. Alterung und Regenerierung von Natriumsilikatglas.

o—o Glas mit etwa $\begin{cases} 0{,}0005\%\ Fe_2O_3 \\ 0{,}0005\%\ TiO_2 \end{cases}$

o— —o Dasselbe Glas mit Hg-Licht bestrahlt

o----o Dasselbe Glas nachträglich mit Licht der Wellenlängen > 2300 Å bestrahlt

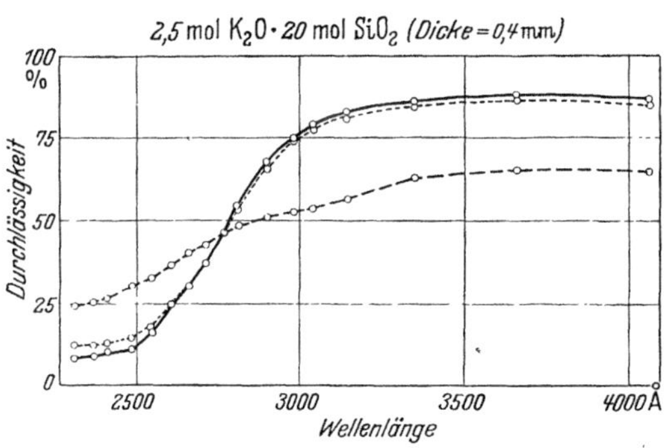

Abb. 8. Alterung und Regenerierung von Kaliumsilikatglas.

o—o Glas mit 0,01% Fe_2O_3

o— —o Dasselbe Glas mit Hg-Licht bestrahlt

o----o Dasselbe Glas nachträglich mit Licht der Wellenlängen > 2300 Å bestrahlt

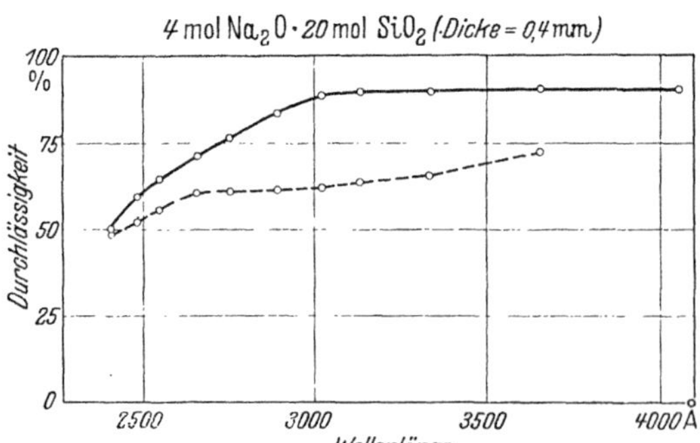

Abb. 9. Alterung von Natriumsilikatglas.

o—o Glas mit etwa $\begin{cases} 0{,}0005\%\ Fe_2O_3 \\ 0{,}0005\%\ TiO_2 \end{cases}$

o—o Dasselbe Glas mit Licht der Wellenlängen > 2300 Å bestrahlt

o— — —o Dasselbe Glas mit Licht der Wellenlängen 2030 bis 2100 Å bestrahlt

ist hiermit ganz unhaltbar geworden. Gleichzeitig können wir aber noch eine zweite neue Feststellung an diesen Bildern machen. Von Alterung durch ultraviolette Strahlung im Sinne einer Durchlässigkeitsverschlechterung ganz allgemein zu sprechen, ist nicht richtig. Die Durchlässigkeitskurven dieser Gläser geben deutlich die Tatsache zu erkennen, daß mit der Erniedrigung der Durchlässigkeiten im langwelligen Gebiet eine Erhöhung der Durchlässigkeit im kurzwelligen Gebiet verbunden ist. Stets schneiden sich die Durchlässigkeitskurven des ungealterten und gealterten Glases. Der zuweilen geäußerten Ansicht, nur Natriumglas sei strahlungsempfindlich, Kaliumglas dagegen nicht, kann nicht beigepflichtet werden.

Qualitativ dieselben Erscheinungen wie bei den Alkaligläsern beobachtet man bei den Erdalkalisilikatgläsern. Auch hier schneiden sich die Durchlässigkeitskurven des ungealterten und des gealterten Glases. Die Erdalkalisilikatgläser (Abb. 5 und 6) sind jedoch weniger strahlungsempfindlich als die untersuchten Alkalisilikatgläser.

Welche Wellenlängen sind es nun, die solche Veränderungen bewirken? Um das festzustellen, wurde mit Hilfe von Filtern oder unter Benutzung eines Monochromators zunächst Licht der Wellenlängen 2300 bis 3650 Å nacheinander zur Anwendung gebracht. Dabei wurde beobachtet, daß alles Licht oberhalb 2300 Å bei noch nicht bestrahlten Gläsern praktisch keine Durchlässigkeitsänderungen hervorruft. Dieser Befund mutet zunächst recht merkwürdig an. Wir haben dieses Resultat lange angezweifelt und immer wieder nach äußeren Gründen gesucht, um dieses Ergebnis zu erklären. Unter anderem trat die Vermutung auf, daß die Intensität des gefilterten oder spektral zerlegten Lichtes nicht groß genug sei, um die Veränderungen in Erscheinung treten zu lassen. Daß das aber nicht der Grund war, konnte durch Gegenversuche bewiesen werden, deren Resultate die Abb. 7 und 8 zeigen. Diese einfach zusammengesetzten Alkalisilikatgläser wurden mit der Gesamtstrahlung einer Quecksilberhochdrucklampe und nachträglich am Monochromator mit Licht der Wellenlängen > 2300 Å, z. B. mit Licht der Linie 2540 Å bestrahlt und die Durchlässigkeit nach jeder Bestrahlung gemessen. Bei derselben Behandlung von Erdalkalisilikatgläsern wurde Ähnliches beobachtet. Die Versuche beweisen, daß nach der Alterung mit Quecksilberlicht die Durchlässigkeit durch Bestrahlung mit Licht der Wellenlängen > 2300 Å wieder dem ursprünglichen Wert nahegebracht wird. Ob die Gläser viel oder wenig Eisen und Titan enthalten, ist dabei gleichgültig. Durch diese Beobachtungen war somit gezeigt worden, daß Strahlung der Wellenlängen > 2300 Å zwar starke Veränderungen hervorbringen kann, jedoch nur dann, wenn diese Gläser vorher mit der Gesamtstrahlung einer Quecksilberlampe verändert worden waren. Da Licht der Wellenlängen von 2300 Å an aufwärts unbestrahltes Glas durchaus nicht veränderte, wurde der Einfluß von Strahlung kürzerer Wellenlängen untersucht. Aus den Abb. 9 und 10 entnimmt man, daß die Strahlung bei 2300 Å noch nicht imstande war, die Durchlässigkeit des unbestrahlten Glases zu verändern, daß dagegen durch Licht der Wellenlängen unter 2300 Å eine sehr deutliche Alterung verursacht wird. Soviel über die Zweistoffgläser.

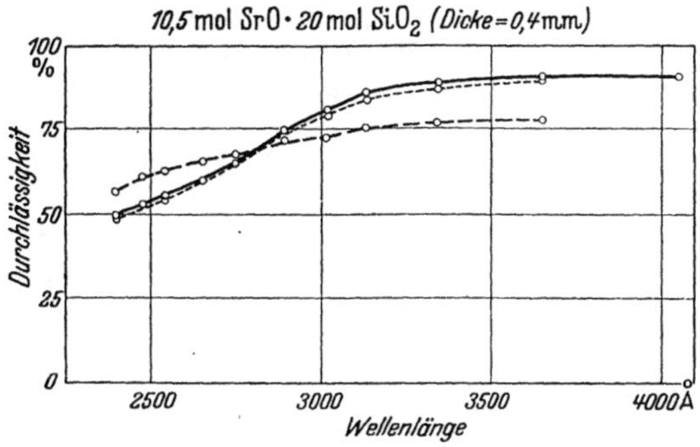

Abb. 10. Alterung von Strontiumsilikatglas.

o—o Glas mit etwa {0,0005% Fe_2O_3, 0,0005% TiO_2}
o- - -o Dasselbe Glas mit Licht der Wellenlängen > 2300 Å bestrahlt
o— —o Dasselbe Glas mit Licht der Wellenlängen 2030 bis 2100 Å bestrahlt

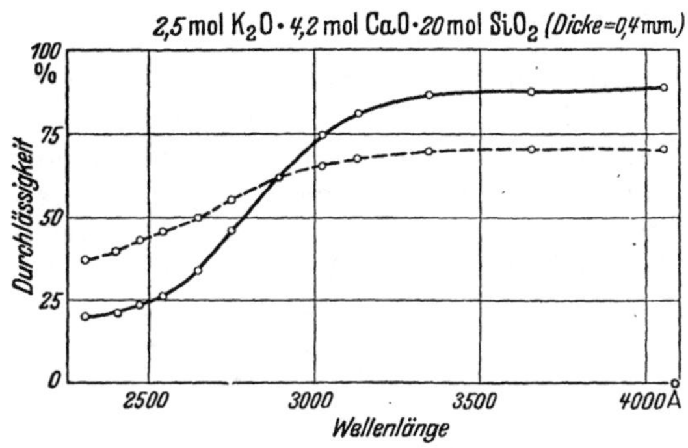

Abb. 11. Alterung von Kalium-Kalziumsilikatglas.

o—o Glas mit etwa {0,0005% Fe_2O_3, 0,0005% TiO_2}
o— —o Dasselbe Glas mit Hg-Licht bestrahlt

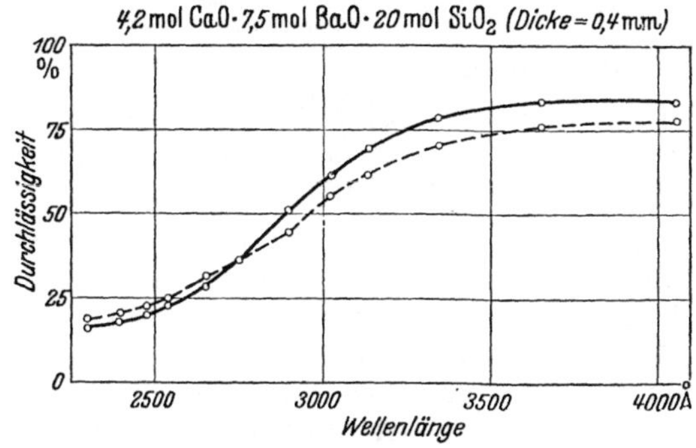

Abb. 12. Alterung von Kalzium-Bariumsilikatglas.

o—o Glas mit etwa {0,0005% Fe_2O_3, 0,0005% TiO_2}
o— —o Dasselbe Glas mit Hg-Licht bestrahlt

Bei den Dreistoffgläsern tritt im Prinzip nichts Neues auf. Es bleibt die bei den Zweistoffgläsern neu gefundene Tatsache bestehen, daß bei der Alterung gleichzeitig in einem ultravioletten Gebiet eine Durchlässigkeitserhöhung, im anderen eine Durchlässigkeitsminderung auftritt. Als Beispiele mögen die Meßergebnisse, die an einem Kali-Kalk-Kieselsäureglas (Abb. 11) und an einem Calcium-Barium-Kieselsäureglas (Abb. 12) gewonnen wurden, dienen. Man sieht, wie sich auch hier die Durchlässigkeitskurven des gealterten und ungealterten Glases schneiden. Ferner erkennt man, daß das alkalihaltige Dreistoffglas stärkere Veränderungen aufweist als das alkalifreie, was ja nach den Messungen an den Zweistoffgläsern zu erwarten war. Wieder ist, wie durch weitere Messungen festgestellt werden konnte, bei unbestrahlten Gläsern deutlich photochemisch wirksam nur Licht der Wellenlängen zwischen 2000 und 2300 Å.

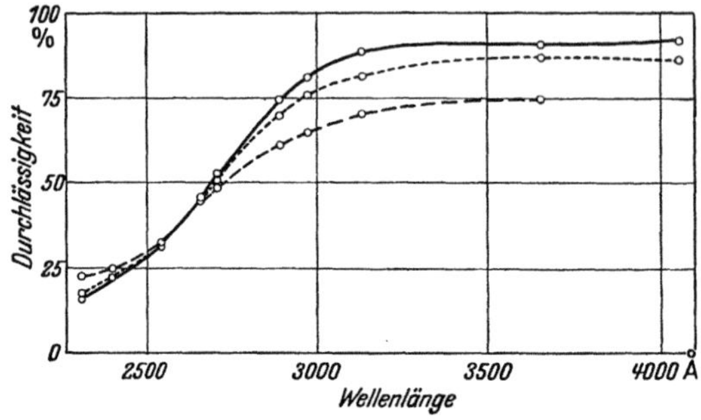

Abb. 13. Alterung von Na_2O-K_2O-CaO-ZnO-B_2O_3-SiO_2-Glas.

o—o Glas mit etwa {0,0005% Fe_2O_3, 0,0005% TiO_2} (Dicke = 1 mm)
o- - - -o Dasselbe Glas mit Licht der Wellenlängen > 2300 Å bestrahlt
o— —o Dasselbe Glas mit Hg-Licht bestrahlt

Von den Mehrstoffgläsern sollen zwei, bestehend aus je 6 Einzelbestandteilen, als Beispiele dienen. Auch hier beobachtet man bezüglich der Alterung das Gleiche wie bei den einfach zusammengesetzten Gläsern. Zuweilen ist die photochemisch wirksame Strahlung etwas nach längeren Wellen verschoben. Bei einem Na_2O-K_2O-CaO-ZnO-B_2O_3-SiO_2-Glas (Abb. 13) wirkt UV-Licht der Wellenlängen > 2300 Å schon etwas alternd. Eine starke Alterung beobachtet man aber erst, wenn die Strahlung unter 2300 Å dazukommt. Ähnlich sind die Meßergebnisse für ein Na_2O-K_2O-CaO-Al_2O_3-B_2O_3-SiO_2-Glas (Abb. 14).

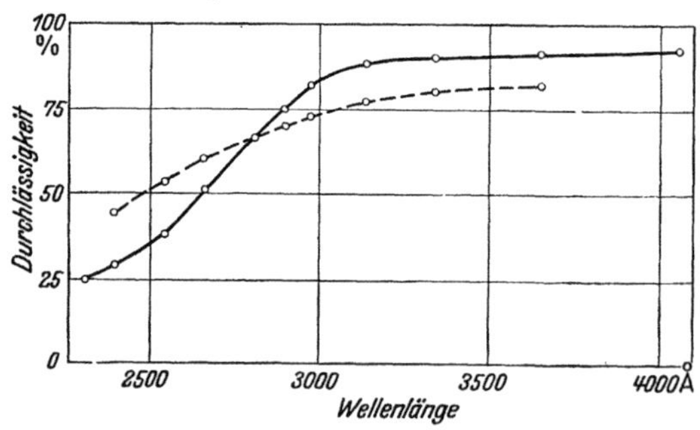

Abb. 14. Alterung von Na_2O-K_2O-CaO-Al_2O_3-B_2O_3-SiO_2-Glas.

o—o Glas mit etwa {0,0005% Fe_2O_3, 0,0005% TiO_2} (Dicke = 0,6 mm)
o—o Dasselbe Glas mit Licht der Wellenlängen > 2300 Å bestrahlt
o— —o Dasselbe Glas mit Hg-Licht bestrahlt

Noch einiges soll über die Verfärbung der Gläser im Sichtbaren gesagt werden. Aus dem Schrifttum ist zur Genüge bekannt, daß ultraviolett-durchlässige Gläser unter der Einwirkung ultravioletter Strahlung nicht nur ihre Durchlässigkeit im ultravioletten Gebiet ändern, sondern daß sie sich auch im sichtbaren Teil des Spektrums verfärben. Bei den hier untersuchten Gläsern war mit starker Veränderung der Durchlässigkeit im ultravioletten Gebiet stets eine deutliche Verfärbung im Sichtbaren verbunden. Es wurden rötliche, bräunliche, grünliche und bläuliche Farbtönungen beobachtet. Beispiele für Verfärbungen eines Kaliumoxyd-Kieselsäureglases, eines Bariumoxyd-Kieselsäureglases und eines Natriumoxyd-Calciumoxyd-Kieselsäureglases zeigt Abb. 15. Hier wurden die Glasstücke direkt am Ausgang eines lichtstarken UV-Spektrographen mit dem Hg-Spektrum bestrahlt. Man sieht, daß im wesentlichen Licht der Wellenlängen 2000 bis 2300 Å wirksam war. Abb. 16 zeigt, daß

Licht der Wellenlängen über 2300 Å die durch kurzwelligeres Licht hervorgerufenen Durchlässigkeitsänderungen rückgängig macht. Im linken Teil des Bildes ist zum besseren Verständnis zunächst das Bestrahlungsschema, im rechten Teil die verfärbte und an einer Stelle wieder entfärbte Glasplatte abgebildet. Es wurde also von einer Seite mit spektral zerlegtem Licht der Wellenlängen 2000 bis 2200 Å und gleichzeitig oder später von der Rückseite ein schmaler Streifen mit Licht der Wellenlängen > 2300 Å bestrahlt.

Seit einiger Zeit werden für manche Zwecke ultraviolettdurchlässige Gläser benutzt, bei denen Kieselsäure zum Teil oder vollkommen durch Phosphorsäure ersetzt worden ist. Zuweilen hört man die Vermutung, daß diese Gläser nicht weitgehend von Eisen und Titan befreit zu sein brauchen, um hoch ultraviolettdurchlässig zu sein. Diese Vermutung hat zunächst etwas für sich, denn es ist bekannt, daß die Farbe der in Wasser gelösten Fe(III)-Ionen im sichtbaren Gebiet durch Phosphorsäure vollkommen zum Verschwinden gebracht werden kann. Folgender Versuch zeigt dies: Gibt man zu einer wäßrigen Ferrichloridlösung etwas Phosphorsäure, so tritt die Aufhellung zu farblos sofort ein. Wenn diese Entfärbung im sichtbaren Gebiet in wäßriger Lösung gelingt, könnte es ja auch sein, daß eine ähnliche Entfärbung des im Glase gelösten Eisens im ultravioletten Gebiet möglich ist. Das trifft aber nicht

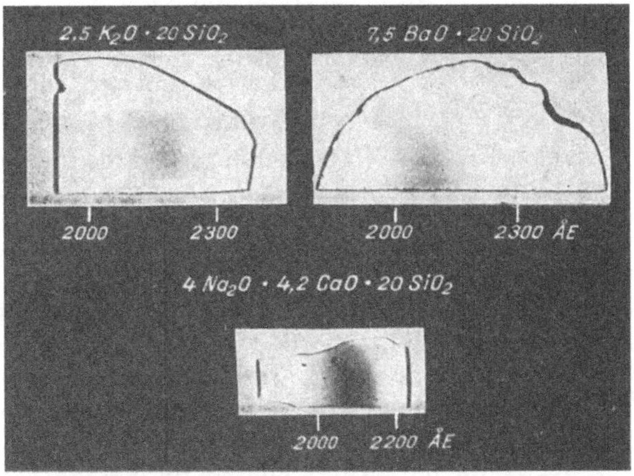

Abb. 15. Verfärbung von Glas durch UV-Strahlung.

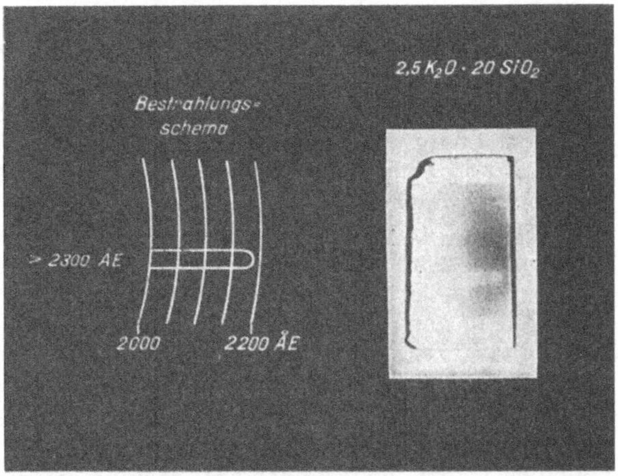

Abb. 16. Verfärbung und Entfärbung von Glas durch UV-Strahlung.

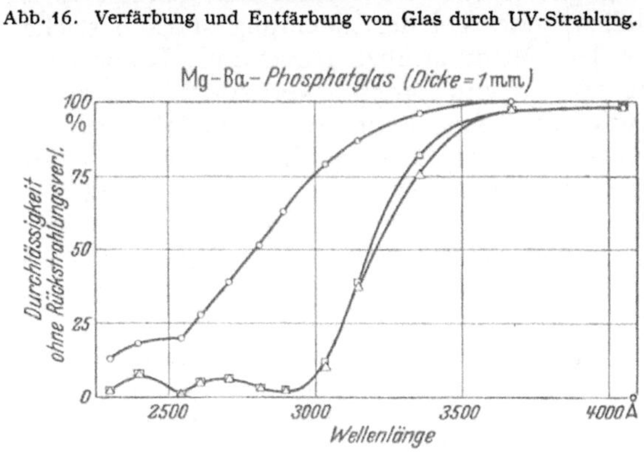

Abb. 17. Steigerung der Durchlässigkeit mit steigendem Reinheitsgrad.

○—○ Glas mit etwa {0,001% Fe_2O_3, 0,001% TiO_2}

□—□ Dasselbe Glas mit 0,05% TiO_2

△—△ Dasselbe Glas mit 0,05% Fe_2O_3

zu, wie an den Durchlässigkeitskurven eines Phosphatglases mit und ohne Eisen- und Titanzusatz gezeigt werden kann (Abb. 17). Man sieht, wie auch hier eine hohe UV-Durchlässigkeit nur bei großer Eisen- und Titanarmut erzielt wird.

Diskussion der Ergebnisse.

So lehrt uns die Untersuchung, daß die hier geprüften Alkali- und Erdalkalisilikate qualitativ in gleicher Weise gegenüber UV-Strahlung empfindlich sind. Quantitative Unterschiede bestehen zwischen den untersuchten Alkalisilikaten einerseits und den Erdalkalisilikaten andererseits, dagegen nicht zwischen Natriumgläsern und Kaliumgläsern. Das muß besonders betont werden, denn in der umfassendsten Arbeit, die bisher über die Alterung UV-durchlässiger Gläser erschienen ist, in der Arbeit von COBLENTZ und STAIR aus dem National Bureau of Standards[1], wird das Gegenteil behauptet. Dort wird gesagt, nur Natriumgläser seien empfindlich, Kaligläser dagegen nicht. Man kann an diesem Resultat deshalb nicht ohne weiteres vorübergehen, weil COBLENTZ und STAIR im Gegensatz zu allen anderen vorher und nachher erschienenen Arbeiten auch schon mit spektral zerlegtem Licht gearbeitet haben. Die Tatsache, daß unsere Ergebnisse in manchen Punkten von den von COBLENTZ und STAIR gemachten Beobachtungen abweichen, läßt sich in zweifacher Weise erklären. Einmal haben die genannten Verfasser die chemische Zusammensetzung der Gläser nicht so genau angegeben, wie es für einen exakten Vergleich der Resultate nötig wäre. Ferner — und das ist das Wichtigste — benutzten sie zur Feststellung der Durchlässigkeit eines gealterten Glases im allgemeinen nur Strahlung einer Wellenlänge, eine Prüfwelle. Nach unserer heutigen Kenntnis der Veränderungen von Gläsern ist das aber äußerst gefährlich, denn wenn die Prüfwelle zufällig in die Nähe des Schnittpunktes der Durchlässigkeitskurve des gealterten und ungealterten Glases rückt, kann es vorkommen, daß man überhaupt nichts von einer Alterung merkt. Man muß sich also schon der Mühe unterziehen, nach jeder Bestrahlung eines unbekannten Glases die Durchlässigkeit für das gesamte interessierende Gebiet neu durchzumessen.

Weiter zeigt uns die Arbeit, daß Behauptungen, wie sie von JOSEPH HOFFMANN[2] und vielen anderen Verfassern über die Alterung aufgestellt worden sind, nicht zutreffen. HOFFMANN sagt wörtlich: „Schwerer behebbare Alterungsvorgänge träten viel seltener auf, gelänge es, eisen- und titanfreies Glas herzustellen" oder bei der „Meidung stark basischer Glaszusammensetzungen" oder bei der „Meidung allzu großer SiO_2-Konzentration". Das alles kann nicht richtig sein. Photochemisch verändert wird vorwiegend das Alkalisilikat, weniger stark, aber auch deutlich das Erdalkalisilikat. Geht man zu höheren Eisenkonzentrationen über, z. B. zu 0,1%, so wird im Gegenteil das Glas weniger durch UV-Strahlung verändert, weil der hohe Eisengehalt nicht zuläßt, daß die UV-Strahlung in die Tiefe des Glases dringt. Der Eisengehalt setzt zwar die Durchlässigkeit der Gläser im UV-Gebiet stark herab, schützt aber die eigentlichen Glasbestandteile (das Alkali- oder Erdalkalisilikat) vor starken photochemischen Veränderungen.

Ferner hat sich herausgestellt, daß bei den hier behandelten Gläsern photochemisch wirksam zunächst nur Strahlung der Wellenlängen 2000 bis 2200 Å ist. Strahlung längerer Wellen kann erst wirksam werden, wenn sie auf schon photochemisch verändertes Glas trifft. Dann kann sie das Glas in den alten Zustand zurückversetzen.

---

[1] COBLENTZ u. STAIR: Bur. Stand. J. Res. Bd. 13 (1934) S. 773.

[2] JOS. HOFFMANN: Glastechn. Ber. Bd. 12 (1934) S. 53. — Sprechsaal Bd. 65 (1932) S. 591.

Als sehr wichtige Tatsache ist zum Schluß zu buchen, daß der Begriff „Alterung" erweitert werden muß. Er bedeutet nicht nur Durchlässigkeitsminderung, sondern gleichzeitig Durchlässigkeitserhöhung. Es kommt dabei immer darauf an, von welchem Teil des ultravioletten Spektrums man spricht.

Die Weiterverarbeitung von Glas zu Rohrleitungen kleinen Durchmessers und Heißwasserbereitern[1].

Von

K. Wiegand †.

Mit 11 Abbildungen.

Es wird berichtet über Glas als Austauschwerkstoff für Metalle in druck- und temperaturbeanspruchten Rohrleitungen, und zwar unter Benutzung des von der Osram-Hütte Weißwasser entwickelten Glases 424. Dieses Glas gehört zur 1. hydrolytischen Klasse und steht bezüglich seiner sonstigen chemischen Eigenschaften sowie seiner mechanischen und thermischen Festigkeit in der Spitzengruppe der Gläser.

Nach Untersuchungen des Staatlichen Materialprüfungsamtes zeigen Röhren von 1,2 bis 1,6 mm Wandstärke und 10 mm Innendurchmesser bei Beanspruchung auf Überdruck die überraschend hohe mittlere Bruchlast von 108 atü bei einem Kleinstwert von 80 atü und einem Größtwert von 132 atü. Die Biegezugfestigkeit beträgt 6,8 kg/mm². Sie ist ebenfalls überraschend hoch. Weiterhin wurde durch das Materialprüfungsamt die sehr hohe Temperaturwechselbeständigkeit bestätigt. Da auch chemisch dieses Glas allen Metallen überlegen ist, so war bei seiner Einführung als Austauschwerkstoff für Metallröhren nunmehr zusätzlich nötig, eine Reihe von Hilfsvorrichtungen zu schaffen, die das Verlegen und das Haltern langer Rohrleitungen mit Sicherheit ermöglichen, und die weiterhin fachunkundigen Kräften die Ausführung einfacher Glasarbeiten an der Einbaustelle gestatten.

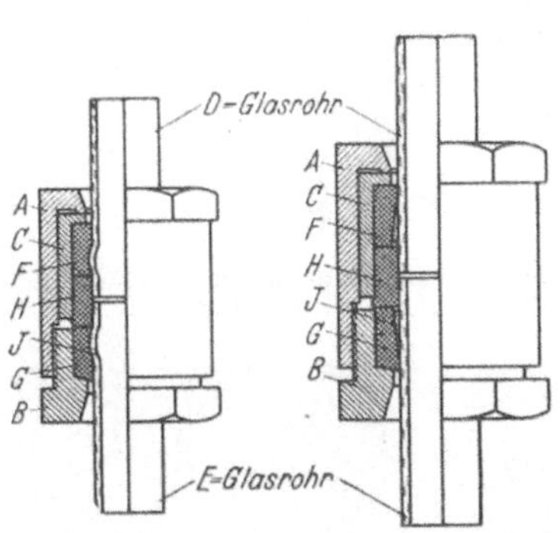

Abb. 1. Verbindung von Glasrohren durch Muffen aus Kunstharz. Dichtung mit Gummi. Links: wulstförmige Erweiterung des Glasrohres *J*. Rechts: aufgetriebene Aluminiumringe *J*. *A* Kupplungshülse, *B* Schraubmutter, *C* Zwischenhülse, *D* und *E* Glasrohr, *F* und *G* Gummiring, *H* Gummidichtung.

Das Überbrücken von Stoßstellen ohne Verschmelzung ist durch Kunstharzmuffen möglich, deren besondere Ausführungsform aus Abb. 1 ersichtlich ist.

Die übliche Druckbelastung von Rohrleitungen für Fruchtsäfte, Milch, destilliertes Wasser, Bier und andere Flüssigkeiten beträgt 1,5 atü. Beim Reinigen und Durchspülen können 5 bis 6 atü zustande kommen. Die Überprüfung der Druckfestigkeit an Glasröhren mit Verbindungsmuffen ergab für diese eine mittlere Bruchlast von 46 atü bei einem Kleinstwert von 38 und einem Größtwert von 50 atü.

Behandlung des Glases im Apparatebau. Um auch mit dem Werkstoff Glas nicht vertrauten Arbeitskräften das Arbeiten hiermit zu ermöglichen, sind einige

[1] Vortrag in der Sitzung des Beirates für die Umstellung auf Heimstoffe beim Deutschen Normenausschuß. Auszug aus Glastechn. Ber. Bd. 15 (1937) S. 207, bearbeitet von W. Meyer.

Hilfsvorrichtungen durchgebildet worden, die an jeder Einbaustelle benutzt werden können. Abb. 2 zeigt eine Schneidezange zum Absprengen von Glasrohr, bei der ein Draht über einen kleinen Heiztransformator auf Gelbglut gebracht

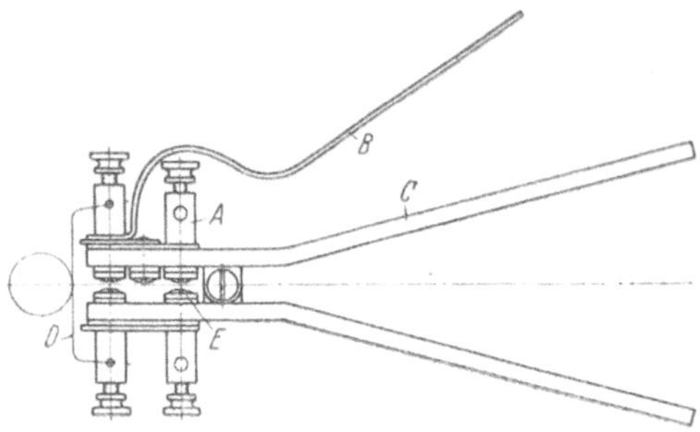

Abb. 2. Schneidezange zum Absprengen von Glasrohr. *A* Kontaktklemme, *B* Schalterfeder, *C* Zangengriff, *D* Absprengdraht, *E* isolierte Befestigung.

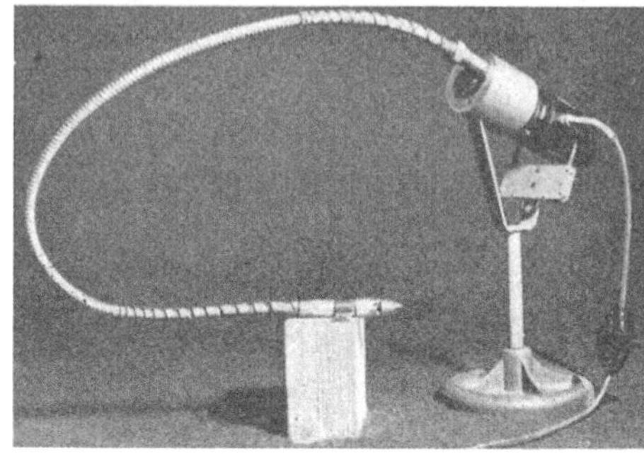

Abb. 3. Schleifapparat mit biegsamer Welle zum Abschleifen der Schnittflächen.

wird. Unebenheiten an der Schnittfläche können durch eine Handschleifmaschine nach Abb. 3 behoben werden. Das Aufrauhen von Glasoberflächen kann mit einer kleinen, tragbaren Schleifvorrichtung vorgenommen werden.

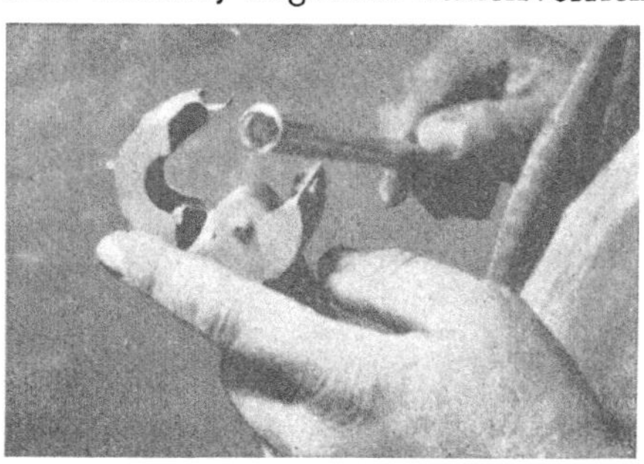

Abb. 4. Heizofen für 10-mm-Glasrohr zum Aufkitten von Metallteilen.

Für das Aufkitten von Metallteilen sind kaltbindende Wasserglaskitte geeignet, für das Warmkitten sind zweckmäßig Bakelitekitte zu verwenden. Hierfür wurde ein kleiner, an der Baustelle leicht zu handhabender Widerstandsofen entsprechend Abb. 4 durchgebildet. Sowohl die Schneidezange als auch der Widerstandsofen sind in ihren elektrischen Werten ein und demselben kleinen Transformator angepaßt. Durch Verwendung dieser kleinen Sondervorrichtungen ist es also auch dem Nichtglasbläser möglich, die Glasröhren an der Baustelle maßgerecht zu gestalten.

Abb. 5. Drucklufterzeuger und Handgebläse.

Für die Bearbeitung des Glases mit einer Gebläseflamme können die üblichen Gebläse mit dem von der Fa. Bornkessel entwickelten, elektrisch betriebenen Drucklufterzeuger betätigt werden (Abb. 5).

Einfachere Arbeiten können unter Umgehen von Gas- und Druckluft sogar unter Zuhilfenahme der Benzin-Lötlampe verrichtet werden.

Von fachunkundigen, kurzzeitig angelernten Leuten kann mit den genannten Hilfsvorrichtungen ausgeführt werden:

1. das Verblasen scharfkantiger Schnittränder,
2. das Anstauchen der Röhren,
3. ein trichterförmiges Auftreiben der Enden.

Das Ausziehen oder Strecken der Röhren um einige Millimeter und das Biegen von Röhren ist für fachunkundige Kräfte nicht ohne weiteres möglich. Um auch dies mit angelernten Arbeitskräften durchführen zu können, ist ein Widerstandsofen in Form einer Wendel aus asbestumsponnenem Widerstandsdraht durchgebildet worden, der auf das Glasrohr aufgezogen wird (Abb. 6).

Abb. 6. Heiztransformator und Drahtwendel für das Ausziehen und Biegen von Glasrohren.

Auch dieser Widerstandsdraht ist an den schon genannten Heiztransformator angepaßt. Der Widerstandsdraht kommt auf Rotglut. Eine Erhitzungszeit von 3 bis 5 Minuten bringt das Glas auf Erweichungs- und Biegetemperatur. Eine Heizspannung von 40 V sichert gefahrloses Arbeiten.

Auch das Aneinanderschmelzen zweier Rohrabschnitte durch nicht fachmännisch geschulte Kräfte ist nach nur verhältnismäßig geringer Anlernzeit möglich. Dies ist erwiesen durch den Aufbau sehr vieler Moorelicht-Anlagen, bei denen auf der Baustelle Glasrohrstücke teils gerader, teils gebogener Form zu einem ununterbrochenen Rohrstrang bis zu 60 m Länge aneinandergeschweißt werden, und zwar von Elektromonteuren, denn nur diese dürfen an solchen Hochspannungsanlagen arbeiten. Eine Anlernzeit von 3 Wochen genügt, um die Handfertigkeit zur Durchführung dieser nicht ganz einfachen glasbläserischen Arbeit zu erlangen.

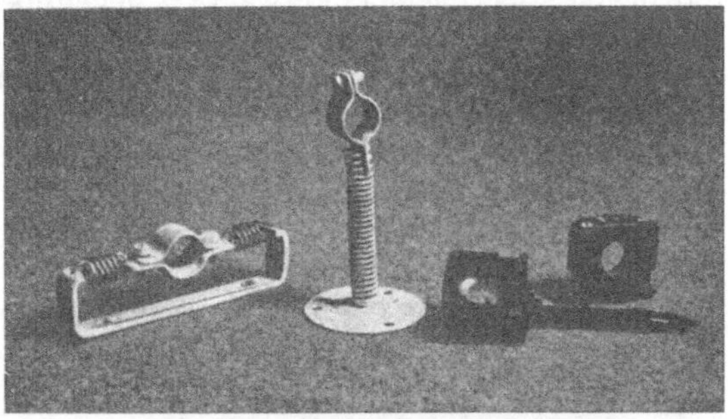

Abb. 7. Verschiedene Halterungen für Glasrohre.

Halterung der Röhren. Bei den angeführten hohen Festigkeitseigenschaften könnte als Hinderungsgrund für die Verwendung allgemeinster Art nur die allen Gläsern eigene geringe Bruchfestigkeit bei schlagartiger Belastung angeführt werden. Dieser Hinderungsgrund ist aber durch geeignete Halterung leicht und mit Sicherheit zu beseitigen. Es sind hierfür Halter entsprechend Abb. 7 durchgebildet worden.

Abb. 8. Wendelförmig aufgewickelte Kühlschlangen.

Im wesentlichen wird das Rohr durch Federn abgestützt. Für viele Fälle genügen auch kleine, bei der Elektromontage übliche Guroschellen aus Kunstharz. Zwischen Schelle und Glasrohr wird ein Gummiring eingefügt. Auch die sonst für Gas- und Wasserröhren üblichen

Abstützschellen aus Eisen sind zu verwenden, wenn nur ein elastisches Glied eingefügt wird. Alle 2 bis $2^1/_2$ m sind solche Glasrohrleitungen zu unterstützen.

Anwendungsgebiete für Glasrohrleitungen. Abgesehen von den schon erwähnten Anwendungsmöglichkeiten für Getränkeleitungen, die jetzt bereits bis zu 45 mm Durchmesser hergestellt werden, ist auch die Verwendung als Kühl- und Heizschlangen in hohem Maße bemerkenswert. Solche Kühl- und Heizschlangen zeigen die Abb. 8, 9 und 10.

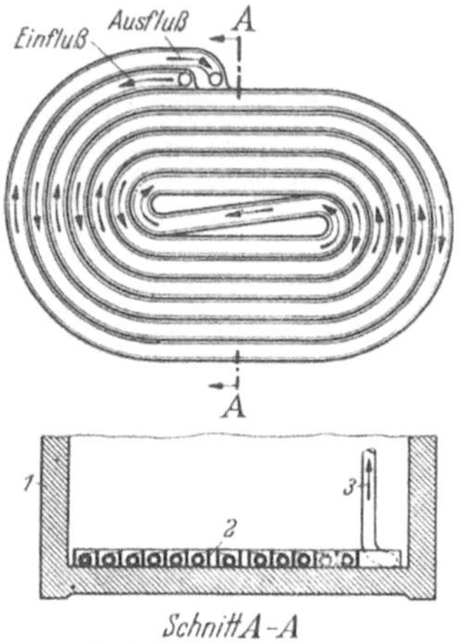

Abb. 9. In flachen Gegenwindungen angeordnete Kühlschlange. 1 Kühlkasten, 2 Schutzroste (verzinktes Bandeisen 0,75×16 mm), 3 Kühlschlange.

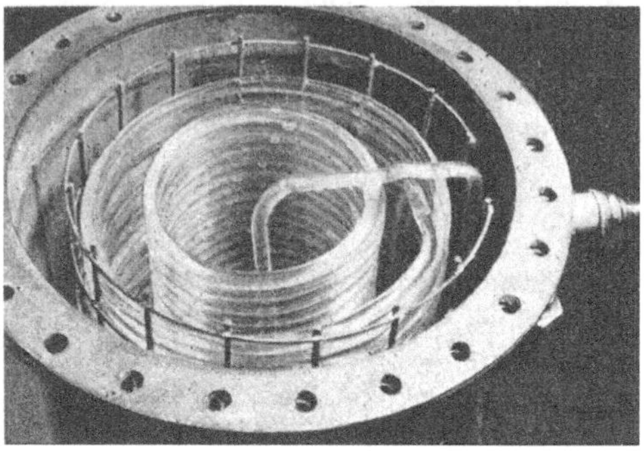

Abb. 10. Heizschlange für kleine Heißwasserbereiter und ihr Einbau.

Bei Verwendung von Glasschlangen in Heißwasserbereitern wurde festgestellt, daß die Glasoberfläche um etwa 18% gegenüber einer entsprechenden Metalloberfläche vergrößert werden muß. Bei kleinen Geräten wird, wie die Abb. 8 bis 10 zeigen, die Schlange in einem Stück gewickelt. Für größere Übertragungsleitungen ist es zweckmäßig, entsprechend Abb. 11 a und b das Rohrsystem aus geraden Stücken, unter Zwischenschaltung von Verbindungsbügeln aus Kupfer, zusammenzusetzen. Der notwendige Aufwand an Kupfer beträgt nur rd. 10% des sonst üblichen.

Seit der Einführung der Glas-Druckleitungen im Jahre 1937 sind bis heute mehr als 100000 m angefertigt worden, ohne daß Schwierigkeiten beim Einbau und im Betrieb entstanden sind. Es ist hiermit der Nachweis erbracht, daß das

a

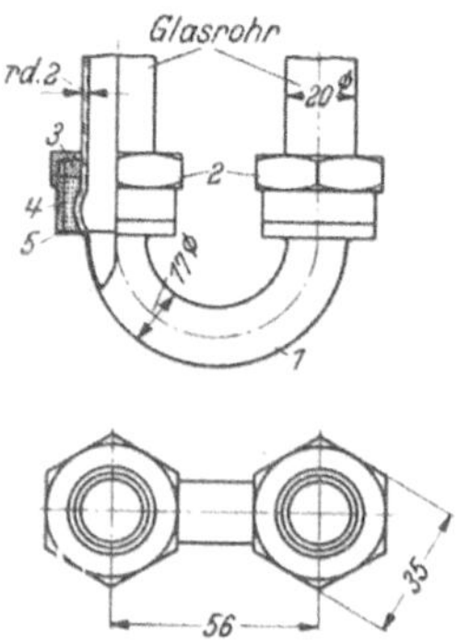

b

Abb. 11a u. b. Heizschlange mit Kupferrohrkrümmern für größere Heißwasserbereiter. 1 Krümmer, 2 Überwurfmutter, 3 Druckring, 4 Gummiring, 5 Hartlötung.

Osram-Glas 424 sowohl wegen seiner Festigkeitswerte als auch wegen der sich hieraus ergebenden Verarbeitungsmöglichkeiten geeignet ist, manchen schwer zu beschaffenden Werkstoff zu ersetzen. Hiermit sind Anwendungsmöglichkeiten für einen Werkstoff erschlossen, dessen Rohstoffe unsere deutsche Erde in unbegrenzter Menge birgt.

Über die Trägheit des Stromeinsatzes von Selenphotoelementen[1].

Von

W. GURSKI.

Mit 12 Abbildungen.

1. Einleitung.

Es ist bekannt, daß der photoelektrische Strom von Photoelementen bei gleichbleibender Beleuchtungsstärke zeitlichen Veränderungen unterliegt. Man hat dabei zwischen drei Erscheinungsformen zu unterscheiden:

Unter der Trägheit versteht man ein langsames Ansteigen des Photostromes nach Einschalten einer Beleuchtung bis zum Erreichen eines stationären Wertes. Man rechnet dabei mit Zeiten von Sekundenbruchteilen bis zu wenigen Sekunden[2, 3]. Bei längeren Zeiten, die sich über mehrere Minuten bis zu Stunden erstrecken[4, 5], spricht man von einem Kriecheffekt. Beim Kriecheffekt handelt es sich um Änderungen von wenigen Prozent, die Trägheit ist dadurch charakterisiert, daß der Anfangswert des Photostromes zuweilen nur wenige Prozent des Endwertes beträgt.

Fällt der Photostrom in den ersten Minuten nach dem Einschalten der Beleuchtung um einige Prozent ab, so spricht man von Ermüdung[5...9].

Die Alterung ist im Gegensatz zu den vorher genannten Erscheinungen eine irreversible Änderung der Empfindlichkeit des Photoelementes[3, 6, 9, 10].

Im folgenden soll nur von den reversiblen Vorgängen, vorzugsweise von der Trägheit, die Rede sein, also von Änderungen des Photostromes, die innerhalb von Sekundenbruchteilen oder wenigen Sekunden nach dem Einschalten einer dann konstant bleibenden Beleuchtung vor sich gehen. Dabei werden wir auch auf den durch Wechsellicht erzeugten photoelektrischen Strom eingehen.

Bei Selen-Photowiderständen und Thallium-Photowiderständen ist die Frage weitgehend geklärt, wie sich die Zelle gegenüber Wechsellicht oder einer plötzlich einsetzenden Dauerbelichtung verhält[11...16].

Eine genaue Untersuchung über die Trägheit des Stromanstiegs an Selen-Photoelementen mit einer plötzlich einsetzenden, dann aber konstant bleibenden Beleuchtung steht noch aus. Die Untersuchungen mit intermittierendem Licht

---

1 Abdruck des in der Zeitschrift „Das Licht" Bd. 12 (1942) S. 176 u. 217 erschienenen Artikels. Auszug aus der Berliner Dissertation des Verfassers.

2 H. C. HAMAKER u. W. F. BEEZHOLD: Physica, Haag Bd. 1 (1934) S. 119.

3 L. BERGMANN u. R. PELZ: Z. techn. Phys. Bd. 18 (1937) S. 178.

4 E. ELVEGÅRD, S. LINDROTH u. E. LARSSON: J. opt. Soc. Amer. Bd. 28 (1938) S. 33.

5 E. D. WILSON: Electronics, N. Y. Bd. 12 (1939) S. 15 u. 33.

6 B. LANGE: Die Photoelemente und ihre Anwendung. 2 Bde. Leipzig 1936.

7 O. H. KNOLL: Diss. T. H. Karlsruhe 1936.

8 W. BULIAN: Phys. Z. Bd. 36 (1935) S. 33.

9 W. BEHRENDT: Z. techn. Phys. Bd. 19 (1938) S. 92.

10 L. BERGMANN: Phys. Z. Bd. 35 (1934) S. 450.

11 B. GLATZEL: Phys. Z. Bd. 12 (1911) S. 1169.

12 H. THIRRING: Z. techn. Phys. Bd. 3 (1922) S. 118.

13 H. THIRRING u. O. P. FUCHS: Photowiderstände. Leipzig 1939. (Siehe besonders S. 61/65, S. 73.)

14 R. SEWIG: Z. techn. Phys. Bd. 11 (1930) S. 269.

15 H. SIMON u. R. SUHRMANN: Lichtelektrische Zellen und ihre Anwendung. Berlin 1932.

16 W. LEO u. C. MÜLLER: Phys. Z. Bd. 36 (1935) S. 113.

allein, wie sie verschiedentlich durchgeführt wurden[1...9], können keine zutreffende Auskunft über Trägheitserscheinungen geben, weil sie die vorhandenen Verhältnisse nicht vollständig erfassen. Die vorliegende Arbeit hat zum Ziel, diese Frage wenigstens bei hohen Beleuchtungsstärken von mehreren tausend Lux zu klären.

Die erste Angabe über die Trägheit von Selenelementen beim Einschalten einer Dauerbeleuchtung findet sich unseres Wissens in einer kleinen Notiz[10], in der Hamaker und Beezhold über Messungen bei sehr kleinen monochromatischen Beleuchtungsstärken von größenordnungsmäßig $^1/_{100}$ lx berichten. Die Trägheitszeit (d. h. die Zeit bis zum Erreichen des stationären Photostroms) beträgt bis zu 2 Minuten. Bei gleichem auffallenden Lichtstrom und variierter Beleuchtungsstärke (d. h. bei veränderter Größe des Lichtflecks auf der Zelle) verringert sich die Trägheit mit wachsender Beleuchtungsstärke.

Eine Arbeit von Bergmann und Pelz[11] behandelt die Abhängigkeit der Trägheitszeit von der Lichtwellenlänge, der Temperatur, der Beleuchtungsstärke (Größenordnung 25 lx) und der Größe des Lichtflecks auf der Zelle. Die Trägheitszeiten betragen dort bis zu 3,5 s. Sowohl Hamaker und Beezhold als auch Bergmann und Pelz stellen eine Trägheit bei Beendigung der Belichtung bzw. Nachströme nach dem Belichtungsende fest.

2. Der Lichtmischkasten zur jederzeit gleichmäßigen Ausleuchtung der Zelle und die benutzten Apparaturen.

Messungen bei Wechsellicht an Kupfer- und Selen-Photoelementen von Leo und Müller[1], Schweickert[5], Görlich[9], Kerschbaum[2], Preston[3], MacGregor-Morris und Billington[4] und Liandrat[6] wurden in der Weise vorgenommen, daß zwischen Lichtquelle und Photozelle eine feststehende Blende und eine mit entsprechenden Löchern versehene rotierende Scheibe gestellt wurden. Die Formen der Löcher in Blende und Lochscheibe bestimmten die Form der Licht-Zeit-Kurven. Leo und Müller bildeten dabei eine Kondensorlinse auf die Blendenebene und diese auf die Photozelle ab. In allen diesen Fällen wechselt die Größe des belichteten Teiles der Zelle mit der Phase des Wechsellichtes. Nun ist aber, worauf z. B. das polnische Beleuchtungskomitee[12], Bergmann und Pelz[11] oder Barnard (in einer Diskussion zu der Arbeit MacGregor-Morris' und Billingtons[4], a. a. O. S. 450/53) hinweisen, die Empfindlichkeit eines Photoelementes bei Abtastung mit einer Lichtsonde oder bei veränderlicher Leuchtdichte und gleichem auffallenden Lichtstrom nicht konstant.

Daneben geben Hamaker und Beezhold (a. a. O.) an, daß auch die Trägheitserscheinungen abhängig sind von dem Anteil, den der belichtete Zellenteil an der gesamten Zellenoberfläche darstellt.

---

[1] W. Leo u. C. Müller: Zit. S. 445.
[2] H. Kerschbaum: Naturwiss. Bd. 27 (1939) S. 832.
[3] J. S. Preston: J. Inst. electr. Engrs. Bd. 79 (1936) S. 424.
[4] J. T. MacGregor-Morris u. R. M. Billington: J. Inst. electr. Engrs. Bd. 79 (1936) S. 435.
[5] H. Schweickert: Z. Phys. Bd. 109 (1938) S. 413.
[6] G. Liandrat: C. R. Acad. Sci., Paris Bd. 207 (1938) S. 1396.
[7] B. Schönwald: Ann. Phys., Lpz. Bd. 15 (1932) S. 395.
[8] G. Liandrat: Diss. Paris 1935.
[9] P. Görlich: Z. techn. Phys. Bd. 14 (1933) S. 144.
[10] H. C. Hamaker u. W. F. Beezhold: Zit. S. 445.
[11] L. Bergmann u. R. Pelz: Zit. S. 445.
[12] Comité polonais de l'éclairage: Recueil préliminaire des caractéristiques de diverses photopiles . . . als Manuskript gedruckt für die Tagung der Internat. Beleuchtungskommission, Scheveningen 1939.

Wir haben deshalb bei unseren Messungen darauf geachtet, daß die Leuchtdichteverteilung über die Zelle in jeder Phase von Wechsellicht oder beim Einschalten einer Dauerbeleuchtung konstant war, daß also der in jedes Flächenelement eingestrahlte Lichtstrom nur abhängig war von der Zeit, nicht aber vom Ort auf der Zelle. Dazu benutzten wir zum Teil die in Abb. 1 skizzierte geometrisch-optische Anordnung.

Man muß bei dieser Abbildung aber darauf verzichten, daß die Form der Licht-Zeit-Kurve nur durch die Lochformen von Blende und Lochscheibe bestimmt wird, weil die Leuchtdichte am Orte der Lochscheibe nicht gleichmäßig ist, sondern durch die Form des Leuchtsystems bestimmt wird.

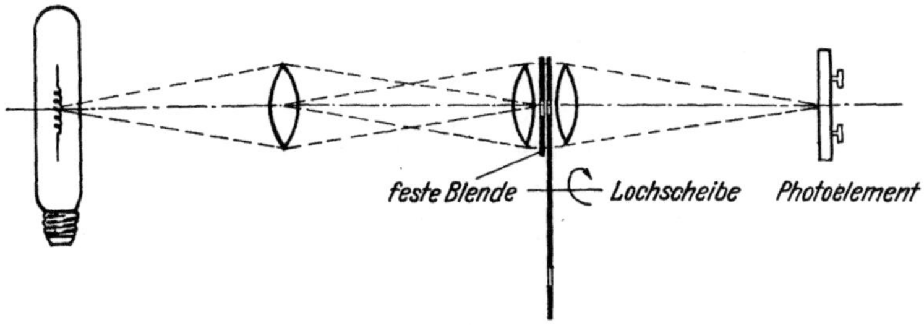

Abb. 1. Geometrisch-optische Anordnung zur gleichmäßigen Ausleuchtung des Photoelementes.

Neben der Anordnung nach Abb. 1 benutzten wir deshalb eine andere, in der wir einen „Lichtmischkasten" in den Strahlengang einschalteten, dessen Grundgedanke dem Prinzip der ULBRICHTschen Kugel entlehnt ist. In einem innen mit weißer Photometerfarbe gestrichenen Hohlwürfel von 8 cm Kantenlänge ließen wir durch eine Öffnung an der einen Seite den Lichtstrom zeitlich veränderlichen Querschnitts eintreten. An der gegenüberliegenden Seite tritt eine

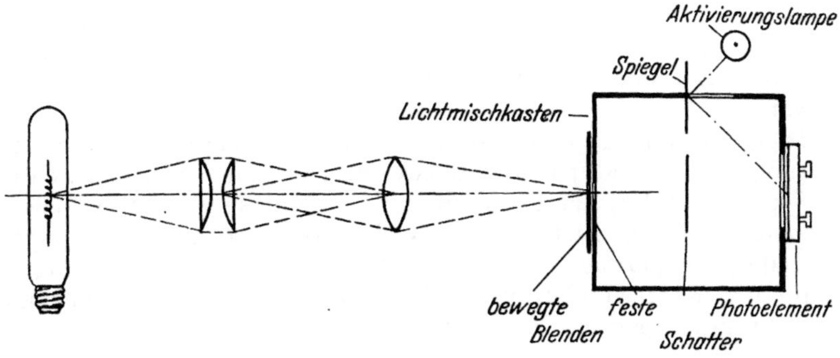

Abb. 2. Anordnung mit Lichtmischkasten zur gleichmäßigen Ausleuchtung des Photoelementes.

Beleuchtungsstärke an der Wand des Würfels auf, die über eine Fläche von 60 mm Durchmesser genügend konstant und genau proportional dem einfallenden Lichtstrom ist. An diesem Orte des Würfels sitzt an einer zweiten Öffnung das zu messende Photoelement. Die direkten Strahlen werden durch einen Schatter in der Mitte des Kästchens abgeschirmt. Die gesamte Anordnung besteht dann (vgl. Abb. 2) aus der Lichtquelle mit einem lichtstarken Kondensor, dessen Ebene durch eine einfache Sammellinse auf die Ebene einer beweglichen Blende abgebildet wird. Dicht hinter der bewegten Blende befindet sich eine feststehende

Blende, die gleichzeitig die Einfallsöffnung des Lichtmischkastens darstellt. Die Formen der beiden Blenden sind allein bestimmend für den zeitlichen Verlauf der Beleuchtungsstärke am Ort des Photoelementes.

Die zuletzt skizzierte Beleuchtungsanordnung wurde in zwei Apparaturen benutzt. Ein „Lichtblitzpendel" erlaubte, sowohl einmalige wie auch mehrere aufeinanderfolgende Lichtblitze definierter Licht-Zeit-Kurvenform von 12 ms Dauer oder weniger zu erzeugen, wie auch eine Belichtung der Zelle mit Beleuchtungsstärken von 2700 bis 20000 lx und einer Lichtanstiegsdauer von 4 bis 8 ms einzuschalten. Die Beleuchtungsstärke konnte unabhängig von der Lichtanstiegsdauer gewählt werden. Lichtquelle war eine Projektionsglühlampe 220 V 1000 W. Um die Abhängigkeit der Trägheitserscheinungen von der Lichtwellenlänge zu untersuchen, wurden vor die Photoelemente Filtergläser (Schott-Filter) geschaltet, die mit Hilfe eines Wechselrahmens unmittelbar vor die Zelle in den Mischkasten eingebracht wurden.

Zur Messung der Abklingvorgänge (s. Abschnitt 4) wurde eine Vorbelichtung („Aktivierung") der Photoelemente vor der Messung mit einer weiteren Glühlampe (220 V, 100 W) durchgeführt, die ihr Licht über einen seitlich an dem Lichtmischkasten angebrachten Spiegel direkt auf das Photoelement warf und dort bis zu 10000 lx erzeugte.

Die Aktivierungslampe wurde mittels geeigneter Kontaktanordnung durch das Pendel selbst ein- und ausgeschaltet.

Die zweite Untersuchungsapparatur lieferte Vorgänge mit intermittierendem Licht. Es war ein Aufbau mit einer feststehenden Blende und zwei Lochscheiben. Lichtquelle war eine gleiche Projektionsglühlampe wie bei dem Lichtblitzpendel. Eine Lochscheibe hatte 10 Löcher in Form eines Kreisringausschnittes, erzeugte also mit der feststehenden (quadratischen) Blende Lichtblitze trapezförmiger Licht-Zeit-Kurvenform. Die parallelen Seiten des Trapezes standen im Verhältnis 45 : 150, die Lichtfrequenz betrug 25 bis 500 Hz.

Eine weitere Lochscheibe gestattete die Erzeugung trapezförmiger Lichtblitze von 0,2 s Dauer und $\frac{5}{8}$ Hz bei kurzer Lichtanstiegsdauer. Im Zusammenwirken mit einem einfachen magnetisch betätigten Verschluß konnte auch der Beginn der von den beiden Lochscheiben erzeugten Lichtvorgänge oszillographiert werden, wenn das Photoelement vorher beliebig lange Zeit im Dunkeln gehalten worden war.

Registriergerät war ein einfacher 2-Schleifen-Oszillograph, und zwar je nach der notwendigen Empfindlichkeit mit zwei verschiedenen Schleifen, nämlich den Schleifentypen 5 (und 8) der Firma Siemens & Halske mit 6 mA (bzw. 1,2 mA) Vollausschlag = 60 mm Lichtzeigerausschlag bei 100 cm Zeigerlänge. Diese Schleifen haben den geringen elektrischen Widerstand (4 bzw. 8 Ω), der erforderlich ist, um dem Kurzschlußstrom der Photoelemente möglichst nahezukommen, und die notwendige geringe Einstellzeit.

3. Grundsätzliche Darstellung der Trägheitserscheinungen.

Zu genauerer Untersuchung standen uns drei Photoelemente der Fa. Electrocell (Type 1*, Durchmesser der aktiven Fläche 26 mm, im folgenden bezeichnet mit 1, 2, 3) und 8 Photoelemente des Fabrikats SAF (Durchmesser der aktiven Fläche 36 mm, im folgenden bezeichnet mit 6, 7, 8, 61, 114, 139, 251 und 326) zur Verfügung. Die Elemente 1, 2, 3 zeigten, obwohl am gleichen Tage von der

* Type 1 ist nach besonderem Verfahren hergestellt und zeichnet sich durch geringe Ermüdung (unter 0,3% in 10 min) sowie gute Stromproportionalität bei hohen Beleuchtungsstärken aus. Näheres s. S. 445 Fußnote 9.

Lieferfirma bezogen und vor diesen Trägheitsuntersuchungen durch uns unbenutzt, unterschiedliches Trägheitsverhalten. Von der Vorgeschichte der übrigen Zellen, die einem größeren Bestand wahllos entnommen waren, war nichts bekannt; ihr Trägheitsverhalten war ebenfalls uneinheitlich. Außerdem untersuchten wir mehrere Posten fabrikneuer Elemente (s. Abschnitt 8).

Abb. 3 zeigt drei Oszillogramme von einer Zelle, die an der Lochscheibenapparatur mit der langsam umlaufenden Scheibe bei der Beleuchtungsstärke 8400 lx gemacht wurden. Vor dem ersten der drei Oszillogramme hatte die Zelle mehr als 12 Stunden im Dunkeln gelagert, beim Einsetzen in die Apparatur war sie einer Beleuchtungsstärke von maximal 20 lx während weniger Minuten ausgesetzt, die Zelle war also (mit einer im folgenden stets benutzten Ausdrucksweise) im „jungfäulichen" oder „ausgeruhten" Zustande. Die Abb. 3a zeigt den ersten und den Beginn des zweiten Blitzes, der auf die jungfräuliche Zelle traf. Das Oszillogramm 3b wurde 2 Minuten später aufgenommen, das Photoelement war also mit nur wenigen Lichtblitzen durch die erste Aufnahme vorbelichtet. Vor dem Oszillogramm 3c wurde das Photoelement durch etwa 100 Lichtblitze von der umlaufenden Scheibe vorbelichtet („aktiviert"). Die Aufnahme erfolgte 5 bis 10 s nach dieser Vorbelichtung.

Man entnimmt den Oszillogrammen:

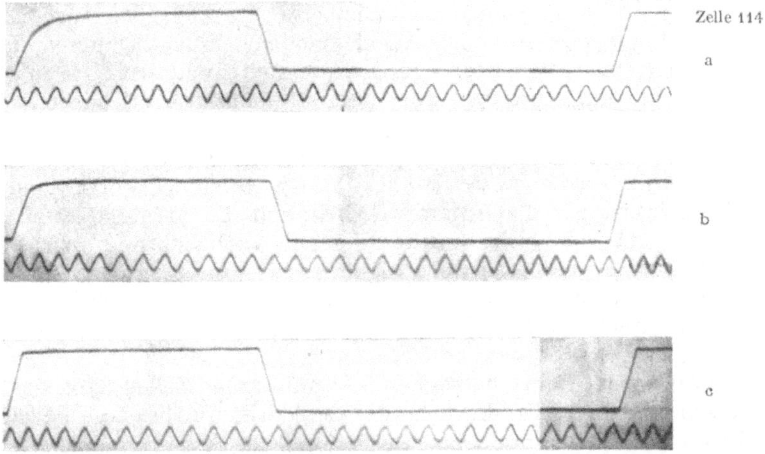

Abb. 3. Grundsätzliche Darstellung der Trägheitserscheinungen. a) Lichtblitz auf die jungfräuliche Zelle. b) Nach 2 Minuten Dunkelruhe. c) Photoelement stark vorbelichtet. Zeitmarke 50 Hz.

Abb. 3a: Zelle 114 ist träge, der Photostrom steigt nach Beendigung des Lichtanstiegs, der durch einen deutlichen Knick in der Schwärzungslinie sichtbar wird, weiter an, die Trägheit wird behoben durch die Vorbelichtung (einer Lichtperiode von $^1/_4$ s bereits). Diese Aktivierung reicht aus, um einen etwa $^1/_3$ s später einsetzenden Lichtanstieg formgetreu wiederzugeben, irgendeine Endträgheit ist nicht erkennbar.

Abb. 3b: Jedoch ist diese Aktivierung nach 2 min zu einem Teil wieder abgeklungen.

Abb. 3c: Kräftige Vorbelichtung (durch 100 der oszillographierten Lichtblitze) reicht aus, um die Licht-Zeit-Kurve etwa 5 bis 10 s nach Beendigung der Vorbelichtung sauber zu zeichnen.

Unter gleichen Bedingungen geben andere Zellen ein etwas anderes Resultat, zu dessen Beschreibung wir zwei Termini technici festlegen wollen:

Wir bezeichnen als „Anfangsträgheit" den Prozentsatz des Photostromes, der bei seinem Einsatz am stationären Wert fehlt, wobei wir als Einsatz des Photostromes den Zeitpunkt bezeichnen, an dem der apparativ gegebene Lichtanstieg beendet ist. Die „Trägheitszeit" ist unmittelbar anschaulich klar, sie ist die Zeit bis zur Erreichung des stationären Wertes des Photostromes; zu Messungen benutzten wir jedoch nur die exakter feststellbare „Trägheitshalbwertszeit", d. i. die Zeit, in der der am stationären Wert fehlende Anteil des Photostromes auf die Hälfte zurückgegangen ist.

Während also bei der Zelle 114 in Abb. 3 die Anfangsträgheit so gering ist, daß die Form der Licht-Zeit-Kurve noch erkennbar bleibt, haben andere Zellen so große Anfangsträgheiten, daß die Form der Licht-Zeit-Kurve nicht mehr zu erkennen ist; die Aktivierung durch einen Lichtblitz reicht aber schon aus, um beim zweiten Lichtblitz die Kurvenform deutlich erkennen zu lassen. Die Photostromamplitude bei Beginn des zweiten Blitzes kann jedoch unterhalb der beim Ende des ersten Blitzes liegen, die Aktivierung klingt also schon innerhalb $^1/_3$ s ab, in 2 min entsprechend stärker.

Die Aktivierung durch 100 Lichtblitze reicht auch nicht immer aus, um 5 bis 10 s später den Photostrom der Beleuchtungsstärke trägheitslos folgen zu lassen, bzw. ist hier, im Gegensatz zu Zelle 114, die Zeit von wenigen Sekunden zwischen Aktivierung und Meßblitz zu lang.

Es fanden sich aber auch Photoelemente, die keine ins Auge fallenden Trägheitserscheinungen zeigten. Die Ausmessungen ergaben bei diesen, daß der Photostrom unmittelbar nach Beendigung des ersten Lichtanstieges auf die jungfräuliche Zelle nur um etwa 3% hinter dem stationären Wert zurückbleibt, der sich bei Dauerbelichtung einstellt.

Es gibt also „trägheitslose" Zellen (worunter wir im folgenden immer solche mit einer Anfangsträgheit von weniger als 5% verstehen wollen) und träge Zellen, wobei die Werte für die Anfangsträgheit und die Trägheitszeiten von Zelle zu Zelle stark wechseln. Eine genügend lange Vorbelichtung stellt einen Zustand der Zelle her, der ein praktisch trägheitsloses Einsetzen des Stromes bei neuem Lichtanstieg bewirkt, wenn die Zwischenzeit zwischen Aktivierung und Meßbeleuchtung nicht zu lang ist. Auch diese Aktivierungserscheinungen sind von Zelle zu Zelle verschieden.

Die Unterscheidung in trägheitslose und träge Zellen nach der angegebenen Art erscheint vorerst willkürlich; die Berechtigung für diese Bezeichnungsweise wird sich aus einer Überlegung am Schluß der Arbeit ergeben.

Weitergehende Messungen ergaben, daß bei vier zur Verfügung stehenden trägheitslosen Photoelementen die Anfangsträgheit auch dann praktisch nicht zunimmt, wenn die Lichtanstiegsdauer von 0 bis 12000 lx auf 1 ms herabgedrückt wird.

4. Das Abklingen der Aktivierung.

Bergmann und Pelz[1] weisen bereits auf Aktivierungserscheinungen hin, die sie bei Zellentemperaturen von -65° C gefunden haben.

Um die Abklingzeiten der Aktivierung zu messen, wurden die Zellen im Lichtblitzpendel durch die Aktivierungslampe bei einer Beleuchtungsstärke von etwa 10000 lx belichtet und eine definierte (variierte) Zeit nach Beendigung der Aktivierung ein einzelner Blitz von 12500 lx maximaler Beleuchtungsstärke, trapezförmigen Licht-Zeit-Verlaufs und 13 ms Gesamtdauer auf die Zelle gegeben, dessen Photostrom aufgezeichnet wurde.

---

[1] L. Bergmann u. R. Pelz: Zit. S. 445.

Abb. 4 zeigt Beispieloszillogramme, Abb. 5 die Abklingkurven mit logarithmischem Zeitmaßstab. Die Streuung der Meßpunkte ist gering. Man kann auf eine Abklingzeit von etwa $^1/_2$ bis 2 Stunden extrapolieren, d. h. nach dieser Zeit ist die Aktivierung praktisch abgeklungen.

Was geht während der Abklingzeit vor sich?

Gregor-Morris und Billington[1], Hamaker und Beezhold[2] sowohl wie Bergmann und Pelz[3] haben gefunden, daß der Photostrom nicht unmittelbar mit Beendigung der Zellenbelichtung endet. Bei Hamaker und Beezhold treten Nachströme nur dann nicht auf, wenn bei 700 mμ der ganze einfallende Lichtstrom auf $^1/_{100}$ der Zellenoberfläche konzentriert wurde.

Wir haben bei keinem einzigen Oszillogramm auch nur den geringsten Nachstrom feststellen können, obwohl wir im Verlaufe dieser Untersuchungen mehr als 700 Oszillogramme aufgenommen haben und außer den 11 genau untersuchten Zellen etwa 60 weitere Zellen geprüft haben.

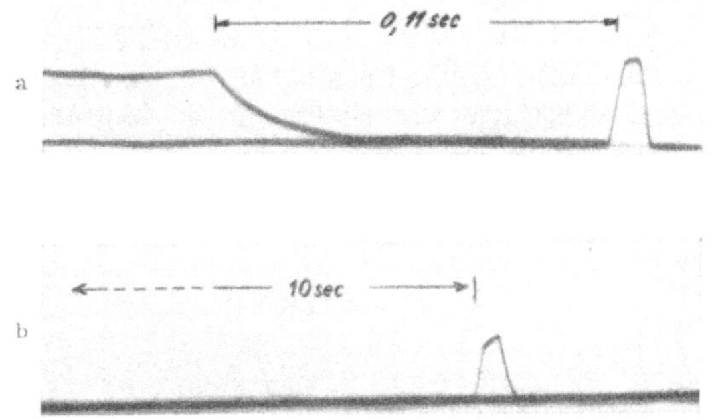

Abb. 4. Wiedergabe eines Lichtblitzes während des Abklingens einer 10 s dauernden Aktivierung. a) Lichtblitz 0,11 s nach Ende der Vorbelichtung. b) Lichtblitz 10 s nach Ende der Vorbelichtung.

Auf Grund weitergehender Untersuchungen können wir aussagen: Wenn überhaupt Nachströme nach Beendigung eines Blitzes oder einer Dauerbeleuchtung von der größenordnungsmäßigen Beleuchtungsstärke von 10000 lx auftreten, so liegen sie in den ersten Tausendstelsekunden nach Beendigung der Belichtung unterhalb von 1% des Photostromes, 0,5 s nach Beendigung der Belichtung unterhalb von $^1/_{10}$ $^0/_{00}$ des Photostromes.

Für theoretische Erwägungen scheint uns der Hinweis wichtig, daß die Aktivierungserscheinungen qualitativ und quantitativ unabhängig sind davon, ob die Zelle bei äußerem Leerlauf oder äußerem Kurzschluß belichtet wird.

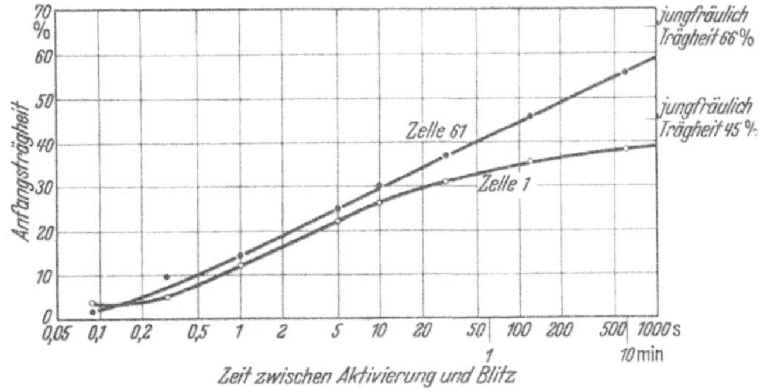

Abb. 5. Trägheit während des Abklingens einer 10 s dauernden Aktivierung.

5. Über die Abhängigkeit der Anfangsträgheit und Trägheitshalbwertszeit von der Beleuchtungsstärke.

Von den genannten 11 besonders eingehend untersuchten Zellen wurden Oszillogramme beim Einschalten verschieden hoher Beleuchtungsstärken aufgenommen. Blendeneinsätze am Lichtmischkasten des Lichtblitzpendels

[1] J. T. MacGregor-Morris u. R. M. Billington: Zit. S. 446.
[2] H. C. Hamaker u. W. F. Beezhold: Zit. S. 445.
[3] L. Bergmann u. R. Pelz: Zit. S. 445.

gestatteten die Veränderung der Beleuchtungsstärke von 2700 bis 15000 lx, und zwar so, daß die Lichtanstiegsdauer bei allen Messungen die gleiche war. Sie betrug etwa 6 ms. Bei 2700 lx diente die Schleifentype 8 als Registriergerät, bei allen anderen Beleuchtungsstärken Schleifentype 5.

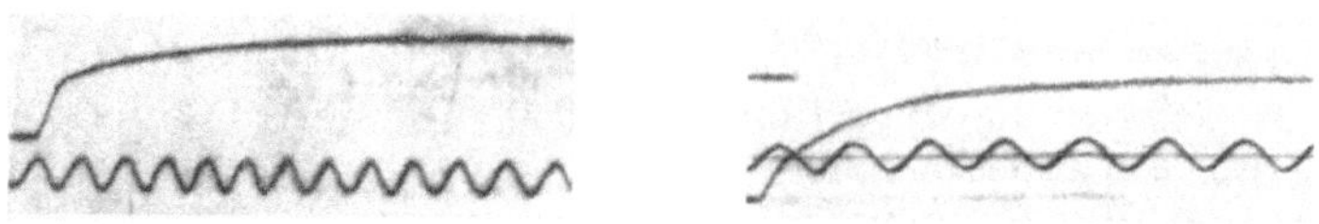

Abb. 6. Wiedergabe plötzlich einsetzender Belichtung bei verschiedenen Beleuchtungsstärken. (Zelle 326.)

Die Abb. 6 zeigt Oszillogramme bei der höchsten und der niedrigsten Beleuchtungsstärke von einer Zelle großer Anfangsträgheit.

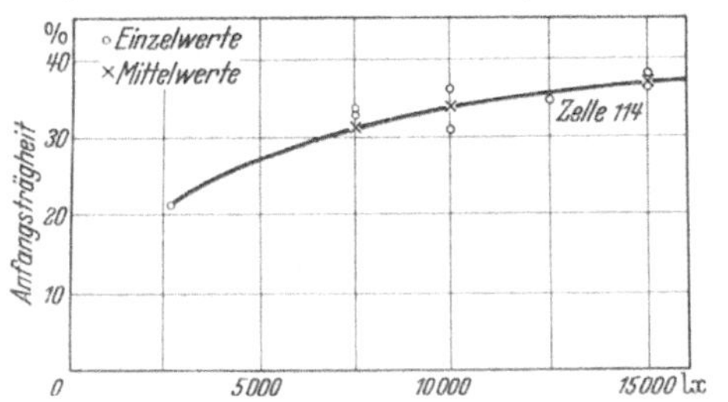

Abb. 7. Abhängigkeit der Anfangsträgheit von der Beleuchtungsstärke.

Bei diesen Oszillogrammen fällt auf, daß bei hoher Beleuchtungsstärke die Anfangsträgheit weitaus größer ist als bei niedriger Beleuchtungsstärke. Bei 15000 lx ist die Form des Lichtanstiegs völlig unkenntlich, während sie bei 2700 lx noch deutlich ist. Durch Ausmessung der Oszillogramme ergibt sich bei 5 von den trägen Zellen eine bei 2700 lx wesentlich geringere Anfangsträgheit als bei 15000 lx. Für Zelle 114 zeigt Abb. 7 den Gang der Anfangsträgheit mit der Beleuchtungsstärke. Eingetragen sind die Einzelmessungen, an Hand deren man die Reproduzierbarkeit derartiger Messungen beurteilen kann, und die Mittelwerte aus diesen Messungen, die den Kurvenverlauf erkennen lassen. Nur bei dieser Zelle ergeben die Messungen einen derart ausgeprägten Kurvenverlauf, bei den meisten anderen findet man entweder eine im ganzen Bereich der benutzten Beleuchtungsstärke (innerhalb der Meßgenauigkeit) gleichbleibende Anfangsträgheit (Zellen 6 und 251) oder eine innerhalb 7500 bis 15000 lx gleichbleibende Anfangsträgheit und eine wesentlich geringere Trägheit bei 2700 lx (Zellen 1, 2, 8, 61, 326, vgl. Tabelle.

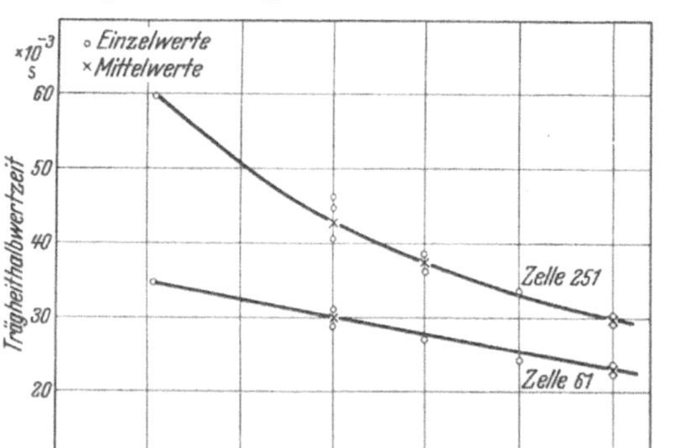

Abb. 8. Abhängigkeit der Trägheitshalbwertszeit von der Beleuchtungsstärke.

Tabelle. Abhängigkeit der Anfangsträgheit von der Beleuchtungsstärke.

	Zellen	1	2	8	61	326
Anfangsträgheit bei . .	15000 lx	45%	40%	35%	69%	63%
	2700 lx	27%	22%	25%	45%	52%

Bei der hier noch nicht genannten Zelle 7 schließlich scheint sich bei 7500 lx ein Maximum der Anfangsträgheit zu ergeben, jedoch liegen hier die Zahlen wegen der geringen Empfindlichkeit dieser Zelle an der Grenze der Meßgenauigkeit.

Etwas mehr Systematik als bei der Anfangsträgheit ergibt sich bei Betrachtung der aus den gleichen Oszillogrammen entnommenen Trägheitshalbwertszeiten (vgl. dazu auch Abschnitt 6). Bei 5 Zellen (Zellen 6, 7, 61, 251, 326) ergibt sich ausgeprägt, daß die Trägheitshalbwertszeit mit fallender Beleuchtungsstärke wächst (vgl. das Beispiel in Abb. 8). Bei Zellen 1 und 2 ist die Trägheitshalbwertszeit im Bereich von 2700 bis 15000 lx gleichbleibend, jedoch geringer als bei 2700 lx, während sie bei den restlichen Zellen 8 und 114 im ganzen Bereich von 2700 bis 15000 lx innerhalb der Meßgenauigkeit konstant bleibt.

Die Trägheitshalbwertszeit bewegt sich bei allen Zellen im Gebiet von 13 bis 80 ms, wobei der geringste Wert von 13 ms der Zelle 114 eigen ist. Die Endträgheitszeit, d. h. die Zeit, die die Zellen brauchen, um den vollen Photostrom zu erreichen, beträgt bei hohen Beleuchtungsstärken durchweg 0,2 bis 0,5 s und kann bei 2700 lx bis zu 1 s betragen.

6. Über die Abhängigkeit der Anfangsträgheit und Trägheitshalbwertszeit von der Lichtwellenlänge.

Aus dem Glühlampenlicht der Farbtemperatur 3000° K wurden mit Hilfe der Schott-Filter BG 17, BG 18 und RG 1 Lichter verschiedener Spektralzusammensetzung hergestellt. BG 17 hält das ultrarote und einen Teil des sichtbaren roten Lichtes zurück, während das übrige sichtbare Licht fast ungehindert hindurchgelassen wird. Seine Gesamtdurchlässigkeit (bezogen auf die Spektralempfindlichkeit der Zelle 3 und 3000° K Farbtemperatur) beträgt bei dem benutzten Glase von 5 mm Dicke 75%. BG 18 schneidet einen noch größeren Teil des sichtbaren roten Lichtes ab, Gesamtdurchlässigkeit (2 mm Dicke) 38%, RG 1 filtert die entgegengesetzte Seite des sichtbaren Lichtes aus, läßt also den roten Anteil fast ungehindert durch und absorbiert den kurzwelligen Anteil, Durchlässigkeit (1 mm Dicke) 25%.

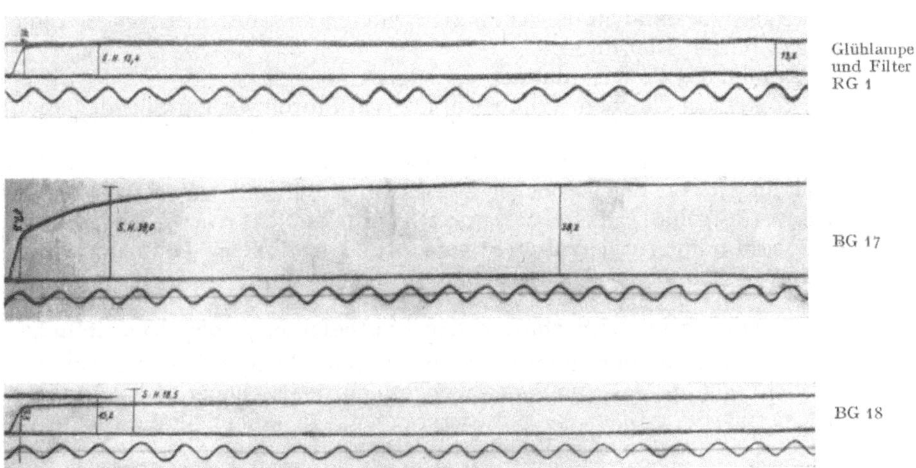

Abb. 9. Wiedergabe plötzlich einsetzender Belichtung bei verschiedenen Lichtfarben. Zeitmarke 50 Hz. (Zelle 114.)

Abb. 9 zeigt Beispieloszillogramme mit den angegebenen Filtern. Eingezeichnet sind die Schleifenausschläge bei Beendigung des Lichtanstiegs, bei Beendigung der Oszillogrammdauer und die stationäre Höhe (S.H.), die sich bei Dauerbeleuchtung nach Beendigung des Oszillogramms einstellt.

Wird hinter BG 18 gemessen, dann sind diese stationären Höhen bei den trägen Zellen durchweg höher als die bei Beendigung der Oszillogramme erreichten Höhen, die Gesamtträgheitszeit reicht also weit über die Dauer der Oszillogramme hinaus. Bei den Oszillogrammen hinter BG 17 sind nur geringe Abweichungen zwischen stationären Höhen und Oszillogramm-Endhöhen vorhanden, bei Filter RG 1 sind die Oszillogrammhöhen bei fast allen Zellen um wenige Prozent höher als die stationären Höhen. Das deutet darauf hin, daß die an sich bekannte Ermüdungsbereitschaft von Selenelementen bei rotem Licht auch bei „ermüdungsfreien" Zellen vorhanden ist, nur daß bei diesen Elementen die Ermüdung in so kurzen Zeiträumen vor sich geht, daß sie bei den üblichen Galvanometermessungen gar nicht bemerkt wird, weil sie mit der Einschwingdauer der Galvanometer beendet ist.

Aus der Abbildung ergibt sich, daß die Gesamtträgheitszeit und die Trägheitshalbwertszeit mit steigendem Rotgehalt des auffallenden Lichtes sinkt, ganz im Gegensatz zu den bekannten Ermüdungserscheinungen, die sich mit steigendem Rotanteil verstärken[1]. Die Gesamtträgheitszeit beträgt hinter den Blaufiltern BG 17 und BG 18 mehrere Sekunden bis zu einer Minute. Bereits die Trägheitshalbwertszeit, die bei Messungen ohne Filter selbst bei niedrigen Beleuchtungsstärken nicht über 80 ms hinausging, beträgt 0,34 bis 2 s hinter BG 18, wobei der kleinste Wert von 0,34 s wieder der Zelle 114 zugehört. Die Zelle mit der kleinsten Trägheitshalbwertszeit bei Glühlampenlicht der Farbtemperatur 3000° K hat also auch die kleinste Trägheitshalbwertszeit bei gefiltertem Licht. Das entspricht dem Verhalten trägheitsloser Zellen, die auch bei gefiltertem Licht trägheitslos bleiben.

Bei Messungen hinter BG 17 schälte sich bedeutend stärker als bei dem ungefilterten Glühlampenlicht die Beobachtung heraus, daß die Trägheitshalbwertszeiten mit wachsender Beleuchtungsstärke fallen. Auch die Erscheinung, daß die Anfangsträgheit mit wachsender Beleuchtungsstärke wächst, ist hinter den Blaufiltern weitaus ausgeprägter als bei dem ungefilterten Glühlampenlicht.

Die Anfangsträgheit wie die Trägheitszeit liegt bei Messungen hinter BG 17 und BG 18 durchweg höher als bei Messungen ohne Filter, bei Oszillogrammen des durch RG 1 gefilterten Lichtes liegen bei gleichem Photostrom sowohl die Trägheitszeiten als auch die Anfangsträgheiten weitaus niedriger als ohne Filter oder gar hinter Blaufiltern.

Zusammenfassend ist danach zu sagen:

Je größer bei gleichem Photostrom der Rotanteil des einfallenden Lichtes ist, desto geringer sind die Trägheitszeiten und die Anfangsträgheiten. Da bei geringem Rotgehalt des Lichtes sich außerdem eine Abhängigkeit der Trägheitserscheinungen von der Meßbeleuchtungsstärke stärker bemerkbar macht als bei größerem Rotgehalt, dürfte der ganze Trägheitseffekt vorwiegend auf die kurzwellige Strahlung zurückzuführen sein. Im ungefilterten Glühlampenlicht trägheitsfreie Zellen bleiben hinter Blau- wie auch hinter Rotfiltern trägheitsfrei.

7. Das Trägheitsverhalten der Photoelemente bei Wechsellicht.

Das Verhalten der Photoelemente gegen Wechsellicht ist schon oft[2...7] untersucht worden, fast durchweg jedoch nicht bei so hohen Beleuchtungsstärken und fast nur bei großen Außenwiderständen. In keinem Falle dürfte wohl auf eine jederzeit gleichmäßige Beleuchtungsstärkenverteilung auf der Zelle geachtet worden sein, wie es bei uns durch Einführung des Lichtmischkastens geschah.

Wesentlichste Ergebnisse der bezeichneten Veröffentlichungen waren eine verzerrte Wiedergabe der Licht-Zeit-Kurve, die zum Teil schon bei 60 Hz gefunden wurde, und eine Empfindlichkeitsminderung der Zellen mit wachsender Lichtwechselzahl, die schon bei 100 Hz einsetzte.

---

[1] O. H. Knoll: Zit. S. 445. [2] W. Leo u. C. Müller: Zit. S. 445.
[3] H. Kerschbaum: Zit. S. 446. [4] J. S. Preston: Zit. S. 446.
[5] J. T. MacGregor-Morris u. R. M. Billington: Zit. S. 446.
[6] P. Görlich: Zit. S. 446.
[7] L. Bergmann: Phys. Z. Bd. 33 (1932) S. 513.

LEO und MÜLLER[1] stellen sich dabei auf den Standpunkt, daß es sich bei dem Photostrom von Sperrschichtelementen vorwiegend um lichtelektrische Primärströme handelt, von denen ein innerhalb 10^{-5} s trägheitsfreier Stromeinsatz (s. dazu z. B.[2],) zu erwarten ist, eine Annahme, die durch die oben beschriebenen Ergebnisse der vorliegenden Arbeit endgültig überholt sein dürfte. Den Frequenzgang, den die genannten Verfasser trotzdem sowohl bei Selensperrschichtelementen wie auch Thallofidzellen und Cu_2O-Vorderwandzellen fanden, führen sie auf die Zellenkapazität zurück.

GÖRLICH[3] kommt zu gleichen Frequenzabhängigkeiten bei Selensperrschicht-Elementen und Cu_2O-Vorder- und Hinterwandzellen wie LEO und MÜLLER, vermutet jedoch Modifikationsänderungen des Selens als Ursache für die Frequenzabhängigkeit.

Das markanteste Ergebnis unserer eigenen Untersuchungen ist, daß wir bis zur Grenze der Auswertegenauigkeit unseres Oszillographen keine Verzerrung der Photostromkurven bei Wechsellicht streng trapezförmigen Lichtzeitverlaufs gefunden haben; und zwar gilt dies sowohl für träge wie auch für trägheitslose Zellen im Sinne unserer vorher mitgeteilten Untersuchungen. Alle Zellen gaben die trapezförmige Licht-Zeit-Kurve durch eine ebenso streng trapezförmige Photostrom-Zeit-Kurve wieder. Das galt mindestens bis 250 Hz, also weit über den Bereich hinaus, in dem MACGREGOR-MORRIS und BILLINGTON[4] bereits Kurvenverzerrungen fanden. Auch eine „Dämpfung", eine Empfindlichkeitsminderung mit wachsender Lichtfrequenz, haben wir nicht beobachtet. Wir führten diese Messungen nicht nur oszillographisch aus, sondern auch noch mittels eines Thermoelement-Umformers, wobei der Außenwiderstand an der Zelle 80 Ω betrug.

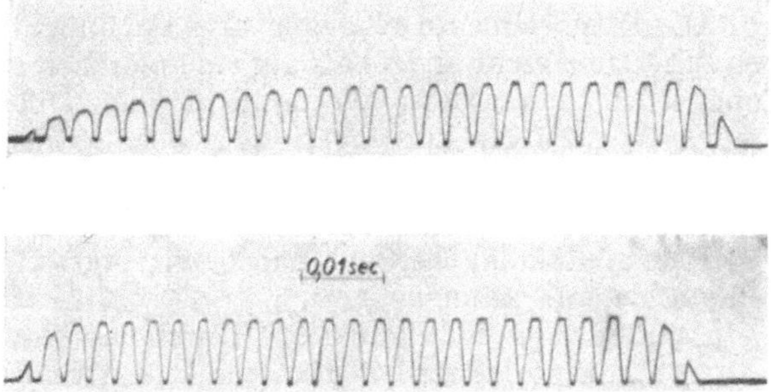

jung-fräulich

1/2 s später

Abb. 10.
Wiedergabe einzelner Kurvenzüge intermittierenden Lichtes. (Zelle 61).

Wir kommen also für Selen-Photoelemente zu einem ganz ähnlichen Ergebnis, wie es aus dem Schrifttum (s. Abschnitt 1) für Selen- und Thallium-Photowiderstände herauszulesen ist:

Die Abhängigkeit des Photostroms von der Lichtfrequenz und die Trägheit beim Einschalten einer Dauerbeleuchtung sind zwei grundsätzlich verschiedene Dinge. Von der einen kann auf die andere nicht geschlossen werden.

Damit wird bei der weitgehenden Ähnlichkeit von Cu_2O- und Se-Sperrschichtzellen ein im Schrifttum[5] vertretener Standpunkt widerlegt: „Der Effekt (gemeint ist der Sperrschicht-Photoeffekt an Kupfer-Kupferoxydul-Zellen) ist weitgehend trägheitsfrei, solange man mit der Vorspannung Null arbeitet. Dies läßt sich dadurch zeigen, daß man die Sperrschichtzelle mit Wechsellicht unter Anwendung einer rotierenden Lochscheibe bestrahlt und die Abhängigkeit der

[1] W. LEO u. C. MÜLLER: Zit. S. 445.
[2] B. GUDDEN: Lichtelektrische Erscheinungen. Berlin 1928. S. 146.
[3] P. GÖRLICH: Zit. S. 446.
[4] J. T. MACGREGOR-MORRIS u. R. M. BILLINGTON; Zit. S. 446.
[5] H. SIMON u. R. SUHRMANN: Zit. S. 445.

entstehenden Photowechselspannung von der Frequenz mißt." Ähnliche Bemerkungen finden sich auch an anderen Stellen im Schrifttum, auch mit Bezug auf das Selenelement[1].

Um zu sehen, wie ausgeruhte Zellen auf plötzlich eingeschaltetes Wechsellicht reagieren, wurden mittels zweier rotierender Lochscheiben im Verein mit einem einfachen magnetischen Verschluß einzelne Kurvenzüge von Wechsellicht oszillographiert. Abb. 10 zeigt ein Beispiel.

Das Ergebnis ist, wie nach den Trägheitserscheinungen beim Einschalten einer Dauerbeleuchtung und der exakten Wiedergabe von länger andauerndem Wechsellicht zu erwarten, ein pulsierender Gleichstrom, der von der ersten Lichtperiode an die Form der einzelnen Lichtblitze wenigstens andeutungsweise erkennen läßt und nach einiger Zeit die Licht-Zeit-Kurve durch eine genau gleiche Photostrom-Zeit-Kurve wiedergibt. Dabei kann um den Beginn des Oszillogramms eine Enveloppe gezogen werden, die qualitativ den in den Abb. 3, 6, 9 gezeigten Trägheitskurven entspricht. Die Aktivierungserscheinungen machen sich ganz ähnlich bemerkbar, wie die Abbildung ebenfalls zeigt. (Es sei noch bemerkt, daß die scheinbaren Verzerrungen der Trapeze in Dreiecke am Beginn und Ende der Kurvenzüge nicht vom Photoelement herrühren, sondern daher, daß die eine Kurvenscheibe den Lichtstrahl nur langsam freigibt.)

Die Photoelemente reagieren also auf plötzlich eingeschaltetes Wechsellicht grundsätzlich nicht anders als auf eine plötzlich eingeschaltete Dauerbeleuchtung und geben andauerndes Wechsellicht nach Überwindung der Trägheitszeit bis mindestens 250 Hz kurvengetreu wieder.

8. Technische Folgerungen.

Neben unserem Bestand haben wir noch eine größere Anzahl fabrikneuer Photoelemente untersucht, u. a.:

24 Elemente, Fabrikat SAF, Durchmesser der aktiven Fläche 57 mm *,

25 Elemente, Fabrikat Electrocell, aktive Fläche 15 mm × 35 mm **.

Die Anfangsträgheit dieser Zellen betrug 6 bis 59% (Mittel 21%) bzw. 1 bis 44% (Mittel 11,5%).

Unter 33 weiteren Photoelementen (Fabrikat teils SAF, teils Electrocell) fanden sich 4 Zellen, die eine Anfangsträgheit von höchstens 3% bei 8000 lx hatten und daneben ermüdungsfrei waren.

Eine Veränderung der Trägheit der Zellen bei längerer Lagerung konnte nicht beobachtet werden. Eine der trägheitslosen Zellen, die während zweier Jahre an mehreren Tagen jeder Woche mit Beleuchtungsstärken der Größenordnung 10000 lx mehrere Minuten lang belastet wurde, änderte ihr Trägheitsverhalten gar nicht. Zwei weitere, während der gleichen Zeit fast ganz unbenutzte Zellen änderten sich ebenfalls nicht. Eine einmalige Trägheitsmessung dürfte also eine einwandfreie Aussage über ein Photoelement ermöglichen. —

Kennt man die Trägheitseigenschaften eines Photoelementes quantitativ, so ist seine Benutzung zur Photometrie einzelner kurzzeitiger Lichtvorgänge, wie sie von FRÜHLING und VOGL[2] sowie DRESLER[3] vorgeschlagen ist, gerechtfertigt.

Sollen Beleuchtungsstärken am Orte der Zelle gemessen werden, die von Lichtblitzen erzeugt werden, so ist der Ausschlag der Oszillographenschleife ein Maß für die Beleuchtungsstärke. Die Eichung kann bei einer bekannten Dauer-

[1] Vgl. B. LANGE: Zit. S. 445, Bd. 2 Vorwort.

* Freundlicherweise von der Fa. Zierold, Berlin, leihweise zur Verfügung gestellt.

** Freundlicherweise von der Fa. Electrocell, Berlin, leihweise zur Verfügung gestellt.

[2] H. G. FRÜHLING u. K. VOGL: Licht Bd. 7 (1937) S. 39.

[3] A. DRESLER: Licht Bd. 3 (1933) S. 47.

beleuchtung etwa der gleichen Stärke vorgenommen werden, wie sie vom Blitz als Maximalbeleuchtungsstärke zu erwarten ist.

Ist die Zelle trägheitsfrei, so ist die Eichung in der angegebenen Form richtig. Ist die Zelle nicht trägheitsfrei, die Dauer des Blitzes jedoch kurz gegen die Trägheitshalbwertszeit der Zelle, so wird der Oszillographenausschlag um ebensoviel Prozent zu niedrig sein, wie die Anfangsträgheit der Zelle beträgt, wenn die Zelle jungfräulich ist. Die Zelle mißt also in ausgeruhtem Zustande genau so, als sei sie um die Hundertteile der Anfangsträgheit unempfindlicher (als die Eichung mit Dauerbeleuchtung ergibt), aber trägheitsfrei. In diesem Falle können durch Integration der oszillographierten Licht-Zeit-Kurve über die Zeit auch Lichtmengenmessungen an blitzartigen Vorgängen gemacht werden.

Ist die Zelle nicht trägheitsfrei und die Blitzdauer von etwa gleicher Größe wie die Trägheitshalbwertszeit des Photoelements, so ist eine einwandfreie Messung nicht ohne weiteres möglich, da die Zelle durch den Blitz selbst aktiviert wird. Solche Photoelemente können zur Messung benutzt werden, wenn sie unmittelbar vor der Messung des unbekannten Blitzes durch eine besondere Lichtquelle mit etwa der gleichen Beleuchtungsstärke aktiviert werden, wie sie als Maximalbeleuchtungsstärke vom Blitz zu erwarten ist. Die Aktivierung muß sich mindestens über die Dauer der Trägheitszeit der Zelle erstrecken (im allgemeinen

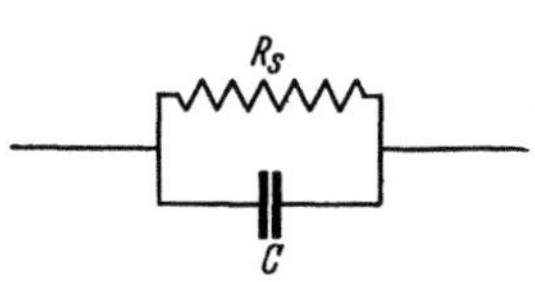

Abb. 11.

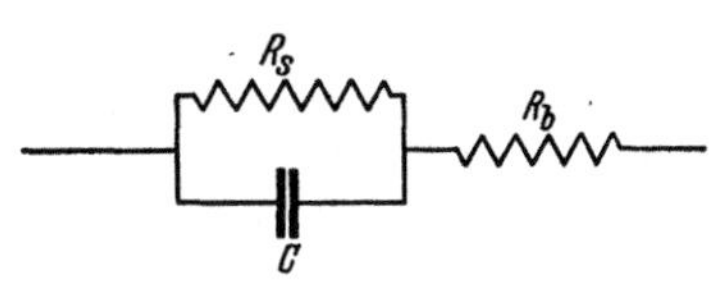

Abb. 12.

Elektrische Ersatzschemata für Photoelemente.

dürften 3 Sekunden ausreichen), die Zwischenzeit zwischen Aktivierung und Messung sollte nach den Ergebnissen des Abschnittes 4 bei oder unte 100 ms gewählt werden. Die Zelle ist dann bezüglich der Eichung genau so zu behandeln wie eine trägheitslose Zelle der gleichen Empfindlichkeit bei Dauerbeleuchtung.

9. Theoretische Erörterung.

Ein direkter Zusammenhang zwischen dem Ermüdungseffekt und dem Trägheitseffekt dürfte nicht bestehen, weil sich unter den untersuchten Zellen ebenso ermüdungsfreie Zellen erheblicher Anfangsträgheit fanden, wie sich auch eine trägheitsfreie Zelle fand, die bei der gleichen Beleuchtungsstärke sehr schnell ermüdete.

Ein Zusammenhang zwischen Trägheitseigenschaften und anderen Eigenschaften der Zellen (wie etwa Kurzschlußstrom- oder Leerlaufspannungsempfindlichkeit, innerem Widerstand oder Leistungsempfindlichkeit als Quotient oder Produkt beider u. dgl.), mit Glühlampenlicht in einer Kompensationsschaltung gemessen, konnte nicht gefunden werden.

Man kann geneigt sein, die Ursache für die Trägheit der Photoelemente in der Zellenkapazität zu suchen. Dem widersprechen die Abhängigkeit der Trägheit von der Spektralzusammensetzung des Lichtes und die Tatsache, daß Dunkelströme, die beim Anlegen äußerer Spannung an die Zellen entstehen, in jedem Falle und in beiden Stromrichtungen als absolut trägheitsfrei befunden wurden.

Dafür spricht jedoch, daß die Aktivierungserscheinungen gleich sind, ob nun die Aktivierung im äußeren Leerlauf oder im Kurzschluß erfolgt.

Gehen wir jedoch noch anders an das Problem heran:

Wir haben in einem Oszillogramm von der Art der Abb. 3a den ersten Lichtblitz zu seiner theoretischen, durch die Lochscheibenform gegebenen Kurvenform vervollständigt und ausplanimetriert, welcher Flächenbetrag an dem theoretischen fehlte. Es ergab sich (bei einem Photostrom von 1,75 mA) in der Strommenge ein Fehlbetrag von 0,112 mC. Nehmen wir als elektrisches Ersatzschema für das Element vorerst die Schaltung Abb. 11 an, so müßte, da der angeschlossene Außenwiderstand in Form der Oszillographenschleife 4 Ω beträgt, die Kapazität bis zu einer Spannung von 7 mV aufgeladen werden, und das ergäbe für die Kapazität des Selenelements den unwahrscheinlich hohen Betrag von 0,016 F. Bei der Ersatzschaltung Abb. 12 mit $R_b = 40\ \Omega$ (den Angaben von L. A. WOOD[1] entnommen) gibt es eine Spannung von 77 mV an der Kapazität und damit einen Kapazitätswert von 0,0015 F. Andererseits werden im Schrifttum[2, 3, 4, 5] für die obigen Ersatzschaltungen übereinstimmend Kapazitätswerte von 0,3 bis 0,5 μF angegeben (eigene Kapazitätsmessungen wurden nicht gemacht), während von W. LEO und C. MÜLLER[5] 0,03 bis 0,2 μF angegeben werden. Legen wir aus diesen Werten den Betrag von 0,4 μF unserer Rechnung zugrunde und eine der obigen Ersatzschaltungen, so müßte nach unserem oben angegebenen Wert von 0,112 mC eine innere elektromotorische Kraft von etwa 300 V erzeugt werden. Ein solcher Wert erübrigt eine weitere Diskussion und rechtfertigt die Ablehnung eines kapazitiven Einflusses auf Photoelemente großer Anfangsträgheit.

Die geringe Anfangsträgheit von etwa 3% der „trägheitslosen" Photoelemente kann jedoch durch die Zellenkapazität verursacht sein. Nimmt man nämlich für den zeitlichen Verlauf des Photostromes $I(t)$ nach Einschalten der Beleuchtung eine asymptotische Annäherung an den stationären Wert I_s nach dem Exponentialgesetz

$$I(t) = I_s(1 - a e^{-bt})$$

an (a ist die Anfangsträgheit in Prozent, b eine Konstante), dann gibt das Integral

$$\int_0^\infty I_s a e^{-bt}\, dt$$

die Strommenge, die an der durch den Licht-Zeit-Vorgang gegebenen theoretischen Strommenge fehlt. Ihre Gleichsetzung mit der für eine Kapazitätsaufladung notwendigen (Abb. 12, $C = 0{,}4\ \mu$F, 1,75 mA Photostrom, Spannung an der Kapazität 77 mV) von $30{,}8 \cdot 10^{-9}\ C$ erlaubt die Berechnung der Konstanten b und damit aus $e^{-bt} = \frac{1}{2}$ die Berechnung der Trägheitshalbwertszeit für „trägheitslose" Photoelemente. Die angenommenen Zahlen ergeben 0,4 ms, einen Wert, der der Wahrheit nahekommen dürfte. (Eine exakte Messung dieser Trägheitshalbwertszeiten ist aus technischen Gründen unmöglich.) Wird der mathematischen Formulierung des Photostrom-Zeit-Verlaufs eine Funktion anderen Konvergenzverhaltens als gerade die e-Funktion zugrunde gelegt, so käme man zu größeren Trägheitshalbwertszeiten, die den Tatsachen noch näher kommen.

Es ist also durchaus denkbar, daß die geringe Trägheit unserer „trägheitslosen" Photoelemente eine rein kapazitive Trägheit ist, während dies für die trägen Elemente nach dem oben Gesagten ausgeschlossen erscheint. Unsere sonst willkürlich erscheinende Unterscheidung in träge und trägheitslose Photoelemente, d. h. von mehr oder weniger als etwa 5% Anfangsträgheit, wird damit gerechtfertigt.

Die Begründung für die größere Trägheit der trägen Zellen jedoch steht noch aus; wir vermuten ihre Ursache im Mechanismus des Sperrschichtphotoeffektes.

---

[1] L. A. WOOD: Rev. sci. Instrum. Bd. 4 (1933) S. 434.
[2] J. T. MACGREGOR-MORRIS u. R. M. BILLINGTON: Zit. S. 446.
[3] H. SCHWEICKERT: Zit. S. 446.
[4] Comité polonais: Zit. S. 446.
[5] W. LEO u. C. MÜLLER: Zit. S. 445.

Druck der Spamer A.-G. in Leipzig.

Batch number: 10683525

Printed by Printforce, the Netherlands